HANDBUCH DER PHYSIK

UNTER REDAKTIONELLER MITWIRKUNG VON

R. GRAMMEL-STUTTGART · F. HENNING-BERLIN
H. KONEN-BONN · H. THIRRING-WIEN · F. TRENDELENBURG-BERLIN
W. WESTPHAL-BERLIN

HERAUSGEGEBEN VON

H. GEIGER UND KARL SCHEEL

BAND XIV

ELEKTRIZITÄTSBEWEGUNG IN GASEN

BERLIN
VERLAG VON JULIUS SPRINGER
1927

ELEKTRIZITÄTSBEWEGUNG IN GASEN

BEARBEITET VON

G. ANGENHEISTER · R. BÄR · A. HAGENBACH
K. PRZIBRAM · H. STÜCKLEN · E. WARBURG

REDIGIERT VON W. WESTPHAL

MIT 189 ABBILDUNGEN

BERLIN
VERLAG VON JULIUS SPRINGER
1927

ISBN-13: 978-3-642-88928-8 e-ISBN-13: 978-3-642-90783-8
DOI: 10.1007/978-3-642-90783-8

Softcover reprint of the hardcover 1st edition 1927

Inhaltsverzeichnis.

Kapitel 6.

Kapitel 7.

Kapitel 8.

Kapitel 9.

Allgemeine physikalische Konstanten

(September 1926)[1].

a) Mechanische Konstanten.

Gravitationskonstante	$6{,}6_5 \cdot 10^{-8}$ dyn · cm² · g⁻²
Normale Schwerebeschleunigung	$980{,}665$ cm · sec^{-2}
Schwerebeschleunigung bei 45° Breite	$980{,}616$ cm · sec^{-2}
1 Meterkilogramm (mkg)	$0{,}980665 \cdot 10^{8}$ erg
Normale Atmosphäre (atm)	$1{,}01325_3 \cdot 10^{6}$ dyn · cm^{-2}
Technische Atmosphäre	$0{,}980665 \cdot 10^{6}$ dyn · cm^{-2}
Maximale Dichte des Wassers bei 1 atm	$0{,}999973$ g · cm^{-3}
Normales spezifisches Gewicht des Quecksilbers	$13{,}5955$

b) Thermische Konstanten.

Absolute Temperatur des Eispunktes	$273{,}2_0{}^{\circ}$
Normales Litergewicht des Sauerstoffes	$1{,}42900$ g · l^{-1}
Normales Molvolumen idealer Gase	$22{,}414_5 \cdot 10^{3}$ cm^{3}
Gaskonstante für ein Mol	$0{,}8204_5 \cdot 10^{2}$ cm^{3}-atm · grad^{-1} $0{,}8313_2 \cdot 10^{8}$ erg · grad^{-1} $0{,}8309_0 \cdot 10^{1}$ int joule · grad^{-1} $1{,}985_8$ cal · grad^{-1}
Energieäquivalent der 15°-Kalorie (cal)	$4{,}184_2$ int joule $1{,}1623 \cdot 10^{-6}$ int k-watt-st $4{,}186_3 \cdot 10^{7}$ erg $4{,}268_8 \cdot 10^{-1}$ mkg

c) Elektrische Konstanten.

1 internationales Ampere (int amp)	$1{,}0000_0$ abs amp
1 internationales Ohm (int ohm)	$1{,}0005_0$ abs ohm
Elektrochemisches Äquivalent des Silbers	$1{,}11800 \cdot 10^{-3}$ g · int coul^{-1}
Faraday-Konstante für ein Mol und Valenz 1	$0{,}9649_4 \cdot 10^{5}$ int coul
Ionisier.-Energie/Ionisier.-Spannung	$0{,}9649_4 \cdot 10^{5}$ int joule · int volt^{-1}

d) Atom- und Elektronenkonstanten.

Atomgewicht des Sauerstoffs	16,000
Atomgewicht des Silbers	107,88
LOSCHMIDTsche Zahl (für 1 Mol)	$6{,}06_1 \cdot 10^{23}$
BOLTZMANNsche Konstante k	$1{,}372 \cdot 10^{-16}$ erg · grad^{-1}
$^{1}/_{16}$ der Masse des Sauerstoffatoms	$1{,}650 \cdot 10^{-24}$ g
Elektrisches Elementarquantum e	$1{,}592 \cdot 10^{-19}$ int coul $4{,}77_4 \cdot 10^{-10}$ dyn$^{1/2}$ · cm
Spezifische Ladung des ruhenden Elektrons e/m	$1{,}76_6 \cdot 10^{8}$ int coul · g^{-1}
Masse des ruhenden Elektrons m	$9{,}02 \cdot 10^{-28}$ g
Geschwindigkeit von 1-Volt-Elektronen	$5{,}94_5 \cdot 10^{7}$ cm · sec^{-1}
Atomgewicht des Elektrons	$5{,}46 \cdot 10^{-4}$

e) Optische und Strahlungskonstanten.

Lichtgeschwindigkeit (im Vakuum)	$2{,}998_5 \cdot 10^{10}$ cm · sec^{-1}
Wellenlänge der roten Cd-Linie (1 atm, 15° C)	$6438{,}470_0 \cdot 10^{-8}$ cm
RYDBERGsche Konstante für unendl. Kernmasse	109737,1 cm^{-1}
SOMMERFELDsche Konstante der Feinstruktur	$0{,}729 \cdot 10^{-2}$
STEFAN-BOLTZMANNsche Strahlungskonstante σ	$5{,}7_5 \cdot 10^{-12}$ int watt · cm^{-2} · grad^{-4} $1{,}37_4 \cdot 10^{-12}$ cal · cm^{-2} · sec^{-1} · grad^{-4}
Konstante des WIENschen Verschiebungsgesetzes	0,288 cm · grad
WIEN-PLANCKsche Strahlungskonstante c_2	1,43 cm · grad

f) Quantenkonstanten.

PLANCKsches Wirkungsquantum h	$6{,}55 \cdot 10^{-27}$ erg · sec
Quantenkonstante für Frequenzen $\beta = h/k$	$4{,}77_5 \cdot 10^{-11}$ sec · grad
Durch 1-Volt-Elektronen angeregte Wellenlänge	$1{,}233 \cdot 10^{-4}$ cm
Radius der Normalbahn des H-Elektrons	$0{,}529 \cdot 10^{-8}$ cm.

[1]) Erläuterungen und Begründungen s. Bd. II d. Handb. Kap. 10, S. 487—518.

Kapitel 1.

Die unselbständige Entladung zwischen kalten Elektroden.

Von

HILDEGARD STÜCKLEN, Zürich.

Mit 29 Abbildungen.

a) Übersicht.

1. Einleitung. Kalte Gase, die sich selbst überlassen sind, leiten, wie man weiß, die Elektrizität nicht oder — genauer ausgedrückt — nur in sehr geringem Maße. Ein aufgeladener Kondensator verliert, falls die Isolation der ihn tragenden festen Dielektrika nur genügend gut ist, seine Ladung sehr langsam, wenn die auf das umgebende Gas wirkende elektrische Feldstärke einen gegebenen maximalen Betrag nicht übersteigt. Man weiß auch, daß der kleine Restbetrag an Ladungsverlusten auf eine Ionisation des Gases durch radioaktive Strahlung zurückzuführen ist: aus dem Erdboden dringen harte Gammastrahlen, die direkt auf das Gas wirken, ferner wird die Bodenluft durch weiche Sekundärstrahlen ionisiert, und schließlich besitzt die Atmosphäre einen bestimmten, wenn auch sehr geringen Prozentgehalt an Emanation, der die Luft leitend macht. Diese ständige, schwache Luftionisation ist ein Problem, das die Physik der Erdatmosphäre und die Meteorologie stark beschäftigt und im einschlägigen Kapitel dieses Buches (dieser Bd. Kap. 9) eingehend behandelt werden wird. Hier genügt die Tatsache, daß, falls es möglich wäre, auch diese kleine Anzahl von Ionen fernzuhalten, ein Gas in kleinen Feldern als vollständiger Isolator gelten könnte.

Es gibt nun verschiedene Wege, Gase in einen Leitfähigkeitszustand zu überführen: übersteigt die zwischen zwei Kondensatorplatten angelegte Potentialdifferenz das Funkenpotential des Gases, d. h. erhält ein im Raum anwesendes Ion beim Durchlaufen einer oder mehrerer freier Weglängen im elektrischen Felde genügend Energie, um durch Stoß Nachbarmoleküle in Ionen zu zerlegen, so ist die eintretende Entladung eine selbständige. Wir haben die Erscheinungskomplexe vor uns, die in der Glimmentladung oder bei der Funkenbildung zum Ausdruck kommen. Reicht hingegen das Feld nicht aus, um die Ionen, die an die Kondensatorplatten wandern, selbsttätig durch andere zu ersetzen, und müssen zur Aufrechterhaltung des Stromes Ionen dauernd durch eine äußere Quelle nachgeliefert werden, so nennt man die Entladung eine unselbständige. Teilweise selbständig heißt sie, wenn zwar einzelne Ionen sich durch Stoß vermehren, die Ionenerzeugung aber doch zu schwach ist, um einen Strom dauernd aufrechtzuerhalten.

Als solche Ionen erzeugende Quellen kommen vor allem in Betracht: kurzwellige Strahlung, seien es ultraviolettes Licht oder Röntgen- oder Gammastrahlen, die teils das Gas selbst ionisieren, teils Elektronen von den Kondensatorplatten oder anderen metallischen Wänden lösen und in den Entladungsraum eintreten lassen, ferner Korpuskularstrahlen, wie α- und β-Teilchen, auch Kathodenstrahlen. Mit den Entladungserscheinungen, die durch diese Ionenquellen verursacht sind, werden wir uns in diesem Kapitel zu beschäftigen haben. Ionisierend wirken ferner glühende Metalle, sie emittieren sowohl positive als auch negative Ionen und rufen dadurch in dem sie umgebenden Gase eine dauernde Leitfähigkeit hervor. Im Abschnitt über „Ionisation durch glühende Körper" wird dieser Fall näher behandelt werden. Schließlich können die Gase durch hohe Temperatur in einen Leitfähigkeitszustand übergeführt werden, der durch die Ionenemission der im gleichen Raume anwesenden glühenden Körper noch verstärkt wird; solch ein Fall liegt in Flammen vor, auf ihn wird im 3. Kapitel eingegangen werden.

Auf die Gründe, die die Wissenschaft im Laufe der letzten 30 Jahre zu der Erkenntnis führten, den anwesenden Ionen die Leitfähigkeit eines Gases zuzuschreiben, braucht nur ganz kurz eingegangen zu werden, da diese Erkenntnis unterdessen Allgemeingut geworden ist. Das Leitvermögen eines Gases verschwindet nicht momentan, wenn das ionisierende Agens entfernt wird, sondern klingt mit der Zeit ab. Bläst man Luft, die z. B. durch Röntgenstrahlen leitend gemacht wurde, gegen ein Elektroskop, das selbst vor der Strahlung geschützt ist, so entlädt sich dieses, sobald das ionisierte Gas es erreicht, während es seine Ladung im Strom von nicht bestrahltem Gase behalten hätte. — Dem Gas kann seine Leitfähigkeit genommen werden, wenn man es durch einen dichten Pfropfen aus Glaswolle schickt oder es durch einen aufgeladenen Kondensator streichen läßt. Alle solche Erscheinungen lassen sich zwanglos erklären, wenn man als Elektrizitätsträger positive und negative Ionen annimmt, die im elektrischen Felde ihren Weg zu den Elektroden nehmen und dort ihre Ladung abgeben, sich selbst überlassen aber durch Rekombination und Diffusion, auch durch Adsorption an den Wänden allmählich verschwinden. Als Begründer der Ionenlehre sind J. J. THOMSON und E. RUTHERFORD[1]) anzusehen; ihren grundlegenden Versuchen aus den neunziger Jahren des letzten Jahrhunderts folgten bald eine Reihe anderer Arbeiten, die einen Zweifel an der Gültigkeit der Theorie nicht mehr aufkommen ließen. Die ersten Zusammenfassungen älterer Untersuchungen finden sich bereits in den Büchern von J. STARK[2]) (1902) und J. J. THOMSON[3]) (1903 und 1906).

Über die besonderen Eigenschaften der Ionen, ihre Größe, Ladung usf., wird in Bd. 22 ds. Handb. im Kapitel „Die Ionen in Gasen" referiert werden. Hier sollen vor allem die Erscheinungen behandelt werden, die sie im elektrischen Felde hervorrufen, der Strom, den sie darstellen, und der Potentialverlauf, der durch ihre Anwesenheit in einem Kondensator sich einstellt.

An zusammenfassenden Referaten, die das gleiche Gebiet umfassen, seien genannt die Arbeiten von J. FRANCK[4]) und R. SEELIGER[5]). Eine mehr elementare, kurze Darstellung findet sich bei GREINACHER[6]) (Ionen und Elektronen). Die Theorien einzelner Phänomene der unselbständigen Gasentladung sind dargestellt durch v. LAUE[7]) (im Handb. d. Radiologie von E. MARX Bd. VI). Als wichtigste

---

[1]) J. J. THOMSON u. E. RUTHERFORD, Phil. Mag. (5) Bd. 42, S. 392. 1896.

[2]) J. STARK, Die Elektrizität in Gasen. Leipzig 1902; s. auch Handbuch der Physik von A. WINKELMANN, Bd. IV, 2, 2. Aufl. Leipzig 1905.

[3]) J. J. THOMSON, Conduction of Electricity through Gases. Cambridge, 1. Aufl. 1903, deutsch von E. MARX, Leipzig 1906. 2. Aufl. 1906,

[4]) J. FRANCK, Jahrb. d. Radioakt. u. Elektr. Bd. 9, S. 235 u. 475. 1912.

[5]) R. SEELIGER, Handb. d. Elektr. u. d. Magn. v. L. GRAETZ Bd. III, Leipzig 1920.

[6]) H. GREINACHER, Ionen und Elektronen. Teubner 1924.

[7]) M. v. LAUE, Handb. d. Radiologie von E. MARX, Bd. VI, S. 37. Leipzig 1925.

Werke besonders für die Übergangsgebiete zwischen selbständiger und unselbständiger Entladung kommen immer noch die Bücher von TOWNSEND[1]) in Betracht, daneben finden sich eine Reihe wertvoller Hinweise auch auf dieses Zwischengebiet in SCHUMANNS Buch: Elektrische Durchbruchsfeldstärke von Gasen[2]).

2. Allgemeine Stromspannungscharakteristik. In einem ebenen Kondensator sei eine Elektrode mit einem Pol einer Hochspannungsbatterie verbunden, die andere liege an einem Elektrometer, dessen Gehäuse ebenso wie der zweite Pol der Batterie geerdet sind. Eine Röntgenstrahlung ionisiere die Luft im Kondensator gleichmäßig, treffe aber keine metallischen Teile. Eine Steigerung der Spannungsdifferenz zwischen den Elektroden ruft im Entladungsraum einen an der Aufladung des Elektrometers verfolgbaren Strom hervor in der Art, wie es Abb. 1 nach TOWNSEND[3]) anzeigt. Ähnliche Kurven erhielten bei Oberflächenionisation durch lichtelektrisch wirksame Bestrahlung u. a. v. SCHWEIDLER[4]) und KREUSLER[5]). Der Strom steigt zunächst mit dem Feld, bleibt dann über ein größeres Spannungsintervall konstant, um schließlich beschleunigt weiterzuwachsen. Da die Anzahl der durch die äußere Lichtquelle erzeugten Ionen während der Versuchsreihe als konstant anzusehen ist, heißt das im Sinne der Ionentheorie: bei geringer Feldstärke erreicht nur ein Bruchteil aller anwesenden Ionen die Elektroden, bei größerer werden alle im Feld zum Stromtransport herangezogen, der Strom zeigt „Sättigung". Bei weiterer Steigerung der Potentialdifferenz tritt eine neue Ionenquelle in Erscheinung, die Ionen vermehren sich durch Stoß. Die Entladung, die, solange der Strom gesättigt war, noch rein unselbständig verlief, geht nun allmählich in die selbständige über.

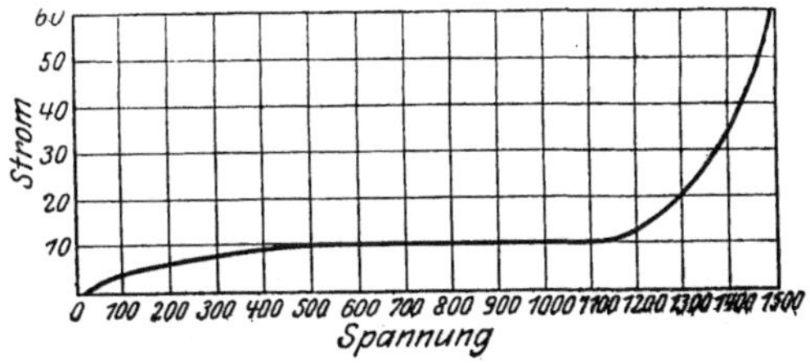

Abb. 1. Stromspannungscharakteristik.

Das Gebiet der unselbständigen Entladung soll in einem Punkt noch näher begrenzt werden. Im folgenden sei den Ionen und Elektronen stets eine bestimmte Beweglichkeit zugeschrieben. Dies schließt ein, daß die Elektrizitätsträger im Felde im Mittel eine gleichförmige, keine beschleunigte Bewegung ausführen. Die Dichte des Gases sei also stets so groß gewählt, daß die beschleunigende Kraft des Feldes auf die Ionen durch Reibungskräfte zwischen ihnen und den Molekülen kompensiert ist. Dann ist die Ionengeschwindigkeit in Richtung des Feldes diesem proportional; die vom Ion oder Elektron zwischen 2 Zusammenstößen mit Molekülen im Feld erlangte Energie ist klein gegen die Ionisierungsenergie des Gases. Die Beweglichkeiten sind umgekehrt proportional dem Druck; die Grenzdrucke, für die die folgenden Betrachtungen (Abschnitt a bis d) Gültigkeit haben, liegen mit geringen Variationen für verschiedene Gassorten bei etwa 100 mm Hg. Unter Beweglichkeit sei verstanden die Geschwindigkeit (in cm/sec) in Richtung des Feldes bei einem Spannungsgefälle von 1 Volt pro cm[6]).

[1]) J. S. TOWNSEND, Handb. d. Radiologie von E. MARX, Bd. I. Leipzig 1920; Theory of Ionisation of Gases by Collision, 1910; Electricity in Gases, Oxford 1915.

[2]) W. O. SCHUMANN, Elektrische Durchbruchfeldstärke von Gasen. Berlin 1923.

[3]) J. S. TOWNSEND, Phil. Mag. (6) Bd. 1, S. 198. 1901.

[4]) E. v. SCHWEIDLER, Wiener Ber. Bd. 108, S. 273. 1899.

[5]) H. KREUSLER, Ann. d. Phys. Bd. 6, S. 398. 1901; Verh. d. D. Phys. Ges. Bd. 17, S. 86. 1898.

[6]) Neben der hier gegebenen Definition der „Feldbeweglichkeit" ist auch die der „Kraftbeweglichkeit" üblich, die sich durch Division mit dem Elementarquantum ergibt. Vgl. K. PRZIBRAM, ds. Handb. Bd. 22, S. 312, Ziff. 7.

In älteren, besonders französischen und englischen Schriften findet man öfters das Feld 1 als das Gefälle einer elektrostatischen Einheit = 300 Volt pro cm eingeführt; jedoch setzt sich in neueren Arbeiten mehr und mehr die oben angeführte Definition durch.

3. Arten der Ionisierung. Ein Gas zu ionisieren, ist auf dreierlei Weise möglich: 1. Der Gasraum wird homogen ionisiert. Dieser Fall ist für die Theorie der Entladung der einfachste und ist durch Einwirkung von Röntgenstrahlen, die die Elektroden gerade nicht mehr treffen, oder bei Verwendung solchen Elektrodenmaterials (z. B. mit Glyzerin getränktes Seidenpapier), das nur unmerklich Sekundärstrahlen emittiert, in sehr großer Näherung zu verwirklichen.

2. Die Ionisation ist „Oberflächenionisation" und geht von einer oder beiden Elektroden aus. Der Fall ist zu realisieren, wenn die Elektroden unter der Wirkung von Licht langsame Elektronen emittieren oder ein radioaktives Präparat auf sie gebracht wird, dessen α-Strahlemission eine kurze Reichweite besitzt, die gegen den Elektrodenabstand vernachlässigt werden kann.

3. Die Ionisation erfolgt im Gasraum inhomogen. Dies liegt vor, wenn Korpuskularstrahlen, etwa α- oder β-Strahlen längs ihrer Flugbahn ionisieren, wir sprechen dann von „Kolonnenionisation".

Volum-, Oberflächen- und Kolonnenionisation treten oft nebeneinander auf.

Im folgenden werden zuerst die Theorien der Erscheinungen verfolgt und dann die experimentellen Befunde beschrieben; es wird festgestellt, welcher Theorie die richtigen Annahmen zugrunde liegen. Aus zwei Ursachen geschieht dies: erstens ist im Gebiete der unselbständigen Entladung oft dieses der historische Gang gewesen, zweitens kann die Theorie in einigen Fällen feiner differenzierte Werte vorhersagen, als sie bei den häufig sehr schwierigen Messungen das Experiment bestätigen kann.

b) Reine Volumionisation.

4. Theorien der reinen Volumionisation. Gefragt wird bei gegebener Ionisationsstärke erstens nach der Größe des Stromes als Funktion der an den Elektroden liegenden Spannung, zweitens nach der Feldverteilung, die sich durch die Anwesenheit von Ionen ergibt.

Eine analytische Fassung des Problems hat als erster J. J. THOMSON unter gewissen vereinfachenden Annahmen gegeben, strenger durchgeführt haben die Rechnungen RIECKE, TOWNSEND, MIE und SEELIGER für großdimensionierte Kondensatoren, LANGEVIN und JAFFÉ für solche mit kleinem Plattenabstand.

Angenommen, die ionisierende Quelle erzeuge pro Sekunde und pro Volumeinheit im Raum zwischen 2 ebenen, sehr großen Kondensatorplatten q_0 positive und ebenso viele negative Ionen, von denen jedes ein elektrisches Elementarquantum e trage. (Der Fall mehrfach geladener Ionen ist bisher theoretisch nicht behandelt.) Ist A die Oberfläche der Elektroden, l ihr Abstand, so werden also $A \cdot l \cdot q_0$ positive und negative Träger pro Sekunde erzeugt. Erreichen alle die Elektroden, so ist damit eine obere Grenze für die Stromstärke gegeben, der Sättigungsstrom kann nicht größer sein als $e \cdot A \cdot l \cdot q_0$. Das Resultat, daß der Sättigungsstrom proportional dem Elektrodenabstand wächst, ist experimentell bestätigt worden. — Im allgemeinen werden aber nicht alle Ionen die Kondensatorplatten erreichen, ein Teil wird sich auf dem Wege bei Zusammenstößen mit Trägern entgegengesetzter Ladung rekombinieren, und die Zahl solcher neutralisierender Stöße muß proportional der Anzahl der anwesenden Ionen jedes Vorzeichens sein. Sind n_1 und n_2 die pro Volumeinheit vorhandenen positiven und negativen Träger, so verschwinden durch Rekombination $\alpha \cdot n_1 \cdot n_2$ Ionen, wo α unabhängig von n eine Konstante des Gases ist. — Der Ionisationsstärke wird durch die Rekombination eine Grenze gesetzt, im Gleichgewichtszustande ist die Anzahl entstehender gleich der Anzahl verschwindender Ionenpaare. Für den feldfreien Raum gilt darum $\frac{dn}{dt} = q - \alpha n_1 n_2$, oder wenn $n_1 = n_2$, im stationären Zustand, $(dn/dt = 0)$ $n = (q/\alpha)^{\frac{1}{2}}$. Die Gleichungen verlieren ihre Gültigkeit bei zu schwacher Ionisation. Der Wert von α läßt sich experimentell ermitteln und auch theoretisch berechnen. Nach LANGEVIN[1]) ist

$$\alpha = \varepsilon \cdot 4\pi e \cdot (u_1 + u_2),$$

wo u_1 und u_2 die Beweglichkeiten der positiven und negativen Ionen, ausgedrückt in cm/sec:Volt/cm, e die Elementarladung und ε der „LANGEVINsche Faktor" ist. ε bedeutet die Wahrscheinlichkeit, mit der beim Stoß zwischen Ionen eine Rekombination stattfindet. Mit wachsendem Druck nähert sich ε der Einheit und ist für Luft von normalem Druck $\varepsilon = 0{,}27$. Der Mittelwert aller gemessenen α beträgt für trockene, staubfreie Luft $\alpha = 1{,}603 \cdot 10^{-6}$ [2]). Nach RÜMELIN[3]), WHEELOCK[4]) und OGDEN[5]) ist der Rekombinationskoeffizient auch abhängig vom Alter der Ionen.

Liegt zwischen den Kondensatorplatten in Richtung der x-Achse eine Potentialdifferenz und hat das Feld in einem beliebigen Punkte den Betrag E, sind u_1 und u_2 die Beweglichkeiten der positiven und negativen Träger, so ist die räumliche Dichte ϱ der Elektrizität an jedem Punkte $\varrho = (n_1 - n_2) \cdot e$, und nach der POISSONschen Gleichung gilt

$$-\frac{dE}{dx} = 4\pi \cdot (n_1 - n_2) \cdot e. \tag{1}$$

Der Strom, der pro Flächeneinheit das Gas durchquert, hat die Größe

$$n_1 e \cdot u_1 \cdot E + n_2 e u_2 E = i. \tag{2}$$

Die dritte Bedingung sagt aus, daß die Stromstärke auf der ganzen Strombahn konstant ist, also $\frac{di}{dx} = 0$, und daß die Anzahl entstehender Ionen in der Volumeneinheit vermindert um die sich rekombinierenden im stationären Zustand gleich ist der Zahl der durch Einwirkung des Feldes an den Elektroden verschwindenden Ionen. Aus $\frac{di}{dx} = 0 = \frac{d}{dx}(n_1 e u_1 E + n_2 e u_2 E)$ folgt für jede Ionenart:

$$q - \alpha \cdot n_1 n_2 = \frac{d}{dx}(n_1 u_1 E) = -\frac{d}{dx}(n_2 u_2 E). \tag{3}$$

Durch eine einfache Umrechnung unter Einführung der Abkürzungen $\frac{1}{v} = \frac{1}{u_1} + \frac{1}{u_2}$ und $u = u_1 + u_2$ ergibt sich die für die unselbständige Entladung charakteristische Differentialgleichung:

$$\frac{v}{e} \cdot \frac{d}{dx}\left(E \cdot \frac{dE}{dx}\right) = q - \frac{\alpha}{e^2 u^2 E^2} \cdot \left(i + u_2 \cdot E \cdot \frac{dE}{dx}\right)\left(i - u_1 \cdot E \cdot \frac{dE}{dx}\right). \tag{4}$$

In aller Strenge die Gleichung (4) zu integrieren, ist bisher nicht gelungen, doch sind Lösungen unter gewissen vereinfachenden Annahmen angegeben. Die Lösung hat folgenden Grenzbedingungen zu genügen: da vorausgesetzt wurde,

---

1) P. LANGEVIN, C. R. Bd. 134, S. 414, 533. 1902; Bd. 137, S. 177. 1903; Ions, Electrons, Corpuscules, S. 311, 313, 320. Paris 1905.

2) Literatur vgl. Kap. „Ionen in Gasen" von K. PRZIBRAM, Bd. 22 ds. Handbuches.

3) G. RÜMELIN, Ann. d. Phys. (4) Bd. 43, S. 821. 1914.

4) F. E. WHEELOCK, Sill. Journ. Bd. 30, S. 233. 1910.

5) H. OGDEN, Phil. Mag. (6) Bd. 26, S. 991. 1913.

daß Ionen nur im Gasraum erzeugt werden, so kann, solange die Diffusion unberücksichtigt bleibt, kein positives Ion die Anode, kein negatives die Kathode treffen, da jedes gleich nach seiner Entstehung seinen Weg in der Feldrichtung antritt. Es ist also $n_1 = 0$ an der positiven, $n_2 = 0$ an der negativen Elektrode. Der Übergang in die angrenzende Gasschicht ist ein stetiger, es befinden sich also an den Elektroden Verarmungsgebiete je einer Ionenart. In der Entladungsbahn ist eine mehr oder weniger ausgedehnte Schicht vorhanden, in der die Anzahl positiver und negativer Träger gleich groß, das Gas, als Ganzes betrachtet, also elektrisch neutral ist. Diese neutrale Stelle teilt, wie die Rechnung zeigt, den Gasraum im Verhältnis der Ionenbeweglichkeiten. Sind die Geschwindigkeiten gleich, so halbiert sie die Strecke, ist $u_2 > u_1$, rückt sie näher an die Anode. Um in den Ionenverarmungsgebieten den Strom mit nur einer Trägerart aufrechtzuerhalten, ist notwendig, daß die Feldstärke an den Elektroden größer ist als im elektrisch neutralen Gebiet (Abb. 2). Bezeichnet man mit E_1 bzw. E_2 den Potentialgradienten an Anode und Kathode, mit E_m den Betrag in der neutralen Schicht, so erhält THOMSON:

$$E_1 = E_m \left\{1 + \frac{4\pi e}{\alpha} \cdot \frac{u_1}{u_2} (u_1 + u_2)\right\}^{\frac{1}{2}},$$

$$E_2 = E_m \cdot \left\{1 + \frac{4\pi e}{\alpha} \cdot \frac{u_2}{u_1} (u_1 + u_2)\right\}^{\frac{1}{2}}.$$

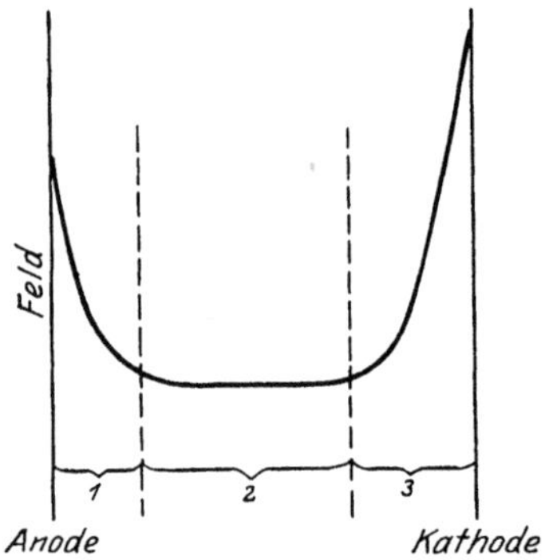

Abb. 2. Feldverteilung nach J. J. THOMSON.

In Luft und anderen unedlen Gasen ist u_2 nur unwesentlich größer als u_1, der Kathodenfall ist wenig stärker ausgeprägt als der Anodenfall. Anders muß es sein in sehr reinen Edelgasen und Stickstoff, wo bekanntlich Elektronen auf längere Zeit existenzfähig sind, und darum $u_2 \gg u_1$ ist. Experimentelle Untersuchungen liegen hierfür nicht vor. In Flammen, wo ebenfalls Elektronen die negativen Träger sind, ist die überwiegende Rolle des Kathodenfalles durch Sondenmessungen erwiesen worden (vgl. Kap. 3).

J. J. THOMSON hat Gleichung (4) integriert unter der Annahme gleicher Beweglichkeiten, was streng nicht richtig ist. Im allgemeinen Fall $u_2 > u_1$ teilt er den Entladungsraum in 3 Teile, den mittleren neutralen und die beiden an die Elektroden grenzenden, in denen Raumladung je eines Vorzeichens herrscht. Dabei nimmt er die Feldstärken in den Grenzschichten so groß an, daß hier die Wiedervereinigung unberücksichtigt bleiben kann. Der gesamte Spannungsabfall ist dann gleich der Summe der Potentialdifferenzen der 3 Gebiete. Er erhält als Charakteristik eine Gleichung der Form

$$V = R \cdot \frac{i}{\sqrt{1 - \frac{i}{i_m}}}, \tag{5}$$

wo i_m den maximalen oder Sättigungsstrom darstellt. Für $\frac{i}{i_m} \ll 1$ geht die Gleichung über in $V = i \cdot R$; die Größe $R = \left(\frac{dV}{di}\right)_{\lim i=0}$ wird darum der „OHMsche Widerstand" der Gasstrecke genannt. Je mehr sich i/i_m der Einheit nähert, desto stärker steigt V relativ zu i. Wahre Sättigung ist erst erreicht für $V = \infty$.

In einer späteren Arbeit[1]) gibt THOMSON der Charakteristik die Form

$$V = Ai + Bi^2, \tag{6}$$

[1]) Siehe J. J. THOMSON, Elektrizitätsdurchgang in Gasen, S. 73. 1906.

eine Gleichung, die bei einigermaßen großen Strömen aber weit weniger den experimentellen Daten genügt. Die Einteilung in 3 Gebiete ist willkürlich, da die Grenzen nicht scharf sind, und so sind die Formeln auch nur als Annäherungen zu verwerten.

Rechnerisch auf anderem Wege hat RIECKE[1]) das Problem angegriffen und der Differentialgleichung durch sukzessive Approximation beizukommen versucht. Während THOMSONS Werte sich besser den experimentellen Resultaten für sehr schwache Ströme anschließen, liefert RIECKES Methode eine gute Annäherung nur für gesättigte und fast gesättigte Ströme. Der Verfasser führt seine Rechnungen sowohl für Platten- wie für Zylinderkondensatoren durch. TOWNSEND[2]) berechnet die Abhängigkeit von Strom und Spannung ebenfalls für große Feldstärken, wenn die Ströme fast gesättigt sind, und erhält die Beziehung

$$\sqrt{\frac{4q\cdot u_1\cdot u_2\cdot E^2}{e^2\alpha i^2}-1}\cdot\mathrm{tg}\left\{\frac{e\alpha\cdot l\cdot i}{4u_1 u_2 E^2}\cdot\sqrt{\frac{4q\cdot u_1 u_2 E^2}{e^2\alpha i^2}-1}\right\}=1, \tag{7}$$

wo wie oben u_1 und u_2 die Geschwindigkeiten im Felde *1*, E die mittlere Feldstärke $E=\frac{V}{l}$, l der Plattenabstand, α der Koeffizient der Wiedervereinigung und q die ursprüngliche Ionisationsstärke bedeuten.

Sowohl für starke wie für schwache Ströme gilt MIES[3]) Charakteristik; auch hier ist die Diffusion vernachlässigt. Das Resultat der sehr komplizierten Rechnung lautet:

1. Für schwache Ströme, wenn der Sättigungsgrad $\frac{i}{i_m}\leqq 0{,}6$

$$V=R\cdot\left(i+C\cdot\frac{i^2}{i_m}\right), \tag{8}$$

hier ist $R=\left(\frac{dV}{di}\right)_{\lim i=0}$, i_m der Sättigungsstrom.

Die Konstante C berechnet sich für trockene Luft von Atmosphärendruck zu $C\doteq 1{,}04$; unter Benutzung genauerer Ionenkonstanten findet SEEMANN[4]) aus den MIEschen Ansätzen:

Für Luft: $C=1{,}057$; für CO_2: $C=0{,}708$; für H_2: $C=2{,}334$.

Die MIEsche Kurve ist eine Parabel wie die THOMSONsche (Gl. 6), doch sind die Zahlenfaktoren andere, und die Charakteristik deckt sich besser mit der experimentell aufgenommenen.

Für fast gesättigte Ströme $\frac{i}{i_m}>0{,}7$ gilt

$$V=\delta\cdot 0{,}828\cdot R\cdot\sqrt{\frac{i\cdot i_m}{1-i/i_m}}. \tag{9}$$

Der Faktor δ ist abhängig von der Art des Gases und für Luft von normalem Druck sehr nahe $=1$.

Unter ganz bestimmten Annahmen für den Druck zeigt ROBB[5]), daß die von THOMSON angesetzte Differentialgleichung integrabel ist, und zwar dann, wenn der Quotient $\frac{\alpha}{4\pi e u}$ fest vorgegebene Zahlenwerte annimmt. Er führt die Rechnung durch für $\frac{\alpha}{4\pi e u}=1$, entsprechend einem Druck von etwa $1^1/_2$

[1]) E. RIECKE, Göttinger Nachr. 1903, S. 11. Ann. d. Phys. Bd. 12, S. 52. 1903; Boltzmann-Festschr. 1904, S. 168.

[2]) J. S. TOWNSEND, Handb. d. Radiol. von E. MARX, Bd. I, S. 63.

[3]) G. MIE, Ann. d. Phys. Bd. 13, S. 857. 1909.

[4]) H. SEEMANN, Ann. d. Phys. Bd. 38, S. 781. 1912.

[5]) A. A. ROBB, Phil. Mag. Bd. 10, S. 237, 664. 1905.

Atmosphären. — Diese vereinfachende Annahme hatte vor ihm auch WALKER[1]) eingeführt. Dem Problem wird durch folgende Überlegung noch eine interessante Wendung gegeben: nimmt man an, daß an den Elektroden die Ionen des gleichen Vorzeichens nicht vollständig verschwinden, was durch Diffusion, sehr schwache Sekundärstrahlung oder geringe Radioaktivität des Materials eintreten kann, so ist an den Elektroden $n_1 \cdot n_2$ zwar klein, aber nicht $= 0$. Es sei $n_1 \cdot n_2 = \frac{\Theta}{4\pi e u}$. Für einen Gasdruck von ca. 8 Atmosphäre $\left(\frac{\alpha}{4\pi e u} = 4\right)$ wird die Charakteristik berechnet. Es ergeben sich Stromspannungsdiagramme für verschiedene Werte von $2\,\Theta/q$ unter Annahme von $q = 100$ und $u = 0{,}2$ in der Art der Abb. 3. Sobald Θ von 0 verschiedene Werte annimmt, d. h. wenn an den Elektroden n_1 bzw. $n_2 > 0$ ist, kann keine wahre Sättigung erreicht werden, der Strom steigt ständig mit der Spannung. Das Experiment hat gezeigt, daß für die unselbständige Entladung zwischen kalten Elektroden dieser Fall nicht zutrifft. Wohl aber finden sich Charakteristiken wie die hier berechneten in Strömen durch Flammen.

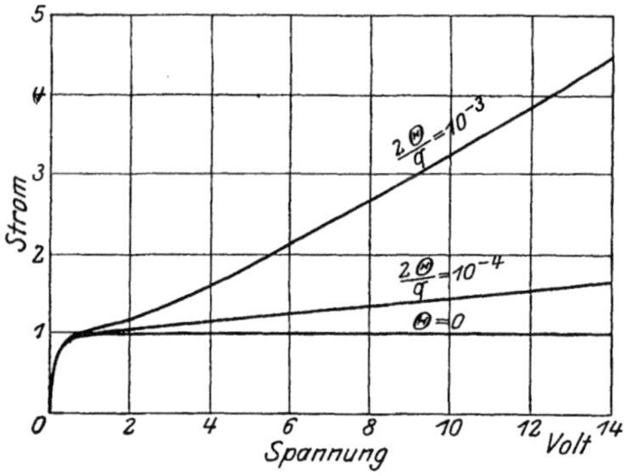

Abb. 3. Stromspannungscharakteristik, berechnet nach WALKER.

Mathematisch mit möglichster Strenge hat SEELIGER[2]) Lösungen der allgemeinen Differentialgleichung angegeben, aber auch unter Vernachlässigung der Diffusion. Ebenfalls durch Reihenentwicklung gewinnt er Näherungsausdrücke, wobei besonderes Augenmerk auf gute Konvergenz der Reihen gelegt wird. Die allgemeine Form der Charakteristik gewinnt er als $i = i_m \cdot c \cdot \frac{1}{f(\xi)}$, wo wie stets der Sättigungsstrom $i_m = q \cdot e \cdot l$. Der Faktor c ist nur abhängig von Ionenkonstanten, $f(\xi)$ läßt sich tabellarisch auswerten. Mit beliebiger Genauigkeit kann die Charakteristik punktweise ausgewertet werden. Daß der Sättigungsstrom $i_m = q \cdot e \cdot l$ ist, das Wiedervereinigungsglied also vernachlässigt werden kann, ist, wie SEELIGER zeigt, eine Folgerung der THOMSONschen Grundgleichungen. Es läßt sich rein formal aus den Gleichungen bei Einsetzen der Grenzbedingungen an Anode und Kathode zeigen, daß, 1. wenn $i_m = q \cdot e \cdot l$ ist, der Ausdruck $\alpha \cdot n_1 \cdot n_2 = 0$ sein muß, und 2., wenn $\alpha \cdot n_1 \cdot n_2 = 0$ ist, der Sättigungsstrom $i_m = q \cdot e \cdot l$ beträgt. Dieser Nachweis war früher nicht erbracht worden. Für sehr schwache und sehr starke Ströme gibt SEELIGER Näherungsformeln an, es gilt:

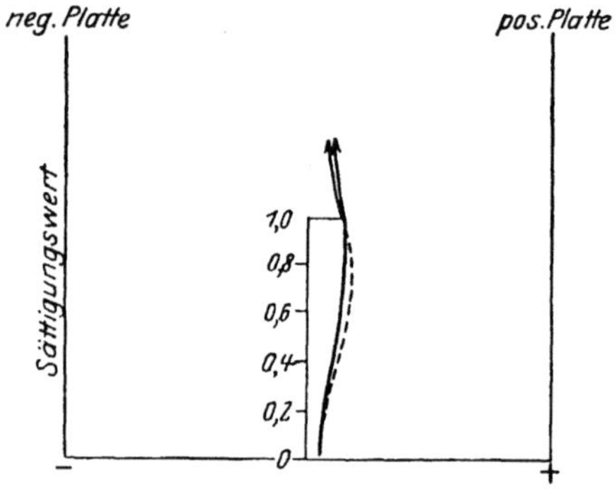

Abb. 4. Lage der neutralen Stelle —— – nach SEELIGER, ······· nach MIE.

für $i < 0{,}6\,i_m$:

$$V = R \cdot \left(i + c \cdot \frac{i^2}{i_m}\right), \tag{10}$$

wobei für Luft $c = 1{,}08$;

[1]) G. W. WALKER, Phil. Mag. Bd. 8, S. 650. 1904.

[2]) R. SEELIGER, Ann. d. Phys. Bd. 33, S. 319. 1910; Diss. München 1910.

für $i > 0{,}94\, i_m$:
$$V = \frac{i \cdot R}{\sqrt{1 - i/i_m}}, \tag{11}$$
wo wieder $R = \left(\frac{dV}{di}\right)_{\lim i=0}$. Gleichung (10) ist mit etwas anderem Zahlenfaktor der MIEsche Ausdruck, Gleichung (11) fällt mit dem THOMSONschen zusammen. — Der Ort minimaler Feldstärke, an dem die Anzahl positiver und negativer Ionen gleich groß ist, ändert sich etwas mit der Stromstärke. Abb. 4 zeigt die rechnerisch gefundene neutrale Stelle in Abhängigkeit von i/i_m nach SEELIGER und nach MIE. Die explizite Form für die Feldstärke als Funktion des Ortes soll, da sie ein komplizierter Ausdruck ist, nicht aufgeschrieben werden. Die Abb. 5a und 5b geben die Kurven wieder nach den Arbeiten

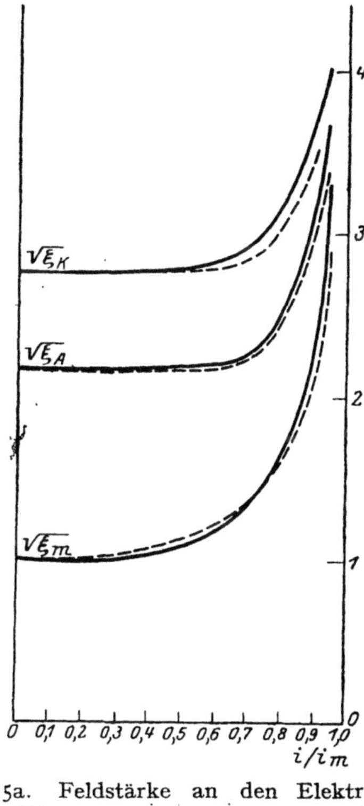

Abb. 5a. Feldstärke an den Elektroden ($\sqrt{\xi_K}$, $\sqrt{\xi_A}$) und minimale Feldstärke ($\sqrt{\xi_m}$) in Abhängigkeit vom Strom —— nach SEELIGER, ······· nach MIE.

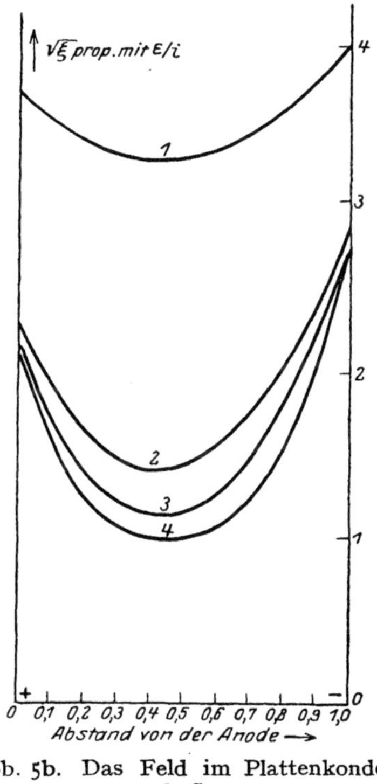

Abb. 5b. Das Feld im Plattenkondensator nach SEELIGER.

Kurve 1, $i/i_m = 0{,}949$; Kurve 2, $i/i_m = 0{,}728$; Kurve 3, $i/i_m = 0{,}576$; Kurve 4, $i/i_m = 0{,}406$.

von MIE und von SEELIGER. Entsprechend der etwas größeren Beweglichkeit negativer Ionen ist der Kathodenfall mehr ausgebildet als der Anodenfall, und zwar in um so stärkerem Maße, je geringer der Sättigungsgrad.

SEELIGER ist es dann weiter gelungen, die gleichen Überlegungen zu übertragen auf den Zylinder- und den Kugelkondensator, für die auch die Feldstärke nur allein von einer Ortskoordinate (r) abhängt. Für einen unendlich großen Kugelkondensator, d. h. eine frei im Raume schwebende geladene Kugel, in deren Umgebung sich Ionen befinden, läßt sich ein Zerstreuungsgesetz aufstellen, für das das bekannte COULOMBsche Zerstreuungsgesetz i prop. der Ladung eine erste Näherung darstellt für den limes $i = 0$. In diesem Grenzfall ergibt die Rechnung $i = (V \cdot r_0) \cdot 4\pi e u \cdot (q/\alpha)^{\frac{1}{2}}$, wo r_0 den Kugelradius bedeutet.

Eine wesentliche Voraussetzung der von SEELIGER angestellten Rechnungen ist, daß die Größe $\frac{u_2 - u_1}{u_1 + u_2} = k$ klein ist gegen 1. In den bisher untersuchten Gasen trifft diese Annahme zu, für sehr reine Edelgase, Stickstoff und Wasserstoff, wo $u_2 \gg u_1$ ist, für die jedoch bis jetzt keine Charakteristiken experimentell aufgenommen sind, kann die Entwicklung aber nicht gültig bleiben, wie folgende Tabelle zeigen möge:

Tabelle 1. Werte für $\frac{u_2 - u_1}{u_1 + u_2} = k$.

Gas	u_1	u_2	k	Beobachter
Luft	1,35	1,82	0,15	Mittelwert
Stickstoff, techn.	1,27	1,84	0,18	FRANCK[1])
„ rein	1,27	120,4	**0,98**	„
„ „	—	370—500	∾**1**	HAINES[2])
„ „	—	ca. 10000	∾1	LOEB[3])
Wasserstoff, trocken	5,91	8,26	0,17	ROTHGIESSER[4])
„ feucht	5,30	6,26	0,08	„
„ rein	6	bis 170	**0,93**	HAINES[2])
Argon, schwach verunreinigt . .	1,37	1,70	0,11	FRANCK[1])
„ rein	1,37	ca. 206	**0,99**	„
Helium, schwach verunreinigt . .	5,09	6,31	0,11	FRANCK u. POHL[5])
„ rein	5,09	ca. 500	**0,98**	„ „

Da sowohl die MIEschen Formeln als auch die von SEELIGER sehr mühsam auszuwerten sind, hat GREINACHER[6]) der Charakteristik eine Form gegeben, die zwar nicht ganz so genau, aber dafür der Rechnung leichter zugänglich ist: i als $f(V)$ geschrieben lautet danach: $i = i_m \cdot \left(1 - e^{-\frac{V}{R \cdot i_m}}\right)$. Die berechneten Werte für i weichen von denen nach SEELIGER und MIE um einige Prozent ab. Soll die Genauigkeit auf einige Promille gesteigert werden, so ist zu schreiben:

$$\left.\begin{aligned} i &= i_m \cdot \left\{1 - e^{-2p} - 0{,}04 \cdot \frac{p^2}{p^2 + 0{,}015} \cdot e^{-0{,}217 \cdot p \cdot \left(1 + \frac{1}{3 \cdot (p + 0{,}9)^2 + 0{,}15}\right)}\right\}, \\ \text{wobei} \\ p &= \frac{V}{2 \cdot i_m \cdot R}. \end{aligned}\right\} \quad (12)$$

5. Experimentelle Ergebnisse. Die Zahl experimenteller Untersuchungen, die eine Entscheidung über die Zulässigkeit der Theorien bringen könnte, ist äußerst gering. Die Fragen, die zu lösen sind, sind folgende:

1. Wie gestaltet sich der Potentialverlauf zwischen zwei geladenen Kondensatorplatten, wenn ein Gas von verhältnismäßig großem Druck anwesend ist?
2. Ist bei Annahme einer homogenen Volumionisierung, bei dem die Elektroden selbst keine Träger in den Raum senden, die berechnete Charakteristik der experimentell gefundenen gleich? und
3. im Zusammenhang mit 2.: ist es unter den gegebenen Umständen zulässig, die Diffusion der Ionen vollständig zu vernachlässigen.

---

1) J. FRANCK, Verh. d. D. Phys. Ges. Bd. 12, S. 613. 1910.
2) W. B. HAINES, Phil. Mag. Bd. 30, S. 503. 1915.
3) L. B. LOEB, Phys. Rev. Bd. 19, S. 24. 1922.
4) G. ROTHGIESSER, Dissert. Freiburg 1913.
5) J. FRANCK u. R. POHL, Verh. d. D. Phys. Ges. Bd. 9, S. 194. 1907.
6) H. GREINACHER, Ann. d. Phys. Bd. 37, S. 561. 1912.

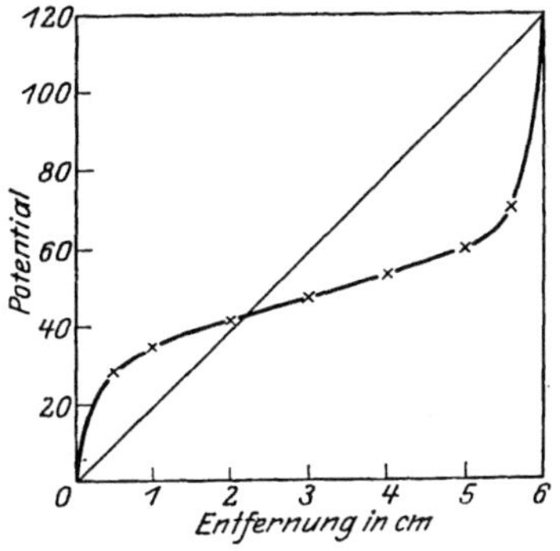

Abb. 6. Potentialverlauf im Plattenkondensator nach CHILD.

Über den Potentialverlauf gibt eine ältere Arbeit von CHILD[1]) Auskunft, allerdings nur qualitativ, da die Methoden, Potentiale zu messen, die auch heute noch Schwierigkeiten bereiten, in damaliger Zeit weit weniger ausgebildet waren. In einen aufgeladenen, mit Luft von Atmosphärendruck gefüllten Kondensator, der durch Röntgenstrahlen so bestrahlt wird, daß kein Licht die metallischen Elektroden trifft, führt, in eine feine Spitze auslaufend, eine verschiebbare, dünne, mit Wasser gefüllte Glasröhre, deren anderes Ende mit einem Elektrometer leitend verbunden ist. Die Spitze stört zwar das Feld, doch gibt Abb. 6 den ungefähren Potentialverlauf wieder. Das gleiche zeigt eine Messung von ZELENY[2]), bei der die Methode noch primitiver war. Nachdem Röntgenstrahlen eine Zeitlang den Entladungsraum eines Kondensators ionisiert haben, treibt ein Luftstrahl die gebildeten Ionen seitlich auf einen Glaswollepfropfen, der sich auf ein Elektrometer entlädt. Der Pfropfen kann zwischen den Elektroden verschoben werden. Die gefundene Kurve für die Raumladung als Funktion des Ortes deckt sich mit den Potentialkurven von CHILD.

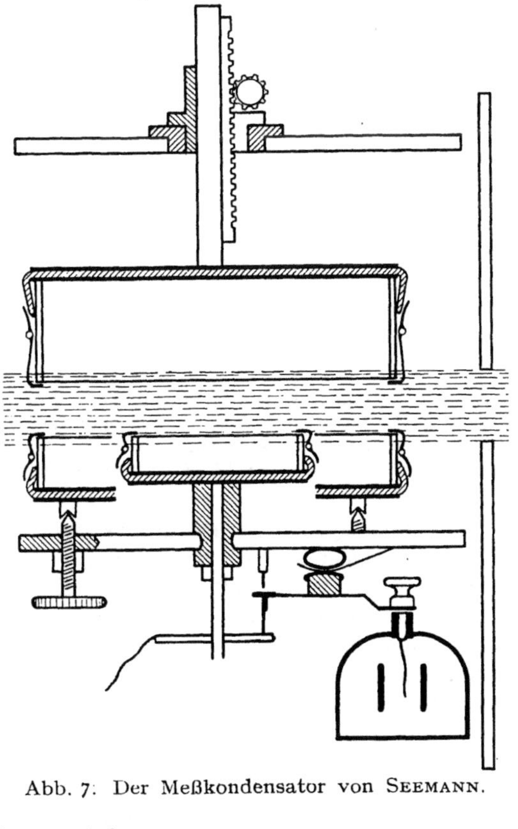

Abb. 7. Der Meßkondensator von SEEMANN.

Von allen Arbeiten, die Charakteristik zu messen, kommt ernstlich nur eine Untersuchung von SEEMANN[3]) in Betracht. Der Verfasser benutzt einen großdimensionierten ebenen Kondensator, dessen untere Platte zur Homogenhaltung des Feldes mit einem Schutzring versehen ist (s. Abb. 7). Die Elektroden bestehen aus mit Glyzerin getränktem Seidenpapier, das bei Bestrahlung mit Röntgenstrahlen praktisch keine Sekundärstrahlen emittiert. Die Strahlen können, nachdem sie eine Blende passiert haben, nirgends Metallteile treffen. Zur Messung des Stromes verwendet SEEMANN eine ursprünglich von GIESE[4]) und RUTHERFORD[5]) angegebene Nullmethode. Der von der einen Kondensatorplatte auf das Elektrometer abfließende Strom wird kompensiert durch einen zwei-

---

[1]) C. D. CHILD, Wied. Ann. Bd. 65, S. 152. 1898.
[2]) J. ZELENY, Phil. Mag. Bd. 46, S. 120. 1898.
[3]) H. SEEMANN, Ann. d. Phys. Bd. 38, S. 781. 1912.
[4]) W. GIESE, Wied. Ann. Bd. 17, S. 1, S. 236, S. 519. 1882.
[5]) E. RUTHERFORD, Phil. Mag. (5) Bd. 47, S. 109. 1899.

ten, der bekannt ist aus Kompensationsspannung und -widerstand. Eine besondere Schwierigkeit liegt im Konstanthalten der Röntgenstrahlung. Der Verfasser hat darum eine sehr sinnreiche automatische Registriervorrichtung erdacht, mit der es möglich ist, eine Charakteristik von 60 Meßpunkten in 5 Min. aufzunehmen. Die Messungen sind mit außerordentlicher Sorgfalt ausgeführt; wegen der Einzelheiten sei auf die Originalarbeit verwiesen.

Als Resultat der Versuche, die mit trockener Luft von Atmosphärendruck angestellt wurden, ergibt sich eine fast vollständige Übereinstimmung der gefundenen Charakteristik mit den von MIE und SEELIGER berechneten, während die THOMSONsche Kurve teils zu hoch und teils zu tief liegt. Erst von $i/i_m > 0{,}7$ an liegen die Stromwerte etwa 1 bis $1^1/_2\%$ tiefer als die aus der Theorie gegebenen. Bis zu dieser Stromstärke sind also jedenfalls für große Kondensatoren die in die Rechnung eingeführten Vernachlässigungen (Diffusion) erlaubt. Oberhalb

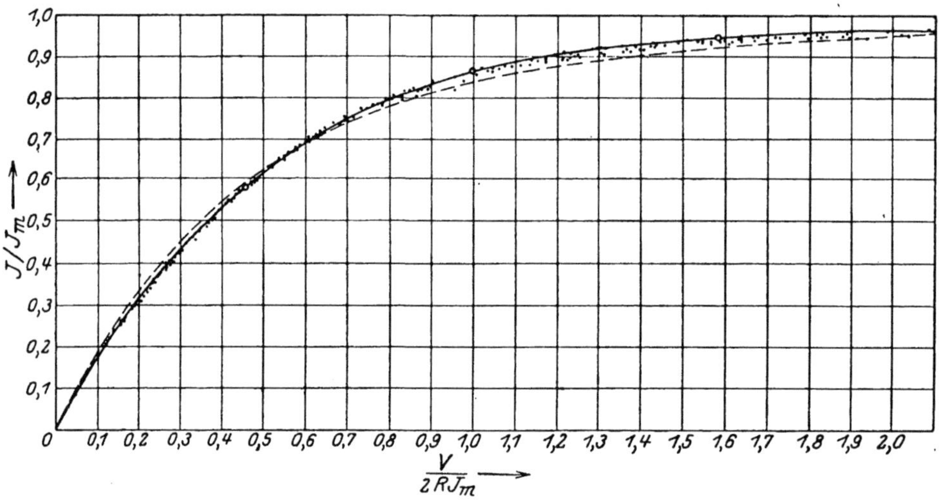

Abb. 8. Sättigungsstromkurve in Luft nach SEEMANN. Die gestrichelte Kurve ist die von J. J. THOMSON, die ausgezogene die von MIE berechnete. Die drei durch Kreise gekennzeichneten Punkte sind berechnet nach SEELIGER. Die Beobachtungspunkte sind den 15 glattesten Kurven (reduziert) entnommen.

des Sättigungswertes 0,7 müßte die Theorie Korrektionen erfahren, um einen besseren Anschluß an das Experiment zu gewinnen. Abb. 8 gibt die Meßresultate zusammen mit den theoretischen Kurven von MIE und von SEELIGER. Bemerkenswert ist die gute Übereinstimmung, trotzdem in die Rechnung nur Ionenkonstanten von Trägern mit je einer Ladungseinheit eingeführt sind. Da man aber in Luft, die durch Röntgenstrahlen ionisiert wurde, positive Ionen, die zwei Ladungen tragen, nach den Versuchen von FRANCK und WESTPHAL[1]) in einem solchen Betrage findet, daß etwa 9% aller anwesenden Ionen als doppelt geladen angesehen werden müssen, war dieses Resultat nicht ohne weiteres zu erwarten. Der Grund hierfür läßt sich aus der Form erkennen, in der die Konstanten in die Differentialgleichung (4) auf S. 5 und damit auch in die Lösung, die SEELIGER und MIE der Gleichung gaben, eingehen. Nach Multiplikation mit e treten die Größen auf: u_1 und u_2, gesondert und in den Kom-

[1]) J. FRANCK u. W. WESTPHAL, Verh. d. D. Phys. Ges. Bd. 11, S. 146, 276. 1909.

binationen $u = u_1 + u_2$, $1/v = 1/u_1 + 1/u_2$, ferner $q \cdot e$ und α/e Nun besitzen einfach und doppelt geladene Ionen gleiche Beweglichkeiten, also bleibt u_1, u_2, u und v bei zweifacher Ionisation konstant; $q \cdot e$ stellt eine Elektrizitätsmenge dar, deren Gesamtbetrag unabhängig davon ist, ob er einfach oder doppelt geladenen Ionen in entsprechend verringerter Anzahl entstammt, und schließlich wird der Betrag von α/e stets Messungen entnommen, die bei Ionisation durch Röntgenstrahlen angestellt werden, bei denen also die Versuchsbedingungen die gleichen sind, mit denen SEEMANN arbeitet.

6. Berücksichtigung der Diffusion. In unreinen Gasen und in weiten Kondensatoren spielt also die Diffusion der Ionen als Ladungsverlust noch eine untergeordnete Rolle. Nur die Größe der Ionen kann dies Resultat verständlich machen. Da im Kapitel „Die Ionen in Gasen" im Bd. 22 ds. Handb. die Beweglichkeit und Masse der Ionen eingehend besprochen wird, möge hier ein kurzer Hinweis genügen. — Schon THOMSON hatte die Vermutung aufgestellt, daß die Ionen, die in Gasen von verhältnismäßig großem Druck in kleinen Feldern bestehen, nicht die Größe von Atomen haben, sondern daß sich um ein ladungstragendes Teilchen neutrale Moleküle sammeln und „Cluster" bilden. Diese Annahme ist zwar bis heute noch nicht bewiesen, aber doch durch eine Reihe von Versuchen wahrscheinlich gemacht. — Beweglichkeitsmessungen in ionisierten Gasen haben im allgemeinen 3 Arten von Ladungsträgern gezeigt: 1. abnorm große, die sog. Langevin-Ionen, die sich an Kondensationskernen bilden; sie treten z. B. bei der Oxydation von Phosphor, in Flammen und deren Verbrennungsgasen auf. Ihre Anzahl bei den vorliegenden Versuchen dürfte gering sein; 2. normale Ionen, die in kalten Gasen von nicht zu geringem Druck bei Entladungen in kleinen Feldern angetroffen werden; 3. Ionen von Atom- resp. Elektronendimensionen. — Ob die normalen Ionen, die nach THOMSON etwa 10fachen, nach LANGEVIN 3- bis 5fachen Atomdurchmesser besitzen, chemisch stabile Modifikationen darstellen, als die sie eine Anzahl von Forschern ansehen, oder ob sie in ständigem Auf- und Abbau begriffen sind, was der Ansicht z. B. von LENARD[1]), REINGANUM[2]) und LOEB[3]) entspricht, oder ob es schließlich Molekülionen sind, die nach SUTHERLAND[4]) im Gase eine etwa 7mal größere Reibung erfahren, ist hier ohne Belang. Wesentlich ist, daß die Ionen bei gewöhnlicher Temperatur äußerst träge sind. — Während nun diese schweren Teilchen nur langsam gegen das Feld fortdiffundieren, wird die Sachlage eine andere in zwei Fällen: erstens in sehr reinen Edelgasen, in denen die negativen Elektrizitätsträger Elektronen sind mit 10^3- bis 10^4facher Beweglichkeit; zweitens in Kondensatoren, in denen der Weg zwischen den Elektroden bedeutend verkürzt ist.

Den ersten Fall hat HERTZ[5]) durchgerechnet unter der Annahme, daß langsame Elektronen von einer Stelle des Raumes aus in die Entladungsbahn eintreten. Wir kommen in Ziff. 11 auf die Untersuchung und ihre experimentelle Prüfung zurück. Die Rechnung zeigt, daß, falls ein Konzentrationsgefälle von Elektronen vorhanden ist, sei es nach außen oder an den Elektroden, die Bewegung der Träger nicht mehr eindeutig durch die Richtung des Feldes bestimmt, sondern als Diffusionsproblem aufzufassen ist, bei dem Form und Abmessungen des Entladungsraumes für die Ausbildung des Stromes von wesentlichem Einfluß sind.

---

[1]) P. LENARD, Sitzungsber. Heidelb. Akad. 1910, Abt. 32.
[2]) M. REINGANUM, Phys. ZS. Bd. 12, S. 575, 666. 1911.
[3]) B. L. LOEB, Proc. Nat. Acad. Amer. Bd. 12, S. 35. 1926.
[4]) W. SUTHERLAND, Phil. Mag. Bd. 18, S. 341. 1909; Bd. 19, S. 817. 1910.
[5]) G. HERTZ, ZS. f. Phys. Bd. 32, S. 298. 1925.

Die oben mitgeteilten Differentialgleichungen [Gleichungen (2), (3), (4), S. 5, Ziff. 4] für die unselbständige Entladung lauten nun bei Berücksichtigung der Diffusion

$$i = e \cdot E \cdot (u_1 n_1 + u_2 n_2) + D_1 \cdot \frac{d n_1}{dx} - D_2 \cdot \frac{d n_2}{dx}, \tag{2'}$$

$$\left.\begin{aligned} q - \alpha n_1 n_2 &= u_1 \cdot \frac{d}{dx}(n_1 E) - D_1 \cdot \frac{d^2 n_1}{dx^2}, \\ q - \alpha n_1 n_2 &= -u_2 \cdot \frac{d}{dx}(n_2 E) - D_2 \cdot \frac{d^2 n_2}{dx^2}, \end{aligned}\right\} \tag{3'}$$

dazu kommt unverändert

$$-\frac{dE}{dx} = e \cdot (n_1 - n_2) \cdot 4\pi = 4\pi \varrho, \tag{1}$$

hierin sind D_1 und D_2 die Diffusionskonstanten.

LANGEVIN[1]) hat ein Näherungsverfahren angegeben, um die Gleichungen zu lösen. Zunächst weist er nach, daß der Ladungsverlust durch Rekombination sich zu dem durch Diffusion verhält wie $\frac{\alpha \cdot q \cdot l^4}{D^2}$; es folgt, wenn die Ionisierungsstärke q einen festen gegebenen Wert hat, daß bei sukzessiver Verkleinerung des Plattenabstandes l der Diffusionsverlust bald den durch Wiedervereinigung übertrifft. LANGEVIN löst darum die Gleichungen in erster Näherung unter Vernachlässigung von α und findet:

$$\frac{i}{i_m} = \frac{e^{-m}}{1 - e^{-m}} + \frac{e^{-m'}}{1 - e^{-m'}} - \frac{1}{m} - \frac{1}{m'},$$

wo

$$m = \frac{u_1 V}{D_1} \quad \text{und} \quad m' = \frac{u_2 V}{D_2}.$$

Hier ist V die an den Elektroden liegende Spannungsdifferenz. Die Verteilung der Ionen als Funktion des Abstandes x von einer Elektrode ergibt sich aus:

$$n = \frac{a^2}{D \cdot m} \cdot \left[\frac{x}{a} - \frac{e^{\frac{m x}{a}} - 1}{e^m - 1}\right].$$

Mit dieser Lösung läßt sich eine zweite Näherung mit Berücksichtigung der Rekombination von etwas komplizierterer Form gewinnen.

Im Anschluß an LANGEVINS Arbeit hat SALLES[2]) die Theorie experimentell geprüft. Ein ebener Plattenkondensator, mit Luft von Atmosphärendruck gefüllt, wird einer sehr schwachen γ-Strahlung ausgesetzt. Bei Annahme der Gültigkeit der LANGEVINschen Formel wird aus i/i_m der Ausdruck $\frac{m}{V} = \frac{u}{D}$ für verschiedene Sättigungsgrade des Stromes und verschiedene Plattenabstände von 0,3 bis 4 mm berechnet. Würde er bei Variierung der Versuchsbedingungen gleich gefunden, so könnte die Theorie als bestätigt angesehen werden. — Die Konstanz ist, wie sich aus den Experimenten ergibt, für hohe Sättigungsgrade nicht schlecht, doch liegen bei geringen Strömen systematische Abweichungen bis zu 20% vor.

Dem Vorgang LANGEVINS folgend, hat JAFFÉ[3]) den Einfluß der Diffusion auf die Charakteristik noch genauer untersucht, indem er den Strom als Funktion der Spannung für jeden Plattenabstand berechnet. Wie LANGEVIN führt er einen reduzierten Plattenabstand ein: $\delta = l \cdot \left[\frac{q\alpha}{36 D^2}\right]^{\frac{1}{4}}$, und löst die Gleichungen

[1]) P. LANGEVIN, Le Radium Bd. 10, S. 113. 1913.
[2]) E. SALLES, Le Radium Bd. 10, S. 119. 1913.
[3]) G. JAFFÉ, Ann. d. Phys. Bd. 43, S. 249. 1914.

durch Reihenentwicklung für sehr kleine und fast gesättigte Ströme. Der mittlere Teil der Kurve wird interpoliert. Die Ionisationsstärke q braucht nicht überall gleich zu sein, sondern kann als beliebige Funktion des Ortes gegeben werden. Das Resultat der Rechnung, ausgewertet für Luft, ist dargestellt in Abb. 9; die gestrichelten Teile der Kurven sind interpoliert. Der Sättigungsgrad i/i_m für verschiedene reduzierte Plattenabstände δ, dargestellt als Funktion einer reduzierten Feldstärke f drückt sich aus, wenn $f = \frac{u_1 + u_2}{l^2 \cdot \sqrt{q \cdot \alpha}} \cdot V$ ist, mit den Konstanten für Luft:

$$\frac{i}{i_m} = 1 - 0{,}79354 \cdot \frac{1}{\delta^2} \cdot \frac{1}{f} - 0{,}68417 \cdot \frac{1}{f^2} + 0{,}96638 \cdot \frac{1}{\delta^2 f^2} - 3{,}3087 \cdot \frac{1}{\delta^4 f^4} + 0{,}50927 \cdot \frac{1}{f^4} + \cdots$$

Die Kurve (s. Abb. 9) für δ_∞ deckt sich praktisch mit denen von MIE und SEELIGER, die für $\delta = 0{,}35$ ist nach LANGEVINS Formel berechnet. Einigermaßen beträchtliche Störungen durch Diffusion treten erst auf bei einem reduzierten Elektrodenabstand $\delta \leqq 3$, während für SEEMANNS Kondensator $10{,}6 < \delta < 36{,}4$ betrug, und die Reinheit der Versuchsbedingungen auch nach der genaueren Rechnung gewährleistet ist. In einer späteren Arbeit[1]) werden die Betrachtungen erweitert auf Zylinder- und Kugelkondensator.

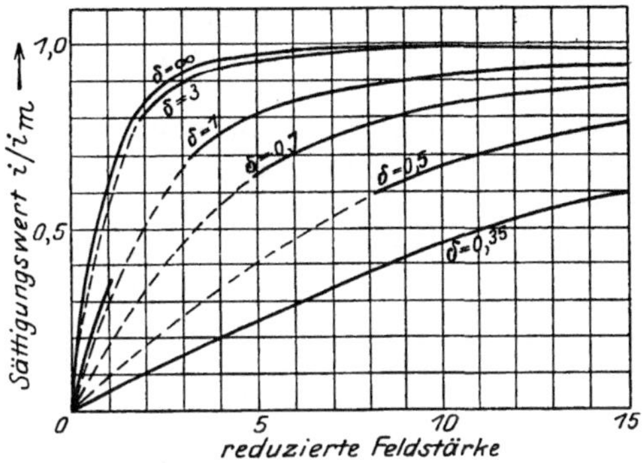

Abb. 9. Stromsättigungskurven, berechnet nach JAFFÉ.

7. Volumionisation durch Ionen eines Vorzeichens. Von bisher nur theoretischem Interesse ist eine reine Volumionisation, bei der alle Träger von gleichem Vorzeichen sind, ein Fall, den STARKE[2]) berechnet. Praktisch wäre er zu verwirklichen, wenn positive oder negative Ionen in einen Kondensator hineingeblasen oder durch ein unter Spannung stehendes Netz eingeführt würden, und den Raum homogen und zeitlich konstant erfüllten. Eine Rekombination fällt dabei fort. Die Elektroden selbst sollen nicht Ionenquellen sein. STARKE findet, wenn N_1 die Anzahl der erzeugten positiven Träger pro Sekunde bedeutet, für den Feldverlauf als Funktion des Abstandes x von der Elektrode gleichen Vorzeichens die Beziehung:

$$\left(\frac{dV}{dx}\right)^2 = \frac{C}{2} x^2 + C',$$

wo

$$C = 8\pi e \frac{N_1}{u_1}$$

und für die Raumdichte der Elektrizität

$$-4\pi\varrho = \frac{d^2V}{dx^2} = \frac{Cx}{2} \cdot \left(\frac{C}{2} x^2 + C'\right)^{-\frac{1}{2}}.$$

Der Potentialverlauf wird durch eine Hyperbel dargestellt, deren Scheitelpunkt in der Anode liegt; ein Wendepunkt existiert nicht. Die räumliche Dichte ist an der Anode Null und hat ihr Maximum an der Kathode, wo auch der Potential-

1) G. JAFFÉ, Ann. d. Phys. Bd. 75, S. 391. 1924.
2) H. STARKE, Ann. d. Phys., Boltzmann-Festschr., S. 667. 1904.

fall am größten ist. C' ist das Quadrat des Gefälles an der Anode und also positiv. Die entsprechende Überlegung ergibt sich für einseitig negative Ionisierung des Raumes.

c) Oberflächenionisation.

8. Theoretische Ansätze für die Oberflächenionisation. Wenn jetzt dazu übergegangen wird, von Oberflächenionisation zu reden, so soll von vornherein der Fall einer thermischen Ionisation durch glühende Metalle ausgeschlossen sein, da er im Kapitel über „Ionisation durch glühende Körper" ausführlich behandelt wird. Als Ionisationsquellen kommen dann in Betracht: 1. kurzwelliges Licht, das von den Elektroden Photoelektronen löst; 2. radioaktive Substanzen, die auf die Elektroden gebracht sind. Hierbei ist von β- und γ-Strahl emittierenden Präparaten wieder abzusehen, da durch sie der Gasraum ionisiert wird, und es sind nur α-Strahlen von so kurzer Reichweite zuzulassen, daß der Ionisationsbereich im Gas klein ist gegenüber der ganzen Entladungsbahn. — Von den durch eine Elektrode ausgesandten Ionen kehren die einen sofort zu der sie erzeugenden entgegengesetzt geladenen Elektrode zurück, während nur eine Trägersorte den Gasraum durchsetzen kann. Photoelektronen machen ihre Wirkung nur von der Kathode aus geltend, ein α-Präparat kann auf Anode und Kathode wirksam sein.

In der oben zitierten Arbeit[1]) berechnet STARKE die Feldstärke bei Vernachlässigung von Rekombination und Diffusion für eine Ionisation, die von beiden Elektroden ausgeht und findet:

$$\left(\frac{dV}{dx}\right)^2 = C\,x + C' \qquad \text{wo} \qquad C = 8\pi e\cdot\left(\frac{n_1}{u_1} - \frac{n_2}{u_2}\right).$$

Die Gleichung, die das Gefälle als Funktion des Ortes darstellt, ist eine Parabel, der Differentialquotient $\frac{d(dV/dx)^2}{dx}$ ist konstant. Er ist positiv, d. h. das Gefälle nimmt von der Anode aus nach der Kathode hin zu, wenn $\frac{n_1}{u_1} > \frac{n_2}{u_2}$ (wenn n_1, n_2 die Anzahl der positiven bzw. negativen Träger, u_1, u_2 deren Beweglichkeit ist), im entgegengesetzten Fall nimmt das Gefälle ab. Nur wenn $\frac{n_1}{u_1} = \frac{n_2}{u_2}$ ist, ist das Gefälle konstant im ganzen Raum und die Anzahl positiver und negativer Teilchen in jedem Volumelement gleich. Ist aber die Geschwindigkeit der negativen Ionen $u_2 > u_1$, ohne daß ihre Anzahl entsprechend größer ist, so ist die Raumladung im ganzen Raum positiv, das Gefälle hat sein Maximum an der Kathode und nimmt ohne Wendepunkt bis zur Anode ab. Eine ähnliche Beziehung hatte auch J. J. THOMSON[2]) abgeleitet, jedoch scheint für beide Rechnungen das Bedenken berechtigt, ob, falls die Ionisation nur in einer dünnen Gasschicht an den Elektroden stattfindet, die Diffusion ganz vernachlässigt werden darf. In diesem Sinne hat sich auch SEELIGER[3]) geäußert.

Das gleiche gilt von einer Rechnung von RUTHERFORD[4]), die sich auf eine Ionisation an nur einer Elektrode bezieht. Die THOMSONschen Gleichungen reduzieren sich in diesem Fall auf

$$\frac{d^2V}{dx^2} = -4\pi\varrho = 4\pi e n_1 \tag{1}$$

und

$$i = e\cdot n_1 u_1\cdot\frac{dV}{dx}. \tag{2}$$

---

[1]) H. STARKE, Ann. d. Phys., Boltzmann-Festschr., S. 667. 1904.
[2]) J. J. THOMSON, Elektrizitätsdurchgang in Gasen, 1906, S. 74.
[3]) R. SEELIGER, Handb. d. Elektr. u. d. Magn. von GRAETZ, Bd. III, S. 405.
[4]) E. RUTHERFORD, Phil. Mag. (5) Bd. 47, S. 109. 1899; (6) Bd. 2, S. 210. 1901.

hieraus ergibt sich

$$\left(\frac{dV}{dx}\right)^2 = \frac{8\pi i x}{u_1} + C$$

wo

$$C^{\frac{1}{2}} = \left(\frac{dV}{dx}\right)_{\lim x = 0}$$

und

$$V = \int_0^l \frac{dV}{dx}\,dx = \frac{u_1}{12\pi i}\left[\left(\frac{8\pi i l}{u_1} + C\right)^{\frac{3}{2}} - C^{\frac{3}{2}}\right].$$

Um das Feld $\left(\frac{dV}{dx}\right)_{x=0}$ an der Elektrode zu finden, ist zu berücksichtigen, daß in der sehr dünnen Gasschicht von der Dicke δ, in der die Ionisation stattfindet, die Feldstärke nicht merklich von Null abweicht. Die Ionendichte ist dort $n_1 = n^2 = \left(\frac{q}{\alpha}\right)^{\frac{1}{2}}$. Der Strom in dieser Schicht ist von der Größenordnung $i = e \cdot (u_1 + u_2) \cdot C^{\frac{1}{2}} \cdot \left(\frac{q}{\alpha}\right)^{\frac{1}{2}}$ oder $C \sim \frac{i^2 \cdot \alpha}{q\, e^2 \cdot (u_1 + u_2)^2}$. C ist, wie sich zeigen läßt, klein gegen $\frac{8\pi i l}{u_1}$, wenn der Sättigungsgrad i/i_m bei gegebener Ionisationsstärke q klein ist, wo $i_m = q \cdot e \cdot \delta$, und wenn δ klein ist. Es wird unter diesen Voraussetzungen $V^2 = \frac{32\pi}{9u} \cdot i \cdot l^3$. Bei kleinem Sättigungsgrade wächst also der Strom quadratisch mit der Spannung, ist unabhängig von der Ionisationsstärke und umgekehrt proportional der dritten Potenz des Plattenabstandes. Die Ableitung ist nicht mehr gültig, wenn C, das Maß für die Feldstärke an der Kathode, groß wird.

9. Raumsättigung. Zu derselben Lösung war im gleichen Jahre v. SCHWEIDLER[1]) gekommen. In einer späteren Arbeit[2]) macht er sich von der Voraussetzung kleiner Ströme frei und findet eine Beziehung für den Strom (in Amp./qcm) als Funktion der Spannung (in Volt), des Plattenabstandes (l) und der Beweglichkeit der Ionen (in cm/sec: Volt/cm), die mit ausgewerteten Zahlenfaktoren lautet:

$$i = 1{,}11 \cdot 10^{-12} \cdot \frac{u}{4\pi} \cdot \omega \cdot \frac{V^2}{l^3}.$$

Hier ist ω eine Größe, die außer von l und V von der Ionisationsstärke q abhängt, und mit wachsender Ionisation von 0 bis zu einem Maximalwert 9/8 steigt. Bei gegebener Spannungsdifferenz und festem Elektrodenabstand kann also der Strom auch bei noch so kräftiger Ionisation nicht über einen gewissen größten Wert steigen; es gibt neben der Sättigung gegenüber der Spannung auch eine solche gegenüber der Ionenproduktion. Die Berechnung ist darum interessant, weil das Phänomen einer solchen Strombegrenzung viel später bei Thermionenströmen beobachtet und dort als Raumladungssättigung eingehend untersucht wurde. Im allgemeinen ist die Möglichkeit Sättigung durch Raumladung zu beobachten bei Thermionenströmen der stärkeren Ionisation wegen viel eher gegeben als bei Entladung zwischen kalten Elektroden. Wollte man sie auch hier der Messung zugängig machen, was bisher nicht geschah, so müßte man neben einer sehr kräftigen Ionisationsquelle kleine Spannung und großen Plattenabstand verwenden.

10. Prüfung der Theorie. Eine Prüfung hat die THOMSON-RUTHERFORDsche Theorie durch eine Untersuchung von HORNYAK[3]) gefunden. In einem großen

[1]) E. v. SCHWEIDLER, Wiener Ber. (IIa) Bd. 108, S. 899. 1899.
[2]) E. v. SCHWEIDLER, Wiener Ber. (IIa) Bd. 113, S. 1120. 1904.
[3]) M. HORNYAK, Wiener Ber. (IIa) Bd. 130, S. 135. 1921.

Plattenkondensator (20 cm Durchmesser) konnte der Elektrodenabstand von 2 bis 11 cm variiert werden. Auf der unteren Platte befand sich ein radioaktives Präparat, das durch Folien abgedeckt wurde, um die Restreichweite der α-Strahlen beliebig klein zu machen. Eine Oberflächenionisation wurde dadurch in jeder beliebigen Annäherung erreicht. Die erhaltenen Stromspannungscharakteristiken, die bei verschiedenem Verhältnis von Reichweite zu Plattendistanz aufgenommen sind, zeigt Abb. 10. Berechnete und experimentelle Kurven weichen erheblich voneinander ab, die aus dem Versuch gewonnenen Stromstärken (Kurve 1 bis 7) sind bei gegebener Spannung teils kleiner, teils größer als die Theorie es erfordert. Es macht sich hier die Nichtberücksichtigung der Diffusion stark bemerkbar. Besser fällt eine Prüfung der Abhängigkeit von Strom und Spannung aus. Je größer das Verhältnis Plattenabstand zu Restreichweite, desto besser ist die Kurve $i = f(V^2)$ durch eine Gerade angenähert. — Die Übereinstimmung von Theorie und Experiment ist jedoch bei den Versuchen von HORNYAK noch besser gewährleistet als nach RUTHERFORDS eigenen, älteren Versuchen[1]), die im Jahre 1901 mit weit weniger guten technischen Hilfsmitteln unternommen wurden.

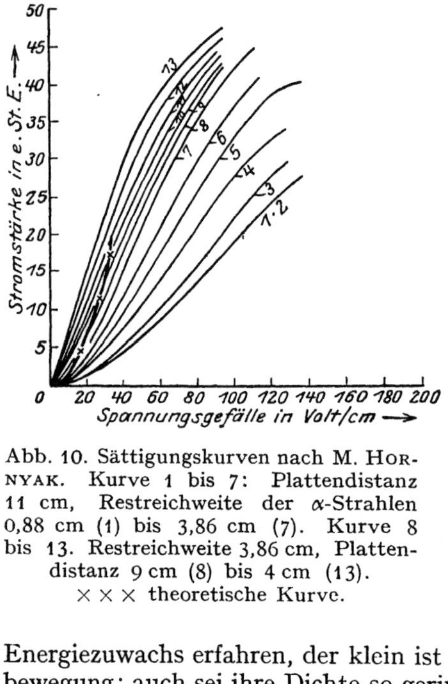

Abb. 10. Sättigungskurven nach M. HORNYAK. Kurve 1 bis 7: Plattendistanz 11 cm, Restreichweite der α-Strahlen 0,88 cm (1) bis 3,86 cm (7). Kurve 8 bis 13. Restreichweite 3,86 cm, Plattendistanz 9 cm (8) bis 4 cm (13). × × × theoretische Kurve.

11. Oberflächenionisation in reinen Edelgasen. Auch in reinen Edelgasen, in denen Elektronen die negativen Träger sind, ändern sich die Erscheinungen durch Diffusionsphänomene. HERTZ[2]) betrachtet einen ebenen Kondensator, an dessen Kathode Elektronen mit sehr geringer Anfangsgeschwindigkeit in den Entladungsraum treten. Als Gas wählt er ein ideales Edelgas, an dessen Atomen die Ladungsträger vollkommen elastisch reflektiert werden, auch sollen die Atome so schwer bzw. der Druck so gering sein, daß von dem kleinen Energieverlust bei Zusammenstößen vollständig abgesehen werden kann. Beim Durchlaufen einer mittleren freien Weglänge mögen die Elektronen einen Energiezuwachs erfahren, der klein ist gegen ihre kinetische Energie der Wärmebewegung; auch sei ihre Dichte so gering, daß Raumladungseffekte nicht störend auf den Potentialverlauf wirken. Berechnet wird die Bewegung der Elektrizitätsträger unter der Wirkung von Feld und Diffusion. Ist ϱ_0 die Dichte der Elektronen in der Nähe der emittierenden Platte, λ ihre mittlere freie Weglänge und $m v_0^2/2$ ihre kinetische Energie im feldfreien Raum, ist ferner die Geschwindigkeit v an irgendeiner Stelle gegeben durch $v^2 = v_0^2 + \frac{2eE}{m} \cdot x$, wo $\frac{2eE}{m} x \ll v_0^2$ ist, so ergibt sich für die Anzahl N der Elektronen, die pro Zeiteinheit mehr durch die Oberflächeneinheit in Richtung des Feldes E wandern als unter der Wirkung der Diffusion zurückgezogen werden, die also den Stromtransport übernehmen, der Ausdruck:

$$N = \frac{1}{3} \frac{\varrho_0 \lambda}{v_0} \cdot \frac{eE}{m} - \frac{v_0 \lambda}{3} \cdot \left(\frac{d\varrho}{dx}\right)_{x=0}$$

[1]) E. RUTHERFORD, Phil. Mag. (6) Bd. 2, S. 210. 1901.
[2]) G. HERTZ, ZS. f. Phys. Bd. 32, S. 298. 1925.

und allgemein unter Fortlassung des Index 0:

$$N = \frac{\lambda}{3} \cdot \left(\frac{\varrho}{v} \cdot \frac{eE}{m} - v \cdot \frac{d\varrho}{dx}\right). \tag{1}$$

Das erste Glied stellt den Einfluß des elektrischen Feldes, das zweite die Diffusionswirkung dar, wie sie im feldfreien Raum stattfinden würde. Die mittlere Geschwindigkeit $\bar{v}$, mit der die Teilchen senkrecht zur emittierenden Platte fortschreiten, berechnet sich zu:

$$\bar{v} = \frac{\lambda v}{3} \cdot \left(\frac{eE}{m v^2} - \frac{1}{\varrho} \cdot \frac{d\varrho}{dx}\right). \tag{2}$$

Für das erste Glied, die Feldgeschwindigkeit, gilt: $\bar{v}$ prop. $1/v$, für das zweite, die Diffusionsgeschwindigkeit, ist $\bar{v}$ prop. v. Welches Glied überwiegt, hängt davon ab, ob pro freie Weglänge die prozentuale Zunahme der kinetischen Energie durch die Wirkung des Feldes oder die prozentuale Zunahme der Elektronendichte den größeren Betrag liefert, ist also außer von der Größe der Spannungsdifferenz an den Elektroden abhängig von den speziellen Abmessungen des benutzten Kondensators. Jedenfalls kann das zweite Glied von der gleichen Größenordnung sein wie das erste, und darf nicht, wie es in einer früheren Arbeit von HERTZ[1]) geschah, vernachlässigt werden. Aus der Wanderungsgeschwindigkeit $\bar{v}$ und der Anzahl N ergibt sich die Elektronendichte ϱ in beliebigem Abstand x von der emittierenden Platte zu $\varrho = N/\bar{v}$. Läßt man die Elektronen ohne gerichtete Anfangsgeschwindigkeit in den Raum treten, so ergibt sich:

$$\varrho = \frac{3N}{\lambda} \cdot \sqrt{\frac{x m}{2eE}} \cdot \lg \frac{a}{x}. \tag{3}$$

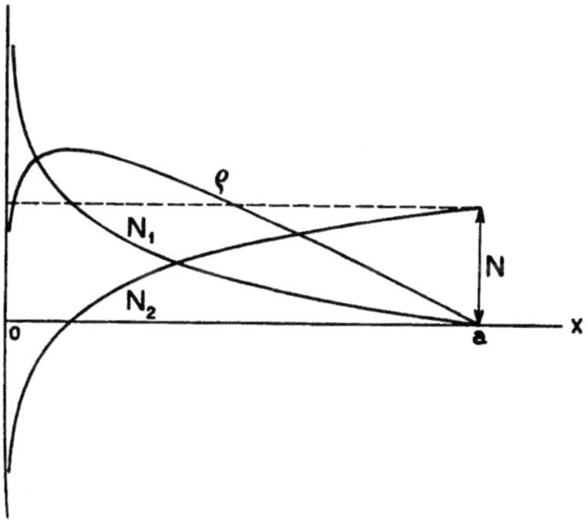

Abb. 11. Verteilung der Elektronen in Edelgasen nach HERTZ.

Hierbei sind die Grenzbedingungen so gewählt, daß $\varrho = 0$ ist an beiden Elektroden (für $x = 0$ und $x = a$). Abb. 11 stellt ϱ als Funktion des Ortes zwischen den Elektroden dar und die beiden Summanden N_1 und N_2, deren konstante Summe N ein Maß für den Strom ergibt. Solange ϱ mit x zunimmt, ist N_2 negativ, d. h. der Stromanteil, der auf der Wirkung der Diffusion beruht, ist zur emittierenden Platte hin gerichtet. Im weiteren Verlauf der Kurve, wo ϱ mit wachsendem Abstande x kleiner wird, wirken Diffusion und Feld im gleichen Sinne. Zu den gleichen theoretischen Ergebnissen wie HERTZ ist auch FOKKER[2]) gelangt.

Eine experimentelle Prüfung der Theorie konnte HERTZ[3]) in folgender Weise durchführen: Ein Elektronen emittierender Glühdraht wird isoliert in ein enges Kupferrohr eingeführt, das in seiner Mitte eine ringförmige Öffnung von 0,5 mm Breite trägt. Zwischen Rohr und Draht herrscht eine kleine beschleunigende Spannung V_0, die die Elektronen mit einheitlicher Geschwindigkeit durch den Schlitz austreten läßt. Diese Elektronenquelle befindet sich in der Mitte eines ebenen Kondensators, dessen Platten von $7{,}5 \times 10$ cm Größe

[1]) G. HERTZ, Verh. d. D. Phys. Ges. Bd. 19, S. 268. 1917.
[2]) A. D. FOKKER, Physica Bd. 5, S. 334. 1925.
[3]) G. HERTZ, Phys. ZS. Bd. 26, S. 868. 1925.

sich in 3 cm Entfernung einander parallel gegenüberstehen. Das Potential des Kupferrohres liegt stets genau in der Mitte zwischen denen der beiden Außenelektroden (V_1 bzw. V_2 gemessen gegen die Stelle des Glühdrahtes, aus der die Elektronen in den Raum treten). Gemessen werden bei variablen Plattenpotentialen die Ströme (i_1, i_2), die die Elektroden treffen. Ist kein Feld vorhanden ($V_1 = V_2$), so müssen die Ströme gleich sein ($i_1 = i_2$), da die Elektronen gleichmäßig nach beiden Seiten fortdiffundieren. Im allgemeinen Falle ist die Wanderung in Richtung des Feldes stärker ausgeprägt als im Gegensinne. Eine Umrechnung der Gleichung (1) ergibt für das Verhältnis der Ströme i_1/i_2 die Beziehung:

$$\frac{i_1}{i_2} = \frac{\lg V_2/V_0}{\lg V_1/V_0}, \tag{4}$$

wobei die Anfangsgeschwindigkeit der Elektronen beim Austritt aus dem Glühdraht als klein vernachlässigt ist. Die Diffusion der Träger an das Kupferrohr ändert die Stärke der Ströme, aber nicht ihr Verhältnis. In Abb. 12 ist die theoretische Kurve für $V_0 = 5$ Volt eingezeichnet neben den experimentell gefundenen. Argon stand unter einem Druck von 1 mm Hg, Neon unter einem solchen von 1,5 mm Hg; beide Versuche sind also bei Gasdichten ausgeführt, die kleiner sind als diejenigen, die wir sonst in den Kreis unserer Betrachtungen gezogen haben. Für höhere Drucke dürfte die Theorie die Energieverluste, die bei häufigen Zusammenstößen zwischen Elektronen und Atomen eintreten, nicht mehr vernachlässigen. Der Verfasser führt auch in diesen Meßreihen die Abweichungen, die sich von der theoretischen Kurve ergeben, auf nichtberücksichtigte Stoßverluste zurück. Ein Vergleich der in den Edelgasen aufgenommenen Werte zu denen im Vakuum zeigt jedenfalls, in welchem Maße im Gas noch mehr als im Vakuum Elektronen fähig sind, unter der Wirkung der Diffusion gegen das elektrische Feld ihren Weg einzuschlagen.

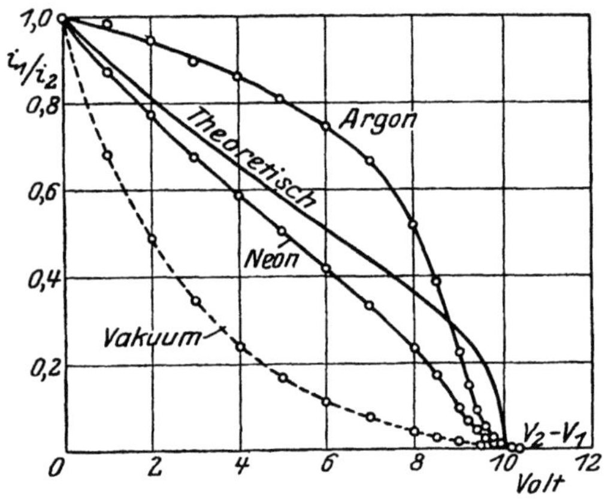

Abb. 12. Experimentelle und theoretische Kurven für Elektronenströme in Edelgasen nach HERTZ.

d) Ionisation in Kolonnen.

12. Abweichende Ergebnisse bei Ionisation durch Radiumstrahlung. Für das Gebiet der Radiumforschung ist die unselbständige Entladung zwischen kalten Elektroden in dichten Gasen von größter Bedeutung, da die Ionisation, die durch Wirkung eines Präparats in einem Kondensator hervorgerufen wird, ein Mittel in die Hand gibt, auf die Stärke des Präparats zu schließen. Es soll darum jetzt näher auf die Entladungserscheinungen eingegangen werden, bei denen die Ionenquelle eine radioaktive Strahlung ist.

Die älteren Theorien hatten bei der Aufstellung einer Beziehung zwischen Strom und Spannung eine gleichmäßige Volum- oder Oberflächenionisation angenommen, wobei die Ionisation durch Röntgen-, α-, β- oder γ-Strahlen als gleichwertig angesehen wurde. Die Übereinstimmung zwischen Rechnung und Erfahrung ist bei Verwendung von Röntgenstrahlen als Ionisator, wie gezeigt wurde (Ziff. 5), eine so gute, daß man mit Recht die experimentell gefundene Charakteristik verwenden konnte, um bei Einsetzung der übrigen Ionenkonstanten eine zu berechnen. Es zeigte sich nun die im Anfang sehr überraschende Tatsache, daß z. B. die Werte für den Rekombinationskoeffizienten α stark abhängig waren von der Art der Ionisation. Sind Röntgenstrahlen das ionisierende Agens, so ist α für ein Gas annähernd das gleiche, wie man es nach anderen Methoden findet. Verwendet man hingegen α-Strahlen, so nimmt der nach denselben Gleichungen berechnete Wiedervereinigungskoeffizient um ein Vielfaches höhere Werte an. Solche stark schwankenden Werte von α gibt z. B. RETSCHINSKY[1]) an. Ebenso ist das Bild der Stromspannungscharakteristik ein anderes. Sättigung für α-Strahlionisation ist erst bei viel höheren, bei Verwendung von β-Strahlen bei etwas höheren Potentialen erreicht, als wenn Röntgenstrahlen das Gas ionisieren. Die stärksten Abweichungen im Stromspannungsdiagramm treten bei kleinen Spannungen auf, da wo die Rekombination durch die Bewegung der Ionen im Feld am wenigsten gestört wird.

13. Die Theorie der Initialrekombination. Um diese Diskrepanz zu lösen, gibt es 3 Möglichkeiten, Hilfsannahmen einzuführen: 1. Das Massenwirkungsgesetz gilt für ionisierte Gase nicht, d. h. es ist falsch, die Zahl der durch Wiedervereinigung verlorengehenden Ionen $= \alpha \cdot n_1 \cdot n_2$ zu setzen. Da das Massenwirkungsgesetz sich in Flüssigkeiten bei jeder beliebigen Konzentration der reagierenden Ionen so ausgezeichnet bewährt hat, wird man sich nur ungern zu solch einer Annahme entschließen. Darum schlugen 2. BRAGG und KLEEMANN[2]) einen anderen Weg vor. Das Gesetz gilt für die normale Rekombination. Darüber überlagert sich aber eine besonders bevorzugte Wiedervereinigung zwischen den Ionen, die ursprünglich das gleiche Molekül bildeten. In schwachen Feldern bleiben alle Ionenpaare, die ein α-Strahl längs seiner Bahn erzeugt, für eine relativ lange Zeit in ihrer wechselseitigen Wirkungssphäre, und die „Initialrekombination" übertrifft die normale. Erst starke Felder können die unvollständige Trennung der Ionenpaare in eine vollständige verwandeln. Bei Ionisation durch Röntgenstrahlen hingegen erhält das Elektron bei Loslösung aus dem Molekülverband eine solche Anfangsgeschwindigkeit, daß es in der Regel die Wirkungssphäre verläßt. Diese Annahme ist aber mit Vcrsicht aufzunehmen. Die Energie, die in Luft zur Bildung eines Ionenpaares von der Röntgenstrahlung aufgenommen wird, beträgt nach den neuesten Messungen von KULENKAMPFF[3]) $\varepsilon = 35 \pm 5$ Volt, unabhängig von der Wellenlänge zwischen 0,56 Å und 2 Å. Das von RaC ausgesandte α-Teilchen verbraucht nach MEYER und SCHWEIDLER[4]) zur Ionisierung eines Moleküls in Luft im Mittel die Energie $\varepsilon = 5{,}15 \cdot 10^{-11}$ Erg, oder in Volt umgerechnet den Betrag von 33 Volt, also innerhalb der Fehlergrenze gleichviel. Beide Beträge liegen oberhalb der Ionisationsspannung von Stickstoff und Sauerstoff. Über den Ionisierungsakt selbst weiß man jedoch bis heute sehr wenig. Man nimmt an[5]), daß Röntgenstrahlen im Gas nur einige Photoelektronen auslösen, die ihrerseits den Hauptanteil der Ionisation übernehmen. Wie die Energieübertragung beim Stoß durch α-Teilchen ist, entzieht sich noch der Kenntnis. Jedenfalls ist kein zwingender Grund vorhanden, die Loslösung des Elektrons aus dem Molekülverband im Fall der

[1]) T. RETSCHINSKY, Ann. d. Phys. Bd. 17, S. 518. 1905.

[2]) W. H. BRAGG u. R. D. KLEEMAN, Phil. Mag. Bd. 11, S. 466. 1906; R. D. KLEEMAN Bd. 12, S. 273. 1906.

[3]) H. KULENKAMPFF, Ann. d. Phys. Bd. 79, S. 97. 1926.

[4]) ST. MEYER u. E. v. SCHWEIDLER, Radioaktivität, Teubner 1916. S. 156.

[5]) Vgl. auch den Artikel von W. BOTHE. Absorption und Zerstreuung von Röntgenstrahlen, ds. Handb. Bd. XXIII.

α-Strahl-Ionisation als soviel weniger vollständig anzunehmen, als in dem durch Röntgenstrahlen.

Die BRAGGsche Theorie hat ihre Anhänger gefunden; direkte Messungen der Wiedervereinigungskoeffizienten mit anderen Methoden ergaben eine Abhängigkeit von α von der Zeit, so daß nach Beendigung der Ionisation innerhalb der ersten 0,4 sec nach PLIMPTON[1]) α von $5{,}61 \cdot 10^{-6}$ auf $1{,}89 \cdot 10^{-4}$ nach RÜMELIN[2]) in etwa der gleichen Zeitspanne von $11{,}9 \cdot 10^{-6}$ auf $1{,}9 \cdot 10^{-6}$ fällt. Ob eine Initialrekombination existiert oder nicht, kann mit Sicherheit noch nicht entschieden werden. Zwangloser und vollständiger jedenfalls lassen sich die Erscheinungen durch eine dritte Hypothese erklären, durch die der Ionisation in Kolonnen.

14. Die Theorie der Kolonnenionisation. Die ersten Hinweise auf die Theorie finden sich bei LANGEVIN, der Gedanke wurde dann durch MOULIN[3]) aufgegriffen. Die Annahmen lassen sich kurz dahin charakterisieren: ein α-Strahl erzeugt längs seines Weges eine sehr große Anzahl von Ionen (10^4 bis 10^5 pro cm), die perlschnurartig sich um die Bahn lagern. Wir kennen heute das Aussehen solcher Bahnen aus den sehr schönen Photographien von WILSON, BOTHE, MEITNER und FREITAG usw. In den Kolonnen ist die Dichte der Ionen eine viel größere als in ihrer Umgebung; wirkt nun die Rekombination entsprechend der lokalen Ionendichte nach dem Massenwirkungsgesetz, so ist die Zahl der zur Neutralisation kommenden Ionen bei weitem größer als bei gleichmäßiger Volumionisation, ohne daß die Annahme einer Initialrekombination nötig wäre. Die Theorie der Kolonnenionisation führt zu folgenden Konsequenzen: 1. Das Ionisationsvermögen eines α-Strahles ist bekanntlich am größten am Ende der Reichweite, und hier muß auch die Rekombination am stärksten wirken. Die Untersuchungen von KLEEMAN haben bestätigt, daß α scheinbar dort den größten Wert besitzt. Weiter folgt zweitens, daß die Richtung des Feldes relativ zur Bahn des α-Teilchens von Einfluß auf die Anzahl der rekombinierenden Ionen sein muß. Laufen Feld- und Bahnrichtung einander parallel, so verschiebt sich die Kolonne in sich und die Wahrscheinlichkeit einer Rekombination wird nicht verkleinert; stehen sie jedoch senkrecht zueinander, so wird die Kolonne auseinandergerissen und der Grad der Wiedervereinigung wird ähnlicher dem bei gleichmäßiger Volumionisation. — Diesen Richtungseffekt, der, wie gezeigt wird, experimentell bestätigt ist, hatte die BRAGGsche Theorie der Initialrekombination nicht zu erklären vermocht, da jedes Feld unabhängig von seiner Richtung die Ionenpaare trennt. — Drittens gilt für den Sättigungsstrom: im transversalen Feld muß es möglich sein, eine so hohe Spannungsdifferenz an die Elektroden zu legen, daß alle gebildeten Ionen der Neutralisation entgehen und den Kondensatorplatten zugeführt werden. Im longitudinalen Feld ist dies nicht in gleicher Weise der Fall, da die Kolonnen als Ganzes erhalten bleiben. Ohne weiteres wäre hier eine Sättigung überhaupt nicht zu erreichen. Es setzt aber die Wirkung der Diffusion ein, die entsprechend den großen Ionenkonzentrationsgefällen senkrecht zur Bahn des α-Teilchens die Kolonnen zu verbreitern sucht und ihrem Bestehen entgegenwirkt.

Von den Theorien der Kolonnenionisation hat die am weitesten ausgearbeitete von JAFFÉ[4]) eine fast vollständige Übereinstimmung mit der Erfahrung gebracht. — Der Verfasser war ausgegangen von der Ionisation durch α-, β- und γ-Strahlen

---

1) S. J. PLIMPTON, Phil. Mag. Bd. 25, S. 65. 1913.

2) G. RÜMELIN, Ann. d. Phys. Bd. 43, S. 821. 1914.

3) M. MOULIN, Le Radium Bd. 7, S. 350. 1910; Ann. de chim. et de phys. (8) Bd. 22, S. 26. 1911.

4) G. JAFFÉ, Ann. d. Phys. Bd. 42, S. 303. 1913.

in Flüssigkeiten. Eigene Messungen[1]) und die von GREINACHER[2]) hatten ergeben, daß die Anzahl der durch α-Strahlen in flüssigen Medien erzeugten Ionenpaare scheinbar etwa 1000mal, der durch β-Strahlen erzeugten etwa 5 bis 10mal kleiner war, als wenn die Flüssigkeit einer γ-Strahlung ausgesetzt war. Die Diskrepanz ließ sich lösen, wenn man annahm, daß innerhalb der Kolonnen die gebildeten Ionen sich entsprechend ihrer größeren Dichte stärker neutralisierten als im umgebenden Raum.

Für Gase ist die Rechnung wegen der unumgänglichen Berücksichtigung der Diffusion sehr viel komplizierter; man ist gezwungen, einige Vereinfachungen einzuführen, die aber, wie die Übereinstimmung mit dem Experiment zeigt, keine wesentlichen Fehler mit sich bringen.

Betrachten wir zunächst den feldfreien Raum. Die Bahn eines α-Teilchens sei geradlinig und die Zeit des Durchgangs durch den Kondensator verschwindend klein gegen die Zeiten, in denen Diffusion und Rekombination sich auswirken. Im Augenblick t_0 mögen die Moleküle mit einer gewissen Heftigkeit auseinandergerissen werden und die Teilchen sich zylinderförmig um die Bahn des α-Strahls gruppieren. Sind Ionen beiderlei Vorzeichens in gleicher Anzahl vorhanden und haben sie gleiche Geschwindigkeit, so spielt sich der Vorgang der Diffusion und Rekombination nach der Gleichung ab:

$$\frac{dn}{dt} = D \cdot \left(\frac{d^2 n}{dr^2} + \frac{1}{r} \cdot \frac{dn}{dt}\right) - \alpha n^2, \tag{1}$$

wenn D der Diffusionskoeffizient und die Bahn des α-Strahls die Zylinderachse ist. Über die Anfangsverteilung zur Zeit t_0 wird die Annahme gemacht, daß die Elektrizitätsträger nicht alle genau in der Achse lagern, was eine unendliche Dichte bedeuten würde, sondern durch die Heftigkeit des Auseinanderreißens nach Art einer GAUSSschen Fehlerkurve um sie gruppiert sind. Das α-Teilchen sprengt die Moleküle, und die Ionen, mit einer Anfangsgeschwindigkeit kleiner als die Ionisierungsspannung des Gases, lagern sich an neutrale Teilchen an. Bis diese Gruppierung zustande gekommen ist, hat die Kolonne eine gewisse Breite angenommen. Bedeutet N die Anzahl der pro Zentimeter Strahllänge erzeugten Ionen, ihre „lineare Dichte" und n die räumliche Dichte, so wird zur Zeit t_0 angesetzt:

$$n = \frac{N}{\pi b^2} \cdot e^{-\frac{r^2}{b^2}}.$$

b ist hier eine Konstante, es ist $b = r_0 \cdot \left(\frac{4}{\pi}\right)^{\frac{1}{2}}$, r_0 bedeutet den mittleren Abstand der Ionen von der Bahnachse zur Zeit t_0 und kann den experimentellen Daten angepasst werden. Bei der Lösung der Differentialgleichung (1) wird angenommen, daß die Wiedervereinigung zwar die Ionendichte herabsetzt, die Form der Verteilungskurve aber nicht beeinflußt; unabhängig von α ist $r = \frac{\pi}{4} \cdot (4Dt + b^2)^{\frac{1}{2}}$. Unter diesen Voraussetzungen ergibt sich

$$n = \frac{N_0}{1 + \frac{\alpha N_0}{8\pi D} \cdot \ln\left(\frac{4Dt + b^2}{b^2}\right)} \cdot \frac{e^{\frac{-r^2}{4Dt + b^2}}}{\pi \cdot (4Dt + b^2)}.$$

Für $t = \infty$ verschwindet n für jeden Wert von r, bevor dieser Zustand jedoch eingetreten ist, verbreitern sich die einzelnen Kolonnen durch Diffusion so

[1]) G. JAFFÉ, Le Radium Bd. 10, S. 126. 1913.
[2]) H. GREINACHER, Phys. ZS. Bd. 10, S. 986. 1909.

stark, daß, wenn mehrere vorhanden sind, sie sich gegenseitig berühren. Alle Ionen, die in diesem Augenblick noch vorhanden sind, gelten als der Kolonnenrekombination durch Diffusion „entronnen“ und folgen dem Wiedervereinigungsgesetz der gewöhnlichen homogenen Volumionisation, die im folgenden aber vernachlässigt wird. Ihre Anzahl, der „Diffusionsverlust“, hängt ab vom mittleren Abstand je zweier Kolonnen voneinander. Bei willkürlicher Annahme einer Größe (z. B. von b) für ein Gas läßt sich der Diffusionsverlust für die verschiedensten Substanzen berechnen und mit den experimentell aus der Stromstärke in einem Kondensator gefundenen Werten vergleichen, wofür Tabelle 2 ein Beispiel gibt:

Tabelle 2. Diffusionsverlust in verschiedenen Medien.

Substanz	Diffusionsverlust beobachtet	Diffusionsverlust berechnet	Nach Messungen von
H_2	ca. 1	0,97	MOULIN
Luft	ca. 0,65	0,62	,,
CO_2	ca. 0,43	0,39	,,
CS_2	$1{,}30 \cdot 10^{-3}$	$1{,}43 \cdot 10^{-3}$	JAFFÉ
Hexan	$1{,}10 \cdot 10^{-3}$	$1{,}11 \cdot 10^{-3}$	,,
CCl_4	$1{,}04 \cdot 10^{-3}$	$1{,}05 \cdot 10^{-3}$	,,

Im spannungslosen Kondensator stimmt, wie man sieht, Theorie und Experiment in einem Bereich, der drei Zehnerpotenzen umfaßt, so gut überein, daß die gemachten Vereinfachungen als berechtigt gelten dürfen.

Auf Grund dieser Überlegungen ergibt sich nun weiter für die Kolonnenionisation im elektrischen Felde: Die Kolonne von der Länge d möge eine beliebige Richtung φ gegen die Richtung des Feldes (von der Stärke X) besitzen. Beweglichkeit u und Anzahl N der Ionen beiderlei Vorzeichens seien als gleich angenommen. Ferner wird die wesentliche Voraussetzung gemacht, daß im ganzen Kondensator $\operatorname{div} X = 0$ ist, daß sich also nirgends freie Raumladungen ausbilden. Die zu lösende Differentialgleichung für die Veränderung der Ionendichte mit der Zeit lautet:

$$\frac{d n_{12}}{d t} = D \cdot \left(\frac{d^2 n_{12}}{d x^2} + \frac{d^2 n_{12}}{d y^2}\right) \mp u \cdot X \cdot \sin\varphi \cdot \frac{d n_{12}}{d x} - \alpha \cdot n_1 \cdot n_2 . \tag{2}$$

Die Gleichung läßt sich in analoger Weise integrieren wie Gleichung (1) für den feldfreien Raum. Berechnet wird die Zahl der Ionen, die zu der Zeit, wenn die Kolonnen einander berühren, der Rekombination unter der Wirkung von Diffusion und elektrischem Feld entronnen sind, hieraus wird die Ionendichte gewonnen, die für den Strom maßgebend ist. Es ergibt sich als Funktion des Feldes

$$i = \frac{1}{1 + \frac{\alpha N_0}{8 \pi D} \cdot \sqrt{\frac{\pi}{\mathfrak{z}}} \cdot S(\mathfrak{z})},$$

wo

$$\mathfrak{z} = \frac{b^2 u^2 X^2 \sin^2\varphi}{2 D^2},$$

und

$$S(\mathfrak{z}) = \frac{1}{\pi^{\frac{1}{2}}} \cdot \int_0^\infty e^{-s} \cdot \left[s \cdot \left(1 + \frac{s}{\mathfrak{z}}\right)\right]^{-\frac{1}{2}} d s .$$

Die Zahlenwerte von $S(z)$ lassen sich aus Tabellen entnehmen. Die Rechnung muß gesondert geführt werden, wenn Bahn- und Feldrichtung einander parallel verlaufen ($\varphi = 0$), und es ergibt sich

$$\frac{i}{i_m} = \frac{u}{2D} \cdot X \cdot \frac{b^2}{d} \cdot y_1 \cdot e^{-y_1} \cdot (\lim e^{y_2} - \lim e^{y_1}),$$

wo

$$y_1 = \frac{8\pi D}{\alpha N_0}; \qquad y_2 = \frac{8\pi D}{\alpha N_0} + \ln \frac{4DT + b^2}{b^2}; \qquad T = \frac{d}{2uX}$$

und

$$\lim e^y = \int\limits_{\infty}^{-y} \frac{e^{-u}}{u} \, du.$$

Der Sättigungsstrom ist $i_m = ed \cdot N_0$. Ist die Kolonnenlänge d größer als der Plattenabstand l, so ist in den Endformeln d durch l zu ersetzen.

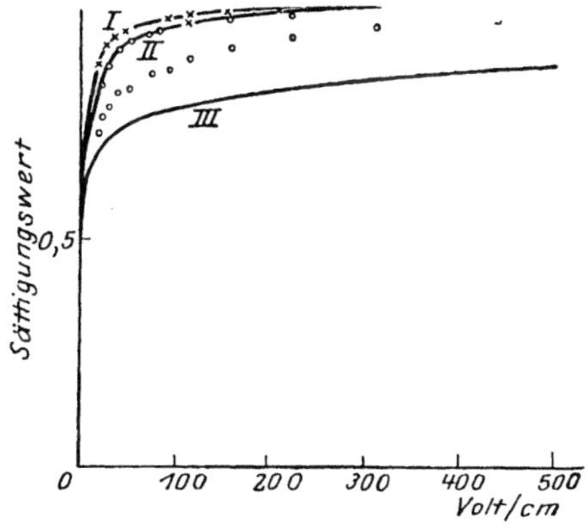

Abb. 13a. *I* Feld senkrecht zu den Strahlen, *II* Feld unter 45°, *III* Feld parallel zu den Strahlen. ο× Beobachtungen von MOULIN. Luft von 750 mm Druck mit α-Strahlen als Ionisationsquelle.

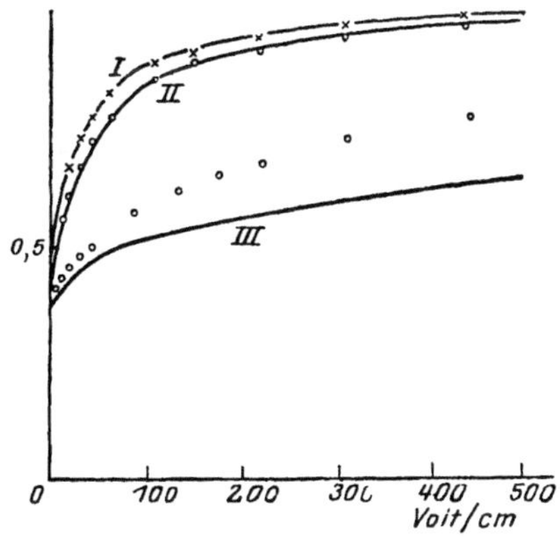

Abb. 13b. *I* Feld senkrecht zu den Strahlen, *II* Feld unter 45°, *III* Feld parallel zu den Strahlen. ο× Beobachtungen von MOULIN. Kohlensäure v. 750 mm Druck mit α-Strahlen als Ionisationsquelle.

Um die Übereinstimmung der Theorie mit der Erfahrung zu zeigen, bezieht sich JAFFÉ auf Versuche von MOULIN[1]). Abb. 13a und b zeigt die berechneten und gefundenen Charakteristiken, aufgenommen mit einem α-Strahl-Präparat in Luft und CO_2. Die Übereinstimmung in den Kurven *I* und *II* ist recht gut. Die Abweichungen für die Kurven *III* führt JAFFÉ auf den Umstand zurück, daß bei MOULINS Versuchen die α-Strahlen im longitudinalen Feld einen Streuwinkel von etwa 5° zeigten, wobei die transversale Komponente der Bewegung schon merklichen Einfluß hat.

Die Abhängigkeit des Sättigungsstromes vom Gasdruck läßt sich berechnen, da die Druckabhängigkeit aller in die Formel eingehenden Größen $\left[\frac{u}{D}, \frac{\alpha}{D}, N_0\right.$ und $b \left.\left(b \,\text{prop} \cdot \frac{1}{p}\right)\right]$ bekannt ist. Tabelle 3 gibt die Werte von $\frac{N}{N_0}$, also das Verhältnis der der Kolonnenrekombination durch Diffusion und Feldwirkung entronnenen Ionen zur Zahl der erzeugten bei verschiedenen Drucken und

[1]) M. MOULIN, Le Radium Bd. 7, S. 350. 1910; Thèse Paris 1910; Ann. de chim. et de phys. (8) Bd. 21, S. 550. 1910; Bd. 22, S. 26. 1911.

Feldstärken wieder. Die Beobachtungen sind den Versuchen von MOULIN in Luft entnommen.

Tabelle 3. Werte von N/N_0. Ionisation durch α-Strahlen.

Druck in mm Hg	$X = 23$ Volt/cm		$X = 111$ Volt/cm		$X = 221$ Volt/cm	
	beobachtet	berechnet	beobachtet	berechnet	beobachtet	berechnet
749	0,81	0,78	0,90	0,89	0,945	0,93
702,6	0,83	0,82	0,92	0,91	0,965	0,95
633,9	0,87	0,86	0,94	0,94	0,97	0,96
544,7	0,89	0,91	0,95	0,96	0,99	0,98
472	0,92	0,94	0,98	0,98	0,99	0,99
324	0,96	0,98	0,99	0,99	1,00	1,00
195,6	0,98	0,997	1,00	1,00	1,00	1,00

Die Berechnungen JAFFÉs sind nicht nur auf α-Strahlen spezialisiert, sondern ohne weiteres auf eine Ionisation durch β- und γ-Strahlen zu übertragen, wo sich auch experimentell eine Abweichung der Sättigungskurven von denen für eine homogene Volumionisation ergeben hatte. Nur ist der Fall insofern schwerer realisierbar, als die Bahn eines β-Teilchens bekanntlich viel weniger geradlinig verläuft. Für γ-Strahlen, die sehr schnelle Photoelektronen aus den Molekülen lösen, erhöht sich noch die Schwierigkeit. Immerhin gibt der Verfasser eine Tabelle wieder, in der seine Berechnungen verglichen sind mit Beobachtungen von LABY und KAYE[1]) für Luft von 8 und 15 Atm. Druck, die von harten β- und γ-Strahlen im wesentlichen parallel dem elektrischen Feld durchstrahlt war.

Tabelle 4. Werte für N/N_0. Ionisation durch β- und γ-Strahlen.

Druck 8 Atm.			Druck 15 Atm.		
Feld in Volt/cm	beobachtet	berechnet	Feld in Volt/cm	beobachtet	berechnet
100	0,84	0,865	500	0,875	0,870
500	0,92	0,958	1000	0,920	0,931
1000	0,985	0,985	1500	0,957	0,961
1500	1,00	0,996	2000	0,981	0,977
2000	1,00	1,00	2500	0,996	0,988
			3000	0,998	0,994
			3500	1,00	1,00

Von den Vereinfachungen, die JAFFÉ im Laufe seiner Rechnungen einführte, sind es vor allem zwei, die auf den ersten Blick auffallen. Als erstes vernachlässigt er, nachdem die Kolonnen sich bis zur gegenseitigen Berührung getroffen haben, die dann einsetzende allgemeine Wiedervereinigung. Diese ist jedoch, wie eine Überschlagsrechnung zeigt, klein im Vergleich zur Rekombination in Kolonnen. Als zweites nimmt er ein konstantes Feld im ganzen Kondensatorraum an ($\operatorname{div} X = 0$). Als erste Näherung läßt sich diese Vereinfachung rechtfertigen, solange das Feld groß und die Ionendichte klein ist, was beides bei den Versuchen, auf die er sich bezieht, zutraf. Für starke Präparate ist, wie in Ziff. 15 an Hand von Potentialmessungen gezeigt werden wird, diese Annahme aber nicht mehr zulässig.

Von theoretischen Formulierungen der Charakteristik durch andere Autoren sei nur eine Formel von WHEELOCK[2]) erwähnt. Danach ist $i = c_1 \cdot X \cdot \ln\left(1 + \frac{c_2}{X}\right)$, wo c_1 und c_2 Konstanten sind, die von der Stärke der Ionisation, dem Platten-

[1]) T. H. LABY u. G. W. C. KAYE, Phil. Mag. Bd. 16, S. 879. 1908.
[2]) F. E. WHEELOCK, Sill. Journ. Bd. 30, S. 233. 1910.

abstand, der Beweglichkeit und dem Kolonnenradius abhängen. Die Sättigungsstromstärke ist gegeben durch das Produkt $i_m = c_1 \cdot c_2$.

15. Experimentelle Prüfung der Theorie. Bei der Besprechung der experimentellen Untersuchungen soll zunächst die große Zahl der Arbeiten ausgeschlossen werden, die lediglich den Zweck verfolgen, die Stärke radioaktiver Präparate festzustellen oder durch Abfilterung die verschiedenen Strahlenarten zu trennen. Das einschlägige Kapitel in diesem Handbuch (Band 22) wird darüber Auskunft geben.

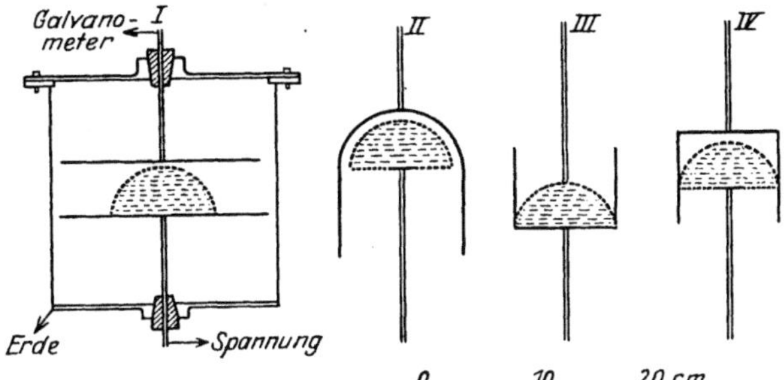

Abb. 14a. Kondensatorformen, untersucht von REGENER.

Die Meßmethode ist eine ziemlich einheitliche, durch das zu untersuchende Problem gegebene. Von zwei Kondensatorplatten liegt eine am Pol einer Hochspannungsbatterie, deren anderer Pol geerdet ist, die andere Elektrode ist mit einem Elektrometer verbunden, das sich mit der Zeit auflädt oder in Bronsonschaltung einen konstanten Ausschlag gibt. Häufig wird statt des Elektrometers ein hochempfindliches Galvanometer benutzt, über das eine mit der Elektrode verbundene Kapazität sich ballistisch entlädt. Nur außerordentlich starke Präparate liefern Ströme, die direkt ohne Zwischenschaltung von Kapazität gemessen werden können. Daneben werden Kompensationsschaltungen benutzt, z. B. von JAFFÉ[1]). Einige Variationen bestehen in bezug auf die Kondensatorformen. Systematisch hat REGENER[2]) verschiedene Kondensatoren auf ihre Fähigkeit hin, bei α-Strahlionisation Sättigungsströme zu liefern, untersucht. Wird ein α-Strahl-Präparat auf eine Elektrode gebracht, die von der zweiten um mehr als die Reichweite (in Abb. 14a schraffiert gezeichnet) entfernt ist, so wird in demjenigen Kondensator bei der geringsten Spannung Sättigungsstrom herrschen, bei dem α-Strahl- und Feldrichtung am wenigsten parallel sind. Die Abb. 14a und 14b zeigen die verschiedenen Kondensatorformen und die damit erhaltenen Stromspannungscharakteristiken. (Kurve *I* bis *IV* bezieht sich auf Kondensator *I* bis *IV*, Kurve *V* und *VI* auf Kondensator *I* und *II*

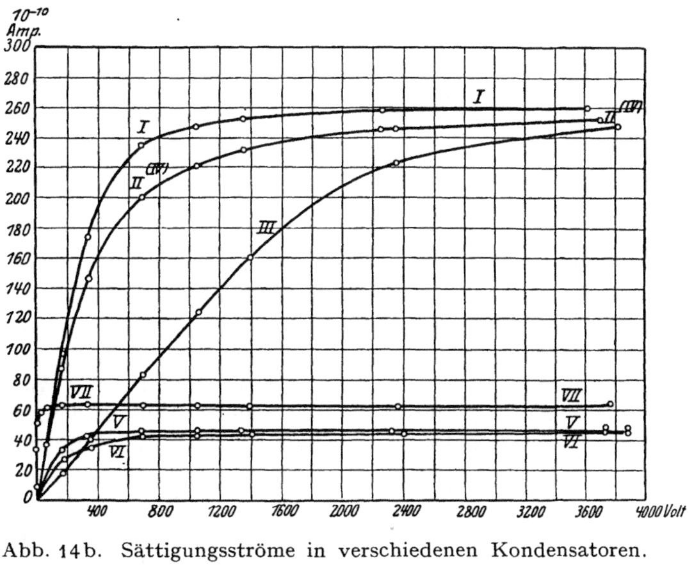

Abb. 14b. Sättigungsströme in verschiedenen Kondensatoren.

---

1) G. JAFFÉ, Phys. ZS. Bd. 15, S. 353. 1914.

2) E. REGENER, Verh. d. D. Phys. Ges. Bd. 13, S. 1065. 1911.

bei Anwendung schwächerer Präparate, Kurve *VII* auf Kondensator *I* bei einem Plattenabstand von etwa $^1/_4$ Reichweite.) Form *I*, der ebene Plattenkondensator ist, wie man sieht, der günstigste, weil bei ihm nur für einen sehr kleinen Winkelbereich Feld- und Flugbahnrichtung koinzidieren. — Die Elektroden selbst müssen groß sein im Verhältnis zum ionisierten Raum, um die Homogenität des Feldes zu wahren. Häufig ist darum die mit dem Strommesser verbundene Elektrode mit einem Schutzring umgeben[1]). Eine geerdete Hülle sorgt für elektrostatischen Schutz. Will man α-Strahlbahnen in nur einer Richtung zulassen, so wird das Präparat hinter ein Netz von feinen Kanälen gebracht, die eine bestimmte Strahlrichtung ausblenden.

Muß der Sättigungsstrom für starke Präparate genau bekannt sein, so sind dafür sehr hohe Spannungen notwendig. Man kann den Sättigungswert jedoch auch graphisch extrapolieren, wenn man nicht wie gewöhnlich i als $f(V)$, sondern i/V als $f(i)$ aufträgt. Die Kurve $i/V = f(i)$ schneidet für i_m die Abszisse. Die Abb. 15 zeigt das Verfahren nach FONOVITS[2]), wo bei einer Untersuchung für eine Präparatstärke drei verschiedene Plattendistanzen verwandt wurden.

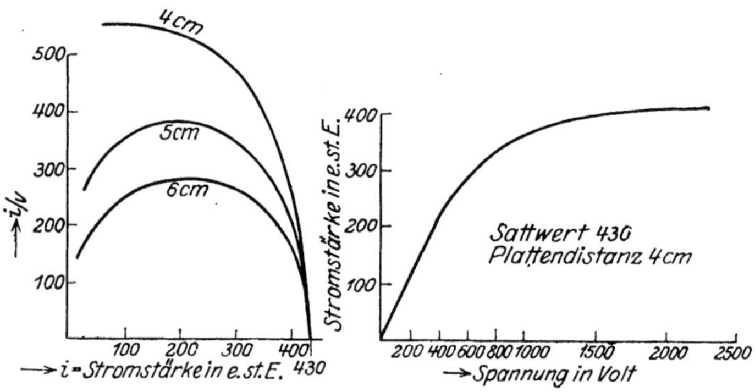

Abb. 15. Sättigungsstromwert, gewonnen aus dem Extrapolationsverfahren nach FONOVITS.

Auf die MOULINschen Versuche war schon eingegangen, sie hatten gute Übereinstimmung zwischen Theorie und Erfahrung für alle α-Bahnrichtungen relativ zum Feld ergeben, ausgenommen für $\varphi = 0$. Diese Diskrepanz schien noch verstärkt zu werden durch eine Untersuchung von WHEELOCK[3]). Daraufhin unternahm JAFFÉ[4]) selbst eine experimentelle Prüfung seiner Formel. Ein Poloniumpräparat wurde hinter einen fein kanalisierten Messingklotz gebracht und der Einfluß der Siebweite (des Öffnungswinkels der austretenden α-Strahlen) systematisch untersucht. Es ergab sich eine um so bessere Übereinstimmung der Theorie mit der Erfahrung, je enger der Winkelbereich gewählt wurde. Bestimmt der Verfasser aus dem für verschiedene Potentiale gefundenen Stromwert den Sättigungsstrom und vergleicht ihn mit dem aus der Formel berechneten, so ergeben sich folgende prozentuale Abweichungen:

für eine Siebweite von	1 mm	2 mm
bei einem Plattenabstand von 10 mm . .	0,68%	1,26%
4 mm . .	0,57%	2,2 %
2 mm . .	0,29%	3,8 %

Die von MOULIN und WHEELOCK gefundenen Unstimmigkeiten können somit auf einen zu großen Streuwinkel geschoben werden. Eine gleichgute Übereinstimmung mit der Theorie zeigt sich bei guter Parallelität der Strahlen

[1]) Siehe L. HEIS, Dissert. München 1911.
[2]) H. FONOVITS, Wiener Ber. (IIa) Bd. 128, S. 761. 1919.
[3]) F. E. WHEELOCK, Sill. Journ. Bd. 30, S. 233. 1910.
[4]) G. JAFFÉ, Phys. ZS. Bd. 15, S. 353. 1914.

auch für eine Variation des Plattenabstandes. In Abb. 16 sind die gefundenen Werte in die theoretische Kurve eingetragen.

Über die Abhängigkeit der Sättigungskurven vom Druck ist in Ziff. 14 gesprochen worden, weitere brauchbare Experimente liegen nicht vor; auch der Einfluß der Temperatur, der sich theoretisch berechnen läßt, ist nicht untersucht worden.

Den Einfluß der Kolonnenionisation auf die Charakteristik in verschiedenen Gasen hatte qualitativ schon MOULIN[1]) beobachtet. Es hatte sich gezeigt, daß die Sättigungskurven bei Ionisation durch α-Strahlen am wenigsten in H_2, mehr in Luft und noch stärker in CO_2 geändert wurden. Ebenso hat OGDEN[2]) eine Anzahl Gase bei paralleler Feld- und Bahnrichtung untersucht und kam zu dem Schluß, daß die Theorie den Einfluß der Gase nicht völlig erklären könne. Auch hier ist es JAFFÉ[3]) gelungen, die Diskrepanz zugunsten der Theorie zu lösen. Für die Berechnung der Charakteristik in verschiedenen Gasen aus

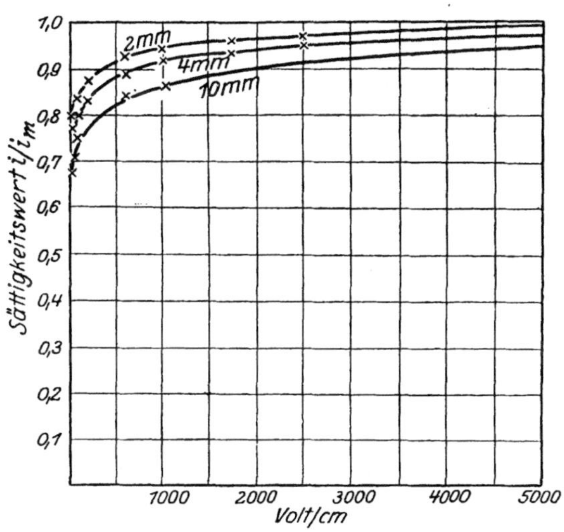

Abb. 16. Strom-Spannungscharakteristik nach JAFFÉ bei Veränderung des Plattenabstandes.

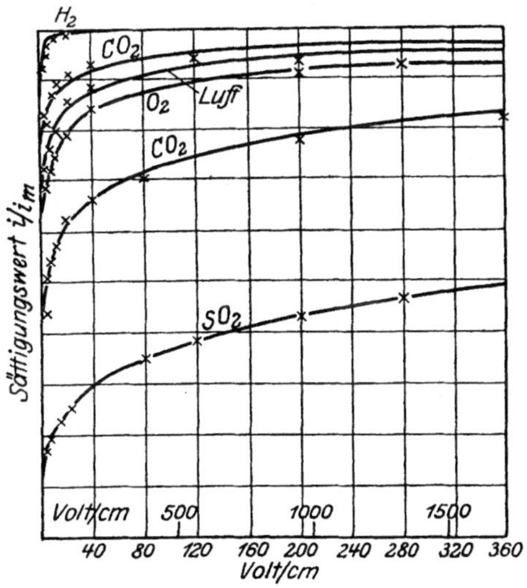

Abb. 17. Strom-Spannungscharakteristik nach JAFFÉ in verschiedenen Gasen.

der in Luft gemessenen treten mit geänderten Zahlenwerten in die Lösung ein u/D, α/D, N_0 und b. u/D ist bei konstanter Temperatur nach TOWNSEND[4]) konstant, α/D nach LANGEVIN berechenbar. Die Gesamtzahl der durch einen α-Strahl erzeugten Ionenpaare ändert sich in verschiedenen Gasen nach RUTHERFORD[5]) nur um wenige Prozente, nach HESS und HORNYAK[6]) allerdings bis zu 23%. N_0, die lineare Ionendichte (Anzahl Ionen pro Zentimeter), ist umgekehrt proportional der Reichweite und dem Druck in dem betreffenden Gase, wobei eine Variation der Ionendichte längs der Bahn unberücksichtigt bleibt. Die Reichweite selbst ist ungefähr proportional $1/A^2$, wo A das Atomgewicht (nicht das Molekulargewicht) des Mediums ist. b als Maß für den Durchmesser der Kolonne wird ebenfalls der Reichweite proportional und dem Druck umge-

[1]) M. MOULIN, Ann. de chim. et de phys. (8) Bd. 21, S. 550. 1910; Bd. 22, S. 26. 1911.
[2]) H. OGDEN, Phil. Mag. Bd. 26, S. 991. 1913.
[3]) G. JAFFÉ, Phys. ZS. Bd. 15, S. 353. 1914.
[4]) J. S. TOWNSEND, Trans. Roy. Soc. Bd. 193, S. 129. 1899.
[5]) E. RUTHERFORD-ASCHKINASS, Die Radioaktivität, Berlin 1907, S. 67.
[6]) V. HESS u. M. HORNYAK, Wiener Ber. (IIa) Bd. 120, S. 1187. 1920.

kehrt proportional gesetzt. Die so aus den Werten in Luft berechneten Charakteristiken stellt Abb. 17 S. 29 dar mit den experimentellen Werten von OGDEN. Die Übereinstimmung ist außerordentlich gut trotz der Unsicherheit, die bei der Ableitung der Ionenkonstanten aus denen in Luft vorhanden ist.

16. Kolonnenbildung bei Ionisation durch β- und γ-Strahlen. Eine Kolonnenionisation ist bei Bestrahlung mit β-Strahlen vorhanden, selbst bei γ-Strahlen noch bemerkbar, aber weit weniger ausgeprägt. Aus seiner gemessenen Stromspannungscharakteristik berechnet WERTHEIMER[1]) den Wiedervereinigungskoeffizienten α nach der für homogene Volumionisation gültigen Formel und findet $\alpha \sim 11{,}4 \cdot 10^{-6}$, während α für trockene, staubfreie Luft $1{,}6 \cdot 10^{-6}$ (Mittelwert nach SEELIGER) beträgt. Der Unterschied zeigt, wie stark die Kolonnenionisation wirksam ist, doch sind, wie schon bemerkt, saubere Messungen mit definierter β-Strahlrichtung wegen der stark zickzackförmigen Bahn der β-Teilchen viel schwerer, und wohl nur mit einer prinzipiell anderen Methode durchzuführen.

Wenn bei der Kolonnenionisation in Luft und anderen unedlen Gasen sich eine fast vollständige Übereinstimmung zwischen Theorie und Erfahrung ergibt, so muß für Edelgase, in denen die entstehenden Elektronen existenzfähig sind, wieder ein grundsätzlich anderes Verhalten erwartet werden. Versuche liegen bisher nicht vor, doch deuten die Kurven in Wasserstoff darauf hin, daß hier am schnellsten die Kolonnenionisation in die reine Volumionisation übergeht. Auch über Gemische von Gasen sind in neuerer Zeit weder Messungen angestellt noch sind die Probleme rechnerisch behandelt worden.

17. Kolonnenbildung bei Ionisation durch Röntgenstrahlen. Wenn bisher die Bestrahlung eines Gases durch Röntgenstrahlen als ein Mittel angesehen wurde, das Gas vollkommen homogen zu ionisieren, so ist bei der Bewertung dieser „homogenen Volumionisation" doch etwas Vorsicht geboten. — Trifft die Strahlung metallische Teile, so werden Photoelektronen ausgelöst, die längs ihrer Flugbahn Kolonnen bilden. Aus diesem Grunde wurde in sorgfältigen Messungen die Strahlung durch Blenden streng auf den Gasraum begrenzt oder es wurden Papierelektroden verwandt, die keine Sekundärelektronen aussenden. — Aber auch im Gas selbst besteht eine Formation von Kolonnen. Untersuchungen über das Wesen der Ionisation durch Röntgenstrahlen[2]) haben gezeigt, daß die Strahlung im Gas eine sehr kleine Anzahl schneller Photoelektronen auslöst, die ihrerseits längs ihrer Flugbahn durch Stoß ionisieren. So gibt z. B. BEATTY[3]) an, daß 96% der Gesamtionisation (nach anderen Autoren ist es etwas weniger) der Stoßwirkung der Photoelektronen zuzuschreiben sei. Am deutlichsten ist die Kolonnenbildung an den bekannten Aufnahmen von C. T. R. WILSON[4]) zu ersehen, der die Ionisationsbahnen mit seiner Nebelmethode photographisch fixieren konnte. Hiernach durchsetzen die Bahnen der Photoelektronen zwar den Raum nach allen Richtungen, so daß die Ionen das Gasvolumen gleichmäßiger erfüllen, als wenn α-Strahlen von einer Elektrode aus in den Raum dringen und auf ihrem Weg ionisieren, mit einer „homogenen" Verteilung der Ladungsträger über den Raum und einer konstanten Anzahl pro Volumelement zu rechnen, scheint aber nach den WILSONschen Aufnahmen nur eine sehr grobe Annäherung an die Wirklichkeit zu sein. Da bisher eine Methode, Charakteristiken

---

[1]) E. WERTHEIMER, Phys. ZS. Bd. 14, S. 711. 1913.

[2]) Vgl. Artikel von W. BOTHE, Absorption und Zerstreuung von Röntgenstrahlen, ds. Handb. Bd. 23, Kap. 3.

[3]) R. T. BEATTY, Proc. Roy. Soc. London (A) Bd. 85, S. 230. 1911.

[4]) C. T. R. WILSON, Proc. Roy. Soc. London (A) Bd. 87, S. 277. 1912; Jahrb. d. Radioakt. u. Elektr. Bd. 10, S. 34. 1913.

in besser homogen ionisierten Gasen zu messen, nicht ausgearbeitet ist, lassen sich keine Angaben machen, welchen Einfluß die Kolonnenformation bei Ionisation durch Röntgenstrahlung hervorruft.

18. Potentialmessung. Der Potentialverlauf innerhalb des durch α-Strahlen ionisierten Gasraumes in einem Plattenkondensator war von JAFFÉ als gleichförmig angenommen worden. Dies ist, wie sich zeigen wird, in Strenge nicht richtig, wenn auch der Fehler bei schwacher Ionisation klein ist. Leider sind keine Messungen bei gut definierter α-Strahlrichtung angestellt worden. Ist ein aktives Präparat auf eine Elektrode gebracht, so strahlt es in einem Winkelbereich von 180° und wirkt, besonders wenn es über eine größere Fläche ausgedehnt ist, der Kolonnenformation entgegen. Eine ältere Potentialmessung von RUTHERFORD[1]), ausgeführt mit Sonde, hatte ergeben, daß an der aktiven Platte das Feld um so kleiner ist, je stärker das Präparat, und daß an der inaktiven Elektrode sich entsprechend ein recht beträchtlicher Potentialfall ausbildet. Die Messungen sind mit moderneren Hilfsmitteln von ARTNER[2]) wiederholt

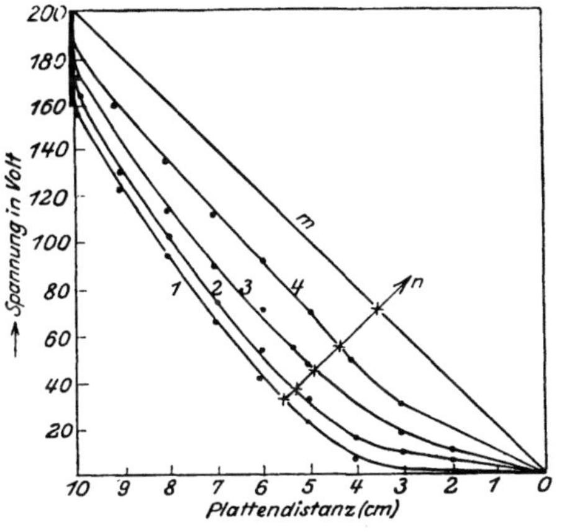

Abb. 18. Potentialverlauf nach ARTNER. m = mittleres Spannungsgefälle. Die Kurven 1, 2, 3, 4 entsprechen den Präparatstärken 1077, 110, 22, 4 e.st. E.

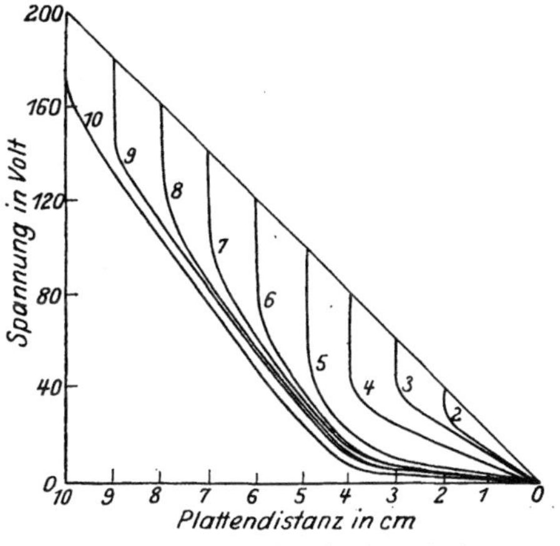

Abb. 19. Potentialverlauf nach ARTNER. Die Kurven 2 bis 10 entsprechen Kondensatoren von 2 bis 10 cm Plattenabstand. Mittleres Spannungsgefälle 20 Volt/cm.

worden. Eine Potentialmessung mit Sonde ist bekanntlich unbedenklich im Gebiet bipolarer Leitung, wenn die Ionen MAXWELLsche Geschwindigkeitsverteilung haben; Schwierigkeiten machen aber Räume, in denen ein unipolarer Leitungsstrom fließt. Ist z. B. der Strom nur von positiven Ionen getragen, so lädt sich die Sonde soweit auf, bis durch elektrostatische Abstoßung alle ankommenden Ionen abgelenkt werden. Sie nimmt, wenn eine Neutralisation nicht möglich ist, dabei ein höheres Potential an, als bei ihrer Abwesenheit am gleichen Ort herrschen würde. Das gleiche gilt bei rein negativem Elektrizitätstransport. Der Fall unipolarer Leitung liegt im Bereich außerhalb der Reichweite eines Präparats vor, er ist positiv, falls die aktive Platte Anode, negativ, wenn sie Kathode ist. Diese Schwierigkeit sucht die Verf. zu umgehen, indem sie die Sonde sehr schwach aktiviert. Die Anwesenheit von Ionen beiderlei Vorzeichens in der Sondenumgebung gewährleistet eine Neutralisation zu hoher Ladungen.

Abb. 18 zeigt die gemessene Potentialverteilung für verschieden starke Präparate. An der aktiven Platte (rechts) ist der Potentialfall um so kleiner,

[1]) E. RUTHERFORD-ASCHKINASS, Die Radioaktivität, Berlin 1907, S. 68.
[2]) M. ARTNER, Wiener Ber. (IIa) Bd. 130, S. 253. 1921.

je größer die Ionenerzeugung ist. Innerhalb der ersten 3 cm von der aktiven Anode entfernt (3 cm entspricht der Reichweite des Präparats), ergibt sich nach den Versuchen in einem Kondensator von 10 cm Plattenabstand ein mittlerer Spannungsabfall an der Anode von

	Präparatstärke:			
	1077 e. st. E.	110 e. st. E.	22 e. st. E.	4 e. st. E.
Feld	0,7 Volt/cm	3,3 Volt/cm	6,0 Volt/cm	10 Volt/cm

entsprechend ein Kathodenfall, gemessen in 0,2 cm Abstand von der Kathode

	Präparatstärke:			
	1077 e. st. E.	110 e. st. E.	22 e. st. E.	4 e. st. E.
Feld	215 Volt/cm	180 Volt/cm	140 Volt/cm	80 Volt/cm

Bei linearem Spannungsabfall hätte das Feld an Kathode und Anode 20 Volt/cm betragen müssen.

In analoger Weise zeigt die Abb. 19 den Potentialverlauf mit Anoden- und Kathodenfall, wenn der Plattenabstand variiert wird.

Was nun die Versuche betrifft, die die JAFFÉschen Rechnungen so ausgezeichnet bestätigten, so ist zu vermuten, daß durchweg mit sehr viel schwächeren Präparaten gearbeitet wurde. JAFFÉ selbst verwandte zwar stärkere, setzte aber durch die scharfe Begrenzung des Öffnungswinkels die Ionisationsstärke so weit herab, daß die Raumladung noch nicht störend wirkte. Jedenfalls zeigen die Messungen von ARTNER, daß der Theorie in ihrer jetzigen Fassung durch den im stationären Zustand sich einstellenden Potentialverlauf für starke Ionisation eine Grenze gesetzt ist.

e) Die teilweise selbständige Entladung.

19. Änderung in der Art der Träger beim Übergang zur selbständigen Entladung. Es war bisher ausschließlich von den Entladungserscheinungen gesprochen worden, die eintreten, wenn alle Ionen, die am Stromtransport durch eine Gasstrecke teilnehmen, durch eine äußere Quelle geschaffen werden. Der Gasdruck war dabei so hoch angenommen worden, daß unter der Wirkung von Reibungskräften die geladenen Teilchen im Mittel mit gleichmäßiger Geschwindigkeit ihren Weg zwischen den Elektroden zurücklegen, und ihre Zusammenstöße mit Molekülen sollten keine neuen Ionen schaffen. Wird nun das Potential, das an einen Kondensator gelegt wird, genügend gesteigert, so geht, je nach den Druckverhältnissen, bei einer bestimmten Minimalspannung ein Funken zwischen den Elektroden über, oder es setzt eine Glimmentladung ein, die Entladung wird selbständig. Über die Erscheinungskomplexe, die hierbei auftreten, wird an anderer Stelle dieses Bandes referiert werden. Hier sei ein kurzer Blick auf das Übergangsstadium geworfen, auf die „teilweise selbständige Entladung".

Abb. 1 (Ziff. 2) hatte bereits die allgemeine Stromspannungscharakteristik gezeigt. Der Verlauf der unselbständigen Strömung war gekennzeichnet durch ein Anwachsen des Stromes mit der Spannung bis zu einem Sättigungswert. Bei weiterer Steigerung des Potentials bleibt zunächst Sättigung erhalten, bis der Strom erst langsam, dann stärker zu steigen beginnt, um im Diagramm schließlich parallel der Stromachse zu verlaufen, d. h. asymptotisch unendlich zu werden. Die ältesten Messungen dieser Art stammen von STOLETOW[1]), sie

[1]) A. STOLETOW, Journ. de phys. (2) Bd. 9, S. 468. 1890.

wurden wiederholt von KREUSLER[1]) und SCHWEIDLER[2]). Einer eingehenden Untersuchung hat TOWNSEND[3]) die Phänomene unterzogen, die Ströme tragen häufig in der Literatur den Namen „Townsendströme". Abb. 20 zeigt diesen Teil des Anstiegs der Stromkurve nach KREUSLER für verschiedenes Kathodenmaterial.

Wenn es möglich sein soll, die Erscheinungen der teilweise selbständigen Entladung ebenso zu fassen, wie es für die unselbständige möglich war, so muß zunächst gefragt werden, welche Veränderung die Einzelfaktoren, die die unselbständige Strömung bestimmten, unter der Wirkung höherer Feldstärken erfahren, welche Rolle Rekombination und Diffusion spielen, wie sich die Beweglichkeit der Teilchen ändert und ob schließlich die Ladungsträger die gleichen bleiben.

a) Die Rekombination ist in starken Feldern zu vernachlässigen. Diese Annahme, die schon bei der Aufstellung der Bedingungen für den Sättigungsstrom gemacht wurde, hat SEELIGER[4]) rein formal aus den THOMSONschen Grundgleichungen abgeleitet, indem er zeigte, daß 1. wenn $\alpha \cdot n_1 \cdot n_2 = 0$ die Beziehung $i = q \cdot e \cdot l_0$ (Bezeichnungsweise wie oben) erfüllt ist, und 2. wenn $i = q \cdot e \cdot l_0$ ist, auch $\alpha \cdot n_1 \cdot n_2 = 0$ gilt. Die Bedingungen gelten mathematisch streng nur, wenn $n_1 = n_2 = 0$, da α eine Konstante ist, also nur für unendliche große Felder, werden aber schon im Gebiet der praktisch erreichbaren Sättigung in Annäherung erfüllt. Da die THOMSONschen Ansätze sich als zu Recht bestehend erwiesen haben, läßt sich annehmen, daß die Rekombination für die teilweise selbständige Entladung a fortiori ein zu vernachlässigender Faktor ist.

b) Die Elektrizitätsträger beiderlei Vorzeichens sind bei der unselbständigen Entladung Ionen. Wahrscheinlich handelt es sich um Komplexe von Molekülen in mehr oder minder stabiler Konfiguration, die sich um ein einzelnes Ion lagern, doch wird auch die Ansicht vertreten, daß es einzelne Molekülionen sind[5]) (vgl. Ziff. 6). Außer in sehr reinen Edelgasen, in Stickstoff und Wasserstoff können jedenfalls freie Elektronen nicht in nachweisbarer Menge am Stromtransport teilnehmen. Da sie jedoch sowohl durch den photoelektrischen Effekt am Metall ausgelöst werden, als auch durch α- und β-Strahlen aus dem Gasmolekül unter Zurücklassung eines positiv geladenen Restes befreit werden, hat man anzunehmen, daß sie sich sehr bald nach ihrer Entstehung an neutrale Gasmoleküle anheften. — Für die selbständige Entladung sind fast ausschließlich positive Atome (bzw. Moleküle) und Elektronen die Stromträger, wie man mit Sicherheit aus den Bestimmungen ihrer spezifischen Ladung weiß. Das Gebiet der teilweise selbständigen Entladung ist das Übergangsstadium, in dem die negativen Ionen oder Komplexe

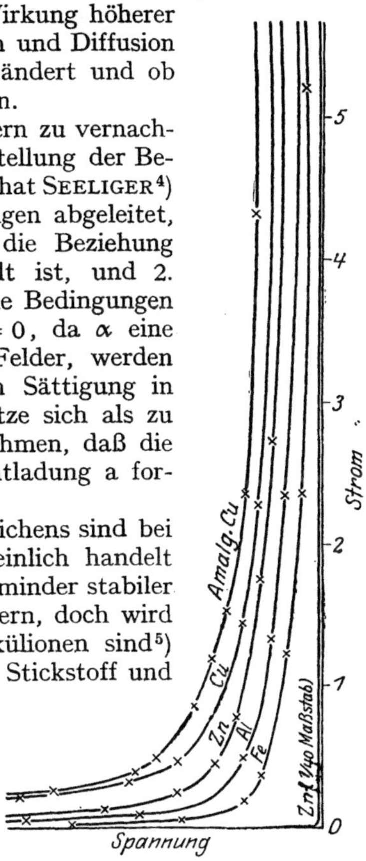

Abb. 20. Stromspannungscharakteristik im Gebiete der teilweise selbständigen Entladung bei verschiedenem Kathodenmaterial nach KREUSLER.

[1]) H. KREUSLER, Ann. d. Phys. Bd. 6, S. 398. 1901; Verh. d. D. Phys. Ges. Bd. 17, S. 86. 1898.

[2]) E. v. SCHWEIDLER, Wiener Ber. Bd. 18, S. 273. 1899.

[3]) J. S. TOWNSEND, Handb. d. Radiol., Bd. I.

[4]) R. SEELIGER, Ann. d. Phys. Bd. 33, S. 319. 1910.

[5]) E. M. WELLISCH, Phil. Mag. Bd. 31, S. 186. 1916; Bd. 34, S. 33. 1917; L. B. LOEB, Phys. Rev. Bd. 8, S. 633. 1916; Bd. 17, S. 89. 1921; YEN KIA-LOG, ebenda Bd. 11, S. 337. 1918.

immer mehr zugunsten der Elektronen, die positiven Cluster zugunsten der Atome weichen.

Über die Wahrscheinlichkeit der Ionenbildung durch Anlagerung gibt eine elementare Theorie von THOMSON[1]) Auskunft. Angenommen, an einer Elektrode seien photoelektrisch Elektronen von der Beweglichkeit k_1 erzeugt. Ihre Geschwindigkeit im Felde X ist $k_1 \cdot X$ und sei klein gegen die thermische Geschwindigkeit V. Von dem Wege zwischen den Elektroden vom Abstand d möge ein Teilchen die Bahnstrecke x als Elektron und $(d - x)$ als Ion zurücklegen, wobei angenommen wird, daß ein einmal gebildetes Ion nicht wieder zerfällt. Die Zeit, während der es den Teil x der Bahn zurücklegt, ist $x/k_1 X$, also der gesamte wirklich zurückgelegte Weg mit der thermischen Geschwindigkeit $V \gg k_1 X$ hat ungefähr den Betrag $\frac{V \cdot x}{k_1 \cdot X} = \alpha \cdot x$, wo $\alpha = \frac{V}{k_1 X}$. Ist $1/n$ die Wahrscheinlichkeit, daß bei einem Zusammenstoß mit einem Gasmolekül ein Ion gebildet wird, so ist die Wahrscheinlichkeit, daß das Elektron auf der Strecke x frei bleibt $w = e^{-\frac{\alpha x}{n \cdot \lambda}}$, wo λ die mittlere freie Weglänge bedeutet, und $N = N_0 \cdot e^{-\frac{\alpha x}{n \cdot \lambda}}$ stellt die Anzahl der Elektronen dar, die, wenn N_0 erzeugt wurden, die Anode ohne anzulagern erreichen. Entsprechend ist $\frac{d - x}{k_2 X}$ die Zeit, die das Ion braucht, um mit einer Beweglichkeit $k_2 \ll k_1$ die Strecke $(d - x)$ zu durchqueren, also die Gesamtzeit der Durchquerung des ganzen Kondensators beträgt

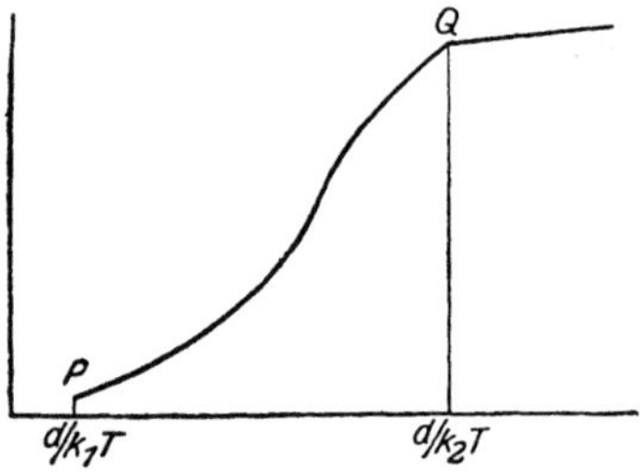

Abb. 21. Strom, getragen von Elektronen und Ionen, nach J. J. THOMSON.

$$T = \frac{x}{k_1 X} + \frac{d - x}{k_2 X}.$$

Hieraus folgt

$$x = \frac{d - k_2 X T}{1 - \frac{k_2}{k_1}}.$$

Liegt nun zwischen Kathode und Anode nur während einer sehr kurzen Zeit T ein Feld, so können allein die photoelektrisch ausgelösten Elektronen die Anode erreichen, die mindestens auf der Strecke x frei blieben, und die Gesamtladung, die die Anode trifft, ist, wenn ε die Elementarladung bedeutet,

$$Q = N \cdot \varepsilon = N_0 \cdot \varepsilon \cdot e^{-\frac{\alpha}{n \cdot \lambda} \cdot \frac{d - k_2 X T}{1 - k_2/k_1}}. \qquad (1)$$

Q ist Funktion der Zeit, während der das Feld wirkt, ist abhängig vom Plattenabstand d, vom Feld X, vom Druck, da λ_1, k_1 und k_2 mit dem Druck variieren und von der Temperatur des Gases, da $\alpha = \frac{V}{k_1 X}$.

Q ändert sich mit der Feldstärke in der Art, wie Abb. 21 es zeigt. Die kleinste Spannung (P), die eine Aufladung der Anode bewerkstelligen kann, ist $X = \frac{d}{k_1 T}$ entsprechend $x = d$, wenn nur freie Elektronen den Ladungstransport übernehmen, der Maximalstrom (Q) ist erreicht für $X = \frac{d}{k_2 T}$, wenn auch die Ionen eine genügende Geschwindigkeit erhalten, um die Entladungsbahn in der Zeit T zu durchqueren.

Um den Einfluß des Druckes zu untersuchen, sei Q in der Form geschrieben $Q = N_0 \cdot \varepsilon \cdot e^{-\beta \cdot (p^2 - p \cdot \gamma)}$, wo $\beta = \frac{V \cdot d}{X \cdot n \cdot \lambda (k_1 - k_2)}$ und $\gamma = \frac{k_2 X T}{d}$. λ, k_1 und k_2

[1]) J. J. THOMSON, Phil. Mag. Bd. 30, S. 321. 1915.

sind umgekehrt proportional dem Druck p eingesetzt. Q ist solange klein, bis p auf einen Betrag von der Größenordnung $\beta^{-\frac{1}{2}}$ reduziert ist, steigt dann aber mit kleiner werdendem Druck sehr schnell an. Mit anderen Worten: da die Wahrscheinlichkeit der Anlagerung von Elektronen $1/n$ in erster Linie von der Zahl der Zusammenstöße abhängt, wächst bei Verminderung des Druckes die Anzahl der freien Elektronen auf Kosten der Ionen. Da β proportional d/X, setzt dieses Vorherrschen der Elektronen bei um so höheren Drucken ein, je kleiner d und je größer die Feldstärke X. Der kritische Druck ist dann erreicht, wenn $X \cdot n \cdot \lambda \cdot k_1$ vergleichbar wird mit $V \cdot d$.

Dieser THOMSONsche Ansatz, der den Übergang von der Ionen- zur Elektronenleitung charakterisieren soll, ist in den letzten Jahren mehrfach experimentell geprüft worden. Gemessen wird die mittlere Ionenbeweglichkeit, die in dem Maße steigt, als die Anzahl Elektronen relativ zu der der Ionen sich vermehrt.

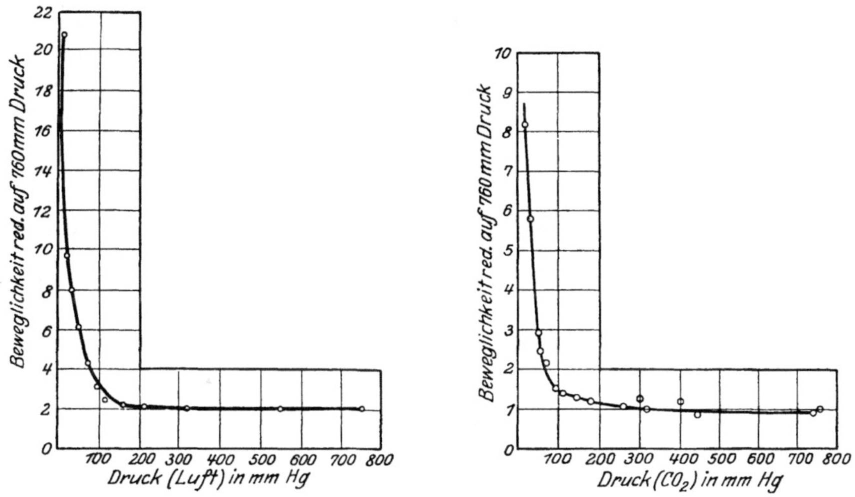

Abb. 22a u. b. Beweglichkeiten negativer Elektrizitätsträger nach KOVARIK in trockener Luft (22a) und trockener Kohlensäure (22b).

Die Methoden der Ionenbeweglichkeitsmessungen sind im Kapitel „Ionen in Gasen" in Bd. 22 ds. Handb. ausführlich besprochen worden. Die Abb. 22a und b zeigen zwei solche Meßreihen nach einer Arbeit von KOVARIK[1]) für Luft und sehr trockene Kohlensäure. Die in die Abbildungen eingetragenen Beweglichkeiten sind auf den gleichen Druck von 760 mm Hg reduziert. Man sieht, daß bis $p \sim 100$ mm in beiden Gasen eine normale Ionenbeweglichkeit gefunden wird, unterhalb dieses Druckes macht sich der Elektroneneinfluß in wachsendem Maße bemerkbar. — Ein Einsetzen der experimentellen Daten erlaubt, die THOMSONsche Gleichung (1) nach n aufzulösen, d. h. auszurechnen, wie viele Stöße im Mittel ein Elektron ausführt, bis es sich an ein neutrales Molekül anlagert. Diesen Wert berechnet z. B. LOEB[2]) zu $n = (2{,}0 \pm 0{,}2) \cdot 10^5$ für Luft und zu $n = 5 \cdot 10^4$ für Sauerstoff. Hieraus folgt ohne weiteres, daß bei einigermaßen hohem Druck nur Ionen die Elektrizitätsleitung übernehmen, da alle Elektronen Gelegenheit haben, sich an Moleküle anzulagern. Ebenso drückt die Größe n den spezifischen Charakter des Gases aus. n ist groß für Edelgase

[1]) A. F. KOVARIK, Phys. Rev. Bd. 30, S. 415. 1910.

[2]) L. B. LOEB, Phys. Rev. Bd. 21, S. 384. 1923; Proc. Nat. Acad. Amer. Bd. 6, S. 435. 1920; Bd. 9, S. 335. 1923.

und klein für stark elektronegative Gase. Es nimmt ab in der Reihenfolge: Edelgase, N_2, H_2, CO, NH_3, CO_2, Luft, O_2, Cl_2[1]). Daß Chlor als das am stärksten elektronegative Medium die mittlere Beweglichkeit negativer Elektrizitätsträger herabsetzt, wird bei Versuchen in Flammen bestätigt gefunden (s. Kap. 3), ebenso ist die Reihenfolge im wesentlichen bei der Messung der Elektronenaffinität der Gase durch Elektronenreflexions- und -stoßversuche wiedergefunden worden.

Die THOMSONschen Ansätze, ebenso wie LOEBS Messungen und Berechnungen, sind allerdings nicht unbestritten geblieben. TOWNSEND und mit ihm BALEY fechten die Konstanz der Anlagerungswahrscheinlichkeit $1/n$ für ein bestimmtes Gas an. In einer neueren Arbeit mißt BALEY[2]) diese Größe in der Weise, daß er Photoelektronen durch eine Reihe hintereinander aufgestellter Schlitze schickt. Die freien Elektronen diffundieren leichter seitlich ab als die bereits angelagerten, und so wird mehr und mehr der Strom zu einem reinen Ionenstrom gefiltert. Es ergibt sich dabei, daß die Größe $1/n$ vom Feld abhängig ist, und zwar nimmt unter den gegebenen Versuchsbedingungen die Wahrscheinlichkeit einer Anlagerung in sehr trockner Luft um ca. 50% ab, wenn die Feldstärke auf den vierfachen Betrag gesteigert wird. Auch dieses Resultat weist auf den Übergang zur Elektronenleitung bei der teilweise selbständigen Entladung hin. — In Sauerstoff, der sonst als stark elektronegativ bekannt ist, glaubt TOWNSEND[3]) eine starke Abhängigkeit der Elektronenaffinität vom Reinheitsgrad zu finden; wird das Gas sehr sauber hergestellt und werden alle Stoffe aus der Apparatur ferngehalten, die irgendwie reaktionsfähig sind (Hartgummi, Fett), so sollen auch in O_2 Elektronen für längere Zeit existenzfähig sein.

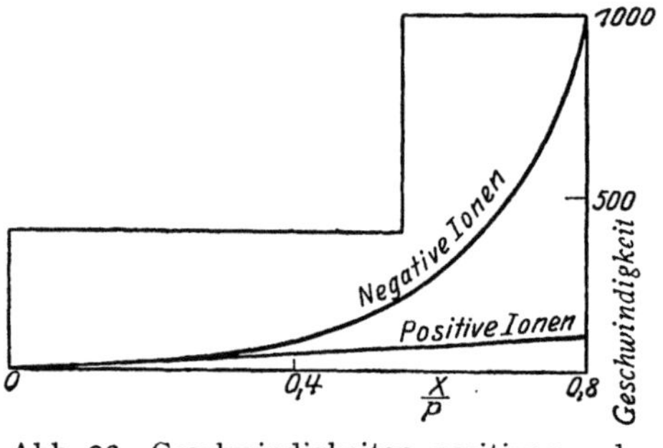

Abb. 23. Geschwindigkeiten positiver und negativer Ionen als $f(X/p)$ nach TOWNSEND.

Die Abhängigkeit der mittleren Ionenbeweglichkeit vom Feld zeigt Abb. 23 nach Arbeiten von TOWNSEND und seinen Schülern[4]). Mit zunehmendem Feld (hier aufgetragen als X/p) steigt die Geschwindigkeit der negativen Träger mehr als linear und zeigt damit die wachsende Anzahl von freien Elektronen. Die Kurve für die positiven Ionen ist nach TOWNSEND eine Gerade, doch haben sich nach WAHLIN[5]), ERIKSON[6]) und NOLAN[7]) ebenfalls Andeutungen eines kontinuierlichen Zerfalls von Komplexionen nachweisen lassen. In Luft werden für positive Ionen folgende Ionenbeweglichkeiten gemessen:

Autor	Beweglichkeit					
NOLAN	1,79	1,52	1,37	—	—	—
ERIKSON	1,89	—	1,35	—	—	—
WAHLIN	1,89	1,57	1,35	1,20	1,10	0,970

[1]) Siehe L. B. LOEB, Phil. Mag. Bd. 43, S. 229. 1922; H. B. WAHLIN, Phys. Rev. Bd. 19, S. 173. 1922.

[2]) V. A. BALEY, Phil. Mag. Bd. 50, S. 825. 1925.

[3]) J. S. TOWNSEND, Anhang zur Arbeit von V. A. BALEY. Phil. Mag. Bd. 50, S. 843. 1925.

[4]) J. S. TOWNSEND, Handb. d. Radiol. Bd. I, S. 104.

[5]) H. B. WAHLIN, Phil. Mag. Bd. 49, S. 566. 1925.

[6]) H. A. ERIKSON, Phys. Rev. Bd. 20, S. 117. 1922.

[7]) J. J. NOLAN, Proc. Irish Roy. Soc. (A) Bd. 36. 1923.

Das Auftreten so vieler diskreter Werte schreibt WAHLIN dem Bestehen verschieden großer Molekülionenkomplexe zu, in einem Wechselstromfeld hoher Frequenz jedoch findet sich nur die eine Gruppe mit $k = 1,89$, während die schwereren Cluster nicht existenzfähig sind. $k = 1,89$ stellt die Beweglichkeit der normalen Luftionen dar.

Der Übergang von den Komplexionen zu Atom- oder Molekülionen, wie sie in der selbständigen Entladung auftreten, ist für positive Träger sehr viel schwerer festzustellen und bis jetzt auch noch wenig geklärt. Bei hohen Feldstärken (ca. 10 000 Volt/cm) und normalem Druck bestimmte FRANCK[1]) die Beweglichkeiten positiver Ionen, die bei einer Spitzenentladung zwischen einem dünnen Draht und einem umgebenden Zylinder entstehen, nach einer Strömungsmethode, die in ihrer einfachsten Form ursprünglich von ZELENY angegeben worden ist. Er fand im Mittel (ausgedrückt in cm/sec : Volt/cm) $u = 3,08$ für feuchte, $u = 3,22$ für trockene Luft und $u = 9,2$ für Stickstoff. Wurde der von der Spitze abströmende Ionenstrom jedoch in einen Kondensator eingeführt und dort die Beweglichkeit mit der Wechselstrommethode bestimmt, so ergaben sich die normalen Werte $u = 1,34$. Diese Abweichungen von der normalen Beweglichkeit bei hohen Feldstärken konnten allerdings weder RATNER[2]) noch LOEB[3]) feststellen. Erfolgt der Übergang vom Molekülion zum Komplexion in einer endlichen, der Messung zugänglichen Zeit, so müßte man ihn auch in kleinen Feldern bei mittlerem oder normalem Druck feststellen können, doch sind die diesbezüglichen Messungen bis jetzt noch sehr widerspruchsvoll (vgl. Artikel von PRZIBRAM, ds. Handb. Bd. 22, Abschn. „Altern der Ionen"). Eine Abnahme der Beweglichkeit mit der Zeit nach der Entstehung findet z. B. LOEB[4]) in Ätherdampf in den ersten 0,03 sec, WAHLIN[5]) in Luft in etwa 0,01 sec, der Befund ist aber von anderen Forschern nicht bestätigt worden. — Aus theoretischen Überlegungen heraus sucht THOMSON[6]) in einer neueren Arbeit den Übergang vom positiven Komplexion der unselbständigen Entladung zum Molekülion der selbständigen klarzulegen. Die Rechnung führt ihn zu folgenden Schlüssen: Die Anziehung zwischen einem positiven Ion und einem neutralen Molekül wird in derselben Weise eingeführt, wie die zwischen einem geladenen Teilchen und einer metallischen Kugel. Die Kräfte betragen etwa den $^1/_{100}$ Teil der zwischen zwei Ionen entgegengesetzten Vorzeichens herrschenden, doch überwiegt die Anzahl der neutralen Moleküle die der Ionen um so viel, daß die Komplexbildung mit sehr viel größerer Wahrscheinlichkeit erfolgt als eine Rekombination. Je nach der herrschenden Temperatur, d. h. je nach der Energie, die beim Stoß der in Wärmebewegung befindlichen Moleküle übertragen werden kann, zerfallen die Cluster, bei Zimmertemperatur aber, falls ihre Bindungsenergie $^1/_7$ Volt übersteigt, sind praktisch nur Komplexe vorhanden. Ihrer Größe, d. h. der Anzahl der sich um ein Ion lagernden Moleküle, ist durch diese Stoßübertragung von Energie eine obere Grenze gesetzt; während der Entstehungsdauer sind unterhalb dieser Grenze Ionen jeder Größe vorhanden. Wenn trotzdem bei normalem Druck stets Ionen von nur einer bestimmten Beweglichkeit aufgefunden werden können, so ist der Grund hierfür in der sehr kurzen Zeitspanne zu suchen, die zwischen der Entstehung des Ions und seinem Anwachsen zur maximalen Größe verstreicht. Diese Zeit berechnet THOMSON für Luft von Atmosphärendruck zu

---

[1]) J. FRANCK, Ann. d. Phys. Bd. 21, S. 972. 1906.
[2]) S. RATNER, Phil. Mag. Bd. 32, S. 441. 1916.
[3]) L B. LOEB, Phys. Rev. Bd. 8, S. 633. 1916.
[4]) L. B. LOEB, Proc. Nat. Acad. Amer. Bd. 11, S. 428. 1925.
[5]) H. B. WAHLIN, Phys. Rev. Bd. 20, S. 267. 1922.
[6]) J. J. THOMSON, Phil. Mag. Bd. 47, S. 337. 1924.

1,2 · 10^{-8} sec. Sie ist umgekehrt proportional dem Quadrat des Druckes und ist bei $p = 0,76$ mm Hg angestiegen auf etwa 10^{-2} sec. Bei dieser Gasdichte müßten demnach abnormal große Beweglichkeiten gefunden werden können. Eine Überschlagsrechnung zeigt, daß für $p < 1$ mm ein Ion in einem Feld von ca. 1 Volt/cm einen Weg von 10 cm zurücklegen kann, ohne Komplexe zu bilden, in schwächeren würden auch dann Cluster sich bilden können, während in stärkeren noch bei höheren Drucken Molekülionen existenzfähig wären. Leider sind die Experimente noch weit davon entfernt, die THOMSONsche Theorie, bei der schon feste Zahlenwerte angegeben sind, auch nur der Größenordnung nach auf ihre Richtigkeit hin prüfen zu können.

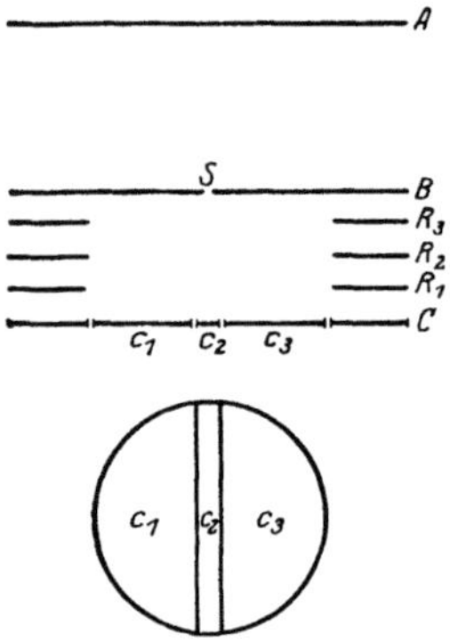

Abb. 24. Versuchsanordnung zur Messung der Diffusion nach TOWNSEND.

c) Der Diffusionskoeffizient ist in erster Näherung umgekehrt proportional dem Druck und dem Querschnitt der Ionen. Bei großer Dichte in unedlen Gasen ist er für Ionen kleiner als für neutrale Gasmoleküle, was durch die eine Theorie auf den großen Durchmesser der Cluster (ob stabil oder instabil), durch die andere auf elektrostatische Wirkungen zurückgeführt wird. In Edelgasen, wo die negativen Elektrizitätsträger Elektronen sind, übt die Diffusion schon in der rein unselbständigen Entladung einen wesentlichen Einfluß auf die Ausbreitung der Strombahn aus (vgl. Ziff. 6 und 11), ebenso ist in der Glimmentladung die Diffusion der Elektronen an die Gefäßwände ein nicht zu vernachlässigender Faktor (vgl. Artikel über Glimmentladung von R. BÄR, ds. Band). Im Übergangsgebiet gewinnt sie auch für unedle Gase in dem Maße an Bedeutung, als Cluster verschwinden und geladene Atome bzw. Elektronen den Stromtransport übernehmen. Einer eingehenden Untersuchung haben TOWNSEND und seine Mitarbeiter[1]) die Diffusion unterzogen. Die Versuchsanordnung ist schematisch in der Abb. 24 wiedergegeben nach einer Versuchsanordnung von TOWNSEND und TIZARD[2]). Auf der Platte A werden photoelektrisch Elektronen erzeugt, die durch den Schlitz S in das Feld BC treten. Die Hilfselektroden R_1, R_2, R_3 halten das Feld homogen. Würden die Ionen ohne Diffusion den Raum durchqueren, so würden sie alle die Elektrode c_2 treffen. Die Diffusion bewirkt eine Verbreiterung des Stromes, ein Teil der Ladung fließt auf die von c_2 isolierten Auffänger c_1 und c_3. Das Verhältnis R der auf c_2 ankommenden Elektrizitätsmenge n_2 zu der auf den drei Elektroden gemessenen $(n_1 + n_2 + n_3)$ gibt ein Maß für die Diffusion. Die Ströme sind dabei so klein gewählt, daß eine elektrostatische Abstoßung der einzelnen Elektrizitätsträger voneinander nicht zu erwarten ist. Abb. 25 gibt den Verlauf von R für verschiedene Drucke p. R nimmt ab, oder

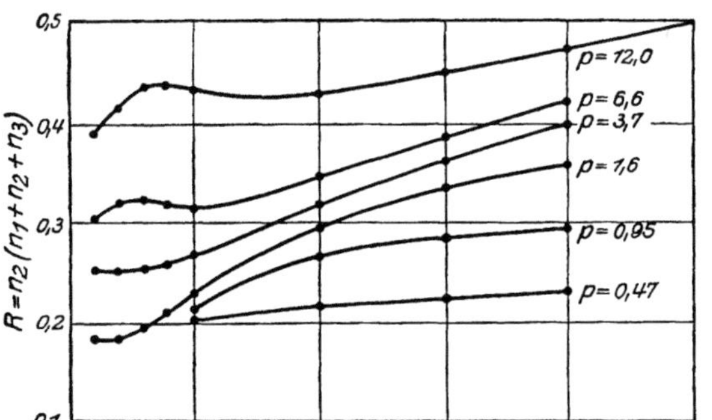

Abb. 25. Experimentelle Ergebnisse der Diffusionsmessung nach TOWNSEND.

[1]) Vgl. J. S. TOWNSEND, Hand. d. Radiol. Bd. I, S. 120ff.
[2]) J. S. TOWNSEND u. H. T. TIZARD, Proc. Roy. Soc. London (A) Bd. 88, S. 336. 1913.

die Diffusion wird stärker, wenn der Druck verringert wird, und ist auch vom Feld abhängig. Die Kurven beziehen sich auf trockene Luft.

Zusammenfassend läßt sich sagen: ist in einem Kondensator, in dem durch äußere Einwirkungen das Gas ionisiert wird, Feldstärke und Druck in dem Maße geändert, daß mindestens der Sättigungsstrom erreicht ist, so verliert die Rekombination, gewinnt die Diffusion an Bedeutung, die Clusterbildung der Ionen hört auf, und den Elektrizitätstransport besorgen, auch in unedlen Gasen, in steigendem Maße einfache Ionen und Elektronen.

20. Der Stoß negativer Elektrizitätsträger. Wird nun die Feldstärke soweit gesteigert, daß die kinetische Energie der Ionen hinreicht, um neutrale Moleküle zu zersprengen, so vermehrt sich die Anzahl der Träger durch Stoß. Es ist bekannt, daß zuerst die negativen Teilchen diese Fähigkeit besitzen. Der Beweis hierfür war früher aus Versuchen mit Elektroden verschiedener Gestalt gewonnen worden[1]). Legt man z. B. Spannung an einen Kondensator, der aus einer großen Hohlkugel besteht, in die konzentrisch eine kleine Kugel eingeführt ist, so zeigt sich der Stromanstieg durch Stoßionisation bei kleineren Feldstärken, wenn die innere Elektrode positiv, als wenn sie negativ ist. Da das Feld an der inneren Kugel stärker ist als außen, heißt das, die negativen Ionen, die auf die Anode zufliegen, wirken bei kleineren Feldern ionenerzeugend. Als stoßende Teilchen werden, was zunächst überraschend erscheint, ausschließlich Elektronen angenommen, auch wenn negative Ionen noch in merklicher Anzahl vorhanden sind. Die Berechtigung hierfür sieht TOWNSEND[2]) und seine Schule in folgenden Experimenten: Aus Diffusionsströmen bestimmen sie die mittlere thermische kinetische Energie der Elektronen $m u^2/2$ im Verhältnis zu der der Ionen $M \Omega^2/2$; diese letztere wird der thermischen Energie des umgebenden Gases gleichgesetzt. Das Verhältnis $k = \frac{m u^2}{M \Omega^2}$ wächst mit der Feldstärke; auch für Potentiale, bei denen noch keine Stoßionisation auftritt, kann die Energie der ungeordneten Bewegung der Elektronen ein Vielfaches der Ionisationsenergie betragen. Daraus würde ohne weiteres folgen, daß für den Stoß in erster Linie Elektronen in Betracht kommen. Die TOWNSENDschen Resultate stehen aber in Widerspruch zu den FRANCKschen[3]) Elektronenstoßversuchen, bei denen die Ionisations- und Anregungsspannung eines Gases aus der im elektrischen Felde erworbenen Energie eines Elektrons entnommen werden kann, und da die FRANCKschen Resultate durch optische Daten aufs beste bestätigt sind, kann man sich auf ihre Realität verlassen. Ebenso haben die von LENARD[4]) und seinen Schülern angefertigten Arbeiten über langsame Kathodenstrahlen Ergebnisse gezeitigt, die nicht in Übereinstimmung mit TOWNSENDS Resultaten stehen. TOWNSEND[5]) selbst glaubt die Diskrepanz auf Verschiedenheiten in den Versuchsbedingungen zurückführen zu können. — In seinen früheren Arbeiten macht TOWNSEND keinen prinzipiellen Unterschied zwischen Ionen und Elektronen, was sicher eine Schwäche der Theorie darstellt, später spricht er nur von positiven Ionen und Elektronen. Da bei höheren Feldstärken Elektronen in immer wachsender Anzahl vorhanden sind, da ferner ihre mittlere freie Weglänge $4 \cdot \sqrt{2}$ mal größer ist als die der Ionen, so daß sie im Mittel zwischen zwei Zusammenstößen $4 \cdot \sqrt{2}$ mal mehr Energie

[1]) Literaturangabe s. J. S. TOWNSEND, Handb. d. Rad. von E. MARX. Bd. 1.

[2]) Literaturangabe s. J. S. TOWNSEND u. T. L. R. AYRES, Phil. Mag. Bd. 47, S. 401. 1924; V. A. BAILEY, ebenda Bd. 46, S. 213. 1923.

[3]) Literaturangabe s. Artikel von J. FRANCK u. P. JORDAN, Bd. 23 ds. Handbuches.

[4]) P. LENARD, Quantitatives über Kathodenstrahlen aller Geschwindigkeiten. Heidelberg 1918.

[5]) J. S. TOWNSEND u. T. L. R. AYRES, Phil. Mag. Bd. 47, S. 401. 1924.

beim Durchlaufen des Feldes aufnehmen, und da schließlich die Stöße positiver Ionen im Gebiet der noch nicht selbständigen Entladung sehr viel unwirksamer sind als die der Elektronen, und von den Stößen negativer Ionen das gleiche zu erwarten ist, sollen im folgenden als eigentliche negative Stoßerreger Elektronen angesehen werden.

Die Gesamtzahl der durch Stoß erzeugten Ionen läßt sich nun leicht berechnen. Es sei n_0 die Zahl der anfänglich durch eine äußere Ionisationsquelle in Nähe der Kathode erzeugten Elektronen, α die Zahl positiver und negativer Teilchen, die das Elektron im Mittel auf 1 cm seines Weges im Feld (der Weg als geradlinig gedacht) durch Stoß erzeugt, und es wird angenommen, daß jedes neu geschaffene Elektron die gleiche Fähigkeit besitzt, sich durch Stoß zu vermehren. Ist n die Anzahl negativer Teilchen, die in der Entfernung x von der Kathode den Querschnitt durchsetzen, so ist $dn = n \cdot \alpha \cdot dx$, oder $n = n_0 \cdot e^{\alpha \cdot a}$ ist die Gesamtzahl Ladungsträger, die die Anode in der Entfernung a erreichen. — War das Gas ursprünglich homogen ionisiert, so ist der Strom, der auf die Anode fällt

$$\varepsilon q = \varepsilon \int_0^a n_0 \cdot e^{\alpha x} dx = \varepsilon n_0 \frac{e^{\alpha a} - 1}{\alpha},$$

wo ε die Elementarladung bedeutet. War für den Sättigungsstrom

$$\varepsilon \cdot q_0 = \varepsilon \cdot n_0 \cdot a,$$

so wird

$$q = q_0 \cdot \frac{e^{\alpha a} - 1}{\alpha \cdot a}.$$

Der Wert von α kann experimentell gefunden werden, er ist nach TOWNSEND bei konstanter Temperatur nur abhängig von der Art des Gases, der Feldstärke X und dem Druck p. Die Beziehung läßt sich am einfachsten in die Form fassen $\frac{\alpha}{p} = f\left(\frac{X}{p}\right)$. Dies zeigen z. B. folgende Bestimmungen an Wasserstoff, die nach TOWNSEND[1]) beliebig vermehrt werden könnten.

$X = 1050$ Volt/cm	$p = 8$ mm	$X/p = 1,31$	$\alpha = 14,8$	$\alpha/p = 1,85$
$X = 525$,,	$p = 4$,,	$X/p = 1,31$	$\alpha = 7,4$	$\alpha/p = 1,85$
$X = 262$,,	$p = 2$,,	$X/p = 1,31$	$\alpha = 3,7$	$\alpha/p = 1,85$.

Qualitativ läßt sich Feld- und Druckeinfluß ohne weiteres einsehen. Während einer Reihe von elastischen Zusammenstößen gewinnt das Elektron beim Durchlaufen des Spannungsgefälles die zur Ionisation nötige Energie. Bei Steigerung der Feldstärke verringert sich der Weg, der dazu erforderlich ist; theoretisch ist das Maximum erreicht, wenn jeder Zusammenstoß unelastisch erfolgt, doch wird dieser Grenzfall im allgemeinen nicht erreicht. Die Variation des Druckes bei konstantem Feld zeigt ein Druckoptimum für wirksame Stöße. Bei größeren ist die mittlere freie Weglänge zu gering, bei kleineren die Stoßwahrscheinlichkeit nicht ausreichend. Als Beispiel möge eine Tabelle nach STOLETOW[2]) dienen. Die Ströme

Tabelle 5.

p(mm)	i	p(mm)	i	p(mm)	i
754	8,46	2,48	74,7	0,105	65,8
152	13,6	1,01	106,8	0,0147	53,8
21	26,4	0,64	108,2	0,0047	50,7
8,8	32,2	0,52	102,4	0,0031	49,5
3,3	48,9	0,275	82,6		

[1]) J. S. TOWNSEND, Phil. Mag. Bd. 6, S. 598. 1903; J. S. TOWNSEND u. H. E. HURST, Phil. Mag. Bd. 8, S. 738. 1904.

[2]) A. STOLETOW, C. R. Bd. 107, S. 91. 1888; Journ. de phys. Bd. 9, S. 468. 1890.

wurden in einem ebenen, mit Luft gefüllten Plattenkondensator von 3,71 mm Plattenabstand bei einer konstanten Spannung von 93 Volt (Feldstärke 250 Volt/cm) aufgenommen.

Der Druck, bei dem der Strom ein Maximum besitzt, ließ sich bei Variation der Spannung von 66 bis 236 Volt mit wenigen Prozent Genauigkeit ausdrücken als $p_m = \frac{X}{372}$.

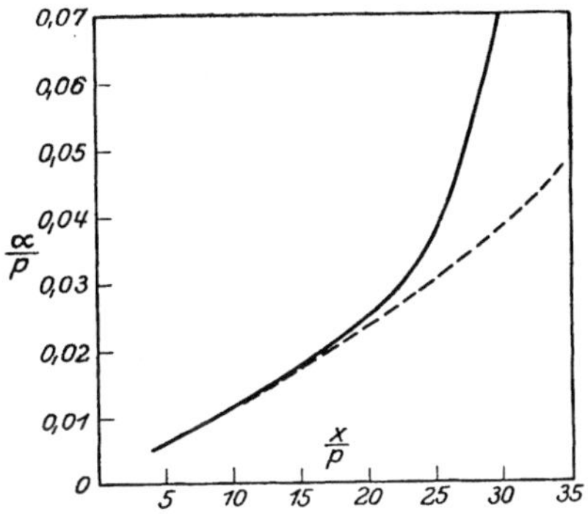

Abb. 26a. α/p als $f(X/p)$ nach AYRES in Wasserstoff (ausgezogene Kurve) und Stickstoff (gestrichelte Kurve).

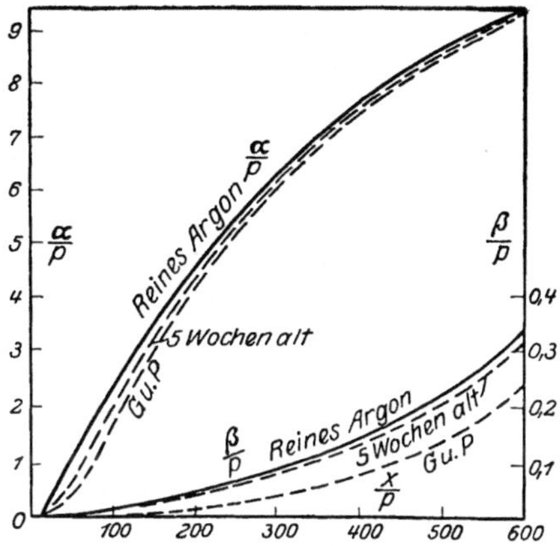

Abb. 26b. α/p und β/p als $f(X/p)$ nach AYRES in Argon; ausgezogene Kurve mit frisch zubereitetem, mittlere Kurve mit 5 Wochen altem Gas, untere Kurve nach GILL und PIDDUCK.

Die Abb. 26a, b und c geben nach AYRES[1]) und TOWNSEND[2]) für einige Gase die gefundenen Werte von α/p als $f(X/p)$ wieder. Die Messungen der Abb. 26c sind älteren Arbeiten entnommen, und es ist möglich, daß die Reinheit der verwandten Gase nicht mehr den heutigen Ansprüchen genügt. Die Kurven würden dann nur qualitativ den Verlauf wiedergeben.

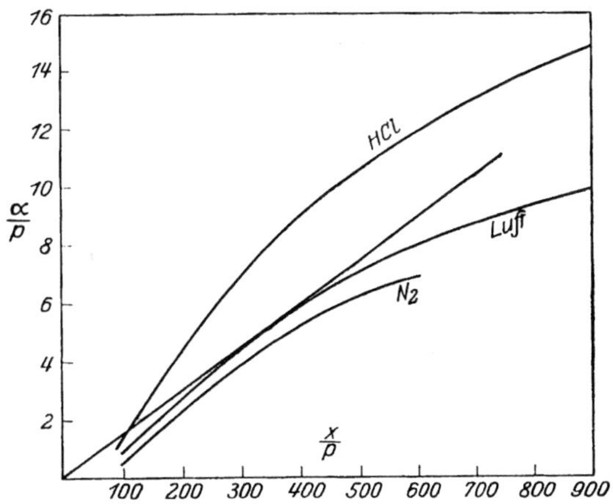

Abb. 26c. α/p als $f(X/p)$ nach TOWNSEND in HCl, Luft und N_2.

Die Ionisierungsspannung V eines Gases, d. h. die Potentialdifferenz, die ein Elektron mindestens durchfallen haben muß, um ein neutrales Molekül zu zerstoßen, läßt sich aus der Grenzspannung bestimmen, für die $\lim \alpha = 0$ ist, läßt sich aber auch aus dem Wert von α, der bei einer beliebigen Feldstärke X gefunden wird, berechnen. Nimmt man an, daß die freien Weglängen der Elektronen MAXWELLsche Verteilung besitzen, und sei λ_m die mittlere freie Weglänge, so besteht zwischen α und V die Beziehung:

$$\alpha = \frac{1}{\lambda_m} \cdot e^{\frac{-V}{\lambda_m \cdot X}} \quad \text{oder} \quad \frac{\alpha}{p} = \frac{1}{\lambda_m^0} \cdot e^{-\frac{V \cdot p}{\lambda_m^0 \cdot X}},$$

[1]) T. L. R. AYRES, Phil. Mag. Bd. 45, S. 353. 1923.
[2]) J. S. TOWNSEND, Handb. d. Radiol. Bd. 1, S. 246.

wenn λ_m^0 sich auf Normaldruck bezieht. TOWNSEND nimmt an, daß für $\lambda \cdot X < V$ kein Stoß zur Ionisierung führt, für $\lambda \cdot X \geqq V$ aber jeder mit Sicherheit. Es kann wohl heute gesagt werden, daß diese Annahme weder für edle noch für unedle Gase zu Recht besteht, wenn sich auch noch kein Gesetz hat aufstellen lassen, daß über die Ionisierungswahrscheinlichkeit als Funktion der Feldstärke Auskunft gibt. Nach den Messungen von MAYER[1]) steigt die Wirksamkeit der Stöße von einem Schwellenwert der Elektronengeschwindigkeit an, bei einem bestimmten und für jedes Gas charakteristischen Wert besitzt sie ein Optimum, um bei größeren Geschwindigkeiten wieder zu fallen. Die größte Stoßwahrscheinlichkeit beträgt für Luft 0,4 und erreicht auch für andere Gase nie den Wert 1.

Tabelle 6 zeigt, daß die nach TOWNSEND berechneten Ionisierungsspannungen von den nach der FRANCK-HERTZschen Elektronenstoßmethode gefundenen Werten, die heute als die zuverlässigsten angesehen werden können, recht erheblich abweichen. Etwas günstigere Zahlenwerte liefert die TOWNSENDsche Theorie nach Anbringung einer Korrektur von B. DAVIS[2]), die aber auf einer wohl zu primitiven Annahme beruht. Es soll danach das Elektron beim Stoß auf das kugelförmig gedachte Molekül nur dann seine ganze Energie übertragen, wenn es genau zentral trifft. Im anderen Falle würde nur der der Normalkomponente der Geschwindigkeit entsprechende Energieteil zur Abgabe kommen. Die Bahn des Elektrons wird bis zum Zusammenstoß mit dem Molekül als geradlinig angenommen, was den wirklichen Verhältnissen nicht entsprechen dürfte. Die Theorie ergibt bei gleicher Bezeichnungsweise wie oben:

$$\frac{\alpha}{p} = \frac{1}{\lambda_m^0} \cdot e^{-\frac{Vp}{\lambda_m \cdot X}} + \frac{Vp}{\lambda_m \cdot X} \cdot Ei\left(-\frac{Vp}{\lambda_m \cdot p}\right).$$

Hierin ist Ei ein nach Tabellen auswertbares Exponentialintegral. BISHOP[3]) hat die Gleichung für verschiedene Gase in einem größeren Druckbereich geprüft und sie auf Gasgemische erweitert. Tabelle 6 enthält die Messungen von BISHOP ausgewertet nach dem DAVISschen Ansatz.

Tabelle 6. **Ionisierungsspannungen aus α berechnet und nach der Elektronenstoßmethode gefunden.**

Gas	α berechnet nach der Theorie		α gefunden[4]) durch Elektronenstoß
	von TOWNSEND	von DAVIS	
Luft	25 Volt	10,21 Volt	—
Stickstoff	27,6 ,,	—	16,3 bis 16,9 Volt
Sauerstoff	—	—	15,5 ± 0,5 ,,
Wasserstoff	26 ,,	9,66 ,,	16,1 ± 0,2 ,,
Kohlensäure	23,3 ,,	6,21 ,,	—
Salzsäure	16,5 ,,	—	14,4 ,,
Argon	17,3 ,,	—	15,1 bis 15,6 ,,
Helium	12,3 ,,	—	24,6 ,,

Die Annahme vollständig elastischer Zusammenstöße vor dem ionisierenden Stoß übersieht die Energieverluste, die bei Anregung der Moleküle zu Resonanz und bei ihrer Dissoziation eintreten. Das Problem (α/p) für alle Gase aus den Atom- bzw. Molekülkonstanten zu berechnen, ist bis heute ungelöst[5]).

[1]) F. MAYER, Ann. d. Phys. Bd. 45, S. 1. 1914.

[2]) B. DAVIS, Phys. Rev. Bd. 24, S. 93. 1907; Ann. d. Phys. Bd. 42, S. 807. 1913; vgl. auch B. DE HAAN, Verk. K. Ak. v. Wet., Dl. H., S. 19.

[3]) E. S. BISHOP, Phys. ZS. Bd. 12, S. 1148. 1911.

[4]) Literaturangabe s. J. FRANCK und P. JORDAN, Anregung von Quantensprüngen durch Stöße, ds. Handb. Bd. 23.

[5]) Über die Bestimmung der Ionisierungszahlen α und β aus der Durchbruchfeldstärke vgl. z. B. W. O. SCHUMANN, Elektrische Durchbruchfeldstärke von Gasen. Berlin 1923.

21. Der Stoß positiver Ionen. Der Strom, der der Beziehung $\varepsilon \cdot n = \varepsilon \cdot n_0 \cdot e^{\alpha a}$ folgt, stellt sich bis zu einer bestimmten Spannung ein. Wird die Feldstärke noch weiter gesteigert, so tritt eine solche Stromvergrößerung auf, daß die einkonstantige Formel nicht mehr ausreicht, um die Charakteristik darzustellen. Dies weist darauf hin, daß eine weitere Ionisationsquelle wirksam geworden ist, und wie die Experimente zeigen, sind es nun die Stöße positiver Ionen, die eine Trägervermehrung bedingen.

Nach TOWNSEND läßt sich bei gegebener Anfangsionisation n_0 die resultierende Anzahl n aller Ionen, die durch Stoß positiver und negativer Teilchen erzeugt werden, in analoger Weise wie bei nur negativem Stoß berechnen. Ist β die Zahl der Ionen, die von einem positiven Träger pro Zentimeter seiner Bahn erzeugt werden, so ist

$$n = \frac{n_0 \cdot (\alpha - \beta)\, e^{(\alpha - \beta) \cdot a}}{\alpha - \beta \cdot e^{(\alpha - \beta) \cdot a}}. \tag{A}$$

Die Gültigkeit der Gleichung zeigt Tabelle 7 nach TOWNSEND[1]). In einem Plattenkondensator wurden die Ströme q in Luft von 4 mm Hg Druck bei einer Feldstärke von $X = 700$ Volt/cm gemessen. Die Konstanten α und β waren bestimmt zu $\alpha = 8{,}16$ und $\beta = 0{,}0067$. Der Elektrodenabstand a wurde variiert.

Tabelle 7. Ströme, durch Stoß positiver und negativer Träger erzeugt.

a (cm)	0,2	0,3	0,4	0,5	0,6	0,7	0,8
q beob.	5,12	11,4	26,7	61	148	401	1500
q ber. aus $n = n_0\, e^{\alpha a}$	5,11	11,6	26,1	59	133	301	680
q ber. aus $n = \frac{n_0 \cdot (\alpha - \beta) \cdot e^{(\alpha - \beta) a}}{\alpha - \beta \cdot e^{(\alpha - \beta) a}}$	5,11	11,6	26,5	62	149	399	1544

Die Übereinstimmung der beobachteten und berechneten Werte ist sehr viel besser, wenn der Stoß positiver Teilchen als zweite Ionisationsquelle mit in Rechnung gezogen wird.

n wird nach obiger Formel unendlich, wenn $\alpha = \beta \cdot e^{(\alpha - \beta) a}$. Dies tritt nach TOWNSEND dann ein, wenn ein Funken zwischen den Elektroden überspringt, die Entladung also selbständig wird. Hierüber wird im Kapitel „Funkenentladung" in diesem Bande referiert.

Eine ähnlich gebaute Gleichung für den Strom ergibt sich nach TOWNSEND[2]), wenn angenommen wird, daß die positiven Ionen nicht im Gas ionisieren, sondern aus der Kathode Elektronen auslösen. Ist γ die Zahl der Elektronen, die ein positives Ion aus der Elektrode befreit, so lautet die Beziehung:

$$n = \frac{n_0 \cdot e^{\alpha a}}{1 - \gamma (e^{\alpha a} - 1)}. \tag{B}$$

Als dritte Möglichkeit betrachtet TOWNSEND den Fall, daß durch eine äußere Quelle Elektronen an der Kathode ausgelöst werden, die bei unelastischen Zusammenstößen im Gas eine lichtelektrisch wirksame Strahlung hervorrufen. Es wird dann

$$n = \frac{n_0 \cdot \alpha \cdot e^{\alpha a}}{\alpha - \delta \cdot (e^{\alpha a} - 1)}. \tag{C}$$

---

[1]) J. S. TOWNSEND, Handb. d. Radiol. Bd. I, S. 277.

[2]) J. S. TOWNSEND, Phil. Mag. Bd. 45, S. 444. 1923.

Einen ähnlichen Ansatz stellt DUBOIS[1]) auf. Er nimmt an, daß außer positiven und negativen Stößen im Gas jedes positive Ion aus der Kathode γ Elektronen befreit, und erhält

$$n = \frac{n_0 \cdot (\alpha - \beta \cdot e^{(\alpha - \beta) \cdot \alpha}}{\alpha \cdot (\gamma + 1) - (\gamma \alpha + \beta) \cdot e^{(\alpha - \beta) a}}. \tag{D}$$

Alle 4 Formeln A bis D lassen sich bei passender Wahl der Konstanten α, β, γ, δ gut mit den experimentellen Resultaten in Übereinstimmung bringen. Neuere Werte für die Konstante β sind einer Arbeit von AYRES[2]) für N_2 und H_2 entnommen, die für Argon sind bereits in Abb. 26b eingezeichnet.

Tabelle 8. Werte für α/p und β/p als $f(X/p)$.

H_2			N_2		
X/p	α/p	β/p	X/p	α/p	β/p
25	0,0367	0,00015	80	0,257	0,0000
30	0,0726	0,0016	100	0,471	0,0002
50	0,354	0,0116	150	1,32	0,0048
100	1,370	0,0365	200	2,50	0,013
150	2,12	0,079	300	4,10	0,058
200	2,63	0,200	400	5,43	0,103
300	3,30	—	500	6,29	0,157
400	3,65	0,325	750	7,91	0,301
500	3,92	0,455	1000	9,02	0,422
750	4,32	0,75	2000	11,24	0,683
1000	4,60	0,92	3000	12,10	0,804
2000	4,88	1,30			
3000	4,95	1,40			

Sehr abhängig vom Reinheitsgrad des Gases zeigt sich in erster Linie Argon. Der Stoß positiver Ionen macht sich bemerkbar in H_2 bei $X/p = 25$, in N_2 bei $X/p = 100$, in Argon je nach dem Reinheitsgrad zwischen $X/p = 10$ und $X/p = 20$. Allgemein ist festzustellen, daß die Zahl der durch positive Träger erzeugten Ionen kleiner ist als der durch Elektronenstoß befreiten, doch wächst β mit zunehmendem X/p. Dieser Befund ist durch die Ergebnisse von FRANCK und BAHR[3]) bestätigt worden. Abb. 27 zeigt die Stromzunahme in H_2, einmal wenn Elektronen zum Stoß kamen (×), und dann, wenn nur positive Ionen in das beschleunigende Feld eingelassen wurden (o), wobei noch zu beachten ist, daß der Stromanstieg zum Teil auf den wirksamen Stoß der bei der Ionisierung frei werdenden Elektronen zurückzuführen ist. Der positive Stoß im Gebiet des nicht selbständigen Stromes ist also weniger wirksam als der negative. Eine Erklärungsmöglichkeit hierfür gibt SCHUMANN[4]): er nimmt an, daß das stoßende Teilchen mit dem Elektron, das es befreit hat, rekombiniert; dadurch würde der größte Teil aller ionisierenden Stöße wirkungslos[5]).

Aus β/p die Ionisierungsspannung zu berechnen, wie es der Größenordnung nach jedenfalls aus α/p möglich ist, ist bis heute nicht gelungen. Trotz der kleinen Ausbeute, die positive Stöße ergeben, ist der Stoß auch noch unterhalb der Grenzspannung, bei der Elektronen ionisieren, feststellbar, und ein Schwellen-

[1]) E. DUBOIS, Ann. de phys. Bd. 20, S. 113. 1923.
[2]) T. L. R. AYRES, Phil. Mag. Bd. 45, S. 353. 1923.
[3]) E. v. BAHR u. J. FRANCK, Verh. d. D. Phys. Ges. Bd. 16, S. 57. 1914.
[4]) W. O. SCHUMANN, Elektrische Durchbruchfeldstärke von Gasen, 1923, S. 156.
[5]) Über die genaueren Methoden, die Größen α und β zu bestimmen, siehe den Artikel von E. WARBURG, ds. Bd. Kap. 7.

wert ist nicht aufzufinden[1]). Die theoretische Überlegung, welche Spannung ein positives Ion durchfallen haben muß, um ionisieren zu können, ist von der Annahme abhängig, wie man sich den Prozeß der Energieübertragung vorstellt. Denkt man sich den Stoß genau zentral und stoßendes und gestoßenes Teilchen von gleicher Masse, so müßte nach FRANCK[2]), wenn V die Ionisierungsspannung des Gases bedeutet, das Ion eine Anfangsenergie von etwa $3\,V$ besitzen, kann das gestoßene Teilchen seine Energie auf ein Nachbarmolekül übertragen, so genügen $2\,V$, um dieses zu ionisieren, oder sogar $1^3/_4\,V$, wenn es bereits in einen Anregungszustand versetzt war, denkt man sich die Stoßkette noch weiter verlängert, so kann unter Umständen schon eine Energie von $1^1/_2\,V$ zur Ionisation ausreichen. Um die Wirksamkeit der Stöße unterhalb der Ionisierungsspannung zu erklären, ist man darauf angewiesen, den Stoß einem chemisch verschiedenartigen Ion mit höherem Ionisierungspotential als das des untersuchten Gases zuzuschreiben, doch ist die Theorie dieser Erscheinung erst für einige Spezialfälle angegeben worden[3]).

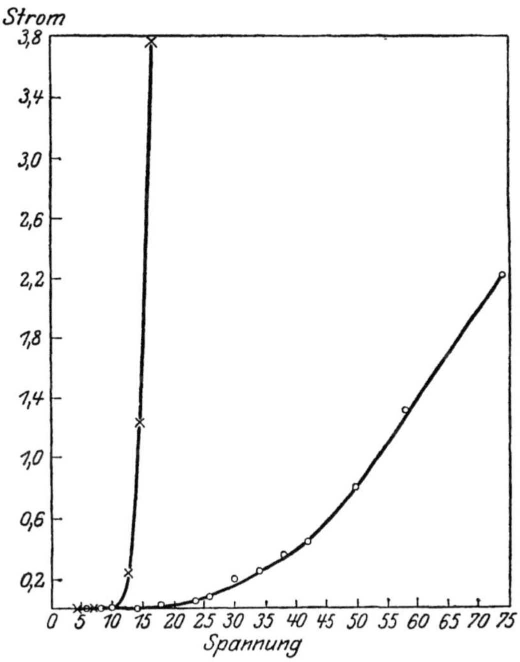

Abb. 27. Stoßionisation durch Elektronen (×) und positive Ionen (o) nach FRANCK.

Um die Stromzunahme bei Stoßionisation in Abhängigkeit vom Feld bei größeren Feldstärken und großem Elektrodenabstand zu berechnen, hat sich die TOWNSENDsche Theorie gut bewährt und ist auch allgemein anerkannt worden. Die Schlüsse, die aus ihrer ersten Fassung auf die mittlere freie Weglänge der Ionen, ihre Größe usw. gezogen wurden, müßten aber nach den heutigen Erfahrungen einige Modifikationen erhalten. Wie schon bemerkt, machte TOWNSEND zunächst keinen Unterschied zwischen negativen Ionen und Elektronen, und nahm ferner an, daß das stoßende Teilchen bei jedem Zusammentreffen mit einem Gasmolekül seine ganze Energie verliert. In späteren Arbeiten geht er von der Annahme vollständig unelastischer Zusammenstöße ab und berechnet die Energie, die das Elektron nach fast elastischen Stößen und nach solchen, die zur Resonanz anregten, verliert. Doch stehen seine Resultate teilweise in Widerspruch zu den Ergebnissen anderer Forscher.

Die ältere TOWNSENDsche Theorie ist nach FRANCK und HERTZ[4]) um so schlechter erfüllt, je edler ein Gas ist, da das Elektron seine kinetische Energie auf sehr vielen freien Weglängen erwirbt, aber auch für stark elektronegative

[1]) Vgl. Artikel „Anregung von Quantensprüngen durch Stöße" von J. FRANCK und P. JORDAN, ds. Handb. Bd. 23.
[2]) J. FRANCK, ZS. f. Phys. Bd. 25, S. 312. 1924.
[3]) Vgl. auch J. FRANCK, Verh. d. D. Phys. Ges. Bd. 3, S. 29. 1922.
[4]) J. FRANCK u. G. HERTZ, Verh. d. D. Phys. Ges. Bd. 16, S. 12. 1914.

Gase ist eine Übereinstimmung nicht zu erwarten, da nicht jeder mit der Ionisierungsenergie ausgeführte Stoß auch wirksam ist.

Gleichmäßig unbefriedigend für alle Gase muß die TOWNSENDsche Theorie werden, wenn die Elektrodenabstände von der Größenordnung sind, daß sie bei dem jeweils herrschenden Druck vergleichbar werden mit der mittleren freien Weglänge der Ionen oder Elektronen. Der in unstetiger Weise erfolgenden Elektronenvermehrung durch Stöße, wie sie in den FRANCKschen Versuchen zutage treten, vermag die Theorie dann nicht mehr gerecht zu werden, da sie mit einer vollkommenen stetigen Stoßverteilung über den ganzen Raum rechnet. Für eine vollständige Theorie müßte mit einer Verteilung der freien Weglängen und der Geschwindigkeiten [die COMPTON[1]) auch schon berücksichtigt] gerechnet und die bei vielen Gasen gefundenen doppelten Ionisierungsspannungen, die mit der Dissoziation des Moleküls zusammenhängen, berücksichtigt werden. Es wäre auch der besonders durch LENARD und seine Mitarbeiter gefundene wirksame Molekülquerschnitt, der von der Geschwindigkeit des stoßenden Teilchens abhängt, ebenso wie Diffusionsvorgänge und Reflexionen von Elektronen in Betracht zu ziehen. Einen Übergang zu finden zwischen dem Gebiet, das TOWNSEND bearbeitet, und dem durch FRANCK untersuchten, ist das Ziel einer Arbeit von HEIS[2]). Der Verfasser macht über TOWNSEND hinausgehend folgende Annahmen:

1. Nach dem Stoß bewegt sich das Elektron mit der um die Ionisierungsarbeit verminderten kinetischen Energie fort. Das aus dem Atomverband befreite Elektron besitzt im Augenblick seiner Loslösung nur potentielle Energie, aber keine Anfangsgeschwindigkeit. Angeregte Moleküle, für die die aufzuwendende Ionisierungsarbeit geringer wäre, werden als verschwindend klein an Zahl vernachlässigt.

2. Die Elektronenaffinität des Gases, d. h. das Bestreben des Moleküls, das losgelöste Elektron wieder einzufangen, wird so berücksichtigt, daß die Ionisierungsspannung um einen gewissen Betrag vergrößert gedacht wird.

3. Beim nicht ionisierenden Stoß geht ein für das Gas charakteristischer Bruchteil (a) der kinetischen Energie verloren.

Gesucht wird die pro mittlere freie Weglänge erzeugte Ionenzahl in Abhängigkeit vom Feld für verschiedene Werte des Energieabsorptionskoeffizienten a. Die Übereinstimmung mit der Erfahrung wird für 4 Gase geprüft nach den Messungen von GILL und PIDDUCK[3]) für Helium, nach denen von AYRES[4]) für A, N_2 und H_2. Berechnete und experimentelle Kurve schmiegen sich für einen bestimmten Wert von a recht gut aneinander an. Allerdings zeigen die aus der Theorie berechneten Ionisierungsspannungen noch erhebliche Abweichungen, wie aus Tabelle 9 im Vergleich zu Tabelle 6 Ziff. 20 hervorgeht.

Tabelle 9. Ionisierungsspannungen berechnet nach HEIS.

Gas	Ionisierungsspannung	
He	28,0 Volt	für $a \leqq 0{,}1$
A	20,4 ,,	,, $a \leqq 0{,}2$
H_2	26,0 ,,	,, $a = 1$
N_2	27,45 ,,	,, $a = 1$

Jedenfalls tritt der Edelgascharakter von He und A gegenüber H_2 und N_2 deutlich in den Werten von a hervor.

Da die Elektronenstoßversuche in Bd. 23 eingehend behandelt werden, soll hier auf eine Diskussion weiterer Arbeiten nicht eingegangen werden.

---

[1]) K. T. COMPTON, Phys. Rev. Bd. 7, S. 489, 501, 509. 1916; K. T. COMPTON u. J. M. BENADE, Phys. Rev. Bd. 11, S. 234. 1918.

[2]) L. HEIS, Phys. ZS. Bd. 25, S. 25. 1924.

[3]) E. W. B. GILL u. F. B. PIDDUCK, Phil. Mag. Bd. 16, S. 280. 1908.

[4]) T. L. R. AYRES, Phil. Mag. Bd. 45, S. 353. 1923.

22. Stoßschwankungen. Es ist oft nicht leicht festzustellen, ob bei einer bestimmten Spannung die Stromvermehrung durch Elektronenstöße allein hervorgerufen wird oder ob auch positive Ionen wirksam sind. Zwar kann aus dem Verlauf der ganzen Stromspannungscharakteristik erkannt werden, ob der untersuchte Teil der Kurve der einkonstantigen Formel genügt oder ob die zweikonstantige angewandt werden muß, die auf die Beteiligung positiver Träger am Stoß deutet. Ein markanter Unterschied läßt sich aber zeigen. Das Charakteristikum der unselbständigen Entladung ist, daß der Elektrizitätstransport mit dem Zeitpunkt aussetzt, in dem die äußere Ionisierungsquelle zu wirken aufhört, in dem also keine neuen Stromträger mehr erzeugt werden, während bei der selbständigen Entladung die für den Unterhalt des Stromes nötigen Ionen und Elektronen sich im Gas selbsttätig ergänzen. Im Zwischengebiet, der teilweise selbständigen Entladung, setzt der Strom mit Ausschaltung der äußeren Ionisierungsquelle sofort aus, falls nur Elektronen durch Stoß ionisieren. Zwar erzeugen sie auf ihrem Weg zur Anode noch positive und negative Träger, doch wird der Gasraum elektronenfrei, sobald das letzte, durch die äußere Quelle erzeugte negative Teilchen die Elektrode erreicht hat. Dieser fast momentane Stromabfall findet nicht statt, falls auch positive Ionen, während sie der Kathode zueilen, noch Gelegenheit finden zu stoßen und damit neue Träger beiderlei Vorzeichens zu schaffen. Die Stromstärke nimmt zwar ab, solange die Entladung nicht selbständig ist, der Abfall erfolgt aber langsam, wie sich direkt nachweisen läßt.

Die teilweise selbständige Entladung hat ein sehr fruchtbares Anwendungsbereich auf dem Gebiet der Erforschung radioaktiver Substanzen gefunden. Ist ein radioaktives Präparat zu schwach, um für eine unselbständige Entladung eine zur Messung genügend große Anzahl von Ionen zu schaffen, so reicht, wenn an den die Substanz enthaltenden Kondensator ein Potential gelegt wird, das fast die Höhe des Funkenpotentials erreicht, der Stoß eines einzigen α- oder β-Teilchens oder die Ionisation eines einzelnen γ-Strahlimpulses hin, um die Entladung auszulösen. Seit RUTHERFORD und GEIGER diese Methode fanden, wird sie vielfach benutzt, um die Emissionsprozesse radioaktiver Präparate zu zählen, wie an anderem Orte in diesem Handbuch (Band 22) berichtet werden wird. Es lassen sich auf diese Weise die Emissionsschwankungen feststellen, die in der Literatur unter dem Namen „SCHWEIDLERsche Schwankungen" bekannt und für die Erkenntnis des Aufbaues radioaktiver Atome von höchstem Interesse sind. Diese Schwankungen lassen sich aber nur genau messen, falls das Instrument, das sie anzeigt, in diesem Falle die Ionisierungskammer, selbst schwankungsfrei ist. Es hat sich in einer sehr eingehenden Untersuchung von EDGAR MEYER[1]) gezeigt, daß die Stoßionisation selbst Schwankungen unterworfen ist, und da das Resultat ein Licht auf die molekularen Vorgänge des Stoßes zu werfen vermag, soll die Arbeit etwas ausführlicher referiert werden.

Die Versuchsanordnung ist in Abb. 28 wiedergegeben. Die Anode A der Ionisierungskammer ist über den Schutzwiderstand D mit einem Pol der Hochspannungsbatterie ($B\,III$, $B\,IV$) verbunden, deren anderer Pol geerdet ist. Die Kathode K, von einem Schutzring umgeben, führt zu einem Quadrantenpaar des Elektrometers E in Bronsonschaltung (W). Ein starkes Radiumpräparat durchstrahlt den Kondensatorraum C, wobei es gleichgültig ist, ob die γ-Strahlung die Elektroden streift oder nur den Gasraum trifft. Das Gefäß kann evakuiert werden, die Messungen wurden im Druckbereich von 0,8 bis 50 mm Hg ausgeführt.

---

[1]) E. MEYER, Phys. ZS. Bd. 11, S. 215, 1022. 1910; vgl. auch A. MÜLLER, Dissert. Zürich 1911.

Ist die Ionisation stark genug, so zeigt die Elektrometernadel einen dauernden Ausschlag, der durch die Hilfsbatterie BI am anderen Quadrantenpaar kom-

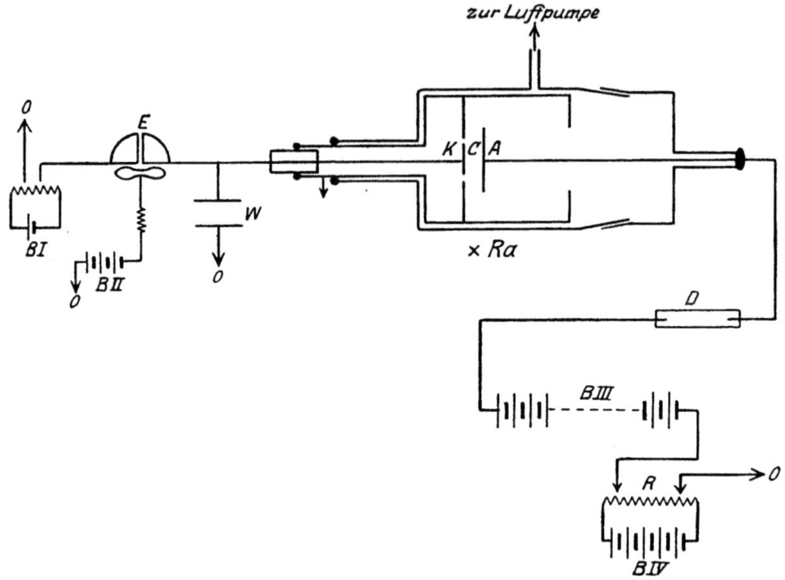

Abb. 28. Versuchsanordnung zur Messung von Stoßschwankungen nach E. MEYER.

pensiert wird. Es zeigt sich nun, daß die Elektrometernadel nicht ruhig in der Nullstellung verharrt, sondern eine dauernde, nach Richtung und Größe wechselnde Bewegung ausführt, sie weist Stromschwankungen nach. Wären diese

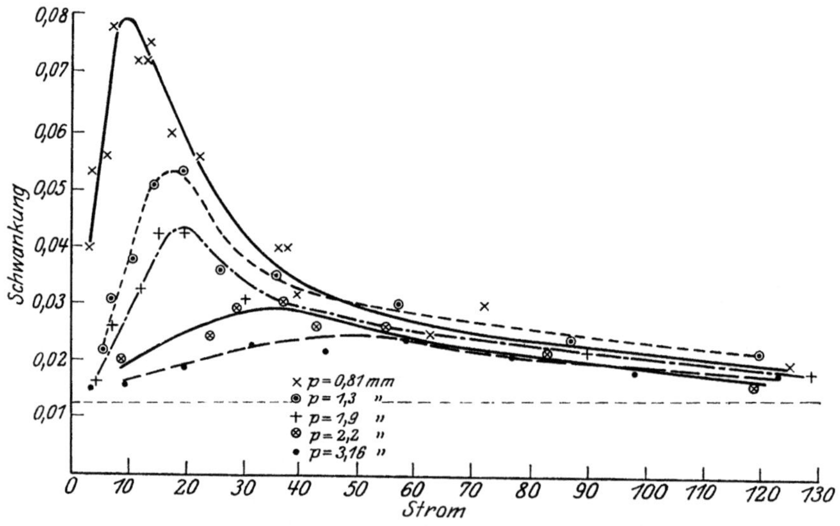

Abb. 29. Stoßschwankungen nach E. MEYER.

durch das Ra-Präparat hervorgerufen, so hätte man folgendes zu erwarten: Nennt man i den hier kompensierten Gesamtstrom, $\bar{\varepsilon}$ die Schwankung, Z die Anzahl der pro Zeiteinheit zerfallenden radioaktiven Moleküle, E das Elementarquantum und C die Anzahl der durch jeden γ-Impuls im Kondensator erzeugten Ionen, so ist nach SCHWEIDLER[1])

$$\bar{\varepsilon} = \frac{C}{i} E \cdot \sqrt{Z}. \tag{1}$$

Da bei Erhöhung der Spannungsdifferenz an den Elektroden C und i in gleichem Maße steigen, so müßte $\bar{\varepsilon}$ unabhängig von der Spannung sein. Abb. 29 zeigt das Resultat der Untersuchung für verschiedene Drucke, die Ordinate stellt die Stromschwankungen $\bar{\varepsilon}$ (berechnet aus je 50 bis 100 Umkehrpunkten der Elektrometernadel), die Abszisse den Gesamtstrom in willkürlichen Einheiten dar. Die punktierte Kurve gibt die von der Stromstärke unabhängige „SCHWEIDLERsche" Schwankung des Präparates an. Wie man sieht, überlagert sich ihr eine zweite, die abhängig ist von der Stromstärke und vom Druck, die also auf Schwankungserscheinungen im Gas zurückgeführt werden muß. Die Deutung der Erscheinung ist folgende: Ein Elektron, das zum Stoß kommt, muß auf einer freien Weglänge λ beim Durchlaufen des Feldes E mindestens die Ionisierungsenergie V des Gases besitzen, d. h. es muß sein

$$E \cdot E \cdot \lambda \geqq V \qquad \text{oder} \qquad \lambda \geqq \frac{V}{E \cdot E}. \tag{2}$$

Nimmt man an, daß die freien Weglängen nach dem MAXWELLschen Verteilungsgesetz um eine mittlere freie Weglänge λ_m verteilt sind, so ist die Wahrscheinlichkeit dafür, daß eine freie Weglänge mindestens den Wert λ besitzt,

$$P = e^{-\frac{\lambda}{\lambda_m}} = e^{-\frac{V}{E E \lambda_m}},$$

und die Wahrscheinlichkeit Q, daß bei einem Stoß keine Ionisation auftritt, ist

$$Q = 1 - P = 1 - e^{-\frac{V}{E E \lambda_m}}.$$

Können in einer Reihe von N Ereignissen (hier den Stößen) nur zwei einander ausschließende mit den Wahrscheinlichkeiten P und Q eintreten, so ist das mittlere Schwankungsquadrat $\overline{\Delta^2} = P \cdot Q \cdot N$[1]). Es ergibt sich, wenn man die Betrachtungen auf den Stoß positiver Ionen erweitert (Indizes n und p für negative und positive Träger), durch Einsetzen:

$$\overline{\Delta^2} = e^{-\frac{V}{E E \cdot \lambda_n}} \cdot \left(1 - e^{-\frac{V}{E E \cdot \lambda_n}}\right) \cdot N_n + e^{-\frac{V}{E E \cdot \lambda_p}} \cdot \left(1 - e^{-\frac{V}{E E \cdot \lambda_p}}\right) \cdot N_p .$$

Der Ausdruck läßt sich vereinfachen durch Einführung der Stoßzahlen α und β, die umgekehrt proportional den freien Weglängen sind,

$$\left(\alpha \cdot \lambda_n = e^{-\frac{V}{E E \lambda_n}}, \qquad \beta \cdot \lambda_p = e^{-\frac{V}{E E \lambda_p}}\right)$$

durch die Proportion der Gesamtstöße $\frac{N_n}{N_p} = \frac{\lambda_n}{\lambda_p}$ und Einsetzen des Stromwertes i bzw. i_0 für den Sättigungsstrom. Die Umrechnung ergibt für die Stoßschwankungen:

$$\bar{\varepsilon} = \frac{\sqrt{\overline{\Delta_i^2}}}{i} = \frac{i - i_0}{i^2} \cdot \left\{\frac{E[\alpha \cdot (1 - \alpha \lambda_n) + \beta \cdot (1 - \beta \cdot \lambda_p)]}{\alpha + \beta}\right\}^{\frac{1}{2}}. \tag{2}$$

---

[1]) Vgl. E. MEYER, Jahrb. d. Radioakt. u. Elektr. Bd. 5, S. 423. 1908; Bd. 6, S. 242. 1909.

Die Größen sind alle experimentell bestimmbar, wenn man den Strom bei der vorgegebenen Spannung nach TOWNSEND berechnet. Aus Gleichung (2) folgt, daß $\bar{\varepsilon}$ klein wird für sehr große Ströme und solche, die dem Sättigungsstrom gleichen, dazwischen liegt ein Maximum, das auch das Experiment anzeigt. Bei Einsetzen der Zahlenwerte, die den älteren, noch nicht sehr genauen TOWNSENDschen Arbeiten entnommen waren, ergibt sich qualitativ jedenfalls eine sehr gute Übereinstimmung zwischen Theorie und Experiment. Das Schwankungsmaximum verschiebt sich mit abnehmendem Druck zu kleineren Stromwerten und nimmt dabei an Stärke zu. Dies ist ohne weiteres verständlich, wenn man bedenkt, daß hier paucimolekulare Schwankungen vorliegen, die desto reiner in Erscheinung treten, je geringer die Zahl der Elementarvorgänge ist. Die Arbeit beweist, daß die Werte, die unsere Instrumente anzeigen, Mittelwerte über eine große Menge von Einzelereignissen sind, daß es aber trotz der Trägheit der Apparate möglich ist, die Schwankungen, die die kinetische Gastheorie vorhersagt, mit geeigneter Methode der Messung zugänglich zu machen.

Kapitel 2.

Ionisation durch glühende Körper.

Von

HILDEGARD STÜCKLEN, Zürich.

Mit 25 Abbildungen.

a) Einleitung.

1. Im vorigen Kapitel wurden die Erscheinungen der unselbständigen Entladung behandelt, soweit die Leitfähigkeit der Gase durch äußere Quellen, Röntgenstrahlen, ultraviolettes Licht, Wirkung radioaktiver Substanzen, aufrecht erhalten wurde. Eine Ionisation durch Emission glühender Körper war ausdrücklich ausgeschlossen worden. Verschiedene Gründe sind vorhanden, eine Entladung, die durch Thermionen verursacht wird, gesondert zu betrachten. Lautet oben die Fragestellung: wie bewegen sich die geladenen Teilchen im Gase unter der Wirkung eines elektrischen Feldes im Gleichgewichtszustand, d. h. wenn genügend Zeit verstrichen ist, um die ursprünglich erzeugten Elektronen und Ionen sich an neutrale Moleküle anlagern, sich zum Teil auch gegenseitig neutralisieren zu lassen, so ist es jetzt der Emissionsvorgang selbst, der interessiert. Als wesentlich neue Versuchsvariable treten die Temperatur und die chemische Beschaffenheit des Glühkörpers neben Strom und Spannung, die in kalten Gasen gegebener Dichte die Entladungserscheinungen charakterisierten. Da die aus der glühenden Oberfläche austretenden Elektrizitätsträger untersucht werden sollen, nicht die Ionen, die sich bei Anlagerung an Gasmoleküle bilden, so ist das umgebende Gas nur von untergeordneter Bedeutung, und die früher eingeführte Beschränkung für den Druck, daß die Reibungskräfte im Gase die beschleunigende Kraft des Feldes kompensieren müssen, fällt hier fort. Es wird die Glühemission bei jedem Druck vom höchsten erreichbaren Vakuum an untersucht werden.

Die Kenntnis, daß glühende Körper fähig sind, die sie umgebende Luft in einen Leitfähigkeitszustand zu versetzen, ist sehr alt, schon im 18. Jahrhundert finden sich eine Reihe von Arbeiten, die die Ladungsverluste hocherhitzter Kondensatoren oder solcher, die man in die Nähe glühender Gegenstände brachte, beschreiben. Literaturverzeichnisse solcher Publikationen bringen J. J. THOMSON[1]), O. W. RICHARDSON[2]), E. BLOCH[3]) u. a. m. Nur wenige Gebiete der gesamten Elektrizitätslehre sind aber so sehr ein Kind der Neuzeit, wie das der reinen Temperaturionisation. Sind doch, um die heutigen Erfahrungen sammeln zu können, sowohl die theoretischen Erkenntnisse der eigentlichen Elektrizitätsträger in Gasen als auch die technischen Fortschritte der letzten

[1]) J. J. THOMSON, Elektrizitätsdurchgang in Gasen, deutsch von E. MARX. Leipzig 1906.
[2]) O. W. RICHARDSON, Emission of Electricity from Hot Bodies. 2. Aufl. London 1921.
[3]) E. BLOCH, Les phénomènes thermioniques. Paris 1923.

Jahrzehnte erforderlich gewesen, so in der Herstellung sehr guter Vakua, reiner Materialien, empfindlicher Meßinstrumente usf. Es wird im folgenden über die älteren Arbeiten wenig zu sagen sein, da sie meist heute nur noch historisches Interesse bieten. Aber auch eine Reihe neuerer Untersuchungen aus den letzten 2 Jahrzehnten kann übergangen werden, die für die Entwicklung der Erkenntnis von Thermionenströmen zwar außerordentlich wichtig waren, aber Probleme zur Diskussion stellten, die heute als gelöst angesehen werden dürfen (z. B. die Frage nach der Existenz von Thermionenströmen bei gasfreien Metallen).

Entsprechend dem großen Interesse, das heute das Gebiet der Glühemission für sich in Anspruch nimmt, sind seit Anfang des Jahrhunderts verschiedene zusammenfassende Referate von Autoren erschienen, die selbst viel zum Aufbau dieses Gebietes beigetragen haben. Der erste Bericht stammt aus dem Jahre 1904 aus der Feder von RICHARDSON[1]); ihm folgte SCHOTTKY[2]) mit einer Übersicht über die Entwicklung von 1905 bis 1914 und ein zweiter Artikel von RICHARDSON[3]) für etwa die gleiche Spanne Zeit mit einem Nachtrag von E. MARX bis 1916. Ebenfalls 1916 erschien das ausgezeichnete und sehr ausführliche Buch von RICHARDSON[4]) in zweiter Auflage 1921. Die theoretischen Probleme wurden 1918 durch v. LAUE[5]) behandelt. Eine kurze Übersicht über das spezielle Verhalten von Oxydkathoden gibt WEHNELT[6]). — In diesem Handbuch wird an anderer Stelle die Theorie der Thermionenströme im Kapitel: Austritt von Ionen und Elektronen aus glühenden Körpern, von O. HALPERN, eine eingehende Besprechung finden (Bd. 13). — Um Wiederholungen zu vermeiden, wird hier von einer Ableitung der Formeln abgesehen, und es sollen ausschließlich die Endresultate derjenigen Rechnungen wiedergegeben werden, die an der Erfahrung prüfbar sind. Es soll gezeigt werden, mit welchen Methoden die experimentellen Untersuchungen angestellt und zu welchen Ergebnissen sie geführt haben. Dagegen werden die zahlreichen technischen Anwendungen, die die Thermionenströme in Verstärkerröhren z. B. auf dem Gebiet der drahtlosen Telephonie und Telegraphie gefunden haben, nicht zur Sprache kommen, da sie in gesonderten Kapiteln dieses Handbuches (in Bd. 16 u. 17) behandelt werden Aus dem gleichen Grunde können Bogen- und Glimmentladungen, bei denen Glühkathoden verwandt sind, übergangen werden (vgl. Artikel von R. BÄR und A. HAGENBACH, dieser Bd.).

2. Ältere Erfahrungen über Thermionenströme. Was für uns heute von älteren Erfahrungen noch wichtig ist, sind folgende Tatsachen: Ein gasbeladener Körper vermag, wenn er auf Rotglut erhitzt wird, einen negativ geladenen Konduktor zu entladen; ist er weißglühend, so zerstört er auch eine positive Ladung. Das ihn umgebende Gas wird im ersten Fall unipolar positiv, im zweiten bipolar leitend. Es ist J. J. THOMSON gelungen, durch Bestimmung der spezifischen Ladung e/m nachzuweisen, daß bei Rotglut positiv geladene Gasatome den Glühkörper verlassen, bei leicht verdampfenden Metallen auch positive Metallatome; darüber lagert sich eine Elektronenemission, die, bei 500° noch vernachlässigbar, mit der Temperatur anwächst und bei Weißglut den Hauptanteil der Emission stellt. Beweglichkeitsmessungen zeigten, daß bei relativ hohem Gasdruck die Elektronen sich schnell an Gasmoleküle anlagern, besonders wenn das umgebende Gas elektronenaffin ist und keine sehr hohe Temperatur aufweist (vgl. Kap. 1), in sehr gutem Vakuum oder in sehr reinen Edelgasen

[1]) O. W. RICHARDSON, Jahrb. d. Radioakt. u. Elektr. Bd. 1, S. 300. 1904.
[2]) W. SCHOTTKY, Jahrb. d. Radioakt. u. Elektr. Bd. 12, S. 147. 1915.
[3]) O. W. RICHARDSON, Handb. d. Radiol. von E. MARX, Bd. IV, S. 445. Leipzig 1917.
[4]) O. W. RICHARDSON, The Emission of Electricity from Hot Bodies. London, 1. Aufl. 1916, 2. Aufl. 1921.
[5]) M. v. LAUE, Jahrb. d. Radioakt. u. Elektr. Bd. 15, S. 205, 257. 1918.
[6]) A. WEHNELT, Ergebn. d. exakt. Naturw. Bd. 4, S. 86. Berlin 1925.

jedoch bleiben die Elektronen erhalten. Die spezifische Ladung der negativen Ladungsträger konnte durch BESTELMEYER[1]) zu $e/m = 1{,}766 \cdot 10^7$ elektromagnetische Einheiten bestimmt werden mit einem Fehler kleiner als 0,5%. Neben die Elektronenabgabe tritt unter Umständen bei gasbeladenem Glühdraht noch eine Emission negativer Ionen mit einem Wert von e/m, der Gasmolekülen entspricht. Für positive Träger ist e/m abhängig vom Gas und stets von der Größenordnung, wie sie positiven Atomen oder Molekülen entspricht.

Die positive und negative Emission nimmt stark ab mit der Evakuation der Röhre, oder genauer gesagt, mit der Entgasung des Glühkörpers, sie nimmt darum auch zeitlich in dem Maße ab, wie beim Erhitzen okkludierte Gase aus der Oberfläche entweichen. Lange Zeit hindurch vermutete man darum, die Emission sei ausschließlich eine Wirkung des Gasinhalts der Metalle und würde mit der vollständigen Entgasung auch verschwinden [FREDENHAGEN[2]) u. a.], doch kann nach eingehenden Untersuchungen, vor allem durch RICHARDSON, dieser Zweifel als behoben angesehen werden; man weiß heute, daß das Metall auch im höchsten Vakuum fähig ist, Thermionen auszusenden.

b) Meßmethodik.

Es sollen die allgemeinen Methoden angegeben werden, die für die Messung der Thermionenströme üblich sind. Auf Änderungen in diesem Schema, die zahlreiche Forscher bei der Untersuchung spezieller Probleme eingeführt haben, wird bei der Besprechung der einzelnen Arbeiten eingegangen werden.

3. Die Elektroden. Das auf seine Glühemission zu untersuchende Metall wird, wenn irgend möglich, in Drahtform benützt oder, wenn eine ebene Elektrode verwandt werden soll, als dünnes Blech ausgewalzt. Materialien, die sich nicht in diese Form bringen lassen, wie z. B. Oxyde, werden auf einem duktilen Metall aufgetragen. Der Draht bzw. das Blech, wird entweder lang gespannt, besser durch eine Feder gehalten, die eine Durchbiegung bei hoher Temperatur verhindert, oder U-förmig gebogen. Die Herstellung der Oxydkathoden geschah früher meist so, daß man die Nitrate auf einem Draht auftrug und sie beim Glühen sich in Oxyde verwandeln ließ. Hierbei haftete die Schicht jedoch nicht sehr fest auf ihrer Unterlage, und man ist teilweise zu anderen Methoden übergegangen. Nach WEHNELT und SPANNER[3]) bringt man besser Oxydhydrate in Breiform auf einen sehr gut gereinigten Pt-Draht. Beim Glühen bildet sich außer dem Oxyd an der Berührungsstelle ein Platinat, was sowohl einen besseren thermischen Kontakt gewährleistet als auch das störende Abspringen der Oxydschicht verhindert. Nach DAVISSON und GERMER[4]) schlemmt man die Karbonate der Erdalkalien in Paraffin auf und bestreicht den Glühdraht mit der Mischung. Das Paraffin wird später fortgebrannt, und das Karbonat geht in das Oxyd über. Auch findet man angegeben, daß einige Salze bei Weißglut zu reinen Metallen reduziert werden, die auf diese Weise dann auf den Glühdraht niedergeschlagen werden. Wenn man eine Oxydkathode verwenden will, bei der es auf Materialreinheit nicht ankommt, sondern die ausschließlich als Emissionsquelle dient, hat es sich als ausreichend erwiesen, einen Tropfen Siegellack auf der Kathode bei Weißglut zu verbrennen. Eine sehr ausgiebige Elektronenquelle stellt nach SPANNER[3]) ein Gemisch von CaO mit BaO und SrO dar.

---

[1]) A. BESTELMEYER, Ann. d. Phys. (4) Bd. 35, S. 909. 1911.

[2]) K. FREDENHAGEN, Verh. d. D. Phys. Ges. Bd. 14, S. 384. 1912; Bd. 16, S. 201. 1914; Phys. ZS. Bd. 12, S. 398. 1911; Bd. 13, S. 539. 1912; Bd. 15, S. 19. 1914.

[3]) Vgl. A. WEHNELT, Ergebn. d. exakt. Naturwiss. Bd. 4, S. 89. 1925.

[4]) C. DAVISSON u. L. H. GERMER, Phys. Rev. Bd. 24, S. 666. 1924.

Die Heizung des Glühdrahtes geschieht meistens auf elektrischem Wege, nachdem eingehende Versuche gezeigt hatten, daß nicht die Art der Erhitzung, sondern nur die Höhe der Temperatur für die Emission bestimmend ist[1]). Allerdings bringt die Verwendung eines Heizstromes zwei Nachteile mit sich. Einmal erzeugt der Strom ein Magnetfeld in seiner Umgebung, das, wie noch gezeigt werden wird (Ziff. 33), auf die Bewegung der emittierten Träger einen nicht zu vernachlässigenden Einfluß ausübt, und zweitens findet im Glühdraht ein Spannungsabfall statt, so daß das Potential der Kathode kein einheitliches ist. Beide Störungen suchen SCHOTTKY[2]) und später GERMER[3]), ROTHE[4]) und andere dadurch zu vermeiden, daß sie in sehr kurzen Intervallen (ca. $^1/_{250}$ bzw. $^1/_{500}$ sec) den Heizstrom mit einem rotierenden Kontakthebel abwechselnd schließen und öffnen. Während der Unterbrechungszeiten liegt ein konstantes Potential zwischen Anode und Kathode und auch nur dann wird der vom Glühdraht abfließende Thermionenstrom von einem Galvanometer gemessen. Eine weitere Verbesserung der SCHOTTKYschen Methode, bei der die beim Stromöffnen entstehenden Induktionsströme vermieden werden, gibt JONES[5]) an. Wegen Einzelheiten sei auf die Originalarbeit verwiesen. — Ohne Vermeidung der magnetischen Störungen, die bei schwachen Heizströmen gering sind, werden Äquipotentialkathoden auch in anderer Form angegeben. HERTZ[6]) bringt eine dünne Pt-Folie, die in der Mitte verjüngt ist, zwischen 2 dicke Zuleitungsdrähte. Infolge der erhöhten Stromdichte befindet sich bei Stromdurchgang an der Stelle mit dem kleinsten Querschnitt ein ziemlich scharfes Temperaturmaximum, und die Elektronenemission, die exponentiell mit der Temperatur steigt, geht praktisch nur von einem schmalen Streifen aus, längs dessen der Potentialabfall zu vernachlässigen ist. Abb. 1 zeigt eine zweite Anordnung von HERTZ und KLOPPERS[7]) mit beigefügter Skala, die die natürliche Größe angibt. Durch zwei Nickelpole P wird ein 200 μ starker W-Draht D getragen, der elektrisch geheizt wird. Auf diesem sitzt das eigentliche Kathodentischchen K, dem durch die isoliert zugeführte Leitung Z ein festes Potential aufgedrückt wird. Der thermische Kontakt aller Metallteile ist so gut, daß die Temperatur der Kathode nicht weit unter der des Glühdrahtes liegt. — Eine etwas andere Anordnung gibt WEBB[8]) an. Um den Glühdraht ist ein dünnes Pt-Blech gepreßt und von diesem bis auf eine feine Lötstelle an einem Ende durch eine dünne Glimmerschicht elektrisch isoliert. Der thermische Kontakt ist gut, das Potential der Kathode das der Lötstelle.

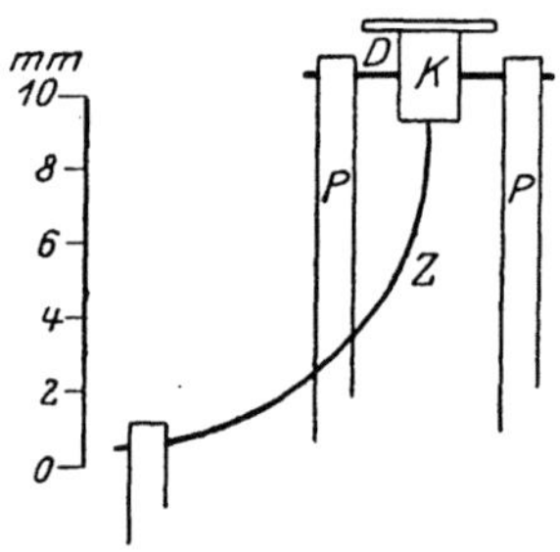

Abb. 1. Äquipotentialkathode nach HERTZ und KLOPPERS.

Dem Glühdraht gegenüber steht eine zweite fast immer ungeheizte Elektrode, die den Thermionenstrom auffängt. Je nach dem behandelten Problem umgibt sie ihn konaxial oder steht als ebene Platte ausgebildet dem ebenen Glühblech gegenüber. Wo sich bei einzelnen Arbeiten die Anbringung eines Gitters zwischen Anode und Kathode als notwendig ergibt, wird noch besonders darauf verwiesen werden.

---

[1]) K. FREDENHAGEN, Phys. ZS. Bd. 13, S. 539. 1912; Ber. d. Sächs. Ges. d. Wiss. Bd. 65, S. 42. 1913.
[2]) W. SCHOTTKY, Ann. d. Phys. Bd. 44, S. 1011. 1914.
[3]) L. H. GERMER, Phys. Rev. Bd. 25, S. 795. 1925.
[4]) H. ROTHE, ZS. f. Phys. Bd. 37, S. 414. 1926.
[5]) J. H. JONES, Proc. Roy. Soc. London (A) Bd. 102, S. 734. 1922/23.
[6]) G. HERTZ, ZS. f. Phys. Bd. 22, S. 18. 1924.
[7]) G. HERTZ u. R. K. KLOPPERS, ZS. f. Phys. Bd. 31, S. 463. 1925.
[8]) H. W. WEBB, Phys. Rev. Bd. 24, S. 113. 1924.

4. Erzeugung des Vakuums. Für alle thermionischen Messungen ist äußerste Reinheit des Gases, bzw. äußerstes Vakuum, eine Vorbedingung von größter Wichtigkeit. Aus diesem Grunde müssen stets alle Metallteile in Glas (Pyrexglas, Quarz) eingeschlossen, die Zuführungsdrähte durch das Glas durchgeschmolzen werden. Vor Einlassen des Füllgases in die Apparatur werden die Bestandteile, Metall und Glas, aufs peinlichste gesäubert. Die Evakuation geschieht mit allen der heutigen Technik zur Verfügung stehenden Mitteln (Diffusionspumpen, Kühlung mit flüssiger Luft evtl. bei Anwesenheit von Kokusnußkohle). Häufig findet man in den neuesten Arbeiten angegeben, daß, um die bei der Erhitzung freiwerdenden Gase, vor allem den am meisten störenden Luftsauerstoff, vollständig zu resorbieren, auf der Wandung des Elektrodengefäßes leicht oxydierbare Metalle, wie Mg, Ca u. a., niedergeschlagen werden; bei Einhalten der richtigen Temperatur kann dies durch Destillation im Vakuum leicht bewerkstelligt werden. Vor Beginn der Versuche wird fast immer, vor allem bei Präzisionsbestimmungen, unter ständigem Fortpumpen freiwerdender Gasreste die Entladungsröhre stunden-, auch tagelang auf einer Temperatur von 300 bis 400° C gehalten, evtl. im Vakuumofen auf noch höhere Temperatur gebracht. Der Glühdraht selbst wird dabei etwas stärker geheizt, als es der höchsten Temperatur entspricht, die bei der Messung verwandt werden soll. Hierdurch ist bis jetzt das beste Mittel gegeben, um eine spätere störende Gasabgabe von Metall- und Glasteilen zu vermeiden.

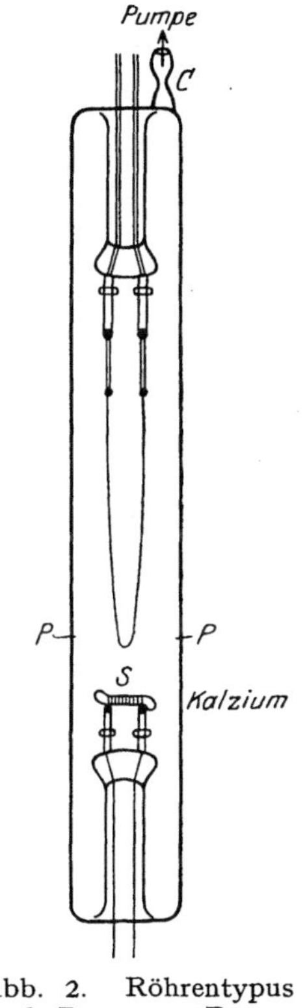

Abb. 2. Röhrentypus nach DUSHMAN, ROWE, EWALD und KIDNER.

Abb. 2 zeigt eine Röhre nach DUSHMAN, ROWE, EWALD und KIDNER[1]), wie sie für Präzisionsmessungen benutzt wurde. Die U-förmig gebogene Kathode hat eine Länge von 10 bis 15 cm; das auf die Wandung von S aus zur Absorption von Gasresten niedergeschlagene Ca dient zugleich als Anode; die elektrische Verbindung mit dem Außenraum geschieht durch die Durchführungen P. Bei dieser Anordnung ist die Fehlerquelle eines seitlichen Fortdiffundierens von Elektronen umgangen, alle vom Glühdraht emittierten Träger kommen an der Anode zur Messung. Nach gründlicher Evakuation wird das Gefäß bei C abgeschmolzen und während der Versuche in flüssige Luft gebracht.

Eine so gründliche Entgasung, wie sie bei reinen Metallen vorgenommen werden kann, scheint bei Oxydkathoden nicht möglich zu sein, bei jedem neuen Anheizen des Glühdrahtes steigt der Druck von neuem. ROTHE[2]), der dies Verhalten näher untersuchte, kommt zu dem Schluß, daß das Oxyd beim Glühen teilweise zersetzt wird, und Sauerstoff dabei frei wird.

5. Temperaturbestimmung. Wichtig ist die Kenntnis der Temperatur und ihre Konstanz während einer Meßreihe. Die Konstanz kann am OHMschen Widerstand des Glühdrahtes kontrolliert werden. Hierbei ist allerdings, besonders im Temperaturbereich nur wenig unterhalb des Schmelzpunktes des verwandten Materials das Verdampfen des Metalls zu berücksichtigen. Der Drahtwiderstand

[1]) S. DUSHMAN, H. N. ROWE, J. EWALD u. C. A. KIDNER, Phys. Rev. Bd. 25, S. 338. 1925.
[2]) H. ROTHE, ZS. f. Phys. Bd. 36, S. 737. 1926.

wächst auch bei konstanter Temperatur, oder bei Einhalten des gleichen Heizstromes steigt die Temperatur etwas im Laufe des Versuches.

Für die Bestimmung der Temperatur sind mehrere Methoden geeignet. Für Materialien, bei denen der Temperaturkoeffizient des Widerstandes bekannt ist, läßt sie sich aus dem spezifischen Widerstand direkt angeben[1]). Für andere Substanzen gibt RICHARDSON (a. a. O. S. 17) an, es habe sich als brauchbar erwiesen, nach Beendigung des Versuches Salze oder kleine Metallteilchen von bekannter Schmelztemperatur auf den Glühdraht zu bringen und dessen spezifischen Widerstand in dem Augenblick zu messen, in dem diese Substanzen schmelzen. — Weniger gut bewähren sich Thermoelemente, die an den Draht geführt werden, da sie diesen abkühlen. — Besonders in den letzten Jahren kommen häufiger Strahlungsmessungen zur Anwendung. Man vergleicht die Gesamtemission des zu untersuchenden Glühdrahtes mit der Strahlung eines schwarzen Körpers unter Einsetzen des bekannten Reflexionsvermögens des Materials. Wo dieses nicht bekannt ist, wird es bestimmt, indem man aus der zu untersuchenden Substanz einen schwarzen Körper sich bildet, sei es, daß man einen dickeren Draht an einzelnen Stellen aushöhlt und den Draht dann elektrisch heizt, sei es, daß man, z. B. bei Oxyden, sich Öfchen aus dem Brei formt. Für eine größere Menge von Substanzen findet man die Reflexionsvermögen in der Literatur[2]) verzeichnet. Eine andere Methode besteht darin, nur die Strahlung des sichtbaren Lichtes pyrometrisch mit einer Standardlampe oder einem schwarzen Körper zu vergleichen, eine dritte, durch Ausblendung mit Filtern die Strahlung eines engen Spektralbereiches zu messen. Es ist üblich, den Messungen als Fixpunkt die Schmelztemperatur des Goldes (1336° abs.) und für die Berechnung die Konstante c_2 des WIEN-PLANCKschen Strahlungsgesetzes $c_2 = 1{,}4350$ cm Grad zugrunde zu legen.

Für W-Glühfäden haben WORTHING und FORSYTHE[3]) eine Präzisionseichung durchgeführt durch Messung des spezifischen Widerstandes einerseits und der Strahlung im sichtbaren Gebiet andererseits. Für Wolfram konnten sie zeigen, daß die empirisch aufgestellte Gleichung: $(R/R_0) = (T/T_0)^a$ im Temperaturintervall von 1200 bis 3200° abs. stets streng erfüllt ist. R, R_0 bedeuten die Widerstände bei den abs. Temperaturen T, T_0, a ist eine Konstante, die für eine bestimmte Eichlampe den Wert 1,200 besaß und sonst mit der Reinheit des verwendeten Materiales ein klein wenig schwankt. — Für einen Glühfaden von der Länge l und dem Durchmesser d gilt mit einer kleinen Unsicherheit im Wert des Exponenten, wenn ϱ den spez. Widerstand bei der Temperatur T bedeutet:

$$\frac{\pi d^2}{4l} \cdot \varrho = 59{,}2 \cdot 10^{-6} \cdot \left(\frac{T}{2000}\right)^{1{,}200}.$$

Strahlungsmessungen führten die Verfasser zu der empirischen Gleichung:

$$\lg E = 3{,}680 \cdot (\lg T - 3{,}3) - \frac{1040}{T} + 1{,}900,$$

wo T die abs. Temperatur (im folgenden stets als T° K [KELVIN] bezeichnet) bedeutet und die Energie E gemessen ist in Watt/cm². Die Genauigkeit der auf

[1]) Über eine Brückenmethode s. RICHARDSON, Emission of El. from Hot Bodies. 1. Aufl. S. 15.

[2]) Vgl. z. B. M. v. PIRANI u. W. ALTERTHUM, ZS. f. Elektrochem. Bd. 29, S. 5. 1923; F. HENNING u. W. HEUSE, ZS. f. Phys. Bd. 16, S. 63. 1923; M. v. PIRANI, Verh. d. D. Phys. Ges. Bd. 13, S. 19. 1911; A. G. WORTHING, Phys. Rev. Bd. 10, S. 377. 1917; ZS. f. Phys. Bd. 22, S. 9. 1924; W. E. FORSYTHE, Phys. Rev. Bd. 25, S. 252. 1925.

[3]) A. G. WORTHING u. W. E. FORSYTHE, Phys. Rev. Bd. 18, S. 144. 1921; A. G. WORTHING, Phys. Rev. Bd. 10, S. 377. 1917.

diese Weise gemessenen Temperaturen wird von den Verfassern für ihre Eichlampe zu 0,5° angegeben und für beliebige W-Glühfäden von DAVISSON und GERMER[1]) zu 2 bis 3° geschätzt. — Für Mo läßt sich die Temperaturbestimmung mit gleicher Genauigkeit durchführen. [Vgl. DUSHMAN, ROWE, EWALD und KIDNER[2])]. Die Strahlungsenergie als Funktion der Temperatur für Ta ist von FOOTE und FAIRCHILD[3]) angegeben, während WORTHING[3]) aus Vergleichsmessungen mit W die Temperaturen etwas höher bestimmt. Er findet allgemein $E\,(\mathrm{Ta}) = 1{,}088\,E\,(\mathrm{W})$. Die Unterschiede in den Angaben betragen bei 1200° K etwa 14° und steigen bis 2400° K auf etwa 28°. — Für Wolfram hatte früher bereits LANGMUIR[4]) eine Temperaturskala festgelegt, doch haben die WORTHING-FORSYTHEschen Messungen die LANGMUIRschen an Präzision übertroffen und werden darum jetzt mehr verwandt. Für andere Metalle als die drei genannten ist eine so genaue Temperaturbestimmung noch nicht möglich.

Die Temperatur des Glühdrahtes ist übrigens keine ganz einheitliche; an den Enden, da wo er mit stärkeren Zuleitungsdrähten verbunden ist, wird Wärme abgeführt. Falls die Temperaturmessung auf eine solche des Widerstandes zurückgeführt wird, lassen sich nach RICHARDSONS Angaben feine Potentialzuführungsdrähte an einen mittleren Teil des Glühfadens führen, so daß nur hier, wo die Wärmeableitung der Enden noch nicht merkbar ist, das spezifische Leitvermögen gemessen wird. Wo es darauf ankommt, die Gesamtelektronenemission als Funktion der Temperatur und der Spannung kennenzulernen, der Spannungsabfall im Draht aber wegen der Wärmeableitung an den Enden nicht gleichmäßig ist, muß eine Korrektur rechnerisch eingeführt werden. Formeln dafür bringen LANGMUIR[5]) und WORTHING[6]).

6. Druckmessung (vgl. a. Band 2). Die Bestimmung des Druckes in der Röhre kann bis zu etwa 10^{-6} mm Hg mit einem Mc Leodmanometer erfolgen. Für Hochvakua müssen empfindlichere Instrumente verwandt werden. Geeignet sind Knudsenmanometer[7]), die direkt die Stöße von Gasmolekülen messen. Neuerdings haben DUSHMAN und FOUND[8]) ein Manometer beschrieben, das auf folgendem Prinzip beruht: einer Glühkathode wird eine sehr hoch aufgeladene Anode gegenübergestellt, während sich seitlich eine dritte Hilfselektrode mit etwa 10 Volt negativerem Potential als das der Kathode befindet. Die austretenden Elektronen erzeugen, wenn sie auf Gasmoleküle treffen, Stoßionisation, und der entstehende Strom positiver Ionen fließt zur Hilfselektrode, wo er gemessen wird. Ionenstrom und Gasdruck sind bei gegebener Spannung und Heizstromstärke einander proportional. Eine WEHNELT-Glühkathode ist geeigneter als eine solche aus Wolfram, da Wolfram unedle Gase stark absorbiert. Mit dem angegebenen Manometer sollen Drucke von 10^{-9}, sogar 10^{-10} mm Hg noch der Messung zugänglich sein. In der zitierten Arbeit finden sich auch Literaturangaben über Konstruktionen ähnlicher Art[9]).

---

[1]) C. DAVISSON u. L. H. GERMER, Phys. Rev. Bd. 20, S. 300. 1922.

[2]) S. DUSHMAN, H. N. ROWE, J. EWALD u. C. A. KIDNER, Phys. Rev. Bd. 25, S. 338. 1925.

[3]) P. D. FOOTE u. C. O. FAIRCHILD, Trans. Amer. Inst. Min. Eng. 1919, S. 1389.

[4]) I. LANGMUIR, Phys. Rev. Bd. 7, S. 302. 1916.

[5]) I. LANGMUIR, Phys. Rev. Bd. 7, S. 151. 1916; Gen. Electr. Rev. Bd. 19, S. 210. 1916; Trans. Faraday Soc. (3) Bd. 17, S. 2. 1921.

[6]) A. G. WORTHING, Journ. Frankl. Inst. 1922, S. 597.

[7]) M. KNUDSEN, Ann. d. Phys. Bd. 32, S. 809. 1910; Bd. 44, S. 525. 1914; vgl. auch J. W. WOODROW, Phys. Rev. Bd. 4, S. 491. 1914 und R. G. SHERWOOD, ebenda Bd. 11, S. 241. 1918.

[8]) S. DUSHMAN u. C. G. FOUND, Phys. Rev. Bd. 15, S. 133. 1920; Bd. 17, S. 7. 1921.

[9]) Vgl. auch L. DUNOYER, La technique du vide Paris 1924. S. DUSHMAN, Die Grundlagen der Hochvakuumtechnik, deutsch v. R. G. BERTHOLD u. E. REIMANN. Berlin 1926. — A. GOETZ, Physik und Technik des Hochvakuums. Braunschweig 1922.

c) Die RICHARDSONsche Gleichung.

7. Ältere Messungen. Die ersten genaueren Untersuchungen der Thermionenströme stammen von Mc. CLELLAND[1]), H. A. WILSON[2]) und RICHARDSON[3]). Verwandt wurde Pt in Luft, Wasserstoff und Sauerstoff. Entsprechend der nicht sehr fortgeschrittenen Vakuumtechnik damaliger Zeit konnten Drucke kleiner als $^1/_{1000}$ mm Hg nicht gut hergestellt werden. Bei Rotgluttemperatur floß kein merklicher Strom, wenn der Glühdraht Kathode war, war er Anode, so war eine positive Emission zu messen, deren Stromspannungscharakteristik das typische Aussehen einer unselbständigen Entladung zeigt (Abb. 3). Auf ein anfängliches Ansteigen des Stromes mit der Spannung folgt Sättigung (*a*), der sich bei weiterer Vergrößerung der Potentialdifferenz zwischen den Elektroden ein erneutes Wachsen des Stromes (*b*) anschließt. Die Charakteristik läßt sich zwanglos wie die analogen Kurven bei der unselbständigen Entladung in kalten Gasen deuten (vgl. Kap. 1, Ziff. 2). Sättigung tritt dann ein, wenn alle vom Draht emittierten Ionen die Gegenelektrode erreichen, der spätere Stromanstieg wird auf eine Vermehrung der Ionenzahl bei eintretender Stoßionisation zurückgeführt. Bei stärkerem Glühen des Drahtes tritt bei Kommutieren der Spannung die negative Emission mehr in den Vordergrund. Das Spannungsgebiet negativer Sättigung ist jedoch kürzer, kann sogar ganz verschwinden, Stoßionisation setzt dann bei geringeren Spannungen ein als Stromsättigung. Auch dieses Phänomen wird auf die im vorigen Kapitel geschilderte stärkere Wirksamkeit negativer Stöße zurückgeführt (Kap. 1, Ziff. 2). In Abhängigkeit vom Druck ist der Stromanstieg bei Stoßionisation aus den Abb. 4a

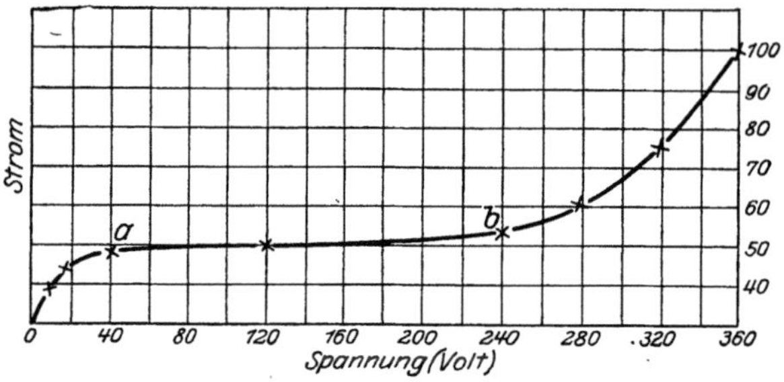

Abb. 3. Stromspannungsdiagramm nach RICHARDSON.

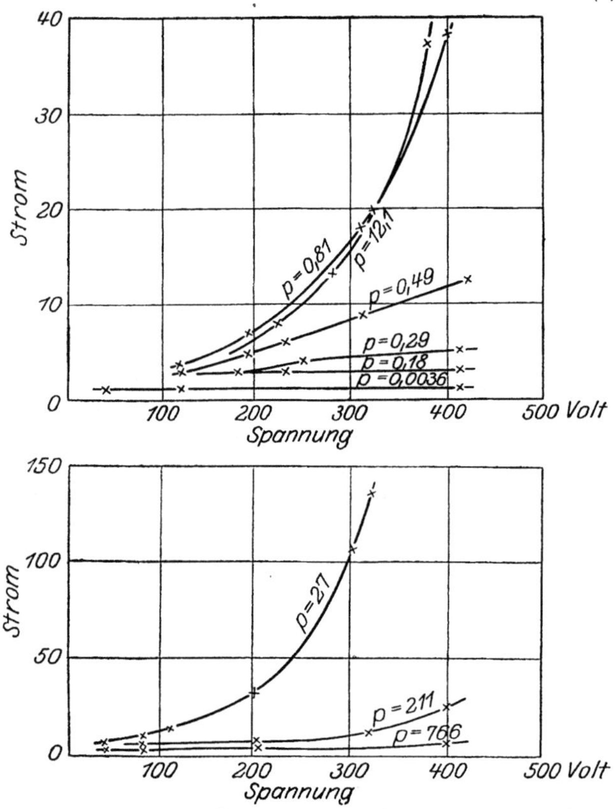

Abb. 4a und 4b. Stromspannungskurven bei verschiedenen Drucken (in mm Hg) nach WILSON.

1) Mc CLELLAND, Proc. Cambridge Phil. Soc. Bd. 16, S. 296. 1901.
2) O. W. RICHARDSON, Phil. Trans. (A) Bd. 207, S. 8. 1906.
3) H. A. WILSON, Phil. Trans. (A) Bd. 202, S. 243. 1903.

und 4b zu ersehen. Bei den niedrigsten und höchsten Drucken ist er bei den verwendeten Spannungen noch nicht bemerkbar, bei niederen, weil die Stoßwahrscheinlichkeit zu gering ist, bei hohen, weil die auf einer mittleren freien Weglänge durchlaufene Spannung dem negativen Ion nicht die zur Ionisierung nötige Energie erteilt.

Eine systematische Untersuchung des Glühemissionsstromes in Abhängigkeit von Temperatur, Feld und Elektrodenmaterial läßt sich jedoch nur durchführen, falls man den Stromanstieg durch Stoßionisation im Gas vollständig, d. h. auch bei sehr hohen Spannungsdifferenzen zwischen Anode und Kathode, zu beseitigen vermag. Kennt man die funktionellen Zusammenhänge im Vakuum, so läßt sich der Einfluß des Gases leichter übersehen. Im folgenden werden darum zunächst die Messungen der Thermionenströme in hohem Vakuum, in dem keine Stoßionisation auftritt, besprochen werden, und dann erst diejenigen bei beliebiger Gasfüllung von höherem Druck.

8. Die Abhängigkeit des Thermionenstromes von der Temperatur des Glühkörpers. Zunächst interessiert die Abhängigkeit der Glühemission von der Temperatur; gemessen wird die Stromstärke in einem Kondensator, dessen eine Elektrode geglüht wird, während die andere kalt bleibt. Da man die Gesamtemission kennenlernen will, wird die Spannung stets so hoch gewählt, daß Sättigungsstrom herrscht. Die Anzahl der auf ihre Emissionsfähigkeit hin untersuchten Körper ist sehr groß. Da es unmöglich ist, auf jede einzelne Arbeit einzugehen, sollen außer den wichtigsten Untersuchungen nur die seit 1916 etwas ausführlicher besprochen werden, während wegen der früheren auf die sehr genauen Ausführungen in RICHARDSONS Buch verwiesen sei. Die Untersuchungen beziehen sich hauptsächlich auf die Materialien Pt, Ni, W, Mo, Ta, Cu, Fe, Cs und Ag als Metalle, C als Nichtmetall; diese Stoffe rein oder bedeckt durch Oxyde oder Salze von Na, K, Ca, Ba, Sr, Th, Mg u. a. m. Als Restgase kommen in Betracht: Luft, O_2, N_2, H_2, CO_2, CO, A, He und Ne.

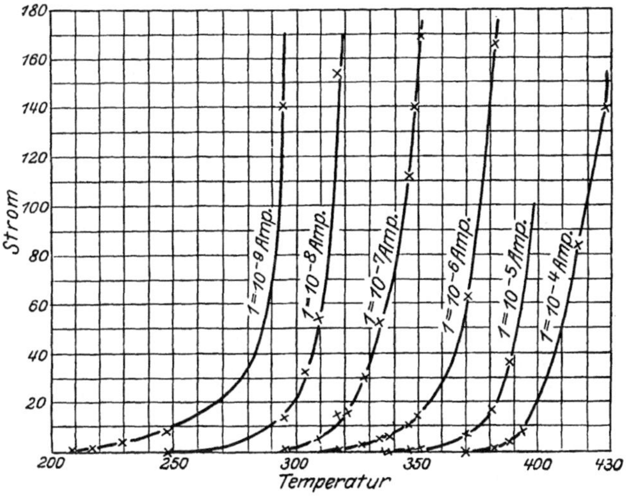

Abb. 5. Stromtemperaturkurve nach RICHARDSON.

Die allgemeine Form einer Stromtemperaturkurve, gleichgültig ob für positive oder negative Emission, ist durch Abb. 5 wiedergegeben. Diese spezielle Charakteristik ist einer Arbeit RICHARDSONS entnommen und gibt die Elektronenemission einer Na-Kathode zwischen 200 und 430° C wieder. Die 6 Kurvenäste wären bei gleichem Maßstab aneinandergesetzt zu denken, hier hat ein jeder gegenüber dem benachbarten der leichteren Darstellbarkeit wegen einen 10mal größeren Maßstab, so daß die Ordinaten die Werte in 10^{-4} bis 10^{-9} Amp. angeben. Auch unterhalb 200° hört die Emission nicht auf, sondern wäre mit empfindlicheren Stromanzeigern weiter zu verfolgen gewesen. Der Kurvencharakter läßt sich analytisch durch die Gleichung wiedergeben:

$$i = A \cdot T^{\alpha} \cdot e^{-\frac{b}{T}}.$$

Dieser Ausdruck ist zunächst von RICHARDSON[1]) empirisch gefunden mit $\alpha = 1/2$. Er ist anwendbar auf die Emission positiver Ionen und von Elektronen, auf gasfreie und gasbeladene Glühkörper, auf reine Metalle und solche, auf denen Oxyde oder andere Salze niedergeschlagen sind. Die einzigen Voraussetzungen sind, daß Sättigungsstrom herrscht, das Kathodenmaterial keine chemische Veränderung erfährt und im Gasraum keine neuen Träger durch Stoß erzeugt werden. Unter verschiedenen Versuchsbedingungen können die Werte von A um mehrere Zehnerpotenzen, die von b um einige Hundert Prozente voneinander abweichen. Die Formel läßt sich theoretisch erklären, wobei den Konstanten A und b bestimmte physikalische Bedeutungen zukommen. Wegen der vielerlei Ableitungen, die für die „RICHARDSONsche Gleichung" aufgestellt sind, muß auf das Kapitel „Austritt von Ionen und Elektronen aus glühenden Körpern" von O. HALPERN (Bd. 13 ds. Handb.) verwiesen werden. Hier seien nur kurz die Größen erwähnt, die für die Ausbildung des Thermionenstromes in Betracht kommen.

9. Die RICHARDSONsche Gleichung. Denken wir uns einen hoch erhitzten Körper und in ihm die Elektronen in Wärmebewegung, so werden diejenigen Elektronen die Oberfläche verlassen, deren Energie genügend groß ist, um die Austrittsarbeit zu leisten. Ein Teil von ihnen wird, solange er in sehr großer Nähe der Oberfläche verweilt, durch elektrische Spiegelbildkräfte zum Metall zurückgezogen, einige Elektronen bringt auch die thermische ungeordnete Bewegung aus größerer Entfernung zurück. Es stellt sich schließlich im Gleichgewichtszustand ein Elektronendruck über der Metallschicht ein, der von der Geschwindigkeit bzw. Geschwindigkeitsverteilung der Elektronen im Innern des Glühkörpers, von der Austrittsarbeit, die ein Teilchen beim Verlassen der Oberfläche zu leisten hat, von der Elektronendichte im Innern, evtl. von Wechselwirkungskräften mit positiven Ionen, abhängig ist. Die Anzahl Elektronen, die den Draht endgültig verlassen, gibt den Sättigungsstrom an, der zur Messung kommt. Dieser Sättigungswert läßt sich unter Berücksichtigung der angeführten Größen berechnen, und zwar sowohl auf thermodynamischer Grundlage als auch mit der klassischen kinetischen Gastheorie und der Quantentheorie. Die Ansätze führen einheitlich zur allgemeinen RICHARDSONschen Gleichung:

$$i = A \cdot T^{\frac{1}{2}} \cdot e^{\int\limits_0^T \frac{b}{T^2}\,dT}.$$

Annahmen über die Temperaturabhängigkeit der Größe b bedingen die verschiedenen Formen, die der Exponent annimmt. Gibt man den Elektronen im Innern des Metalls die spezifische Wärme eines einatomigen idealen Gases, also pro Mol gerechnet den Betrag $3/2\,R$ (R = Gaskonstante), so folgt das erste RICHARDSONsche Gesetz

$$i = A \cdot T^{\frac{1}{2}} \cdot e^{-\frac{b}{T}} \quad (T \text{ absolute Temperatur}), \tag{1}$$

während, wenn den Elektronen im Glühkörper die spezifische Wärme 0 zukommt, die Emission durch die Gleichung beherrscht wird:

$$i = A\,T^2 \cdot e^{-\frac{b}{T}}. \tag{2}$$

[1]) Vgl. O. W. RICHARDSON, Emission of Electricity from Hot Bodies. 2. Aufl. S. 61.

SCHOTTKY[1]) weist darauf hin, daß es nicht auf die „spezifische Wärme der Elektronen im Metall" ankommt, sondern daß der Exponent von T bestimmt wird durch die im allgemeinen davon verschiedene „Änderung der spezifischen Wärme des Metalls beim Austritt von Elektronen".

Die Größe b ist eine Materialkonstante; für reine, gasfreie Metalle, aber nur für solche, hat DUSHMAN[2]) gezeigt, daß A universellen Charakter trägt. Die beiden Exponenten $\alpha = \frac{1}{2}$ und $\alpha = 2$ sind die in der Literatur am häufigsten benutzten, daneben findet man, besonders in theoretischen Arbeiten, auch alle dazwischenliegenden Werte $\frac{1}{2} < \alpha < 2$ angegeben, jedesmal unter besonderen Annahmen für das Elektronengas im Innern des Metalls (vgl. z. B. WATERMAN[3]). Für den Fall, daß die Elektronen im Leiter gitterförmig angeordnet sind, leitet RASCHEWSKY[4]) eine Formel mit $\alpha = -1$ ab. Merkwürdigerweise hat sich bis heute ein experimenteller Beweis, welcher Gleichung die alleinige Gültigkeit zukommt, nicht erbringen lassen. Die Schwierigkeit, ihn zu führen, erkennt man leichter aus der logarithmischen Form der Gleichungen. Es ist:

$$\lg i = \lg A + \frac{1}{2} \cdot \lg T - \frac{b}{T} \lg e\,, \quad (1a)$$

$$\lg i = \lg A + 2 \cdot \lg T - \frac{b}{T} \lg e \quad (2b)$$

und

$$\frac{d(\lg i)}{dT} = \frac{1}{2T} + \frac{b \lg e}{T^2}\,, \quad (1b)$$

$$\frac{d(\lg i)}{dT} = \frac{2}{T} + \frac{b \lg e}{T^2}\,. \quad (2b)$$

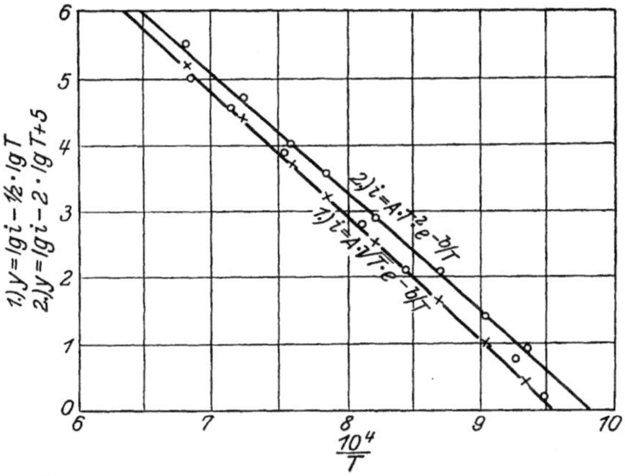

Abb. 6. Stromtemperaturkurve, aufgetragen nach den beiden RICHARDSONschen Gleichungen.

b ist in der Größenordnung $5 \cdot 10^4$, T kann erstreckt werden über den Bereich von $0{,}5 \cdot 10^3$ bis $3 \cdot 10^3$. Die Summanden $1/2\,T$ bzw. $2/T$ sind stets einigemal kleiner als $b \cdot \lg e/T^2$ und bis heute nicht genügend genau gegen $b \lg e/T^2$ zu messen, doch müßte, falls man zu noch höheren Temperaturen übergehen könnte, eine Entscheidung möglich sein. Erschwerend für das Experiment kommt dazu, daß die Temperaturen über ein größeres Intervall gut bestimmt und auch die übrigen Versuchsbedingungen, vor allem die Entgasung des Glühdrahtes, sehr konstant gehalten werden müssen. Da jede geringste Menge okkludierter Gasreste die Emission stark verändert, und zwar so, daß die Form der Kurve erhalten bleibt, und allein die Konstanten großen Schwankungen unterliegen, so ist das Kriterium für konstanten Gasinhalt des Glühfadens nur im Emissionsstrom selber gegeben, und die Möglichkeit, aus der Stromstärke die Kurvenform zu bestimmen, außerordentlich erschwert. — In allerletzter Zeit entschließt man sich mehr und mehr, das quadratische Gesetz anzuwenden (2), da die theoretische Ableitung etwas besser fundiert ist. Doch ist, um es noch einmal zu wiederholen, ein Experimentum crucis bis heute nicht ausgeführt worden. Abb. 6 gibt nach RICHARDSON[5]) für CaO im Temperaturbereich von 1050 bis 1540° K die

[1]) W. SCHOTTKY, ZS. f. Phys. Bd. 34, S. 645. 1925.

[2]) S. DUSHMAN, Phys. Rev. Bd. 21, S. 623. 1923; Bd. 23, S. 156. 1924.

[3]) A. T. WATERMAN, Phys. Rev. Bd. 24, S. 366. 1924.

[4]) N. v. RASCHEWSKY, ZS. f. Phys. Bd. 32, S. 746. 1925; Bd. 33, S. 606. 1925.

[5]) O. W. RICHARDSON, Emission of El. from Hot Bodies. 2. Aufl. S. 63. Nach den Messungen von F. DEININGER, Ann. d. Phys. Bd. 25, S. 285. 1908.

Emissionsströme an. Die Abszissen beider Kurven sind proportional $10^4/T$, als Ordinaten sind die Ausdrücke ($\lg i - 0{,}5 \cdot \lg T - \lg A$) und ($\lg i - 2 \cdot \lg T - \lg A'$), abgeleitet aus den Gleichungen (1a) und (2a), aufgetragen. In beiden Kurven liegen die gemessenen Werte genau auf den berechneten Geraden. Auch bei höheren Temperaturen (zwischen 1920 und 2330° K) ist noch keinerlei Abweichung zu bemerken, wie dies DUSHMAN[1]) nach den Meßergebnissen von DAVISSON und GERMER[2]) für eine W-Emission nachweist.

10. Die Konstante A der RICHARDSONschen Gleichung. Der Druck des Elektronengases (eines einatomigen, idealen Gases), das im Temperaturgleichgewicht mit dem glühenden, festen Körper von der Temperatur T steht, berechnete sich nach DUSHMAN[1]) zu

$$p = N^{\frac{3}{2}} \cdot m^{\frac{3}{2}} \cdot \varepsilon^{i_0} \cdot T^{\frac{5}{2}} \cdot \varepsilon^{-\frac{L_0}{RT}} \cdot$$

Hierin ist N die Avogadrische Zahl, m die Masse des Elektrons ($= 9{,}00 \cdot 10^{-28}$ g), L_0 die Verdampfungswärme bei 0° abs., R die Gaskonstante und i_0 die chemische Konstante. Setzt man den Wert i_0 nach SACKUR[3]) und TETRODE[4]) ein zu

$$i_0 = \ln\left[\frac{(2\pi)^{\frac{3}{2}}\, k^{\frac{5}{2}}}{N^{\frac{3}{2}}\, h^3}\right],$$

ferner für den Strom

$$i = n \cdot e = \frac{p \cdot e}{\sqrt{2\pi\, m\, k\, T}}$$

und nennt $\frac{L_0}{R} = b_0$, so erhält man

$$i = \left(\frac{2\pi\, k^2\, m \cdot e}{h^3}\right) \cdot T^2 \cdot e^{-\frac{b_0}{T}}. \tag{1}$$

k = BOLTZMANNsche Konstante $= 1{,}372 \cdot 10^{-16}$ Erg/Grad,
h = PLANCKsches Wirkungsquantum $= 6{,}55 \cdot 10^{-27}$ Erg · sec,
e = Elementarladung $= 4{,}77 \cdot 10^{-10}$ elektrostatische Einheiten.
Hiernach ist

$$A = \frac{2\pi\, k^2\, m\, e}{h^3} = 60{,}2 \text{ Amp./cm}^2\,\text{Grad}^2. \tag{2}$$

Durch eine etwas abweichende Überlegung kommen LEWIS und ADAMS[5]) einerseits, LEWIS, GIBSON und LATIMER[6]) andrerseits zu der Beziehung

$$A = \frac{2^{\frac{5}{2}}\, \pi^{\frac{9}{2}}\, \varepsilon^{\frac{5}{2}}}{15} \cdot \frac{k \cdot m \cdot e}{h^3} = 51{,}2 \text{ Amp./cm}^2\,\text{Grad}^2. \tag{3}$$

Die Ausdrücke werden etwas modifiziert, wenn man Elektronenreflexion an der Oberfläche des Metalles mit in Betracht zieht. In die Rechnung ist eingeführt, daß die Elektronenwolke im Raum im Gleichgewicht mit dem Glühkörper steht, daß also gleichviel Elektronen das Metall verlassen, wie von ihm eingefangen werden. Wird ein Bruchteil r reflektiert, so muß die Größe A durch $A \cdot (1 - r)$ in der RICHARDSONschen Gleichung ersetzt werden. Diese Korrektion beträgt nach RICHARDSON[7]) maximal 50%, liegt aber bei der Unsicherheit, die bei der experimentellen Bestimmung des Absolutwertes von A besteht, für die besten

---

[1]) S. DUSHMAN, Phys. Rev. Bd. 21, S. 623. 1923.
[2]) C. DAVISSON u. L. H. GERMER, Phys. Rev. Bd. 20, S. 300. 1922.
[3]) O. SACKUR, Ann. d. Phys. Bd. 36, S. 958. 1911; Bd. 40, S. 67. 1913.
[4]) H. TETRODE, Ann. d. Phys. Bd. 38, S. 434. 1912; Bd. 39, S. 255. 1912.
[5]) G. N. LEWIS u. E. Q. ADAMS, Phys. Rev. Bd. 3, S. 92. 1914.
[6]) G. N. LEWIS, G. E. GIBSON u. W. M. LATIMER, Journ. Amer. Chem. Soc. Bd. 44, S. 1008. 1922.
[7]) O. W. RICHARDSON, Emission of El. from Hot Bodies. 2. Aufl. S. 55.

Messungen an der Grenze der Meßgenauigkeit und wird fast immer vernachlässigt. SCHOTTKY[1]) schätzt den Fehler, der durch diese Vernachlässigung entsteht, nur auf wenige Prozente ein. — Diese beiden Werte der universellen Konstante A findet man am häufigsten angegeben, besonders in älteren Arbeiten sind jedoch mancherlei andere berechnet, auch solche, bei denen A nicht universell, sondern etwas materialabhängig ist. Diese Berechnungen haben aber bis heute ausschließlich theoretisches Interesse, da eine Entscheidung über die Gültigkeit eines bestimmten Wertes selbst für reinste, gasfreie Metalle noch viel weniger möglich ist, als über die Gültigkeit eines der beiden Emissionsgesetze.

Wenn bei der Untersuchung reiner Metalle A sich als einigermaßen konstant erweist, so ist dies bei Oxydkathoden nicht mehr der Fall, vielmehr bestimmt sich, wenn man die experimentelle (i, T) Charakteristik analytisch fassen will, A als in weitesten Grenzen variabel, je nach dem verwendeten Material. Statt $A = 60$ Amp./cm² Grad² erhält man alle Werte zwischen $A = 167$ und $A = 1 \cdot 10^{-12}$ Amp./cm² Grad², und es scheint, als ob in der DUSHMAN-LEWISschen Überlegung eine Größe vernachlässigt wurde, die für reine Metalle klein, für Oxyde aber beträchtlich sein kann. Auf diesen Mangel hat kürzlich BRIDGMAN[2]) hingewiesen und auch gezeigt, wo die Vernachlässigung eingeführt wurde. Er faßt den Glühkörper auf als ein System von drei Phasen, den verdampfenden Elektronen, den neutralen Metallatomen und den positiven Metallionen, die beim Austritt der Elektronen zurückbleiben. Bei Aufstellung der Entropieänderung des Systems beim Verdampfungsprozeß findet er Übereinstimmung mit der DUSHMANschen Formel, falls der Ausdruck $(c_{pm} - c_{p\varrho})$ verschwindet. Hier bedeutet c_{pm} die spezifische Wärme bei konstantem Druck der neutralen Metallatome, die ein Elektron verdampfen lassen, $c_{p\varrho}$ die spezifische Wärme bei konstantem Druck der entstehenden positiven Ionen. Eine eingehende Überlegung macht es wahrscheinlich, daß für reine Metalle $c_{pm} = c_{p\varrho}$ ist, während für gashaltige Metalle und Oxyde die Differenz nicht verschwindet, und damit A materialabhängig wird.

Auf Grund sehr ähnlicher Vorstellungen kommt RASCHEVSKY[3]) zu dem gleichen Resultat. Eine von der soeben angegebenen wesentlich andere Überlegung stellen RICHARDSON und YOUNG[4]) an, um die Diskrepanz zwischen reinen Metallen und Metallverbindungen zu lösen. In älteren Versuchen hatte RICHARDSON[5]) und später YOUNG[6]) festgestellt, daß für Kalium- und Natriumemission der Gleichung $i = A \cdot T^2 \cdot e^{-\frac{b}{T}}$ nicht über ein größeres Temperaturbereich Genüge geleistet wird. $(\lg i - 2 \cdot \lg T)$ als Funktion von $1/T$ aufgetragen, gibt nicht eine gerade Linie, sondern scheint für höhere und tiefere Temperaturen je durch eine Gerade verschiedener Neigung dargestellt zu werden, während der verbindende Kurvenast gekrümmt ist. Man berechnet daraus zwei verschiedene Konstanten b (und Austrittsarbeiten), von denen jede einen Temperaturbereich charakterisiert. Die Verfasser glauben — und eine Reihe von Bestimmungen photoelektrischer Austrittsarbeiten an den Alkalien bestätigen diese Schlußweise —, die Metalloberfläche als verunreinigt durch eine noch hypothetische Verbindung ansehen zu müssen. Diese Verunreinigung ist nicht kontinuierlich verteilt, sondern konzentriert sich auf einzelne Flecke („patches"). Der Gesamtemissionsstrom ist die Summe

---

[1]) W. SCHOTTKY, ZS. f. Phys. Bd. 34, S. 647. Anm. 1. 1925.
[2]) P. W. BRIDGMAN, Phys. Rev. Bd. 27, S. 173. 1926.
[3]) N. v. RASCHEVSKY, ZS. f. Phys. Bd. 36, S. 628. 1926.
[4]) O. W. RICHARDSON u. A. F. A. YOUNG, Proc. Roy. Soc. London Bd. 107, S. 377. 1925.
[5]) O. W. RICHARDSON, Phil. Trans. (A) Bd. 201, S. 497. 1903.
[6]) A. T. A. YOUNG, Proc. Roy. Soc. London Bd. 104, S. 611. 1923.

der Ströme, die vom reinen Metall und den Flecken abfließen. Es ist

$$i = T^2 \cdot \left(S_1 A_1 \cdot e^{-\frac{b_1}{T}} + S_2 A_2 \cdot e^{-\frac{b_2}{T}}\right),$$

wenn S_1 und S_2 die Größe der beiden Oberflächen (reines Metall und Flecke) angibt. Ist z. B. $b_2 < b_1$, was einer geringeren Austrittsarbeit der Elektronen aus der Metallverbindung gleichkommt, so kann, wenn $S_2 < S_1$, bei tiefer Temperatur der erste Summand überwiegen; bei höherer wächst der zweite schneller als der erste, und wird dann für den Gesamtstrom ausschlaggebend. Hierbei ist es nicht ausgeschlossen, daß A_1 und A_2 dieselbe universelle Konstante sind.

Die Schwierigkeit, A auch für reine Metalle experimentell festzulegen, folgt aus der Form der Stromtemperaturkurve. A ist Faktor von T^2, b steht im Exponenten. Wenn b aus der Neigung der Geraden, deren Ordinate $\lg \frac{i}{T^2}$ und deren Abszisse $1/T$ ist, bestimmt ist, gewinnt man A durch Einsetzen, und jeder Fehler in b geht exponentiell in A ein. So berechnet DUSHMAN (a. a. O.) für $T = 2000°$ K und $b = 5 \cdot 10^4$, daß ein Fehler von 1% in b einen solchen in A um 25% bedingt, RICHARDSON[1]) gibt an, daß eine Unsicherheit von b um 10% den Wert A um 100%, von b um 33% A um den Faktor $3 \cdot 10^7$ fälschen kann. Sollte für $T = 2000°$ entschieden werden, ob $A = 60{,}2$ Amp./cm² Grad² oder $A = 51{,}2$ Amp./cm² Grad² ist, so müßte b auf 0,25% genau angegeben werden können, was bis heute nicht möglich ist.

11. Die Konstante *b* der RICHARDSONschen Gleichung und die Austrittsarbeit. Einen direkten Einblick in das Wesen des Emissionsvorganges gewährt der Exponentialfaktor b der RICHARDSONschen Gleichung. Er steht in direktestem Zusammenhang mit der Arbeit Φ, die ein Elektron leisten muß, um ins Vakuum zu verdampfen, oder, anders ausgedrückt, mit dem Energieverlust, den der Leiter beim Entweichen eines Elektrons erleidet. Die Theorie liefert aus dem $T^{\frac{1}{2}}$-Gesetz die Beziehung: $b_0 = e \cdot \Phi_0/k$, wo k die BOLTZMANNsche Konstante und e das Elementarquantum ist, nach dem T^2-Gesetz ist $b = b_0 + \frac{3}{2} T$ und $\Phi = \Phi_0 + \frac{3}{2} k/e\, T$. Der temperaturabhängige Teil des Exponenten $(-b/T)$ ist in jedem Falle b_0/T, b_0 oder Φ_0 wird also aus beiden Gesetzen gleich gefunden, nur die Neigung der Kurve (s. Abb. 6), aus der b_0 bzw. b berechnet wird, ist ein klein wenig verschieden. Wird die „RICHARDSONsche Konstante Φ_0“, wie der allgemein übliche Name ist, in Volt ausgedrückt, so ergibt sich

$$\Phi_0 = 8{,}62 \cdot 10^{-5} \cdot b_0 \cdot \text{Volt}.$$

Wenn Φ die Arbeit darstellt, die ein Elektron beim Verdampfen leistet, so folgt daraus für A: $i = A \cdot T^2$ ist der Strom, der fließen würde, falls $\Phi = 0$ wäre, A steht darum in Zusammenhang mit der Anzahl verdampfungsfähiger Elektronen.

12. Hypothesen, die die Emission nicht thermisch erklären. a) chemische und Stoßwirkungs-Hypothese. Für die Ableitung des RICHARDSONschen Gesetzes ist vorausgesetzt worden, daß die Emission des Glühdrahtes eine reine Eigenschaft des Metalles sei. Diese Annahme ist jedoch lange Zeit nicht unbestritten geblieben, vielmehr glaubte man, die Emission sei bedingt durch eine chemische Reaktion zwischen Metall und Gas. Der bündige Beweis war erst erbracht, als man zeigen konnte, daß von einem bestimmten Entgasungszustand an der vom Glühdraht abfließende Strom konstant ist und keinerlei Andeutungen einer Ermüdung zeigt. Dieser Beweis ist heute gelungen. Ihn in

[1]) O. W. RICHARDSON, Emission of Electricity from Hot Bodies, 1. Aufl. S. 74.

anderer Art zu führen, unternahm als erster RICHARDSON[1]). Er verglich die aus der Stromstärke berechnete Anzahl Elektronen, die eine Wolframkathode aussandte, mit dem Gewichtsverlust, den die Elektrode durch Gasverlust und Verdampfen erlitt, und fand, daß auf $3 \cdot 10^6$ bis $5 \cdot 10^8$ emittierte Elektronen nur ein Metall- oder Gasatom den Draht verließ. Weiter schätzte er die Zahl der Stöße ab, die pro Zeiteinheit die Gasmoleküle auf den Glühdraht ausführen konnten, und kam zu dem Ergebnis, daß $4{,}5 \cdot 10^3$mal mehr Elektronen emittiert werden, als gaskinetische Stöße auf die Oberfläche stattfinden. Beide Resultate machten chemische und Stoßwirkung als Ursache der Elektronenemission sehr unwahrscheinlich.

b) Autophotoelektrische Hypothese. Eine andere Möglichkeit, als die Emission rein thermisch zu erklären, bleibt noch bestehen. Bei Weißglut sendet ein Körper Licht in einem großen Wellenlängenbereich aus, auch in einem solchen, der lichtelektrisch wirksam ist. Es ist darum im voraus nicht ausgeschlossen, die Elektronenbefreiung einer photoelektrischen Wirkung zuzuschreiben. In der Tat sucht WILSON[2]) eine solche Erklärung zu geben und stellt für die „autophotoelektrische" Emission eine der RICHARDSONschen Gleichung analoge Beziehung auf, die die experimentellen Daten ebensogut wiedergibt. RICHARDSON[3]) sucht die WILSONsche Überlegung zu entkräften, indem er in ausführlicher Rechnung zeigt, daß die durch lichtelektrische Wirkung hervorgerufenen Sättigungsströme pro Quadratzentimeter Oberfläche bei 2000° nur etwa $5 \cdot 10^{-11}$ Amp. betragen können, während bei gleicher Temperatur Thermionenströme von 10^{-3} bis 10^{-2} Amp. gemessen werden. Die kleinsten, bei 2000° beobachteten Ströme betrugen 10^{-7} Amp./cm², also weit mehr, als sich lichtelektrisch erklären läßt. Hierbei ist durch plausible Annahmen der weitgehend andere Mechanismus einer photoelektrischen Erregung durch äußere Lichtquellen gegenüber dem durch Strahlung der emittierenden Oberfläche selbst berücksichtigt, der darin besteht, daß das von außen auffallende Licht nur wenige Wellenlängen tief mit exponentiell abnehmender Intensität in das Metall eindringt, während im anderen Falle auch die unter der Oberfläche liegenden Schichten mit voller Stärke strahlen. Experimentell den lichtelektrischen Strom vom reinen Thermionenstrom zu trennen oder beide Größen direkt miteinander zu vergleichen, war bisher nicht möglich, da die Abhängigkeit der Emission von der Temperatur bzw. von der Intensität der wirksamen Temperaturstrahlung gleichen Gesetzen folgt und auch die Austrittsgeschwindigkeiten der Elektronen gleiche Werte besitzen. Auf die Parallelität von photoelektrischer und thermischer Emission weist auch BECKER[4]) hin, ohne allerdings entscheiden zu können, ob die lichtelektrische Wirkung durch lokale Erwärmung, also thermisch, oder umgekehrt, die Glühemission durch Lichtwirkung zu erklären sei. Daß das Licht eines glühenden Körpers, auf eine Photozelle geworfen, dort einen Photostrom erzeugt, dessen Stärke in Abhängigkeit von der Temperatur des Glühkörpers streng dem RICHARDSONschen Gesetz folgt, hat experimentell BERGWITZ[5]) nachweisen können. Auf einen Vergleich lichtelektrischer und thermischer Austrittsarbeiten wird noch zurückzukommen sein (vgl. Ziff. 19).

13. Die SCHOTTKYsche Spannungskorrektion. Bevor wir zur Besprechung der experimentellen Ergebnisse und damit zur Bestimmung der Konstanten A und b bzw. der Austrittsarbeiten Φ aus der RICHARDSONschen Gleichung übergehen,

---

1) O. W. RICHARDSON, Phys. ZS. Bd. 14, S. 793. 1913.
2) W. WILSON, Ann. d. Phys. Bd. 42, S. 1154. 1913.
3) O. W. RICHARDSON, Emission of Electricity from Hot Bodies, 1. Aufl., S. 95.
4) A. BECKER, Ann. d. Phys. Bd. 60, S. 30. 1919.
5) K. BERGWITZ, Verh. d. D. Phys. Ges. (3) Bd. 3, S. 25. 1922.

muß noch eine Korrektion erwähnt werden, die eng mit dem elementaren Prozeß der Elektronenauslösung zusammenhängt. Es war bisher und wird auch weiter von „Sättigungsströmen" die Rede sein, und darunter wird der maximale Strom verstanden, der bei gegebener Temperatur von der Kathode zur Anode fließt. Um einen solchen zu erzeugen, muß, wie oben gezeigt wurde, eine bestimmte Mindestspannung angewandt werden, die in die RICHARDSONsche Gleichung aber explizit nicht eingeht. Es entsteht die Frage, wie ein äußeres Feld den Emissionsvorgang beeinflußt, zumal man aus Versuchen mit kalten Elektroden weiß, daß Felder von etwa 10^6 Volt/cm Elektronen aus einer Metallfläche herausziehen können[1]). Es ist SCHOTTKY[2]) zu verdanken, auf den Einfluß äußerer Felder hingewiesen und dem Problem eine Lösung gegeben zu haben.

Da, wie am Schluß dieser Ziffer gezeigt werden wird, ein von außen an einen Glühdraht gelegtes starkes elektrisches Feld tatsächlich den ohne Feld durch die Temperatur gegebenen Sättigungsstrom zu verstärken vermag, hat man sich einen Teil der Austrittsarbeit des Elektrons in das Vakuum verlegt zu denken, wo das Potential nicht mehr, wie im metallischen Leiter, vor einer Einwirkung von außen geschützt ist.

Ein Elektron, das die Oberfläche verläßt, ruft nun nach J. J. THOMSON durch Influenz ein „elektrisches Spiegelbild" hervor, das das Teilchen zurückzuziehen sucht. Die Größe der wirkenden Kraft ist $\frac{\varepsilon^2}{4x^2}$, wenn ε die Elementarladung, x der Abstand des Elektrons von der Oberfläche, also $2x$ der von dem Spiegelbild ist. Mit abnehmendem x soll die Kraft nicht ins Unendliche wachsen, sondern konstant bleiben, wenn x so klein wird, daß die Strukturwirkung der makroskopisch ebenen Oberfläche merklich zu werden beginnt, nach DEBYE[3]) bei verschiedenen Substanzen in ungleicher Entfernung, aber im allgemeinen bei einem Abstand von 2 bis $4 \cdot 10^{-7}$ cm. Welche Kräfte in dem Gebiet zwischen der Oberfläche und diesem kritischen Abstand wirken, der etwa 10 bis 20 Atomdurchmesser beträgt, und wie man sich modellmäßig den Durchtritt eines Elektrons durch die Oberfläche vorzustellen hat, wollen wir hier außer Betracht lassen[4]), für $x > 2$ bis $4 \cdot 10^{-7}$ jedenfalls kann von der atomistischen Struktur des Metalles abgesehen werden. Mit mathematischer Strenge ist die Bildkraft von dem austretenden Teilchen erst im Unendlichen überwunden, praktisch ist sie jedoch schon in einem Abstand von 10^{-4} cm unmerklich klein geworden, so daß sie nur innerhalb dieses Bereiches von etwa $2 \cdot 10^{-7}$ cm bis 10^{-4} cm berücksichtigt zu werden braucht. Ebenfalls läßt sich zeigen, daß wegen der stets sehr geringen Elektronendichte die Wirkung der Nachbarelektronen zu vernachlässigen ist, so daß es genügt, den Auslösevorgang an einem Teilchen zu untersuchen. Wird nun ein starkes äußeres Feld angelegt, das die Elektronen von der Oberfläche fortzuziehen sucht, so wirkt es der rücktreibenden Bildkraft entgegen und vermindert damit die Austrittsarbeit. Das äußere Potential $\frac{dV_a}{dx} x$ addiert sich zum Bildpotential $\frac{\varepsilon}{4x}$, und es wird $V = \frac{\varepsilon}{4x} + \frac{dV_a}{dx} \cdot x$. V kann nie verschwinden,

---

[1]) Vgl. z. B. F. ROTHER, Ann. d. Phys. Bd. 44, S. 1238. 1914; J. E. LILIENFELD, Phys. ZS. Bd. 23, S. 506. 1922.

[2]) W. SCHOTTKY, Phys. ZS. Bd. 15, S. 872. 1914; Jahrb. d. Radioakt. u. Elektr. Bd. 12, S. 147. 1915.

[3]) P. DEBYE, Ann. d. Phys. Bd. 33, S. 441. 1910.

[4]) Vgl. das Bild des „Elektronennapfes", das SCHOTTKY, ZS. f. Phys. Bd. 14, S. 63. 1923, anwendet. Höhe und Form des Napfrandes sind Charakteristika des Elektronen emittierenden Materiales, der Rand kann durch äußere Felder heruntergebogen werden.

sondern nimmt an einer kritischen Stelle x_m ein Minimum (V_m) an, um dann wieder zu steigen. Aus $\frac{dV}{dx} = 0$ ergibt sich

$$V_m = \sqrt{\varepsilon \cdot \frac{dV_a}{dx}} \quad \text{und} \quad x_m = \frac{1}{2} \cdot \sqrt{\frac{\varepsilon}{\frac{dV_a}{dx}}}. \tag{1}$$

Dieses Minimumpotential, das an der Stelle herrscht, wo äußeres und inneres Feld sich aufheben, stellt nun die Verminderung der Austrittsarbeit dar, die das von außen angelegte Potential hervorruft. Denn die Austrittsarbeit ist durch den tiefsten Wert des Potentials im Entladungsraum gegeben, und dieser Wert ist gleich Null im feldfreien Raum. Nach bekannten Ansätzen ist, wenn man für die Elektronen MAXWELLsche Geschwindigkeitsverteilung annimmt, und unter i_0 der normale Sättigungsstrom ohne äußere Felder verstanden wird:

$$i = i_0 \cdot e^{\frac{\varepsilon V_m}{kT}},$$

oder nach Einsetzen von V_m

$$i = i_0 \cdot e^{\frac{\varepsilon^{\frac{3}{2}}}{kT} \cdot \sqrt{\frac{dV_a}{dx}}} = i_0 \cdot e^{\frac{4,39}{T} \sqrt{\frac{dV_a}{dx}}}. \tag{2}$$

Diese Gleichung gilt allgemein, solange x_m klein ist gegen den Krümmungsradius der emittierenden Oberfläche, was fast immer zutreffen wird. Für den bei thermionischen Messungen meist verwandten Zylinderkondensator mit einer Drahtkathode vom Radius r und der sie konzentrisch umgebenden Anode vom Radius R gilt

$$\frac{dV_a}{dx} = \frac{V_a}{r \cdot \ln(R/r)},$$

also wird

$$i = i_0 \cdot e^{\frac{4,39}{T} \cdot \sqrt{\frac{V_a}{r \cdot \ln R/r}}}. \tag{3}$$

Die Verminderung der Austrittsarbeit beträgt bei einem Feld von 10^6 Volt/cm etwa $^1/_3$ Volt. Es ist SCHOTTKY gelungen, bei einer Spannung von 5000 Volt, einem dabei herrschenden Feld von etwa $5 \cdot 10^5$ Volt/cm, die Gültigkeit der Formel zu bestätigen. Der Strom wuchs bei $T = 1300°$ abs. nach Anlegen des Feldes auf den 10fachen Betrag, trotzdem eine Stoßionisation im Gasraum durch die Güte des Vakuums ausgeschlossen war. Ebenso ließ sich zeigen, daß zwischen $V = 100$ Volt und $V = 5000$ Volt $\ln i/i_0$ als Funktion von $\sqrt{V}$ aufgetragen eine gerade Linie ergab, die von der aus Formel (3) berechneten um nicht mehr abwich, als sich durch Versuchsfehler bedingt erklären läßt.

Die ursprüngliche RICHARDSONsche Gleichung erhält nun nach Anwendung der SCHOTTKYschen Korrektion die Form

$$i = A \cdot f(T) \cdot e^{-\frac{b}{T}} \cdot e^{\frac{4,39}{T} \cdot \sqrt{\frac{dV_a}{dx}}} = A \cdot f(T) \cdot e^{-\left(\frac{b - \Delta b}{T}\right)}, \tag{4}$$

wo

$$\Delta b = 4,39 \sqrt{\frac{dV_a}{dx}}.$$

Für nicht zu hohe Felder ist die Korrektion klein, muß aber bei Präzisionsmessungen berücksichtigt werden[1]).

[1]) Vgl. z. B. S. DUSHMAN, H. N. ROWE, J. EWALD und C. A. KIDNER. Phys. Rev. Bd. 25, S. 338. 1925.

d) Experimentelle Ergebnisse für Austrittsarbeiten.

14. Messungen an reinen Metallen. Die RICHARDSONsche Gleichung in ihren beiden Formen gibt die experimentellen Ergebnisse recht befriedigend wieder. Ursprünglich empirisch für ein kleines Temperaturintervall aufgestellt, hat sie sich bis jetzt für jeden beliebigen Temperaturbereich anwenden lassen, wenn eine Meßreihe an ein und demselben gut gereinigten und entgasten Glühdraht ausgeführt wurde. Wo sich Abweichungen zeigten[1]), ließen sie sich meist auf eine chemische Änderung des Materiales beim Glühen zurückführen. Der Bereich, für den z. B. SMITH[2]) die Gleichung für einen Wolframdraht prüfte, erstreckt sich von $T = 1050^\circ$ K bis $T = 2300^\circ$ K; der Emissionsstrom änderte sich dabei um den Faktor $3 \cdot 10^{12}$ von $i = 2{,}35 \cdot 10^{-13}$ bis $i = 6{,}74 \cdot 10^{-1}$ Amp/cm^2.

Sehr viel schwerer ist eine eindeutige Festlegung der Konstanten A und b, wenn man dazu übergeht, in verschiedenen Meßreihen oder an verschiedenen Proben des gleichen Materiales die Absolutwerte zu reproduzieren. So zeigt die kritische Zusammenstellung älterer Arbeiten bis 1916 durch RICHARDSON[3]), daß nur wenige Messungen eindeutige Resultate geliefert hatten, die meisten waren gefälscht durch im Metall okkludierte Gasreste. Die von verschiedenen Forschern aus den Strömen abgeleiteten Austrittsarbeiten schwanken um mehrere hundert Prozent für das gleiche Material. In dieser Beziehung ist jedoch in den letzten Jahren ein Fortschritt zu verzeichnen.

Das bisher am sorgfältigsten untersucht Meaterial ist Wolfram, das für thermionische Messungen einige Vorteile bietet. Sein Schmelzpunkt liegt hoch; 3372° C[4]), und es läßt sich gut zu dünnen Fäden verarbeiten. W enthält zwar leicht Th-Verunreinigungen, die je nach der Konzentration den Emissionsstrom heraufsetzen, doch kann es durch längeres Glühen gereinigt werden. Gewähr für Th-Freiheit bietet die Konstanz und Reproduzierbarkeit des Thermionenstromes. Eine Präzisionsmessung führten mit vier verschiedenen der in Abb. 2 (Ziff. 4) abgebildeten Versuchsröhren DUSHMAN, ROWE, EWALD und KIDNER[5]) aus; sie fanden im Temperaturbereich von 1400 bis 2300° K: $b = 52600 \pm 250$, wobei der Fehler auf Unsicherheiten in der Temperaturbestimmung beruht. Die maximalen Abweichungen der einzelnen Resultate vom Mittelwert sind kleiner als 0,5%. Tabelle 1 gibt ähnlich sorgfältige Meßresultate wieder.

Tabelle 1. Austrittsarbeiten für Wolfram.

	Beobachter	b_0 beobachtet	b_0 korrigiert[6])	Φ
1	LANGMUIR[7])	52500	50000	4,31 Volt
2	SMITH[8])	—	51700	4,46 ,,
3	DAVISSON und GERMER[9])	51860	52360	4,51 ,,
4	SPANNER[10])	—	—	4,5 ,,
5	DUSHMAN, ROWE, EWALD und KIDNER[11])	—	52600 ± 250	4,53 ,, $\pm 0{,}02$

[1]) Vgl. z. B. H. L. COOKE, Phil. Mag. Bd. 21, S. 408. 1911.

[2]) K. K. SMITH, Phil. Mag. Bd. 29, S. 802. 1915.

[3]) O. W. RICHARDSON, Emission of Electricity from Hot Bodies, 1. Aufl., S. 69.

[4]) Mittelwerte nach A. G. WORTHING, ZS. f. Phys. Bd. 22, S. 9. 1924.

[5]) S. DUSHMAN, H. N. ROWE, J. EWALD u. C. A. KIDNER, Phys. Rev. Bd. 25, S. 338. 1925.

[6]) Nach DUSHMAN korrigiert auf die Temperaturskala von FORSYTHE-WORTHING (Ziff. 5) und auf die quadratische RICHARDSONsche Formel unter Einführung der SCHOTTKYschen Spannungskorrektur.

[7]) J. LANGMUIR, Phys. Rev. Bd. 2, S. 402, 450. 1913.

[8]) K. K. SMITH, Phil. Mag. Bd. 29, S. 802. 1915.

[9]) C. DAVISSON u. L. H. GERMER, Phys. Rev. Bd. 20, S. 300. 1922.

[10]) H. J. SPANNER, Ann. d. Phys. Bd. 75, S. 609. 1924.

[11]) S. DUSHMAN, H. N. ROWE, J. EWALD u. C. A. KIDNER, Phys. Rev. Bd. 25, S. 338. 1925.

Ähnlich zuverlässige Messungen liegen vor für Molybdän und Tantal, beides gut verarbeitbare Metalle mit hoher Schmelztemperatur [Ta: 2798° C[1]), Mo: 2535° C[2]), 2622° C[3])]. Günstig ist auch das geringe Zerstäubungsvermögen, das nur dann beträchtlich wird, wie GOETZ[4]) zeigte, wenn in schlechtem Vakuum Bombardement durch positive Ionen stattfindet, oder die Drähte so schnell angeheizt werden, daß beim Freiwerden der okkludierten Gase diese das kristallinische Gefüge zerreißen. Tabelle 2 gibt die anscheinend besten der gefundenen Werte wieder:

Tabelle 2. Austrittsarbeiten für Molybdän und Tantal.

Beobachter	Mo		Ta	
	b_0	Φ	b_0	Φ
LANGMUIR (a. a. O.)	50000	4,3 Volt	48200	4,15 Volt
DUSHMAN, ROWE, EWALD u. KIDNER (a. a. O.)	50000 ± 500	4,31±0,04	47800 ± 500	4,12±0,04
HÜTTEMANN[5])	—	—	—	4,3 ,,
SPANNER (a. a. O.)	—	—	—	4,2 ,,

Tabelle 3 zeigt eine Übersicht über die Austrittsarbeiten bei verschiedenen reinen Metallen, vor allem den Schwermetallen, geordnet nach Gruppen des periodischen Systems.

Tabelle 3. Übersicht über die Austrittsarbeiten in Volt an verschiedenen Metallen.

Gruppe I	V	VI	VIII
Cu 4,00[6]) 3,85 (fest)[13]) 3,71 (flüssig)[13]) Ag 4,1[6]) 3,09 (fest)[13]) 2,91 (flüssig)[13])	Ta 4,2[7])	Mo 4,3[7]) W 4,46[7]) Ur[8]) 3,28[8])	Fe 4,04[9]) Co 4,28[9]) Ni 4,4[9]) Pt 5,02[10]) 5,1[11]) 6,0[12])

Die Werte von Pt schwanken sehr, in einer von RICHARDSON angegebenen Tabelle sogar mehrere Hunderte von Prozenten, doch liegt die Erklärung wohl in dem Umstand, daß Pt Spuren von H_2 sehr hartnäckig festhält.

Für C als Nichtmetall wurde gefunden $\Phi = 4{,}1$ Volt [LANGMUIR[14])] und $\Phi = 4{,}51$ Volt [DEININGER[15])].

15. Die Beeinflussung der Emission durch eine monomolekulare Oberflächenschicht. Unregelmäßigkeiten im Verhalten einiger W- und Ta-Fäden ver-

[1]) W. E. FORSYTHE. Astrophys. Journ. Bd. 34, S. 353. 1911.
[2]) C. E. MENDENHALL u. W. E. FORSYTHE, Astrophys. Journ. Bd. 37, S. 380. 1913; Bd. 38, S. 196. 1913.
[3]) A. G. WORTHING, Phys. Rev. Bd. 25, S. 846. 1925.
[4]) A. GOETZ, Phys. ZS. Bd. 23, S. 136. 1922.
[5]) W. HÜTTEMANN, Ann. d. Phys. Bd. 52, S. 816. 1917.
[6]) J. J. WEIGLE, Phys. Rev. Bd. 25, S. 187, 246. 1925.
[7]) Mittelwerte aus Tabelle 1 und 2.
[8]) S. DUSHMAN, Phys. Rev. Bd. 21, S. 623. 1923. Ob metallisch oder als Oxyd verwandt, ist aus der Arbeit nicht ersichtlich.
[9]) F. JENTZSCH, Ann. d. Phys. Bd. 27, S. 129. 1908.
[10]) F. DEININGER, Ann. d. Phys. Bd. 25, S. 285. 1908.
[11]) F. HORTON, Phil. Trans. (A) Bd. 207, S. 149. 1907.
[12]) H. J. SPANNER, Ann. d. Phys. Bd. 75, S. 609. 1924.
[13]) A. WEHNELT u. S. SEILIGER, ZS. f. Phys. Bd. 38, S. 443. 1926.
[14]) I. LANGMUIR und K. H. KINGDON, Phys. Rev. Bd. 21, S. 381. 1923.
[15]) F. DEININGER, Ann. d. Phys. Bd. 25, S. 285. 1908.

anlaßten LANGMUIR[1]), den Einfluß geringer Th-Beimengungen zu untersuchen, die oft als Verunreinigungen vorhanden sind. Es stellte sich dabei heraus, daß 1 bis 2% Th eine mehrtausendfache Verstärkung des Emissionsvermögens bewirken kann. Der Elektronenstrom wächst auch mit der Glühdauer. Nach LANGMUIRS eingehenden Untersuchungen hat man sich den auslösenden Prozeß so vorzustellen, daß das ursprünglich gleichmäßig im Draht verteilte ThO_2 bei ca. 2600 bis 2800° K teilweise zu reinem Metall reduziert wird und an die Oberfläche diffundiert. Das Emissionsmaximum ist erreicht, wenn sich hier eine monomolekulare Schicht ausgebildet hat. Bei starkem Glühen verdampfen die Oberflächenmoleküle schneller, als sie durch Diffusion aus dem Innern des Metalls ersetzt werden können, und der Draht wird inaktiver, während bei schwächerem Glühen die einmolekulare Schicht sich dauernd ergänzt, und der Emissionsstrom dann konstant bleibt. Bei etwa 2000° K stellte sich das Strommaximum ein. Bedeckt die aktive Schicht die W-Glühkathode nicht vollständig, sondern nur zu einem Bruchteil Θ, so ist die Größe des Thermionenstromes nach dem RICHARDSONschen Gesetz durch einen Exponentialfaktor b_Θ gegeben, der sich berechnet aus:

$$b_\Theta = b_W + \Theta \cdot (b_{Th} - b_W) .$$

Werte für b_{Th} sind anderweitig bestimmt worden durch:

DUSHMAN[2])	$b_{Th} = 34100$	$\Phi_{Th} = 2{,}94$ Volt
KINGDON[3])	31200	2,69 ,,

Außer durch Verdampfen kann die Th-Schicht entfernt werden, wenn die Drahtoberfläche einem Bombardement positiver Ionen unterworfen wird[4]). Am stärksten wirkt A, dann Ne, sehr viel schwächer He und fast gar nicht H_2.

Die gleiche Verstärkung des Emissionsstromes, die mit einer Verkleinerung der Austrittsarbeit parallel geht, ist im höchsten Vakuum auch für eine Reihe anderer Beimischungen gefunden worden, worunter die Alkalien und Erdalkalien eine Hauptrolle spielen. Nach LANGMUIR tritt auch hier die für das betreffende Metall charakteristische Emission auf, wenn sich auf dem Glühdraht eine einmolekulare Lage ausgebildet hat. Eine weitere Verstärkung der Schicht läßt den Elektronenstrom nicht weiter wachsen. Eingehend wurde Cs durch KINGDON[5]) und LANGMUIR und KINGDON[6]) untersucht. Eine dünne Schicht dieses Metalls auf einem W-Faden wird erzeugt, wenn man in einen Ansatz der Versuchsröhre Cs einführt und diesen auf eine bestimmte, nicht zu hohe Temperatur bringt. Auch ein geringer Partialdruck genügt, um Spuren des Metalls auf der Kathode niederzuschlagen. Das Emissionsmaximum ist erreicht, wenn der Glühdraht auf 600 bis 800° K erhitzt ist, bei noch höherer Temperatur verdampft die Schicht schneller, als sie sich ergänzt. Eine charakteristische Stromtemperaturkurve zeigt Abb. 7, bei der durch verschieden starkes Erwärmen des Cs-Röhrchens der Cs-Partialdruck variiert wurde. Für geringe Temperaturen des Glühdrahtes ist die Cs-Schicht vollständig ausgebildet, und die Emission folgt dem RICHARDSONschen Gesetz (Anstieg rechts), bei hoher sinkt

1) I. LANGMUIR, Phys. Rev. Bd. 2, S. 450. 1913; Bd. 22, S. 357. 1923; vgl. auch Trans. Faraday Soc. Bd. 17, S. 607. 1911; Gen. Electr. Rev. Bd. 25, S. 445. 1922.

2) S. DUSHMAN, Phys. Rev. Bd. 20, S. 109. 1922; S. DUSHMAN, H. N. ROWE u. C. A. KIDNER, ebenda Bd. 21, S. 207. 1923.

3) K. H. KINGDON, Phys. Rev. Bd. 24, S. 510. 1924.

4) K. H. KINGDON u. I. LANGMUIR, Phys. Rev. Bd. 22, S. 148. 1923.

5) K. H. KINGDON, Phys. Rev. Bd. 23, S. 774. 1924; Bd. 24, S. 510. 1924; Bd. 25, S. 892. 1925.

6) I. LANGMUIR u. K. H. KINGDON, Phys. Rev. Bd. 21, S. 380. 1923; Proc. Roy. Soc. London (A) Bd. 107, S. 61. 1925.

der Thermionenstrom in dem Maße, wie die monomolekulare Schicht zerstört und der W-Draht durch Fortdampfen des Cs gereinigt wird. Noch mehr läßt sich die Emission verstärken, wenn man das Metall nicht auf dem reinen, sondern auf einem oxydierten Glühdraht sich niederschlagen läßt, wahrscheinlich weil der im Draht bei hoher Temperatur vorhandene freie Sauerstoff in Form negativer Atomionen die Cs-Atome fester bindet. Für einen nur zum Bruchteil Θ bedeckten Glühkörper gilt das RICHARDSONsche Gesetz ähnlich wie bei Th in der Form:

$$i_\Theta = [a_0^\Theta + a_1^{(1-\Theta)} - 1]\, A_0 \cdot T^2 \cdot e^{-\frac{[b_1\Theta + b_2(1-\Theta)]}{T}},$$

hierin ist $a_1 \cdot A_0$ die früher mit A bezeichnete universelle Konstante $60{,}2\ \frac{\text{Amp.}}{\text{cm}^2\,\text{Grad}^2}$, $a_0 A_0$ eine Konstante, die für Cs charakteristisch ist. Die Austrittsarbeit für eine reine Cs-Schicht ergibt sich nach KINGDON aus $b = 8300$ zu $\Phi = 0{,}71$ Volt, während früher LANGMUIR (a. a. O. 1921) ohne Einführung des Korrektionsfaktors a_0 gefunden hatte $b = 15\,550$ und $\Phi = 1{,}34$ Volt. Die Austrittsarbeit ist für Cs in jedem Fall sehr viel kleiner als für die Schwermetalle W, Ta, Mo.

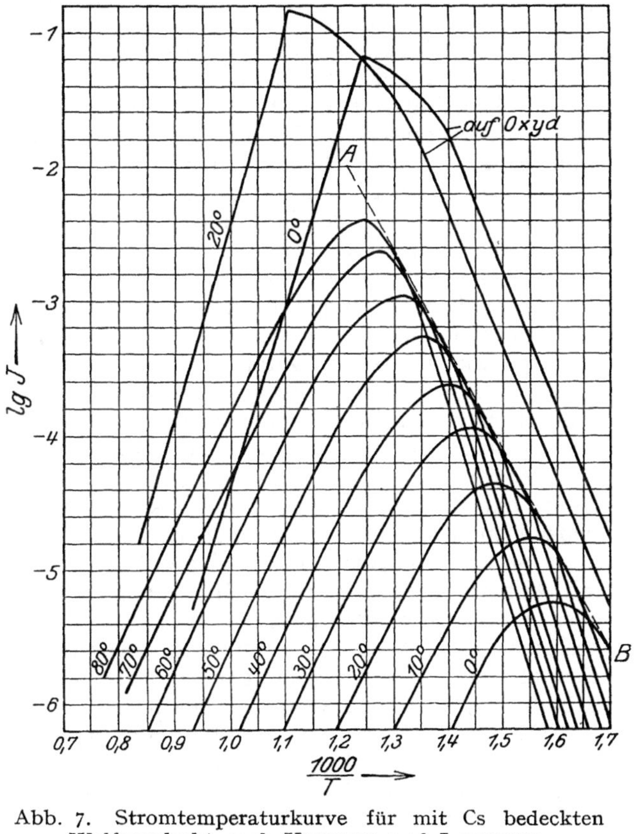

Abb. 7. Stromtemperaturkurve für mit Cs bedeckten Wolframdraht nach KINGDON und LANGMUIR.

16. Die Emissionsänderung beim Übergang des glühenden Metalls in eine andere Phase. Wenn, wie in Ziff. 13 auseinandergesetzt wurde, die Austrittsarbeit des Elektrons durch die Struktur des Materials mit bedingt ist, so muß, wenn sich sowohl beim Schmelzen als auch beim Übergang des mikrokristallinischen Gefüges in eine andere Kristallform der Atomabstand ändert, sich dies in einer Änderung des Emissionsstromes bemerkbar machen. Ebenso kann der Wert der Konstanten A einem Wechsel unterliegen und damit anzeigen, daß die Anzahl der freien Elektronen beim Phasensprung eine andere wird. Versuche in dieser Richtung stellte als erster GOETZ[1]) an. Er fand bei der Umwandlung von γ- in δ-Eisen ein sprunghaftes Kleinerwerden von A, hingegen keine Änderung von b. Beim Schmelzen von Fe, Cu und Mn stellte er eine Verringerung der Austrittsarbeit, gekennzeichnet durch einen scharfen Knick in der logarithmisch aufgetragenen RICHARDSONschen Strom-Temperatur-Geraden fest. Der Abnahme von b (und damit von Φ) geht ein Kleinerwerden von A

[1]) A. GOETZ, Phys. ZS. Bd. 24, S. 377. 1923; Bd. 26, S. 206. 1925.

parallel. Die GOETZschen Resultate lassen sich formal mit der RICHARDSONschen Gleichung in Übereinstimmung bringen, können kinetisch jedoch nicht gedeutet werden. Mit einer verbesserten Anordnung haben darum neuerdings WEHNELT und SEILIGER[1]) die Schmelzpunktsversuche wieder aufgenommen. Beim Übergang in die flüssige Phase finden die Verf. sowohl für Ag als auch für Cu eine geringe Verkleinerung der Austrittsarbeit, die der kleinen zu erwartenden Vergrößerung der Atomabstände bei den flüssigen Substanzen entsprechen dürfte. Beträchtlicher ist die Änderung, die die Konstante A erfährt. Bei beiden Metallen sinkt beim Schmelzen A und damit die Anzahl der verdampfungsfähigen Elektronen auf etwa die Hälfte. Dies Resultat ist insofern bemerkenswert, als auch die Leitfähigkeit beider Stoffe im Schmelzpunkt sich sprunghaft im selben Maße ändert. Leitfähigkeitsmessungen bestätigen also das Ergebnis, falls man Glühelektronen und Leitungselektronen identifiziert.

17. Die Emission von Metallverbindungen. Wenn wir dazu übergehen, die Emissionskonstanten der Metallverbindungen zu besprechen, so muß die Übersicht etwas summarisch gehalten werden. Es war das große Verdienst WEHNELTS[2]) und seiner Mitarbeiter, die starke Elektronen-Emissionsfähigkeit der Alkali- und vor allem der Erdalkalioxyde, die sich ursprünglich im Verschwinden des Kathodenfalles in Glimmentladungsröhren bemerkbar machte, gefunden und eingehend untersucht zu haben. Als so einwandfrei wie bei reinen Metallen können die Bestimmungen der Austrittsarbeiten jedoch nicht angesehen werden, da es außerordentlich viel schwerer ist, die Verbindungen ebenso vollständig zu entgasen wie die reinen Metalle. Ferner ist wohl heute noch nicht festgestellt, bis zu welchem Grade das glühende Oxyd an der Kathodenoberfläche unter Freiwerden von Sauerstoff zu reinem Metall reduziert wird, so daß die gemessene Austrittsarbeit unter Umständen einen Mittelwert zwischen der des reinen Metalls und der des Oxyds darstellt. Um diese Frage einer eventuellen Reduktion zu lösen, hat SPANNER[3]) die Emissionskonstanten einzelner Erdalkalien in verschiedenen Verbindungen untersucht, als Oxyde, Carbide, Sulfide, Silicide, Fluoride und Hydride, und fand die Austrittsarbeit gleich groß für alle Salze mit Ausnahme der Hydride. Ob aber Φ dem reinen Metall zuzuschreiben ist oder ob die Salze des gleichen Metalls eine gleich große Emissionskonstante besitzen, läßt sich, wie auch SPANNER bemerkt, nicht ohne weiteres feststellen. Das abweichende Verhalten der Hydride läßt sich auf die Emission der im Glühdraht gelösten H-Atome zurückführen.

Eine große Anzahl von Metallverbindungen, die sich durch besonders starke Elektronen-Emissionsfähigkeit, also sehr kleine Austrittsarbeiten auszeichnen, sind in technischen Betrieben für die Herstellung von Verstärkerröhren untersucht, aber ihre Zusammensetzung aus naheliegenden Gründen nicht publiziert worden. Die Austrittsarbeiten für einige solcher technischer Röhren gibt z. B. ROTHE[4]) in Tabelle 4 an.

Tabelle 4.

Siemensrohr	O. C. Nr. 1	$\Phi = 0{,}92$ Volt
,,	O. C. Nr. 4	0,83 ,,
,,	B. O. Nr. 585	0,64 ,,
,,	B. O. Nr. 1464	1,13 ,,
Holländisches Rohr		1,24 ,,

[1]) A. WEHNELT u. S. SEILIGER, ZS. f. Phys. Bd. 38, S. 443. 1926.

[2]) Literaturübersicht s. A. WEHNELT, Ergebn. d. exakt. Naturwiss. Bd. 4, S. 86. 1925; W. SCHOTTKY, Jahrb. d. Radioakt. u. Elektr. Bd. 12, S. 147. 1915; O. W. RICHARDSON, Emission of Electricity from Hot Bodies, 2. Aufl., S. 92ff. 1921.

[3]) H. J. SPANNER, Ann. d. Phys. Bd. 75, S. 609. 1924.

[4]) H. ROTHE, ZS. f. Phys. Bd. 36, S. 737. 1926.

Tabelle 5 gibt die aus Metallverbindungen berechneten Austrittsarbeiten (in Volt) aus neueren Arbeiten geordnet nach Gruppen des periodischen Systems.

Tabelle 5. Austrittsarbeiten, berechnet aus dem Emissionsstrom von Metallverbindungen.

Gruppe I	II	III	IV
	Be[6]) 3,45	B[6]) 4,15	[C[11]) 4,3]
Na[1]) 1,82	Mg[6]) 3,01	Al[6]) 3,95	Si[6]) 4,8
K[2]) 0,463 bis 0,694 (30° C) [2]) 0,99 „ 1,32 (200° C) [3]) 1,24 [1]) 1,55	Ca[7]) 2,24 [6]) 2,4 [8]) 2,5 Zn[10]) 3,02	Sc[6]) 3,6	Ti[6]) 4,0
Rb[1]) 1,45	Sr[9]) 1,79 [6]) 2,15 Cd[10]) 2,60	Y[6]) 3,1 [10]) 3,13 [7]) 3,19	Zr[7]) 3,28 [6]) 3,6
Cs[4]) 0,71 [5]) 1,36 [1]) 1,36	Ba[9]) 1,59 [6]) 1,85	La[10]) 3,26 Ce[7]) 3,07 [10]) 3,20	
			Th[4]) 2,69 [7]) 2,94 [6]) 3,15

Trotz der Abweichungen einzelner Ergebnisse für ein und dasselbe Element in der Tabelle 5, die wohl auf immer noch ungenügende Evakuation der verwendeten Salzkathoden oder auf nicht völlige Reinheit des Materials zurückgeführt werden müssen, läßt sich ein systematischer Gang von Φ mit dem periodischen System erkennen. Innerhalb einer Gruppe nimmt die Austrittsarbeit mit wachsendem Atomgewicht ab, und mit steigender Gruppenzahl wächst Φ. Th als einziges fällt aus dem Schema heraus. Ein Vergleich mit Tabelle 3 zeigt, daß sich die Gruppen V bis VIII ohne starken Sprung den Gruppen I bis IV anschließen, obgleich es sich das eine Mal um reine Metalle, das andere Mal um Verbindungen handelt.

18. Vergleich der thermischen Austrittsarbeit mit anderen physikalischen Größen. Die Systematik, die in der Größe der Austrittsarbeit im Vergleich zum periodischen System liegt, hat eine Reihe von Forschern veranlaßt, nach weiteren Gesetzmäßigkeiten zu suchen. So stellt WEIGLE[12]) einen Zusammenhang der Austrittsarbeiten mit der aus der BORNschen Theorie sich ergebenden Gitterenergie fest, und es gelingt ihm, formelmäßig aus der Gitterenergie des Salzes und des Metalls und aus den Radien positiver und negativer Ionen die Austritts-

[1]) J. J. WEIGLE, Phys. Rev. Bd. 25, S. 112, 187, 246. 1925.
[2]) A. F. A. YOUNG, Proc. Roy. Soc. London (A) Bd. 104, S. 611. 1923.
[3]) O. W. RICHARDSON u. A. F. A. YOUNG, Proc. Roy. Soc. London (A) Bd. 107, S. 377. 1925.
[4]) K. H. KINGDON, Phys. Rev. Bd. 24, S. 510. 1924 (Cs wahrscheinlich metallisch, Th teilweise metallisch).
[5]) K. H. KINGDON u. J. LANGMUIR, Phys. Rev. Bd. 21, S. 380. 1923 (Cs wahrscheinlich metallisch).
[6]) H. J. SPANNER, Ann. d. Phys. Bd. 75, S. 609. 1924.
[7]) S. DUSHMAN, Phys. Rev. Bd. 21, S. 623. 1923.
[8]) W. GERMERSHAUSEN, Ann. d. Phys. Bd. 51, S. 705, 847. 1916.
[9]) C. DAVISSON u. L. H. GERMER, Phys. Rev. Bd. 21, S. 208. 1923; Bd. 24, S. 666. 1924.
[10]) F. JENTZSCH, Ann. d. Phys. Bd. 27, S. 128. 1908.
[11]) C rein. I. LANGMUIR u. K. H. KINGDON, Phys. Rev. Bd. 21, S. 381. 1923.
[12]) J. J. WEIGLE, Phys. Rev. Bd. 25, S. 187. 1925.

arbeit abzuschätzen. SPANNER[1]) kann eine empirische Gleichung aufstellen, die die Austrittsarbeit der Elektronen für eine Reihe von Metallen in Annäherung gut wiedergibt. Sie lautet

$$\Phi = \frac{7}{4} \cdot \frac{N^{\frac{3}{2}}}{Z^{\frac{1}{2}}} + 1,$$

wo N die Anzahl der Valenzelektronen und Z die Kernladungszahl bedeuten. Einen gleichen Gang wie für die Austrittsarbeiten bei den Oxyden finden SPANNER (a. a. O.) und HANKE[2]) auch für die elektrische Leitfähigkeit, die im Temperaturbereich von etwa 1000° an aufwärts sich bei den Erdalkalioxyden als nicht elektrolytisch erweist, da ein Polarisationseffekt nicht nachweisbar ist. Sie schließen daraus, daß Leitungs- und Emissionselektronen identisch sind. Die Schwierigkeit, die dieser Auffassung zugrunde liegt, beruht bekanntlich auf dem Umstand, daß die Leitfähigkeit der Oxyde klein ist gegenüber der der reinen Metalle, während ihr Emissionsvermögen groß ist.

19. Glühelektrische und photoelektrische Austrittsarbeit. Eine wesentlich näherliegende Parallele ist zwischen glühelektrischer und photoelektrischer Emission zu ziehen. Es war schon erwähnt (Ziff. 12b), daß es wegen der verschiedenen Emissionsstärke wahrscheinlich nicht angeht, die thermionische Wirkung auf eine autophotoelektrische zurückzuführen, obgleich genauere Messungen hierfür nicht vorliegen. Bei beiden Prozessen wird aber die Austrittsarbeit der Elektronen gemessen, beim glühelektrischen durch den Exponentialfaktor b, beim lichtelektrischen nach der EINSTEINschen Gleichung $h \cdot \nu = \frac{m v^2}{2} + P$ aus der langwelligen Grenze $P = h \cdot \nu_0$. Diese Austrittsarbeit besteht [nach der strengeren LENARDschen[3]) Auffassung] in der Loslösung des Elektrons aus dem Atomverband und der darauffolgenden Abtrennung aus der Körperoberfläche. Über die genauere Trennung in die zwei Komponenten läßt sich heute noch nichts ganz Sicheres sagen. Auf Grund seiner Messungen des photoelektrischen Effektes einerseits und von Kontaktpotentialdifferenzen andererseits kommt MILLIKAN[4]) zu dem Schluß, daß ein Elektron ohne Arbeitsaufwand bis an die Metalloberfläche gelangen kann und erst beim Durchtritt in den Außenraum die Austrittsarbeit leistet, jedoch wird diese Ansicht nicht allgemein vertreten. Jedenfalls ist aber anzunehmen, daß die Kräfte, die das Elektron zu überwinden hat, um sich aus dem Atomverband zu lösen und das Metall zu verlassen, bei der lichtelektrischen und glühelektrischen Auslösung annähernd gleich sind. Aus der langwelligen Grenze einerseits und der optisch aus der Seriengrenze berechneten Ionisierungsspannung andrerseits weiß man, daß die Abtrennungsarbeit aus dem Molekülverband des festen Körpers kleiner ist als aus der dampfförmigen Phase, wie es durch die Wirkung der Molekularfelder auch zu erwarten ist. Die photoelektrische langwellige Grenze ist leider erst für sehr wenige Elemente genau bestimmt, die in der Literatur angeführten Daten weichen stark voneinander ab; doch läßt sich schon jetzt der Schluß ziehen, daß die Austrittsarbeiten, berechnet aus lichtelektrischen und glühelektrischen Messungen, von derselben Größenordnung sind. Für gut entgastes Pt stimmen sie nach SUHRMANN[5]) genau überein: $\Phi_{\text{lichtel.}} = 4{,}57$ Volt, $\Phi_{\text{therm.}} = 4{,}569$ Volt, während

---

1) H. J. SPANNER, Ann. d. Phys. Bd. 75, S. 609. 1924.

2) E. HANKE, Dissert. Berlin 1924.

3) P. LENARD, Quantitatives über Kathodenstrahlen aller Geschwindigkeiten, S. 172.

4) R. A. MILLIKAN, Phys. Rev. Bd. 18, S. 236. 1921.

5) R. SUHRMANN, ZS. f. Phys. Bd. 13, S. 17. 1923. $\Phi_{\text{therm.}}$ weicht stark ab von den Resultaten anderer Forscher.

HAMER[1]) den thermischen Wert im allgemeinen etwas kleiner findet. Eine gleich gute Übereinstimmung stellen RICHARDSON und YOUNG[2]) an den Alkalimetallen im Vakuum und in einer H_2-Atmosphäre fest. Aus den verschiedenen Maxima der selektiven photoelektrischen Empfindlichkeit berechnen sie unter der Annahme eines von RICHARDSON[3]) empirisch aufgestellten Gesetzes $\lambda_0 = \lambda_{\max} \cdot \frac{3}{2}$ (wo $\lambda_{\max}$ die Wellenlänge maximaler lichtelektrischer Empfindlichkeit, λ_0 die langwellige Grenze bedeutet) für ein und dasselbe Metall verschiedene Austrittsarbeiten. Entsprechend werden auch aus der thermischen Emission einzelne diskrete Werte für die Austrittsarbeit entnommen, die sich zum Teil mit den ersteren decken. Eine solche Bestimmung liefert z. B. für Kalium:

$$\Phi_{\text{therm.}} = 1{,}24\,\text{Volt} \quad \Phi_{\text{lichtel.}} = 1{,}24 \text{ aus } \lambda_{\max} = 6600\,\text{Å}, \quad \lambda_0 = 10000\,\text{Å},$$
$$= 1{,}87 \text{ aus } \lambda_{\max} = 4400\,\text{Å}, \quad \lambda_0 = 6600\,\text{Å}.$$

Ließe sich ein solcher Vergleich allgemein durchführen, so müßte man entscheiden können, ob die photoelektrisch und thermisch emittierten Elektronen die gleichen sind, oder ob sie verschiedenen Energieniveaus des Atoms entstammen[4,5]).

20. Die Emission positiver Ionen bei gasfreien Metallen. Wird in der Untersuchungsröhre das Feld kommutiert, so sendet in der Regel die Glühanode keinen Strom aus. Die erste positive Entladung, die evtl. beim Anheizen des Drahtes einsetzt, verschwindet mit fortschreitender Entgasung des Metalls, das somit nur fähig ist, Elektronen auszusenden. KINGDON und LANGMUIR[6]) haben nun festgestellt, daß kurz unterhalb des Schmelzpunktes, wenn das Anodenmaterial schon merklich zu verdampfen beginnt, ein Strom positiver Metallatome in den Raum tritt. Ihre Versuche beziehen sich auf Cs, das in sehr dünner Schicht auf verschiedenen Unterlagen durch Destillation aufgetragen war. Während Zäsium auf Kohle, Wolfram und Tantal bei etwa 1100° K starke positive Emission zeigte, konnte der Effekt bei Cs auf einem thorierten Draht nicht festgestellt werden, ebenso blieb er aus, wenn die Dicke der Cs-Schicht mehr als einen Atomdurchmesser betrug. Die Erklärung der Verfasser lautet folgendermaßen: Die Austrittsarbeit eines Elektrons aus einem Cs-Atom der maximal einmolekularen Schicht an der Oberfläche des Glühdrahtes ist gleich der Ionisierungsspannung von Cs-Dampf, also $\Phi_{\text{Cs}} = 3{,}9$ Volt. Die Elektronenaffinität der das Cs tragenden Unterlagen beträgt: $\Phi_{\text{W}} = 4{,}5$ Volt, $\Phi_{\text{C}} = 4{,}3$ Volt, $\Phi_{\text{Ta}} = 4{,}3$ Volt und $\Phi_{\text{Th}} = 3{,}0$ Volt. Die verdampfenden Cs-Atome werden darum durch W, Ta und C ihres Valenzelektrons beraubt und verlassen die Oberfläche als positive Ionen, während sie von der Th-Unterlage als neutrale Atome fortdiffundieren. Ebenfalls bleiben sie neutral, wenn das Cs in dickerer Schicht auf den Glühdraht gebracht ist und die Austrittsarbeit des Elektrons auf ihren normalen Wert (1,36 Volt), der dem kompakten Metall zukommt, heruntersinkt.

Eine gleiche positive Ionenemission hat auch JENKINS[7]) für reines Wolfram im Temperaturbereich von 2900° K bis zum Schmelzpunkt beobachtet. Der positive Strom ist stets 10^2- bis 10^4mal schwächer als der Elektronenstrom, läßt sich aber eindeutig nachweisen und wird getragen von Metallatomionen. Das gleiche gilt nach KUNSHMAN[8]) für Kalium. Dem Verfasser ist es gelungen,

---

[1]) R. HAMER, Phys. Rev. Bd. 25, S. 894. 1925.
[2]) O. W. RICHARDSON u. A. F. A. YOUNG, Proc. Roy. Soc. London (A) Bd. 107, S. 377. 1925.
[3]) O. W. RICHARDSON, Phil. Mag. Bd. 24, S. 570. 1912.
[4]) Vgl. auch O. W. RICHARDSON, Proc. Phys. Soc. London Bd. 36, S. 383. 1924.
[5]) Vgl. auch J. v. LEUWEN, Physica Bd. 5, S. 347. 1925.
[6]) K. H. KINGDON u. J. LANGMUIR, Phys. Rev. Bd. 21, S. 380. 1923.
[7]) W. A. JENKINS, Phil. Mag. Bd. 47, S. 1025. 1924.
[8]) C. H. KUNSHMAN, Phys. Rev. Bd. 25, S. 892. 1925; Sc. Abstr. Bd. 29, S. 46. 1926; Science Bd. 62, S. 269. 1925.

besonders katalytisch wirkende Unterlagen zu finden, die die Ionenemission befördern, analog wie es nach LANGMUIR eine Oxydschicht für Cs ist. Eisenoxyd, dem etwa 1% eines Alkali- oder Erdalkalioxyds und 1% Al_2O_3 beigemischt ist, soll im Bereich von 400° bis 1070° C eine sehr konstante Quelle positiver Emission sein, die in ihrer Temperaturabhängigkeit dem RICHARDSONschen Gesetz folgt. Auf die Versuche HÜTTEMANNS[1]), der bei Anwesenheit von Gasen positive Metallionen feststellt, wird in Ziff. 25 zurückzukommen sein. Daß auch flüssige Metalle positive Ionen aussenden, zeigten WEHNELT und SEILIGER[2]) an Cu und Ag.

e) Der Einfluß von Gasen auf den reinen Temperaturstrom.

21. Allgemeine Übersicht. Wenn bei der Glühemission im guten Vakuum die Thermionenströme im allgemeinen reproduzierbar sind, so ändert sich ihr Verhalten sofort, wenn Gase von merklichem Druck anwesend sind. Es läßt sich theoretisch über die Strom-Temperaturcharakteristik wenig voraussagen, und wenn man sich ein Bild von den Vorgängen machen will, ist man auf eine Reihe wenig geklärter Hypothesen angewiesen, obgleich die Untersuchungen in gaserfüllten Räumen historisch auf die längste Entwicklung zurückblicken. Der Zufall wollte es, daß die ersten systematischen Untersuchungen der Thermionenströme an Pt ausgeführt wurden, das, wie man heute weiß, eine abnorm große Aufnahmefähigkeit für Wasserstoff besitzt und dessen Emissionsvermögen außerordentlich stark mit der Menge des gelösten Gases steigt. Die Abnahme des Thermionenstromes von Pt mit dem Wasserstoffgehalt hatte den Streit um die Emissionsfähigkeit entgaster, reiner Metalle entfacht[3]). Es sei zunächst von hohen Drucken abgesehen, bei denen Stoßionisation eintritt, wo also mehr Ionen die Anode treffen, als die Glühkathode verlassen haben. Der Fall bringt hier nichts prinzipiell Neues und wird erst in Abschnitt g bei der Besprechung der Raumladungserscheinungen behandelt werden. Im allgemeinen können Gase, die in das Metall eindringen, jeden Einfluß haben, sie können den Strom verstärken, ihn schwächen oder ihn unverändert lassen. Es braucht stets eine längere Zeit, bis sich zwischen dem äußeren Gasdruck und dem inneren im Metall ein Gleichgewichtszustand ausgebildet hat, und so sind im Anfang die Ströme sehr inkonstant. Ist Gleichgewicht hergestellt, so gilt die RICHARDSONsche Gleichung für die Abhängigkeit von der Temperatur, es ist $i = A \cdot T^{\alpha} \cdot e^{-b/T}$, wo $\alpha = \frac{1}{2}$ oder $\alpha = 2$ gesetzt wird, die Konstanten A und b sind aber abhängig vom Material, vom gelösten Gas und vom äußeren Druck. In einzelnen Fällen kann das Gas auch chemisch mit dem glühenden Metall oder anderen darin befindlichen Gasresten reagieren, was sich wieder in einer Änderung der Emissionsstärke bemerkbar macht. Dies liegt allem Anschein nach da vor, wo frische Drähte anders reagieren als gealterte. Es bildet sich dann entweder auf der Drahtoberfläche eine schützende Schicht aus, oder das Metall nimmt auch im Innern eine andere chemische Beschaffenheit an. Teilweise gelingt es, die Schutzschicht bei sehr hoher Temperatur oder durch Bombardement positiver Ionen bei großen Feldstärken zu zerstören, auch durch Einführen anderer reaktionsfähiger Gase die ursprünglich gelösten zu binden und inaktiv zu machen (Einführen von O_2 in ein mit H_2 gefülltes Rohr), doch läßt sich diese Regeneration nicht immer durchführen.

22. Elektronenströme aus Pt bei anwesenden Gasen. Eine Reihe von Untersuchungen beziehen sich auf Platin in Wasserstoff. Für neue Drähte

[1]) W. HÜTTEMANN, Ann. d. Phys. Bd. 52, S. 816. 1917.

[2]) A. WEHNELT u. S. SEILIGER, ZS. f. Phys. Bd. 38, S. 443. 1926.

[3]) Vgl. Literatur bei O. W. RICHARDSON, Emission of Electricity from Hot Bodies; u. W. SCHOTTKY, Jahrb. d. Radioakt. u. Elektr. Bd. 12, S. 147. 1915.

konnte H. A. WILSON[1]) die Druckbeziehung aufstellen: $i = B \cdot p^z$. Hierin sind die Konstanten B und z unabhängig vom Druck p, aber abhängig von der Temperatur in dem Sinne, daß z bei stärkerem Glühen von etwa 0,5 bis 1,0 steigt. Weder bei plötzlicher Änderung der Temperatur noch bei einer solchen des Druckes stellt sich sofort die Stromänderung ein, sondern es findet ein allmählicher Übergang statt, was anzeigt, daß nicht der äußere Druck, sondern der innere des gelösten Wasserstoffs die Emissionsstärke bedingt. Als ein Beispiel möge Tab. 6 die Druckabhängigkeit zeigen.

Tabelle 6.

Äußerer Druck in mm Hg	Stromstärke in Amp.
760	$3000 \cdot 10^{-6}$
450	$1500 \cdot 10^{-6}$
156	$220 \cdot 10^{-6}$
14	$60 \cdot 10^{-6}$
0,11	$4 \cdot 10^{-6}$
0,0013	$0,05 \cdot 10^{-6}$

Ganz anders verhält sich Pt, das schon längere Zeit in H_2 geglüht wurde. Die Emission ist zwar verstärkt, aber fast unabhängig vom äußeren Druck. WILSON[2]) konnte bei einer Versuchsreihe den Druck von 200 mm auf 0,001 mm Hg vermindern, ohne eine merkliche Änderung des Emissionsstromes zu konstatieren. Der Grund wird einer chemischen Bindung des Wasserstoffs in Platin zugeschrieben, die sich bei Glühtemperatur sehr langsam bildet; hat sie aber das Metall einmal gleichförmig durchsetzt und ist das Pt dadurch gesättigt, so bleibt sie unabhängig vom äußeren Druck bestehen. Erst bei sehr hoher Temperatur gelingt es, die „Verbindung" zu zerstören und den Wasserstoff auszubrennen, besonders wenn Sauerstoff in das Versuchsrohr eingeführt und der sich bildende Wasserdampf durch Trockenmittel beseitigt wird. — Andererseits wird auch gefunden, daß nach Veränderung des Druckes die Ströme wenig reproduzierbar sind. POTTER[3]), der in RICHARDSONS Laboratorium Pt in H_2 untersucht hat, stellte fest, daß die Stromdruckcharakteristiken verschieden ausfielen, je nachdem sie in Richtung wachsenden oder abnehmenden Druckes aufgenommen wurden. Teilweise fand auch zwischen $^1/_{20}$ und $^1/_{100}$ mm Hg ein Stromsprung statt, in der Art, wie es Abb. 8 anzeigt, so daß H_2 für ein bestimmtes Druckintervall stromverstärkend, für ein anderes stromschwächend wirkt. Die Versuchsdrähte waren alle lange Zeit geglüht, so daß anzunehmen ist, daß sie gealtert waren.

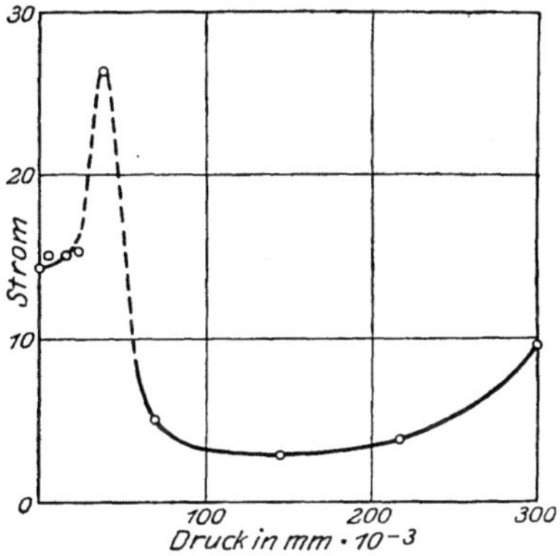

Abb. 8. Emission von Pt als Funktion des Wasserstoffdruckes nach POTTER.

Der Effekt von Luft auf Pt ist abhängig von der Vorbehandlung des Drahtes[4]). Ist das Metall vor dem Versuch in Salpetersäure ausgekocht, so ist die Stromstärke geringer als bei frischem Material, so daß man in Pt wohl stets okkludierten Wasserstoff anzunehmen hat, der erst durch die Einwirkung der Salpetersäure teilweise entfernt wird. Da mit dem Entgasungszustand die Stromstärke wesentlich abnimmt, zieht SUHRMANN[5]) eine Parallele zum lichtelektrischen Effekt, für den er dieselbe Erscheinung feststellt. Der Verfasser stellt eine Änderung der Stromtemperaturcharakteristik nach der RICHARDSONschen Gleichung in dem

[1]) H. A. WILSON, The Electrical Properties of Flames and of Incandescent Solids. London 1912.
[2]) H. A. WILSON, Phil. Trans. (A) Bd. 208, S. 251. 1908.
[3]) H. H. POTTER, Phil. Mag. Bd. 46, S. 768. 1923.
[4]) H. A. WILSON, Phil. Trans. (A) Bd. 208, S. 255. 1908.
[5]) R. SUHRMANN, ZS. f. Phys. Bd. 13, S. 17. 1923.

Sinne fest, daß der Entgasungszustand den Faktor A, aber nicht b beeinflußt, und zieht hieraus den Schluß, daß die Anzahl freier Elektronen im Metall (gekennzeichnet durch A), aber nicht die Austrittsarbeit geändert wird.

23. Einfluß von Gasen auf die negative Emission anderer Metalle. Außer Pt sind eingehend W, Ta und Mo[1]) untersucht worden. Der Einfluß unedler Gase (H_2, O_2, N_2 und H_2O-Dampf) geht dahin, den Emissionsstrom zu schwächen, während Argon keinen merklichen Einfluß ausübt. LANGMUIR[1]) sucht den Einfluß durch die Annahme zu erklären, daß sich eine Oberflächenschicht bildet, die den Elektronenaustritt hemmt. Da sich H_2, O_2 und H_2O-Dampf sehr ähnlich verhalten, glaubt er, der Wasserdampf sei in allen 3 Fällen das reagierende Agens, in H_2 und O_2 bildet er sich durch spurenweise Anwesenheit von Restgasen. Stickstoff geht erst bei hoher Temperatur eine Verbindung mit W ein, und auch dann (bei ca. 2400° K) war erst eine Stromabnahme beim Zulassen von N_2 festzustellen. Bei schwachem Glühen war sie jedoch merklich, falls der Draht einem heftigen Bombardement positiver Ionen ausgesetzt wurde, so daß die Reaktion $W + N_2 = WN_2$ sich auch bei mittlerer Temperatur auf diese Weise einleiten läßt. Bei heller Weißglut in gutem Vakuum verdampft die Oberflächenschicht, und der Draht gewinnt seine alte Emissionsfähigkeit zurück. Wie die unedlen Gase im W verschwinden, läßt sich an der ständigen Druckabnahme während einer Meßreihe verfolgen, während der Druck bei Anwesenheit des chemisch inaktiven Argon konstant bleibt. Die chemische Hypothese LANGMUIRS sucht RICHARDSON[2]) durch eine physikalische zu ersetzen, die die Stromzunahme bei Pt in H_2 und die Stromabnahme bei W gleichmäßig erklärt. RICHARDSON nimmt eine Änderung der Kontaktpotentiale zwischen dem reinen und dem gaserfüllten Metall an, Pt wird durch H_2 elektropositiver, W durch verschiedene Gase elektronegativer. Er berechnet unter dieser Annahme den experimentell gefundenen Gang im Werte der Konstanten A und b der RICHARDSONschen Gleichung und findet gute Übereinstimmung mit der Erfahrung. Wegen der genaueren Theorie muß auf RICHARDSONS Buch verwiesen werden.

Es würde zu weit führen, alle Substanzen aufzuzählen, deren Emissionsfähigkeit bei Anwesenheit von Gasen untersucht wurde. Da RICHARDSON sie ausführlich bespricht, seien nur einige neuere Arbeiten erwähnt. — So findet KINGDON[3]), daß bei auf thoriertem W-Draht aufgetragenem Cs der Strom vierfach gesteigert wird, wenn Stickstoff in geringer Menge eingelassen wird; KOLLER[4]) konstatiert bei BaO und SrO eine etwa 1000fache Stromschwächung, wenn O_2 von etwa $5 \cdot 10^{-3}$ mm Hg anwesend ist, während A, H_2, CO und CO_2 eine 10- bis 100fache Verstärkung hervorrufen. Ionenbombardement vergrößert die Emission in jedem Fall, Temperaturerhöhung vermindert den Gaseinfluß. Die Werte sind aber, wie der Verfasser angibt, wenig reproduzierbar. Eine interessante Beobachtung macht BARTON[5]). Während in allen bisher besprochenen Versuchen die Stromträger Elektronen waren, findet er bei den Erdalkalioxyden eine Emission negativer Ionen. Die elektromagnetische Analyse (s. Ziff. 25) ergibt für m/e den 33fachen Betrag von m/e für Wasserstoff, so daß die Träger als negativ geladene Sauerstoffmolekülionen angesehen werden müssen.

24. Emission positiver Gasionen. Wie gasfreie Metalle neben Elektronen positive Ionen aussenden, wenn die Temperatur nur genügend hoch ist, um das Material merklich zu verdampfen, so findet auch eine positive Emission von

---

[1]) I. LANGMUIR, Phys. Rev. Bd. 2, S. 402, 450. 1913.
[2]) O. W. RICHARDSON, Emission of Electricity from Hot Bodies, 2. Aufl., S. 132ff.
[3]) K. H. KINGDON, Phys. Rev. Bd. 23, S. 774. 1924.
[4]) L. R. KOLLER, Phys. Rev. Bd. 25, S. 246, 671. 1925.
[5]) H. A. BARTON, Phys. Rev. Bd. 26, S. 360. 1925.

gaserfüllten Drähten statt. Es ist verständlich, daß der positive Strom hier deutlicher in Erscheinung tritt und darum auch früher bemerkt wurde, da die Gase bei viel tieferen Temperaturen beginnen, aus dem sie einschließenden Metall fortzudiffundieren. Verlieren sie dabei auf irgendeine Weise ein Elektron, so kann sich der positive Strom ausbilden. Dies tritt im allgemeinen schon bei Rotglut ein, wenn die Elektronenemission noch sehr gering ist, und erklärt die unipolar positive Leitfähigkeit schwach erhitzter Körper, die bereits Mitte des vorigen Jahrhunderts aufgefunden war. Der positive Ionenstrom ist auch stets vorhanden, wenn frische Drähte zum ersten Male im Vakuum geglüht werden, verliert sich aber je nach der Güte des Vakuums mit der Zeit, wie dies aus Abb. 9 ersichtlich ist. Der Abfall befolgt das Gesetz $i - i_0 = A \cdot e^{-\alpha t}$, wenn t die Zeit, i_0 der Endstrom, A und α Konstanten sind. Doch ist weder i_0 gut reproduzierbar, noch befolgen alle experimentell gefundenen Stromzeitcharakteristiken eine so glatte Kurve. Ist der Draht durch langes Glühen gealtert, d. h. ist der Stromendwert erreicht, so kann seine frühere Emissionsfähigkeit in verschiedener Weise wiederhergestellt werden[1]).

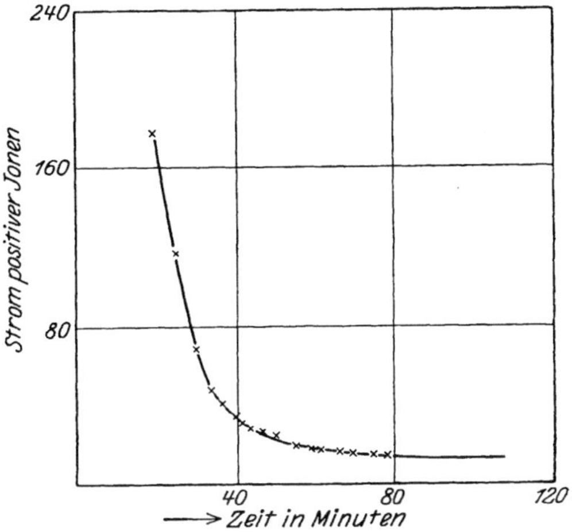

Abb. 9. Abnahme der Emission positiver Ionen mit der Zeit nach RICHARDSON.

1. In seiner Nähe wird ein neuer Draht geglüht.

2. Er wird in die Entladungsbahn einer leuchtenden Glimmentladung gebracht, am besten in die Nähe der Kathode.

3. Man läßt Gase unter hohem Druck (50 bis 100 Atm.) bei ca. 200° auf ihn einwirken.

4. Er wird in einer Flamme geglüht.

25. Analyse der positiven und negativen Ionen. Alle diese Versuche zeigen, daß der positive Emissionsstrom eng mit dem Gasinhalt der Metalle zusammenhängt. Den direkten Beweis brachte die elektromagnetische Analyse der Stromträger, die in ähnlicher Art ausgeführt wird, wie es für Kanalstrahlen üblich ist. Solche Untersuchungen haben J. J. THOMSON, RICHARDSON, DAVISSON und andere beschrieben, hier sei die Anordnung an Hand einer neueren Arbeit von HÜTTEMANN[2]) wiedergegeben. Abb. 10 zeigt den benutzten Apparat. Der Glühdraht wird durch eine Feder gespannt gehalten. Ihn umgeben zwei Messingzylinder C_i und C_a von 3,5 bzw. 7 cm Weite, wovon der innere C_i drehbar und jeder mit einem Schlitz versehen ist. Das

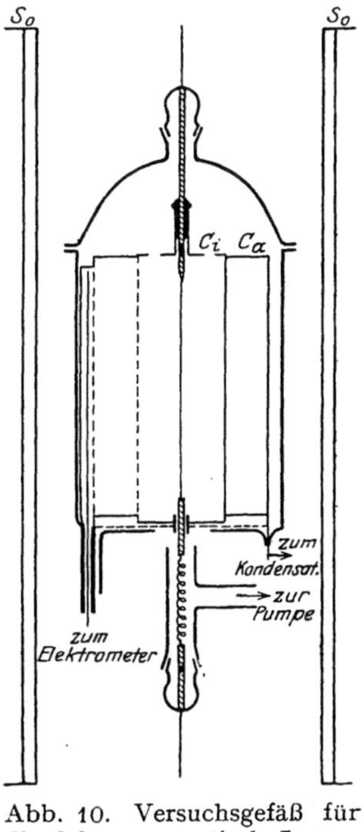

Abb. 10. Versuchsgefäß für die elektromagnetische Ionenanalyse nach HÜTTEMANN.

[1]) Literatur s. bei O. W. RICHARDSON, Emission of Electricity from Hot Bodies.

[2]) W. HÜTTEMANN, Ann. d. Phys. Bd. 52, S. 816. 1917.

Solenoid *So* erzeugt ein homogenes Magnetfeld parallel zum Glühdraht. Eine Auffangeplatte führt zum Elektrometer. In der Nullstellung, ohne magnetisches Feld, stehen Glühdraht und beide Schlitze in einer Ebene, und ein Strahl positiver Ionen fällt auf den Auffänger. Wird nun ein Feld von der Stärke H erzeugt, so werden die Ionen, da Bewegungsrichtung und Feldrichtung senkrecht aufeinanderstehen, abgebogen, und der Zylinder C_i muß um einen bestimmten Winkel α gedreht werden, damit der Strahl die Platte wieder trifft. In bekannter Weise läßt sich aus Feldstärke, angelegtem Potential, Zylinderradien (R, r) und Drehwinkel die spezifische Ladung berechnen, für die HÜTTEMANNsche Anordnung zu

$$\frac{e}{m} = \frac{8V}{H^2} \frac{\sin^2\alpha}{R^2 + r^2 - 2Rr\cos\alpha} .$$

Unter der Annahme, daß die emittierten Ionen einwertig sind, läßt sich die Masse m des Ladungsträgers und sein Atomgewicht m/m_H bestimmen. Eine große Präzision wurde bei HÜTTEMANN nicht erreicht, da weder die Nullstellung sehr gut fixiert werden konnte, noch die Berechnung des Krümmungsradius einwandfrei war. HÜTTEMANN nimmt an, daß die Bahn der Ionen zwischen Glühdraht und Zylinderschlitzen kreisförmig verläuft. In Strenge trifft dies nur zu, falls die Ionen auf ihrem Wege nicht beschleunigt werden, wenn also der Potentialabfall V, der ihnen ihre Geschwindigkeit erteilt, unmittelbar am Glühdraht liegt. Da diese Bedingung nicht ganz erfüllt ist, kann auch die Bestimmungsgleichung nur als Näherung angesehen werden, doch lassen sich aus den auf diese Weise berechneten Atomgewichten die zugehörigen Ionen mit hinreichender Genauigkeit angeben. Abb. 11 zeigt eine Analyse für die Emission eines W-Fadens. Die Abszissen sind die Drehwinkel, die Ordinaten die Elektrometerausschläge, die aber durch eine besondere Anordnung dann am größten sind, wenn kein Strom die Auffangeplatte trifft. Es finden sich H-Atomionen, H_2-Molekülionen, W-Atomionen und ein Ion, das bei allen untersuchten Stoffen auftritt und das Gewicht $m = 30\, m_H$ besitzt. Die gleiche Analyse ergab die Untersuchung von Pt und Ta, mit dem einzigen Unterschied, daß das schwerste Ion dem jeweiligen Metallatom zuzuschreiben ist. Aluminiumphosphat emittiert die gleichen 3 Arten Gasionen, während das Aluminiumion $m/m_H = 27$ durch $m/m_H = 30$ verdeckt wird. Nur CaO zeigt keinerlei positiven Emissionsstrom. Merkwürdig ist das Auftreten des positiven Metallions, das etwa 10 Minuten nach Beginn des Versuches wieder verschwand, und auch sonst in der Literatur bei so geringen Temperaturen, wie sie HÜTTEMANN verwendet, nie gefunden wurde. Das Ion vom Gewicht $m = 30\, m_H$ glaubt der Verfasser dem Sauerstoffmolekül zuschreiben zu müssen, doch bleibt auch nach seiner Meinung die Zuordnung unsicher, da N_2^+ und CO^+ mit gleicher Wahrscheinlichkeit auftreten können. Dieses unbekannte Ion hatten auch RICHARDSON und HULBERT[1]) bei einer großen Anzahl von Metallen stets wiederkehren sehen, ohne es deuten zu können.

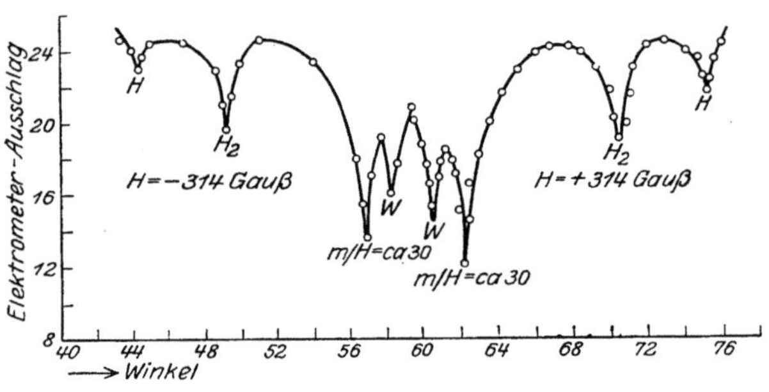

Abb. 11. Versuchsergebnisse der Ionenbestimmung von HÜTTEMANN.

[1]) O. W. RICHARDSON u. E. R. HULBERT, Phil. Mag. Bd. 20, S. 545. 1910.

Richardson[1]) hat darum der Lösung dieser Frage eine sehr eingehende und sorgfältige Untersuchung gewidmet. Seine Versuchsanordnung ist etwas anders (Abb. 12). Einer ebenen Kondensatorplatte A, in deren Mitte der gespannte Glühdraht C eingeführt ist, steht eine zweite mit einem Schlitz versehene ebene Platte B gegenüber. Diese ist horizontal vor dem Auffänger E, der zum Elektrometer N führt, verschiebbar. Um nicht nur rechnerisch, sondern durch direkten Vergleich das Ionengewicht bestimmen zu können, wird in einem gesonderten Versuch auf den Glühdraht ein Kalisalz gebracht, von dem man weiß, daß es positive Metallionen vom Gewicht $m = 39\ m_H$ (K^+) emittiert. Für die verschiedenartigsten Metalldrähte zeigt nun die Analyse, daß das fragliche Ion stets auftritt, aber nicht das aus den Ergebnissen früherer, magnetischer Analysen rechnerisch gefundene Gewicht von $m = 30\ m_H$, sondern das Gewicht $m = 40\ m_H$ besitzt. Tabelle 7 gibt die Richardsonschen Meßreihen wieder und soll zeigen, an welchen Metallen das Ion gefunden und mit welcher Genauigkeit seine Masse bestimmt wurde.

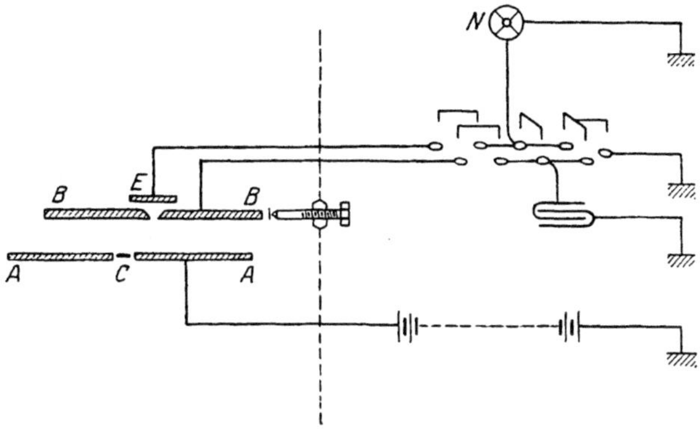

Abb. 12. Versuchsanordnung für Ionenanalyse nach Richardson.

Tabelle 7. Meßergebnisse der Ionenanalyse nach Richardson.

Material und Behandlung	Versuchsdauer	Anzahl der Messungen	Extreme Werte von m	Mittelwert
1. Pt sauber	5 Std.	16	39,75 bis 40,2	40,0
2. } Pt mit Säure gereinigt . .	{8 Std. 40 Min.	33	39,1 „ 40,6	40,1
3. }	{36 Std.	—	38 „ 40,1	39,1
4. K_2SO_4 auf dem Glühdraht .	4 Std. 40 Min.	10	39,2 „ 41,1	40,2
5. Manganin chemisch gereinigt	4 Std.	13	39,3 „ 41,4	40,0
6. } Fe auf verschiedene Weise	{ 55 Min.	4	39,8 „ 40,0	39,9
7. } gereinigt	{5 Std. 15 Min.	11	38,3 „ 42,1	40,1
8. Pt in Luft geglüht	2 Std. 40 Min.	11	37,9 „ 39,8	39,0
9. Pt in Bunsenflamme geglüht	2 Std. 13 Min.	11	39,0 „ 40,7	40,0
10. Manganin mechan. behandelt	—	—	—	39,4

Richardson schließt nun, daß das fragliche Ion ein ionisiertes Kaliumatom ist, das einer Kalisalz-Verunreinigung des Glühdrahtes entstammt. Bei seinen Versuchen überwiegt die Anzahl der Ionen vom Gewicht $40\ m_H$ während der ersten Stunden die jeder anderen Ionenart. Später scheint das Kalisalz zu verdampfen, und der verminderte positive Strom wird der Hauptsache nach von einem Ion vom Gewicht $23\ m_H$ getragen; der Verfasser schreibt den Träger dem ionisierten Natriumatom zu, das in analoger Weise einer Natriumsalz-Verunreinigung der Glühkathode entstammen soll. Ist auch das Natriumsalz verdampft, so bleibt eine sehr geringe positive Emission übrig, deren Träger das Gewicht $60\ m_H$ besitzen und als geladene Eisenatome angesehen werden.

[1]) O. W. Richardson, Proc. Roy. Soc. London (A) Bd. 89, S. 507. 1904; Emission of Electricity from Hot Bodies, 2. Aufl. S. 217. 1921.

Abb. 13 gibt nach RICHARDSON das Gewicht der jeweils stärksten Ionengruppe als Funktion der Zeit wieder, wie es in einer lang andauernden Meßreihe aufgefunden wurde. Daß RICHARDSON keine Wasserstoffionen fand, obgleich seine Versuche in H_2 angestellt waren, ist erklärlich, da gerade für Träger von kleinem Gewicht seine Methode unempfindlicher ist als die HÜTTEMANNsche mit 2 Schlitzen. Erstaunlich auf den ersten Blick wirkt aber der große Einfluß, der den alkalischen Verunreinigungen zugeschrieben wird, doch führt der Verfasser weitere Beweise für deren Existenz an. Ein Pt-Draht, der so lange im Vakuum geglüht wird, daß seine positive Emission bereits verschwunden ist, kann sofort regeneriert werden, wenn die Glaswand des Rohres mit einem Bunsenbrenner erwärmt wird. Das Gas, das dabei frei wird, ist seines geringen Druckes wegen nicht fähig, die Ermüdungserscheinung aufzuheben, wie besondere Kontrollversuche erwiesen, doch diffundiert beim Erwärmen stets etwas Alkali von der Glaswand fort und schlägt sich an den kälteren Metallteilen nieder. Daß diese Salze fähig sind, einen starken positiven Strom zu emittieren, weiß man aus Versuchen in Flammen, in die Salzproben eingeführt sind, und auch aus solchen mit glühenden Salzen. Diese von RICHARDSON gefundene Erscheinung steht übrigens in engstem Zusammenhang mit einer Beobachtung von DUBOIS[1]), angestellt bei einer ganz andersartigen Entladungserscheinung. DUBOIS hatte Funkenpotentiale gemessen und fand einen Einfluß auf die Höhe der Entladespannung, wenn er das Versuchsrohr von außen mit einem Bunsenbrenner erwärmte, die Kathode berührte oder ein noch nicht geglühtes Metall neben der Kathode auf hohe Temperatur brachte. Durch den Wert des Funkenpotentials nach der Verunreinigung der Kathode sah auch DUBOIS sich genötigt, alkalischen Salzen, die spurenweise an jedem noch nicht geglühten Körper haften, die Veränderung zuzuschreiben.

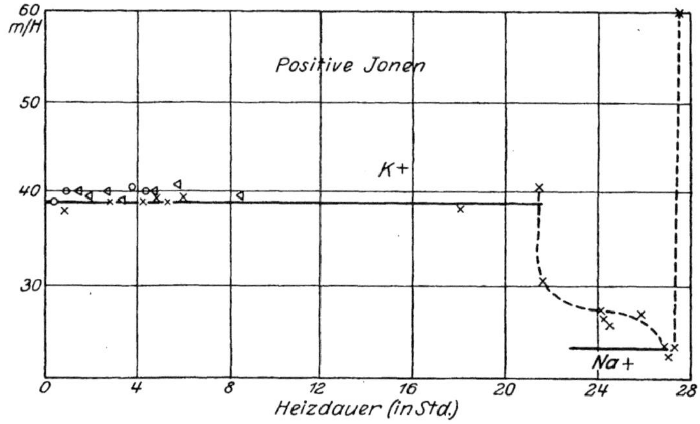

Abb. 13. Ionenanalyse nach RICHARDSON. ◁ × reine *Pt*-Drähte. ○ *Pt*-Draht mit K_2SO_4.

Im lufterfüllten Raum bei Drucken von einigen $^1/_{100}$ bis zu etwa 5 mm Hg hat SCHMIDT[2]) und seine Schüler für eine Reihe von Salzen eine Emission positiver Ionen bei relativ niedriger Temperatur (400 bis 500° C) festgestellt. Eine elektromagnetische Analyse im Hochvakuum unternahm für einige Salze (CdJ_2, $CdCl_2$, $ZnCl_2$, $PbBr_2$ und $CaFl_2$) VOLLMER[3]). Das Prinzip der Anordnung ist das gleiche, wie es oben beschrieben wurde: ein Ionenstrahl fällt ohne Magnetfeld auf eine mit einem Elektrometer verbundene Auffangeplatte, nach Einschalten eines Feldes wird er seitlich abgebogen und trifft eine zweite Platte. Allerdings

[1]) E. DUBOIS, Ann. de phys. Bd. 20, S. 113. 1923.

[2]) G. C. SCHMIDT, Ann. d. Phys. Bd. 35, S. 401. 1911; Bd. 41, S. 673. 1913; Bd. 56, S. 341. 1918; Bd. 75, S. 337. 1924; Bd. 80, S. 588. 1926; O. GOSSMANN, ZS. f. Phys. Bd. 22, S. 273. 1924; G. C. SCHMIDT u. R. WALTER, Ann. d. Phys. Bd. 72, S. 656. 1923.

[3]) TH. VOLLMER, ZS. f. Phys. Bd. 26, S. 285. 1924.

mag der nicht ausgeblendete Strahl etwas diffus gewesen sein, auch war seine Bahn nur durch 2, nicht durch 3 Punkte bestimmt. Immerhin ließ sich der Krümmungsradius aus den Maximalausschlägen des abwechselnd an je einer Auffängerplatte liegenden Elektrometers angeben. VOLLMER schließt aus seinen Messungen, daß alle positiven Träger doppelt geladene Metallionen seien, entsprechend der zweifachen Wertigkeit, mit der die Atome in den Verbindungen auftreten. Die Salze, bei denen SCHMIDT eine positive Emission feststellte, sind: die Halogensalze der Alkalien, Erdalkalien, von Ag, Cu, Al, Fe, Pb und Co, desgleichen die Nitrate einiger dieser Metalle u. a. m. Neben der positiven Emission, die meist unterhalb 500° C einsetzt, findet SCHMIDT bei einigen Salzen eine Emission negativer Ionen (nicht Elektronen), die sich in der Regel erst bei etwas höherer Temperatur bemerkbar macht und als deren Träger er, ohne sie durch eine Analyse genau zu identifizieren, die negativ geladenen basischen Bestandteile der Salze anspricht. Er stellt eine Parallele auf zu elektrolytischen Erscheinungen: ein Salz sendet danach mehr positive oder mehr negative Ionen bei einer bestimmten Temperatur aus, je mehr die positive oder negative elektrolytische Wanderungsgeschwindigkeit bei der gleichen Temperatur die des anderen übertrifft. Sendet es keinerlei Ionen, sondern nur Elektronen aus, so leitet es auch metallisch. Dieser Fall liegt, wie auch von anderer Seite bestätigt wurde (vgl. SPANNER, Ziff. 18), bei den Oxyden der Erdalkalien vor.

Sehr sorgfältig hat BARTON[1]) mit dem SMITHschen Massenspektrographen[2]) die Träger untersucht, die schon bei Rotglut, also bevor eine starke Elektronenemission sich bemerkbar macht, aus Erdalkalioxyden treten. Die Analyse der positiven Ionen ergab einfach und doppelt geladene Metallionen, die der negativen eine einzige Ionensorte mit der relativen Masse $m/m_H = 33$. Der Träger muß dem O_2 zugeschrieben werden, da keinerlei Gasreste in der Apparatur vorhanden waren, die eine andere Zuordnung möglich machen würde. Ob der Sauerstoff durch eine Zersetzung des Oxyds entsteht oder im Draht okkludiert war, muß allerdings dahingestellt bleiben, wenn auch nach der sehr langen und gründlichen Entgasung, die der Glühdraht erfuhr, die erste Annahme die wahrscheinlichere ist. Übrigens ist die Zersetzung der Oxyde oft auch von anderen Seiten festgestellt worden [vgl. ROTHE, Ziff. 4, und FREDENHAGEN[3])].

Die magnetische Analyse des positiven Emissionsstromes ist in mancherlei anderen Gasen unternommen worden (Literatur bei RICHARDSON a. a. O.). Allgemein läßt sich sagen, daß stets Träger anwesend sind, die als positive Atom- oder Molekülionen des Gases angesprochen werden können. Leider sind Versuche in Edelgasen, die besonderes Interesse beanspruchen könnten, nur wenige unternommen und die Träger nicht identifiziert worden. Es hat sich nur feststellen lassen, daß positive Ströme in He existieren, die abhängig vom Druck, aber im allgemeinen außerordentlich schwach sind. Unter gleichen Bedingungen ist die positive Emission in He etwa 40mal kleiner als in O_2.

f) Bestimmung der Austrittsarbeit aus dem Abkühlungseffekt.

26. Meßmethode und Resultate an reinen Metallen. Die für die Erkenntnis des Emissionsvorgangs so wichtige Größe der Austrittsarbeit läßt sich außer durch die Temperaturabhängigkeit der Stromstärke auch durch den Energieverlust bestimmen, den das Metall beim Aussenden von Elektronen erleidet, und der sich an einer Abkühlung des Glühkörpers bemerkbar macht. Es scheint

[1]) H. A. BARTON, Phys. Rev. Bd. 26, S. 360. 1925.
[2]) H. D. SMITH, Phys. Rev. Bd. 25, S. 452. 1925.
[3]) K. FREDENHAGEN, Phys. ZS. Bd. 15, S. 19. 1914.

auch, als ob ein Ausbau dieser Methode geeignet sein könnte, die noch immer strittige Frage um die Energie der Elektronen im Innern des Metalls und damit auch die Frage nach der Gültigkeit einer der beiden RICHARDSONschen Gleichungen lösen zu können.

Angenommen, an einen Glühdraht werde ein so stark verzögerndes Feld gelegt, daß keines der emittierten Elektronen die Anode erreichen kann, vielmehr jedes gleich nach Verlassen der Kathode auf sie zurückfällt: es stellt sich dann ein Temperaturgleichgewicht im Glühdraht ein, da gleich viel Elektronen das Metall verlassen, als von ihm eingefangen werden. Die beim Austritt geleistete Arbeit wird beim Eintritt durch die Oberfläche wiedergewonnen. Wird nun plötzlich an die Anode ein stark beschleunigendes Potential angelegt, so steigt der Anodenstrom momentan auf den Sättigungswert der Temperatur, es treten nur Elektronen aus, ohne daß welche zurückgewonnen werden, und die Kathode muß sich abkühlen. Der Gedanke, den Abkühlungseffekt zur Bestimmung der Austrittsarbeit zu verwenden, stammt von WEHNELT und ist auch von ihm zuerst experimentell ausgeführt worden[1]). Der Temperaturverlust des Glühdrahtes wurde aus seiner Widerstandsänderung bestimmt und diese mittels WHEATSTONEscher Brücke gemessen. Das erste Versuchsmaterial waren Oxydkathoden, die sich allerdings als wenig geeignet für Untersuchungen dieser Art erwiesen haben. Sie halten Gasreste sehr hartnäckig fest, und bei den hohen Feldern kann es leicht vorkommen, besonders bei gesteigerter Temperatur, wo die Gasemission beträchtlicher wird, daß die Kathode durch positive Ionen bombardiert wird und die hierdurch hervorgerufene Erwärmung die Abkühlung vollständig verdeckt. Dies war zum Teil auch noch der Fall bei Versuchen von RICHARDSON und COOKE[2]) und von SCHNEIDER[3]). Günstiger verliefen spätere Versuche von RICHARDSON und COOKE[4]) an Os und W und von WEHNELT und LIEBREICH[5]) an Pt. Die aus dem Abkühlungseffekt berechnete Austrittsarbeit liegt nahe an der von anderen Autoren aus dem Emissionsstrom ermittelten. Das gleiche zeigten Versuche von LESTER[6]). Die Mittelwerte gibt Tab. 8 wieder.

Tabelle 8. Austrittsarbeit aus dem Abkühlungseffekt berechnet.

Metall	Φ aus dem Abkühlungseffekt	Extremwerte	Φ aus der RICHARDSONschen Gleichung	Beobachter
Os	4,7	4,59 bis 5,36	—	RICHARDSON und COOKE
W	4,63	4,12 ,, 4,96	4,42 bis 4,53	,, ,, ,,
W	4,48	4,19 ,, 4,72	4,42 ,, 4,53	LESTER
Pt	5,9	5,78 ,, 6,04	5,0 ,, 5,1	WEHNELT und LIEBREICH
Mo	4,59	4,46 ,, 4,62	4,1	LESTER
Ta	4,51	4,31 ,, 4,73	4,1	,,
C	4,55	4,14 ,, 4,97	4,1 bis 4,5	,,

Die Mittelwerte stimmen befriedigend überein, doch sind die Grenzen, zwischen denen die Mittel zu nehmen sind, noch relativ weit. Zu Präzisionsmessungen ließ sich die Methode erst verwenden, als man nach W. WILSONS[7]) Vor-

[1]) A. WEHNELT u. F. JENTZSCH, Verh. d. D. Phys. Ges. Bd. 10, S. 605. 1908; Ann. d. Phys. Bd. 28, S. 537. 1909.
[2]) O. W. RICHARDSON u. H. L. COOKE, Phil. Mag. Bd. 25, S. 624. 1914.
[3]) H. SCHNEIDER, Ann. d. Phys. Bd. 37, S. 569. 1912.
[4]) H. L. COOKE u. O. W. RICHARDSON, Phil. Mag. Bd. 26, S. 472. 1913.
[5]) A. WEHNELT u. E. LIEBREICH, Verh. d. D. Phys. Ges. Bd. 15, S. 1057. 1913; Phys. ZS. Bd. 15, S. 548. 1914.
[6]) H. H. LESTER, Phil. Mag. Bd. 31, S. 197. 1916.
[7]) W. WILSON, Proc. Nat. Acad. Amer. Bd. 3, S. 426. 1917.

schlag dazu überging, den Abkühlungseffekt an dem gleichen Draht zu untersuchen, an dem auch der Emissionsstrom in Abhängigkeit von der Temperatur aufgenommen war. Man eliminiert dadurch alle Zufälligkeiten in bezug auf die Reinheit des verwendeten Metalls. In diesem Sinne gingen DAVISSON und GERMER[1]) vor mit W, BaO und SrO als Versuchsmaterialien. Die Autoren messen nicht, wie es früher geschah, die Widerstandsänderung des Glühdrahtes direkt, sondern bestimmen die durch die Abkühlung hervorgerufene Änderung des Potentialfalles. Der Gedankengang, der der Bestimmung zugrunde liegt, ist folgender: Ein Heizstrom von J Ampère durchfließe den Glühfaden vom Widerstand R, der Spannungsabfall im Draht betrage E Volt. Dann ist $R = E/J$ Ohm, ferner beträgt die Wärmestrahlung, wenn von der Wärmeableitung an den Enden des Glühdrahtes abgesehen wird, $W = E \cdot J$ Watt. R und W sollen als Funktionen allein der Temperatur angesehen werden und im besonderen als unabhängig davon, ob Elektronen aus dem Glühdraht gezogen werden oder nicht. Dann bezieht sich W nur auf den Teil der zugeführten elektrischen Energie, der in Wärmestrahlung umgesetzt wird. Einer kleinen Änderung von W mit der Temperatur entspricht eine kleine Änderung von R, und man kann schreiben:

$$\Delta W = \frac{dW}{dR} \cdot \Delta R = J^2 \cdot \frac{J \cdot dE/dJ + E}{J \cdot dE/dJ - E} \cdot \Delta R. \tag{1}$$

Wenn an die Anode ein Potential gelegt wird, das einen Elektronenstrom i aus der Kathode zieht ($i \ll J$), so wächst der Heizstrom dadurch an auf $J + \Delta J$, und der Potentialabfall längs des Glühfadens wird $E + \Delta E$.

Man hat nun zu unterscheiden zwischen der Gesamtenergie $\overline{W}$, die der Kathode zugeführt wird, und W, dem Teil, der in Wärmestrahlung umgesetzt wird. Für $\overline{W}$ gilt:

$$\Delta \overline{W} = J \cdot \Delta E + E \cdot \Delta J, \tag{2}$$

während ΔW aus der Änderung von R und der Beziehung zwischen W und R berechnet werden muß. Aus:

$$\Delta R = \frac{(J \cdot \Delta E - E \cdot \Delta J)}{J^2}$$

folgt:

$$\Delta W = \frac{J \cdot dE/dJ + E}{J \cdot dE/dJ - E}(J \cdot \Delta E - E \cdot \Delta J). \tag{3}$$

Die Differenz: $(\Delta \overline{W} - \Delta W)$ ergibt den Energieanteil, den der Thermionenstrom aufnimmt. Drückt man, wie es für die Austrittsarbeit üblich ist, auch den Energieverlust Φ des Leiters beim Fortgang eines Elektrons in Volt aus, so ergibt sich:

$$\Phi \cdot i = \Delta \overline{W} - \Delta W = \frac{2EJ}{E - J \cdot dE/dJ}\left(\Delta E - \frac{dE}{dJ}\Delta J\right), \tag{4}$$

oder, falls man durch passendes Verändern eines Vorschaltwiderstandes dafür sorgt, daß $\Delta J = 0$ bleibt,

$$\Phi = \frac{2EJ}{E - J \cdot dE/dJ} \cdot \frac{\Delta E}{i}. \tag{5}$$

Die auf diese Weise berechnete Größe Φ, multipliziert mit dem Wert des Elementarquantums, stellt den Energieverlust des Leiters beim Austritt eines Elektrons dar. Will man die Austrittsarbeit Φ_0 kennen lernen, so ist hiervon der Überschuß an kinetischer Energie abzuziehen, den die Elektronen nach Verlassen der Oberfläche gegenüber dem Wert im Innern des Metalls besitzen. Auf Grund der zweiten RICHARDSONschen Annahme, deren Konsequenz die

[1]) C. DAVISSON u. L. H. GERMER, Phys. Rev. Bd. 20, S. 300. 1922; Bd. 24, S. 666. 1924.

quadratische Abhängigkeit des Stromes von der Temperatur ist, besitzen die Elektronen im Leiter keine kinetische Energie. Nach Austritt aus der Oberfläche kommt nach RICHARDSON[1]) Ladungsträgern, die in einem durch ein Feld gerichteten Strom mit einer Vorzugsrichtung senkrecht zur emittierenden Fläche in den Raum treten, die mittlere kinetische Energie 2 k T (nicht $\frac{3}{2}$ k T) zu (mittlere kinetische Energie der in Richtung des Feldes austretenden Teilchen k T, senkrecht dazu je $\frac{1}{2}$ k T). Unter Zugrundelegung des zweiten RICHARDSONschen Gesetzes ist also zu setzen:

$$\Phi_0 = \Phi - \frac{2kT}{e}.$$

Bei der experimentellen Ausführung der Versuche ist nun auf verschiedene Störungen zu achten, die teils durch Vorsichtsmaßregeln umgangen, teils rechnerisch berücksichtigt werden können. Der Spannungsabfall am Glühdraht wird zwischen zwei Punkten gemessen, die weit von seinen Enden entfernt liegen. Ein Wärmeverlust durch Leitung ist dann unmerklich klein. Das Elektronenbombardement ruft eine Erwärmung der Anode hervor, ein Teil dieser Wärme wird durch Strahlung an den Glühdraht übertragen und schwächt den Abkühlungseffekt. Ferner ist durch den Potentialabfall längs der Glühkathode das elektrische Feld zwischen den Elektroden nicht ganz konstant und die Elektronenemission darum etwas ungleichmäßig über die Glühkathode verteilt. Diese beiden letzteren Fehlerquellen, so klein sie auch scheinen mögen, fälschen das Endresultat erheblich. Wie sie umgangen werden, mag der Originalabhandlung entnommen werden.

Die Austrittsarbeit, aus der Abkühlung gemessen, ergibt sich nun für W zu $\Phi_A = 4{,}52 \pm 0{,}05$. Aus der Emissionskurve erhalten die Verfasser im Temperaturbereich von 2070° bis 2300° K: $\Phi_E = 4{,}485$ bzw. 4,576, je nachdem die WORTHINGsche oder die LANGMUIRsche Temperaturskala den Messungen zugrunde gelegt wird. Die erstere hat mehr Wahrscheinlichkeit für sich und gibt somit eine Abweichung von 0,9%, was an der Grenze der Meßgenauigkeit liegt. Würde jedoch die Rechnung durchgeführt unter Zugrundelegung des ersten RICHARDSONschen Gesetzes, d. h., würde den Elektronen im Innern des Leiters die mittlere kinetische Energie $\frac{3}{2}$ k T zugeschrieben, so hätte sich ergeben $\Phi_A = 4{,}91$ Volt aus der kalorischen Messung und $\Phi_E = 4{,}778$ (bzw. 4,869 Volt) aus der Emissionskurve. Den Unterschied von 2,7% erachten die Verfasser als größer als durch Versuchsfehler bedingt, und damit die erstere Annahme als besser durch die experimentellen Tatsachen bestätigt; das Resultat spricht also mehr zugunsten des Gesetzes $i = AT^2 \cdot e^{-\frac{b}{T}}$ als zugunsten von $i = A \cdot T^{\frac{1}{2}} \cdot e^{-\frac{b}{T}}$.

27. Resultate aus Oxydkathoden. Ähnlich günstig lauten die Resultate bei Verwendung von Oxydkathoden[2]), obgleich das Messen mit diesen Substanzen, wie schon erwähnt, größere Schwierigkeiten bietet. Die kalorische Messung ergab $\Phi_A = 1{,}61 \pm 0{,}3$ Volt, die aus dem Emissionsstrom $\Phi_E = 1{,}65$ bzw. 1,24 Volt, je nachdem die Untersuchungen sich schnell nach Einstellung einer neuen Temperatur vollzog, oder ob längere Zeit verstrich. Doch hat der erstere Wert außer der besseren Übereinstimmung auch in chemischer Hinsicht den Vorzug, da Oyxde bei längerer Brenndauer sich zersetzen. Dies ist durchaus in Übereinstimmung mit Erfahrungen, die kürzlich ROTHE[3]) mit technischen Röhren mit Oxydkathoden gewann. Die Übereinstimmung ist so gut, wie man

[1]) O. W. RICHARDSON, Emission of Electricity from Hot Bodies, 2. Aufl., S. 156; Phil. Mag. Bd. 18, S. 695. 1909.

[2]) C. DAVISSON u. L. H. GERMER, Phys. Rev. Bd. 20, S. 300, 1922; Bd. 24, S. 666. 1924.

[3]) H. ROTHE, ZS. f. Phys. Bd. 36, S. 737. 1926.

es bei der erzielbaren Meßgenauigkeit erwarten kann. Berechnet man wie im Falle des Wolfram hingegen die Austrittsarbeit unter Annahme nicht verschwindender kinetischer Energie der Elektronen im Metallinneren, so ergibt sich eine weit schlechtere Übereinstimmung.

Etwas weniger genau sind die Resultate, die neuerdings MICHEL und SPANNER[1]) mit Oxydkathoden erzielten. Es ergab sich für

CaO	$\Phi_A = 2{,}45$ Volt	$\Phi_E = 2{,}40$ Volt
SrO	$\Phi_A = 2{,}27$ „	$\Phi_E = 2{,}15$ „
BaO	$\Phi_A = 1{,}69$ „	$\Phi_E = 1{,}85$ „

Die Werte Φ_E waren hierbei nicht an der gleichen Versuchsröhre aufgenommen worden, sondern früheren Messungen von SPANNER[2]) entnommen.

Aus den wenigen vorliegenden Messungen kann noch kein Schluß auf die wahre Energie der Elektronen im Leiter gezogen werden, doch ist zu erwarten, daß die hier verwandte Methode einmal das Problem zu lösen und damit auch eine der RICHARDSONschen Gleichungen als die alleingültige zu bestimmen vermag.

g) Raumladungserscheinungen.

28. Strombegrenzung durch Raumladung. Es war bisher nur von „Temperatursättigung" die Rede gewesen, und darunter war verstanden worden: bei einer gegebenen Temperatur sollte das variable Feld so weit gesteigert sein, daß alle die Glühkathode verlassenden Elektronen die Anode erreichen. Eine weitere Vergrößerung des Feldes hatte auf die Stromstärke im wesentlichen keinen Einfluß mehr. Sie war gegeben durch die RICHARDSONsche Gleichung, an der für sehr genaue Messungen eine kleine Korrektur, die die Feldstärke berücksichtigt, angebracht werden konnte. (Vgl. Ziff. 13.)

Nehmen wir für den Augenblick an, zwischen Kathode und Anode liege keine Spannungsdifferenz, und die Elektronen mögen — was nicht genau ist — den Glühdraht mit der Geschwindigkeit 0 verlassen. Es bildet sich dann über der Oberfläche eine Raumladung aus, die der Umgebung des Drahtes ein negatives Potential aufdrückt. Dies bedeutet für einen weiteren Austritt von Elektronen ein Hindernis, da von nun an alle emittierten Träger wieder an das Metall zurückgeworfen werden; die Stärke der Emission ist begrenzt durch die Raumladung, die sie hervorruft. Diese Überlegung wird nicht wesentlich geändert, wenn den austretenden Elektronen eine Anfangsgeschwindigkeit zugeschrieben wird, die, durch das MAXWELLsche Verteilungsgesetz beherrscht, sich für z. B. 2000° K im Mittel auf etwa 0,26 Volt beläuft. Der Effekt bleibt ebenfalls erhalten, wenn zwischen den Elektroden ein schwach beschleunigendes Feld angelegt ist. Auch hierbei kommt es lediglich auf das Potential an, das sich in unmittelbarer Nähe des Glühdrahtes durch das Vorhandensein einer Raumladung ausbildet; ist es stärker negativ als die Kathode, so vermögen nur die schnelleren Elektronen das Gegenfeld zu durchqueren, und die an der Anode gemessene Stromstärke ist kleiner, als es der Temperatursättigung entspricht.

Die ersten Anzeichen einer Strombegrenzung durch Raumladungen hatte CHILD[3]) bei einer positiven Ionenemission gefunden, für Elektronenemission hatte LILIENFELD[4]) sie beobachtet, und beide Forscher haben dem Effekt die richtige Deutung gegeben. Raumladungserscheinungen experimentell gründ-

[1]) G. MICHEL u. H. J. SPANNER, ZS. f. Phys. Bd. 35, S. 395. 1926.
[2]) H. J. SPANNER, Ann. d, Phys. Bd. 75, S. 609. 1924.
[3]) C. D. CHILD, Phys. Rev. Bd. 32, S. 492. 1911.
[4]) J. E. LILIENFELD, Ann. d. Phys. Bd. 32, S. 673. 1910.

lich erforscht und theoretisch ausgearbeitet zu haben, fast gleichzeitig und unabhängig voneinander, ist das große Verdienst SCHOTTKYS[1]) und LANGMUIRS[2]). Die Theorie der Erscheinung wird im Kapitel: „Ionenaustritt aus glühenden Körpern" in Bd. 13 ds. Handb. ausführlich auseinandergesetzt werden, es sollen darum hier die Erscheinungen ohne Rechnung zur Sprache kommen.

29. Der Potentialverlauf bei Anwesenheit von Raumladungen. Um den Potentialverlauf zu untersuchen, denken wir uns einen ebenen Plattenkondensator, dessen eine Elektrode Glühelektronen emittiert, während die andere kalt bleibt. Zwischen ihnen herrsche eine gegebene Spannungsdifferenz. Solange die Temperatur niedrig ist, wird die Potentialverteilung annähernd linear sein, dargestellt durch die Gerade PT in Abb. 14. Mit steigender Temperatur der Glühkathode nimmt die Elektronendichte ϱ zu, und die Potentialverteilung, gegeben durch die POISSONsche Gleichung $\frac{d^2V}{dx^2} = -4\pi\varrho$, wird dargestellt durch eine Parabel, die Potentialkurve, in der SCHOTTKYschen Ausdrucksweise, „hängt sich durch". Wäre die Austrittsgeschwindigkeit der Elektronen $= 0$, so wäre der Strom begrenzt im Augenblick, wo an der Kathode die Potentialkurve eben verläuft (PRT in Abb. 14). Diesen Endwert hatte LANGMUIR angenommen (vgl. auch Kurve 2 in Abb. 15). Nach den Überlegungen von SCHOTTKY (a. a. O.), v. LAUE[3]), EPSTEIN[4]), FRY[5]) und GANS[6]) kann das Potential im Raum noch weiter vermindert werden, es kann stärker negativ werden als das der Kathode, da die Elektronen Anfangsgeschwindigkeit besitzen, in der Art der Abb. 15, Kurve 3. Die Emission wird auch in diesem Falle begrenzt. Über die Abhängigkeit des Raumladungseffekts von der angelegten Spannung läßt sich rein qualitativ folgendes aussagen: da sich angelegtes und Raumladungspotential überlagern, muß die Strombegrenzung bei um so geringerer Temperatur eintreten, je kleiner die Spannungsdifferenz zwischen den Elektroden ist. Haben beide gleiche Spannung, so herrscht auf der ganzen Entladungsbahn ein negatives Potential, das nur die schnellsten Elektronen zu durchqueren imstande sind, und der Strom ist bei keiner Temperatur gesättigt.

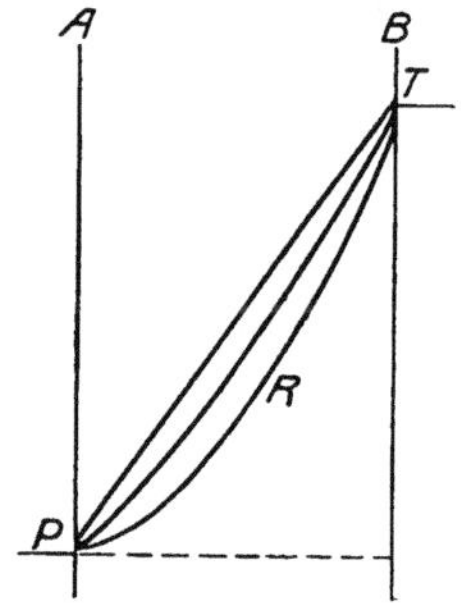

Abb. 14. Potentialverlauf zwischen den Elektroden mit und ohne Raumladung.

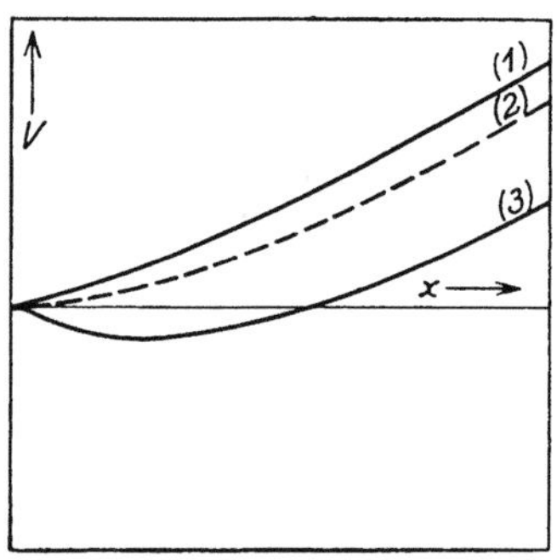

Abb. 15. Potentialverteilung bei Raumladung nach FREY.

Den ersten direkten experimentellen Beweis für die Potentialverzerrung durch die Raumladungswirkung durch Abtasten der Entladungsbahn führten vor kurzem WEHNELT und BLEY[7]). Da Potentialmessungen mit Sonden, wie schon einige Male erwähnt, bei unipolarer Leitung stets große Unsicherheiten mit sich bringen, wählten sie als Maß für die Spannung eines bestimmten Ortes die Ablenkung, die ein

[1]) W. SCHOTTKY, Phys. ZS. Bd. 15, S. 624, 656. 1914; Ann. d. Phys. Bd. 44, S. 1011. 1914; Verh. d. D. Phys. Ges. Bd. 16, S. 490. 1914.
[2]) I. LANGMUIR, Phys. Rev. Bd. 2, S. 450. 1913; Phys. ZS. Bd. 15, S. 348, 516. 1914.
[3]) M. v. LAUE, Jahrb. d. Radioakt. u. Elektr. Bd. 15, S. 205, 257, 301. 1918.
[4]) P. S. EPSTEIN, Verh. d. D. Phys. Ges. Bd. 21, S. 85. 1919.
[5]) T. C. FRY, Phys. Rev. Bd. 17, S. 441. 1921.
[6]) R. GANS, Ann. d. Phys. Bd. 69, S. 385. 1922; Bd. 70, S. 625. 1923.
[7]) A. WEHNELT u. H. BLEY, ZS. f. Phys. Bd. 35, S. 338. 1926.

sehr feiner, die Entladungsbahn senkrecht durchsetzender Kathodenstrahl erfährt. Die Anordnung ist schematisch in Abb. 16 wiedergegeben. Die Kathode k wird von der Rückseite her durch Elektronenbombardement, das von

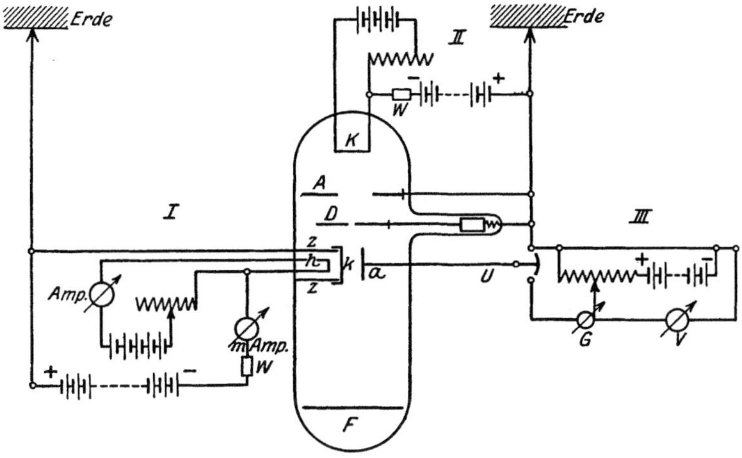

Abb. 16. Versuchsanordnung nach WEHNELT und BLEY zur Bestimmung des Raumladungspotentiales.

der Hilfskathode h ausgeht, zum Glühen gebracht. Ein Kathodenstrahlbüschel geht von der Glühkathode K durch die Anode A; durch ein Diaphragma D wird ein feiner Strahl ausgeblendet, der k—a durchsetzt und auf einen Leuchtschirm

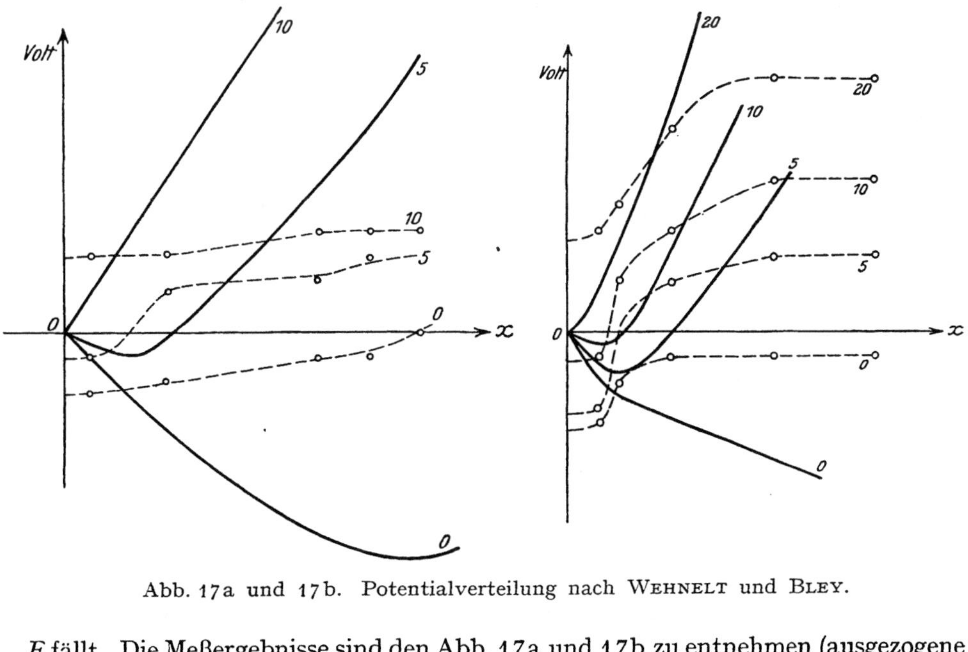

Abb. 17a und 17b. Potentialverteilung nach WEHNELT und BLEY.

F fällt. Die Meßergebnisse sind den Abb. 17a und 17b zu entnehmen (ausgezogene Kurven; die gestrichelten geben die Meßresultate, aus denen die Potentialkurven berechnet wurden). Für eine quantitative Auswertung ist die Methode nicht brauchbar, jedoch zeigt sie qualitativ die Potentialstörungen durch Raumladungswirkung an. Die Messungen erstrecken sich von der Kathode (0) bis nicht ganz zur Anode, so daß die Kurven nach rechts hin zu ergänzen bleiben; die Temperaturen des Glühbleches betrugen in Abb. 17a: 900° C, in Abb. 17b: 1120° C. Man sieht für 0 Volt in beiden Fällen ein stark negatives Potential im ganzen Raum, für 5 Volt die Durchbiegung der Kurven. Für 900° C ist der Raumladungseffekt bei 10 Volt, für 1120° C der stärkeren Elektronenemission wegen erst für 20 Volt Anodenspannung überwunden.

30. Stromspannungscharakteristik. Die Abhängigkeit der durch Raumladung begrenzten Ströme von der Spannung haben LANGMUIR[1]) und SCHOTTKY[2]) berechnet, beide unter Vernachlässigung der Anfangsgeschwindigkeit der Elektronen, die im Mittel bei einer Temperatur von 2000° K nur 0,26 Volt beträgt, also klein ist. Der einfachste Fall ist der unendlich ausgedehnter Elektrodenplatten, die im Abstande a parallel einander gegenüberstehen. Da die Anfangsgeschwindigkeit der Elektronen $= 0$ gesetzt wird, kann sich kein Potentialminimum ausbilden, aber es soll das Raumpotential so weit beeinflußt sein, daß an der Kathode ($x = 0$) der Potentialgradient $dV/dx = 0$ ist. Ferner möge für $x = 0$ auch $V = 0$ sein. Für die im Feld erlangte Geschwindigkeit der Elektronen gilt dann die Energiegleichung (wenn wir e mit positivem Vorzeichen einführen) $\frac{1}{2} m v^2 = e \cdot V$. Die räumliche Ladungsdichte ist gegeben durch $\varrho = \frac{i}{v} = \frac{i}{(2e/m \cdot V)^{\frac{1}{2}}}$, wenn e/m die spezifische Ladung der Elektronen und i den Emissionsstrom bedeutet. Führt man die POISSONsche Gleichung ein,

$$\frac{d^2 V}{d x^2} = -4\pi\varrho = \frac{4\pi i}{(2e/m\,V)^{\frac{1}{2}}}$$

und integriert zweimal unter Berücksichtigung der Grenzbedingungen, so erhält man für den Strom pro Quadratzentimeter Oberfläche:

$$i = \frac{\sqrt{2e/m}}{9\pi a^2} \cdot V^{\frac{3}{2}}, \tag{1}$$

hier ist V die Spannungsdifferenz, die zwischen den Elektroden liegt.

Für den Zylinderkondensator mit einer Drahtkathode vom Radius r_1 und der Anode vom Radius r_0 gilt bei analoger Rechnung solange $r_1 \ll r_0$, für den Strom pro Zentimeter Drahtlänge

$$i = \frac{2 \cdot \sqrt{2\frac{e}{m}}}{9 \cdot r_0} \cdot V^{\frac{3}{2}}.$$

Genauer und ohne die Beschränkung auf $r_1 \ll r_0$ ist der Ausdruck

$$i = \frac{2 \cdot \sqrt{2\frac{e}{m}}}{9 r_0 \cdot \beta^2} \cdot V^{\frac{3}{2}}, \tag{2}$$

wo $\beta = f\left(\frac{r_0}{r_1}\right)$.

Die Korrektionsgröße β^2 ist durch LANGMUIR und BLODGETT[3]) für $1 \leqq \frac{r_0}{r_1} \leqq \infty$ ausgewertet und tabellarisch angegeben. Auch für Glühanode mit umgebender

[1]) I. LANGMUIR, Phys. Rev. Bd. 2, S. 450. 1913; Phys. ZS. Bd. 15, S. 348. 516. 1914.
[2]) W. SCHOTTKY, Phys. ZS. Bd. 15, S. 624, 656. 1914; Ann. d. Phys. Bd. 44, S. 1011. 1914; Verh. d. D. Phys. Ges. Bd. 16, S. 490. 1914.
[3]) I. LANGMUIR u. K. B. BLODGETT, Phys. Rev. Bd. 22, S. 347. 1923.

Kathode ist β^2 (a. a. O.) berechnet. Für den sphärischen Kondensator haben LANGMUIR und BLODGETT[1]) in analoger Weise gefunden:

$$i = \frac{4}{9} \frac{\sqrt{2 \cdot \frac{e}{m}}}{\alpha^2} \cdot V^{\frac{3}{2}}, \tag{3}$$

wo $\alpha = f\left(\frac{r_0}{r_1}\right)$, ebenfalls aus Tabellen zu entnehmen ist.

Bei Einsetzung des Zahlenfaktors von e/m wird, wenn V in Volt, i in Amp. angegeben wird:

nach (1)

$$i_1 = 2{,}33 \cdot 10^{-6} \frac{V^{\frac{3}{2}}}{a^2},$$

nach (2)

$$i_2 = 1{,}468 \cdot 10^{-5} \frac{V^{\frac{3}{2}}}{r_0 \beta^2},$$

nach (3)

$$i_3 = 2{,}936 \cdot 10^{-5} \frac{V^{\frac{3}{2}}}{\alpha^2}.$$

Es folgt, daß z. B. in (1) für $a = 1$ cm und $V = 10$ Volt der Strom, unabhängig von der Glühstärke, nicht größer werden kann als $7{,}4 \cdot 10^{-5}$ Amp./cm². Weiter folgt in allen 3 Fällen

$$\frac{d \lg i}{d \lg V} = \frac{3}{2},$$

$\lg i$ gegen $\lg V$ als Ordinate aufgetragen, gibt eine Gerade mit dem Richtungstangens $\frac{3}{2}$. Die Beziehung $i \sim V^{\frac{3}{2}}$ ist nach LANGMUIR[2]) nicht auf die oben angeführten Kondensatoren beschränkt, sondern gilt für solche von jeder beliebigen Form.

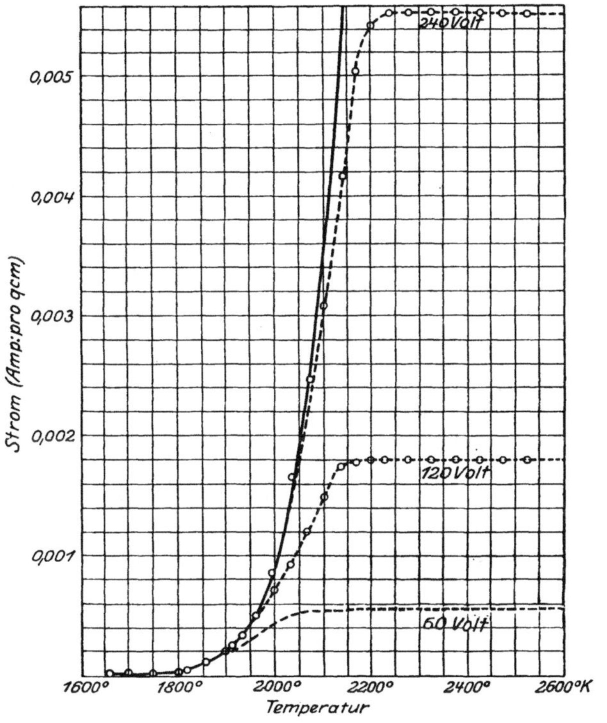

Abb. 18. Raumladungsströme nach LANGMUIR.

Abb. 18 gibt die Messungen von LANGMUIR, die Ströme als Funktion der Temperatur bei verschiedenen Anodenpotentialen für einen Zylinderkondensator wieder (gestrichelte Kurven). Daneben zeigt die ausgezogene Kurve den Thermionenstrom ohne anwesende Raumladung. Die Abweichungen von i von der RICHARDSONschen Stromkurve treten bei um so niedrigeren Temperaturen, also bei um so kleineren Raumladungsdichten auf, je geringer die beschleunigende Anodenspannung ist.

Die genauere Ausrechnung der Stromspannungsabhängigkeit unter Berücksichtigung der Elektronenanfangsgeschwindigkeiten ist von verschiedenen Seiten in Angriff genommen worden (v. LAUE, FRY, EPSTEIN, LANGMUIR, a. a. O.), hat aber bis jetzt nur zu Näherungen geführt. Jedenfalls gilt das $V^{\frac{3}{2}}$-Gesetz dann nicht in aller Strenge, sondern es bedarf einiger Zusatzglieder. Für einen unendlich ausgedehnten ebenen Plattenkondensator vom Plattenabstand l hat

---

[1]) I. LANGMUIR u. K. B. BLODGETT, Phys. Rev. Bd. 24, S. 49. 1924.
[2]) I. LANGMUIR, Phys. ZS. Bd. 15, S. 348. 1914.

SCHOTTKY[1]) eine Lösung angegeben unter der Voraussetzung, daß sich ein Minimumpotential in der Entladungsbahn ausgebildet hat. Liegt dieses in der Entfernung d von der Kathode, so werden von hier aus nach der Anodenseite hin alle Elektronen vom Feld ergriffen, zwischen Kathode und Minimum aber findet die Auswahl der schnellsten statt, die langsamen fallen vor Erreichung des Minimums an die Ausgangsstelle zurück. SCHOTTKY nimmt an, daß die den Glühdraht verlassenden Elektronen MAXWELLsche Geschwindigkeitsverteilung besitzen, und berechnet den Strom in Abhängigkeit von Potential und Temperatur. Er findet:

$$i = \frac{\sqrt{2}}{9\pi} \cdot \left(\frac{e}{m}\right)^{\frac{1}{2}} \cdot \left(\frac{kT}{\pi e}\right)^{\frac{3}{2}} (\sqrt{n} - 1)\,(\sqrt{n} + 2)^2 \cdot (l - d)^{-2},$$

wo

$$n = 1 + \pi \cdot \ln\frac{s}{i} + \frac{\pi e}{kT} \cdot V$$

und s der Sättigungsstrom ist. Für d, die Entfernung der Minimumstelle von der emittierenden Platte, gilt:

$$d = \frac{\sqrt{\frac{m}{e}} \cdot \sqrt{\frac{1}{i}} \cdot \left(\frac{2kT}{\pi \cdot m}\right)^{\frac{3}{4}}}{3 - \frac{i}{s \cdot \sqrt{1 + \pi \cdot \ln\frac{s}{i}}}} \cdot \operatorname{arc\,tg} \sqrt{\frac{s}{i} - 1}\,.$$

Vor allem für geringe Potentiale und kleine Plattenabstände leistet diese Gleichung bessere Dienste als die LANGMUIR-SCHOTTKYsche Gleichung (1). Für sehr schwach beschleunigende Felder führt GANS[2]) eine etwas andere Näherung ein, für deren Auswertung er Tabellen anführt. Auch LANGMUIR[3]) korrigiert seine erste Formel, indem er Lage und Größe des Minimumpotentials berücksichtigt. Es ist dann genauer zu setzen:

$$i = \frac{\sqrt{2\frac{e}{m}}}{9\pi} \cdot \frac{(V - V_m)^{\frac{3}{2}}}{(l - d)^2} \left(1 + \frac{2{,}66}{\sqrt{\eta}}\right),$$

wo $\eta = \frac{e}{kT}(V - V_m)$. Der Wert des Minimumpotentials ist angenähert gegeben durch:

$$V_m = \frac{-T}{11\,600} \cdot \lg\frac{s}{i},$$

d, der Abstand der Potentialsenke von der Kathode, ist aus Tabellen berechenbar. Ebenso verbesserte LANGMUIR[3]) die Gleichung (2) der Charakteristik im Zylinderkondensator, wenn ein Potentialminimum V_m sich ausgebildet hat. Es ist dann:

$$i = \frac{2\sqrt{2\frac{e}{m}}}{9 r_0 \beta^2} \left[V - V_m + \frac{3kT}{8e} \cdot \left(\lg\frac{2Ve}{\lambda \cdot 3kT}\right)^2\right]^{\frac{3}{2}},$$

Hierin ist λ eine Konstante, die experimentell bestimmt werden muß und deren Wert zwischen 1 und 2 liegt. Die Korrektionen gegenüber dem einfachen $V^{\frac{3}{2}}$-Gesetz sind vor allem für kleine Spannungen nicht zu vernachlässigen, sie betragen im Maximum nach LANGMUIR 24%, während sie FRY[4]) einige Zeit

[1]) W. SCHOTTKY, Phys. ZS. Bd. 15, S. 526. 1914.
[2]) R. GANS, Ann. d. Phys. Bd. 69, S. 385. 1922.
[3]) I. LANGMUIR, Phys. Rev. Bd. 21, S. 419. 1923.
[4]) T. FRY, Phys. Rev. Bd. 17, S. 441. 1921.

früher noch größer einschätzte. Im Zylinderkondensator ist übrigens der Einfluß des Minimumpotentials geringer als im ebenen, LANGMUIR gibt ihn zu etwa 4mal schwächer an. Der Verfasser zeigt auch, wie sich für jeden beliebigen Punkt der Entladungsbahn Raumladungsdichte und Potential berechnen lassen, doch lassen sich die Formeln experimentell nicht prüfen, bis eine geeignete Potentialmeßmethode geschaffen ist. Speziell ergibt sich, daß im Kondensator, an dem kein äußeres Feld liegt, die Raumladungsdichte in nicht unmittelbarer Umgebung der Kathode allein von der Temperatur und nicht vom Glühdrahtmaterial abhängt. Für verzögernde Felder hat DAVISSON[1]) dies Resultat experimentell bestätigt gefunden. Die von 2 Kathoden (Wolfram und thoriertes Wolfram) auf die gleiche Anode fließenden Ströme verhielten sich, wenn sie durch Temperatur gesättigt waren, also bei hohen Potentialen, wie 1 : 1000, bei verzögernder Spannung aber wie 1 : 1,5.

Alle oben aufgestellten Beziehungen sind nicht allein auf Elektronenemission beschränkt, sie sind in gleicher Weise auf rein positiven Strom anwendbar. Ebenso lassen sich die Überlegungen bei gemischt positiver und negativer Emission durchführen, nur sind die Rechnungen des sehr verschiedenen Charakters der Stromträger wegen bedeutend komplizierter, auch muß dann die Rekombination positiver Ionen mit Elektronen berücksichtigt werden. Untersuchungen dieser Art führten v. LAUE[2]) und v. LAUE und SEN[3]) durch.

Es sei noch einmal das Charakteristische der beiden Sättigungsarten gegenübergestellt: der reine, gesättigte Temperaturstrom wird beherrscht durch das RICHARDSONsche Gesetz. Er ist, da Raumladungsstörungen durch ein genügend hohes Feld vermieden sein sollen, im Hochvakuum abhängig von der Temperatur und dem Kathodenmaterial und bis auf eine kleine Korrektur unabhängig von einer weiteren Steigerung der Spannung. Der Raumladungssättigungsstrom folgt für nicht zu kleine Felder der LANGMUIR-SCHOTTKYschen Beziehung. Er ist unabhängig von der Temperatur und dem Kathodenmaterial, und abhängig von Spannung, Elektrodenabstand und Form des Kondensators.

31. Experimentelle Prüfung der Raumladungsgesetze. Das Raumladungsgesetz ist vielfachen experimentellen Prüfungen unterzogen worden. Außer den bereits angeführten seien die Untersuchungen von DUSHMAN[4]) genannt. Die Übereinstimmung von Theorie und Erfahrung ist gut, sofern in der Versuchsapparatur höchstes Vakuum herrscht, also die positive Emission weitgehend vermieden ist. An CaO-Elektroden wurde das Gesetz durch GERMERSHAUSEN[5]) geprüft, Abb. 19 zeigt die Meßergebnisse. Als Ordinate ist $\lg i$, als Abszisse $\lg V$ eingetragen. Die stark gezeichnete Gerade gibt den theoretischen Wert $\lg i = \frac{3}{2} \lg V$ wieder, die gestrichelten bedeuten die jeweiligen Temperatursättigungsgeraden. Die Richtung der experimentellen Charakteristiken ist im allgemeinen der theoretischen gut parallel, doch weichen die Absolutwerte der Ströme nicht unerheblich ab, vor allem, wenn man berücksichtigt, daß bei logarithmischer Darstellung nur große Differenzen bemerkbar sind. Gründe für die Abweichungen mögen im Gebiet weit unterhalb der Sättigung zum Teil im Versagen der angewandten Raumladungsgleichung liegen, zum Teil kann, gerade für niedere Temperaturen, die Ursache eine andere sein. Wie BARTON[6]) zeigte, senden Erd-

---

[1]) C. DAVISSON, Phys. Rev. Bd. 23, S. 299. 1924.
[2]) M. v. LAUE, Berl. Ber. Bd. 32, S. 334. 1924.
[3]) M. v. LAUE u. N. SEN, Ann. d. Phys. Bd. 75, S. 182. 1924.
[4]) S. DUSHMAN, Phys. Rev. Bd. 3, S. 65. 1914; Phys. ZS. Bd. 15, S. 681. 1914.
[5]) W. GERMERSHAUSEN, Ann. d. Phys. Bd. 51, S. 705, 847. 1916.
[6]) H. A. BARTON, Phys. Rev. Bd. 26, S. 360. 1925.

alkalioxyde (nachgewiesen an BaO und SrO) schon bei etwa 500° C negativ geladene Sauerstoffmoleküle aus, deren Entstehung wahrscheinlich auf einer Zersetzung des Oxydes beruht (vgl. Ziff. 25). Positive Ionen sind nach den Ergebnissen mehrerer Forscher nicht gefunden worden. Nun sind auch wenige,

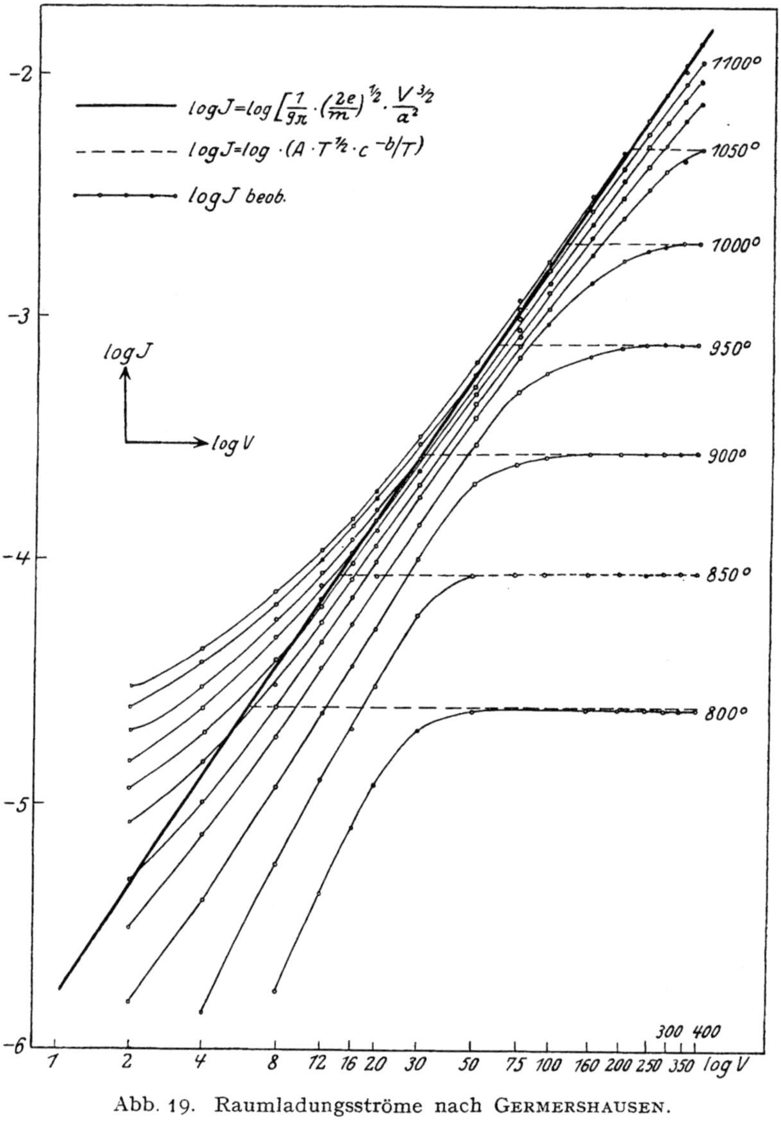

Abb. 19. Raumladungsströme nach GERMERSHAUSEN.

schwere negative Ionen fähig, den Raumladungsstrom bedeutend zu verkleinern, da sie ihrer größeren Masse wegen sehr viel länger im Entladungsraum verweilen als Elektronen und darum sehr viel mehr zur Potentialerniedrigung beitragen. Nach BARTON läßt sich der Ioneneinfluß direkt aus der Raumladungsgleichung ablesen. Nennt man i den von den Elektronen und J den von den Ionen getragenen Strom, wo $i \gg J$, ferner m bzw. M die Masse des Elektrons bzw. des Ions, und r

den Anodenradius in einem Zylinderkondensator, so kann man in erster Näherung schreiben (vgl. Gleichung (2), Ziff. 30):

$$i \cdot \sqrt{m} + J \cdot \sqrt{M} = \frac{2}{9} \frac{\sqrt{2e}}{r\beta^2} \cdot V^{\frac{3}{2}}$$

und

$$i = \frac{2}{9} \frac{\sqrt{2\frac{e}{m}}}{r\beta^2} \cdot V^{\frac{3}{2}} - J \cdot \sqrt{\frac{M}{m}}.$$

Für O_2 ist $\sqrt{\frac{M}{m}} = 240$. Um den gleichen Raumladungsstrom i bzw. $(i + J)$ (da $i \gg J$) zu messen, den man ohne Anwesenheit von Ionen erhalten würde, ist, wie man sieht, ein höheres Potential erforderlich, und die Herabsetzung des Sättigungsstromes wird um so mehr in Erscheinung treten, je größer bei niedrigen Temperaturen der Ionenstrom relativ zum Elektronenstrom ist. Die Erscheinung, daß die Raumladungsströme bei Oxydkathoden kleiner sind als bei Kathoden aus reinem Metall, ist auch sonst beobachtet worden. KATSCH[1]) hat eine Reihe geometrisch gleicher Röhren mit verschiedenem Kathodenmaterial untersucht, und gefunden, daß, um gleichen Raumladungssättigungsstrom zu erhalten, an Oxydkathoden ein höheres Potential angelegt werden mußte als an solche aus reinen Metallen.

Für rein positive Emission in gutem Vakuum haben sich die Raumladungsgesetze hinreichend bewährt, sie wurden für Cs durch KINGDON und LANGMUIR[2]) geprüft, SCHOTTKY[3]) verwendet sie, um für Kohle e/m zu errechnen. Er findet $e/m < 560$ (in elektromagnetischen Einheiten), während RICHARDSON[4]) bei der elektomagnetischen Analyse der positiven Ionen, die ein Kohledraht emittiert, ein $e/m = 332$ gefunden hatte.

32. Einfluß von Gasen auf die Ausbildung von Raumladungen. Um die Wirkung der Raumladung in der oben angegebenen Form für einen rein unipolaren Strom experimentell untersuchen zu können, ist in noch viel stärkerem Maße höchstes Vakuum erforderlich, als bei der Messung der Temperatursättigungsströme. Auch wenn der Gasdruck viel kleiner ist, als daß Stoßionisation eintreten könnte, wirken wenige positive Ionen störend auf die Ausbildung der Raumladung ein. Wenn sich noch kein Potentialminimum ausgebildet hat, kehren sie, nachdem ihre Anfangsgeschwindigkeit auf den Wert Null abgebremst ist, an die Kathode zurück. Ihrer größeren Masse entsprechend ist, wie schon in Ziff. 31 erwähnt wurde, die Zeit, die sie beim Hin- und Rückgang in der Entladungsbahn verweilen, etwa 100 bis 200mal größer als die entsprechende, die Elektronen dort zubringen. Es folgt daraus, daß ein Ion imstande ist, falls es nicht rekombiniert, die Raumladungswirkung von ca. 100 bis 200 Elektronen zu neutralisieren. Hat sich ein Potentialminimum bereits ausgebildet, so sind positive Ionen in gleicher Weise imstande, es zu zerstören, da sie zwar von der Kathode bis dorthin beschleunigt, ihre gewonnene Geschwindigkeit auf dem weiteren Wege jedoch verlieren und an die Potentialsenke zurückfallen. Wie die Ausbildung der Raumladungspotentialverteilung durch anwesende positive Ionen beeinflußt wird, ist bisher weder rechnerisch noch experimentell geklärt.

Eine weitere Schwierigkeit, die sich Raumladungsmessungen entgegenstellt, und die vor allem für ebene planparallele Elektroden in Betracht kommt,

---

1) A. KATSCH, ZS. f. techn. Phys. Bd. 5, S. 505. 1924.
2) K. H. KINGDON u. J. LANGMUIR, Phys. Rev. Bd. 21, S. 381. 1923.
3) W. SCHOTTKY, Phys. ZS. Bd. 15, S. 656. 1914.
4) O. W. RICHARDSON, Emission of Electricity from Hot Bodies, 2. Aufl., S. 216.

bilden die Diffusionsströme an die Gefäßwandungen, worauf besonders LANGMUIR[1]) und NICKEL[2]) hinweisen. Einige ältere Versuche, bei denen dieser Umstand nicht beachtet wurde, mögen hierdurch gefälscht sein. Sind die Wände aus Glas, so hat man häufig beobachtet, wie das Potential der Wand einige Volt negativer ist als das der Kathode; der Feldverlauf innerhalb des Kondensators wird dann in unkontrollierbarer Weise verzerrt.

Eine Reihe recht interessanter Untersuchungen sind ausgeführt worden, um den Einfluß von Gasen auf die Raumladungsphänomene zu bestimmen; sie zeigen, wie verschiedenartig die Wirkungen auf die beiden Sättigungsarten ausfallen. Abb. 20 gibt ein charakteristisches Beispiel nach LANGMUIR wieder. Die Aufnahmen beziehen sich auf Wolframemission in bestem Vakuum ($p = 10^{-6}$ mm Hg) (Kurve *I*) und in Stickstoff von $2 \cdot 10^{-3}$ mm Hg Druck (Kurve *II*). Der reine Temperaturstrom (Teil *A*) ist durch die Anwesenheit des Gases verringert, da, wie schon erwähnt, die sich wahrscheinlich bei hoher Temperatur bildende Wolframnitritschicht den Elektronenaustritt erschwert. Der Raumladungsstrom (Teil *B*) ist verstärkt, da positive Ionen die Wechselwirkung der Elektronen aufeinander zum Teil kompensieren. Diese Wirkung tritt jedoch erst auf, wenn durch Stoßionisation positive Ionen geschaffen werden (falls das Gas, wie bei N_2 in W, nicht im Metall gelöst ist, und die Elektrode darum nicht positive Träger aussendet), nach den Angaben der Arbeit bei etwa 18 Volt. Ähnliche Erscheinungen bemerkten sowohl SCHOTTKY[3]) als auch GERMERSHAUSEN[4]) für Wasserstoff. Nach SCHOTTKY wurde bei Drukken zwischen $5 \cdot 10^{-3}$ und $10 \cdot 10^{-3}$ mm Hg der Strom verstärkt, falls das Anodenpotential 11 Volt, die erste Ionisierungsspannung von H_2, überstieg, darunter war kein Gaseinfluß festzustellen. Bei höheren Drucken hingegen, $3 \cdot 10^{-2}$ bis 10^{-1} mm Hg, wurde der Anodenstrom unterhalb 11 Volt sogar geschwächt. Dies muß erwartet werden, da die neutralen Gasmoleküle Elektronen einfangen, dadurch die Beweglichkeit der negativen Träger stark herabgesetzt und die Raumladungswirkung erhöht wird. Auch bei noch geringeren Drucken vermag KINGDON[5]) nachzuweisen, wie wenige positive Ionen die Raumladung herabsetzen. In einem zylindrischen Gefäß mit sehr dünner zentraler Glühkathode fliegen diejenigen durch Stoß erzeugten positiven Ionen nicht direkt auf die negative Elektrode zu, die nicht eine genaue radiale Anfangsgeschwindigkeit besitzen. Sie pendeln um den Kathodendraht herum, bis sie durch Zusammenstöße genügend Energie verloren haben, um der Feldrichtung genau zu folgen. Ihr Fortdiffundieren aus dem Zylinder ließ sich durch einen mit der Anode verbundenen Schutzring, der den Kondensator oben und unten abdeckte, verhindern; eine Beeinflussung der Raumladung war unter diesen Umständen schon bei 10^{-4} bis 10^{-7} mm Hg nachzuweisen. Für He z. B. ließ sich zeigen, daß ein Ion etwa 300 mal

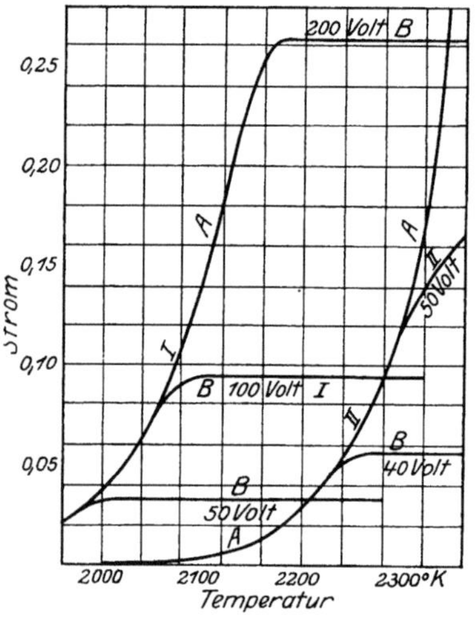

Abb. 20. Gaseinfluß bei Raumladungs- und Temperatursättigung nach LANGMUIR.

[1]) I. LANGMUIR, Phys. ZS. Bd. 15, S. 348. 1914.
[2]) J. NICKEL, Dissert. Berlin 1923.
[3]) W. SCHOTTKY, Phys. ZS. Bd. 15, S. 624. 1914.
[4]) W. GERMERSHAUSEN, Ann. d. Phys. Bd. 51, S. 705, 847. 1916.
[5]) K. H. KINGDON, Phys. Rev. Bd. 21, S. 408. 1923.

die Kathode umkreiste, ehe es eingefangen wurde, so daß ein einzelnes Ion die gleiche Wirkung ausübt wie 300 Ionen zwischen parallelen Platten. Der Effekt, die Raumladung zu zerstören, ist für Hg noch bedeutend stärker als für He, da erstens Hg die kleinere Ionisierungsspannung besitzt, also mehr positive Ionen geschaffen werden, und zweitens diese vermöge ihrer größeren Masse und kleineren Beweglichkeit noch längere Zeit im Entladungsraum verweilen, ehe sie die Kathode erreichen.

33. Raumladung hervorgebracht durch ein Magnetfeld. Die Raumladungswirkung, die den Emissionsstrom begrenzt, war bisher ausschließlich als von der Höhe des Anodenpotentials abhängig betrachtet worden. Es liegt auf der Hand, daß der Strom auch begrenzt werden kann, wenn den Elektronen durch ein zu ihrer Bewegungsrichtung senkrechtes Magnetfeld das Erreichen der Anode erschwert wird. Dieser Effekt ist erst erkannt worden, als man sich mit Raumladungserscheinungen beschäftigte, er hat früher manche Bestimmungen von Temperatur-Sättigungsströmen wertlos gemacht, da ein Magnetfeld stets vorhanden ist, wenn der Heizstrom während der Messung ununterbrochen fließt. Der Einfluß des Heizstromes, durch das von ihm erzeugte Feld Elektronen abzulenken, hat RICHARDSON[1]) für eine unendlich lange Zylinderanode mit konzentrischer Drahtkathode berechnet. Von dieser Beschränkung frei sind die Überlegungen von HULL[2]), die hier in Kürze wiedergegeben seien [vgl. auch die früheren Mitteilungen des Autors[3])]. Ein Elektron möge senkrecht zur Oberfläche in einem Zylinderkondensator den Glühdraht verlassen. Es steht unter der Wirkung des elektrischen Feldes in radialer Richtung und des durch den Heizstrom erzeugten magnetischen Feldes, das kreisförmig den Draht umgibt. Die Bewegung läßt sich berechnen und ergibt Bahnen ähnlich gestreckten Zykloiden in der Art der Abb. 21 (angegeben für 3 Heizstromstärken). Das Potentialgefälle, das mindestens im Kondensator herrschen muß, damit die Elektronen, mit den Geschwindigkeitskomponenten ($u_0\, v_0$) radial und, w_0 parallel zum Glühdraht, unter der Wirkung des Heizstromes J von der Kathode (Radius r_0) zur Anode (Radius R) gelangen können, beträgt:

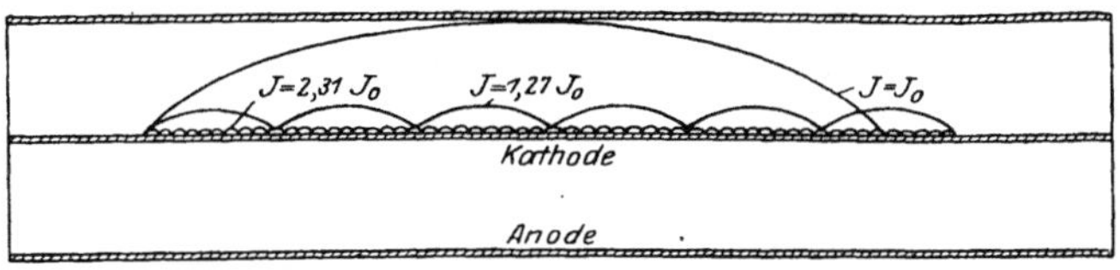

Abb. 21. Bahnen der Elektronen im Magnetfeld, das den Heizdraht kreisförmig umgibt.

$$V_c = 2\cdot\frac{e}{m}\cdot\left(J\ln\frac{R}{r_0} - \frac{m\,w_0}{2e}\right)^2 - \frac{m}{2e}\left[u_0^2 + w_0^2 + v_0^2\cdot\left(1-\frac{r_0^2}{R^2}\right)\right].$$

Da sowohl r_0/R als auch u_0, v_0, w_0 meistens klein sind, wird angenähert

$$V_c = 2\,\frac{e}{m}\cdot J^2\left(\ln\frac{R}{r_0}\right)^2$$

oder J in Amp., V in Volt ausgedrückt und ln in lg umgerechnet

$$V_c = 0{,}01876\, J^2\cdot\left(\lg\frac{R}{r_0}\right)^2. \qquad (1)$$

---

[1]) O. W. RICHARDSON, Proc. Roy. Soc. London (A) Bd. 90, S. 174. 1914; Emission of Electricity from Hot Bodies, 2. Aufl., S. 74; O. W. RICHARDSON u. R. CHAUDURI, Phil. Mag. Bd. 45, S. 337. 1923; vgl. auch H. M. FREEMAN, Electr. Journ. Bd. 19, S. 501. 1922; W. H. ECCLES, Continuous Wave Wireless Telegraphie, S. 297. 1921.

[2]) A. W. HULL, Phys. Rev. Bd. 25, S. 645. 1925.

[3]) A. W. HULL, Phys. Rev. Bd. 18, S. 31. 1921; Bd. 23, S. 112. 1924.

Während für schwache Heizströme das kritische Potential V_c oft so klein ist, daß man es gegenüber der Anodenspannung vernachlässigen kann, nimmt es, wenn starke Glühdrähte verwandt werden, die viel Heizstrom verlangen, große Werte an. HULL berechnet es für verschiedene Kathodendurchmesser, wenn auf 2500° K geheizt werden soll und der Anodenzylinder 5 cm weit ist.

Kathodendurchmesser	Kritisches Potential
0,0025 cm	0,0075 Volt
0,025 ,,	3,6 ,,
0,100 ,,	127 ,,
0,25 ,,	1140 ,,
1,00 ,,	21600 ,,

Ein von außen parallel zur Zylinderachse angelegtes Magnetfeld vergrößert die kritische Potentialdifferenz weiter um den Summanden

$$V'_c = \frac{e}{m} \frac{H^2 R^2}{8}.$$

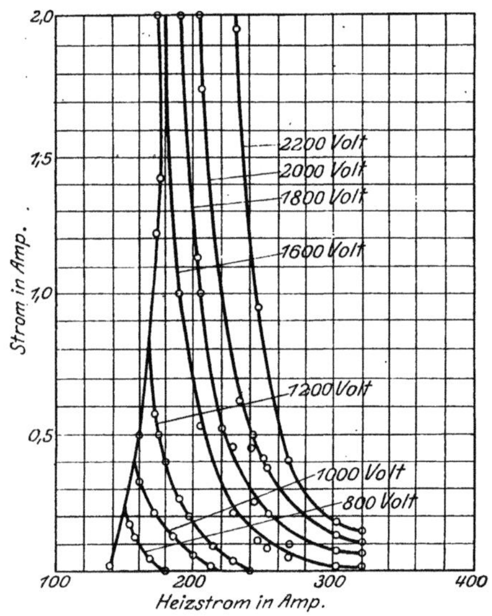

Abb. 22. Thermionenströme unter der Wirkung eines Magnetfeldes nach HULL.

Ein typisches Beispiel der Thermionenströme, wie sie mit veränderlicher Heizstromstärke, also variablem Magnetfeld aufgenommen werden, gibt Abb. 22 nach HULL. Die zylindrische Anode hatte einen Durchmesser von 10 cm, die Glühkathode einen solchen von 2,5 mm. Ein merklicher Anodenstrom begann bei Heizung mit 130 Amp. zu fließen. Die in der Abbildung angegebenen Anodenpotentiale reichten hin, um ohne das Magnetfeld des Glühdrahtes die Raumladung vollständig zu überwinden. Bei wachsender Heizstromstärke steigt die Emission steil an, dem RICHARDSONschen Gesetz folgend. Ist J größer, als es nach Gleichung (1) der kritischen Potentialdifferenz entspricht, so sinkt die Emission fast ebenso schnell auf unmerklich kleine Werte herab, als Beweis, daß jedes den Glühdraht verlassende Elektron zur Kathode zurückgebogen wird.

Die gleiche Strombegrenzung läßt sich durch ein von außen erzeugtes Magnetfeld parallel zum Glühdraht erzeugen. In diesem Fall wandern die Elektronen nicht auf Kurven längs der Zylinderachse, sondern beschreiben Bogen in einer Ebene um den Glühdraht herum. Diese Erscheinung wird in der Technik bei Verstärkerröhren angewandt, die Röhren besitzen eine außerordentlich steile Charakteristik (vgl. das einschlägige Kap. ds. Handb. Bd. 17).

34. Einfluß von Gasen. Auch diese Strombegrenzung durch ein Magnetfeld kann durch anwesende Gase zum Teil aufgehoben werden. Ist das Anodenpotential so groß, daß die Elektronen auf ihrer Bahn durch Stoß Ionen erzeugen, so ist die Stromverstärkung ohne weiteres verständlich. Es findet jedoch auch Stromvermehrung bei kleinen Spannungsdifferenzen statt, wo Stöße noch nicht wirksam sein können. Zur Erklärung dieser Erscheinung liegen zwei Möglichkeiten vor: lagern sich Elektronen an neutrale Gasmoleküle an und bilden schwere Ionen, so werden sie vermöge ihrer größeren Masse durch das für Elektronen kritische Magnetfeld nicht mehr genügend abgelenkt und erreichen die Anode. Oder die Elektronen bleiben erhalten, verlieren aber bei Zusammenstößen mit Molekülen so viel an Geschwindigkeit, daß sie ebenfalls dem Magnetfeldeinfluß entgehen. Um diese Frage zu entscheiden, unternahmen RICHARDSON und CHAUDHURI[1]) Versuche in Luft, technischem und sehr reinem Stickstoff. In allen 3 Gasen stieg der Strom in gleichem Maße proportional dem Druck bis zu etwa 0,03 mm Hg. Da nun in Luft durch die Anwesenheit des stark elektronegativen Sauerstoffs die Bildung von Ionen sehr viel wahrscheinlicher ist als in reinem Stickstoff, entschieden sich die Verfasser für die Annahme der zweiten Hypothese.

Die Methode kann zu einer Bestimmung der mittleren freien Weglängen von Elektronen in verschiedenen Gasen benutzt werden, wenn man annimmt, daß ein einziger Zusammenstoß eines Elektrons mit einem Molekül genügt, um es endgültig am Zurückfallen zur Kathode zu verhindern und es nach weiteren Zusammenstößen schließlich der Anode zuzuführen. In diesem Sinne ging CHAUDURI[2]) in zwei weiteren Arbeiten mit Argon, Kohlenoxyd und Wasserstoff als Versuchsgasen vor. Die Anzahl Elektronen, die bei gleichen äußeren Bedingungen (magnetischem und elektrischem Feld und Druck) die Anode erreichten, war in Argon bedeutend kleiner als in den anderen Gasen. Die mittleren freien Weglängen, die aus den Strömen berechnet werden, betragen, reduziert auf 760 mm Hg Druck:

$$\lambda_A = 32{,}0 \cdot 10^{-5}\,\text{cm}, \quad \lambda_{CO} = 2{,}2 \cdot 10^{-5}\,\text{cm}, \quad \lambda_{H_2} = 2{,}15 \cdot 10^{-5}\,\text{cm},$$
$$\lambda_{N_2} = \lambda_{\text{Luft}} = 2{,}1 \cdot 10^{-5}\,\text{cm}.$$

Für Argon ist der Wert etwa 10mal größer, für H_2 3mal kleiner als es die kinetische Gastheorie fordert, für CO wird ebenso wie für N_2 und Luft annähernd der normale Wert gefunden. Allerdings war in den Rechnungen eine Bildung von Ionen, die allem Anschein nach in einigen Gasen doch in geringer Menge, entstehen, ganz vernachlässigt worden.

h) Geschwindigkeitsverteilung.

35. Die Bedeutung der Messung von Geschwindigkeitsverteilungskurven. Es bleibt der Beweis zu führen, daß die Annahme einer Maxwellschen Geschwindigkeitsverteilung der Elektronen, die fast allen Rechnungen auf dem Gebiet der Thermionenströme zugrunde liegt, auch zu Recht besteht. Ist der Beweis erbracht, so ergeben sich daraus Schlußfolgerungen, die weit über das Gebiet der Thermionik hinausgreifen, worauf vor allem RICHARDSON hinweist. Den Elektronendampf über einer glühenden Oberfläche als ein einatomiges, ideales Gas anzusprechen, dessen „Atome" außerordentlich kleine Masse besitzen und dessen Dichte wegen der elektrischen Abstoßungskräfte stets sehr gering ist, hat sich durchweg als eine glückliche Annahme erwiesen. Für normale Gase ist das Geschwindigkeitsverteilungsgesetz schon im Jahre 1860 von MAXWELL auf Grund theoretischer Überlegungen vorhergesagt. Außer durch sehr indirekte Methoden (Wärmeleitung, innere Reibung usf.) ließ sich bisher, wenn man von optischen Untersuchungen der Dopplerbreite von Spektrallinien absieht, bei denen andere Komplikationen hinzukommen, kein direkter Beweis für die Gültigkeit des MAXWELLschen Gesetzes erbringen, eine Geschwindigkeitsverteilungskurve ließ sich nicht punktweise aufnehmen. Für ein Elektronengas ist dies möglich, und so müssen die positiven Resultate als starke experimentelle Stütze der kinetischen Gastheorie angesehen werden.

[1]) O. W. RICHARDSON u. R. CHAUDHURI, Phil. Mag. Bd. 45, S. 337. 1923.
[2]) R. N. CHAUDHURI, Phil. Mag. Bd. 46, 461, 553. 1923.

Zwei Methoden sind möglich, um Geschwindigkeitsverteilungskurven aufzunehmen, eine integrale (*a*) und eine differentielle (*b*).

36. Messungen mit der Integralmethode. a) Integrale Methode: Legt man zwischen Glühdraht und auffangende Elektrode ein stark verzögerndes Potential, so kehrt jedes emittierte Elektron an seinen Ursprungsort zurück. Bei sukzessiver Verminderung der Feldstärke durchqueren das Gegenfeld zuerst die schnellsten Elektronen, dann die etwas langsameren usf. Der zur Anode fließende Strom ist der Integralwert aller Elektronen, deren Anfangsgeschwindigkeit jeweils einen bestimmten Minimalbetrag übersteigt. In dieser Weise sind Verteilungskurven zuerst von RICHARDSON und BROWN[1]) und von RICHARDSON[2]) aufgenommen worden. Sie beziehen sich auf die Geschwindigkeitskomponente normal zur emittierenden Fläche. Ist i_0 der Sättigungsstrom, so muß unter Annahme einer MAXWELLschen Verteilung die Beziehung erfüllt sein:

$$i = i_0 \cdot e^{-\frac{\varepsilon V}{kT}}, \tag{1}$$

wo k die BOLTZMANNsche Konstante, ε die Elementarladung, T die absolute Temperatur und V die herrschende Potentialdifferenz zwischen den Elektroden bedeutet. Diese letztere setzt sich zusammen aus angelegter Spannung und Kontaktpotentialdifferenz zwischen den beiden Elektrodenmaterialien. (Diese Kontaktpotentiale sind bei vielen älteren Messungen nicht berücksichtigt worden.) Gleichung (1) gilt für ebene Kondensatoren. Für den unendlich langen Zylinderkondensator, in dem der Kathodendurchmesser klein ist gegen den der Anode, berechnet SCHOTTKY[3])

$$i = i_0 \cdot \frac{2}{\sqrt{\pi}} \left[e^{-\frac{\varepsilon V}{kT}} \sqrt{\frac{\varepsilon V}{kT}} + \int\limits_{\sqrt{\frac{\varepsilon V}{kT}}}^{\infty} e^{-\frac{\varepsilon V}{kT}} d\left(\sqrt{\frac{\varepsilon V}{kT}}\right) \right]. \tag{2}$$

Beide Gleichungen sind gültig, solange sich zwischen den Elektroden kein Potentialminimum ausgebildet hat, und SCHOTTKY gibt (a. a. O.) für diese Forderung Grenzpotentiale an. Allerdings glaubt DAVISSON[4]) den Gültigkeitsbereich etwas weiter einschränken zu müssen. Ohne die explizite Form der Potentialbedingung anzugeben, berechnet er, daß der SCHOTTKYsche Ansatz nur gelten darf, wenn das Potential V_x an einer beliebigen Stelle x im Raum zwischen dem Zylinder (Radius R) und dem Glühdraht (Radius r) der Ungleichung genügt:

$$V_x > V \cdot \frac{r^2 (R^2 - x^2)}{x^2 (R^2 - r^2)}. \tag{2a}$$

Wenn keine Raumladung vorhanden ist, gilt

$$V_x = V \cdot \frac{\lg \frac{R}{x}}{\lg \frac{R}{r}}.$$

1) O. W. RICHARDSON u. F. BROWN, Phil. Mag. Bd. 16, S. 353. 1908.

2) O. W. RICHARDSON, Phil. Mag. Bd. 17, S. 813. 1909.

3) W. SCHOTTKY, Ann. d. Phys. Bd. 44, S. 1011. 1914; Verh. d. D. Phys. Ges. Bd. 16, S. 490. 1914.

4) C. DAVISSON, Phys. Rev. Bd. 25, S. 808. 1925.

und Bedingung (2a) ist erfüllt, es wäre aber denkbar, daß ohne ausgesprochenes Potentialminimum bei beginnender Durchbiegung der Potentialkurve die Ungleichung nicht befriedigt wird.

Die Prüfung des MAXWELLschen Geschwindigkeitsverteilungsgesetzes erfolgt durch Bestimmung von i/i_0 als Funktion von V. Die Meßresultate werden mit den theoretisch abgeleiteten Gleichungen (1) und (2) verglichen. Versuche dieser Art liegen vor von SCHOTTKY[1]), SIH-LING-TING[2]), RICHARDSON[3]), RICHARDSON und BROWN[4]), BROWN[5]), POTTER[6]), KOLLER[7]), JONES[8]) und ROTHE[9]). Im allgemeinen findet sich eine angenähert MAXWELLsche Verteilung; $\lg i/i_0$ als Funktion von V aufgetragen läßt sich mit den durch Gleichung (1) und (2) dargestellten Kurven zur Deckung bringen, doch weichen die aus den experimentellen Daten berechneten Temperaturen oft nicht unerheblich von denen des Glühdrahtes ab. In den meisten Messungen liegt die aus der Elektronengeschwindigkeit berechnete absolute Temperatur 30, 50, ja auch 100% höher als die des Glühdrahtes; RICHARDSON[10]) glaubt darum, den Grund für die Abweichungen nicht allein in Unzulänglichkeiten der experimentellen Methode suchen, sondern evtl. tiefere physikalische Ursachen dafür verantwortlich machen zu müssen. Doch scheint mit sauberen Versuchsbedingungen nach der Arbeit von GERMER (s. unten) sich auch ein günstigeres Resultat erzielen zu lassen. Im allgemeinen stören auch bei diesen Versuchen geringe Gasmengen, wie besonders POTTER hervorhebt. Sie ändern nicht die Form der Kurve, verschieben sie aber als Ganzes, so daß die mittlere Geschwindigkeit größer zu werden scheint. CONGDON[11]) z. B. stellt fest, daß Wasserstoff schon in geringen Mengen die Geschwindigkeiten heraufsetzt, Argon aber nicht. Man kann dies als Bestätigung dafür ansehen, daß Elektronenstöße im Edelgas fast vollständig elastisch verlaufen, hat aber bis jetzt keine Erklärung für die Erhöhung der mittleren Geschwindigkeit im Wasserstoff.

Je höher die Temperatur gewählt wird, desto schlechter ist die Übereinstimmung von Theorie und Erfahrung. Es ist dies auch zu erwarten, da bei größeren Elektronendichten Raumladungen und Potentialsenken sich ausbilden, und die Voraussetzungen der Gleichungen (1) und (2) nicht mehr erfüllt sind. Bei kleinen Sättigungsströmen ist die beste der neueren Untersuchungen von GERMER[12]) ausgeführt worden. Unter den Fehlerquellen, die außer der der Raumladung vermieden wurden, sind zwei vor allem von Bedeutung: 1. das kurzwellige Licht, das der Heizdraht aussendet, löst aus dem Zylinder Photoelektronen aus, die mit zur Messung kommen. 2. besonders langsame Elektronen werden am Zylinder reflektiert und fallen, der Richtung des Feldes folgend, auf den Glühdraht zurück, entgehen also dem gemessenen Strom. — Aus diesem Grunde wird der Heizdraht mit einem Gitter umgeben, und zwischen diesem und der Anode ein konstantes beschleunigendes Potential von etwa 10 Volt angelegt, während das variable verzögernde Feld zwischen Gitter und Glühdraht liegt.

---

1) W. SCHOTTKY, Ann. d Phys. Bd. 44, S. 1011. 1914. Verh. d. D. phys. Ges. Bd. 16, S. 490. 1914.
2) SIH-LING-TING, Proc. Roy. Soc. London (A) Bd. 98, S. 374. 1920/21.
3) O. W. RICHARDSON, Phil. Mag. Bd. 17, S. 813. 1909.
4) O. W. RICHARDSON u. F. C. BROWN, Phil. Mag. Bd. 16, S. 353. 1908.
5) F. BROWN, Phil. Mag. Bd. 17, S. 355. 1909.
6) H. H. POTTER, Phil. Mag. Bd. 46, S. 768. 1923.
7) L. R. KOLLER, Phys. Rev. Bd. 25, S. 671. 1925.
8) J. H. JONES, Proc. Roy. Soc. London (A) Bd. 102, S. 734. 1922/23.
9) H. ROTHE, ZS. f. Phys. Bd. 37, S. 414. 1926.
10) O. W. RICHARDSON, Emission of Electricity from Hot Bodies, 2. Aufl., S. 172.
11) J. F. CONGDON, Phil. Mag. Bd. 47, S. 458. 1924.
12) L. H. GERMER, Phys. Rev. Bd. 25, S. 584, 795. 1925.

Bei dieser Anordnung fallen sowohl reflektierte als auch lichtelektrisch ausgelöste Elektronen auf den Zylinder zurück. Photoströme, die vom Gitter abfließen, werden durch einen entgegengeschalteten Strom gleicher Größe kompensiert, das Kontaktpotential zwischen Netz und Heizdraht wird berücksichtigt. Der Heizstrom fließt intermittierend in 500 Perioden pro Sekunde, während der Zeiten des Stromschließens läßt ein stark verzögerndes Feld jeden Anodenstrom verschwinden. Das mit der Anode verbundene Elektrometer lädt sich während der Stromöffnungsperioden auf. Hierdurch ist erzielt, daß während der Messung der Glühdraht konstantes Potential besitzt und kein Magnetfeld die Bahn der Elektronen beeinflußt. Die Meßresultate ergeben eine recht gute Übereinstimmung der Geschwindigkeitsverteilung mit der MAXWELLschen. Die nach Gleichung (2) errechneten Temperaturen stimmen, besonders wenn kleine Sättigungsströme verwandt werden, mit den direkt gemessenen des Glühdrahtes auf weniger als 5% überein. Bei höheren Temperaturen machen sich Raumladungsstörungen bemerkbar. Bessere Resultate konnten bisher nicht erzielt werden.

HULL[1]) gibt eine von der oben beschriebenen abweichende Methode an, mit der es ihm möglich ist, die Verteilungskurve für die tangentielle Komponente aufzunehmen. Er legte die kalte Anode (Radius r) in die Zylinderachse und umgibt sie konzentrisch mit der in Form einer Heizspirale ausgebauten Glühkathode (Radius R_0). Ein Magnetfeld, dessen Kraftlinien parallel der Achse verlaufen, biegt die Elektronen um so stärker von ihrer Bahn ab, eine je größere Geschwindigkeitskomponente v_0 senkrecht zum elektrischen Feld sie besitzen. Ist das magnetische Feld genügend groß, so vermag es die Elektronen von der Anode fernzuhalten und auf die Kathode zurückzuführen. Es sind zwei Fälle zu unterscheiden: um sie zu charakterisieren, denken wir uns eine Ebene gezogen, die den Anodendraht enthält, und ferner einen Punkt der Kathode, aus dem allein wir für den Augenblick Elektronen in den Raum treten lassen. Ein Magnetfeld konstanter Größe und Richtung wird alle Elektronen in der einen Zylinderhälfte direkt zur Kathode zurückwerfen, falls ihre tangentielle Geschwindigkeit, nennen wir sie v_0', einen bestimmten maximalen Wert übersteigt. Die Elektronen aber, die aus dem Metall in die andere Zylinderhälfte treten, müssen, ehe sie zur Kathode zurückfallen können, jene gedachte Ebene erst durchdringen. Sie erreichen die Anode nicht, falls ihre tangentielle Geschwindigkeitskomponente v_0'' hinreichend klein ist. Das kritische Feld H, das die Elektronen verhindert, auf den Anodendraht zu gelangen, beträgt, wenn V die Potentialdifferenz zwischen den Elektroden bedeutet:

$$H = \pm \frac{r}{R_0^2} \cdot \sqrt{\frac{8m}{e} \cdot V} + \frac{2 m v_0}{e R_0}, \tag{1}$$

wobei das doppelte Vorzeichen des ersten Summanden sich auf jene 2 Gruppen bezieht. Die erstere (v_0') verlangt ein kleineres kritisches Feld als die zweite (v_0''). Ist H genügend groß, um alle Elektronen der ersten Kategorie ($v_0' \geqq 0$) vom Anodenstrom fernzuhalten, so läßt sich eine analoge Überlegung für die zweite Gruppe allein durchführen, auch dann gehen sowohl die langsamsten als auch die schnellsten Elektronen für den Stromtransport verloren. Der Anodenstrom ist also eine Funktion des Feldes H und läßt sich darstellen als:

$$i_H = \int_{v_0'}^{v_0''} f(v_0)\, d v_0 ;$$

[1]) A. W. HULL, Phys. Rev. Bd. 18, S. 31. 1921.

wobei v_0' seiner Richtung gemäß mit negativem Vorzeichen einzusetzen ist. Da die zur merklichen Beeinflussung des Anodenstromes notwendigen Felder klein sind (sogar das Erdfeld ruft schon erhebliche Störungen hervor!) und der zweite Summand in Gleichung (1) von der gleichen Größenordnung ist wie der erste, kann v_0 auf diese Weise recht empfindlich gemessen werden. Andererseits läßt sich i_H berechnen unter der Annahme, daß die tangentiellen Komponenten der Austrittsgeschwindigkeiten eine MAXWELLsche Verteilung besitzen. Diese Rechnung hat HULL durchgeführt und unter Einführung einer willkürlichen Konstanten berechnete und beobachtete Anodenströme miteinander verglichen. Das Resultat ist in Tabelle 9 wiedergegeben, während Abb. 23 die beobachteten Anodenströme in einer anderen Versuchsreihe für drei verschiedene Anodendurchmesser als Funktion des Magnetfeldes (des Spulenstromes) zeigt.

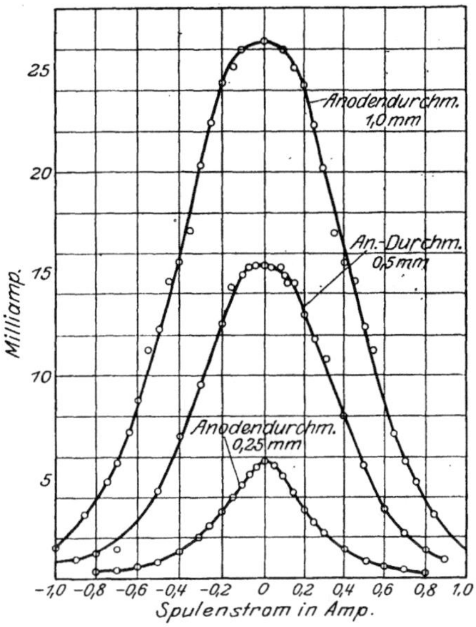

Abb. 23. Abszisse: Magnetfeld prop. Spulenstrom. Ordinate: Elektronenstrom.

Tabelle 9. Geschwindigkeitsverteilung der Elektronen nach HULL.

Anfangsgeschwindigkeit der Elektronen $v_0' \cdot 10^7$ cm/sec	$v_0'' \cdot 10^7$ cm/sec	Kritisches Magnetfeld nach Gleichung (1) H GAUSS	Anodenstrom in Milliampères berechnet	beobachtet
− 2,5	+ 2,5	0	2,85	2,85
− 2,0	+ 3,0	1,5	2,80	2,78
− 1,5	+ 3,5	3,0	2,63	2,45
− 1,0	+ 4,0	4,5	2,38	2,10
− 0,5	+ 4,5	6,0	2,07	1,80
0	+ 5,0	7,5	1,71	1,45
+ 0,5	+ 5,5	9,0	1,35	1,15
+ 1,5	+ 6,0	10,5	1,01	0,97
+ 1,5	+ 6,5	12,0	0,71	0,72
+ 2,0	+ 7,0	13,5	0,47	0,56
+ 2,5	+ 7,5	15,0	0,30	0,47
+ 3,0	+ 8,0	16,5	0,17	0,39
+ 4,0	+ 9,0	19,5	0,05	0,28

b) Die differentielle Methode. Das Prinzip hat RICHARDSON[1]) angegeben, die Methode ist aus Abb. 24 zu erkennen. In einem ebenen Plattenkondensator ist in die Kathodenfläche zentral eine emittierende glühende Spitze D versenkt. Die Anode O ist parallel mit sich verschiebbar und trägt in der Mitte einen Schlitz, durch den die Elektronen in den Meßkäfig T fallen. Würden alle Elektronen mit der Geschwindigkeit 0 die Kathode verlassen, so würden sie genau den elektrischen Kraftlinien folgen, und eine kleine seitliche Verschiebung des Schlitzes müßte den Käfig vom Strom abschirmen. Die tangentiellen Geschwindigkeitskomponenten bewirken, daß der Strom über eine gewisse Verschiebungsbreite meßbar ist, wie es Abb. 25 anzeigt. Die ausgezogene Kurve gibt den theoretischen Stromverlauf bei Annahme MAXWELLscher Verteilung, die Meßpunkte fallen, jedenfalls im mittleren Teil, recht gut mit den theoretischen

[1]) O. W. RICHARDSON, Phil. Mag. Bd. 16, S. 890. 1908; Bd. 18, S. 681. 1909.

zusammen. Eine Temperaturbestimmung ist allerdings nicht vorgenommen worden, so daß nur die Form der Verteilungsfunktion, nicht die absolute Lage des Maximums zum Vergleich herangezogen werden kann.

Ebenfalls punktweise läßt sich eine Verteilungskurve bei einer magnetischen Analyse aufnehmen, die Rössiger[1]) anwendet. Die „spektrale" Zerlegung wird durch ein homogenes Magnetfeld parallel zum Glühdraht hervorgerufen, das die Elektronen je nach ihrer Anfangsgeschwindigkeit auf verschiedene Bahnen lenkt (vgl. die analoge Anordnung von Hüttemann, Ziff. 25 für die Analyse positiver Ionen). Zwei vor der Anode liegende und mit Schlitzen versehene Zylinder, von denen der eine drehbar ist, sondern je eine Ge-

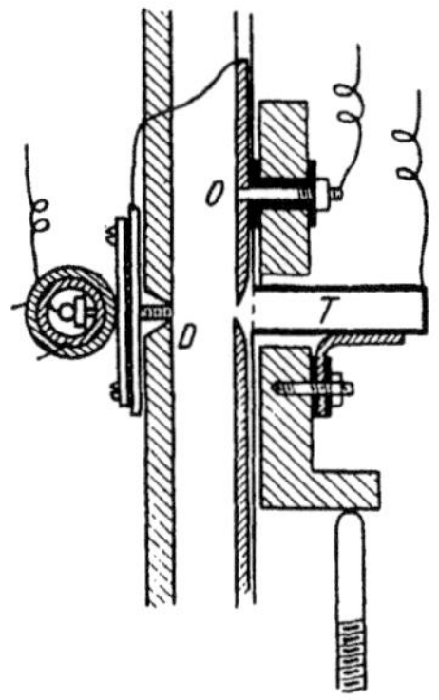

Abb. 24. Meßanordnung von Richardson zur Bestimmung der Geschwindigkeitsverteilung der Elektronen.

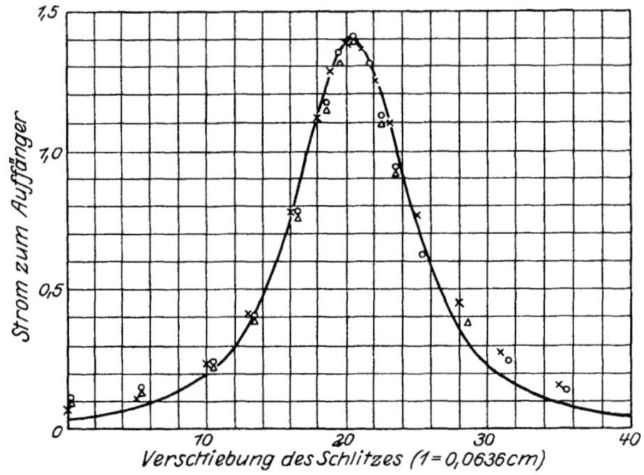

Abb. 25. Geschwindigkeitsverteilung der Elektronen nach Richardson.

schwindigkeitsgruppe aus. Auch hier fehlt die Temperaturbestimmung, so daß wieder nur die Form der Kurve, nicht die Lage des Maximums zum Vergleich mit der Theorie herangezogen werden kann. Diese aber stimmt mit einer Maxwellschen recht gut überein.

Zusammenfassend läßt sich sagen, daß die Anfangsgeschwindigkeiten von Glühelektronen mit großer Wahrscheinlichkeit dem Maxwellschen Verteilungsgesetz folgen. Die Kurvenform ist fast in allen Arbeiten als solche erkannt worden. Die aus der Kurve abgeleitete Temperatur des Elektronengases hat bei der genauesten Untersuchung, der von Germer, eine Übereinstimmung auf 5% mit der Temperatur des emittierenden Glühkörpers ergeben, wobei die Abweichung sich evtl. auf Meßfehler schieben läßt. Die bisher erreichte Präzision genügt also, um in erster Näherung eine Maxwellsche Verteilung sicherzustellen, bei der Elektronengas und Glühkörper in Temperaturgleichgewicht stehen. Sie ist aber noch weit davon entfernt, kleine Abweichungen von einer Maxwellschen Verteilung, wie sie aus theoretischen Überlegungen vorhergesagt werden kann [Epstein[2])] feststellen zu können.

i) Der Schroteffekt.

37. Erklärung des Effektes. Das Strömen von Elektrizität ist aus Elementarprozessen zusammengesetzt, und Elementarprozesse sind mit Schwankungen verbunden. — Wie in Kap. 2, Ziff. 22, gezeigt wurde, ist das Fließen eines

[1]) M. Rössiger, ZS. f. Phys. Bd. 19, S. 167. 1923.
[2]) P. S. Epstein, Verh. d. D. Phys. Ges. Bd. 21, S. 85. 1919.

Ionisationsstromes kein kontinuierlicher Vorgang, sondern die ionisierenden Stöße, die je einen Schwarm von Elektronen auf die Elektroden fallen lassen, sind nach den Gesetzen des Zufalls verteilt, nur in langer Beobachtungsdauer scheint der Strom eine unveränderliche Größe zu sein. Es war ein außerordentlich glücklicher Gedanke von SCHOTTKY[1]), auch beim Elektronenstrom durch das Vakuum nach Schwankungserscheinungen geforscht, und den Weg gezeigt zu haben, wie man sie theoretisch fassen und trotz ihrer Kleinheit experimentell nachweisen kann. Der Gedankengang ist folgender:

Zwischen Glühkathode und gegenüberstehender Anode findet ein Elektritätstransport durch Elektronen statt, die zwar in sehr schneller Folge, aber — und das ist das Wesentliche — unabhängig voneinander den Glühdraht verlassen. Die Aussendung eines Teilchens in irgendeinem Augenblick hat keinen Einfluß auf den Zeitpunkt, in dem ein anderes Teilchen emittiert wird, die Elementarprozesse folgen einander in Intervallen, die vollständig nach dem Zufall verteilt sind. Ist i_0 der mittlere Strom, i_τ der Strom, der während des sehr kurzen Zeitintervalles τ fließt, $i_\tau - i_0 = j_\tau$ die Abweichung vom Mittelwert, die positiv und negativ sein kann, so ist $\overline{j_\tau^2}$ aus den bekannten Schwankungsgesetzen berechenbar. Zunächst ist $i_\tau = \frac{e \cdot n_\tau}{\tau}$, wenn e die Elementarladung und n_τ die Zahl der Elektronen bedeutet, die während der Zeit τ die Anode erreichen. Hieraus folgt, wenn $j_\tau = \frac{e \cdot \mathfrak{n}_\tau}{\tau}$, wo $\mathfrak{n}_\tau = n_\tau - N \cdot \tau$:

$$\overline{j_\tau^2} = \frac{e^2}{\tau^2} \cdot \overline{\mathfrak{n}_\tau^2} = \frac{e^2}{\tau^2} \cdot N \cdot \tau\,,$$

wenn N die mittlere Zahl der pro Sekunde abfließenden Elementarladungen ist. Setzt man

$$e \cdot N = i_0\,, \qquad \text{so ist also} \qquad \overline{j_\tau^2} = i_0 \cdot \frac{e}{\tau}\,.$$

Das mittlere Schwankungsquadrat, gemessen innerhalb bestimmter Perioden τ, ist proportional dem mittleren Strom und proportional dem Elementarquantum.

Zerlegt man nun den in der Entladungsröhre während eines großen Zeitintervall T fließenden Strom mit seinen durch den Schroteffekt[2]) verursachten Schwankungen nach FOURIER, wo $T \gg \tau$, so konnte SCHOTTKY zeigen, daß die Schwankungen auf einen parallel geschalteten Resonator von der Eigenperiode τ und beliebiger Dämpfung so wirken, als ob in der Entladungsröhre ein rein sinusförmiger Wechselstrom von der gleichen Periode τ und der effektiven Amplitude

$$a = \sqrt{\pi} \cdot \sqrt{\frac{e\, i_0}{\tau}}$$

vorhanden wäre. Wegen des rechnerischen Beweises muß auf die Originalarbeit verwiesen werden[3]). Um aus der meßbaren Energie, die der Resonator aufnimmt, a zu berechnen, ist noch nötig, die Dämpfung des Schwingungskreises zu kennen. Ist also aus Kapazität, Selbstinduktion und Ohmschem Widerstand des Resonanzkreis die Amplitude a und die Eigenfrequenz τ bekannt, hat man

[1]) W. SCHOTTKY, Ann. d. Phys. Bd. 57, S. 541. 1918; Bd. 68, S. 157. 1922.

[2]) Den Namen Schroteffekt wählte SCHOTTKY mit Rücksicht auf die Entstehungsart. Der Ausdruck „Schrot" weist auf eine große Anzahl gleich großer Elementarteilchen hin. Der Name hat sich jetzt allgemein eingebürgert.

[3]) Wegen eines kleinen untergelaufenen Rechnungsfehlers vgl. die Korrektur von J. B. JOHNSON, Ann. d. Phys. Bd. 67, S. 154. 1922; W. SCHOTTKY, ebenda Bd. 68, S. 157. 1922.

ferner den mittleren Strom in der Entladungsröhre i_0 gemessen, so läßt sich aus diesen Größen der Wert des Elementarquantums berechnen. Die Theorie des Schroteffektes ist später etwas einfacher durch FÜRTH[1]) und ORNSTEIN und BURGER[2]) mit dem gleichen Endresultat dargestellt worden.

Die Messung der Wechselstromamplitude ergibt sich nun so, daß die im Resonanzkreis erzeugte Schwingung in weiteren Kopplungskreisen verstärkt wird, bis die Amplitude genügend groß ist, um die Schwingung hörbar oder nach Gleichrichtung galvanometrisch meßbar zu machen.

38. Bestimmung der Elementarladung aus dem Schroteffekt. Die ersten Versuche, den theoretisch vorhergesagten Effekt experimentell zu prüfen, unternahm auf SCHOTTKYS Veranlassung HARTMANN[3]). Der Verfasser gibt Werte für das Elementarquantum an, die um einige Zehnerpotenzen vom richtigen Betrage abweichen, doch hat FÜRTH (a. a. O.) gezeigt, daß bei der Auswertung Fehler begangen wurden und das Resultat dem MILLIKANschen Wert auf etwa 50% gleichkomme. — Kürzlich haben HULL und WILLIAMS[4]), ohne am Prinzip etwas zu ändern, die HARTMANNsche Methode verbessert, und eine Präzisionsbestimmung von e ausgeführt. Nach den Angaben der Verfasser könnte die Genauigkeit noch weiter getrieben werden, obschon der neueste Wert des im Millikankondensator gemessenen Elementarquantums nur noch um $^1/_3$% abweicht. Jedenfalls scheint jetzt bald die Frage auftauchen zu können, welche der zwei Methoden die geeignetere für Präzisionsbestimmungen von e ist. Die Endformel, aus der e gefunden wurde, lautet:

$$e = \frac{2\,C^2 R\, V_1^2}{i_0 \cdot L \cdot F}$$

hierin sind C, R und L Kapazität, Widerstand und Selbstinduktion des Schwingungskreises, die direkt durch Vergleich mit Normalien bestimmt wurden, i_0 ist der mittlere Thermionenstrom, F der Verstärkungsfaktor der Anordnung. V_1 bedeutet die Spannung einer rein sinusförmigen Wechselstromquelle, die, an das Gitter der Versuchsröhre gelegt, den gleichen Effekt im Schwingungskreis hervorruft wie die Schwankungen des Thermionenstromes. Besondere Vorversuche zeigten, daß die Resultate weder durch Schwankungen in den verwendeten Batterien noch in den Verstärkerröhren gefälscht waren.

Wenn der Thermionenstrom ein reiner Temperaturstrom unbeeinflußt durch Raumladungen ist, erhalten HULL und WILLIAMS

$$e = 1{,}586 \cdot 10^{-19}\, Cb. \quad e = 4{,}756 \cdot 10^{-10}\ \text{el. st. E.}$$

Während MILLIKAN aus Kondensatormessungen findet

$$e = 1{,}592 \cdot 10^{-19}\, Cb. \quad e = 4{,}774 \cdot 10^{-10}\ \text{el. st. E.}$$

Recht interessant ist die Beobachtung, daß die Spannungsschwankungen bis auf 18% ihres Wertes herabgedrückt werden, wenn sich Raumladungen in der Röhre ausgebildet haben. Die Verfasser meinen, daß in diesem Fall die einzelnen Elementarereignisse nicht mehr als unabhängig voneinander anzusehen seien, sondern daß unter der Wirkung der Raumladung die geladenen Partikel in mehr und mehr gleichmäßigen Zeitintervallen ihren Weg zur Anode zurücklegten.

---

[1]) R. FÜRTH, Phys. ZS. Bd. 23, S. 354. 1922.

[2]) L. S. ORNSTEIN u. H. C. BURGER, Ann. d. Phys. Bd. 70, S. 622. 1923.

[3]) C. A. HARTMANN, Ann. d. Phys. Bd. 65, S. 51. 1921; Phys. ZS. Bd. 23, S. 436. 1922.

[4]) J. W. HULL u. N. H. WILLIAMS, Phys. Rev. Bd. 25, S. 147. 1925.

Erwähnt sei auch eine weitere Beobachtung, die sich an die Messung anschloß. Die Verfasser verwandten eine Doppelgitterröhre, bei der die Netzspannungen so einreguliert wurden, daß kein nachweisbarer Strom zur Anode floß. Würden tatsächlich keine Elektronen die Gegenelektrode erreichen, so hätte auch der Schroteffekt verschwinden müssen, seine Existenz zeigte aber an, daß mit kleiner Geschwindigkeit an der Anode ankommende Elektronen dort reflektiert wurden, und so Strom und Gegenstrom sich gerade kompensierten. Ist nun das Auftreffen von Elektronen zwangsläufig mit einer unmittelbar darauffolgenden Reflexion verbunden (wahre Reflexion), so sind Strom und Gegenstrom in Phase, und der Schroteffekt hätte ebenfalls verschwinden müssen. Tatsächlich ergab sich aber ein Anwachsen der Schwankungen um einen solchen Betrag, daß der Gesamteffekt als die Summe zweier unabhängiger Schwankungserscheinungen aufgefaßt werden konnte. Sind die Erscheinungen richtig interpretiert, so heißt das, die Reflexion findet zu Zeitpunkten statt, die durch den primären Elementarprozeß nicht vorgeschrieben sind, sondern unabhängig von ihm den Zufallsgesetzen unterliegen. Eine wahre Reflexion war in diesen Versuchen unmeßbar klein, die hier beobachtete scheinbare wäre so zu verstehen, daß die auffallenden Elektronen sich an Metallatome anheften, dort eine gewisse, noch unbestimmbare, aber nicht konstante Zeit verweilen, und erst dann als freie Elektronen wieder in den Raum austreten.

Kapitel 3.

Flammenleitfähigkeit.

Von

Hildegard Stücklen, Zürich.

Mit 15 Abbildungen.

a) Einleitung.

1. Einleitung. Auch eine Flamme ist ein Leiter der Elektrizität, ein zwischen zwei Elektroden sie durchfließender Strom wird von Ionen getragen, die nicht erst durch den Entladungsvorgang entstehen, sondern die dauernd im Flammenraum anwesend sind. Die Entladung ist darum eine unselbständige, analog der durch kalte ionisierte Gase, oder zwischen Elektroden, die Thermionen emittieren. — Sowohl der experimentellen Erforschung der Flammenleitung als auch der theoretischen Erklärung der einzelnen Erscheinungen stellen sich aber bei weitem größere Schwierigkeiten entgegen als in den anderen Gebieten der unselbständigen Entladung. Die Verbrennung ist ein chemischer Vorgang, bei dem zwischen Dissoziation und Rekombination der Moleküle ein von der Temperatur und der Beschaffenheit des Gases abhängiges Gleichgewicht herrscht, die Temperatur selbst ist in den einzelnen Flammenteilen recht verschieden; werden Elektroden in die Verbrennungszone eingesenkt und dabei auf Glühtemperatur erhitzt, so emittieren sie, wie in Kap. 2 gezeigt wurde, Ionen beiderlei Vorzeichens, deren Menge nicht nur von Temperatur und Material, sondern wesentlich auch von den in ihnen gelösten Gasen abhängt; werden sie gekühlt, so beeinflussen sie dadurch die Temperatur ihrer Umgebung. Jeder einzelne dieser Prozesse befolgt seine eigenen Gesetze, hat seine eigenen Gleichgewichtszustände. Es ist wohl der Kompliziertheit der Erscheinungen zuzuschreiben, daß das Gebiet der Flammenleitung unter allen anderen der unselbständigen Entladung am wenigsten geklärt ist, und daß die Ergebnisse der Arbeiten verschiedener Forscher nicht nur quantitativ sondern auch qualitativ oft in schroffstem Widerspruch zueinander stehen.

Den ersten groben Effekt, daß Flammen leiten, kennt man, seit man sich mit den Problemen der Elektrostatik beschäftigt, also seit mehreren hundert Jahren, ist doch der Versuch, die entladende Wirkung von Flammen festzustellen, mit den einfachsten Hilfsmitteln, einem isoliert aufgestellten metallischen Körper, einem Elektroskop und einer Flamme festzustellen. Die genauere Untersuchung konnte aber erst einsetzen, als man sich über das Wesen der Gasleitung anfing klar zu werden, als man die Fähigkeit der Moleküle erkannte, Ionen zu bilden und Elektronen abzuspalten. Das, was heute an quantitativen Gesetzen sicher steht, ist erst der Arbeit der letzten Dezennien zuzuschreiben. Aus diesem Grunde werden im folgenden Untersuchungen älteren Datums übergangen und die Aufmerksamkeit fast ausschließlich den Ergebnissen neuerer Forschungen zugewandt werden.

Wer Interesse für die älteren und ältesten Messungen hat, sei auf die Originalabhandlungen verwiesen, deren Literaturangabe man z. B. in WIEDEMANNS Handbuch der Elektrizität Bd. IV 2 findet, ferner bei A. DE HEMPTINNE[1]) und THOMSON[2]). Eine ausgezeichnet kritische historische Übersicht über ältere Messungen hat BECKER[3]) gegeben.

2. Kurzer Überblick über die historische Entwicklung der Probleme. In aller Kürze sei der historische Gang der Entwicklung skizziert. Die frühesten Untersuchungen über die elektrischen Eigenschaften der Flammen setzen bereits im 17. Jahrhundert ein[4]). Ein geladener Konduktor, in Flammennähe gebracht, entlädt sich, und ein Elektroskop, das mit einer isoliert aufgestellten Flamme verbunden ist, lädt sich auf. Über die Ursachen dieser Erscheinung werden verschiedene Hypothesen gemacht: Spitzenwirkung der Flamme[5]), durch Hitze leitend gewordener Wasserdampf, geladene Kohlepartikelchen[6]). Im Jahre 1802 schon erkannte ERMANN[7]) den negativ unipolaren Leitungscharakter sowohl der verbrennenden als auch der entweichenden Gase, etwas später wurde die „Eigenelektrizität" des Flammenkörpers gefunden[8]). Sie macht sich, wenn der Brenner zwischen zwei hochaufgeladene Kondensatorplatten gebracht wird, an der Ablenkung der einzelnen Flammenteile bemerkbar. Der äußere Mantel wird von der Kathode angezogen, besitzt also einen Überschuß an positiver Elektrizität, der innere von der Anode, und zeigt somit eine negative Raumladung an (s. Abb. 1). Die weitere Untersuchung gilt der Leitfähigkeit, die gemessen wird, wenn zwei über eine Spannungsquelle und ein stromanzeigendes Instrument verbundene Elektroden in die Verbrennungszone eingeführt werden. Sie wird als stark abhängig von der Temperatur der Gase und von Größe und Glühzustand der Kathode befunden, während die Anode ohne großen Einfluß zu sein scheint[9]).

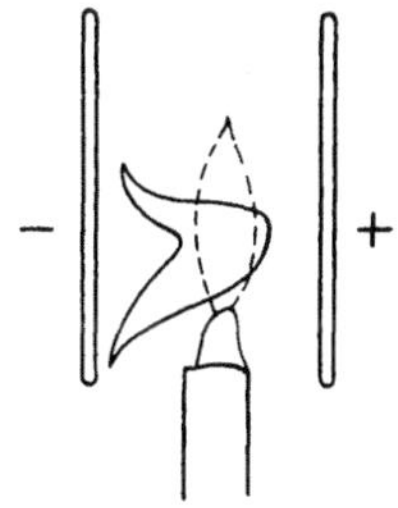

Abb. 1. Flamme im elektrischen Feld.

Eine Abstandsänderung der Elektroden ändert die Stromstärke nur unwesentlich, der Hauptwiderstand zeigt sich hiernach unmittelbar an den Elektroden, wenn reine Flammen zur Messung kommen, führt man jedoch Alkalisalze in sie ein, so wird der Übergangswiderstand sehr klein, der Strom nimmt stark zu und ist auch vom Elektrodenabstand abhängig[10]). Zur Erklärung der Leitfähigkeit sind die mannigfachsten Hypothesen aufgestellt worden, die aber für uns heute keine Bedeutung mehr haben. Unsere jetzige Auffassung, die Entladung durch die Flamme als von Ionen getragen anzusehen, stammt von J. J. THOMSON, der die gesamten Gasentladungserscheinungen auf diese Weise einheitlich faßte. Die Anwesenheit von korpuskularen Elektrizitätsträgern in der Flamme, auch wenn sie keine Metallteile berührt, die Thermionen aussenden,

[1]) A. DE HEMPTINNE, ZS. f. phys. Chem. Bd. 12, S. 244. 1893.
[2]) J. J. THOMSON, Conduction of Electricity through Gases. Deutsch von E. MARX 1906.
[3]) A. BECKER, Jahrb. d. Radioakt. und Elektr. Bd. 13, S. 139. 1916.
[4]) W. GILBERT, De magnete magneticisque corporibus et de magno magnete tellure. Physiologia nova. Londini 1600.
[5]) A. VOLTA, Meteorol. Brief an LICHTENBERG 1787; P. RIESS, Pogg. Ann. Bd. 61, S. 545. 1844; Bd. 71, S. 568. 1847; Bd. 74, S. 580. 1848.
[6]) R. v. REES, Pogg. Ann. Bd. 73, S. 41. 1848; Bd. 74, S. 379. 1848.
[7]) P. ERMANN, Gilb. Ann. Bd. 11, S. 150. 1802; Bd. 22, S. 14. 1806.
[8]) M. NEYRENEUF, Ann. chim. phys. Bd. 2, S. 473. 1874; W. HOLTZ, Carls Rep. Bd. 17, S. 69. 1881.
[9]) W. HANKEL, Pogg. Ann. Bd. 108, S. 146. 1859; Leipziger Abhandlgn. Bd. 7, S. 1. 1861.
[10]) W. HITTORF, Pogg. Ann. Bd. 136, S. 225. 1869; Jubelbd. S. 430. 1874.

ist heute sichergestellt. Man sieht dies, wenn man nach GIESE[1]) zwischen Verbrennungszone und aufgeladene Kondensatorplatten außerhalb der Flamme Ebonitscheiben bringt; sie laden sich an der inneren, der Flamme zugekehrten Fläche auf, positiv an der Kathoden-, negativ an der Anodenseite und zeigen damit direkt eine Ionenablagerung an. Auch besitzen die Verbrennungsgase in noch recht großem Abstand oberhalb der Verbrennungszone eine Leitfähigkeit, die sich nur herabsetzen läßt, wenn man die Ionen durch ein elektrisches Feld herauszieht. — Einen neuen Gesichtspunkt brachte ARRHENIUS[2]), als er die Flammenleitung als elektrolytischen Prozeß auffaßte. Die schwachen Ströme der reinen Flamme sollten nach ihm in der Hauptsache durch glühende Staub- oder Kohleteilchen getragen werden, die starken der salzhaltigen hingegen durch Ionen, die einer elektrolytischen Dissoziation der Salzmoleküle entstammen. Der stets anwesende Wasserdampf würde das Salz in das Hydroxyd verwandeln, und dieses zerfallen. Die Reaktionsgleichung für ein Alkalichlorid z. B. (Metall mit M bezeichnet) lautet demnach: $MCl + H_2O = MOH + HCl = M^+ + OH^- + HCl$. Die Beobachtung, daß Salzsäure die Leitfähigkeit nicht beeinflußt, schien den Schluß zu rechtfertigen, das Säuremolekül als nicht dissoziiert anzunehmen. Allerdings wies HEMPTINNE (a. a. O.) die Leitfähigkeit der reinen, trocknen Kohlenoxydflamme nach, in der kein Wasserdampf anwesend ist. — Die ARRHENIUSsche Elektrolythypothese hat sich lange gehalten und auch eine Reihe aufgefundener Gesetzmäßigkeiten erklären können. Sie wurde erst widerlegt, als LENARD und im Anschluß an ihn eine Anzahl anderer Forscher, die Beweglichkeiten der negativen Elektrizitätsträger untersuchten. Diese wurden nun durchweg als viel größer gefunden, als daß man Atom- oder Molekülionen den Ladungstransport durch die Flamme zuschreiben kann, vielmehr müssen als Träger des negativen Stromes in erster Linie Elektronen in Betracht kommen. Wenn hier und da in der neueren Literatur noch die alte ARRHENIUSsche Auffassung auftaucht, so scheint ihr doch durch die Beweglichkeitsmessungen der Boden endgültig entzogen zu sein. —

Über das gesamte Gebiet der Flammenleitung existieren einige sehr gute größere Referate, auf die gleich eingangs verwiesen sei:

A. BECKER, Jahrb. d. Radioakt. und Elektr. Bd. 13, S. 139. 1917.
A. BECKER, Handb. d. Elektr. u. d. Magn. von L. GRAETZ, Bd. III. 1916.
E. MARX, Handb. d. Radiol. Bd. IV. 1914.
H. A. WILSON, The electr. Properties of Flames and of incandescant Solids. London 1912.

Eine große Anzahl von Arbeiten, die in diesen Werken ausführlich referiert sind, wird aus diesem Grunde hier nicht mehr aufgenommen werden.

b) Die Meßmethoden.

3. Die Flamme. Für die frühesten Untersuchungen wurde hauptsächlich die Alkoholflamme benutzt, daneben kamen brennender Schwefel, Phosphor und Kohle zur Verwendung; die damit erzielten Temperaturen sind niedrig. HITTORF[3]) als erster bediente sich für seine Messungen des Bunsenbrenners und erreichte damit Flammentemperaturen von der Größenordnung von 1800° C. Heute wird für die meisten Untersuchungen der Bunsenbrenner verwandt, bei dem die Luftzufuhr allerdings häufig aus einem gesonderten Reservoir erfolgt, einmal um den Druck besser zu regulieren, dann auch, um den Staub der Zimmer-

---

[1]) W. GIESE, Wied. Ann. Bd. 17, S. 1, 236, 519. 1882; Bd. 38, S. 403. 1889.
[2]) S. ARRHENIUS, Bihang Stockholm Akad., 8. Okt. 1890; Wiener Ber. (II) Bd. 99, S. 731. 1890; Wied. Ann. Bd. 42, S. 18, 1891.
[3]) W. HITTORF, Pogg. Ann. Bd. 136, S. 225. 1869; Jubelbd. S. 430. 1874.

luft fernzuhalten. Daneben ist der Mékerbrenner eingeführt worden, für den die Luftzufuhr stärker ist, und bei dem der besseren Mischung von Gas und Luft wegen auch eine gleichmäßigere Temperaturverteilung herrscht[1]). Die einzelnen Teile der Bunsenflamme seien einer Abbildung LENARDS entnommen (Abb. 2). S ist der Flammensaum, der den BUNSENschen oberen und unteren Oxydationsraum umschließt[2]). M_1, der äußere Flammenmantel stellt den heißesten Teil der Verbrennungszone dar und enthält den BUNSENschen Schmelzraum[3]), M_2 ist der innere Mantel oder der Reduktionsraum und schließlich C, der blaue Konus ist ein Kegelmantel von sehr geringer Dicke, der nach F. MAXWELL[4]) als eine besonders ergiebige Elektronenquelle anzusehen ist. Statt einer einzelnen Flamme benutzen einige Forscher nach Angabe von H. A. WILSON mehrere nebeneinander gestellte, die sich je paarweise berühren; die Brennermündungen sind dann flachgedrückt, um die Flammenfläche möglichst lang zu gestalten. Dies wird angewandt, wenn z. B. auf die Kathode ein Salz gebracht wird, das den Kathodenfall herunterdrückt und dadurch das Gefälle in der übrigen Entladungsbahn steigert, während die Flamme im eigentlichen Untersuchungsraum rein bleibt.

Außer Leuchtgas findet die Alkoholflamme Verwendung[5]) auch brennbare Gase anderer Zusammensetzung. In hochtemperierten Flammen (Knallgas, Chlorknallgas) müssen die Elektroden mit Wasser gekühlt werden, wenn nicht durch Verwendung großer Elektrodenklötze für genügende Wärmeabfuhr gesorgt wird, um ihr Schmelzen zu verhindern.

Ist die Brennermündung aus Metall, so wird sie geerdet oder ihr ein festes Potential aufgedrückt. Oft erhält sie einen Aufsatz aus Quarz oder Pyrexglas, um die Flamme elektrisch zu isolieren.

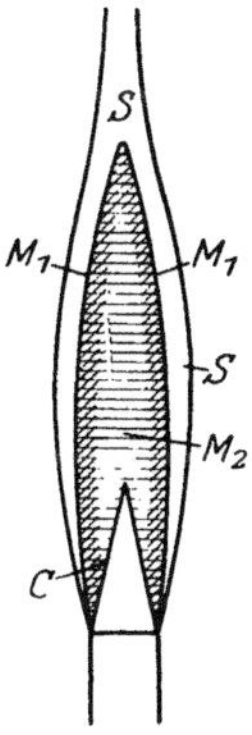

Abb. 2. Die Bunsenflamme.

4. Die Regulierung der Gas- und Luftzufuhr. Wesentlich für sauberes Arbeiten ist, Gas- und Luftzufuhr sehr genau zu regulieren, und damit Flammenhöhe und -temperatur konstant zu halten. ZACHMANN[5]) z. B. gibt an, daß eine Änderung des Gasdrucks um nur 5% das Feld in der Entladungsbahn um 20% ändere, und hält darum eine Druckregulierung mit weniger als 1% Schwankungen für unbedingt erforderlich. Gas und Luft werden darum aus Windkesseln eingeführt, die als Puffer dienen, der Druck wird manometrisch bestimmt. Eine besonders empfindliche Kontrolle für gleichmäßigen Druck ist die Konstanz der Temperatur[6]).

5. Die Temperaturmessung. Die Temperaturmessung erfolgte früher fast ausschließlich mit Thermoelementen; da die eingeführten Drähte die Flammengase nicht unwesentlich abkühlen, sind die Temperaturangaben wohl stets zu niedrig ausgefallen. Den Einfluß dieser Wärmeableitung konstatierten als erste SMITHELLS[7]) und LEWIS[8]), letzterer stellte z. B. fest, daß eine Reduktion der Drahtdicke von 0,5 auf 0,1 mm die scheinbare Flammentemperatur von 1617°

---

[1]) H. SCHMIDT, Dissert. Berlin 1909; Ann. d. Phys. Bd. 29, S. 971. 1909; H. KOHN, Dissert. Breslau 1913; Ann. d. Phys. Bd. 44, S. 749. 1914; H. SENFTLEBEN, Dissert. Breslau 1915; Ann. d. Phys. Bd. 47, S. 949. 1915.

[2]) P. LENARD, Ann. d. Phys. Bd. 17, S. 215. 1905.

[3]) R. BUNSEN, Flammenreaktionen. Heidelberg 1880.

[4]) F. MAXWELL, zitiert nach P. LENARD, Heidelb. Ber. 1914, Abh. 17, S. 8.

[5]) E. ZACHMANN, Dissert. Heidelberg 1923; Ann. d. Phys. Bd. 74, S. 461. 1924.

[6]) Siehe B. T. BARNES, Phys. Rev. Bd. 23, S. 178. 1924.

[7]) A. SMITHELLS, Journ. chem. soc. Bd. 67, S. 1049. 1895.

[8]) V. B. LEWIS, Proc. Roy. Soc. London Bd. 57, S. 450. 1895.

auf 1865° C steigen ließ. Darum verwandten WAGGENER[1]) und BERKENBUSCH[2]) Thermoelemente in Spiralform, bei denen die Wärmeableitung nach außen kleiner ist, untersuchten hierfür den Einfluß der Drahtdicke und extrapolierten auf die Dicke 0. Der Wärmestrahlungsverlust konnte berechnet und durch elektrisches Nachheizen kompensiert werden. Einwandfreier und auf alle Fälle einfacher ist eine optische Temperaturbestimmung. SCHMIDT[3]) legt durch die Flamme verschiedene Pt- und Pt-Rh-Drähte, deren Temperatur durch elektrisches Heizen variiert und mit dem optischen Pyrometer bestimmt wird unter Berücksichtigung des Absorptionsvermögens der eingeführten Metalle. Die gleiche Messung wird dann außerhalb der Flamme wiederholt, und der Wert der ausgestrahlten Energie mit Thermosäule bestimmt. Der auf diese Weise ermittelte Strahlungsverlust wird dem Draht durch den Heizstrom nachgeliefert und die wahre Flammentemperatur ermittelt.

Die Frage, ob die Lichtemission der Flamme eine reine Temperaturstrahlung sei oder ob sie durch chemische Reaktionen, in unserer heutigen Ausdrucksweise

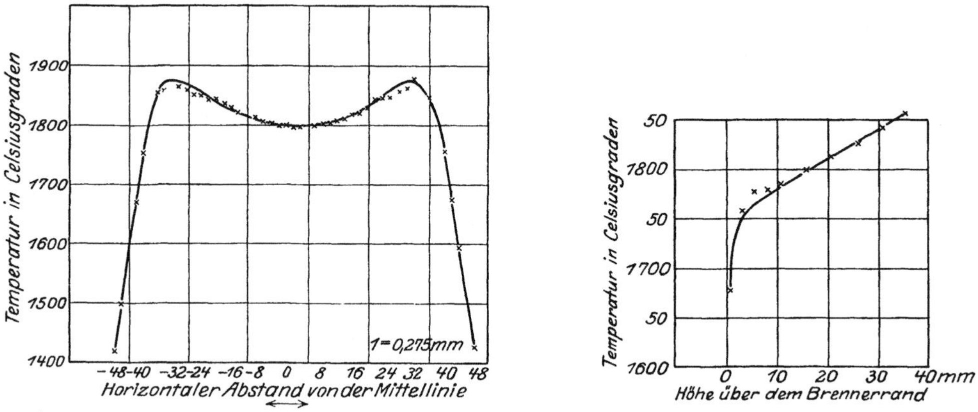

a b

Abb. 3. Temperaturverteilung in der Flamme nach H. KOHN; a) Horizontaler Querschnitt, b) vertikaler Querschnitt.

durch Chemilumineszenz hervorgerufen wird, hat seit KIRCHHOFF eine Reihe von Forschern beschäftigt. KIRCHHOFF[4]) selbst nahm Temperaturstrahlung an, konnte aber den Beweis nicht erbringen. Versuche, ihn zu führen, unternahmen FÉRY[5]), KURLBAUM und SCHULZE[6]) und BAUER[7]). Die genaueste der neueren Messungen lieferte KOHN[8]). Das Licht eines verschieden stark geheizten, reinen Temperaturstrahlers wird durch eine NaCl-haltige Flamme geschickt und beobachtet, wann die D-Linien zuerst in Absorption erscheinen. Bei Annahme der Gültigkeit des KIRCHHOFFschen Gesetzes wird für diese Heizstärke die Flammentemperatur der des Strahlers gleichgesetzt. Andererseits wird sie nach der obenbeschriebenen SCHMIDTschen Methode mit dem Thermoelement bestimmt. Eine Übereinstimmung der Resultate ergab sich nach beiden

[1]) W. J. WAGGENER, Wied. Ann. Bd. 58, S. 579. 1896.
[2]) F. BERKENBUSCH, Wied. Ann. Bd. 67, S. 649. 1899.
[3]) H. SCHMIDT, Ann. d. Phys. Bd. 29, S. 971. 1909.
[4]) G. KIRCHHOFF, Pogg. Ann. Bd. 109, S. 148. 1860.
[5]) CH. FÉRY, C. R. Bd. 137, S. 909. 1903.
[6]) F. KURLBAUM u. G. SCHULZE, Verh. d. D. Phys. Ges. Bd. 8, S. 239. 1906.
[7]) E. BAUER, Le Radium Bd. 6, S. 110, 360. 1909.
[8]) H. KOHN, Ann. d. Phys. Bd. 44, S. 749. 1914.

Methoden auf $\pm 10°$. Für Temperaturen von etwa 1500° C an aufwärts wird hiernach kein großer Fehler begangen, wenn man auf die Flamme die Strahlungsgesetze des schwarzen Körpers anwendet, und die Methode, die Absorption von Spektrallinien zu ermitteln, ist den anderen ihrer Einfachheit wegen vorzuziehen. Läßt man nun jeweils nur einen schmalen Bezirk der Flamme leuchten, indem man eine sehr kleine Salzperle in die einzelnen Zonen einführt und durch den aufsteigenden Dampfstreifen visiert, so kann man eine Temperaturverteilungskurve aufnehmen, ohne durch den äußeren kühlen Flammenmantel gestört zu sein. In dieser Weise sind die Meßpunkte der Abb. 3 bei horizontaler (3a) und vertikaler (3b) Durchquerung der Flamme aufgenommen worden.

In kälteren Flammen hingegen sind die Voraussetzungen des KIRCHHOFFschen Gesetzes nicht mehr erfüllt, und die Chemilumineszenz tritt mehr und mehr in den Vordergrund. Dies zeigt sich am schlagendsten nach einer Untersuchung von E. PRINGSHEIM[1]) in der kalten Schwefelkohlenstoffflamme, wo bei nur 150° C bereits ein Leuchten im ganzen sichtbaren Spektralbereich festzustellen war.

Sieht man von älteren, unzuverlässigeren Messungen ab, so werden im allgemeinen die Maximaltemperaturen in der Bunsen- und der Mékerflamme zu 1750 bis 1900° C angegeben je nach Art von Gas- und Luftzufuhr. Innerhalb des Flammenraumes sind erhebliche Temperaturdifferenzen vorhanden. Bei horizontaler Durchquerung liegen zwei Maxima am äußeren Flammenmantel, dazwischen ein von der Höhe über dem Brennerrand abhängiges Minimum. Auch hieraus folgt, daß innerhalb einer Meßreihe Gas- und Luftzufuhr mit äußerster Präzision reguliert werden müssen, da die kleinsten Druckschwankungen die Temperaturverteilung im Untersuchungsraum ändern können.

6. Die salzhaltige Flamme. HITTORF[2]) als erster führte Untersuchungen an salzhaltigen Flammen durch und zeigte, wie der elektrische „Widerstand" sich durch Einführung von Alkaliverbindungen erniedrigte. Da salzhaltige Flammen auch heute noch Gegenstand der Untersuchung sind, seien kurz die Methode ihrer Herstellung beschrieben. — Für viele Versuche genügt es, eine an einer Pt-Öse haftende Salzperle über die Brennermündung zu bringen. Die Konzentration kann roh aus dem Gewichtsverlust der Perle pro Zeiteinheit geschätzt werden. Sollen jedoch Gesetzmäßigkeiten untersucht werden, bei denen die Konzentration eine Rolle spielt, so muß das Salz gleichmäßiger in den Flammenraum verteilt werden. Die dem Brenner zuströmende Luft wird durch einen Zerstäuber gepreßt, wobei kleine Tropfen einer Salzlösung mitgerissen werden. Die Konstruktion des Zerstäubers ist von GOUY[3]) angegeben und mit nur wenigen Änderungen beibehalten worden. Abb. 4 zeigt die Anordnung: Durch m wird Druckluft geführt, die die zu untersuchende Flüssigkeit aus A durch f in die Vorlage V zerstäuben läßt. Größere Tropfen fließen durch n zurück, die feineren werden durch K in die Flamme gepreßt. Für relative Messungen verwendet man Lösungen verschiedener Konzentration. Wird, um den Gang der Leitfähigkeit mit Salzkonzentration zu untersuchen, auch die reine, salzfreie Flamme gemessen,

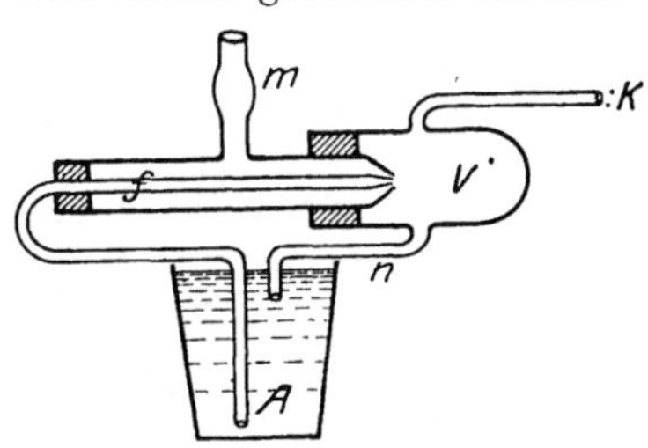

Abb. 4. Zerstäuber nach GOUY.

[1]) E. PRINGSHEIM, Wied. Ann. Bd. 45, S. 428. 1892; Bd. 49, S. 347. 1893; Bd. 51, S. 441. 1894.
[2]) W. HITTORF, Pogg. Ann. Bd. 136, S. 1, 197. 1869.
[3]) A. GOUY, Ann. chim. phys. (5) Bd. 18, S. 5. 1879.

so wird destilliertes Wasser in die Flamme zerstäubt, und so ihr Wasserdampfgehalt auf konstanter Höhe gehalten. Die absolute Konzentration in der Flamme ergibt sich nach einem von Gouy aufgefundenen Gesetz, wonach die Lichtintensität proportional der Wurzel aus der Konzentration ist. Das Gesetz wurde für kleine Konzentrationen von Zahn [1]), Beckmann und Waentig [2]), H. A. Wilson [3]) u. a. bestätigt. Das Vergleichsobjekt ist eine in die Flamme eingeführte Salzperle, deren Leuchtintensität und Gewichtsabnahme bestimmt wird. Zachmann [4]) gibt als absolute Konzentration bei Einführung einer Normal-Kochsalzlösung an: $2{,}31 \cdot 10^{-8}$ g Na pro Kubikzentimeter für die Leuchtgas- und $2{,}78 \cdot 10^{-8}$ g Na pro Kubikzentimeter für die Alkoholflamme. Die Werte gelten nur für eine bestimmte Meßanordnung, sollen aber ungefähr die Größenordnung des Metallgehaltes zeigen. Eine neuere Konstruktion eines Zerstäubers rührt von Beckmann und Waentig [2]) her. Auf eine schnell rotierende Scheibe fallen

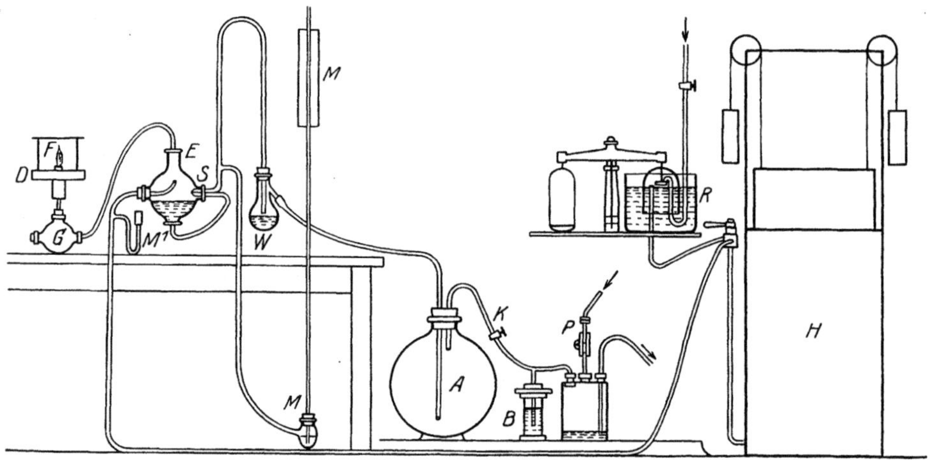

Abb. 5. Versuchsanordnung nach H. A. Wilson.

Tropfen, die durch Zentrifugalkraft vom Rande in sehr feiner Verteilung abgeschleudert werden. Den sich bildenden Nebel führt das Gas mit. Um Salze trocken einzuführen, mischt Kalandyk [5]) sie mit hocherhitztem Sand und läßt die Luft durch die Mischung streichen. –

Die gesamte Anordnung mit Gasregulierung, Druckmessung und Zerstäubungsvorrichtung nach einer Zeichnung von H. A. Wilson zeigt Abb. 5. Die Luft aus der Wasserstrahlpumpe P geht an der Quecksilbersicherung B vorbei und tritt durch den Regulierhahn K in den Windkessel A. Von hier aus streicht sie über das Wasserreservoir W zum Zerstäuber S, der seinerseits mit der zu untersuchenden Salzlösung in Verbindung steht. Ihr Druck wird am Wassermanometer M abgelesen. Das Leuchtgas passiert eine Reguliervorrichtung R und füllt das Gasometer H, von wo es nach E weitergeleitet wird und sich mit der Luft mischt. Der Gasdruck wird in M^1 abgelesen. Die Mischung Luft-Leuchtgas wird der Flamme F im Schutzgefäß D zugeführt, größere Flüssig-

---

[1]) H. Zahn, Dissert. Kiel 1898.
[2]) E. Beckmann u. P. Waentig, ZS. f. phys. Chem. Bd. 68, S. 385. 1910.
[3]) H. A. Wilson, Phil. Trans. (A) Bd. 216, S. 63. 1916.
[4]) E. Zachmann, Ann. d. Phys. Bd. 74, S. 461. 1924.
[5]) S. Kalandyk, Journ. de phys. et le Radium Bd. 5, S. 345. 1924.

keitstropfen, die vom Zerstäuber her mitgerissen waren, können sich in G sammeln.

7. Die Elektroden. Als Elektrodenmaterial kommt seiner chemischen Unangreifbarkeit wegen vor allem Platin in Betracht. Für die Art, Elektroden in die Flamme einzuführen, liegen mehrere Möglichkeiten vor. Entweder werden sie horizontal nebeneinander gestellt, oder sie liegen vertikal übereinander. In diesem Fall müssen sie aus nicht zu engem Netz geschnitten sein, um dem Gasstrom freien Durchtritt zu gewähren. Auch konaxiale Zylinder werden benutzt, durch die die Flamme streicht. Besonders bei neueren Untersuchungen tragen die Elektroden oft besondere Wasserkühlvorrichtungen, wodurch der Thermionenstrom von der Oberfläche ausgeschaltet wird, und nur die reine Volumionisation der Flamme zur Messung kommt. Einen großen Nachteil bildet dann aber die starke Abkühlung der Gase in der Elektrodenumgebung. BARNES[1]), dem es mehr auf homogene Temperatur in der Nähe der Elektroden als auf Vermeidung der Thermionenströme ankommt, verwendet als Kathode eine dünne Pt-Spirale, die wenig Wärme nach außen ableitet. — Besondere Schutzringe, die die Elektroden umgeben, sorgen für ein homogenes Feld, aber auch sie können leicht zu Temperaturstörungen führen, wenn sie in kältere Teile der Flammen hineinragen.

8. Messung der Flammengeschwindigkeit. Für die Messung der Ionenbeweglichkeit ist die Kenntnis der Flammengeschwindigkeit notwendig. Die in älteren Arbeiten verwandte Methode, aus der Strömungsgeschwindigkeit des Gas-Luftgemisches in der Zuführungsleitung und den Dimensionen der Flamme, den Wert zu berechnen, ist so ungenau, daß sie heute nicht mehr in Betracht kommt. Es wird dabei auch außer acht gelassen, daß die Geschwindigkeit am Flammenrand und den Seiten der Brennermündung, wo das Gas sich seitlich ausbreitet, viel kleiner ist als in der Mitte. — Etwas genauer ist eine von LENARD[2]) angegebene direktere Bestimmung: der Brenner wird exzentrisch auf eine rotierende Scheibe gesetzt und so schnell gedreht, daß die Flamme um 45° geneigt wird. Die Lineargeschwindigkeit der Zentrifugalmaschine wird dann der Strömungsgeschwindigkeit der Gase gleichgesetzt. BECKER[3]) benutzt den Auftrieb, den kleine Kugeln im Flammeninnern erfahren und berechnet den gesuchten Wert aus der Dichte der Flammengase, dem Koeffizienten der inneren Reibung und den Dimensionen der Kugel. Dies ist die erste Methode, die eine direkte Bestimmung im mittleren Teil der Flamme erlaubt, doch erfordert sie eine genaue Kenntnis der inneren Reibung und der Dichte. Am präzisesten und einfachsten ist eine Methode, die ursprünglich von DA ANDRADE[4]) angegeben, und etwas modifiziert heute von H. A. WILSON und seinen Schülern verwandt wird. ANDRADE bringt kleine feste Staubteilchen in den Gasstrom und beobachtet sie im rotierenden Spiegel. Ihre Bahn macht sich im Spiegel durch einen geneigten, hellen Streifen kenntlich, die Neigung und die Rotationsgeschwindigkeit sind das Maß für die Flammengeschwindigkeit. — WILSON läßt in sehr kurzen, konstanten Zeitintervallen aus einer feinen Öffnung eine Salzlösung in die Gaszuführungsleitung zerstäuben. Die Flamme erscheint dann durchsetzt von leuchtenden Streifen, und diese werden durch einen rotierenden Sektor beobachtet. Scheinen sie an irgendeiner Stelle still zu stehen, so läßt sich aus der Drehgeschwindigkeit des Sektors und der Anzahl Streifen, die pro Sekunde aus der Brenneröffnung treten, die Flammengeschwindigkeit in dieser Zone berechnen. Diese stroboskopische wie

[1]) B. T. BARNES, Phys. Rev. Bd. 23, S. 178. 1924.
[2]) P. LENARD, Ann. d. Phys. Bd. 9, S. 642. 1902.
[3]) A. BECKER, Ann. d. Phys. Bd. 24, S. 823. 1907.
[4]) C. DA ANDRADE, Ann. d. Phys. Bd. 37, S. 380. 1912.

auch die ANDRADEsche Methode erlauben, die einzelnen Flammenzonen gesondert zu untersuchen. Beide Male ergeben sich Strömungsgeschwindigkeiten von 270 bis 300 cm/sec.

c) Die Gesetze von ARRHENIUS.

9. Die Resultate von ARRHENIUS. Im Jahre 1891 hat ARRHENIUS[1]) die ersten systematischen Untersuchungen der Leitfähigkeit von salzdampfhaltigen Flammen unternommen und dabei Gesetzmäßigkeiten gefunden, die seitdem seinen Namen tragen. Sie lauten:

1. Alle Salze eines und desselben Metalls leiten bei äquivalenter Konzentration den Strom durch die Flamme gleich gut.

2. Die Leitfähigkeit eines jeden Salzes ist proportional der Wurzel aus der Konzentration der eingeführten Lösung.

3. Innerhalb der Gruppe der Alkalisalze wächst die Leitfähigkeit mit dem Atomgewicht, und zwar ungefähr proportional der Wurzel aus dem Atomgewicht.

4. Das Quadrat der Leitfähigkeit eines Salzgemisches ist gleich der Summe der Quadrate der Einzelleitfähigkeiten.

Von der Leitfähigkeit der salzhaltigen Flamme ist dabei die der reinen Flamme, die der Größenordnung nach 10 bis 20mal kleiner ist, in Abzug zu bringen.

Es ist erstaunlich, wie ARRHENIUS diese Beziehungen, die in gewissen Grenzen bestätigt wurden, erkannt hat, obgleich bei seiner der damaligen Zeit entsprechenden Versuchsmethode die Gesetzmäßigkeiten nur recht verschleiert zum Ausdruck kamen. ARRHENIUS schloß aus Satz 1, daß das Salz in der Flamme elektrolytisch dissoziiert sei und unter Mitwirkung von Wasserdampf ein Zerfall in Metall- und Hydroxydionen stattfinde, während das Radikal mit dem freiwerdenden H-Atomen die nicht dissoziierende Säure bilde (vgl. Ziff. 2). Die Annahme freier positiver Metallionen hat sich, wie später gezeigt wird, bewährt, die der Hydroxydionen hingegen nicht.

10. Prüfung des ersten ARRHENIUSschen Gesetzes durch neuere Arbeiten. Zunächst seien an Hand einiger neuerer Arbeiten Beispiele für das ARRHENIUSsche Gesetz angeführt. Unter Leitfähigkeit wird dabei definiert: das Verhältnis der Stromstärke zu der Spannungsdifferenz zwischen 2 Punkten der Flamme, zwischen denen ein konstantes Potentialgefälle herrscht. Den gesamten zwischen den Elektroden liegenden Spannungsunterschied einzuführen, wie es in älteren Arbeiten, auch noch nach 1900, fast allgemein geschah, ist falsch, da hierbei weder der Kathoden- noch der Anodenfall berücksichtigt sind. Ein solches Gebiet linearen Gefälles existiert aber stets und läßt sich mit Sonden abtasten.

H. A. WILSON[2]) stellt zwei gleichartige Flammenreihen nebeneinander, von denen die eine mit einer Standartlösung, die andere mit Lösungen äquivalenter Konzentrationen von verschiedenen Salzen des gleichen Metalls oder gleichen Salze verschiedener Metalle gespeist wird. Bestimmt wird das Verhältnis der Leitfähigkeit beider Flammen; die Standartlösung enthielt 216 g Na_2CO_3 in einem Liter Wasser. Tab. 1 gibt die relativen Beträge an.

Tabelle 1. Relative Leitfähigkeiten verschiedener Salze.

Salz	Relative Leitfähigkeit
NaCl	1
Na_2CO_3	1
KCl	9,3
K_2CO_3	9,3
RbCl	11,8
CsCl	25,02

[1]) S. ARRHENIUS, Wied. Ann. Bd. 42, S. 18. 1891; Bihang Stockholmer Akad., Okt. 1890; Wiener Ber. (II) Bd. 99, S. 731. 1890.

[2]) H. A. WILSON, Phil. Trans. (A) Bd. 216, S. 63. 1916.

Die Tabelle zeigt, daß das Radikal des Salzes ohne Einfluß ist. Die früher vom gleichen Verfasser aufgestellte Behauptung Hydro- und Oxysalze zeigten ein verschiedenes Verhalten, wird hiermit zurückgenommen. — Dies sei besonders betont, da der frühere WILSONsche Befund auch in der neueren Literatur immer wieder zitiert wird.

11. Das Leitfähigkeitsgesetz von H. A. WILSON. Die Abhängigkeit der Leitfähigkeit von der Konzentration des Salzes untersucht der Verfasser in gleicher Weise. Das ARRHENIUSsche Gesetz ist für stark konzentrierte Lösungen recht gut, für schwache aber schlecht erfüllt. Es werden darum theoretische Überlegungen angestellt, um eine Formel zu gewinnen, die den experimentellen Befunden besser gerecht wird.

In der Flamme sei S die Anzahl der Salzmoleküle pro ccm, von denen n sich in positive Salzionen verwandeln. Die negativen Ionen sollen als Elektronen aufgefaßt werden, da, wie später (Ziff. 24) noch ausführlich gezeigt werden wird, die Träger des negativen Stromes in der Flamme fast ausschließlich Elektronen sind. Ihre Anzahl pro ccm in der Flamme, d. h. die Zahl Elektronen, die durch Ionisation der S Salzmoleküle entstehen, beträgt n. Ferner sei die Anzahl Flammengasmoleküle pro ccm: F, analog mögen sich hieraus m positive Ionen und m Elektronen bilden. Nun leitet die reine Flamme den Strom nur sehr schwach, für $(F - m)$, die Anzahl der neutral gebliebenen Flammengasmoleküle kann also ohne großen Fehler F gesetzt werden. Pro ccm sind also im ganzen vorhanden:

an neutralen Salzmolekülen: $(S - n)$, an positiven Salzionen n,
an neutralen Flammengasmolekülen $(F - m) \sim F$; an positiven Flammengasionen: m,
an Elektronen: $m + n$.

Nimmt man das bei der unselbständigen Entladung stets als gültig gefundene Rekombinationsgesetz auch in der Flamme als richtig an, so lassen sich folgende zwei Gleichgewichtsbeziehungen aufstellen:

1. für die Salzmoleküle: $(S - n) = \alpha \cdot n \cdot (n + m)$,
2. für die Flammengasmoleküle: $(F - m) = F = \beta \cdot (m + n)$,

wo α und β die Rekombinationskoeffizienten der Salz -und Flammengasionen sind.

Die Leitfähigkeit λ ist proportional der Anzahl der anwesenden Ionen, also: $A \cdot \lambda = n + m$ (A = const). Setzt man $\lambda = 1$ für $S = 0$ (für die salzfreie Flamme) so folgt durch Einsetzen und Eliminieren von F/β:

$$S = A \cdot \frac{\lambda^2 - 1}{\lambda} (1 + \alpha \cdot A \cdot \lambda) .$$

Bezeichnet man mit k die Salzkonzentration in Gramm pro Liter der Lösung, die in die Flamme zerstäubt wurde, und ist $G \cdot S = 10^4 \cdot k$, wo G eine Konstante proportional dem Molekulargewicht des Salzes ist, so gilt, falls zur Abkürzung: $G \cdot A = b$ und $G \cdot \alpha \cdot A^2 = a$ gesetzt wird:

$$10^4 \cdot k = \frac{\lambda^2 - 1}{\lambda} (b + a\lambda) \tag{1}$$

und

$$\frac{n}{S} = \frac{b}{b + a\lambda} . \tag{2}$$

n/S ist die Zahl, die angibt, welcher Bruchteil aller Salzmoleküle ionisiert ist. Wenn λ groß gegen 1 ($\lambda = 1$ gilt für die reine Flamme) und b/a klein gegen λ ist, was für nicht zu schwache Konzentrationen zutrifft, geht die Gleichung in das zweite ARRHENIUSsche Gesetz λ prop. $k^{\frac{1}{2}}$ über. Die Übereinstimmung der Formel mit den experimentellen Ergebnissen ist, wie Tab. 2 zeigt, recht befriedigend, wenn man bedenkt, daß im untersuchten Bereich der Strom um den 800fachen Betrag steigt.

Tabelle 2. Relative Leitfähigkeiten ($\lambda = 1$ für die reine Flamme) bei Einführung von CsCl im Betrag k gr pro Liter.

λ	k (gemessen)	k (berechnet) Aus $a = 1$, $b = 10$	$n/S \cdot 100$ (berechnet)
1	0	0	90,9
2,88	0,0032	0,00326	77,8
5,72	0,008	0,0087	63,6
8,9	0,016	0,0166	53,0
13,5	0,032	0,0315	42,6
22,7	0,08	0,074	30,6
32,8	0,16	0,14	23,4
85,2	0,8	0,81	10,5
282	8,0	8,2	3,4
883	80,0	79,0	1,1

Der prozentuale Anteil ionisierter Moleküle (letzte Kolonne) fällt mit wachsender Konzentration. Auch bei unendlicher Verdünnung $k \to 0$ sind nicht alle Moleküle ionisiert, da stets eine Rekombination mit Elektronen, die aus den Flammengasen stammen, möglich ist.

Gleichung (1) gilt nun für alle Salze der Alkaligruppe, nur nimmt die Leitfähigkeit stark mit dem Atomgewicht des metallischen Kations zu. Für kleine Konzentrationen gibt Tabelle 3 den aus der Leitfähigkeit berechneten Prozentsatz ionisierter Moleküle an.

Tabelle 3. Prozentsatz ionisierter Moleküle bei kleinen Konzentrationen.

Metall	Atomgewicht	$n/S \cdot 100$ (berechnet)
Na	23	1,6
K	39	58
Rb	85	69
Cs	133	91

Auffallend ist der starke Sprung zwischen Na und K. Es mag hier schon im voraus bemerkt werden (vgl. Ziff. 20), daß in den alkalisalzhaltigen Flammen die Metallatome sich aus den Molekülen loslösen, so daß die Beziehungen für n/S sich auf das Verhältnis: ionisierte Metallatome zu neutralen Metallatomen ohne weiteres übertragen lassen.

Für Salzgemische läßt sich die gleiche Überlegung durchführen; unter der Annahme, daß die einzelnen in die Flamme eingeführten Lösungen sich nicht anders beeinflussen, als daß die Zahl der Rekombinationen von der Anzahl aller anwesenden Elektronen $(n + n' + m)$ abhängt, kommt man zu der Gleichung:

$$\frac{\lambda^2 - 1}{\lambda} = \frac{10^4 k}{b + a\lambda} + \frac{10^4 k'}{b' + a'\lambda},$$

wobei die gestrichenen und ungestrichenen Größen sich auf je eines der Salze beziehen. Die Übereinstimmung mit der Erfahrung ist gleich gut.

12. Das zweite bis vierte Gesetz von ARRHENIUS in neueren Untersuchungen. Die ARRHENIUSschen Gesetze sucht neuerdings auch ZACHMANN[1]) in ihrer ursprünglichen Form für Na-, K- und Li-Salze zu verifizieren. Er mißt bei Konzentrationen von $1/100\,n$ bis $1/1\,n$ und findet annähernd $\lambda \sim \sqrt{A}$, wenn A das Atomgewicht des Metallkations ist. Der Sprung zwischen Na und K, den WILSON beobachtete, ist bei ihm nicht vorhanden. Das Quadratwurzelgesetz $\lambda \sim k^{\frac{1}{2}}$ ist hinreichend gut erfüllt, die Abweichungen betragen bis zu 10%. Für Mischungen zweier Salze bestätigt der Verfasser die ARRHENIUSsche Gleichung:

$$\lambda = \sqrt{\lambda_1^2 + \lambda_2^2}\,.$$

[1]) E. ZACHMANN, Ann. d. Phys. Bd. 74, S. 461. 1924.

BRYAN[1]) erstreckt seine Untersuchungen auf die Alkalisalze, ferner auf $CaCl_2$, $BaCl_2$, Al_2Cl_6 und H_3BO_3. Für großes λ schreibt er statt $\lambda^2 = a \cdot k$ die empirische Formel $\lambda^{2\,3} = a k$, für Salzgemische sieht er seine Experimente besser als durch die ARRHENIUSsche Beziehung dargestellt durch die Gleichung:

$$\lambda = \sqrt[2,3]{\lambda_1^{2,3} + \lambda_2^{2,3}}\,.$$

In sehr viel heißeren Flammen beobachtet KALANDYK[2]) den Einfluß der Salzkonzentration auf die Leitfähigkeit. Neben der Knallgasflamme wird die Chlorknallgasflamme benutzt, wobei vor allem auf gute Trockenheit der reagierenden Gase geachtet wird. Auch die Alkalisalze werden unter Vermeidung jeder Feuchtigkeit eingeführt (vgl. Ziff. 6). Es zeigt sich zunächst ein Stromanstieg mit wachsender Konzentration bis zu einem Maximum, dann ein Abfall, wie es Abb. 6a und 6b darstellt. Der Effekt ist stark unipolar, in der Knallgasflamme ist das Maximum bei heißer Kathode stark ausgeprägt, in der HCl-Flamme überwiegt der Strom bei jeder Konzentration bei heißer Anode. Es scheinen hier Oberflächenionisationen durch die glühenden Elektroden mit von Einfluß zu sein. KALANDYK mißt den Strom als Funktion der Elektrodenspannung und damit nicht eigentlich die Leitfähigkeit im Gebiet konstanten Potentialgefälles. Da die Potentialverteilung in so heißen Flammen nie gemessen wurde, zudem eine Elektrode weißglühend, die andere stark gekühlt war, also große Inhomogenitäten in bezug auf die Temperatur herrschen mußten, lassen sich wohl nicht ohne weiteres Schlüsse auf eine Konzentrations-Leitfähigkeitsabhängigkeit ziehen. Dieselbe Vernachlässigung, die Elektrodenspannung statt des Potentialabfalls im Gebiet linearen Gefälles in Rechnung zu setzen, hat z. B. WILSON (um das Jahr 1900) zu irrtümlichen Schlüssen geführt. Das gleiche gilt von

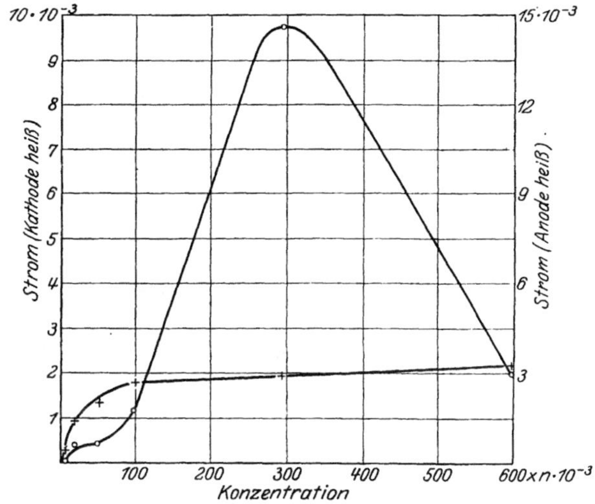

Abb. 6a. Leitfähigkeit der Knallgasflamme in Abhängigkeit von der Salzkonzentration.
+ die Anode ist weißglühend, die Kathode ist kühl;
o die Kathode ist weißglühend, die Anode ist kühl.

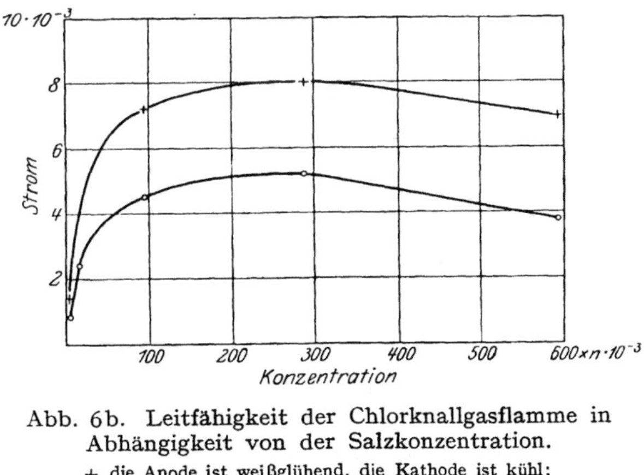

Abb. 6b. Leitfähigkeit der Chlorknallgasflamme in Abhängigkeit von der Salzkonzentration.
+ die Anode ist weißglühend, die Kathode ist kühl;
o die Kathode ist weißglühend, die Anode ist kühl.

---
[1]) A. B. BRYAN, Phys. Rev. Bd. 18, S. 275. 1921.
[2]) S. KALANDYK, Journ. de phys. et le Radium Bd. 5, S. 345. 1924.

den Untersuchungen MOREAUS[1]), auch sein Konzentrationsgesetz könnte hierdurch gefälscht sein.

d) Der Strom durch Flammen.

13. Abhängigkeit des Stromes von der Temperatur. Die oben angeführten Überlegungen hatten zur Voraussetzung, daß im untersuchten Flammenraum gleich viel positive und negative Elektrizitätsträger vorhanden sind. Die Rechnung hätte nicht anders geführt werden können, wenn irgendein Gemisch kalter Gase homogen ionisiert und der durchfließende Strom bestimmt worden wäre. Und doch ist der Charakter der Leitung in Flammen ein recht anderer als der in kalten Gasen.

Zunächst übt die Temperatur der Elektroden einen beträchtlichen Einfluß auf die Größe des durchfließenden Stromes aus. Bringt man die Elektroden einmal an den kälteren Rand und dann ins Innere der Flamme, wo sie auf Gelb- oder Weißglut erhitzt worden, so steigt bei sonst gleichbleibenden Versuchsbedingungen die Stromstärke um das Zehn- bis Hundertfache. Hierbei spielt in der gewöhnlichen Gasflamme der Glühzustand der Kathode eine noch größere Rolle als die Temperatur der Anode. Dies führt z. B. MOREAU[2]) dazu, die Leitfähigkeit allein auf eine Oberflächenemission der Kathode zurückzuführen, doch geht diese Annahme zu weit, da die Flamme auch bei gut gekühlten Elektroden leitet [vgl. z. B. ZACHMANN[3])].

Wie groß der Einfluß der Eigentemperatur der Flamme selbst ist, kann ungefähr aus einem Versuch von LUSBY[4]) entnommen werden, den Tab. 4 wiedergibt. Der Verfasser mißt den Strom einer verschieden temperierten Bunsenflamme (hervorgerufen durch Veränderung des Gasgemisches, der Elektrodennetzweite, Untersuchung in verschiedenen Höhen der Flamme). Da die Temperaturbestimmung mit Thermoelement ohne besondere Vorsichtsmaßregeln erfolgte, können die Resultate nur qualitativ Aufschluß geben, besonders auch, da die Elektroden während der Meßreihen nicht auf konstanter Temperatur gehalten wurden. Die neueren ZACHMANNschen Untersuchungen, bei denen bei gut gekühlten Elektroden nur die Flammentemperatur geändert wurde, erstrecken sich leider nur über ein sehr kurzes Intervall von 30°. Hierbei ist zwischen 1975° und 2005° eine Leitfähigkeitszunahme von etwa 30% zu konstatieren. — Alle Versuche sind bis jetzt noch weit davon entfernt, eine Temperaturabhängigkeit, wie sie etwa für Thermionenströme bekannt ist, gesetzmäßig festzulegen.

Tabelle 4. Flammenleitfähigkeit bei verschiedenen Temperaturen nach LUSBY.

Abs. Temperatur	Strom
1150°	$35 \cdot 10^{-9}$ Amp.
1220°	$51 \cdot 10^{-9}$,,
1300°	$107 \cdot 10^{-9}$,,
1370°	$150 \cdot 10^{-9}$,,
1450°	$230 \cdot 10^{-9}$,,
1700°	$600 \cdot 10^{-9}$,,
1950°	$1500 \cdot 10^{-9}$,,

14. Die Stromspannungscharakteristik. Ein weiteres charakteristisches Merkmal der Entladung durch Flammen ist das Fehlen eines Sättigungsstromes. Läßt sich in homogen ionisierten, kalten Gasen stets eine Spannung finden, die alle erzeugten Träger an die Elektroden führt, so daß eine weitere Erhöhung des Potentials den Strom nicht mehr steigert, so wächst der Strom in Flammen

[1]) G. MOREAU, Ann. de chim. phys. (7) Bd. 30, S. 5. 1903; (8) Bd. 18, S. 433. 1909; Bd. 24, S. 289. 1911; Bd. 27. S. 543. 1912; Journ. de phys. (4) Bd. 2, S. 558. 1903.

[2]) G. MOREAU, Ann. de chim. et de phys. (7) Bd. 30, S. 5. 1903; (8) Bd. 18, S. 433. 1909; Bd. 24, S. 289. 1911; Bd. 27, S. 543. 1912.

[3]) E. ZACHMANN, Ann. d. Phys. Bd. 74, S. 461. 1924.

[4]) S. G. LUSBY, Phil. Mag. Bd. 22, S. 775. 1911.

dauernd mit der Spannung. Einem anfänglich linearen Anstieg wie in kalten Gasen folgt ein weniger starker, aber ein Anstieg bleibt immer vorhanden. Auch Versuche, einen Sättigungsstrom evtl. mit großen Feldern zu erzwingen, wie sie z. B. STARK und TUFTS[1]) vornahmen, schlagen fehl, noch bevor bei hoher Feldstärke alle Ionen aus der Entladungsbahn herausgezogen werden können, setzt Stoßionisation ein, und die Zahl der Ladungsträger vermehrt sich auf diese Weise[2]).

Die analytische Fassung der Charakteristik in der Flamme muß gegenüber der in kalten Gasen ein Zusatzglied besitzen, das dem ständigen Stromanstieg Rechnung trägt, und diesem wird fast immer eine lineare Form gegeben. So schreibt ARRHENIUS (a. a. O.) $i = k_0 \cdot f(V) + k_1 \cdot V$, etwas genauer formulieren SMITHELLS, DAWSON und WILSON[3])

$$\frac{k\,i^2}{V^2} + i = i_m + k_1 \cdot V.$$

Hierin sind k und k_1 Konstanten, die von der Flamme, der Natur der eingeführten Salze und deren Konzentration abhängen, i_m ist der Sättigungsstrom, der in kalten Gasen zu erwarten wäre, und der hier ebenfalls als Konstante eingeführt werden muß. Die Gleichung ist identisch mit der von THOMSON [vgl. Kap. 1, Ziff. 4, Gleichung (1)] bei Annahme einer reinen Volumionisation in kalten Gasen abgeleiteten, falls man $k_1 = 0$ und $k = R^2 i_m$ setzt. k_1 ungleich 0 charakterisiert das spezielle Verhalten der Flamme.

WILSON[4]) gibt der Charakteristik die Form

$$V = V_1 + V_2 = A \cdot i \cdot d + B \cdot i^2,$$

d ist der Elektrodenabstand, A und B sind Konstanten. Der gesamte Potentialabfall in der Entladungsstrecke läßt sich in zwei Teile zerlegen: $V_1 = A \cdot i \cdot d$ folgt dem OHMschen Gesetz, $V_2 = B i^2$ hat quadratische Abhängigkeit. Das erste Glied bezieht sich auf den mittleren Teil der Flamme, in dem Träger jeden Vorzeichens in gleicher Anzahl vorhanden sind und der darum frei von Raumladung ist; nennen wir seine Länge l. V_2 stellt den Spannungsabfall an den beiden Grenzschichten an den Elektroden dar, ist also die Summe von Kathoden- und Anodenfall. l in der Gleichung durch d zu ersetzen, ist erlaubt, so lange $d - l$ sehr klein ist. Die Gleichung bewährt sich recht gut, wenn der Elektrodenabstand genügend groß ist, verliert aber ganz ihre Gültigkeit, wenn die Elektroden dicht beieinander stehen.

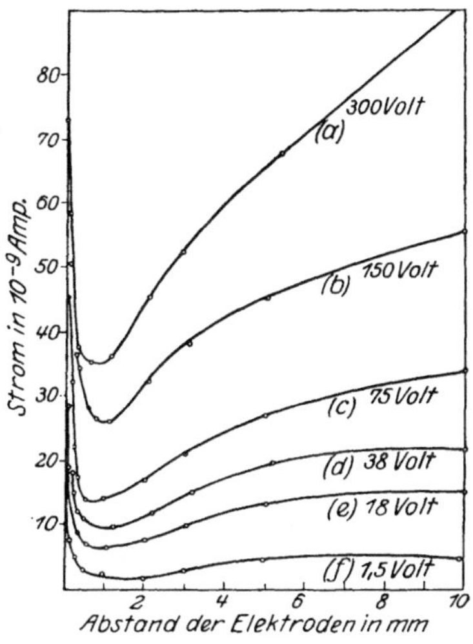

Abb. 7. Strom bei veränderlichem Elektrodenabstand und verschiedenen Anodenspannungen nach RICKER.

RICKER[5]) erkennt den Grund für diese Gültigkeitsbeschränkung der Gleichung in Diffusionserscheinungen an den Elektroden. Er nimmt den Strom als Funktion des Elektrodenabstandes auf und findet für verschiedene Potentialdifferenzen die Kurven der Abb. 7.

---

1) F. L. TUFTS u. J. STARK, Phys. ZS. Bd. 5, S. 248. 1904.
2) Vgl. E. WARBURG, Ann. d. Phys. Bd. 2, S. 301. 1900.
3) A. SMITHELLS, M. H. DAWSON u. H. A. WILSON, Phil. Trans. (A) Bd. 193, S. 89. 1899; ZS. f. phys. Chem. Bd. 32, S. 303. 1900.
4) H. A. WILSON, Conductivity of flames, S. 62. 1912.
5) N. H. RICKER, Phys. Rev. Bd. 8, S. 626. 1916.

Würde die WILSONsche Gleichung gelten, so müßte bei kleiner werdendem d der Strom allmählich unabhängig von dem Elektrodenabstand werden; wie die Abbildung zeigt, steigt er jedoch nach Überschreiten eines Minimums dann steil an. Die naheliegendste Annahme, daß bei abnehmendem Elektrodenabstand, also wachsender Feldstärke, Stoßionisation einsetzt, die den Stromanstieg verursacht, läßt sich widerlegen, da der Anstieg auch bei einer Gesamtspannung von 1,5 Volt erfolgt, was sicher tiefer liegt als die Ionisationsspannung jedes einzelnen der vorhandenen Gase. Der Verfasser berechnet nun den gemessenen Strom i, indem er annimmt, daß von dem maximalen, von Anode und Kathode ausgehenden Thermionenstrom J ein Teil $(J - i)$ durch Diffusion an die Elektroden zurückfließt, und deshalb der Messung entgeht. Er erhält so

$$i = \frac{J}{1 + \frac{B d}{V}} + C \cdot d .$$

Hierin sind B und C Konstanten; der erste Summand stellt den Stromanteil dar, der durch Thermionen aus den Elektroden getragen wird, $C d$ ist der Volumionisationsstrom. Die Gleichung $i = f(d)$ besitzt ein Minimum, wie es das Experiment erfordert, und bei passender Wahl der Konstanten lassen sich gefundene und berechnete Werte zur Deckung bringen. Allerdings gilt die Gleichung nicht mehr, wenn d groß wird, da dann C sich nicht mehr als konstant erweist.

Es muß noch einmal betont werden, daß alle diese Messungen, wenn man sie sauber durchführen will, auf große experimentelle Schwierigkeiten stoßen. Gerade die Rückdiffusion der Ionen, die RICKER wenigstens formelmäßig zu berücksichtigen sucht, spielt allem Anschein nach in Flammen, in denen freie Elektronen einen großen Teil der negativen Ladungsträger bilden, und auch die positiven Träger relativ große Beweglichkeiten besitzen können, eine nicht zu vernachlässigende Rolle. Das gleiche gilt von einem seitlichen Fortdiffundieren der Ladungsträger, das aber in den allermeisten Versuchen bisher weder rechnerisch, noch experimentell berücksichtigt wurde. Die gleiche Schwierigkeit macht die Temperatur der Flamme. Nimmt man sie durch gute Einregulierung von Gas- und Luftzufuhr selbst zeitlich als konstant an, so ist sie es räumlich sicher nicht; eine Veränderung des Elektrodenabstandes führt darum mindestens eine Elektrode durch verschieden heiße Zonen und ändert damit die Anzahl der ausgesandten Thermionen. Auch die Oberflächenbeschaffenheit ist, wie in Kap. 2 gezeigt wurde, von wesentlichem Einfluß auf die Größe der Emission. Werden reine Pt-Elektroden verwandt, und ist die Flamme z. B. mit einer Salzlösung gespeist, so wird sich sehr leicht ein Niederschlag an die Metallteile heften und die Anzahl der ausgesandten Thermionen beeinflussen.

Auch in bezug auf die Stromspannungscharakteristik muß gesagt werden, daß die Erscheinungen in Flammen sowohl experimentell, als auch theoretisch wesentlich weniger geklärt sind, als es bei den Entladungen zwischen kalten Elektroden und auch bei Thermionenströmen im Vakuum der Fall ist.

e) Die Potentialverteilung im Entladungsraum.

15. Die Potentialverteilung in der reinen Flamme. Einen Einblick in das Zusammenwirken von Oberflächen- und Volumionisation in der Flamme gewährt die Betrachtung der Potentialverteilung zwischen den Elektroden. Die ersten Versuche, den Entladungsraum mit Sonden abzutasten, unternahm WILSON[1]). Er fand einen überwiegend großen Kathodenfall, dann eine Strecke linearen Potential-

[1]) H. A. WILSON, Phil. Trans. (A) Bd. 192, S. 499. 1899.

gefälles und anschließend einen kleineren Anodenfall in der Form der Abb. 8. Unter Berücksichtigung der POISSONschen Gleichung $\Delta V = -4\pi\varrho$ heißt das: in der Nähe der Kathode befindet sich ein großer Überschuß an positiver, an der Anode ein geringerer an negativer Elektrizität, im Flammeninnern ist das Gas als Ganzes elektrisch neutral. Da bei den hier verwendeten Temperaturen (die untere Kathode war weißglühend, die obere Anode hellrot glühend) anzunehmen ist, daß mehr negative als positive Ionen erzeugt werden, so kann der Grund für das Überwiegen positiver Ladung vor der Kathode nur in der größeren Geschwindigkeit der negativen Träger gesucht werden, eine Annahme, die sich aus Beweglichkeitsmessungen vollauf bestätigt hat. Mit kleiner werdender Elektrodenspannung nimmt die Wanderungsgeschwindigkeit der Träger, gegeben als Beweglichkeit mal Feld, ab, damit steigt die Möglichkeit einer Rekombination, und das Kathodengefälle muß abnehmen. An der Anode bleibt wegen der noch immer häufigeren Ankunft negativer Ionen ein Potentialfall bestehen [vgl. BECKER[1]].

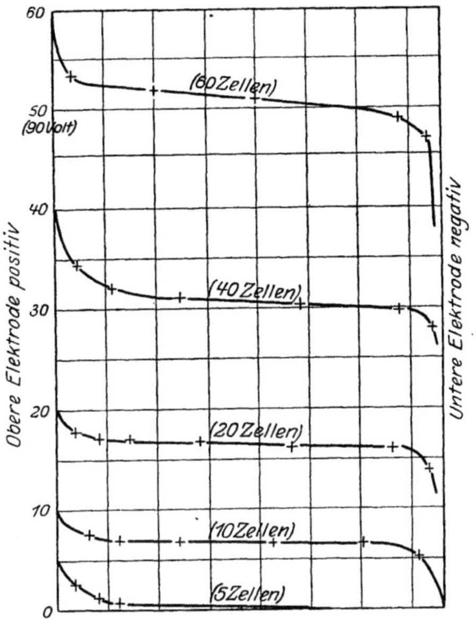

Abb. 8. Potentialverteilung in der Flamme nach H. A. WILSON. Abszisse: Entfernung der Sonde von den Elektroden. Ordinate: Spannung der Sonde.

Bei Verwendung reiner Elektroden steigt der Spannungsabfall im Gebiet des linearen Gefälles im mittleren Teil der Entladungsbahn ungefähr proportional der Klemmspannung. Die Höhe von Anoden- und Kathodenfall ist aber in weitestem Maße abhängig von der Elektrodentemperatur, wie es Abb. 9 nach

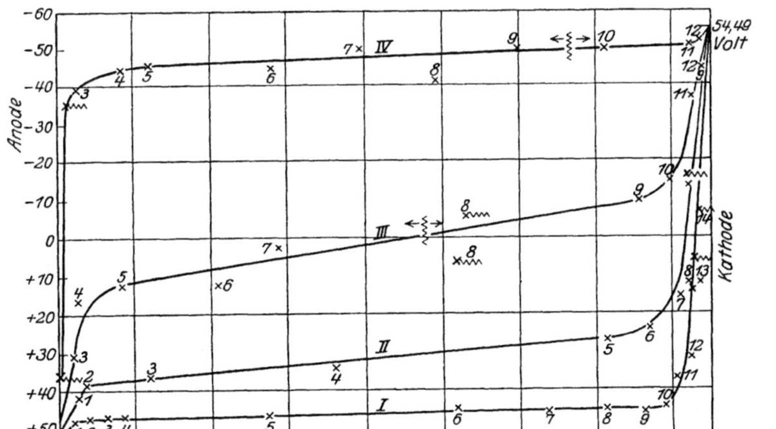

Abb. 9. Potentialverteilung in der Flamme bei verschiedenen Anodentemperaturen. Abszisse: Entfernung der Sonde von der Anode. Ordinate: Sondenspannung. ⁓⁓ aus Doppelschaltung herrührende Ungewißheit.

[1]) A. BECKER, Jahrb. d. Radioakt. Bd. 13, S. 177. 1916.

einer Arbeit von Marx[1]) zeigt. In Kurve I sind Anode und Kathode gleichmäßig auf Gelbglut erhitzt, von II bis IV wird die Anode abgekühlt, bis sie schließlich nur noch rotglühend ist. Die Abbildung läßt sich in folgender Weise deuten: bei hoher Anodentemperatur weist wie oben der ausgeprägte Kathodenfall auf die größere Beweglichkeit der negativen Ladungsträger hin. In dem Maße, wie die Anode und mit ihr ihre Umgebung gekühlt wird, wird den bis dahin freien Elektronen in der kälteren Zone Gelegenheit gegeben, sich an neutrale Gasmoleküle anzulagern und schwere Ionen mit kleiner Beweglichkeit zu bilden. Hierdurch kann sich ein Anodenfall ausbilden. Haben im Mittel beide Ionenarten schließlich gleiche Beweglichkeit vor der Anode, so überwiegt die stärkere negative Emission von der glühenden Kathode her und der gesamte Potentialfall rückt auf die Anodenseite herüber (in Kurve IV). Der Kathodenfall bricht gleichzeitig deswegen zusammen, weil von der kälteren Anode nur noch eine geringere Anzahl positiver Träger geliefert wird, die auch nur zu einer kleineren positiven Raumladung und damit zu einem kleineren Kathodenfall Veranlassung geben können.

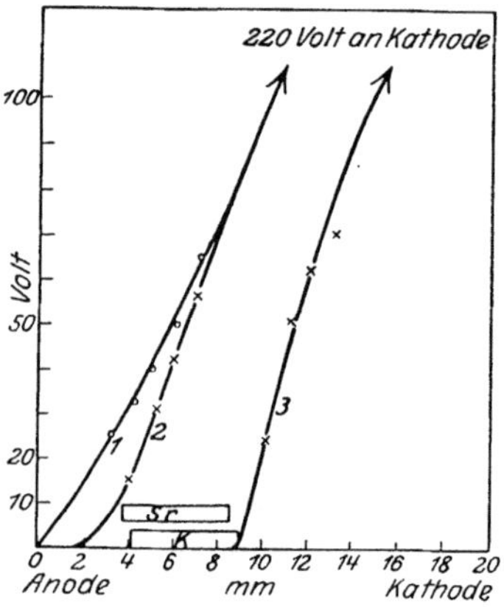

Abb. 10. Potentialverteilung in einer Flamme mit Strontium- und Kalisalzperle nach Wilckens. Sr und K gibt die Lage des Salzdampfstreifens an.

Bei konstanter Temperatur ist die Höhe von Anoden- und Kathodenfall proportional dem Quadrat der Stromstärke, wie es auch die Wilsonsche Gleichung der Charakteristik zum Ausdruck bringt, da das Glied Bi^2 die Summe von Anoden- und Kathodenfall kennzeichnen soll.

16. Die Potentialverteilung in der salzhaltigen Flamme. Ganz anders verläuft die Potentialverteilung, wenn ein Salzdampfstreifen in der Flamme erzeugt wird. Abb. 10 ist einer Arbeit von Wilckens[2]) entnommen und zeigt, wie das Einbringen von Strontium (Kurve 2) das Gefälle ein wenig, das von Kalium (Kurve 3) es stark verändert. Der Potentialabfall, der in der reinen Flamme (Kurve 1), soweit er gemessen wurde, sich gleichmäßig über den Entladungsraum verteilte, wird durch den Salzdampfstreifen (seine Lage ist in der Abbildung eingezeichnet) vollständig auf die Kathodenseite gedrückt. Zwar gehen vom Salzdampfstreifen Träger beider Vorzeichen in gleicher Anzahl aus, positive nach der Kathoden-, negative nach der Anodenseite, doch überwiegt die Beweglichkeit der Elektronen die der positiven Ionen in solchem Maße, daß als Ganzes eine positive Raumladung resultiert, deren Wirkung sich im verstärkten Kathodenfall geltend macht.

Ganz anders ist die Erscheinung, falls der Salzdampf die Kathode berührt, obgleich die Ionisationsverhältnisse im Dampfstreifen selbst die gleichen bleiben; in diesem Falle schlägt sich auf der metallischen Oberfläche das Salz oder seine Zersetzungsprodukte (Oxyd, reines, reduziertes Alkalimetall) nieder, und die thermische Emissionsfähigkeit der Kathode wird bedeutend erhöht. — Daß eine Salzablage auf der Kathode tatsächlich stattfindet, ist leicht optisch nachweisbar, wenn man die Elektrode nach dem Versuch in der Salzflamme in einer reinen Flamme ausglüht. — Die mit Salz überzogene Kathode stellt eine so ausgiebige Elektronenquelle dar, daß auch die durch die salzhaltigen Flammengase selbst verstärkte positive Raumladung reichlich kompensiert wird, und infolgedessen der Kathodenfall vollständig verschwindet. Der Potentialfall rückt

[1]) E. Marx, Handb. d. Radiol., Bd. IV, S. 642. Ann. d. Phys. Bd. 2, S. 768. 1900.

[2]) E. Wilckens, Dissert. Heidelberg 1914.

damit von der Kathode fort und verteilt sich über den ganzen Raum. Die gleiche Erscheinung tritt, wenn auch weniger stark ausgeprägt, auf, falls der Salzdampfstreifen zwar die Kathode noch nicht berührt, aber durch einen langanhaltenden Versuch sich metallische Kationen in größerer Anzahl auf der negativen Elektrode niedergeschlagen haben. Auch dann bricht der Kathodenfall durch die verstärkte thermische Emission der Alkalioberfläche zusammen. (Diese Metallablage aus dem Dampfraum auf die Kathode bei längerem Stromdurchgang durch die Flamme läßt sich ebenfalls leicht optisch nachweisen.)

Es ist nun ohne weiteres verständlich, daß ein Kathodenfall sich nicht ausbilden kann, wenn die Kathode vom Beginn an einen festen Überzug eines Salzes (Alkali- oder Erdalkalisalz) erhält. Aus Versuchen im Vakuum (s. Kap. 2, Ziff. 17) ist die Fähigkeit dieser Substanzen, bei Glühtemperatur außerordentlich stark Elektronen zu emittieren, bekannt. Verwandt werden solche Oxydkathoden dann, wenn im Flammenraum selbst ein beträchtlicher Potentialabfall herrschen soll und darum der Kathodenfall auf ein Minimum herabgedrückt werden muß. Ebenso folgt, daß eine Oxydanode keinen wesentlichen Einfluß auf die Potentialverteilung in der Flamme ausüben kann. Die von ihr ausgehenden Elektronen fallen sehr bald, nachdem sie die glühende Oberfläche verließen, auf sie zurück, und die Emission positiver Ionen erfolgt nicht reichlich genug, um die bereits vorhandene Volumionisation merklich zu ändern.

17. Die Potentialmessung. Die soeben angeführten Potentialmessungen sind durch ein Abtasten des Raumes mit einer Sonde ausgeführt. Sie geben qualitativ Aufschluß, für eine quantitative Auswertung sind sie jedoch ungeeignet, da, wie ZACHMANN[1]) in einer sehr sorgfältigen Untersuchung zeigt, vor allem bei kleinen Feldern, nicht unerhebliche Fehler durch die Sondenmeßweise unterlaufen können. Zunächst lädt sich jede glühende Sonde durch thermische Elektronenemission positiv auf und erzeugt in ihrer Umgebung eine negative Raumladung, deren Größe von der Beschaffenheit und Temperatur des eingeführten Drahtes abhängt. Je nachdem die Sonde in Flammengebiete überwiegend positiver oder negativer Ladung taucht, kann die Raumladung kompensiert werden oder bleibt sie bestehen, in keinem Fall aber wird das Potential des Raumes richtig angegeben. Auch im Gebiet des linearen Gefälles, in dem die Träger beider Vorzeichen in gleicher Anzahl vorhanden sind, macht sich die „Eigenspannung" der Sonde bemerkbar, doch kann diese, wie ZACHMANN zeigt, bestimmt und in Rechnung gezogen werden. Auch Differenzmessungen des Potentials mit Doppelsonden, die einige Autoren in der Meinung ausführten, die Eigenspannung der Sonde zu eliminieren, sind wegen der Inhomogenitäten der Temperatur und der Raumladungen in der Flamme nicht ohne weiteres zulässig. Eine Methode, den Potentialverlauf in der Nähe der Elektroden genau zu messen, ist bis heute nicht ausgearbeitet worden.

f) Die Wanderungsgeschwindigkeiten.

α) Die positiven Träger.

18. Bestimmungen in kalten Gasen und in Flammen. Der sicherste Weg, mit der Natur der Elektrizitätsträger bekannt zu werden, ist, ihre Wanderungsgeschwindigkeit, bzw. ihre Beweglichkeit zu bestimmen. Unter „Beweglichkeit" wird die Geschwindigkeit in cm/sec verstanden, die das Teilchen relativ zum umgebenden Gase im Feld von 1 Volt/cm besitzt und unter „Wanderungsgeschwindigkeit" das Produkt: Beweglichkeit mal Feld. Gegenüber den Verhältnissen in kalten Gasen ist die Bestimmungsmöglichkeit durch zwei Umstände

[1]) E. ZACHMANN, Ann. d. Phys. Bd. 74, S. 461. 1924.

erschwert. Einmal muß die Flammengeschwindigkeit genau bekannt sein; und auch dann wird nur die wahre Ionenbeweglichkeit gemessen, falls die Teilchen auf ihrem Wege nicht rekombinieren und von neuem einer Ionisation unterliegen. Wie die Untersuchungen von LENARD und seinen Schülern zeigen werden, ist aber tatsächlich das Ion in einem dauernden Wechsel zwischen geladenem und neutralisiertem Zustand begriffen, so daß eine scheinbare Geschwindigkeit gemessen wird, während die wahre nur errechnet werden kann, falls man die Wechselzahl kennt.

19. LENARDS Gleichung. Für Wanderungsgeschwindigkeiten hat LENARD[1]) eine Beziehung angegeben, deren Gültigkeitsbereich sich über das Sondergebiet der Flammen hinaus auf weitere Gebiete der Gasentladungen erstreckt. Hiernach ist die Beweglichkeit k:

$$k = \frac{e}{D\,s^2 \cdot W} \cdot \frac{1+\mu}{2\pi \cdot \sqrt{\mu}},$$

wobei

$$\mu = \frac{m_t}{m + m_t}$$

und e und m_t Ladung und Masse der Teilchen, D die Dichte des Mediums, W die mittlere thermische Geschwindigkeit der Gasmoleküle, s die Radiensumme von Ion und Gasmolekül, m die Masse der Gasmoleküle, bedeuten. D und W können aus der Temperatur ermittelt werden, s berechnet BECKER[2]) aus der inneren Reibung.

Die Formel kann ergänzt werden durch einen Faktor, der der Geschwindigkeitsverteilung der Gasmoleküle Rechnung trägt, auch kann berücksichtigt werden, daß das Teilchen einem Wechsel zwischen freiem geladenem und neutralisiertem Zustand unterworfen ist [vgl. BECKER[3])].

Zur experimentellen Bestimmung sind verschiedene Methoden angewandt worden, die nur vereinzelt zu übereinstimmenden Resultaten führten.

20. Die WILSONsche Methode. Zwischen der über der Brennermündung liegende Netzkathode und einer oberen Netzanode, durch die die Flammengase ungehindert streichen können, wird eine Salzperle eingeführt. Die positiven Ionen, die die Salzoberfläche verlassen, müssen im Feld gegen den aufsteigenden Gasstrom ihren Weg zur Kathode zurücklegen. Wird das Potential so weit gesteigert, daß sie die untere Elektrode erreichen, so macht sich das durch das Verschwinden des Kathodenfalls an einer Stromsteigerung bemerkbar. Für diese Ionen ist die Wanderungsgeschwindigkeit v_0 gleich der Gasgeschwindigkeit v_1. Die Beweglichkeit k ist $v_0/X_{\min}$, wo $X_{\min}$ den kleinsten Potentialgradienten auf der Wegstrecke bedeutet. $X_{\min}$ liegt dicht unterhalb der Perle, in der Zone, wo die verdampfenden Atome die größte Dichte besitzen. Gemessen werden bei der Methode die schnellsten Ionen, d. h. diejenigen, die während ihrer Wanderung am wenigsten lange als neutralisierte Atome der Feldwirkung entgingen und vom Gasstrom nach oben mitgerissen wurden. In dieser Art bestimmten in älteren Arbeiten WILSON und seine Schüler Beweglichkeiten von etwa 60 cm/sec pro Volt/cm. Durch sauberere Aufstellung der Versuchsanordnung ist WILSON[4]) in letzter Zeit zu weit niedrigeren Werten gekommen. Die Flammengasgeschwindigkeit wurde stroboskopisch bestimmt (Ziff. 8), das Feld war durch Schutzringe homogen gemacht und vor allem die Verbrennungsgase sorgfältig abgefangen, so daß kein Alkalidampf durch seitliche Diffusion längs des Flammenrandes die Kathode erreichen

---

1) P. LENARD, Ann. d. Phys. Bd. 40, S. 393. 1913.
2) A. BECKER, Ann. d. Phys. Bd. 24, S. 863. 1907.
3) A. BECKER, Jahrb. d. Radioakt. Bd. 13, S. 219. 1916.
4) H. A. WILSON, Phil. Trans. (A) Bd. 216, S. 63. 1916.

konnte. Die Beweglichkeiten ergeben sich rund zu 1 cm/sec pro Volt/cm und werden für alle Salze der Alkalimetalle gleich gefunden. Fänden auf dem Wege Neutralisationen der positiven Träger statt, d. h. würden die Ionen nur während eines Bruchteils $f \cdot t$ der ganzen Wanderungszeit t als geladene Teilchen bestehen und während der Zeit $(1-f) \cdot t$ als neutrale Atome vom Gasstrom nach oben getragen, so wäre die Wanderungsgeschwindigkeit $v_0 = f \cdot k \cdot X$. Führt man mit WILSON[1]) f proportional der Leitfähigkeit eines Salzes in der Flamme ein, d. h. der Anzahl gleichzeitig vorhandener Ionen, die zum Stromtransport beitragen können, so muß nach dem dritten ARRHENIUSschen Gesetz (s. Ziff. 9) f ungefähr proportional der Wurzel aus dem Atomgewicht des Metallions steigen; f muß für Cs groß und für Na klein sein. Da die Versuche nun für $v_0/X = f \cdot k$ für alle Alkalien gleich große Beträge liefern, so hat man entweder anzunehmen, daß die Beweglichkeit k umgekehrt proportional der Wurzel aus dem Atomgewicht abnimmt, oder daß die Methode einheitlich nur die schnellsten Ionen anzeigt, die auf ihrem Wege keinerlei Neutralisationen ($f = 1$) erfahren haben. WILSON selbst entschließt sich für die zweite Annahme, die ihm somit die maximale Beweglichkeit von rund 1 cm/sec : Volt/cm liefert. Das Verfahren scheint aber nicht frei von einiger Willkür. Die Ionen hatten zwischen Salzperle und Kathode einen Weg von etwa 3 cm zurückzulegen, und die Versuche sind nicht bei sehr viel kleineren Abständen nachgeprüft worden. Ist f kleiner als 1, so würden die wahren Beweglichkeiten der schnellsten Ionen sich entsprechend größer ergeben. — Das minimale Feld $X_{\min}$ liegt dicht an der Unterseite der Salzperle und wurde mit einer glühenden Pt-Sonde ausgemessen. Die Sonde integriert das Potential über ihre ganze Länge und wurde außerdem in ein Gebiet eingeführt, in dem sicher Raumladungen anwesend sind. Auch gegen dies Verfahren lassen sich Bedenken geltend machen, und der Absolutwert des Feldes könnte unter Umständen ein anderer als der gemessene sein.

Daß diese schnellsten Ionen Metallatome sind, denen ein Elektron entrissen ist, scheint sicher zu stehen. Messungen der Beweglichkeiten positiver Ionen an verschiedenen Salzen des gleichen Metalls ergeben gleiche Werte, unabhängig vom Radikal. Auch schon das erste ARRHENIUSsche Gesetz spricht für die Annahme freier Metallatome, da die Leitfähigkeit eines Salzes allein bestimmt ist durch das metallische Atom und nicht von der Verbindung abhängt, in der es auftritt. Am schlagendsten zeigt sich aber die Anwesenheit freier Metallatome aus optischen Untersuchungen. Die Kochsalzflamme sendet das Linienspektrum des angeregten Na-Atoms, die Chlorkaliflamme des freien Kaliumatoms aus usf. Wie aus dem Salz die Metallatome sich befreien, ist weniger gewiß. LENARD[1]) und WILSON[2]) nehmen an, daß es sich zum Teil um einen Reduktionsprozeß handelt, der z. B. für Chloridmoleküle in folgender Art verläuft:

$$4\,NaCl + 2\,H_2O = 2\,Na_2O + 4\,HCl = 4\,Na + O_2 + 4\,HCl,$$

da Wasser stets in genügender Menge vorhanden ist. Die Karbonate hingegen zerfallen direkt in Metall, Sauerstoff und Kohlensäure, z. B. $2\,Na_2CO_3 = 4\,Na + 2\,CO_2 + O_2$.

21. Messungen anderer Autoren. Zu ähnlichen Werten wie WILSON kommt ANDRADE[3]). Er bringt in ein horizontales Feld zwischen 2 Elektroden eine Salzperle und führt dicht vor der geerdeten Kathode einen Pt-Streifen auf und ab, der mit dem Galvanometer verbunden ist. Kommt der Streifen in die Bahn

---

[1]) P. LENARD, Ann. d. Phys. Bd. 17, S. 197. 1905; Heidelb. Ber. IIa, 1911, Abh. 34.
[2]) H. A. WILSON, Phil. Trans. (A) Bd. 216, S. 63. 1916.
[3]) E. N. DA C. ANDRADE, Phil. Mag. Bd. 23, S. 865. 1912.

der positiven Salzdampfionen, so steigt der Galvanometerstrom. Feld und Flammengeschwindigkeit bestimmen dann die Beweglichkeit. Die errechneten Werte betragen rund 2,5 cm/sec:Volt/cm, wobei der Verfasser findet, daß der Betrag für alle Alkalimetallionen gleich groß ist. Auch ANDRADE mißt die schnellsten Ionen.

Die Methode von ANDRADE wird von SCHÖNBORN[1]) angegriffen, da die Kathode nicht mehr im Flammeninnern lag und Ionenanlagerungen im Saum sehr wahrscheinlich sind; ANDRADES Messungen würden danach einen Mittelwert zwischen größeren Beweglichkeiten in der Verbrennungszone und kleineren außerhalb derselben darstellen; auch ANDRADE und LENARD halten die wahren Wanderungsgeschwindigkeiten für beträchtlich größer, doch aus dem Grunde, weil das Atom einer Reihe von Umladungen unterworfen ist.

LUSBYS[2]) Versuche mit der WILSONschen Methode hatten 290 cm/sec: Volt/cm ergeben. Möglicherweise war hierbei der Potentialgradient nicht richtig bestimmt worden. ANDRADE rechnet den Wert unter Annahme eines wahrscheinlicheren minimalen Feldes um zu 4,1 cm/sec : Volt/cm.

22. Die langsamen positiven Ionen. Trägern dieser Art steht eine zweite Gruppe langsamer Ionen gegenüber, die vor allem durch LENARD und seine Schüler untersucht wurde. Gemessen wird die Ablenkung, die ein senkrecht aufsteigender Salzdampfstreifen als Ganzes im elektrischen Feld relativ zu den Flammengasen erfährt. Der Neigungswinkel wird optisch bestimmt. Feldstärke und Flammengeschwindigkeit ergeben die Beweglichkeit.

Nach dieser Methode findet EBERT[3]) die Beweglichkeiten stark abnehmend mit der Konzentration des Salzes, doch so, daß sich bei geringem Salzgehalt ein Grenzwert einstellt, der in Tab. 5 wiedergegeben ist.

Tabelle 5. Beweglichkeiten langsamer positiver Ionen.

Metall	Beweglichkeit	Autor
Na	0,08 cm/sec pro Volt/cm	EBERT und WILCKENS[4])
Tl	0,098 ,, ,, ,,	EBERT
Sr	0,042 ,, ,, ,,	EBERT
Li	0,062 ,, ,, ,,	WILCKENS[4])

Die Konzentrationsabhängigkeit erklärt LENARD[5]) durch folgende Annahme: In der Bunsenflamme befinden sich stets eine Reihe größerer und kleinerer Kerne, an die die Metallionen sich bald nach ihrer Entstehung anheften. Träger mit extrem niedrigen Beweglichkeiten sind stets solche Atom-Molekülkomplexe. Während bei geringer Metallionendichte nur große Kerne zur Anlagerung bevorzugt werden, fangen bei größerer Konzentration auch kleinere die Ionen ab, und der Mittelwert der Beweglichkeit steigt. Die wenigen Träger, die einer Anlagerung entgehen, sind die durch ANDRADE und WILSON gemessenen schnellen, für die k etwa 2 bis 3 cm²/sec Volt beträgt. Es zeigt sich, daß in Flammen unter variablem Druck von 0,4 bis 4 Atm. nach ANDRADE[6]) die Wanderungsgeschwindigkeit dieser schweren Ionen in Annäherung umgekehrt proportional mit dem Druck wächst.

Die LENARDsche Beobachtung, nach der der Salzdampfstreifen sich relativ zu den Flammengasen bewegt, kann durch WILSON (a. a. O. 1916) nicht bestätigt

[1]) H. SCHÖNBORN, ZS. f. Phys. Bd. 4, S. 118. 1921.
[2]) S. G. LUSBY, Proc. Cambridge Phil. Soc. Bd. 16, S. 26. 1911; Phil. Mag. Bd. 22, S. 775. 1911.
[3]) G. EBERT, Dissert. Heidelberg 1911.
[4]) E. WILCKENS, Dissert. Heidelberg 1914.
[5]) P. LENARD, Heidelb. Ber. 1911, Abh. 34; 1914, Abh. 17.
[6]) E. N. DA C. ANDRADE, Phil. Mag. Bd. 24, S. 15. 1912; Dissert. Heidelberg 1911.

werden, obgleich seine oben (Ziff. 8) beschriebene stroboskopische Methode eine 20mal kleinere Relativbewegung hätte anzeigen müssen.

Die sehr kleinen Ionenbeweglichkeiten sind auch in den oberhalb der Flamme bereits stark abgekühlten Verbrennungsgasen gemessen worden und ihre Träger in Parallele gesetzt zu den bei der Oxydation von Phosphor, in staubhaltiger oder in feuchter Luft sich bildenden Molekül-Ionenkomplexen, die unter dem Namen „Langevin-Ionen" bekannt sind (s. Bd. 22 ds. Handb., Abschn. Ionen in Gasen). Ihr Auftreten in der Bunsenflamme hat LENARD entdeckt, während DE BROGLIE[1]) nachwies, daß unter besonderen Vorsichtsmaßregeln ihre Bildung unterdrückt werden kann.

23. Große Beweglichkeiten bei positiven Ionen. In einer weiteren Gruppe von Arbeiten werden Beweglichkeiten gemessen, die sehr viel höher, der Größenordnung nach zwischen 10 und einigen Hundert cm²/secVolt liegen. Soweit es sich um ältere Untersuchungen handelt, ist aber Vorsicht in der Bewertung geboten, da teilweise Fehler in der Messung vorlagen. Dies gilt z. B. von den früheren WILSONschen und den MOREAUschen Bestimmungen. WILSON[2]) reduziert selbst seine Werte von $k = 60$ auf $k = 1$ cm/sec, MOREAU[3]) die seinen von $k \sim 80$ auf $k \sim 10$ cm/sec. Ebenso können MARX'[4]) Angaben ($k = 100$ bis 300 cm/sec) nicht als genau angesehen werden, wie dies MARX selbst betont[5]). Er errechnete aus der Potentialverteilung im Entladungsraum die Beweglichkeiten in der Art, wie es THOMSON für homogen ionisierte kalte Gase angibt; doch überlagert sich erstens der reinen Volumionisation, die die Theorie erfordert, eine starke Oberflächenionisation in der Flamme mit glühenden Elektroden, und zweitens stößt eine für die Berechnung genügend genaue Potentialmessung bis jetzt auf unüberwindliche Schwierigkeiten.

Die starke Beeinflussung der Feldverteilung durch eine Salzperle, die viel Anlaß zu Diskussionen gegeben hat, umgeht neuerdings SCHÖNBORN[6]), indem er die Anode sehr schwach aktiviert. Ein Th-C-Präparat sendet neben der α-Strahlung positiv geladene Th-C''-Atome aus (Rückstoßatome), die, wenn sie gegen die Flammengase die Kathode erreichen, dort durch ihre radioaktiven Eigenschaften bereits in sehr geringer Konzentration nachgewiesen werden können. Sie verlieren, wie SCHMIDT[7]) gezeigt hat, ihre Strahleigenschaften schon auf einer sehr kurzen Strecke und verhalten sich weiter wie normale Gasionen. Ihrer geringen Konzentration wegen kann das Minimum des Potentialgradienten und die Strömungsgeschwindigkeit der Gase in der reinen Bunsenflamme gemessen werden. Die Beweglichkeiten ergeben sich steigend mit der Temperatur zwischen 162 und 406 cm/sec : Volt/cm. Neutralisationen der Ionen sind nach SCHÖNBORN auf dem Wege zwischen den Elektroden nicht anzunehmen, und die Werte dürften damit die wahren Wanderungsgeschwindigkeiten darstellen. Der Verfasser nimmt nach FRANCK[8]) für die Flammenionen die gleiche Beweglichkeit an wie für die schweren Th-Atome, die allein von der Temperatur und der Art des Gases abhängen soll. Für Rückstoßatome in kalten Gasen war diese Gleichheit durch FRANCK, WELLISCH[9]) und andere beobachtet worden.

---

[1]) M. DE BROGLIE, C. R. Bd. 144, S. 563, 1153. 1907; Bd. 146, S. 624, 1010. 1908; Le Radium Bd. 8, S. 106. 1911.
[2]) H. A. WILSON, Phil. Trans. (A) Bd. 216, S. 63. 1916.
[3]) G. MOREAU, Ann. chim. phys. Bd. 27, S. 543. 1912.
[4]) E. MARX, Ann. d. Phys. Bd. 2, S. 768. 1900.
[5]) E. MARX, Handb. d. Radiol., Bd. IV, S. 691.
[6]) H. SCHÖNBORN, ZS. f. Phys. Bd. 4, S. 118. 1921.
[7]) H. W. SCHMIDT, Phys. ZS. Bd. 9, S. 184. 1908.
[8]) J. FRANCK, Verh. d. D. Phys. Ges. Bd. 11, S. 397. 1909.
[9]) E. M. WELLISCH, Proc. Roy. Soc. London (A) Bd. 82, S. 500. 1909.

Wenn für Th-Ionen Umlagerungen auch nicht eintreten wie bei gewöhnlichen Metallatomen und die gemessenen Beweglichkeiten für letztere Minimalwerte der wahren Geschwindigkeiten darstellen, so sind so weit auseinanderliegende Beträge wie 200 bis 400 cm/sec und 1 bis 3 cm/sec nicht gut zu vereinen. Ein endgültiger Entscheid, welches der wahre Wert ist, muß erst noch fallen.

β) Die negativen Träger.

24. Die negativen Elektrizitätsträger sind Elektronen. Schon die ersten Versuche, Beweglichkeiten der negativen Träger zu bestimmen, ergaben Werte von höherer Größenordnung als für positive. Die in älteren Arbeiten verwandten Methoden sind die gleichen wir für positive Ionen, die Teilchen wandern gegen den oder quer zum Flammengasstrom zur Anode; die bei einer gewissen kritischen Feldstärke eintretende Stromvermehrung wird galvanometrisch beobachtet. Die Genauigkeit der Resultate hängt ebenfalls von der Präzision ab, mit der Potentialverteilung und Flammengeschwindigkeit gemessen werden, was früher meist nicht einwandfrei geschah. An älteren Ergebnissen seien genannt: WILSON[1]) mit k ca. 1000 bis 1200 cm/sec:Volt/cm, und GOLD[2]) mit $k = 12900$ cm/sec:Volt/cm. MOREAU[3]) stellt fest, daß die Wanderungsgeschwindigkeit mit abnehmender Salzkonzentration steigt, und für die Alkalisalze umgekehrt proportional der Wurzel aus dem Atomgewicht ist. Die Werte liegen nach ihm zwischen 600 und 1300 cm/sec: Volt/cm.

Schon diese wenigen Angaben genügen, um zu zeigen, daß den negativen Trägern nicht dieselbe Masse (der Größenordnung nach) wie positiven Ionen zugeschrieben werden kann, wie es die ARRHENIUSsche Dissoziationshypothese erfordert. Zuerst von LENARD[4]), dann von STARK[5]) und MOREAU[6]) wurde auch bereits im Jahre 1902 mit aller Bestimmtheit ausgesprochen, daß als Träger des negativen Stromes in der Flamme Elektronen in Betracht kämen.

25. Negative Metallionen. Daneben bestehen, allerdings in sehr geringer Anzahl, auch negative Metallionen, wie ANDRADE[7]) zeigte. Nach seiner Meinung werden die positiven Metallatome auf ihrem Wege nicht nur neutralisiert, sondern können unter Umständen ein Elektron mehr einfangen, so wie es bei Kanalstrahlen der Fall ist. Ihre Beweglichkeit ist dann ungefähr die gleiche wie die der positiven Ionen. Auch schwere Langevin-Ionen mit negativer Ladung stellte ANDRADE fest, da ein Salzdampfstreifen aus einer NaCl-Perle neben einer kräftigen Ablenkung nach der Kathode auch einen feinen Ast zeigte, der sich nach der Anode zu neigt. Diese beiden korpuskularen Trägerarten, die negativen Metallionen und die Molekül-Ionen-Aggregate stellen aber nur einen kleinen Teil der negativen Elektrizitätsträger dar, der Hauptteil des Stromes wird von Elektronen getragen. Nicht metallische Salzanionen sind bisher als negative Ladungsträger in keinem Falle gefunden worden. LENARD z. B. hat bei Einführen einer NaCl-Perle in eine Flamme auch mit den empfindlichsten Mitteln kein Cl^- nachweisen können.

26. Umladungen. Einen wesentlich neuen Gesichtspunkt in die Erkenntnis der Zustände negativer Träger brachten die Arbeiten LENARDS und seiner Schüler. Der experimentelle Teil der Untersuchungen ist ausführlich bei WILCKENS[8]) be-

---

[1]) H. A. WILSON, Phil. Trans. (A) Bd. 192, S. 499. 1899; Phys. ZS. Bd. 1, S. 387. 1900.
[2]) E. GOLD, Proc. Roy. Soc. London (A) Bd. 79, S. 43. 1907.
[3]) G. MOREAU, Ann. chim. phys. (7) Bd. 30, S. 5. 1903.
[4]) P. LENARD, Ann. d. Phys. Bd. 9, S. 642. 1902.
[5]) J. STARK, Naturw. Rundsch. Bd. 17, S. 549. 1902.
[6]) G. MOREAU, C. R. Bd. 135, S. 1326. 1902.
[7]) N. E. DA C. ANDRADE, Phil. Mag. Bd. 23, S. 865. 1912; Bd. 24, S. 15. 1912.
[8]) E. WILCKENS, Dissert. Heidelberg 1914.

schrieben. Der Verfasser bedient sich einer Methode, die ursprünglich von MOREAU (a. a. O.) angegeben wurde, und die Abb. 11 schematisch wiedergibt. An der Berührungsstelle zweier Flammen ist ein Schirm A mit einem Fenster L angebracht, durch das die Elektronen, die aus der salzhaltigen Erzeugerflamme (rechts) kommen, in die reine Meßflamme (links) eintreten. Hier zwischen A und C herrscht ein variables, schwaches Feld, das sorgfältig ausgemessen wird. Die Potentialdifferenz wird so lange gesteigert, bis der die positive Elektrode D treffende Elektronenstrom eine deutliche Stromverstärkung hervorruft. Die auffangende Anode ist klein gewählt, von einem großen Schutzring C umgeben und vertikal verschiebbar. Ist h ihre Höhe über dem Kathodenfenster, v die Flammengeschwindigkeit, F_x das Feld an irgendeiner Stelle x und l die Entfernung zwischen Fenster und Anode, so bestimmt sich nach der üblichen Weise die Beweglichkeit zu:

$$k = \frac{v}{h} \cdot \int_0^l \frac{dx}{F_x}.$$

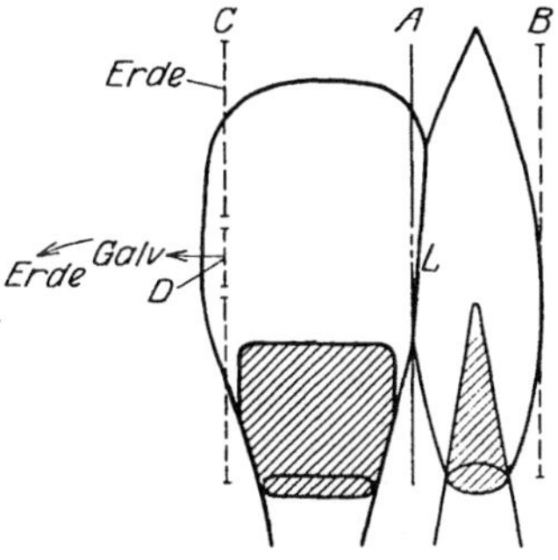

Abb. 11. Versuchsanordnung von WILCKENS zur Bestimmung der Beweglichkeiten negativer Elektrizitätsträger.

Die angebenen Werte liegen zwischen $k = 7200$ und 11900 cm/sec : Volt/cm, wachsend mit abnehmender Salzkonzentration, aber unabhängig von der Art des Salzes, falls die Elektronenkonzentrationen (die aus dem Strom berechnet werden können) gleich sind. Kontrollversuche, die WILCKENS anstellte, gaben jedoch ein ganz unerwartetes Resultat. Für jede Höhe der auffangenden Anode relativ zum Kathodenfenster sollte man eine bestimmte kritische Feldstärke erwarten, die ein Strommaximum erzeugt. Eine solche existiert jedoch nicht, sondern mit zunehmendem Feld wächst der Strom bei jeder Anodenstellung und erreicht stets den größten Wert, wenn Fenster und Anode in gleicher Höhe gegenüberstehen. Hieraus folgt zunächst, daß die Flammengeschwindigkeit ohne Einfluß ist. Diffusionserscheinungen spielen eine wichtige Rolle (vgl. Ziff. 31), denn auch Elektronen, die von einem glühenden CaO-Pt-Streifen im oberen Flammenteil erzeugt werden, erreichen die Auffängerplatte.

Die WILCKENSschen Resultate deutet LENARD[1]) in folgender Weise: das Elektron ist im allgemeinen einem dauernden Wechsel von Zuständen unterlegen; es ist frei oder an ein neutrales Molekül angelagert und bildet ein Ion. Seine Bahnen im horizontalen Feld sind entsprechend den verschiedenen Trägermassen stufenförmig. Ist der Weg zwischen den Elektroden so groß wie in den Versuchen von WILCKENS und den meisten anderen Forschern, so wird auch der Fall eintreten, daß das Elektron mit einem positiven Ion zusammenstößt und neutralisiert wird. Seine Bindung an das Ion ist sehr viel fester als an das neutrale Molekül und es wird von den Flammengasen eine große Strecke aufwärts getragen, ehe es sich wieder befreit. Oft genügt ein einziger neutralisierender Zusammenstoß, um es aus dem Beobachtungsraum vollständig zu entfernen. Die Zeiten der Anlagerung und der Neutralisation sind den Zufallsgesetzen unterworfen. Den Weg des Elektrons nach der LENARDschen Auffassung zeigt Abb. 12. Wird das Feld gesteigert, so wird erreicht, daß mehr und mehr Elektronen einem Zusammenstoß mit positiven Ionen entgehen, darum wächst der Strom bei jeder relativen Lage von Anode und Kathode mit der Spannung. Finden keine Neutralisationen statt,

[1]) P. LENARD, Heidelb. Ber. 1914, Abh. 17.

so ist die mittlere Wanderungsgeschwindigkeit so groß, daß die Bewegung der Flammengase ganz ohne Einfluß ist. Die Anode fängt in jeder Lage Elektronen auf, weil diese durch Diffusion die ganze Flamme durchsetzen. — Je höher die Salzkonzentration gewählt wird, desto wahrscheinlicher werden neutralisierende Zusammenstöße, desto geringer also die gemessene vermeintliche Wanderungsgeschwindigkeit. In jedem Fall stellt sie eine untere Grenze dar, die gegeben ist durch die Beweglichkeit der freien Elektronen, der negativen Ionen und durch die Zeiten, während derer das Elektron an ein positives Ion gebunden ist.

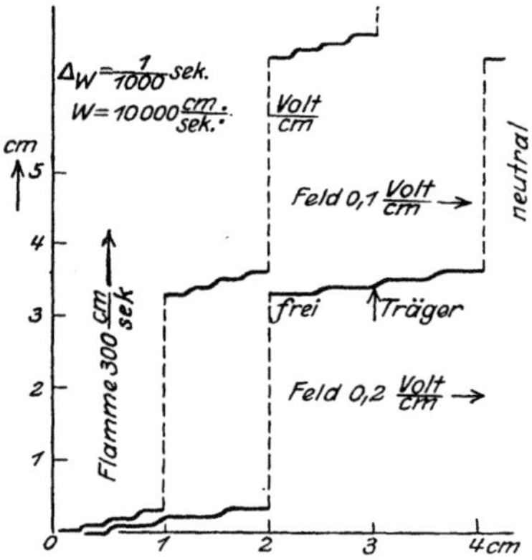

Abb. 12. Schematische Wiedergabe der Elektronenwege in der Flamme nach BECKER.

Eine obere Grenze für die wahre Beweglichkeit dauernd freier Elektronen berechnet LENARD aus gaskinetischen Überlegungen zu $k = 74000$ cm/sec : Volt/cm. Der richtige Wert muß zwischen diesem Maximalbetrag und dem von WILCKENS für schwächste Konzentrationen gefundenen Minimalwert von 11900 cm²/sec Volt zu suchen sein.

27. Wechselstrommethode. In prinzipiell anderer Weise findet man die Beweglichkeit der negativen Träger mit der Wechselstrommethode. Ursprünglich von RUTHERFORD angegeben, um in kalten Gasen die Ionenbeweglichkeit bei Oberflächenionisation zu bestimmen, ist sie von WILSON und GOLD[1]) und GOLD[2]) den Verhältnissen in Flammen angepaßt. Neuerdings haben BRYAN[3]) und WILSON und BRYAN[4]) die Methode verbessert. Ein hochfrequentes Wechselfeld liegt zwischen den Elektroden in einer sehr stark ionisierten Salzflamme. Da die Beweglichkeit der positiven wie auch der wenigen vorhandenen negativen Ionen sehr klein ist, können allein die Elektronen als in Bewegung befindlich angesehen werden. An den Elektroden werden die äußeren Elektronen bald abgefangen, so daß hier eine rein positive Raumladung herrscht, während die mittlere schwingende Schicht als Ganzes neutral ist. Nennen wir D den Abstand der beiden Elektroden, $D - d$ die Dicke der schwingenden Schicht und t_1 bzw. t_2 die variablen Abstände dieser Schicht von Kathode bzw. Anode, so ist also $d = t_1 + t_2$. Die Potentialverteilung im ganzen Entladungsraum läßt sich angeben, wenn man berücksichtigt, daß in der neutralen Schicht die Feldstärke $dV/dx = X_0 =$ konst. ist, und in den an die Elektroden anstoßenden Gebieten die POISSONsche Gleichung gilt: $d^2V/dx^2 = -4\pi\varrho$, wo ϱ die Dichte der positiven Raumladung bedeutet. Unter Einfügen der Grenzbedingungen: $V = 0$ für $x = 0$ (an der Kathode) $dV/dx = X_0$ für $x = t_1$, $dV/dx = X_0$ für $x = D - t_2$ und $V = V_0$ für $x = D$ (an der Anode) erhält man

$$V = 2\pi\varrho d(2t_1 - d) - X_0 \cdot D.$$

Ebenso berechnet sich die Stromdichte in der schwingenden Schicht zu:

$$j = -\varrho \cdot \frac{dt_1}{dt} + \frac{1}{4\pi} \cdot \frac{dX_0}{dt},$$

wenn die negative Raumladungsdichte ϱ in diesem Gebiet der Dichte ϱ der positiven Ionen gleichgesetzt wird. Liegt nun an den Elektroden eine rein sinus-

[1]) H. A. WILSON u. E. GOLD, Phil. Mag. Bd. 11, S. 484. 1906.
[2]) E. GOLD, Proc. Roy. Soc. London (A) Bd. 79, S. 43. 1902.
[3]) A. B. BRYAN, Phys. Rev. Bd. 23, S. 189. 1924.
[4]) H. A. WILSON u. A. B. BRYAN, Phys. Rev. Bd. 23, S. 195. 1924.

förmige Wechselspannung $V = V_0 \cdot \sin\omega t$, ist damit auch $t_1 = t_1^0 \cdot \sin\omega t$ und $X = X_0 \cdot \sin\omega t$, so erhält man durch Einsetzen und Eliminieren von t_1 und X_0 aus den obigen Gleichungen:

$$4\pi j = V_0 \cdot \omega \cdot \sin(\omega t + \gamma) \cdot \sqrt{\frac{(4\pi \varrho k)^2 + \omega^2}{(4\pi \varrho k d)^2 + \omega^2 D^2}},$$

wo

$$\operatorname{tg}\gamma = \frac{(4\pi \varrho k)^2 d + (\omega D)^2}{4\pi \varrho k \omega \cdot (D - d)},$$

ferner

$$d = \frac{1}{4\pi \varrho k} \cdot \left[\sqrt{(8\pi \varrho k^2 V_0) + \frac{(\omega D)^4}{4}} - \frac{1}{2}(\omega D)^2\right]^{\frac{1}{2}}$$

und X_1 das Feld in der schwingenden Schicht:

$$X = V_0 \cdot \omega \cdot \frac{\sin(\omega t + \alpha)}{\sqrt{(\omega D)^2 + (4\pi \varrho k d)^2}},$$

wo

$$\operatorname{tg}\alpha = \frac{4\pi \varrho k d}{\omega D}.$$

Die Flamme wirkt auf den sie durchfließenden Wechselstrom wie ein Kondensator von der Kapazität C_1 mit in Serie geschaltetem Widerstand R_1, und die Stromdichte beträgt:

$$j = \frac{V_0 \cdot \sin(\omega \tau + \gamma)}{\sqrt{R_1^2 + \frac{1}{(\omega C_1)^2}}},$$

wo der Phasenwinkel

$$\operatorname{tg}\gamma = \frac{1}{R_1 \cdot \omega \cdot C_1}.$$

Durch Gleichsetzen der Ausdrücke und Einsetzen der gefundenen Größen erhält man, wenn a die Elektrodenfläche ist, für Kapazität und Widerstand:

$$C_1 = \frac{a}{4\pi} \cdot \left[\frac{(4\pi \varrho k)^2 + \omega^2}{(4\pi \varrho k)^2 d + \omega^2 D}\right],$$

$$R_1 = \frac{16\pi^2 \varrho \cdot k \cdot (D - d)}{a \cdot [(4\pi \varrho k)^2 + \omega^2]}.$$

Kapazität und Flammenwiderstand hat BRYAN sorgfältig gemessen. Man gewinnt aus C_1 und R_1 unter Berücksichtigung von d und X die positive Raumdichte ϱ und die Beweglichkeit k. Tab. 6 gibt die WILSON-BRYANschen Resultate an.

Tabelle 6. Beweglichkeiten mit der Wechselstrommethode gemessen nach WILSON und BRYAN.

V (Volt)	$\omega/2\pi$	Konzentration in g K_2CO_3 pro l	k (cm²/Volt sec)	ϱ (el. st. Einh. pro cm³)	X (Volt/cm)
82,2	$6 \cdot 10^5$	1,0	6100	0,42	64
66,7	$6 \cdot 10^5$	1,0	7300	0,39	51
47,5	$6 \cdot 10^5$	1,0	9300	0,36	35
26,9	$6 \cdot 10^5$	1,0	10000	0,29	25
11,4	$6 \cdot 10^5$	1,0	19300	0,25	9,4
21,15	$10 \cdot 10^5$	1,0	24000	0,28	17
21,15	$8 \cdot 10^5$	1,0	19000	0,30	16,6
21,15	$6 \cdot 10^5$	1,0	14400	0,36	15,2
21,15	$4 \cdot 10^5$	1,0	8800	0,56	13,4
21,15	$2 \cdot 10^5$	1,0	6000	1,04	7,6
11,1	$6 \cdot 10^5$	0	28200	0,028	14,1
11,1	$6 \cdot 10^5$	0,1	24300	0,089	11,6
11,1	$6 \cdot 10^5$	1,0	19000	0,221	10,0
11,1	$6 \cdot 10^5$	5,0	12800	0,50	10,0
11,1	$6 \cdot 10^5$	10,0	4230	1,49	13,9

In den ersten 5 Versuchen wurde die an den Elektroden liegende Spannung verändert. Abb. 13 zeigt die Beweglichkeit der Elektronen als Funktion des aus den Versuchsdaten berechneten Feldes X in der schwingenden Schicht für die Konzentration von 1 g pro Liter. Die ausgezogene Kurve gibt die Beweglichkeit wieder, wie sie von LOEB[1]) für Elektronen in reinem kalten Stickstoff von 760 mm Hg Druck berechnet wurde: $k = 571 \cdot 10^3/(21 + X)$. Wenn man von der Verschiedenheit des Gases absieht, so ist gegenüber den Versuchen in kalten Gasen zweierlei geändert: 1. die Dichte (σ); es ist k prop. $1/\sigma$; 2. die Temperatur. Nach theoretischen Überlegungen hätte man bei konstanter Dichte zu erwarten: $k \backsim 1/\sqrt{T}$, da $k \backsim 1/W$, wo W die mittlere thermische Geschwindigkeit bedeutet, und $W \backsim \sqrt{T}$ (vgl. Ziff. 19 und ds. Handb. Bd. 22, Kap. 4). Die Gültigkeit dieses Ansatzes ist jedoch für so hohe Temperaturen, wie sie in Flammen herrschen, noch nicht bestätigt worden. Da nun $\sigma \backsim 1/T$, müßte $k \backsim \sqrt{T}$ gefunden werden. Der Versuch zeigt vollständige Unabhängigkeit der Beweglichkeit von der Temperatur. — Die Wirkung des Feldes ist die gleiche, wie sie LOEB in kalten Gasen findet. Die Abhängigkeit der Ionenbeweglichkeit von der Feldstärke ist bei Entladungen in kalten Gasen durch TOWNSEND festgestellt und auch theoretisch erklärt worden[2]). Der Einfluß beruht auf den elastischen Zusammenstößen, die das Elektron erleidet, und die ihm ermöglichen, kinetische Energie auf einer Reihe von freien Weglängen anzusammeln. Durch die Reflexionen wird die gerichtete Bewegung in eine ungeordnete verwandelt, und die mittlere kinetische Energie wächst mit dem Felde. Die Versuche zeigen, daß die Vorgänge in Flammen analog verlaufen. Der Begriff „Beweglichkeit" verliert hier seine eigentliche Bedeutung[3]). In Versuchsreihe 6 bis 10 wurde die Frequenz des Wechselfeldes verändert. Eine Deutung für die Abnahme der Beweglichkeit mit der Frequenz läßt sich bis jetzt nicht geben. In der letzten Gruppe (Versuch 11 bis 15) schließlich wurde die Salzkonzentration von 0 auf 10 g pro Liter gesteigert. Wie zu erwarten, steigt die berechnete Raumdichte ϱ. Die Beweglichkeit der negativen Träger ist am größten für die salzfreie Flamme und nimmt mit wachsender Salzkonzentration ab. Während im ersten Falle allem Anschein nach nur freie Elektronen beobachtet werden, sinkt bei größerem Salzgehalt die mittlere Beweglichkeit, da die Elektronen mehr und mehr in einen zeitweilig gebundenen Zustand übergehen. Die Voraussetzungen der Rechnung, eine rein positive Raumladung in den Elektrodengebieten, deren Dichte der der Elektronen in der schwingenden Schicht gleichgesetzt werden kann, sind dann nicht mehr erfüllt.

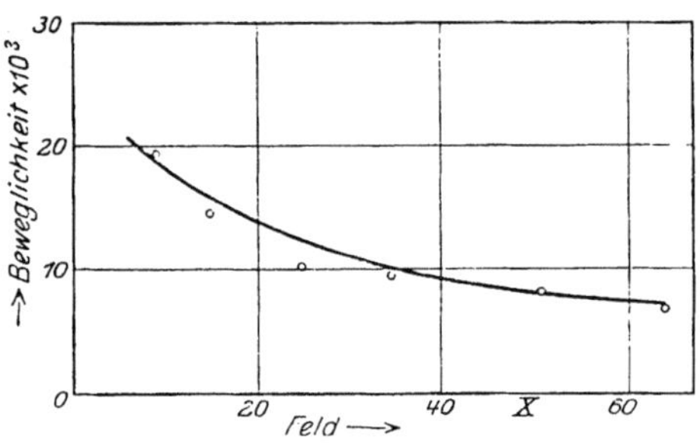

Abb. 13. Beweglichkeiten der Elektronen in der Flamme nach WILSON und BRYAN.

28. Die Beweglichkeit der negativen Elektrizitätsträger aus Strom- und Feldmessung berechnet. Da der großen Geschwindigkeit der Elektronen wegen der Strom bei annähernd gleicher Konzentration beider Trägerarten als allein von Elektronen getragen angesehen werden darf, läßt sich die Elektronenbeweglichkeit auch durch Strom- und Feldmessung bestimmen. Es ist $J = e \cdot n \cdot k \cdot X$,

[1]) L. B. LOEB, Phys. Rev. Bd. 19, S. 24. 1922.
[2]) K. T. COMPTON, Phys. Rev. Bd. 21, S. 717. 1923.
[3]) Vgl. K. PRZIBRAM, Kap. 4, Bd. 22 ds. Handbuchs.

wenn X das Feld und $(e \cdot n)$ die negative Ladung pro cm^3 ist. $e \cdot n$ kann den Messungen mit der obenbeschriebenen Wechselstrommethode entnommen werden; auf diese Weise fand GOLD[1]) $k = 8000\ cm^2/sek$ Volt. BARNES[2]) berechnet die Elektronenkonzentration $(e \cdot n)$ nach der SAHASchen Theorie (vgl. Ziff. 36 und 37), mißt Strom und Feld und findet für k Werte zwischen 7500 und 20700 cm^2/sec Volt, wobei $k = 8000$ der wahrscheinlichste Betrag ist.

29. Der Halleffekt in Flammen. Die Differenz der Beweglichkeiten positiver und negativer Ionen, oder bei Vernachlässigung der Geschwindigkeiten der positiven Träger, die Beweglichkeit der Elektronen allein, wird mit einer von der oben beschriebenen gänzlich abweichenden Methode aus dem Halleffekt bestimmt. Seine Existenz in Bunsenflammen ist zuerst von MARX[3]) nachgewiesen, später von WILSON[4]) bestätigt worden. Die Theorie des Halleffektes wurde neuerdings von HEAPS[5]) mit einigen Verbesserungen gegenüber den ersten Ansätzen ausgearbeitet.

Ein Strom durchfließe in der x-Richtung horizontal die Flamme, senkrecht dazu in der z-Achse wirke ein Magnetfeld von der Stärke H. Durch Strom und Magnetfeld wird eine ponderomotorische Kraft erzeugt, die die Elektrizitätsträger in die vertikale y-Richtung ablenkt. Da sie stärker ist für die beweglicheren Elektronen als für die trägeren positiven Ionen, findet eine Trennung beider Trägerarten statt, und damit stellt sich ein vertikaler Potentialgradient ein. Sind u_1, v_1 bzw. u_2, v_2 die Geschwindigkeitskomponenten in der x- und y-Richtung, X das horizontale elektrische, Y das durch die Wirkung des Magnetfeldes erzeugte vertikale elektrische Feld und k_1 bzw. k_2 die Beweglichkeiten der positiven Ionen bzw. Elektronen, so lassen sich folgende Gleichgewichtsbeziehungen für die Kräfte aufstellen

$$X \cdot e + H \cdot e \cdot v_1 - e \cdot \frac{u_1}{k_1} = 0\,, \tag{1}$$

$$Y \cdot e - H \cdot e \cdot u_1 - \frac{e}{k_1} \cdot (v_1 - V) = 0\,, \tag{2}$$

$$-Y \cdot e + H \cdot e \cdot u_2 - \frac{e}{k_2} \cdot (v_2 - V) = 0\,, \tag{3}$$

$$-X \cdot e - H \cdot e \cdot v_2 - e\frac{u_2}{k_2} = 0\,. \tag{4}$$

Die letzten Glieder stellen jeweils die Reibungskräfte dar, die die Ionen gegen die mit der Geschwindigkeit V nach oben steigenden Flammengase erfahren. Ist das obere und untere Ende der Flamme isoliert, so kann kein vertikaler Strom fließen, es ist $n_1 v_1 = n_2 v_2$, und da die Ionendichten $n_1 = n_2$ angenommen wird: $v_1 = v_2$. Aus den 4 Gleichungen folgt dann

$$\frac{Y}{H \cdot X} = (k_1 - k_2) \cdot \frac{1 + \frac{VH}{X}}{1 + H^2 k_1 k_2}\,.$$

In früheren Rechnungen waren die Glieder VH/X und $H^2 k_1 k_2$ vernachlässigt worden, ferner $k_2 \gg k_1$ gesetzt, so daß sich ergab:

$$k_2 = -\frac{Y}{HX}\,.$$

---

[1]) E. GOLD, Proc. Roy. Soc. London (A) Bd. 79, S. 43. 1907.

[2]) B. T. BARNES, Phys. Rev. Bd. 23, S. 178. 1924.

[3]) E. MARX, Ann. d. Phys. (4) Bd. 2, S. 798. 1900.

[4]) H. A. WILSON, Proc. Roy. Soc. London (A) Bd. 82, S. 595. 1909; Electr. prop. of flames, S. 115.

[5]) C. W. HEAPS, Phys. Rev. Bd. 24, S. 652. 1924.

HEAPS fügt in die Rechnung eine Korrektion durch folgende Annahme ein: die sehr viel beweglicheren negativen Ionen reißen bei ihrer Strömung positive Träger mit sich. Diese schweren Ionen nun, die in stark konzentrierten Flammen in großer Anzahl vorhanden sind, üben Reibungskräfte auf die neutralen Gasmoleküle aus, verkleinern deren Geschwindigkeit, wenn das magnetische Feld sie abwärts treibt, vergrößern sie, falls ihre Bahn nach oben gerichtet ist. Die Flammengeschwindigkeit wird darum geschrieben: $V = C \cdot v_1 + V_0$, wo C abhängig von der Dichte positiver Ionen ist. Hieraus ergibt sich der korrigierte Ausdruck für den Halleffekt:

$$\frac{Y}{X \cdot H} = (k_1 - k_2) \cdot \frac{\left(1 - C + \frac{V_0 H}{X}\right)}{1 - C + k_1 k_2 H^2}\,.$$

Diese letztere Annahme von HEAPS ist experimentell durch WATT[1]) bestätigt worden. Der Verfasser weist eine Unsymmetrie des Halleffektes bezüglich der Richtung positiver Ionen mit oder gegen die Flammenströmung nach, die für schwache Salzkonzentrationen klein, für große hingegen sehr beträchtlich ist.

Die Meßmethode ist durch MARX[2]) und WILSON[3]) ausführlich beschrieben worden. Zwischen die Pole eines Magneten werden senkrecht zum magnetischen und zum elektrischen Feld in die Flamme 2 vertikal übereinanderstehende und um eine horizontale Achse drehbare Sonden eingeführt, die mit je einem Quadrantenpaar eines Elektrometers verbunden sind. Im feldfreien Raum haben sie gleiches Potential, bei Einschalten des Magnetfeldes laden sie sich gegeneinander auf. Gemessen wird entweder ihre Potentialdifferenz oder der Winkel, um den man sie drehen muß, um sie im magnetischen Feld in eine Äquipotentialfläche zu bringen.

Die gefundenen Beweglichkeiten liegen alle bedeutend unter den nach anderen Methoden gemessenen. MARX hatte angegeben $k_2 = 2000$ cm²/Volt sec, WILSON: $k_2 = 2400$ cm²/Volt sec, WATT: k_2 zwischen 1500 und 2600 cm²/Volt sec. Eine einzige Ausnahme bildet WILSONS[4]) Angabe $k_2 = 10\,000$ cm²/Volt sec, nach einer Messung, die z. B. von BECKER[5]) nicht für einwandfrei gehalten wird.

Eine Erklärung für das Versagen der Methode kann bisher nicht gegeben werden. Es scheint, als ob in der Überlegung noch wichtige Faktoren übersehen wurden. So ist auch ein Gang des Halleffektes mit der Temperatur, wie ihn kürzlich BOUCHER[6]) fand, mit den bisherigen Ansätzen nicht zu vereinen. Während mit zunehmender Temperatur bei veränderlicher Dichte Konstanz oder eine Steigerung der Elektronenbeweglichkeit zu erwarten wäre, konstatiert der Verfasser eine Abnahme von $k_2 = 4000$ auf $k_2 = 2600$ cm²/Volt sec, wenn die Flammentemperatur von 900° auf 1400° erhöht wird. Ebenso ergibt sich ein sehr komplizierter und bisher nicht deutbarer Gang der Beweglichkeit mit der elektrischen Feldstärke.

30. Beeinflussung der Beweglichkeit durch elektronegative Gase. In der reinen wie in der salzhaltigen Flamme sind, wie gezeigt wurde, die Träger des negativen Stromes Elektronen, die sich während kurzer Zeiten an neutrale Moleküle anlagern können. Die Anlagerungszeiten wachsen, die Elektronen werden in einen überwiegend gebundenen Zustand übergeführt, wenn den ver-

---

1) J. S. WATT, Phys. Rev. Bd. 25, S. 69. 1925.
2) E. MARX, Handb. d. Radiol., Bd. IV, S. 736.
3) H. A. WILSON, Phys. Rev. Bd. 3, S. 375. 1914.
4) H. A. WILSON, Electr. properties of flames, S. 115.
5) A. BECKER, Handb. d. Elektr. u. d. Magn. von L. GRAETZ, Bd. III, S. 486.
6) P. E. BOUCHER, Phys. Rev. Bd. 26, S. 807. 1925.

brennenden Gasen ein stark elektronegativer Bestandteil, wie etwa Chlor, beigefügt wird. Die ersten solchen Versuche von FRANCK und PRINGSHEIM[1]) hatten bereits ergeben, daß die mittlere Beweglichkeit negativer Ionen unter diesen Umständen unter die der positiven sinken kann. Dies hat zur Folge, daß die Flamme positiv unipolaren Charakter erhält, Anoden- und Kathodenfall vertauschen ihre Rolle. —

In welcher Form Chlor den brennenden Gasen zugeführt wird, ist nicht ganz ohne Bedeutung; wirksam ist Chloroform, Tetrachlorkohlenstoff, Ammoniumchlorid, am wirksamsten reines, gasförmiges Chlor, während Metallchloride und Salzsäure keinen elektronenbindenden Einfluß ausüben. Wie Chlor verhält sich Brom und Jod, nur ist die Bindung weniger temperaturbeständig und weniger fest. Tab. 7 gibt einige Beweglichkeitsbestimmungen von BOUCHER[2]) wieder, die nach der Halleffektmethode gewonnen wurden. (Die Zahlen je einer Gruppe sind miteinander vergleichbar.) Eine größere Beweglichkeit positiver als negativer Ionen findet BOUCHER nicht, während KALANDYK[3]) dieses Ergebnis von FRANCK und PRINGSHEIM nach Leitfähigkeitsmessungen in der Knallgas- und der Chlorknallgasflamme bestätigt. Auch positive Ionen können bei Gegenwart von Chlor nach EBERT[4]) in einen fester gebundenen Zustand gebracht werden und an Beweglichkeit einbüßen, dann, wenn das freie Metallatom zeitweilig in das Chlorid überführt wird.

Tabelle 7. Beweglichkeiten der negativen Ladungsträger bei Zusatz von Halogenen nach BOUCHER.

Flammenart	k_2 (cm²/Volt sec)
Wasserstoffflamme (2000°)	4800
mit Chloroform	3250
Wasserstoffflamme (1370°)	ca. 5300
mit Tetrachlorkohlenstoff	ca. 3600
mit Chlor	576—552
Wasserstoffflamme	3700
mit Brom	360
Gasflamme	3690
mit Chloroform	384
Wasserstoff-Alkoholflamme	4580
mit Jod	3810

Wenn das Elektron Ionencharakter erhält, ähnelt die Entladung in Flammen der in kalten Gasen, wo im allgemeinen die Träger beider Vorzeichen annähernd gleiche Beweglichkeiten zeigen, also Massen der gleichen Größenordnung besitzen. Während dort der Ionencharakter negativer Teilchen der weitaus häufigere ist und nur in äußerst reinen Edelgasen, Stickstoff oder Wasserstoff freie Elektronen nachgewiesen werden können, bedarf es in Flammen der stark elektronenbindenden Reagenzien, wie die Halogene es sind, um Elektronen für merklich längere Zeit in einen gebundenen Zustand zu überführen.

g) Diffusion von Ionen und Elektronen.

31. Diffusionserscheinungen in der Flamme. In noch stärkerem Maße als bei Entladungen in kalten Gasen spielen Diffusionserscheinungen in der Flamme eine nicht zu vernachlässigende Rolle. Wie schon erwähnt wurde (Ziff. 26), ist die Bahn der Elektronen nicht eindeutig durch die Richtung des Feldes festgelegt, ihre außerordentlich große Beweglichkeit bewirkt, daß sie gegen das Feld und gegen die Strömung des Gases jeden Teil der Flamme erreichen. So stellte WILCKENS[5]) fest, daß ein verstärkter Elektronenstrom die Anode einer Entladungsstrecke erreicht, wenn eine Salzperle an irgendeiner beliebigen Stelle in

[1]) J. FRANCK u. P. PRINGSHEIM, Verh. d. D. Phys. Ges. Bd. 13, S. 328. 1911.
[2]) P. E. BOUCHER, Phys. Rev. Bd. 26, S. 807. 1925.
[3]) M. S. KALENDYK, Journ. de phys. (6) Bd. 5, S. 345. 1924.
[4]) G. EBERT, Dissert. Heidelberg 1911.
[5]) E. WILCKENS, Dissert. Heidelberg 1916.

eine Flamme gesenkt wird. Abb. 14 zeigt die Resultate einer systematischen Untersuchung dieser Erscheinung, bei der eine elektronenemittierende Platte in vertikaler Richtung vor der Kathode vorbeigeführt wurde. Ohne Diffusion hätte sich bei jeder Spannung ein Strommaximum für die Höhe 0 (relativ zur Anode) einstellen müssen, das scharf abfällt, wenn die Elektronenquelle nach oben verlegt wird.

Ebenso läßt sich zeigen, daß die Bahn positiver Ionen und leuchtender, also neutraler Metallatome durch Diffusion beeinflußt wird. Die Teilchen wandern aus der Verbrennungszone heraus in die umgebende Luft. Noch in 2,5 mm Entfernung vom Rand einer mit Kochsalz gespeisten Bunsenflamme läßt nach ZACHMANN[1]) eine deutliche Gelbfärbung eines Probeflämmchens die Anwesenheit von Na-Atomen erkennen. Nicht berücksichtigte Diffusionsvorgänge haben eine Reihe älterer Beweglichkeitsmessungen wertlos gemacht. So führt WILSON[2]) seine früheren abweichenden Resultate der Ionenbeweglichkeit auf den Umstand zurück, daß Salzmoleküle längs des Flammensaumes an die untere Elektrode gelangten und den Potentialfall dort herabsetzten, was irrtümlich der Wanderung der Teilchen im Felde im Flammeninnern zugeschrieben wurde (vgl. Ziff. 20).

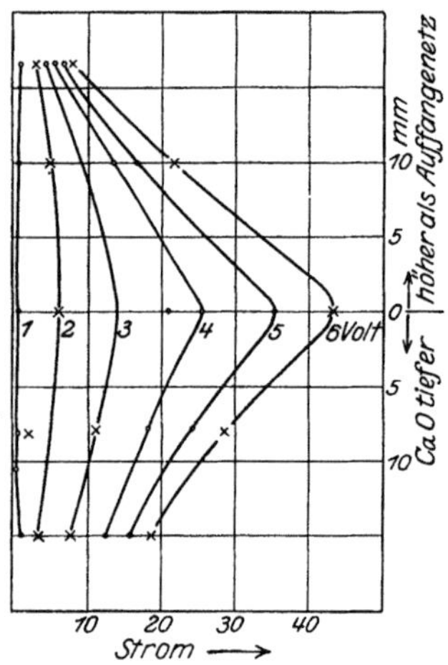

Abb. 14. Nachweis der Diffusion in der Flamme durch WILCKENS.

32. Diffusionskoeffizienten. Wenn man die Diffusionskoeffizienten positiver Metallionen kennenlernen will, benutzt man den Umstand, daß die Atome dauernden Umladungen unterworfen sind und stellt ihr Auftreten an irgendeiner Stelle der Flamme optisch am Leuchten der neutralisierten Atome fest. Solche Messungen unternahmen JESSEL[3]), BECKER[4]) und WEISS[5]). Die Methode beruht darauf, die Helligkeitsverteilung der Flamme unmittelbar unter einer Salzperle zu untersuchen und aus ihr auf die Dichte des diffundierenden Salzdampfes zu schließen. BECKER[4]) gibt eine ziemlich komplizierte Formel an, aus der der Diffusionskoeffizient gefunden werden kann, wenn man die Helligkeitsverteilung in zwei einander parallelen Schnitten unterhalb der Perle und den tiefsten noch leuchtenden Punkt festgestellt hat. Andererseits läßt sich der Diffusionskoeffizient nach gaskinetischen Überlegungen nach LENARD[5]) angeben. Bedeutet D_0 den Diffusionskoeffizienten der Flammengasmoleküle, D den der Metallatome, so wird die Beziehung abgeleitet:

$$D = D_0 \cdot \frac{4 r^2}{(r + r_m)^2} \sqrt{\frac{2}{b \cdot (b+1)}} \,.$$

Hier ist r der Radius eines Gasmoleküls von der Masse M, r_m der eines Metallatoms mit der Masse M_m und b das Massenverhältnis $b = M/M_m$. D_0 beträgt bei 1700° (der Temperatur, die schätzungsweise im etwas gekühlten Raum unter der Perle herrschen mag) 6,73. Tabelle 8 gibt die Resultate von WEISS [zitiert nach LENARD[5])] wieder, und daneben die nach obiger Formel berechneten, wenn die Metallatome frei, an ein, zwei oder drei Gasmoleküle angelagert oder als Metalloxyde in Rechnung gesetzt werden.

[1]) E. ZACHMANN, Ann. d. Phys. Bd. 74, S. 492. 1924.
[2]) H. A. WILSON, Phil. Trans. (A) Bd. 216, S. 63. 1916.
[3]) Vgl. P. LENARD, Ann. d. Phys. Bd. 17, S. 198. 1905.
[4]) A. BECKER, Heidelb. Ber. 1911, Abh. 7. [5]) P. LENARD, Heidelb. Ber. 1914, Abh. 17.

Tabelle 8. Diffusionskoeffizienten von Metallatomen in der Bunsenflamme.

Metall	D beobachtet	D berechnet für				
		freie Metallatome	Metallatome mit Anlagerung von 1 Flammenmolekül	2 Flammenmolekülen	3 Flammenmolekülen	Metalloxyde
Li	1,3	11,4	3,7	1,6	1,05	2,1
Na	1,2	3,8	2,1	1,1	0,77	0,86
Tl	0,8	0,61	0,41	—	—	0,12
Sr	1,0	1,04	0,81	—	—	0,82

Der Vergleich von D beob. und D ber. zeigt, daß die diffundierenden Teilchen größer sind als freie Atome; setzt man in Rechnung, daß die Metallatome nur mit wenigen Gasmolekülen assoziiert sind, so erhält man eine recht gute Übereinstimmung der beobachteten und berechneten Diffusionskoeffizienten.

Neuerdings sind Diffusionskoeffizienten für die Alkalien sehr sorgfältig von DAVIS[1]) untersucht und sehr viel größer bestimmt worden. Der von einer Salzperle aufsteigende Dampfstreifen wurde oberhalb der Perle photographiert und seine Dicke in etwa 7 bis 15 verschiedenen Höhen ausgemessen. Ist r der Abstand eines Punktes der leuchtenden Schicht von der Perle, x seine Entfernung von der Mittelachse, so berechnet sich nach WILSON[2]) der Diffusionskoeffizient D aus der Gleichung

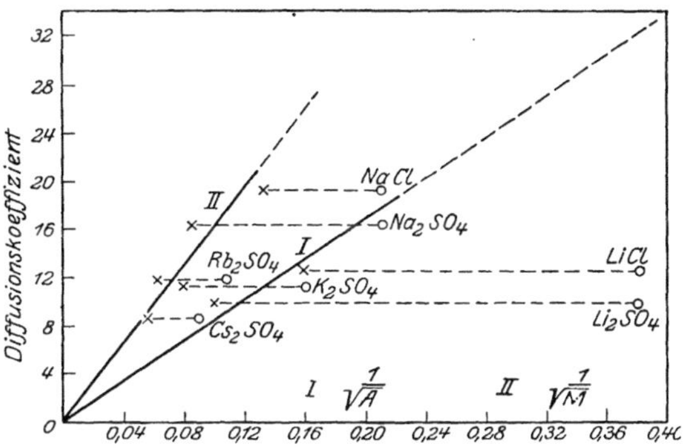

Abb. 15. Diffusionskoeffizienten als Funktion des Atom- bzw. des Molekulargewichtes nach DAVIS.

$$C = \frac{q}{4\pi D r} \cdot e^{\frac{v}{2D}(x - r)},$$

wo q die Menge des pro Sekunde verdampfenden Salzes, C die Salzkonzentration in dem untersuchten Flammenort und v die Strömungsgeschwindigkeit der verbrennenden Gase bedeutet. Man beobachtet die Randstellen des Dampfstreifens, an denen ein Leuchten gerade noch wahrnehmbar ist; für diese gilt dann $C =$ konst., ferner ist $q =$ konst., so daß sich ergibt:

$$D = \frac{v \cdot r}{2}\left[\frac{dx}{dr} - 1\right].$$

DAVIS erhält bei einer Flammentemperatur von 1436° die Werte:

LiCl	Li_2SO_4	NaCl	Na_2SO_4	K_2SO_4	Rb_2SO_4	Cs_2SO_4
12,4 ± 2,2	9,7 ± 1,6	19,0 ± 2,1	16,4 ± 2,3	11,1 ± 2,8	11,7 ± 0,8	8,4 ± 0,5

Wären die diffundierenden Teilchen dauernd freie Atome, so müßte D umgekehrt proportional der Wurzel aus dem Atomgewicht sein, wären sie dauernd Salzmoleküle, so wäre D umgekehrt proportional der Wurzel aus dem Molekulargewicht. In Abb. 15 sind die beobachteten Koeffizienten nach DAVIS aufgetragen als Funktion von $A^{-\frac{1}{2}}$ (○) und $M^{-\frac{1}{2}}$ (×). Die ausgezogenen Kurven würde man erhalten, falls die Metallatome (I) oder die Salzmoleküle (II) keinerlei Umladungen erfahren. Die gemessenen Werte streuen und zeigen damit an, daß der Zustand der diffundierenden leuchtenden Teilchen zwischen dem des freien Atoms und dem des chemisch gebundenen wechselt.

[1]) G. E. DAVIS, Phys. Rev. Bd. 24, S. 383. 1924.
[2]) H. A. WILSON, Phil. Mag. Bd. 24, S. 118. 1912.

Nur Li, das auch nach LENARDS Rechnung mit der größten Zahl von Gasmolekülen assoziiert zu denken ist, fällt durch die Kleinheit des gemessenen Diffusionskoeffizienten ganz aus der Gruppe der anderen Metalle heraus.

h) Theorien der Flammenleitfähigkeit.

33. Welche Ursachen rufen die Ionisation einer Flamme hervor und erteilen ihr damit eine Leitfähigkeit? Es war gezeigt, daß die alte ARRHENIUSsche Elektrolythypothese, nach der die Moleküle in der Flamme der gleichen Dissoziation wie in Flüssigkeiten unterliegen, nicht haltbar ist (Ziff. 24). Die große Beweglichkeit der negativen Teilchen gestattet keine andere Deutung, als ihre Träger als Elektronen anzusprechen, auch lassen sich, wie LENARD zeigte, selbst mit den empfindlichsten Mitteln keine elektrolytischen Anionen nachweisen. Daß die positiven Träger in der salzhaltigen Flamme, solange sie nicht an größere Kerne angelagert sind, aus Metallatomen bestehen, ist ebenfalls nachgewiesen worden. Bringt man in eine Flamme mit sorgfältig gereinigten Elektroden eine Salzperle, so zeigt die Kathode, wenn der Strom einige Zeit lang geflossen ist, deutlich die für den metallischen Bestandteil des Salzes charakteristischen Emissionslinien an.

Die Ionisation wird auch nicht erst durch das Anlegen eines elektrischen Feldes geschaffen, denn die Flamme besitzt im feldfreien Raum eine Eigenelektrizität, und die Verbrennungsgase führen Ionen mit sich. — Zur Diskussion steht die Frage, ob die Ionisation auf thermischem Wege hervorgerufen wird, ob chemische Umsetzungen dafür verantwortlich zu machen sind oder ob schließlich noch andere Faktoren ionenerzeugend wirken.

34. Ionisation auf Grund chemischer Reaktionen. Es ist schwierig zu entscheiden, ob der chemische Prozeß der Verbrennung die Ionisation in der Flamme bewirkt. Alte Versuche von HEMPTINNE[1]) hatten gezeigt, daß zwei Gase im Augenblick, wo sie eine Verbindung miteinander eingehen, keine merkliche Leitfähigkeit besitzen. Der Verfasser hatte zu diesem Zwecke in einen Zylinderkondensator Gase strömen lassen, die momentan miteinander reagieren, wie $2\,NO + O_2 = 2\,NO_2$, $2\,HBr + Cl_2 = 2\,HCl + Br_2$, $NH_3 + HCl = NH_4Cl$, konnte aber selbst bei Anwendung hoher Spannungen keinerlei Leitfähigkeit feststellen. Anders verhält sich wohl Phosphor, der bei seiner Oxydation Ionen bildet, doch kommt diese Substanz für die Flamme nicht in Betracht. — Falls die Gase mit dem Elektrodenmaterial reagieren, findet eine Ionenemission statt, doch läßt sich kaum sagen, ob die lokale Erwärmung oder die chemische Umsetzung die Ionisation hervorruft. Eine Elektronenemission hat jedenfalls nicht festgestellt werden können, stets ließen sich nur schwere Ionen nachweisen[2]). Auch bei der Reaktion leicht brennbarer Gase miteinander, wie sie in der Bunsenflamme vorhanden sind, hat neuerdings BREWER[3]) gezeigt, daß eine Ionisation nur in unmittelbarer Nähe der Elektrodenoberflächen stattfindet. Wählt man als Elektrodenmaterial unedle Metalle, die sich mit einer Oxyd- oder Hydroxydhaut überziehen, so lassen sich bei der Umsetzung der Gase keine Ionen nachweisen. Diese wenigen Versuche sprechen jedenfalls nicht dafür, die Ionisation in der Flamme allein auf chemische Reaktionen zurückzuführen.

35. Thermische Ionisation. Ebenso unsicher ist bis jetzt der direkte Nachweis, ob die Zerlegung der Moleküle in Ionen thermisch erfolgt. Daß, wenn glühende Elektroden in der Flamme vorhanden sind, diese Ionenquellen darstellen,

---

[1]) A. DE HEMPTINNE, ZS. f. phys. Chem. Bd. 12, S. 244. 1893.

[2]) Vgl. O. W. RICHARDSON, Phil. Trans. (A) Bd. 222, S. 1. 1921; Emission of Electricity from hot bodies, Kap. 4; M. BROTHERTON, Proc. Roy. Soc. London Bd. 105, S. 468. 1924.

[3]) A. KEITH BREWER, Proc. Nat. Acad. Amer. Bd. 11, S. 512. 1925; Phys. Rev. Bd. 26, S. 633. 1925.

ist als absolut sicher anzunehmen, wie die Versuche über Thermionenströme im Vakuum gezeigt haben; doch bleibt die Eigenleitfähigkeit der Flamme zu erklären. — Erhitzt man ein Gas, ohne es zur Verbrennung kommen zu lassen, in einem geschlossenen Gefäß von außen, so setzt in jedem Fall die Ionenemission zuerst an den Gefäßwänden ein. — Um ein Gas allein zu erhitzen, hat DEVIK[1]) es einer sehr schnellen adiabatischen Kompression unterworfen, wobei der Kompressionszylinder kalt blieb, während das eingeschlossene Gas auf etwa 900° erwärmt wurde. Die eintretende Ionisation war schwach in Luft, Benzol, Kohlensäure und Leuchtgas und stark in einem Antimonwasserstoff-Wasserstoffgemisch. Dieser Befund spricht nicht gegen die Annahme einer Temperaturionisation der Flamme, da ja stets Metallverbindungen eine stärkere Leitfähigkeit hervorrufen als die Verbrennungsgase. RICHARDSON[2]) hingegen hält eine rein thermische Ionisation bei Flammentemperaturen nicht für wahrscheinlich, wenn auch Ausnahmen bestehen können. So z. B. scheint Na-Dampf bei etwa 1000° bereits Ionen in merklicher Anzahl zu enthalten, nach CAMPETTI[3]) sogar bei 400°. Einige Versuche deuten auch bei Salzdämpfen auf Anwesenheit von Ionen, Versuche, die allerdings von RICHARDSON nicht für ganz eindeutig gehalten werden[4]). Für eine thermische Ionisation[5]) spricht, allerdings bei ziemlich weitgehender Extrapolation, das Leuchten der Flamme. Wie in Ziff. 5 gezeigt wurde, ist bei etwa 1500° die Chemilumineszenz einer NaCl-haltigen Flamme so weit gegen ihr Temperaturleuchten zurückgetreten, daß die Flamme in recht großer Näherung als schwarzer Körper aufgefaßt und ihre Temperatur aus ihrer Absorptionsfähigkeit für die Strahlung eines schwarzen Körpers bestimmt werden kann. Optisch bemerkbar sind bei dieser Temperatur nun nur die Resonanzlinien und einige andere Linien mit niedriger Anregungsspannung. Geht man aber zu höheren Temperaturen über (1700°, 1900°), so lassen sich die schwerer anregbaren Linien nachweisen, und in der Sauerstoff-Gebläseflamme (2100°) sogar die Resonanzlinien des Funkenspektrums der leicht ionisierbaren Erdalkalien, also die ersten Linien eines Ionenspektrums[6]). Das heißt, der Gang der Anregungsenergien von optisch nachweisbaren Linien folgt parallel dem Steigen der Temperatur, und das Leuchten kann unter Vernachlässigung von Chemilumineszenz als Temperaturleuchten aufgefaßt werden. Wenn nun die Flamme bei 1500° und darunter mit Sicherheit schon ionisiert ist und trotzdem nur das Bogenspektrum, also das Spektrum des neutralen Atoms, emittiert, so hat dies seinen Grund in der sehr viel größeren Empfindlichkeit des elektrischen Nachweises. Es bedarf einer außerordentlich viel größeren Anzahl von Ionen, um ein Funkenspektrum photographisch fixieren, als um einen Ionenstrom galvanometrisch oder elektrometrisch messen zu können. — Die Zahl der vorhandenen Ionen in der Flamme aber auf elektrischem Wege als Funktion der Temperatur zu verfolgen und evtl. auf diese Weise zu untersuchen, ob die Temperatur genügt, um die Ionisation erklären zu können, begegnet großen Schwierigkeiten jeder Art. Zunächst von seiten der Elektroden: sind diese gekühlt, so ist auch das Gas in ihrer Nähe kälter als im Flammeninneren, und es ist keine Temperaturkonstanz herzustellen; glühen sie, so senden sie Thermionen aus, und zwar, da sie sich nicht im Vakuum befinden und Gase in

---

[1]) O. DEVIK, Heidelb. Ber. 1914, Abh. 24.

[2]) O. W. RICHARDSON, Emission of Electricity from hot bodies, 2. Aufl., S. 314. 1921.

[3]) A. CAMPETTI, Atti di Torino Bd. 53, S. 519, 608. 1918.

[4]) Literaturangabe vgl. O. W. RICHARDSON, Emission of Electricity from hot bodies, 2. Aufl., S. 255.

[5]) Vgl. auch J. FRANCK u. P. JORDAN, Anregung von Quantensprüngen durch Stöße. Ds. Handb. Bd. 23, Ziff. 26.

[6]) F. H. MÜLLER, Dissert. Göttingen 1921.

ihnen gelöst sind, in quantitativ als Funktion der Temperatur noch nicht übersehbarer Weise (vgl. Kap. 2). Ferner existiert in der Flamme kein Sättigungsstrom (vgl. Ziff. 14), und es läßt sich darum nicht feststellen, welcher Bruchteil der vorhandenen Ionen der Messung verloren gegangen ist.

Trotzdem sind, seit SAHA[1]) seine Theorie der thermischen Ionisation in den Sternen aufstellte, verschiedene Versuche von WILSON und seinen Mitarbeitern unternommen worden, um die Gedankengänge auf die Erscheinungen in der Flamme zu übertragen. Ein ausführliches Referat der Theorie und ihrer Anwendung auf die Astrophysik wird in Bd. 11 ds. Handb. gegeben. Es soll darum die Rechnung nur soweit skizziert werden, als es für die Spezialisierung der Ionisation in Flammen notwendig erscheint.

36. Die SAHAsche Theorie. Es ist bekannt, daß SAHA die chemischen Reaktionsgleichungen, die den Gleichgewichtszustand zwischen den einzelnen miteinander reagierenden Komponenten festlegen, auf die thermische Ionisation von Atomen anwendet. Das Ausgangsprodukt ist das neutrale Atom (M), die Endprodukte das Ion (M^+) und ein abgespaltenes Elektron (E), der Prozeß ist reversibel, also, in chemischer Schreibweise: $M \rightleftarrows M^+ + E - U$.

U ist die Wärmetönung, in unserem Fall die Ionisationsenergie. Für die Gleichgewichtskonstante K gilt das Massenwirkungsgesetz:

$$K = \frac{p_m^+ \cdot p_E}{p_m}, \quad \text{falls mit } p_m,\ p_m^+, \text{ und } p_E$$

die Partialdrucke der neutralen und ionisierten Atome bzw. der Elektronen bezeichnet werden. Nennt man x den Bruchteil aller Atome, der ionisiert ist, und P den Gesamtdruck, also $P = p_m + p_m^+ + p_E$, so läßt sich auch schreiben:

$$K = \frac{x^2}{1 - x} \cdot (p_m + p_m^+) = \frac{x^2}{1 - x^2} \cdot P. \tag{1}$$

K ändert sich mit der Temperatur T, und die Abhängigkeit wird thermodynamisch bestimmt zu:

$$\lg K = -\frac{U}{4{,}571\,T} + \frac{\sum_\nu C_p}{R} \cdot \lg T + \sum_\nu C. \tag{2}$$

Hierin ist: U die Ionisationsenergie (Wärmetönung), C_p die spezifische Wärme bei konstantem Druck, C die chemische Konstante.

Die Summen sind über die Anzahl der einzelnen Reaktionskomponenten unter Wahrung des Vorzeichens zu erstrecken. Folgende Voraussetzungen werden eingeführt:

1. die spezifische Wärme eines Ionengases ist gleich der eines neutralen Atomgases, $C_p^m = C_p^{m+}$,

2. die spezifische Wärme des Elektronengases bei konstantem Druck ist gleich der eines idealen einatomigen Gases $C_p^E = 5/2\,R$,

3. die chemische Konstante des Elektronengases berechnet sich nach der SACKUR-TETRODE-STERNschen Beziehung:

$$C = \lg \frac{(2\pi M)^{\frac{3}{2}} k^{\frac{5}{2}}}{h^3 N^{\frac{5}{2}}} = -1{,}6 + \tfrac{3}{2} \lg M,$$

wenn für das Molekulargewicht des Elektrons $M = 5{,}5 \cdot 10^{-4}$ und als Druckeinheit 1 Atmosphäre gewählt wird,

$$\text{zu } C_E = -6{,}5. \tag{3}$$

---

[1]) Meg. NAD SAHA, Phil. Mag. Bd. 40, S. 472, 809. 1920; Bd. 41, S. 267. 1921. ZS. f. Phys. Bd. 6, S. 40. 1921.

Aus 1. und 2. ergibt sich:

$$\sum_\nu \frac{C_p \lg T}{R} = \frac{\lg T}{R} \cdot (C_p^{m+} + C_p^E - C_p^m) = + 2{,}5 \cdot \lg T$$

und aus 3.

$$\sum_\nu C = C^{m+} + C^E - C^m = C^E = - 6{,}5\,.$$

Man erhält so

$$\lg K = \lg \frac{x^2}{1 - x^2} \cdot P = - \frac{U}{4{,}571\, T} + 2{,}5 \lg T - 6{,}5\,. \tag{4}$$

Setzt man die Ionisationsenergie U in Volt (V) ein, so ergibt sich analog:

$$\lg K = \lg \frac{x^2}{1 - x^3} \cdot P = - \frac{5048\, V}{T} + 2{,}5\, T - 6{,}5\,. \tag{5}$$

Diese Ableitung geht davon aus, daß ein einziges Gas anwesend ist, das ionisiert werden kann, und diese Möglichkeit allein hatte SAHA in Rechnung gezogen. Weder in Sternen noch in Flammen liegt dieser Fall jedoch vor, sondern es sind stets mehrere ionisierbare Atom- bzw. Molekülarten vorhanden. Eine Erweiterung in dieser Richtung hat die Theorie durch RUSSELL[1]) erfahren. Der Unterschied in der Rechnung liegt darin, daß die freien Elektronen, unabhängig davon, aus welchem Atom sie stammen, jedes Ion neutralisieren können. Bestehen n Reaktionsgleichungen nebeneinander, so ist für p_E stets der gesamte Partialdruck des Elektronengases einzusetzen. Die Rechnung ergibt, wenn jetzt der Elektronendampfdruck p_E als Variable eingeführt wird, für die Dissoziationskonstante der $i$ten Atomsorte:

$$\lg K_i = \frac{x_i}{1 - x_i} \cdot p_E = - \frac{5048 \cdot V_i}{T} + 2{,}5\, T - 6{,}5\,, \tag{6}$$

37. Anwendung der SAHAschen Theorie auf die Ionisation in der Flamme nach WILSON und NOYES[2]). Soll die SAHAsche Theorie auf salzhaltige Flamme spezialisiert werden, so sind als zwei nebeneinander bestehende Ionisationsprozesse zu betrachten 1. die Ionisation der Metallatome (M), 2. der Flammengasmoleküle (F). Die im Gas enthaltenen verschiedenen Molekülarten werden nach WILSON und NOYES nicht getrennt. Es bestehen also die zwei Gleichgewichtsbedingungen

$$K_m = \frac{p_m^+ \cdot p_E}{p_m}\,, \tag{1}$$

$$K_F = \frac{p_F^+ \cdot p_E}{p_F}\,, \tag{2}$$

wo der Elektronenpartialdruck p_E in beiden Gleichungen denselben Wert besitzt. Die Prüfung des aus der Theorie berechneten Ionisationsgrades wird an Hand von früheren Leitfähigkeitsmessungen (vgl. Ziff. 11) vorgenommen.

Wegen der sehr geringen Beweglichkeit der positiven Ionen kann der Strom durch eine Flamme als allein von Elektronen getragen angesehen werden. Ist λ die Leitfähigkeit, so ist also:

$$A \cdot \lambda = p_E = p_m^+ + p_F^+ \quad (A = \text{konst.}). \tag{3}$$

Die Salzkonzentration k ist gegeben durch die Anzahl undissoziierter Atome und positiver Ionen, also

$$B \cdot k = p_m + p_m^+ \quad (B = \text{konst.}). \tag{4}$$

---

[1]) H. N. RUSSELL, Astrophys. Journ. Bd. 55, S. 129. 1922.

[2]) A. NOYES u. H. A. WILSON, Astrophys. Journ. Bd. 57, S. 20. 1923; Journ. Amer. Chem. Soc. Bd. 44 (2), S. 2806. 1922.

Die Kombination der Gleichungen (1) bis (4) führt zu dem Ausdruck

$$A \cdot \lambda = \frac{K_m \cdot B \cdot k}{A \cdot \lambda + K_m} + \frac{K_F \cdot p_F}{A \cdot \lambda}.$$

Setzt man $\lambda = 1$ für $k = 0$, also $A^2 = K_F \cdot p_F$, nimmt $p_F^+ \ll p_F$ und damit p_F = konst. an, so erhält man

$$k = \frac{\lambda^2 - 1}{\lambda} \cdot \left(\frac{A}{B} + \frac{A^2 \lambda}{K_m \cdot B}\right). \tag{5}$$

Diese Gleichung ist identisch mit der früher (Ziff. 11) von WILSON bei Leitfähigkeitsmessungen gefundenen Beziehung

$$10^4 k = \frac{\lambda^2 - 1}{\lambda} \cdot (b + a \cdot \lambda),$$

wenn gesetzt wird:

$$\frac{A}{B} = \frac{b}{10^4} \quad \text{und} \quad \frac{A^2}{K_m \cdot B} = \frac{a}{10^4}. \tag{6}$$

Daß diese Gleichung sich recht gut den experimentellen Ergebnissen anschließt, war bereits in Ziff. 11 gezeigt worden.

Weiter folgt für die Ionisationskonstante des Metallatoms

$$K_m = \frac{p_E \cdot b}{a \cdot \lambda} = A \cdot \frac{b}{a}. \tag{7}$$

WILSON berechnet p_E nach früheren Versuchen aus Temperatur, Elektronenbeweglichkeit und universellen Konstanten und kommt zur folgenden Tabelle für K_m (Tab. 9):

Tabelle 9. Vergleich der Ionisationskonstante, aus Leitfähigkeitsmessungen gewonnen und nach der SAHAschen Theorie berechnet.

Werte für die Ionisationskonstante	Cs	Rb	K	Na	Li
1. $K_m \cdot 10^{12}$ aus Leitfähigkeitsmessungen . . .	3500	780	430	5,6	0,8
2. $K_m \cdot 10^{12}$, berechnet nach der SAHAschen Theorie	8200	1000	620	6,2	1,4

Da die in Rechnung gesetzten Werte der Elektronenbeweglichkeiten wenig sicher sind, ist mehr auf den gleichmäßigen Gang als auf die Absolutwerte Gewicht zu legen.

Eine bessere Übereinstimmung ergibt ein Vergleich der Leitfähigkeit zweier Flammen, die mit verschiedenen Salzen gespeist sind. Aus Gleichung (5) in Ziff. 36 folgt:

$$\lg \frac{K_2}{K_1} = \frac{5048}{T} (V_2 - V_1). \tag{8}$$

Gewinnt man K_2/K_1 nach Gleichung (7) aus $K_2/K_1 = b_2 a_1 / b_1 a_2$ und nimmt V_1 für ein Metall als bekannt an, so läßt sich die Ionisationsspannung eines anderen aus dem Leitfähigkeitsverhältnis der zwei Flammen berechnen. In Tab. 10 ist solch eine Rechnung durchgeführt, wenn für V_1 für Na = 5,111 gesetzt wurde. Während WILSON und NOYES verschiedene Salze verglichen, verändert BARNES[1]) die Konzentration eines Salzes (CsCl) und berechnet nach den WILSON-SAHAschen Ansätzen die Temperatur, die er andererseits aus der Umkehr von Linien experimentell bestimmt. Die Übereinstimmung der beobachteten und berechneten Werte muß für einige Meßreihen als recht befriedigend bezeichnet werden[2]).

Tabelle 10. Ionisationspotentiale berechnet nach der SAHAschen Theorie.

Metall	b/a aus Leitfähigkeitsmessungen	Ionisationspotentiale in Volt berechnet aus b/a	beobachtet aus optischen Daten
Cs	10,00	4,00	3,873
Rb	2,25	4,26	4,154
K	1,35	4,35	4,317
Na	0,0160	(5,111)	5,111
Li	0,0023	5,46	5,362

[1]) B. T. BARNES, Phys. Rev. Bd. 23, S. 178. 1924.

[2]) Vgl. ferner E. MARX, Ann. d. Phys. Bd. 76, S. 737. 1925.

38. LENARDS Nähewirkungstheorie. Eine Theorie der Flammenleitfähigkeit gründet LENARD[1]) auf gaskinetische Überlegungen. Es soll danach stets dann ein Elektron aus dem Atomverband befreit werden, wenn zwei Atome oder Moleküle sich so weit einander nähern, daß ihre elektrostatischen Felder ineinandergreifen. Diese Nähewirkung ist zu unterscheiden von einer Stoßionisation, da bei dem Elektronenbefreiungsprozeß keine Bewegungsgröße von einem Teilchen auf ein anderes übertragen werden soll. LENARD stellt eine Parallele auf zwischen der Leitfähigkeit der Flammen und der der Metalle, in beiden Fällen glaubt er die Auslösung von Elektronen auf eine Nähewirkung der Atome zurückführen zu können.

Sind in der Flamme glühende Elektroden vorhanden, so addiert sich zu der reinen Volumionisation noch eine doppelte Oberflächenionisation. Erstens: die im Gase vorhandenen Metallatome befreien Elektronen aus den Elektroden durch Nähewirkung, wovon aber nur die aus der Kathode stammenden in den Entladungsraum eintreten können, da die aus der Anode losgelösten wieder eingefangen werden. Eine zweite Oberflächenionisation hat ebenfalls ihren Sitz an der Kathode und wird besonders bei großen Feldstärken wirksam. Falls starke Ströme fließen, sammeln sich, wie experimentell nachgewiesen wurde, Metallatome aus dem verdampfenden Salz an der negativen Elektrode, werden dort in irgendeiner Form chemisch gebunden, und es lagert sich auf der Kathode eine Salzschicht ab, die ihrer Temperatur gemäß Thermionen emittiert.

Die Anzahl Elektronen, die durch die drei Prozesse befreit werden, lassen sich auf folgende Weise berechnen: Es bedeute:

N die Zahl der Flammenmoleküle pro Kubikzentimeter,
n die Gesamtzahl der Metallatome in allen Zuständen pro Kubikzentimeter,
β den Bruchteil der Zeit, während derer im Mittel ein Metallatom positiv geladen ist,
$n \cdot \beta$ die Zahl der gleichzeitig positiven Metallatome pro Kubikzentimeter,
$n \cdot \varphi \cdot (1-\beta)$ die Zahl der gleichzeitig freien, nicht chemisch gebundenen oder angelagerten neutralen Metallatome pro Kubikzentimeter,
Q die Zahl freier Elektronen pro Kubikzentimeter,
c die sekundliche Zahl der gaskinetisch berechenbaren Zusammenstöße eines Atoms in der Flamme dividiert durch N,
q den Bruchteil der Zusammenstöße von freien, neutralen Metallatomen untereinander, der für die Elektronenbefreiung wirksam ist,
r den Rekombinationskoeffizienten,
F die elektrische Feldstärke,
w die wahre Wanderungsgeschwindigkeit der Elektronen in der Flamme im Felde F,
w' die beobachtbare, durch Umlagerungen bestimmte scheinbare Wanderungsgeschwindigkeit, ebenfalls im Feld F,
d den Elektrodenabstand.

1. Ist die Flamme als Ganzes neutral (reine Volumionisation), so ist: $n \cdot \beta = Q$. Durch Nähewirkung zwischen Metallatomen werden pro Kubikzentimeter und pro Sekunde Z_e Elektronen erzeugt, wo:

$$Z_e^I = c \cdot n^2 \cdot \varphi^2 (1 - \beta)^2 \cdot q = c\, n^2 \varphi^2 q\,,$$

da $\beta \ll 1$ gefunden wurde.

---

[1]) P. LENARD, Ann. d. Phys. Bd. 3, S. 312. 1900; Bd. 9, S. 642. 1902; Bd. 17, S. 197. 1905; Heidelb. Ber. 1911, Abh. 34; 1914, Abh. 17; s. auch dort weitere Literaturangaben.

Durch Rekombination gehen verloren

$$Z_n^I = c \cdot n\beta \cdot Q \cdot r = c n^2 \beta^2 r = c Q^2 r \text{ Elektronen.}$$

Im Gleichgewichtszustand ist

$$Z_e^I = Z_n^I, \qquad \text{also} \qquad \beta = \varphi (q/r)^{\frac{1}{2}}.$$

2. Tritt Elektronenbefreiung an den heißen Elektroden ein, so sind folgende Größen zu berücksichtigen:

Es sei K die gaskinetische Stoßzahl pro Quadratzentimeter Wandfläche, pro Sekunde und pro Konzentrationseinheit,

q' der q entsprechende Wahrscheinlichkeitsfaktor, der von der Elektrodentemperatur abhängt.

Durch Stöße an der Wandung werden erzeugt: $Z_e^{II} = K \cdot n\, q'$ Elektronen.

3. Scheidet sich an der Kathode Salz ab, so ist die Dicke der Salzschicht in erster Näherung proportional $n \cdot w'$, also proportional dem Feld. Ausgelöst werden $Z_e^{III} = f \cdot n \cdot w'$ Elektronen.

Der Proportionalitätsfaktor f hängt ab von der chemischen Natur des Salzes, der Verdampfungs- und der Diffusionsgeschwindigkeit. Durch Abscheidung an der Anode gehen verloren: $Z_n^{II} = Q \cdot w$ Elektronen.

Im Gleichgewichtszustand ist $Z_e = Z_n$, also für die 3 Ionisationsprozesse:

$$c n^2 \varphi^2 q \cdot d + K n q' + n w' f = c Q^2 r d + Q w.$$

Die Stromstärke ist gegeben durch die Anzahl freier Elektronen, also ist

$$J = Q \cdot e \cdot w \qquad (\text{da } w \gg w').$$

Setzt man $w = k \cdot F$ bzw. $w' = k'F$, so ergibt sich (k = Beweglichkeit, k' = scheinbare Beweglichkeit)

$$J = e \cdot k \cdot F \cdot \left\{ -\frac{k \cdot F}{2 c d r} + \left[\frac{k^2 F}{4 c^2 d^2 r^2} + \frac{n}{r} \left(\frac{K q' + f k' F}{c d} + \varphi^2 \cdot q n \right) \right]^{\frac{1}{2}} \right\}.$$

Nach einer späteren verfeinerten Rechnung von LENARD ist für c die Anzahl der Zusammenstöße eines Atoms mit einem freien oder angelagerten Elektron einzusetzen.

Die Gleichung sagt aus:

1. Wenn F und n klein sind (kleine Feldstärke, kleine Salzkonzentration):

$$J = e \cdot k \cdot F \left(\frac{K}{c} \cdot \frac{q'}{d r} \cdot n \right)^{\frac{1}{2}}.$$

Das ARRHENIUSsche Gesetz ist erfüllt, es ist J proportional $n^{\frac{1}{2}}$, unabhängig von Salzradikal, sofern äquivalente Mengen Salz in die Flamme eingeführt sind. Allerdings findet die Übereinstimmung statt auf Grund des Gliedes, das von der Oberflächenionisation herrührt, während direkte Versuche mit gut gekühlten Elektroden gezeigt haben, daß das ARRHENIUSsche Gesetz auch bei reiner Volumionisation erfüllt ist[1]). — Es ist J proportional F, das OHMsche Gesetz gilt für kleine Felder, wie es das Experiment verlangt.

2. Wenn F noch klein, n aber größer ist (kleine Feldstärke, etwas größere Salzkonzentration):

$$J = e \cdot k \cdot F \cdot \left(\frac{K}{c} \cdot \frac{q' n}{d r} + \frac{\varphi^2 \cdot q \cdot n^2}{r} \right)^{\frac{1}{2}}.$$

Das ARRHENIUSsche Quadratwurzelgesetz geht allmählich über in eine lineare Abhängigkeit zwischen Strom und Konzentration; ältere Versuche von SMITHELLS,

[1]) Vgl. A. BECKER, Handb. d. Elektr. u. d. Magn. von GRAETZ, Bd. III, S. 507.

DAWSON und WILSON[1]) schienen diesen Zusammenhang zu fordern, neuere von WILSON[2]) haben allerdings gerade für stärkere Salzkonzentrationen das Quadratwurzelgesetz gut bestätigt.

3. F ist groß.

Der Strom steigt nicht mehr linear mit dem Feld. Außer für $f = 0$, d. h. außer bei gekühlten Elektroden, die keine Thermionen aussenden, kann keine Sättigung erreicht werden. Dies Resultat wurde in einer Reihe experimenteller Untersuchungen bestätigt. Bei gekühlten Elektroden sollte allerdings ein Sättigungsstrom existieren ($J = e \cdot c \cdot n^2 \varphi^2 \cdot q \cdot d$), doch treten infolge der Temperaturerniedrigung der Flammengase in der Nähe der Elektroden Komplikationen auf, die in der Rechnung nicht berücksichtigt worden sind.

Nach den Untersuchungen von ZACHMANN[3]) muß die LENARDsche Theorie in einem Punkt modifiziert werden. LENARD nimmt eine Elektronenbefreiung nur dann an, wenn ein Metallatom in die Nähe eines andern Metallatoms kommt. Nach ZACHMANN kann auch eine Auslösung stattfinden, wenn das Metallatom in den Wirkungsbereich eines Flammengasmoleküls gerät, so daß zu setzen wäre $Z_e^I = c \cdot q \cdot \varphi \cdot n \cdot N$, d. h. Z_e^I proportional n und nicht proportional n^2. Man sieht leicht, daß der Gültigkeitsbereich des ARRHENIUSschen Gesetzes sich bei diesem Ansatz auf größere Salzkonzentrationen erstreckt, was den neueren Untersuchungen besser entspricht.

Für sehr große Feldstärken hat LENARD[4]) eine Theorie der Flammenleitfähigkeit ausgearbeitet, bei der Ionisation durch Stoß berücksichtigt wird. Die starke Stromsteigerung, die eintritt, wenn Stöße wirksam sind, läßt Rückschlüsse auf die Ionisationsspannung der untersuchten Dämpfe zu. Eine Ionenproduktion findet in der reinen Flamme bei Feldern von etwa 11 Volt pro mittlere freie Weglänge statt, für die mit den Salzen der Alkalien gespeisten Flammen unterhalb 7 und oberhalb 1,5 Volt Spannungsabfall pro mittlere freie Weglänge. Der Bereich der so ermittelten Ionisationsspannungen umschließt die aus optischen Daten gefundenen Werte.

39. Die Hypothese lichtelektrischer Elektronenemission. Es bleibt noch eine Theorie der Flammenleitung zu erwähnen, die, von MARX[5]) eingeführt, den Ionisationsprozeß auf einer von allen bisher erwähnten gänzlich verschiedenen Grundlage aufbaut, die Theorie lichtelektrischer Auslösung von Elektronen in der Flamme. Es scheint aber, als ob sie den heute gesammelten Erfahrungen am wenigsten gerecht werden kann, und auch der Verf. selbst hat sich neuerdings mehr der SAHAschen Theorie zugewandt (vgl. Ziff. 37).

Nach MARX genügt das von der Flamme emittierte Licht, um auf photoelektrischem Wege an Gasmolekülen, Metalldampfatomen und dem Elektrodenmaterial alle Leitungselektronen der Flamme auszulösen. Die starke Leitfähigkeit, die die mit Salzen gespeisten Flammen gegenüber der reinen Bunsenflamme besitzen, würde auf die weiter im Sichtbaren gelegene langwellige lichtelektrische Grenze der Alkalien zurückzuführen sein. Rein formal gelingt es, bei Annahme dieser Theorie sowohl das ARRHENIUSsche Konzentrationsgesetz als auch die LENARDsche Wechselzahl β zu errechnen, die sich allerdings, da alle freien Metallatome ionisiert gedacht werden, auf einen Wechsel zwischen einfacher und mehrfachen Ladungseinheiten bezieht.

1) A. SMITHELLS, H. M. DAWSON u. H. A. WILSON, Proc. Roy. Soc. London (A) Bd. 64, S. 142. 1899; ZS. f. phys. Chem. Bd. 32, S. 303. 1900.

2) H. A. WILSON, Phil. Trans. (A) Bd. 216, S. 63. 1916.

3) E. ZACHMANN, Dissert. Heidelberg 1923; Ann. d. Phys. Bd. 74, S. 461. 1924.

4) P. LENARD, Heidelb. Ber. 1914, Abh. 17.

5) E. MARX, Ann. d. Phys. Bd. 50, S. 521. 1916; Bd. 65, S. 657. 1921; Handb. d. Radiol. Bd. IV, S. 670.

Gegen die lichtelektrische Hypothese läßt sich einwenden[1]: Auch bei sehr starker ultravioletter Bestrahlung der Kathode einer Entladungsstrecke mit einer Quarz-Quecksilberlampe konnte LENARD keine nennenswerte Stromverstärkung in der Flamme feststellen. MARX wendet zwar dagegen ein, daß stets photoelektrische Sättigung vorhanden ist, eine Bestrahlung von außen also keinen Einfluß auf die Anzahl vorhandener Elektronen mehr ausüben kann, jedoch scheint bei den geringen Lichtintensitäten einer Bunsenflamme selbst im sichtbaren Gebiet diese Annahme kaum zulässig, da die photoelektrisch wirksamen Wellenlängen viel zu weit im Ultraviolett gelegen sind. — Das Spektrum der Flamme ist ein ausgesprochenes Bogenspektrum, das dem neutralen, nicht ionisierten Atom angehört. Da es sich in der Flamme um Metalldampf handelt, können allein die Grenzwellenlängen der Bogenserien photoelektrisch wirksam sein, wenn nicht die Ionisation von bereits angeregten Atomen ausgehen sollte. Solche kumulative Energieaufspeicherungen sind aber unwahrscheinlich, wie folgender Versuch zeigen möge: Bei Bestrahlung von reinen Metalldämpfen mit Licht von der Wellenlänge der Grenze der Hauptserie konnte eine Ionisation festgestellt werden bei

Na-Dampf für $\lambda = 2414$ Å ($= 1\,s$) nach HARRISON[2],
K-Dampf für $\lambda = 2804$ Å ($1\,s = 2856$ Å) nach SAMUEL[3],
Cs-Dampf für $\lambda = 3184$ Å ($=1\,s$) nach FOOTE und MOHLER[4].

In allen 3 Fällen war bei Bestrahlung mit etwas langwelligerem Licht (100 bis 200 Å) die Ionisation des Dampfes auf einen kleinen Bruchteil gesunken. Diese Restionisation kann auf eine kumulative Absorption zurückgeführt werden, sie ist aber jedenfalls schwach. —

Funkenlinien, die dem ionisierten Atom angehören, sind im Flammenspektrum unterhalb 2000° photographisch nicht mehr feststellbar, ihre Intensität ist also verschwindend klein. Da die Ausbeute der lichtelektrischen Emission bei Bestrahlung nun stets sehr klein gefunden wird, scheiden die Funkenlinien so gut wie ganz aus, um die starken Flammenströme erklären zu können.

An den festen Elektroden liegt die lichtelektrische langwellige Grenze weiter zum sichtbaren Licht hin verschoben; doch ist sie gerade für Pt, das als Material vor allem in Betracht kommt, < 3000 Å, für welches Gebiet die Intensität des Flammenlichtes ebenfalls noch zu klein ist. Es scheint jedenfalls, daß man bei den geringen wirksamen Lichtstärken nicht berechtigt ist, photoelektrische Sättigungsströme anzunehmen. Es war gezeigt worden (im Kapitel über Ionisation durch glühende Körper), daß die autophotoelektrische Ionenemission glühender Elektroden im Vakuum gegenüber der thermischen sehr klein ist, und so scheint auch für Flammen diese Elektronenquelle vorläufig außer Betracht gelassen werden zu können.

---

[1] Vgl. auch A. BECKER, Handb. d. Elektr. u. d. Magn. von GRAETZ, Bd. III, S. 508.
[2] G. R. HARRISON, Phys. Rev. Bd. 24, S. 466. 1924.
[3] R. SAMUEL, ZS. f. Phys. Bd. 29, S. 209. 1924.
[4] P. D. FOOTE u. F. L. MOHLER, Phys. Rev. Bd. 26, S. 195. 1925.

Kapitel 4.

Über die stille Entladung in Gasen.

Von

Emil Warburg, Berlin.

Mit 2 Abbildungen.

a) Begriff und Erzeugung der stillen Entladung[1].

Die verschiedenen Arten der elektrischen Entladung in Gasen können unterschieden werden nach der Größenordnung des bei ihnen auftretenden Leitwertes, d. h. des Verhältnisses von Strom zu Spannung. Bei dieser Klassifizierung ist die stille Entladung diejenige, welcher der kleinste Leitwert zukommt. Sie entsteht erstens durch die Entladung aus stark gekrümmten Leiteroberflächen, neuerdings zuweilen Koronaentladung genannt, wobei man die Fälle einer metallischen Spitze und eines dünnen Metalldrahtes genauer untersucht hat; zweitens, wie bei der Siemensschen Röhre, durch Entladung aus dielektrischen Oberflächen.

b) Spitzen.

1. Reine Spitzenentladung. Als Spitzen hat man angewandt Nähnadeln, geschnittene Stanniolspitzen von verschiedenen Winkeln [Precht[2])], Stahlnadeln[3]), zugespitzte Drähte hergestellt, indem man einen Platindraht an einer

---

[1]) Bezeichnungen:

p	Druck in mm Quecksilber,	σ	elektrische Flächendichte,
P	Druck in Atmosphären,	ϱ	elektrische Raumdichte,
$\mu \frac{\text{g}}{\text{cm sc}}$	Koeffizient der inneren Reibung,	u_1	Beweglichkeit der Ionen,
		U	Spannung,
D	Entfernung Spitze—Platte in cm,	U_0	Anfangsspannung (A.S.),
R_1, R_2	bzw. Radius eines Drahtes und eines ihn umgebenden konaxialen Zylinders in cm,	M	Minimumspannung (M.S.),
		$\mathfrak{E}$	Elektrische Feldstärke,
		$\mathfrak{E}_0$	Durchbruchfeldstärke,
C	Kapazität,	J	Stromstärke,
e	elektrisches Elementarquantum,	J_L	Leitungsstromstärke,
ε	Dielektrizitätskonstante,	i	Stromdichte,
A	Stromausbeute $= \frac{\text{g Ozon}}{\text{Amperestunde}}$	A°	Nullausbeute $= A$ für Ozonkonzentration Null,

A_L Stromausbeute bezogen auf die Amperestunde Leitungsstrom,
e.s. in elektrostatischem Maßsystem CGS.,

J. S. Townsend, Die Ionisation der Gase in Bd. I des Handbuchs der Radiologie von Marx. Zitiert unter „Townsend".

W. O. Schumann, Elektrische Durchbruchfeldstärke von Gasen, bei Julius Springer, Berlin 1923. Zitiert unter „Schumann".

[2]) J. Precht, Wied. Ann. Bd. 49, S. 166. 1893.

[3]) J. Zeleny, Phys. Rev. Bd. 26, S. 129. 1908.

Stelle zum Glühen erhitzte und dann durchriß[1]), dünne Drähte mit ebenen oder halbkugelförmigen Enden [ZELENY[2])], kleine flüssige Halbkugeln [ZELENY[3])]. Die Spitzen stehen entweder frei in der Luft (bei solchen Versuchen von PRECHT war der nächstgelegene Leiter die $3^1/_4$ m entfernte Zimmerdecke), oder innerhalb eines mit dem Spitzendraht konaxialen Metallzylinders, oder endlich, wie gewöhnlich, gegenüber einer Metallplatte. Die Spannung wird zwischen der Spitze und der benachbarten Metallelektrode angelegt, gewöhnlich ist letztere geerdet. Bei der reinen Spitzenentladung findet Ionisierung nur in nächster Nähe der Spitze statt, nur die mit der Spitze gleichnamigen Ionen gelangen über den Ionisierungsbereich hinaus, so daß dort das Gas nur Ionen eines Zeichens enthält. Dies ist das charakteristische Merkmal der reinen Spitzenentladung, bei ihr darf sich Licht nur an der Spitze, nicht an der anderen Elektrode zeigen. Je nachdem die Spitze positiv oder negativ ist, werden wir von positiver oder negativer Spitzenentladung, gekennzeichnet durch + und —, sprechen.

2. Anfangsspannung (A.S.). Steigert man die Spannung zwischen der Spitze und der ihr benachbarten Elektrode, so tritt bei einem gewissen Wert der Spannung, der Anfangsspannung U_0, ein meßbarer Strom ein, begleitet von einer Lichterscheinung an der Spitze. Die A.S. hängt ab

α) von der Vorbehandlung der Spitze, wird nämlich beeinflußt von einem Strom, der vor der Bestimmung bestanden hat. PRECHT[4]) fand dadurch die A.S. für negative Spitzenentladung um 25% vergrößert, TAMM[5]) für negative und positive Spitzenentladung um 3 bzw. 10% verkleinert. Die Ursache dieses verschiedenen Befundes dürfte darin liegen, daß TAMM mit Platinspitzen, PRECHT mit Stahlnadeln gearbeitet hat. Stahlnadeln werden durch positive Spitzenentladung vorn abgestumpft, an den Seiten, wohl durch Oxydbildung, verdickt, während negative Spitzenentladung nur Staub auf der Nadel absetzt, nach dessen Abwischen diese sich ungeändert zeigt[6]). Die A.S. hängt ferner ab

β) von der Gestalt der Spitze. Schärfere Spitzen zeigen kleinere A.S. Es kommt dabei aber nicht allein auf die Beschaffenheit des Spitzenendes, sondern auf die ganze Konfiguration der Spitze an. So fand PRECHT[7]) mit Stanniolspitzen verschiedenen Winkels

Tabelle 1.

Winkel	90°	60°	30°	15°
U_0^+	8500	6900	4600	4200
U_0^-	5900	4800	3200	3100
U_0^+/U_0^-	1,44	1,44	1,49	1,35

γ) von der Umgebung. Eine der Spitze gegenübergestellte geerdete Elektrode erniedrigt die A.S.

Die folgenden Versuche von ZELENY[8]) an Drähten verschiedener Dicke d mit abgerundeten Enden erläutern das unter β) und γ) Gesagte.

[1]) E. WARBURG, Wied. Ann. Bd. 67, S. 69. 1899; F. TAMM, Ann. d. Phys. (4) Bd. 6, S. 261. 1901.
[2]) J. ZELENY, Phys. Rev. Bd. 25, S. 305. 1907.
[3]) J. ZELENY, Phys. Rev. (2) Bd. 3, S. 69. 1914.
[4]) J. PRECHT, Wied. Ann. Bd. 49, S. 160.
[5]) F. TAMM, Ann. d. Phys. (4) Bd. 6, S. 266.
[6]) J. PRECHT, Wied. Ann. Bd. 49, S. 164; s. auch J. ZELENY, Phys. Rev. Bd. 26, S. 136. 1908.
[7]) J. PRECHT, Wied. Ann. Bd. 49, S. 166.
[8]) J. ZELENY, Phys. Rev. Bd. 25, S. 305. 1907.

Tabelle 2. U_0 in kV.

$D = 1$ cm	d (mm)	0,039	0,091	0,174	0,244	0,50	1,13	2,005
	U_0^+ kV	1,895	2,300	2,850	3,200	4,425	6,350	8,750
	U_0^-	1,465	1,850	2,750	—	—	—	—
	U_0^+/U_0^-	1,29	1,24	1,04	—	—	—	—
$D = 1,5$	U_0^+	2,000	2,450	3,015	3,365	4,600	6,700	9,150
	U_0^-	1,475	1,975	2,775	3,100	4,650	—	—
	U_0^+/U_0^-	1,38	1,24	1,09	1,09	0,99	—	—

Die A.S. wächst mit zunehmender Drahtdicke d und zunehmender Entfernung D zwischen Spitze und Platte. Nach ZELENY sind Drähte mit ebenen oder abgerundeten Enden durch die Drahtdicke hinreichend charakterisiert.

Bei den Versuchen der Tabelle 3 nach PRECHT[1]) ist die Entfernung D stärker variiert worden.

Auch die Schärfe der Spitze ist von PRECHT[2]) in weiteren Grenzen variiert worden. Indem die Spitze frei in der Luft aufgestellt war, fand er U_0^+ an einem zugespitzten Silberdraht von 0,05 mm Durchmesser gleich 3,100, an Nähnadeln verschiedener Handelsnummer 3,6 bis 5,7, an Stecknadeln verschiedener Dicke 9,8 bis 18,6 kV.

Tabelle 3.

D cm	U_0^+ kV	U_0^-	U_0^+/U_0^-
5	3,6	2,8	1,29
10	4,0	3,1	1,29
15	4,2	3,3	1,27
20	4,4	3,5	1,26
25	4,5	3,6	1,25
∞	5,0	3,8	1,32

Tabelle 4. $D = 10$ cm.

p (mm Q)	U_0^+ kV	U_0^- kV	U_0^+/U_0^-
760	3,97	2,20	1,80
700	3,96	2,19	1,81
500	3,77	2,08	1,81
300	3,12	1,73	1,80
200	2,51	1,39	1,80

δ) Mit abnehmendem Luftdruck sinkt die A.S., wie die Tabelle 4 nach TAMM[3]) zeigt. Die Spitze war an einem 0,1 mm dicken Platindraht mittels Durchreißens gebildet (Ziff. 1).

ε) Tabelle 5 zeigt den Einfluß der chemischen Natur des Gases auf die A.S. Die Gase waren überall trocken. Bei den Versuchen von PRECHT[4]) befand sich eine feine Nähnadel innerhalb eines Messingzylinders. Bei den Versuchen von GORTON[5]) befand sich eine an einem 0,25 mm dicken Platindraht gezogene, unter Radiumstrahlung stehende Spitze (s. Ziff. 3) innerhalb eines Platinzylinders von

Tabelle 5.

Gas	PRECHT. Atm.-Druck			GORTON und WARBURG 760 mm			GORTON und WARBURG 485 mm		
	U_0^+	U_0^-	U_0^+/U_0^-	U_0^+	U_0^-	U_0^+/U_0^-	U_0^+	U_0^-	U_0^+/U_0^-
H_2	2,13	1,55	1,37	1,37	1,14	1,36	1,12	1,00	1,12
N_2	2,60	2,00	1,30	1,93	1,40	1,38	1,63	1,20	1,36
O_2	2,80	2,35	1,19	2,55	1,95	1,31	—	—	—
Luft	2,75	2,05	1,34	2,25	1,66	1,34	1,93	1,50	1,29
Cl_2	—	—	—	—	—	—	2,40	1,66	1,45
Br_2	—	—	—	—	—	—	2,50	1,70	1,47
J_2	—	—	—	—	—	—	2,62	1,87	1,40

1) J. PRECHT, Wied. Ann. Bd. 49, S. 163.
2) J. PRECHT, Wied. Ann. Bd. 49, S. 165.
3) F. TAMM, Ann. d. Phys. (4) Bd. 6, S. 276.
4) J. PRECHT, Wied. Ann. Bd. 49, S. 172.
5) F. R. GORTON u. E. WARBURG, Ann. d. Phys. (4) Bd. 18, S. 139. 1905.

4,7 cm Weite; der Stickstoff war durch glühendes Kupfer vom Sauerstoff befreit. Staub in den Gasen erhöht nach PRECHT[1]) die A.S.

η) Bei den Versuchen der Tabellen 1 bis 5 war im allgemeinen U_0^+ größer als U_0^-. Indessen ist nach Tabelle 2 das Verhältnis U_0^+/U_0^- um so kleiner, je weniger scharf die Spitze, und nach ZELENY[2]) gleich 1 für Drähte mit abgerundeten Enden, wenn der Drahthalbmesser größer als 0,02 cm wird.

3. Minimumspannung und Anfangsspannung, empfindliche und unempfindliche Spitzen. In seiner Untersuchung über die Spitzenentladung bemerkte RÖNTGEN[3]), daß die A.S. größer ist als die von ihm sog. Minimumspannung (M.S.), d. i. der kleinste Wert, auf welchen die Spannung der stromliefernden Spitze erniedrigt werden kann, ohne daß der Strom aufhört; daß ferner die A.S. nicht scharf bestimmbar ist, die Werte der M.S. dagegen eine vorzügliche Übereinstimmung zeigen. Dies war für RÖNTGEN der Grund, bei seiner Untersuchung die M.S. in Betracht zu ziehen.

Es ist indessen nach Versuchen von GORTON[4]) zu unterscheiden zwischen empfindlichen und unempfindlichen Spitzen. Frisch angefeilte Platinspitzen sind in der Regel unempfindlich, durch die Spitzenentladung selbst sowie durch elektrisches Glühen in feuchter Luft werden sie empfindlich, durch elektrisches Glühen in trockener Luft werden sie in den unempfindlichen Zustand zurückgeführt. Die M.S. ergibt sich nun an unempfindlichen Spitzen am kleinsten und durch Bestrahlung nicht beeinflußbar, an empfindlichen Spitzen größer, aber durch Bestrahlung auf den Wert des unempfindlichen Zustandes zurückführbar, wobei die Wirkung der Bestrahlung eine temporäre, d. h. bei Abblendung derselben wieder verschwindende ist. Zur Erläuterung mögen die Versuche der Tabelle 6 über die M.S. bei negativer Spitzenentladung dienen, bei welchen mit Bogenlicht bestrahlt wurde.

Tabelle 6.

	Frisch angefeilt	Nach Spitzenentladung	Bestrahlt	Unbestrahlt	Bestrahlt
Platinspitze in Sauerstoff	2,05	2,30	2,05	—	—
Zinkspitze in Sauerstoff .	2,18	2,45	2,18	—	—
Platinspitze in Wasserstoff	1,10	1,26	1,10	1,80	1,10
Nähnadel in Luft	1,60	2,45	1,60	—	—

Nach PRINGSHEIM[5]) dauert es oft mehrere Sekunden, bis die Wirkung der Bestrahlung einsetzt. Demgegenüber ist zu bemerken, daß bei anderen Versuchen von WARBURG die Spitzenentladung 0,007 sec nach Anlegen der Spannung bereits ihren definitiven Wert erreichte[6]). Mit den Ergebnissen von GORTON hängen offenbar auch Versuche von CHATTOCK und TYNDALL[7]) zusammen, nach denen die M.S. einer Spitze durch den Gebrauch als negative Elektrode erhöht, aber durch Zufuhr positiver Ionen von einer anderen Spitze auf den Anfangswert zurückgeführt wird.

Endlich fand GORTON, daß der Unterschied zwischen A.S. und M.S. im allgemeinen nur empfindlichen Spitzen zukommt, und daß dieser Unterschied innerhalb

[1]) J. PRECHT, Wied. Ann. Bd. 49, S. 160.
[2]) J. ZELENY, Phys. Rev. (2) Bd. 3, S. 69. 1914.
[3]) W. C. RÖNTGEN, Göttinger Nachr. 1878, S. 390.
[4]) F. R. GORTON u. E. WARBURG, Ann. d. Phys. (4) Bd. 18, S. 132. 1905.
[5]) P. PRINGSHEIM, Verh. d. D. Phys. Ges. Bd. 15, S. 534. 1913; s. auch W. GERLACH u. E. MEYER, ebenda S. 1037.
[6]) E. WARBURG, Wied. Ann. Bd. 66, S. 652. 1898.
[7]) A. P. CHATTOCK u. A. M. TYNDALL, Phil. Mag. (6) Bd. 20, S. 277. 1910.

der 10 bis 20 Volt betragenden Fehlergrenze durch Bestrahlung zum Verschwinden gebracht wird. Eine Ausnahme zeigt das Verhalten von Spitzen in Stickstoff und Wasserstoff bei $-186°$, indem hier auch unter Wirkung der Strahlung die M.S. sich kleiner als die A.S. ergibt[1]). Dieses Verhalten rührt, worauf J Stark brieflich aufmerksam machte, von der Dichtigkeitsänderung des Gases an der Spitze infolge der Stromwärme her, indem die gleiche Temperaturerhöhung bei tieferer Temperatur eine größere Dichtigkeitsabnahme als bei höherer bewirkt und auch die Temperaturerhöhung selbst wegen der mit sinkender Temperatur erfolgenden Abnahme der Wärmeleitung des Gases bei $-186°$ größer ist als bei Zimmertemperatur. Sofern nun die Dichtigkeitsabnahme durch die Stromwärme — eine sekundäre, von den elektrischen Eigenschaften des Gases unabhängige Wirkung — die M.S. beeinflußt, empfiehlt es sich, nicht diese, sondern die A.S. als charakteristische Größe bei der Spitzenentladung zu benutzen. Wenn man dabei Einflüsse sekundärer Art durch Bestrahlung beseitigt, gelangt man in ähnlicher Weise zu konstanten Werten wie bei der Funkenentladung, wenn man bei dieser die Verzögerung durch Bestrahlung beseitigt.

Auf der Benutzung empfindlicher Spitzen beruht die wichtige Methode von Geiger[2]) zur Zählung von α- und β-Strahlen.

4. Durchbruchfeldstärke. Die Feldstärke ist am größten im Spitzenende, die Entladung wird bei wachsender Spannung dann einsetzen, wenn diese maximale Feldstärke einen gewissen Wert, die Durchbruchfeldstärke $\mathfrak{E}_0$ erreicht hat, bei abnehmender Spannung aussetzen für einen gewissen Wert $\mathfrak{E}_0'$ jener maximalen Feldstärke. Da bei der reinen Spitzenentladung Ionisierung nur an der Spitze eintritt, so können $\mathfrak{E}_0$ und $\mathfrak{E}_0'$ nur von der Beschaffenheit der Spitze abhängen, nicht von der ihr gegenüberstehenden Elektrode.

Chattock[3]) hat versucht, $\mathfrak{E}_0$ durch Messung der mechanischen Zugkraft Z zu bestimmen, welche vom Feld auf die Spitze ausgeübt wird. Betrachtet man das Spitzenende als eine ebene Fläche senkrecht zum Spitzendraht von der Größe q und der konstanten Flächendichte σ, so ist $Z = 2\pi\sigma^2 q$, und da $4\pi\sigma = \mathfrak{E}_n =$ der Komponente des Feldes nach der Normalen der Fläche, so wird

$$\mathfrak{E}_n = \sqrt{\frac{8\pi Z}{q}}\ \text{(e.s.)}, \tag{1}$$

wo $\mathfrak{E}_n$ in der Mitte gleich der Feldstärke selbst ist.

Nach der obigen Annahme, welche freilich einer sehr groben Vereinfachung der Wirklichkeit entspricht, ist also $\mathfrak{E}_0$ proportional Z_0, wenn Z_0 sich auf den Beginn der Entladung bezieht. Immerhin findet Chattock experimentell $\sqrt{Z_0}$ unabhängig von der Entfernung D zwischen Spitze und Platte, indem D 1,35 bis 5 cm betrug. Hierbei sind die durch das Feld verursachten Druckänderungen (Ziff. 9) vernachlässigt[4]).

Zeleny[5]) hat die Methode auf flüssige Spitzen angewandt. Bei seinen Versuchen wurde eine flüssige Spitze aus einem engen vertikalen Rohr A durch hydrostatischen Druck herausgedrängt. Das elektrische Feld zieht die Spitze weiter aus A heraus, man kompensiert diese Wirkung durch eine Verringerung Δ des hydrostatischen Druckes. Betrachtet man die Flüssigkeitsspitze als eine zur

[1]) E. Warburg, Berl. Ber. 1902, S. 1062; F. R. Gorton u. E. Warburg, Ann. d. Phys. (4) Bd. 18, S. 134.

[2]) H. Geiger, Verh. d. D. Phys. Ges. Bd. 15, S. 534. 1913.

[3]) A. P. Chattock, Phil. Mag. (5) Bd. 32, S. 285. 1891.

[4]) A. P. Chattock, Phil. Mag. (6) Bd. 20, S. 266. 1910.

[5]) J. Zeleny, Phys. Rev. (2) Bd. 3, S. 88. 1914.

konstanten Flächendichte σ geladene Halbkugel vom Halbmesser r des Rohres A, so ist $2\pi\sigma^2 = \Delta$ und

$$\mathfrak{E} = \sqrt{8\pi\Delta} = \text{der Feldstärke in der Achse.}$$

Indem Δ für das Aufhören des Stromes bei abnehmender Spannung bestimmt wurde, ergab sich

$$\mathfrak{E}_0' = \frac{56{,}9}{\sqrt{r}}\, e \cdot s = \frac{17{,}1}{\sqrt{r}} \cdot \frac{kv}{\text{cm}}, \tag{2}$$

wo r zwischen 0,0146 und 0,0543 cm variiert wurde.

EDMUNDS[1]) hat versucht $\mathfrak{E}_0$ theoretisch zu berechnen. Dazu mußte er das elektrische Feld in der Umgebung der einer Platte gegenüberstehenden Spitze berechnen. Er betrachtet dazu den Spitzendraht als ein Umdrehungsparaboloid, dessen Parameter gleich dem Drahthalbmesser a ist und fügt das Feld des Bildes des Spitzendrahtes in der Platte hinzu. In der Achse ergibt sich so das Potential

$$V = A \cdot \log_e \frac{r}{2D + \frac{1}{2}a - r}, \tag{3}$$

wo r die Entfernung vom Brennpunkt des Paraboloids. Indem er weiter ganz ebenso rechnet wie TOWNSEND[2]) für den Fall eines dünnen Drahtes in der Achse eines weiten Zylinders, findet er

$$\mathfrak{E}_0 = 30 + \frac{18}{\sqrt{a}}\,\frac{kv}{\text{cm}}, \tag{4}$$

wo a in cm auszudrücken ist.

5. Charakteristik des Spitzenstromes. Steigert man die Spannung U zwischen Spitze und Platte über die A.S. U_0 hinaus, so nimmt die Stromstärke J zu und es handelt sich darum, die Beziehung zwischen J und U, d. h. die Charakteristik des Spitzenstromes zu bestimmen. Zu Versuchen über diese Frage[3]) dienten Spitzen, die an 0,235 bis 0,0662 mm dicken Platindrähten gezogen waren (Ziff. 1) und einer Messingplatte von 19,6 cm Durchmesser in Entfernungen von 2 bis 7 cm gegenüberstanden. Die Messingplatte war durch konzentrische Ebonitringe von 0,5 mm Dicke in verschiedene voneinander isolierte Teile geteilt, nämlich einen zentralen Kreis, fünf schmale und fünf breite Ringe, immer waren alle Teile zur Erde abgeleitet; derjenige, für welchen man den von ihm empfangenen Strom messen wollte, über das Galvanometer. Auf diese Weise konnte die Stromdichte als Funktion der Stromrichtung bestimmt werden. Sei i die Stromdichte, Θ der Winkel zwischen der Stromrichtung und dem von der Spitze auf die Platte gefällten Lot, i_0 die Stromdichte für $\Theta = 0$, M die Minimumspannung. Es ergab sich aus Versuchen in freier Luft

$$i_0 = \frac{a}{D^n} \cdot U(U - M), \tag{5}$$

wo

$$n = 3{,}17 \quad D < 7\,\text{cm},$$

$$i = i_0 \cdot \cos^m \Theta, \tag{6}$$

wo m für positive und negative Spitzenentladung bzw. 4,82 und 4,65

$$\Theta < 60^\circ \quad D < 3\,\text{cm}.$$

---

1) P. J. EDMUNDS, Phil. Mag. (6) Bd. 28, S. 234. 1914.

2) TOWNSEND S. 324; s. auch Funkenentladung Ziff. 40.

3) E. WARBURG, Wied. Ann. Bd. 67, S. 69. 1899.

Eine Platte von 100 cm Durchmesser gab für $D = 3$ cm bis $\Theta < 60°$ dieselben Ergebnisse wie die Platte von 19,6 cm Durchmesser, für größere Werte von D etwas größere i. Die Beziehung (6), die voraussetzt, daß der ganze Spitzenstrom von der Platte aufgenommen wird, ist daher auf $D < 3$ cm zu beschränken.

Den Bereich, in welchem die Stromdichte nicht allzu klein geworden ist, kann man nachweisen, indem man die Platte mit Lykopodium bestreut und dieses nach der Entladung abbläst. Das Pulver bleibt dann auf einer Kreisfläche haften, nämlich da, wo es stark genug durch die Entladung elektrisiert worden ist[1]).

Der Integralstrom J_Θ genommen von 0 bis Θ ist $J_\Theta = \int_0^\Theta 2\pi r\,dr \cdot i$, woraus mittels (6) und der Beziehung $\operatorname{tg}\Theta = r/D$

$$J_\Theta = \frac{2\pi D^2}{m-2} \cdot i_0 (1 - \cos^{m-2}\Theta) \tag{7}$$

oder nach (5)

$$J_\Theta = \frac{2\pi a}{m-2} \cdot \frac{1}{D^{1,17}} (1 - \cos^{m-2}\Theta) \cdot U \cdot (U - M). \tag{8}$$

$$\Theta < 60 \cdot D < 3 \text{ cm}.$$

J_Θ, nach (7) berechnet, stimmt bis $\Theta < 60°$ mit der Beobachtung überein, liefert aber, wenn man die Gleichung zur Berechnung des ganzen Stromes $J_{\pi/2}$ bis $\Theta = \pi/2$ ausdehnt, für $D = 3$ cm um etwa 10% zu große Werte. Die Stromdichte fällt also für $\Theta > 60°$ schneller als nach (8) mit wachsendem Θ ab.

Für eine der aus dem 0,235 mm dicken Platindraht gezogenen Spitzen ergab sich für negative Spitzenentladung, wenn U in Volt ausgedrückt wird, $a = 3{,}05 \cdot 10^{-13}$ Amp./cm², $M = 2880$ Volt. Damit liefert (8) den ganzen Strom für $U = 8000$ Volt und $D = 1$ cm gleich $2{,}96 \cdot 10^{-5}$ Amp., ein Wert, der nach dem Gesagten um etwa 10% zu groß ist.

6. Charakteristik, Fortsetzung. Verschiedene Forscher haben sich seitdem mit der Charakteristik der Spitzenentladung beschäftigt. Die Proportionalität der Stromstärke mit $U \cdot (U - M)$ ist für positive Spitzenentladung von den meisten Autoren bestätigt worden[2]). Für flüssige Spitzen findet ZELENY die Beziehung nicht zutreffend[3]), Frl. FINKELSTEIN-CUKIER[4]) findet Proportionalität mit $(U - M) \cdot (U + b)^2$, wo b von D abhängt.

Für negative Spitzenentladung fand ZELENY bei seinen ersten Versuchen vom Jahre 1907 die Formel nicht bestätigt[5]). In späteren Aufsätzen hat sowohl er selbst wie, bei ihm arbeitend, HOVDA die Formel auch auf negative Spitzenentladung angewandt. Dagegen finden neuerdings STARK und FRIEDRICHS[6]) in einem Fall, in welchem die positive Spitzenentladung sich der Formel gemäß verhielt, dieselbe für negative Spitzenentladung nicht zutreffend. Es ist eine alte Erfahrung, daß die negative Spitzenentladung sich weniger regelmäßig als die positive verhält. Im allgemeinen ist zu bemerken, daß M nach Ziff. 3 keine scharf definierte Größe ist[7]), für kleine Werte von $U - M$ muß man daher auf mangelhafte Übereinstimmung gefaßt sein.

---

[1]) A. KUNDT, Pogg. Ann. Bd. 136, S. 612. 1869.

[2]) J. ZELENY, Phys. Rev. Bd. 25, S. 305. 1907; O. HOVDA, ebenda Bd. 34, S. 25. 1912; C. MÜLLER, Ann. d. Phys. (4) Bd. 28, S. 587. 1909; J. STARK u. W. FRIEDRICHS, Wiss. Veröffentl. a. d. Siemens-Konz. Bd. 2, S. 214. 1922.

[3]) J. ZELENY, Phys. Rev. (2) Bd. 3, S. 88. 1914.

[4]) J. FINKELSTEIN-CUKIER, Ann. d. Phys. (4) Bd. 71, S. 509. 1923.

[5]) S. auch J. S. TOWNSEND, Handbuch Bd. I, S. 344.

[6]) J. STARK u. W. FRIEDRICHS, Wiss. Veröffentl. a. d. Siemens-Konz. Bd. 2, S. 214.

[7]) S. auch F. TAMM, Ann. d. Phys. (4) Bd. 6, S. 261. 1901.

EWERS[1]) findet, daß für Argon und Helium sowie, bei niedrigen Drucken und Temperaturen, für Wasserstoff und Stickstoff $J^{\frac{1}{2}}$, für die beiden letztgenannten Gase bei höheren Drucken und Temperaturen $J^{\frac{2}{3}}$ eine lineare Funktion von $U - M$ ist.

Die Beziehung zwischen J und D betreffend findet HOVDA[2]) aus Versuchen mit Platindrähten von 0,013 cm Durchmesser und halbkugelförmigen Enden gegenüber einer Platte von 330 cm Durchmesser bei Werten von D bis 100 cm J für positive Spitzenentladung mit $\frac{1}{(D - 0{,}00692\,D^2 + 0{,}0000659\,D^3)^{1{,}24}}$, für negative mit $\frac{1}{(D + 0{,}0000589\,D^3)^{1{,}08}}$ proportional, während WARBURG aus Versuchen mit $D < 7$ cm für positive und negative Spitzenentladung bzw. Proportionalität mit $D^{-1{,}16}$ und $D^{-1{,}18}$ fand. Daraus ergibt sich der von D abhängige Faktor für

D cm	nach WARBURG +	nach WARBURG −	nach HOVDA +	nach HOVDA −
3	0,278	0,274	0,263	0,305
7	0,105	0,101	0,0949	0,122
50	0,0107	0,0099	0,0100	0,0126
100	0,0048	0,0044	0,0035	0,0042

Eine bessere Übereinstimmung war nicht zu erwarten. Die Bemerkung von HOVDA: „The results for all distances cannot be represented even roughly by an equation of the form given by WARBURG, who used distances up to 7 cm only" beruht auf einem Irrtum.

Die Verteilung des Stromes auf verschiedene Richtungen betreffend findet ZELENY[3]) für den Fall, daß die Spitze sich im Mittelpunkt einer halbkugeligen Erdelektrode befindet, die Stromdichte von der Richtung unabhängig.

Bei gleicher Spannung ist die Stromstärke im allgemeinen größer für negative als für positive Spitzenentladung. Der Unterschied wird bei Stickstoff enorm gesteigert, wenn man ihn durch glühendes Kupfer von kleiner Verunreinigung mit Sauerstoff befreit[4]). Bei einem diesbezüglichen Versuch war vor der Reinigung bei einer Spannung von 4,85 kV die negative Spitzenentladung etwa 20mal so stark als die positive, nach der Reinigung die negative bei 3,31 kV 200mal so stark als die positive bei 5,18 kV. Dies rührt daher, daß, wie FRANCK[5]) später gezeigt hat, durch die Reinigung des Stickstoffs von Sauerstoff die Beweglichkeit des Anions sehr stark, die des Kations nicht erhöht wird, er fand die Beweglichkeit in cm/sec für das Volt/cm Feld

	Stickstoff ungereinigt	gereinigt
für das Anion	1,84	145
„ „ Kation	1,30	1,27

In reinem Stickstoff sind nämlich die Anionen Elektronen, Beimengungen von Sauerstoff und anderen Gasen großer Elektronenaffinität lagern sich an die Elektronen an und verringern deren Beweglichkeit. Ähnlich verhalten sich Edelgase.

Eingehende Untersuchungen über die M.S. und die Charakteristik der Spitzenentladung in He, Ar, H_2 und N_2 hat EWERS[6]) angestellt.

---

1) P. EWERS, Ann. d. Phys. Bd. 17, S. 781. 1905.
2) O. HOVDA, Phys. Rev. Bd. 34, S. 25. 1912.
3) J. ZELENY, Phys. Rev. Bd. 26, S. 143. 1908.
4) E. WARBURG, Ann. d. Phys. (4) Bd. 2, S. 306. 1900.
5) J. FRANCK, Verh. d. D. Phys. Ges. Bd. 12, S. 613. 1910.
6) P. EWERS, Ann. d. Phys. Bd. 17, S. 781. 1905.

7. Das Spitzenlicht. Bei einem Druck von 20 mm Q. konnte STARK[1]) in dem negativen Spitzenlicht die drei Kathodenschichten des Glimmstromes unterscheiden, nämlich die erste helle Kathodenschicht, den Kathodendunkelraum und das negative Glimmlicht. Bei Atmosphärendruck fließen auch unter dem Mikroskop die drei Schichten in eine bläuliche Lichthaut zusammen, an welche ein dunkler Raum, der FARADAYsche positive Dunkelraum und alsdann ein fächerförmig gegen die Erdelektrode hin sich verbreiternder rötlicher Lichtbüschel, der positive Büschel, sich anschließt, der aber hier nicht wie bei der Glimmentladung an der Anode, sondern im Gase in etwa 0,1 mm Entfernung von der Spitze endigt[2]). Verstärkt man den Strom, so tritt ein ziemlich scharf begrenzter kegelförmiger, gegen die Anode sich verbreiternder Büschel hinzu. Bei positiver Spitze ist bei Atmosphärendruck und kleiner Stromstärke nur eine die Spitze überziehende dünne Lichthaut zu bemerken, bei steigender Stromstärke tritt ein feiner, mehr und mehr sich verlängernder Büschel hinzu. STARK hat bei kleinem Druck an der positiven Spitze das negative Glimmlicht, darauf folgend den Kathodendunkelraum und die helle Kathodenschicht gesehen, so daß die Reihenfolge der Schichten die entgegengesetzte ist wie bei negativer Spitze. In der Tat ionisieren hier nach Durchlaufen des Spannungsabfalls (Ziff. 8) die von ihr weglaufenden Kationen wie an der Kathode der Glimmentladung, die zu ihr hinlaufenden Anionen wie im negativen Glimmlicht der Glimmentladung[3]).

Das Spektrum des Spitzenlichts ist von WARBURG[4]) in Stickstoff, eingehender von WETH[5]) in Wasserstoff und von A. SCHULTZ[6]) in Sauerstoff und Stickstoff untersucht worden.

8. Verlauf des Potentials im Gas. Der Spannungsabfall an der Spitze ist mittels einer Sonde aus einem 1 mm langen, 0,05 mm dicken Platindraht in 0,75 mm Entfernung von der Spitze gemessen worden[7]). Der absolute Wert ΔV dieses Spannungsabfalls ergab sich bei negativer Spitze kleiner als bei positiver, nämlich bei Atmosphärendruck

	für Wasserstoff	Luft	Sauerstoff
$\frac{\Delta V^-}{\Delta V^+}$	0,6	0,72	0,95

Bei Erniedrigung des Gasdruckes nimmt ΔV^- zunächst ab, wahrscheinlich solange nur ein Teil des beobachteten Spannungsabfalls unmittelbar an der Spitze stattfindet. Allein für Drucke zwischen 42 und 27 mm Q. ergab sich ΔV^- unabhängig vom Druck, und zwar in Luft gleich 320 Volt, nicht sehr verschieden von dem Wert, der sich einstellt, wenn die Spitzenentladung in die Glimmentladung umschlägt (390 Volt). Hieraus und aus dem Verhalten des negativen Spitzenlichts (Ziff. 7) ist zu schließen, daß der Vorgang an einer negativen Spitze derselbe ist wie an der Kathode der Glimmentladung[8]). Bei der positiven Spitzenentladung ergab sich zwischen 6 und 16 mm Q. ΔV^+ auch unabhängig vom Druck, und zwar im Mittel gleich 533 Volt. Wenn aber in diesem Fall die Spitzenentladung in die Glimmentladung umschlug, so sank ΔV^+ auf 30 Volt, also auf den 18. Teil. Daraus ist zu schließen, daß der Vorgang an einer positiven

[1]) J. STARK, Verh. d. D. Phys. Ges. Bd. 6, S. 113. 1904.
[2]) E. WARBURG, Verh. d. D. Phys. Ges. Bd. 6, S. 209. 1904.
[3]) J. STARK, Verh. d. D. Phys. Ges. Bd. 6, S. 129.
[4]) E. WARBURG, Ann. d. Phys. (4) Bd. 10, S. 184. 1903.
[5]) M. WETH, Ann. d. Phys. (4) Bd. 62, S. 589. 1920.
[6]) A. SCHULTZ, Ann. d. Phys. (4) Bd. 64, S. 367. 1921.
[7]) E. WARBURG, Ann. d. Phys. (4) Bd. 2, S. 297. 1900.
[8]) E. WARBURG, Ann. d. Phys. (4) Bd. 2, S. 298. 1900; s. auch J. STARK, Die Elektrizität in Gasen, S. 161. Leipzig 1902.

Spitze ein ganz anderer ist als an der Anode der Glimmentladung. STARK bestätigte diese Ergebnisse, fand aber ferner, daß bei Erniedrigung des Druckes unter 6 mm Q. ΔV^+ weiter sank bis auf 440 Volt und auf diesem Wert, den STARK den normalen Anodenfall bei der positiven Spitzenentladung nennt, unabhängig vom Gasdruck und von der Stromstärke stehenblieb. Der absolute Wert des Potentialgradienten wird in größerer Entfernung von der Spitze klein, wächst aber wieder in der Nähe der Erdplatte, wie auch HOVDA[1]) und Miß BORTHWICK[2]) fanden; doch beobachteten sie einen kleineren Anstieg an der Erdplatte als WARBURG. Mit wachsender Feldstärke an der Platte tritt schließlich auch an dieser Ionisierung und Licht auf, dann hat man es aber nicht mehr mit reiner Spitzenentladung zu tun (Ziff. 1).

9. Der elektrische Wind, Beweglichkeitsbestimmung. Wenn die Ionen im elektrischen Felde ihre definitive Geschwindigkeit erlangt haben, was sehr schnell geschieht, so übertragen sie die Kraft, welche das Feld auf sie ausübt, auf das Gas, so daß, wenn ϱ die räumliche Dichte der elektrischen Ladung ist, auf das Volumelement $d\tau$ des Gases die Kraft $\mathfrak{E} \cdot \varrho \cdot d\tau$ wirkt. Diese Kraft verursacht eine Druckzunahme, welche unter geeigneten Umständen das Gas in Bewegung setzt, den elektrischen Wind verursachend. Auf die der Spitze gegenüberstehende Platte wird vom Gase ein Druck ausgeübt; unter der Annahme, daß das Gas eine etwa erlangte Bewegungsgröße an die Platte abgibt, ist es für jenen Druck gleichgültig, ob Wind entsteht oder nicht; man kann daher mit CHATTOCK[3]) bei der Berechnung des Druckes annehmen, daß kein Wind entsteht. Sei (Abb. 1) S eine Ebene senkrecht zu x, J der Strom von der Spitze zur Platte, so ist

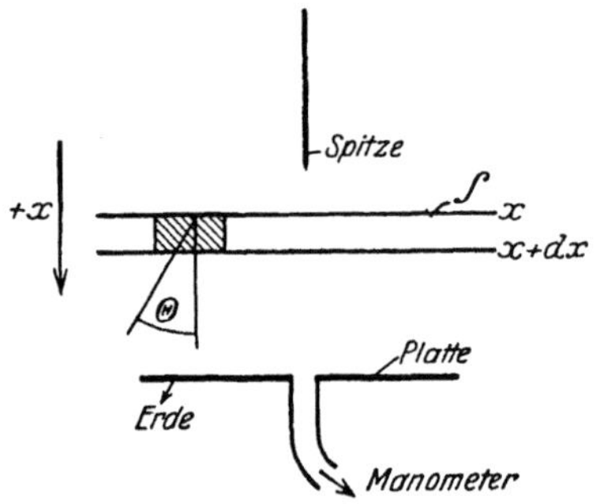

Abb. 1. Zur Berechnung der auf das Gas bei der Entladung von Spitze zu Platte ausgeübten Kraft.

$$dJ = \varrho \cdot \mathfrak{E} \cdot u_1 \cos\Theta \cdot dS, \qquad (9)$$

wo $\mathfrak{E}$ die Feldstärke, u_1 die Beweglichkeit der mit der Spitze gleichnamigen Ionen bedeutet. Die Kraftkomponente senkrecht zur Platte, welche auf das im Volumelement $dSdx$ befindliche Gas ausgeübt wird, ist

$$d \cdot dF = \varrho dS dx \cdot \mathfrak{E} \cos\Theta \qquad (10)$$

oder nach (9)

$$d \cdot dF = dx \cdot \frac{dJ}{u_1}, \qquad (11)$$

daher die ganze Kraftkomponente auf die Schicht Sdx $dF = dx \cdot J/u_1$ und die ganze Druckkraft auf die Platte, gleich der auf das Gas zwischen Spitze und Platte ausgeübten Kraftkomponente

$$F = \frac{J}{u_1} \cdot D. \qquad (12)$$

Nach dieser Gleichung kann man die Beweglichkeit u_1 aus F und J bestimmen. Ist p der hydrostatische Druck auf die Platte, so ist $F = \int 2r\pi dr \cdot p$. Zur Messung von p setzte man in die Mitte der Platte ein Rohr ein, das zu einem Manometer führte; um p für verschiedene Entfernungen von der Mitte zu bestimmen, verschob man die Spitze in horizontaler Richtung. Bezüglich einer

[1]) O. HOVDA, Phys. Rev. Bd. 34, S. 251. 1912.
[2]) Miss P. M. BORTHWICK, Phil. Mag. (6) Bd. 24, S. 608. 1912.
[3]) A. P. CHATTOCK, Phil. Mag. (5) Bd. 48, S. 401. 1899.

als zuverlässiger bezeichneten experimentellen Anordnung sei auf die Abhandlung von CHATTOCK verwiesen. Nach dieser Methode sind die Beweglichkeiten der bei der Spitzenentladung entstehenden Ionen in Wasserstoff, Kohlendioxyd, Luft, Sauerstoff ermittelt und in angenäherter Übereinstimmung mit den Beweglichkeiten der durch Röntgenstrahlen gebildeten Ionen gefunden worden[1].

Indessen hat FRANCK[2] die Beweglichkeit der Ionen, die bei der stillen Entladung aus einem in der Achse eines weiten Zylinders befindlichen Draht gebildet werden, nach der Methode von ZELENY[3] mittels Ablenkung durch einen senkrecht zur Ionenbewegung gerichteten Luftstrom gemessen und erheblich größer gefunden, nämlich in Luft für die Anionen gleich 10,3, für die Kationen gleich 3,2 cm/sec im Volt/cm Feld. Als er dagegen die Beweglichkeiten nicht im Felde der stillen Entladung, sondern kurze Zeit nach dem Entstehen der Ionen maß, erhielt er die kleinen von CHATTOCK gefundenen Werte. Dies erklärt sich daraus, daß die Ionen erst nach einer gewissen kleinen Zeit durch Anlagerungen ihre definitive Beschaffenheit erlangen, und daß insbesondere die Anionen anfänglich Elektronen sind.

Auf die Spitze wird eine Reaktion ausgeübt gleich der Kraftkomponente F, die nach (12) auf das Gas zwischen Spitze und Platte wirkt. Diese Reaktion ist von ARRHENIUS[4] durch die von ihr verursachte Torsion eines vertikalen Metalldrahtes gemessen worden, an dem ein horizontal stehendes elektrisches Flugrad aufgehängt war. Nach (12) sollte J/F proportional der Beweglichkeit u_1 sein. In der Tat ergab sich — entsprechend dem Verhalten der Beweglichkeiten — J/F umgekehrt proportional dem Gasdruck und bei gleichem Druck im allgemeinen umgekehrt proportional der Quadratwurzel aus dem Molekulargewicht des Gases; ferner für negative Spitzen entsprechend der größeren Beweglichkeit der Anionen kleiner als für positive, aber in viel größerem Verhältnis als den Beweglichkeiten entspricht. Dies beruht nach J. J. THOMSON[5] darauf, daß es für die Kraftwirkung zum großen Teil auf die an der Spitze frisch gebildeten Ionen ankommt, welche nach FRANCK (l. c.) eine größere Beweglichkeit besitzen als die gealterten, für welche die Beweglichkeit gemessen ist.

Unter gewissen Umständen ist der elektrische Wind leuchtend, nämlich an einer negativen Spitze in der Achse eines weiten Zylinders in Stickstoff, der durch glühendes Kupfer fast sauerstofffrei gemacht ist. Das in dem elektrischen Wind fortgetriebene Gas hat an der Spitze durch den Strom eine chemische Veränderung erlitten, welche sich unter Nachleuchten zurückbildet und dadurch den elektrischen Wind sichtbar macht[6].

c) Drähte.

10. Stille Entladung aus Drähten, Allgemeines. Bei der stillen Entladung aus einem Draht in der Achse eines weiten geerdeten Zylinders findet nach den Rechnungen von TOWNSEND und SCHUMANN, besonders bei Atmosphärendruck, Ionisierung nur innerhalb einer kleinen Entfernung vom Draht statt[7]; jenseits dieser befinden sich also wie bei der reinen Spitzenentladung nur Ionen eines Zeichens im Gase, vorausgesetzt, daß am Zylinder Ionisierung nicht eintritt,

[1] A. P. CHATTOCK, W. E. WALKER u. E. H. DIXON, Phil. Mag. (6) Bd. 1, S. 79. 1901.
[2] J. FRANCK, Dissert. Berlin 1906; Ann. d. Phys. (4) Bd. 21, S. 972. 1906.
[3] J. ZELENY, Phil. Trans. (A) Bd. 195, S. 193. 1900.
[4] SV. ARRHENIUS, Wied. Ann. Bd. 63, S. 305. 1897.
[5] J. J. THOMSON, Conduction of electricity through gases, 2. Aufl., S. 507. 1906.
[6] E. WARBURG, Ann. d. Phys. (4) Bd. 10, S. 180. 1903.
[7] TOWNSEND S. 325; SCHUMANN S. 190. 1923.

was anzunehmen ist, wenn an ihm kein Licht sich zeigt. Auch in anderen Beziehungen begegnet man hier ähnlichen Erscheinungen wie bei der Spitzenentladung. Die Lichterscheinung betreffend ist der Draht bei positiver Ladung von einer gleichförmigen Lichthaut bedeckt, bei negativer Ladung dagegen treten einzelne Glimmpunkte an ihm auf, stets in Wasserstoff und Stickstoff, während in Luft und Sauerstoff bisweilen und zeitweise auf einem Teil des Drahtes eine gleichförmige Lichthaut sich zeigt, die aber bald durch einzelne Glimmpunkte ersetzt wird[1]).

Das Auftreten einzelner Glimmpunkte am negativen Draht erklärt sich folgendermaßen: Nach Ziff. 8 ist der Vorgang an einer negativen Spitze derselbe wie an einer Kathode der Glimmentladung. Es ist nun kaum zweifelhaft, daß die Sache bei einem negativen Draht sich ebenso verhält, d. h. daß die Glimmpunkte auf ihm als Kathodenlicht anzusehen sind. Aus dieser Anschauung ergibt sich die geringe Ausdehnung der Glimmpunkte. Nach H. A. WILSON[2]) ist nämlich die Länge l des negativen Glimmlichts in Luft auf einem Draht von d cm Durchmesser bei einer Stromstärke von J Milliampere und einem Druck von p mm Q.

$$l = \frac{J}{0{,}4\pi\,(d + 0{,}05)\cdot p}\ \text{cm}.$$

Seine Versuche erstrecken sich zwar nur bis hinauf zu $d = 0{,}02$ und $p = 8$ mm, doch wird es für eine Schätzung erlaubt sein, auf kleinere Werte von d und größere von p zu extrapolieren. Bei Versuchen vom 22. 12. 1925 mit einem 18 cm langen Platindraht von $d = 0{,}01$ cm Durchmesser in der Achse eines zylindrischen Drahtnetzes vom Radius 1,5 cm ergab sich für

	$p = 741$		$p = 95$		$p = 47$	
Spannung kV	6	6,5	7	1,75	1,2	1,35
Stromstärke $J \cdot 10^6$ Amp.	56	78	110	66	60	170
Zahl der Glimmpunkte	20	33	49	13	7	12
Stromstärke pro Glimmpunkt $J_1 \cdot 10^6$ Amp.	2,8	2,36	2,24	5,08	8,57	14,2
daraus l pro Glimmpunkt	$5{,}0 \cdot 10^{-5}$	$4{,}2 \cdot 10^{-5}$	$3{,}1 \cdot 10^{-4}$	$7{,}1 \cdot 10^{-4}$	$2{,}42 \cdot 10^{-3}$	$4{,}01 \cdot 10^{-3}$

Diese Werte von l entsprechen in der Tat Glimmpunkten. Es fragt sich schließlich, weshalb die Glimmpunkte gewisse Stellen des Drahtes bevorzugen. Nun zeigen Drähte aus demselben Material nicht unerheblich verschiedene Werte des Kathodenfalls[3]). Man wird daher annehmen dürfen, daß auch für denselben Draht der Kathodenfall an verschiedenen Stellen ein verschiedener ist, und es werden die Glimmpunkte Stellen kleinen Kathodenfalls bevorzugen.

11. Anfangsspannung und Durchbruchfeldstärke. Die Anfangsspannung ist von SIMONS[4]), WATSON[5]), SCHAFFERS[6]), LEE und KURRELMEYER[7]), besonders eingehend von SIMONS untersucht worden. Man begegnet hier bei positivem Draht regelmäßigen Verhältnissen, Drähte von gleichem Durchmesser zeigen übereinstimmendes Verhalten, man findet kaum einen Unterschied zwischen A.S.

[1]) S. darüber G. JAUMANN, Wiener Ber. (2) Bd. 97, S. 1587. 1888; K. SIMONS, Dissert. Berlin 1903, S. 10; J. FRANCK, Dissert. Berlin 1906.

[2]) H. A. WILSON, Phil. Mag. (6) Bd. 4, S. 608. 1902.

[3]) E. WARBURG, Wied. Ann. Bd. 40, S. 9. 1890.

[4]) K. SIMONS, Dissert. Berlin 1903.

[5]) E. A. WATSON, Electrician 1. Juli 1910; TOWNSEND S. 324, s. Funkenentladung Ziff. 40.

[6]) V. SCHAFFERS, Phys. ZS. Bd. 14, S. 981. 1913.

[7]) F. W. LEE u. B. KURRELMEYER, Journ. Amer. Inst. Electr. Eng. Bd. 44, S. 16. 1925.

und M.S., wenn starke Ströme vermieden werden. Dagegen treten bei negativem Draht Unregelmäßigkeiten auf. Es kommt bei negativem Draht anscheinend sehr auf seine oberflächliche Beschaffenheit an. Nach TOWNSEND ist die Durchbruchfeldstärke „fast die gleiche für positive wie für negative Entladung, wenn der Draht glatt und rein ist. Wenn er rauh oder staubig ist, so findet die negative Entladung bei viel kleineren Feldstärken statt als die positive, gerade wie im Fall der Entladung aus feinen Spitzen“[1]). Auch Verunreinigungen des Gases beeinflussen die negative Entladung stärker als die positive. Unter diesen Umständen werden wir nur den Fall positiven Drahtes näher in Betracht ziehen.

Tabelle 7 enthält die von SIMONS bei positivem Draht beobachteten A.S. in kV für Zimmertemperatur, auf 760 mm Q. reduziert. Tabelle 8 enthält die entsprechenden Durchbruchfeldstärken $\mathfrak{E}_0$ in kV/cm, berechnet nach der Formel

$$\mathfrak{E}_0 = \frac{1}{R_1} \cdot \frac{U_0 \log e}{\log_{10} \frac{R_2}{R_1}}. \tag{13}$$

Tabelle 7. $R_2 = 2{,}1$ cm. U_0 kV.

R_1 (cm)	H_2	O_2	Luft	N_2
0,0199	6,590	8,42	8,93	9,87
0,0099	4,900	6,41	6,40	7,90
0,00545	—	5,13	4,95	6,08
0,00234	—	4,24	3,77	4,59
0,00157	—	3,80	3,33	—

Tabelle 8. $R_2 = 2{,}1$ cm. $\mathfrak{E}_0 \frac{\text{kV}}{\text{cm}}$.

R_1	H_2	O_2	Luft	N_2	Luft, berechnet nach TOWNSEND
0,0199	71,1	90,8	96,3	106,5	93,8
0,0099	92,4	121	129	149	121
0,00545	—	158	153	187	152
0,00243	—	258	229	279	212
0,00157	—	336	295	—	257

Versuche von SCHAFFERS stimmen hiermit überein, z. B. für Luft von Atmosphärendruck:

R_1	R_2	U_0		$\mathfrak{E}_0$ SCHAFFERS	$\mathfrak{E}_0$ SIMONS
0,0099	1,85	6,15	daraus	119	121
	2,85	6,66		119	

Die Zunahme von $\mathfrak{E}_0$ mit abnehmendem Drahthalbmesser R_1 entspricht der Zunahme von $\mathfrak{E}_0$ mit abnehmender Schlagweite bei der Funkenentladung zwischen ebenen Elektroden (Funkenentladung Ziff. 19).

Für Luft von Atmosphärendruck hat TOWNSEND[2]) theoretisch die Formel abgeleitet

$$\mathfrak{E}_0 = 30 + \frac{9}{\sqrt{R_1}}. \tag{14}$$

Die letzte Kolumne der Tabelle 8 enthält die nach dieser Formel berechneten Werte, welche für die drei großen Radien R_1 gut mit den beobachteten übereinstimmen.

Die Versuche der Tabelle 8 für Stickstoff lassen sich zusammenfassen durch die Formel

$$\mathfrak{E}_0 = 26{,}2 + \frac{12{,}1}{\sqrt{R_1}}. \tag{15}$$

Die Sauerstoffversuche lassen sich durch eine solche Beziehung nicht darstellen.

---

[1]) TOWNSEND S. 326. Über den Einfluß der Beschaffenheit der Drahtoberfläche s. auch S. J. CROOKER, Phys. Rev. (2) Bd. 8, S. 344. 1916.

[2]) TOWNSEND S. 322; Funkenentladung Ziff. 40.

Tabelle 9 enthält für zwei verschiedene Radien R_1 U_0 und $\mathfrak{E}_0$ in Abhängigkeit vom Druck:

Tabelle 9. Luft, Draht positiv. $R_2 = 2,1$ cm.

$R_1 = 0,0199$ cm			$R_1' = 0,00545$ cm		
p (mm Q)	U_0	$\mathfrak{E}_0$	p	U_0	$\mathfrak{E}_0$
752	8,86	95,6	753	4,92	152
697	8,37	90,2	700	4,71	145
596	7,40	79,8	601	4,31	133
501	6,56	70,8	499	3,81	117
301	4,65	50,1	399	3,34	104
211	3,68	39,7	298	2,82	87
103	2,37	25,6	200	2,30	71
49	1,63	17,6	104	1,70	52
			50	1,33	41

Nach dem Ähnlichkeitssatz von TOWNSEND[1]) sollte, wenn $R_1' = R_1/n$ und gleichzeitig $p' = n \cdot p$ gemacht wird, $\mathfrak{E}_0' = n \cdot \mathfrak{E}_0$ werden. Unter Anwendung dieser Beziehung folgt aus (14)

$$\mathfrak{E}_0 = P\left(30 + \frac{9}{\sqrt{PR_1}}\right), \tag{14a}$$

wo P den Druck der Luft in Atmosphären bedeutet. Für den Fall der Tabelle 9 ist $n = R_1/R_1' = 3,65$. In der Tabelle 10 sind nach Tabelle 9 Werte von $\mathfrak{E}_0'$ durch Interpolation berechnet.

Tabelle 10. $R_1 = 0,0199$; $R_1' = 0,00545$.

p	$p' = 3,65\,p$	$\mathfrak{E}_0$	$\mathfrak{E}_0'$ interp.	$\mathfrak{E}_0'/\mathfrak{E}_0$
211	770	39,7	154	3,88
103	376	25,6	100	3,91
49	179	17,6	66,5	3,78

$\mathfrak{E}_0'/\mathfrak{E}_0$ ergibt sich um 6% größer als der theoretische Wert.

12. Charakteristik. Die Beziehung zwischen Strom J und Spannung U ist für trockene Luft untersucht von

JAUMANN[2])	für R_1 = 0,0025 bis 0,105	R_2 = 3,023 cm	Druck p = 720 mm Q.
ALMY[3])	0,002 35	4,7	Atm.-Druck
SCHAFFERS[4])	0,00038 bis 0,0521	0,85 bis 5,85	755 bis 760
WATSON[5])	0,035	10	356 bis 748
TOWNSEND[6])	0,0268	7,49	30 bis 176
FAZEL u. PARSON[7])	?	4,75	740

Bei den Versuchen unter Atmosphärendruck wurde ein Luftstrom durch den Apparat geleitet, da durch die Entladung die Beschaffenheit der Luft sich ändert.

ALMY findet die Stromstärke J der Drahtlänge l proportional, solange $l > 2\,R_2$, und

$$J = \text{konst.}\frac{l}{R_2^3} \cdot U \cdot (U - U_0)\,. \tag{15}$$

[1]) TOWNSEND S. 322; Funkenentladung Ziff. 38.
[2]) G. JAUMANN, Wiener Ber. (2) Bd. 97, S. 1587. 1888.
[3]) J. E. ALMY, Sill. Journ. (4) Bd. 12, S. 175. 1901.
[4]) V. SCHAFFERS, Phys. ZS. Bd. 15, S. 404. 1914.
[5]) E. WATSON, Electrician 1910; TOWNSEND S. 330.
[6]) J. TOWNSEND, Phil. Mag. (6) Bd. 28, S. 83. 1914.
[7]) C. J. FAZEL u. J. R. PARSON, Phys. Rev. (2) Bd. 23, S. 598. 1924.

FAZEL und PARSON finden die Proportionalität von J mit $U \cdot (U - U_0)$ für kleine J bestätigt, im allgemeinen aber ist nach ihnen $\frac{U(U-U_0)}{J}$ eine lineare, mit steigendem U abnehmende Funktion von U. Theoretische Formeln sind von SCHAFFERS, TOWNSEND, J. J. THOMSON, FAZEL und PARSON gegeben. Nach TOWNSEND[1]) ist

$$J_1 = U \cdot (U - U_0) \cdot \frac{2u_1}{R_2^2 \log_e \frac{R_2}{R_1}} \text{ (e.s.)}, \tag{16}$$

wo J_1 die Stromstärke pro cm Drahtlänge oder

$$J_1 = \frac{1}{9 \cdot 10^{11}} \cdot \frac{U(U-U_0) \cdot 2u_1}{R_2^2 \log_e \frac{R_2}{R_1}} = 9{,}65 \cdot 10^{-13} \frac{U(U-U_0) \cdot u_1}{R_2^2 \log_{10} \frac{R_2}{R_1}} \text{ Amp/cm}, \tag{16a}$$

wo U, U_0 in Volt, u_1 für das Volt/cm Feld einzusetzen sind.

Diese Formel steht in gutem Einklang mit Beobachtungen von WATSON für $R_1 = 0{,}035$, $R_2 = 10\ \text{cm}^2$), wenn man U_0 nach (13) und (14) berechnet. Später hat TOWNSEND[3]) die Formel (16) als nur für kleine Stromstärken gültig erklärt und eine allgemeinere Formel abgeleitet. Indessen geht diese für kleine Werte von J nicht in (16) über, indem statt $U(U - U_0)$, $U_0(U - U_0)$ zu stehen kommt.

13. Elektrische Gasreinigung. Die Entstaubung der Luft durch elektrische Entladungen, besonders durch Spitzenentladung, ist bereits von LODGE[4]) im Jahre 1884 beobachtet und von OBERMAYER und PICHLER[5]) genauer studiert worden. Letztere fanden u. a., indem sie einem horizontalen Spitzendraht ein Drahtnetz in 7 cm Entfernung gegenüberstellten und während der Entladung Schwefelpulver auf die Spitze siebten, daß das Pulver auf dem Drahtnetz in einem Ring von 10 cm innerem und 20 cm äußerem Durchmesser sich absetzte. Daß die Mitte vom Pulver frei bleibt, erklären sie durch den elektrischen Wind, welcher das Pulver am Drahtnetz in radialer Richtung abbläst. Eine ähnliche Erscheinung ist neuerdings von STARK und FRIEDRICHS[6]) beobachtet und von DEUTSCH[7]) ebenfalls durch den elektrischen Wind erklärt worden.

Neuerdings hat die elektrische Gasreinigung, besonders seit der Arbeit von F. G. COTTRELL im Jahre 1908, zur Entfernung von kalkhaltigem Zementstaub, Eisenoxyd bei der Schwefelsäurefabrikation, Zinkoxyd u. a. m. aus der Luft eine eminente technische Bedeutung gewonnen; es handelt sich dabei im allgemeinen um Teilchen von 10^{-3} bis 10^{-5} cm Radius. Wir wollen im folgenden nach COTTRELL und MOELLER einen Draht in der Achse eines Zylinders voraussetzen, und zwar entsprechend technischen Betrieben die Drahtlänge gleich 3 m, $R_1 = 0{,}1$ cm, $R_2 = 15$ cm, $U = 56$ kV, J_1, das im allgemeinen zwischen $0{,}1 \cdot 10^{-3}$ und $0{,}5 \cdot 10^{-3}$ Amp./m liegt, gleich $0{,}5 \cdot 10^{-3}$ annehmen. Ferner sei der Draht negativ, wobei nach Ziff. 10 einzelne Glimmpunkte an ihm auftreten. Man pflegt den Draht negativ zu machen, teilweise weil dabei die Gefahr, daß die

---

1) TOWNSEND S. 332.
2) Mitgeteilt von TOWNSEND S. 330, Abb. 62.
3) TOWNSEND S. 348; Phil. Mag. (6) Bd. 28, S. 83. 1914.
4) O. LODGE, Fortschr. d. Phys. für 1884. I, S. 473.
5) A. v. OBERMAYER u. M. RITTER v. PICHLER, Wiener Ber. (2) Bd. 93, S. 408 u. 924. 1885.
6) J. STARK u. W. FRIEDRICHS, Wiss. Veröffentl. a. d. Siemens-Konz. Bd. 2, S. 216. 1922.
7) W. DEUTSCH, Ann. d. Phys. (4) Bd. 76, S. 729. 1925.

stille Entladung in die Funkenentladung überschlägt, geringer ist als bei positivem Draht. Wird nun das staubhaltige Gas mit einer Geschwindigkeit von 1 m/sec parallel der Achse durch die Vorrichtung geleitet, so wird der Staub beinahe quantitativ aus dem Gase entfernt. Diese Wirkung kommt nach HABER und nach Versuchen von LADENBURG, dem wir hier teilweise folgen, zustande teils durch die Geschwindigkeit, welche die negativ sich aufladenden Staubteilchen durch das elektrische Feld erlangen, teils durch den elektrischen Wind.

Um die vom Feld herrührende Geschwindigkeit der Teilchen relativ zu der sie umgebenden Luft zu finden, muß man erstens das durch die Raumladung modifizierte elektrische Feld berechnen. Die Raumladung verringert den Abfall der Feldstärke vom Draht zum Zylinder und bewirkt, daß in Entfernungen vom Draht größer als 5 cm die Feldstärke konstant 3 kV/cm beträgt. Ferner ist nach ROHMANN[1]) die Ladung $n\,e$ der Teilchen

$$n e = K \cdot \mathfrak{E} \cdot R^2 \text{ (e.s.)}, \tag{17}$$

wo e das elektrische Elementarquantum

$$K = 1 + 2 \cdot \frac{\varepsilon - 1}{\varepsilon + 1}, \tag{18}$$

ε die Dielektrizitätskonstante des Staubteilchens, R dessen Halbmesser bedeutet. Hierbei ist die Kraft des elektrischen Bildes des Ions im Teilchen vernachlässigt, welche nur für die kleinsten Teilchen merklich in Betracht kommt. So ergibt sich z. B. für

$$R = 10^{-3}, \quad 10^{-4}, \quad 10^{-5} \text{ cm},$$

$$n = 6 \cdot 10^4, \quad 6 \cdot 10^2, \quad 11.$$

Endlich ist die Geschwindigkeit u des Teilchens relativ zur Luft nach STOKES

$$u = \frac{\mathfrak{E} n e}{6 \pi \mu \cdot R}$$

oder nach (17)

$$u = \frac{K \cdot \mathfrak{E}^2 R}{6 \pi \mu} \text{ (e.s.)}, \tag{19}$$

wo μ, die Reibungskonstante der Luft, gleich $1{,}8 \cdot 10^{-4}$ g/cm sec zu setzen ist Daraus ergeben sich nach LADENBURG folgende Werte von u für leitende Teilchen ($\varepsilon = \infty$, $K = 3$), indem $\mathfrak{E} = 3$ kV/cm angenommen wird.

Tabelle 11.

R (cm)	10^{-3}	10^{-4}	10^{-5}
u (cm/sec)	88	8,6	0,9

Für nichtleitende Teilchen werden die Geschwindigkeiten kleiner.

Bezüglich der Wirkung des elektrischen Windes sind zwei Grenzfälle zu unterscheiden. Erster Grenzfall: Die elektrische Raumladung befindet sich ganz auf den Luftionen. Dann entsteht der Wind von der Geschwindigkeit v nur durch die Wirkung der Luftionen. Die Staubteilchen werden vom Wind mitgenommen und erhalten dadurch die Geschwindigkeit v. Da sie nicht geladen sind, erteilt ihnen das Feld keine Geschwindigkeit. Zweiter Grenzfall: Die Ladung ist ganz auf die Staubteilchen übergegangen, dann entsteht der Wind nur durch die Wirkung der geladenen Staubteilchen. Das Feld erteilt diesen

[1]) H. ROHMANN, ZS. f. Phys. Bd. 17, S. 253. 1923.

nach STOKES die Geschwindigkeit u relativ zur Luft, also die Geschwindigkeit $u + v$ relativ zum Gefäß.

LADENBURG hat die Geschwindigkeit v des Windes in verschieden weiten Gefäßen und unter variierten elektrischen Bedingungen gemessen, der Stromstärke proportional und bei einer Stromstärke von 0,004 Milliampere pro Glimmpunkt für staubfreie Luft gleich 40 bis 60 cm/sec gefunden. Nun hängt die auf die Luft übertragene Kraft, also die Geschwindigkeit des Windes bei gleicher Feldstärke, nur ab von der Raumladung, diese aber ist in Gegenwart der langsamer wandernden geladenen Staubteilchen größer, als wenn sie nur durch die schneller wandernden Ionen getragen wird. Da ferner die Feldstärke durch die Raumladung in dem größeren Teil des Feldes vergrößert wird, so muß die Windgeschwindigkeit bei gleicher Stromstärke in Gegenwart des Staubes noch größer sein als ohne Staub. Die Windgeschwindigkeit von 40 bis 60 cm/sec, welche ungefähr den tatsächlichen Verhältnissen entspricht, ist aber nach der Tabelle 11 für die gröberen Teilchen von der gleichen Größenordnung wie u, für die feineren Teilchen indessen noch erheblich größer, so daß der Wind hier eine wichtige Rolle spielt. Es kommt hinzu, daß zwischen den einzelnen Glimmpunkten bei dem negativen Draht die Staubteilchen in ruhendem Gase sich nur langsam aufladen würden, daß aber ihre Aufladung beschleunigt wird, indem sie durch die den Wind begleitenden Wirbel zu Stellen größerer Stromdichte geführt werden[1]).

d) Die SIEMENSsche Röhre.

14. Die SIEMENSsche Röhre besteht (Abb. 2) aus zwei ineinander gesteckten und miteinander verschmolzenen Glasröhren $a\ b$ und $c\ d$, der Raum $b\ c$ zwischen beiden ist der Entladungsraum, a und d sind mit leitenden Belegungen versehen, von denen die eine geerdet ist. Eine zwischen diese Belegungen geschaltete Spannung E bringt im Entladungsraum eine von b nach c gerichtete Spannung V_{bc} hervor, welche, wenn klein, nur einen Verschiebungsstrom, wenn hinreichend groß, außerdem einen Leitungsstrom von b nach c liefert, der c positiv, b negativ lädt. Diese Ladungen erzeugen ein von c nach b gerichtetes Feld, durch welches die Spannung V_{bc} schließlich auf einen Wert M herabgesetzt wird, bei dem der Leitungsstrom aufhört. Gibt man nunmehr E das entgegengesetzte Zeichen, so erhält man einen Leitungsstrom von entgegengesetzter Richtung; die SIEMENSsche Röhre kann nur mit Wechselstrom betrieben werden.

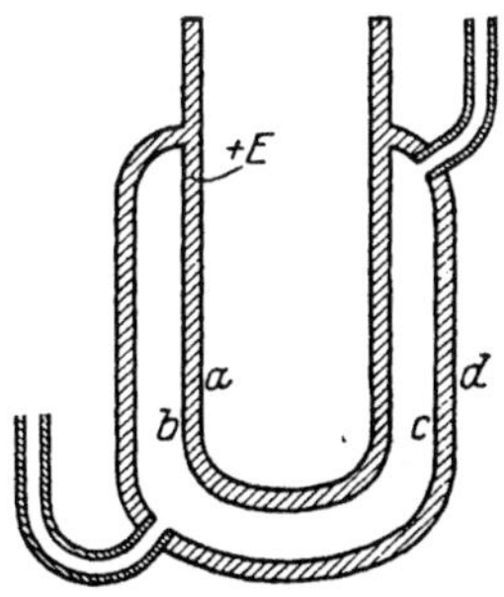

Abb. 2. Schematische Darstellung der SIEMENSschen Röhre.

Macht man die Stromdichte hinreichend klein, so bemerkt man Büschel, welche zwischen einzelnen Stellen von b und c übergehen, aber bei größerer Stromdichte ein gleichförmiges Leuchten des Entladungsraumes vortäuschen. Ist der Apparat feucht und daher nicht gut isolierend, so erhält die einzelne Entladung ergiebigeren Elektrizitätszufluß, und anstatt gleichförmigen Leuchtens sieht man einzelne helle Pinsel. Der Vorgang in der SIEMENSschen Röhre ist daher von dem Vorgang bei der Entladung aus metallischen Spitzen nicht wesentlich verschieden.

15. Elektrische Messungen an der SIEMENSschen Röhre. Die SIEMENSsche Röhre dient dazu, chemische Wirkungen durch die stille Entladung herbeizuführen. Mit Rücksicht auf diesen Zweck sind verschiedene elektrische Messungen an ihr vorzunehmen.

[1]) S. über elektrische Gasreinigung auch R. SEELIGER, ZS. f. techn. Phys. Bd. 7, S. 49. 1926.

Die Stromstärke J kann man messen entweder indem man die effektive Spannung V an den Enden eines in die Erdleitung der Röhre gelegten Widerstandes R_Q durch ein idiostatisch geschaltetes Elektrometer mißt, wobei dann, wenn kein merklicher Teil des Stromes Kapazitätsstrom ist, $J_{\text{eff.}} = V/R_Q$; oder durch ein an das Ende der Erdleitung zu legendes Thermokreuz, eine Methode, die von der genannten Voraussetzung frei ist. Man findet nun, daß das Thermokreuz einen stärkeren Strom als das Elektrometer anzeigt, bei kleinem Widerstand in der Erdleitung der Röhre einen bis zu dreimal so starken. Dies rührt von sehr schnellen Schwingungen der Frequenz 10^5 bis 10^6 Hertz her, welche wahrscheinlich bei dem plötzlichen Einsetzen des Leitungsstromes im Entladungsraum entstehen und zum großen Teil Kapazitätsströme sind. Man trennt sie von der Grundschwingung, indem man dem Widerstand R_Q eine so große Kapazität parallel legt, daß sie in diese praktisch ganz hineingehen, wobei sie durch ein in den Kapazitätszweig geschaltetes Thermokreuz gemessen werden können. Man findet so, daß Widerstand und Induktivität in der Erdleitung die Stärke jener hochfrequenten Schwingungen sehr bedeutend, die Stärke der Grundschwingung aber und die chemische Wirkung bei Ozonbildung nicht merklich beeinflussen. Daraus folgt, daß die hochfrequenten Schwingungen hier zu der chemischen Wirkung nichts beitragen und daß deshalb diese Wirkung mit der im folgenden unter J verstandenen Stärke der Grundschwingung in Parallele zu setzen ist. Zur elektrometrischen Bestimmung von J muß man nach dem Vorhergehenden dem Widerstand R_Q eine passende Kapazität parallel legen, ohne diese Vorsicht kann man bei kleinem Widerstand in der Erdleitung Fehler bis zu 100% begehen[1]).

Der Strom im Entladungsraum ist die Resultante aus einem Verschiebungs- und einem Leitungsstrom, aber nur der letztere wirkt chemisch. Es handelt sich also darum, aus dem beobachteten Strom J den Leitungsstrom J_L zu berechnen. Hierfür liefert die Theorie[2]) die Gleichungen

$$J_{\text{eff.}} = \omega \cdot C_\infty (E_{\text{eff.}} - M') \tag{20}$$

$$J_{L,\,\text{eff.}} = \omega \cdot C_\infty \left(E_{\text{eff.}} - \frac{M' C_2}{C}\right). \tag{21}$$

Hier ist ω die Kreisfrequenz, C die ganze Kapazität des SIEMENSschen Rohres, welches als drei hintereinandergeschaltete Kondensatoren zu betrachten ist, C_∞ die Kapazität für den Fall, daß der Entladungsraum mit einem vollkommenen Leiter (praktisch Quecksilber) gefüllt ist, $M' = M/\sqrt{2}$. Man hat also

$$\frac{1}{C} = \frac{1}{C_1} + \frac{1}{C_2} + \frac{1}{C_3} = \frac{1}{C_\infty} + \frac{1}{C_2} \tag{22}$$

woraus

$$\frac{C}{C_2} = 1 - \frac{C}{C_\infty}. \tag{23}$$

Aus C und C_∞, die gemessen werden, erhält man C/C_2. Die Gleichungen (20) und (21) beziehen sich auf sinusförmigen Wechselstrom, während nach oszillographischer Aufnahme auch bei sinusförmiger Spannung der Strom zwar bei 500 Hertz, keineswegs aber bei 50 Hertz nahezu sinusförmig ist. Gleich-

---

[1]) E. WARBURG, ZS. f. techn. Phys. Bd. 4, S. 450. 1924; Bd. 5, S. 165. 1925.

[2]) E. WARBURG, Verh. d. D. Phys. Ges. Bd. 5, S. 382. 1903; ZS. f. techn. Phys. Bd. 5, S. 169. 1924; ZS. f. Phys. Bd. 32, S. 252. 1925.

wohl ergibt sich auch im letzteren Fall erfahrungsgemäß aus (20) M' annähernd konstant unabhängig von E, so daß die Theorie eine brauchbare Annäherung liefert.

Der Leistungsfaktor $\cos\varphi$ des SIEMENSschen Rohres ist Null, wenn der Entladungsraum einen vollkommenen Leiter oder einen vollkommenen Isolator enthält, besitzt also ein Maximum für ein mittleres Leitungsvermögen. Das Problem läßt sich strenge behandeln, wenn der Entladungsraum ein Dielektrikum mit OHMschem Leitungsvermögen enthält.

Es ergibt sich, daß mit wachsender Frequenz und wachsendem Widerstand der Leistungsfaktor bis zu einem Maximum wächst und dann wieder abnimmt. Wie die folgende Tabelle[1]) zeigt, wurde das erstere beobachtet, wenn ein Gas sich im Entladungsraum befand.

Tabelle 12. Sauerstoff.

d (mm)	Frequenz	$J\cdot 10^3$ Amp.	$\cos\varphi$
0,51	50	2,61	0,185
1,40	50	1,34	0,314
1,40	50	2,54	0,239
1,40	100	2,54	0,357
3,72	50	2,58	0,415

Mit abnehmender Dicke d des Entladungsraumes nimmt $\cos\varphi$ in Übereinstimmung mit der Theorie erheblich ab.

e) Chemische Wirkung der stillen Entladung.

16. Allgemeines. Die chemischen Wirkungen der stillen Entladung sind a. and. O.[2]) ausführlich behandelt und können hier nur kurz besprochen werden. Wir beschränken uns dabei auf das Beispiel der Ozonbildung, welches am eingehendsten untersucht ist. Als primäre Wirkung des Stromes kann man dabei etwa die Reaktion $O_2 = 2\,O$, als sekundäre vom Strom unabhängige Reaktion $O + O_2 = O_3$ annehmen, so daß für eine gespaltene O_2-Molekel zwei O_3-Molekeln gebildet werden[3]). Es setzt nun hier wie in den meisten ähnlichen Fällen eine Wirkung des Stromes auf das gebildete Reaktionsprodukt, hier O_3, ein, durch welche dieses in den Ausgangsstoff, hier O_2, zurückverwandelt wird. Diese Wirkung steigt mit der Konzentration des Ozons. Nimmt man daher die Ozonisierung in geschlossenem Gefäß vor, so gelangt man zu einem stationären Zustand, in welchem ebensoviel Ozon gebildet wie zerstört wird, die Ozonkonzentration also die höchst erreichbare ist. Bestimmt man dabei außer der Grenzkonzentration den zeitlichen Verlauf der Ozonisierung, so kann man die beiden Wirkungen des Stromes, die ozonbildende und ozonzerstörende, getrennt ermitteln. Dabei findet man die ozonbildende Wirkung mit der Temperatur kaum veränderlich, die ozonzerstörende aber mit abnehmender Temperatur stark abnehmend. Will man also zu hohen Ozonkonzentrationen gelangen, so muß man bei tiefer Temperatur ozonisieren[4]).

[1]) E. WARBURG u. G. LEITHÄUSER, Ann. d. Phys. (4) Bd. 28, S. 1. 1909.

[2]) E. WARBURG, Jahrb. d. Radioakt. Bd. 6, S. 182—229. 1909; ZS. f. techn. Phys. Bd. 6, S. 625. 1925.

[3]) Eine andere Anschauung über den Vorgang bei der Ozonbildung vertritt A. EUCKEN, ZS. f. phys. Chem. Bd. 107, S. 445. 1924; Liebigs Ann. Bd. 440, S. 111. 1924.

[4]) E. WARBURG, Ann. d. Phys. (4) Bd. 9, S. 781. 1902.

Genauere Ergebnisse als bei Ozonisierung in geschlossenem Gefäß erhält man, wenn man das Gas durch den Ozonisierungsapparat mit verschiedener Geschwindigkeit strömen läßt und dabei Menge und Konzentration des Ozons in dem austretenden Gas bestimmt[1]. Man findet so die Stromausbeute A, d. h. g Ozon pro Amperestunde als Funktion der Konzentration c, und zwar ergibt sich für nicht zu großes c

$$A = A^0 - \beta c, \tag{24}$$

wo A^0 die Nullausbeute, d. h. die Stromausbeute bei der Ozonkonzentration Null bedeutet, direkt bestimmbar, wenn man die Geschwindigkeit des Gasstromes hinreichend groß wählt. A_L^0, d. h. die Nullausbeute bezogen auf den Leitungsstrom (Ziff. 15) ist die wichtigste aus den Versuchen abzuleitende Größe, welche die Wirkung des Leitungsstromes auf O_2 unabhängig von der rückbildenden Wirkung auf O_3 darstellt.

Die Anzahl von Coulomb, deren Entladung ein Grammäquivalent O_2 spaltet, findet man zwischen 100 und 500, während bei der elektrolytischen Abscheidung irgendeines Grammäquivalents 96500 Coul. entladen werden. Daraus ist zu schließen, daß die chemische Wirkung der stillen Entladung nicht auf einem der Elektrolyse ähnlichen Vorgang beruht[2]. Da sich nun gezeigt hat, daß alle photochemischen Wirkungen auf Gase auch durch die stille Entladung herbeigeführt werden können[3], so gelangt man zu der Ansicht, daß beide Vorgänge nahe verwandt sind. Bei der Theorie der photochemischen Wirkung geht man von der Annahme quantenweiser Absorption aus, wobei durch Aufnahme eines Quantums die absorbierende Molekel befähigt wird, entweder, bei hinreichender Größe des Quantums, direkt zu zerfallen oder mit einer anderen Molekel eine chemische Reaktion einzugehen, was weniger Energie als die direkte Spaltung erfordert. Ganz ähnlich kann man sich die chemische Wirkung der stillen Entladung vorstellen, nur daß hier die Energie anstatt durch Strahlungsabsorption durch Stöße der Ionen gegen die zu spaltende Molekel zugeführt wird, wobei auch hier die aufgenommene Energie entweder zu direkter Spaltung oder zu einer Reaktion mit anderen Molekeln befähigen kann. Auf Grund dieser Anschauung wird man dazu geführt, die Zahl der gespaltenen Sauerstoffmolekeln mit der Zahl der Stöße zwischen Ionen und Sauerstoffmolekeln zu vergleichen. Beschränkt man die Untersuchung auf Drucke kleiner als 100 mm Q., so sind die Anionen Elektronen. Da ferner diese etwa 100mal so oft mit Sauerstoffmolekeln zusammenstoßen als die Kationen und ein etwa 6mal so großes Potential als diese haben, so kann man die Stöße der Kationen vernachlässigen. Für die SIEMENSsche Röhre findet man so pro Coulomb Leitungsstrom

1. die Stoßzahl Z der Elektronen gegen Sauerstoffmolekeln

$$Z = 6{,}33 \cdot 10^{18} \cdot \frac{d}{\lambda_a}, \tag{25}$$

wo d die Dicke des Entladungsraumes, λ_a die mittlere Weglänge der Elektronen;

2. die Zahl der gespaltenen Sauerstoffmolekeln

$$\mathfrak{A}^0 = A_L^0 \cdot 1{,}77 \cdot 10^{18}. \tag{26}$$

[1] E. WARBURG, Jahrb. d. Radioakt. Bd. 6, S. 199. 1909.

[2] E. WARBURG, Ann. d. Phys. (4) Bd. 13, S. 474. 1904; Jahrb. d. Radioakt. Bd. 6, S. 202. 1909; s. auch E. BOSE über die chemische Wirkung der Kathodenstrahlen ZS. f. wiss. Photogr. Bd. 2, S. 223. 1904.

[3] E. REGENER, Ann. d. Phys. (4) Bd. 20, S. 1033. 1906.

Daraus

$$\frac{\mathfrak{A}^0}{Z} = 0{,}280 \cdot A_L^0 \cdot \frac{\lambda_a}{d}\,. \qquad (27)$$

Für einen Druck von 50 mm Q.[1]) ergibt sich aus den beobachteten Werten von A_L^0

d	1	1,5	3,5	mm
$\frac{\mathfrak{A}^0}{Z}$	0,084	0,087	0,061	

Danach bringen 6 bis 9% aller Elektronenstöße Sauerstoffmolekeln zum Zerfall. Bezeichnet man diesen Bruchteil durch γ, so folgt aus (27)

$$A_L^0 = 3{,}57 \cdot \gamma \cdot \frac{d}{\lambda_0} \qquad (28)$$

ein theoretischer, für Drucke bis hinauf zu 100 mm Q. gültiger Ausdruck der Nullausbeute in SIEMENSschen Röhren, zufolge dessen A_L^0 1. mit λ_0 umgekehrt, also mit dem Druck direkt proportional ist, was der Versuch bis hinauf zu 200 mm Q. bestätigt; 2. mit d direkt proportional ist, was wenigstens annähernd zutrifft[2]).

17. Die chemische Wirkung bei der Entladung aus metallischen Spitzen ist auf den leuchtenden Teil der Strombahn beschränkt. Wenn man nämlich die Entfernung zwischen einer negativen Spitze und einer gegenüberstehenden Platte vergrößert und dabei durch Erhöhung der Spannung die Stromstärke konstant hält, so bleibt die Ausbeute ebenfalls konstant. Nun hängt die Beschaffenheit des negativen Spitzenlichts nur von der Stromstärke ab, bleibt also bei diesen Versuchen ungeändert, während bei der größeren Elektrodenentfernung die Ionen hinter dem Spitzenlicht einen größeren Weg im Gase zurücklegen. Auf diesem Wege ozonisieren sie also nicht mehr[3]).

Bei der negativen Spitzenentladung sinkt die Stromausbeute mit wachsender Stromstärke bis zu einem Minimum, um alsdann wieder zu wachsen; letzteres fällt mit dem Auftreten des Ziff. 7 erwähnten kegelförmigen Büschels zusammen. Bei der positiven Spitzenentladung beschränkt sich bei kleiner Stromstärke das Spitzenlicht auf eine dünne, die Spitze überziehende Lichthaut. Dabei ist die Stromausbeute sehr klein, kleiner als bei irgendeiner anderen Entladungsform. Bei gesteigerter Stromstärke tritt ein gegen die Erdplatte gerichteter positiver Büschel hinzu. Dabei geht die Stromausbeute außerordentlich stark in die Höhe und wird schließlich größer als die Ausbeute bei negativer Spitzenentladung. Versuche nach der Ziff. 16 beschriebenen Strömungsmethode haben gezeigt, daß für die positive Spitzenentladung mit gut entwickeltem positivem Büschel sowohl die Nullausbeute A_L^0 als auch der Gradient β in der Gleichung (24) der Ziff. 16 größer, die Grenzkonzentration kleiner ist als für die negative Spitzenentladung.

18. Chemische Wirkung in SIEMENSschen Röhren. Hiermit hängt zusammen was bei den Ozonröhren beobachtet wird, wenn man die Dicke des Entladungsraumes vergrößert. Dabei steigt sowohl die Nullausbeute A_L^0 wie der Gradient β (Gleichung 24), und zwar wiederum so, daß die Grenzkonzentration des Ozons sinkt. Nach Ziff. 17 wirkt nur der leuchtende Teil der Entladung ozonisierend.

---

[1]) E. WARBURG u. W. RUMP, ZS. f. Phys. Bd. 32, S. 245. 1925.

[2]) E. WARBURG, ZS. f. Phys. Bd. 32, S. 256. 1925; s. auch ZS. f. techn. Phys. Bd. 6, S. 630. 1925.

[3]) E. WARBURG, Jahrb. d. Radioakt. Bd. 6, S. 203. 1909.

An der Kathode erstreckt sich nun dieser Teil nur bis zu einer sehr kleinen Entfernung von der Elektrodenoberfläche, ist also unabhängig von der Dicke des Entladungsraumes. Umgekehrt vergrößert sich der von der Anode ausgehende positive Büschel mehr und mehr mit wachsender Dicke des Entladungsraumes, die er ganz ausfüllt. Mit wachsender Dicke des Entladungsraumes tritt also die Wirkung des anodischen Büschels gegen die Wirkung des kathodischen Glimmlichts mehr und mehr hervor, so daß dabei Nullausbeute und Gradient ähnliche Veränderungen erfahren müssen wie beim Übergang von der negativen zur positiven Spitzenentladung.

Die SIEMENSsche Röhre liefert erheblich größere Ausbeute als die Entladung aus metallischen Spitzen. Die Ursache davon ist, daß die Stromdichte im Herd der Ozonisierung, d. h. also im leuchtenden Teil des Stromes bei der Entladung aus metallischen Spitzen viel größer ist als in der SIEMENSschen Röhre, mit höherer Stromdichte ist aber höhere Temperatur und damit Verringerung der Gasdichte verknüpft, wodurch erfahrungsgemäß die Ozonisierung herabgesetzt wird.

Kapitel 5.

Die Glimmentladung.

(Selbständige Elektrizitätsleitung in verdünnten Gasen.)

Von

R. Bär, Zürich.

Mit 71 Abbildungen.

a) Allgemeine Eigenschaften.

1. **Abgrenzung des Gebiets.** Wenn man an zwei in einem Gase unter vermindertem Druck befindliche Elektroden eine Spannung anlegt, so sind je nach der Größe dieser Spannung zwei Fälle möglich: 1. Ist die anliegende Spannung kleiner als die sog. Anfangsspannung, deren Wert noch von den Versuchsbedingungen (Gasart, Gasdruck, Elektrodenform usw.) abhängt, so fließt nur ein fast unmeßbar kleiner Strom durch die Gasstrecke, der herrührt von der äußerst kleinen Leitfähigkeit, welche alle Gase infolge der auf der Erde vorhandenen durchdringenden Strahlung radioaktiven Ursprungs besitzen. Diese Art des Stromdurchgangs durch Gase wird, wie überhaupt jede Entladungsform, bei welcher die Gasstrecke erst durch ein äußeres Agens künstlich leitend gemacht werden muß, nach einer von Stark[1]) herrührenden Terminologie als eine unselbständige Entladung bezeichnet (vgl. diesen Band, Kap. 1). 2. Liegt dagegen die an den Elektroden anliegende Spannung oberhalb der Anfangsspannung, so kommt eine selbständige Entladung zustande, bei welcher der durch die Gasstrecke hindurchfließende Strom selbst für die Aufrechterhaltung der Leitfähigkeit des Gases in der Entladungsbahn sorgt.

Im ersten Augenblick nach dem Einsetzen der selbständigen Strömung hat man es mit einer Entladungsform zu tun, die als stille Entladung oder jetzt häufig als Townsendstrom bezeichnet wird. Dieselbe entzieht sich aber bei Glimmentladungsversuchen gewöhnlich der Beobachtung, weil entweder die Stromstärke zu klein ist, oder weil der Townsendstrom keine stabile Entladung darstellt. Im letzteren Fall nimmt die Stromstärke von selbst schnell zu, im ersteren Fall beim Vergrößern der angelegten Spannung. Dabei bilden sich in der Entladungsbahn gewisse charakteristische Ladungs- und Feldverhältnisse heraus, und gleichzeitig werden bestimmte leuchtende Gebilde in der Strombahn sichtbar. Man erhält dann diejenige Entladungsform, welche als Glimmentladung

---

[1]) J. Stark, Ann. d. Phys. Bd. 4, S. 402. 1901.

bezeichnet wird. Die Spannung, bei der diese Entladung einsetzt, heißt Funkenpotential[1]). Wenn die eben erwähnten Bedingungen für ein weiteres Anwachsen der Stromstärke auch jetzt noch erfüllt sind, so geht die Glimmentladung in kurzer Zeit, nämlich sobald sich die Kathode unter dem Einfluß des Stromdurchganges hinreichend erwärmt hat, in den Lichtbogen über.

Die mannigfaltigen Formen der selbständigen Entladung lassen sich, was den Mechanismus betrifft, durch den der Strom die Leitfähigkeit der Gasstrecke aufrechterhält, grundsätzlich auf drei verschiedene Typen zurückführen, nämlich auf Entladungen von Towsendstrom-, Glimmstrom- und Lichtbogencharakter. Diese letztere Entladungsform wird in diesem Handbuch von Hagenbach (vgl. diesen Band, Kap. 6) behandelt. Über den Townsendstrom findet man Näheres in Kap. 4 und 7; wir werden nur die Entladungen mit Glimmstromcharakter besprechen und daneben (in den drei letzten Ziffern) vom Townsendstrom so viel, als zum Verständnis der Glimmentladung nötig ist. Nun wird die Glimmentladung am besten in verdünnten Gasen untersucht, weil nur dann die sichtbaren und die elektrischen Phänomene gut beobachtet und gemessen werden können, und weil bei größeren Gasdrucken die Glimmentladung leicht in die Bogenentladung überspringt (vgl. Ziff. 92). Es sollen deshalb auch hier nur die in verdünnten Gasen auftretenden Erscheinungen besprochen werden. Die bei größeren Gasdrucken vorkommenden Entladungsformen werden in dem Artikel ,,Funken- und Spitzenentladung (dieser Band, Abschnitt 27) von Warburg zusammengefaßt. Als Abarten der Glimmentladung in verdünnten Gasen müssen die intermittierende Glimmentladung und der elektrodenlose Ringstrom angesehen werden. Diese Entladungsformen werden wir deshalb zum Schluß ebenfalls besprechen.

Die Bedeutung der Glimmentladung liegt darin, daß der Elektrizitätstransport durch Gase häufig durch eine derartige Entladungsform besorgt wird. Ihre Untersuchung ist daher nicht nur von rein wissenschaftlichem, sondern auch von technischem Interesse (Glimmlichtröhre, Glimmlichtoszillograph, gewisse Arten Gleichrichter usw.). Andrerseits ist die Glimmentladung kein Phänomen, durch dessen Studium man unmittelbar auf Atomeigenschaften schließen kann. Dazu ist die Erscheinung viel zu kompliziert, und daher kommt es auch, daß die Theorie der Glimmentladung erst ziemlich mangelhaft ausgebildet ist. Wir geben deswegen im folgenden zuerst jeweils eine eingehende Beschreibung der zu jedem der einzelnen Teile der Glimmentladung gehörenden Phänomene, wobei wir versuchen, möglichst ohne Theorie auszukommen. Alle theoretischen Vorstellungen und rechnerischen Ansätze sind erst nach den experimentellen Untersuchungen in eigenen Ziffern dargestellt. Da die Überschriften dieselben sind wie im experimentellen Teil, ist der Zusammenhang zwischen Theorie und Experiment leicht herzustellen. Dem Nachteil, daß ohne theoretische Leitgedanken der Überblick über die Erscheinungen etwas erschwert wird, steht der Vorteil gegenüber, daß die feststehenden experimentellen Ergebnisse nicht mit Theorien verquickt werden, die vielleicht später nicht aufrechterhalten werden können.

Die diesem Artikel zugrunde liegenden Arbeiten sind nur in Auswahl zitiert. Es wurden außer an Stellen, wo wichtigere Prioritätsfragen eine Rolle spielen, im allgemeinen nur neuere Arbeiten erwähnt. Ferner wurde die Auswahl so getroffen, daß der Leser evtl. vorhergehende Untersuchungen im Text der hier zitierten Arbeiten genannt findet. Von zusammenfassenden Bear-

[1]) Näheres über die Definition von Funkenpotential und Anfangsspannung bei W. O. Schumann, Elektrische Durchbruchfeldstärke von Gasen, S. 1. Berlin: Julius Springer 1923.

beitungen des Gebietes der Glimmentladung erwähnen wir diejenigen von STARK[1]), von GEHRKE und SEELIGER[2]) und von GEHLHOFF[3]). Die neuesten Untersuchungen (bis April 1925) sind dann von HOLM[4]) zusammenfassend besprochen worden.

2. Die sichtbaren Erscheinungen. Einen Überblick über die Erscheinungen, die bei einer vollständig ausgebildeten Glimmentladung auftreten, gewinnt man an Hand der Abb. 1 und 2, die schematische Darstellungen der beiden Hauptformen der Glimmentladung geben. Unmittelbar auf der Kathode sitzt eine in Luft rötlichgelb leuchtende Lichthaut, die sog. *erste Kathodenschicht* (1). Dann folgt das in Luft bläulich gefärbte sog. *negative Glimmlicht* (3), das von der ersten Schicht durch einen schmalen, weniger hellen Zwischenraum, den (ersten, CROOKESschen, HITTORFschen) *negativen Dunkelraum* (2) getrennt ist. Das Glimmlicht setzt gegen den Dunkelraum mit dem sog. *Glimmsaum* scharf ein, dagegen ist die Grenze zwischen erster Kathodenschicht und negativem Dunkelraum, die kontinuierlich ineinander übergehen, nur mehr oder weniger willkürlich festzulegen. Kathodenschicht, Dunkelraum und Glimmlicht werden auch nach GOLDSTEIN als erste, zweite und dritte Schicht bezeichnet. Das negative Glimmlicht (früher Glimmschicht genannt) läuft gegen die Anode hin allmählich in den sog. (zweiten) *FARADAYschen Dunkelraum* (4) aus, der zwar kein vollkommener Dunkelraum ist, aber doch viel weniger Licht aussendet als der negative Dunkelraum. Es folgt nun die in engen Röhren den größten Teil der Entladungsbahn ausfüllende, in Luft rötlich-violette *positive Lichtsäule* (5). Je nach den Versuchsbedingungen (Zusammensetzung des Gases, Gasdruck usw.) ist sie entweder ein vollkommen gleichmäßig leuchtendes Gebilde (Abb. 1), welches man als *ungeschichtete, positive Säule* bezeichnet, oder aber sie zerfällt in viele vollkommen gleichartige und auch in gleichen Abständen befindliche Gebilde (Abb. 2), die sog. *Schichten*. Jede Schicht besitzt einen der Kathode zugewendeten sog. *Kopf*, der auf der Seite der Kathode ziemlich scharf ansetzt und gegen die Anode hin, allmählich an Helligkeit abnehmend, in den dunklen Zwischenraum übergeht, auf den dann der Kopf der nächsten Schicht folgt. Die anodischen Lichterscheinungen sind im allgemeinen wenig ausgeprägt. Hier haben wir das in Luft rötliche *anodische Glimmlicht* (6), das von der Anode noch evtl. durch den *anodischen Dunkelraum* getrennt ist.

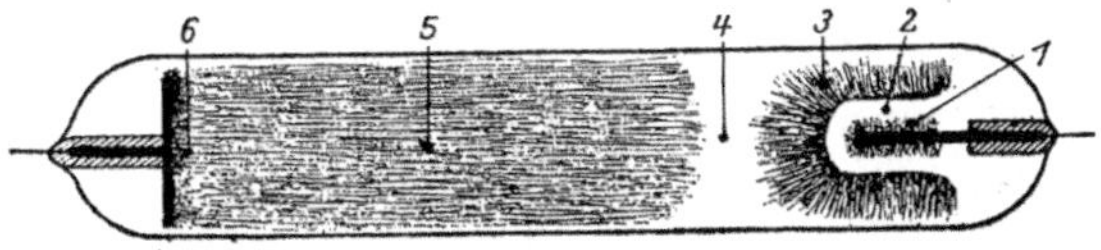

Abb. 1. Glimmentladung mit ungeschichteter positiver Säule.

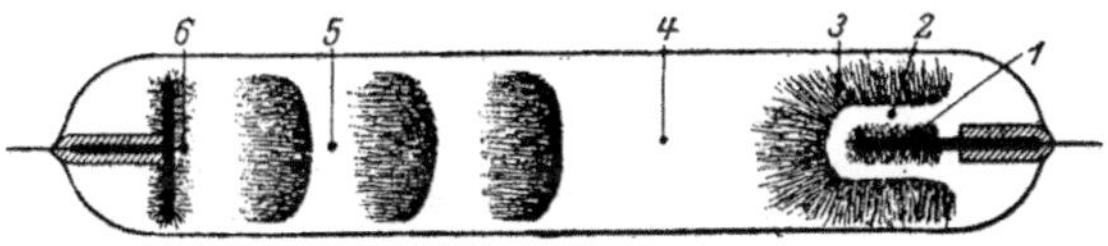

Abb. 2. Glimmentladung mit geschichteter positiver Säule.

Wenn man bei im übrigen konstant gehaltenen Versuchsbedingungen den Elektrodenabstand einer vollständig ausgebildeten Glimmentladung, wie sie die obenstehenden Abbildungen zeigen, verkleinert, so verkürzt sich einzig die Länge

[1]) J. STARK, Die Elektrizität in Gasen. Leipzig: J. A. Barth 1902; erweiterter und verbesserter Abdruck im Handb. d. Phys. von WINKELMANN, Bd. IV, 1. Leipzig: J. A. Barth 1905. Auf dieses Werk sei namentlich auch wegen der sehr vollständigen Zusammenstellung der älteren Literatur verwiesen.

[2]) E. GEHRKE, Glimmentladung, und R. SEELIGER, Die positive Säule; beides im Handb. d. Radiol. von MARX, Bd. III. Leipzig: Akadem. Verlagsges. 1916.

[3]) G. GEHLHOFF, Leitung und Ionisierung in verdünnten Gasen, im Handb. d. Elektr. u. d. Magnet. von GRAETZ, Bd. III. Leipzig: J. A. Barth 1923.

[4]) R. HOLM, Phys. ZS. Bd. 25, S. 497. 1924; Nachtrag ebenda Bd. 26, S. 412. 1925.

der positiven Säule, und zwar um das der Abstandsänderung entsprechende Stück. Man kann auf diese Weise die positive Säule sogar ganz zum Verschwinden bringen. Beim weiteren Annähern der Elektroden verschwinden dann auch der FARADAYsche Dunkelraum und das anodische Glimmlicht. Die in den Abbildungen skizzierte Form der Glimmentladung ist also nur für spezielle Versuchsbedingungen gültig. Weitere Veränderungen treten bei einer Änderung des Gasdruckes auf. Bei Erhöhung desselben ziehen sich die kathodischen und anodischen Entladungsteile an die Elektroden zurück, und die positive Lichtsäule wird um das entsprechende Stück länger. Bei größeren Gasdrucken löst sie sich von den Gefäßwänden ab und durchzieht die Entladungsröhre als schmales Lichtband. Schon bei einem Druck von 40 mm Hg ist von den kathodischen Lichterscheinungen nur noch das negative Glimmlicht zu sehen. Es hat dann die Gestalt eines in Luft blauen auf der Kathode aufsitzenden Lichtfleckes. Schließlich sind noch die Farben der Entladung in jedem Gas wieder andere.

3. Der Spannungs- und Feldverlauf in der Entladungsbahn. Die Potentialverteilung in der Gasstrecke ist aus der schematischen Abb. 3 ersichtlich. Man sieht, daß der stärkste Spannungsabfall (je nach den Versuchsbedingungen 100 bis ca. 100000 Volt) unmittelbar an der Kathode beginnt und bis ins negative Glimmlicht hineinreicht. Diese Potentialdifferenz wird Kathodenfall (Kathodengefälle) genannt. Im negativen Glimmlicht wird der Potentialgradient (Feldstärke) dann immer kleiner, erreicht im FARADAYschen Dunkelraum sein Minimum (hier kann die Feldstärke sogar negativ werden) und nimmt dann gegen die positive Säule hin wieder zu. In der ungeschichteten Säule ist der Potentialgradient meist konstant bis unmittelbar vor der Anode, wo er mitunter nochmals ansteigt. Dieser letztere Anstieg ist der sog. Anodenfall.

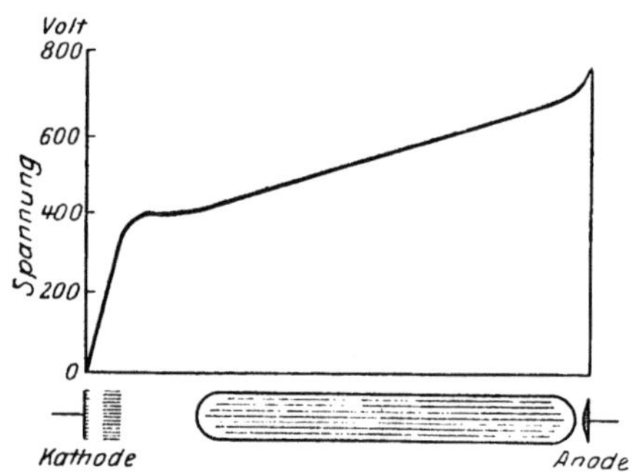

Abb. 3. Schematische Darstellung des Potentialverlaufs in der Entladungsbahn bei ungeschichteter Säule.

Da bis jetzt noch keine Methode bekannt ist, um den Potentialgradienten im negativen Dunkelraum zu bestimmen, solange der Kathodenfall klein ist, d. h. einige hundert Volt beträgt, hat der im Gebiet des Kathodenfalles eingezeichnete Potentialverlauf für kleine Kathodenfallwerte vielleicht nur angenäherte Gültigkeit (Näheres vgl. Ziff. 18 und 19). Zuverlässiger ist man über den Spannungsanstieg in den übrigen Teilen der Glimmentladung unterrichtet. In der ungeschichteten Säule sind die mit der früher verwendeten Methode der kalten, stromlosen Sonde erhaltenen Werte einigermaßen zuverlässig, und in der geschichteten Säule, wo diese Methode fehlerhafte Resultate liefert (über die Fehler der alten Sondenmethode vgl. Ziff. 75, über die neue LANGMUIRsche

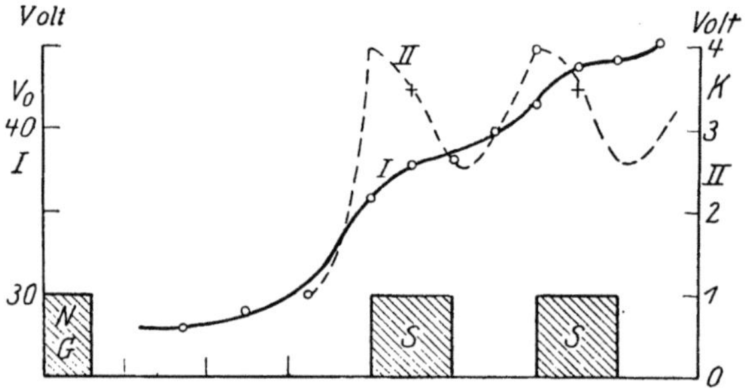

Abb. 4. Potentialverlauf in der geschichteten Säule nach McCURDY.

Methode vgl. Ziff. 72 bis 74), sind neuerdings mit einwandfreien Methoden Messungen angestellt worden. Dieselben ergeben Änderungen des Potentialgradienten innerhalb der einzelnen Schichten, die wesentlich kleiner sind, als es die früher gemessenen waren. Abb. 4 gibt die Potentialverteilung im FARADAYschen Dunkelraum (NG = negatives Glimmlicht) und in der geschichteten Säule in Quecksilberdampf nach Messungen von McCURDY[1]) wieder. Man sieht, daß der Potentialgradient am Anfang jeder Schicht S (Schichtkopf) größer ist als am Ende derselben und im Beginn des dunklen Zwischenraums. Die punktierte Kurve gibt außerdem noch die Größe der Korrektion k an, welche an den Messungen mit der kalten, stromlosen Sonde anzubringen sind, um den richtigen Potentialwert zu erhalten. Die Fehler betragen bis 4 Volt im Schichtkopf, dagegen nur 2,5 Volt im dunklen Zwischenraum.

4. Die Charakteristik. Unter der Charakteristik einer Entladungsform versteht man die Kurve, welche die Spannung E an den Elektroden als Funktion der Stromstärke i darstellt. Die statische Charakteristik gibt den Zusammenhang zwischen Strom und Spannung bei stationären Entladungen, die dynamische denjenigen bei nichtstationären (oszillierenden und intermittierenden) Entladungen wieder. Eine schematische Darstellung vom Verlauf der statischen Charakteristik einer Glimmentladung gibt Abb. 5. Auf dem Kurventeil links vom Minimum bedeckt das negative Glimmlicht erst einen Teil der Kathode, auf welcher es sich mit wachsender Stromstärke immer weiter ausdehnt. Hierbei bleibt der Kathodenfall konstant (sog. normaler Kathodenfall), während der Potentialgradient in der positiven Säule mit wachsender Stromstärke abnimmt. Hieraus erklärt sich die „fallende" Charakteristik, d. h. das Abnehmen der Spannung bei zunehmender Stromstärke in diesem Gebiet. Auf dem Kurventeil rechts vom Minimum bedeckt das Glimmlicht die ganze Kathodenoberfläche. Dann steigt der Kathodenfall mit wachsender Stromstärke stark an, und da dieser Effekt die Abnahme des Potentialgradienten in der positiven Säule überwiegt, so wird jetzt die Charakteristik eine „steigende". Welchen genaueren Verlauf die Charakteristik in jedem Einzelfall hat, d. h. wie steil sie abfällt und wieder ansteigt und bei welcher Stromstärke das Minimum liegt, hängt von den Versuchsbedingungen (Gasart, Gasdruck, Material der Kathode, Größe der Kathodenoberfläche, Elektrodenabstand usw.) ab. Wenn der Elektrodenabstand so klein ist, daß sich keine positive Säule ausbilden kann, so wird die Charakteristik natürlich durch das Verhalten des Kathodenfalls allein (evtl. noch des Anodenfalls) bestimmt. Derartige Charakteristiken hat neuerdings TAYLOR[2]) aufgenommen. Bezüglich des Verlaufs der Charakteristik für so kleine Stromstärken, daß sich keine richtige Glimmentladung mehr ausbilden kann, vgl. Ziff. 92.

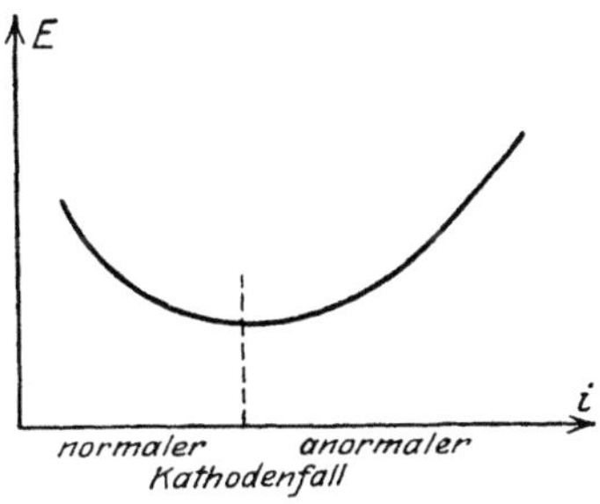

Abb. 5. Charakteristik einer Glimmentladung.

5. Stabilitätsbetrachtungen[3]). An den Verlauf der Charakteristik knüpfen sich gewisse, von KAUFMANN[4]) herrührende, in der Folge u. a. von SIMON[5]) und WAGNER[6])

[1]) W. H. McCURDY, Phil. Mag. Bd. 48, S. 898. 1924.
[2]) J. TAYLOR, Univ. Durham Phil. Soc. Proc. 1, S. 14. 1923/24.
[3]) Der Verfasser ist Herrn Dr. DÄLLENBACH für eine Reihe von Hinweisen betreffend die Stabilitätsbetrachtungen zu Dank verpflichtet.
[4]) W. KAUFMANN, Ann. d. Phys. Bd 2, S. 158. 1905.
[5]) H. TH. SIMON, Phys. ZS. Bd. 6, S. 297. 1905.
[6]) K. W. WAGNER, Der Lichtbogen als Wechselstromerzeuger. Leipzig: S. Hirzel 1910.

verwendete Stabilitätsbetrachtungen, welche zu entscheiden gestatten, ob ein bestimmter Strömungszustand E, i der Glimmentladung stabil oder labil ist. Die aus diesen Betrachtungen fließenden Stabilitätsbedingungen sind sowohl vom Verlauf der Charakteristik an dem betreffenden Punkt (E, i) dieser Kurve als auch von den Daten des Entladungskreises (Schaltungsschema der betreffenden Versuchsanordnung, Größe der verwendeten Kapazitäten, Selbstinduktionen und Widerstände) abhängig. Wir wollen zuerst für ein einfaches Schaltungsschema und unter gewissen vereinfachenden Voraussetzungen, welche aber erst weiter unten ersichtlich werden, die Stabilitätsbedingungen ableiten und die aus denselben folgenden Schlüsse ziehen. Für kompliziertere Schaltungen begnügen wir uns dann mit der Angabe der Resultate der Rechnungen. Es sei also $E = f(i)$ die Charakteristik c einer Glimmentladung (vgl. Abb. 6). Die Entladungsröhre sei in Serie geschaltet mit einer Batterie von der Spannung E_0 und einem (elektrolytischen oder metallischen) Widerstand W. Fließt nun durch diesen Stromkreis der Strom i, so ist die an der Röhre anliegende Spannung einerseits nach dem OHMschen Gesetz gegeben als

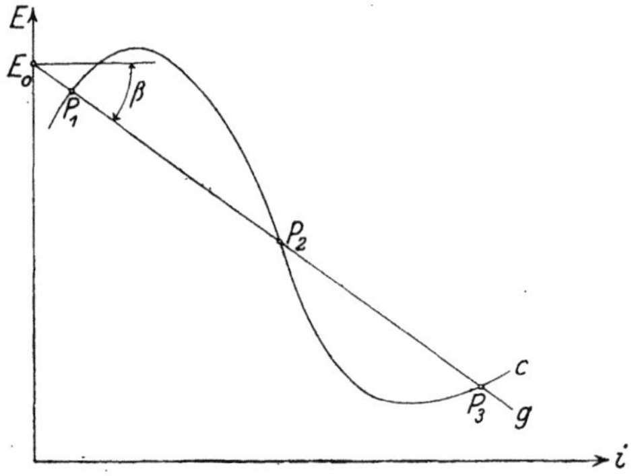

Abb. 6. Zur Erläuterung der Stabilitätsbetrachtungen.

$$E = E_0 - iW, \tag{1}$$

und anderseits folgt aus der Charakteristik die zweite Bedingung

$$E = f(i). \tag{2}$$

Aus diesen beiden Gleichungen sind E und i zu ermitteln. Die Gleichung (1) stellt eine Gerade, die sog. „Widerstandslinie" g dar, welche die E-Achse im Punkte E_0 schneidet und mit der i-Achse einen Winkel β bildet, so daß

$$\operatorname{tg}\beta = W \tag{3}$$

ist. Die Schnittpunkte P_1, P_2, P_3 von c und g erfüllen die beiden Gleichungen (1) und (2), geben also mögliche Wertepaare von E und i. Wir wollen zeigen, daß von den drei Schnittpunkten nur P_1 und P_3 stabile Zustände der Glimmentladung darstellen, während P_2 labil ist. Wir nehmen an, daß durch Zufall der Glimmstrom i eine kleine Zunahme Δi erfährt. Dies hat zur Folge, daß sich auch die anliegende Spannung E, und zwar um den Betrag $\Delta E = \frac{df(i)}{di}\Delta i$ ändert. Diese Spannungsänderung ruft aber wegen (1) eine zweite Stromänderung

$$\Delta' i = -\frac{\Delta E}{W} = -\frac{1}{W}\frac{df(i)}{di}\Delta i \tag{4}$$

hervor. Diese Stromänderung verursacht wieder eine Änderung der Entladungsspannung $\Delta' E = \frac{df(i)}{di}\Delta' i = -\frac{1}{W}\left(\frac{df(i)}{di}\right)^2 \Delta E$. Hieraus berechnet sich eine dritte Stromänderung $\Delta'' i = \left(-\frac{1}{W}\frac{df(i)}{di}\right)^2 \Delta i$, welche wieder eine dritte Spannungsänderung $\Delta'' E = \left(-\frac{1}{W}\frac{df(i)}{di}\right)^2 \frac{df(i)}{di}\Delta E$ zur Folge hat. Die Stromänderungen und Spannungsänderungen bilden jede eine geometrische Reihe mit dem Quotienten $-\frac{1}{W}\frac{df(i)}{di}$, welche nur dann konvergieren, wenn $-\frac{1}{W}\frac{df(i)}{di} < 1$ ist. Hieraus folgt wegen (2)

$$0 < W + \frac{dE}{di} \quad \text{Bedingung für Stabilität.} \tag{5}$$

und

$$0 > W + \frac{dE}{di} \quad \text{Bedingung für Labilität.} \tag{6}$$

Da $W > 0$ ist, folgt, daß Labilität nur auftreten kann, wenn erstens

$$\frac{dE}{di} < 0, \tag{7}$$

d. h. wenn die Charakteristik eine fallende ist, und wenn zweitens

$$\left|\frac{dE}{di}\right| > W \tag{8}$$

ist. Man sieht: 1. Nur auf einer fallenden Charakteristik sind labile Zustände möglich. 2. Labilität tritt nur ein, wenn die Charakteristik steiler ansteigt als die Widerstandslinie, deren Neigung nach (3) gleich W ist.

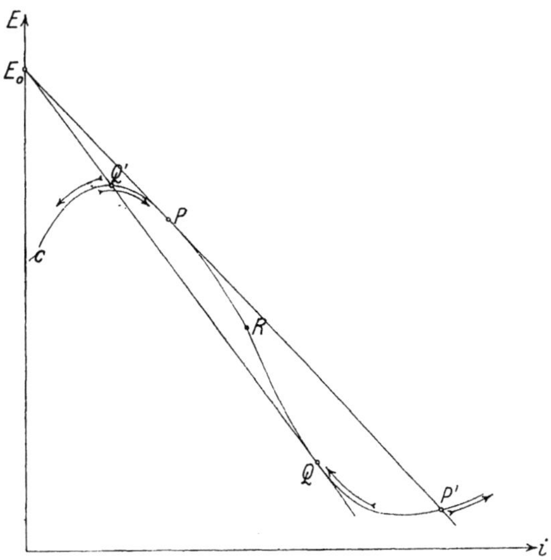

Abb. 7. Zur Erläuterung der Stabilitätsbetrachtungen.

Wir fragen nun: Lassen sich durch geeignete Wahl des äußeren Widerstandes W und der Batteriespannung E_0 auch bei fallender Charakteristik der Entladung alle Punkte der Charakteristik stabil machen? Dies ist mit einer gewissen, gleich zu besprechenden Einschränkung in der Tat der Fall und kann folgendermaßen gezeigt werden (vgl. Abb. 7). Wir halten zuerst E_0 konstant und verändern W. Dadurch ändert sich die Neigung der Geraden g. Gehen wir von so großen Werten des Widerstandes aus, daß $W > \operatorname{tg}\beta$ im Punkte Q ist, so schneidet die Gerade g die Charakteristik nur in einem Punkt, der links von Q' liegt. Mit abnehmendem W bewegt sich dieser Punkt über Q' nach P. Der Punkt P selbst ist aber labil, d. h. die Stromstärke nimmt nun von selbst weiter zu und die Spannung ab, d. h. die Entladung durchläuft jetzt die ganze Charakteristik bis P'. Erst rechts von diesem Punkte liegen wieder stabile Meßpunkte, die durchlaufen werden, wenn W weiter verkleinert wird. Geht man umgekehrt von kleinen Widerstandswerten aus und läßt W zunehmen, so kommt der Schnittpunkt von rechts her und bewegt sich auf der Charakteristik bis Q. Es wird jetzt also auch das Kurvenstück $P'Q$ durchlaufen, das bei abnehmenden W-Werten nicht stabil war. Vom Punkt Q springt die Entladung nun auf Q' und bewegt sich dann weiter nach links; das Kurvenstück PQ' ist also für zunehmenden Widerstand, d. h. wenn man von großen Stromstärken herkommt, nicht stabil. Die zwischen P und Q gelegenen Punkte sind mit dem gegebenen Wert der Batteriespannung E_0 überhaupt nie stabil. Wir können aber auch noch diese Punkte stabil erhalten, wenn eine hinreichend große Spannung zur Verfügung steht. Legen wir nämlich im Wendepunkt R der Kurve die Tangente und bezeichnen den Schnittpunkt derselben mit der E-Achse mit E_R, so fällt, sobald nur $E_0 > E_R$ ist, in jedem Kurvenpunkt die Widerstandslinie steiler ab als die Charakteristik, d. h. es ist überall

$$\left|\frac{dE}{di}\right| > W,$$

es werden also alle Kurvenpunkte stabil durchlaufen.

Wir wollen nun ohne Rechnung die Stabilitätsbedingungen für das Schaltungsschema der Abb. 8 angeben, in welchem ein äußerer Stromkreis, bestehend aus der Batterie E_0, dem Widerstand W und der Selbstinduktion L_a an einem inneren Kreis liegt, der die Entladungsröhre R und die Selbstinduktion L_i in Serie und hierzu parallel die Kapazität C enthält. Dieses Schaltungsschema ist deswegen besonders interessant, weil es in gewissem Sinn zu berücksichtigen gestattet, daß die Entladungsröhre selbst schon eine gewisse Kapazität und Selbstinduktion besitzt. Man hat dann nämlich nur unter L_i und C diese betreffenden Größen zu verstehen. Nach KAUFMANN lauten die Stabilitätsbedingungen für das Schema der Abb. 6

$$W + \frac{dE}{di} > 0, \tag{9a}$$

$$L_i + WC\frac{dE}{di} > 0. \tag{9b}$$

Aus diesen Ungleichungen ist ersichtlich, daß für $dE/di > 0$ dieselben unter allen Umständen erfüllt sind. Es interessieren uns daher nur noch die fallenden Teile der Charakteristik. Bezeichnen wir mit

$$\alpha = -\frac{dE}{di} \tag{10}$$

die Neigung der fallenden Charakteristik, so folgt aus (9), daß

$$\alpha < W < \frac{L_i}{\alpha C} \tag{11}$$

sein muß.

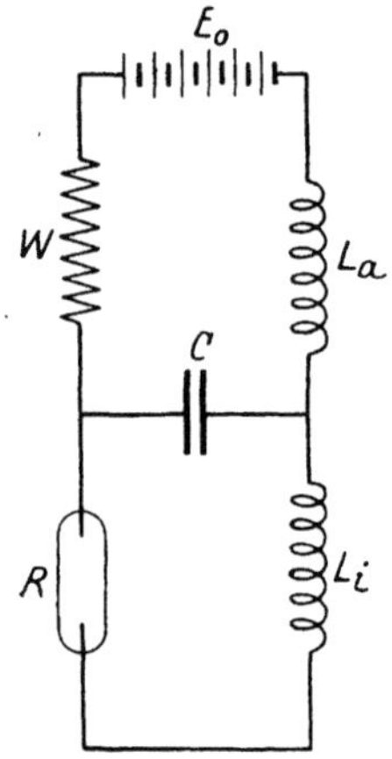

Abb. 8. Schaltungsschema für eine Glimmentladung.

Wenden wir nun dieses Resultat auf das oben behandelte, der Abb. 6 zugrunde liegende, einfache Schaltungsschema an und berücksichtigen, daß jede Entladungsröhre Selbstinduktion und Kapazität besitzt, so sehen wir, daß die oben angestellten Betrachtungen nur mit Einschränkungen richtig sind. Es darf der Widerstand W eine gewisse, noch von der Neigung der Charakteristik abhängige Größe nicht überschreiten, und es ist, wenn die Charakteristik einen steileren Abfall zeigt, als es einem von der Selbstinduktion und Kapazität der Röhre abhängigen Grenzwert entspricht, nämlich für

$$\alpha^2 > \frac{L_i}{C}, \tag{12}$$

Stabilität unter keinen Umständen zu erzielen. Da in (11) und (12) der Quotient der beiden kleinen Größen L_i und C auftritt, welcher einen beliebigen Wert haben kann, so ist diese Beschränkung für W und α sehr wesentlich.

Aus der Ungleichung (11) kann man noch folgende experimentell wichtige Nutzanwendung ziehen[1]). Es ist in letzter Zeit bei Charakteristikenaufnahmen an Stelle des OHMschen Widerstandes W häufig eine im Sättigungsgebiet betriebene Glühelektronenröhre verwendet worden, indem versucht wurde, die

[1]) W. DÄLLENBACH, Phys. ZS. Bd. 27, S. 101. 1926.

verschiedenen Punkte der Charakteristik durch verschieden starkes Heizen des Glühdrahtes zu erhalten. Dann hat man statt der Widerstandsgeraden g die der Glühkathodenröhre entsprechende Kurve in die oben angestellten Betrachtungen einzuführen. Für die Sättigungsstromstärke i geht diese Kurve nun über in eine zur E-Achse parallele Gerade im Abstand i von dieser Achse. Die Glühkathodenröhre ist dann also einem unendlich großen OHMschen Widerstand äquivalent; d. h. die Stabilität, welche man durch ihre Benutzung erhalten wollte, wird wegen (11) wieder nicht erzielt (über gewisse Einschränkungen vgl. unten).

Hier setzen nun Überlegungen von DÄLLENBACH[1]) ein, welcher die Stabilitätsbedingungen für das Schaltungsschema: Entladungsröhre (Eigenkapazität $= C$) in Serie mit Batterie E_0, Widerstand W und Selbstinduktion L_a ebenfalls durchgerechnet hat, aber mit folgender Verbesserung gegenüber KAUFMANN: Es wird berücksichtigt, daß bei einer Änderung der Elektrodenspannung nicht nur der Entladungsstrom i_e sich ändert, sondern auch ein Verschiebungsstrom i_v durch die Gasstrecke fließt. Diese beiden Stromanteile haben nun jeder eine gewisse Selbstinduktion, welche mit L_e und L_v bezeichnet werden sollen. Führt man jetzt die Stabilitätsrechnungen durch und macht nachher noch die Annahme, daß die beiden Ströme i_e und i_v auf den äußeren Stromkreis keine induzierende Wirkung ausüben, d. h. daß die gesamten induzierten EMK, nämlich $L_e \frac{d i_e}{d t}$ und $L_v \frac{d i_v}{d t}$ an den Endpunkten der Gasstrecke liegen, so erhält man folgende vier Ungleichungen:

$$W - \alpha > 0, \tag{13a}$$

$$L_a + L_e - W \alpha C > 0, \tag{13b}$$

$$W(L_e - L_v) - \alpha L_a > 0, \tag{13c}$$

$$[(L_e - L_v) W - \alpha L_a] (L_a + L_e - W \alpha C) > L_a (L_e - L_v)(W - \alpha). \tag{13d}$$

Von diesen vier Ungleichungen ist (13a) die bekannte Ungleichung (5) bzw. (9a). Falls dieselbe erfüllt ist und wenn weiter die plausible Annahme

$$L_v < L_e \tag{14}$$

(der Verschiebungsstrom ist diffuser als der Entladungsstrom) gemacht wird, so ist die rechte Seite von (13d) > 0, also wird eine der beiden Ungleichungen (13b) und (13c) überflüssig. Betrachtet man jetzt den Widerstand W und die Selbstinduktion L_a im äußeren Kreis als die unabhängigen Veränderlichen, so werden durch jede der vier Ungleichungen in der $W - L_a$-Ebene gewisse Gebiete vom Stabilitätsbereich abgeschnitten. Die Grenzkurven dieser Gebiete erhält man, wenn man in den Ungleichungen (13) die $>$- durch $=$-Zeichen ersetzt. Es stellen dann die Gleichungen (a) bis (c) Gerade und (d) eine Ellipse dar. Für $\alpha \leqq 0$, d. h. für steigende Charakteristik, liegt der ganze positive Quadrant der $W - L_a$-Ebene im stabilen Gebiet; für kleine positive α-Werte (schwach fallende Charakteristik) hat man die in Abb. 9 und für große positive α-Werte (stark fallende Charakteristik) die in Abb. 10 dargestellten Verhältnisse, wobei der Stabilitätsbereich jeweils schraffiert eingezeichnet ist. Man sieht: für steigende Charakteristik ist die Entladung wieder unter allen Umständen stabil,

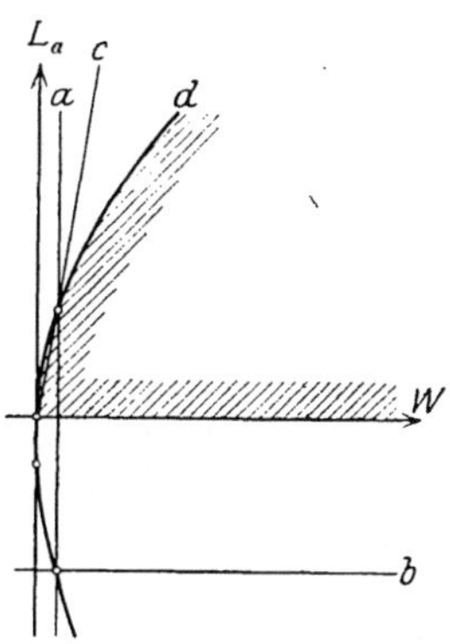

Abb. 9. Stabilitätsbereich für schwach fallende Charakteristik nach DÄLLENBACH.

[1]) W. DÄLLENBACH, Phys. ZS. Bd. 27, S. 101. 1926.

und für fallende Charakteristik wird der Stabilitätsbereich ebenfalls um so kleiner, je steiler die Charakteristik verläuft, bis bei einer Grenzneigung $\alpha_{\varkappa}$, wo

$$\alpha_{\varkappa}^2 = \frac{2 L_e - L_v}{C} \tag{15}$$

ist, das Stabilitätsgebiet auf Null zusammenschrumpft.

Die Existenz einer solchen Grenzneigung $\alpha_{\varkappa}$ soll übrigens nach DÄLLENBACH die Tatsache erklären, daß die Glimmentladung bei sehr kleinen Stromstärken oft als intermittierend gefunden wurde. Diese Erklärung ist natürlich nur dann anwendbar, wenn die Charakteristik für sehr kleine Stromstärken stark fallend ist. Solche stark fallenden Teile der Charakteristik sind aber im Gebiete des Übergangs vom Townsendstrom zur eigentlichen Glimmentladung tatsächlich beobachtet worden (vgl. Ziff. 92).

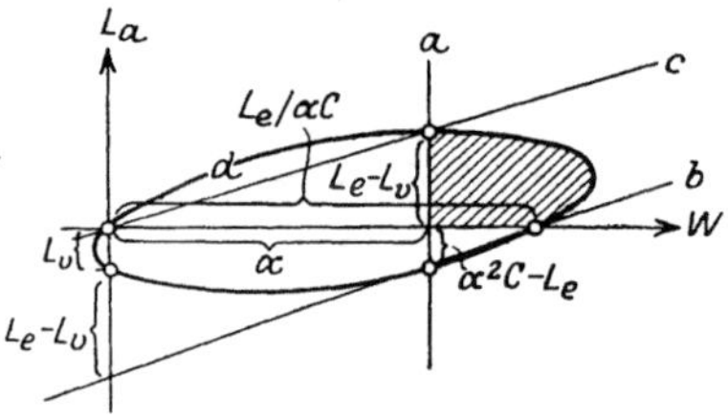

Abb. 10. Stabilitätsbereich für stark fallende Charakteristik nach DÄLLENBACH.

Wir besprechen nun folgende Spezialfälle der DÄLLENBACHschen Rechnungen:

1. $L_a = 0$. Dann werden die Ungleichungen (13a) und (13b)

$$W - \alpha > 0, \tag{16a}$$

$$L_e - W\alpha C > 0, \tag{16b}$$

und die Ungleichungen (13c) und (13d) sind wegen (14) von selbst erfüllt. Die beiden Ungleichungen (16) sind aber identisch mit den von KAUFMANN für das Schaltungsschema der Abb. 8 abgeleiteten beiden Ungleichungen (9). Es zeigt sich also jetzt, daß die KAUFMANNschen Bedingungen nur für $L_a = 0$ gültig sind, während sie nach der ursprünglichen Betrachtungsweise, weil L_a in ihnen gar nicht auftritt, für jedes L_a gültig zu sein scheinen. Dies ist aber, wie die Ungleichungen (13) zeigen, welche für $L_a \neq 0$ an die Stelle von (9) treten (und zwar auch schon, wenn $L_v = 0$), nicht der Fall. Man sieht vielmehr aus Abb. 10, welchen Einfluß das sukzessive Einschalten von Selbstinduktion L_a in den Stromkreis auf die Stabilität der Entladung ausübt: Der zulässige Widerstandsbereich nimmt mit wachsendem L_a zuerst zu, erreicht ein Maximum und nimmt dann schnell bis zum Grenzwert $L_e/\alpha C$, bis zu dem Stabilität überhaupt möglich ist, ab. Diesen Grenzwert erreicht er für $L_a = L_e - L_v$; hierfür wird die Grenzneigung $\alpha_{\varkappa}$ nach (15) $= \sqrt{L_e/C}$, was übereinstimmt mit der Ungleichung (12) der KAUFMANNschen Rechnung. Für größere Werte der äußeren Selbstinduktion sind dann keine stabilen Meßpunkte mehr zu erzielen; eine Entladungsröhre in Serie mit unendlich großer Selbstinduktion brennt also ebensowenig stabil, wie eine solche mit unendlich großem Vorschaltwiderstand.

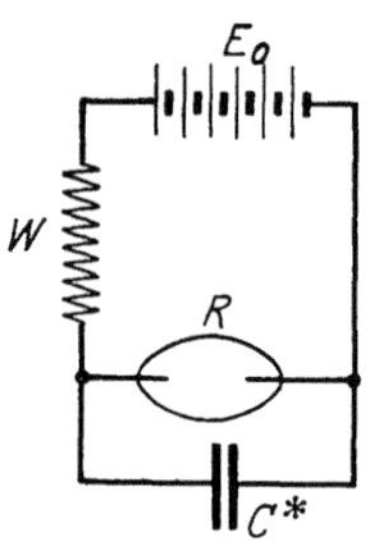

Abb. 11. Schaltungsschema für die intermittierende Glimmentladung.

2. Es werde das für die intermittierende Glimmentladung (vgl. Ziff. 89) wichtige Schaltungsschema (vgl. Abb. 11) betrachtet, daß parallel der Entladungsröhre R, die wieder in Serie mit der Batterie E_0 und dem Widerstand W geschaltet ist, noch eine Kapazität C^* liegt. Bezeichnen wir nun die Summe der Kapazitäten (Eigenkapazität der Röhre $+ C^*$) mit C, so gelten die Ungleichungen (16) unverändert. Stabilität ist nur möglich, solange

$$C < \frac{L_e}{\alpha^2} \tag{17}$$

ist. Wenn man jetzt annimmt, daß L_e von derselben Größenordnung ist wie die Eigenkapazität der Röhre, so sieht man, daß die Stabilität der Entladung beim Zuschalten einer Parallelkapazität in der üblichen Größenordnung zerstört werden sollte. Dies stimmt aber mit den Versuchen in keiner Weise überein. Man erhält vielmehr, wenn man aus (17) umgekehrt L_e berechnet[1]), dafür Werte von 10 bis 10000 Henry, wobei diese Werte außerdem noch von der Größe der Stromstärke abhängig sind[2]).

Es existiert aber noch eine weitere Unstimmigkeit: Sowohl die alte KAUFMANNsche als auch die verfeinerte Rechnungsweise von DÄLLENBACH haben zu dem Resultat geführt, daß eine Entladungsröhre in Serie mit einem unendlich großen Widerstand bei fallender Charakteristik nicht stabil brennen kann. Nun hat aber z. B. PENNING mit einer Elektronenröhre als Vorschaltwiderstand in Neon mit 25% Heliumzusatz bei einem Gasdruck von 13 mm Hg auch bei stark fallender Charakteristik noch stabile Meßpunkte erhalten. Beide Widersprüche erklären sich jetzt nach DÄLLENBACH[3]) dadurch, daß die Gasentladung auch eine gewisse Trägheit besitzt, die zu Hysteresiserscheinungen Veranlassung gibt. Diese Trägheit soll nach der Meinung von DÄLLENBACH speziell unter den von PENNING gewählten Versuchsbedingungen (Edelgas bei hohem Druck) sehr wirksam sein, sie scheint aber auch schon bei den Versuchen von HERWEG in Wasserstoff und Luft merklich gewesen zu sein (vgl. außerdem Ziff. 88 und 89). Theoretisch gelingt DÄLLENBACH die Berücksichtigung der Trägheit, auf deren Vorhandensein übrigens auch HERWEG und PENNING hinweisen, dadurch, daß er nach Art der SIMONschen Lichtbogentheorie die statische Charakteristik durch eine dynamische ersetzt, welche natürlich nur für den Entladungsstrom i_e, aber nicht für den Verschiebungsstrom i_v wirksam ist. Man hat dann, wenn der Widerstand E/i_e der Gasstrecke in einem beliebigen funktionellen Zusammenhang $\varphi(S)$ mit einem Parameter S steht, welcher der Energiezufuhr proportional ist, einerseits

$$\frac{E}{i_e} = \varphi(S). \tag{18}$$

Andererseits hängt S folgendermaßen von der Energiezufuhr ab: Bei stationärer Entladung hätte man einfach S proportional $E i_e$ zu setzen; infolge der Trägheit kommt nun aber noch ein Glied hinzu, das nur bei Zustandsänderungen wirksam ist. Man macht daher den Ansatz

$$E i_e = AS + B\frac{dS}{dt}, \tag{19}$$

wo A und B bei kleinen Zustandsänderungen Konstante sind. Wenn man nun die Rechnung ausführt, so erhält man an Stelle der statischen Charakteristik den dynamischen Zusammenhang in Form einer Differentialgleichung. Bezeichnet $\varDelta E$ die Abweichung der Spannung von ihrem statischen Wert und $\varDelta i_e$ die entsprechende für den Strom, so lautet diese Gleichung:

$$\frac{d}{dt}(\varDelta E - P\varDelta i_e) + M(\varDelta E + \alpha\varDelta i_e) = 0. \tag{20}$$

Hierin bedeuten $P = \left(\frac{E}{i_e}\right)_{\text{statisch}}$ und $M = \frac{2PA}{B(P-\alpha)}$. $\frac{1}{M}$ hat die anschauliche

[1]) J. HERWEG, Phys. ZS. Bd. 13, S. 633. 1912 und F. M. PENNING, Phys. ZS. Bd. 27, S. 448. 1926.

[2]) Mit einer von WAGNER (a. a. O.) für den Fall, daß eine Entladungsröhre ohne Selbstinduktion parallel einer Kapazität liegt, abgeleiteten Stabilitätsbedingung stimmen die Versuche übrigens noch weniger überein. Diese Stabilitätsbedingung, die gelegentlich auch zitiert wird, dürfte vielmehr wegen der Vernachlässigung der Selbstinduktion der Röhre in der Wirklichkeit nie anwendbar sein.

[3]) W. DÄLLENBACH, Phys. ZS. Bd. 27, S. 448. 1926.

Bedeutung: Zeitkonstante der dämpfenden Wirkung, d. h. es ist diejenige Zeit, in welcher die Spannungsänderung ΔE um den e-ten Teil ihres Endwertes $(\Delta E)_{t=\infty} = -\alpha(\Delta i_e)_{t=\infty}$ fällt.

Wenn man nun die weitere Rechnung wieder unter Berücksichtigung des Verschiebungsstromes i_v ausführt, so erhält man ein Gleichungssystem, das recht unhandlich ist. Setzt man aber darin $W = \infty$, was speziell der PENNINGschen Versuchsanordnung (Elektronenröhre im Sättigungsgebiet) entspricht, so ergeben sich folgende Stabilitätsbedingungen:

$$\alpha < P \tag{21a}$$

$$\alpha < \frac{1}{1 - \frac{M(L_e - L_v)}{P}} \cdot \frac{1}{MC}\,. \tag{21b}$$

Gleichung (21a) hat eine anschauliche Bedeutung: Zieht man im Stromspannungsdiagramm vom Zustandspunkte aus die Lote auf die Koordinatenachsen, so ist Stabilität nur solange möglich, als die Verbindungslinie dieser Fußpunkte steiler verläuft als die Charakteristik in dem betreffenden Punkte. Diese Bedingung ist bei den Versuchen von PENNING tatsächlich erfüllt. Aus den Grenzpunkten, welche das stabile vom unstabilen Gebiet trennen, kann die die Trägheit charakterisierende Zeit berechnet werden, wenn man noch die Dimensionen der Entladungsröhre kennt. Man erhält dann für diese Zeit Werte zwischen $1 \cdot 10^{-4} - 4 \cdot 10^{-4}$ sec, was mit den von PENNING experimentell gemessenen Abklingungszeiten größenordnungsmäßig übereinstimmt.

6. Einsetzen der Entladung (Zündung). Wie schon erwähnt wurde, muß man, damit die Glimmentladung zündet, eine Potentialdifferenz an die Elektroden anlegen, die mindestens gleich dem Funkenpotential ist. Wenn die angelegte Spannung aber gleich oder nur wenig größer ist als das Funkenpotential, so wird die Entladung nicht unmittelbar beim Anlegen der Spannung einsetzen, sondern es vergeht zuerst noch eine meßbare Verzögerungszeit. Dieselbe ist aber nicht reproduzierbar, sondern sie hat bei jeder Zündung wieder einen anderen Wert. Aus den berühmten Versuchen von HERTZ, daß die Entladung einer Funkenstrecke durch auffallendes ultraviolettes Licht erleichtert wird (was bekanntlich zur Entdeckung des lichtelektrischen Effekts führte), weiß man, daß zum Zünden der Entladung Elektronen in der Entladungsbahn vorhanden sein müssen. Die Verzögerungszeit ist daher wahrscheinlich anzusehen als die Zeit, die vom Anlegen der Spannung an verstreicht, bis zufälligerweise die Anzahl der gerade vorhandenen Elektronen und ihre Verteilung in der Entladungsbahn das Zünden des Stromes ermöglicht. Diese Anschauung hat neuerdings eine wesentliche Stütze durch Versuche von ZUBER[1]) erhalten, welcher zeigen konnte, daß die einzelnen Verzögerungszeiten tatsächlich nach den Gesetzen des Zufalls um einen Mittelwert verteilt sind. Dies beweist nämlich, daß die Ungeordnetheit der molekularen Vorgänge wirklich die entscheidende Rolle beim Zustandekommen der Entladung spielt[2]). Näheres siehe diesen Band, Kap. 4 und 7.

Eine besondere Komplikation tritt nun noch in sehr reinen Edelgasen und Metalldämpfen auf; in diesen setzt die Entladung nämlich sehr schwer oder gar nicht ein, auch wenn ein zur Zündung hinreichender Gasdruck vorhanden ist und eine genügend hohe Spannung an den Elektroden liegt. Die Erscheinung wurde zuerst von RAMSAY und COLLIE[3]) beobachtet und wird heute als Pseudo-

---

[1]) K. ZUBER, Ann. d. Phys. Bd. 76, S. 231. 1925 und Bd. 81, S. 205. 1926.
[2]) M. v. LAUE, Ann. d. Phys. Bd. 76, S. 261. 1925.
[3]) W. RAMSAY u. J. N. COLLIE, Proc. Roy. Soc. London Bd. 59, S. 259. 1896.

hochvakuum bezeichnet. Um einen Begriff zu geben, wie ausgeprägt der Effekt bei guter Gasreinigung sein kann, seien folgende Beobachtungen zitiert: KOENIGSBERGER[1]) konnte in einem Entladungsrohr, das Hg-Dampf von 150° C, also von 3 mm Hg Druck enthielt, selbst beim Anlegen einer Spannung von 100000 Volt den Dampf nicht zum Leuchten bringen. GEHLHOFF[2]) beobachtete dasselbe bei Kalium-, Rubidium- und Cäsiumdampf von noch höherem Dampfdruck, wenn 10000 Volt angelegt wurden. KNIPPING[3]) fand die Erscheinung in einer Entladungsröhre, die mit besonders reinem Helium von 1 mm Hg Druck gefüllt war. Auch in Wehnelt-Hochspannungsgleichrichtern ist das Pseudohochvakuum beobachtet worden, worüber GÜNTHERSCHULZE[4]) Versuche angestellt hat. Diese Gleichrichter enthalten eine Erdalkalioxydkathode und sind mit Argon gefüllt. Während die Zündspannung einer ungebrauchten Röhre ca. 400 Volt beträgt, gelingt nach längerer Betriebsdauer sogar mit 6000 Volt keine Zündung mehr. Ferner kommt das Pseudohochvakuum in gasgefüllten Röntgenröhren vor[5]). Endlich hat JANITZKY[6]) bemerkt, daß in Hochvakuumröhren die von einer Glühkathode ausgehenden Elektronen von einer entgasten Anode nicht aufgenommen wurden.

Zur Erklärung der Ursache des Pseudohochvakuums sind verschiedenartige Hypothesen aufgestellt worden [vgl. die zitierten Arbeiten[7])]. Wir gehen auf dieselben nicht ein, da der Effekt wohl noch nicht genügend geklärt ist. Es ist sogar nicht einmal sicher, daß alle zitierten Fälle des Pseudohochvakuums auf dieselbe Ursache zurückzuführen sind.

b) Die kathodischen Entladungsteile.

7. Form und Aussehen. Als kathodische Entladungsteile werden die erste Kathodenschicht, der negative Dunkelraum und das negative Glimmlicht bezeichnet. Diese Teile sind bei jeder Glimmentladung vorhanden (Ausnahmen vgl. Ziff. 15) und daher offenbar für ihr Bestehen auch notwendig.

Das negative Glimmlicht bedeckt im allgemeinen die Kathode in Form einer ihrer Oberfläche parallelen Lichthaut. Nur an der Begrenzung biegt das Glimmlicht etwas von der Oberfläche ab. Gegen die Kathode setzt das Glimmlicht mit einem mehr oder weniger scharfen Saum ein, während es gegen die Anode in den FARADAYschen Dunkelraum allmählich abklingt. Die Schärfe des Glimmsaumes ist je nach dem Gas verschieden stark ausgeprägt, in Sauerstoff z. B. ist der Saum besonders scharf, in den Edelgasen bei großer Reinheit dagegen kaum vorhanden. Abb. 12 nach LEHMANN[8]) zeigt verschiedene Formen des negativen Glimmlichts an einer drahtförmigen Kathode. Nur wenn die Kathodenoberfläche sauber, am besten wenn sie hochglanzpoliert ist, erhält man

---

1) J. KOENIGSBERGER, Phys. ZS. Bd. 11, S. 1130. 1910.
2) G. GEHLHOFF, Verh. d. D. Phys. Ges. Bd. 13, S. 183. 1911.
3) P. KNIPPING, Naturwissensch. Bd. 11, S. 756. 1923.
4) A. GÜNTHERSCHULZE, ZS. f. Phys. Bd. 31, S. 606. 1925; vgl. auch S. PROCOPIU, Phys. ZS. Bd. 27, S. 57. 1926.
5) S. RATNER, Phil. Mag. Bd. 40, S. 785. 1920; A. JANITZKY, ZS. f. Phys. Bd. 11, S. 22. 1922.
6) A. JANITZKY, ZS. f. Phys. Bd. 31, S. 277 u. Bd. 35, S. 27. 1925.
7) Vgl. außerdem R. HOLM, Phys. ZS. Bd. 25, S. 497. 1924; Bd. 26, S. 412. 1925, ferner einige Bemerkungen von F. M. PENNING, Phys. ZS. Bd. 27, S. 187. 1926 und endlich die Versuche von E. HEERMANT und R. THALLER, ZS. f. Phys. Bd. 39, S. 130. 1926.
8) O. LEHMANN, Die elektrischen Lichterscheinungen oder Entladungen. Halle: Knapp 1898, Tafel VII.

ein gleichmäßig helles, zusammenhängendes Glimmlicht. An drahtförmigen Kathoden findet man dann becherförmige Figuren, wie sie in Abb. 12a—c gezeichnet sind.

Solange das Glimmlicht noch nicht die ganze Kathodenoberfläche bedeckt, ist die vom Licht überdeckte Fläche direkt proportional der Stromstärke (HEHLsches Gesetz, vgl. Ziff. 24); man gelangt also von der Form des Glimmlichts wie in Abb. 12a zur Form in b oder c einfach durch Verändern der Stromstärke und des Gasdruckes. Formen wie in Abb. 12f, in denen das Glimmlicht kein zusammenhängendes Gebilde ist, kommen dagegen nur bei unreiner Kathodenoberfläche vor. In diesen Fällen bilden sich auf der Kathode vereinzelte Glimmlichtansätze, die manchmal bei Variation der Stromstärke oder sogar spontan auf der Kathodenoberfläche umherlaufen. TAYLOR[1]) deutet diese Erscheinung als einen Ermüdungseffekt des mit Glimmlicht bedeckten Teils der Kathodenfläche. Auf Verunreinigungen der Kathodenoberfläche ist es auch zurückzuführen, wenn das Glimmlicht an einzelnen Stellen der Kathode die Gestalt intensiv leuchtender Pünktchen annimmt (z. B. Alkali auf einer Aluminiumkathode), die oft nur ganz kurze Zeit bestehen bleiben und dann wie Szintillationen aussehen. Von DÄLLENBACH, GERECKE und STOLL[2]) werden diese Pünktchen als Zündversuche eines Lichtbogens, der sich infolge der Erhitzung dieser Stelle durch den Glimmstrom einstellen will, angesprochen.

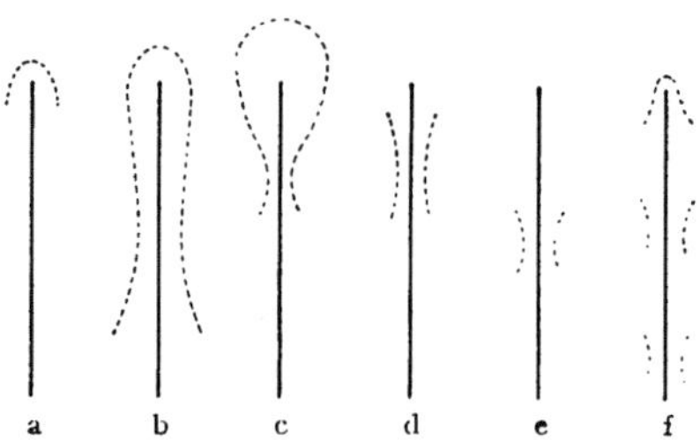

Abb. 12. Formen des Glimmlichts an einer drahtförmigen Kathode.

Die erste Kathodenschicht ist der unzertrennliche Begleiter des negativen Glimmlichts. Sie tritt immer da unmittelbar an der Kathode auf, wo weiter außen das Glimmlicht sitzt, und sie macht auch alle Veränderungen mit, die das Glimmlicht infolge Änderung der Stromstärke erleidet. Man erkennt schon daran die enge Zusammengehörigkeit von negativem Glimmlicht und erster Kathodenschicht, die sich beide gegenseitig bedingen. Diese Zusammengehörigkeit ist auch aus folgender Beobachtung von WEHNELT[3]) ersichtlich: Wird ein Körper (z. B. ein Drahtstück) in den negativen Dunkelraum eingeführt, so verschwinden gleichzeitig die erste Kathodenschicht an der dem Körper zugekehrten Stelle der Kathode, und der dieser Stelle der Kathode entsprechende, auf der gegenüberliegenden Seite des negativen Dunkelraums liegende Teil des Glimmlichts. Ist ferner eine Kathode so geformt, daß das Glimmlicht an einer Stelle derselben besonders intensiv ist, wie z. B. in der Mitte einer Hohlkathode, so leuchtet an der entsprechenden Stelle auch die erste Kathodenschicht besonders hell (vgl. Abb. 13).

Für die enge Zusammengehörigkeit von erster Kathodenschicht und negativem Glimmlicht spricht weiter ihr analoges Verhalten gegenüber Druckänderungen. Wird der Gasdruck vermindert, so werden die beiden Lichtgebilde und ebenso der dazwischenliegende Dunkelraum diffuser und ausgedehnter. Dabei ist allerdings vorausgesetzt, daß die Gefäßwand der Ausbildung des Glimmlichts kein Hindernis in den Weg legt. Im andern Falle, d. h. wenn das Entladungsrohr nur wenig weiter als die (scheibenförmige) Kathode ist, entstehen

---

[1]) J. TAYLOR, Nature Bd. 114, S. 382. 1924.

[2]) W. DÄLLENBACH, E. GERECKE u. E. STOLL, Phys. ZS. Bd. 26, S. 10. 1925. Hier auch Literaturhinweise für derartige Beobachtungen.

[3]) A. WEHNELT, Ann. d. Phys. Bd. 67, S. 421. 1899.

bei einer Verkleinerung des Gasdruckes, sobald die Lichterscheinung sich so stark ausgedehnt hat, daß sie die Gefäßwand berührt, daselbst Wandladungen, die nun Glimmlicht und erste Kathodenschicht an der Weiterausbreitung verhindern. Hierauf ist es, wie GOLDSTEIN[1]) gefunden hat, zurückzuführen, daß in einem derartigen Entladungsrohr die Fläche, welche die erste Kathodenschicht auf der Kathodenoberfläche überdeckt, sich mit abnehmendem Gasdruck immer mehr gegen die Mitte der Kathode zurückzieht. Da gleichzeitig das Leuchten der Schicht sich weiter ausbreitet, so kann dann die erste Schicht „stark geschweifte Formen“ zeigen.

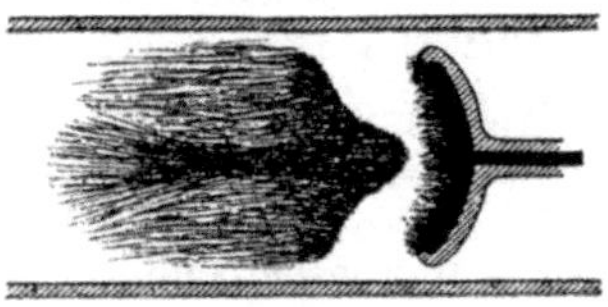

Abb. 13. Glimmlicht an einer Hohlkathode.

8. Lichtemission. Von den kathodischen Entladungsteilen leuchtet das negative Glimmlicht am intensivsten, dann folgt die erste Kathodenschicht und schließlich der negative Dunkelraum.

Die Farben der kathodischen Entladungsteile in den verschiedenen Gasen sind in Tabelle 1 zusammengestellt.

Tabelle 1. Farben der kathodischen Entladungsteile in verschiedenen Gasen[2]).

Gas	Negatives Glimmlicht	Dunkelraum	Erste Kathodenschicht
Luft	blau	violett	rosa
Stickstoff	blau	violett	rosa
Sauerstoff	gelblichweiß	violett	rot
Wasserstoff	bläulichrosa	—	braunrosa
Helium	blaßgrün	smaragdgrün	rot
Argon	bläulich	violett	rosa
Neon	rot bis orange	dunkelrot	gelb
Krypton	grün	gelbgrün	—
Xenon	blauweiß	olivgrün	—
Kohlenoxyd	grünlichweiß	—	—
Kohlensäure	blau	—	—
Methan	rötlichviolett	—	—
Ammoniak	gelbgrün	—	blau
Stickstoffdioxyd	bläulichweiß	—	—
Stickstoffmonoxyd	bläulichweiß	—	—
Stickoxydul	bläulichweiß	—	—
Chlor	grünlich	—	—
Brom	gelblichgrün	—	—
Jod	orangegelb	—	—
Lithium	hellrot	—	rot
Natrium	gelblichgrün	—	rosa bis rötlichgelb
Kalium	grün	—	grün
Rubidium	blauviolett	—	rosa
Cäsium	himmelblau	—	rosa
Calcium	rotviolett	—	blauviolett
Magnesium	grün	—	grün
Aluminium	blauviolett	—	blauviolett
Zink	himmelblau	—	violettrot
Quecksilber	grün	—	grün

Die Farben der Lichterscheinung sind aber noch sehr abhängig von evtl. im Gas vorhandenen Verunreinigungen. Dabei sind im allgemeinen die elektronegativen Gase gegen Beimischungen elektropositiver Gase empfindlicher als umgekehrt. In der ersten Kathodenschicht sieht man außerdem bei größeren

[1]) E. GOLDSTEIN, Verh. d. D. Phys. Ges. Bd. 4, S. 64. 1902.
[2]) G. GEHLHOFF, Graetz' Handb. III, S. 868.

Stromstärken das Spektrum des Kathodenmetalls sowie auch das von evtl. auf der Kathodenoberfläche sitzenden Verunreinigungen.

Das von der Glimmentladung emittierte Licht ist Gegenstand eingehender spektroskopischer Untersuchungen geworden. Darüber wird ausführlich in Band 21 referiert. Hier sollen nur diejenigen Punkte Erwähnung finden, welche für den Mechanismus der Glimmentladung (vgl. Ziff. 34 bis 44) wichtig sein werden. Was zunächst die erste Kathodenschicht anlangt, so haben SEELIGER und LINDOW[1]) die wichtige Feststellung gemacht, daß in Wasserstoff und Sauerstoff in dieser Schicht gerade diejenigen Frequenzen mit besonderer Intensität auftreten, die hauptsächlich von Kanalstrahlen angeregt werden. Allerdings wurde dies auch schon früher vermutet, und die erste Kathodenschicht wird deswegen manchmal als Kanalstrahlenschicht bezeichnet.

Für den Mechanismus der Lichtanregung im negativen Dunkelraum und im Glimmlicht ist sehr aufschlußreich eine Untersuchung von DAUVILLIER[2]), welcher die Glimmentladung in Helium, Argon und Neon auf die Emission von ultravioletten und Röntgenstrahlen hin untersuchte. Dabei ergab sich, daß im Dunkelraum eine Strahlung ausgesandt wird, welche vor der Kathode relativ langwellig ist und um so kurzwelliger wird, je mehr man sich dem Glimmsaum nähert. Das negative Glimmlicht kann daher nach DAUVILLIER aufgefaßt werden als Gasantikathode einer Röntgenröhre: außer dem sichtbaren Licht werden hier kurzwellige unsichtbare Strahlen emittiert, deren Frequenz bei konstanter Spannung stark vom Gasdruck abhängig ist. Für Drucke von 1 mm Hg werden Strahlen des Schumanngebiets ausgesandt, für 10mal kleinere Drucke kommen dann Strahlen von der Härte der L-Strahlung des Argons hinzu.

Ebenfalls auf das Vorhandensein harter unsichtbarer Strahlen hat J. J. THOMSON[3]) die Glimmentladung in einer Reihe von Gasen bei verschiedenen Drucken untersucht und dabei gefunden, daß meistens ein Gemisch verschiedener Strahlen, deren Frequenzen vergleichbar sind mit Ionisierungs- und Anregungsspannungen des betreffenden Gases, emittiert wird.

Für die Erklärung der Existenz des Glimmsaums, welcher in manchen Gasen (z. B. Sauerstoff) außerordentlich scharf ist, sind spektroskopische Beobachtungen von SEELIGER und LINDOW[4]) im sichtbaren Gebiet von Wichtigkeit. Es zeigt sich nämlich, daß das Glimmlicht, wenn man statt des gesamten sichtbaren Lichts nur eine einzelne Spektrallinie beobachtet, je nach der Wahl dieser Linie eine ganz verschiedene Ausdehnung hat. Dies gilt insbesondere vom Glimmlichtsaum. Es sind nämlich „die Maxima der einzelnen Frequenzen, teils infolge ihrer verschiedenen Lage zur Kathode, teils infolge ihrer Form über einen so weiten Bereich verteilt, daß von einem eigentlichen definierten Glimmsaum, wie er physiologisch in die Erscheinung tritt, nicht mehr die Rede sein kann . . . Der Glimmsaum wird offenbar dort wahrgenommen, wo die physiologisch wirksamsten Spektralbezirke den steilsten Helligkeitsanstieg haben". Würde man bei der Definition des Glimmsaums auf das Verhalten einer einzelnen Spektrallinie abstellen, so würde man je nach der Wahl dieser Linie um mehr als 100% verschiedene Dunkelraumlängen erhalten. Für die Reihenfolge des Abstandes der verschiedenen Linien von der Kathode konnte SEELIGER[5]) auf Grund zahlreicher Untersuchungen die sog. Glimmsaumregel aufstellen: Das

[1]) R. SEELIGER u. W. LINDOW, Phys. ZS. Bd. 26, S. 393. 1925.
[2]) A. DAUVILLIER, C. R. Bd. 182, S. 575. 1926.
[3]) J. J. THOMSON, Phil. Mag. Bd. 48, S. 1. 1924; Bd. 2, S. 674. 1926.
[4]) R. SEELIGER u. W. LINDOW, a. a. O.
[5]) R. SEELIGER, Phys. ZS. Bd. 22, S. 610. 1921; hier auch Literaturnachweis.

Intensitätsmaximum einer Linie liegt im allgemeinen um so näher an der Kathode, je höher die zur Anregung dieser Linie nötige Spannung ist. Die Form der Intensitätskurve ist für die einzelnen Frequenzen eine sehr verschiedene, es scheint aber, daß zu großen Anregungsspannungen flache, zu kleinen Anregungsspannungen spitze Maxima gehören.

Endlich sei hier noch auf eine Arbeit von HEINRICH[1]) hingewiesen, welcher im Glimmlicht von Helium und Neon die Intensität einzelner Spektrallinien in ihrer Abhängigkeit von der Stromstärke und der zugeführten elektrischen Energie gemessen hat.

9. Die erste Kathodenschicht und der ASTONsche Dunkelraum. Die erste Kathodenschicht sitzt dicht auf der Kathode auf. Die Lichtintensität der Schicht hat ihr Maximum auf der Kathodenoberfläche und schwächt sich gegen den Dunkelraum hin allmählich ab, so daß keine scharfe Grenze zwischen beiden besteht. Eine Bestimmung des absoluten Wertes der Schicht dicke d ist also immer etwas willkürlich, nicht aber sind dies relative Messungen, z. B. wie die Schichtdicke sich mit dem Gasdruck verändert. Nach HEHL[2]), der in Stickstoff die Abhängigkeit der Dicke δ der ersten Schicht vom Gasdruck p bestimmte, gilt, solange die Kathode noch nicht ganz mit Glimmlicht bedeckt ist, das Gesetz

$$p \cdot \delta = \text{const.} \tag{1}$$

Das Gesetz gilt unabhängig von der Elektrodenform (für drahtförmige und Scheibenelektroden). Wird p in mm Hg und δ in mm gemessen, so ist für Aluminium als Kathodenmaterial $p\delta = 0{,}9$.

Hier sei noch folgende allgemeinere Bemerkung eingeschaltet: Natürlich ist bei allen Messungen, bei denen die Abhängigkeit irgendeiner im Gebiete der Glimmentladung eine Rolle spielenden Größe (Länge, Stromstärke, Potentialgradient) vom Gasdruck festgestellt wird, nicht wirklich der Gasdruck, sondern vielmehr die Dichte des Gases derjenige Parameter, welcher für den Wert jener Größe maßgebend ist. Sobald also infolge des Stromdurchganges im Gase oder an den Elektroden merkbare Temperaturerhöhungen vorkommen, muß man, um vergleichbare Meßresultate zu erhalten, alle Messungen auf dieselbe Gastemperatur reduzieren.

Das Auftreten eines neuen Dunkelraums hat ASTON[3]) in Wasserstoff und in Helium bemerkt. Derselbe stellt sich dar als eine unmittelbar auf der Kathode aufsitzende vollkommen dunkle Schicht, die etwa $^1/_{10}$ der Dicke des negativen Dunkelraums hat. Dieser ASTONsche Dunkelraum ist nur bei kleinen Stromdichten (Kathode nicht vollkommen mit Glimmlicht bedeckt) gut zu sehen, bei größeren Stromdichten zieht er sich gegen die Kathode hin zusammen. Besonders bemerkenswert ist, daß die Dicke dieses Dunkelraums vom Gasdruck ziemlich unabhängig zu sein scheint, wodurch er sich in charakteristischer Weise vom negativen Dunkelraum und von den beiden andern Kathodenschichten unterscheidet. In Helium ist dieser Dunkelraum besser zu sehen als in Wasserstoff, und daher ist er in diesem Gase auch eingehender untersucht worden. Hier sind am Ende desselben, d. h. gegen das negative Glimmlicht hin, Schichtungen zu sehen, und zwar hat man nach KOSSEL[4]) folgendes Bild (vgl. Abb. 14): Auf der Kathode sitzt der ASTONsche Dunkelraum A, dann kommt ein roter Saum R, der

---

[1]) C. HEINRICH, Ann. d. Phys. Bd. 80, S. 349. 1926.
[2]) N. HEHL, Phys. ZS. Bd. 3, S. 547. 1903.
[3]) F. W. ASTON, Proc. Roy. Soc. London Bd. 80, S. 45. 1908
[4]) W. KOSSEL, Jahrb. d. Radioakt. Bd. 18, S. 326. 1921.

Schichtungen zeigt; es folgt nun eine dunkelgrüne Schicht G, dann ein ausgebreitetes weißliches Lichtgebilde W und schließlich ein nichtleuchtender Teil D. Dieser letztere ist fraglos der FARADAYsche Dunkelraum, da hinter demselben von KOSSEL positive Schichtungen wahrgenommen wurden. Das weißliche Licht W wird von KOSSEL als negatives Glimmlicht, G als der negative Dunkelraum und der rote Saum R als die erste Kathodenschicht angesprochen.

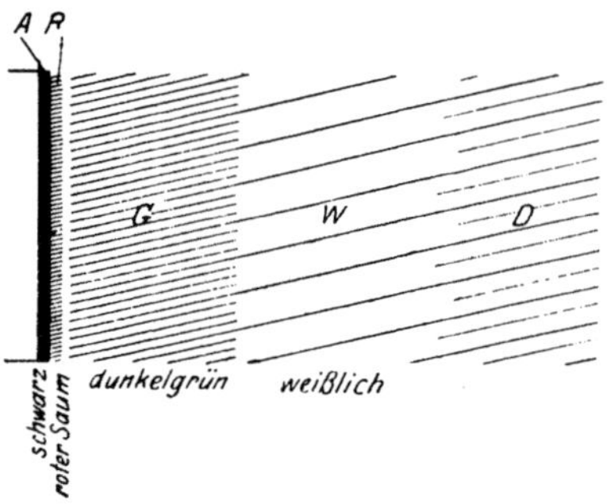

Abb. 14. Bild der kathodischen Leuchterscheinungen in Helium nach KOSSEL.

In Neon wurde der ASTONsche Dunkelraum von HOLST und OOSTERHUIS[1]) beobachtet. Am Ende desselben befinden sich wieder die charakteristischen Schichtungen, welche aber hier gleichzeitig den Glimmlichtsaum darstellen. Hier fehlt also unter diesen Versuchsbedingungen die erste Kathodenschicht, und der negative Dunkelraum fällt mit dem ASTONschen zusammen. In Luft, Stickstoff, Sauerstoff, Argon und Kohlenoxyd hat ASTON vergeblich nach dem neuen Dunkelraum gesucht.

10. Allgemeines über den negativen Dunkelraum. Der zwischen erster Kathodenschicht und negativem Glimmlicht befindliche negative Dunkelraum trägt seinen Namen nicht ganz mit Recht; denn er emittiert ebenfalls Licht, was man erkennt, wenn man eine plattenförmige Kathode benutzt und das viel heller leuchtende negative Glimmlicht geeignet abblendet. Die Farbe des im Dunkelraum emittierten Lichts ist für die verschiedenen Gase in der Tabelle 1 (Ziff. 8) zusammengestellt. Die hauptsächlichsten Beobachtungen bezüglich des Dunkelraums betreffen seine Längenausdehnung, welche von der Stromstärke, vom Elektrodenmaterial sowie von Gasart und Gasdruck abhängt, und welche ferner durch ein Magnetfeld beeinflußt werden kann. Weil die Grenze zwischen Dunkelraum und erster Kathodenschicht nur willkürlich festzulegen ist, wird die Dunkelraumlänge immer von der Kathode aus gemessen; hierdurch vergrößert sich diese Länge um vielleicht $^1/_3$.

11. Abhängigkeit von der Stromstärke. Solange die Kathode nicht vollständig mit Glimmlicht bedeckt ist, ist nach HEHL[2]) die Dunkelraumlänge unabhängig von der Stromstärke. Dies ist schon deshalb plausibel, weil bei zunehmender Stromstärke das Glimmlicht sich einfach auf der Kathodenoberfläche weiter ausbreitet, während die Stromdichte (vgl. Ziff. 24) ungeändert bleibt. Erst wenn die Kathode vollständig mit Glimmlicht überdeckt ist, vergrößert sich mit zunehmender Stromstärke auch die Stromdichte, und gleichzeitig wird nun die Länge des Dunkelraums kleiner. Man bezeichnet die von der Stromstärke unabhängige Dunkelraumlänge bei unvollständig mit Glimmlicht bedeckter Kathode als die normale Dunkelraumlänge d_n und die von der Stromstärke abhängige Länge bei bedeckter Kathode als die anormale Dunkelraumlänge d_a.

Aus der Tatsache, daß die Dunkelraumlänge mit zunehmender Stromdichte abnimmt, erklären sich eine Reihe von Erscheinungen, welche beim Betrachten der Glimmentladung auffallen. Z. B. reicht an einer Hohlkathode das Glimmlicht (vgl. Abb. 13, Ziff. 7) in der Mitte der Kathode, wo die Stromdichte am

[1]) G. HOLST u. E. OOSTERHUIS, Physica Bd. 1, S. 78. 1921.
[2]) N. HEHL, Phys. ZS. Bd. 3, S. 547. 1902.

größten ist, am nächsten an die Kathode heran. Aus dem gleichen Grunde ist das Glimmlicht an seinen Rändern (vgl. Abb. 12, Ziff. 7), wo die Stromdichte abnimmt, etwas von der Kathode abgebogen. Von den quantitativen Messungen über den Zusammenhang der anormalen Dunkelraumlänge mit der Stromstärke besprechen wir diejenigen von ASTON[1]), welcher mit scheibenförmigen Elektroden, die die ganze lichte Weite eines zylindrischen Rohres ausfüllten, in Luft, Sauerstoff, Stickstoff und Wasserstoff Versuche ausführte und dabei die Formel erhielt

$$d_a = \frac{a}{p} + \frac{b}{\sqrt{j}}, \tag{1}$$

in der d_a die Dunkelraumlänge in cm, p den Gasdruck in $^1/_{100}$ mm Hg und j die Stromdichte in $^1/_{10}$ Milliamp./cm² bedeutet. a und b sind Konstante, von denen b ziemlich unabhängig vom Kathodenmaterial ungefähr $= 0{,}40$ ist, während die Werte von a für eine Reihe von Kathodenmetallen und für die beiden Gase Wasserstoff und Sauerstoff in der Tabelle 2 zusammengestellt sind.

Dieselbe Formel vermag nach ASTON[2]) auch die Abhängigkeit der Dunkelraumlänge von Stromdichte und Gasdruck in Wasserstoff wiederzugeben, wenn zwei konzentrische Zylinder als Elektroden verwendet werden; nur muß dann unter j die Stromdichte auf der Kathode verstanden werden. Die Konstante b bleibt auch in diesem Falle dieselbe, dagegen ist a von der Krümmung der Kathode abhängig, und zwar für eine konvexe Kathode größer als für eine ebene und für diese wieder größer als für eine konkave. Die Formel (1) gilt ferner nach ASTON und WATSON[3]) auch für Edelgase, wenn nur die Stromdichte hinreichend groß ist; sie darf aber auch für die anderen Gase nicht bis hinab zur Stromdichte bei normaler Dunkelraumlänge extrapoliert werden.

Tabelle 2. Konstante a der Astonschen Formel für die Dunkelraumlänge.

Kathode	Sauerstoff	Wasserstoff
Mg	4,8	23
Al	5,7	23
Fe	8,5	34
Cu	8,9	47
Zn	7,3	43
Ag	10,9	51
Sn	7,9	41
Pt	8,8	45
Pb	8,7	51
C	—	39

12. Abhängigkeit vom Gasdruck. Was die Abhängigkeit der normalen Dunkelraumlänge vom Gasdruck betrifft, so folgt dieselbe nach den neuesten Messungen, nämlich denjenigen von GÜNTHERSCHULZE[4]) dem Gesetz

$$p\, d_n = \varkappa, \tag{2}$$

wobei $\varkappa$ eine vom Elektrodenmaterial und von der Gasart abhängige Konstante ist. Die Versuche wurden mit parallelen, dicken (damit die Erwärmung keine Rolle spielt), plattenförmigen Elektroden aus Aluminium und Eisen in den Gasen Helium, Neon, Argon, Wasserstoff, Stickstoff und Sauerstoff angestellt. Man kann zwar aus der zitierten Arbeit nicht ersehen, wie genau das Gesetz (2) erfüllt ist; aus einer späteren Arbeit von GÜNTHERSCHULZE[5]), in der einige Meßreihen mitgeteilt werden, geht aber hervor, daß die Abweichungen nur wenige Prozent betragen und wohl innerhalb der Versuchsfehler liegen. Ferner haben

---

[1]) F. W. ASTON, Proc. Roy. Soc. London Bd. 79, S. 81. 1907 u. Bd. 87, S. 437. 1912.
[2]) F. W. ASTON, Proc. Roy. Soc. London Bd. 87, S. 428. 1912.
[3]) F. W. ASTON u. H. E. WATSON, Proc. Roy. Soc. London Bd. 86, S. 168. 1912.
[4]) A. GÜNTHERSCHULZE, ZS. f. Phys. Bd. 20, S. 1. 1923; Bd. 34, S. 549. 1925.
[5]) A. GÜNTHERSCHULZE, ZS. f. Phys. Bd. 30, S. 175. 1925.

SKINNER[1]), CHENEY[2]) und NEUSWANGER[3]) für die Entfernung von der Kathode bis zum Ort des Minimums der Feldstärke, welches nahe am Saum innerhalb des negativen Glimmlichts liegt, ebenfalls das Gesetz $p\,d = \text{const}$ für Wasserstoff, Stickstoff und Sauerstoff und für eine Anzahl Kathodenmetalle sehr genau bestätigt gefunden. Frühere Messungen von HEHL[4]) an draht- und plattenförmigen Elektroden aus Aluminium in Stickstoff hatten auch schon dasselbe Gesetz ergeben. Abweichungen von diesem Gesetz, die von anderen Beobachtern gefunden wurden, werden von GÜNTHERSCHULZE wohl mit Recht als durch Versuchsfehler (hauptsächlich mangelhafte Kühlung der Elektroden) vorgetäuscht erklärt.

Wenn die Kathode vollständig mit Glimmlicht überzogen ist, kann die Druckabhängigkeit der anormalen Dunkelraumlänge aus der in Ziff. 11 erwähnten ASTONschen Formel (1) entnommen werden. Daß dieses Gesetz eine andere Form hat als das Gesetz (2) für die normale Dunkelraumlänge, rührt nur davon her, daß in (2) die Spannung (der Kathodenfall) konstant ist (vgl. Ziff. 21), während in (1) die Stromdichte konstant gehalten wird. Da nun ASTON[5]) auch noch angibt, wie sich die an den Elektroden anliegende Spannung V mit der Stromdichte ändert, so kann man die Messungen doch miteinander vergleichen. Es ist nämlich $V = E + \frac{F\sqrt{j}}{p}$, wo E und F Konstante sind. Setzt man dies in (1) ein, so erhält man

$$d_a = \frac{a}{p} + \frac{bF}{V-E}\,\frac{1}{p}, \tag{3}$$

d. h. für konstante Spannung auch wieder das Gesetz (2).

13. Abhängigkeit von der Gasart. Die Abhängigkeit der normalen Dunkelraumlänge vom Füllgas kann man aus den in Ziff. 12 genannten Messungen von GÜNTHERSCHULZE entnehmen. Die Werte von $\varkappa$ für eine Reihe von Gasen und für Aluminium und Eisen als Kathodenmetalle sind in der Tabelle 3 zusammengestellt. Dabei ist d_n in cm und p in mm Hg gemessen. Die Tabelle enthält also die Längen der Dunkelräume für den Gasdruck 1 mm Hg. GÜNTHERSCHULZE[6]) hat auch die normale Dunkelraumlänge in einer Reihe von Gasgemischen mit Helium, Neon, Argon, Stickstoff und Wasserstoff als Bestandteilen untersucht und dabei das merkwürdige Resultat erhalten, daß die Dunkelraumlänge des Gasgemisches kleiner sein kann als die jeder einzelnen Komponente (z. B. Gemisch von 70% Ne und 30% H_2).

Tabelle 3. Normale Dunkelraumlänge in cm für 1 mm Hg Gasdruck.

Gas	Aluminium	Eisen
He	1,32	1,66
Ne	0,637	0,722
Ar	0,285	0,356
Kr	—	2,6
X	—	2,3
N_2	0,305	0,419
H_2	0,724	0,900
O_2	0,237	0,311

Die Abhängigkeit der anormalen Dunkelraumlänge von der Gasart ist für die beiden Gase Wasserstoff und Sauerstoff aus der Tabelle 2 in Ziff. 11 zu entnehmen.

14. Abhängigkeit vom Kathodenmaterial. GÜNTHERSCHULZE[7]) hat auch einige Messungen über die Abhängigkeit der normalen Dunkelraumlänge vom

[1]) C. A. SKINNER, Phys. Rev. Bd. 5, S. 496 u. Bd. 6, S. 158. 1915.
[2]) W. L. CHENEY, Phys. Rev. Bd. 7, S. 241. 1916.
[3]) W. NEUSWANGER, Phys. Rev. Bd. 7, S. 253. 1916.
[4]) N. HEHL, Phys. ZS. Bd. 3, S. 547. 1902.
[5]) F. W. ASTON, Proc. Roy. Soc. London Bd. 79, S. 80. 1907.
[6]) A. GÜNTHERSCHULZE, ZS. f. Phys. Bd. 28, S. 129. 1924.
[7]) A. GÜNTHERSCHULZE, ZS. f. Phys. Bd. 33, S. 810. 1925.

Kathodenmaterial angestellt. Die Versuche wurden in Wasserstoff an zwölf verschiedenen Stoffen ausgeführt. Die Versuchsresultate, d. h. die Werte der Konstanten $\varkappa$ (Dunkelraumlänge bei 1 mm Hg) sind in Tabelle 4 zusammengestellt. Qualitativ dasselbe Resultat hatten schon frühere Versuche von CHENEY[1]) und NEUSWANGER[2]) ergeben. Für die anormale Dunkelraumlänge ist die Abhängigkeit wieder aus der Tab. 2 in Ziff. 11 ersichtlich.

Tabelle 4. Normale Dunkelraumlänge in Wasserstoff bei 1 mm Hg Gasdruck.

Kathodenmetall	d_n in cm	Kathodenmetall	d_n in cm	Kathodenmetall	d_n in cm
Mg	0,614	Pb	0,839	Ni	0,893
Al	0,669	Cd	0,869	Cu	0,893
Zn	0,807	Fe	0,880	C	0,900
Ta	0,823	Hg	0,890	Pt	1,026

Aus dem Gesetz $p d_n = \varkappa$ folgt, daß die Dunkelraumlänge eine bestimmte Anzahl n von freien Molekülweglängen enthält. Diese Anzahl ist für jedes Füllgas und für jedes Kathodenmaterial wieder eine andere. Die Zahlen n für Al- und Fe-Kathoden und für eine Reihe von Gasen sind aus der folgenden Tabelle 5

Tabelle 5. Normale Dunkelraumlänge, gemessen im freien Molekülweglängen, für Aluminium- und Eisenkathoden.

	He	Ne	A	H_2	N_2	O_2
$\lambda \cdot 10^5$ cm	1,80	1,26	0,635	1,12	0,519	0,647
n_{Al}	96,5	66,3	59,1	85,3	77,5	48,3
n_{Fe}	121	75,5	73,9	107	107	63,2

ersichtlich, in der in der ersten Zeile noch die freien Weglängen stehen, mit denen gerechnet wurde.

15. Allgemeine Eigenschaften des negativen Glimmlichts. Eine Reihe von Eigenschaften des negativen Glimmlichts wurde schon in Ziff. 7 und 8 besprochen. Die übrigen seien hier zusammengestellt. Was zunächst die Frage nach der Notwendigkeit der Existenz des Glimmlichts für das Bestehen der Glimmentladung betrifft, so findet man, daß man durch Annähern der Elektroden, wenn gleichzeitig die an denselben anliegende Spannung konstant gehalten wird, einen großen Teil des Glimmlichts zum Verschwinden bringen kann, ohne daß dabei die Stromstärke wesentlich kleiner wird. Erst wenn vom Glimmlicht nur mehr soviel übrig bleibt, daß seine Länge noch etwa $^1/_{10}$ bis $^1/_{20}$ der Dunkelraumlänge ausmacht, erlischt die Entladung. Nur dieser letztere Teil des Glimmlichts ist also für die Erhaltung der Leitfähigkeit in der Gasstrecke notwendig, außer wenn ein stark anormaler Kathodenfall vorhanden ist (vgl. Ziff. 27 u. 28), in welchem Fall die Anode sogar noch ein Stück in den negativen Dunkelraum hineingebracht werden kann[3]).

Für den Mechanismus der Glimmentladung sind ferner wichtig die Trägheitseigenschaften des Glimmlichts. Dieselben kommen schon darin zum Ausdruck, daß das Glimmlicht seine Hauptausdehnung senkrecht zur Kathodenoberfläche hat, unabhängig davon, wo die positive Säule ansetzt. Die Form des Glimmlichts ist dieselbe, ob die Anode in der Verlängerung des Glimmlichts liegt oder ob sie in einem Seitenrohr senkrecht zur Längsausbreitung des Glimmlichts angebracht wird [vgl. z. B. einige Versuche von HOLM[3])]. Auf der Trägheit des Glimmlichts beruht auch der Verlauf der Entladung in einer Röhre nach

[1]) W. L. CHENEY, Phys. Rev. Bd. 7, S. 241. 1916.
[2]) W. NEUSWANGER, Phys. Rev. Bd. 7, S. 253. 1916.
[3]) R. HOLM, Phys. ZS. Bd. 16, S. 70. 1915.

Wiedemann[1]), wie sie Abb. 15 zeigt. Hier durchdringt die positive Säule, die zur Anode, d. h. in das kleine innere Rohr gelangen muß, das negative Glimmlicht *g*, das sich infolge seiner Trägheit senkrecht zur Kathode *K* im äußeren Rohr ausdehnt. Einen andern Fall, in dem aus demselben Grunde Glimmlicht und positive Säule sich teilweise überdecken, besprechen wir in Ziff. 89 (vgl. Abb. 67).

Was nun die Beobachtungen über die Abhängigkeit der Glimmlichtlänge von Stromstärke und Gasdruck betrifft, so muß darauf hingewiesen werden, daß die Gefäßwände hinreichend weit von der Kathode entfernt sein müssen, wenn die Glimmlichtlänge unabhängig vom Rohrdurchmesser werden soll. Unter sonst gleichen Versuchsbedingungen ist das Glimmlicht nämlich in weiten Röhren länger als in engen. Es wurde schon in Ziff. 7 bemerkt, daß sich das Glimmlicht, solange es die Kathodenfläche nicht ganz bedeckt, mit wachsender Stromstärke nur auf der Kathode weiter ausdehnt, ohne daß dabei seine Länge zunimmt. Die vom Glimmlicht bedeckte Fläche ist dann, weil die Stromdichte auf der Kathodenoberfläche konstant bleibt, proportional der Stromstärke. Über die wichtigen Messungen dieser Stromdichte und über ihre Abhängigkeit vom Gas, Gasdruck und Elektrodenmaterial vgl. Ziff. 25. Erst wenn die Kathode vollständig mit Glimmlicht bedeckt ist, nimmt die Stromdichte weiter zu und gleichzeitig wird auch die Länge des Glimmlichts größer. Hierüber liegen quantitative Messungen von Holm[2]) vor, der die Abhängigkeit der Glimmlichtlänge vom Kathodenfall (d. h. von der Stromdichte), von der Rohrweite, vom Gasdruck, von der Gasart und vom Elektrodenmaterial bestimmte. Die Messungen wurden ausgeführt mit scheibenförmigen Kathoden, die die ganze lichte Weite des Entladungsgefäßes ausfüllten. Wir geben dieselben in Tabelle 6 unkorrigiert wieder. Übersichtlich darstellen lassen sie sich erst, wenn sie auf gleiche Versuchsbedingungen (Temperatur, Rohrweite) umgerechnet werden. (Näheres vgl. Ziff. 35.)

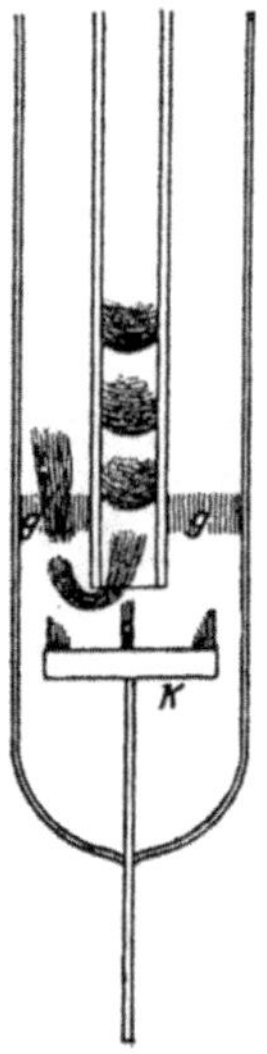

Abb. 15. Wirkung der „Trägheit" des Glimmlichts: die positive Säule durchdringt in dieser Röhre das Glimmlicht.

Daß die Länge des Glimmlichts mit abnehmendem Gasdruck zunimmt, ist eine bekannte Erscheinung. Für den Fall, daß die Kathode nicht ganz mit Glimmlicht bedeckt ist (normaler Kathodenfall), hat Hehl[3]) einige Messungen der Glimmlichtlänge l angestellt. Er findet für Aluminium- und Platinkathoden (meistens drahtförmig) in Stickstoff das Gesetz $p\,l = \text{const}$ und in Wasserstoff das Gesetz $p\,l^n = \text{const}$, wobei aber n nur wenig größer als 1 ist. Für den andern Fall, daß die Kathode ganz mit Glimmlicht überzogen ist (anormaler Kathodenfall), existieren über die Druckabhängigkeit der Glimmlichtlänge die in Tabelle 6 wiedergegebenen Messungen von Holm.

Hehl[3]) hat in Stickstoff auch Messungen der Helligkeit des Glimmlichts angestellt und dabei gefunden, daß bei konstanter Stromstärke die gesamte ausgestrahlte Lichtintensität unabhängig vom Gasdruck ist. Auf Messungen des räumlichen Verlaufs der Intensität der Lichtemission im Dunkelraum und im Glimmlicht von Seeliger und Lindow sei hier nur hingewiesen. (Näheres vgl. Ziff. 39.) Über die Beeinflussung des negativen Glimmlichts durch ein

[1]) E. Wiedemann, Wied. Ann. Bd. 63, S. 242. 1897.
[2]) R. Holm, Phys. ZS. Bd. 16, S. 70. 1915.
[3]) N. Hehl, Phys. ZS. Bd. 3, S. 547. 1902.

Magnetfeld vgl. Ziff. 17 und über diejenige durch auffallende Kathodenstrahlen Ziff. 23.

Tabelle 6. Glimmlichtlänge l (= Abstand von der Kathode bis zu dem Punkt im Glimmlicht, wo die Helligkeit auf $^1/_{20}$ ihres Wertes im Glimmsaum gesunken ist) in Wasserstoff und Stickstoff, an Al- und Pt-Kathoden bei verschiedenen Rohrdurchmessern D, Gasdrucken p und Kathodenfällen K.

Wasserstoff					Stickstoff				
Kathode aus	D in mm	p in mm Hg	K in Volt	l in mm	Kathode aus	D in mm	p in mm Hg	K in Volt	l in mm
Al	20	1,62	380	26	Al	20	1,10	520	20,3
Al	20	1,62	730	61	Al	20	1,10	1040	55
Al	38	1,62	325	22	Al	38	1,10	410	17
Al	38	1,62	600	60	Al	38	1,10	610	35
Pt	38	1,62	690	55	Al	38	0,31	500	43
Pt	38	1,62	945	72	Al	38	0,31	1035	110
Al	20	1,29	340	26	Pt	38	0,31	1250	126
Al	20	1,29	635	64	Al	20	1,07	570	28
Al	20	1,29	1040	113	Al	20	1,07	760	39
Al	38	1,29	280	19	Pt	38	1,07	620	26
Al	38	1,29	500	46	Pt	38	1,07	1045	60
Al	38	1,29	750	94	Al	20	0,31	640	59
Pt	38	1,29	1035	91	Al	20	0,31	1150	102
Al	20	0,43	730	102	Al	20	0,31	1500	127
Al	20	0,43	1300	178	Pt	38	0,31	740	69
Al	38	0,43	490	90*)					
Al	38	0,43	1240	210					
Pt	38	0,43	650	104					
Al	20	0,39	770	129					
Al	20	0,39	1500	229					
Pt	38	0,39	1045	152					

*) Unsicher.

16. Besonderheiten des negativen Glimmlichts in reinen Edelgasen und in Gasgemischen. In reinen Edelgasen wird das Glimmlicht ausgedehnter, aber weniger intensiv. Schon in reinem Stickstoff hat das Glimmlicht nach GEHLHOFF[1]) eine außergewöhnlich große Länge. In Helium breitet sich das Glimmlicht nach HOLM[2]) mit zunehmender Reinigung immer weiter aus und wird dabei lichtschwächer, bis schließlich „in dem durch grünes Leuchten bezeichneten Weg der Kathodenstrahlen (vgl. Ziff. 30) jede Spur von einem Glimmsaum bei etwa 1 mm Hg Druck verschwindet". Das zu den Edelgasen entgegengesetzte Verhalten zeigt der Sauerstoff, wo nach HOLM[3]) der Glimmsaum ganz besonders scharf ist.

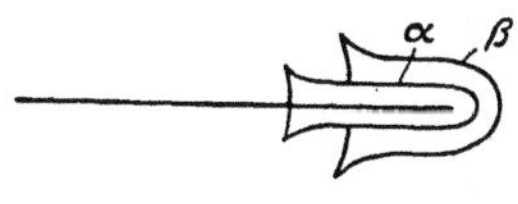

Abb. 16. Schematische Darstellung der in Gasgemischen auftretenden doppelten Glimmlichter.

In Gasgemischen entstehen oft doppelte Glimmlichter, d. h. es ist ein inneres Glimmlicht vorhanden, das noch von einer sog. Aureole umgeben ist. In einem Gemisch von Wasserstoff und Quecksilber tritt z. B. nach WARBURG[4]) (vgl. Abb. 16) innen das bläulichrot gefärbte Glimmlicht (α) des Wasserstoffs und außen das grün gefärbte Glimmlicht (β) des Quecksilbers auf. Doppelte Glimmlichter beobachtete ferner GEHLHOFF[5]) in Stickstoffdioxyd, Stickoxyd und Stickoxydul, wo das bläulichgelbe innere Glimmlicht von einer unscharf begrenzten, gelben Aureole

[1]) G. GEHLHOFF, Verh. d. D. Phys. Ges. Bd. 14, S. 966. 1912.
[2]) R. HOLM, Phys. ZS. Bd. 16, S. 20. 1915.
[3]) R. HOLM, Phys. ZS. Bd. 25, S. 497. 1924, vgl. S. 516.
[4]) E. WARBURG, Wied. Ann. Bd. 31, S. 545. 1887.
[5]) G. GEHLHOFF, Ann. d. Phys. Bd. 24, S. 553. 1907.

umgeben ist. Die Erscheinung tritt nach GEHRKE und REICHENHEIM[1]) noch auf in einem Gemisch von Wasserstoff und Jod und nach GEHLHOFF[2]) in Gasgemischen von Alkalidämpfen mit Restgasen und in einem Gemisch von Helium- und Cäsiumdampf.

Die Entstehungsbedingungen der doppelten Glimmlichter sind in letzter Zeit von SEELIGER und MIERDEL[3]) eingehender untersucht worden an Glimmlampen, die Gemische von Helium mit ganz wenig Neon oder Argon und zum Teil etwas Quecksilberdampf enthielten. Das innere Glimmlicht ist in diesem Falle rötlichgelb gefärbt, die Aureole ist bei Neonzusatz ziegelrot, bei Argon grünlich und bei Quecksilber blaugrün. Die spektroskopische Untersuchung zeigte, daß das innere Glimmlicht die Heliumlinien und diejenigen der Zusatzgase emittierte, während in der Aureole nur die Linien der Zusatzgase sowie das Viellinienspektrum des He_2-Moleküls vorhanden waren. Bei Anwesenheit kleinster Spuren von elektronegativen Gasverunreinigungen waren keine Aureolen mehr zu erhalten. Aus theoretischen Gründen, auf die wir in Ziff. 39 eingehen, ist nach SEELIGER und MIERDEL das Auftreten der doppelten Glimmlichter zu erwarten in Gasgemischen, deren beide Bestandteile sehr verschiedene Anregungsspannung haben. Im inneren Glimmlicht sollen dann die Linien beider Gase vorhanden sein, in der Aureole dagegen nur noch die des leichter anregbaren Gases.

17. Der Einfluß eines Magnetfeldes auf die kathodischen Entladungsteile. Der Einfluß, den ein Magnetfeld auf die drei kathodischen Schichten ausübt, wird von J. STARK[4]) an Hand von Abbildungen, von denen einige hier wiedergegeben sind, ausführlich dargestellt. Die drei Schichten zeigen im Magnetfeld ein ganz verschiedenes Verhalten. Die erste Kathodenschicht bleibt vom Magnetfeld angenähert unbeeinflußt. Wenn sich beim Anlegen des

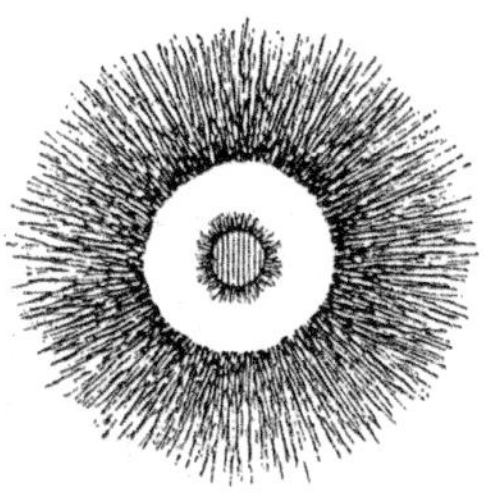

Abb. 17. Schnitt senkrecht zur Drahtachse durch die drei kathodischen Schichten an einer Drahtkathode. Ohne Magnetfeld.

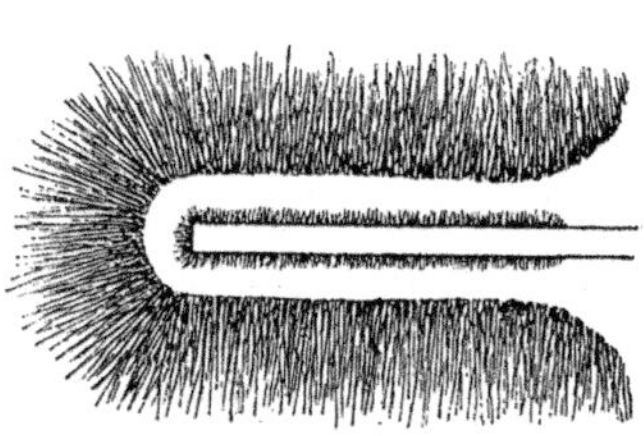

Abb. 18. Schnitt parallel zur Drahtachse durch die drei kathodischen Schichten an einer Drahtkathode. Ohne Magnetfeld.

Abb. 19. Dieselbe Erscheinung wie in Abb. 17 mit Magnetfeld parallel zur Drahtachse.

Magnetfeldes diese Schicht verlagert, so ist die Wirkung des Feldes doch nur eine indirekte; die eigentliche Ursache ist vielmehr die Verlagerung des Glimmlichts, dem die erste Schicht dann folgt. Der negative Dunkelraum bleibt beim Anlegen eines longitudinalen Feldes (magnetische und elektrische Kraftlinien haben dieselbe Richtung) ungeändert, dagegen wird seine Länge durch ein transversales Feld (magnetische Kraftlinien stehen senkrecht auf den elektrischen) verkleinert. Das negative Glimmlicht endlich vergrößert seine Längsausdehnung

[1]) E. GEHRKE u. O. REICHENHEIM, Verh. d. D. Phys. Ges. Bd. 10, S. 217. 1908.
[2]) G. GEHLHOFF, Verh. d. D. Phys. Ges. Bd. 12, S. 963. 1910 u. Bd. 13, S. 187. 1911.
[3]) R. SEELIGER u. G. MIERDEL, ZS. f. Phys. Bd. 19, S. 230. 1923.
[4]) J. STARK, Die Elektrizität in Gasen, S. 400ff. Leipzig: J. A. BARTH, 1902.

in einem longitudinalen Feld, während es sich in einem transversalen Feld um die magnetischen Kraftlinien als Achse kreisförmig aufrollt. Die Richtung der Ablenkung ist dieselbe wie für Kathodenstrahlen, also entgegengesetzt derjenigen, in welcher ein Stromleiter gemäß der AMPÈREschen Regel abgelenkt wird.

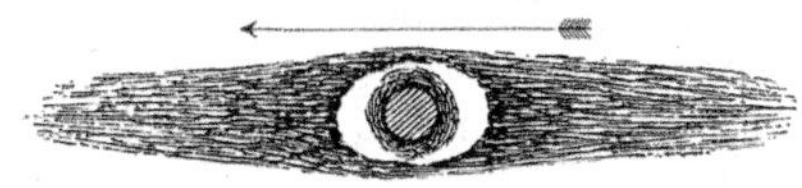

Abb. 20. Dieselbe Erscheinung wie in Abb. 17 mit Magnetfeld in der Pfeilrichtung.

Durch dieses Verhalten der drei Schichten im Magnetfeld (bez. der Theorie vgl. Ziff. 39 und 41) sind die Abbildungen auf Seite 24 und 25 unmittelbar verständlich. Die Abb. 17 und 18 stellen die drei Schichten an einer drahtförmigen Kathode im Querschnitt und im Längsschnitt ohne Magnetfeld dar. In Abb. 19, die dieselbe Erscheinung wie Abb. 17, aber nun mit einem der Drahtachse parallelen Magnetfeld wiedergibt, sieht man die Verkürzung des negativen Dunkelraums im transversalen Feld. Das Glimmlicht scheint infolge der Aufrollung um die Kraftlinien, d. h. also um den Draht hier ebenfalls verkürzt. In Abb. 20 ist das Magnetfeld senkrecht zur Drahtachse gerichtet. Hier ist die Verlängerung des Glimmlichts im longitudinalen Feld zu sehen und ebenso das verschiedenartige Verhalten des negativen Dunkelraums im longitudinalen und transversalen Feld. Abb. 21 zeigt den Längsschnitt durch das Glimmlicht bei derselben Magnetfeldrichtung wie in Abb. 19. In Abb. 22 endlich ist die kreisförmige Ablenkung des von einer scheibenförmigen Kathode ausgehenden Glimmlichts um ein Magnetfeld senkrecht zur Papierebene zu sehen.

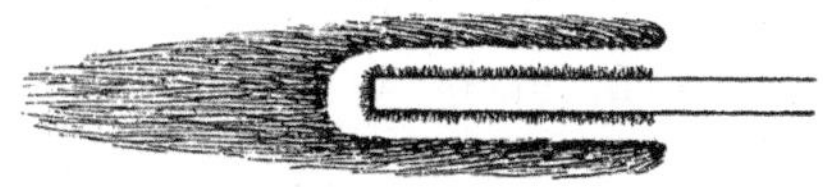

Abb. 21. Dieselbe Erscheinung wie in Abb. 18 mit Magnetfeld parallel zur Drahtachse.

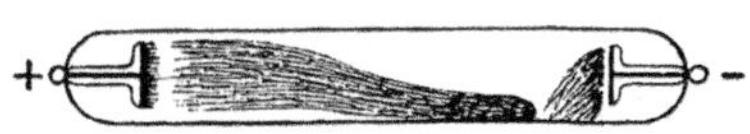

Abb. 22. Ablenkung des Glimmlichts durch ein transversales Magnetfeld (senkrecht zur Zeichenebene).

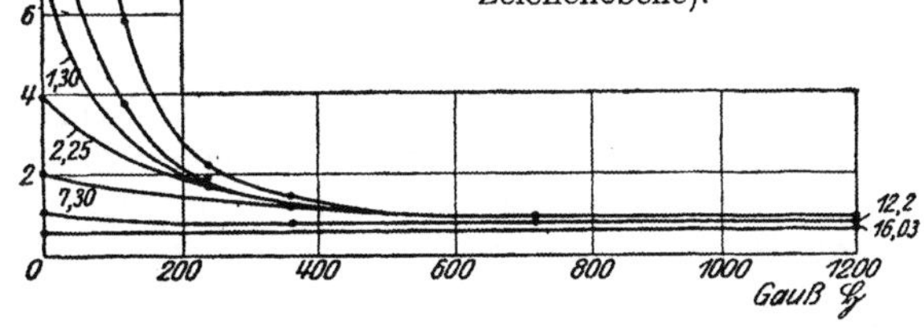

Abb. 23. Beeinflussung der normalen Dunkelraumlänge in Wasserstoff durch ein transversales Magnetfeld.

Die Verkürzung des negativen Dunkelraums im transversalen Magnetfeld ist auch Gegenstand quantitativer Messungen gewesen. Es hat nämlich GÜNTHERSCHULZE[1]) unter Verwendung einer Quecksilberoberfläche als Kathode in den Gasen Wasserstoff, Stickstoff, Argon sowie Quecksilber- und Wasserdampf Versuche über die Verkürzung der Dunkelraumlänge d in ihrer Abhängigkeit von der Größe des transversalen Magnetfeldes $\mathfrak{H}$ angestellt. Der Kurvenverlauf ist in allen Gasen so, wie er in Abb. 23 für Wasserstoff dargestellt ist. Besonders bemerkenswert ist dabei folgende Beobachtung: Es gibt für den Dunkelraum eine in allen Gasen ungefähr gleiche Mindestlänge $d_{\min}$ von ca. 0,7 mm, unterhalb welcher die Wirksamkeit des Magnetfeldes aufhört. „Ist d_0 (Dunkelraumlänge ohne Magnetfeld) größer als dieser Wert $d_{\min}$, so läßt es sich mit einem hinreichend starken Felde bis auf diesen Wert herabdrücken, aber nicht weiter. Ist d_0 kleiner, so wird es von einem Magnetfeld

[1]) A. GÜNTHERSCHULZE, ZS. f. Phys. Bd. 24, S. 140. 1924.

nicht mehr beeinflußt." Auf merkwürdige Formen des Glimmlichts im Magnetfeld, die GÜNTHERSCHULZE und KOSSEL[1]) gefunden haben, kann hier nur hingewiesen werden.

Vom theoretischen Standpunkt aus ist an den Magnetfeldversuchen bemerkenswert, daß die Konstante $\varkappa = pd$ (p = Gasdruck) im Magnetfeld Werte annehmen kann, die um eine Größenordnung kleiner sind als die ohne Feld.

18. Messungen des Feldverlaufs vor der Kathode mit Sonden und Kathodenstrahlbüscheln. Wir haben schon mehrfach die bemerkenswerte Tatsache erwähnt, daß das negative Glimmlicht, solange es die Kathode nur teilweise bedeckt, sich mit zunehmender Stromstärke auf der Kathodenoberfläche ausbreitet, ohne daß dabei seine Länge zunimmt oder seine Flächenhelligkeit größer wird. Mit dieser sichtbaren Erscheinung sind nun interessante parallel gehende elektrische Vorgänge verknüpft, die in einfachen Gesetzmäßigkeiten in bezug auf Stromstärke und Spannung zum Ausdruck kommen.

Was speziell die Gesetzmäßigkeiten der Spannung betrifft, die hier behandelt werden sollen, so zeigt sich, daß der Kathodenfall, d. h. der von der Kathode bis ins negative Glimmlicht hinein sich erstreckende Spannungsabfall einen konstanten, allein vom Kathodenmaterial und von der Gasart abhängigen Wert besitzt, vom Gasdruck und von der Stromstärke aber solange unabhängig ist, als das negative Glimmlicht noch nicht die ganze Kathodenoberfläche bedeckt. Ist diese Bedingung erfüllt, so wird der Kathodenfall nach WARBURG[2]), dem wir die Kenntnis dieser Gesetzmäßigkeiten verdanken, als normaler Kathodenfall (WARBURG gebraucht den Ausdruck „Kathodengefälle") bezeichnet, zum Unterschied vom anormalen Kathodenfall, der sich einstellt, sobald die Kathode ganz mit Glimmlicht überzogen ist, und der also außerdem noch vom Gasdruck und von der Stromstärke abhängig ist.

Die unten zu besprechenden Gesetzmäßigkeiten, denen der Kathodenfall gehorcht, stellen nur Integralgesetze dar bezüglich der Spannungsdifferenz, die zwischen der Kathode und einem Punkt im negativen Glimmlicht vorhanden ist. Das Ideal aber wäre die Kenntnis des Feldverlaufs in jedem Punkt der Entladungsbahn. Leider wissen wir infolge mangels an geeigneten Meßmethoden über das Feld im negativen Dunkelraum, solange der Kathodenfall nicht wesentlich höher als der normale ist, sehr wenig.

In zahlreichen früheren Untersuchungen wurde die Erforschung des Feldverlaufs in der Nähe der Kathode durch Abtasten des Feldes mit einer Sonde versucht. Diese Arbeiten beanspruchen aber heute, wo namentlich durch die Untersuchungen von LANGMUIR (vgl. Ziff. 72 bis 76) nachgewiesen ist, daß die Sonde im Gebiet des Kathodenfalls ganz falsche Werte liefert, nur noch historisches Interesse. Es soll daher in bezug auf diese Messungen nur ein Punkt, welcher zu langen Diskussionen Anlaß gab, Erwähnung finden, nämlich die Frage nach der Existenz eines sog. „Kathodensprungs".

Nachdem schon frühere Sondenmessungen darauf hingedeutet hatten, glaubte WESTPHAL[3]) durch besonders sorgfältige Versuche mit einer kalten Sonde sicher nachgewiesen zu haben, daß unmittelbar an der Kathode ein Potentialsprung, der sog. Kathodensprung, vorhanden sei, der mehr als $^1/_4$ des ganzen Kathodenfalls ausmache. Seine Versuche wurden in der Folge mehr-

[1]) W. KOSSEL, Jahrb. d. Radioakt. Bd. 18, S. 326. 1921.
[2]) E. WARBURG, Wied. Ann. Bd. 31, S. 545. 1887.
[3]) W. H. WESTPHAL, Verh. d. D. Phys. Ges. Bd. 12, S. 245. 1910.

fach bestätigt, u. a. durch Messungen von EISENMANN[1]). Da trotzdem in die Realität des Versuchsergebnisses Zweifel gesetzt wurden und zwar infolge der Bedenken, die man schon immer gegen die Sondenmethode hatte, wiederholte WESTPHAL[2]) die Versuche, indem er diesmal als Kathode der (unselbständigen) Entladung eine geheizte Oxydkathode verwendete und die Geschwindigkeit der von derselben ausgehenden Kathodenstrahlen durch magnetische Ablenkung bestimmte. Auch nach dieser Methode, in der also überhaupt keine Sonde benutzt wird, ergab sich wieder die Existenz eines Kathodensprungs von derselben Größenordnung wie bei den früheren Messungen. Damit war nun die Realität der Existenz des Kathodensprungs an Oxydkathoden einwandfrei nachgewiesen, aber es war immer noch nicht bewiesen, daß der Kathodensprung auch an kalten Kathoden vorhanden ist. Es lassen sich nach KOSSEL[3]) sogar Gründe anführen, daß der Kathodensprung speziell an Oxydkathoden existiert.

Eine weitere Methode zur Erforschung des Feldes in der Nähe der Kathode, mit der nun die Frage nach der Existenz des Kathodensprungs zu entscheiden versucht wurde, ist die THOMSON-ASTONsche, welche darin besteht, daß ein Kathodenstrahlbüschel quer in die Glimmentladung hineingeschossen wird, worauf aus dessen elektrischer Ablenkung dann das Feld bestimmt wird. Es ist klar, daß durch diese fremden Kathodenstrahlen ebensogut eine Störung der Entladung stattfinden kann, wie durch die Einführung einer Sonde. Trotzdem also auch gegen diese Methode schwere Bedenken bestehen[4]) (durch die Einführung des Kathodenstrahls wird die Leitfähigkeit in der Entladungsbahn in einem Maße, das sich schwer abschätzen läßt, vergrößert), so ist es doch von Interesse, daß ASTON[5]) keine Andeutung für die Existenz des Kathodensprungs erhielt. Die Messungen, die immerhin mit einem gewissen Vorbehalt aufgenommen werden müssen, ergeben vielmehr einen linearen Anstieg der Feldstärke vom Glimmsaum bis an die Kathode. Die Meßresultate sind in Abb. 24 wiedergegeben.

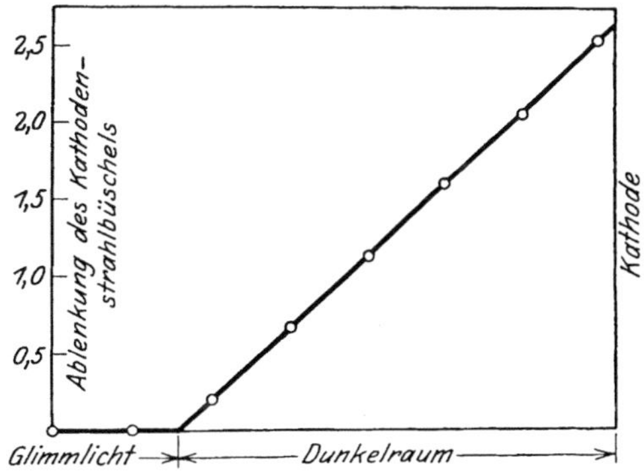

Abb. 24. Feldverlauf vor der Kathode nach ASTON.

19. Messungen durch den Starkeffekt. Es war daher ein großer Fortschritt, als es BROSE[6]) gelang, ohne Einführung eines Meßinstruments in die Entladungsbahn durch Messung der elektrischen Aufspaltung (Starkeffekt) der Spektrallinie H_γ den Verlauf der Feldstärke im ganzen negativen Dunkelraum für die Glimmentladung in Wasserstoff bis in eine Entfernung von weniger als 0,1 mm von der Kathode zu bestimmen (während die in Ziff. 18 erwähnten Methoden schon bei 1 mm Kathodenabstand nicht mehr verwendet werden können). Leider ist die neue Methode erst für Kathodenfälle von etwa 1200 Volt an aufwärts, d. h. also nur für stark anormale Fälle, anwendbar. Der Verlauf der Feldstärke in einer Entladungsröhre von 2,7 mm Durchmesser bei einem Kathodenfall von

[1]) K. EISENMANN, Verh. d. D. Phys. Ges. Bd. 14, S. 297. 1912.
[2]) W. H. WESTPHAL, Verh. d. D. Phys. Ges. Bd. 14, S. 223. 1912.
[3]) W. KOSSEL, Jahrb. d. Radioakt. Bd. 18, S. 326. 1921.
[4]) A. WEHNELT u. A. JACHAN, ZS. f. Phys. Bd. 33, S. 666. 1925.
[5]) F. W. ASTON, Proc. Roy. Soc. London Bd. 84, S. 526. 1911.
[6]) E. BROSE, Ann. d. Phys. Bd. 58, S. 731. 1919.

4000 Volt, einer Stromstärke von 4 bis 6 Milliamp. und einer Dunkelraumlänge von 3 mm ist aus Tabelle 7 ersichtlich und ebenso aus Abb. 25, in welcher die Aufspaltung der Linie H_γ (Y-Achse) und damit auch die elektrische Feldstärke als Funktion des Abstandes von der Kathode (X-Achse) dargestellt ist. Man sieht, daß die Feldstärke vom Glimmsaum aus in einer gegen die Y-Achse konvexen Kurve ansteigt, kurz vor der Kathode ein Maximum erreicht und dann wieder etwas abfällt. Für größere Dunkelraumlängen ist übrigens der Anstieg zum Maximum in Übereinstimmung mit den ASTONschen Messungen recht angenähert linear.

Tabelle 7. Feldstärke im negativen Dunkelraum nach BROSE. Röhrendurchmesser 2,7 mm, Dunkelraumlänge 3 mm.

Abstand von der Kathode in mm	0,05	0,1	0,3	0,6	1	2	3
Zugehör. Feldstärke in Volt/cm	36000	36400	32900	22900	13600	3600	2900

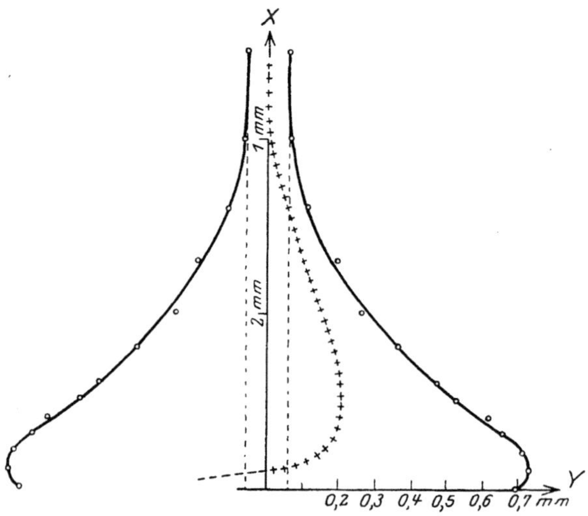

Abb. 25. Feldverlauf vor der Kathode nach BROSE.

Die BROSEschen Messungen sind nun in verschiedener Hinsicht bemerkenswert. Erstens zeigen sie, daß unter den hier vorhandenen Versuchsbedingungen die Feldstärke ihr Maximum nicht unmittelbar an der Kathode hat. Dasselbe liegt vielmehr in einem gewissen Abstand von derselben und zwar ist diese Eigentümlichkeit auf allen Aufnahmen BROSES zu sehen. In Tabelle 8 sind die Maxima der Feldstärke und der Abstand der Maxima von der Kathode bei den verschiedenen Versuchen zusammengestellt. Man sieht, daß dieser Abstand von der Länge des Dunkelraums unabhängig ist und zwischen 0,1 bis 0,5 mm variiert.

Tabelle 8. Abstand des Maximums der Feldstärke von der Kathode.

	Röhrenweite 9,4 mm						Röhrenweite 4,6 mm			Röhrenweite 2,7 mm	
Dunkelraumlänge in mm	12	5	$4-3^1/_2$	3	2	1	5	4	2	4,5	3
Maximum der Feldstärke in Volt/cm	7900	10800	10200	11200	11400	10000	18800	17500	22500	30400	36400
Abstand des Maxim. v. d Kath. in mm	0,3	0,5	0,3	0,5	0,35	0,25	0,5	0,25	0,3	0,2	0,1
Kathodenfall in Volt . .	3000	2500	2300	2000	1800	1200	3500	3300	1800	4300	4000

Der Widerspruch, in dem diese Versuchsresultate mit dem ASTONschen Befund — linearer Spannungsanstieg bis unmittelbar zur Kathode — stehen, ist übrigens wahrscheinlich durch die Verschiedenheit der Versuchsanordnungen zu erklären.

Es hat nämlich FOSTER[1]) beobachtet, daß man vor der Kathode eine starke Feldzunahme erhält, wenn die Entladungsröhre hier sehr weit ist, während sich bei Verwendung immer engerer Röhren zuerst ein linearer Anstieg wie bei ASTON und schließlich ein Spannungsabfall wie bei BROSE einstellt.

Man kann ferner aus den BROSEschen Messungen die Verteilung der freien elektrischen Ladungen in der Entladungsbahn ablesen (durch räumliche Differentiation der Feldstärke). Die Kurve, welche diese Verteilung der Ladungen angibt, ist ebenfalls in die Abb. 25 eingezeichnet, und zwar als +++-Linie, wo die Ladung positiv ist und als -----Linie, wo die Ladung negativ ist. Wie die Abbildung zeigt, ist der negative Dunkelraum mit Ausnahme einer kleinen Schicht unmittelbar vor der Kathode, welche negativ geladen ist, der Sitz positiver Raumladungen. Hierbei ist die gesamte positive Ladung im Dunkelraum größer als die negative Ladung vor der Kathode. Das Verhältnis der beiden Ladungsmengen schwankt je nach den Versuchsbedingungen zwischen 3 und 17, der Überschuß der Anzahl positiver Ionen über die negativen beträgt pro cm^3 10^{10} bis 10^{11}, und zwar wird dieser Überschuß mit zunehmendem Gasdruck immer größer. Was die negative Raumladung vor der Kathode betrifft, so kann man sich ihre Existenz zwar nur schwer vorstellen, aber ein Zweifel an der Realität des Versuchsergebnisses ist, da diese Ladung sich auf allen Aufnahmen wiederfindet, wohl ausgeschlossen.

Schließlich ist es bemerkenswert, daß die BROSEschen Messungen gar keinen Anhaltspunkt für die Existenz des Kathodensprungs geben, im Gegenteil macht das Abnehmen der Feldstärke unmittelbar vor der Kathode denselben höchst unwahrscheinlich. Natürlich geben die Versuche keinen Aufschluß darüber, ob auch beim normalen Kathodenfall kein Kathodensprung vorhanden ist. Die Beobachtung von FOSTER, daß das Feld mit abnehmender Stromdichte sich gegen die Kathode hin konzentriert, scheint allerdings eher auf seine Existenz beim normalen Kathodenfall hinzuweisen[2]); sehr gegen seine Realität spricht dagegen die Erscheinung des ASTONschen Dunkelraums, den die Theorie ebenfalls nur ohne Kathodensprung erklären kann (vgl. Ziff. 37). Nun ist zwar der ASTONsche Dunkelraum bis jetzt nur in Helium, Neon und Wasserstoff beobachtet worden, es folgt aber aus Rechnungen von GÜNTHERSCHULZE[3]), daß derselbe in anderen Gasen so klein ist, daß er sich bis jetzt der Beobachtung entziehen konnte.

20. Definition des Kathodenfalls. Bevor wir zu den in der nächsten Ziffer folgenden Messungen am normalen Kathodenfall übergehen, haben wir noch einige Bemerkungen zu machen über die Definition des Kathodenfalles im allgemeinen. Da nämlich die Grenze des Kathodenfalles in der Richtung gegen die Anode keine sehr scharfe ist, und da diese Grenze auch nicht mit einer ausgezeichneten Stelle der Leuchterscheinung in der Glimmentladung zusammenfällt, sondern irgendwo innerhalb des negativen Glimmlichts liegt, so haben die verschiedenen Beobachter den Kathodenfall nicht zwischen denselben Grenzen gemessen. Dadurch kommen nicht nur Unterschiede in den Meßresultaten zustande, welche berücksichtigt werden müssen, sondern es machen sich auch die Fehlerquellen der Sondenmethode (vgl. Ziff. 75), welche zur Spannungsmessung bis jetzt fast ausschließlich verwendet wurde, je nach den Versuchsbedingungen verschieden stark bemerkbar. Eine kalte, stromlose Sonde braucht nämlich um so weniger genau das Potential ihrer Umgebung anzunehmen, je größer die

[1]) J. S. FOSTER, Nature Bd. 117, S. 197. 1926.

[2]) A. GÜNTHERSCHULZE, ZS. f. Phys. Bd. 37, S. 868. 1926, schließt dagegen aus theoretischen Gründen auf das Gegenteil: daß nämlich die von BROSE bei anormalem Kathodenfall gefundene Abnahme des Feldes unmittelbar vor der Kathode beim normalen Kathodenfall noch stärker vorhanden ist.

[3]) A. GÜNTHERSCHULZE, ZS. f. Phys. Bd. 33, S. 810. 1925.

Geschwindigkeit der auf sie treffenden Ionen und Elektronen ist. Infolgedessen ist die Sondenmethode, auch wenn sie reproduzierbare Werte liefert, zur Spannungsmessung im negativen Dunkelraum und sogar im Saum des negativen Glimmlichts nicht zu verwenden. Daher ist die von STARK[1]) und GEHLHOFF[2]) empfohlene Definition des Kathodenfalles als der Spannungsdifferenz zwischen Kathode und negativem Glimmsaum, wie SCHAUFELBERGER[3]) bemerkt, bedenklich, trotzdem ROTTGARDT[4]) damit druckunabhängige Kathodenfallwerte erhalten hat. Nach der Definition von SKINNER[5]) liegt die Grenze des Kathodenfalles am Ort des Feldstärkeminimums im negativen Glimmlicht. Eine mehr theoretische Definition von HOLM[6]) ist wohl damit gleichbedeutend. Die älteste Definition von WARBURG[7]) legt die Grenze des Kathodenfalles an die Trennungsfläche zwischen negativem Glimmlicht und FARADAYschem Dunkelraum. Diese Grenze ist allerdings nicht sehr scharf; immerhin erzielte SCHAUFELBERGER[3]) mit dieser Definition gut reproduzierbare Messungen, auch konnte er keine Druckabhängigkeit feststellen, die außerhalb seiner Meßfehler lag. Die WARBURGsche und die SKINNERsche Definition des Kathodenfalles liefern jedenfalls nur unwesentlich voneinander verschiedene Werte. Die erstere legt die Grenze optisch fest, die letztere dagegen elektrisch, aber beide Definitionen sind wohl gleich gut verwendbar.

Ein jüngst von GÜNTHERSCHULZE[8]) und von DÄLLENBACH[9]) gemachter Vorschlag, als Kathodenfall der Glimmentladung das Minimum M der bei konstanter Stromstärke an den Elektroden anliegenden Spannung bei veränderlichem Elektrodenabstand zu bezeichnen und den Kathodenfall also ganz ohne Sonde einfach durch Verändern dieses Abstandes zu messen, ist experimentell noch wenig auf seine Tauglichkeit geprüft. Einzig GÜNTHERSCHULZE[10]) hat schon einige solche Messungen beim normalen Kathodenfall vorgenommen und dabei die Druckunabhängigkeit des Minimums der Elektrodenspannung festgestellt. Bezeichnet man mit D die zugehörige Elektrodendistanz, so gilt für D (ebenso wie für die Dunkelraumlänge d, vgl. Ziff. 12) das Gesetz $pD = \text{const}$. Die Entfernung D ist dabei ein Vielfaches der Dicke d des negativen Dunkelraumes, wie dies aus der ersten Zeile der folgenden Tabelle ersichtlich ist.

Tabelle 9. Vergleich der Kathodenfallwerte nach WARBURG und nach GÜNTHERSCHULZE-DÄLLENBACH.

	He	Ne	A	H_2	N_2	O_2
D/d	—	—	257	4,85	3,90	8,03
M	160	153	165	250—290	247—258	350
K	161	—	175*)	230—265	230	343

Merkwürdig ist der überaus große Wert von D/d für Argon, der vielleicht mit der von RAMSAUER[11]) gefundenen Durchlässigkeit des Argonatoms für langsame Elektronen zusammenhängt.

[1]) J. STARK, Elektrizität in Gasen, S. 169.
[2]) G. GEHLHOFF, Ann. d. Phys. Bd. 24, S. 553. 1907.
[3]) A. SCHAUFELBERGER, Ann. d. Phys. Bd. 73, S. 21. 1923.
[4]) K. ROTTGARDT, Ann. d. Phys. Bd. 33, S. 1161. 1910.
[5]) C. A. SKINNER, Phys. Rev. Bd. 5, S. 483 u. Bd. 6, S. 158. 1915.
[6]) R. HOLM, Phys. ZS. Bd. 17, S. 407. 1916.
[7]) E. WARBURG, Wied. Ann. Bd. 40, S. 1. 1890.
[8]) A. GÜNTHERSCHULZE, ZS. f. Phys. Bd. 28, S. 129. 1924.
[9]) W. DÄLLENBACH, Phys. ZS. Bd. 26, S. 483. 1925.
[10]) A. GÜNTHERSCHULZE, ZS. f. Phys. Bd. 30, S. 175. 1924.
[11]) C. RAMSAUER, Ann. d. Phys. Bd. 64, S. 513. 1921.
*) Gemessen im FARADAYschen Dunkelraum.

Man kann sich fragen, ob nicht bei der Bestimmung von M auch noch der Anodenfall mitgemessen wird. Gegen diese Vermutung spricht allerdings schon die in Ziff. 45 zu erwähnende Beobachtung von GEHRKE[1]), daß das anodische Glimmlicht durch auftreffende Kathodenstrahlen zerstört wird. Mit Sicherheit läßt sich der vorhergehende Abbau des Anodenfalles aus den zitierten Versuchen von GÜNTHERSCHULZE entnehmen. Es zeigt sich nämlich, daß gerade bei jenem Elektrodenabstand, wo die an den Elektroden anliegende Spannung ihr Minimum hat, auch gleichzeitig der Anodenfall und das anodische Glimmlicht verschwinden.

In Abb. 26 ist die bei konstanter (normaler) Stromdichte in Wasserstoff an plattenförmigen Eisenelektroden anliegende Spannung als Funktion des Plattenabstandes eingetragen. Bei D_1 beginnt die anodische Glimmhaut zu verblassen, bei D ist sie vollständig verschwunden und gleichzeitig findet ein Spannungsabfall von 16,7 Volt (Ionisierungsspannung des Wasserstoffs = 16,7 Volt) statt. Das nun folgende flache Minimum der Elektrodenspannung wird von GÜNTHERSCHULZE als normaler Kathodenfall angesprochen und der bei weiterer Verkleinerung des Abstandes erfolgende Wiederanstieg zeigt die hier einsetzende behinderte Entladung (vgl. Ziff. 28) an.

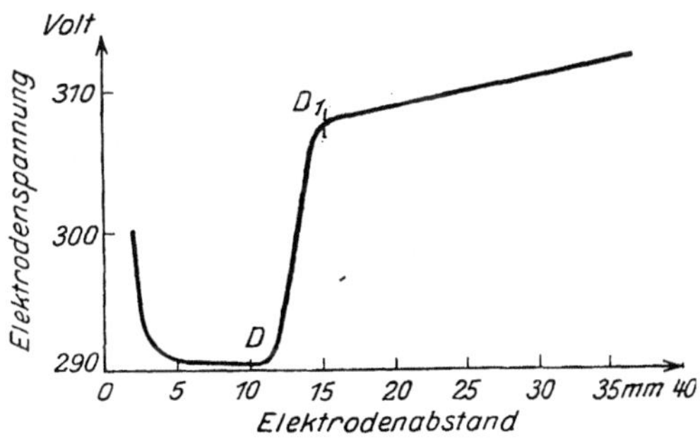

Abb. 26. Elektrodenspannung bei konstanter (normaler) Stromdichte als Funktion des Abstands der plattenförmigen Elektroden in Wasserstoff nach GÜNTHERSCHULZE.

Um einen Vergleich zu ermöglichen, wieweit die nach der Definition von GÜNTHERSCHULZE und DÄLLENBACH gemessenen Kathodenfallwerte M mit den nach der WARBURGschen Definition gemessenen Werten K übereinstimmen, sind in der Tabelle 9 noch die einander entsprechenden Werte zusammengestellt. Man sieht, daß, soweit überhaupt aus dem spärlichen Versuchsmaterial ein Urteil möglich ist, die Übereinstimmung der beiden recht gut ist.

Es ist trotzdem nötig, daß diese interessante Methode zur Bestimmung des Kathodenfalls noch eingehender auf ihre Tauglichkeit geprüft wird; denn es ist doch denkbar, daß die Annäherung der Anode an die kathodischen Entladungsgebilde Störungen im Mechanismus des Kathodenfalls hervorruft, oder daß nach dem Abbau des normalen Anodenfalls sich ein negativer anormaler Anodenfall (vgl. Ziff. 48) ausbildet. Vielleicht weist darauf eine Beobachtung von GÜNTHERSCHULZE[2]) hin, welcher bemerkte, daß bei anormalem Kathodenfall beim Annähern der Anode an die Kathode unmittelbar vor dem steilen Anstieg des Kathodenfalls bei „behinderter" Entladung noch ein scharfer Abfall stattfindet.

Schließlich muß noch eine Bemerkung bezüglich der Form der Kathode bei Messungen des normalen Kathodenfalls gemacht werden. Während WARBURG[3]) eine Abhängigkeit des normalen Kathodenfalls vom Krümmungsradius der drahtförmigen Kathode nicht nachweisen konnte, findet GÜNTHERSCHULZE[4])

---

1) E. GEHRKE, Verh. d. D. Phys. Ges. Bd. 7, S. 65. 1905.

2) A. GÜNTHERSCHULZE, ZS. f. Phys. Bd. 36, S. 563. 1926.

3) E. WARBURG, Wied. Ann. Bd. 31, S. 545. 1887.

4) A. GÜNTHERSCHULZE, ZS. f. Phys. Bd. 20, S. 1. 1923. Vgl. auch W. STEPHENSON, Phil. Mag. Bd. 2, S. 556. 1926.

auf Grund orientierender Versuche, daß der normale Kathodenfall nicht unwesentlich steigt, wenn der Krümmungsradius klein gegen die Dunkelraumlänge wird. SEELIGER und SCHMECKEL[1]) machen dagegen an kugelförmigen Kathoden die umgekehrte Beobachtung, daß der Kathodenfall um 6 Volt steigt, wenn der Kugelradius von 0,5 auf 1,5 cm steigt. Auf jeden Fall werden also die Messungen des normalen Kathodenfalls am besten an ebenen Platten angestellt.

21. Der normale Kathodenfall. Zusammenstellung der Versuchsresultate. Der normale Kathodenfall ist, wie bereits erwähnt, unabhängig vom Gasdruck und von der Stromstärke. Die Unabhängigkeit vom Gasdruck ist für die SKINNERsche Definition z. B. aus den in der folgenden Tabelle 10 zitierten Messungen von SKINNER[2]) ersichtlich.

Wir geben nun in der Tabelle 11 eine Zusammenstellung aller vorhandenen Messungen des normalen Kathodenfalls für eine Auswahl verschiedener Gase und Elektrodenmateriale. Zu dieser Tabelle ist folgendes zu bemerken: Da auch im FARADAYschen Dunkelraum und besonders im Glimmlicht ein nicht zu vernachlässigender Spannungsabfall vorhanden ist, so ist es klar, daß ein um so größerer Kathodenfall gemessen wird, je weiter entfernt von der Kathode sich der Ort befindet, wo die Sonde in die Entladung eingeführt wird. Ein gewisser Zusammenhang der Kathodenfallwerte mit dem Ort der Sonde ist nun in der Tabelle unverkennbar. Mehr läßt sich nicht aussagen, da auch die bei derselben Einstellung der Sonde erhaltenen Werte noch eine überaus große Streuung aufweisen. Die Gründe für diese Streuung werden in der folgenden Ziffer besprochen.

Tabelle 10. Druckunabhängigkeit des normalen Kathodenfalls.

Stahlkathode in Wasserstoff.

Gasdruck in mm Hg	Normaler Kathodenfall in Volt	Gasdruck in mm Hg	Normaler Kathodenfall in Volt
1,30	310	2,93	302
1,48	306	3,31	298
1,73	305	3,72	298
1,95	313	4,00	302
2,11	306	4,77	289
2,43	305	5,00	304
2,72	305		

Als Ergänzung der Tabelle müssen noch Messungen von GÜNTHERSCHULZE[3]) über den Kathodenfall an Elektrolytkathoden in Wasserdampf erwähnt werden. Der Kathodenfall einer Reihe von Elektrolyten, die bei 0° gesättigt sind, ist nach diesen Versuchen für alle der gleiche und beträgt 423 Volt. An einer aus verdünnter Schwefelsäure bestehenden Kathode wurden ferner Messungen des Kathodenfalls als Funktion der Konzentration angestellt.

Erläuterungen zur Tabelle 11.

Es bedeutet:

* = Gemessen an der Grenze: negativer Dunkelraum—Glimmsaum.
§ = „ im Glimmlicht.
♯ = „ am Ort des Feldstärkeminimums.
° = „ an der Grenze: Glimmlicht—FARADAYscher Dunkelraum.
▪ = „ im FARADAYschen Dunkelraum.
▪ = „ durch Verändern des Elektrodenabstandes.
? = Ort der Sonde nicht angegeben.
μ = Mittelwert aus stärker streuenden Einzelmessungen.
φ = Anwesenheit von Feuchtigkeit.
γ = Gas unrein.
σ = Endwert nach längerem Stromdurchgang.

---

1) R. SEELIGER u. J. SCHMECKEL, Ann. d. Phys. Bd. 73, S. 249. 1924.
2) C. A. SKINNER, Phys. Rev. Bd. 5, S. 483. 1915.
3) A. GÜNTHERSCHULZE, ZS. f. Elektrochem. Bd. 30, S. 289. 1924.

Tabelle 11. Zusammenstellung der Meßresultate des normalen Kathodenfalls.

	Luft	H_2	N_2	O_2	He	Ne	A	Cl_2	Hg
Na	—	185[10]) °	178[10]) °	—	80[10]) °	75[4])§	—	—	—
K	—	94[7])*	170[10]) °	—	64[7])§	68[4])§	64[7])*	—	—
	—	120[7]) °	—	—	69[7]) °	—	—	—	—
	—	172[10]) °	—	—	—	—	—	—	—
Cu	252[13])*	214[13])*	208[13])*	—	177[5]) °	—	131[13])*	—	—
	295[13])⚑	280[2])⚑	249[13])⚑	—	—	—	163[13])⚑	—	—
	375[14]) °	280[17]) °	255[14])°σ	—	—	—	—	—	—
	—	312[13]) °	—	—	—	—	—	—	—
Ag	279[13])*	247[13])*	233[13])*	—	162[5]) °	—	132[13])*	—	—
	323[13])⚑	297[17])°μ	269[13])⚑	—	—	—	164[13])⚑	—	—
	428[14]) °	313[13]) °	—	—	—	—	—	—	—
Au	285[13])*	216[13])*	233[13])*	—	—	—	132[13])*	—	—
	322[13])⚑	347[13])⚑	266[13])⚑	—	—	—	—	—	—
	418[14]) °	—	—	—	—	—	—	—	—
Pt	277[13])*	276[13])*	216[13])*	364[16]) ?	160[5]) °	152[4])§	132[13])*	275[12]) °	340[17]) °
	324[13])⚑	298[2])⚑	232[2])⚑	370[2])⚑	164[10])	—	163[6]) °	330[1])°μ	—
	342[10]) °	300[17]) °	232[17]) °	370[1]) °	165[6]) °	—	165[13])⚑	—	—
	342[7])*	303[3]) #	248[13])⚑	—	226[15])⚑	—	167[15])⚑	—	—
	425[14]) °	311[13])⚑	—	—	253[9])°γ	—	—	—	—
Mg	224[13])*	153[13])*	188[13])*	310[17]) °	125[5]) °	94[4])§	118[13])*	—	—
	247[14]) °	168[2])⚑	207[2])⚑	—	—	—	167[13])⚑	—	—
	253[13])⚑	186[13]) °	207[17]) °	—	—	—	—	—	—
Hg	—	337[8])§	226[17]) °	—	143[5]) °	—	—	—	340[17]) °
Al	229[13])*	171[13])*	179[13])*	310[1])°μ	141[5]) °	120[4])§	100[13])*	280[12]) °	—
	257[13])⚑	186[17]) °	218[11]) #	311[11]) #	—	—	100[15])⚑	—	—
	302[14]) °	190[2])⚑	220[13])⚑	—	—	—	158[13])⚑	—	—
	—	197[3]) #	230[17])°φ	—	—	—	—	—	—
	—	199[13])⚑	—	—	—	—	—	—	—
W	—	—	—	—	—	125[4])§	—	—	—
Fe	269[13])*	198[13])*	215[13])*	343[11]) #	160[8])▟	153[8])▟	131[13])*	—	389[9])°μ
	301[13])⚑	230[2])⚑	230[9]) °	350[8])▟	161[5]) °	—	165[8])▟	—	—
	363[14]) °	230[17]) °	253[8])⚑	—	—	—	175[13])⚑	—	—
	—	243[13])⚑	264[13])	—	—	—	—	—	—
	—	250 bis 290[8]) ⚑	265[17])°φ	—	—	—	—	—	—
	—	285[17])°μ	—	—	—	—	—	—	—
	—	301[3]) #	—	—	—	—	—	—	—

1) G. Bode, Phys. ZS. Bd. 6, S. 618. 1905.
2) J. W. Capstick, Proc. Roy. Soc. London Bd. 63, S. 356. 1898.
3) W. L. Cheney, Phys. Rev. Bd. 7, S. 241. 1916.
4) A. H. Compton u. C. C. v. Vorhis, Phys. Rev. Bd. 15, S. 492. 1920.
5) R. Defregger, Ann. d. Phys. Bd. 12, S. 662. 1903.
6) H. Dember, Ann. d. Phys. Bd. 20, S. 379. 1906.
7) G. Gehlhoff, Verh. d. D. Phys. Ges. Bd. 12, S. 411. 1910; Bd. 14, S. 960. 1912.
8) A. Güntherschulze, ZS. f. Phys. Bd. 23, S. 336. 1924; Bd. 28, S. 129; Bd. 30, S. 175. 1924.
9) W. Heuse, Ann. d. Phys. Bd. 5, S. 670 u. 678. 1901.
10) K. Mey, Ann. d. Phys. Bd. 11, S. 127. 1903.
11) W. Neuswanger, Phys. Rev. Bd. 7, S. 253. 1916.
12) R. Raisch, Ann. d. Phys. Bd. 36, S. 907. 1911.
13) K. Rottgardt, Ann. d. Phys. Bd. 33, S. 1161. 1910.
14) A. Schaufelberger, Ann. d. Phys. Bd. 73, S. 21. 1923.
15) R. J. Strutt, Phil. Mag. Bd. 49, S. 293. 1900.
16) L. Vegard, Phil. Mag. Bd. 18, S. 465. 1909.
17) E. Warburg, Wied. Ann. Bd. 31, S. 545. 1887; Bd. 40, S. 1. 1890.

GÜNTHERSCHULZE[1]) hat ferner Messungen über den normalen Kathodenfall in Gasgemischen als Funktion des Mischungsverhältnisses angestellt. Dabei ergibt sich das merkwürdige Resultat, daß der Kathodenfall durchaus nicht immer auf der Mischgeraden liegt. Für manche Gemische (z. B. Quecksilber und Argon) ist dies zwar der Fall, für andere Gasgemische dagegen weicht die Kurve so sehr von der Mischgeraden ab, daß der Kathodenfall für bestimmte Mischverhältnisse sogar höher oder auch tiefer liegt als der Kathodenfall jedes der einzelnen Mischgase. So beträgt z. B. der Kathodenfall einer Mischung von 32% Helium mit 68% Neon für eine Eisenkathode 124 Volt gegenüber 153 und 160 Volt für reines Helium bzw. Neon. Die Erhöhung des Kathodenfalls sucht GÜNTHERSCHULZE[2]) zu erklären durch die Annahme einer chemischen Reaktion zwischen den (evtl. angeregten) Atomen bzw. Molekülen der verschiedenen Gase des Gemisches. Für Fälle, wie der hier zitierte, in denen der Kathodenfall des Gemisches tiefer liegt, weiß er keine Erklärung zu geben.

Der normale Kathodenfall ist im allgemeinen durch Gas und Kathodenmaterial eindeutig bestimmt. Nur SCHÜLER[3]) hat bei Verwendung zweier konzentrischer Zylinder als Elektroden, von denen der innere, kürzere als Kathode dient, gefunden, daß sich im nämlichen Gas und beim gleichen Kathodenmaterial durch Druckveränderung mehrere Entladungsformen mit verschiedenen zugehörigen Kathodenfällen herstellen lassen. Die Versuche wurden in Wasserstoff und Helium an Aluminium- und Eisenelektroden angestellt und der Kathodenfall mittelst Sondenmessung im Glimmlicht bestimmt. Dabei konnten zwei bis vier konstante, stabile Spannungen, bei denen die Entladung brannte, beobachtet werden, während die Zwischenwerte instabil waren. Es ist bemerkenswert, daß sich diese verschiedenen Spannungen ungefähr um die Ionisationsspannung der betreffenden Gase unterscheiden. Bei Wasserstoff ist dasselbe übrigens, wie SCHÜLER[4]) zeigt, auch schon der Fall, wenn man bei der gewöhnlichen Glimmentladung die Kathodenfallwerte, die an verschiedenen Kathodenmaterialien erhalten werden, miteinander vergleicht.

22. Reproduzierbarkeit. Einfluß von Verunreinigungen. Im allgemeinen ändert sich anfangs unter dem Einfluß der Entladung die Größe des Kathodenfalls, und zwar liegen die Anfangswerte[5]) in Wasserstoff und in den Halogendämpfen meist niedriger, in Luft und Sauerstoff meist höher als die Endwerte. Nur in den Edelgasen und in Stickstoff bleibt der Kathodenfall mehr oder weniger konstant. Was den zeitlichen Verlauf der Erscheinung betrifft, so können diese Änderungen so schnell vor sich gehen, daß sie bei einer mit Wechselstrom betriebenen Glimmentladung zu Hysteresiserscheinungen (vgl. Ziff. 88) Veranlassung geben, sie können aber auch längere Zeit zu ihrer Ausbildung in Anspruch nehmen[6]).

Da der normale Kathodenfall nur vom Gas und vom Kathodenmaterial abhängt, so können auch nur Änderungen in der Beschaffenheit des Gases und der Kathode, die beim Stromdurchgang auftreten, den Kathodenfall beeinflussen. Beide Arten von Änderungen sind auch wirklich beobachtet worden, aber die

---

[1]) A. GÜNTHERSCHULZE, ZS. f. Elektrochem. Bd. 29, S. 370. 1923 u. ZS. f. Phys. Bd. 28, S. 129. 1924.

[2]) A. GÜNTHERSCHULZE, ZS. f. Phys. Bd. 21, S. 50. 1924.

[3]) H. SCHÜLER, ZS. f. Phys. Bd. 22, S. 264. 1921.

[4]) H. SCHÜLER, Phys. ZS. Bd. 24, S. 259. 1923; vgl. auch R. HOLM, Phys. ZS. Bd. 26, S. 497. 1925. Tab. 9c und 9d.

[5]) Vgl. für das Folgende auch den zusammenfassenden Bericht von R. SEELIGER, Jahrb. d. Radioakt. Bd. 19, S. 222. 1922.

[6]) Vgl. z. B. Beobachtungen von E. WARBURG, Wied. Ann. Bd. 31, S. 545. 1887; Bd. 40, S. 1. 1890 und von K. ROTTGARDT, Ann. d. Phys. Bd. 33, S. 1161. 1910.

Erscheinungen sind im allgemeinen so kompliziert und mannigfaltig, daß wir uns mit kurzen Hinweisen begnügen müssen.

Wir behandeln zuerst die Veränderungen der Kathode beim Stromdurchgang. Es ist bekannt, daß die Gase und Dämpfe an der Oberfläche fester Körper gewisse Schichten bilden (vgl. Ziff. 87). Einmal können sich adsorbierte Gasschichten ausbilden, die dann natürlich schon vor dem Einsetzen der Glimmentladung bestehen. Ferner können sich auch irgendwelche chemische Reaktionen erst beim Auftreffen der Kanalstrahlen auf die Kathode und die Gefäßwände abspielen, so daß besonders die Kathodenoberfläche mit einem Reaktionsprodukt (z. B. Oxydschicht) überzogen wird. Unter dem Einfluß der Entladung wird nun einerseits die Aktivität der Gase gegenüber den Oberflächen sehr gesteigert, anderseits wird aber mindestens an der Kathode eine etwa schon vorhandene Oberflächenschicht durch die mit der Entladung verbundene Kathodenzerstäubung (vgl. Ziff. 33) zerstört, so daß man einen Gleichgewichtszustand zwischen Abbau und Neubildung vor sich hat, dessen Lage wieder ganz von den Versuchsbedingungen abhängig ist. Beim normalen Kathodenfall z. B. ist die Oberflächenschicht wahrscheinlich noch ganz intakt, mit zunehmend anormalem Fall überwiegt dagegen die Zerstörung durch Kathodenzerstäubung immer mehr die Neubildung, so daß schließlich die Kathodenzerstäubung bei stark anormalem Kathodenfall direkt als Mittel zur Elektrodenreinigung verwendet werden kann[1]). Diejenigen Oberflächenschichten, welche auf chemischen Reaktionen beruhen, sind oft schon mit dem Auge zu erkennen (z. B. Färbung von Alkalielektroden in Wasserstoff). Schwieriger ist es, das Vorhandensein der adsorbierten Gas- oder Wasserschichten festzustellen. Fräulein STÜCKLEN[2]) versuchte die Existenz solcher Schichten nachzuweisen, indem sie die Kathode im Entladungsrohr dauernd in Berührung mit dem Füllgas beließ und die Veränderungen beobachtete, welche auftraten, wenn dieselbe von außen mit einer elektromagnetischen Vorrichtung abgeschabt wurde. Es wurde bei diesen Versuchen allerdings nicht der Kathodenfall, sondern das Funkenpotential gemessen. Da aber zwischen Kathodenfall und Funkenpotential eine enge Verwandtschaft besteht (vgl. Ziff. 93), dürften die erhaltenen Resultate vielleicht auch für den Kathodenfall zutreffen. Es wurde das Verhalten von Kupfer-, Aluminium-, Zink-, Silber- und Messingkathoden in Luft und in Stickstoff geprüft, aber nur Zink in Stickstoff zeigte nach dem Schaben ein etwas anderes Funkenpotential als vorher. DUBOIS[3]) bemerkte eine Veränderung im Verhalten des Palladiums, nachdem dasselbe Wasserstoff okkludiert hatte. Er untersuchte zwar ebenfalls nicht den Kathodenfall, sondern die Löschspannung der Glimmentladung. Die gefundenen Resultate dürften aber wieder für den Kathodenfall Geltung haben.

Natürlich sind auch Verunreinigungen, die sich auf den Elektroden befinden, von Einfluß auf den Kathodenfall. Nach DUBOIS) können z. B. Metallsalze (NaCl, KCl usw.) eine Erniedrigung um bis zu 50% hervorrufen. Die Salze wirken natürlich nur, wenn sie auf der Kathode, nicht aber, wenn sie auf der Anode sich befinden. Auf ähnliche Versuche von DÄLLENBACH, GERECKE und STOLL[4]) sei nur hingewiesen.

Was nun die Veränderung des Gases durch die Glimmentladung betrifft, so sind folgende Wirkungen des Stromdurchgangs in Betracht zu ziehen. Einmal

[1]) R. RAISCH, Ann. d. Phys. Bd. 36, S. 907. 1911.

[2]) H. STÜCKLEN, Ann. d. Phys. Bd. 69, S. 597. 1922.

[3]) E. DUBOIS, Ann. de phys. Bd. 20, S. 113. 1923.

[4]) W. DÄLLENBACH, E. GERECKE u. E. STOLL, Phys. ZS. Bd. 26, S. 10. 1925. Anm. bei der Korr.: Weitere Versuche über die Herabsetzung des Kathodenfalls in Wasserstoff an einer Quecksilberkathode bei Zusatz von Alkalien und Erdalkalien hat A. GÜNTHERSCHULZE (ZS. f. Phys. Bd 39, S. 491. 1926) angestellt.

bewirkt die Erwärmung der Kathode und des Gases in ihrer Nähe eine Dichteverminderung, welche aber nur auf den anormalen Kathodenfall von Einfluß sein kann. Eine Änderung in der gleichmäßigen Dichteverteilung des Gases in der Strombahn kommt auch durch einen unter der Wirkung der Elektrizitätsleitung im Gase stattfindenden Massetransport zustande (vgl. Ziff. 85 und 86). Schließlich macht sich bei länger dauernden Entladungen eine meist mit der Kathodenzerstäubung parallel gehende Gasdruckverminderung im Entladungsrohr bemerkbar, die auf Adsorption des Gases an den Gefäßwänden beruht. Näheres hierüber vgl. Ziff. 87.

Wichtiger als diese Dichteänderungen sind die Änderungen in der Zusammensetzung des Gases, die beim Stromdurchgang auftreten können. Ist das Gas, in welchem die Glimmentladung stattfindet, eine chemische Verbindung oder ein Gemisch von mehreren Gasen, so ist das Auftreten von Zersetzungen[1]) und chemischen Verbindungen[2]) nicht verwunderlich, aber auch in einheitlichen Gasen kann eine solche Erscheinung vorkommen, wie die Ozonbildung in Sauerstoff zeigt[3]). Endlich können die Gefäßwände und die Elektroden, besonders die Kathode beim Stromdurchgang Gase (hauptsächlich Wasserstoff, Kohlendioxyd und Wasserdampf) abgeben. Nach SKINNER[4]) geben z. B. Aluminium- und Magnesiumkathoden besonders viel Wasserstoff ab.

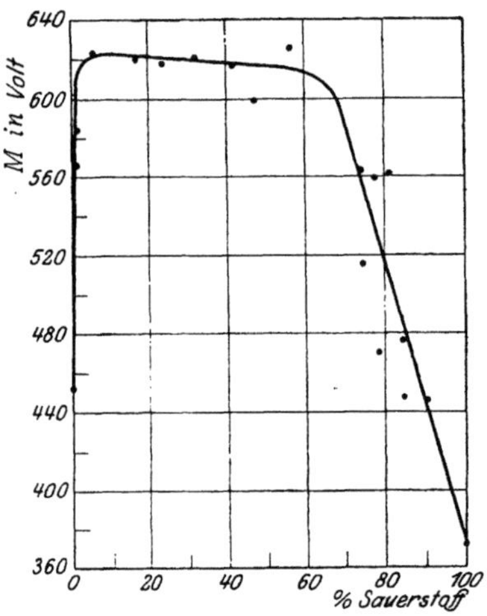

Abb. 27. Kathodenfall in einem Gemisch von Quecksilberdampf und Sauerstoff.

Neben diesen Veränderungen des Gasinhalts infolge des Stromdurchgangs wirken natürlich auch etwa vorhandene Verunreinigungen des Füllgases auf den Kathodenfall ein. Der meist anwesende Quecksilberdampf ist allerdings zum mindesten in Luft nicht von Einfluß[5]), dagegen setzt nach WARBURG[6]) Sauerstoff schon in geringsten Mengen den Kathodenfall in Stickstoff und Wasserstoff um ca. 100 Volt herauf. Ähnliche Beobachtungen machten auch CAPSTICK[7]) und ROTTGARDT[8]). Der Einfluß von kleinsten Mengen Sauerstoff ist auch aus Versuchen von GÜNTHERSCHULZE[9]) über den Kathodenfall in Gasgemischen ersichtlich. In Abb. 27 ist der Kathodenfall M (Definition von M vgl. Ziff. 20) in einem Gemische von Quecksilber und Sauerstoff als Funktion des Mischungsverhältnisses dargestellt. Man sieht deutlich, wie der Kathodenfall beim Zusatz kleinster Mengen Sauerstoff in die Höhe schnellt.

---

[1]) G. GEHLHOFF, Ann. d. Phys. Bd. 24, S. 553. 1907.

[2]) Vgl. z. B. A. GÜNTHERSCHULZE, ZS. f. Phys. Bd. 21, S. 50. 1924, ferner G. I. FINCH und L. G. COWEN, Proc. Roy Soc. London, Bd. 111, S. 257. 1926 (Wasserbildung aus H_2 und O_2) und J. J. BANLEY, Nature, Bd. 117, S. 587 (vgl. auch Bd. 118, S. 276). 1926 (Verbindungen von Hg und He).

[3]) E. WARBURG, Jahrb. d. Radioakt. Bd. 6, S. 202. 1909 u. ZS. f. techn. Phys. Bd. 6, S. 625. 1925. Zusammenfassende Berichte der bei der stillen Entladung beobachteten chemischen Umsetzungen samt Literaturverzeichnis.

[4]) C. A. SKINNER, Phil. Mag. Bd. 12, S. 481. 1906.

[5]) E. WARBURG, Wied. Ann. Bd. 40, S. 1. 1890 u. A. SCHAUFELBERGER, Ann. d. Phys. Bd. 73, S. 21. 1923.

[6]) E. WARBURG, Wied. Ann. Bd. 40, S. 1. 1890.

[7]) J. W. CAPSTICK, Proc. Roy. Soc. London Bd. 63, S. 377. 1898.

[8]) K. ROTTGARDT, Ann. d. Phys. Bd. 33, S. 1161. 1910.

[9]) A. GÜNTHERSCHULZE, ZS. f. Phys. Bd. 21, S. 50. 1924.

Einen besonders großen Einfluß auf die Größe des Kathodenfalls hat endlich die Anwesenheit von Feuchtigkeit. Nach WARBURG verringern kleine Mengen Feuchtigkeit den Kathodenfall, während größere Mengen ihn in die Höhe setzen. SCHAUFELBERGER, der bei seinen Messungen besonders auf die Entfernung der letzten Spuren von Feuchtigkeit geachtet hat, findet in der Tat in Luft je nach dem Kathodenmaterial um bis zu 100 Volt höhere Kathodenfallwerte als die früher z. B. von ROTTGARDT gemessenen. Da die Feuchtigkeit nicht nur eine Verunreinigung des Gases in Form von Wasserdampf bildet, sondern außerdem noch als Verunreinigung der Elektroden und Gefäßwände in Gestalt einer Wasserhaut auftritt, so ist ihre Wirkung auf den Kathodenfall besonders undurchsichtig. Vielleicht erklärt sich aus dieser doppelten Beeinflussung die merkwürdige Beobachtung von SCHAUFELBERGER, daß beim plötzlichen Einführen von etwas Feuchtigkeit in äußerst trockene Luft der Kathodenfall zuerst sehr schnell stark fällt, um dann langsam wieder anzusteigen. Ob die Entfernung der letzten Spuren von Feuchtigkeit auf die Kathodenfallmessungen in andern Gasen denselben großen Einfluß haben wird wie in Luft, kann man natürlich nicht voraussehen. Immerhin scheint der Wasserdampf nicht in allen Gasen in derselben Richtung zu wirken wie in Luft; denn WARBURG fand, daß kleine Mengen Feuchtigkeit in Wasserstoff den Kathodenfall erhöhen. Bemerkenswert ist endlich, daß die Feuchtigkeit auf das Funkenpotential dieselbe Wirkung ausübt wie auf den Kathodenfall[1]), was auf die nahe Verwandtschaft beider Erscheinungen hinweist.

Aus allen diesen Beobachtungen ist ersichtlich, daß man nur dann reproduzierbare Messungen des Kathodenfalls erwarten darf, wenn man auf die peinlichste Sauberkeit des Gases, der Elektroden und der Gefäßwände achtet. Über die Methoden zur Gasreinigung im allgemeinen findet man nähere Angaben in Kap. 4. Hier sollen nur einige Hinweise gegeben werden, wie in den oben zitierten Arbeiten die Gasreinigung bewerkstelligt wurde. WARBURG entfernte die letzten Spuren von Sauerstoff, indem er elektrolytisch durch die Glaswände seiner Entladungsröhre eine dünne Schicht Natrium in das Gefäß hineinbrachte. Ebenfalls auf der Eigenschaft des Alkali, sich mit allen Nichtedelgasen zu verbinden, beruht die Gasreinigung mit der GEHLHOFFschen[2]) Alkalidampfzelle. Entstehen schließlich unter dem Einfluß der Entladung im Gase irgendwelche chemische Umsetzungen, so kann man in strömenden Gasen arbeiten[3]).

Als wirksames Mittel zur Elektrodenreinigung wurde die Kathodenzerstäubung schon erwähnt. Auch Ausglühen der Elektroden kann nützlich sein, dagegen bringt Abschmirgeln nur neue Verunreinigungen auf dieselben und auch Abätzen in Säuren ist nach DUBOIS wirkungslos. RAISCH verwendet, um dauernd reine Elektroden zu haben, mit Erfolg einen ausfließenden Quecksilberstrahl.

Die den Glaswänden des Entladungsrohres im allgemeinen anhaftende Wasserhaut kommt durch die hygroskopische Wirkung kleiner Mengen auf der Oberfläche sitzenden freien Alkalis zustande. Das Glas verliert seine hygroskopischen Eigenschaften, wenn es nach WARBURG und IHMORI[4]) 5 Minuten in siedendes Wasser gelegt wird. SCHIRMANN[5]) empfiehlt die elektrodenlose Ringentladung zur Entfernung der Gas- und Wasserschichten. PIRANI[6]) entfernt die Wasserhaut durch das Elektronenbombardement eines Glühdrahtes. DAUDT und EWEST[7]) prüfen die verschiedenen zum Entgasen der Glasgefäße

[1]) E. MEYER, Ann. d. Phys. Bd. 65, S. 3315. 1921.
[2]) G. GEHLHOFF, Verh. d. D. Phys. Ges. Bd. 13, S. 271. 1911.
[3]) G. GEHLHOFF, Ann. d. Phys. Bd. 24, S. 553. 1907.
[4]) E. WARBURG u. T. IHMORI, Wied. Ann. Bd. 27, S. 481. 1886.
[5]) M. A. SCHIRMANN, Phys. ZS. Bd. 25, S. 631. 1924.
[6]) M. PIRANI, ZS. f. Phys. Bd. 9, S. 327. 1922.
[7]) W. DAUDT u. H. EWEST, ZS. f. techn. Phys. Bd. 6, S. 329. 1925.

verwendeten Verfahren. Als wirksamstes Mittel hierfür sowie zum Entfernen der Wasserhaut empfehlen sie, das Gefäß mit Stickstoff zu füllen und vor dem Evakuieren 10 Minuten auf 450° C zu erhitzen. Langmuir[1]) gibt an, daß Wasserdampf am besten von den Glaswänden entfernt wird, wenn die Erwärmung des Gefäßes während des Auspumpens in zwei oder mehr Malen mit abnehmender Temperatur ausgeführt wird. Als Trockenmittel des Füllgases wirkt am zuverlässigsten das Ausfrieren der Feuchtigkeit durch Kühlung mit flüssiger Luft.

23. Beeinflussung durch äußere Mittel. Die künstliche Beeinflussung des normalen Kathodenfalls durch äußere Mittel ergibt im Gegensatz zu den in der letzten Ziffer behandelten Erscheinungen ein einheitliches, übersichtliches Bild: alle äußeren Eingriffe, durch welche in der Umgebung der Kathode Elektronen erzeugt werden, wirken in dem Maße erniedrigend auf den Kathodenfall, als die Elektronenquelle ergiebig ist; alle diejenigen Änderungen in den Versuchsbedingungen dagegen, die auf die Anzahl der in der Nachbarschaft der Kathode vorhandenen Elektronen keinen Einfluß haben, lassen auch den Kathodenfall ungeändert. Was zunächst diese letzteren Eingriffe betrifft, so haben nach Stark[2]) weder ein transversales noch ein longitudinales Magnetfeld einen Einfluß auf den normalen Kathodenfall. Holm[3]) konnte durch transversale Magnetfelder, welche den negativen Dunkelraum auf $^1/_{10}$ seiner ursprünglichen Länge zusammendrückten, den normalen Kathodenfall doch nur um höchstens 10 Volt vermindern.

Der Kathodenfall wird auch nicht merklich verändert, wenn die Temperatur der Kathode (solange dieselbe nicht mit Elektronen abgebenden Substanzen bedeckt ist) bis auf 1600° C erhöht wird[4]), und ebensowenig ist das Eintauchen der Kathode in flüssige Luft von Einfluß[5]). Güntherschulze[6]), der glaubte, eine Temperaturabhängigkeit beim Heizen der Kathode gefunden zu haben, hält dieselbe neuerdings nicht mehr für reell[7]).

Was nun die erfolgreichen Mittel zur Erniedrigung des Kathodenfalls betrifft, so können der normale und der anormale Fall hier gemeinsam betrachtet werden. Schon Hittorf und Goldstein fanden, daß an einer weißglühenden Kathode der Kathodenfall verschwindet. Wehnelt[8]) konnte zeigen, daß das Wesentliche an der Erscheinung die Elektronenabgabe durch weißglühende Körper ist. Mit einer Oxydkathode konnte er schon durch Erhitzung auf 800° C den Kathodenfall zum Verschwinden bringen. Der Kathodenfall ist dann für kleine Stromstärken null und beginnt hierauf von einer bestimmten „Grenzstromstärke" an, die wieder um so höher liegt, je größer die Temperatur der Oxydkathode ist, mit wachsender Stromstärke schnell anzusteigen. Diese Grenzstromstärke ist übrigens nach Eisenmann[9]) nichts anderes als der im vollkommenen Vakuum von der Oxydkathode ausgehende Sättigungsstrom. Ebenso läßt sich der Kathodenfall nach Schmidt[10]) durch Bestrahlung der Kathode oder des Dunkelraums mit Kathoden- oder Kanalstrahlen herabsetzen. Wehnelt und Jachan[11]) gelang der Nachweis, daß der Kathodenfall gerade dann verschwindet, wenn bei Bestrahlung der Kathode mit Kathodenstrahlen der von

---

[1]) Vgl. S. Dushman, Hochvakuumtechnik S. 194. Berlin: Julius Springer. 1926.
[2]) J. Stark, Winkelmanns Handb. d. Phys. Bd. IV, 1, S. 621. Leipzig 1905.
[3]) R. Holm, Phys. ZS. Bd. 16, S. 23. 1915.
[4]) J. A. Cunningham, Phil. Mag. Bd. 4, S. 684. 1902.
[5]) R. Seeliger, ZS. f. Phys. Bd. 16, S. 211. 1923.
[6]) A. Güntherschulze, ZS. f. Phys. Bd. 15, S. 8. 1923.
[7]) A. Güntherschulze, ZS. f. Phys. Bd. 33, S. 810. 1925.
[8]) A. Wehnelt, Ann. d. Phys. Bd. 14, S. 425. 1904.
[9]) K. Eisenmann, Verh. d. D. Phys. Ges. Bd. 12, S. 725. 1910.
[10]) G. C. Schmidt, Ann. d. Phys. Bd. 12, S. 622. 1903.
[11]) A. Wehnelt u. A. Jachan, ZS. f. Phys. Bd. 33, S. 666. 1925.

außen zugeführte Elektronenstrom gleich dem Hauptstrom wird, der durch die Röhre fließt. Es ist dies offenbar das Analogon zur Existenz jener Grenzstromstärke, und bedeutet, daß der Mechanismus zur Ionenerzeugung, den der Kathodenfall darstellt, in dem Augenblick überflüssig wird, in welchem von außen so viel Elektronen zugeführt werden, daß dieselben allein für den Stromtransport ausreichen.

Die Erniedrigung des Kathodenfalls durch lichtelektrisch erzeugte Elektronen gelang DEMBER und GEHLHOFF[1]) durch Bestrahlung einer Kalium-Natriumkathode in Wasserstoff mit ultraviolettem Licht.

Der enge Zusammenhang, in dem die an der Kathode auftretenden Lichterscheinungen mit den dort herrschenden elektrischen Verhältnissen stehen, kommt auch in den Änderungen zum Ausdruck, die im Aussehen der Glimmentladung hervorgerufen werden, wenn man durch äußere Mittel die Anzahl der vor der Kathode vorhandenen Elektronen vermehrt. Nach EISENMANN[2]) ist nämlich die ganze Lichterscheinung bei der Glimmentladung auf die Anode zusammengedrängt, solange die Stromstärke eines von außen auf die Kathode aufprallenden Kathodenstrahlbüschels viel größer ist als die Grenzstromstärke. Mit abnehmender Kathodenstrahl-Stromstärke nähert sich dann die positive Säule immer mehr der Kathode und erreicht dieselbe, wenn die Kathodenstrahl-Stromstärke gleich der Grenzstromstärke geworden ist. Bei weiterer Verkleinerung der Kathodenstrahl-Stromstärke tritt dann der Kathodenfall auf, es erscheinen Glimmlicht und FARADAYscher Dunkelraum und die positive Säule entfernt sich wieder von der Kathode.

24. Die Stromdichte beim normalen Kathodenfall. Schwierigkeiten bei Messungen an drahtförmigen Kathoden. Schon HITTORF (1860) war es bekannt, daß drahtförmige Kathoden „proportional ihrer Länge den Strom aufnehmen", aber erst HEHL[3]) sprach die quantitative Fassung aus, daß bei nicht vollständig mit Glimmlicht bedeckter Kathode die Stromdichte auf der Kathode konstant ist, indem nämlich die mit Glimmlicht bedeckte Fläche proportional der Stromstärke zunimmt. Dieses ist das sog. HEHLsche Gesetz. Die konstante (aber im Gegensatz zum normalen Kathodenfall noch vom Gasdruck abhängige) Stromdichte wird als normale Stromdichte bezeichnet. Es finden sich allerdings in dem Auszug aus der HEHLschen Dissertation in der Phys. Zeitschr. keine Messungen, die dieses Gesetz auch wirklich beweisen, dagegen sind in der Dissertation selbst solche Versuche beschrieben. Dort wird nämlich gezeigt, daß an einer drahtförmigen Kathode die vom Glimmlicht bedeckte Länge bei konstantem Gasdruck proportional der Stromstärke ist.

Was zunächst die Versuchstechnik betrifft, so ist die Aufgabe der Messung der normalen Stromdichte an Drähten und die Bestimmung ihrer Abhängigkeit vom Gasdruck und vom Drahtradius viel schwieriger als es auf den ersten Blick scheinen könnte. Sämtliche Schwierigkeiten in bezug auf die Reproduzierbarkeit der Versuchsresultate und die Reinheit der Gase und Elektroden, die wir bei den Messungen des normalen Kathodenfalls gefunden hatten, treten natürlich auch hier wieder auf, aber außerdem noch eine sehr wesentliche weitere: Da nämlich die normale Stromdichte auch noch von der Gasdichte abhängig ist, kommt es sehr darauf an, erstens die Temperatur der Kathode konstant zu halten und zweitens dieselbe genau zu kennen, weil man nur dann weiß, welches die Dichte des Gases in der Umgebung der Kathode ist. Hierauf hat besonders ein-

[1]) H. DEMBER u. G. GEHLHOFF, Verh. d. D. Phys. Ges. Bd. 8, S. 264. 1906.
[2]) K. EISENMANN, Verh. d. D. Phys. Ges. Bd. 12, S. 725. 1910.
[3]) N. HEHL, Dissert. Erlangen 1901, Auszug in der Phys. ZS. Bd. 3, S. 547. 1902.

dringlich GÜNTHERSCHULZE[1]) hingewiesen. Man wird also entweder mit einer gekühlten Kathode arbeiten, oder man muß abwarten, bis die Kathode sich auf eine konstante Endtemperatur eingestellt hat, und dann diese messen. An dünnen Drähten ist nun die erstere Meßmethode undurchführbar und die letztere ist noch nie versucht worden. Daher können alle Messungen der Druckabhängigkeit der normalen Stromdichte an drahtförmigen Kathoden den quantitativen Zusammenhang zwischen Stromdichte und Gasdichte nur angenähert darstellen. Diese Messungen ergeben zwar [vgl. die Versuche von HEHL, H. A. WILSON[2]) sowie STARK[3])] mit überraschender Genauigkeit, daß die Stromdichte proportional dem Gasdruck ist, aber bei Berücksichtigung der verschiedenen Temperaturen bei den einzelnen Drucken würde man einen Anstieg mit p^{ε} erhalten[4]), wo $1 < \varepsilon < 2$ ist.

Das gleiche gilt aber auch für die Messungen der Abhängigkeit der normalen Stromdichte von der Form der Kathode. Man erhält an einer Drahtkathode Abweichungen der Stromdichte von ihrem Wert an einer ebenen Oberfläche, wenn der Krümmungsradius vergleichbar wird mit der Dunkelraumlänge; da aber der Draht dann so dünn ist, daß eine Kühlung unmöglich wird, so sind auch diese Messungen sehr ungenau. Immerhin geht sowohl aus Versuchen von H. A. WILSON (im Gegensatz zu denjenigen von HEHL), sowie aus in der eben genannten Arbeit von GÜNTHERSCHULZE ausgeführten Messungen hervor, daß die normale Stromdichte mit der Krümmung des Drahtes stark zunimmt. Einige dieser Messungen, welche die Werte der Stromdichte an Platindrähten von verschiedener Dicke in Wasserstoff wiedergeben, sind in Tabelle 12 zusammen-

Tabelle 12. Normale Stromdichte in Milliamp./cm² an zylinderförmigen Pt-Kathoden in H_2.

Druck mm Hg	Krümmungsradius:				
	∞	6,33 mm	1,0 mm	0,25 mm	0,05 mm
0,98	0,0764	0,0668	0,0912	0,303	—
1,57	0,135	0,142	0,191	0,459	1,16
2,69	0,266	0,280	0,462	0,906	2,21
4,49	0,506	0,588	1,06	1,81	4,75
5,39	0,790	—	1,49	2,20	—
6,72	0,982	1,172	2,07	2,99	10,48
8,91	1,68	—	3,08	5,54	17,62

gestellt. Die Messungen sind ausgeführt, nachdem die Drähte ihre konstante Endtemperatur erreicht hatten. Wenn man berücksichtigt, daß diese Endtemperatur noch um so höher liegt, je dünner der Draht ist (vgl. die Abschätzung bei GÜNTHERSCHULZE), so ist der Anstieg der Stromdichte mit der Krümmung bezogen auf gleiche Gasdichte sogar noch größer, als dies aus der Tabelle hervorgeht.

Zum Schluß müssen noch Versuche zur Messung der normalen Stromdichte an kugelförmigen Kathoden von SEELIGER und SCHMECKEL[5]) erwähnt werden. Es ergeben sich weder für die Abhängigkeit der Stromdichte vom Kugelradius noch für ihre Abhängigkeit vom Gasdruck einfache Gesetzmäßigkeiten. Auf

[1]) A. GÜNTHERSCHULZE, ZS. f. Phys. Bd. 19, S. 313. 1923.
[2]) H. A. WILSON, Phil. Mag. Bd. 4, S. 608. 1902.
[3]) J. STARK, Phys. ZS. Bd. 3, S. 88. 1902.
[4]) R. HOLM, Phys. ZS. Bd. 17, S. 402. 1916.
[5]) R. SEELIGER u. J. SCHMECKEL, Ann. d. Phys. Bd. 73, S. 249. 1924.

weitere Versuche der Stromdichtemessung an konkaven Kathoden von STEPHENSON[1]) sei nur hingewiesen.

25. Messungen an ebenen Platten. Die Schwierigkeit, für eine angemessene Kühlung der Kathode zu sorgen, ist bei Messungen an ebenen, scheibenförmigen Kathoden viel weniger groß als an drahtförmigen. Infolgedessen verdienen jene Messungen auch mehr Zutrauen als diese.

Trotzdem eine ebene Kathode sich beim Stromdurchgang viel weniger erwärmt als eine drahtförmige, ist auch bei ihr noch eine wirksame Kühlung notwendig. Dies zeigen Versuche von GÜNTHERSCHULZE[2]), bei denen in derselben Anordnung die normale Stromdichte einmal mit und einmal ohne Kühlung der Kathode gemessen wurde: die erstere Stromdichte war dann je nach den Versuchsbedingungen bis zu viermal größer als die letztere.

Was nun die Druckabhängigkeit der normalen Stromdichte j_n betrifft, so hat sich bei einer großen Anzahl von Versuchen von SKINNER[3]), CHENEY[4]) und NEUSWANGER[5]) sowie später von GÜNTHERSCHULZE[6]) in verschiedenen Gasen und mit zahlreichen Kathodenmetallen ergeben, daß die Stromdichte proportional mit p^2 zunimmt. Einzig für Platin in Luft hat GÜNTHERSCHULZE das Gesetz erhalten: $j_n = \text{const} \cdot p^{1,8}$. Er hält aber diese Abweichung nicht für reell, sondern glaubt, daß sie durch Erwärmung der Kathode verursacht wurde. Die Tabelle 13, die den Messungen von GÜNTHERSCHULZE entnommen ist, gibt

Tabelle 13. $\sqrt{j_n}/p$ in verschiedenen Gasen (j_n in Milliamp./cm², p in mm Hg).
Kathode: Platinzylinder von 6,33 mm Radius.

He		Ne		A		H_2		N_2		O_2	
p	$\sqrt{j_n}/p$	p	$\sqrt{j_n}/p$	p	$\sqrt{j_n}/p$	p	$\sqrt{j_n}/p$	p	$\sqrt{j_n}/p$	p	$\sqrt{j_n}/p$
4,00	0,0972	4,30	0,1217	4,81	0,346	0,450	0,320	4,05	0,576	3,64	0,749
3,49	0,1037	3,31	0,1282	3,29	0,367	0,907	0,286	3,13	0,610	2,28	0,745
2,73	0,0808	3,23	0,1198	2,04	0,369	1,61	0,275	2,83	0,593	1,56	0,761
2,38	0,1028	2,49	0,1280	1,11	0,418	2,27	0,280	1,93	0,646	1,17	0,739
1,71	0,1122	2,20	0,1297			3,47	0,278	1,30	0,637	0,726	0,711
1,06	0,1250	1,72	0,1373			5,16	0,278	0,82	0,652		
		1,16	0,1763			6,77	0,301				
						8,27	0,360				

$\sqrt{j_n}/p$ (j_n = normale Stromdichte in Milliamp./cm²; p = Gasdruck in mm Hg) für eine gekühlte Platinkathode und für eine Reihe von Gasen bei verschiedenen Gasdrucken wieder. Die Kathode war der besser durchführbaren Kühlung wegen keine ebene Platte, sondern ein hohler Zylinder von 6,33 mm Radius, was für große Gasdrucke praktisch einer Ebene gleichkommt. Daß für kleine Drucke $\sqrt{j_n}/p$ zunimmt, rührt aber gerade davon her, daß dann die Kathode nicht mehr als eine Ebene angesehen werden darf, weil ihr Krümmungsradius kommensurabel mit der Dunkelraumlänge d_n wird. Man sieht immerhin aus der Tabelle, daß für die größeren Drucke die $\sqrt{j_n}/p$-Werte bei ziemlich großer Streuung doch für jedes Gas ungefähr konstant sind.

---

[1]) W. STEPHENSON, Phil. Mag. Bd. 2, S. 556. 1926.
[2]) A. GÜNTHERSCHULZE, ZS. f. Phys. Bd. 19, S. 313. 1923.
[3]) C. A. SKINNER, Phys. Rev. Bd. 5, S. 496 u. Bd. 6, S. 158. 1915.
[4]) W. L. CHENEY, Phys. Rev. Bd. 7, S. 241. 1916.
[5]) W. NEUSWANGER, Phys. Rev. Bd. 7, S. 253. 1916.
[6]) A. GÜNTHERSCHULZE, ZS. f. Phys. Bd. 20, S. 1. 1923.

Die Abhängigkeit der normalen Stromdichte vom Kathodenmaterial und von der Gasart ist aus der folgenden Tabelle 14 ersichtlich:

Tabelle 14. Normale Stromdichte in Milliamp./cm² bei 1 mm Hg.

	He	Ne	A	H_2	N_2	O_2
Al	—	—	—	0,0753 C	0,139 N	0,428 N
Stahl	—	—	—	0,0537 C	—	0,301 N
Ni	—	—	—	0,0564 C	—	0,291 N
Zn	—	—	—	0,0595 C	—	—
Pt	0,01075 GS	0,0181 GS	0,141 GS	0,0487 C 0,090 GS	0,383 GS	0,550 GS

Die Messungen sind den zitierten Arbeiten entnommen. (Es bedeuten: C = CHENEY, N = NEUSWANGER, GS = GÜNTHERSCHULZE.)

Man sieht, die Meßresultate sind noch recht spärlich. Ferner ist der einzige Wert, der zweimal gemessen wurde, nämlich der für Platin in Wasserstoff bei GÜNTHERSCHULZE doppelt so groß wie bei CHENEY, was ersterer auf die mangelhafte Kühlung der Kathode bei letzterem zurückführt. Ein Unsicherheitsfaktor ist ferner noch, daß die Stromdichte an den Rändern des Glimmlichts etwas kleiner wird. Auf Versuche von GÜNTHERSCHULZE bei der Glimmentladung in Wasserstoff und mit einer Reihe verschiedener Kathodenmaterialien, bei denen gleichzeitig normale Stromdichte und normaler Kathodenfall gemessen wurden, sei hier nur hingewiesen, weil die Kathodenoberfläche hierbei mit einer dünnen Wasserhaut überzogen war, ebenso auf Versuche desselben Autors[1]), bei denen die normale Stromdichte in einigen Gasgemischen als Funktion des Mischungsverhältnisses der beiden Bestandteile gemessen wurde.

GÜNTHERSCHULZE[2]) hat auch einige Versuche über den Einfluß eines transversalen Magnetfeldes auf die Stromdichte an einer ebenen Kathode angestellt. Der Begriff „normale" Stromdichte ist dann nicht mehr anwendbar, weil die Ansatzfläche des Glimmlichts durch das Magnetfeld deformiert wird. Infolgedessen sind die Messungen schwer ausführbar. Nun wird im Magnetfeld die Länge d des Dunkelraums verkürzt (vgl. Ziff. 17), und GÜNTHERSCHULZE glaubt aus seinen Messungen wenigstens schließen zu können, daß sich die Stromdichte j im Magnetfeld in dem Maße vergrößert, daß die Beziehung $j \cdot d^2 = \text{const}$, welche für $K = \text{const}$ (K = Kathodenfall) ohne Magnetfeld gültig ist (vgl. Ende der folgenden Ziffer), auch im Magnetfeld bestehen bleibt.

26. Zusammenhänge zwischen d_n, j_n und K_n. Wir haben nun die drei wichtigsten der für die kathodischen Entladungsteile beim normalen Kathodenfall charakteristischen Größen kennengelernt, nämlich den normalen Kathodenfall K_n, die auf der Kathodenfläche herrschende normale Stromdichte j_n und die Dunkelraumlänge d_n. Man kann sich nun fragen, ob die Versuchsresultate irgendwelche Zusammenhänge zwischen diesen drei Größen erkennen lassen. Das Auffinden etwa vorhandener derartiger Beziehungen wird freilich dadurch sehr erschwert, daß nur wenig systematische Versuche vorliegen, bei denen unter wohl definierten Versuchsbedingungen gleichzeitig alle drei Größen gemessen wurden. Es sind daher bis jetzt auch erst einige mehr qualitative Zusammenhänge gefunden worden, die nun erwähnt werden sollen. Da der normale Kathodenfall nur vom Kathodenmaterial und von der Gasart abhängig ist, während die normale Stromdichte proportional mit p^2 und die Dunkelraumlänge

[1]) A. GÜNTHERSCHULZE, ZS. f. Phys. Bd. 28, S. 129, 1924.
[2]) A. GÜNTHERSCHULZE, ZS. f. Phys. Bd. 24, S. 140. 1924.

umgekehrt proportional mit p sich ändern, so wird man versuchen, ob die ebenfalls vom Gasdruck unabhängigen Ausdrücke j_n/p^2 und $d_n p$ irgendwelche Zusammenhänge mit K_n zeigen.

Eine erste derartige Beziehung stammt von CHENEY[1]), welcher bei seinen Versuchen mit verschiedenen Kathodenmetallen in Wasserstoff eine auffallende Proportionalität zwischen K_n und $(d_n p)^2$ bemerkt hat. Bezeichnet man mit n die vom Gasdruck unabhängige Anzahl freier Elektronenweglängen λ (Elektronenweglänge $= 4\sqrt{2}$mal Molekülweglänge), die auf den Dunkelraum entfallen (vgl. die 2. Zeile der folgenden Tabelle 15), so ist $n\lambda = d_n$. Ferner ist $\lambda = \text{const}/p$, also wird $d_n p = n \cdot \text{const}$, wobei die Konstante nur vom Gas und nicht vom Elektrodenmaterial abhängig ist. In der letzten Zeile der Tabelle ist nun $\frac{K_n}{n^2} = \frac{K_n}{(d_n \cdot p)^2} \frac{1}{\text{const}^2}$ für die verschiedenen Kathodenmetalle eingetragen.

Tabelle 15.
Zusammenhang zwischen normalem Kathodenfall K_n und Dunkelraumlänge (n = Dunkelraumlänge gemessen in freien Weglängen der Elektronen) in Wasserstoff.

	Al	Zn	Fe	Pt	Ni
K_n	197	273,5	301	302,5	322
n	15,3	18,4	20,3	19,7	20,3
K_n/n^2	0,840	0,808	0,730	0,780	0,782

Ebenfalls bei Versuchen mit verschiedenen Kathodenmetallen in Wasserstoff hat GÜNTHERSCHULZE[2]) eine Beziehung zwischen K_n und j_n/p^2 bemerkt. Es ergab sich nämlich, daß für neun verschiedene Kathodenstoffe der Ausdruck $K_n \frac{\sqrt{j_n}}{p}$ konstant war, wobei die Abweichungen vom Mittel weniger als 4% betrugen. Die Kathode war allerdings bei diesen Versuchen mit einer Wasserhaut bedeckt, so daß die Werte des Kathodenfalls nicht die gewöhnlich gemessenen sind.

Aus den mehrfach genannten Untersuchungen von SKINNER, CHENEY und NEUSWANGER ergibt sich ebenfalls eine Zunahme von j_n/p^2 bei Abnahme von K_n; die Messungen weisen aber eher auf eine Konstanz des Produktes $K_n \cdot j_n/p^2$ hin[3]), wobei der Wert dieses Ausdrucks in Wasserstoff etwas höher liegt als in Sauerstoff.

Das umgekehrte Verhalten, nämlich Zunahme der Stromdichte mit zunehmendem Kathodenfall erhält man dagegen, wenn dieselbe Kathode in verschiedenen Gasen untersucht wird. Dies zeigt sich sowohl aus den Messungen von SKINNER als auch besonders aus den Versuchen von SEELIGER und SCHMECKEL[4]), welche die normale Stromdichte an kugelförmigen Kathoden von 1,25 cm Radius gemessen haben. Diesen Versuchen ist die folgende Tabelle 16 entnommen (die Werte für den Kathodenfall stammen aus der Tabelle 11).

Tabelle 16. Zusammenhang zwischen Stromdichte und Kathodenfall an einer kugelförmigen Al-Kathode ($r = 1,25$ cm).

	H_2	N_2	Luft	O_2
Stromdichte in Milliamp./cm^2 . .	0,62	0,89	1,15	1,45
Kathodenfall in Volt	190	220	257	310

[1]) W. L. CHENEY, Phys. Rev. Bd. 7, S. 241. 1916.
[2]) A. GÜNTHERSCHULZE, ZS. f. Phys. Bd. 20, S. 1. 1923.
[3]) R. HOLM, Phys. ZS. Bd. 25, S. 497. 1924, vgl. Tab. 11g.
[4]) R. SEELIGER u. J. SCHMECKEL, Ann. d. Phys. Bd. 73, S. 249. 1924.

Was endlich eine evtl. zwischen allen drei Größen K_n, j_n und d_n bestehende Beziehung betrifft, so muß dieselbe die Form $K_n = f(j_n d_n^2)$ haben; denn wegen $j_n \sim p^2$ und $d_n \sim 1/p$ ist $j_n d_n^2$ ebenso wie K_n vom Gasdruck unabhängig.

27. Anormaler Kathodenfall und anormale Stromdichte bei Behinderung der Flächenausbreitung des Glimmlichts. Wird die Stromstärke der Glimmentladung, wenn die Kathodenoberfläche einmal ganz mit Glimmlicht überzogen ist, weiter gesteigert, oder wird bei konstanter Stromstärke die dem Glimmlicht auf der Kathodenoberfläche zur Verfügung stehende Fläche verringert, so nimmt gleichzeitig die Stromdichte zu, der Kathodenfall wird größer und die Dunkelraumlänge wird kleiner. Man befindet sich dann im anormalen Gebiet (anormaler Kathodenfall, anormale Stromdichte, anormale Dunkelraumlänge). Die quantitative Abhängigkeit der Dunkelraumlänge von der Stromdichte wurde bereits in Ziff. 11 behandelt. Hier muß jetzt noch der Zusammenhang zwischen Kathodenfall und Stromdichte besprochen werden. Leider gibt es noch keine wirklich einwandfreien Messungen; die vorliegenden sollen nach ihrer chronologischen Reihenfolge geordnet referiert werden.

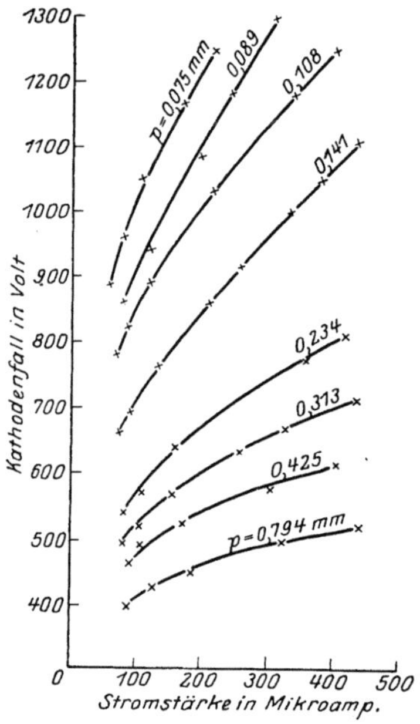

Abb. 28. Anormaler Kathodenfall in Luft an einer Platindrahtkathode.

Nachdem frühere Messungen auf einen linearen Zusammenhang zwischen Kathodenfall und Stromdichte hingedeutet hatten, kam STARK[1]) durch Messungen an Drahtkathoden dazu, das Gesetz

$$K_a - K_n = \frac{k}{p}(j_a - j_n)^{\frac{1}{2}} \qquad (1)$$

aufzustellen. Hierin bedeuten K = Kathodenfall, j = Stromdichte, n = normal, a = anormal; k ist eine vom Gas und vom Kathodenmaterial abhängige Konstante. Die Gleichung, die die Beobachtungen, welche bis zu 1800 Volt reichen, sehr gut wiedergibt (vgl. die Kurven der Abb. 28), stellt eine Parabel dar mit der Achse parallel zur j-Achse. Ihr Parameter ist $k^2/2p^2$, die Koordinaten des Scheitelpunktes sind K_n und j_n. Gegen diese Versuche ist nun, wie auch STARK selbst hervorhebt, derselbe Einwand wie gegen die Messungen des normalen Kathodenfalls an Drähten, nur in noch erhöhtem Maße, zu machen: daß nämlich infolge des Stromdurchgangs die Kathode sich mit zunehmendem Kathodenfall immer mehr, und zwar in unübersehbarer Weise erhitzt. Die Abbildung stellt Beobachtungen dar, bei denen dieser Fehler möglichst klein war. Für die ungefähre Richtigkeit dieser Versuche spricht auch die angenäherte Übereinstimmung der Formel (1) mit der gleich zu besprechenden Formel von Aston. Durch Einführung der Stromstärke $i = jf$ (f = Kathodenoberfläche) kann man der Formel (1) noch die andere Form

$$K_a - K_n = \frac{k}{p}\left(\frac{i_a}{f} - j_n\right)^{\frac{1}{2}} \qquad (2)$$

geben. Man sieht dann, daß der anormale Kathodenfall cet. par. um so größer wird, je kleiner die Kathodenoberfläche ist. Diese Tatsache führt, wie hier nur

[1]) J. STARK, Phys. ZS. Bd. 3, S. 88. 1902 u. Ann. d. Phys. Bd. 12, S. 1. 1903.

erwähnt werden soll, zur Konstruktion von namentlich in der Röntgenstrahlentechnik verwendeten sog. Ventilröhren. Dies sind Entladungsröhren, die den Glimmstrom nur in einer Richtung durchlassen, weil die beiden Elektroden sehr verschieden große Oberflächen haben, wodurch bei gegebener Stromstärke der Kathodenfall der einen Elektrode viel größer wird als derjenige der andern.

Eine weitere mögliche Umformung der Gleichung (1) ist [gemäß der Formel (3) $d_a = \mathrm{const}/p$ in Ziff. 12] die Einführung der Dunkelraumlänge d_a statt des Gasdrucks.

ASTON[1]) hat in verschiedenen Gasen mit ebenen, scheibenförmigen Kathoden Messungen angestellt. Solche Kathoden erhitzen sich beim Stromdurchgang natürlich viel weniger als drahtförmige, obgleich speziell bei den ASTONschen Versuchen die Kühlung noch ungenügend war. Immerhin ist bemerkenswert, daß die von ASTON gefundene Beziehung

$$K_a = E + \frac{F\sqrt{j_a}}{p}, \tag{3}$$

welche im Gegensatz zur STARKschen Beziehung den normalen Fall nicht mit einbegreift, wenigstens für größere Stromdichten angenähert mit dieser übereinstimmt. E und F sind in dieser Formel Konstante, deren Werte, wenn p in mm Hg, K_a in Volt und j_a in elektrostat. Einh. gemessen werden, für eine Aluminiumscheibe von 4,2 cm Durchmesser mit Schutzring als Kathode und für eine Reihe von Gasen in der Tabelle 17 zusammengestellt sind. In bezug auf diese Messungen muß folgende Bemerkung gemacht werden: Für sehr große Stromdichten reduziert sich die Formel (3) auf

$$K_a = F\frac{\sqrt{j_a}}{p}. \tag{4}$$

Tabelle 17. Werte der Konstanten in der ASTONschen Formel (3).

	F	E
H_2	0,00465	144
N_2	0,00194	230
Luft	0,00191	230
O_2	0,00143	290

Ferner hat ASTON für die Dunkelraumlänge d_a den Ausdruck [vgl. Formel (1) in Ziff. 11] $d_a = \frac{a}{p} + \frac{b}{\sqrt{j_a}}$ angegeben. Für große Stromdichten reduziert sich dieser auf

$$d_a = \frac{a}{p}. \tag{5}$$

Aus (4) und (5) folgt, daß

$$\frac{j_a d_a^3 p}{K_a^2} = \frac{a^3}{F^2} \tag{6}$$

ist. ASTON hat nun die sehr bemerkenswerte Beobachtung gemacht, daß unter den angegebenen Versuchsbedingungen der Ausdruck (6) nicht nur konstant ist, sondern daß er für alle vier in der Tabelle genannten Gase denselben Wert hat.

Von den weiteren Messungen des Zusammenhangs von K_a und j_a verdienen die Beobachtungen von EISENMANN[2]) und eine dieselben darstellende Formel wenig Zutrauen. EISENMANN verwendet zu seinen Messungen eine sehr dünne Aluminiumdrahtkathode in Luft. Die Gestalt seiner Kurven stimmt vollkommen mit derjenigen überein, die STARK bei besonders intensiver Erwärmung der Kathode erhält und die er deswegen für unrichtig ansieht. In neuester Zeit hat noch GÜNTHERSCHULZE bei Messungen mit einer gekühlten Platinkathode in Wasserstoff die Beziehung $K_a = \mathrm{const}\sqrt[4]{j_a}$ gefunden, er schreibt ihr aber keine tiefere Bedeutung zu[3]).

[1]) F. W. ASTON, Proc. Roy. Soc. London Bd. 79, S. 91. 1907; Bd. 87, S. 437. 1912.
[2]) K. EISENMANN, Verh. d. D. Phys. Ges. Bd. 14, S. 297. 1912.
[3]) A. GÜNTHERSCHULZE, ZS. f. Phys. Bd. 20, S. 1. 1923.

Mit der in Ziff. 20 erwähnten Meßmethode hat endlich DÄLLENBACH[1]) einen für kleine Stromdichten wesentlich andern Verlauf des Kathodenfalls erhalten, als er von allen übrigen Beobachtern früher gefunden wurde. Bisher wurde nämlich immer angenommen, daß die Glimmentladung bei einer Stromdichte auf der Kathode, die kleiner ist als diejenige beim normalen Kathodenfall, nicht existieren kann, so daß also die Kurven, welche den Kathodenfall als Funktion der Stromdichte j darstellen (vgl. Abb. 28), erst bei der normalen Stromdichte beginnen und hier gleich unter einem von Null verschiedenen Winkel mit der j-Achse ansteigen. Im Gegensatz hierzu findet DÄLLENBACH, daß in seiner Versuchsanordnung (parallele Scheibenelektroden) die Glimmentladung auch bei einer Stromdichte, die kleiner als die normale ist, bestehen kann, indem das Glimmlicht auch dann noch die ganze Kathodenoberfläche bedeckt hält. Der Kathodenfall bei dieser Glimmentladung mit unternormaler Stromdichte ist nun ebenfalls größer als der normale. In der von DÄLLENBACH[2]) angegebenen schematischen Kurve (Stromstärke als Funktion des Kathodenfalls) kommt daher dem normalen Kathodenfall nicht mehr die ausgezeichnete Stellung zu, wie dies bisher der Fall war. Er stellt nur noch „ein ausgeprägtes, insbesondere nach kleinen Stromwerten flach verlaufendes Minimum dieser Kurve dar".

Nach diesen Beobachtungen würde also in einer derartigen Versuchsanordnung das HEHLsche Gesetz keine Gültigkeit mehr haben. Man erhält aber den unternormalen Teil der Charakteristik (nach mündlicher Mitteilung des Autors) nur dann, wenn erstens die plattenförmigen Elektroden einander ganz genau parallel und symmetrisch gegenüberstehen, und wenn zweitens der Elektrodenabstand so klein ist, daß sich keine positive Säule ausbilden kann. Bei der geringsten Asymmetrie bedeckt das Glimmlicht nicht mehr die ganze Kathodenoberfläche, sondern es zieht sich auf irgendeinen Teil der Kathode zusammen. Die DÄLLENBACHschen Untersuchungen sind leider erst in einer vorläufigen Mitteilung dargestellt. Bevor man zu ihnen Stellung nimmt, wird man daher weitere Versuche abwarten müssen. Insbesondere muß noch einwandfrei festgestellt werden, daß auf dem fallenden Kurvenast der Charakteristik, der zu den unternormalen Stromdichten gehört, auch wirklich keine Intermittenzen in der Glimmentladung vorhanden waren[3]).

Es erhebt sich schließlich noch die Frage nach der Druckabhängigkeit der anormalen Stromdichte bei konstant gehaltenem Kathodenfall. Aus der STARKschen Formel (1) erhält man, wenn man für drahtförmige Elektroden darin $j_n = \varkappa \cdot p$ einsetzt, wie dies STARK gefunden hat (vgl. Ziff. 24), $j_a = \varkappa p + \frac{p^2}{k^2}(K_a - K_n)^2$, doch ist diese Formel wegen der Bedenken, die man infolge der schlechten Kühlung der Kathode haben muß, nur angenähert richtig.

Aus der ASTONschen Formel (3) findet man für $K_a = \text{const}$ die Beziehung $j_a = \text{const}\, p^2$. An plattenförmigen Kathoden nimmt also nicht nur die normale, sondern auch die anormale Stromdichte bei konstantem Kathodenfall proportional mit p^2 zu.

STARK[4]) hat auch den Einfluß eines Magnetfeldes auf den anormalen Kathodenfall untersucht: ein longitudinales Magnetfeld verändert den Kathodenfall nicht, ein transversales Feld bewirkt eine Verkleinerung von k und f in Formel (2), und zwar überwiegt für kleine Feldstärken die erstere und für große die letztere Wirkung.

---

[1]) A. GÜNTHERSCHULZE, ZS. f. Phys. Bd. 33, S. 810. 1925.
[2]) W. DÄLLENBACH, Phys. ZS. Bd. 26, S. 483. 1925.
[3]) W. DÄLLENBACH, Phys. ZS. Bd. 26, S. 484. 1925.
[4]) J. STARK, Ann. d. Phys. Bd. 12, S. 31. 1903.

28. Anormaler Kathodenfall bei Behinderung der Längenausdehnung des Glimmlichts. Wir haben bisher nur von dem anormalen Kathodenfall gesprochen, der sich einstellt, wenn das Glimmlicht an seiner weiteren Flächenausbreitung durch die Begrenzung der Kathodenoberfläche gehindert wird. Die normalen kathodischen Entladungsteile brauchen zur ungestörten Entwicklung aber auch eine bestimmte Tiefe, welche ungefähr durch die Länge des negativen Glimmlichts gegeben ist, und eine Erhöhung des Kathodenfalls tritt ebenfalls ein, wenn die Tiefenausbreitung des Glimmlichts gehindert wird. Diese Art des anormalen Kathodenfalls erhält man, wenn man in einem Entladungsrohr mit verschiebbarer Anode den Elektrodenabstand soweit verkleinert, daß die Anode an Raumstellen zu liegen kommt, wo vorher das negative Glimmlicht sich befand. Wenn auf diese Weise ein größerer Teil des Glimmlichts abgeschnitten wird, und wenn man auch noch dafür Sorge trägt, daß das Glimmlicht beim Annähern der Anode nicht einfach nach der Seite ausweichen kann, so steigt der Kathodenfall sehr stark an (vgl. Abb. 26 in Ziff. 20). Bezeichnet man j_a/K_a als Leitfähigkeit, so kann man auch sagen, daß beim Annähern der Elektroden über einen gewissen Minimalabstand die Leitfähigkeit der Glimmentladung plötzlich rasch abnimmt.

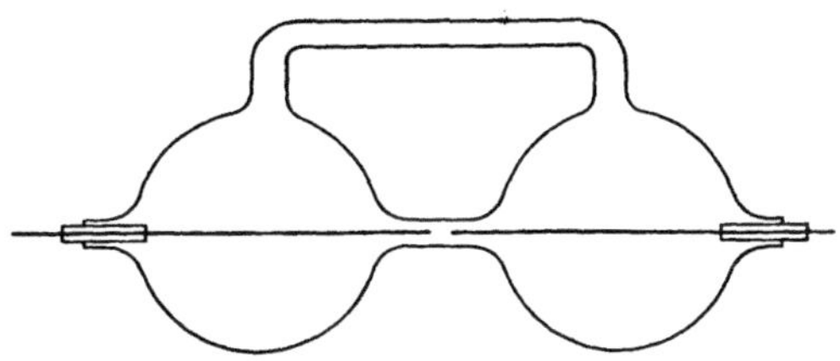

Abb. 29. HITTORFsche „Umweg"-Röhre.

Auf dieser Tatsache beruht die Konstruktion der sog. HITTORFschen[1]) Umwegröhre (vgl. Abb. 29). In dieser wählt der Strom als Entladungsbahn den oft als Spirale von bis zu 4 m Länge ausgebildeten „Umweg", weil dieser Weg immer noch eine größere Leitfähigkeit besitzt als die kleine Gasstrecke, welche den kürzesten Abstand der beiden Elektroden darstellt.

29. Befreiung von Elektronen aus der Kathode durch Kanalstrahlenstoß. Die Befreiung von Elektronen aus Metalloberflächen durch Kanalstrahlenstoß wird von RÜCHARDT (vgl. Band 24) ausführlich besprochen. Wir begnügen uns daher hier mit einigen Bemerkungen und verweisen im übrigen auf den genannten Artikel. Für die Theorie der Glimmentladung sind derartige Messungen aus folgendem Grund von Interesse: Es ist zwar sicher, daß vor der Kathode die Elektrizitätsleitung zum größten Teil durch positive Ionen geschieht. Hierfür sprechen z. B. einige in Ziff. 8 erwähnte spektroskopische Beobachtungen. Ferner weisen darauf hin Versuche von ASTON[2]) mit lichtmühlenähnlichen Rädern, deren Drehung im negativen Dunkelraum gegen die Kathode zu, im Glimmlicht dagegen von ihr weg gerichtet war. Eine auch nur rohe quantitative Bestimmung des relativen Anteils der positiven und negativen Ladungsträger am Elektrizitätstransport hat sich vor der Kathode aber bisher noch nicht durchführen lassen. Vielleicht wird das aber in Zukunft dadurch möglich werden, daß man einerseits die Wirksamkeit der Stöße langsamer Kanalstrahlen beim Aufprall auf Metalloberflächen in bezug auf die Elektronenbefreiung als Funktion der Geschwindigkeit der auftreffenden Teilchen mißt und anderseits die Geschwindigkeit der positiven Ionen der Glimmentladung beim Aufprall auf die Kathode aus Kathodenzerstäubungsversuchen bestimmt. Leider liegen gerade bezüglich der Elektronenbefreiung durch langsame Kanalstrahlen noch kaum Beobachtungen vor. Die vorhandenen Untersuchungen beziehen sich

---

[1]) W. HITTORF, Pogg. Ann. Bd. 136, S. 212. 1867.
[2]) F. W. ASTON, Proc. Roy. Soc. London Bd. 79, S. 89. 1906.

meist auf die Stöße von Kanalstrahlen, welche recht beträchtliche Geschwindigkeiten besitzen, was den Verhältnissen beim stark anormalen Kathodenfall entsprechen dürfte. Aber auch diese letzteren Versuche haben noch durchaus nicht zu eindeutigen Resultaten geführt. Um einen Begriff von der Größenordnung der Stoßausbeute zu geben, sollen wenigstens die Ergebnisse einer Untersuchung von BAERWALD[1]) kurz erwähnt werden. Danach erhält man für Wasserstoff-Kanalstrahlen den in Abb. 30 dargestellten Verlauf für den Zusammenhang zwischen der Voltgeschwindigkeit der Strahlen und der Menge der von ihnen an einer Messingkathode ausgelösten Elektronen (gemessen durch Elektrometerausschlag). Die Elektronenemission der Kathode beginnt bei einer Kanalstrahlengeschwindigkeit von 20 bis 30 Volt und steigt dann mit zunehmender Geschwindigkeit schnell an. Für Strahlen, die einer Röhrenspannung von 300 Volt entsprechen, werden pro auffallende Kanalstrahlenkorpuskel 2 Elektronen aus dem Metall befreit. Von 5000 Volt Röhrenspannung an nimmt die Ausbeute nur mehr langsamer zu und erreicht bei 20000 Volt ihren Endwert von 5 bis 6 Elektronen pro Kanalstrahlenteilchen. Die Geschwindigkeit, mit der die abgelösten Elektronen das Metall verlassen, ist abhängig von derjenigen der aufprallenden Kanalstrahlen; solange die Geschwindigkeit der letzteren aber unterhalb 500 Volt liegt, ist sie vernachlässigbar klein. Während das qualitative Versuchsresultat, daß die Elektronenausbeute mit der Geschwindigkeit der Kanalstrahlen wächst, wohl feststeht, ist quantitativ diese Ausbeute von andern Autoren in andern Gasen bis zu 100mal kleiner gefunden worden. Z. B. finden DÄLLENBACH, GERECKE und STOLL[2]), daß die Elektronenausbeute für Quecksilberionen, die auf eine Eisenplatte aufprallen, bei 3000 Volt kleiner als 1% ist, ein Resultat, das für Spannungen bis zu 1300 Volt auch von LANGMUIR und MOTT-SMITH[3]) bestätigt wird[4]).

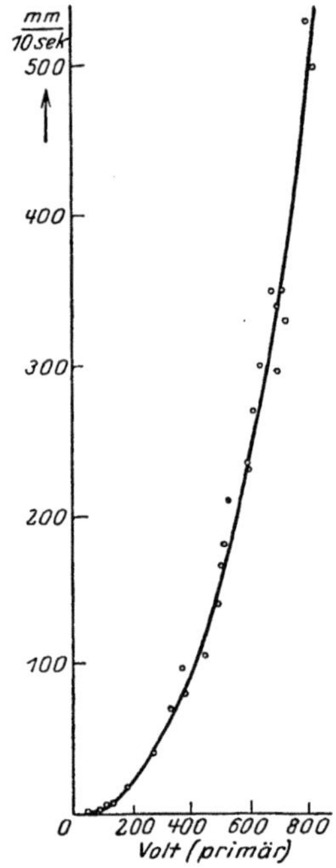

Abb. 30. Zusammenhang zwischen der Voltgeschwindigkeit der positiven Strahlen, welche von einem Glühdraht ausgehen, und der von ihnen beim Aufprall auf eine Messingplatte ausgelösten Anzahl von Sekundärelektronen.

Auf Versuche von GÜNTHERSCHULZE[5]), aus energetischen Messungen das Verhältnis vom Elektronen- zum Ionenstrom, d. h. die Ausbeute beim Stoß der positiven Ionen auf die Kathode in bezug auf Elektronenbefreiung, zu bestimmen, sei hier hingewiesen.

30. Die Kathodenstrahlen. Von PLÜCKER wurde 1859 das Leuchten des Glases in der Nachbarschaft der Kathode (Kathodolumineszenz) in einer weit ausgepumpten Röhre (Gasdruck: wenige Hundertstel mm Hg, Spannung: einige tausend Volt) entdeckt. Ebenso beobachtete er, daß die leuchtende Stelle bei Annäherung eines Magneten ihre Lage auf der Glaswand veränderte. HITTORF bemerkte 1869, daß ein zwischen die Kathode und die Glaswand gebrachter

---

[1]) H. BAERWALD, Ann. d. Phys. Bd. 60, S. 1. 1919 u. Bd. 65, S. 167. 1921.

[2]) W. DÄLLENBACH, E. GERECKE u. E. STOLL, Phys. ZS. Bd. 26, S. 10. 1925; vgl. ferner A. L. KLEIN, Phys. Rev. Bd. 26, S. 800. 1925.

[3]) I. LANGMUIR u. H. MOTT-SMITH, Gen. Electr. Rev. Bd. 27, S. 538. 1924, vgl. S. 545.

[4]) Anm. bei der Korr.: Etwas größere Werte (bis 7%) findet W. J. JACKSON (Phys. Rev. Bd. 28, S. 524. 1926) für die Elektronenbefreiung aus Aluminium, Nickel und Molybdän durch Kaliumionen von 200—1000 Volt.

[5]) A. GÜNTHERSCHULZE, ZS. f. Phys. Bd. 37, S. 868. 1926.

Körper, gleichviel ob er durchsichtig oder undurchsichtig und ob er ein Leiter der Elektrizität oder ein Isolator war, auf der Glaswand einen Schatten erzeugte. Aus der Lichterregung und Wärmeproduktion auf der Glaswand sowie aus der geometrischen Begrenzung der Schattenbildung folgt, daß man es hier mit einer Strahlenart zu tun hat, die von der Kathode ausgeht, sich geradlinig im Raum fortpflanzt, und dabei beträchtliche Energiemengen mit sich führt. Von GOLDSTEIN wurden diese Strahlen Kathodenstrahlen genannt. Ihr eigentliches Wesen wurde erst nach und nach richtig erkannt. Heute wissen wir, daß die Kathodenstrahlen aus bewegten Elektronen bestehen, d. h. daß dieselben (bei kleiner Geschwindigkeit) beinahe masselose Strahlen bewegter, negativer Elektrizität darstellen. Bezüglich aller Eigenschaften der Kathodenstrahlen sei auf Band 22 verwiesen. Hier soll nur noch die Frage nach dem Ort der Entstehung dieser Strahlen behandelt werden.

Aus zahlreichen Beobachtungen folgt, daß die Kathodenstrahlen bei sehr niedrigem Gasdruck, z. B. in einer gasgefüllten Röntgenröhre, ausschließlich von der Kathodenoberfläche ausgehen, wo sie von den auftreffenden positiven Ionen erzeugt werden. Bei den höheren Gasdrucken der eigentlichen Glimmentladung, wo die positiven Ionen aber schon im negativen Dunkelraum zahlreiche Zusammenstöße mit den Gasmolekülen durchmachen, wäre auch eine reichlichere Erzeugung von Kathodenstrahlen im Dunkelraum denkbar. Dagegen spricht allerdings schon der Einfluß des Kathodenmaterials auf die Höhe des Kathodenfalls, welcher theoretisch (vgl. Ziff. 40) nur durch die Annahme zu erklären ist, daß die durch die positiven Ionen erzeugten sog. primären Kathodenstrahlen zu einem großen Teil aus der Kathode selbst stammen. Ferner weisen darauf die Trägheitserscheinungen des Glimmlichts hin, aus denen man schließen muß, daß mindestens ein Teil der Kathodenstrahlen eine Geschwindigkeit besitzt, welche der Spannung des Kathodenfalls entspricht. Zu dem gleichen Schlusse führt auch der Verlauf der Intensitätsabnahme des Glimmlichts gegen den FARADAYschen Dunkelraum hin, zu dessen Erklärung nach SEELIGER und LINDOW[1]) wieder die Annahme nötig ist, daß mindestens ein Teil der primären Elektronen den ganzen Kathodenfall durchlaufen hat. Einen weiteren Beweis dafür, daß ein großer Teil der Kathodenstrahlen aus der Kathode selbst (und evtl. aus dem Gas in ihrer allernächsten Umgebung) stammt, geben endlich Schattenexperimente nach Art des von WEHNELT[2]) ausgeführten. Besonders überzeugend werden diese Versuche, wenn man nach MEYER und SCHÜLER[3]) der Glimmentladung noch ein transversales Magnetfeld überlagert, wodurch die Bahnen der positiven Ionen, die vom Magnetfeld nur wenig abgelenkt werden, eine andere Richtung erhalten als die der leicht ablenkbaren Kathodenstrahlen. Man hat dann das Bild der Abb. 31. *D* ist ein Draht, der sich in dem negativen Dunkelraum einer Glimmentladung mit anormalem Kathodenfall befindet. Derselbe erzeugt auf der Kathode einen Schatten *I*, der von der Abschirmung der auf die Kathode zu fallenden positiven Ionen durch den Draht herrührt, und auf dem Leuchtschirm *S* zwei weitere Schatten *II* und *III*, die von dem Fehlen

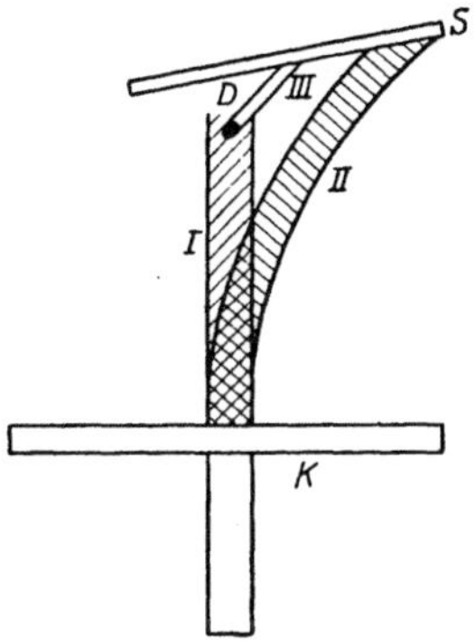

Abb. 31. Schattenwurf eines im negativen Dunkelraum befindlichen Körpers auf die Kathode und auf einen im Glimmlicht befindlichen Leuchtschirm bei überlagertem transversalen Magnetfeld.

[1]) R. SEELIGER u. W. LINDOW, Phys. ZS. Bd. 26, S. 393. 1925.
[2]) A. WEHNELT, Wied. Ann. Bd. 67, S. 421. 1899.
[3]) E. MEYER u. H. SCHÜLER, Ann. d. Phys. Bd. 56, S. 507. 1918.

der Kathodenstrahlen an diesen Stellen herrühren. Während die Existenz des Schattens *III* nur zeigt, daß die meisten Elektronen zwischen dem Draht und der Kathode erzeugt werden, beweist das Vorhandensein des Schattens *II*, daß die Elektronen wirklich in nächster Nähe des Schattens *I* auf der Kathode entstehen. Der Schatten *II* könnte unmöglich bestehen, wenn die Kathodenstrahlen überall im Raum zwischen dem Draht und der Kathode mit derselben Häufigkeit erzeugt würden. Es ist allerdings zu bemerken, daß die beiden Schatten *I* und *II*, wie dies auch in der Abbildung angedeutet ist, breiter und diffuser sind als der Schatten *III*, und man könnte daraus schließen, daß der Schatten *II* nur deswegen verwaschen ist, weil eben auch im Dunkelraum ein großer Teil der Kathodenstrahlen erzeugt wird. Nun ist aber der Schatten *II* gar nicht diffuser als der Schatten *I*. Daß dieser letztere verwaschen ist, rührt aber davon her, daß die Kanalstrahlen infolge ihrer Zerstreuung im Gase und infolge der Deformation des elektrischen Feldes durch den Draht von letzterem nur unvollkommen abgeschirmt werden. In der Tat ist der Schatten *II* auch schon ohne Magnetfeld gerade so verwaschen, in welchem Falle eine eventuelle Erzeugung von Kathodenstrahlen vor der Kathode noch keinen Einfluß auf seine Schärfe ausüben kann.

31. Die Strahlen der Kanalstrahlengruppe. Die Kanalstrahlen sind von Goldstein[1]) entdeckt worden. Sie gehen ebenfalls von der Kathode aus, haben aber die entgegengesetzte Richtung wie die Kathodenstrahlen. Man benutzt zu ihrer Beobachtung ein Entladungsrohr, dessen die lichte Weite ausfüllende Kathode einen oder mehrere enge Kanäle besitzt (evtl. kann auch ein Drahtnetz als Kathode verwendet werden). Bei stark anormalem Kathodenfall sind dann die Kanalstrahlen als ein in Luft gelblich leuchtender Strahl zu sehen (vgl. Abb. 32), der von der Durchbohrung in der Kathode aus sich in den der Anode abgewendeten Teil der Entladungsröhre erstreckt, wobei er sich allmählich erweitert und verwaschene Ränder bekommt.

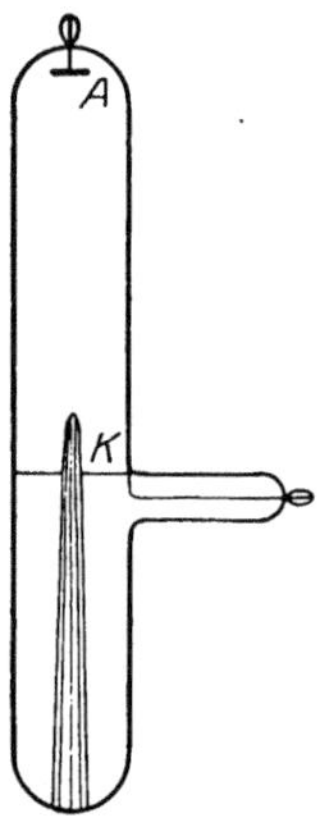

Abb. 32. Kanalstrahlenröhre.

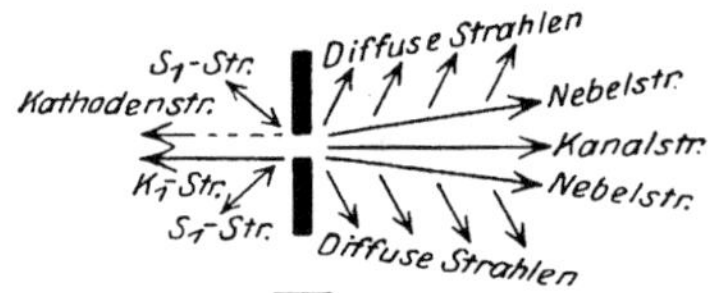

Abb. 33. Die von der Kathode ausgehenden Strahlen.

Nach Goldstein[2]) gehören die Kanalstrahlen zu einer Gruppe von Strahlen, der sog. Kanalstrahlengruppe (vgl. Abb. 33), welche aus 5 verschiedenen Strahlenarten besteht. In der Richtung der Kanalstrahlen bewegen sich außer den Kanalstrahlen selbst noch regelmäßige Nebelstrahlen, welche sich von der Durchbohrung in der Kathode aus unter großem Öffnungswinkel geradlinig ausbreiten. Diese Strahlen werden nach W. Wien[3]) vielleicht durch sekundäre Entladungen in den von den Kanalstrahlen leitend gemachten Gasräumen hervorgerufen. Ferner sieht man noch „diffuse Strahlen", welche nach W. Wien wahrscheinlich Kanalstrahlen sind, die durch häufige Zusammenstöße mit den Gasmolekülen aus ihrer ursprünglichen Richtung abgelenkt worden sind.

In der Richtung der Kathodenstrahlen gehen von der Kathode aus die ebenfalls von Goldstein[4]) entdeckten sog. K_1-Strahlen (retrograde rays

[1]) E. Goldstein, Berl. Ber. Bd. 39, S. 691. 1886.
[2]) E. Goldstein, Verh. d. D. Phys. Ges. Bd. 4, S. 228. 1902.
[3]) W. Wien, Kanalstrahlen. Marx' Handb. d. Rad. Bd. IV, 2. Aufl., S. 190.
[4]) E. Goldstein, Verh. d. D. Phys. Ges. Bd. 3, S. 204. 1901.

J. J. THOMSONS). Dieselben breiten sich geradlinig aus und geben geometrische Schatten. Sie bestehen wahrscheinlich aus negativ geladenen Masseteilchen, die durch den Kathodenfall in entgegengesetzter Richtung beschleunigt werden wie die Kanalstrahlen. Die K_1-Strahlen haben als diffuse Begleiter noch die sog. S_1-Strahlen oder „Strahlen der ersten Schicht".

Von den fünf Strahlenarten der Kanalstrahlengruppe sind die Kanalstrahlen als die wichtigsten am eingehendsten untersucht worden. Was zuerst ihren Ladungszustand betrifft, so kommen in den Kanalstrahlen neutrale sowie positiv und negativ geladene Teilchen vor. Nach BAERWALD[1]) entfallen bei Wasserstoffkanalstrahlen auf je 100 Teilchen ca. 67 ungeladene, 30 positive und 3 negative Partikeln, welche Zusammensetzung aber noch etwas mit der Spannung, bei der die Kanalstrahlen erzeugt werden, variiert. Bezüglich aller weiteren Untersuchungen betreffend die Ladung und Masse der Kanalstrahlenteilchen in den verschiedenen Gasen sei auf Band 22 verwiesen.

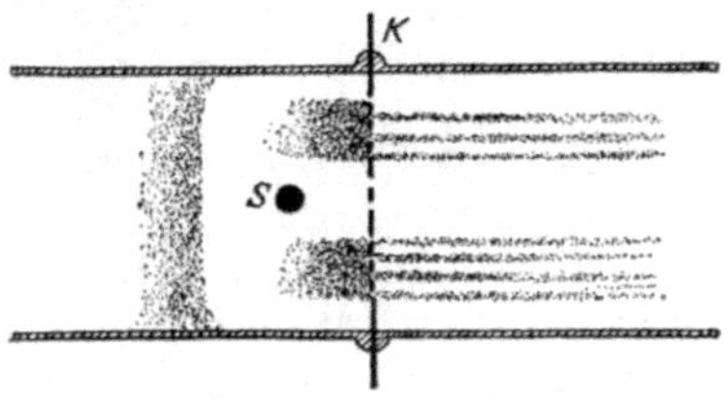

Abb. 34. Schattenexperiment nach WEHNELT zum Nachweis des Entstehungsortes der Kanalstrahlen.

Über den Entstehungsort der Kanalstrahlen in der Entladungsbahn läßt sich folgendes aussagen. Daß diese Strahlen nicht erst unmittelbar vor oder gar auf der Kathode entstehen, selbst sondern durch ionisierende Zusammenstöße von Elektronen mit Gasmolekülen im negativen Dunkelraum und im Glimmlicht erzeugt werden, geht schon aus den bereits erwähnten Schattenexperimenten von WEHNELT hervor: bringt man in den negativen Dunkelraum einen Draht S, so ist in der ersten Kathodenschicht und in dem Kanalstrahlenbündel hinter der Kathode eine Lücke vorhanden (vgl. Abb. 34). Daß die Kanalstrahlen schon vor der Kathode entstehen, erkennt man ferner daran, daß die Stelle, wo der leuchtende Strahl in der Kanalstrahlenröhre (vgl. die schematische Zeichnung in Abb. 32) einsetzt, deutlich vor der Kathode liegt. Einen weiteren Aufschluß über den Entstehungsort dieser Strahlen liefern die Messungen über die Abhängigkeit der Geschwindigkeit der Kanalstrahlen von der an der Röhre anliegenden Spannung. Tabelle 18 gibt als Beispiel Messungen von W. WIEN[2]) an Sauerstoffkanalstrahlen wieder: V ist die aus Ablenkungsversuchen bestimmte, dem (mit der Thermosäule gemessenen) Energiemaximum entsprechende, in Volt umgerechnete Geschwindigkeit der Kanalstrahlen, V_0 die an der Röhre anliegende Spannung. Man sieht, daß die Geschwindigkeit der Strahlen um so größer wird, je größer V_0 ist. Weitere Messungen über den Zusammenhang zwischen der Geschwindigkeit der Kanalstrahlen und der Röhrenspannung für Luft und für Wasserstoff und in einem Spannungsbereich von 15 bis 45 Kilovolt hat in letzter Zeit noch G. P. THOMSON[3]) angestellt. Er findet, daß die Voltgeschwindigkeit der Kanalstrahlen in diesem Bereich ungefähr $^3/_5$ der angelegten Spannung beträgt. Dieser Zusammenhang zwischen der Röhrenspannung und der Kanalstrahlengeschwindigkeit ist ohne komplizierte Hypothesen wohl nur

Tabelle 18. Zusammenhang zwischen Voltgeschwindigkeit und Röhrenspannung für Sauerstoff-Kanalstrahlen.

Geschwindigkeit V in Volt	Entladungsspannung V_0 in Volt
28100	48000
22300	35500
14100	20100
28100	48000
15600	26000
18000	30000
18000	31500
16800	31500
14000	19500

[1]) H. BAERWALD, Ann. d. Phys. Bd. 65, S. 167. 1921.
[2]) W. WIEN, Ann. d. Phys. Bd. 33, S. 871. 1910; vgl. Tab. IV.
[3]) G. P. THOMSON, Proc. Roy. Soc. Edinburgh Bd. 44, S. 129. 1923/24.

durch die Annahme zu erklären, daß die Kanalstrahlen schon vor der Kathode, und zwar hauptsächlich im negativen Dunkelraum erzeugt werden.

Beim normalen Kathodenfall dürfte die Kanalstrahlenquelle, d. h. der Ort in der Entladungsbahn, wo diese Strahlen entstehen, sogar noch weiter entfernt von der Kathode, nämlich im Saum des negativen Glimmlichts liegen. Wenn man nämlich, wie in Ziff. 15 erwähnt, bei konstant gehaltener Elektrodenspannung in einer Glimmentladung mit normalem Kathodenfall die Anode der Kathode immer mehr annähert, so beobachtet man so lange keine wesentliche Abnahme des Stromes, als die Anode sich noch im FARADAYschen Dunkelraum oder sogar im negativen Glimmlicht befindet, wenn nur von letzterem noch ein Stück übrigbleibt, dessen Länge ein bis zwei Zehntel der Länge des negativen Dunkelraums beträgt. Dies beweist, daß der Ort, an dem sich bei der Glimmentladung der die Leitfähigkeit des Gases aufrechterhaltende Mechanismus befindet, von der Anode noch nicht berührt wird. Nähert man aber die Anode der Kathode noch weiter, so erlischt die Glimmentladung ziemlich plötzlich.

32. Erwärmung der Kathode. Schon PLÜCKER (1858) war es bekannt, daß die Kathode der Ort der größten Wärmeentwicklung bei der Glimmentladung ist. HODGSON[1]) sowie HODGSON und MAINSTONE[2]) maßen die Temperaturerhöhung der Kathode bei der Glimmentladung in Wasserstoff, Stickstoff, Sauerstoff und Luft unter Verwendung einer Reihe von Kathodenmaterialien. Sie vergleichen dann die auf der Kathode freiwerdende Wärmemenge W mit der elektrischen Energie iK (i = Stromstärke, K = Kathodenfall); dabei finden sie, daß, soweit sie dies feststellen können, Übereinstimmung der beiden Größen besteht. Dem widersprechen aber die Ergebnisse einiger Versuche von GÜNTHERSCHULZE[3]), welcher die Erwärmung der Kathode nach zwei verschiedenen Methoden bestimmte. Bei der einen Methode brachte er eine Eisenkugel als Kathode einer Glimmentladung zur Rotglut und bestimmte dann die Wärmemenge, welche ihr zugeführt werden mußte, um sie ohne Glimmentladung auf dieser Temperatur zu erhalten. Bei der anderen Methode diente eine dünne Platinfolie als Kathode, deren Temperaturerhöhung beim Durchgang des Glimmstroms aus ihrer Widerstandsänderung gemessen wurde, worauf hinterher die Wärmemenge bestimmt wurde, die dieselbe Widerstandserhöhung hervorbrachte. Mit diesen Methoden ergab sich bei Versuchen in Argon, Wasserstoff und Stickstoff, daß von der Energie iK je nach der Gasart und dem Gasdruck 30 bis 70% in Form von Wärme in der Kathode frei wurde. Einwandfreier und übersichtlicher sind weitere Versuche von GÜNTHERSCHULZE[4]), bei denen ein mit 5 kg Quecksilber gefülltes Gefäß als Kathode diente, so daß sich die Kathode beim Stromdurchgang auf höchstens 31° C erwärmte. Hierbei ergab sich bei schwach anormalem Kathodenfall eine Wärmeausbeute von 80% für Wasserstoff und von 85% für Stickstoff.

An Osramglimmlampen (Lampen mit Helium-, Neon-, Argon- und Helium-Neonfüllung) hat schließlich RÜTTENAUER[5]) Messungen der Kathodentemperatur in Abhängigkeit vom Wattverbrauch und vom Gasdruck gemacht, ohne aber die auf die Kathode übertragene Energie zu bestimmen. Bemerkenswert ist die Feststellung, daß Verunreinigungen des Füllgases die Kathodentemperatur nach Maßgabe ihres gegenüber dem Füllgas größeren Wärmeableitungsvermögens herabsetzen, so daß die Erwärmung der Kathode ein Maß für die Reinheit des Füllgases ist.

---

[1]) B. HODGSON, Phil. Mag. Bd. 25, S. 453. 1913.
[2]) B. HODGSON u. P. A. MAINSTONE, Phil. Mag. Bd. 26, S. 411. 1913.
[3]) A. GÜNTHERSCHULZE, ZS. f. Phys. Bd. 15, S. 8. 1923.
[4]) A. GÜNTHERSCHULZE, ZS. f. Phys. Bd. 23, S. 334. 1924.
[5]) A. RÜTTENAUER, ZS. f. Phys. Bd. 19, S. 124. 1923.

Auf die Frage, wie der Transport der elektrischen Energie auf die Kathode vor sich geht, d. h. ob er durch die gerichtete Geschwindigkeit der Kanalstrahlen oder ob er durch die Wärmeleitung des Gases bewerkstelligt wird, gehen wir im theoretischen Teil (Ziff. 43) ein.

33. Die Kathodenzerstäubung[1]). Daß die Kathode unter dem Einfluß der Glimmentladung zerstäubt, war schon PLÜCKER 1858 bekannt. Später wurde die Kathodenzerstäubung auch beim negativen Spitzenstrom und beim Aufprallen der Kanalstrahlen auf feste Körper gefunden. CROOKES[2]) hat die verschiedenen Metalle auf ihre Zerstäubbarkeit, wenn sie in Luft als Kathode einer Glimmentladung benutzt werden, untersucht und dabei folgende nach wachsender Zerstäubung geordnete Reihenfolge gefunden: Aluminium und Magnesium (= 0), Eisen, Iridium, Nickel, Kadmium, Kupfer, Platin, Zinn, Blei, Silber, Gold, Palladium. Dieselbe Reihenfolge gilt ungefähr auch in den andern Gasen. GRANQVIST[3]) fand dann, daß die Kathodenzerstäubung von der Temperatur der Kathode unterhalb Weißglut unabhängig ist. Was nun die Abhängigkeit der Kathodenzerstäubung von der Spannung betrifft, so konnten HOLBORN und AUSTIN[4]) zeigen, daß bei Versuchen in Luft mit einer Reihe von Kathodenmetallen die zerstäubte Menge m als Funktion des Kathodenfalls K, welcher bei konstant gehaltener Stromdichte (ca. 1 Milliamp./cm²) durch Veränderung des Gasdrucks eingestellt wurde, sich recht gut durch die Gleichung

$$m = k(K - K_0) \tag{1}$$

darstellen läßt, wo k und K_0 Konstante sind, von denen speziell k, d. h. die bei der Spannung $(K_0 + 1)$ Volt zerstäubte Menge noch vom Kathodenmaterial abhängt. Dieselbe Gleichung läßt sich, wie sich später zeigte, mit andern Werten für die Konstanten auch für die meisten andern Gase verwenden. Darnach wird also die Zerstäubung erst oberhalb eines gewissen Schwellenwertes des Kathodenfalls merklich und nimmt dann linear mit diesem zu. Nach KOHLSCHÜTTER[5]), der in Stickstoff und Argon Zerstäubungsversuche mit verschiedenen Metallen angestellt hat, liegt der Schwellenwert der Spannung zwischen 400 und 600 Volt, ist also beträchtlich größer als der normale Kathodenfall, der bei der Kathodenzerstäubung keine ausgezeichnete Stellung besitzt. Für die Zerstäubung von 22 verschiedenen Metallen in Wasserstoff und Sauerstoff hat neuerdings GÜNTHERSCHULZE[6]) den Schwellenwert und die zugehörige Konstante k gemessen.

Für große Spannungen wächst dann die Zerstäubung langsamer an als die Spannung und nähert sich schließlich vielleicht einem Grenzwert. Die obere Grenzspannung, bis zu welcher die Gleichung (1) gültig bleibt, ist nach KOHLSCHÜTTER stark abhängig von der Natur des Gases. Sie ist in Wasserstoff sehr viel kleiner als in Argon; Sauerstoff und Stickstoff liegen dazwischen. Für Platin in Luft ist z. B. bei 2360 Volt noch keine Abweichung von der Linearität zu bemerken. Die zerstäubte Menge ist ferner proportional der Stromstärke, und sie ist für $K = 1000$ Volt in Luft von ungefähr derselben Größenordnung wie die in einem Voltameter von der gleichen Elektrizitätsmenge gelöste Metallmenge.

---

[1]) Zusammenfassende Bearbeitung der bis 1912 erschienenen Literatur bei V. KOHLSCHÜTTER, Jahrb. d. Radioakt. Bd. 9, S. 359. 1912; vgl. ferner G. W. C. KAYE, X-Rays. London: Longmans, Green & Co. 1918.

[2]) W. CROOKES, Proc. Roy. Soc. London Bd. 50, S. 88. 1897.

[3]) G. GRANQVIST, Oefv. Vet. Akad. Förh. Stockholm 1898, S. 709.

[4]) L. HOLBORN u. L. W. AUSTIN, Phil. Mag. Bd. 8, S. 145. 1904.

[5]) V. KOHLSCHÜTTER, ZS. f. Elektrochem. Bd. 15, S. 316. 1909.

[6]) A. GÜNTHERSCHULZE, ZS. f. Phys. Bd. 38, S. 575. 1926.

Die Zerstäubung in einem bestimmten Gas steht in keinem einfachen Verhältnis zu den Atomgewichten der zerstäubten Metalle, d. h. man erhält, wenn man die zerstäubte Gewichtsmenge m durch das Atomgewicht A des betreffenden Metalls dividiert und so die Anzahl der zerstäubten Metallatome berechnet, durchaus keine konstante Anzahl. Wenn man aber die Atomgewichte noch durch kleine ganze Zahlen n (1 bis 4) dividiert, so ist die Zahl nk/A in demselben Gas für verschiedene Kathodenmetalle wenigstens angenähert konstant. [Die Zahl n ist manchmal als „Wertigkeit" angesprochen worden, obgleich sie oft nicht mit der normalen chemischen Wertigkeit übereinstimmt[1]).] Die folgende Tabelle gibt die Versuche von KOHLSCHÜTTER in Stickstoff wieder. K_0 ist hierin für alle untersuchten Metalle = 570 Volt.

Tabelle 19. Kathodenzerstäubung in Stickstoff.

Metall	A	k	n	kn/A
Ag	107,9	0,0396	1	0,000366
Au	197,3	0,0390	2	0,000396
Pt	194,8	0,0274	3	0,000422
Pd	106,7	0,0214	2	0,000401
Cu	63,6	0,0123	2	0,000387
Ni	58,7	0,0062	4	0,000413

Die Zerstäubung desselben Metalls in verschiedenen Gasen nimmt im allgemeinen mit dem Atomgewicht des Gases zu. Kleine Verunreinigungen setzen die Zerstäubung in Edelgasen herab. Besonders ist dies der Fall bei Neon und noch vielmehr bei Argon[2]). Noch mehr als auf die Reinheit des Gases kommt es aber auf die Reinheit der Metalloberfläche an. Schon eine geringe Oxydschicht vermag oft die Zerstäubung ganz zu verhindern.

Über Größe und Ladung der zerstäubenden Metallpartikeln geben in neuester Zeit angestellte Versuche eine gewisse Auskunft. Was zunächst die Gleichung (1) betrifft, so ist der hierdurch dargestellte Zusammenhang zwischen m und K möglicherweise nicht der das wirkliche Wesen der Erscheinung wiedergebende, weil mit dem Kathodenfall K auch der Gasdruck p geändert wird. Nach Versuchen von GÜNTHERSCHULZE[3]) scheint der letztere nämlich auf die Zerstäubung einen großen Einfluß zu haben: es wurde die Kathodenzerstäubung von Silber in Wasserstoff zwischen parallelen, plattenförmigen Elektroden bei konstantem Gasdruck (0,72 mm Hg) und Kathodenfall (1000 Volt) und bei konstanter Stromdichte (ca. 1 Milliamp./cm²) in Abhängigkeit vom Plattenabstand D gemessen. Dabei ergab sich sehr genau die Beziehung

$$m D = \text{konst.} \tag{2}$$

Eine solche Gleichung ist aber gerade zu erwarten, wenn ein Gas (nämlich das zerstäubende Metallgas), das vor der Kathode einen bestimmten Partialdruck hat, zur Anode diffundiert, wo der Partialdruck Null ist. Da nun die diffundierende (Metall-)Gasmenge dem Druck p des Füllgases umgekehrt proportional ist, sollte man weiter erwarten, daß bei Änderung des Gasdrucks die Gleichung

$$m p D = \text{konst.} = C \tag{3}$$

erfüllt ist. Dies ist auch tatsächlich der Fall, und zwar ergibt sich, daß die Konstante C dem Kathodenfall direkt proportional ist. Die betreffenden Versuche wurden in der Weise ausgeführt, daß bei konstanter Stromstärke (Stromdichte = 3 Milliamp./cm²) der Kathodenfall durch passende Wahl des Gasdrucks (also wie bei den Ver-

---

1) Vgl. die Zusammenstellung der n-Werte bei A. GÜNTHERSCHULZE, ZS. f. Phys. Bd. 36, S. 563. 1926, vgl. Tabelle 2.

2) PINTSCH D. R. P., 12. Dezember 1917.

3) A. GÜNTHERSCHULZE, ZS. f. Phys. Bd. 38, S. 575. 1926.

suchen von HOLBORN und AUSTIN) auf den gewünschten Wert eingestellt und dann der Elektrodenabstand so gewählt wurde, daß der Kathodenfall gleich der Elektrodenspannung war. Die Versuchsresultate sind in Abb. 35 eingetragen. Man sieht, daß nun m von K wieder gemäß Gleichung (1) abhängt. Wenn man aber jetzt die zu einem bestimmten Kathodenfall gehörigen Werte von m, D und p gemäß Gleichung (3) miteinander multipliziert, so erhält man für C die in Abb. 36 eingetragenen Werte, d. h. Proportionalität von C mit K. Es ist also nach Berücksichtigung des Gasdruckeinflusses die Zerstäubung proportional der im Kathodenfall sitzenden elektrischen Energie. Man sieht ferner aus der Abbildung, daß die geringe Zerstäubung bei kleinen Kathodenfällen hauptsächlich daher kommt, daß dann der Gasdruck sehr groß ist, so daß die Diffusion des Metallgases herabgesetzt wird.

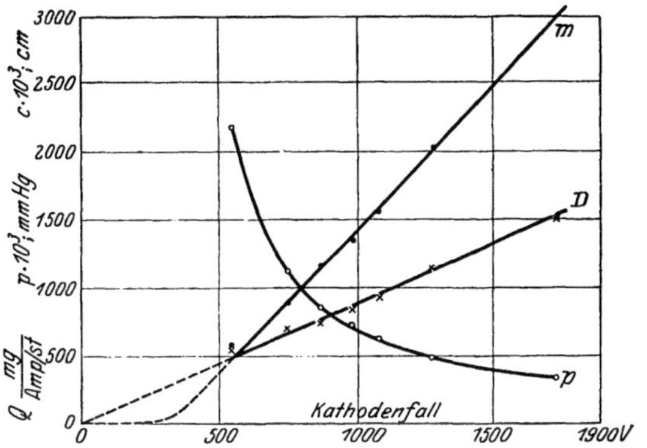

Abb. 35. Abhängigkeit der Größen m, D und p vom Kathodenfall bei der Kathodenzerstäubung von Silber in Wasserstoff nach GÜNTHERSCHULZE.

GÜNTHERSCHULZE führte weiter Zerstäubungsversuche mit drahtförmigen Kathoden aus. Dabei ergab sich eine starke Zunahme der Zerstäubung mit abnehmendem Krümmungsradius, was mit älteren Versuchsresultaten übereinstimmt und nach GÜNTHERSCHULZE daher rührt, daß die Rückdiffusion zur Kathode, welche bei plattenförmigen Elektroden sehr groß ist, dann immer kleiner wird.

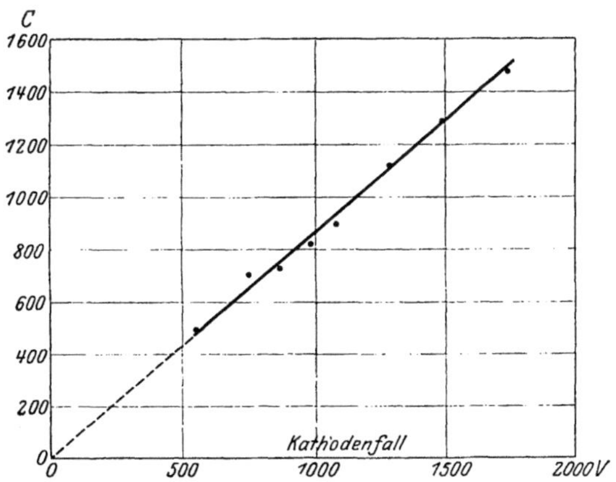

Abb. 36. Abhängigkeit von $C = m p D$ vom Kathodenfall in der Versuchsanordnung von GÜNTHERSCHULZE.

Die Versuche von GÜNTHERSCHULZE scheinen also dafür zu sprechen, daß das zerstäubende Metall die Kathodenoberfläche in Form einzelner (ungeladener) Atome verläßt. Denselben Nachweis versucht v. HIPPEL[1]) spektroskopisch zu führen, nämlich aus der Tatsache, daß vor der Kathode das Spektrum des zerstäubenden Metalls auftritt. Er bestimmte bei der Kathodenzerstäubung von Kadmium und Argon mit etwas Quecksilberzusatz die Dampfdichte des Kadmiums vor der Kathode einerseits aus der relativen Intensität der Kadmiumresonanzlinie $1s - 2p_2$ im Vergleich zur entsprechenden, ebenfalls vorhandenen Quecksilberlinie (2537 Å), wobei die Dampfdichte des Quecksilbers als bekannt angenommen wurde. Anderseits berechnete er die Kadmiumdampfdichte aus der Menge des auf einer in die Entladungsbahn hineingebrachten Glasplatte niedergeschlagenen Kadmiums, indem er voraussetzt, daß die Kadmiumatome durch Diffusion auf die Glasplatte gelangen

[1]) A. v. HIPPEL, Ann. d. Phys. Bd. 80, S. 672. 1926.

und [was wohl nicht genau zutrifft[1])] hier beim ersten Auftreffen für immer haften bleiben. Beide Berechnungsweisen geben für den Dampfdruck größenordnungsmäßig denselben Wert (10^{-4} bis 10^{-5} mm Hg; ebensoviel erhält übrigens auch GÜNTHERSCHULZE), woraus v. HIPPEL schließt, daß die zerstäubenden Metallteilchen mindestens zu einem sehr großen Prozentsatz einzelne Atome sind.

Die Frage nach dem Ladungszustand der zerstäubten Metallatome wurde mehrfach untersucht, aber die Versuchsresultate sind sehr widerspruchsvoll[2]). HIPPEL findet, daß beim Anlegen eines elektrischen Feldes zwischen zwei quer zur Entladungsbahn aufgestellten Metallplatten sich auf beiden Platten gleich viel zerstäubtes Metall niederschlägt, solange die angelegte Potentialdifferenz 300 Volt nicht übersteigt. Er schließt hieraus, daß die Metallatome die Kathode in ungeladenem Zustand verlassen. Wird die Potentialdifferenz dagegen auf 550 Volt vergrößert, so beschlägt sich die negative Platte sehr viel stärker als die positive, was auf eine nun sekundär im Gasraum einsetzende Ionisation der Kadmiumatome zurückgeführt wird.

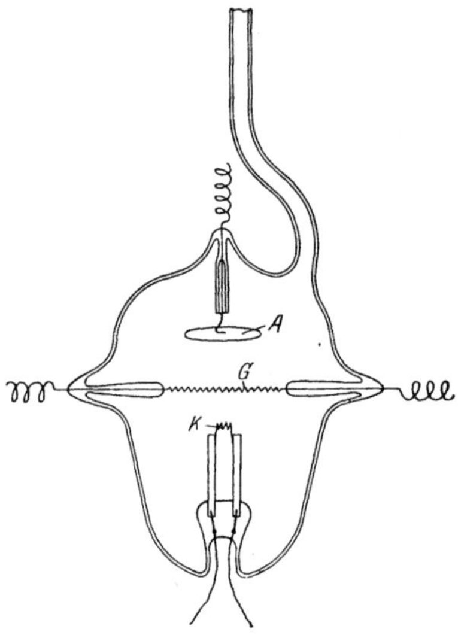

Abb. 37. Röhre für Kathodenzerstäubungsmessungen der General Electric Company, London.

In letzter Zeit sind noch von der englischen General Electric Company[3]) sowie von KINGDON und LANGMUIR[4]) Untersuchungen über die Kathodenzerstäubung in Gasentladungen angestellt worden, bei denen die zur Ionisation des Gases nötigen Elektronen nicht wie bei der Glimmentladung durch den Stoß der positiven Ionen erzeugt, sondern von einem Glühdraht emittiert wurden. Man hat es dann also nicht mehr mit einer selbständigen Glimmentladung zu tun; die beiden Arbeiten sollen aber trotzdem besprochen werden, weil sie interessante Aufschlüsse geben bezüglich der für die Theorie der Glimmentladung wichtigen Frage nach der Geschwindigkeit, mit der die positiven Ionen auf der Kathode auftreffen. Das von der General Electric Company benutzte Entladungsgefäß ist in Abb. 37 abgebildet. K ist der als Elektronenquelle dienende Wolframglühdraht, G ist ein aus einer engen Wolframdrahtspirale hergestelltes Gitter und A ist eine Nickelplatte, welche als Anode dient. Zwischen Gitter und Anode wurde eine Potentialdifferenz V (A positiv, G negativ) angelegt, indem dieselben mit den Enden eines Widerstands in Potentiometerschaltung verbunden waren, während an K der Schleifkontakt des Potentiometers angeschlossen war. (Von der Größe des an K anliegenden Bruchteils der Spannung V war die Zerstäubung fast unabhängig.) Gemessen wurde nun die Zerstäubung des Gitterdrahtes G unter der Wirkung der aufprallenden Ionen als Funktion der Spannung V, und zwar diente als Maß der Zerstäubung die Widerstandsvergrößerung dieses Drahtes infolge der Querschnittsverminderung. Bei dieser Versuchsanordnung treffen also die positiven Ionen mit verschiedenen, vom Ort ihrer Entstehung in der Röhre abhängigen Geschwindigkeiten auf den

---

[1]) Vgl. die Versuche von J. CHARITON u. N. SEMENOFF, ZS. f. Phys. Bd. 25, S. 287. 1924.

[2]) Vgl. die Literaturzusammenstellung in der erwähnten Arbeit von HIPPEL.

[3]) General Electric Company, Phil. Mag. Bd. 45, S. 98. 1923.

[4]) K. H. KINGDON u. I. LANGMUIR, Phys. Rev. Bd. 22, S. 148. 1923. Vgl. auch I. LANGMUIR, Phys. Rev. Bd. 22, S. 357. 1923.

Draht G auf, und es ist auch der Zusammenhang zwischen V und der mittleren kinetischen Energie der Ionen unbekannt. Die Messungen wurden aber alle bei einem so kleinen Gasdruck (wenige Hundertstel mm Hg) ausgeführt, daß die Zerstäubung vom Gasdruck unabhängig war, d. h. also, daß die positiven Ionen von ihrem Erzeugungsort in der Röhre bis zum Aufprallen auf den Draht keine Zusammenstöße mit den Gasmolekülen mehr erlitten. Unter diesen Umständen entspricht wenigstens demselben V-Wert in verschiedenen Gasen dieselbe mittlere kinetische Energie der aufprallenden Elektronen. Die Versuche ergaben, trotzdem also hier der Zusammenhang von m und V bei konstantem Gasdruck gemessen wurde (im Gegensatz zu den Versuchen bei der Glimmentladung), in allen untersuchten Gasen (vgl. Abb. 38) wiederum die Gültigkeit der Gleichung $m = k(V - V_0)$, wobei aber jetzt V_0 nie viel größer als 100 Volt war. Ferner sieht man, daß an der Stelle des normalen Kathodenfalls (140 Volt für Neon und 330 Volt für Wasserstoff) wiederum keinerlei Anomalie herrscht. Werden die Gase nach steigendem Zerstäubungsvermögen (für Wolfram) geordnet, so erhält man die Reihenfolge: Wasserstoff, Helium, Stickstoff (nicht in die Abbildung eingetragen), Neon-Helium, Quecksilber, Argon.

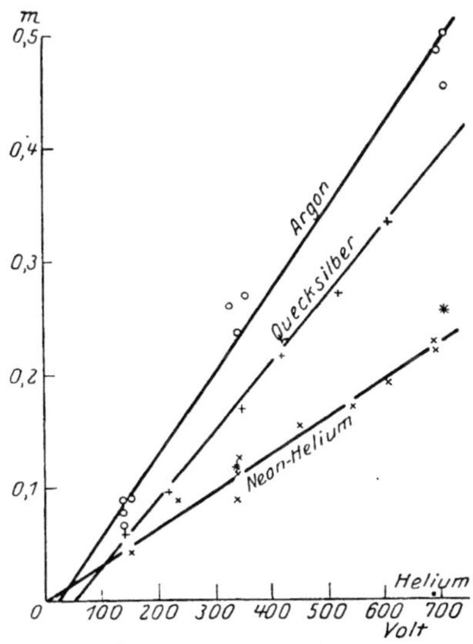

Abb. 38. Zerstäubung von Wolfram in verschiedenen Gasen. × = Ne-He rein, * = Ne-He unrein.

Die von Kingdon und Langmuir benutzte Versuchsanordnung ist insofern übersichtlicher, als hier der Glühdraht K zwischen der Anode A und dem zerstäubenden Meßdraht G liegt. Die Schaltung ist dieselbe wie in der vorhergehenden Arbeit, aber es wurde zwischen A und K immer nur eine möglichst kleine Spannung angelegt, so daß also alle zwischen A und K erzeugten positiven Ionen zuerst eine für die einzelnen Ionen zwar verschiedene, aber kleine Spannungsdifferenz zwischen A und K und dann noch eine für alle Ionen gleiche, und zwar große Potentialdifferenz zwischen K und G durchlaufen. Infolgedessen prallen die positiven Ionen also alle mit einer möglichst einheitlichen Geschwindigkeit auf dem Draht G auf. Als solcher diente ein mit einer Thoriumschicht von nur einem Atom Dicke überzogener Wolframdraht. Ein derartiger Draht gibt im Vergleich zu einem gewöhnlichen Wolframdraht bei Erhitzung auf dieselbe Temperatur eine 10^5 mal größere Anzahl Glühelektronen ab. Gemessen wurde nun die Zerstäubung des Thoriums, und zwar diente als Maß der Zerstäubung die Verminderung der Elektronenemission infolge der teilweisen Entfernung der Thoriumschicht. Die in Helium, Neon, Argon, Quecksilber- und Cäsiumdampf bei einem Druck von einigen Tausendstel mm Hg erhaltenen Versuchsresultate (Zerstäubung als Funktion der angelegten Spannung V) sind in Abb. 39 dargestellt. Der Verlauf der Kurven ist wiederum anfänglich linear, während er, besonders bei Neon und Argon, für größere Spannungen einem konstanten Endwert zustrebt. Ein Maß für die Zerstäubungsfähigkeit der verschiedenen Gasionen liefert die Angabe, daß bei einer Spannung V von 150 Volt zur Zerstäubung eines Thoriumatoms 700000 He-, 45 Ne-, 23 Hg-, 12 A- oder 12 Cs-Ionen notwendig sind, während mit Wasserstoffionen überhaupt keine Zerstäubung zu erhalten ist. Noch wichtiger als diese Tatsache ist die Feststellung, daß bei diesen Versuchen der Schwellenwert der Spannung, bei dem die Zerstäubung einsetzt, nur ca. 50 Volt beträgt. Aber auch diese niedrige Spannung ist noch nicht die kleinste, bei welcher die Kathodenzerstäubung beobachtet wird. Nach Holst[1]) tritt nämlich in Gleichrichterröhren mit Wolframglühdraht und Argonfüllung sogar schon bei einer angelegten Spannung von 25 bis 30 Volt Zerstäubung auf.

Diese Experimente zeigen, daß die Kathodenzerstäubung schon bei Spannungen in der Größenordnung von 50 Volt merklich ist, wenn man nur eine Versuchsanordnung benutzt, bei welcher die Voltgeschwindigkeit der positiven Ionen nicht wesentlich kleiner ist als die angelegte Spannung. In der von der General Electric Comp. ausgeführten Arbeit wird nun die Ansicht ausgesprochen, daß dieses Versuchsresultat auch eine Aussage über den Mechanismus der Glimmentladung zu machen gestattet. Da hier die Kathodenzerstäubung nämlich erst bei ca. 400 Volt merklich wird, so folgt, daß bei dieser Entladungsform die positiven Ionen nur mit einem kleinen Bruchteil derjenigen Energie, welche sie beim Durchfallen des negativen Dunkelraums im ganzen erwerben, auf der Kathode aufprallen. Man muß daher annehmen, daß diese Ionen, während sie den Kathodenfall durchlaufen, zahlreiche Zusammenstöße mit den Gasmolekülen erleiden. Dieses Verhalten ist, wenn man die Tabelle 5 in Ziff. 14 betrachtet, nach welcher die Anzahl der freien Molekülweglängen, die auf den Dunkelraum entfallen, zwischen 50 und 120 beträgt, zwar durchaus plausibel, aber ein sicherer Schluß scheint vorerst doch nicht möglich, weil nach Günther-schulze der Gasdruck einen großen Einfluß auf die Zerstäubung ausübt und die Zerstäubungsversuche bei der Glimmentladung bei viel größeren Drucken ausgeführt wurden als die Versuche der General Electric Comp.

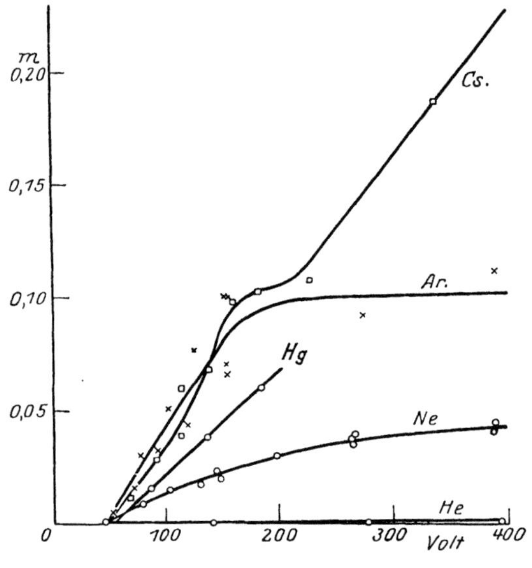

Abb. 39. Zerstäubung von Thorium in verschiedenen Gasen.

Bezüglich der Kathodenzerstäubung müssen nun noch folgende Einzelheiten erwähnt werden.

Auffällig ist die sowohl von der General Electric Company als auch von Kingdon und Langmuir gefundene geringe Zerstäubung in Helium. Dieselbe ist auch beträchtlich kleiner, als man nach der Theorie (vgl. Ziff. 44) erwarten sollte. Die Erklärung hierfür liefert wohl die Beobachtung von Kingdon und Langmuir, daß relativ große Mengen Helium während der Entladung von dem bombardierten Draht absorbiert wurden und nachher durch Erhitzen desselben wieder frei gemacht werden konnten. Man muß also annehmen, daß die Heliumionen, statt auf den Draht aufzuprallen, in denselben eindringen, wodurch dann die Zerstäubung verkleinert wird. Allgemein hat man nach Holst[1]) zu erwarten, daß alle diejenigen Gase, die von einem Metall leicht absorbiert werden, auch schlechte Zerstäuber dieses Metalls sind.

[1]) G. Holst, Physica Bd. 4, S. 68. 1924.

Eine weitere Komplikation tritt in Kaliumdampf auf. Dieser kondensiert sich auf dem Draht, so daß die aufprallenden Kaliumionen zuerst immer Kaliumatome wegschleudern müssen, bevor sie auf das eigentliche Kathodenmaterial auftreffen. Vielleicht liegen ähnliche Verhältnisse auch in Quecksilberdampf vor, in welchem die Zerstäubung ebenfalls sehr gering ist.

Neben der bisher besprochenen gewöhnlichen Kathodenzerstäubung hat GÜNTHERSCHULZE[1]) noch das Auftreten einer „elektrochemischen" Zerstäubung bei der Glimmentladung in Wasserstoff an Kohlenstoff-, Selen-, Tellur-, Arsen-, Antimon- und Wismutkathoden (die drei zuletzt genannten Metalle wurden genauer untersucht) bemerkt. Diese Art der Kathodenzerstäubung unterscheidet sich von der gewöhnlichen dadurch, daß sie andern Gesetzmäßigkeiten gehorcht: sie findet insbesondere nicht nur an der Kathode statt, sondern es zerstäuben auch die Anode oder irgendwelche Stücke aus den eben erwähnten Metallen, wenn sie ohne leitende Verbindung in die Entladungsbahn hineingelegt werden; ferner ist die elektrochemische Zerstäubung schon beim normalen Kathodenfall wirksam.

Auch das Glas in der Entladungsröhre wird von der Glimmentladung beeinflußt. Es treten kratzerartige Spuren auf, über deren Entstehung WARAN[2]) einige Versuche angestellt hat.

Die durch Kathodenzerstäubung von einfachen Metallen und von Legierungen erzeugten Überzüge hat neuerdings MAZUR[3]) untersucht. Sie zeigen kristalline Struktur, die natürlich erst innerhalb des Niederschlags entsteht.

Gewöhnlich ist die Kathodenzerstäubung mit einer Abnahme des Gasdrucks in der Entladungsröhre verbunden (vgl. Ziff. 87).

c) Theorie der kathodischen Entladungsteile.

34. Aufstellung der Ähnlichkeitsgesetze. Während der in einem Gase herrschende elektrische Strömungszustand von der Theorie nur dargestellt werden kann, wenn detaillierte Annahmen über die mechanischen und elektrischen Eigenschaften der an der Entladung beteiligten Gasmoleküle und -ionen gemacht werden, kommt man mit recht wenig Annahmen aus, wenn man nur danach frägt, wie sich ein gegebener Strömungszustand verändert, wenn mit der Gasstrecke gewisse Ähnlichkeitstransformationen vorgenommen werden. Die erste Ähnlichkeitsbetrachtung hat PASCHEN[4]) angestellt, als er sein Gesetz formulierte: das Funkenpotential ist nur abhängig von der Gesamtmasse pro Flächeneinheit des Gases zwischen den Elektroden. Sobald das Funkenpotential nun für einen bestimmten Druck und eine bestimmte Funkenlänge bekannt ist, kann man durch eine Ähnlichkeitstransformation der Funkenstrecke zu jedem beliebigen Druck diejenige Funkenlänge bestimmen, für welche das Funkenpotential dasselbe ist wie vorher. Für elektrische Strömungen, bei denen die Diffusion und Rekombination der Ladungsträger keine Rolle spielen und bei denen das elektrische Feld in der Gasstrecke vollkommen durch die Ladungen der Elektroden bestimmt ist (sog. Townsendstrom), hat TOWNSEND[5]) im Jahre 1901 und in den folgenden Jahren gewisse Ähnlichkeitsbetrachtungen angestellt, die ihn schließlich zu einem allgemeinen Ähnlichkeitsgesetz führten[6]): ist P

[1]) A. GÜNTHERSCHULZE, ZS. f. Phys. Bd. 36, S. 563. 1926.
[2]) H. P. WARAN, Phil. Mag. Bd. 45, S. 305. 1923.
[3]) J. MAZUR, Krakauer Anzeiger A. 1925, S. 81; Acad. Polon. sci. et lettr. 3—4a, S. 81. 1925.
[4]) F. PASCHEN, Wied. Ann. Bd. 37, S. 69. 1889.
[5]) J. S. TOWNSEND, Marx' Handb. d. Rad. Bd. I, S. 245. Leipzig 1920.
[6]) J. S. TOWNSEND, Electrician Bd. 71, S. 348. 1913.

die Spannung zwischen zwei Leitern beim Druck p, so herrscht dasselbe P beim Druck kp, wenn alle Dimensionen im Verhältnis $1:k$ ähnlich verkleinert werden. Für die Glimmentladung, bei welcher die eben erwähnten einschränkenden Voraussetzungen, die für die TOWNSENDsche Entladungsform charakteristisch sind, nicht gemacht werden dürfen, hat HOLM[1]) zuerst Ähnlichkeitsüberlegungen angestellt, über die nun kurz berichtet werden soll.

Wir denken uns zwei geometrisch ähnliche Entladungsröhren I und II, von denen I a-mal größere lineare Dimensionen haben soll als II. Wir fragen nun: Welche Bedingungen müssen erfüllt sein, damit in beiden Röhren in homologen Punkten dieselben Potentiale herrschen? Es ist, wenn V = Potential, ϱ = Raumladungsdichte, v = Volumen, r = Entfernung vom Aufpunkt bezeichnet, das Potential irgendeines Punktes der Entladung im Gefäß I: $V_I = \int \frac{\varrho_I}{r_I} dv_I$ und im Gefäß II: $V_{II} = \int \frac{\varrho_{II}}{r_{II}} dv_{II}$. Wegen $r_I = a r_{II}$ und $dv_I = a^3 dv_{II}$ wird $V_I = \int \frac{\varrho_I a^2}{r_{II}} dv_{II}$ nur dann $= V_{II} = \int \frac{\varrho_{II} dv_{II}}{r_{II}}$, wenn

$$a^2 \varrho_I = \varrho_{II} \tag{1}$$

erfüllt ist. Analog findet man für Flächenladungsdichte σ das Gesetz

$$a \sigma_I = \sigma_{II} . \tag{1'}$$

Wir können also sagen: Wenn die Raumladungen in den beiden Röhren in dem durch (1) gegebenen Verhältnis stehen, so sind die Potentiale in homologen Punkten dieselben.

Wenn nun in der Röhre II ein Strömungszustand mit gewissen Raumladungen und der entsprechenden Potentialverteilung vorhanden ist, so wissen wir allerdings noch nicht, ob der durch die Ähnlichkeitstransformationen (1) und (1′) bestimmte Strömungszustand in der Röhre I sich überhaupt realisieren läßt. HOLM sucht die Existenz des transformierten Zustandes folgendermaßen plausibel zu machen. Ein Elektron kann in homologen Punkten nur dann dieselbe Tätigkeit (z. B. Ionisierung) ausüben, wenn es in ihnen dieselbe Geschwindigkeit hat. Aus dieser Forderung bezüglich der Geschwindigkeit läßt sich nun das Gesetz, nach welchem der Gasdruck zu transformieren ist, ermitteln. Es ist nämlich die Geschwindigkeit $v = k\mathfrak{E}$ (k Beweglichkeit, $\mathfrak{E}$ = Feldstärke). Wegen k = konst./p und $\mathfrak{E}_{II} = \mathfrak{E}_I/a$ wird, wenn $p_{II} = a^x p_I$ gesetzt wird, wobei x zu bestimmen ist,

$$v_{II} = \frac{\text{konst.}}{a^x p_I} \cdot \frac{\mathfrak{E}_I}{a} = \frac{\text{konst.}}{p_I} \cdot \frac{\mathfrak{E}_I}{a^{x+1}} .$$

Also wird $v_{II} = v_I$ für $x = -1$, d. h.

$$p_{II} = p_I/a \tag{3}$$

oder für die freie Weglänge

$$\lambda_{II} = a \lambda_I . \tag{3'}$$

Das Gefäß I, das ein a^3-mal größeres Volumen aber nur einen a-mal kleineren Gasdruck besitzt, muß daher a^2-mal mehr Moleküle enthalten als das Gefäß II.

Ein Elektron wird nun in beiden Gefäßen in homologen Punkten dieselbe Geschwindigkeit haben, aber es braucht zum Zurücklegen homologer Strecken in der Röhre I eine a-mal längere Zeit als in der Röhre II. Der Stoßvorgang wird also in beiden Röhren nur dann derselbe sein, wenn er nicht noch von der Stoßzahl pro Sekunde abhängig ist (z. B. wohl keine Mehrfachstöße). Ferner sind die Felder in beiden Röhren nicht gleich, sondern nur ähnlich. Es darf also der Stoßvorgang nicht von der absoluten Größe der Felder abhängig sein

[1]) R. HOLM, Phys. ZS. Bd. 15, S. 289. 1914; Wiss. Veröffentl. a. d. Siemens-Konzern Bd. 3, S. 159. 1923; Phys. ZS. Bd. 25, S. 497. 1924.

(Rekombination unabhängig von der Feldstärke). Alle diese Voraussetzungen müssen mindestens erfüllt sein, damit ein Elektron nach dem Durchlaufen homologer Strecken in beiden Röhren dieselben Funktionen ausüben kann.

Nehmen wir nun umgekehrt an, daß diese Voraussetzungen erfüllt sind, so wollen wir mit Holm schließen, daß auch der transformierte Strömungszustand existieren kann. Dann herrschen wirklich an homologen Stellen dieselben Potentiale und ähnliche Raumladungen. Es finden also an diesen Stellen auch dieselben Anregungs- und Ionisierungsvorgänge statt, d. h. es zeigen homologe Punkte in beiden Röhren gleiche „sichtbare oder sonst bestimmbare Schichten". Die Abstände irgendwelcher durch solche Schichten gekennzeichneter Punkte in beiden Röhren verhalten sich also wie $a:1$.

Da ferner unter den genannten Voraussetzungen die Ladungsträger in beiden Röhren in homologen Punkten die gleiche Geschwindigkeit haben, und da die Ladungsdichten ϱ_I und ϱ_{II} im Verhältnis $1:a^2$ stehen, so gilt dasselbe auch für die Stromdichten j. Es ist also:

$$a^2 j_{II} = j_I. \tag{4}$$

Dagegen sind die Gesamtströme, weil die Querschnitte sich wie $a^2:1$ verhalten, in den beiden Röhren dieselben. Das Gesetz (4) wurde, allerdings unter speziellen Annahmen über den Mechanismus der Glimmentladung, übrigens auch von Skinner[1]) abgeleitet.

Die Holmschen Betrachtungen werden nun durch eine Untersuchung von Dällenbach[2]) ergänzt, dem es durch Verallgemeinerung der Townsendschen Ansätze zu zeigen gelingt, daß unter gewissen einschränkenden Voraussetzungen, die den Holmschen ungefähr entsprechen, der transformierte Strömungszustand auch wirklich existenzfähig ist.

Die experimentelle Prüfung der Ähnlichkeitsgesetze bzw. die Festlegung ihres Gültigkeitsbereiches ist deswegen wichtig, weil in jedem Fall, in dem eine Abweichung von diesen Gesetzen festgestellt werden kann, dies beweist, daß irgendeine der recht allgemeinen, diesen Gesetzen zugrunde liegenden Voraussetzungen nicht erfüllt ist.

35. Prüfung der Gesetze am Versuchsmaterial. Wir betrachten nun vom Standpunkte der Ähnlichkeit aus zuerst die Messungen an den sichtbaren kathodischen Teilen und hierauf die Messungen, welche sich auf die elektrischen Erscheinungen, d. h. auf Stromdichte und Kathodenfall beziehen.

Die Länge δ der ersten Kathodenschicht (vgl. Ziff. 9) ist nach der einzigen vorliegenden Messung von Hehl umgekehrt proportional dem Gasdruck, ändert sich also in Übereinstimmung mit den Ähnlichkeitsgesetzen. Streng genommen müßten allerdings mit der freien Weglänge der Gasmoleküle auch alle Lineardimensionen des Gefäßes ähnlich transformiert werden. Daß die Beziehung $p\delta =$ konst. auch schon ohne diese Transformation erfüllt ist, zeigt, daß die Gefäßdimensionen bei diesen Messungen noch keinen Einfluß auf die Entladung ausüben.

Eine bemerkenswerte Abweichung von den Ähnlichkeitsgesetzen zeigt das Verhalten des Astonschen Dunkelraums. Die Länge dieses Raumes ist nämlich nach den in Ziff. 9 erwähnten Beobachtungen Astons vom Gasdruck unabhängig. Vielleicht stehen hiermit in Zusammenhang zwei weitere Fälle, wo die Ähnlichkeitsgesetze nicht erfüllt sind, nämlich erstens die in Ziff. 19 erwähnte Beobachtung von Brose, daß der Ort des Feldstärkemaximums vor der Kathode vom Gasdruck unabhängig ist, und zweitens die von Güntherschulze gefundene Existenz

---

[1]) C. A. Skinner, Phys. Rev. Bd. 5, S. 483 u. Bd. 6, S. 158. 1915.

[2]) W. Dällenbach, Phys. ZS. Bd. 26, S. 483. 1925.

einer Minimaldunkelraumlänge von 0,7 mm beim Anlegen eines transversalen Magnetfeldes (vgl. Ziff. 17).

Dagegen sind die Ähnlichkeitsgesetze erfüllt für die Längenausdehnung des negativen Dunkelraums. Die Abhängigkeit der Länge d_n des normalen Dunkelraums vom Gasdruck ist nämlich nach den in Ziff. 12 besprochenen Messungen von GÜNTHERSCHULZE gegeben durch die von den Ähnlichkeitsgesetzen geforderte Gleichung $p d_n =$ konst. Wenn, wie dies dort angegeben ist, die Abweichungen von diesem Gesetz, welche von früheren Beobachtern gefunden wurden, auf Temperaturerhöhung des Gases zurückzuführen sind, so stellen dieselben keine Verletzung der Ähnlichkeitsgesetze dar, weil die freien Weglängen sich bei der Druckänderung dann nicht umgekehrt proportional mit dem Drucke ändern. Die von ASTON für die Längenänderung der anormalen Dunkelraumlänge d_a mit dem Gasdruck aufgestellte Formel (1) in Ziff. 11 $d_a = \frac{a}{p} + \frac{b}{\sqrt{j}}$ ist in dieser Form für die Prüfung der Ähnlichkeitsgesetze nicht zu brauchen, weil ja die Stromdichte auch noch vom Gasdruck abhängig ist. Wenn man aber noch die von ASTON gefundene Abhängigkeit der anormalen Stromdichte vom Gasdruck gemäß Formel (3) der Ziff. 27 $K_a = E + F\frac{\sqrt{j}}{p}$ benutzt, nach welcher bei konstantem anormalem Kathodenfall j_a proportional p^2 ist, so zeigt sich, daß auch hier die Ähnlichkeitsgesetze wieder erfüllt sind.

Schließlich hat HOLM[1]) geprüft, ob die Ähnlichkeitsgesetze auch für die Längenausdehnung des negativen Glimmlichts gültig sind. Als Maß für die Länge des Glimmlichts wird der Abstand l von der Kathode bis zu demjenigen Punkt P im Glimmlicht in der Nähe des FARADAYschen Dunkelraums genommen, wo die Helligkeit des Glimmlichts auf $^1/_{20}$ ihres Anfangswertes gesunken ist. Die Messungen (vgl. Tab. 6 in Ziff. 15) werden von HOLM[2]) zuerst auf dieselbe (mit einem Thermoelement gemessene) Temperatur reduziert. Hierauf wird die Glimmlichtlänge, gerechnet in freien Weglängen, d. h. das Produkt pl, als Funktion des Kathodenfalls aufgetragen. Dann zeigt sich, daß die Glimmlichtlänge in zwei Röhren mit den Durchmessern 2,0 cm und 3,8 cm denselben Wert hat, wenn als Gasdrucke, bei denen diese Längen verglichen werden, Drucke genommen werden, die sich umgekehrt wie die Röhrendurchmesser verhalten. Die Ähnlichkeitsgesetze sind also erfüllt.

Was nun die elektrischen Messungen an der Kathode betrifft, so verlangen die Ähnlichkeitsgesetze, daß die Stromdichte an einer scheibenförmigen Kathode bei Änderung des Gasdrucks proportional mit p^2 sich ändert, wenn nur nach der Änderung in homologen Punkten wieder dasselbe Potential herrscht. Wir müssen also die Änderung der Stromdichte mit dem Gasdruck bei konstantem Kathodenfall untersuchen. Da der normale Kathodenfall vom Gasdruck unabhängig ist, so sind die den verschiedenen Gasdrucken entsprechenden normalen Stromdichten miteinander zu vergleichen, es muß also für sie das Gesetz $j_n =$ konst. $\cdot\, p^2$ gelten. Dies ist, wie die in Ziff. 25 genannten Messungen zeigen, auch wirklich der Fall. Die Ähnlichkeitsgesetze haben aber auch für den anormalen Kathodenfall Gültigkeit. In der Tat folgt aus der Formel (3) in Ziff. 27, welche die Abhängigkeit der anormalen Stromdichte von der Spannung nach den ASTONschen Messungen darstellt, d. h. aus $K_a = E + F\frac{\sqrt{j_a}}{p}$ für $K_a =$ konst. die Beziehung $j_a =$ konst. p^2.

Die Messungen der Stromdichte an drahtförmigen Kathoden sind für die Prüfung der Ähnlichkeitsgesetze weniger geeignet, weil diese Gesetze erst erfüllt

[1]) R. HOLM, Wiss. Veröffentl. a. d. Siemens-Konz. Bd. 3, S. 159. 1923.

[2]) R. HOLM, Phys. ZS. Bd. 16, S. 70. 1915.

werden, wenn auch der Drahtradius mit transformiert wird. Die in Ziff. 24 erwähnten Messungen von GÜNTHERSCHULZE an Platindrähten von verschiedenem Durchmesser scheinen aber die Ähnlichkeitsgesetze nicht zu erfüllen. Ebenso zeigen die in Ziff. 24 besprochenen Messungen von SEELIGER und SCHMECKEL der Stromdichte an kugelförmigen Kathoden keine Bestätigung dieser Gesetze.

36. Die zweifache Grenzionisation vor der Kathode. Allen Erklärungen von sichtbaren oder elektrischen Erscheinungen vor der Kathode liegt die von J. J. THOMSON[1]) und STARK[2]) herrührende und von HOLM[3]) weiter ausgebaute Annahme der „zweifachen Grenzionisation" zugrunde. Man hat sich darnach ungefähr folgendes Bild vom Mechanismus der Elektrizitätsleitung vor der Kathode zu machen: Kanalstrahlen, die hauptsächlich aus der Gegend des Glimmsaums stammen, befreien durch Stoß auf die Kathodenoberfläche (und, namentlich beim anormalen Kathodenfall, vielleicht auch beim Zusammenstoß mit den Gasmolekülen in der Nähe der Kathode) „primäre Elektronen". Diese erreichen dank des starken Feldes vor der Kathode schon innerhalb des negativen Dunkelraums weit größere Geschwindigkeiten, als der Ionisationsspannung der Gasmoleküle entspricht. Sie vermögen daher längs ihrer ganzen Bahn, die bis zum Anfang des FARADAYschen Dunkelraums sich erstrecken kann, eine intensive Ionisation des Gases hervorzubringen, wodurch „sekundäre Elektronen" erzeugt werden[4]). Diese letzteren tragen, wenn ihr Erzeugungsort im negativen Dunkelraum liegt, wo sie auch noch größere Geschwindigkeiten erreichen können, ebenfalls zur Ionisation des Gases bei, welche dadurch in der Gegend des Glimmsaums am intensivsten wird. Daher liegt hier die Kanalstrahlenquelle, d. h. der Entstehungsort der auf die Kathode fallenden positiven Ionen.

Da die positiven Ionen eine viel kleinere Beweglichkeit haben als die Elektronen, ist das Gebiet des Glimmsaums und der negative Dunkelraum der Sitz von positiven Raumladungen. Nur unmittelbar vor der Kathode befindet sich nach den in Ziff. 19 besprochenen Messungen evtl. eine negative Raumladung, die vielleicht durch die „Primärelektronen" erzeugt wird[5]). Ebenso ist die Kathodenoberfläche der Sitz negativer Flächenladungen. Die gesamte positive Raumladung in der weiteren Nachbarschaft der Kathode ist nun annähernd gleich der negativen Ladung vor und auf der Kathode. Diese positive Ladung bewirkt einerseits eine Feldkonzentration vor der Kathode (Kathodenfall), andererseits schirmt sie gegen die Anode hin das Feld der negativen Kathodenladung so weit ab, daß im FARADAYschen Dunkelraum nur mehr ein äußerst schwaches evtl. sogar negatives Feld übrigbleibt.

Wir wollen nun die Vorstellung von der zweifachen Grenzionisation etwas präzisieren: Es werden von jedem Primärelektron im Mittel eine ganz bestimmte Anzahl positiver Ionen erzeugt; von diesen wird wieder ein im allgemeinen sehr großer Bruchteil auf die Kathode zufliegen und dort neue Primärelektronen erzeugen. Die Anzahl positiver Ionen, aus denen dieser Bruchteil besteht, werde mit N bezeichnet. Sei ferner ν die Anzahl der von einem positiven Ion vor oder auf der Kathode erzeugten Primärelektronen. Dann ist sowohl N als auch ν um so größer, je größer die Endgeschwindigkeit der stoßenden Partikel, d. h. je größer die durchgefallene Potentialdifferenz ist. Ein stationärer Zustand ist

1) J. J. THOMSON, Phil. Mag. Bd. 50, S. 278. 1900; Bd. 1, S. 368. 1901.

2) J. STARK, Ann. d. Phys. Bd. 7, S. 432. 1902.

3) R. HOLM, Phys. ZS. Bd. 16, S. 20. 1915; Bd. 19, S. 548. 1918.

4) Zahlenwerte für die Ionisation in Stickstoff, Sauerstoff, Wasserstoff und Helium bei J. B. JOHNSON, Phys. Rev. Bd. 10, S. 609. 1917.

5) A. GÜNTHERSCHULZE, ZS. f. Phys. Bd. 37, S. 868. 1925.

offenbar dann vorhanden, wenn die N von einem Primärelektron erzeugten positiven Ionen gerade wieder ein Primärelektron erzeugen, d. h. wenn $\nu = \frac{1}{N}$ ist. Der Kathodenfall, der sich jeweils einstellt, ist nun eben diejenige Potentialdifferenz, bei der die Bedingung $N\nu = 1$ erfüllt ist[1]).

37. Die erste Kathodenschicht und der ASTONsche Dunkelraum. Da die positiven Ionen im Gegensatz zu den Elektronen bei jedem Zusammenstoß mit den Gasmolekülen einen großen Teil ihrer kinetischen Energie verlieren, so haben sie nicht in dem Maße wie die Elektronen die Fähigkeit, kinetische Energie zu akkumulieren. Sie besitzen daher erst in der Nähe der Kathode, wo die Feldstärke nach den BROSEschen Messungen (vgl. Ziff. 19) ihr Maximum hat, hinreichende Energie, um das Gas zum Leuchten anzuregen. Hierdurch entsteht dann die erste Kathodenschicht.

Mit dieser Auffassung vom Zustandekommen der ersten Schicht, die für Wasserstoff und Sauerstoff durch die in Ziff. 8 erwähnten Versuche von SEELIGER und LINDOW experimentell bestätigt ist, steht nun die Theorie, welche ASTON[2]), HOLST und OOSTERHUIS[3]) und KOSSEL[4]) für die Entstehung des ASTONschen Dunkelraums gegeben haben, in einem gewissen Widerspruch. Es wird nämlich angenommen, daß die positiven Ionen das Gas überhaupt nicht anregen oder ionisieren, so daß alle Primärelektronen aus der Kathodenoberfläche stammen, welche sie, wie weiter vorausgesetzt wird, mit der Geschwindigkeit Null verlassen sollen. Diese Elektronen können nun das Gas erst in derjenigen Entfernung von der Kathode zum Leuchten anregen, in welcher sie das zum Anregen der Lichtemission nötige Potential durchfallen haben. Die Schicht vor der Kathode, in welcher die kinetische Energie der Elektronen noch kleiner ist als die Anregungsspannung, wird als ASTONscher Dunkelraum angesprochen.

Die dieser Erklärung des Dunkelraums zugrunde liegenden Annahmen sind zwar gerade entgegengesetzt denjenigen, welche für das Zustandekommen der ersten Schicht gemacht werden; wahrscheinlich ist aber der Widerspruch nicht gravierend, weil der Nachweis für das Zustandekommen der ersten Schicht durch den Stoß positiver Ionen bis jetzt nur für Wasserstoff und Sauerstoff geführt wurde, in welchen Gasen der ASTONsche Dunkelraum schlecht bzw. gar nicht zu sehen ist. Bei stark anormalem Kathodenfall verschwindet ferner auch in Neon und Helium dieser Dunkelraum, so daß dann kein Grund mehr besteht, die Lichtanregung durch positive Ionen in diesen Gasen für unmöglich zu halten.

Für die angegebene Erklärung des ASTONschen Dunkelraums spricht übrigens noch eine weitere von HOLST und OOSTERHUIS entdeckte Erscheinung. Wird nämlich zwischen parallelen, scheibenförmigen Elektroden von ca. 1 cm Abstand in Neon von ca. 10 mm Hg Gasdruck eine Entladung vom Charakter des Townsendstroms (vgl. Ziff. 91) eingeleitet, so entstehen parallel zur Kathode in regelmäßigen Abständen Schichten, deren erste sehr scharf ist, während die folgenden gegen die Anode hin immer diffuser werden. (Es sind dies offenbar dieselben Schichtungen, die bei der Glimmentladung von ASTON und KOSSEL — vgl. Ziff. 9 — beobachtet wurden, wo sie aber infolge der Feldkonzentration vor der Kathode näher zusammengerückt sind.) Wenn man ferner die hierbei an den Elektroden anliegende Spannung durch die Zahl der Schichten dividiert, so

---

[1]) Vgl. auch die Überlegungen von R. SEELIGER, Phys. ZS. Bd. 27, S. 22. 1926, insbesondere § 2.

[2]) F. W. ASTON, Proc. Roy. Soc. London Bd. 80, S. 45. 1907.

[3]) G. HOLST u. E. OOSTERHUIS, Physica Bd. 1, S. 78. 1921; Phil. Mag. Bd. 46, S. 1117. 1923.

[4]) W. KOSSEL, Jahrb. d. Radioakt. Bd. 18, S. 326. 1922.

erhält man recht angenähert die Ionisierungsspannung des Neons (21,5 Volt). Man muß also wiederum annehmen, daß alle Primärelektronen aus der Kathodenoberfläche stammen, dieselbe mit einer vernachlässigbar kleinen Voltgeschwindigkeit verlassen, dann 21,5 Volt durchfallen und hierauf das Gas in der ersten Schicht vor der Kathode ionisieren. Diese Schicht verlassen die Elektronen wiederum mit der Geschwindigkeit Null und ioniseren zum zweitenmal in der zweiten Schicht usw. Da der Entstehungsort der verschiedenen Elektronen jedesmal um die Schichtdicke differiert, werden die Schichten mit zunehmendem Abstand von der Kathode immer diffuser.

Die Tatsache, daß der ASTONsche Dunkelraum in Helium und Neon besonders deutlich, in Wasserstoff weniger gut und in Argon und Stickstoff gar nicht zu sehen ist, findet nach einer Rechnung von GÜNTHERSCHULZE[1]) ihre Erklärung darin, daß in den zuletzt genannten Gasen die Zone, welche die Elektronen bis zum Erreichen der Anregungsspannung durchlaufen müssen, überaus klein wird. Mindestens in Wasserstoff und Sauerstoff verhindert außerdem der Umstand, daß die positiven Ionen das Gas in der ersten Kathodenschicht anzuregen vermögen, die deutliche Ausbildung des ASTONschen Dunkelraums.

38. Der negative Dunkelraum. Auf die zwischen Dunkelraumlänge, Stromdichte und Kathodenfall theoretisch sich ergebenden Beziehungen gehen wir in Ziff. 41 ein, ebenso auf die Versuche, die Abhängigkeit der Dunkelraumlänge von der Gasart, vom Kathodenmaterial und vom Anlegen eines Magnetfeldes theoretisch zu erklären. Die Druckabhängigkeit der Dunkelraumlänge endlich wird schon aus Ähnlichkeitsbetrachtungen verständlich. Hier sollen nur noch einige Bemerkungen gemacht werden bezüglich der Erklärungen, die versucht wurden, um den Unterschied in der Lichtemission zwischen Dunkelraum und Glimmlicht verständlich zu machen.

GOLDSTEIN[2]) hat schon im Jahre 1900 für die Entstehung des Dunkelraums eine Erklärung gegeben, die sehr an die neueren Versuche (vgl. Ziff. 41), die Dunkelraumlänge aus Raumladungsbetrachtungen zu erklären, erinnert. Er faßt die Lichtemission im Glimmlicht als „Wiedervereinigungsleuchten" auf, d. h. als eine Lichtaussendung, die entsteht, wenn die in diesem Gebiet vorhandenen Kanalstrahlenteilchen und Elektronen sich rekombinieren. Da nun die im Dunkelraum und im Glimmlicht erzeugten Sekundärelektronen von der Kathode abgestoßen werden, so entsteht in der Umgebung der Kathode ein Verarmungsbereich an Elektronen, in welchem daher auch nur wenig Wiedervereinigungsleuchten stattfindet. Dies ist der negative Dunkelraum.

Eine andere Theorie, die namentlich die Existenz des oft messerscharfen Glimmsaums erklären soll, stammt von HOLM[3]), welcher annimmt, daß die Wiedervereinigung von Kanalstrahlen und Elektronen nur dann vor sich gehen kann, wenn die Feldstärke an der betreffenden Raumstelle einen gewissen Maximalwert nicht überschreitet. Der Glimmsaum soll nun eine Äquigradientenfläche (Fläche gleicher Feldstärke) darstellen, und zwar gerade die Fläche jenes Maximalwertes, so daß in dem Raum großer Feldstärke von der Kathode bis zum Glimmsaum kein Wiedervereinigungsleuchten stattfinden kann (Dunkelraum), während dasselbe jenseits dieser Fläche vorhanden ist (Glimmlicht). Die auch im Dunkelraum noch vorhandene Lichtemission wird dann als „Stoßleuchten" gedeutet,

[1]) A. GÜNTHERSCHULZE, ZS. f. Phys. Bd. 33, S. 810. 1925.

[2]) E. GOLDSTEIN, Verh. d. D. Phys. Ges. Bd. 2, S. 142. 1900; ZS. f. Phys. Bd. 21, S. 252. 1924.

[3]) R. HOLM, Phys. ZS. Bd. 16, S. 20. 1915; Bd. 19, S. 548. 1918. Anm. bei der Korr.: Ein zugunsten dieser Theorie sprechendes Experiment führt R. SEELIGER (ZS. f. Phys. Bd. 39, S. 601. 1926) an.

d. h. als Lichtemission, die stattfindet, wenn das Molekül vorher nicht vollständig zerschlagen, sondern nur in einen angeregten Zustand versetzt wurde. Zur experimentellen Prüfung dieser Theorie, die übrigens von HOLM (nach freundlicher mündlicher Mitteilung) nicht mehr aufrechterhalten wird, haben dann HOLM und KRÜGER[1]) die Lichtanregung in einer Röhre, welche eine Wehneltkathode und drei hintereinander gelagerte Gitter enthielt, in ihrer Abhängigkeit von der Elektronengeschwindigkeit und der Feldstärke untersucht. Hierbei gelang ihnen die Herstellung „künstlicher Dunkelräume".

Endlich muß noch die Theorie von SEELIGER[2]) erwähnt werden, welche den Dunkelraum auf Grund der speziellen Eigenschaften der Anregungsfunktion verstehen will, d. h. auf Grund von Annahmen, die über die Abhängigkeit der Wahrscheinlichkeit der Anregung einer bestimmten Spektrallinie von der Geschwindigkeit des stoßenden Elektrons gemacht werden. Zur experimentellen Prüfung dieser Theorie hatten schon SEELIGER und POMMERRENIG[3]) den Dunkelraum und einen Teil des Glimmlichts spektroskopisch untersucht. Da neuere Arbeiten eine noch genauere Kenntnis vom Verlauf der Anregungsfunktion gebracht haben, gestatten sie SEELIGER[4]), seine Theorie erneut an der Erfahrung zu prüfen. Er kommt nun zum Schluß, daß die HOLMsche Annahme der Reduktion des Rekombinationsleuchtens im Dunkelraum durch die große daselbst herrschende Feldstärke jedenfalls für einen Teil des Helligkeitsunterschiedes zwischen Dunkelraum und Glimmlicht möglich ist.

Auf einen Versuch von DAUVILLIER[5]), den Glimmsaum durch Druckdifferenzen an dieser Raumstelle zu erklären, sei nur hingewiesen.

Zusammenfassend muß man wohl feststellen, daß eine befriedigende Erklärung des Dunkelraums und des Glimmsaums noch aussteht.

39. Das negative Glimmlicht. Es wird heute vielfach angenommen, daß die Lichtemission im Glimmlicht ein Rekombinationsleuchten ist im Gegensatz zur Lichtemission in der positiven Säule, welche ein „Stoßleuchten" darstellt (vgl. Ziff. 70). Die Intensität der Lichtemission in den verschiedenen Teilen des Glimmlichts ist dann bestimmt durch die Anzahl der dort vorhandenen positiven und negativen Träger. Insbesondere SEELIGER und LINDOW[6]), die in Wasserstoff den Intensitätsabfall der Linie H_α vom Glimmsaum in die benachbarten Teile des Glimmlichts hinein für Kathodenfälle zwischen 500 und 1000 Volt und Stromdichten zwischen 1 und 5 Milliamp./cm² aufgenommen haben, versuchen ihre Versuchsresultate auf Grund dieser Annahme zu erklären. Um den beobachteten Intensitätsverlauf durch die Anzahl der an der betreffenden Stelle vorhandenen Träger darzustellen, müssen sie dann annehmen, daß im Glimmlicht „durchgehende, im Mittel nahezu geradlinig fliegende, schnelle Primärelektronen sowie langsamere, in gebrochenen Bahnen fliegende Sekundärelektronen und darübergelagert eine Wolke diffundierender Ladungsträger" vorhanden sind. Die schnellen Primärelektronen hat natürlich jede Theorie des Glimmlichts nötig: sie erklären die Trägheitseigenschaften des Glimmlichts sowie dessen Verhalten im Magnetfeld. Die Annahme der Diffusionselektronen dagegen ist notwendig zur Erklärung des langsamen Abfalls der Intensität im Glimmlicht. Dies ist deswegen bemerkenswert, weil dieser Abfall sogar noch langsamer erfolgt, als selbst den schnellsten, d. h. durchdringendsten, aus der

---

1) R. HOLM u. T. KRÜGER, Phys. ZS. Bd. 20, S. 1. 1919.
2) R. SEELIGER, Ann. d. Phys. Bd. 59, S. 613. 1919.
3) R. SEELIGER u. E. POMMERRENIG, Ann. d. Phys. Bd. 59, S. 589. 1919.
4) R. SEELIGER, Phys. ZS. Bd. 25, S. 56. 1924.
5) A. DAUVILLIER, C. R. Bd. 181, S. 601. 1925.
6) R. SEELIGER u. W. LINDOW, Phys. ZS. Bd. 26, S. 393. 1925.

Kathodenoberfläche stammenden Primärelektronen entsprechen würde. Für die Teile des Glimmlichts gegen den FARADAYschen Dunkelraum hin, die von SEELIGER und LINDOW nicht mehr ausphotometriert wurden, genügt, worauf zuerst HOLM[1]) aufmerksam gemacht hat, übrigens wahrscheinlich nicht einmal die Diffusion zur Erklärung der Diskrepanz zwischen dem beobachteten Intensitätsabfall und dem aus der Reichweite der Kathodenstrahlen berechneten.

Nach FRANCK und JORDAN[2]) besteht nun gegen die Annahme, daß das Glimmlicht hauptsächlich ein Rekombinationsleuchten sei, hervorgerufen durch die Diffusionselektronen, folgendes schwere Bedenken: Es müßten dann alle Glieder einer Spektralserie gleich stark auftreten, während in Wirklichkeit die höheren Glieder bei größeren Drucken fehlen; dies deutet darauf hin, daß die Anzahl der Atome, welche in die höheren Anregungszustände versetzt werden, mit zunehmendem Gasdruck immer kleiner wird, was nun nur durch die Annahme, daß das Glimmlicht ein Anregungsleuchten darstellt, erklärt werden kann. Danach dürfte also das Rekombinationsleuchten speziell im Glimmlicht keine große Rolle spielen, während es nach FRANCK und JORDAN unter andern Versuchsbedingungen (vgl. einige a. a. O. zitierte Beispiele) sicher nachgewiesen ist. Jedenfalls kann man behaupten[3]), daß Glimmlicht und positive Säule nicht beide ein Rekombinationsleuchten sein können, da sonst, wie aus der Trägerkonzentration folgt, das Glimmlicht viele 1000 mal heller leuchten müßte als die Säule.

Schließlich soll noch eine Bemerkung über das Auftreten der doppelten Glimmlichter gemacht werden. Entsprechend der in Ziff. 8 erwähnten Glimmsaumregel zeigt schon das Glimmlicht eines einzelnen Gases Inhomogenitäten, die aber nur bei spektraler Zerlegung sichtbar sind. In einem Gemisch zweier verschiedener Gase kann diese Erscheinung nun so kräftig werden, daß schon bei unzerlegtem Licht doppelte Glimmlichter zu sehen sind. In der Nachbarschaft der Kathode können nach SEELIGER und MIERDEL[4]) die Elektronen noch beide Arten von Gasmolekülen ionisieren; in größerer Entfernung dagegen, wo hauptsächlich sekundäre und Diffusionselektronen vorhanden sind, gelingt nur noch die Ionisierung oder Anregung des leichter anregbaren Gases.

40. Der normale Kathodenfall. Die Abhängigkeit des normalen Kathodenfalls K_n vom Kathodenmaterial und vom Füllgas läßt sich wenigstens qualitativ aus den in Ziff. 36 entwickelten Vorstellungen ableiten. Was zunächst die Abhängigkeit vom Kathodenmaterial betrifft, so folgt aus $N\nu = 1$ (N = Anzahl der von einem Primärelektron erzeugten, auf die Kathode prallenden positiven Ionen, ν = Anzahl der von einem positiven Ion beim Auftreffen auf die Kathode erzeugten Primärelektronen), daß N um so kleiner werden kann, je größer ν wird. Für ein bestimmtes Gas und Kathodenmaterial sind nun N und ν um so größer, je größer der Kathodenfall ist. Für konstant gehaltenen Kathodenfall sind ferner in demselben Gas für verschiedene Kathodenmetalle die ν um so kleiner, je schwerer ein Elektron aus dem betreffenden Metall abzulösen ist, d. h. je größer die RICHARDSON-LANGMUIRsche Austrittsarbeit φ des Elektrons beim Verlassen der Metalloberfläche ist. Wenn nun ν hierdurch kleiner wird, muß N größer werden, was dann durch Vergrößerung des Kathodenfalls geschieht. Dieser Zusammenhang zwischen φ und K_n ist aus der folgenden Tabelle 20, die der in Ziff. 21 zitierten Arbeit von SCHAUFELBERGER entnommen ist, deutlich zu ersehen.

[1]) R. HOLM, Phys. ZS. Bd. 16, S. 70. 1915, vgl. beonders Tab. 3.

[2]) J. FRANCK u. P. JORDAN, ds. Handb. Bd. XXIII, Anregung von Quantensprüngen durch Stoßprozesse, Abschn. 2, Ziff. 10 und Abschn. 4, Ziff. 23.

[3]) K. T. COMPTON, L. A. TURNER u. W. H. MC CURDY, Phys. Rev. Bd. 24, S. 597. 1924.

[4]) R. SEELIGER u. G. MIERDEL, ZS. f. Phys. Bd. 19, S. 230. 1923.

Tabelle 20. Zusammenhang zwischen dem normalen Kathodenfall und der RICHARDSON-LANGMUIRschen Elektronenaustrittsarbeit.

Kathode	K_n	φ
Mg	247	2,7
Al	302	3,0
Bi	339	3,7
Ni	353	—
Fe	363	3,7
Zn	372	3,4
Cd	375	3,7
Cu	375	4,0
Ir	379	—
Co	381	—
Pb	392	3,9
Sn	393	3,8
Sb	396	—
Au	418	—
Pd	421	—
Pt	425	4,4
Ag	428	4,1

Wird umgekehrt das Kathodenmaterial unverändert gelassen und das Füllgas variiert, so lassen sich mehrere Gründe angeben, die nun eine Änderung des Kathodenfalls bewirken können. Einmal wird die Zahl der von einem Primärelektron bei einem bestimmten Wert des Kathodenfalls erzeugten positiven Ionen von der Ionisierungsspannung des Füllgases abhängen. Ferner wird die Zahl ν der von einem positiven Ion beim Aufprallen auf die Kathode befreiten Primärelektronen von der Natur dieses Ions abhängig sein. Drittens endlich werden die Stoßverluste, die die Elektronen beim Durchlaufen des Dunkelraums erleiden, um so größer sein, je größer die Elektronenaffinität des Gases ist; gleichzeitig werden auch mehr Elektronen sich an Gasmoleküle anlagern, wodurch sie zur weiteren Erzeugung von positiven Ionen durch Elektronenstoß verlorengehen. Eine Abhängigkeit des Kathodenfalls von der Elektronenaffinität ist nun in der angegebenen Richtung in der Tat vorhanden: Der Kathodenfall ist für die Edelgase am kleinsten und für die Halogene am größten. Mehr als diese qualitative Aussage kann man aber infolge der Komplexität der hier eine Rolle spielenden Vorgänge nicht machen.

41. Der Zusammenhang zwischen Kathodenfall, Stromdichte und Dunkelraumlänge[1]) (normaler und anormaler Fall). Wir geben im folgenden eine kurze Übersicht über die hauptsächlichsten Theorien des Kathodenfalls. Da noch keine Theorie vorhanden ist, die alle Erscheinungen befriedigend wiedergibt, begnügen wir uns damit, die wichtigsten Annahmen, die jeder dieser Theorien zugrunde liegen, hervorzuheben und dann anzugeben, welche Erfahrungstatsachen dadurch erklärt werden und welche andern unerklärt bleiben.

A. Eine erste Theorie der kathodischen Entladungserscheinungen hat ASTON[2]) im Anschluß an seine in Ziff. 11 und 27 besprochenen Experimente gegeben. Er macht folgende Annahmen:

1. Der Strom (Stromdichte $= j$, Gasdruck $= p$, Kathodenfall $= K$) im negativen Dunkelraum wird nur von positiven Ionen getragen.

2. Der Entstehungsort dieser Ionen ist der Saum des negativen Glimmlichts.

3. Die Kathodenoberfläche und der Glimmsaum bilden zwei im Abstand d ($=$ Dunkelraumlänge) voneinander befindliche, unendlich ausgedehnte, parallele Ebenen.

4. Die positiven Ionen haben an jeder Stelle des Dunkelraums eine Geschwindigkeit $v = \lambda X$, wo $\lambda =$ Beweglichkeit, $X =$ Feldstärke ist.

5. Die im Dunkelraum vorhandene positive Raumladung ist gleich der negativen Flächenladung auf der Kathode, so daß im Glimmsaum die Feldstärke $= 0$ ist.

Aus diesen Annahmen folgt durch eine Rechnung, die wir übergehen: Es ist $j d^3 p K^{-2} =$ konst. (unabhängig vom Füllgas) in Übereinstimmung mit Gleichung (6) in Ziff. 27. Dagegen bleiben folgende Tatsachen unerklärt: Da der Elektrizitäts-

[1]) Vgl. auch die kritische Übersicht über die vorhandenen Theorien bei R. HOLM, Phys. ZS. Bd. 25, S. 497. 1924, § 15.

[2]) F. W. ASTON, Proc. Roy. Soc. London Bd. 79, S. 80. 1907.

transport durch die aus der Kathodenoberfläche stammenden Primärelektronen in dieser Theorie vernachlässigt wird, ist in ihr auch kein Platz für eine Abhängigkeit der Dunkelraumlänge und des Kathodenfalls vom Kathodenmaterial. Bezeichnet ferner x den Abstand eines Punktes im Dunkelraum vom Glimmsaum, so wächst die Feldstärke X im Dunkelraum gegen die Kathode hin mit $x^{\frac{1}{2}}$ an, während nach den in Ziff. 18 erwähnten (allerdings vielleicht nicht einwandfreien) Versuchen von ASTON, die aber qualitativ durch die BROSEschen Messungen am Starkeffekt (vgl. Ziff. 19) bestätigt werden, X proportional x ist. Wegen dieser beiden Mängel wurde diese Theorie von ASTON wieder aufgegeben.

B. Eine Theorie der General Electric Company [I. W. RYDE[1])] behält alle Annahmen der Theorie A mit Ausnahme von 4) bei, welche durch die Annahme ersetzt wird: 4′) Die positiven Ionen durchfallen den Dunkelraum, ohne mit den Gasmolekülen Zusammenstöße zu erleiden. Dann liegt das Raumladungsproblem vor (vgl. Kap. 2). Es folgt jetzt $j d^2 K^{-\frac{3}{2}} = \text{konst.}$, ferner wächst X proportional mit $x^{\frac{1}{3}}$. Die Abhängigkeit der Erscheinungen vom Kathodenmaterial ist natürlich wieder nicht vorhanden. Aus diesen Gründen ist diese Theorie nach ASTON[2]) erst recht zu verwerfen. Dieselbe kann bestenfalls für stark anormalen Kathodenfall eine gewisse Annäherung an die Wirklichkeit darstellen. Für den normalen Kathodenfall dagegen, wo die positiven Ionen wahrscheinlich mit sehr kleiner Geschwindigkeit auf der Kathode auftreffen, ist sie wohl durchaus ungeeignet. Gewisse von ähnlichen Annahmen ausgehende Betrachtungen von GÜNTHERSCHULZE[3]) sind daher wohl ebenfalls als eine unerlaubte Anwendung der Raumladungsgleichung anzusehen.

C. In einer neueren Arbeit läßt ASTON[4]) die Annahme 1), daß die Raumladung im Dunkelraum durch die positiven Ionen allein bestimmt wird, fallen und ersetzt dieselbe durch die Annahme 1′): Die Raumladungsdichte im Dunkelraum ist konstant. Die übrigen Annahmen bleiben unverändert. Dann ergibt sich der gewünschte lineare Anstieg der Feldstärke bei Annäherung an die Kathode, dagegen wird jetzt, wenn nun die Stromdichte unter der Voraussetzung berechnet wird, daß die Raumladung nur von positiven Ionen herrührt, $j p d^{\frac{5}{3}} K^{-\frac{3}{2}} = \text{konst.}$, was im Widerspruch mit der Erfahrung steht.

D. Eine weitere Theorie des Kathodenfalls stammt von J. J. THOMSON[5]). Hier wird die Annahme 2) fallen gelassen und durch folgende etwas ungewöhnliche Annahme ersetzt: 2′) Die positiven Ionen entstehen innerhalb des Dunkelraums überall gleichmäßig. Ferner wird statt 4) die Annahme 4′) zugrunde gelegt, d. h. die Aufgabe wird als Raumladungsproblem behandelt. Unter diesen Bedingungen erhält man nun zwar den von ASTON beobachteten linearen Anstieg des Feldes, aber für den Zusammenhang zwischen Kathodenfall, Dunkelraumlänge und Stromdichte ergibt sich der aus der Theorie B folgende durch die Raumladungscharakteristik bedingte.

E. Zum Schluß soll noch auf eine Theorie von H. A. WILSON[6]) wenigstens hingewiesen werden, welche eine Weiterführung von Rechnungen TOWNSENDS[7]) und SKINNERS[8]) darstellt. Diese Theorie ist bemerkenswert, weil sie die einzige ist,

[1]) General Electric Company, London, Phil. Mag. Bd. 45, S. 1149. 1923.
[2]) F. W. ASTON, Phil. Mag. Bd. 46, S. 211. 1923.
[3]) A. GÜNTHERSCHULZE, ZS. f. Phys. Bd. 33, S. 810. 1925.
[4]) F. W. ASTON, Proc. Roy. Soc. London. Bd. 104, S. 565. 1923.
[5]) J. J. THOMSON, Phil. Mag. Bd. 48, S. 1. 1924.
[6]) H. A. WILSON, Phys. Rev. Bd. 8, S. 227. 1916.
[7]) J. S. TOWNSEND, Die Ionisation der Gase. Handb. d. Rad. Bd. I. 1920.
[8]) C. A. SKINNER, Phys. Rev. Bd. 5, S. 483 u. Bd. 6, S. 158. 1915.

die auch den Stromanteil der aus der Kathodenoberfläche stammenden Primärelektronen berücksichtigt. Dadurch kann allein die Abhängigkeit der Entladungserscheinungen vom Kathodenmaterial mit in die Theorie einbezogen werden. Die weitere, dieser Theorie zugrunde liegende Annahme, daß die Geschwindigkeit der Elektronen im Dunkelraum an jeder Stelle proportional der Feldstärke sei, dürfte aber in der Wirklichkeit nicht erfüllt sein.

Obgleich nun ein Fortschritt in der Theorie des Kathodenfalls nur durch diese Berücksichtigung des Elektronenstroms zu erzielen ist, worauf schon die qualitativen Betrachtungen in Ziff. 40 hinweisen, so muß doch ein solcher Ansatz solange willkürlich bleiben, als wir nichts Quantitatives über den Nutzeffekt der Stöße der positiven Ionen in bezug auf die Elektronenbefreiung beim Aufprallen auf die Kathode wissen.

In allen hier erwähnten Theorien war vom normalen Kathodenfall nie die Rede. Es hatte sich nur darum gehandelt, eine Beziehung $f(K, j, d, p) = 0$ aufzustellen, sowie den Verlauf der Feldstärke im Dunkelraum richtig wiederzugeben. Der normale Fall scheint vor dem anormalen nur dadurch ausgezeichnet zu sein, daß sich, solange noch Platz für eine weitere Ausdehnung des Glimmlichts vorhanden ist, auf der Kathodenoberfläche eine bestimmte normale Stromdichte einstellt. (Der normale Kathodenfall ist dann der zu dieser ausgezeichneten Stromdichte gehörige Wert von K.) Eine Erklärung für dieses Verhalten der Stromdichte ist zwar, soviel dem Verfasser bekannt ist, noch nicht gegeben worden, sie dürfte aber vielleicht darin liegen, daß unter den möglichen Formen der Glimmentladung diejenige stabil ist, bei welcher sich ein möglichst kleiner Kathodenfall einstellt.

Was schließlich die Beeinflussung der Dunkelraumlänge durch ein transversales Magnetfeld betrifft, so ist dieselbe wenigstens qualitativ verständlich. Der Glimmsaum (genauer: die Stelle im Glimmlicht, wo die Feldstärke angenähert gleich Null wird) ist die Grenze, bis zu welcher sich die positive Raumladung vor der Kathode gegen die Anode hin erstreckt. An dieser Stelle ist die Zahl der sekundären Elektronen so groß geworden, daß dieselben die Raumladung der positiven Ionen zu neutralisieren vermögen. Wenn nun durch ein magnetisches Feld die Bahn der Primärelektronen kreisförmig aufgerollt wird, so findet die Erzeugung der Sekundärelektronen näher an der Kathode statt, so daß auch die positive Raumladung schon in kleinerer Entfernung von der Kathode neutralisiert werden kann.

42. Befreiung von Elektronen durch Kanalstrahlenstoß. Für eine Theorie der Elektronenablösung aus einer Metalloberfläche durch den Stoß positiver Ionen liegen nicht einmal die ersten Ansätze vor. Es ist sogar unsicher, ob die Elektronenbefreiung überhaupt direkt durch den Stoß des positiven Ions stattfindet oder ob evtl. eine bei der Neutralisation des Ions an der Metalloberfläche auftretende harte Strahlung die Elektronen lichtelektrisch aus dem Metall ablöst, m. a. W.: ob beim Stoß die kinetische oder die potentielle Energie (oder evtl. beide) des stoßenden Ions eine Rolle spielen. Zur letzteren Auffassung neigen J. J. THOMSON[1]) und RICHARDSON[2]), während GÜNTHERSCHULZE[3]) auf Grund der ersteren Auffassung einige Überlegungen anstellt. Er erhält, ohne sich über den Mechanismus der Energieübertragung eine Vorstellung zu machen, halb empirisch eine Gleichung, nach welcher der Wirkungsgrad des Stoßes eines positiven Ions in bezug auf die Elektronenbefreiung ungefähr umgekehrt proportional dem Quadrat des Atomgewichts des Ions ist. Es muß also ein Ion,

1) J. J. THOMSON, Phil. Mag. Bd. 48, S. 1. 1924.
2) O. W. RICHARDSON, Nature Bd. 116, S. 506. 1925.
3) A. GÜNTHERSCHULZE, ZS. f. Phys. Bd. 20, S. 153. 1923; Bd. 34, S. 549. 1925.

um dieselbe Anzahl Elektronen aus einem Metall abzulösen, eine um so größere kinetische Energie besitzen, je schwerer es ist. Ein Maß für die kinetische Energie des Ions beim Auftreffen auf die Kathode ist nun der Spannungsabfall auf der freien Weglänge (Weglängengradient) im Dunkelraum. In der folgenden Tabelle ist für die fünf Edelgase und für eine Eisenkathode der Weglängengradient γ und das Atomgewicht M angegeben. Ein gewisser Zusammenhang ist unverkennbar, derselbe kann aber vielleicht eine andere Ursache haben. Wenn nämlich, wie dies wahrscheinlich ist, die Energieabgabe vom Ion auf das ablösende Elektron sich nach den Gesetzen der Quantentheorie vollzieht, so wird, wie erwähnt, vielleicht außer der kinetischen Energie auch die Ionisationsenergie I des Ions auf das Elektron übertragen. Dann müßte γ um so größer werden, je kleiner I ist. Dies ist, wie die letzte Kolonne der Tabelle 21 zeigt, auch tatsächlich der Fall. Der Zusammenhang zwischen γ und M wäre danach ein zufälliger, verursacht durch den Umstand, daß die Ionisierungsspannung mit wachsendem Atomgewicht kleiner wird.

Tabelle 21. Zusammenhang zwischen normalem Weglängengradient γ, Atomgewicht M und Ionisierungsspannung I des Gases (Fe-Kathode).

Gas	γ in Volt/cm	M	I in Volt
He	2,65	4	24,5
Ne	3,73	20	21,5
Ar	4,57	40	15,4
Kr	6,24	82,9	13,3
X	7,21	130,2	11,5

43. Die Erwärmung der Kathode. Die in Ziff. 32 besprochenen Messungen zeigen, daß von der im Kathodenfall sitzenden elektrischen Energie iK über 80% in Form von Wärme in der Kathode frei wird. Wenn man bedenkt, daß der von den Elektronen getragene Stromanteil seine im Kathodenfall erworbene Energie in das Glimmlicht wegführt, und wenn man weiter berücksichtigt, daß auch noch Energie in Form von Wärme und Strahlung durch die Gefäßwände hindurch verlorengeht, so ist die Wärmeausbeute in der Kathode überraschend hoch. Jedenfalls muß man schließen, daß der allergrößte Teil der Stromträger vor der Kathode aus positiven Ionen besteht.

Es erhebt sich nun die Frage, auf welche Weise die Energie durch die positiven Ionen auf die Kathode transportiert wird. Hierfür sind von vornherein zwei Wege denkbar: Entweder geschieht dieser Transport dadurch, daß die positiven Ionen den ganzen Kathodenfall K frei durchfallen und ihre gesamte hierbei erworbene kinetische Energie beim Aufprallen auf die Kathode direkt abgeben, oder aber die positiven Ionen stoßen im Dunkelraum mit den Gasmolekülen zusammen, wobei die kinetische Energie der Ionen in Wärmeenergie des Gases verwandelt wird, welch letztere dann sekundär infolge des Wärmeleitvermögens des Gases auf die Kathode übertragen wird. Die erstere Erklärungsmöglichkeit wurde früher bevorzugt. Es stand ihr allerdings die Schwierigkeit im Wege, daß der negative Dunkelraum sich über 50 bis 120 freie Molekülweglängen erstreckt (vgl. Tabelle 5 in Ziff. 14), so daß Annahmen ad hoc eingeführt werden müssen[1]), welche die Voraussetzung, daß keine mit Energieabgabe verbundenen Zusammenstöße zwischen den positiven Ionen und den Gasmolekülen im Dunkelraum stattfinden, plausibel machen. Man hielt sich aber zur Aufstellung solcher Hilfshypothesen für berechtigt, weil nach Holm der Dunkelraum durch ein transversales Magnetfeld auf $^1/_{10}$ seiner ursprünglichen Länge zusammengedrückt werden kann, ohne daß dadurch der Kathodenfall merklich

[1]) A. Güntherschulze, ZS. f. Phys. Bd. 15, S. 8. 1923; R. Seeliger, Jahrb. d. Radioakt. Bd. 20, S. 353. 1923; ZS. f. Phys. Bd. 16, S. 211. 1923.

kleiner wird. Unter der Annahme, daß die Kanalstrahlen im Dunkelraum Zusammenstöße mit den Gasmolekülen erleiden, bei denen sie namhafte Energiebeträge verlieren, müßte aber bei einer wesentlichen Verringerung der Anzahl dieser Zusammenstöße die Endgeschwindigkeit dieser Strahlen beim Auftreffen auf die Kathode sehr viel größer werden, was wieder eine Verbesserung des Nutzeffekts der Stöße beim Aufprallen auf die Kathode in bezug auf die Elektronenauslösung aus derselben, also eine Erniedrigung des Kathodenfalls zur Folge haben müßte. Da letzteres nicht eintritt, nahm man an, daß überhaupt keine Zusammenstöße der Ionen mit den Gasmolekülen stattfinden, bei denen Energie auf die Moleküle übertragen wird.

Demgegenüber hat die andere Erklärungsmöglichkeit, daß die Erwärmung der Kathode durch Wärmeleitung stattfindet, den Vorzug, keine unwahrscheinlichen Annahmen einführen zu müssen. Es liegt zwar keine exakte Durchrechnung dieses Wärmeleitungsproblems vor, aber eine von GÜNTHERSCHULZE[1]) ausgeführte Überschlagsrechnung zeigt wenigstens, daß man auf diese Weise die experimentell gefundene Erwärmung der Kathode unter Zugrundelegung plausibler Voraussetzungen über die örtliche Verteilung der Quellen der Wärmeenergie im Dunkelraum tatsächlich erklären kann. Der Einwand, daß die magnetische Verkürzung der Dunkelraumlänge keine Erniedrigung des Kathodenfalls im Gefolge hat, dürfte vielleicht nicht so schwer wiegen[2]), weil ja nach ASTON und BROSE das elektrische Feld in der unmittelbaren Nachbarschaft der Kathode sein Maximum hat, so daß erst auf den letzten freien Weglängen von den positiven Ionen kinetische Energie in namhaftem Betrage erworben wird.

Zum Schluß muß noch folgendes bemerkt werden: Wir haben beim Vergleich der auf der Kathode tatsächlich frei werdenden Energie mit derjenigen, welche man theoretisch zu erwarten hat, eine Vernachlässigung bei der Berechnung der letzteren begangen: Wir haben nämlich die Energie ψ, welche bei der Neutralisation der positiven Ionen auf der Kathodenoberfläche frei wird, nicht berücksichtigt. Auf diesen theoretisch zu erwartenden Energiebetrag haben zuerst HOLST und OOSTERHUIS[3]) aufmerksam gemacht. Ferner haben SCHOTTKY und v. ISSENDORFF[4]) experimentell bei Sondenversuchen in einer Entladung in Quecksilberdampf nach dieser Energie gesucht, dieselbe aber nicht auffinden können. GÜNTHERSCHULZE[5]) hat die Ablösearbeit (d. h. den negativen Wert der Neutralisierungsenergie) für eine Anzahl positiver Metallionen beim Verlassen der Metalloberfläche berechnet (aus Ionisierungsspannung, Sublimationswärme und RICHARDSON-LANGMUIRscher Elektronenaustrittsarbeit φ unter Verwendung eines geeigneten Kreisprozesses). Er erhält für ψ Werte, die etwas mehr als doppelt so groß sind als die entsprechenden φ-Werte. Die absoluten Beträge liegen zwischen 3,4 Volt für Cäsium und 7,1 Volt für Quecksilber. Die meisten andern Zahlenwerte haben übrigens in diesem Zusammenhang kein Interesse, da es sich ja um Ionen von Metalldämpfen handelt und nicht um die im allgemeinen bei der Glimmentladung den Strom tragenden Gasionen. Die im Vergleich zum Kathodenfall kleinen Voltbeträge spielen übrigens bei der Berechnung der Erwärmung der Kathode keine beträchtliche Rolle. Im Gegensatz dazu müssen die Elektroneneintrittsarbeiten bei der Berechnung der der Anode zugeführten Energie mitberücksichtigt werden, weil sie im Vergleich zum Anodenfall nicht klein sind (vgl. Ziff. 46).

---

[1]) A. GÜNTHERSCHULZE, ZS. f. Phys. Bd. 33, S. 810. 1925.
[2]) R. HOLM, Phys. ZS. Bd. 26, S. 412. 1925.
[3]) G. HOLST u. E. OOSTERHUIS, Physica Bd. 4, S. 375. 1924.
[4]) W. SCHOTTKY u. J. v. ISSENDORFF, ZS. f. Phys. Bd. 26, S. 85. 1924.
[5]) A. GÜNTHERSCHULZE, ZS. f. Phys. Bd. 31, S. 507. 1925.

44. Die Kathodenzerstäubung. Über die Kathodenzerstäubung liegen nur ganz wenige theoretische Überlegungen vor. J. J. THOMSON[1]) nimmt an, daß beim Aufprall der positiven Ionen auf der Kathode eine Strahlung emittiert wird, welche die Metallatome der Kathodenoberfläche zu absorbieren vermögen, was dann ihre Wegschleuderung bewirkt.

KINGDON und LANGMUIR[2]) nehmen zur Erklärung ihrer Zerstäubungsmessungen an, daß das Wegschleudern der Metallatome durch den elastischen Stoß der aufprallenden Ionen verursacht wird, und zwar soll der Vorgang in zwei Stufen vor sich gehen. Ein erstes auf eine bestimmte Stelle der Kathode aufprallendes positives Ion erzeugt daselbst eine Vertiefung von der Größe eines Atomdurchmessers. Zerstäubung findet nun erst statt, wenn ein zweites Ion in dieses Loch gerät. Dasselbe soll dann nämlich elastisch reflektiert werden und beim Verlassen der Vertiefung eines der am Rande sitzenden Metallatome mitreißen. Bei dieser Vorstellung vom Zerstäubungsmechanismus ergibt sich für den Schwellenwert der Spannung, d. h. für denjenigen Wert, bei welchem die Zerstäubung anfängt, ein Ausdruck, in den wesentlich nur die Masse des zerstäubenden und des zerstäubten Atoms, sowie die Sublimationswärme des betreffenden Metalls eingehen. Für die Thoriumzerstäubung in Neon erhält man auf diese Weise als Schwellenwert 40 Volt, während 45 Volt beobachtet wurden.

Gegen diese Berechnung wendet sich nun HOLST[3]), weil die Formel von KINGDON und LANGMUIR für Wolfram als Kathode und Argon oder Neon als Gas Schwellenwerte von 39 bzw. 42 Volt liefert, während 25 bis 30 Volt beobachtet sind. Er selbst erhält, indem er erstens damit rechnet, daß schon das erste stoßende Ion durch elastischen Stoß seine Energie auf ein Metallatom überträgt, und indem er zweitens als Minimalenergie, die zum Verlassen des Metalls notwendig ist, die aus der Sublimationswärme sich ergebende einsetzt, für den Schwellenwert V der Spannung den Ausdruck $V = \frac{\varepsilon}{4e}\,\frac{(m+m_1)^2}{m\,m_1}$ (ε = Sublimationswärme, e = Ionenladung, m und m_1 = Masse des zerstäubenden und zerstäubten Atoms). Für Argon und Neon und für einige Kathodenmetalle sind die berechneten Schwellenwerte in der folgenden Tabelle 22 eingetragen. Man sieht, daß dieselben außerordentlich klein sind.

Tabelle 22. Schwellenwerte der Zerstäubungsspannung nach der Theorie von HOLST.

	Argon	Neon
Wolfram	16	27
Molybdän	9,5	14
Platin	10	17
Thorium	17,5	30
Kadmium	1,5	2,2
Kupfer	3,3	4,2

Die Formel kann natürlich nicht gelten, wenn das zerstäubende Gas selbst ein Metalldampf ist, der sich auf der Kathode kondensiert. Sie gilt ferner nicht, wenn die auftreffenden Gasatome einen so kleinen Durchmesser haben (z. B. Helium), daß sie zwischen den Metallatomen hindurch in das Metallinnere gelangen können. Ob dieser letztere Effekt eintritt oder nicht, hängt nach HOLST von der Größe des Verhältnisses: Durchmesser des zerstäubenden Ions dividiert durch Gitterkonstante des zerstäubten Metalls ab.

Die Anreicherung der positiven Ionen im Kathodenmetall soll übrigens nach BUSH und SMITH[4]) ebenfalls Kathodenzerstäubung verursachen. Dadurch

[1]) J. J. THOMSON, Rays of positive Electricity, S. 176. London 1921.
[2]) K. H. KINGDON u. I. LANGMUIR, Phys. Rev. Bd. 22, S. 148. 1923.
[3]) G. HOLST, Physica Bd. 4, S. 68. 1924.
[4]) V. BUSH u. G. S. SMITH, Journ. Amer. Inst. Electr. Eng. Bd. 41, S. 627. 1922.

sollen nämlich im Innern so gewaltige Drucke entstehen, daß mikroskopische Explosionen auftreten, die das Metall wegschleudern.

Was nun speziell die Kathodenzerstäubung bei der Glimmentladung betrifft, so existiert noch keine Theorie, die den experimentell gefundenen Zusammenhang zwischen der zerstäubten Metallmenge und der Größe des Kathodenfalles quantitativ darzustellen vermag. Die Aufstellung einer derartigen Theorie wird übrigens, wie GÜNTHERSCHULZE[1]) bemerkt, dadurch erschwert, daß für die Zerstäubung natürlich nicht der gesamte, durch die Gasstrecke fließende Strom, sondern nur der auf die Kathode auftreffende positive Ionenstrom wirksam ist. Der prozentische Anteil des letzteren am Gesamtstrom bleibt aber bei steigendem Kathodenfall nicht konstant, sondern er nimmt jedenfalls stark ab.

Endlich sei noch folgende Bemerkung über die von GÜNTHERSCHULZE beobachtete elektrochemische Zerstäubung von Arsen, Antimon und Wismut in Wasserstoff gemacht: Diese Art der Zerstäubung soll ihren Grund haben in der Bildung der gasförmigen Verbindungen Metall-H_3, welche sich bilden, wenn Wasserstoffionen auf die genannten Metalle aufprallen. Zu ihrer Bildung ist nur eine genügende Anzahl positiver Wasserstoffionen, aber keine kinetische Mindestenergie dieser Ionen notwendig, weshalb Zerstäubung auch an der Anode und an in der Entladung befindlichen Metallstücken stattfindet. Der Niederschlag des elektrochemisch zerstäubten Metalls auf die Glaswände findet dann beim Zerfall der Metallverbindung statt.

d) Die Erscheinungen an der Anode.

45. Die sichtbaren Erscheinungen. Die an der Kathode einer Glimmentladung auftretenden Entladungserscheinungen sind für diese Entladungsform charakteristisch und für ihre Existenz notwendig. Im Gegensatz dazu sind die sichtbaren und elektrischen Erscheinungen, die an der Anode und in der positiven Säule auftreten, für die Existenz der Glimmentladung nicht notwendig; und sie sind auch nicht charakteristisch, weil im wesentlichen dieselben Erscheinungen auch beim Lichtbogen und bei einer (unselbständigen) Entladung mit Glühkathode vorhanden sind. Wir werden daher im folgenden auch Arbeiten, die diese beiden Entladungsformen behandeln, zu zitieren haben. Andererseits verweisen wir wegen der vielfachen Zusammenhänge und Berührungen mit dem Lichtbogen für alle im folgenden behandelten Erscheinungen auf den Abschnitt „Lichtbogen" von HAGENBACH (d. Bd. Kap. 6).

Die an der Anode einer Glimmentladung sichtbaren Erscheinungen sind nicht so auffällig wie die kathodischen Lichtgebilde. Unter gewöhnlichen Versuchsbedingungen wird das lichtschwache anodische Glimmlicht durch die positive Säule überstrahlt. Wenn dagegen die Gefäßwände soweit von der Entladungsbahn entfernt sind, daß keine positive Säule auftreten kann, wie dies z. B. in einem von GEHRKE[2]) und in einem von GÜNTHERSCHULZE[3]) beschriebenen Entladungsrohr der Fall ist, so ist das anodische Glimmlicht als ein in Luft und in Stickstoff rötliches oder rötlichweißes und in Wasserstoff fahlweißes auf der Anode aufsitzendes zartes Lichthäutchen gut sichtbar. Ebenso wie das kathodische Glimmlicht wird auch das anodische mit abnehmendem Gasdruck ausgedehnter und lichtschwächer, und analog jenem wird auch dieses

[1]) A. GÜNTHERSCHULZE, ZS. f. Phys. Bd. 37, S. 868. 1926.
[2]) E. GEHRKE, Verh. d. D. Phys. Ges. Bd. 7, S. 63. 1905.
[3]) A. GÜNTHERSCHULZE, ZS. f. Phys. Bd. 30, S. 175. 1924.

durch auffallende Kathodenstrahlen zum Verschwinden gebracht. Das anodische Glimmlicht ist in dieser Hinsicht sogar noch viel empfindlicher als das kathodische. Man erhält daher ein ausgedehnteres anodisches Licht erst, wenn man die Anode in der Entladungsröhre so aufstellt, daß weder die Anode selbst noch das aufsitzende Glimmlicht durch die von der Kathode ausgehenden Kathodenstrahlen getroffen werden können. Ein derart konstruiertes Entladungsgefäß haben GEHRKE und REICHENHEIM[1]) beschrieben und die darin auftretenden besonders ausgedehnten anodischen Lichterscheinungen untersucht. Auch schon ohne diese außergewöhnliche Röhrenkonstruktion ist das anodische Glimmlicht sehr ausgeprägt in den Halogendämpfen oder beim Zusatz solcher Dämpfe zu anderen Gasen (vgl. Ziff. 48).

Bei unreiner Anodenoberfläche setzt das Glimmlicht an derselben ungleichmäßig an, z. B. kontrahiert es sich gern auf etwa auf der Anode vorhandenen Oxydteilchen, eine Erscheinung, welche zuletzt von CADY[2]) eingehender untersucht wurde. Das anodische Glimmlicht ist auch in dieser Beziehung viel empfindlicher als das kathodische, so daß es bei einer mit Gleichstrom betriebenen Glimmentladung schwierig ist, die Anodenoberfläche rein genug zu bekommen, damit das Glimmlicht eine zusammenhängende Schicht bildet. Leichter gelingt dies dagegen mit Wechselstrom, weil die Kontraktionen des Glimmlichts auf einzelne Stellen der Anodenoberfläche offenbar eine gewisse Zeit zu ihrer Ausbildung nötig hat. Daher ist es auch nicht möglich, zu prüfen, ob das HEHLsche Gesetz für eine Gleichstromglimmentladung an der Anode ebenfalls Gültigkeit hat. Dagegen gelang GEHRKE[3]) der Nachweis, daß dieses Gesetz für eine Wechselstromglimmentladung tatsächlich auch an der Anode gilt, indem er eine $^1/_2$ mm dicke Nickeldrahtanode, die durch Ausglühen im Bunsenbrenner oberflächlich oxydiert war, verwandte.

Eine Besonderheit des anodischen Glimmlichts in Neon hat PENNING[4]) beobachtet. In diesem Gase tritt das Glimmlicht nämlich in zwei verschiedenen Formen auf. Die eine Form hat die Gestalt einer gelben Schicht, die andere die Gestalt einer roten Halbkugel. Welche der beiden Formen auftritt, hängt außer von Stromdichte und Gasdruck auch noch von der Gestalt des Entladungsgefäßes (Entfernung der Anode von den Wänden) ab. Es scheint sich hier also offenbar nicht um die auch in andern Gasen bei reiner und unreiner Oberfläche auftretenden Unterschiede im Aussehen des Glimmlichts zu handeln.

Zwischen dem anodischen Glimmlicht und der Anode befindet sich der anodische Dunkelraum. Nach GEHRKE[3]) ist derselbe am besten an hochglanzpolierten Elektroden sichtbar. Nur in den Halogendämpfen, wo auch die elektrischen Erscheinungen Besonderheiten aufweisen (vgl. Ziff. 47), ist der Dunkelraum auch schon ohne diese Maßregel scharf ausgeprägt. Bei Gasdrucken von wenigen tausendstel mm Hg konnte MARSH[5]) in der bei Verwendung einer Wehnelt-Kathode auftretenden unselbständigen Entladung sehr schöne Dunkelräume von mehreren Millimetern Länge auch in anderen Gasen (z. B. Wasserstoff, Stickstoff und Sauerstoff) erhalten. Endlich hat ASTON[6]) unter speziellen Versuchsbedingungen einen besonders gut sichtbaren anodischen Dunkelraum erhalten.

Über die Beeinflussung des anodischen Glimmlichts durch ein Magnetfeld hat GOLDSTEIN[7]) Versuche angestellt. Es zeigt sich wieder die außerordentliche

---

[1]) E. GEHRKE u. O. REICHENHEIM, Ann. d. Phys. Bd. 25, S. 861. 1908.
[2]) W. G. CADY, Phys. ZS. Bd. 14, S. 296. 1913.
[3]) E. GEHRKE, Verh. d. D. Phys. Ges. Bd. 7, S. 65. 1905.
[4]) F. M. PENNING, Physica Bd. 5, S. 217. 1925.
[5]) S. MARSH, Ann. d. Phys. Bd. 32, S. 520. 1910.
[6]) F. W. ASTON, Nature Bd. 89, S. 218. 1912.
[7]) E. GOLDSTEIN, Verh. d. D. Phys. Ges. Bd. 20, S. 123. 1918.

Empfindlichkeit des Glimmlichts gegenüber äußeren Einwirkungen. Von 700 untersuchten Entladungsröhren zeigten kaum zwei genau dasselbe Bild, weil schon eine kleine Abweichung von der Symmetrie starke Veränderungen der Gestalt des Glimmlichts hervorruft. Bezüglich der mannigfaltigen hierbei auftretenden Leuchterscheinungen sei auf die Originalarbeit verwiesen.

46. Die Methoden zur Messung des Anodenfalls. Der Anodenfall wurde bis jetzt meistens mit stromlosen kalten Sonden gemessen. Da nun der Fehler, welcher bei der Potentialmessung mit Hilfe solcher Sonden begangen wird (vgl. Ziff. 75), von der Größenordnung der Voltgeschwindigkeit der Elektronen an der betreffenden Stelle der Entladungsbahn ist, so darf die Sonde nur an solchen Stellen der Entladung verwendet werden, wo diese Geschwindigkeit klein ist gegenüber der zu messenden Potentialdifferenz. Diese Bedingung ist bei der Messung des Anodenfalls nicht erfüllt, weshalb LANGMUIR[1]) alle mit der kalten Sonde gemessenen Werte des Anodenfalls für falsch, und zwar für um einige Volt zu groß hält. LANGMUIR selbst mißt das Potential eines Punktes in der Entladungsbahn mit zwei verbesserten Sondenmethoden, welche diese Fehler vermeiden (vgl. Ziff. 75). Leider sind eingehendere Messungen des Anodenfalls nach diesen Methoden erst in den wenigsten Gasen angestellt. Man muß sich also bezüglich der andern Gase mit den bisher angestellten anfechtbaren Versuchen auseinandersetzen. Dies wird dadurch erleichtert, daß außer den Sondenmethoden noch eine andere Möglichkeit zur Bestimmung des Anodenfalls besteht, die auch häufiger verwendet worden ist: nämlich diejenige der Bestimmung des Anodenfalls aus der beim Stromdurchgang auf die Anode übertragene Wärmemenge.

Wie in Ziff. 43 ausgeführt ist, sind die Vorgänge, welche bei der Berechnung der auf die Kathode übertragenen Wärmemenge berücksichtigt werden müssen, so kompliziert, daß eine Bestimmung des Kathodenfalls aus der Erwärmung der Kathode nicht in Frage kommt. Dieselbe ist auch nicht sehr nötig, weil die Fehler der alten Sondenmethode bei den großen hier zu messenden Voltbeträgen nicht ins Gewicht fallen. Gerade umgekehrt liegen die Verhältnisse beim Anodenfall. Hier ist die Sondenmethode unzuverlässig; dagegen ist der Mechanismus, durch welchen die Erwärmung zustande kommt, viel übersichtlicher, so daß eine Berechnung des Anodenfalls aus der auf die Anode transportierten Wärmemenge möglich wird. Bezeichnet man den Anodenfall mit A und die RICHARDSON-LANGMUIRsche Energie, welche die Elektronen beim Passieren der Anodenoberfläche gewinnen, mit φ, so wird durch den Strom i auf die Anode die Wärmemenge

$$W = i\,(A + \varphi) \tag{1}$$

übertragen. Wie in Ziff. 50 ausgeführt wird, sind die Vernachlässigungen, welche bei der Aufstellung dieser Beziehung begangen werden, nicht sehr groß; man kann also aus (1) den Anodenfall berechnen.

Die ersten Messungen der bei der Glimmentladung auf die Anode übertragenen Energie wurden von HODGSON[2]) angestellt. Er fand, daß W immer wesentlich größer ist als iA, wenn man für A die mit kalter, stromloser Sonde gemessenen Werte einsetzt. Dies ist zwar nach Gleichung (1) selbstverständlich, weil der Energiebeitrag $i\varphi$ vernachlässigt ist. Wenn man aber berücksichtigt, daß der Anodenfall mit der Sonde zu groß gemessen wurde, und zwar um einen Betrag, der von derselben Größenordnung wie φ ist, so sieht man, daß die Diskrepanz

[1]) I. LANGMUIR, Journ. Frankl. Inst. Bd. 196, S. 751. 1923.

[2]) B. HODGSON, Phil. Mag. Bd. 25, S. 453. 1913; Bd. 27, S. 189. 1914.

nicht auf die Vernachlässigung von φ zurückgeführt werden kann. Neuerdings hat PETERS[1]) einige Messungen angestellt, welche viel zur Aufklärung dieses Widerspruchs beigetragen haben. Er berücksichtigt zwar ebenfalls weder die Energie φ noch den Umstand, daß die Sonde ein Potential anzeigt, welches um einige Volt zu groß ist. Da die beiden Beträge sich aber angenähert kompensieren, so dürften seine Resultate doch ungefähr richtig sein. PETERS findet nun bei Versuchen in Luft und in Joddampf, daß die an die Anode abgegebene Energie von der Gestalt der Glimmentladung abhängig ist. Nur wenn die Entladung eine ungeschichtete positive Säule hat, die bis zur Anode reicht, wird auf die Anode gerade die dem Anodenfall entsprechende Energie übertragen. Wenn aber zwischen Anode und positiver Säule noch ein Dunkelraum liegt, oder wenn die positive Säule ganz fehlt und der FARADAYsche Dunkelraum vor der Anode sich befindet, so übertragen die Elektronen außer der im Anodenfall selbst erworbenen Energie noch die beim Durchfallen des vor dem Anodenfall gelegenen Dunkelraums erhaltene kinetische Energie auf die Anode. Es besteht also ein enger Zusammenhang zwischen der Form der Glimmentladung und der Erwärmung der Anode, ein Ergebnis, das durch spätere, unten zu erwähnende Versuche bestätigt wurde.

Wenn schließlich die Anode der Kathode so weit genähert wird, daß die Anode sogar einen Teil des negativen Glimmlichts abschneidet, so gibt die Erwärmung der Anode natürlich kein Maß mehr für den Anodenfall. Die Anode dringt dann nämlich so tief in die kathodischen Entladungsteile ein, daß sich überhaupt kein Anodenfall mehr ausbilden kann. Die Anode wird jetzt von den von der Kathode ausgehenden Primärelektronen getroffen. Die hierdurch direkt und durch Wärmeleitung indirekt auf die Anode übertragene Wärmemenge hängt jetzt von der Größe des Kathodenfalles ab. Sie ist also davon abhängig, ob der Kathodenfall normal oder anormal ist, und sie ist ferner eine andere, wenn ein anderes Kathodenmaterial benutzt wird, weil dadurch der Kathodenfall geändert wird.

Hierüber hat GÜNTHERSCHULZE[2]) folgende Versuche angestellt. Er hat erstens bei normalem Kathodenfall (Aluminiumkathode in Wasserstoff) die auf die Anode übertragene Energie gemessen, wenn die Anode immer näher an die Kathode herangebracht wird. Es ergibt sich dann eine immer stärker werdende Erwärmung der Anode. Beim Vergleich mit der theoretisch zu erwartenden Erwärmung (die Berechnung ist natürlich nur unter mehr oder weniger willkürlichen Annahmen durchführbar) ergibt sich nach GÜNTHERSCHULZE dann die beste Übereinstimmung, wenn im negativen Dunkelraum die von BROSE gefundene Feldverteilung (vgl. Ziff. 19) vorausgesetzt wird. Zweitens hat GÜNTHERSCHULZE die beim anormalen Kathodenfall (Magnesium-, Aluminium- und Eisenkathode in Wasserstoff) auf die Anode übertragene Energie als Funktion des Kathodenfalls und des Kathodenmaterials gemessen, wobei der Abstand Kathode—Anode immer so gewählt wurde, daß die Elektrodenspannung (bei konstanter Stromstärke) die minimale war (d. h. Elektrodenspannung = Kathodenfall, vgl. Ziff. 20). Dann ergab sich ein bei Eisen als Kathode schwaches, bei Aluminium und Magnesium stärkeres Anwachsen der Erwärmung der (Kupfer-) Anode mit dem Kathodenfall. Dieses Anwachsen (sowie die Abhängigkeit vom Elektrodenmaterial) rührt daher, daß mit zunehmendem Kathodenfall der Elektrodenabstand der minimalen Elektrodenspannung abnimmt und daß der Anteil der Primärelektronen am Gesamtstrom immer größer wird.

Betreffend die obenerwähnte Gleichung (1) sei noch folgende Bemerkung gemacht. Man kann aus ihr, wenn der Anodenfall bekannt ist, also z. B. bei

[1]) L. PETERS, ZS. f. Phys. Bd. 4, S. 432. 1921.
[2]) A. GÜNTHERSCHULZE, ZS. f. Phys. Bd. 37, S. 868. 1926.

einer Entladungsform, bei der kein Anodenfall vorkommt, aus der Erwärmung der Anode die Elektroneneintrittsarbeit φ bestimmen. Dies wurde bei Sondenversuchen in Quecksilberdampf von SCHOTTKY und v. ISSENDORFF[1]) und von v. ISSENDORFF[2]) für Eisen und Nickel durchgeführt und dabei für $\varphi_{Fe} = 3{,}8$ Volt und für $\varphi_{Ni} = 4{,}47$ Volt gefunden.

Schließlich sei noch auf folgende, allerdings erst wenig verwendete Methode zur Messung des Anodenfalls von GÜNTHERSCHULZE[3]) hingewiesen: Wie in Ziff. 20 erwähnt, findet beim Annähern der Elektroden ein plötzlicher Spannungsabfall statt, wenn das anodische Glimmlicht verschwindet. Diesen setzt GÜNTHERSCHULZE gleich dem Anodenfall, indem er annimmt, daß mit dem anodischen Glimmlicht auch der Anodenfall verschwindet.

47. Der normale Anodenfall. Man bezeichnet den Anodenfall als normal, wenn er von der Größe der Ionisierungs- oder Anregungsspannung des Gases ist, in dem die Glimmentladung stattfindet. Die Bezeichnung ist aber insofern schlecht gewählt, als sie eine Analogie mit dem normalen Kathodenfall ausdrücken soll, die nur unvollkommen vorhanden ist. Es stellt sich nämlich der sog. normale Anodenfall erst bei größeren Stromstärken ein als sie dem anormalen Anodenfall entsprechen. Wir behalten trotzdem die übliche Bezeichnung bei, besonders auch, weil man dann den Anodenfall für kleinere Stromdichten als anormalen bezeichnen kann. Dieser anormale Anodenfall nimmt nun allerdings beliebig kleine, ja sogar negative Werte an; er kann aber auch sehr große Werte erreichen, und zwar ist letzteres gerade für Versuchsbedingungen der Fall, die vollkommen denen des anormalen Kathodenfalls entsprechen.

Ferner ist noch eine Bemerkung über die Form der Anode zu machen: Nach Versuchen von GÜNTHERSCHULZE[4]) ist der Anodenfall für eine konkave Anode niedriger als für eine konvexe, was auch durch eine Beobachtung von LANGMUIR und MOTT-SMITH[5]) bestätigt wird, welche finden, daß der Anodenfall erniedrigt wird, wenn zwei Anoden in sehr kleiner Entfernung einander gegenübergestellt werden. Der normale Anodenfall wird also, wie der Kathodenfall, am besten an einer ebenen Elektrode gemessen.

Wir besprechen nun kurz die in verschiedenen Gasen erhaltenen Versuchsresultate. Da der anormale Anodenfall beliebig klein werden kann, läßt sich allerdings im folgenden die Trennung zwischen normal und anormal nicht immer genügend scharf durchführen.

1. Quecksilberdampf. Derselbe ist das von allen Gasen am eingehendsten untersuchte. Die Messungen wurden allerdings beim Lichtbogen (also bei mehreren Ampere Stromstärke) und nicht bei der Glimmentladung angestellt. Wir erwähnen nur die neuesten Untersuchungen.

a) Sondenmessungen: GÜNTHERSCHULZE, welcher auch eine Zusammenstellung der einschlägigen älteren Arbeiten gibt, findet, daß der Anodenfall von 18 Volt bei sehr geringem Dampfdruck auf etwa 4,8 Volt bei 0,22 mm Hg abnimmt und dann bei weiter zunehmendem Druck konstant bleibt. Eine Änderung der Stromstärke von 3,7 auf 14,5 Amp. ist ohne Einfluß. PARTZSCH[6]) findet einen Höchstwert des Anodenfalls von 13 Volt bei kleinem Druck und Abnahme bei steigendem Druck auf 4 Volt. LANGMUIR[7]) erhält (mit seiner

---

1) W. SCHOTTKY u. J. v. ISSENDORFF, ZS. f. Phys. Bd. 26, S. 85. 1924.
2) J. v. ISSENDORFF, Wiss. Veröffentl. a. d. Siemens-Konz. Bd. 4, S. 124. 1924.
3) A. GÜNTHERSCHULZE, ZS. f. Phys. Bd. 30, S. 175. 1924.
4) A. GÜNTHERSCHULZE, ZS. f. Phys. Bd. 13, S. 378. 1923; Bd. 31, S. 509. 1925.
5) I. LANGMUIR u. H. MOTT-SMITH, Gen. Electr. Rev. Bd. 27, S. 538. 1924.
6) A. PARTZSCH, ZS. f. Phys. Bd. 15, S. 287. 1923.
7) I. LANGMUIR, Journ. Frankl. Inst. Bd. 196, S. 751. 1923; vgl. auch I. LANGMUIR u. H. MOTT-SMITH, Gen. Electr. Rev. Bd. 27, S. 762. 1924, Anm. 25.

die Sondenfehler vermeidenden Meßmethode) gewöhnlich einen Anodenfall von nur 2 bis 3 Volt; unter besonderen Umständen (vgl. Ziff. 50) kann der Anodenfall sogar negativ werden.

b) Erwärmungsmessungen: Güntherschulze erhält einen Anodenfall von 3,44 Volt unter Versuchsbedingungen, wo die Sonde 7,34 Volt angibt, und de Groot[1]) findet ca. 3 Volt. Die Erwärmungsmessungen bestätigen also das Langmuirsche Resultat, welches von den Sondenmessungen wohl am meisten Zutrauen verdient.

2. Neon. Hier liegen nach Penning[2]) besonders übersichtliche Verhältnisse vor. Man kann nämlich drei verschiedene Entladungsformen unterscheiden, denen auch drei verschiedene Werte des Anodenfalls entsprechen. Eine erste bei kleinen Gasdrucken auftretende Form ist diejenige, bei welcher kein anodisches Glimmlicht vorhanden ist: Hierbei erwärmt sich die Anode um den Betrag $i\varphi$, es ist also auch kein Anodenfall vorhanden, was durch die gleich zu erwähnenden Sondenmessungen bestätigt wird. Tritt zweitens das anodische Glimmlicht in seiner gelben Schichtform auf, so wird der Anode die Energie $i(\varphi + A)$ zugeführt, wobei sich für A ungefähr die Ionisierungsspannung des Neon von 21,5 Volt ergibt. Ist drittens das rote, halbkugelförmige Glimmlicht vorhanden, so erhält man für A einen um 2 bis 3 Volt kleineren Wert. Die Versuchsresultate sind in Abb. 40, die die in Volt umgerechnete Erwärmung der Anode bei einer Stromstärke von 2 Milliamp. als Funktion des Gasdrucks darstellt, wiedergegeben. Die Kurve g gilt für die gelbe, die Kurve r für die rote Form des Glimmlichts. Mit diesen Resultaten sind Messungen des Anodenfalls, die Penning nach der Langmuirschen Sondenmethode angestellt hat, in bester Übereinstimmung. Es ergibt sich dann nämlich, daß der Anodenfall gleich Null ist, wenn kein anodisches Glimmlicht vorhanden ist, und gleich 20 Volt, wenn die gelbe Schichtform des Glimmlichts auftritt.

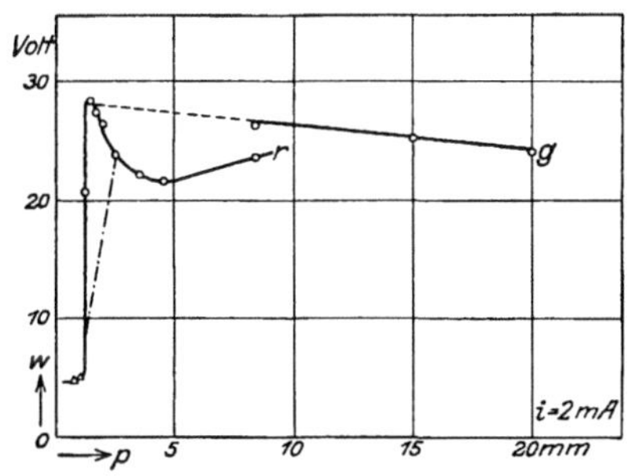

Abb. 40. Erwärmung der Anode in Neon als Funktion des Gasdrucks.

3. Argon. Mit kalter Sonde findet Partzsch, daß der Anodenfall für sehr kleine Stromstärken 16 Volt beträgt und mit wachsender Stromstärke bis auf 8 Volt bei 1 Amp. heruntergeht. Durch Erwärmungsmessungen erhält de Groot beim Lichtbogen in Wolframbogenlampen Anodenfälle bis herab zu Null.

4. Wasserstoff. Wir übergehen alle vorhergehenden Messungen und erwähnen nur diejenigen von Bramley[3]), der nach der Langmuirschen Methode fand, daß der Anodenfall nie größer als 15 Volt ist und bei geschichteter Entladung noch von der Lage der letzten Schicht relativ zur Anode abhängt. Sein kleinster Wert (bei ungeschichteter Entladung) betrug 5 Volt. Güntherschulze erhielt nach seiner am Ende der Ziff. 46 erwähnten Methode bei normaler Stromdichte (auf der Kathode) 16,7 Volt, also genau die Ionisierungsspannung (16,5 Volt).

In Stickstoff findet de Groot aus der Erwärmung der Anode für den Lichtbogen einen Anodenfall von 26 Volt, ebenso in Kohlenoxyd 31 Volt, also beide Male wesentlich mehr als die Ionisierungsspannung. Güntherschulze dagegen

[1]) W. de Groot, Physica Bd. 5, S. 121 u. 234. 1925.
[2]) F. M. Penning, Physica Bd. 4, S. 380. 1924; Bd. 5, S. 217. 1925.
[3]) A. Bramley, Phys. Rev. Bd. 26, S. 794. 1925.

erhält nach seiner Methode in Stickstoff 16,5 Volt (Ionisierungsspannung = 16,9 Volt). In Sauerstoff hat Hodgson[1]) Bestimmungen des Anodenfalls nach der Erwärmungsmethode vorgenommen. Dabei ergab sich qualitativ genau derselbe Kurvenverlauf, wie er von Penning in Neon gefunden wurde, nur daß die Kurven in Sauerstoff für noch kleinere Drucke, als dem Fehlen des Anodenfalls entspricht, nochmals ansteigen. Offenbar bedeutet dies, daß dann die Anode in die kathodischen Entladungsteile eindringt (vgl. auch die in Ziff. 46 besprochenen Versuche von Güntherschulze). Ferner sind die absoluten Voltzahlen, die der Erwärmung entsprechen, in Sauerstoff bedeutend größer als in Neon. Sie liegen, auch wenn man die Eintrittsenergie der Elektronen ins Anodenmaterial abzieht, was Hodgson noch nicht tut, immer noch zwischen 5 und ca. 50 Volt.

48. Der anormale Anodenfall. Es wurde schon gesagt, daß der normale Anodenfall sich für größere Stromstärken einstellt, als sie dem anormalen Anodenfall entsprechen. Der Übergang findet in folgender Weise statt: Da die Wände des Entladungsgefäßes sich gegen die Rohrachse negativ aufladen (vgl. Ziff. 61), vermag die Anode schon einen gewissen Strom abzuleiten, auch wenn sie nur das Potential des Raumes in ihrer Umgebung hat, d. h. wenn ihr Anodenfall gleich Null ist. Mit zunehmender Stromstärke steigt nun der anormale Anodenfall bis zu einem Maximalwert. Wird die Stromstärke noch weiter vergrößert, so findet ein plötzlicher Zusammenbruch des Anodenfalls auf seinen normalen Wert statt, und gleichzeitig tritt auch das anodische Glimmlicht auf.

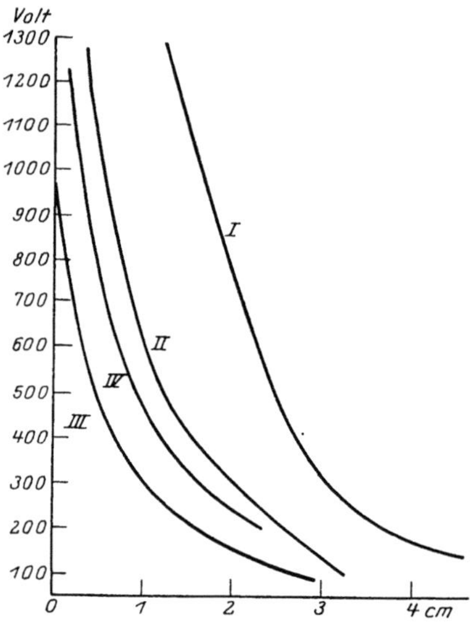

Abb. 41. Anormaler Anodenfall in Joddampf.

Die Verhältnisse beim anormalen Anodenfall liegen nun insofern übersichtlich, als dieselben Ursachen, die eine Erhöhung des anormalen Kathodenfalls bewirken, auch den Maximalwert des Anodenfalls, bei dem dieser Zusammenbruch eintritt, in die Höhe setzen. Als solche Ursachen kommen in Betracht: Verminderung des Gasdruckes, Verkleinerung der Anodenoberfläche, Vergrößerung der Stromstärke, Zusatz von Spuren von Halogendämpfen zum Füllgas und Anodenfall in reinen Halogenen, Verunreinigung der Anodenoberfläche und endlich Anlegen eines transversalen Magnetfeldes, welches die Entladung von der Anode weg an die Gefäßwände drückt.

Die Vergrößerung des Anodenfalls in Halogendämpfen oder bei Zusatz von Spuren von Halogenen zu anderen Gasen wurde eingehend von Gehrke und Reichenheim[2]) und von Reichenheim[3]) untersucht. Unter derartigen Versuchsbedingungen kann der Anodenfall bis zu mehreren 1000 Volt betragen. Abb. 41 stellt den Anodenfall in Joddampf als Funktion der Größe der Anodenoberfläche nach Messungen von Reichenheim dar. Als Anode diente hierbei ein Magnetitstab (dieses Material wird von Jod nicht angegriffen) von 4×4 mm

[1]) B. Hodgson, Phil. Mag. Bd. 27, S. 189. 1914.

[2]) E. Gehrke u. O. Reichenheim, Verh. d. D. Phys. Ges. Bd. 8, S. 559; Bd. 9, S. 76 u. 200. 1907; Bd. 10, S. 217. 1908.

[3]) O. Reichenheim, Verh. d. D. Phys. Ges. Bd. 15, S. 658 u. 1267. 1913.

Querschnitt und von veränderlicher Länge. Die vier Kurven beziehen sich auf verschiedene Gasdrucke (gemessen durch die Temperatur des Joddampfes oder die Länge des kathodischen Dunkelraums) und verschiedene Stromstärken. Die Versuchsbedingungen waren folgende:

Kurve	Temperatur	Dunkelraumlänge	Stromstärke
I	—	3,5 cm	0,31 Milliamp.
II	0° C	2,1 „	0,31 „
III	6,3° „	1,4 „	0,31 „
IV	0° „	—	0,13 „

Außer der Tatsache, daß der Anodenfall in Jod besonders groß ist, sieht man aus diesen Kurven, daß der Anodenfall in diesem Gase durch Verkleinerung des Gasdrucks und der Anodenfläche und durch Vergrößerung der Stromstärke in die Höhe gesetzt wird. Dieselben Gesetze gelten auch in Bromdampf und dürften also wohl für alle Halogene richtig sein.

Nach Reichenheim kann man wahrscheinlich auch in den meisten anderen Gasen (Versuche wurden in Luft, Wasserstoff und Helium ausgeführt) durch Verkleinerung der Anodenoberfläche einen anormalen Anodenfall erhalten, der dieselben eben erwähnten Gesetze befolgt. Die Anodenoberfläche muß allerdings dann cet. par. etwa 1000mal kleiner gemacht werden als in den Halogenen. Auf diese Weise gelingt es Reichenheim, in Wasserstoff einen Anodenfall von 350 Volt und in Luft einen solchen von 400 Volt zu erhalten.

Daß der große Anodenfall in Chlor bei einer im Vergleich zu den Nichthalogenen großen Anodenoberfläche ungefähr dieselben Gesetze befolgt wie der gewöhnliche anormale Anodenfall, folgt ferner aus einem interessanten Versuch von Raisch[1]), welcher zeigte, daß der Anodenfall auch in Chlor bis auf unter 30 Volt herabgedrückt werden kann, wenn man nur eine genügend ausgedehnte, reine Anodenoberfläche verwendet. Da (vgl. unten) eine Verunreinigung der Anode den Anodenfall in die Höhe setzt und da ferner die meisten Metalle von den Halogenen angegriffen werden, verwendete Raisch als Anode entweder Magnetit oder aber einen ausfließenden Quecksilberstrahl. Offenbar spielt aber außerdem der elektronegative Charakter der Halogene eine Rolle beim Zustandekommen des hohen Anodenfalls in diesen Gasen; denn Reichenheim[2]) konnte zeigen, daß in einer mit Joddampf gefüllten Röhre der Anodenfall von über 400 Volt auf unter 100 Volt herabgedrückt wird, wenn vermittels einer Wehneltkathode Elektronen im Überschuß in die Entladung gebracht werden. Ferner erhält man in dem elektronegativen Phosphor ebenfalls einen anormalen Anodenfall von 500 Volt und darüber.

Die Abhängigkeit des Anodenfalls von der Reinheit der Anode ist, obwohl schon früher beobachtet, am besten aus den Versuchen von Raisch ersichtlich. An einer reinen Quecksilberstrahlanode erhält man für den Anodenfall in Chlor 29 Volt, an einer ruhenden, mit einer dicken Schicht Quecksilberchlorid bedeckten Quecksilberoberfläche dagegen 105 Volt. An einer reinen Aluminiumanode ergeben sich 30 Volt, an einer unreinen unter denselben Versuchsbedingungen dagegen ca. 300 Volt. Vielleicht ist diese Art der Erhöhung des Anodenfalls wesensgleich mit derjenigen durch Verkleinerung der Anodenoberfläche, indem durch die auf der Anode sich bildende Oberflächenschicht die für den Stromdurchgang noch in Betracht kommende Anodenfläche verkleinert wird.

Aus Gründen der Ähnlichkeit sollte man erwarten (vgl. Ziff. 34), daß eine Vergrößerung der Gefäßdimensionen bei unveränderter Stromstärke ebenso wirkt wie eine Verkleinerung der Anodenoberfläche. In der Tat fanden Langmuir

[1]) R. Raisch, Ann. d. Phys. Bd. 36, S. 907. 1911.
[2]) O. Reichenheim, Verh. d. D. Phys. Ges. Bd. 11, S. 168. 1909.

und MOTT-SMITH[1]), daß die Anode eines Quecksilberlichtbogens in einem engen Gefäß nur schwach rotglühend wird, während dieselbe Anode in einem größeren Gefäß sogar bei kleinerer Stromstärke hell glüht.

Endlich muß noch bemerkt werden, daß GOLDSTEIN[2]) auch in nichthalogenhaltigen Gasen und bei beliebigen Dimensionen der Anode bei geringen Gasdichten Anodenfälle von über 40000 Volt beobachten konnte, wenn durch ein angelegtes Magnetfeld die Entladung von der Anode weg an die Gefäßwand gedrückt wurde.

49. Die von der Anode ausgehenden Strahlen. Wenn in einem Gase durch Spuren von Halogenzusatz oder durch Verkleinerung der Anodenoberfläche ein anormaler Anodenfall erzeugt wird, so gehen von der Anode Strahlen positiver Elektrizität aus, die von GEHRKE und REICHENHEIM[3]) beobachtet und als Anodenstrahlen bezeichnet wurden. Die Anodenstrahlen verlassen die Anodenoberfläche ziemlich senkrecht, bewegen sich geradlinig fort und zeichnen von in ihren Weg gebrachten Gegenständen scharfe Schatten. Helle, das Spektrum des Anodenmaterials aussendende Strahlen erhält man, wenn man nach Vorschriften von GEHRKE und REICHENHEIM hergestellte Salzmischungen verwendet, welche in Glasröhrchen gefüllt, mit einer Stromzuführung versehen und so direkt als Anode benutzt werden. In Abb. 42 ist eine Anodenstrahlröhre nach GEHRKE und REICHENHEIM mit einer Aluminiumringkathode und einer auswechselbaren Metallsalzanode dargestellt. Die Röhre wird vorteilhaft zuerst mit Wasserstoff oder Leuchtgas gefüllt, dann sorgfältig evakuiert (am besten unter Verwendung von Kokosnußkohle und flüssiger Luft) und mit einer großen Influenzmaschine betrieben. Man sieht dann, außer dem Kathodenstrahl oo, sobald sich die Anode durch den Stromdurchgang etwas erhitzt hat, von der Anode a einen hellen Strahl nach b gehen. Seine Farbe ist bei Verwendung von Natriumsalzen gelb (D-Licht), bei Lithiumsalzen rot, bei Kalziumsalzen violett usw. Ein in den Strahlengang gebrachter Fluoreszenzschirm wird zum Leuchten erregt, und auf dem Schirm findet man nachher Anodenmaterial abgelagert. Bei Ablenkungsversuchen erhielten GEHRKE und REICHENHEIM[4]) für die Masse des Strahlenträgers bei Benutzung von Lithium-, Natrium- und Strontiumsalzanoden die Werte 8,3 bzw. 23 und 90, also recht angenähert die betreffenden Atomgewichte.

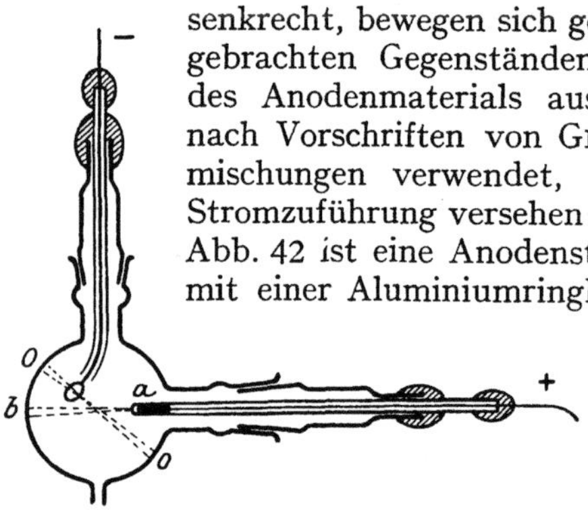

Abb. 42. Anodenstrahlenröhre nach GEHRKE und REICHENHEIM.

Schließlich sei noch erwähnt, daß POIROT[5]) durch Beobachtung des Starkeffektes an Lithiumanodenstrahlen die Feldverteilung vor der Anode bestimmt hat. Über eine metallische Anodenstrahlenröhre und über darin angestellte Versuche berichtet neuerdings MORAND[6]).

Eine durchbohrte Anode sendet, wie W. WIEN[7]) bemerkte, auch nach rückwärts Strahlen positiver Elektrizität aus, die sog. A_1-Strahlen, und ferner nach REIGER[8]) den Kathodenstrahlen analoge Strahlen, die sog. Anoden-

[1]) I. LANGMUIR u. H. MOTT-SMITH, Gen. Electr. Rev. Bd. 27, S. 762. 1924.
[2]) E. GOLDSTEIN, Verh. d. D. Phys. Ges. Bd. 20, S. 123. 1918.
[3]) E. GEHRKE u. O. REICHENHEIM, Verh. d. D. Phys. Ges. Bd. 8, S. 559. 1906; Bd. 9, S. 76, 200, 374. 1907.
[4]) E. GEHRKE u. O. REICHENHEIM, Ann. d. Phys. Bd. 25, S. 861. 1908.
[5]) A. POIROT, Journ. de phys. et le Radium Bd. 7, S. 217. 1926.
[6]) M. MORAND, C. R. Bd. 181, S. 544. 1925; Bd. 182, S. 883. 1926.
[7]) W. WIEN, Ann. d. Phys. Bd. 65, S. 450. 1898.
[8]) R. REIGER, Erlanger Ber. 1905, S. 1.

kanalstrahlen. Man hat also im ganzen drei von der Anode ausgehende Strahlenarten zu unterscheiden.

GOLDSTEIN[1]) hat in besonders gestalteten Entladungsröhren, die mit Wasserstoff (hier ist die Erscheinung am besten zu sehen), Stickstoff oder Sauerstoff von sehr geringem Druck gefüllt waren, beim Anlegen eines Magnetfeldes eigenartige Strahlen in der Nähe der Anode wahrgenommen, welche er als „Magnetkanalstrahlen" und „Isolatorentladungen" bezeichnet. Nach LANGMUIR und MOTT-SMITH[2]) werden diese Lichterscheinungen durch Elektronen hervorgerufen, deren merkwürdig gestaltete Bahnen sich erklären lassen, wenn man außer dem elektrischen und magnetischen Feld noch die negativen Wandladungen und die positiven Raumladungen berücksichtigt, welche ebenfalls die Bahnform beeinflussen.

Schließlich muß noch erwähnt werden, daß der anormal hohe Anodenfall mit einer Zerstäubung des Anodenmaterials verbunden ist.

50. Theorie der Erscheinungen an der Anode. HOLM[3]) gibt folgendes Bild vom Mechanismus des Anodenfalls: „Nach der Anode laufen Elektronen, welche im Anodenmetall als Leitungselektronen weiterbefördert werden. In der nächsten Nähe der Anode bilden diese Elektronen eine negative Wolke. Zwischen dieser und der positiven Anodenladung entsteht der Anodenfall. Auf den Anodenfall verkleinernd wirken positive Ionen, welche durch das Elektronenbombardement aus der Gashaut der Anodenoberfläche befreit werden. Diese Verkleinerung kann offenbar nicht weiter getrieben werden als bis zu derjenigen kleinsten Spannung, welche unter den gegebenen Umständen die betreffende Ionisation in der Gashaut ausführen kann." Wenn die Anode sehr klein ist oder für die Elektronen schwer erreichbar wird, so müssen sich kräftigere Raumladungen ausbilden, um die Elektronen nach der Anode zu ziehen. Dieselben bilden sich ferner aus, wenn die Elektronen an hinreichender Ionisation des Gases gehindert werden. Auf diese Weise entsteht der anormale Anodenfall.

Während diese Vorstellung vom Zustandekommen des normalen und des großen anormalen Anodenfalls wohl zutreffend ist, muß man das Bild vom Mechanismus des Anodenfalls für Stromstärken, die noch kleiner sind als diejenigen des großen anormalen Falles, nach LANGMUIR und MOTT-SMITH[4]) etwas präzisieren, um auch das Auftreten beliebig kleiner und sogar negativer Anodenfälle erklären zu können. Da die Elektronen von den nicht elektronegativen Gasmolekülen mehr oder weniger elastisch reflektiert werden, solange ihre Voltgeschwindigkeit unterhalb einer bestimmten Spannung liegt, so überlagert sich der in der negativen Feldrichtung verlaufenden geordneten Bewegung der Elektronen noch eine ungeordnete Bewegung, die z. B. in Quecksilberdampf gewöhnlich eine MAXWELLsche Verteilung besitzt. Man kann daher von einer Temperatur der Elektronen reden, welche bei den Versuchen von LANGMUIR und MOTT-SMITH Beträge bis über 25000° abs. erreichte (Näheres vgl. Ziff. 75 und 76). Infolge der großen Beweglichkeit der Elektronen verursacht diese ungeordnete Bewegung die Entstehung eines ungerichteten Stromes i^* (random-current), der zu unterscheiden ist von dem gerichteten Strom i (drift-current), welcher von der geordneten Bewegung

---

1) E. GOLDSTEIN, Verh. d. D. Phys. Ges. Bd. 20, S. 123. 1918; ZS. f. Phys. Bd. 11, S. 177. 1922.

2) I. LANGMUIR u. H. MOTT-SMITH, Gen. Electr. Rev. Bd. 27, S. 810. 1924.

3) R. HOLM, im Aufsatz von G. GEHLHOFF im Handb. d. Elektr. v. GRAETZ, Bd. III, S. 898. Leipzig 1923; Phys. ZS. Bd. 25, S. 497. 1924, § 17; vgl. auch A. GÜNTHERSCHULZE, ZS. f. Phys. Bd. 13, S. 378. 1923. Bd. 31, S. 509. 1925.

4) I. LANGMUIR u. H. MOTT-SMITH, Gen. Electr. Rev. Bd. 27, S. 762. 1924.

der Elektronen und positiven Ionen herrührt. Das Verhältnis i^*/i, das nach Langmuir und Mott-Smith für die in einer Gasentladung sich abspielenden Vorgänge von fundamentalster Bedeutung ist, bestimmt nun auch die Höhe des Anodenfalls. Die Größe dieses Verhältnisses ist außer von der Gasart noch von der Stromstärke und vom Gasdruck abhängig, dasselbe hat ferner in den verschiedenen Teilen der Entladungsbahn verschiedene Werte. Bei den erwähnten Versuchen, welche sich auf die Bogenentladung in Quecksilberdampf beziehen, wo die Stromstärke viele Ampere beträgt, erreichte es Werte bis 4 und darüber. Bei Verwendung einer Glühkathode kann das Verhältnis sogar noch 10mal größer werden.

Daß der ungerichtete Strom einen großen Einfluß auf die Höhe des Anodenfalls haben muß, erkennt man schon daran, daß dieser Strom für die negative Aufladung der Wände des Entladungsrohres (vgl. Ziff. 61, 69 und 75) verantwortlich ist. Deswegen vermag eine Anode, auch wenn sie nur das Potential des Raumes in ihrer Umgebung hat, doch schon einen gewissen Strom abzuleiten. Um nun die Einwirkung des ungerichteten Stromes auf den Anodenfall genauer zu erläutern, sei folgendes Beispiel von Langmuir und Mott-Smith erwähnt. Es betrage in einer Entladung die Stromstärke des ungerichteten Stromes in der Nähe der Anode 2 Amp. und diejenige des gerichteten Stromes 1 Amp.; dann fließen also auf die Anode zu 3 $(= 2 + 1)$ Amp. und von ihr weg 2 Amp. Wenn jetzt die Entladungsröhre einen Durchmesser von 1 cm hat und wenn die Anode die ganze lichte Weite der Röhre ausfüllt, so wird die Anode von einem Strom von 3 Amp. getroffen. Wir wollen ferner voraussetzen, daß die Anode am Ionisationszustand des Gases keine wesentlichen Änderungen hervorruft. Damit die Anode dann einen Strom von nur 1 Amp. aufnimmt und die übrigen 2 Amp. reflektiert, muß sie negativ gegen die Umgebung geladen sein. Wird jetzt die Anodenfläche auf $^1/_3$ reduziert, so fließt von selbst ein Strom von 1 Amp. auf die Anode. Dies ist aber gerade die Größe des gerichteten Stromes, also ist in diesem Fall der Anodenfall gleich Null. Erst wenn die Anode noch weiter verkleinert wird, muß ein positiver Anodenfall auftreten, damit die Anode von einer genügenden Anzahl von Elektronen getroffen wird. Wenn ferner die Oberfläche der Anode unverändert gelassen und statt dessen der Durchmesser der Entladungsröhre vergrößert wird, so fließen ebenfalls weniger Elektronen von selbst auf die Anode, es muß sich also wieder ein höherer Anodenfall einstellen als in der engen Röhre. Dadurch erklärt sich die Beobachtung, daß dieselbe Anode bei gleicher Stromstärke sich in einem weiten Rohr mehr erhitzt als in einem engen. Auch die Abnahme des Anodenfalls mit zunehmendem Gasdruck ist nun verständlich: es zeigt sich nämlich (vgl. Ziff. 76), daß das Verhältnis des ungerichteten zum gerichteten Strom mit dem Druck stark zunimmt.

Wenn die Anode gegen den umgebenden Raum positiv geladen ist, so werden die positiven Ionen von ihr abgestoßen und die Elektronen angezogen, es bildet sich also eine negative Raumladungsschicht, welche den Anodenfall hervorruft. Alle Elektronen, welche in diese Raumladungszone gelangen, werden zur Anode befördert, die Größe des von der Anode aufgenommenen Stromes ist also gegeben durch die Stromdichte des ungeordneten Elektronenstromes multipliziert mit der Oberfläche der Raumladungszone. Wie in Ziff. 72 gezeigt wird, nimmt die Oberfläche dieser Zone mit wachsendem Anodenfall nur sehr wenig zu, es wird also trotz der Vergrößerung des Anodenfalls der auf die Anode gelangende Strom nur wenig größer. Der anormale Anodenfall nimmt jetzt so lange weiter zu, bis eine genügende Anzahl Elektronen im Fallraum durch Stoßionisation positive Ionen erzeugen können. Sobald dies der Fall ist, wird die negative

Raumladung vor der Anode vernichtet, d. h. der Anodenfall bricht zusammen und wird normal. Dies macht sich auch im Aussehen der Entladungserscheinung an der Anode bemerkbar. Während nämlich das Fallraumgebiet ein mehr oder weniger dunkler Raum ist (in ihm sind ja nur Elektronen und keine positiven Ionen vorhanden, so daß kein Rekombinationsleuchten auftreten kann), erscheint nach dem Zusammenbruch infolge der nun auftretenden Stoßionisation das anodische Glimmlicht.

Der Höchstwert des anormalen Anodenfalls, bei welchem der Zusammenbruch eintritt, ist nun um so kleiner, je größer die Länge des Fallgebietes in freien Elektronenweglängen ist. Da die Ausdehnung der Raumladungszone vom Gasdruck angenähert unabhängig und die Elektronenweglänge umgekehrt proportional dem Gasdruck ist, so ist auch der maximale Anodenfall ungefähr umgekehrt proportional dem Gasdruck. Bei kleinen Drucken kann nun dieser Maximalwert viel größer werden als die Ionisierungsspannung des Gases. Bei großen Gasdrucken dagegen, bei denen jedes Elektron, das im Fallgebiet die Ionisierungsgeschwindigkeit erlangt, auch wirklich einen ionisierenden Stoß ausführt, kann, wie GÜNTHERSCHULZE[1]) bemerkt, der Zusammenbruch des Anodenfalls sogar schon unterhalb der Ionisierungsspannung stattfinden. Da nämlich z. B. beim Quecksilber die positiven Ionen eine 605 $(=\sqrt{200 \times 1834})$ mal kleinere Beweglichkeit haben als die Elektronen, so daß ein positives Ion die Raumladung von 605 Elektronen zerstört, genügt es schon, wenn nur jedes 605. Elektron in der Raumladungszone zum Stoß kommt. Nun haben aber die Elektronen eine MAXWELLsche Geschwindigkeitsverteilung. Es müssen also, damit der Anodenfall zusammenbricht, von 1000 Elektronen beliebiger Geschwindigkeit nur die $^{1000}/_{605}$ schnellsten die Ionisierungsspannung erreichen.

Wenn nun der Zusammenbruch des Anodenfalls stattfindet und das anodische Glimmlicht auftritt, so ist innerhalb dieses Glimmlichts die Leitfähigkeit viel größer als vorher, während außerhalb die Bedingungen ungeändert bleiben. Es dient also jetzt die äußere Hülle des Glimmlichts als Anode, indem alle Elektronen, die infolge des ungerichteten Stromes durch diese Hülle hindurchgehen, bis zur Anode gelangen. Diese neue Anodenoberfläche wird sich nun soweit ausdehnen, bis die Größe des ungerichteten Stromes, welcher durch sie hindurchgeht, gerade gleich dem gerichteten Strom geworden ist, welcher durch die Anode abgeleitet werden muß.

Auch die Beobachtung, daß der Anodenfall an konkaven Anoden kleiner ist als an ebenen, ist leicht zu erklären. Die durch Ionisation dicht vor der Anode erzeugten positiven Ionen werden durch das elektrische Feld annähernd senkrecht zur Anodenoberfläche von der Anode weggeschleudert. Wenn die Anode nun konkav ist, so werden die auf der einen Seite derselben erzeugten positiven Ionen teilweise in die negative Raumladung der andern Seite eindringen und dieselbe neutralisieren.

Schließlich muß noch eine Bemerkung über die Erwärmung der Anode gemacht werden. Wir haben gesehen, daß vor dem Zusammenbruch des Anodenfalls A die Stromleitung im Fallgebiet ausschließlich durch Elektronen besorgt wird, so daß die ganze elektrische Energie iA durch die Elektronen auf die Anode übertragen wird. Die Verhältnisse liegen also hier viel einfacher als vor der Kathode, wo außer den positiven Ionen, welche ihre Energie auf die Kathode übertragen, noch ein unbekannter Bruchteil Elektronen an der Stromleitung mitbeteiligt sind, welche ihre Energie von der Kathode wegführen. Die Verhältnisse werden aber auch nicht wesentlich komplizierter, wenn infolge der Stoß-

---

[1]) A. GÜNTHERSCHULZE, ZS. f. Phys. Bd. 31, S. 509. 1925.

ionisation der Anodenfall zusammenbricht, weil die wenigen positiven Ionen, welche zur Neutralisation der Raumladung hinreichen, für die Stromleitung und den Energietransport nicht in Betracht fallen. Auch die Frage, ob der Energietransport durch die Ladungsträger direkt oder erst sekundär durch Wärmeleitung stattfindet, ist hier leicht zu beantworten. Da die Elektronen beim elastischen Zusammenstoß fast keine Energie verlieren, und da unelastische Zusammenstöße, die zur Ionisation führen, nur bei einem kleinen Bruchteil der Elektronen stattfinden, muß der Energietransport durch die Elektronen direkt geschehen.

e) Übersicht über die Erscheinungen im Rumpf.

51. FARADAYscher Dunkelraum und positive Säule. Die im Rumpf der Glimmentladung, d. h. im FARADAYschen Dunkelraum und in der positiven Säule auftretenden Erscheinungen sind vom Material und von der Form der Elektroden im wesentlichen unabhängig. Insofern liegen also hier die Verhältnisse übersichtlicher als an den Elektroden. Die Erscheinungen sind aber doch nur unter speziellen Versuchsbedingungen allein durch die Eigenschaften des Füllgases bedingt; es übt nämlich auf die im Rumpf sich abspielenden Vorgänge ein Parameter einen wesentlichen Einfluß aus, den man bei der Betrachtung der Erscheinungen an den Elektroden mehr oder weniger vernachlässigen dürfte: das sind die Wände des Entladungsgefäßes.

Alle farbenprächtigen Erscheinungen und ebenso die elektrischen Phänomene, welche mit dem Auftreten der positiven Säule verknüpft sind, werden dadurch mitbedingt, daß die Gefäßwände sich an der Entladung beteiligen. Dies sieht man schon daran, daß in weiten Entladungsröhren, in denen der Elektrodenabstand klein ist gegenüber dem Durchmesser der Röhre, die positive Säule in den meisten Gasen bei kleinen Stromdichten ganz verschwindet. Dann füllt der FARADAYsche Dunkelraum das ganze Gebiet zwischen dem Ende des negativen Glimmlichts und dem auf der Anode aufsitzenden positiven Glimmlichthäutchen aus; es sind also die Lichterscheinungen an den beiden Elektroden die einzigen sichtbaren Gebilde der Glimmentladung. Der umgekehrte Fall tritt in engen Entladungsröhren ein. In diesen ist die positive Säule das markanteste Gebilde der Glimmentladung. Z. B. nahm die Säule in einer von J. J. THOMSON[1]) benutzten 15 m langen Entladungsröhre die ganze Länge der Röhre in Anspruch mit Ausnahme von 2 bis 3 cm dicht vor der Kathode. Allgemein ist die positive Säule der Lückenbüßer, der denjenigen Teil der Entladungsbahn ausfüllt, den die übrigen Teile der Glimmentladung nicht für sich in Anspruch nehmen. Der Scheitel der Säule macht daher in einer Entladungsröhre mit beweglichen Elektroden alle Bewegungen der Kathode mit, während seine Lage bei Bewegungen der Anode ungeändert bleibt; denn der Zwischenraum zwischen dem Scheitel und der Kathode wird von den kathodischen Entladungsteilen und dem FARADAYschen Dunkelraum in Anspruch genommen, welche Gebilde alle ganz bestimmte Längenausdehnungen haben, während der Raum bis zur Anode durch die veränderliche Säule ausgefüllt wird.

Nach STARK[2]) sind bei gegebenem Rohrdurchmesser die Länge des Dunkelraumes und die der positiven Säule folgendermaßen von den Versuchsbedingungen

---

[1]) J. J. THOMSON-MARX, Elektrizitätsdurchgang in Gasen, S. 452. Leipzig: B. G. Teubner 1906.

[2]) J. STARK, Elektrizität in Gasen, S. 138ff.

abhängig: Hat das Glimmlicht erst einen kleinen Teil der Kathodenoberfläche bedeckt und wird dann bei konstantem Gasdruck die Stromstärke vergrößert, so ist anfänglich, d. h. bei kleinen Stromstärken, von der positiven Lichtsäule nur ein kleines Stück in der Nähe der Anode zu sehen (vgl. Abb. 43). Den ganzen übrigen Raum nimmt der FARADAYsche Dunkelraum ein. Mit wachsender Stromstärke dehnt sich die positive Säule immer weiter aus, und der Dunkelraum wird um ebensoviel kleiner. Die positive Säule erreicht ihre größte Länge, wenn die Stromstärke so weit gestiegen ist, daß das negative Glimmlicht die ganze Kathodenoberfläche bedeckt (vgl. Abb. 44). Wird jetzt die Stromstärke noch weiter gesteigert, so dehnt sich das negative Glimmlicht, dessen Länge bisher annähernd konstant geblieben war, weiter aus. Dabei schiebt es den Dunkelraum vor sich her, und die positive Säule wird nun wieder kürzer (vgl. Abb. 45). Gleichzeitig verkürzt sich auch der FARADAYsche Dunkelraum. Nach Beobachtungen von HOLM[1]) kann er bei größeren Kathodenfällen sogar ganz verschwinden.

Abb. 43. Aussehen der Glimmentladung bei sehr kleiner Stromstärke.

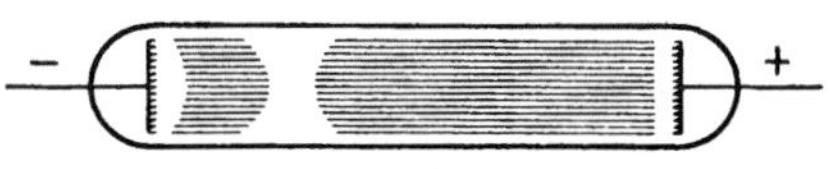

Abb. 44. Aussehen der Glimmentladung bei maximaler, mit normalem Kathodenfall möglicher Stromstärke.

Abb. 45. Aussehen der Glimmentladung bei stark anormalem Kathodenfall.

Bisher wurde nur die Stromstärke verändert und der Gasdruck konstant gehalten. Jetzt wenden wir uns zu den Erscheinungen, welche auftreten, wenn wir bei konstanter Stromstärke eine Röhre, von Atmosphärendruck ausgehend, immer weiter evakuieren. Bei ganz großen Drucken hat die positive Säule die Gestalt von unruhigen, büschelartigen Funken. Mit abnehmendem Druck wird daraus ein immer dicker werdender stabiler Lichtfaden, der schließlich den ganzen Querschnitt des Entladungsrohres ausfüllt. Hierbei wird auch das Glimmlicht, das erst nur als Pünktchen auf der Kathode zu sehen war, auffälliger und zwischen Glimmlicht und positiver Säule erscheint der FARADAYsche Dunkelraum. Mit abnehmendem Druck werden dann Glimmlicht und Dunkelraum immer ausgedehnter, und die positive Säule zieht sich entsprechend zurück, bis sie schließlich bei sehr kleinem Druck ganz verschwindet.

Es wurde schon der große Einfluß erwähnt, den die Gefäßwände auf die Erscheinungen im Rumpf der Glimmentladung ausüben. In sehr weiten Röhren ist die positive Säule kaum vorhanden, dafür hat der FARADAYsche Dunkelraum außergewöhnlich große Dimensionen, und der Potentialgradient ist dementsprechend sehr klein; in den gewöhnlich verwendeten Entladungsgefäßen dagegen nimmt die positive Säule den Hauptteil des Rumpfes ein, und der Potentialgradient ist entsprechend größer. In ganz engen Röhren und an Rohrverengerungen endlich steigt die Feldstärke so stark an, daß die sog. Striktionsstrahlen auftreten. Dies bedingt die im folgenden getroffene Einteilung des Stoffes: Da die meisten Untersuchungen über den Rumpf der Glimmentladung sich auf die normale Form des Rumpfes, d. h. auf die positive Säule beziehen, so muß diese Form des Rumpfes ausführlicher in den Kap. VI (ungeschichtete Säule) und VII (geschichtete Säule) behandelt werden, während die Grenzformen des Rumpfes in sehr weiten und sehr engen Röhren in den folgenden Ziffern dieses Kapitels kürzer besprochen werden.

---

[1]) R. HOLM, Phys. ZS. Bd. 16, S. 70. 1915; vgl. Fig. 13.

52. Der Scheitelabstand der positiven Säule und die Länge des FARADAYschen Dunkelraums. Da nur einige mehr qualitative Beobachtungen über die Länge des FARADAYschen Dunkelraums vorliegen, die am Ende dieser Ziffer erwähnt werden, muß man sich mit den Messungen des Scheitelabstandes der positiven Säule begnügen, durch welche wenigstens die anodische Grenze des Dunkelraums bestimmt wird. Die ersten derartigen Messungen hat RIECKE[1]) ausgeführt; er verwendete ein Rohr von 2,4 cm lichter Weite und eine scheibenförmige Aluminiumkathode von 2,3 cm Durchmesser. Die Messungen wurden in Stickstoff, der wohl nicht sehr rein war, bei der geschichteten Entladung vorgenommen. Ein Teil der Versuchsresultate ist in den Kurven der Abb. 46, die den Zusammenhang zwischen dem Scheitelabstand und der Stromstärke für einige Gasdrucke darstellt, wiedergegeben. Die bei den Kurven angeschriebenen Drucke sind gemäß einer nachträglichen Berichtigung von RIECKE[2]) korrigiert. Aus den Messungen ist das in Ziff. 31 erwähnte Zurück-

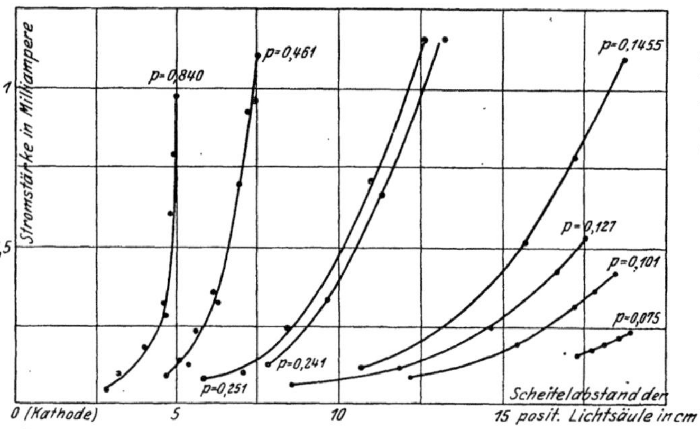

Abb. 46. Scheitelabstand der positiven Säule in Stickstoff nach RIECKE.

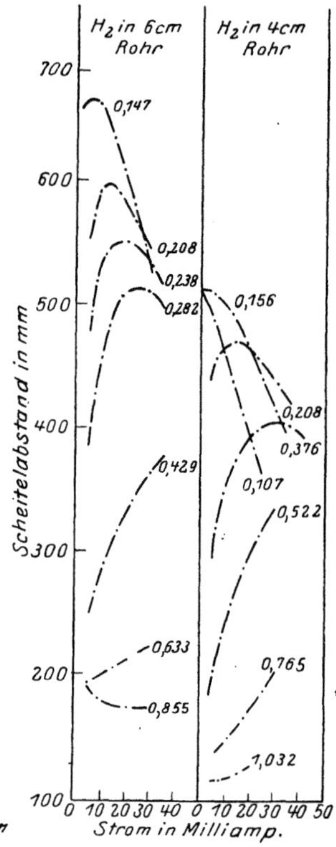

Abb. 47. Scheitelabstand der positiven Säule in Wasserstoff nach WEHNER.

weichen der positiven Säule mit zunehmender Stromstärke (bei anormalem Kathodenfall) bei $p = \text{const}$ und mit abnehmendem Gasdruck bei $i = \text{const}$ zu ersehen. Weitere Versuche hat WEHNER[3]) bei der geschichteten Entladung in Wasserstoff in 2 Röhren von 4 cm und von 6 cm Durchmesser ausgeführt. Seine Versuchsresultate sind in Abb. 47 dargestellt. Bemerkenswert an diesen Messungen, die sich bis zu viel größeren Stromstärken erstrecken als die RIECKEschen, ist, daß der Scheitelabstand bei WEHNER nicht unbeschränkt mit der Stromstärke zunimmt, sondern ein Maximum hat, oberhalb dessen er sich mit wachsender Stromstärke wieder der Kathode nähert. Aus diesen Messungen ist auch der Einfluß der Rohrweite zu ersehen. Für den Druck von 0,208 mm Hg, bei welchem in beiden Röhren Messungen ausgeführt wurden, ist der Scheitelabstand in der weiteren Röhre durchwegs etwa um 10 cm größer als in der

[1]) E. RIECKE, Göttinger Nachr. 1904, S. 526; Ann. d. Phys. Bd. 16, S. 282. 1905.
[2]) E. RIECKE, Ann. d. Phys. Bd. 25, S. 623. 1908.
[3]) F. WEHNER, Ann. d. Phys. Bd. 32, S. 49. 1910.

engeren. Schließlich hat HOLM[1]) Messungen des Scheitelabstandes in Wasserstoff und in Stickstoff in zwei Entladungsröhren von 20 mm und von 38 mm Durchmesser ausgeführt. Auch aus diesen Messungen ist ersichtlich, daß der Scheitelabstand um so größer wird, je größer der Durchmesser der Entladungsröhre ist.

Infolge dieses Einflusses der Gefäßwände muß bei allen Messungen des Scheitelabstandes darauf geachtet werden, daß die Kathode genau in der Achse des Entladungsrohres sitzt. Da nämlich das Glimmlicht gegen die Kathode eine bestimmte Orientierung besitzt (Trägheit), ist auch der Anfang des FARADAYschen Dunkelraums durch die Stellung der Kathode bestimmt. Wenn nun durch irgendwelche Unsymmetrien das Glimmlicht gegen die Gefäßwand gedrückt wird, so hat dies eine Verkürzung des Dunkelraums zur Folge. Derartige Unsymmetrien können schon durch das magnetische Erdfeld hervorgerufen werden.

Schließlich seien hier folgende Beobachtungen bezüglich der Länge des FARADAYschen Dunkelraums erwähnt. Nach HOLM[2]) ist der Dunkelraum, in freien Weglängen gemessen, am größten, wenn der Kathodenfall klein und der Druck groß ist. Nach STRUTT[3]) ist der Dunkelraum in Argon außergewöhnlich klein. In besonders geformten Entladungsröhren kann er in jedem Gase ganz verschwinden (vgl. Abb. 15 in Ziff. 15 und Abb. 67 in Ziff. 89).

53. Der normale Weglängengradient. Der Einfluß, den die Gefäßwände auf die Entladungserscheinungen ausüben, läßt sich in sehr weiten Röhren unter geeigneten Versuchsbedingungen stark vermindern. Den Grenzübergang zu weiten Röhren kann man auf zwei Weisen machen, indem man nämlich entweder die Stromstärke oder die Stromdichte konstant hält. Der erstere Grenzfall stellt eine gewisse Annäherung an die Verhältnisse im FARADAYschen Dunkelraum, der letztere stellt eher eine idealisierte positive Säule dar. Auf den zweiten Grenzfall kommen wir in Ziff. 69 zu sprechen. Damit der erstere Grenzfall realisiert ist und damit außerdem übersichtliche Verhältnisse in einer Entladungsröhre herrschen, müssen nach GÜNTHERSCHULZE[4]) folgende Versuchsbedingungen erfüllt sein:

1. Kreisförmige, ebene und zueinander parallele, gut gekühlte Elektroden, deren Abstand klein ist gegenüber ihrem Durchmesser.

2. Durchmesser der Entladungsröhre groß im Vergleich zum Elektrodendurchmesser.

3. Möglichst kleine Gasdrucke und normale Stromdichten.

Die beiden ersten Forderungen bezwecken die Eliminierung des Wandeinflusses. Die dritte Forderung ist durch folgende Überlegung begründet: Die normale Stromdichte ist proportional p^2 ($p =$ Gasdruck), ferner ist der Spannungsabfall pro cm, wie sich zeigen wird, proportional p, so daß die in der Volumeneinheit frei werdende Energie proportional mit p^3 anwächst. Diese Energie muß aber möglichst klein gemacht werden, damit in der Gasstrecke durch Erwärmung keine Dichteunterschiede entstehen.

In einer diese Bedingungen erfüllenden Versuchsanordnung nimmt (vgl. Ziff. 54) der FARADAYsche Dunkelraum in den meisten untersuchten Gasen die ganze Länge des Rumpfes ein; die einzigen Lichterscheinungen in der Entladungsbahn sind das kathodische und das anodische Glimmlicht. Gleichzeitig werden auch die elektrischen Verhältnisse im Rumpf besonders einfache. Es

[1]) R. HOLM, Phys. ZS. Bd. 16, S. 70. 1915.
[2]) R. HOLM, Phys. ZS. Bd. 16, S. 20. 1915, § 7.
[3]) R. J. STRUTT, Phil. Mag. Bd. 49, S. 297. 1900.
[4]) A. GÜNTHERSCHULZE, ZS. f. Phys. Bd. 22, S. 70. 1924.

ist nämlich der Spannungsabfall unabhängig von der Stromstärke und der Rohrweite, und die Abhängigkeit vom Gasdruck und Elektrodenabstand ist eine lineare: bei konstantem Gasdruck ist der Spannungsabfall proportional der Länge des Rumpfes, und bei konstanter Länge ist er proportional dem Gasdruck. Bezeichnen wir mit GEHLHOFF[1]) den Potentialabfall pro freie Weglänge als Weglängengradient, so kann man also sagen: der Weglängengradient nimmt in jedem Gase einen bestimmten, für das betreffende Gas charakteristischen Wert an. Diese Materialkonstante wird von GÜNTHERSCHULZE als Normalgradient bezeichnet.

Die Messung des Normalgradienten, welcher von GÜNTHERSCHULZE in einer Reihe von Gasen bestimmt wurde, geschah in der Weise, daß bei konstanter Stromstärke und bei einer Reihe verschiedener Gasdrucke der Elektrodenabstand variiert und jeweils die an den Elektroden anliegende Spannung gemessen wurde. Aus der Zunahme der Spannung mit zunehmendem Druck oder Elektrodenabstand konnte dann der Weglängengradient berechnet werden. [Diese Methode der Gradientenmessung ohne Sonden, welche immer verwendbar ist, wenn ein linearer Spannungsanstieg vorhanden ist, wurde wohl zuerst von KIRKBY[2]) angewendet.] Tabelle 23 gibt die Versuchsresultate in Neon, wo die Verhältnisse besonders

Tabelle 23. Normalgradient in Neon.

Abstand Anode-Kathode in cm	$\mathfrak{E}$ in Volt/cm bei einer Stromstärke von 50 Milliamp. und einem Druck von			
	p = 4,20 mm Hg	p = 5,42 mm Hg	p = 6,29 mm Hg	p = 7,23 mm Hg
1–2	(10,60)	(6,08)	(3,95)	(4,65)
2–4	2,31	1,93	3,33	3,60
4–6	1,58	2,57	3,25	3,54
6–8	2,02	3,48	2,65	3,42
8–9	2,53	3,00	2,50	3,75
Mittel	2,11	2,75	2,93	3,58
$\mathfrak{E}/p$	0,503	0,508	0,466	0,495

übersichtlich sind, wieder. $\mathfrak{E}$ bedeutet die Feldstärke in Volt/cm, $\mathfrak{E}/p$ ist also dem Weglängengradient proportional. Die für den Elektrodenabstand 1 bis 2 cm gemessenen Spannungszuwächse sind eingeklammert und bei der Mittelwertbildung nicht berücksichtigt, weil sich erst bei diesen Abständen der Anodenfall ausbildete, so daß hier noch größere Abweichungen von der Linearität vorhanden waren. Man sieht aus der Tabelle, daß der Normalgradient innerhalb der allerdings nicht kleinen Versuchsfehler für jeden Gasdruck und Elektrodenabstand derselbe ist (Mittelwert von $\mathfrak{E}/p = 0{,}493$). Bei Stickstoff (vgl. Tabelle 24) macht sich bereits eine Komplikation bemerkbar. Hier ist nur beim kleinsten Gasdruck

Tabelle 24. Normalgradient in Stickstoff.

Abstand Anode-Kathode in cm	$\mathfrak{E}$ in Volt/cm bei einer Stromstärke von 50 Milliamp. und einem Druck von			
	p = 1,88 mm Hg	p = 3,30 mm Hg	p = 6,31 mm Hg	p = 12,65 mm Hg
1–2	6,5	11,5	20,0	42,5
2–4	5,7	11,8	21,3	44,3
4–6	6,5	12,3	22,8	55,4
6–8	6,0	13,8	28,8	65,7
8–9	6,5	15,5	31,5	81,4
$\mathfrak{E}_0$	6,24	11,2	19,3	41,0
$\mathfrak{E}_0/p$	3,320	3,395	3,06	3,240

[1]) G. GEHLHOFF, Verh. d. D. Phys. Ges. Bd. 21, S. 349. 1919.
[2]) P. J. KIRKBY, Phil. Mag. Bd. 13, S. 289. 1907; Bd. 15, S. 559. 1908.

der Spannungszuwachs vom Elektrodenabstand unabhängig. Dies heißt offenbar, daß die Forderung 1) bei den übrigen Drucken nur mangelhaft erfüllt war. Es müssen also alle Spannungen $\mathfrak{E}$ auf den Elektrodenabstand Null extrapoliert werden. Die so gefundene Größe ist $\mathfrak{E}_0$; aus ihr wird dann der Normalgradient, welcher proportional $\mathfrak{E}_0/p$ ist, berechnet. Bei Argon sind nicht einmal die derart extrapolierten $\mathfrak{E}_0/p$-Werte konstant, sondern sie steigen noch mit dem Gasdruck an. In diesem Fall müssen nochmals diese $\mathfrak{E}_0/p$-Werte auf den Druck Null extrapoliert werden. Bei den Versuchen in Wasserstoff, Sauerstoff und Wasserdampf macht sich außerdem die Erwärmung der Gasstrecke, durch welche die Gasdichte und daher der Gradient verkleinert wird, störend bemerkbar.

In Tabelle 25 sind die Werte von $\mathfrak{E}_0/p$ für die verschiedenen Gase eingetragen. Der Wert von Helium ist unsicher, da nur wenige Messungen angestellt wurden. Bemerkenswert sind die kleinen $\mathfrak{E}_0/p$-Werte in den Edelgasen und die vergleichsweise besonders großen Werte für Sauerstoff und Wasserdampf.

Tabelle 25.
Normalgradient g in verschiedenen Gasen.

Gas	$\mathfrak{E}/p$	g
A	1,04	0,0305
He	0,80	0,066
Ne	0,493	0,0277
N_2	3,25	0,088
H_2	2,23	0,115
O_2	13,1	0,38
H_2O	50,0	0,93

GÜNTHERSCHULZE[1]) hat ferner Messungen des Normalgradienten in einigen Gasgemischen (z. B. in Stickstoff—Sauerstoff, Wasserstoff—Argon) angestellt. Dabei ergab sich eine auffallende Übereinstimmung der Form der Kurve, welche $\mathfrak{E}/p$ als Funktion des Mischungsverhältnisses wiedergibt mit der Form der Kurve, welche den normalen Kathodenfall als Funktion dieses Verhältnisses darstellt. Dies deutet wohl darauf hin, daß beide Male dieselben Ursachen die Abweichungen von der Mischgeraden verursachen (vgl. Ziff. 21).

Es frägt sich nun, mit welcher Annäherung im FARADAYschen Dunkelraum der gewöhnlichen Glimmentladung die idealisierten Verhältnisse, unter denen der Normalgradient gemessen wird, noch vorhanden sind. Hierauf geben Sondenmessungen von SKINNER[2]) Antwort, welcher fand, daß der Potentialgradient im Dunkelraum, wenn man vom Glimmlicht ausgeht, zuerst sehr stark abnimmt, ein Minimum erreicht, das um so tiefer liegt, je größer die Stromstärke ist, und dann wieder langsamer auf denjenigen konstanten Wert ansteigt, welchen er in der positiven Säule annimmt. Dieses Minimum des Potentialgradienten kann nun nicht nur kleiner sein als der Normalgradient, es kann sogar vorkommen, daß Raumstellen mit negativer Feldkraft im Dunkelraum auftreten, wie sie (bei einer unselbständigen Entladung unter Verwendung einer Glühkathode) von COMPTON, TURNER und MCCURDY[3]) bei der Entladung in Quecksilberdampf, von BRAMLEY[4]) in Wasserstoff und von MCCURDY und DALTON[5]) in Helium beobachtet wurden (vgl. Ziff. 56).

Schließlich sei noch bemerkt, daß der Normalgradient, der eine Materialkonstante des Gases ist, in dem die Glimmentladung stattfindet, sich viele Male kleiner ergibt als die Durchbruchfeldstärke[6]) dieses Gases, die ja ebenfalls eine Materialkonstante darstellt.

1) A. GÜNTHERSCHULZE, ZS. f. Phys. Bd. 22, S. 70. 1924.
2) C. A. SKINNER, Phil. Mag. Bd. 50, S. 563. 1900.
3) K. T. COMPTON, L. A. TURNER u. W. H. MCCURDY, Phys. Rev. Bd. 25, S. 597. 1924.
4) A. BRAMLEY, Phys. Rev. Bd. 26, S. 794. 1925.
5) W. H. MCCURDY u. P. DALTON, Phys. Rev. Bd. 27, S. 163. 1926.
6) W. O. SCHUMANN, Elektrische Durchbruchfeldstärke von Gasen. Berlin: Julius Springer 1923.

54. Die sichtbaren Erscheinungen. In der folgenden Tabelle sind die in der Versuchsanordnung von GÜNTHERSCHULZE in verschiedenen Gasen auftretenden sichtbaren Erscheinungen zusammengestellt.

Tabelle 26. Übersicht über die Lichterscheinungen beim Normalgradienten.

Gas	Lichterscheinung
Ne	Rumpf vollkommen lichtlos
A	Bei höheren Drucken von der Anode ausgehende Lichtsäule
H_2	Rumpf vollkommen lichtlos
N_2	Bei größtem Druck und größtem Elektrodenabstand auf der Anode kleines Lichtbündel
O_2	Rötlichvioletter Lichtzylinder
H_2O	Grünlicher Lichtzylinder

Der Zusammenhang mit den elektrischen Erscheinungen ist offensichtlich: In Sauerstoff und in Wasserdampf, wo außergewöhnlich große Normalgradienten vorhanden sind, tritt auch immer Lichtemission auf. Hier existiert also die positive Lichtsäule selbst dann noch, wenn die Gefäßwände die Entladung nicht mehr beeinflussen können. In den andern untersuchten Gasen dagegen (für Helium fehlen Angaben) ist der Rumpf dann vollkommen lichtlos, wenn der Weglängengradient der normale, d. h. von Druck und Elektrodenabstand unabhängig ist. Lichtemission tritt bei größeren Drucken und Elektrodenabständen in dem Maße auf, als dabei ein Anwachsen des Weglängengradienten stattfindet.

Es frägt sich jetzt wieder, welche Unterschiede zwischen den sichtbaren Erscheinungen in der Entladung von GÜNTHERSCHULZE und denjenigen im FARADAYschen Dunkelraum der gewöhnlichen Glimmentladung bestehen. Hierüber gibt eine Arbeit von SEELIGER[1]) Aufschluß, welcher den Intensitätsverlauf der Lichtemission einer gewöhnlichen Glimmentladung vom negativen Glimmlicht durch den FARADAYschen Dunkelraum hindurch bis in den Scheitel der positiven Säule hinein in spektraler Zerlegung photometriert hat. Da diese Messungen für den Mechanismus der Glimmentladung von Wichtigkeit sind, sollen sie trotz ihrem spektroskopischen Charakter hier wenigstens kurz berührt werden. Als wichtigstes Resultat ergeben sie, daß der FARADAYsche Dunkelraum der gewöhnlichen Glimmentladung durchaus nicht vollkommen lichtlos ist, wie dies oft behauptet wird, sondern daß er alle Frequenzen des Glimmlichts allerdings meist mit sehr kleiner Intensität ausstrahlt, und zwar gilt dies für alle untersuchten Gase: Wasserstoff, Stickstoff, Sauerstoff, Argon und Quecksilberdampf. Dabei treten besonders diejenigen Frequenzen im Dunkelraum relativ stark hervor, deren Anregungsenergie groß ist. Für den Übergang vom FARADAYschen Dunkelraum in die positive Säule gilt ferner die Umkehrung der für den Übergang vom negativen Dunkelraum in den Glimmsaum gültigen Glimmsaumregel (vgl. Ziff. 8). Es steigt eine Frequenz im Scheitel der positiven Säule um so später zum Maximum an, je höher die Anregungsenergie ist, welche zu dieser Frequenz gehört.

55. Die Erscheinungen an Verengerungen des Entladungsrohres. Wenn sich in der Strombahn der Glimmentladung Verengerungen der lichten Weite des Entladungsgefäßes befinden, so steigt der Potentialgradient an diesen Stellen so stark an, daß dieselbe Erscheinung auftritt, die auch an der Kathode und an der Anode beim Vorhandensein großer Potentialdifferenzen sich einstellt: Die Raumstelle, wo diese Potentialdifferenz ihren Sitz hat, wird zum Ausgangspunkt von Strahlen, welche in diesem Fall als *Striktionsstrahlen* bezeichnet werden. Eine Röhre, in der solche Strahlen

---

[1]) R. SEELIGER, Ann. d. Phys. Bd. 67, S. 352. 1922.

auftreten, ist in Abb. 48 dargestellt. Die Elektroden A und K sind Aluminiumbleche, die sich in Glaskugeln von 10 cm Durchmesser befinden. Die beiden Kugeln sind durch eine Glasröhre von 8 cm Länge und 7 mm lichter Weite verbunden, welche in jede Kugel mit einem 2 cm langen Ende hineinragt. Wird die Röhre evakuiert und mit einer 30plattigen Influenzmaschine betrieben, so entsteht bei Luft- oder Wasserstoffüllung außer dem von K ausgehenden normalen Kathodenstrahlenbündel noch ein Striktionskathodenstrahlenbündel in der Verbindungsröhre der beiden Kugeln. Die Striktionsstrahlen erzeugen an der Stelle $F-$ der Glaswand einen grünen Fluoreszenzfleck. Diese Strahlenart wurde von GOLDSTEIN[1]) entdeckt.

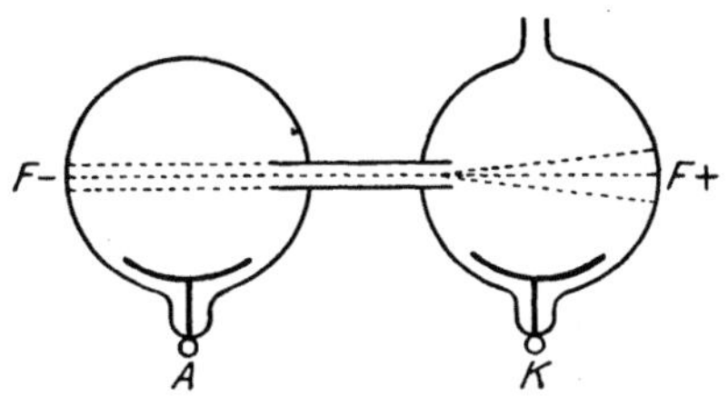

Abb. 48. Röhre zur Erzeugung von Striktionsstrahlen.

Wird vor dem Evakuieren der Röhre dem Gas (am besten Wasserstoff oder Leuchtgas) ein kleiner Zusatz eines Halogens, z. B. Jod, beigemengt, so treten nach GEHRKE und REICHENHEIM[2]) aus der Verbindungsröhre der beiden Kugeln nach dem Evakuieren auch noch Anodenstrahlen, die sog. Striktionsanodenstrahlen in Form eines spitzen, kegelförmigen, rosaroten Strahls aus. Diese Strahlen erzeugen beim Auftreffen auf die Glaswand bei $F+$ einen gelben (D-Linie) Fluoreszenzfleck. Neuerdings ist GOLDSTEIN[3]) der Nachweis gelungen, daß diese Strahlen auch ohne Zusatz von Halogenen in möglichst reinen Gasen (z. B. Wasserstoff, Stickstoff und Sauerstoff) entstehen, wenn die Entladung durch ein Magnetfeld an die Gefäßwand gedrückt wird. Diese Strahlen werden von GOLDSTEIN als positive Magnetstriktionsstrahlen bezeichnet. Sie sind zu den ebenfalls von GOLDSTEIN entdeckten Magnetkanalstrahlen (vgl. Ziff. 49) die entsprechenden Striktionsstrahlen.

Über eine weitere Kathodenstrahlenart, die in der geschichteten positiven Säule auftritt, vgl. Ziff. 83.

56. Der FARADAYsche Dunkelraum. Nach HOLM[4]) sind die Ähnlichkeitsgesetze für den Scheitelabstand der positiven Säule in Wasserstoff und Stickstoff erfüllt. Konstruiert man nämlich die Kurve: Scheitelabstand als Funktion des Kathodenfalls bei konstantem Gasdruck, so fallen diese Kurven in zwei Röhren von 20 und 38 mm Durchmesser, in denen die Kathode die ganze lichte Rohrweite ausfüllt, recht nahe zusammen, wenn man nur die Rohrdimensionen und den Gasdruck gemäß den Ähnlichkeitsgesetzen transformiert und noch eine Reduktion auf gleiche Temperatur vornimmt.

Die große Leitfähigkeit (kleiner Potentialgradient) des Dunkelraums beruht nach J. J. THOMSON[5]) auf dem reichlichen Zustrom von Elektronen aus dem Gebiet des Glimmlichts und besonders des Glimmsaums. Die Länge des Dunkelraums wird, in freien Weglängen gemessen, um so größer, je reichlicher der Elektronenstrom fließt. Hierfür günstig ist nach HOLM[6]) ein kleiner Kathodenfall, weil dann die Primärelektronen auf ihrer allerdings kürzeren Bahn dichter ionisieren, ein großer Druck $\left(\text{bzw. großes Verhältnis } \frac{\text{Rohrdurchmesser}}{\text{freie Weglänge}}\right)$, weil

---

1) E. GOLDSTEIN, Berl. Ber. 1874, S. 610 u. 1876, S. 279.
2) E. GEHRKE u. O. REICHENHEIM, Verh. d. D. Phys. Ges. Bd. 10, S. 217. 1908.
3) E. GOLDSTEIN, ZS. f. Phys. Bd. 34, S. 893. 1925.
4) R. HOLM, Wiss. Veröffentl. a. d. Siemens-Konz. Bd. 3, S. 159. 1923.
5) J. J. THOMSON, Phil. Mag. Bd. 50, S. 278. 1900.
6) R. HOLM, Phys. ZS. Bd. 16, S. 20. 1915.

dann die Elektronendiffusion nach den Wänden klein wird, und eine große Stromdichte, welche die Aufrechterhaltung der Raumladungen erleichtert.

Bei größeren Stromdichten und in einatomigen Gasen im allgemeinen tritt noch folgende Komplikation auf: Bei schwacher Ionisation werden die Elektronen durch das elektrische Feld aus dem Glimmlicht in den FARADAYschen Dunkelraum gezogen, und die positiven Ionen werden zur Kathode befördert. Wenn die Ionisation im Glimmlicht aber sehr intensiv ist, so ist auch die Konzentration der Ladungsträger beiderlei Vorzeichens daselbst viel größer als in den benachbarten Gasteilen. Dieses Konzentrationsgefälle bewirkt nun nach COMPTON, TURNER und MCCURDY[1]) eine Diffusion der Ladungsträger nach außen. Da die Elektronen infolge ihrer größeren Beweglichkeit leichter diffundieren können, so entsteht außerhalb des Ionisationsgebietes, insbesondere im FARADAYschen Dunkelraum, eine negative Raumladung, während im Glimmlicht mehr positive Ionen zurückbleiben. Durch diese Ladungsverteilung wird der Potentialgradient am Ende des Glimmlichts und Anfang des FARADAYschen Dunkelraums so sehr herabgedrückt, daß er bei großer Stromdichte sogar negativ werden kann. Die Elektronen vermögen aber wegen des Konzentrationsgefälles doch noch dagegen anzulaufen[2]). Die Erscheinung (und ihre Erklärung) ist also mit dem negativen Anodenfall (vgl. Ziff. 50) verwandt. In dem von der Kathode entferntern Teil des Dunkelraums steigt dann das Feld infolge der dort vorhandenen negativen Raumladung wieder an und erreicht schließlich einen so großen Betrag, daß Stoßionisation einsetzt, die die negative Raumladung neutralisiert und das weitere Anwachsen des Feldes verhindert. Diese Stelle der Entladungsbahn ist der Scheitel der positiven Säule.

Diese qualitativen Überlegungen vermögen die ebenfalls qualitativen Beobachtungen über die Länge des FARADAYschen Dunkelraums und über das Verhalten des Potentialgradienten in diesem Raum zu erklären. Es stehen aber auch die SEELIGERschen Beobachtungen über die Lichtemission im Dunkelraum mit diesem theoretischen Bild in Einklang. Da nämlich die Diffusionselektronen im Dunkelraum so kleine Geschwindigkeiten haben, daß sie zur Lichtanregung durch Stoß nicht mehr befähigt sind, und da infolge des Mangels an positiven Ionen daselbst auch kein Wiedervereinigungsleuchten stattfindet, so kann Lichtanregung nur durch die wenigen noch vorhandenen Primärelektronen hervorgerufen werden. Diese letzteren bewirken aber infolge ihrer größeren Geschwindigkeit hauptsächlich die Emission von Linien mit hohen Anregungsniveaus.

57. Die Erscheinungen in sehr weiten Röhren. Wie in Ziff. 69 ausgeführt wird, findet eine dauernde Strömung von Ladungsträgern beiderlei Vorzeichens aus der Entladungsbahn gegen die Rohrwände hin statt, man hat einen sog. „ambipolaren" Wandstrom[3]). Um diesen Verlust zu kompensieren, müssen in der Entladungsbahn eine entsprechende Anzahl Ladungsträger durch Stoßionisation neu gebildet werden. Der Potentialgradient in der Entladungsbahn stellt sich nun derart ein, daß geradesoviel Ladungsträger gebildet werden, als durch Diffusion verlorengehen.

Der Zweck der in Ziff. 53 und 54 beschriebenen Versuche von GÜNTHERSCHULZE ist es nun, zu untersuchen, bis auf welchen Minimalwert der Weglängen-

---

[1]) K. T. COMPTON, L. A. TURNER u. W. H. MCCURDY, Phys. Rev. Bd. 24, S. 597. 1924.

[2]) Diese Diffusion der Elektronen gegen das elektrische Feld erklärt auch, daß der „abnorm niedervoltige" Lichtbogen (vgl. Kap. 6, Ziff. 22) in manchen Fällen unterhalb der Anregungsspannung des betr. Gases brennt. Zur Theorie vgl. noch G. HERTZ, ZS. f. Phys. Bd. 32, S. 298. 1925.

[3]) W. SCHOTTKY, Phys. ZS. Bd. 25, S. 342. 1924.

gradient herabgedrückt werden kann, wenn die Versuchsanordnung so konstruiert ist, daß möglichst wenig Ladungsträger aus der Strombahn herausdiffundieren können. Um dies zu erreichen, werden erstens als Elektroden große, nicht zu weit voneinander entfernte, parallele, ebene Platten genommen. Dadurch sollen die Äquipotentialflächen, die in gewöhnlichen Entladungsröhren infolge der negativen Wandladung gegen die Anode hin konkav gekrümmt sind, zu auf der Achse des Entladungsrohres senkrecht stehenden Ebenen gemacht werden. Um die Störung durch die Ladungen der Gefäßwände möglichst klein zu machen, müssen ferner die Rohrwände weit von der den Strom leitenden Gasstrecke entfernt sein. Die Vermeidung der Diffusion der Ladungsträger gelingt trotzdem, wie die Versuche zeigen, besonders in den Edelgasen nur recht mangelhaft, und der „Normalgradient" kann daher nur durch Extrapolation gefunden werden. Nach der Ansicht von GÜNTHERSCHULZE stellt sich dieser Normalgradient gerade so ein, daß die Elektronen auf einer freien Weglänge im elektrischen Feld durchschnittlich diejenige Energie gewinnen, welche sie beim nächsten (in Edelgasen elastischen) Zusammenstoß mit einem Gasmolekül wieder verlieren. Der Weglängengradient wird also zu einer für jedes Gas charakteristischen Materialkonstante. SCHOTTKY und v. ISSENDORFF[1]) glauben allerdings, daß in der Versuchsanordnung von GÜNTHERSCHULZE die Wiedervereinigung der Ladungsträger in der Gasstrecke eine beträchtliche Rolle spielt und hierdurch der dem Druck proportionale Normalgradient zustande kommt. Gegen diese Annahme spricht aber vielleicht, daß der Rumpf der Entladung in den meisten Gasen vollkommen lichtlos ist. Unter der erwähnten Voraussetzung, daß die Elektronen bei einem elastischen Zusammenstoß im Mittel den Bruchteil $2\,m/m_1$ (m = Masse des Elektrons, m_1 = Masse des Gasatoms) ihrer kinetischen Energie verlieren[2]), kann GÜNTHERSCHULZE noch die Geschwindigkeit und die Beweglichkeit der Elektronen ausrechnen. Für letztere erhält er überaus große Werte, nämlich in Helium 1880, in Neon 1330 und in Argon 589 $\frac{\text{cm/sec}}{\text{Volt/cm}}$, für erstere erhält man in Helium 10,7, in Neon 15,7 und in Argon 26,7% der betreffenden Ionisierungsspannung. Diese kleinen Geschwindigkeiten machen es verständlich, daß die Entladungsbahn in diesen Gasen keine Lichtemission zeigt. Für mehratomige Gase lassen sich zwar entsprechende Rechnungen ohne willkürliche Annahmen nicht durchführen, aber die Tatsache, daß in Sauerstoff und besonders in Wasserdampf die Gradientenwerte sehr hoch sind und die Entladungsbahn Licht emittiert, zeigt schon, daß in diesen Gasen auch dann Stoßionisation stattfindet, wenn die Ladungsträger nicht aus der Strombahn herausdiffundieren können. Vermutlich bilden sich hier negative Ionen, wodurch die Rekombination in der Gasstrecke große Werte annimmt. Die hierdurch hervorgerufenen Verluste an Ladungsträgern müssen dann durch Stoßionisation ersetzt werden. Wasserstoff und Stickstoff nehmen eine Mittelstellung zwischen den Edelgasen und dem elektronegativen Sauerstoff ein.

Die von GÜNTHERSCHULZE in seiner Versuchsanordnung getroffenen Maßnahmen zur Erzielung ebener paralleler Äquipotentialflächen vermögen, wie erwähnt, die Diffusion der Elektronen aus der Entladungsbahn in den Edelgasen und Metalldämpfen nicht zu verhindern. Daher kommt es, daß besonders in Argon der Weglängengradient mit zunehmendem Druck und Elektrodenabstand noch zunimmt, während in Neon, wo die freie Weglänge größer ist, die seitliche Diffusion weniger störend ist. Das besonders große Diffusionsvermögen lang-

[1]) W. SCHOTTKY u. J. v. ISSENDORFF, ZS. f. Phys. Bd. 31, S. 163. 1925; Anm. auf S. 197.
[2]) G. HERTZ, Verh. d. D. Phys. Ges. Bd. 19, S. 268. 1917.

samer Elektronen in Argon wird auch durch Versuche von HERTZ[1]) bestätigt, welcher als Grund hierfür die starke Veränderlichkeit der mittleren freien Weglänge der Elektronen mit abnehmender Geschwindigkeit in diesem Gase ansieht. Sehr klein ist nach GÜNTHERSCHULZE die Diffusion der Elektronen in Wasserstoff, während Stickstoff diesbezüglich in der Mitte zwischen Wasserstoff und den Edelgasen liegt. Die letztere Beobachtung stimmt übrigens mit den Resultaten von HOLM[2]) überein, welcher aus Messungen der Glimmlichtlänge zum gleichen Schluß kommt.

58. Die Erscheinungen an Rohrverengerungen. Die aus Verengerungen des Entladungsrohres austretenden Striktionsstrahlen verdanken ihre Entstehung den großen Potentialdifferenzen, welche daselbst ihren Sitz haben. Für das Auftreten dieser Potentialdifferenzen lassen sich zwei Gründe anführen. Erstens bewirken die Wände eine Erhöhung des Potentialgradienten, weil sie Ladungsträger abfangen, welche dann nachgeliefert werden müssen. Zweitens entstehen nach LANGMUIR und MOTT-SMITH[3]) an Stellen des Entladungsgefäßes, wo eine plötzliche Änderung des Rohrdurchmessers stattfindet, Potentialdifferenzen aus demselben Grund, aus welchem auch der Anodenfall auftritt. Wie in Ziff. 50 ausgeführt wurde, ist der Anodenfall um so größer, je größer das Verhältnis $i/\omega j^*$ ist, wobei i = Stromstärke des gerichteten Stromes, j^* = Stromdichte des ungerichteten Stromes, ω = Anodenoberfläche bedeuten. Dasselbe Verhältnis bestimmt nun auch die Größe der an Rohrverengerungen auftretenden Potentialdifferenzen, nur ist hier die Anodenoberfläche durch den Querschnitt q der Verengerung zu ersetzen. Sobald $i > q j^*$ wird, muß an der Verengerung eine elektrische Doppelschicht auftreten, welche negativ an der Kathodenseite und positiv an der Anodenseite ist, und welche dazu dient, Elektronen aus dem großen Gefäß in die Verengerung hineinzuziehen und daselbst den ungerichteten Strom aufzubauen.

f) Die ungeschichtete Säule.

59. Intensität der Lichtemission. Nur ein geringer Teil der Stromarbeit wird in der positiven Säule in Form von Strahlung emittiert. ÅNGSTRÖM[4]) hat die gesamte ausgestrahlte Energie mit dem Bolometer in absolutem Maße gemessen und für das Verhältnis a der beim Gasdruck p emittierten Strahlung zur geleisteten Stromarbeit die in der Tabelle 27 angegebenen Werte für die Gase Wasserstoff, Stickstoff und Kohlenoxyd gefunden. Man sieht, daß die ausgestrahlte Energie außerordentlich gering ist; der größte Teil

Tabelle 27. Bruchteil a der in der Säule ausgestrahlten Energie nach ÅNGSTRÖM.

Wasserstoff		Stickstoff		Kohlenoxyd	
p in mm Hg	a	p in mm Hg	a	p in mm Hg	a
0,12	0,015	0,12	0,074	0,14	0,032
0,23	0,015	0,23	0,059	0,32	0,027
0,76	0,012	0,72	0,039	0,67	0,012
1,02	0,013	1,00	0,036	0,99	0,012
1,60	0,007	1,62	0,022	1,62	0,012
2,66	0,003				

1) G. HERTZ, Phys. ZS. Bd. 26, S. 868. 1925.
2) R. HOLM, Wiss. Veröffentl. a. d. Siemens-Konz. Bd. 3, S. 159. 1923, vgl. S. 183.
3) I. LANGMUIR u. H. MOTT-SMITH, Gen. Electr. Rev. Bd. 27, S. 762. 1924, vgl. S. 768.
4) K. ÅNGSTRÖM, Ann. d. Phys. Bd. 48, S. 493. 1893.

der elektrischen Energie wird zur Erwärmung der Gasstrecke und der Entladungsröhre verwendet.

Relative Messungen der Intensität der von der positiven Säule ausgesandten Strahlung in ihrer Abhängigkeit von den Versuchsbedingungen wurden häufig angestellt, und zwar wurde sowohl die gesamte Strahlungsintensität, d. h. die Helligkeit der Säule, als auch die Intensität der einzelnen Spektrallinien gemessen. Auf die Spektralbeobachtungen soll hier nicht eingegangen werden. Von denjenigen Arbeiten, in denen die Gesamtstrahlung der Säule gemessen wurde, hat SEELIGER[1]) die bis 1914 erschienenen zusammenfassend besprochen. Da dieselben teilweise recht widersprechende Ergebnisse geliefert haben, begnügen wir uns mit diesem Hinweis und behandeln nur eine neuere Untersuchung von GEHLHOFF[2]), welcher die relative Helligkeit der positiven Säule in sehr reinem Stickstoff in Abhängigkeit von Gasdruck, Stromstärke und Wattverbrauch in der Säule (durch Messung des Gradienten in der Säule mittels zweier Sonden) gemessen hat. Es ergab sich, daß in dem Druckbereich von 0,05 bis 1,2 mm Hg die Helligkeit nur vom Wattverbrauch (Meßbereich: 10 bis 110 Milliamp. entsprechend 20 bis 200 Watt), nicht aber vom Gasdruck (bei konstantem Wattverbrauch) abhängig war; und zwar nahm die Helligkeit mit dem Wattverbrauch erst langsam und dann schneller zu. Natürlich hat, wie auch GEHLHOFF bemerkt, die Druckunabhängigkeit der Watthelligkeit nur in einem beschränkten Druckbereich Gültigkeit. Für größere Drucke nimmt die Helligkeit der Säule wieder ab, und da gleichzeitig der Gradient ansteigt, so gilt das nämliche in vermehrtem Maße für die Watthelligkeit. Die Größe des Gasdruckes, bei welchem die Helligkeit wieder abnimmt, ist aber für die einzelnen Gase eine sehr verschiedene. In Sauerstoff z. B. ist die Glimmentladung schon bei Drucken oberhalb 2 mm Hg nach NEUBERT[3]) vollkommen lichtlos.

Bedeutend ist ferner der Einfluß geringer Mengen von Verunreinigungen des Gases auf die Helligkeit. Bei einer Versuchsreihe von GEHLHOFF nahm z. B. die Helligkeit der Säule bei Zusatz von Spuren von Verunreinigungen (Wasserstoff und Fettdämpfe) zu dem sehr reinen Stickstoff bei gleichem Wattverbrauch im Verhältnis 2,4:1,4 ab. Bezüglich der technischen Anwendung der Lichtemission der positiven Säule zu Beleuchtungszwecken, wie sie z. B. das sog. Moorelicht darstellt, vergleiche man Bd. 19.

60. Farbe. Die Farbe der positiven Lichtsäule in den verschiedenen Gasen ist aus der folgenden Tabelle 28, die einer zusammenfassenden Bearbeitung

Tabelle 28. Farbe der positiven Säule in verschiedenen Gasen.

Gas	Farbe	Gas	Farbe
Stickstoff	gelb	Rubidium	gelbrot
Wasserstoff	rosa	Cäsium	gelbbraun
Sauerstoff	zitronengelb mit rosa Kern	Magnesium	grün
		Thallium	weißlichblau
Helium	violettrot	Kadmium	grünblau
Argon	tiefrot	Arsen	grünlich
Quecksilber	grünlich	Silber	blaßblaugrün
Chlor	weißgrün bis grün	Blei	violett
Brom	rötlich	Zink	rot
Jod	pfirsichblütenfarben	SnCl	himmelblau
Natrium	gelb	CCl_4	weißlichgrün
Kalium	grün	HCl	rosa

[1]) R. SEELIGER, Marx' Handb. d. Rad. Bd. III, S. 71.
[2]) G. GEHLHOFF, Verh. d. D. Phys. Ges. Bd. 21, S. 349. 1919.
[3]) P. NEUBERT, Phys. ZS. Bd. 15, S. 430. 1914.

von Gehlhoff[1]) entnommen ist, zu ersehen. Daselbst findet man auch die entsprechenden Literaturangaben.

Die Farbe der positiven Säule ist stark von den Versuchsbedingungen (Druck, Temperatur, namentlich aber Reinheit des Gases und Stromdichte) abhängig. Als Beispiel sei Argon erwähnt, wo die rote Färbung mit zunehmender Stromdichte in eine himmelblaue sich verwandelt; ferner Stickstoff, wo nach Jungjohann[2]) die Farbe mit steigender Stromdichte von orangerot über blau nach weiß geht. In sehr reinem Stickstoff ist die Farbe der Säule nach Gehlhoff[3]) gelb. Die veränderte Farbe bei Zusatz eines Fremdgases braucht übrigens nicht immer davon herzurühren, daß sich dieses letztere an der Lichtemission mitbeteiligt. Dies gilt namentlich bei Zusatz von Edelgasen. Nach Gehlhoff[4]) ändert sich z. B. die Farbe der Lichtsäule des Cäsiumdampfes mit steigendem Heliumzusatz von gelb nach blau, ohne daß dabei das Heliumspektrum sichtbar wird.

Ferner ist bisweilen beobachtet worden[5]), daß die positive Säule bei Erwärmung des Entladungsgefäßes auf ca. 300° C verschwindet. Nach Valle tritt der Effekt aber nur ein, wenn die Entladung diskontinuierlich ist.

Die zahlreichen Untersuchungen der spektralen Zusammensetzung des von der positiven Säule emittierten Lichts fallen außerhalb den Rahmen dieses Aufsatzes. Über die theoretischen Vorstellungen vom Charakter der Lichtemission vgl. Ziff. 70.

61. Der Potentialgradient. Räumliche Verteilung. In der ungeschichteten Säule herrschen auch besonders einfache elektrische Verhältnisse: es hat nämlich der Potentialgradient in der ganzen Säule einen konstanten Wert, dessen Abhängigkeit von der Gasart, dem Gasdruck, der Stromstärke und dem Durchmesser des Entladungsrohres im folgenden besprochen wird. Die Messung des Potentialgradienten geschah früher gewöhnlich nach der anfechtbaren Methode der kalten, stromlosen Sonde (vgl. Ziff. 75). Man darf den Meßresultaten hier trotzdem mehr Vertrauen entgegenbringen als an anderen Stellen der Entladungsbahn; denn es müssen zur Messung des Gradienten immer zwei Sonden verwendet werden. Wenn dieselben nun an zwei Stellen der Strombahn eintauchen, an denen die elektrischen Verhältnisse genau gleich sind, so werden auch beide Sonden das Potential an den betreffenden Raumstellen um denselben Betrag falsch anzeigen, so daß die Differenz der beiden Potentiale, auf welche es allein ankommt, doch richtig gemessen wird.

Was nun die Meßresultate anlangt, so ist die erwähnte Konstanz des Gradienten längs der ganzen positiven Säule in allen Gasen mit Ausnahme der Halogene und ihrer Verbindungen gefunden worden. Nur am Anfang und am Ende der Säule findet nach Wilson[6]) in manchen Fällen noch ein kleiner Anstieg statt, so daß dann der Verlauf im Innern der Säule flach sattelförmig wird. Wieweit dieser Sattel reell ist und wieweit er seine Existenz den Fehlern der Sondenmethode verdankt, muß wohl dahingestellt bleiben. In den Halogendämpfen steigt der Gradient nach Matthies[7]) von der Kathode zur Anode kontinuierlich an. Dieser Anstieg ist namentlich bei größeren Gasdrucken beträchtlich, während

---

[1]) G. Gehlhoff, Graetz' Handb. d. Elektr. u. d. Magn. Bd. III, S. 795.
[2]) W. Jungjohann, ZS. f. wiss. Photogr. Bd. 9, S. 105. 1911.
[3]) G. Gehlhoff, Verh. d. D. Phys. Ges. Bd. 21, S. 349. 1919.
[4]) G. Gehlhoff, Verh. d. D. Phys. Ges. Bd. 13, S. 183. 1911.
[5]) Literatur bei G. Valle, Phys. ZS. Bd. 27, S. 473. 1926, vgl. § 21.
[6]) H. A. Wilson, Phil. Mag. Bd. 49, S. 505. 1900.
[7]) W. Matthies, Ann. d. Phys. Bd. 18, S. 473. 1905.

bei kleineren Drucken (0,15 bis 0,3 mm Hg) noch angenähert Konstanz vorhanden ist. HOLM[1]) hat gesucht, ob eine eventuelle Krümmung des Entladungsrohres auf die Größe des Gradienten von Einfluß ist. Er erhielt in einem Entladungsrohr von 8 mm Durchmesser an einer Stelle mit einem Krümmungsradius von 6 cm innerhalb der Fehlergrenzen dieselben Gradientenwerte wie in einem geraden Rohrteil. Dieser Befund stimmt damit überein, daß eine Krümmung des Rohres auch auf die sichtbaren Erscheinungen in der positiven Säule ohne Einfluß ist.

Was nun die Gestalt der Äquipotentialflächen betrifft, so sind dieselben in den gewöhnlich verwendeten Entladungsrohren nicht einfach auf der Rohrachse senkrecht stehende Ebenen. Bei der geschichteten positiven Säule deutet schon die Form der Schichten, welche gegen die Kathode hin konvex gekrümmt sind, darauf hin. Nach SALINGER[2]) sind aber auch bei der ungeschichteten Säule die Niveauflächen keine Ebenen, sondern ebenfalls konvex gegen die Kathode. Die Potentialdifferenz eines Punktes in der Rohraxe gegenüber dem entsprechenden Punkt in der Nähe der Wandung kann (vgl. Ziff. 75) viele Volt betragen, und zwar ist die Wandung, wie dies aus der Form der Niveauflächen folgt, negativ gegen die Rohrmitte.

62. Abhängigkeit vom Gas. Die Werte der Potentialgradienten in den verschiedenen Gasen sind schwer miteinander zu vergleichen, weil sich nicht in allen Fällen dieselben Versuchsbedingungen realisieren lassen. Wird z. B. in zwei Gasen der Gradient bei demselben Druck und derselben Stromstärke verglichen, so braucht deswegen die Temperatur und infolgedessen auch die Gasdichte noch nicht die gleiche zu sein. Außerdem spielt die Reinheit des Gases (vgl. unten), auf welche nicht bei allen Untersuchungen im gleichen Maße geachtet wurde, eine große Rolle. Man kann immerhin folgende qualitativen Aussagen machen. Nach Versuchen von HERZ[3]) in Wasserstoff und Stickstoff und von HEUSE[4]) in Quecksilberdampf und Helium kann man für diese vier Gase folgende nach steigenden Werten des Gradienten geordnete Reihenfolge angeben: Quecksilber, Helium, Wasserstoff, Stickstoff. Diese Reihenfolge, die übrigens für Helium, Wasserstoff und Stickstoff (Quecksilber wurde nicht untersucht) mit der von GÜNTHERSCHULZE (vgl. Ziff. 53) für den Normalgradienten aufgefundenen übereinstimmt, ist aber nur innerhalb eines gewissen Druckbereichs gültig. Oberhalb eines noch von der Stromdichte abhängigen Grenzdrucks vertauschen Wasserstoff und Stickstoff die Plätze (vgl. Ziff. 63). Um einen Begriff von der Größenordnung des Potentialgradienten in diesen vier Gasen zu geben, sind in der nebenstehenden Tabelle 29 die Werte dieses Gradienten G in Volt/cm unter möglichst gleichen Versuchsbedingungen (Gasdruck p in mm Hg, Rohrdurchmesser $2R$ in mm, Stromstärke i in Milliamp.) angegeben.

Tabelle 29. Werte des Potentialgradienten in der positiven Säule.

	Hg	He	H_2	N_2
p	9,2	8,0	8,0	8,0
$2R$	24	25	15	15
i	0,35	0,52	1	1,2
G	14,8	22,7	117,0	156,8

Nach MATTHIES[5]) ist der Gradient besonders groß in den Halogendämpfen und in den Dämpfen der Merkuri-Halogenverbindungen. Die folgenden Zahlenangaben, die einer Tabelle

---

1) R. HOLM, Phys. ZS. Bd. 15, S. 241. 1914.
2) H. SALINGER, Dissert. Berlin 1915; u. Ann. d. Phys. Bd. 54, S. 317. 1917.
3) A. HERZ, Ann. d. Phys. Bd. 54, S. 244. 1895.
4) W. HEUSE, Ann. d. Phys. Bd. 5, S. 670 u. 678. 1901.
5) W. MATTHIES, Verh. d. D. Phys. Ges. Bd. 14, S. 83. 1912.

von MATTHIES entnommen sind, stellen die Gradientenwerte in Volt/cm dar für einen Gasdruck von 0,4 mm Hg, eine Stromstärke von 0,25 Milliamp. und einen Rohrdurchmesser von 35 mm.

Cl_2	Br_2	J_2	$HgCl_2$	$HgBr_2$	HgJ_2	N_2
40	45	50	66	139	50	17

Für höhere Gasdrucke nimmt der Gradient in Jod weniger stark zu als in Chlor und Brom, so daß dann Jod den kleinsten und Brom den größten Gradienten hat. Der Wert des Gradienten von Stickstoff, der vergleichsweise mit aufgenommen wurde, ist den Messungen von HERZ entnommen. Auf die Messungen des Gradienten für HCl, HBr und HJ, welche nach VEGARD[1]) dieselbe Reihenfolge innehaben wie ihre Molekulargewichte, sei hier nur hingewiesen.

Besondere Verhältnisse liegen nach KIRKBY[2]) in Sauerstoff vor. Wir werden auf dieselben bei Besprechung der Druckabhängigkeit zu sprechen kommen.

Der Potentialgradient ist in hohem Maße von der Reinheit des Gases abhängig. So erhält z. B. GEHLHOFF[3]) in Stickstoff, der mit einer Alkalizelle[4]) sorgfältig gereinigt worden war, um bis zu 50% größere Werte des Potentialgradienten, als sie HEUSE[5]) angegeben hat. Der Einfluß des Quecksilberdampfes als Verunreinigung wurde von HEUSE (l. c.) bei der Messung des Potentialgradienten in Stickstoff untersucht. Dabei ergab sich, daß bei Anwesenheit von Quecksilberdampf mit einem Partialdruck entsprechend einer Temperatur von 18° C der Gradient in Stickstoff von 1 mm Hg um 2 Volt erniedrigt wurde. Wurde dagegen der Quecksilberdampfdruck erhöht auf einen Betrag entsprechend der Temperatur von 192° C, so war der Potentialgradient des Gasgemisches bei demselben Stickstoffpartialdruck um 30 Volt/cm größer, wobei allerdings berücksichtigt werden muß, daß der nun vorhandene Quecksilberdampf allein schon einen Gradienten von 17 Volt/cm besitzt. In diesem Zusammenhang müssen auch die Messungen des Normalgradienten in Gasgemischen von GÜNTHERSCHULZE[6]) erwähnt werden. Aus den daselbst angegebenen Kurven ist zu ersehen, daß schon ganz kleine Beimischungen von Sauerstoff den Normalgradienten des Wasserstoffs und ganz besonders des Stickstoffs stark in die Höhe treiben.

Was die Wirkungsweise dieser Verunreinigungen betrifft, so macht SEELIGER[7]) darauf aufmerksam, daß dieselben nicht nur auf das Füllgas von Einfluß sein können, sondern vielleicht auch auf die Gefäßwände einwirken können. Es hat nämlich WOOD[8]) gefunden, daß zweiatomige Gase (Wasserstoff und Stickstoff) bei genügender Stromstärke der Glimmentladung weitgehend dissoziiert sind, wobei aber eine reine Glasoberfläche als Gefäßwand die Rückbildung der Moleküle aus den dissoziierten Atomen begünstigt. Diese katalytische Wirkung der Gefäßwand wird nun, ebenfalls nach WOOD, durch Spuren von Sauerstoff oder Wasserdampf stark abgeschwächt. Es wäre daher möglich, daß infolge dieser Vergiftung des Katalysators der Dissoziationsgrad in gewöhnlichen Entladungsröhren viel größer ist als in mit besonderer Sorgfalt gereinigten Gasen und Glasgefäßen.

---

1) L. VEGARD, Phil. Mag. Bd. 18, S. 465. 1905.
2) P. J. KIRKBY, Phil. Mag. Bd. 15, S. 559. 1908.
3) G. GEHLHOFF, Verh. d. D. Phys. Ges. Bd. 21, S. 349. 1919.
4) G. GEHLHOFF, Verh. d. D. Phys. Ges. Bd. 13, S. 271. 1911.
5) W. HEUSE, Verh. d. D. Phys. Ges. Bd. 1, S. 270. 1899.
6) A. GÜNTHERSCHULZE, ZS. f. Phys. Bd. 22, S. 70. 1924.
7) R. SEELIGER, ZS. f. Phys. Bd. 15, S. 27. 1923; R. SEELIGER u. M. WENDT, Phys. ZS. Bd. 25, S. 160. 1924.
8) R. W. WOOD, Phil. Mag. Bd. 44, S. 538. 1922; vgl. ferner K. F. BONHOEFFER, ZS. f. phys. Chem. Bd. 113, S. 199 u. 492. 1924.

63. Abhängigkeit von Stromstärke und Gasdruck. Wir übergehen alle älteren Arbeiten, in welchen die Bereiche der Stromstärken und Gasdrucke, in denen der Potentialgradient gemessen wurde, zu klein waren, als daß Abweichungen von einer linearen Abhängigkeit des Gradienten von diesen Parametern hätten gefunden werden können, und besprechen nur die neueren Untersuchungen, wobei wir die verschiedenen Gase der Reihe nach behandeln.

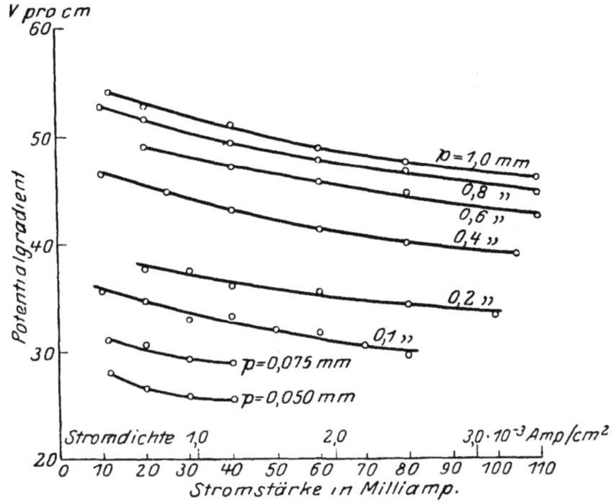

Abb. 49. Abhängigkeit des Potentialgradienten in Stickstoff von der Stromstärke.

Am häufigsten untersucht wurde Stickstoff. Für einen Druckbereich von 0,05 bis 1,0 mm Hg und für Stromstärken zwischen 10 bis 100 Milliamp. hat GEHLHOFF[1]) in einem Rohr von 20 mm Durchmesser in besonders gut gereinigtem Gas Messungen ausgeführt. Die Versuchsresultate sind in den Abb. 49 und 50 dargestellt. Man sieht, daß der Gradient bei konstanter Stromstärke erst schnell und dann langsamer abnimmt. Diese Messungen werden ergänzt durch diejenigen von MATTHIES und STRUCK[2]), welche sich über einen Druckbereich von 5 bis 160 mm Hg und über Stromstärken von 0,1 bis 1,1 Amp. entsprechend Stromdichten von 0,02 bis 40 Amp./cm² erstrecken. Der Querschnitt der zu den Versuchen verwendeten Quarzröhren war meist sehr klein (0,025 bis 0,057 cm²), und die Temperatur in der Röhre war daher sehr hoch [was bei der von diesen Autoren benutzten Methode der „Außensonde" (vgl. Ziff. 75) notwendig war], so daß ein quantitativer Vergleich dieser Messungen mit den GEHLHOFFschen nicht möglich ist. Trotzdem ist der Verlauf der Kurven von MATTHIES und STRUCK derselbe wie derjenige der Kurven von GEHLHOFF. Man sieht, daß bei kleinen Drucken der Gradient stark vom Druck und wenig von der Stromstärke abhängig ist. Bei großen Drucken ist gerade das Umgekehrte der Fall: große Abhängigkeit von der Stromstärke und geringe Abhängigkeit vom Gasdruck (letzteres ist nur aus den Messungen von MATTHIES und STRUCK gut zu ersehen). Für nicht zu enge Röhren und für kleine Stromdichten lassen sich die Versuchsresultate von MATTHIES und STRUCK darstellen durch die Formel $\lg G = a - b \lg i$,

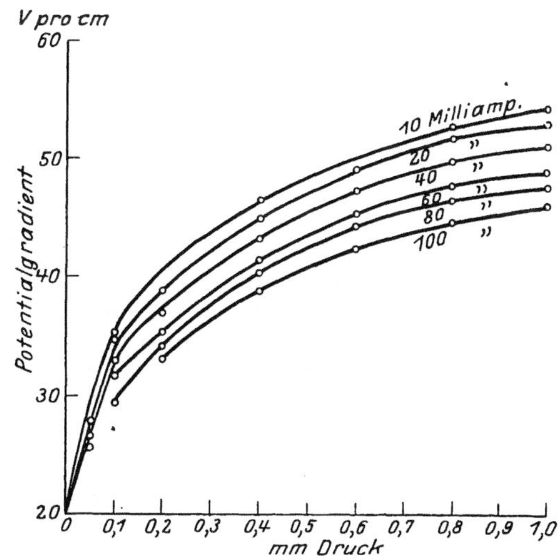

Abb. 50. Abhängigkeit des Potentialgradienten in Stickstoff vom Gasdruck.

[1]) G. GEHLHOFF, Verh. d. D. Phys. Ges. Bd. 21, S. 349. 1919.
[2]) W. MATTHIES u. H. STRUCK, Verh. d. D. Phys. Ges. Bd. 14, S. 83. 1912.

wo G = Gradient, a und b = vom Druck und Rohrdurchmesser abhängige Konstante sind.

Weitere Messungen des Gradienten in fünf Röhren von 1,55 bis 4,65 cm Durchmesser hat Holm[1]) ausgeführt und seine Resultate durch eine die Abhängigkeit von Gasdruck, Stromstärke und Rohrweite enthaltende, aber nicht einfache Formel dargestellt.

Was noch die Ausdehnung des Meßbereichs nach der Seite der kleinen Stromdichten betrifft, so hat Güntherschulze[2]) bei einem Gasdruck von 3 mm Hg und bei einer Stromdichte von weniger als $^1/_{10}$ Milliamp./cm^2 ebenfalls Abnahme des Gradienten mit wachsender Stromstärke festgestellt. In scharfem Gegensatz hierzu stehen aber die Versuchsresultate mit Stromstärken von der Größenordnung 10^{-7} bis 10^{-9} Amp. Da bei solch kleinen Stromstärken eine stetig brennende Glimmentladung meist nicht existenzfähig ist (vgl. Ziff. 91 und 92), müssen hier besondere Versuchsanordnungen (Oxydkathode oder Abzweigung eines Teils der Hauptentladung in ein Querrohr) getroffen werden. Nach Würschmidt[3]) zeigt der Potentialgradient in sehr unreinem Stickstoff bei diesen kleinen Stromstärken in einem Rohr von 4 cm Durchmesser und bei $p = 0{,}009$ mm Hg den in Abb. 51 dargestellten Verlauf. Der Gradient (gemessen in Volt/cm?) steigt mit der Stromstärke zuerst schnell, dann langsamer an und nähert sich schließlich einem konstanten Endwert. Bei weiterer Vergrößerung der Stromstärke sinkt der Gradient dann wieder, aber es stellt sich nun eine geschichtete Entladung ein, so daß die Frage, ob der ansteigende Kurvenast bei kleinen Stromstärken kontinuierlich in den absteigenden Ast bei großen Stromstärken übergeht, offengelassen werden muß. Nach Resultaten von H. A. Wilson[4]) und von Lilienfeld[5]) scheint die Frage allerdings zu verneinen zu sein, was dann auf das Vorhandensein von Intermittenzen in der Entladung bei diesen kleinen Stromstärken hinweisen würde.

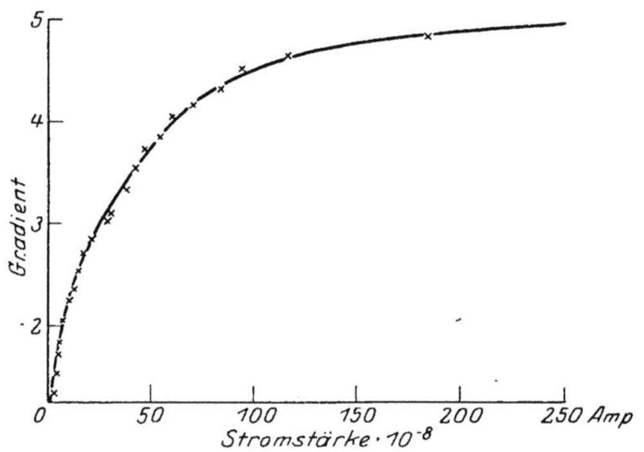

Abb. 51. Verhalten des Potentialgradienten in Stickstoff bei sehr kleinen Stromstärken.

In Wasserstoff haben ebenfalls Matthies und Struck Messungen angestellt. Die Vermeidung der Schichtbildung war bei manchen Drucken schwierig, und der Meßbereich erstreckte sich nur bis zu 40 mm Hg. Die Versuchsresultate waren qualitativ dieselben wie in Stickstoff. Quantitativ ist bemerkenswert, daß die Änderung des Gradienten mit der Stromdichte cet. par. in Wasserstoff kleiner ist als in Stickstoff. Daher kommt es, daß die einzelnen zu verschiedenen konstanten Werten der Stromdichte gehörigen Kurven, welche die Änderung des Gradienten mit dem Druck darstellen, für große Drucke nicht so stark divergieren wie die entsprechenden Kurven in Stickstoff. Da nun für kleine Drucke der Gradient in Wasserstoff kleiner ist als in Stickstoff, so gibt es für jede Stromdichte einen Druck p_0, oberhalb dessen der Gradient in Wasserstoff größer ist

[1]) R. Holm, Wiss. Veröffentl. a. d. Siemens-Konz. Bd. 3, S. 159. 1923; im Auszug auch in Phys. ZS. Bd. 25, S. 497. 1924 u. Bd. 26, S. 412. 1925.

[2]) A. Güntherschulze, ZS. f. Phys. Bd. 22, S. 70. 1924.

[3]) J. Würschmidt, Verh. d. D. Phys. Ges. Bd. 12, S. 652. 1910.

[4]) H. A. Wilson, Phil. Mag. Bd. 6, S. 180. 1903.

[5]) J. E. Lilienfeld, Leipziger Ber. Bd. 60, S. 212. 1908.

als derjenige in Stickstoff. p_0 liegt dabei um so höher, je kleiner die Stromdichte ist. Daß sich der Gradient in Wasserstoff mit der Stromdichte viel weniger ändert als in Stickstoff, wird auch durch Messungen von HOLM bestätigt; GÜNTHERSCHULZE[1]) findet bei seiner Messung des „Normalgradienten" in Wasserstoff sogar eine schwache Zunahme des Gradienten mit der Stromstärke (in Stickstoff dagegen ebenfalls eine Abnahme). Nach HOLM kann man die Abhängigkeit des Gradienten von Gasdruck und Stromdichte durch die empirische Formel

$$G = 1{,}14 + 0{,}0635\left[\frac{1}{1 - e^{\frac{p}{4}}} - 1\right] - 0{,}16\log_{10}\frac{j\left(1 - e^{-\frac{3p}{4}}\right)}{0{,}041} \tag{1}$$

gut darstellen, welche sich auf ein Rohr von 1,4 cm Radius bezieht und in der G in Volt/cm, p in mm Hg reduziert auf 30° C und die Stromdichte j in Milliamp./cm² zu messen sind. Es sei noch bemerkt, daß die positive Säule bei diesen Versuchen nur für $p > 1$ ungeschichtet war. Für kleinere Drucke traten die „weiten, roten" Schichten (vgl. Ziff. 77) auf, was auf große Reinheit des verwendeten Wasserstoffs hinweist.

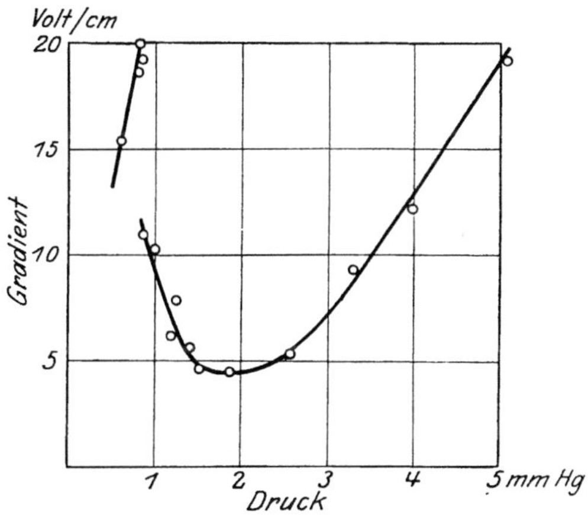

Abb. 52. Abhängigkeit des Potentialgradienten in Sauerstoff vom Gasdruck.

Der Sauerstoff wurde von KIRKBY[2]) untersucht. Die Versuchsresultate sind in Abb. 52 dargestellt. Man sieht, daß nur für ganz kleine Gasdrucke (unterhalb 0,8 mm Hg) der normale Verlauf: Zunahme des Gradienten mit dem Druck, vorhanden ist. In diesem Gebiet stimmt der Gradient der Größenordnung nach mit dem von GÜNTHERSCHULZE gemessenen überein. Bei dem Druck 0,8 mm Hg hat die Gradientenkurve nun eine scharfe Unstetigkeit und zeigt bei größeren Drucken ein ganz anormales Verhalten, indem der Gradient jetzt mit wachsendem Gasdruck abnimmt. Bei ca. 2 mm Hg erreicht der Gradient dann seinen Minimalwert, der ganz außergewöhnlich klein ist, nämlich nur etwas über 4 Volt/cm beträgt, und steigt hierauf mit wachsendem Druck wieder an. Dieses anormale Verhalten des Sauerstoffs oberhalb 0,8 mm Hg wird von KIRKBY auf hier einsetzende Ozonbildung zurückgeführt. Hiermit dürfte vielleicht auch die Beobachtung von NEUBERT[3]) in Zusammenhang stehen, daß die Glimmentladung in Sauerstoff schon bei Gasdrucken oberhalb 2 mm vollkommen lichtlos ist.

In Quecksilberdampf hat WILLS[4]) die Abhängigkeit des Gradienten von der Stromstärke untersucht. Die Kurvenform ist die von Stickstoff und Wasserstoff her bekannte.

In Chlorwasserstoff, Bromwasserstoff und Jodwasserstoff hat VEGARD[5]) die Druckabhängigkeit des Gradienten gemessen.

[1]) A. GÜNTHERSCHULZE, ZS. f. Phys. Bd. 22, S. 70. 1924.
[2]) P. J. KIRKBY, Phil. Mag. Bd. 15, S. 559. 1908. Anmerk. b. d. Korr.: Weitere eingehende Untersuchungen desselben Autors in Phil. Mag. Bd. 2, S. 913. 1926.
[3]) P. NEUBERT, Phys. ZS. Bd. 15, S. 430. 1914.
[4]) A. P. WILLS, Phys. Rev. Bd. 18, S. 319 u. Bd. 19, S. 65. 1904; Electrician Bd. 54, S. 26. 1904.
[5]) L. VEGARD, Phil. Mag. Bd. 18, S. 465. 1905.

64. Abhängigkeit von der Rohrweite. Die Rohrwand bildet nicht nur die geometrische Begrenzung der Entladung, sondern sie beeinflußt dieselbe auch durch die auf ihr sitzenden Wandladungen. Diese Wandladungen wurden schon mit der Bestäubungsmethode von VILLARI[1]) und RIECKE[2]) nachgewiesen, sie machen sich ferner in der schon erwähnten Krümmung der Äquipotentialflächen bemerkbar.

Der Einfluß der Größe des Durchmessers des Entladungsrohres auf den Potentialgradienten wurde öfters untersucht. Die Messungen in Röhren mit verschiedenen Durchmessern wurden dabei immer bei konstanter Stromdichte ausgeführt und die gefundene Abhängigkeit des Gradienten vom Rohrdurchmesser war stets ungefähr diejenige, welche für Stickstoff aus dem Verlauf der Kurven der Abb. 53 und 54 von MATTHIES und STRUCK ersichtlich ist. Bei konstantem Gasdruck und konstanter Stromdichte nimmt der Gradient mit wachsendem Rohrquerschnitt ab, und zwar um so schneller, je kleiner der Querschnitt ist.

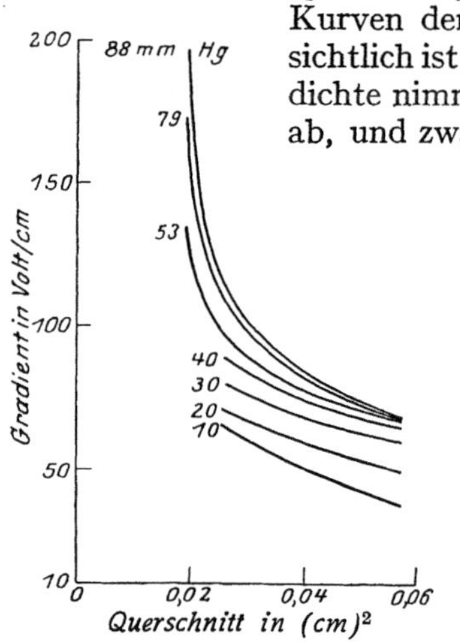

Abb. 53. Abhängigkeit des Gradienten in Stickstoff von der Rohrweite. Stromdichte 12 Amp./cm².

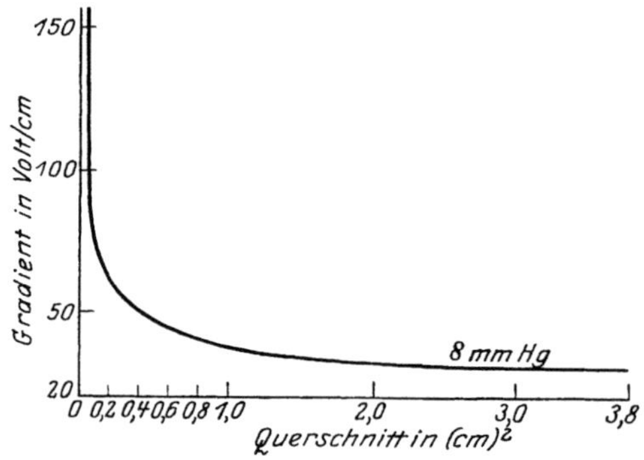

Abb. 54. Abhängigkeit des Gradienten in Stickstoff von der Rohrweite. Stromdichte 0,26 Amp./cm².

Für hohe Gasdrucke ist dabei in grober Annäherung $d^2 G = \text{konst.}$ (d = Rohrdurchmesser). Für große Querschnitte nähert sich der Gradient einer Konstanten.

In Neon hat CLAUDE[3]) Messungen der Abhängigkeit des Gradienten vom Rohrdurchmesser angestellt. Er benutzte fünf mit Neon von 2,9 mm Hg gefüllte, 5 m lange Rohre mit Durchmessern von 5,6 bis 67 mm, welche mit derselben Stromdichte von 0,06 Amp./cm² mit Wechselstrom von 50 Per pro sec betrieben wurden. An Stelle des Gradienten wurde die an den Enden der positiven Säule herrschende Spannungsdifferenz ΔV gemessen. Die Versuchsresultate sind in der folgenden Tabelle eingetragen.

Tabelle 30. Abhängigkeit des Gradienten vom Rohrdurchmesser in Neon.

d in mm	5,6	10,7	21	41,5	67
ΔV in Volt	(4750)	2600	1575	790	670
$d \cdot \Delta V \cdot 10^{-3}$	(2,66)	2,78	3,35	3,28	4,49

Der Wert von ΔV für $d = 5{,}6$ mm ist eingeklammert, weil hier die gesamte an der Röhre anliegende Spannung gemessen wurde. Da CLAUDE zuerst glaubte,

[1]) E. VILLARI, Phys. ZS. Bd. 1, S. 393. 1900; Auszug aus früheren italienischen Arbeiten des Verfassers.

[2]) E. RIECKE, Ann. d. Phys. Bd. 69, S. 788. 1899 u. Bd. 1, S. 414. 1900.

[3]) G. CLAUDE, C. R. Bd. 157, S. 432. 1913; Bd. 158, S. 479 u. 692. 1914.

daß der Gradient umgekehrt proportional dem Rohrdurchmesser sei — eine Behauptung, die nachher von andern Autoren übernommen wurde —, so ist in der Tabelle noch das Produkt $d\Delta V$ angegeben. Man sieht, daß der Gradient mit wachsendem Rohrdurchmesser weniger stark als $1/d$ abnimmt. Bei graphischer Darstellung scheint er sich einer von Null verschiedenen Konstanten zu nähern.

65. Abhängigkeit von der Temperatur. Bei den im vorhergehenden besprochenen Messungen der Abhängigkeit des Gradienten von Stromstärke, Gasdruck und Rohrweite wurde nie darauf geachtet, die Temperatur des Gases bei der Änderung des betreffenden Parameters konstant zu halten. SCHMIDT[1]) hat nun untersucht, welchen Einfluß eine Temperaturerhöhung des Füllgases auf den Potentialgradienten ausübt, indem er die Entladungsröhre in ein Wärmebad brachte, dessen Temperatur zwischen 10 bis 180° C variiert werden konnte. Natürlich bedeutet dies nicht, daß dabei auch das Gas in der positiven Säule die Temperatur des Wärmebades angenommen hatte. Aber das Versuchsresultat, daß der Gradient von der Temperatur unabhängig ist, wenn die Dichte des Gases konstant gehalten wird, ist doch plausibel. Es wird auch nicht berührt von dem Umstand, daß man bis jetzt (vgl. Ziff. 66) die Temperatur des Gases noch nie einwandfrei gemessen hat. Das weitere Resultat von SCHMIDT dagegen, daß bei konstantem Gasdruck der Gradient mit zunehmender Temperatur abnimmt, und zwar ungefähr in dem Maße, in dem er bei der entsprechenden Druckänderung bei konstant gehaltener Temperatur abnehmen würde, hat wegen der Unsicherheit der Temperaturbestimmung wohl nur qualitative Bedeutung.

66. Die Versuche zur Temperaturmessung des Gases. Unter dem Einfluß des Stromdurchgangs erwärmt sich das Gas in der positiven Säule, und man kann dann nach der Temperatur des Gases und nach der Abhängigkeit dieser Temperatur von den Versuchsbedingungen fragen. Natürlich ist diese durch die ungeordnete Bewegung der Gasmoleküle bestimmte Temperatur nicht zu verwechseln mit der unter Umständen ebenfalls vorhandenen ungeordneten Bewegung der Träger des elektrischen Stromes bzw. der hierdurch definierbaren Temperatur. In den Fällen, in denen man überhaupt von einer Temperatur der Ionen und Elektronen reden kann, ist nämlich die Temperatur der Ionen und noch viel mehr diejenige der Elektronen sehr viel größer als die Temperatur der Gasmoleküle (vgl. Ziff. 76).

Die kleine Wärmekapazität des Gases einerseits und der Umstand, daß die (kinetische und potentielle) Energie der Ladungsträger bedeutend größer ist als diejenige der Gasmoleküle anderseits, verursachen es, daß die Messung der Temperatur des Gases mit ungewöhnlichen Schwierigkeiten verknüpft ist. Was zunächst die Methoden zur Temperaturbestimmung betrifft, so wurden früher[2]) zahlreiche kalorimetrische Messungen der erzeugten Stromwärme angestellt. Nun wird die elektrische Energie εV eines Teilchens mit der Ladung ε, das während einer freien Weglänge die Spannungsdifferenz V durchfallen hat, erst am Ende dieser freien Weglänge ganz oder teilweise in andere Energieformen umgesetzt. Es kann also überall da, wo räumliche Änderungen der elektrischen Feldstärke auftreten, die elektrische Energie aus dem Raum, in dem sie von dem Teilchen erworben wurde, an andere Stellen der Entladungsbahn fortgetragen werden. Nur in der ungeschichteten positiven Säule, wo der Potentialgradient konstant ist, kompensieren sich die durch diese Konvektion entstehenden Energieverluste und -gewinne, so daß einfache Verhältnisse herrschen. In der Tat wurde die erzeugte Wärmemenge hier auch angenähert gleich der freiwerdenden

[1]) G. C. SCHMIDT, Ann. d. Phys. Bd. 1, S. 625. 1900.

[2]) Ältere Literatur zitiert bei J. STARK, Elektrizität in Gasen, S. 420.

elektrischen Energie gefunden. Dies bestätigt zwar das ÅNGSTRÖMsche Resultat, daß nur ein äußerst kleiner Bruchteil der Stromarbeit zu Lichtemission (und zur Ionisation des Gases) Verwendung findet (vgl. Ziff. 59), aber es ist klar, daß solche kalorischen Messungen noch kein Maß für die Temperatur des Gases liefern. Dazu fehlt insbesondere der Nachweis, daß die an das Kalorimeter abgegebene Wärmemenge auch wirklich im Gase selbst erzeugt und erst durch Wärmeleitung an die Gefäßwände übertragen wurde.

Gegen diejenigen direkten Methoden zur Temperaturbestimmung des Gases, bei denen ein Thermometer, Thermoelement oder Bolometer entweder außen an die Gefäßwand heran oder direkt in die Entladungsbahn hineingebracht wird, läßt sich aber derselbe Vorwurf erheben: außer durch die aufprallenden Gasmoleküle wird auch durch die Ladungsträger Energie auf das Meßinstrument übertragen. Hierbei ist erstens die kinetische Energie zu berücksichtigen, welche die positiven Ionen beim Durchlaufen des Spannungsabfalls gewinnen, der zwischen der Mitte der Entladungsbahn und der dagegen negativ geladenen Gefäßwand vorhanden ist. Nach LANGMUIR[1]) wird zweitens noch die bei der Neutralisation der negativen Wandladung durch die positiven Ionen freiwerdende Ionisationsenergie und drittens die Temperaturbewegung der Ladungsträger an der Wand in Wärme verwandelt. Dieser vom Energietransport der Ladungsträger herrührende Fehler bewirkt also, daß die Gastemperatur scheinbar zu hoch gemessen wird. Daß diese Fehlerquelle unter Umständen recht bedeutend ist, sieht man schon daran, daß ein in die Entladungsbahn hineinragender Metall- oder Quarzfaden, weil seine Oberfläche verhältnismäßig groß ist, rotglühend werden kann, während sich das Entladungsgefäß außen nur mäßig warm anfühlt. LANGMUIR hat in der positiven Säule des Quecksilberbogens die Größe der Wandströme und den Spannungsabfall von der Rohrmitte gemessen. Hierbei ergab sich, daß z. B. bei einer Bogenstromstärke von 4 Amp. und einem Hg-Dampfdruck von $7{,}5 \cdot 10^{-4}$ mm Hg in einem Rohr von 3,2 cm Durchmesser 44% der elektrischen Energie iG auf diese Weise an die Wand übertragen wurden. Wird die Bogenstromstärke verkleinert oder der Gasdruck vergrößert, so sinkt der prozentische Betrag der an die Wand abgegebenen Energiemenge; er betrug z. B. bei 1 Amp. und $1{,}1 \cdot 10^{-2}$ mm Hg nur noch 15%. Versuche, diesen Fehler durch geeignete Maßnahmen möglichst klein zu machen oder ihn bei der Temperaturmessung rechnerisch zu berücksichtigen, sind bis jetzt noch nie gemacht worden.

In der entgegengesetzten Richtung wirkt bei den in die Entladungsbahn eingeführten Meßdrähten eine zweite Fehlerquelle: Der durch die Ausstrahlung und durch die Wärmeleitung des Meßinstruments hervorgerufene Wärmeverlust bewirkt eine lokale Abkühlung der Gasstrecke, welche um so größer wird, je größer die abgeleitete Wärmemenge im Verhältnis zum Wärmeinhalt des Gases ist. Dieser Fehler fällt also um so mehr ins Gewicht, je kleiner der Gasdruck und je dicker der Meßdraht ist. Um ihn möglichst klein zu machen, benutzte WOOD[2]) zur Messung einen Bolometerdraht, dessen Durchmesser nur 0,03 mm betrug. LILIENFELD[3]) versuchte diese Fehlerquelle dadurch unschädlich zu machen, daß er durch äußere Heizung seines Bolometers oder Thermoelements den Wärmeverlust durch Strahlung und Wärmeleitung kompensierte. Seine Methode der Temperaturbestimmung bestand dann darin, daß er die Temperatur des Meßdrahtes in Abhängigkeit von der zugeführten Wärmemenge maß und

---

[1]) I. LANGMUIR, Journ. Frankl. Inst. Bd. 196, S. 751. 1923. Hier ist die Berechnung, wie die einzelnen Energiebeträge in die Bilanz einzusetzen sind, genau durchgeführt.

[2]) R. W. WOOD, Ann. d. Phys. Bd. 59, S. 238. 1896.

[3]) J. LILIENFELD, Verh. d. D. Phys. Ges. Bd. 8, S. 182. 1906.

hierauf die Temperatur des Gases aus dem Umstand bestimmte, daß die Temperaturerhöhung des Drahtes bei gleicher Vermehrung der Wärmezufuhr verschieden groß war, je nachdem die Temperatur des Drahtes tiefer oder höher lag als die des umgebenden Gases. Diese indirekte Methode ist zwar von beiden Fehlerquellen frei, aber ihre Genauigkeit scheint nicht sehr groß zu sein.

Wir stellen nun einige Resultate von Temperaturmessungen, die aber wohl meistens nur der Größenordnung nach richtig sind, zusammen. WOOD erhielt mit seiner schon erwähnten Versuchsanordnung in einem Entladungsrohr von 1,5 cm Durchmesser bei Gasdrucken von 0,3 bis 3 mm Hg und Stromstärken von weniger als 5 Milliamp. in Stickstoff Temperaturerhöhungen des Gases infolge des Stromdurchgangs, die unterhalb 75° C lagen. GEIGER[1]) konnte bei kleinen Stromstärken die WOODschen Resultate im wesentlichen bestätigen, erhielt aber bei Stromstärken von 1 bis 2 Amp. in Röhren von 3 und 4 cm Durchmesser Temperaturen bis zu 1200° C. LILIENFELD erhielt mit seiner Kompensationsmethode in Sauerstoff bei Stromstärken von 16,5 und 92 Milliamp. in einem 13 mm weiten Rohr Temperaturen von 165 und 215° C. KÜCH und RETSCHINSKY[2]) endlich maßen in der Quecksilberdampflampe bei mäßiger Belastung und bei Stromstärken von nur einigen Ampere schon Temperaturen von über 1700° C.

Zum Schlusse sei noch als interessantes Hilfsmittel zur Temperaturbestimmung die spektroskopische Methode der Messung von Änderungen der Lage oder Breite von Spektrallinien erwähnt, denn diese Art der Temperaturmessung ist natürlich von den beiden obenerwähnten Fehlerquellen frei. Dafür tritt hier allerdings ein neues Moment der Unsicherheit auf: Es wird ja mit dieser Methode nicht die kinetische Energie der normalen, sondern vielmehr diejenige der leuchtenden Gasmoleküle gemessen. Diese aber sind entweder Partikeln, welche kurz vor der Lichtemission durch Stoß angeregt wurden, oder aber dieselben waren früher Ionen und leuchten nur bei der Rekombination. Man wird also in jedem Fall erwarten, daß auf diese Weise Temperaturen gemessen werden, die ganz bedeutend größer, zum mindesten aber nicht kleiner als die Gastemperatur sind. In der Tat hat COBLENTZ[3]) aus der Lage der CO_2-Bande zwischen 4 und 5μ, welche mit steigender Temperatur zu größeren Wellenlängen wandert, auf Temperaturen in Vakuumröhren in der Größe von 6000° C geschlossen, während mit dem Thermoelement nur 50° C gemessen wurden. Um so bemerkenswerter sind daher die Resultate von GEHRKE und LAU[4]), die in Wasserstoff, wo infolge der kleinen Masse des Trägers der Dopplereffekt besonders groß ist, aus der Breite der Balmerlinien H_α, H_β und H_γ die Temperaturbewegung der Linienträger unter der Annahme bestimmten, daß die Linienverbreiterung ausschließlich durch den Dopplereffekt bedingt war. Dabei fanden sie in einer Entladungsröhre von 1 cm Durchmesser und bei einer Stromstärke von ca. 50 Milliamp. für die Träger aller drei Linien eine Temperatur von nur 50° C. Wenn man die Entladungsröhre in flüssige Luft tauchte, so sank die Temperatur der die Linien emittierenden Atome sogar auf $-97°$ für H_α, auf $-82°$ für H_β und auf $-120°$ für H_γ. Da die lichtaussendenden Wasserstoffatome sicher keine kleinere Temperatur besitzen als die nicht angeregten Wasserstoffmoleküle, so muß man wohl annehmen, daß unter diesen Versuchsbedingungen

[1]) R. GEIGER, Ann. d. Phys. Bd. 22, S. 973. 1907.
[2]) R. KÜCH u. J. RETSCHINSKY, Ann. d. Phys. Bd. 22, S. 595. 1907.
[3]) W. W. COBLENTZ, Jahrb. d. Radioakt. Bd. 7, S. 123. 1910.
[4]) E. GEHRKE u. E. LAU, Phys. ZS. Bd. 21, S. 634. 1920; Ann. d. Phys. Bd. 65, S. 564. 1921; Bd. 67, S. 388. 1922; Bd. 74, S. 574. 1924.

das Gas beim Stromdurchgang in Übereinstimmung mit den Resultaten von WOOD sich nur sehr wenig erwärmt.

67. Beeinflussung der Säule durch äußere Mittel. Wir erwähnen folgende wichtigen Beobachtungen von LANGMUIR und MOTT-SMITH.

1. „Wenn Elektronen von 20 bis 50 Volt Geschwindigkeit in einen Quecksilberlichtbogen hineingebracht werden, so wird die Helligkeit des Bogens auf eine Länge von einigen Zentimetern gegen die Anode zu stark vermindert. Gleichzeitig findet eine Verminderung des Potentialabfalls im Bogen statt. Um diese Erscheinungen zu erhalten, genügt es oft, einen Elektronenstrom in den Bogen einzuführen, welcher nur einige Prozent des Bogenstromes beträgt[1]."

2. „In der Literatur findet man öfters die Behauptung, daß ein longitudinales Magnetfeld eine Gasentladung in die Achse des Entladungsrohres zusammenzudrücken sucht[2]. Wir konnten uns durch Beobachtungen überzeugen, daß ein longitudinales Feld diesen Effekt nicht hat. Die Konzentration um die Achse kommt nur durch das Radialfeld am kathodischen Ende des Longitudinalfeldes zustande, wie es z. B. auftritt, wenn ein Solenoid zur Erzeugung des Feldes benutzt wird."

„Wenn eine Elektrode oder ein anderer Körper in die Nähe der Achse einer Entladungsröhre gebracht wird, in welcher ein Quecksilberlichtbogen bei sehr niedrigem Druck in einem Magnetfeld brennt, so breitet sich von dem Gegenstand ein sehr deutlicher Schatten gegen die Anode hin aus. Bei höheren Drucken sind die Schatten weniger deutlich und brauchen stärkere Felder zu ihrer Erzeugung[3]."

3. Durch ein transversales Magnetfeld wird der Quecksilberlichtbogen gegen die Gefäßwand gedrückt. Bei einer bestimmten kritischen Feldstärke entstehen dann in der Röhre leuchtende Bänder und Schichtungen, bezüglich deren genauerer Beschreibung auf die Originalarbeit verwiesen sei[3].

4. Wenn das Entladungsgefäß geeignet konstruiert ist (konzentrische Ringelektroden und axiales Magnetfeld), so rotiert die Entladung im transversalen Magnetfeld (DE LA RIVEscher Versuch). Näheres hierüber vgl. Ziff. 70.

68. Die Theorie der ungeschichteten Säule. Allgemeines. Die Theorie der positiven Säule sollte die Abhängigkeit des Potentialgradienten von den Versuchsbedingungen, insbesondere von Gasdruck, Stromstärke und Rohrdurchmesser erklären. Mit Ausnahme der quantitativen Überlegungen SCHOTTKYS (vgl. Ziff. 69), welche nur unter speziellen Voraussetzungen Gültigkeit haben, existieren aber erst wenige mehr qualitative Betrachtungen, welche hier kurz zusammengefaßt werden sollen.

HOLM hat die positive Säule besonders auf die Erfüllung der Ähnlichkeitsgesetze (vgl. Ziff. 34) hin untersucht und findet diese Gesetze bei seinen in Ziff. 63 besprochenen Gradientenmessungen in verschieden weiten Röhren für Wasserstoff tatsächlich gut bestätigt. Für Stickstoff dagegen ergeben sich merkliche Abweichungen von diesen Gesetzen, die HOLM durch das Vorhandensein einer zweistufigen Ionisation erklärt, für welche das bekannte Nachleuchten[4] des Stickstoffs einen Hinweis liefert.

---

[1] I. LANGMUIR u. H. MOTT-SMITH, Gen. Electr. Rev. Bd. 27, S. 762. 1924, vgl. S. 768.

[2] Ältere Literatur über die Beeinflussung durch ein Magnetfeld findet sich zitiert bei J. STARK, Elektrizität in Gasen, S. 398; weitere Arbeiten erwähnt R. SEELIGER, Marx' Handb. Bd. III, S. 93ff.

[3] I. LANGMUIR u. H. MOTT-SMITH, Gen. Electr. Rev. Bd. 27, S. 810. 1924.

[4] Vgl. z. B. E. v. ANGERER, Phys. ZS. Bd. 22, S. 97. 1921.

Was nun die eigentliche Theorie der positiven Säule betrifft, so erkennt man nach HOLM[1]) schon aus der Tatsache, daß die Säule mit unveränderten sichtbaren und elektrischen Eigenschaften durch beliebig geformte Glasröhren hindurchgeht, daß das elektrische Feld in der Säule viel weniger durch die auf den Elektroden sitzenden Flächenladungen als durch die in der Säule selbst befindlichen Raumladungen bestimmt wird. HOLM hat für ein Beispiel ausgerechnet, welche positiven Flächenladungen auf der Anode und welche positiven Raumladungen in der Säule sitzen müssen, damit ein bestimmter, konstanter Potentialgradient zustande kommt. Er findet ein starkes Ansteigen der Raumladung gegen die Anode hin. Da er aber bei seiner Rechnung die negativen Wandladungen ganz vernachlässigt und eine nach allen Seiten gleichmäßige Streuung der von den positiven Ladungen ausgehenden Kraftlinien annimmt, dürfte diese starke Raumladungszunahme gegen die Anode hin in Wirklichkeit wohl nicht vorhanden sein[2]).

Die Existenz der negativen Wandladung ist durch die aus der Entladungsbahn herausdiffundierenden Elektronen zu erklären. Die beobachteten Potentialdifferenzen von mehreren Volt zwischen Rohrmitte und Gefäßwand lassen sich nun, wie zuerst SEELIGER[3]) bemerkte, nur verstehen, wenn die Elektronen einen sehr viel größeren Diffusionskoeffizienten, also eine größere ungeordnete Geschwindigkeit besitzen, als sich aus der Annahme, daß die Elektronen sich im thermischen Gleichgewicht mit den Gasmolekülen befinden, ergeben würde. Es ist dies aber auch durchaus plausibel, denn die Elektronen werden ja auf ihrer freien Weglänge im elektrischen Feld beschleunigt und beim Zusammenstoß mit einem Gasmolekül elastisch reflektiert, solange nur ihre Geschwindigkeit unterhalb der Anregungsspannung des Moleküls bleibt.

Die negative Wandladung bewirkt nun, daß die Äquipotentialflächen in der Säule keine Ebenen, sondern gegen die Kathode konvex gekrümmte Flächen sind. Infolge dieser Krümmung werden auch die positiven Ionen aus der Entladungsbahn herausgezogen, und der elektrische Strom muß, um die Raumladungen aufrechtzuerhalten, für Neuerzeugung von Ladungsträgern sorgen. Dies geschieht durch eine entsprechende Vergrößerung des Potentialgradienten über seinen Wert (den Normalgradienten) bei parallelen, ebenen Äquipotentialflächen. Die Abnahme des Gradienten mit wachsender Stromstärke soll nach HOLM ihren Grund haben in einer mit der Stromvergrößerung einsetzenden, vom HOLM sogenannten „Raumladungsverbesserung", welche die Krümmung der Äquipotentialflächen im mittleren Teil der Strombahn vermindert und so die Abwanderung der positiven Ionen verringert.

69. Die SCHOTTKYsche Theorie. Die Theorie von SCHOTTKY[4]) stellt sich die Aufgabe, zu untersuchen, wo und wie die Ladungsträger in der positiven Säule entstehen und verschwinden. Es wird vorausgesetzt, daß die Entladung längs der ganzen Säule denselben Charakter und dieselbe Stromstärke habe, so daß jeder Rohrquerschnitt von derselben Anzahl Ladungsträger jedes Vorzeichens durchwandert wird. Wir denken uns in ein kreisförmiges Entladungsrohr vom Radius R zwei koaxiale Zylinder vom Radius r_1 und r_2 hineingelegt und betrachten ein Stück der Strombahn von 1 cm Höhe, das zwischen diesen beiden Zylindern liegt. Wenn man dann die Bilanz aufstellt, gemäß welcher der Unterschied der durch die beiden Zylinderwände ein- und austretenden Teilchenanzahlen gleich sein muß dem Überschuß der Zahl der in diesem

[1]) R. HOLM, Phys. ZS. Bd. 15, S. 241, 289 u. 782. 1914.
[2]) Vgl. immerhin R. HOLM, Phys. ZS. Bd. 26, S. 412. 1925. § 18.
[3]) R. SEELIGER, Phys. ZS. Bd. 15, S. 777. 1914.
[4]) W. SCHOTTKY, Phys. ZS. Bd. 25, S. 342 u. 635. 1924; W. SCHOTTKY u. J. v. ISSENDORFF, ZS. f. Phys. Bd. 31, S. 163. 1925.

Raum neugebildeten über die daselbst verschwindenden Ladungsträger [dieser Überschuß, gerechnet pro Volumeinheit, werde mit $q(=q^+=q^-)$ bezeichnet], so erhält man für den radialen Konvektionsstrom $\mathfrak{K}$ (Zahl der pro Zeiteinheit durch die Oberflächeneinheit hindurchtretenden Teilchen) die Gleichung

$$\frac{\partial}{\partial r}(r\,\mathfrak{K}) - r\,q = 0\,. \tag{1}$$

Man kann nun sowohl den Strom $\mathfrak{K}$ als auch die neugebildete Teilchenzahl q ausdrücken durch die Dichte n der Elektrizität und so eine Differentialgleichung für n erhalten, wenn man folgende Annahmen zugrunde legt:

1. „Quasineutralität." Diese Annahme besagt, daß in jedem Raumteil praktisch gleich viel positive wie negative Teilchen vorhanden sind:

$$n^+ = n^-\,, \tag{2}$$

wobei n^+ und n^- die Dichte der positiven und negativen Elektrizität bedeuten. Die Annahme ist erst oberhalb einer bestimmten Minimalstromdichte erfüllt, welche für Elektronen 10^{-4} Amp./cm² und für positive Ionen wegen deren kleinerer Beweglichkeit sogar schon 10^{-6} Amp./cm² beträgt. Bei diesen und bei größeren Stromdichten werden nämlich Raumladungen, welche vergleichbar mit der Trägerkonzentration sind, so groß, daß zu ihrer Aufrechterhaltung keine hinreichenden Gegenkräfte vorhanden sind.

2. Die Wände der Entladungsröhre sollen nicht imstande sein, einen etwaigen Überschuß von Ladungen eines Vorzeichens wegzuführen. Dann muß der in radialer Richtung fließende Strom positiver Teilchen gleich dem der negativen Teilchen sein, d. h. man hat einen sog. ambipolaren Strom $\mathfrak{K}_a$, und es ist

$$\mathfrak{K}_a = \mathfrak{K}^+ = \mathfrak{K}^-\,. \tag{3}$$

Die Ladungsträger werden jetzt aus zwei Gründen zur Rohrwand fließen. Da die Konzentration n der Ladungsträger an der Wand, wo die positiven und negativen Teilchen sich rekombinieren, gleich Null ist, werden die leichter beweglichen Elektronen von der Mitte der Entladungsbahn, wo die Konzentration der Träger beiderlei Vorzeichens am größten ist, infolge ihrer ungeordneten Diffusionsbewegung gegen die Rohrwand voraneilen und diese negativ aufladen. Das sich hierdurch einstellende elektrische Feld hat dann gerade diejenige Größe, daß es auch dieselbe Anzahl positiver Ionen gegen die Rohrwand zu ziehen vermag (analoge Verhältnisse hat man z. B. bei der Diffusion von Salzsäure durch Wasser, wo die Wasserstoffionen voraneilen und die Chlorionen mitschleppen). Nun wird weiter angenommen, daß der Gasdruck so groß ist, daß man für die Ladungsträger beiderlei Vorzeichens den Begriff der Beweglichkeit k^+ bzw. k^- einführen kann. Ferner wird angenommen, daß infolge der zahlreichen Zusammenstöße mit den Gasmolekülen die positiven Ionen und besonders aber die Elektronen eine ungeordnete Bewegung mit MAXWELLscher Geschwindigkeitsverteilung besitzen. (Diese Annahme sowie diejenige der „Quasineutralität" sind das Wesentliche der neuen Theorie; denn sie ermöglichen die Durchführung der Rechnung erstens ohne Raumladungsbetrachtungen, d. h. ohne Benutzung der POISSONschen Gleichung, und zweitens ohne die Annahme der freien Fallbeschleunigung zwischen zwei Zusammenstößen.) Jetzt kann man den Diffusionsstrom $\mathfrak{K}_a$ in Beziehung setzen zur Teilchenkonzentration n. Man erhält

$$\mathfrak{K}_a = -\frac{\mathfrak{V}^+ + \mathfrak{V}^-}{1/k^+ + 1/k^-}\,\mathrm{grad}\,n = -D_a\,\mathrm{grad}\,n\,, \tag{4}$$

wobei $\mathfrak{V}^+$ und $\mathfrak{V}^-$ die Voltäquivalente der ungeordneten Bewegung der positiven und negativen Teilchen bedeuten und $\frac{\mathfrak{V}^+ + \mathfrak{V}^-}{1/k^+ + 1/k^-} = D_a$ gesetzt ist. Nach

SCHOTTKY ist meistens $k^+ \ll k^-$ und (im Gegensatz zu LANGMUIR, vgl. Ziff. 76) $\mathfrak{B}^+ \ll \mathfrak{B}^-$, so daß dann $\mathfrak{K}_a = k^+ \mathfrak{B}^- \operatorname{grad} n$ wird. Die Gleichung (4) stellt den gesuchten Zusammenhang zwischen $\mathfrak{K}_a$ und n dar.

Nun muß noch ein Zusammenhang zwischen q und n aufgestellt werden. Bezeichnet V_i die Ionisierungsspannung, ε die Elektronenladung, j die Stromdichte in der Richtung der Rohrachse und G den Potentialgradienten, so ist $q \varepsilon V_i$ die pro Volumeneinheit zur Trägererzeugung verwendete Energie und $j G$ die daselbst geleistete Stromarbeit. Diese beiden Energien sollen nun, so wird weiter angenommen, einander proportional sein, indem gesetzt wird

$$q \varepsilon V_i = \varkappa j G, \tag{5}$$

wobei $\varkappa$ ein „Ausbeutefaktor" ist, der angibt, der wievielte Teil der frei werdenden Stromenergie zur Ionisierung verwendet wird. (Über diesen Ausbeutefaktor und seine Abhängigkeit von G sowie vom Zustand des Gases lassen sich auf Grund der Kenntnis der Elementarvorgänge gewisse Aussagen machen, außerdem läßt er sich durch Messung der positiven Wandströme direkt messen. Bei der Bogenentladung in Quecksilberdampf ergeben sich z. B. für $\varkappa$ je nach den Versuchsbedingungen Werte zwischen 13 bis 44%.) Wegen $i = \varepsilon n (k^+ + k^-) G$ wird

$$q = \varkappa \frac{k^+ + k^-}{V_i} G^2 n = a n, \tag{6}$$

wo zur Abkürzung $\varkappa \frac{k^+ + k^-}{V_i} G^2 = a$ gesetzt ist. Unter der Annahme, daß $\varkappa$, $\mathfrak{B}$, k und G räumlich konstant sind, erhält man dann aus (1), (4) und (6)

$$\frac{\partial}{\partial r}\left(r \frac{\partial n}{\partial r}\right) + r \frac{a}{D_a} n = 0, \tag{7}$$

mit der Lösung

$$n = n_0 J_0\left(\sqrt{\frac{a}{D_a}}\, r\right), \tag{8}$$

wo n_0 die Teilchendichte in der Rohrachse und J_0 die BESSELsche Funktion nullter Ordnung ist. Die Abnahme von n von der Rohrachse nach außen ist bekannt, wenn a und D bekannt sind.

Wenn man die Teilchendichte n an der Wand gleich Null setzt, so wird

$$\sqrt{\frac{a}{D_a}}\, R = 2{,}405 \text{ (= erste Nullstelle der BESSELschen Funktion)}, \tag{9}$$

wodurch $n(r)$ ebenfalls genau bestimmt ist. Ferner erhält man jetzt für den ambipolaren Diffusionsstrom I pro Längeneinheit des Zylinders den einfachen Ausdruck

$$I = 7{,}83 \cdot \varepsilon D_a n_0. \tag{10}$$

Nun wird, wenn i die Stromstärke des Hauptstromes bezeichnet,

$$\frac{I}{i} = \frac{2{,}4}{R} \sqrt{\frac{\varkappa}{V_i}} \sqrt{\frac{k^+ k^-}{(k^+ + k^-)^2}} \sqrt{\mathfrak{B}^+ + \mathfrak{B}^-}. \tag{11}$$

Weiter erhält man für die radiale Potentialverteilung den Ausdruck

$$V - V_0 = \mathfrak{B}^* \lg n/n_0, \tag{12}$$

wobei V_0 = Potential in der Rohrachse und $\mathfrak{B}^* = \frac{\mathfrak{B}^- k^- - \mathfrak{B}^+ k^+}{k^+ + k^-}$, d. h. angenähert $= \mathfrak{B}^-$ ist. Endlich erhält man für den Potentialgradienten die Formel

$$G = \frac{2{,}4}{R} \sqrt{\frac{V_i}{\varkappa}} \sqrt{\mathfrak{B}^+ + \mathfrak{B}^-} \sqrt{\frac{k^+ + k^-}{(k^+ + k^-)^2}}. \tag{13}$$

Die durch diese Formel zum Ausdruck kommende Abhängigkeit des G von R ist durch die in Ziff. 64 erwähnten Versuche von CLAUDE angenähert bestätigt. Der Potentialgradient wird allerdings experimentell für großes R nicht gleich Null, sondern er nähert sich dem Normalgradienten. Daß die Theorie $G = 0$ liefert, rührt von dem Ansatz (5) $G \sim q$ her und von der Voraussetzung, daß Ladungsträger nur durch Diffusion an die Wände verlorengehen, so daß q durch Vergrößerung von R beliebig klein gemacht werden kann. Ferner ist nach dieser Theorie G von der Stromstärke direkt unabhängig. Eine Abhängigkeit kann nur mittelbar durch Berücksichtigung einer eventuellen Abhängigkeit der in (13) auftretenden Parameter, insbesondere der Größen $\varkappa$ und $\mathfrak{B}^-$ von der Stromdichte erhalten werden. Ohne weiteres ist die Theorie nur für so kleine Stromstärken anwendbar, daß durch die Entladung der Zustand des Gases nicht geändert wird. In ihrem Anwendungsbereich gibt die Theorie aber einen vollständigen Überblick über die elektrische Dichte und Potentialverteilung, über das Entstehen und Verschwinden der Ladungsträger und über die Abhängigkeit des Gradienten von den Ionenkonstanten. Die Theorie ist dadurch verschiedener experimenteller Nachprüfungen fähig, die wohl erst unvollständig durchgeführt sind.

Insbesondere vermag die Theorie den Sättigungscharakter der in Quecksilberdampfgleichrichtern von SCHENKEL und SCHOTTKY[1]) zuerst beobachteten positiven Gehäuseströme, d. h. der Ströme, welche zur Wand fließen, wenn dieselbe stark negativ geladen wird, zu erklären, und zwar in folgender, von der von LANGMUIR gegebenen Erklärung (vgl. Ziff. 72) durchaus verschiedenen Weise: Bei stark negativ geladener Wand hat man nicht mehr einen ambipolaren, sondern vielmehr einen unipolaren Diffusionsstrom positiver Ionen. Dieser ist aber vom Feld unabhängig und vollständig durch die räumliche Konzentrationsverteilung n und durch die Randbedingungen ($n = 0$ an der Wand) bestimmt. Es ist nämlich, wenn dieser Sättigungsstrom mit $\mathfrak{K}_s$, der Diffusionsstrom mit $\mathfrak{K}_d$ und der durch das elektrische Feld hervorgerufene Strom mit $\mathfrak{K}_e$ bezeichnet wird, $\mathfrak{K}_s^+ = \mathfrak{K}_d^+ + \mathfrak{K}_e^+$ und $\mathfrak{K}_s^- = 0 = \mathfrak{K}_d^- + \mathfrak{K}_e^-$. Ferner ist $\mathfrak{K}_e^+/\mathfrak{K}_e^- = -k^+/k^-$, also wird $\mathfrak{K}_s^+ = \mathfrak{K}_d^+ + k^+/k^- \cdot \mathfrak{K}_d^-$, d. h. es ist der Sättigungsstrom bei sehr stark negativ geladener Wand durch die spontanen Diffusionsströme $\mathfrak{K}_d^+$ und $\mathfrak{K}_d^-$ allein ausdrückbar. Eine analoge Gleichung gilt, wenn man annimmt, daß die Elektronen keine Stoßionisation hervorrufen können, für den unipolaren Elektronenstrom bei positiv geladener Wand. Für das Verhältnis vom positiven Ionenstrom zum ambipolaren Strom und zum negativen Elektronenstrom erhält man $(1 + k^+/k^-):1:(1 + k^-/k^+)$. Wenn also, wie dies besonders in Quecksilberdampf der Fall ist, $k^+ \ll k^-$ ist, so ist der ambipolare Strom, der elektrisch nicht zu messen ist, weil er nur in einem Materietransport an die Wände besteht, gleich dem positiven Ionenstrom und wird so der Messung zugänglich. Aus dem gemessenen Verhältnis des negativen und positiven Sättigungsstromes kann man ferner k^+/k^- berechnen. Für Quecksilberdampf erhält man so $1:700$, was von der richtigen Größenordnung ist.

Auf weitere für die Verhältnisse in Quecksilberdampf-Großgleichrichtern (vgl. Band 17) wichtige Betrachtungen, die sich auf die Diffusion im strömenden Gas beziehen, soll hier nur hingewiesen werden. Dagegen sei noch die Erklärung erwähnt, die SCHOTTKY für das sog. „Loslösen" der Entladung von der Wand gibt, worunter man die Erscheinung versteht, daß die positive Säule bei größeren Drucken nicht mehr die ganze Röhrenweite ausfüllt, sondern sich zu einem mehr oder minder dünnen Faden zusammenzieht. SCHOTTKY nimmt an, daß durch die kältere Temperatur der Gasschichten außerhalb der Strombahn, vor allem aber

[1]) M. SCHENKEL u. W. SCHOTTKY, Wiss. Veröff. a. d. Siemens-Konzern Bd. 2, S. 254. 1922; vgl. auch W. DÄLLENBACH u. G. JAHN, Phys. ZS. Bd. 24, S. 265. 1923.

durch Verunreinigungen des Gases mit elektronegativen Substanzen die Wiedervereinigung der Ladungsträger schon vor der Gefäßwand stattfindet. Auf den ersteren Grund für das „Loslösen" macht auch GÜNTHERSCHULZE[1]) aufmerksam.

70. Beeinflussung der Säule durch äußere Mittel. Die in Ziff. 67 erwähnten Beobachtungen gestatten folgende theoretischen Schlüsse: Aus der Tatsache, daß durch Hereinschießen von Elektronen in die Entladungsbahn ein künstlicher Dunkelraum erzeugt und der Gradient verkleinert wird, schließt LANGMUIR, daß die Lichtemission in der Säule vorwiegend „Anregungsleuchten" darstellt und nicht „Wiedervereinigungsleuchten", welch letzteres (da im Innern der Säule positive Träger im Überschuß vorhanden sind) durch Vermehrung der Anzahl freier Elektronen ja verstärkt würde.

Die Beobachtungen im longitudinalen Magnetfeld (Kontraktion der Säule und Schattenwurf eines in die Entladungsbahn gebrachten Körpers gegen die Anode hin) erklären sich ohne weiteres, wenn man annimmt, daß die Lichtanregung durch Elektronenstoß geschieht und die Elektronen sich in Schraubenlinien um die magnetischen Kraftlinien bewegen.

Man sieht also, daß eine Reihe von Beobachtungen darauf hinweist, daß die Lichtemission in der positiven Säule mindestens teilweise Anregungsleuchten darstellt. Im Gegensatz dazu ist beim Glimmlicht wohl noch nicht einwandfrei zu entscheiden, ob Anregungs- oder Wiedervereinigungsleuchten vorliegt (vgl. Ziff. 39). Es mag daher hier erwähnt werden, daß GEHRKE und SEELIGER[2]) denselben Farbenumschlag, wie er vom Glimmlicht gegen die Säule hin stattfindet, in einer Reihe von Gasen künstlich erzeugen konnten, indem sie einen Kathodenstrahl in ein verzögerndes Feld eintreten ließen. Dieses freilich nur qualitative Experiment würde also dafür sprechen, daß auch das Glimmlicht ein Anregungsleuchten darstellt, aber hervorgerufen durch Elektronen, welche eine größere Geschwindigkeit besitzen, als dies in der positiven Säule der Fall ist.

Die Rotation der Entladung zwischen konzentrischen Ringelektroden im axialen Magnetfeld haben GUYE und RUDY[3]) benutzt, um den Durchmesser der Gasmoleküle zu bestimmen. Es wird die beobachtete Rotationsgeschwindigkeit mit der berechneten verglichen, wobei der Rechnung die Annahme zugrunde gelegt wird, daß die Ladungsträger bei jedem Zusammenstoß mit den Gasmolekülen ihre gesamte gerichtete Geschwindigkeit verlieren. Wenn dann die freie Weglänge $\lambda = \frac{1}{4\pi N \sigma^2}$ gesetzt wird (N = Anzahl der Moleküle im Kubikzentimeter, σ = Radius des Ladungsträgers), so erhält man für den aus der gemessenen Rotationsgeschwindigkeit berechneten Radius denjenigen des Moleküls des Gases, in welchem der Bogen rotiert, und die so in den verschiedenen Gasen erhaltenen Molekülradien sind in guter Übereinstimmung mit den aus der Viskosität berechneten. Weitere Literaturangaben hierhergehöriger Arbeiten findet man bei STOLT[4]), welcher den rotierenden Lichtbogen bei Atmosphärendruck untersuchte.

71. Ältere Arbeiten über den Ionisationszustand in der Säule. Sei j = Stromdichte, G = Potentialgradient, $n = n^+ = n^-$ = Anzahl der Ladungsträger im Kubikzentimeter, k^+ und k^- = Beweglichkeit der positiven und negativen Träger, ε = Ladung des Elektrons, so ist

$$j = G\varepsilon n(k^+ + k^-);$$

---

1) A. GÜNTHERSCHULZE, ZS. f. Phys. Bd. 22, S. 70. 1924, vgl. S. 95.

2) E. GEHRKE u. R. SEELIGER, Verh. d. D. Phys. Ges. Bd. 14, S. 335 u. 1023. 1912.

3) C. E. GUYE u. R. RUDY, Arch. sc. phys. et nat. Bd. 5, S. 182 u. 241. 1923.

4) H. STOLT, Ann. d. Phys. Bd. 74, S. 80. 1924.

hierin sind j und ε bekannt, ebenso in der ungeschichteten Säule auch G, also kann $n(k^+ + k^-)$ berechnet werden. An Raumstellen, wo G nicht als bekannt vorausgesetzt werden darf, wird durch Einführung zweier benachbarter Elektroden quer zur Entladungsbahn die Leitfähigkeit $\varepsilon n(k^+ + k^-)$ mittels Querströmen gemessen[1]).

Um nun hieraus die Konzentration n der Ladungsträger zu berechnen, verwendete man zwei Methoden. Entweder wurden[2]) für k^+ und k^- die nach anderen Methoden bestimmten Werte der Ionenbeweglichkeit eingesetzt (für k^- wurde die Beweglichkeit der negativen Ionen statt der Elektronen eingesetzt, wodurch n zu groß wird), oder aber es wurde der Halleffekt[3]) herangezogen: im Magnetfeld H entsteht senkrecht zur Stromrichtung und zum Magnetfeld eine Potentialdifferenz $P = H/2\,(k^+ - k^-)$. Hieraus berechnet man

$$n = \frac{j}{G\varepsilon} \cdot \frac{1}{k^+ + k^-} < \frac{j}{G\varepsilon} \cdot \frac{1}{k^+ - k^-} = \frac{j}{G\varepsilon} \cdot \frac{H}{2P}.$$

Nach beiden Rechnungsweisen erhält man also einen zu großen Wert für n.

72. Theorie der ebenen Sonden nach Langmuir und Mott-Smith. Einen wesentlichen Fortschritt in der Kenntnis von den Vorgängen in den Gasentladungen haben dann die Untersuchungen von LANGMUIR[4]) und LANGMUIR und MOTT-SMITH[5]) gebracht, welche eine Theorie der Sondenmessungen entwickelten und am Quecksilberlichtbogen experimentell erprobten. Da diese Sondenmessungen eine Reihe von Aussagen über den Ionisationszustand des die Elektrizitätsleitung besorgenden Gases zu machen gestatten, müssen sie ausführlicher behandelt werden. Wir besprechen zuerst die Theorie der ebenen Sonden, indem wir an einen konkreten Versuch als Beispiel anschließen. Dieser Versuch wurde in dem in Abb. 55 dargestellten Gefäß, das eine Reihe verschieden geformter Sonden enthält, bei der Bogenentladung in Quecksilberdampf angestellt. Der untere Teil des Gefäßes tauchte in ein Wärmebad von 60° C ein, während der obere Teil stärker erwärmt wurde, so daß der Dampfdruck im ganzen Gefäß 0,025 mm Hg betrug. Die Sonde H, welche bei diesem Versuche verwendet wurde, bestand aus einem quadratischen Nickelblech von 1,90 cm Länge und war so geformt, daß sie sich der Wand des seitlichen Ansatzrohres (Durchmesser = 3,2 cm) des Entladungsgefäßes dicht anschmiegte. Mit dieser Sonde wurde, während zur Hauptanode A ein Strom von 6 Amp. und zur Nebenanode B und zur Sonde H zusammen ein Strom von 2 Amp. floß, die in Abb. 56 gezeichnete Charakteristik aufgenommen. (Bei den in der

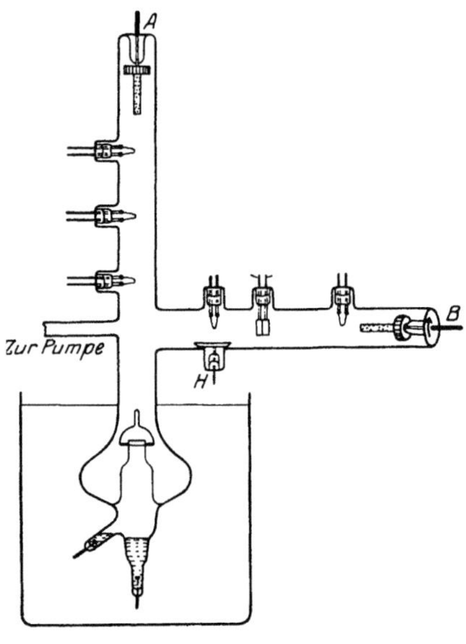

Abb. 55. Gefäß für Sondenmessungen von LANGMUIR und MOTT-SMITH.

[1]) J. STARK, Elektrizität in Gasen, S. 237.
[2]) J. STARK, Elektrizität in Gasen, S. 265.
[3]) E. MARX, Ann. d. Phys. Bd. 2, S. 798. 1900.
[4]) I. LANGMUIR, Gen. Electr. Rev. Bd. 26, S. 731. 1923.
[5]) I. LANGMUIR u. H. MOTT-SMITH, Gen. Electr. Rev. Bd. 27, S. 449, 538, 616, 762 u. 810. 1924.

Abbildung eingetragenen Spannungen ist das Anodenpotential gleich Null gesetzt.) Die Versuchsresultate sind ferner in den Tabellen 31 und 32 zusammengestellt, in denen in der ersten Kolonne die Sondenspannung E (Tabelle 31: $E = -80$ bis -17 Volt, Tabelle 32: $E = -12{,}4$ bis $-4{,}0$ Volt, das Potential der Anode ist wieder $= 0$ gesetzt) und in der dritten bzw. vierten Kolonne die zugehörige Sondenstromstärke i (der Strom wird mit $+$ bezeichnet, wenn er von der Sonde wegfließt) eingetragen sind.

Man kann an der Kurve der Abb. 54 deutlich vier getrennte Teile unterscheiden: 1. Für große negative Spannungen hat der Strom auf dem Kurvenstück AB Sättigungscharakter. 2. Bei Zunahme der Spannung nimmt der Strom auf dem Stück BD stark zu. 3. Er nimmt dann wieder einen Sättigungswert an, bis er 4. bei einer bestimmten Maximalspannung plötzlich wieder sehr stark ansteigt. An dieser Stelle setzt an der Sonde ein Glimmlicht an, und dieselbe wird zur selbständigen Anode. Dieser

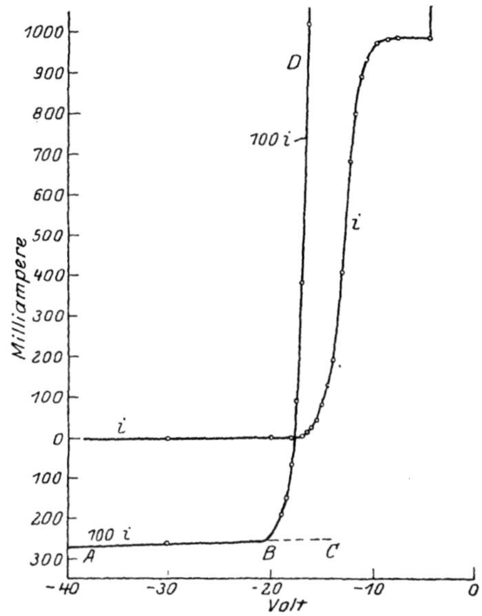

Abb. 56. Strom-Spannungs-Charakteristik einer ebenen Sonde.

Tabelle 31. Daten für eine ebene, gegenüber dem Raum in ihrer Umgebung negativ geladene Sonde (H). 2 Amp. Stromstärke in einer Röhre von 3,2 cm Durchmesser, enthaltend Hg-Dampf von $2{,}5 \cdot 10^{-2}$ mm Hg-Druck.

E in Volt	V in Volt	i in Milliamp.	$\nu+$	$i+$ in Milliamp.	$i-$ in Milliamp.	x in cm
−80,0	−67,5	−2,87	670,0	−2,874	—	0,060
−50,0	−37,5	−2,75	295,0	−2,744	—	0,040
−30,0	−17,5	−2,64	104,0	−2,643	—	0,024
−20,0	− 7,5	−2,44	34,0	−2,581	0,14	0,014
−19,0	− 6,5	−1,90	28,1	−2,574	0,67	0,012
−18,5	− 6,0	−1,50	25,4	−2,570	1,07	0,012
−18,0	− 5,5	−0,68	22,8	−2,566	1,89	0,011
(−17,8)	− 5,3	(0,00)	21,6	−2,564	2,56	0,011
−17,5	− 5,0	+0,91	20,0	−2,561	3,47	0,010
−17,0	− 4,5	+3,8	17,5	−2,557	6,36	0,010
(−12,5)	− 0,0	(654)	0,0	−2,499	656	0,000

Tabelle 32. Daten für eine gegenüber dem Raum in ihrer Umgebung positiv geladene Sonde. Versuchsbedingungen wie in Tabelle 31.

E in Volt	V in Volt	$\sqrt{\nu-}$	i in Milliamp.	$i-$ in Milliamp.	x in cm
−12,4	+0,1	0,55	680	948	0,002
−12,0	0,5	1,22	800	954	0,004
−11,5	1,0	1,84	890	960	0,005
−11,0	1,5	2,32	930	964	0,007
−10,5	2,0	2,75	950	968	0,008
−10,0	2,5	3,12	970	971	0,009
	(3,3)	(3,68)		(976)	0,0108
− 9,0	3,5	3,84	980	978	0,011
− 8,0	4,5	4,50	985	984	0,013
− 5,0	7,5	6,20	1000	1000	0,018

Kurventeil fällt im folgenden außer Betracht. Theoretisch lassen sich diese vier Kurventeile folgendermaßen interpretieren: 1. Für Sondenpotentiale, die sehr stark negativ gegen das Potential des Raumes in der Umgebung der Sonde sind, nimmt die Sonde nur positive Ionen auf. 2. Für Spannungen, die etwas negativ gegen die Umgebung sind, fließen Ionen und Elektronen zur Sonde. 3. Für positive Spannungen nimmt die Sonde nur Elektronen auf. 4. Wenn aber die Spannung einen Maximalwert überschreitet, setzt Stoßionisation ein, und der Strom kann beliebig groß werden. Es soll nun gezeigt werden, daß man unter Zugrundelegung von wenigen Annahmen den beobachteten Kurvenverlauf auch quantitativ theoretisch darstellen und gleichzeitig einige Aussagen über den Ionisationszustand der Gasstrecke machen kann. Insbesondere läßt sich das Potential des Raumes in der Umgebung der Sonde bestimmen.

Wir betrachten zuerst nur den Elektronenstrom. Wir machen die Annahme, daß die Elektronen in dauernder ungeordneter Bewegung begriffen sind; diese ungeordnete Bewegung, die sich der gerichteten Bewegung im elektrischen Feld überlagert, soll ferner eine MAXWELLsche Geschwindigkeitsverteilung besitzen. Diese Annahme, die, wie sich gleich zeigen wird, experimentell geprüft werden kann, ist bei großer Stromstärke und kleinen Weglängengradienten tatsächlich hinreichend genau erfüllt. Es stehen dann nach der BOLTZMANNschen Gleichung die Elektronenkonzentrationen n^- und n'^- an zwei Raumstellen, an denen die potentiellen Energien der Elektronen sich um den Betrag εV unterscheiden, im Verhältnis $e^{\varepsilon V/kT^-}$ ($T^- =$ Temperatur der Elektronen). Bezeichnet man mit v^- die mittlere ungerichtete Geschwindigkeit der Elektronen und mit j^- die Dichte des hierdurch entstehenden ungerichteten Stromes, so ist

$$j^- = \tfrac{1}{4}\varepsilon n^- v^- . \tag{1}$$

($n^-/2$ Elektronen fliegen zur Sonde mit einer mittleren Geschwindigkeit $v^-/2$ in der Sondenrichtung). Weil v^- ungeändert bleibt, wenn die Elektronen an Raumstellen mit anderer potentieller Energie gelangen, so verhalten sich an zwei solchen Stellen die Stromdichten wie die Teilchenkonzentrationen. Wenn nun die Sonde (Oberfläche $= A$) alle auftreffenden Elektronen elastisch reflektieren würde, so würde ihre Anwesenheit das Gleichgewicht nicht stören, und es wäre der auf die Sonde aufprallende Elektronenstrom i^- an einer Raumstelle mit um εV gegenüber dem normalen Zustand kleinerer potentieller Energie

$$i^- = A j^- e^{\varepsilon V/kT^-} . \tag{2}$$

Da die Sonde die Elektronen aber (wenigstens teilweise) absorbiert, so ist in ihrer Nachbarschaft kein Gleichgewichtszustand vorhanden. Nur wenn die Sonde gegen das umgebende Gas stark negativ geladen ist, so daß bloß wenig Elektronen sie erreichen können, und wenn außerdem der Gasdruck so klein ist, daß die freie Elektronenweglänge groß gegen die Sondenabmessungen wird, so daß die aufprallenden Elektronen von Raumteilen kommen, wo noch MAXWELLsche Verteilung herrscht, darf daher die Gleichung (2) angewendet werden.

Für positive Potentiale ist die Gleichung dagegen keinesfalls gültig. Dann umgibt sich die Sonde mit einer negativen Raumladung, die das von der Sonde ausgehende Feld gegen die Hauptentladung abschirmt. Der Sondenstrom i berechnet sich jetzt aus der Überlegung, daß alle infolge ihrer ungeordneten

Bewegung in die Raumladungszone eindringenden Elektronen auf die Sonde fallen. Es ist also

$$i^- = A^* j^- \,, \tag{3}$$

wo A^* die Oberfläche der Raumladungszone bedeutet. Ferner besteht (bei gegebener Stromdichte j^-, deren Wert durch die Stromstärke in der Hauptentladung bedingt ist) zwischen der Sondenspannung V und der Dicke der Raumladungszone x noch die durch die Raumladungsgleichung gegebene Beziehung

$$j^- = \frac{\sqrt{2}}{9\pi} \sqrt{\frac{\varepsilon}{m^-}} \frac{V^{\frac{3}{2}}}{x^2} \left(1 + \frac{2{,}66}{\sqrt{\varepsilon V/kT^-}}\right) = \frac{\sqrt{2}}{9\pi} \sqrt{\frac{\varepsilon}{m^-}} \frac{\nu^-}{x^2} \,, \tag{4}$$

wobei $\nu^- = V^{\frac{3}{2}}\left(1 + \frac{2{,}66}{\sqrt{\varepsilon V/kT^-}}\right)$ gesetzt ist. Diese Gleichung unterscheidet sich von der üblichen Raumladungsgleichung durch das Korrektionsglied mit T^-, welches die nicht zu vernachlässigende Geschwindigkeit, mit der die Elektronen in die Raumladungszone eindringen, berücksichtigt[1]).

Jetzt muß noch der auf die Sonde fließende positive Ionenstrom betrachtet werden. Infolge der viel kleineren Beweglichkeit der positiven Ionen vermögen dieselben nicht gegen ein positives elektrisches Feld anzulaufen; d. h. es spielt dieser Stromanteil nur bei negativer Sondenspannung eine Rolle. Wenn nun die Sondenspannung so stark negativ ist, daß die Elektronen auch nicht dagegen anlaufen können, so bildet sich um die Sonde eine positive Raumladung aus. Der Sondenstrom ist dann durch eine zur Gleichung (3) analoge Gleichung gegeben, und ebenso besteht zwischen Sondenspannung und Dicke der Raumladungszone eine zu (4) analoge Gleichung, nur daß j^-, m^- und T^- durch die entsprechenden Werte für positive Ionen zu ersetzen sind (wobei allerdings die Existenz von T^+ nicht sichergestellt ist; vgl. die Bemerkung am Ende der Ziff. 74). Für eine unendlich ausgedehnte, ebene Sonde ist die Oberfläche der Raumladungszone unabhängig von der angelegten Spannung. Für eine Sonde mit endlicher Oberfläche ist (vgl. unten) A^* nur noch angenähert von der Sondenspannung unabhängig; hierdurch erklärt sich der angenäherte Sättigungscharakter des Sondenstromes in den Gebieten 1.) und 3.).

Es ist angebracht, hier auf den Unterschied zwischen den Theorien von Langmuir und Schottky hinzuweisen, welche beide in ihren Anwendungsbereichen den Sättigungscharakter des positiven Wandstromes erklären können. Während bei Langmuir die Ladungsträger vor der Wand in eine Raumladungszone gelangen, in welcher sie ohne Zusammenstöße mit den Gasmolekülen frei fallen, so daß also diese Theorie nur für kleine Gasdrucke anwendbar ist, rechnet Schottky, indem er den nur bei großen Gasdrucken anwendbaren Begriff der „Beweglichkeit" einführt, den Diffusionsstrom zur Wand aus den Konzentrationsunterschieden der Ladungsträger in der Rohrachse und an der Gefäßwand aus. Die Sättigung kommt dann dadurch zustande, daß der Diffusionsstrom infolge der Randbedingung (Teilchenkonzentration an der Wand gleich Null) bei positiv und negativ geladener Wand dem spontanen Diffusionsstrom (ohne Feld) proportional ist, d. h. sich einfach aus dem in allen drei Fällen gleichen Konzentrationsunterschied zwischen Rohrachse und Wand berechnet, aber mit einem für jeden der drei Fälle verschiedenen Diffusionskoeffizienten.

Die oben abgeleiteten Gleichungen sollen nun auf das in Abb. 56 wiedergegebene Beispiel einer Sondencharakteristik angewendet werden. Zuerst werde als wichtigste Anwendung die Bestimmung des Potentiales des Raumes in der

---

[1]) I. Langmuir, Phys. Rev. Bd. 21, S. 419. 1923.

Nachbarschaft der Sonde besprochen: Für positive Sondenspannungen gilt die Gleichung (4); für wenig negative Spannungen wird der auf die Sonde fließende Elektronenstrom durch (2) dargestellt. Letzterem überlagert sich aber der positive Ionenstrom i^+, welcher also vom gemessenen Gesamtstrom erst subtrahiert werden muß. Dies geschieht für diesen Zweck wohl mit hinreichender Genauigkeit graphisch, wie es die punktierte Linie BC anzeigt (über eine exaktere Berechnungsweise vgl. unten). Die Differenz $i - i^+$ des gemessenen Stromes und des extrapolierten Stromes i^+ gibt i^-, muß also Gleichung (2) erfüllen. Aus dieser folgt

$$\lg i^- = \text{const} + \varepsilon V/kT^- , \qquad (5)$$

d. h. eine lineare Beziehung zwischen $\lg i^-$ und V, welche für negative Sondenspannungen gültig ist. Für positive Spannungen gilt Gleichung (3), welche in der $\lg i^-$-V-Ebene ein zur V-Achse parallele Gerade ergibt. Der Schnittpunkt von (3) und (5), welcher in der Charakteristik als ein mehr oder weniger scharfer Knick auftritt, ist also das Potential E_s des Raumes in der Nachbarschaft der Sonde. In unserem Beispiel wird $E_s = -12{,}5$ Volt (wenn die Anodenspannung $= 0$ gesetzt wird); es ist dies, wie die Tabelle 31 zeigt, ein um 5,3 Volt größerer Wert, als ihn die Sonde im stromlosen Zustand anzeigt. Die Sonde lädt sich also in diesem Fall um den Betrag $V_0^- = -5{,}3$ Volt negativ gegen den umgebenden Raum auf. Aus dem nun gefundenen Wert E_s des Potentials in der Umgebung der Sonde berechnen sich jetzt die in der zweiten Kolonne der Tabellen 31 und 32 eingetragenen Potentialwerte V relativ zu dieser Raumstelle.

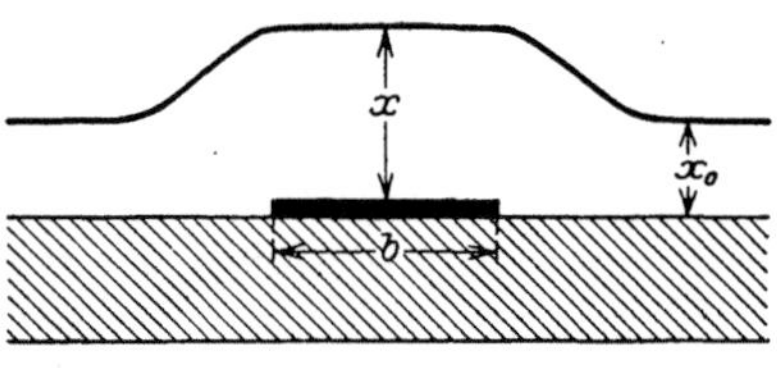

Abb. 57. Zur Erläuterung der Randkorrektion bei der ebenen Sonde.

Die zwischen $\lg i^-$ und V bestehende geradlinige Beziehung ist gleichzeitig der Prüfstein, ob die Elektronen in einem bestimmten Fall eine MAXWELLsche Verteilung besitzen. Wenn dies der Fall ist, kann aus der Neigung der Geraden (5) die Elektronentemperatur T^- berechnet werden. In unserem Beispiel ist $T^- = 9200°$ abs.

Endlich kann man noch aus den Kurvenstücken 1.) und 3.), welche angenäherten Sättigungscharakter zeigen, die Stromdichten j^+ und j^- in der Hauptentladung bestimmen. Wenn man eine Sonde mit sehr großer Oberfläche benutzen würde, so wäre zwar die Oberfläche A^* der Raumladungszone, aus welcher die Stromstärke sich nach Gleichung (3) berechnet, von der angelegten Spannung unabhängig, und die Sättigung müßte streng erfüllt sein; dann wäre aber der Sondenstrom sehr groß, so daß er eine Störung in den Verhältnissen der Hauptentladung hervorrufen würde. Bei einer Sonde mit kleiner Oberfläche muß nun wegen der Kleinheit der Sonde folgende „Randkorrektion" berücksichtigt werden (vgl. Abb. 57). Infolge der auf den Gefäßwänden sitzenden negativen Ladung ist vor der Wand eine positive Raumladungszone von der Dicke x_0 vorhanden. Wenn nun die negative Sondenspannung größer als die Wandaufladung gemacht wird, wird das zugehörige $x > x_0$. Die Folge davon ist eine Vergrößerung der Raumladungsoberfläche, welche für $x = x_0$ gleich der Sondenoberfläche A war. Dies kann man bei einer quadratischen Sonde dadurch berücksichtigen, daß man für die Kantenlänge der „wirksamen" Fläche den Ansatz $b + 2\gamma(x - x_0)$ macht, wo b die wirkliche Kantenlänge und γ eine Konstante ist. Dann wird

$$A^* = \{b + 2\gamma(x - x_0)\}^2 , \qquad (6)$$

und man erhält, wenn man in $i^+ = A^* j^+$ die Gleichung (6) einsetzt und hierin x gemäß Gleichung (4) (angewendet für positive Träger) durch ν^+ ausdrückt, eine lineare Beziehung zwischen $\sqrt{i^+}$ und $\sqrt{\nu^+}$. Die verwendeten ν^+-Werte sind in der vierten Kolonne der Tabelle 31 eingetragen; sie sind aus den in der zweiten Kolonne stehenden V-Werten unter Zugrundelegung einer Temperatur T^+ der positiven Ionen von 5000° abs. berechnet. Dieser Wert ist aus den in Ziff. 73 zu besprechenden Versuchen mit Zylindersonden genommen, welche also insofern hier mit benutzt sind. Es ergibt sich nun für die drei größten Sondenpotentiale ein genau geradliniger Verlauf zwischen $\sqrt{i}$ und $\sqrt{\nu^+}$. Hier stimmen also i und i^+ überein. Diese geradlinige Beziehung wird nun extrapoliert und dadurch die punktierte Kurve für i^+ erhalten; die berechneten Werte stehen außerdem in der fünften Kolonne der Tabelle 31. Ferner ist der Elektronenstrom, d. h. die Differenz $i^- = i - i^+$ in der sechsten Kolonne eingetragen. Die gesuchte Stromdichte erhält man jetzt, indem man die zum stromlosen Zustand der Sonde gehörige Stromstärke i_0^+ durch die wirkliche Sondenoberfläche dividiert; denn hierfür ist $x = x_0$, d. h. $A^* = A$. In unserem Beispiel wird $j^+ = \frac{2{,}564}{(1{,}9)^2} = 0{,}71$ Milliamp./cm². Ferner erhält man für den gleich zu verwendenden zugehörigen Wert von ν^+, welcher mit ν_0^+ bezeichnet werde, $\nu_0^+ = 21{,}6$. Endlich steht die aus Gleichung (4), aber für positive Teilchen und mit dem eben gefundenen Wert von j^+ sich ergebende Dicke x der Raumladungszone in der siebenten Kolonne.

Die Stromdichte j^- kann noch einfacher gefunden werden. Es wird für die positiv aufgeladene Sonde wieder $\sqrt{i^-}$ gegen $\sqrt{\nu^-}$ aufgetragen, wobei aber diesmal ν^- aus $T^- = 9200°$ abs. berechnet wird. Für die vier größten Sondenspannungen liegen die Punkte wieder auf einer Geraden, aus welcher die in die fünfte Kolonne der Tabelle 32 eingetragenen Werte von i^- berechnet werden. Für $x = x_0$ fällt auch bei positiv geladener Sonde die Randkorrektion aus Symmetriegründen weg. Man kann nun das zugehörige V_0^+, wie die Erfahrung zeigt, mit hinreichender Genauigkeit finden, wenn man $V_0^+ = 65\%$ von $-V_0^-$ setzt. In unserem Beispiel wird $V_0^+ = 3{,}3$ Volt, worauf man für die Stromdichte $j^- = i^-/A = 270$ Milliamp./cm² findet. Wenn man die Berechnung von V_0^+ trotzdem exakt durchführen will, so schreibt man Gleichung (4) für positive und für negative Teilchen hin, setzt beide Male $x = x_0$ und erhält durch Division $\nu_0^- = \nu_0^+ \frac{j^-}{j^+} \sqrt{\frac{m^-}{m^+}}$. Hierin setzt man für j^- einen angenäherten Wert ein, berechnet ν_0 und entnimmt das zugehörige j^- aus Tabelle 32. Mit diesem verbesserten j^- erhält man ein genaueres ν_0^- und hieraus ein hinreichend exaktes j^-. Für das Verhältnis j^-/j^+ ergibt sich so der Wert 380, während man 605 erhalten sollte; die Diskrepanz wird von LANGMUIR und MOTT-SMITH auf das Vorhandensein von negativen Ionen, durch welche j^- verkleinert wird, zurückgeführt.

73. Theorie der Zylindersonden. Die Charakteristik der Zylindersonde besteht aus denselben drei Teilen wie diejenige der ebenen Sonde: 1. für stark negative Spannungen werden nur positive Ionen eingefangen; 2. für schwach negative Spannungen gelangen Ionen und Elektronen zur Sonde und 3. für positive Spannungen (unterhalb der Stoßionisation) besteht der Sondenstrom allein aus Elektronen. Am Teilstück 2.) kann wieder, nachdem der positive Ionenstrom abgezogen ist, nach der Methode der Ziff. 72 die Annahme der MAXWELLschen Geschwindigkeitsverteilung der Elektronen geprüft und, wenn dieselbe zutrifft, aus der Neigung der Geraden die Elektronentemperatur berechnet werden.

Dabei zeigt sich übrigens, daß diese Annahme für Zylindersonden, besonders wenn der Sondenradius klein ist, häufiger erfüllt ist als für ebene Sonden, was wohl davon herrührt, daß auf die drahtförmige Sonde ein kleinerer Strom fließt als auf die ebene, so daß das Gleichgewicht dadurch weniger gestört wird.

Die Kurventeile 1.) und 3.), auf welchen nur Ladungsträger eines Vorzeichens zur Sonde fließen, können gemeinsam behandelt werden (wir lassen daher im folgenden den Index + bzw. — bei i, j, T usw. weg): Wir machen wieder die Voraussetzung, daß die freie Weglänge der Ladungsträger groß gegen die Dicke der Raumladungsschicht sei. Dann ist im allgemeinen Fall der Sondenstrom (Sondenradius $= r$, Schichtradius $= a$) gegeben durch (die Gleichungen werden ohne Ableitung angegeben)

$$i = A j f, \tag{7}$$

wobei

$$f = \frac{a}{r} P(\sqrt{\Phi}) + e^{\eta}\left(1 - P\left(\sqrt{\eta + \Phi}\right)\right), \tag{8}$$

$$\eta = \frac{\varepsilon V}{k T}, \tag{9}$$

$$\Phi = \eta \frac{r^2}{a^2 - r^2}, \tag{10}$$

$$P(x) = \frac{2}{\sqrt{\pi}} \int_0^x e^{-y^2} dy. \tag{11}$$

Es sollen nun nur die beiden Grenzfälle $\eta \gg a/r$ und $\eta \ll a/r$ näher betrachtet werden.

α) $\eta \gg a/r$. Dieser Grenzfall ist derjenige, welcher bei ebenen Sonden ($r = \infty$) allein vorkommt. Dann wird angenähert $f = a/r$ (und zwar muß, damit diese Näherung auf 5% richtig ist, $\eta > 2a^2/r^2 - 2$, sein), also wird

$$i = 2\pi a l j, \tag{12}$$

wo l die Länge des Sondendrahtes ist. Die Stromstärke ist also genau wie früher gleich Stromdichte mal Oberfläche der Raumladungszone. Der Strom nimmt aber jetzt im Gegensatz zum Strom der ebenen Sonde keinen Sättigungswert an, weil a, das die Raumladungsgleichung für zylindrische Elektroden

$$\left.\begin{aligned} i &= \frac{2\sqrt{2}}{9}\sqrt{\frac{\varepsilon}{m}}\,\frac{l}{r}\,\frac{v}{\beta^2}\ ^{1)}, \\ \beta &= \lg\frac{r}{a} - \frac{2}{5}\left(\lg\frac{r}{a}\right)^2 + \frac{11}{120}\left(\lg\frac{r}{a}\right)^3 - \frac{47}{3300}\left(\lg\frac{r}{a}\right)^4 + \cdots\ ^{2)} \end{aligned}\right\} \tag{13}$$

erfüllt, mit wachsendem v (d. h. V) zunimmt. Man sieht aus Gleichung (12) und (13), daß außer einem großen Drahtradius r zur Erfüllung der Bedingungen des Grenzfalls (α) eine große Stromdichte günstig ist. Nur dann ist nämlich $\eta \gg a/r$ auch schon für kleine Werte von η, d. h. für kleine Sondenpotentiale erfüllt. Aus Gleichung (12) kann übrigens direkt die Stromdichte j^+ des positiven Ionenstromes berechnet werden. Da nämlich (vgl. Ziff. 75) bei stark negativ

---

[1]) Für den Fall, daß die Ladungsträger durch die Raumladungszone nicht frei fallen, sondern noch elastische Zusammenstöße mit den Gasmolekülen erfahren, hat neuerdings McCURDY (Phys. Rev. Bd. 27, S. 157. 1926) eine entsprechende Gleichung angegeben.

[2]) Tabelle der Werte von β^2 bei I. LANGMUIR u. K. B. BLODGETT, Phys. Rev. Bd. 22, S. 347. 1923.

geladener Sonde die Raumladungszone als deutlicher Dunkelraum sichtbar ist, so läßt sich a mit dem Kathetometer recht genau messen.

β) $\eta \ll a/r$. Dieser Grenzfall wird erfüllt für kleine Stromdichten und kleinen Sondenradius. Da jetzt der Radius der Raumladungsschicht groß gegen den Sondenradius ist, muß, namentlich bei großer ungeordneter Geschwindigkeit der Ladungsträger, die Planetenbewegung berücksichtigt werden, welche diese Träger im Kraftfeld der Sonden ausführen. Es gelangen nun nämlich nicht mehr alle Ladungsträger, welche in die Raumladungszone eindringen, zur Sonde; dieselbe wird aber infolge der Anziehung, welche sie auf die Träger ausübt, doch von mehr Trägern getroffen, als dies bei vollkommen ungerichteter Bewegung der Träger der Fall wäre. Es wird also der „Effektivradius" der Sonde vergrößert, und zwar für $\eta > 2$ näherungsweise im Verhältnis

$$f_\infty = \frac{2}{\sqrt{\pi}} \sqrt{\eta + 1}, \tag{14}$$

wo f_∞ den Grenzwert von f für großes a/r bedeutet. (Wenn die auf die Sonde treffenden Ladungsträger keine MAXWELLsche Geschwindigkeitsverteilung, sondern alle dieselbe Geschwindigkeit hätten, so würde man für i einen um $\sqrt{\pi}/2$ kleineren Wert als nach (14) erhalten, eine Beziehung, die dann leicht aus den Gesetzen der Planetenbewegung ableitbar ist.)

Aus (7), (9) und (14) folgt

$$i^2 = \frac{4}{\pi} A^2 j^2 \left(\frac{\varepsilon V}{k T} + 1\right). \tag{15}$$

Wenn man daher i^2 gegen V aufträgt, so erhält man eine Gerade, deren Schnittpunkt mit der V-Achse ($i = 0$)

$$V_0 = -\frac{k T}{\varepsilon} \tag{16}$$

ist, während ihre Neigung

$$S = \frac{4}{\pi} A^2 j^2 \frac{\varepsilon}{k T} \tag{17}$$

beträgt [wegen $\eta > 2$ gelten die Gleichungen (15) bis (17) aber nur für nicht zu kleine Sondenspannungen]. Das unbekannte Potential des Raumes in der Nachbarschaft der Sonde kann also folgendermaßen gefunden werden: Man trägt i^2 gegen E (Spannung der Sonde gegen die Anode) auf und bestimmt in $V = E + \text{const.}$ die Konstante so, daß für $i^2 = 0$ $V = -kT/\varepsilon$ wird. Dann ist V in der Nachbarschaft der Sonde gleich Null gesetzt. Diese Methode der Potentialbestimmung ist nach LANGMUIR und MOTT-SMITH leicht auf einige Zehntelvolt genau auszuführen, während die Potentialbestimmung aus dem Knick in der Charakteristik immer auf 1 bis 2 Volt unsicher ist. Die Methode setzt allerdings die Kenntnis der Temperatur der betreffenden Ladungsträger voraus. Für Elektronen ist diese Bestimmung aber wie in Ziff. 72 aus der Neigung der $\lg i^- - V$-Geraden durchführbar, wobei die Bestimmung des Elektronenstromes i^- geschieht, indem vom Gesamtstrom wieder der positive Ionenstrom abgezogen wird.

Ferner läßt sich aus der Geraden (15) auch die Konzentration der Ladungsträger in der Hauptentladung bestimmen. Aus Gleichung (1)

$$j = \tfrac{1}{4} \varepsilon n v,$$

n welcher

$$v = \sqrt{8 k T/\pi m} \tag{18}$$

ist, folgt nämlich, wenn man für j seinen Wert aus Gleichung (17) einsetzt

$$n = \frac{\pi}{\sqrt{2\varepsilon/m}} \frac{\sqrt{S}}{\varepsilon A}. \tag{19}$$

Endlich ergibt sich jetzt folgende Methode zur Bestimmung der Temperatur T^+ der positiven Ionen: Eine Sonde mit großem Drahtradius liefert j^+ (und außerdem j^- und T^-), und eine solche mit kleinem Radius liefert n^+ (und außerdem n^- und ebenfalls T^-). Nun folgt aus (1) und (18), angewendet für positive Ionen,

$$T^+ = \frac{2\pi m^+}{k\varepsilon^2} \frac{j^{+2}}{n^{+2}}. \tag{20}$$

Man kann also bei gleichzeitiger Benützung einer dünndrahtigen und einer dickdrahtigen Sonde T^+ bestimmen; die Methode ist aber experimentell noch nicht hinreichend geprüft.

74. Kugelsonden; Lochsonden. Die Zylindersonden haben den Nachteil, daß unter Umständen Endkorrektionen analog den Randkorrektionen der ebenen Sonden angebracht werden müssen. Dieselben werden natürlich um so unbedeutender, je länger der Sondendraht ist, aber durch Verlängerung der Sonde wird auch der Sondenstrom größer, so daß dann die Störung der Verhältnisse in der Entladungsbahn durch die Sonde ebenfalls vergrößert wird. Von diesem Nachteil sind die Kugelsonden frei. Für diese Sonden gelten folgende Formeln:

α) Für großen Kugelradius, d. h. [vgl. Gleichung (10)] für $\Phi > 3$ wird sehr angenähert

$$i = 4\pi a^2 j, \tag{21}$$

d. h. der Sondenstrom ist der in die Raumladungszone eindringende ungeordnete Strom, wobei zwischen V und a die Raumladungsgleichung für konzentrische Kugeln[1])

$$\left.\begin{aligned} i &= \frac{4\sqrt{2}}{9}\sqrt{\frac{\varepsilon}{m}}\frac{r}{\varrho^2}, \\ \varrho^2 &= \gamma^2 - 0{,}6\gamma^3 + 0{,}24\gamma^4 - 0{,}074\gamma^5 + \cdots, \qquad \gamma = \lg r/a \end{aligned}\right\} \tag{22}$$

besteht.

β) Für kleinen Kugelradius, d. h. großes a/r wird

$$i = 4\pi a^2 j(\varepsilon V/kT + 1). \tag{23}$$

Diese Gleichung stellt in der $i - V$-Ebene eine Gerade dar, deren Schnittpunkt mit der V-Achse ($i = 0$) wiederum $V_0 = -kT/\varepsilon$ ist, wodurch das Raumpotential in der Umgebung der Sonde bestimmt ist.

Die Theorie einer neuen Art von Sonden, bei denen der eigentliche Auf fänger der Ladungsträger von der Entladung durch eine Metallplatte abgeschirn wird, in welcher sich Schlitze oder kreisförmige Löcher befinden, entwicke TONKS, MOTT-SMITH und LANGMUIR[2]). Diese Doppelsonden sind, weil hier z Potentiale passend gewählt werden können, unter Umständen leistungsfäh als die einfachen. Z. B. gestatten sie, die Temperatur der positiven Ione bestimmen. Da der ungeordneten Geschwindigkeit der Ionen noch eine geord in der Richtung des elektrischen Feldes überlagert ist, ergibt sich die „ tudinale" Temperatur von der „transversalen" verschieden, aber beide k durch Aufnahme einer einzigen Stromspannungscharakteristik ermittelt v

75. Potentialmessungen. Bei dem zur Erläuterung der Sondenmet Ziff. 72 angeführten Beispiel war das Raumpotential um 5,3 Volt h

[1]) Vgl. auch I. LANGMUIR u. K. B. BLODGETT, Phys. Rev. Bd. 24, S. 49.

[2]) L. TONKS, H. MOTT-SMITH u. I. LANGMUIR, Phys. Rev. Bd. 28, S. 104.

das, welches die Sonde im stromlosen Zustand anzeigte. Die Fehler, welche bei Potentialmessungen nach der alten (stromlosen) Sondenmethode begangen werden, sind nun natürlich um so größer, je größer die geordnete oder ungeordnete Elektronengeschwindigkeit an der betreffenden Raumstelle ist. In Tabelle 33

Tabelle 33. Daten für eine ebene Sonde in Hg-Dampf von $5{,}6 \cdot 10^{-4}$ mm Hg und für eine Elektronentemperatur von 39400° abs.

E in Volt	V in Volt	$\sqrt{V^-}$	i in Milliamp.	$x_{\text{beob.}}$ in mm	$x_{\text{ber.}}$ in mm
−90	−89	31,5	−0,450	2,1	2,42
−50	−49	20,6	−0,379	1,4	1,58
−30	−29	14,4	−0,340	0,8	1,11
−21	−20	11,2	0,000	0,7	0,86

ist als besonders krasses Beispiel eine mit einer ebenen Sonde angestellte Meßreihe eingetragen, bei welcher $T^- = 39400°$ abs. war. Das Raumpotential, aus dem Knick der $\lg i^- - V$-Kurve bestimmt, ist hier 20 Volt höher als das der stromlosen Sonde (vgl. letzte Zeile der Tabelle).

In den beiden letzten Kolonnen sind ferner die gemessenen und berechneten Dicken der Raumladungszone eingetragen. Die experimentelle Bestimmung der Dicke der Raumladungszone ist dadurch möglich, daß diese Zone bei starker negativer Aufladung der Sonde deutlich als Dunkelraum sichtbar ist. Dies rührt daher, daß dann in dieser Schicht nur positive Ionen aber keine Elektronen vorhanden sind und infolgedessen daselbst kein Wiedervereinigungsleuchten und (weil die positiven Ionen die Gasmoleküle nicht anregen können), auch kein Anregungsleuchten stattfindet. Für kleine negative Sondenspannungen, d. h. wenn Ionen und Elektronen in der Schicht sind, und für alle positiven Spannungen, d. h. wenn nur Elektronen sich in dieser Zone befinden, ist der Dunkelraum dagegen nur schlecht zu sehen. Die Dunkelräume sind in dem hier besprochenen Fall besonders groß, weil j^+ sehr klein ist. Im stromlosen Zustand der Sonde betrug die Dicke des Dunkelraums immer noch 0,7 mm, und ein gleich dicker war auch längs der Gefäßwände zu sehen. Dieser Dunkelraum bildet, wie LANGMUIR bemerkt, den direktesten Beweis für die Existenz der großen negativen Wand- und Sondenaufladungen.

Die negative Wandladung, welche durch die Elektronendiffusion zustande kommt, wird wohl in allen Edelgasen und Metalldämpfen und in den nichtelektronegativen mehratomigen Gasen sehr beträchtlich sein. Daher ist in diesen Gasen die gewöhnliche Sondenmethode durchaus unzulässig und natürlich ebenso die von MATTHIES[1]) angegebene „Außensonde", welche bei besonders großen Stromstärken (bei denen eine in das Innere eingeführte Sonde abschmelzen würde) angewendet wurde, wo infolge der hohen Temperatur die Leitfähigkeit des Glases und Quarzglases eine derartige Sondenkonstruktion möglich macht.

Dagegen gibt es noch folgende einfache und einwandfreie Methode zur Bestimmung des Raumpotentials. Man kann dasselbe nach LANGMUIR[2]) mit einem Glühdraht als Sonde dadurch bestimmen, daß man dem Draht eine solche Spannung erteilt, daß die Glühelektronen ihn gerade noch verlassen können. Solange der Draht nämlich gegen den umgebenden Raum positiv geladen ist, fließt nur der auch bei kalter Sonde vorhandene Strom i^- zum Draht. Wenn der Draht nun gegen den umgebenden Raum wenig negativ geladen wird, fließt erstens

[1]) W. MATTHIES, Verh. d. D. Phys. Ges. Bd. 13, S. 552. 1911.

[2]) I. LANGMUIR, Journ. Frankl. Inst. Bd. 196, S. 751. 1923; vgl. auch I. LANGMUIR u. H. MOTT-SMITH, Gen. Electr. Rev. Bd. 27, S. 762. 1924, Anm. 13.

der auch bei kalter Sonde vorhandene Strom $i^+ - i^-$ zum Draht und zweitens der Glühelektronenstrom i^{-*} vom Draht weg. Da letzterer bei genügender Heizung des Drahtes beliebig groß gemacht werden kann, so kommt aber das Vorzeichen des Stromes $i^+ - i^-$ dagegen gar nicht in Betracht, d. h. es ändert der Sondenstrom bei derjenigen Spannung, bei welcher der Glühelektronenstrom einsetzt, sicher sein Vorzeichen. Dieser Punkt ist aber auch gerade derjenige, bei welchem die Sonde das Potential ihrer Umgebung hat, weil die Glühelektronen eine so kleine Temperaturenergie haben, daß sie gegen nennenswerte Gegenspannungen nicht anlaufen können. Diese Methode ist bis jetzt bei der Glimmentladung außer von LANGMUIR und MOTT-SMITH nur noch von MCCURDY[1]), und zwar ebenfalls in Quecksilberdampf verwendet worden und hat innerhalb der Fehlergrenzen (Spannungsabfall im Glühdraht) dieselben Spannungswerte geliefert wie die anderen LANGMUIRschen Methoden. Zur Messung elektrostatischer Felder in Luft von Atmosphärendruck ist das Prinzip der Glühsonde außerdem unabhängig noch von SEMENOFF und WALTHER[2]) angewendet worden, wobei ein geheizter Platindraht, der Elektronen und positive Ionen abgab, als Sonde diente.

76. Der Ionisationszustand in der Säule in Quecksilberdampf. Die LANGMUIRsche Sondenmethode ist besonders in Quecksilberdampf zu eingehenderen Untersuchungen verwendet worden; hier hat sie auch schon die wichtigsten Resultate geliefert.

Folgende Bemerkung, die auf eine mögliche Fehlerquelle der neuen Methode hinweist, muß aber vorangeschickt werden: Schon die oben zitierten Versuche von LANGMUIR und MOTT-SMITH haben gezeigt, daß für die Elektronen die Annahme einer MAXWELLschen Geschwindigkeitsverteilung meistens zutreffend ist, und auch die Arbeiten von SCHOTTKY und von ISSENDORFF bestätigen dieses Resultat. Nun werden aber in der positiven Säule diejenigen Elektronen, deren Voltgeschwindigkeit größer ist als der Potentialabfall von der Rohrmitte bis zur Wand, dauernd von den Gefäßwänden absorbiert. Man sollte also erwarten, daß die Anzahl schneller Elektronen kleiner ist, als es die MAXWELLsche Verteilung verlangt. LANGMUIR[3]) hat daher in einer weiteren Untersuchung u. a. die Frage geprüft, bis zu welchen negativen Sondenspannungen die $(\lg i^- - V)$-Kurve noch eine Gerade ist, und dabei das merkwürdige Resultat erhalten, daß auch für Spannungen, die wesentlich negativer sind als diejenige, bis zu welcher sich die Wände von selbst aufladen, noch keine Abweichung von der MAXWELLschen Verteilung zu finden ist. Dieses Versuchsergebnis ist nun, wie PENNING[4]) zeigen konnte, sehr wahrscheinlich nicht reell, sondern vorgetäuscht durch äußerst rasche Schwingungen (Wellenlänge = einige Dezimeter), die im Sondenstromkreis vorhanden waren. Man sieht daraus, daß auch die neue Sondenmethode nur mit Vorsicht angewendet werden darf, weil man eben bei Gasentladungen, wenn die Charakteristik eine fallende ist, sich immer vergewissern muß, daß die Entladung auch wirklich stationär ist. Wie weit die im folgenden zu besprechenden Versuchsresultate hierdurch beeinflußt sind, muß dahingestellt bleiben.

Was zuerst die Temperatur betrifft, welche der ungeordneten Geschwindigkeit der Elektronen entspricht, so zeigen die Sondenmessungen, daß dieselbe unabhängig von der Stromstärke ist; dagegen kann man eine starke Abnahme

---

[1]) W. H. MCCURDY, Phil. Mag. Bd. 48, S. 898. 1924.

[2]) N. SEMENOFF u. A. WALTHER, ZS. f. Phys. Bd. 17, S. 67. 1923.

[3]) I. LANGMUIR, Phys. Rev. Bd. 26, S. 585. 1925.

[4]) F. M. PENNING, Nature Bd. 118, S. 301. 1926 und Physica, Bd. 6, S. 241. 1926. Vgl. ferner A. F. DITTMER, Phys. Rev. Bd. 28, S. 507. 1926.

dieser Temperatur mit wachsendem Druck bemerken. Dies zeigen folgende Temperaturangaben, die Durchschnittswerte darstellen:

Für $p = 7{,}9 \cdot 10^{-4}$ mm Hg ist $T^- = 25000°$ abs.
,, $= 2{,}8 \cdot 10^{-3}$ mm Hg ,, $= 18500°$,,
,, $= 2{,}5 \cdot 10^{-2}$ mm Hg ,, $= 8900°$,,

Für die positiven Ionen ist die Annahme der MAXWELLschen Geschwindigkeitsverteilung wahrscheinlich nur angenähert richtig. Da dieselben nämlich bei jedem Zusammenstoß im Durchschnitt ein Viertel ihrer Energie verlieren, so können sie wohl nicht die hohe Geschwindigkeit erlangen, welche wenigstens einige von ihnen bei MAXWELLscher Verteilung besitzen müssen[1]). Experimentell ist die Bestimmung der Temperatur der positiven Ionen noch nicht sehr genau durchgeführt (vgl. auch Ziff. 74). LANGMUIR schätzt diese Temperatur als ungefähr so hoch wie diejenige der Elektronen, während SCHOTTKY, dessen Betrachtungen sich aber auf höhere Gasdrucke beziehen, die Temperatur der positiven Ionen als klein gegen die der Elektronen voraussetzt.

Was ferner die in die Oberfläche der Raumladungszone eintretenden Stromdichten j^- und j^+ anlangt, so sind dieselben, wie auch zu erwarten ist, ungefähr proportional der Stromstärke des Hauptbogenstromes. Das Verhältnis j^-/j^+ hat in den verschiedenen Meßreihen durchschnittlich den Wert 400, die Einzelwerte streuen bis 270 und 630.

Auf die wichtige Rolle, welche für die Vorgänge in der Entladungsröhre, insbesondere für den Anodenfall das Verhältnis j^-/j^* der Stromdichte des ungeordneten Elektronenstromes zur gerichteten Gesamtstromdichte spielt, wurde schon in Ziff. 50 hingewiesen. Dieses Verhältnis kann je nach den Versuchsbedingungen Werte zwischen 1 und 50 annehmen. Bemerkenswert ist die Abhängigkeit vom Quecksilberdampfdruck, wie sie in folgenden Mittelwerten sich zeigt:

Für den Quecksilberdampfdruck bei 0° C ist $j^-/j^* = 8{,}2$
,, ,, ,, ,, 13,4° C ,, $= 6{,}6$
,, ,, ,, ,, 40° C ,, $= 2{,}3$

Es ist ferner wichtig, die Größe n^-/n^+ des Verhältnisses der Konzentration der Elektronen zu derjenigen der positiven Ionen kennenzulernen. Dieses Verhältnis kann nicht einfach gleich j^-/j^+ gesetzt werden, weil die Temperaturen der Elektronen und Ionen verschieden sind. Dagegen läßt sich n^- und n^+ aus Gleichung (19) bestimmen, wenn die Sondenströme durch Planetenbewegung der Ladungsträger bestimmt sind. Man findet dann, daß dieses Verhältnis für Bogenströme zwischen 0,1 bis 8 Ampere durchschnittlich den Wert 0,45 hat und daß dasselbe von 0,60 auf 0,40 abnimmt, wenn der Quecksilberdampfdruck vom Sättigungswert bei 0° C auf denjenigen bei 40° C gesteigert wird. Da die Entladung „quasineutral" ist, d. h. da außer an Raumstellen mit großen Potentialgradienten die negative Raumladung angenähert gleich der positiven ist, so deutet dies auf die Existenz negativer Ionen hin, welche infolge ihrer kleinen Beweglichkeit zum Sondenstrom fast nichts beitragen, aber gerade deswegen die Größe der Raumladung stark beeinflussen. Für $n^-/n^+ = 0{,}4$ ist z. B. das Verhältnis n'^-/n^+ der negativen zu den positiven Ionen $= 0{,}6$ oder $n'^-/n^- = 1{,}5$.

Endlich kann man noch das Verhältnis n^+/n der positiven Ionen zu den ungeladenen Quecksilberatomen berechnen. In Tabelle 34 ist dieses Verhältnis für die größten Stromstärken und die kleinsten Gasdrucke berechnet (n ist

[1]) I. LANGMUIR u. H. MOTT-SMITH, Gen. Electr. Rev. Bd. 27, S. 810. 1924, vgl. S. 815.

Tabelle 34. Ionisationsgrad n^+/n in Quecksilberdampf.

Gasdruck in mm Hg	Stromstärke in Amp.	Stromdichte in Amp/cm²	$n^+ \cdot 10^{-10}$	$n \cdot 10^{-13}$	n^+/n
$0{,}173 \cdot 10^{-3}$	1,0	0,008	3,0	0,17	0,018
11,0 „	6,0	0,76	340,0	10,6	0,032
0,84 „	8,1	1,02	162,0	0,80	0,20
0,75 „	0,2	0,025	1,8	0,73	0,0025

berechnet unter der Annahme einer Gastemperatur von 1000° abs.). Man sieht, daß bis zu 20% aller Gasatome ionisiert sein können. Um die Richtigkeit dieser Berechnung zu prüfen, wurde von LANGMUIR und MOTT-SMITH[1]) ein Quarzkapillarentladungsgefäß konstruiert, in welchem versucht wurde, eine nahezu vollständige Ionisation der Gasatome zu erreichen. Dabei zeigte sich, daß in der Tat, wenn die Stromstärke einen ziemlich scharf definierten kritischen Wert erreichte, die Spannung an den Enden des Entladungsrohres plötzlich von ca. 50 Volt auf einige hundert Volt anstieg.

g) Die geschichtete Säule.

77. Aussehen und Farbe. Unter gewissen Versuchsbedingungen zerfällt die ungeschichtete Säule in eine Reihe leuchtender, scheibenförmiger Gebilde, die durch dunkle Zwischenräume getrennt sind. Da diese Gebilde, die sog. Schichten, alle vollkommen gleiche Gestalt und Farbe haben und da sie sich außerdem in genau gleichen Abständen wiederholen, so scheint diese Entladungsform, die sog. geschichtete Säule, irgendwelche neue, unerwartete Gesetzmäßigkeiten zum Ausdruck zu bringen. Sie wird dadurch zur überraschendsten Erscheinung der gesamten Glimmentladung. Die Schichten wurden 1843 von ABRIA entdeckt. Ein Bild der Mannigfaltigkeit ihrer Formen vermittelt Abb. 58, die einer Arbeit von DE LA RUE und MÜLLER[2]) entnommen ist und Formen der geschichteten Entladung in Wasserstoff darstellt. Außer den hier abgebildeten einfachen Schichten, welche auch der Farbe nach homogene Gebilde darstellen, unterscheidet man noch zwei weitere Haupttypen: die Doppelschichten und die Schichtpaare. Erstere bestehen aus zwei deutlich getrennten verschieden farbigen Zonen, und letztere setzen sich aus zwei verschieden gefärbten Einzelschichten zusammen, wobei dann sowohl der Abstand zwischen den beiden Einzelschichten als auch derjenige zwischen den Schichtpaaren längs der ganzen Säule konstant bleibt. Neben

Tabelle 35. Farben der geschichteten Säule.

Gas	Schichtkopf	Erster Saum	Zweiter Saum
Wasserstoff	rosa	dunkelblau bis himmelblau	—
Sauerstoff	schwach rosa	—	—
Stickstoff	rosarot	violett	gelb braun-rot
Helium	violett	gelb oder grün	gelb oder grün
Quecksilber	bläulichweiß	bläulichweiß	grün
Natrium	gelbbraun	braun	—
Kalium	gelbgrün	rotbraun	—
Rubidium	purpur	gelbrot	—
Cäsium	purpur	gelbrot	—
Kadmium	grün	violett, indigo	—
Zink	rötlich	violett	—

[1]) I. LANGMUIR u. H. MOTT-SMITH, Gen. Electr. Rev. Bd. 27, S. 762. 1924, vgl. S. 770.
[2]) W. DE LA RUE u. H. MÜLLER, Phil. Trans. Bd. 169, S. 55. 1878.

diesen Haupttypen treten gelegentlich noch kompliziertere Schichtsysteme, z. B. vierfache Schichten, auf[1]).

Die Farbe der einfachen Schicht ist im allgemeinen diejenige der ungeschichteten Säule desselben Gases. Die Helligkeit der Schicht steigt in dem der Kathode zugewendeten „Kopf" ziemlich schnell an und fällt gegen die Anode langsam

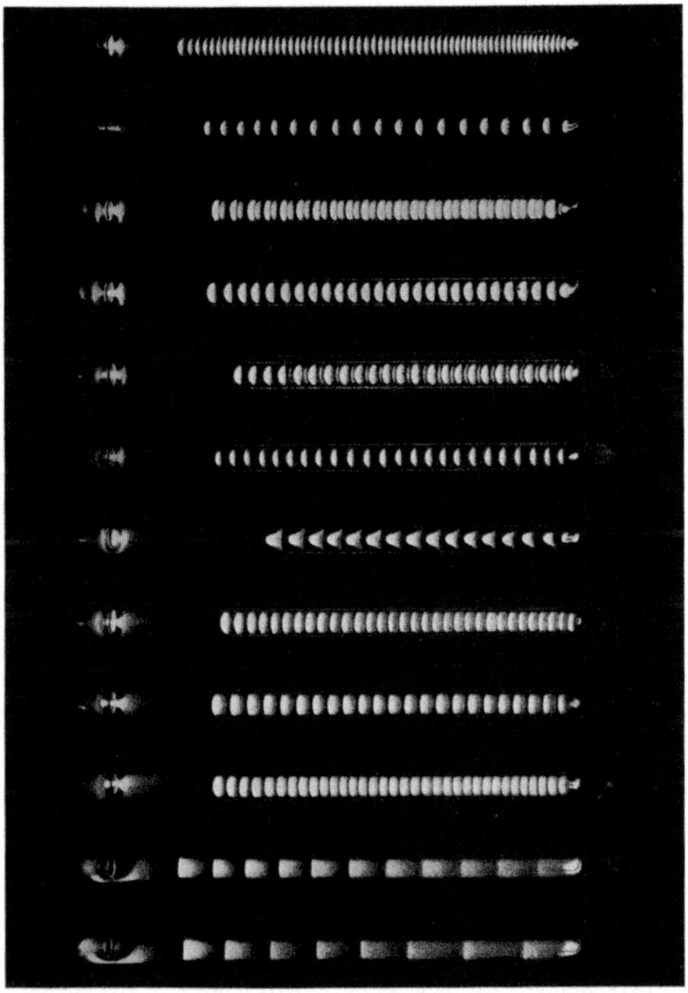

Abb. 58. Photographien von Schichtformen bei der Glimmentladung in Wasserstoff nach DE LA RUE und MÜLLER.

ab. An die eigentliche Schicht schließen sich auf der kathodischen Seite oft noch eine oder zwei anders gefärbte Säume an, die z. B. in Zink und Kadmium durch ihr intensives Leuchten besonders auffallen. Tabelle 35 nach GEHLHOFF[2])

[1]) Abbildungen von Doppelschichten und Schichtpaaren ferner bei P. NEUBERT, Ann. d. Phys. Bd. 42, S. 1454. 1913 (Fig. 4 auf S. 1466), und bei R. HOLM, Phys. ZS. Bd. 25, S. 497. 1924 (Fig. 20c, Tafel V).

[2]) G. GEHLHOFF, Graetz' Handb. d. Elektr. u. d. Magn. Bd. III, S. 820.

gibt eine Zusammenstellung der in den verschiedenen Gasen auftretenden Farben.

In Wasserstoff kommen zwei verschiedene Schichtsysteme vor, nämlich die „engen blauen" und die „weiten roten" Schichten. In ganz reinem Wasserstoff sieht man rote, homogene Schichten, während in weniger reinem ein blauer Saum jeder Schicht gegen die Kathode zu vorgelagert ist. Bei Zusatz von größeren Mengen elektronegativer Verunreinigungen endlich treten nur die engen blauen Schichten auf. Von NEUBERT[1]) wurde zuerst bemerkt, daß diese beiden Schichtsysteme des Wasserstoffs ganz verschiedenen Gesetzen gehorchen (vgl. Ziff. 80). Ferner stellte er fest, daß in den roten Schichten das reine Viellinienspektrum vorhanden ist, während in den blauen Schichten namentlich der rote Teil des Viellinienspektrums stark geschwächt ist. Da in reinem Wasserstoff die Schichten homogen gefärbt sind, kann man sich fragen, ob in allen reinen Gasen, soweit dann überhaupt noch Schichten möglich sind (vgl. Ziff. 78), nur einfache Schichten vorkommen. Eine sichere Antwort hierauf kann noch nicht gegeben werden, immerhin treten die Säume in grob verunreinigten Gasen ganz besonders intensiv auf. So hat GEHLHOFF[2]) in einem Gemisch von Wasserstoff mit einem Alkalidampf (Kalium, Rubidium, Cäsium) bei geeignetem Gasdruck eine Säule mit immer abwechselnd je einer zum Wasserstoff und dann einer zum Alkali gehörenden Schicht erzeugen können.

Die Intensitätsverteilung der Lichtemission längs der geschichteten Säule wurde von SEELIGER und ÔKUBO[3]) an einzelnen Spektrallinien ausgemessen. Auf gewisse Resultate, die theoretisch von Wichtigkeit sind, kommen wir in Ziff. 84 zurück; im übrigen bleiben, wie mehrfach erwähnt, alle spektroskopischen Untersuchungen, außer wenn sie speziell für den Mechanismus der Glimmentladung von Wichtigkeit sind, in diesem Berichte unberücksichtigt.

Über unter gewissen Versuchsbedingungen von den Schichten ausgehende Elektronenstrahlen hat GOLDSTEIN[4]) berichtet.

78. Entstehungsbedingungen der geschichteten Säule. Die Bedingungen, welche für das Entstehen der Schichten notwendig sind, werden ausführlich von SEELIGER[5]) diskutiert. Da seit der Abfassung dieses Berichtes nur wenige neue Arbeiten, die sich mit dieser Frage befassen, erschienen sind, so darf dieses Gebiet hier etwas kürzer behandelt werden. Bezüglich aller Einzelheiten und namentlich bezüglich der Literaturangaben sei deshalb auf den genannten Aufsatz verwiesen.

Die Faktoren, welche für die Schichtbildung maßgebend sind, umfassen neben quantitativ meßbaren Größen, wie Stromstärke und Gasdruck, auch nur mehr qualitativ faßbare, von denen der wichtigste die Reinheit des Gases ist. Für die Frage nach der Möglichkeit der Schichtbildung in den verschiedenen Gasen sind nur die in neuerer Zeit angestellten Untersuchungen maßgebend, bei denen die Gase einen früher nicht erreichten Reinheitsgrad besaßen. Schon die in der vorhergehenden Ziffer erwähnte Tatsache, daß die Schichtsäume mit zunehmender Reinheit des Gases mehr und mehr verschwinden, läßt die Vermutung aufkommen, daß in ganz reinen Gasen überhaupt keine Schichtungen mehr möglich sind. In der Tat fand GEHLHOFF[6]), daß in Helium, Argon, in den Alkalimetalldämpfen und in Stickstoff die positive Säule gänzlich ungeschichtet ist, wenn diese Gase (und das Entladungsgefäß) vorher nur sorgfältigst gereinigt

1) P. NEUBERT, Ann. d. Phys. Bd. 42, S. 1454. 1913.
2) G. GEHLHOFF, Verh. d. D. Phys. Ges. Bd. 12, S. 963. 1910.
3) R. SEELIGER u. J. ÔKUBO, Phys. ZS. Bd. 25, S. 337. 1924.
4) E. GOLDSTEIN, ZS. f. Phys. Bd. 32, S. 190. 1925.
5) R. SEELIGER, Marx' Handb. d. Rad. Bd. III, S. 101ff.
6) G. GEHLHOFF, Verh. d. D. Phys. Ges. Bd. 14, S. 960. 1912.

werden. Zur Gasreinigung verwendete GEHLHOFF[1]) das von ihm ausgearbeitete Verfahren der Alkalidampfzelle. NEUBERT[2]) beobachtete dann, daß nicht nur in dem einatomigen Quecksilberdampf, sondern sogar in dem elektroaffinen Sauerstoff keine Schichtungen auftreten, wenn nur das Gas gut genug gereinigt wird. In Stickstoffdioxyd und in den Quecksilberhalogeniden sind dagegen Schichten bei guter Reinigung noch schwach zu erhalten und in Wasserstoff treten auch bei bestmöglicher Reinigung immer noch die „weiten roten" Schichten auf. Besonders muß bemerkt werden, daß die Verunreinigung des Gases schon Schichtenbildung hervorrufen kann, ohne daß das Zusatzgas spektroskopisch nachweisbar zu sein braucht, so daß die Schichten vielleicht das empfindlichste Kriterium für den Reinheitsgrad eines Gases sind. In jüngster Zeit kommt BANERJI[3]) in einer vorläufigen Mitteilung allerdings zu dem Schluß, daß in allen Gasen auch bei größter Reinheit Schichten auftreten können, aber man wird, solange nähere Angaben über die Art der Gasreinigung und über die Versuchsbedingungen fehlen, diesen Beobachtungen vielleicht noch kein großes Gewicht beilegen müssen. Dagegen bemerken COMPTON, TURNER und MCCURDY[4]), daß in reinem Quecksilberdampf bei sehr kleiner Stromstärke Schichtungen vorkommen. Da die Autoren außerdem eine Theorie der Schichtbildung geben, welche alle ihre Beobachtungen recht gut zu erklären vermag, und laut welcher bei sehr kleinen Stromdichten Schichten auftreten können, so ist vielleicht doch die Möglichkeit vorhanden, daß auch in andern reinen Gasen bei kleiner Stromstärke Schichten vorhanden sind. Schließlich muß noch erwähnt werden, daß die von HOLST und OOSTERHUIS[5]) in Neon beobachteten Schichtungen kathodische Gebilde sind, die sich auf die TOWNSENDsche Entladungsform beziehen, und daß die von GROTRIAN[6]) in Quecksilberdampf erzeugten Schichten bei einer unselbständigen Entladung erhalten wurden, bei welcher von einem Glühdraht ausgehende Elektronen, die das Gas zum Leuchten anregten aber nicht ionisierten, die einzigen Ladungsträger waren.

Was nun die Verunreinigungen betrifft, welche die Schichtenbildung hervorrufen, so vermag schon 0,1% Sauerstoffzusatz in Wasserstoff die roten Schichten in die blauen zu verwandeln. Noch viel empfindlicher ist der Wasserstoff auf Beimischungen von Joddampf, von welchem schon ein Zusatz von 0,005% die blauen Schichten hervorbringt. In Quecksilberdampf wiederum gibt Wasserstoff schon in kleinsten Mengen zur Entstehung von Schichtungen Veranlassung, während Helium noch in 1000mal kleinerer Menge unwirksam ist. In Sauerstoff hat 0,4% Wasserstoffzusatz Schichtenbildung zur Folge. Allgemein geben alle häufiger vorkommenden Gasverunreinigungen, insbesondere Quecksilberdampf, Feuchtigkeit und Fettdämpfe, zur Schichtenbildung Veranlassung.

Was die Abhängigkeit der Schichtbildung von der Stromstärke i und dem Gasdruck p betrifft, so soll nur Wasserstoff betrachtet werden, wo man nach HOLM[7]) den in den Abb. 59 und 60 dargestellten Einfluß dieser Parameter auf das Aussehen der Schichten vorfindet. Die Beobachtungen, welche sich auf reinen (rote Schichten) und auf verunreinigten (blaue Schichten) Wasserstoff beziehen, wurden in mehreren Röhren mit verschiedenen Durchmessern angestellt und dann nach den in Ziff. 34 erwähnten Ähnlichkeitstransformationen auf ein Rohr mit

[1]) G. GEHLHOFF, Verh. d. D. Phys. Ges. Bd. 13, S. 271. 1911.
[2]) P. NEUBERT, Phys. ZS. Bd. 15, S. 430. 1914.
[3]) B. N. BANERJI, Nature Bd. 116, S. 429. 1925.
[4]) K. T. COMPTON, L. A. TURNER u. W. H. MCCURDY, Phys. Rev. Bd. 24, S. 597. 1924.
[5]) G. HOLST u. E. OOSTERHUIS, Physica Bd. 1, S. 78. 1921.
[6]) W. GROTRIAN, ZS. f. Phys. Bd. 5, S. 148. 1921.
[7]) R. HOLM, Phys. ZS. Bd. 25, S. 497. 1924.

2,8 cm Durchmesser umgerechnet. Dabei zeigte sich, daß nach dieser Umrechnung die in denselben Bereich fallenden Meßpunkte auch zur gleichen Schichtform gehören, was auf die Gültigkeit der Ähnlichkeitsgesetze für die geschichtete Entladung hinweist. Nur bei den weiten roten Schichten waren die Gebietsgrenzen je nach der benützten Gasfüllung noch um den schraffierten Bereich verschieden.

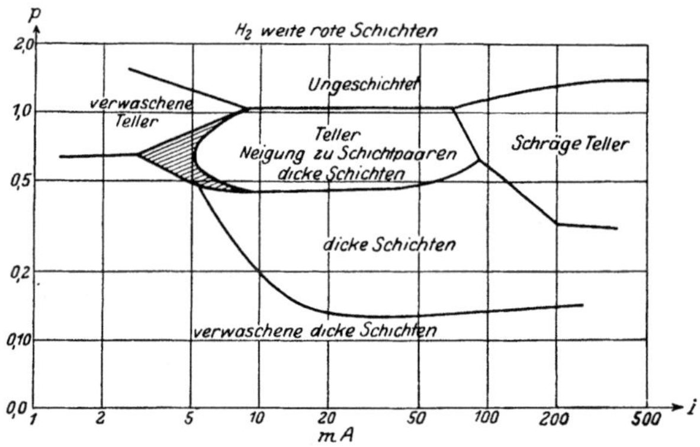

Abb. 59. Abhängigkeit der Schichtbildung von Stromstärke und Gasdruck: Wasserstoff, weite rote Schichten.

Auf ein zu diesen beiden analoges Diagramm von Holm[1]) für nicht vollständig reinen Stickstoff sei hier nur hingewiesen. Dasselbe zeigt, daß nur ein kleiner Bereich vorhanden ist, in dem Schichtungen vorkommen, und daß dieser Bereich außerdem mit zunehmender Gasreinheit immer kleiner wird.

Schließlich sollen noch folgende kurzen Hinweise über Versuche zur Beeinflussung der Schichtenbildung durch äußere Mittel gegeben werden:

1. Holm[2]) hat gezeigt, daß die Schichten auch auftreten, wenn die Entladung zwischen leitenden Wänden hindurchgeht, woraus folgt, daß die Schichtbildung nicht durch Wandladungen hervorgerufen wird.

2. Schmidt[3]) hat eine Beeinflussung der geschichteten Entladung durch Erwärmung des Entladungsgefäßes auf 300° C konstatiert, aber diese Beobachtung dürfte ebenso wie diejenige von Neubert, daß die roten Schichten nur vorhanden waren, wenn das Gefäß in flüssige Luft eintauchte, wohl durch die Annahme zu erklären sein, daß durch die Erwärmung Verunreinigungen an der Rohrwand frei wurden.

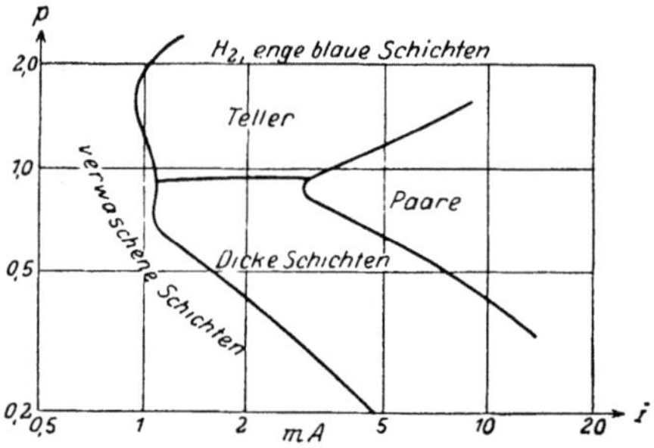

Abb. 60. Abhängigkeit der Schichtbildung von Stromstärke und Gasdruck: Wasserstoff, enge blaue Schichten.

3. Ein Magnetfeld ist zwar für die Schichtung insofern günstig, als es unscharfe Schichten scharf werden läßt, aber es vermag nach Kost[4]) nicht, in einem reinen Gas bei vollständig ungeschichteter Säule Schichtungen hervorzurufen. Pontremoli[5]) machte die Beobachtung, daß in einer Woodschen Wasserstoffröhre[6]) ein longitudinales Magnetfeld dieselbe Wirkung auf die Schichten hat wie eine Druckerhöhung, was deswegen interessant ist, weil Franck und Grotrian[7]) gezeigt haben, daß auch in Quecksilberdampf ein Magnetfeld

[1]) R. Holm, Wiss. Veröffentl. a. d. Siemens-Konz. Bd. 3, S. 159. 1923, Fig. 6h.
[2]) R. Holm, Phys. ZS. Bd. 15, S. 289. 1914.
[3]) G. C. Schmidt, Phys. ZS. Bd. 1, S. 251. 1900; Ann. d. Phys. Bd. 1, S. 625. 1900.
[4]) H. Kost, Dissert. Göttingen 1913.
[5]) A. Pontremoli, Lincei Rend. Bd. 32, S. 158. 1923. Weitere Versuche zum Magnetfeldeinfluß bei D. A. Keys, Proc. Trans. Roy. Soc. Canada Bd. 19, S. 143. 1925.
[6]) R. W. Wood, Phil. Mag. Bd. 42, S. 729. 1921.
[7]) J. Franck u. W. Grotrian, ZS. f. Phys. Bd. 6, S. 35. 1921.

das Zerfallsleuchten der Quecksilbermoleküle in derselben Weise beeinflußt wie eine Gasdruckerhöhung.

79. Abhängigkeit der Schichtlänge von der Stromstärke. Die Schichtlänge strebt mit wachsendem Strom (meistens abnehmend) einem konstanten Endwert zu. Diese Gesetzmäßigkeit wurde für alle Schichtungen mit Ausnahme der „weiten roten" des Wasserstoffs von einer Reihe von Forschern[1]) in den verschiedensten Gasen gefunden. Wenn einzelne Experimentatoren[2]) dieses Gesetz nicht erhalten konnten, so darf man hierfür in den einfachen Gasen wahrscheinlich die Nichtberücksichtigung der Dichteabnahme infolge Temperatursteigerung mit zunehmender Stromstärke verantwortlich machen. Nur in den zusammengesetzten Gasen hält SEELIGER[3]) es für möglich, daß die beobachteten Abweichungen reell sein können. Nach WEHNER nähert sich die Schichtlänge diesem konstanten Endwert in Stickstoff und in Kohlendioxyd, indem sie mit der Stromstärke etwas zunimmt. In Wasserstoff (vgl. Abb. 61) ist die Kurvenform noch vom Druck abhängig: Nur bei niedrigem Gasdruck nimmt die Schichtlänge der engen blauen Schichten mit der Stromstärke zu, bei hohem Druck dagegen nimmt sie ab. Die Abbildung stellt die Schichtlänge in einem Rohr von 8 cm Durchmesser dar.

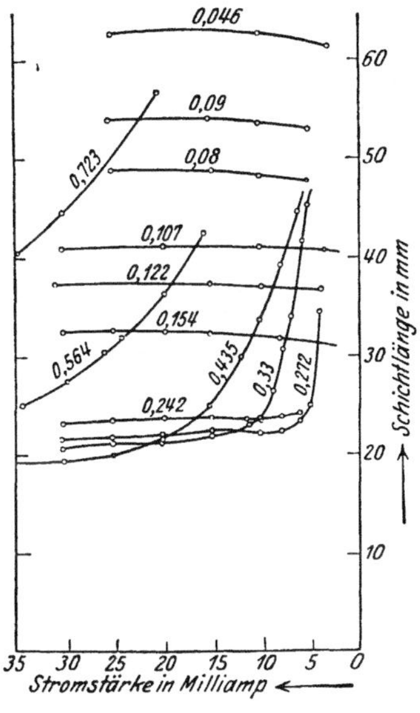

Abb. 61. Abhängigkeit der Schichtlänge in Wasserstoff von der Stromstärke: enge blaue Schichten.

Die weiten roten Schichten des Wasserstoffs nähern sich nach NEUBERT mit wachsender Stromstärke keinem konstantem Endwert, es nimmt vielmehr bei diesen die Schichtlänge in dem untersuchten Stromstärkebereich dauernd ab.

80. Abhängigkeit vom Gasdruck und von der Rohrweite. Wenn die Stromstärke so groß wird, daß die Schichtlänge nicht mehr von derselben abhängig ist, so gilt für die Abhängigkeit der Schichtlänge vom Gasdruck p in Stickstoff und für die engen blauen Schichten auch in Wasserstoff das sog. GOLDSTEINsche Gesetz[4]):

$$l_0/l_1 = (p_1/p_0)^m \qquad \text{oder} \qquad l = c/p^m ,$$

wobei nach WEHNER, NEUBERT und HOLM für Stickstoff $m = 0{,}3$ und für Wasserstoff $m = 0{,}52$ wird, während c eine noch vom Rohrradius abhängige Konstante ist. Der Wert $m = 0{,}52$ in verunreinigtem Wasserstoff scheint hierbei vom Reinheitsgrad dieses Gases nur sehr wenig abzuhängen. Was die Abhängigkeit der Schichtlänge vom Durchmesser des Entladungsrohres betrifft, so hat HOLM[5]), ebenfalls in Wasserstoff, Schichtlängen bis zum vierfachen Rohrdurchmesser erhalten. Dies muß bemerkt werden, weil schon behauptet wurde, daß die Schichtlänge nicht größer als der Rohrdurchmesser werden kann. Die Form des Gesetzes, welches die Abhängigkeit der Schichtlänge vom Rohrradius R wiedergibt, wurde von WEHNER gefunden. Es zeigt sich, daß (wiederum in Stickstoff und für die blauen Schichten in Wasserstoff) $c = kR^{1-m}$ wird. Dies ist

[1]) E. RIECKE, Ann. d. Phys. Bd. 16, S. 249 u. 303. 1905; K. FISCHER, Dissert. Göttingen 1909; F. WEHNER, Ann. d. Phys. Bd. 22, S. 49. 1910; R. HOLM, Wiss. Veröffentl. a. d. Siemens-Konz. Bd. 3, S. 159. 1923.

[2]) Z. B.: R. S. WILLOWS, Proc. Cambridge Phil. Soc. Bd. 10, S. 302. 1900.

[3]) R. SEELIGER, Marx' Handb. d. Rad. Bd. III, S. 124.

[4]) E. GOLDSTEIN, Berl. Ber. 1881, S. 876; Wied. Ann. Bd. 15, S. 277. 1882.

[5]) R. HOLM, Phys. ZS. Bd. 15, S. 184. 1914.

deswegen interessant, weil WEHNER diese Gleichung durch Ähnlichkeitsbetrachtungen theoretisch ableitet, so daß ihre experimentelle Gültigkeit beweist, daß die in Ziff. 34 formulierten Ähnlichkeitsgesetze für die geschichtete positive Säule Geltung haben. Diese Gesetze verlangen, daß für $R' = \varkappa R$ und $p' = p/\varkappa$ die Schichtlänge $l' = \varkappa l$ wird. In der Tat erfüllt nun das GOLDSTEINsche Gesetz in der von WEHNER erweiterten Form $l = k\frac{R^{1-m}}{p^m}$ diese Bedingung. Die Konstante k, welche vom Radius unabhängig ist, hat für Stickstoff und Wasserstoff annähernd denselben Wert; es ist nämlich für ersteres Gas $k = 2{,}0$ und für letzteres $k = 2{,}14$.

Die weiten roten Schichten des Wasserstoffs genügen ebenfalls den Ähnlichkeitsgesetzen, aber sie erfüllen das GOLDSTEINsche Gesetz nicht. Für dieselben erhält man nämlich nach HOLM[1]) (vgl. Abb. 62), wenn man $\lg l$ als Funktion von $\lg p$ aufträgt, zwar in allen Röhren dieselbe Kurve, wenn man p und l gemäß den Ähnlichkeitsgesetzen transformiert. Diese Kurve ist aber nicht, wie es das GOLDSTEINsche Gesetz verlangt, eine absteigende Gerade, sondern dieselbe fällt zuerst, wie es das GOLDSTEINsche Gesetz verlangt, macht dann bei dem reduzierten Druck $p = 0{,}35$ mm Hg (bezogen auf ein Rohr von 1,4 cm Durchmesser) einen scharfen Knick und steigt hierauf mit wachsendem Druck an. Die Abweichung vom GOLDSTEINschen Gesetz von 0,35 mm Hg an wird von HOLM auf die hier einsetzende Bildung von Schichtpaaren zurückgeführt.

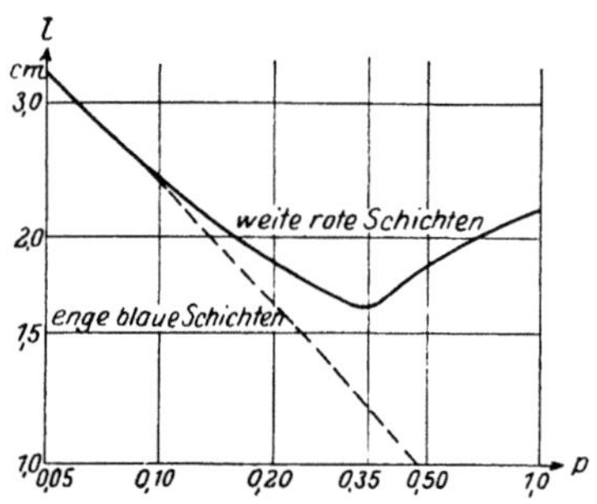

Abb. 62. Abweichung der weiten roten Schichten des Wasserstoffs vom GOLDSTEINschen Gesetz.

Auch in Kohlendioxyd ist das GOLDSTEINsche Gesetz nicht gültig. Hier verlaufen aber die Abweichungen in der entgegengesetzten Richtung. Die Schichtlänge steigt zuerst mit dem Druck an, geht durch ein Maximum und sinkt dann wieder. Diese Anomalie beruht wahrscheinlich auf der von GEHLHOFF[2]) nachgewiesenen Zersetzung des Kohlendioxyds beim Stromdurchgang.

Die hier erwähnten Untersuchungen bezogen sich alle auf den konstanten Endwert der Schichtlänge bei sehr großen Stromstärken. Auf Messungen von WILLOWS[3]) bei kleineren Stromstärken sei nur hingewiesen.

81. Einfluß eines transversalen Magnetfeldes. Der Einfluß eines Magnetfeldes auf die Schichtlänge ist öfters untersucht worden. PELLAT[4]) bemerkte, daß die Schichten sich im Gebiete eines transversalen Magnetfeldes zusammenziehen, und zwar um so mehr, je stärker das Feld ist. Um den schichtfreien Raum auszufüllen, der durch diese Zusammenziehung entsteht, quellen neue Schichten aus der Anode heraus. Diese Beobachtungen werden durch eine Untersuchung von KOST[5]) bestätigt. Aus den dieser Arbeit beigegebenen Photographien sieht man auch, daß die Schichten im Magnetfeld gegen die Gefäßwand gedrückt und dabei derart umgelegt werden, daß der der Gefäßwand anliegende Teil näher bei der Anode liegt. KOST hat ferner quantitative Messungen der Verkleinerung der Schichtlänge im Magnetfeld in Wasserstoff (wahrscheinlich rote Schichten) und in Kohlenoxyd angestellt. Es ergibt sich mit wachsender

[1]) R. HOLM, Phys. ZS. Bd. 25, S. 497. 1924, Fig. 20b.
[2]) G. GEHLHOFF, Ann. d. Phys. Bd. 24, S. 553. 1907.
[3]) R. S. WILLOWS, Proc. Cambridge Phil. Soc. Bd. 10, S. 302. 1900.
[4]) H. PELLAT, C. R. Bd. 130, S. 323. 1900; Bd. 133, S. 1200. 1901.
[5]) H. KOST, Dissert. Göttingen 1913.

Feldstärke ein erst langsameres, dann schnelleres und schließlich wieder langsameres Abnehmen der Schichtlänge. Die Abnahme ist sehr beträchtlich: In Wasserstoff setzte z. B. unter den daselbst näher angegebenen Versuchsbedingungen ein Magnetfeld von 200 Gauß die Schichtlänge von 2,9 cm (ohne Feld) auf 0,6 cm herab; und in Kohlenoxyd war die Verminderung der Schichtlänge ungefähr gleich groß. Auf weitere Beobachtungen von KEYS[1]) über den Magnetfeldeinfluß in Wasserstoff sei nur hingewiesen.

Schließlich sei noch erwähnt, daß GROTH[2]) bei der Glimmentladung in Wasserstoff zwischen konzentrischen Zylinderelektroden beim Anlegen eines axialen (also transversalen) Magnetfeldes das Auftreten spiraliger, von der Kathode bis zur Anode reichender Gebilde bemerkt hat, die er ebenfalls für Schichten hält.

82. Potentialgradient und Schichtpotentialdifferenz. Der Potentialgradient und die Schichtpotentialdifferenz wurden früher — d. h. bei allen hier zu besprechenden Versuchen mit Ausnahme einiger weniger aus der neuesten Zeit, bei welchen die LANGMUIRsche Methode benutzt wurde — nach der fehlerhaften Methode der stromlosen kalten Sonde gemessen. Es ist trotzdem nicht wahrscheinlich, daß die Versuchsresultate hierdurch wesentlich gefälscht wurden, da nur die Differenz zweier Sondenspannungen gemessen werden mußte und da ferner über eine größere Anzahl Schichten gemittelt wurde.

Was zuerst den Potentialgradienten betrifft, so konnte NEUBERT[3]) zeigen, daß in Wasserstoff der Mittelwert des Gradienten über eine Schicht (d. h. der Quotient $\left(\frac{\text{Schichtpotentialdifferenz}}{\text{Schichtlänge}}\right)$, wenn man durch Druckänderung von der ungeschichteten zur geschichteten (rote Schichten) Entladung übergeht, keinerlei Unstetigkeiten aufweist. Weiter hat HOLM[4]) gezeigt, daß der Potentialgradient in reinem Wasserstoff (rote Schichtung) auch die Ähnlichkeitsgesetze erfüllt. Dagegen gelten die Ähnlichkeitsgesetze bei der geschichteten Entladung in Stickstoff nicht, was von HOLM auf die Wirksamkeit einer zweistufigen Ionisation zurückgeführt wird, welche um so mehr in Erscheinung tritt, je größer die Stromstärke und je kleiner der Rohrradius ist.

Die Abhängigkeit der Schichtpotentialdifferenz vom Gasdruck und von der Stromstärke wurde von WEHNER[5]), NEUBERT und HOLM untersucht. Dabei ergab sich, daß sich die Schichtpotentialdifferenz mit wachsendem Strom abnehmend einem konstanten Endwert nähert. In quecksilberfreiem Wasserstoff beträgt dieser Endwert für die engen blauen Schichten ungefähr 12 Volt; er ist unabhängig vom Druck und von der Rohrweite. Die weiten roten Schichten scheinen sich ebenfalls mit steigender Stromstärke und abnehmendem Druck einem konstanten Endwert von 12 Volt zu nähern; auffällig ist aber für diese Schichtung die, namentlich bei größeren Drucken, starke (lineare) Druckabhängigkeit, welche aus Abb. 63 nach NEUBERT ersichtlich ist. Die Kurven *I* bis *III* entsprechen hierin alle derselben Stromstärke von 125 Milliamp. in einem Rohr von 28,4 mm Durchmesser; sie unterscheiden sich nur durch verschiedene Temperatur und Reinheit des Gases (teilweise Kühlung mit flüssiger Luft).

In Stickstoff läßt sich nach HOLM noch kein sicheres Minimum der Schichtpotentialdifferenz erkennen. Mit den Messungen verträglich wäre immerhin

---

1) D. A. KEYS, Proc. Trans. Roy. Soc. Canada Bd. 19, S. 143. 1925.
2) W. GROTH, Ann. d. Phys. Bd. 78, S. 680. 1925.
3) P. NEUBERT, Ann. d. Phys. Bd. 42, S. 1454. 1913.
4) R. HOLM, Wiss. Veröffentl. a. d. Siemens-Konz. Bd. 3, S. 159. 1923.
5) F. WEHNER, Ann. d. Phys. Bd. 32, S. 49. 1910.

ein Endwert von 8 bis 9 Volt. In Quecksilberdampf beträgt die Schichtpotentialdifferenz nach Compton, Turner und McCurdy[1]) etwas über 5 Volt und in Helium nach McCurdy und Dalton[2]) ca. 20 Volt.

Neubert hat ferner den Einfluß von Quecksilberdampf als Verunreinigung des Wasserstoffs auf die Schichtpotentialdifferenz der engen blauen Schichten untersucht und gefunden, daß hierdurch eine Erniedrigung dieser Potentialdifferenz um bis zu 33% eintreten kann. Hierdurch werden die früher von Wehner gefundenen kleineren Werte der Schichtpotentialdifferenz erklärlich. Daß J. J. Thomson[3]) in Wasserstoff eine Schichtpotentialdifferenz von nur 2,7 Volt gefunden hat, wird von Seeliger[4]) einerseits ebenfalls auf den Einfluß des Quecksilberdampfes zurückgeführt und anderseits darauf, daß bei diesen Versuchen vielleicht Schichtpaare vorhanden waren und jeweils nur die Potentialdifferenz an den Enden einer Einzelschicht gemessen wurde. In diesem Zusammenhang mag schließlich noch bemerkt werden, daß als größte Schichtpotentialdifferenz in reinem Wasserstoff von Pentscheff[5]) 55 Volt gemessen wurde. Da durch den Quecksilberzusatz die Schichtlänge kaum verändert wird, so wird der mittlere Potentialgradient in demselben Maße erniedrigt wie die Schichtpotentialdifferenz. Daß bei der ungeschichteten Entladung in Stickstoff der Potentialgradient ebenfalls durch kleine Mengen Quecksilberzusatz verkleinert wird, wurde schon in Ziff. 62 erwähnt.

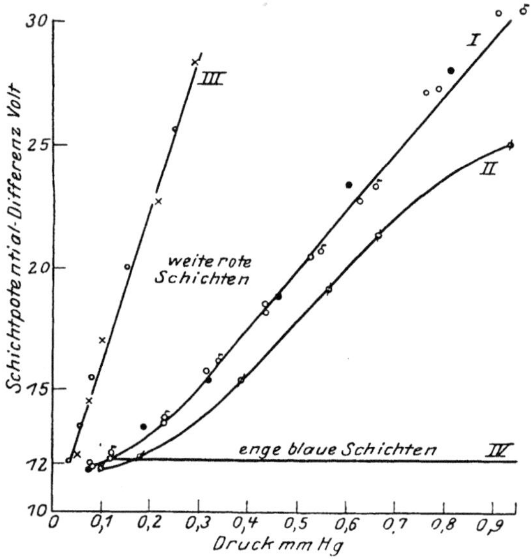

Abb. 63. Abhängigkeit der Schichtpotentialdifferenz vom Gasdruck in Wasserstoff.

Zu der Frage, in welchem Zusammenhang die gemessenen Schichtpotentialdifferenzen mit den Ionisations- bzw. Anregungsspannungen der betreffenden Gasmoleküle stehen, sei bemerkt, daß in Wasserstoff die erste Anregungsspannung oberhalb 10,8 Volt liegt, in Stickstoff zwischen 7,5 und 8,5 Volt, in Quecksilber bei 4,7 Volt und in Helium bei 19,7 Volt.

83. Der Ionisationszustand in den Schichten. a) Quecksilberdampf. Über die in der geschichteten Säule in Quecksilberdampf herrschenden elektrischen Verhältnisse geben die mehrfach erwähnten Arbeiten von McCurdy[6]) und von Compton, Turner und McCurdy[7]) wichtige Aufschlüsse. Gleichzeitig zeigen sie, welch wirksames Instrument zur Erforschung der Elektrizitätsleitung in Gasen die Langmuirsche Sondenmethode darstellt. Abb. 64 gibt die Konzentration der Elektronen n_- und der positiven Ionen N_+ in der positiven Säule (*P.C.*), dem Faradayschen Dunkelraum (*F.D.S.*) und im negativen Glimmlicht (*N.G.*)

[1]) K. T. Compton, L. A. Turner u. W. H. McCurdy, Phys. Rev. Bd. 24, S. 597. 1924.
[2]) W. H. McCurdy u. P. Dalton, Phys. Rev. Bd. 27, S. 163. 1926.
[3]) J. J. Thomson, Phil. Mag. Bd. 18, S. 441. 1909.
[4]) R. Seeliger, Marx' Handb. d. Rad. Bd. III, S. 141.
[5]) P. B. Pentscheff, Phys. ZS. Bd. 7, S. 463. 1906.
[6]) W. H. McCurdy, Phil. Mag. Bd. 48, S. 898. 1924.
[7]) K. T. Compton, L. A. Turner u. W. H. McCurdy, Phys. Rev. Bd. 24, S. 597. 1924.

wieder. Man sieht, daß die Konzentration beider Trägerarten im leuchtenden Teil der Schicht am größten ist und im dunklen Zwischenraum vor dem Kopf der folgenden Schicht ihr Minimum hat. Die Konzentration der positiven Ionen (bezüglich der Berechnungsweise, welche aber nur die Größenordnung liefert, vgl. die Originalarbeit) übertrifft nach diesen Messungen diejenige der Elektronen so sehr (ein gewisser Überschuß an positiver Ladung der Säule muß wegen der negativen Wandladung tatsächlich vorhanden sein), daß man zur Annahme der Existenz negativer Ionen gezwungen ist, welch letztere infolge ihrer kleinen Beweglichkeit zwar zur Stromleitung nur ganz wenig beitragen, aber dafür die positive Raumladung stark vermindern. Aus der Form der in der Abbildung ebenfalls eingetragenen Kurve des Spannungsverlaufs ist ersichtlich, daß im dunklen Zwischenraum der Schichten eine negative Raumladung vorhanden sein muß. Ihre Existenz ist auch verständlich, trotzdem die Elektronenkonzentration gerade hier kleiner ist. Da nämlich die Beweglichkeit der Elektronen ungefähr umgekehrt proportional ist ihrer Geschwindigkeit, welche um so größer wird, je weiter gegen die Anode hin die Elektronen vom Schichtkopf entfernt sind, so tragen dieselben auch zur Raumladung im dunklen Zwischenraum mehr bei als in den hellen Schichten.

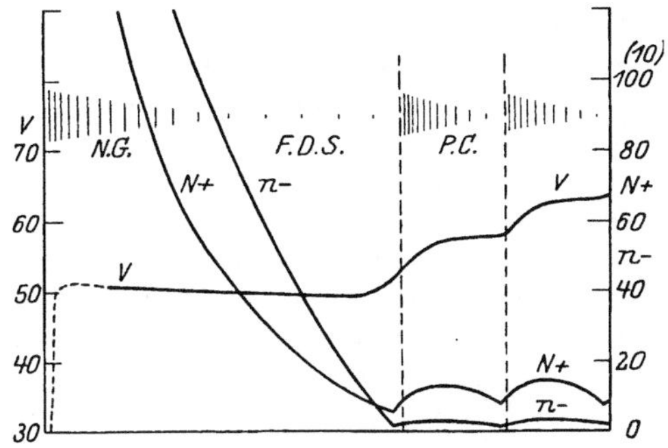

Abb. 64. Konzentration der Elektronen und positiven Ionen in der geschichteten Säule in Quecksilberdampf.

Ferner wurde geprüft, ob die Elektronen eine MAXWELLsche Geschwindigkeitsverteilung besitzen. Die Versuchsresultate sind in Abb. 65 eingezeichnet. Wenn eine MAXWELLsche Verteilung vorhanden ist, so muß (vgl. Ziff. 72) die $\lg i^- - V$-Kurve bis zu dem (in der Abbildung durch einen Pfeil markierten) Knickpunkt (Raumpotential) eine Gerade sein. Die Kurven *I* bis *IV* sind an den in der Abbildung links oben eingezeichneten Stellen der Schicht aufgenommen. Man sieht, daß die Abweichung von der MAXWELLschen Verteilung um so größer wird, je weiter man sich vom Schichtkopf entfernt. Dies rührt daher, daß sich über die im Schichtkopf vorhandene MAXWELLsche Verteilung dann noch die für alle Elektronen ungefähr gleiche geordnete Geschwindigkeit überlagert. Infolgedessen wird aus der bei MAXWELLscher Verteilung theoretisch zu erwartenden Kurve *A* nun theoretisch die punktierte Kurve *B*. Tatsächlich erhält man aber eine dazwischenliegende Kurvenform, wie sie *C* zeigt, und wie sie theoretisch sich ergibt, wenn die großen Elektronengeschwindigkeiten etwas weniger häufig vorkommen, was ja auch verständlich ist, weil bei großen Geschwindigkeiten unelastische Zusammenstöße auftreten. Schwieriger zu erklären ist dagegen umgekehrt, warum

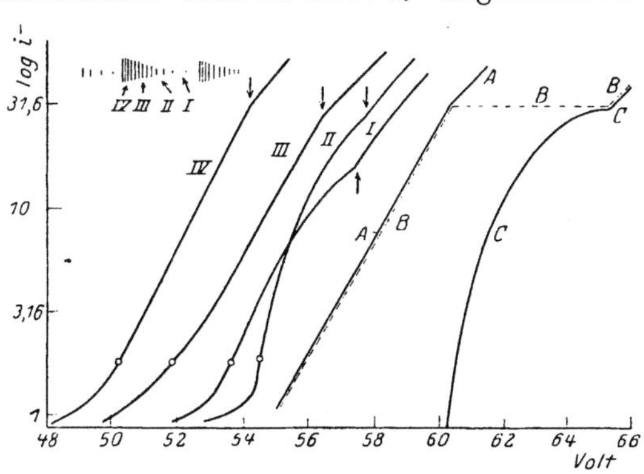

Abb. 65. Prüfung des Vorhandenseins einer MAXWELLschen Geschwindigkeitsverteilung der Elektronen.

sich im Schichtkopf eine MAXWELLsche Geschwindigkeitsverteilung einstellt. (Vgl. hierzu die Bemerkungen in Ziff. 76).

Die aus der lgi^--V-Kurve bestimmbare mittlere kinetische Energie der Elektronen beträgt (in Volt ausgedrückt) im Schichtkopf 1,7 Volt und dunkeln Zwischenraum 1,2 Volt.

Für den Mechanismus der Schichtbildung ist ferner die Feststellung wichtig, daß in den leuchtenden Schichten angeregte Quecksilberatome vorhanden sind, während dieselben in den dunklen Zwischenräumen fehlen. Der Nachweis geschah dadurch, daß die Absorption der vom $2p$-Niveau ausgehenden Spektrallinien, welche also nur von angeregten Atomen absorbiert werden können, an den verschiedenen Stellen der Schicht gemessen wurde. Diese angeregten Atome vermögen ferner, offenbar durch Stöße zweiter Art, die in der Säule vorhandenen Wasserstoffmoleküle (welche für das Zustandekommen der Schichtung notwendig sind [vgl. Ziff. 78]) zu dissoziieren. Hierdurch erklärt sich die Anwesenheit von atomarem Wasserstoff, welcher auch wieder nur in den leuchtenden Schichten vorhanden ist, wie durch Blaufärbung des gelben Wolframtrioxyds gezeigt werden konnte.

b) Helium. Die geschichtete Entladung in Helium, das mit wenig Neon verunreinigt war, wurde von MCCURDY und DALTON[1]) untersucht. Die mittlere Elektronenenergie beträgt hier im Schichtkopf gegen 9 Volt und zwischen den Schichten ca. 7 Volt. Die Elektronenkonzentration hat im Schichtkopf ein Maximum; sie nimmt mit dem Druck und der Stromdichte zu. Die Konzentration der positiven Ionen (die nur ungenau zu bestimmen ist) scheint ungefähr so groß zu sein wie diejenige der Elektronen.

c) Die Entladung in Wasserstoff wurde von BRAMLEY[2]) untersucht. Die mittlere Elektronenenergie ist wieder im Schichtkopf am größten (10 Volt).

d) In den Alkalidämpfen ist MCMASTER[3]) mit der Erforschung des Ionisationszustandes beschäftigt.

Schließlich sei in diesem Zusammenhang auf Versuche von GOLDSTEIN[4]) zur Sichtbarmachung der aus den Schichtköpfen austretenden Elektronenstrahlen hingewiesen.

84. Theorie der geschichteten Säule. Die älteren Theorien der Schichtbildung sind von SEELIGER[5]) eingehend besprochen worden. Von neueren Theorien[6]) ist diejenige von J. J. THOMSON[7]) aus verschiedenen, von HOLM[8]) erwähnten Gründen zu verwerfen. Dagegen soll eine gleichzeitig von COMPTON, TURNER und MC CURDY[9]) und von GÜNTHERSCHULZE[10]) aufgestellte Theorie besprochen werden, weil dieselbe offenbar einen wichtigen Fortschritt darstellt. In der vorhergehenden Ziffer wurde bemerkt, daß ein in der Feldrichtung fortschreitendes Elektron vor einem unelastischen Zusammenstoß infolge seiner dann verkleinerten Beweglichkeit einen größeren Beitrag zur Raumladung liefert als nach demselben. Daher stellt sich, wenn in einer Gasentladung mit gleichviel Elektronen und positiven Ionen an einer bestimmten Raumstelle unelastische Zusammenstöße zwischen den Elektronen und den Gasmolekülen stattfinden, vor derselben eine

[1]) W. H. MCCURDY u. P. DALTON, Phys. Rev. Bd. 27, S. 163. 1926.
[2]) A. BRAMLEY, Phys. Rev. Bd. 26, S. 794. 1925.
[3]) A. J. MCMASTER, Phys. Rev. Bd. 27, S. 109. 1926; vorläufige Mitteilung.
[4]) E. GOLDSTEIN, ZS. f. Phys. Bd. 32, S. 190. 1925.
[5]) R. SEELIGER, Marx' Handb. d. Rad. Bd. III, S. 152.
[6]) Anmerk. b. d. Korr.: Vgl. auch die neue Theorie von B. M. CASSEN, Phil. Mag. Bd. 2, S. 948. 1926.
[7]) J. J. THOMSON, Phil. Mag. Bd. 42, S. 981. 1921.
[8]) R. HOLM, Phys. ZS. Bd. 25, S. 497. 1921; vgl. S. 529.
[9]) K. T. COMPTON, L. A. TURNER u. W. H. MCCURDY, Phys. Rev. Bd. 24, S. 597. 1924.
[10]) A. GÜNTHERSCHULZE, ZS. f. Phys. Bd. 31, S. 1. 1925.

negative und hinter derselben eine positive Raumladung her. Falls die unelastischen Zusammenstöße zur Ionisierung führen, so wird hierdurch diese Ladungsverteilung sogar noch verstärkt. Der springende Punkt ist nun, daß die so entstandenen Raumladungen den Potentialanstieg auf die Raumstelle zusammendrücken, an welcher die unelastischen Zusammenstöße stattgefunden haben. Dadurch wird aber die Wahrscheinlichkeit, daß weitere unelastische Zusammenstöße an der gleichen Raumstelle auftreten, vergrößert, und da die angeregten Atome Licht aussenden, ist auch das Entstehen von Schichten verständlich gemacht. In Wirklichkeit liegen nun die Verhältnisse deshalb komplizierter, weil zwei Umstände die Schichtungen zu verwischen suchen. Erstens haben die Atome nicht nur einen angeregten Zustand, wie dies eben angenommen wurde. Damit hierdurch die Ausbildung der Schichten nicht verhindert wird, muß nach GÜNTHERSCHULZE die SEELIGERsche „Anregungsfunktion" (vgl. Band 21) einer Linie (Liniengruppe) die aller andern beträchtlich übertreffen. Zweitens kommen bei manchen Atomarten sog. metastabile angeregte Zustände (mit größerer Verweilzeit) vor, was zur Folge hat, daß angeregte Atome in alle Teile der Gasstrecke diffundieren, d. h. sich unter die normalen mischen. Da diese ersteren Atome aber schon mit langsameren Elektronen unelastisch zusammenstoßen können als die normalen Atome, so wird auch hierdurch die Schichtung zerstört. Um trotzdem noch eine Schichtenbildung zu ermöglichen, müssen nun nach COMPTON, TURNER und MCCURDY Spuren eines solchen andern Gases zugesetzt werden, welches die Eigenschaft hat, durch Stöße zweiter Art die angeregten metastabilen Atome in unangeregte zurückverwandeln zu können. Als solcher Gaszusatz ist z. B. in Quecksilberdampf der Wasserstoff geeignet, weil die Dissoziationsarbeit des Wasserstoffs kleiner ist als die Anregungsenergie des Quecksilbers, während Helium, dessen Anregungsenergie ein Vielfaches derjenigen des Quecksilbers ist, nach dieser Vorstellung unwirksam sein muß, was vom Experiment auch bestätigt wird. Der Wasserstoff hat also nach dieser Auffassung die Aufgabe, die Diffusion angeregter Atome aus den leuchtenden Schichten heraus zu verhindern. Nur bei ganz kleinen Stromstärken, wo die Konzentration der angeregten Atome so klein ist, daß ein Zusammenstoß derselben mit den Elektronen sehr unwahrscheinlich wird, ist der Zusatz von Wasserstoff zum Quecksilberdampf für die Schichtenbildung nicht notwendig. Endlich macht GÜNTHERSCHULZE noch darauf aufmerksam, daß infolge der nicht zu vernachlässigenden Energieverluste, welche die Elektronen bei den elastischen Zusammenstößen mit den Gasmolekülen erleiden, die Schichtpotentialdifferenz größer ist als die Endgeschwindigkeit, welche die Elektronen nach dem Durchlaufen des Schichtabstandes erlangt haben.

Die in Ziff. 77 erwähnten Messungen von SEELIGER und ÔKUBO über die Intensitätsverteilung der Lichtemission einzelner Spektrallinien längs der geschichteten Säule ergeben, daß die Intensitätskurve bei allen durch schnelle Elektronen angeregten Linien nur flache Wellen, bei den durch langsame Elektronen erzeugten Linien tiefe Wellen hat. Diesen Intensitätsverlauf erklären die Autoren durch die Annahme, daß außer den langsamen Elektronen, welche in den Schichten unelastisch zusammenstoßen, noch ein Strom schneller Elektronen durch die Schichten hindurchfließt.

h) Konvektion des Füllgases durch die Glimmentladung.

85. Druckdifferenzen an den Elektroden. Schon WARBURG[1]) hat auf die unter dem Einfluß der Glimmentladung im Gase auftretenden Druckdifferenzen

[1]) E. WARBURG, Wied. Ann. Bd. 45, S. 1. 1892; vgl. auch W. BRAUNBECK, ZS. f. Phys. Bd. 21, S. 204. 1924.

gelegentlich einer Untersuchung der auf die Elektroden einer Glimmentladung einwirkenden elektrischen Kraft hingewiesen. Stark[1]) beobachtete dann in Luft und in Stickstoff an der Kathode einer Geisslerröhre eine Druckerhöhung und an der Anode Andeutungen einer Druckerniedrigung. Die Druckerniedrigung wurde hierauf von Wehnelt und Franck[2]) unter Vermeidung verschiedener Fehlerquellen (insbesondere Gasabsorption und Abgabe von Gas an den Elektroden) in Luft und in Stickstoff sichergestellt. Wie Hamburger[3]) gefunden hat, kehrt nun dieser Druckeffekt, wenn man zu größeren Stromstärken und Gasdrucken übergeht, sein Vorzeichen um. Dann erhält man in Argon, Neon, Helium, Stickstoff und Wasserstoff an der Kathode eine Druckabnahme und an der Anode eine Zunahme. Der Effekt ist in Argon sehr groß und in Wasserstoff kaum bemerkbar. Diese Versuchsergebnisse wurden von Skaupy[4]) für Argon und von Rüttenauer[5]) für Argon, Neon und Helium bestätigt. Um einen Begriff von der Größe des Effekts zu geben, sei erwähnt, daß Hamburger in dem von ihm näher beschriebenen Kapillarentladungsrohr Druckdifferenzen von 30% beobachtete. Rüttenauer faßt seine eingehenden Messungen in die empirische Formel

$$\Delta p = f \frac{j G \sqrt{M}}{p} \frac{l}{q}$$

zusammen, in welcher Δp = Druckdifferenz, f = Konstante, j = Stromdichte, G = Potentialgradient, M = Molekulargewicht des Füllgases, l = Länge und q = Querschnitt des Entladungsgefäßes bedeuten.

Zur Theorie dieses Effekts ist zu bemerken, daß Langmuir[6]) eine Formel, welche die Versuchsresultate angenähert wiedergibt, unter der Annahme ableiten konnte, daß die Druckerhöhung an der Anode die Reaktionskraft darstellt, welche der Impulsübertragung auf die Wände des Entladungsgefäßes durch die positiven Ionen das Gleichgewicht hält. Hamburger[7]) versucht, die von ihm gefundenen Druckdifferenzen durch den Ionentransport, welcher bei der Entladung stattfindet, zu erklären: Der Ionentransport hängt von der Zahl, Masse, Ladung und Beweglichkeit der Ionen ab, und es gelingt, durch geeignete Annahmen über die Natur der Ladungsträger beiderlei Vorzeichens die Beobachtungen quantitativ durch Formeln darzustellen. Die Druckerhöhung an der Anode bei großen Gasdrucken und Stromstärken soll durch das Vorhandensein negativer Molekülionen unter diesen Entladungsbedingungen entstehen, während der umgekehrte Effekt von Wehnelt und Franck dadurch erklärt wird, daß unter den dann herrschenden Versuchsbedingungen die negativen Träger masselose Elektronen sind.

Nach Dauvillier[8]) treten nicht nur an den Elektroden Druckdifferenzen auf, sondern es ist auch an der Stelle des negativen Glimmsaums in einer Schicht von nur 0,5 mm Dicke eine Druckerhöhung vorhanden, welche durch die dort vorhandene Anreicherung an positiven Ionen erklärt wird. Interessant ist die hier zum Nachweis der Druckerhöhungen verwendete Methode: Es wird ein feines Röntgenstrahlbündel quer durch die Entladung hindurchgeschickt und der Gasdruck an jeder Raumstelle aus der Absorption, welche die Strahlen daselbst erfahren, bestimmt.

---

[1]) J. Stark, Ann. d. Phys. „Boltzmann-Festschr.“ S. 399. 1904.
[2]) A. Wehnelt u. J. Franck, Verh. d. D. Phys. Ges. Bd. 12, S. 444. 1910.
[3]) L. Hamburger, Dissert. Delft 1917; ZS. f. wiss. Photogr. Bd. 18, S. 1. 1919.
[4]) F. Skaupy, Verh. d. D. Phys. Ges. Bd. 19, S. 264. 1917.
[5]) A. Rüttenauer, ZS. f. Phys. Bd. 10, S. 269. 1922.
[6]) I. Langmuir, Journ. Frankl. Inst. Bd. 196, S. 751. 1923.
[7]) L. Hamburger, Proc. Amsterdam Bd. 23, S. 279. 1921; Bd. 25, S. 463. 1923.
[8]) A. Dauvillier, C. R. Bd. 182, S. 575. 1926.

Schließlich sei noch bemerkt, daß SIRK[1]) im transversalen Magnetfeld eine Druckdifferenz in der Entladungsröhre findet, die senkrecht auf der Stromrichtung und dem Magnetfeld steht. Dieselbe läßt sich nach SIRK erklären aus der Annahme, daß die Elektrizitätsträger sich im Magnetfeld nach den bekannten elektrodynamischen Gesetzen bewegen.

Auf weitere Versuche und Theorien, die sich auf die bei der Bogenentladung auf die Elektroden einwirkenden Kräfte beziehen, sei nur hingewiesen[2]).

86. Entmischungsvorgänge. Der Nachweis, daß in einem Gasgemisch unter der Wirkung der Glimmentladung an den Elektroden Konzentrationsänderungen stattfinden, ist mehrfach versucht worden. Ältere spektroskopische Beobachtungen sind freilich nicht zwingend: z. B. bemerkte J. J. THOMSON[3]), daß in einem Gemisch von Wasserstoff und Chlor das Chlorspektrum besonders stark an der Anode sichtbar war, und BALY[4]) fand, daß in Gemischen des Wasserstoffs mit einer Reihe anderer Gase das Wasserstoffspektrum hauptsächlich an der Kathode auftrat. Dagegen beschreibt SKAUPY[5]) Versuche, bei denen die Glimmentladung direkt zur Entmischung eines Gasgemisches benutzt wird, und zwar findet er für Edelgase die Regel, daß das Gas mit der niedrigeren Ionisierungsspannung an der Kathode, das mit der höheren an der Anode sich anreichert; sind drei Gase vorhanden, so hat das Gas mit der mittleren Ionisierungsspannung seine größte Konzentration im mittleren Teil des Rohres. Durch Ansatzrohre an den betreffenden Stellen des Entladungsgefäßes kann man auf diese Weise Edelgasgemische in ihre Bestandteile zerlegen. Von SKAUPY und BOBECK[6]) wurde dann dieses Verfahren auf seine technische Eignung hin geprüft, indem mit dem LÖWEschen Gasinterferometer die auftretenden Konzentrationsänderungen durch Messung des Brechungsexponenten quantitativ bestimmt wurden. Es ergab sich dabei, daß z. B. aus einer Mischung von 95% Neon und 5% Helium in der benutzten Versuchsanordnung das Helium bis auf weniger als $^1/_2$% entfernt werden konnte. Die Entmischung ist um so vollkommener, je größer die Stromstärke und je geringer der Gasdruck ist.

Die Erklärung des Effekts sieht SKAUPY darin, daß das Gas mit der kleineren Ionisierungsspannung stärker ionisiert wird als dasjenige mit der höheren Spannung. Infolgedessen wandern dann mehr positive Ionen des ersteren Gases zur Kathode, als der Zusammensetzung des Gasgemisches entspricht.

Den im Quecksilberlichtbogen stattfindenden Transport von Quecksilber zur Kathode haben neuerdings FORBES und LEIGHTON[7]) untersucht.

87. Absorption des Gases[8]). Daß das Gas in einer Entladungsröhre beim Stromdurchgang allmählich verschwindet, wurde schon von PLÜCKER (1858) beobachtet. Die Arbeiten, welche seither zur Erforschung dieser Erscheinung angestellt wurden, sind überaus zahlreich. Sie haben gezeigt, daß der Prozeß

---

[1]) H. SIRK, Wiener Ber. Bd. 122, S. 417. 1913; Ann. d. Phys. Bd. 44, S. 437. 1914.

[2]) Literatur bei W. G. DUFFIELD, Phil. Mag. Bd. 45, S. 1139. 1923.

[3]) J. J. THOMSON, Proc. Roy. Soc. London Bd. 58, S. 246. 1895.

[4]) E. C. C. BALY, Phil. Mag. Bd. 35, S. 200. 1893.

[5]) F. SKAUPY, Verh. d. D. Phys. Ges. Bd. 18, S. 230. 1916; vgl. auch ZS. f. Phys. Bd. 2, S. 213. 1920.

[6]) F. SKAUPY u. F. BOBECK, ZS. f. techn. Phys. Bd. 6, S. 284. 1925.

[7]) G. S. FORBES u. P. A. LEIGHTON, Journ. Opt. Soc. Amer. Bd. 12, S. 53. 1926.

[8]) Eine ausführliche Darstellung des unter dem Namen „Sorption" (englisch auch: clean up) von Gasen zusammengefaßten Erscheinungenkomplexes findet man bei S. DUSHMAN, Grundlagen der Hochvakuumtechnik und in dem Aufsatz „Gasabsorption unter dem Einfluß der elektrischen Entladung" von E. PIETSCH in „Ergebnisse der exakten Naturwissenschaften" Bd. V. Beides Berlin: Julius Springer 1926. Vgl. ferner F. DURAU, ZS. f. Phys. Bd. 37, S. 419. 1926.

der Gasabsorption physikalisch-chemischer Natur ist, so daß er hier nur kurz besprochen werden soll. Die Versuchsresultate sind überaus komplizierte; es hängt nämlich die Geschwindigkeit, mit welcher ein Gas verschwindet, sowohl von der Gasart und dem Gasdruck als auch vom Elektrodenmaterial, ferner von der Art und der Oberflächenbeschaffenheit der Glaswände des Entladungsgefäßes und endlich von den Eigenschaften der Glimmentladung selbst (Größe des Kathodenfalls, Stromstärke usw.) ab. Entsprechend sind auch die Hypothesen und Theorien, die von den einzelnen Autoren zur Erklärung ihrer Versuchsergebnisse aufgestellt worden sind, sehr verschiedenartige. Nach einer Zusammenstellung von BRODETSKY und HODGSON[1]) wurden je nach den Versuchsbedingungen folgende verschiedenen Ursachen für das Verschwinden des Gases angegeben: Chemische Reaktionen zwischen Gas und Kathode bzw. Anode oder Gefäßwand, chemische Reaktion hervorgerufen durch aktiven Stickstoff, mechanisches Eindringen des Gases in die Kathode bzw. in das zerstäubte Kathodenmaterial, die Anode oder die Gefäßwand. Nach den Untersuchungen von LANGMUIR[2]) ist es wohl sicher, daß beide Arten der Bindung des Gases, d. h. die mechanische und die chemische, wirklich vorkommen, und zwar meistens wahrscheinlich gleichzeitig, so daß die Entwirrung der Versuchsergebnisse theoretisch und experimentell meist recht schwierig ist. Ferner ist zu unterscheiden zwischen der eigentlichen elektrischen Absorption des Gases, welche nur von der Ionisation der Gasmoleküle oder verwandten Erscheinungen abhängt, und der Absorption der neutralen Gasmoleküle. Diese letztere Erscheinung tritt auch ohne elektrisches Feld, z. B. in der Gegenwart eines glühenden Wolframdrahtes, auf. Es handelt sich dabei um einen chemischen Prozeß, der z. B. Sauerstoff, Kohlenoxyd und Wasserstoff zum Verschwinden bringt und der wegen der häufigen Verwendung von Glühdrähten bei Gasentladungen hier erwähnt werden muß. Eine weitere Art der Bindung der neutralen Moleküle ist diejenige durch Palladium- oder Platin-Mohr, welche für die Glimmentladung von Wichtigkeit ist, weil vielleicht das zerstäubte Kathodenmaterial auch anderer Metalle dieselbe Wirkung ausüben kann, wie dies für Wasserstoff bereits experimentell nachgewiesen ist. Hierfür sprechen die Versuche von VEGARD[3]), welcher einen engen Zusammenhang zwischen der Größe der Kathodenzerstäubung und der Geschwindigkeit der Gasabsorption auffand. Mit der elektrischen Absorption befaßten sich in letzter Zeit insbesondere CAMPBELL und NEW[4]). Ihre Versuche wurden mit Glühkathoden ausgeführt und ergaben, daß in Stickstoff und Kohlenoxyd die Größe der Absorption proportional der Stärke der Ionisation des Gases ist, daß aber die Zahl der verschwindenden Moleküle oft größer ist als die Zahl der ionisierten. In Argon zeigt sich überhaupt kein einfacher Zusammenhang zwischen Ionisation und Absorption. Es scheint immerhin sicher, daß die Gasmoleküle durch eine Reaktion mit den Gefäßwänden absorbiert werden, aber die Natur dieser Reaktion ist noch nicht aufgeklärt. Daß die Absorption mindestens teilweise an den Gefäßwänden vor sich geht, folgt schon daraus, daß das Gas nach HILLS[5]) auch durch elektrodenlose Entladung zum Verschwinden gebracht werden kann. Ferner zeigt sich, daß ein großer Teil des Gases durch Erhitzung der Wände wieder freigemacht werden kann. Dieselbe Wirkung hat auch ein Elektronenbombardement der Wände.

---

[1]) S. BRODETSKY u. B. HODGSON, Phil. Mag. Bd. 31, S. 478. 1916.

[2]) Bezüglich der Literatur vgl. das zitierte Buch von DUSHMAN.

[3]) L. VEGARD, Ann. d. Phys. Bd. 50, S. 769. 1916.

[4]) N. R. CAMPBELL u. E. G. NEW (Gen. Electr. Comp., London), Phil. Mag. Bd. 48, S. 553. 1924; vgl. auch die hier zitierten vorhergehenden Arbeiten der Gen. Electr. Comp. u. N. R. CAMPBELL, Phil. Mag. Bd. 2, S. 369. 1926.

[5]) S. E. HILLS, Proc. Phys. Soc. London Bd. 25, S. 35. 1912.

i) Nichtstationäre Glimmentladungen; Townsendströme.

88. Besonderheiten der Glimmentladung bei Wechselstrombetrieb. Bei mit Wechselstrom betriebenen Glimmentladungen treten gegenüber Gleichstromentladungen einige Besonderheiten in bezug auf das Aussehen sowie in bezug auf die Zünd- und Brennspannung auf, die in einer gewissen Trägheit der Vorgänge bei der Glimmentladung ihren Grund haben.

Was zuerst das Aussehen der Entladung betrifft, so sind folgende Besonderheiten an der Kathode und an der Anode zu bemerken. 1. An der Kathode: Die in Ziff. 7 Abb. 12, gezeichnete Aufbiegung der Ränder des Glimmlichts an einer drahtförmigen Kathode fehlt bei Erzeugung durch schnelle Schwingungen, weil offenbar eine gewisse Zeit zu ihrer Ausbildung nötig ist. Ferner erhält GEHRKE[1]), bei der Aufnahme von Wechselstromkurven mit seinem Glimmlichtoszillographen plötzliche kurz dauernde Helligkeitsschwankungen des Glimmlichts, die als Streifungen auf den Aufnahmen sich bemerkbar machen und davon herrühren, daß bei rapiden Stromänderungen infolge einer Trägheit der Röhre abnorme Kathodenfallwerte auftreten. Daß bei plötzlicher Stromvergrößerung im ersten Augenblick immer ein anormaler Kathodenfall entsteht und erst nachher, falls dies möglich ist, das Glimmlicht sich auf der Kathode ausbreitet, folgt auch aus Versuchen von HERWEG[2]). 2. An der Anode: Die häufig eintretende Kontraktion des Glimmlichts auf einzelne Stellen der Anode tritt, wie in Ziff. 45 erwähnt, nur bei Gleichstrom ein.

Bevor nun die bei schnellen Schwingungen auftretende Änderung der Zündspannung behandelt werde, sollen noch gewisse Hysteresiserscheinungen der Brennspannung besprochen werden. Derartige Erscheinungen sind sowohl bei sehr langsamen Änderungen der Spannung einer Gleichstromglimmentladung beobachtet worden (langsame Hysterese), als auch bei Schwingungen mit Hilfe der BRAUNschen Röhre nachgewiesen worden (schnelle Hysterese). Man muß ferner unterscheiden zwischen negativer und positiver Hysteresis: Trägt man den Strom als Abszisse, die Spannung als Ordinate auf, so liegt bei der negativen Hysterese der fallende Ast oberhalb des steigenden.

Die langsame Hysteresis wurde von SEELIGER[3]) bei Versuchen in einem Gemisch von Neon und Helium eingehend untersucht. In nicht sehr reinen Edelgasen lassen sich danach bei negativer Hysterese alle Erscheinungen erklären durch die Annahme, daß beim Stromdurchgang eine Erwärmung und daher eine Dichteabnahme des Gases eintritt. Bei anormalem Kathodenfall, auf den die Untersuchungen sich allein beziehen, findet, weil die Stromdichte vor der Kathode bei konstanter Spannung proportional mit p^2 wächst, mit der Abnahme des Gasdrucks bei konstanter Stromstärke eine Erhöhung des Kathodenfalls statt. Da die Temperaturerhöhung hinter der Erhöhung der Stromstärke nachhinkt, so verursacht dieser Temperatureffekt im Gebiete des Kathodenfalls eine negative Hysterese. In der positiven Säule, wo der Gradient mit der Dichte zunimmt, bewirkt der Temperatureffekt dagegen eine positive Hysterese. Je nachdem nun in einer Glimmentladung das Kathodenfallgebiet oder die positive Säule überwiegt, ist daher die Hysterese negativ oder positiv. Es kann nun allerdings auch der Fall eintreten, daß die Hysterese einer Glimmentladung ohne längere, positive Säule positiv ist. In sehr reinen Edelgasen ist dieser Effekt nach RÜTTENAUER[4]) sogar sehr ausgeprägt und beruht auf der An-

---

[1]) E. GEHRKE, ZS. f. Instrkde. Bd. 25, S. 33. 1905.
[2]) J. HERWEG, Phys. ZS. Bd. 13, S. 633. 1912.
[3]) R. SEELIGER, Jahrb. d. Radioakt. Bd. 20, S. 353. 1923.
[4]) A. RÜTTENAUER, ZS. f. Phys. Bd. 15, S. 33. 1923.

wesenheit kleiner Mengen von Verunreinigungen. Wie dieselben diese Art der Hysterese verursachen, ist aber noch nicht aufgeklärt.

Die Erscheinung der schnellen Hysterese ist von HERWEG bei der Glimmentladung in Wasserstoff bei Frequenzen unterhalb $1000\,\mathrm{sec}^{-1}$ mit der BRAUNschen Röhre direkt nachgewiesen worden. Indirekt kann man auf ihr Vorhandensein aus Stabilitätsbetrachtungen (vgl. Ziff. 5) schließen. Sie dürfte ihre Ursache in der Ionenträgheit haben, welche nach DÄLLENBACH[1]) in dichten Edelgasen besonders wirksam sein soll.

Was nun die Zündspannung der Wechselstromglimmentladung betrifft, so wurde ihre Abhängigkeit von der Frequenz für langsame Schwingungen, d. h. unterhalb $10^3\,\mathrm{sec}^{-1}$, von MAUZ und SEELIGER[2]) in mit einem Neon-Helium-Gemisch von 10 mm Hg Druck gefüllten Glimmröhren mit der in Ziff. 89 beschriebenen Versuchsanordnung untersucht. Es zeigt sich, daß die dynamische Zündspannung für kleine Frequenzen stark über den statischen Wert ansteigt, dann ein Maximum erreicht und für große Frequenzen unter die statische Spannung herabsinkt. Die von den Autoren gegebene Erklärung des anfänglichen Ansteigens, welche auch die beobachtete Abhängigkeit von der Kurvenform der angelegten Wechselspannung verstehen läßt, ist dieselbe wie diejenige der Funkenverzögerung (vgl. Ziff. 6): Es muß die Gasstrecke sich in einem für die Zündung günstigen Zustand befinden, der erst nach einer endlichen Verzögerungszeit eintritt.

Der für größere Frequenzen eintretende Abfall der Zündspannung, der von MAUZ und SEELIGER auf die unvollkommene Entionisierung der Gasstrecke zwischen zwei aufeinanderfolgenden Entladungen zurückgeführt wird, tritt nun viel ausgeprägter auf in den Arbeiten[3]), in denen die Abhängigkeit der Zündspannung von der Frequenz bei den in der drahtlosen Telegraphie verwendeten Frequenzen untersucht wurde. Bei Frequenzen von $3 \cdot 10^5$ bis $4 \cdot 10^6\,\mathrm{sec}^{-1}$ und Gasdrucken von 5 bis 30 mm Hg erhält zwar HULBURT[4]) in Wasserstoff, Sauerstoff und Luft noch keine Abweichungen von der statischen Zündspannung, dagegen findet GUTTON[5]), daß in einem Gefäß von 7,5 cm Länge und 3 cm Durchmesser die Zündspannung in Luft bei Drucken von 0,5 bis 0,05 mm Hg dauernd abnimmt, um bei weiterer Druckverkleinerung auf 0,005 mm Hg sehr schnell zuzunehmen, solange die Frequenz kleiner als $1{,}1 \cdot 10^7\,\mathrm{sec}^{-1}$ bleibt. Steigt die Frequenz aber auf $1{,}2 \cdot 10^7\,\mathrm{sec}^{-1}$ oder darüber, so nimmt die Zündspannung mit abnehmendem Gasdruck dauernd ab. Dies ist insofern merkwürdig, als das Wiederansteigen bei sehr kleinen Gasdrucken, das ja auch bei der Gleichstromglimmentladung bekannt ist (vgl. Ziff. 28), darauf zurückgeführt wird, daß die Primärelektronen nun nur eine ungenügende Anzahl positiver Ionen erzeugen können, d. h. auf einen Effekt, der auch bei der Wechselstromglimmentladung bei jeder Frequenz vorhanden sein sollte. KIRCHNER[6]), der außerdem auch die Spannungsmessung GUTTONS einer Kritik unterzieht, hält es deshalb für selbstverständlich, daß GUTTON auch bei seinen höchsten Frequenzen wieder ein Ansteigen der Zündspannung erhalten hätte, wenn er nur mit dem Druck genügend weit herabgegangen wäre. KIRCHNER selbst mißt die Zündspannung (korrekter wäre die Bezeichnung „Wiederzündspannung", welche MAUZ und

---

[1]) W. DÄLLENBACH, Phys. ZS. Bd. 27, S. 448. 1926.

[2]) E. MAUZ u. R. SEELIGER, Phys. ZS. Bd. 26, S. 47. 1925.

[3]) Einige im Text hier nicht erwähnte Arbeiten zitieren MAUZ u. SEELIGER, außerdem sei genannt E. W. B. GILL u. R. H. DONALDSON, Phil. Mag. Bd. 2, S. 129 u. 742. 1926.

[4]) E. O. HULBURT, Phys. Rev. Bd. 20, S. 127. 1922.

[5]) M. C. GUTTON, C. R. Bd. 178, S. 467. 1924.

[6]) F. KIRCHNER, Ann. d. Phys. Bd. 77, S. 287. 1925.

SEELIGER vorschlagen; KIRCHNER gebraucht den Ausdruck „Brennspannung") in Neon, Wasserstoff, Sauerstoff und Luft bei Frequenzen bis hinauf zu $3{,}5 \cdot 10^7\,\mathrm{sec}^{-1}$ und für verschiedene Gasdrucke und Elektrodenabstände. Abb. 66 gibt als Auswahl aus diesen besonders sorgfältigen Messungen die Versuchsresultate in Sauerstoff für diese Maximalfrequenz und für verschiedene Elektrodenabstände wieder. Man sieht, daß die Zündspannung in Abhängigkeit vom Gasdruck denselben Verlauf hat wie das Funkenpotential (vgl. diesen Band Kap. 7): Mit abnehmendem Druck langsamer Abfall zu einem Minimum und dann steiler Wiederanstieg. Bemerkenswert ist auch, daß dieses Minimum mit zunehmendem Elektrodenabstand entsprechend dem PASCHENschen Gesetz (vgl. Ziff. 34) zu immer kleineren Drucken rückt. Was nun die verschiedenen Gase betrifft, so ist der Verlauf der Kurve in Sauerstoff ein besonders steiler und in Neon ein besonders flacher. Dieser geringe Druckeinfluß in Neon rührt natürlich daher, daß hier die Elektronen bei ihren Zusammenstößen mit den Gasmolekülen am wenigsten Energie verlieren.

Interessant ist nun die Feststellung, daß das Minimum der Zündspannung ganz außerordentlich tief liegt. Den kleinsten Wert, der sogar unter der betreffenden Ionisierungsspannung liegt, erreicht es in Neon mit nur 15 Volt (kleinste Anregungsspannung = 16,5 Volt). Diese kleine Zündspannung findet nach KIRCHNER ihre Erklärung darin, daß infolge der hin und her pendelnden Bewegung der Elektronen die Entladung aufrechterhalten werden kann, ohne daß die positiven Ionen das Gas zu ionisieren brauchen. [Dies ist eine Eigenschaft, welche diese Entladungsform mit dem elektrodenlosen Ringstrom (vgl. Ziff. 90) gemeinsam hat.] Dadurch fällt der Kathodenfall weg; die Entladung wird also vom Kathodenmaterial unabhängig und allein durch das Füllgas charakterisiert. Daß die Pendelbewegung der Elektronen wirklich der Grund für die niedrige Zündspannung dieser Entladungsform ist, beweist noch folgender Versuch: Wird die Wechselspannung derart an die Elektroden angelegt, daß die Elektronen nur nach einer Richtung beschleunigt werden, indem die eine Elektrode immer zur Kathode und die andere immer zur Anode gemacht wird, so erlischt die Entladung sofort. Ferner sei noch erwähnt, daß man aus dem Minimum der Zündspannung die freie Weglänge der Elektronen in bezug auf Ionisierung berechnen kann; dieselbe ergibt sich als drei- bis fünfmal kleiner als die gaskinetische.

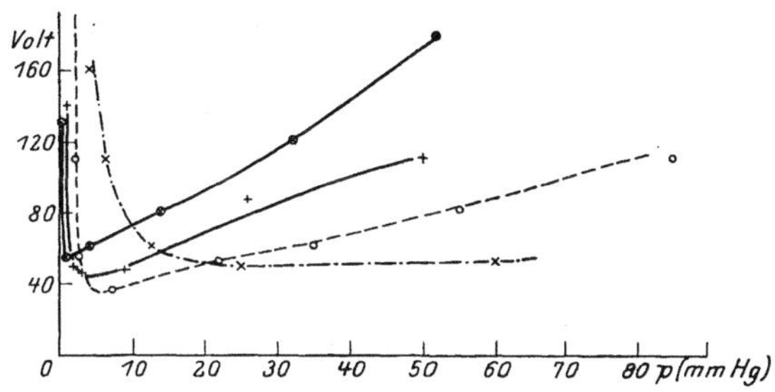

Abb. 66. Abhängigkeit der Zündspannung einer Wechselstromglimmentladung (Frequenz = $3{,}5 \cdot 10^7\,\mathrm{sec}^{-1}$) in Sauerstoff vom Gasdruck. ⊗ Elektrodenabstand = 60 mm; + Elektrodenabstand = 30 mm; o Elektrodenabstand = 15 mm; × Elektrodenabstand = 7,5 mm.

Zum Schluß sei noch auf Versuche von KLARFELD[1]) hingewiesen, der einer Gleichstromglimmentladung schwache Wechselströme von 50 bis über $2{,}10^5$ Perioden pro sec überlagerte. Gemessen wurde nun der „Wechselstromwiderstand" der Glimmentladung in Abhängigkeit von der Frequenz und der Gleichstromstärke nach einer von HAGENBACH und WEHRLI (dieser Band, Kap. 6) zuerst beim Lichtbogen angewendeten Substitutionsmethode, indem die Gasstrecke durch einen OHMschen Widerstand ersetzt wurde. Bezüglich der Resultate

---

[1]) B. KLARFELD, ZS. f. Phys. Bd. 38, S. 289. 1926.

dieser Versuche, welche hauptsächlich in Argon beim normalen Kathodenfall angestellt wurden, sei auf die Originalarbeit verwiesen.

Bezüglich der „Empfindlichkeit" der Wechselstromglimmentladung gegenüber Annäherung geerdeter oder auf irgendein Potential geladener Metallstücke vgl. Ziff. 89.

89. Intermittierende Glimmentladungen[1]). Die einfachste Form einer intermittierenden Glimmentladung ist die von GASSIOT 1863 entdeckte, welche in der Folge von HITTORF und RIGHI näher untersucht wurde.

Der Nachweis der Intermittenzen geschieht z. B. mit dem rotierenden Spiegel, dem Telephon (nur bei Frequenzen unterhalb $20000\,\mathrm{sec}^{-1}$ anwendbar) oder, was wohl am zuverlässigsten ist (vgl. die unten erwähnte Arbeit von PENNING), indem die kleinste und die größte an der Röhre anliegende Spannung gemessen werden. Sind diese beiden Spannungen verschieden, so ist die Entladung intermittent. Das Schaltungsschema ist im Prinzip folgendes (vgl. Abb. 11 in Ziff. 5): Die an die Entladungsröhre anzulegende Spannung wird über einen hochohmigen (z. B. Flüssigkeits-) Widerstand mit der Röhre, die parallel zu einem Kondensator in der Größenordnung von ca. $^1/_{10}$ bis $^1/_{1000}$ Mikrofarad liegt, verbunden. Dann lädt sich beim Schließen des Stromkreises zuerst der Kondensator bis zur Zündspannung E_z der Röhre auf. Bei der nun einsetzenden Entladung fließe mehr Strom durch die Röhre, als durch den großen Widerstand nachgeliefert werden kann. Dadurch entlädt sich der Kondensator durch die Glimmröhre, deren Spannung auf der fallenden Charakteristik (normaler Kathodenfall) bis zum tiefsten Punkt E_l herabgleitet, wo die Entladung erlischt. Hierauf wird der Kondensator wieder von E_l bis E_z aufgeladen, worauf die nächste Entladung einsetzt. Bezeichnet C die Kapazität des Kondensators und i_m den Mittelwert des durch den Widerstand fließenden Stromes, so ist die Ladezeit

$$t = C\,\frac{E_z - E_l}{i_m}\,. \tag{1}$$

Weil die Dauer der Entladung klein gegen die Ladezeit ist, stimmt t auch sehr angenähert mit der ganzen Periode einer Entladung überein (genauere Formeln z. B. in der zitierten Arbeit v. VALLE). Man sieht, daß die Frequenz um so größer wird, je kleiner die Kapazität C und je größer der Strom i_m, d. h. je kleiner der Widerstand W wird. Da die Elektroden der Entladungsröhre selbst schon eine kleine Kapazität besitzen, so können solche intermittierende Entladungen, wenn nur die Widerstände der Stromzuleitungen zur Röhre groß genug sind, auch ohne parallel geschaltete Kapazität auftreten. Dies ist der Grund, weshalb derartige „Schwingungserscheinungen" bei kleinen Stromstärken in Entladungsröhren häufig beobachtet worden sind und wohl noch häufiger vorhanden waren, aber nicht bemerkt wurden (vgl. z. B. Ziff. 76). Es verläuft dann infolge des großen Vorschaltwiderstandes die Widerstandslinie so steil, daß die Stabilität dadurch zerstört wird [vgl. Ziff. 5, besonders Ungleichung (11)].

Um in Formel (1) für t mit der Beobachtung ungefähr übereinstimmende Werte zu erhalten, muß man für E_z und E_l die „dynamischen" Werte einsetzen, welche von den „statischen" verschieden und außerdem noch von der Frequenz

---

[1]) Vgl. den zusammenfassenden Bericht von G. VALLE, Phys. ZS. Bd. 27, S. 473. 1926; hier auch ausführliches Literaturverzeichnis. Ferner: W. SCHALLREUTER, Über Schwingungserscheinungen in Entladungsröhren. Sammlung Vieweg, Heft 66. Außerdem seien folgende, im VALLEschen Literaturverzeichnis nicht aufgeführte Arbeiten zitiert: E. V. APPLETON u. A. G. D. WEST, Phil. Mag. Bd. 45, S. 879. 1923; F. H. NEUMANN, ebenda Bd. 47, S. 939. 1924; R. E. CLAY, ebenda Bd. 50, S. 985. 1925. Weitere zahlreiche Hinweise bei J. TAYLOR u. W. STEPHENSON, Phil. Mag. Bd. 49, S. 1081. 1925.

abhängig sind. Was speziell die Zündspannung betrifft, so zeigt dieselbe nach GEFFKEN[1]) den von der Wechselstromentladung (Ziff. 88) her bekannten Verlauf: erst einen Anstieg über den statischen Wert und hernach einen Abfall unter denselben. Die beim Zündvorgang möglicherweise eine Rolle spielenden Ursachen diskutiert PENNING[2]). Von denselben sei die vom vorhergehenden Stromdurchgang evtl. noch vorhandene Feldkonzentration vor der Kathode hier besonders erwähnt, weil dieselbe nur bei der intermittierenden, nicht aber bei der Wechselstromentladung von Einfluß sein kann.

GEFFKEN hat untersucht, bis zu welcher Maximalstromstärke die intermittierende Entladung möglich ist, d. h. an welcher Stelle der Zündspannungscharakteristik (d. h. E_z als Funktion von i_m) diese Entladungsform in die kontinuierliche übergeht. Dieser Punkt wird Reißpunkt genannt. Er kann sowohl, wie die einfache Theorie (vgl. Ziff. 5) es verlangt, am Übergang der fallenden in die steigende Brenncharakteristik liegen (normales Reißen) als auch, wie dies bei höheren Frequenzen vorkommt, noch innerhalb der fallenden Charakteristik (anormales Reißen), was GEFFKEN dann durch Hysteresewirkung und mangelnde Entionisierung der Gasstrecke zu erklären versucht. Geht man umgekehrt von größeren Stromstärken abwärts, so findet man einen „Springpunkt“, bei welchem die kontinuierliche Entladung in die intermittierende übergeht. Theoretisch sollte derselbe wieder am Übergangspunkt zwischen steigender und fallender Charakteristik liegen. Experimentell findet man aber, daß die Entladung auch für schwachfallende Charakteristik noch kontinuierlich brennt. Das Springen entsteht nun nach GEFFKEN und PENNING durch kleine Unregelmäßigkeiten der Glimmstromstärke und findet statt, wenn die Steilheit der fallenden Charakteristik so groß wird, daß die Spannung am Kondensator den aus den Stromschwankungen resultierenden Spannungsschwankungen nicht rasch genug zu folgen vermag. Nach DÄLLENBACH (vgl. Ziff. 5) erklärt sich die Tatsache, daß eine Glimmentladung mit parallel liegender Kapazität bei fallender Charakteristik stabil brennt, aus der Ionenträgheit.

Eine Besonderheit der intermittierenden Entladung ist ihre Empfindlichkeit gegen Annäherung geerdeter Leiter[3]) (sog. „empfindliche Entladung“), welche auf einer Kapazitätswirkung beruht. Eine hiermit verwandte Erscheinung bei mit Wechselstrom betriebenen Gasentladungen stellt offenbar die von DUNOYER und TOULON[4]) beim Quecksilberlichtbogen und von PROCOPIU[5]) bei der Glimmentladung (in Luft?) beobachtete Beeinflussung dar, welche die Entladung erfährt, wenn man außen um das Entladungsgefäß einen Metallring legt, welcher ebenfalls mit der Wechselspannung verbunden wird. Je nach der Phasendifferenz kann man dann die Stromstärke in der Gasentladung schwächen oder verstärken und die Anordnung sogar als Relais verwenden.

Nach VALLE[6]) treten mitunter in derselben Entladungsröhre (verwendet wurden mehrere Röhrentypen mit drahtförmigen Elektroden) je nach der Frequenz mehrere untereinander verschiedene Formen der intermittierenden Entladung auf. Wenn man nämlich den Vorschaltwiderstand verkleinert, so geht bisweilen die gewöhnliche erste Form der diskontinuierlichen Entladung durch ein Übergangsgebiet hindurch in eine zweite Form über, bei welcher die einzelnen Stromstöße

---

[1]) H. GEFFKEN, Phys. ZS. Bd. 26, S. 241. 1925.

[2]) F. M. PENNING, Phys. ZS. Bd. 27, S. 187. 1926.

[3]) Literatur über hierhergehörige Beobachtungen in der zitierten Arbeit von VALLE (vgl. § 22).

[4]) L. DUNOYER u. P. TOULON, Journ. de phys. et le Radium Bd. 5, S. 104. 1924.

[5]) S. PROCOPIU, Phys. ZS. Bd. 27, S. 57. 1926.

[6]) G. VALLE, Wiener Ber. (IIa) Bd. 121, S. 63. 1912; weitere Literaturangaben in der oben zitierten Arbeit VALLES.

ca. 10mal rascher aufeinanderfolgen, während die bei jedem Stromstoß überfließende Elektrizitätsmenge kleiner wird. In dem Übergangsgebiet sind beide Entladungsformen möglich; die Regel ist aber eine dritte Form, die sog. „Gruppenentladung", bei welcher auf einen Stromstoß der ersten Entladungsform ein oder auch mehrere Stromstöße der zweiten Form folgen. Erklärt wird die Gruppenentladung von VALLE dadurch, daß mit zunehmender Frequenz die Entionisierung der Gasstrecke in dem stromlosen Intervall nach der ersten Zündung nur unvollständig vor sich geht, so daß die zweite Entladung (allgemeiner die n folgenden) bei einer kleineren Zündspannung eintreten kann. Wird n unendlich, so geht die erste Entladung in die zweite über.

Eine von den eben behandelten Entladungsformen wesentlich verschiedene Form der intermittierenden Entladung hat RIGHI[1]) in Entladungsröhren von der in Abb. 67 dargestellten Konstruktion im Magnetfeld wahrgenommen. Bei diesen ist die Anode A in einem seitlichen Ansatzrohr BD in der Höhe der Kathode C angebracht. Die von dieser ausgehenden Kathodenstrahlen werden durch ein longitudinales Magnetfeld (R = Magnetpol) zusammengehalten und in der Fortsetzung des die Kathode enthaltenden Rohres nach D, d. h. von der Anode weg, geschleudert. In diesem Rohr erzeugen diese Strahlen eine negative Raumladung, welche, wenn das Feld groß genug geworden ist, zur Bildung einer zur Anode hin, d. h. entgegengesetzt zur Richtung des Glimmlichts, von F nach E gerichteten positiven Säule Veranlassung gibt. Da hierdurch die negative Raumladung abgebaut wird, ist die Entladung intermittierend, wie RIGHI mit dem Telephon und dem rotierenden Spiegel nachgewiesen hat. Die hier gegebene Erklärung ist diejenige von HOLM[2]) und von IVES[3]). Die Wirksamkeit einer besonderen Art „magnetischer Strahlen", welche RIGHI glaubte annehmen zu müssen, ist unnötig.

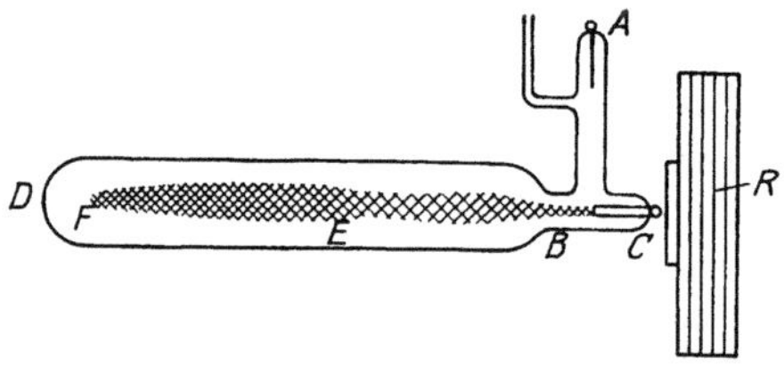

Abb. 67. Röhre für intermittierende Entladungen nach RIGHI.

Betreffs weiterer Formen diskontinuierlicher Entladungen muß noch die Beobachtung von PENNING[4]) erwähnt werden, daß es in Neon eine Entladung gibt, bei welcher die beiden in Ziff. 45 besprochenen Formen des anodischen Glimmlichts, nämlich die gelbe Schicht und die rote Halbkugel, abwechselnd auftreten. Endlich sei der Vollständigkeit halber erwähnt, daß CADY, ARNOLD und VINAL[5]) im Lichtbogen bei Atmosphärendruck Strompendelungen beobachtet haben, von denen sie behaupten, daß die Entladung abwechselnd einen Lichtbogen und eine Glimmentladung darstelle. Der Nachweis, daß es sich wirklich um eine Glimmentladung handelt, dürfte aber nicht erbracht sein.

Als letzter Fall einer nichtstationären Glimmentladung sollen die merkwürdigen, aus der Anode heraus und gegen die Kathode wandernden Schichten besprochen werden, die in Edelgasen (besonders in Neon und Argon gut sichtbar) auftreten und die in letzter Zeit von ASTON und KIKUCHI[6]), von WHIDDINGTON[7])

[1]) A. RIGHI, Strahlende Materie und magnetische Strahlen. Übersetzt von M. IKLÉ, Leipzig 1909.
[2]) R. HOLM, Phys. ZS. Bd. 16, S. 70. 1915.
[3]) J. E. IVES, Phys. Rev. Bd. 9, S. 349. 1917.
[4]) F. M. PENNING, Physica Bd. 5, S. 217. 1925.
[5]) W. G. CADY u. H. D. ARNOLD, Phys. ZS. Bd. 8, S. 890. 1907; W. G. CADY u. G. W. VINAL, ebenda Bd. 10, S. 569. 1909; W. G. CADY, ebenda Bd. 10, S. 623. 1909.
[6]) F. W. ASTON u. T. KIKUCHI, Proc. Roy. Soc. London Bd. 98, S. 50. 1921, hier auch Hinweis auf ältere Beobachtungen; T. KIKUCHI, ebenda Bd. 99, S. 257. 1921.
[7]) R. WHIDDINGTON, Nature Bd. 116, S. 506. 1925.

und von SAMSON[1]) untersucht worden sind. Die Schichten treten sowohl bei der Glimm- als auch bei der Bogenentladung auf. Dem Aussehen nach scheint die Entladung vollkommen stationär zu brennen: Strom- oder Spannungsoszillationen scheinen meistens nicht aufzutreten (nur SAMSON erwähnt das Vorhandensein kleiner, unregelmäßiger Stromschwankungen), durch In-Serie-Schalten einer Selbstinduktion oder Parallelschalten einer Kapazität wird die Entladung nicht beeinflußt, und die wandernden Schichten selbst sind erst bei der Betrachtung mit dem rotierenden Spiegel zu erkennen. Ihre Geschwindigkeit wird um so größer, je kleiner der Gasdruck und der Rohrdurchmesser ist. Sie nimmt meistens gegen die Kathode zu ab und beträgt je nach den Versuchsbedingungen zwischen $2 \cdot 10^3$ bis $2 \cdot 10^5$ cm/sec. Nach KIKUCHI gibt es speziell in Neon drei Schichtarten, die sich besonders auch durch ihre Geschwindigkeiten unterscheiden (zwischen $5 \cdot 10^3$ bis $8 \cdot 10^4$ cm/sec). Das von den Schichten ausgesandte Licht zeigt nach WHIDDINGTON keinen Dopplereffekt, so daß man annehmen muß, daß nur der Ort, wo die Lichtanregung stattfindet, sich fortbewegt, nicht aber die leuchtenden Atome selbst. Wichtig ist ferner die Feststellung von PENNING[2]), daß in Neon analoge Schichten wie die hier erwähnten bei der Zündung jeder Glimmentladung als stehende Schichten auftreten, so daß, wenn die Säule ungeschichtet ist, diese Verwischung erst nachher stattfindet. Bis jetzt wurde nur von WHIDDINGTON eine Erklärung für das Wandern der Schichten versucht, und zwar folgende: Die beim Auftreffen der Elektronen auf die Anode erzeugten positiven Ionen schwächen das Feld so sehr, daß keine weitere Ionisation stattfinden kann. Hierdurch staut sich vor der Anode eine Elektronenwolke, das Feld konzentriert sich wieder, und es findet abermals Ionisation statt.

90. Die elektrodenlose Ringentladung[3]). Es gibt zwei Möglichkeiten, um Gasentladungen in einem elektrodenlosen Gefäß zu erzeugen: Man kann erstens an die äußere Gefäßwand Elektroden heranbringen. Beim Anlegen einer Potentialdifferenz durchsetzt dann ein Verschiebungsstrom die isolierende Glaswand, und es kann vorkommen, daß während dieses Stromstoßes die Isolation des Gases im Gefäß zusammenbricht, worauf der Stromkreis im Inneren des Gefäßes nicht durch einen Verschiebungsstrom, sondern durch eine kurz dauernde Glimmentladung geschlossen wird. Die Entladung setzt dann an der inneren Glaswand des Entladungsgefäßes an, und es entstehen an der Kathodenseite auch die bekannten Lichtgebilde und der charakteristische Potentialverlauf. Man hat es also mit einer gewöhnlichen intermittierenden Glimmentladung zu tun, auf die nicht weiter eingegangen werden soll[4]). Die zweite Möglichkeit der Erzeugung einer elektrodenlosen Entladung besteht darin, daß man das Entladungsgefäß in das Innere einer von hochfrequentem Wechselstrom durchflossenen Drahtspule bringt. Dann wird in dem Gefäß bei passendem Gasdruck ein heller Lichtring in der Ebene der Drahtspule sichtbar. Dieser stellt einen in sich selbst geschlossenen Stromkreis dar, in welchem ein Wechselstrom, der sog. „elektrodenlose Ringstrom“, mit der Frequenz des primären Spulenstroms fließt. Die zur Erzeugung des Ringstromes gebräuchliche Schaltung, ein aus der Selbstinduktionsspule L, der Funkenstrecke S und den symmetrisch zu L und S angebrachten Kapazitäten C bestehender Schwingungskreis, ist in Abb. 68 schematisch dargestellt. Wird in die Spule L eine Glaskugel hineingebracht,

[1]) C. SAMSON, ZS. f. techn. Phys. Bd. 6, S. 281. 1925.

[2]) F. M. PENNING, Phys. ZS. Bd. 27, S. 187. 1926.

[3]) Vgl. den eingehenden zusammenfassenden Bericht und vollständigen Literaturnachweis von G. MIERDEL, Phys. ZS. Bd. 25, S. 240. 1924; wir werden daher nur noch einige später erschienene Arbeiten zitieren.

[4]) Näheres findet man in dem zitierten Bericht von MIERDEL.

so zeigt sich mit fortschreitender Druckabnahme in der Kugel ein in Luft zuerst rosa und dann blendend weiß leuchtender Ring. Bei weiterer Evakuation nimmt die Lichtstärke wieder ab. Die Entladung tritt also nur in einem ziemlich scharf begrenzten Druckintervall, dessen Grenzen aber von den Versuchsbedingungen (Frequenz, Stromstärke, Größe des Gefäßes usw.) abhängig sind, auf.

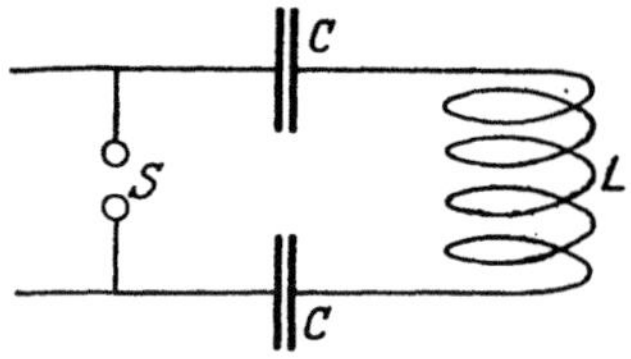

Abb. 68. Versuchsanordnung für den elektrodenlosen Ringstrom.

Zur Erklärung wurde schon von HITTORF[1]), dem Entdecker dieser Erscheinung, die Vermutung geäußert, daß das durch elektromagnetische Induktion im Innern der Spule entstehende Kraftfeld den Durchbruch des Gases verursache. Diese Vermutung ist insofern richtig, als der blendend weiße Ringstrom sich auch noch erzeugen läßt, wenn man dafür Sorge trägt, daß nur die elektromagnetische Kraft auf das Gas einwirkt. Bei den früher verwendeten Versuchsanordnungen war dies aber nicht der Fall. Infolge der großen Impedanz der gewöhnlich verwendeten Spulen entstehen nämlich an den Enden derselben so große Potentialdifferenzen, daß das Gas auch durch diese elektrostatischen Kraftfelder zum Leuchten angeregt wird. Letztere Wirkung ist natürlich um so beträchtlicher, je enger und länger die Spulen sind. Man vermindert sie, indem man nur eine einzige Drahtschleife als Spule benutzt, oder indem man die Spulenwindungen in eine Ebene wickelt. Es bleiben aber auch dann noch elektrostatische Einwirkungen zurück, welche man nach WACHSMUTH und SCHÜTZ[2]) am besten vermeidet, indem man einen „Schutzring“ verwendet, d. h. indem man einen Blechstreifen zu einem ungeschlossenen Ring zusammenbiegt, denselben sorgfältigst erdet und dann zwischen die Spule und das Entladungsgefäß bringt. Wenn man jetzt die durch den Ringstrom im Gas erzeugte Leitfähigkeit mißt (dies ist von den elektrischen Größen die einzige, welche der Messung direkt zugänglich ist), indem man den zwischen zwei Hilfselektroden bei konstanter angelegter Spannung (50 Volt) fließenden Strom mißt, so erhält man für die Druckabhängigkeit der Leitfähigkeit die in Abb. 69 gezeichnete Kurve, deren Maximum unterhalb 0,1 mm Hg mit dem Auftreten des hell weiß leuchtenden Rings zusammenfällt. Beim Weglassen des Schutzrings dagegen steigt die Leitfähigkeitskurve nochmals an, erreicht bei 0,5 mm Hg ein zweites Maximum, und gleichzeitig tritt jetzt der rosa gefärbte Ring auf. Derselbe ist, obgleich stark geschwächt, aber auch bei Verwendung des Schutzrings vorhanden (ebenso auch das zweite Maximum der Kurve), was von WACHSMUTH und SCHÜTZ darauf zurückgeführt wird, daß Spule und Schutzring, als Außenelektroden wirkend, das Gas immer noch elektrostatisch beeinflussen.

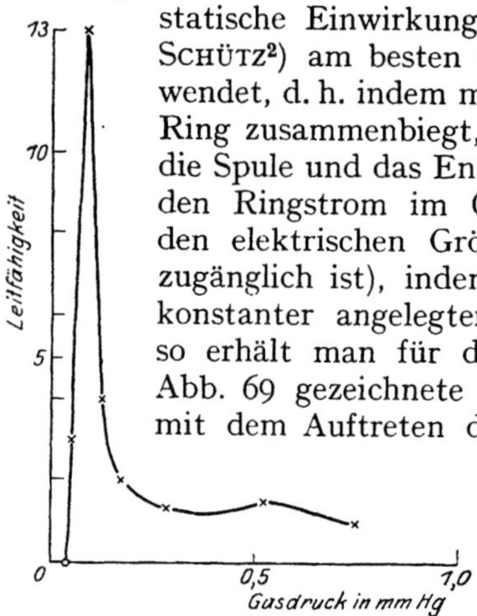

Abb. 69. Druckabhängigkeit der Leitfähigkeit beim elektrodenlosen Ringstrom in Luft unter Verwendung eines Schutzringes nach WACHSMUTH und SCHÜTZ.

Infolge der großen Leitfähigkeit, welche in dem leuchtenden Ring herrscht, schirmt derselbe das elektrische Feld gegen das Innere des Entladungsgefäßes hin ab. Aus dieser Schirmwirkung[3]) erklärt sich nach J. J. THOMSON die geringe

[1]) W. HITTORF, Wied. Ann. Bd. 21, S. 137. 1884.

[2]) B. WACHSMUTH u. W. SCHÜTZ, Ann. d. Phys. Bd. 78, S. 57. 1925.

[3]) Die Schirmwirkung kann durch einen sehr hübschen Vorlesungsversuch von J. J. THOMSON (Phil. Mag. Bd. 2, S. 674. 1926) demonstriert werden.

Dicke des Rings. In manchen Gasen, z. B. in Jod, Wasserstoff und in Argon[1]), erhält man auch mehrere konzentrische, verschieden gefärbte Ringe, was wohl ebenfalls damit zusammenhängt, daß die Feldstärke an der Peripherie ein Maximum hat. Die spektroskopischen Beobachtungen an der Ringentladung sind überaus zahlreich. Da diese Entladungsform bei sehr niedrigem Gasdruck erhalten werden kann, wird sie zur Erzeugung nicht umgekehrter Linien häufig verwendet. Sie ist deswegen sowie wegen ihres Linienreichtums zur Erforschung der Struktur der Spektren sehr geeignet. Von den Versuchsergebnissen, die das Wesen der Ringentladung betreffen, ist das plausible Resultat zu erwähnen, daß in einatomigen Gasen bei hohen Drucken das Bogenspektrum, bei kleinen dagegen das Funkenspektrum auftritt, während in mehratomigen Gasen bei hohen Drucken Bandenspektra, bei tiefen dagegen Linienspektra emittiert werden. Schließlich sei noch erwähnt, daß in Sauerstoff, in Helium und namentlich aber in Stickstoff sich nach dem Durchgang der Entladung ein oft minutenlang anhaltendes Nachleuchten zeigt. Über den Einfluß eines Magnetfeldes auf die Ringentladung sowie über die mechanischen Einwirkungen der Ringentladung auf das Gas (Ionenwind) berichtet zusammenfassend Mierdel.

Was nun das Wesen der Ringentladung betrifft, so hat man sich vorzustellen, daß die zufällig im Gas vorhandenen Elektronen unter der Einwirkung des Wechselfeldes der Spule tangentiale oszillierende Bewegungen in der Spulenebene ausführen und dabei die Gasmoleküle anregen und ionisieren. Dagegen ist bei dieser Entladungsform im Gegensatz zur gewöhnlichen Glimmentladung die Annahme einer Ionisation durch die positiven Ionen nicht nötig, weil ja die Strombahn eine geschlossene ist. Da die Endgeschwindigkeit der Elektronen proportional der elektrischen Feldstärke ist, welche ihren Maximalwert an der Peripherie des Glasgefäßes hat, so tritt auch hier zuerst das Leuchten auf, welches sich mit abnehmendem Gasdruck nach innen ausbreitet.

Dieselbe schwingende Bewegung wie die Elektronen, nur mit kleinerer Amplitude, führen auch die positiven Ionen aus. Sie werden daher infolge der Wirkung der Zentrifugalkraft an die Gefäßwand geschleudert. Einen direkten experimentellen Beweis hierfür liefert eine Beobachtung von Foote und Ruark, welche fanden, daß sich bei der Ringentladung in Quecksilberdämpfen an den Stellen der Glaswand, wo sich außen die Spule befindet, innen ein Quecksilberspiegel bilden kann.

91. Instabilitäten beim Townsendstrom. Beim Einsetzen der Entladung geht, wie in Ziff. 1 bemerkt wurde, dem eigentlichen Glimmstrom der nach seinem hauptsächlichsten theoretischen und experimentellen Erforscher[2]) sog. Townsendstrom voraus. Das wichtigste Merkmal dieser Entladungsform, durch welches sie sich in grundlegender Weise von der Glimmentladung unterscheidet, ist, daß bei ihr die Feldverteilung in der Gasstrecke wesentlich durch die auf den Elektroden sitzenden Flächenladungen bestimmt wird. Dementsprechend ist der Townsendstrom bei beliebigen Stromstärken möglich, nur dürfen dieselben nicht so groß werden, daß dadurch in der Gasstrecke merkliche, das elektrostatische Feld verzerrende Raumladungen entstehen. Im Gegensatz dazu ist bei der Glimmentladung das Feld vor der Kathode durch den Kathodenfall festgelegt, zu dessen Aufrechterhaltung (bzw. der den Kathodenfall erzeugenden Raumladungen) eine ganz bestimmte Stromdichte notwendig ist.

---

[1]) Literatur bei Mierdel, a. a. O., vgl. auch P. D. Foote u. A. E. Ruark, Nature Bd. 114, S. 750. 1924.

[2]) J. S. Townsend, Ionisation der Gase. Marx' Handb. d. Rad. Bd. I, Leipzig: Akadem. Verlagsgesellsch. 1920.

Der Townsendstrom ist gewöhnlich als unselbständige Entladung, bei der die Primärelektronen lichtelektrisch aus der Kathode ausgelöst wurden, untersucht worden. Es soll daher hier nicht näher auf ihn eingegangen werden. (Näheres im Abschnitt „Unselbständige Entladung zwischen kalten Elektroden" von STÜCKLEN, dieser Band, Kap. 1.) Dagegen mögen gewisse, bei dieser Entladungsform auftretende Instabilitätserscheinungen besprochen werden. Als solche sind erstens die von E. MEYER[1]) entdeckten Stromschwankungen zu erwähnen, die entstehen, wenn ein Potential, das etwas kleiner ist als das zum Einleiten einer selbständigen Entladung notwendige (Anfangspotential), zwischen zwei Elektroden gelegt und dann der unselbständige Strom gemessen wird, der beim Annähern eines radioaktiven Körpers durch die Gasstrecke fließt. Diese Schwankungen überlagern sich den bekannten radioaktiven SCHWEIDLERschen Schwankungen des Präparates, sind aber doch von ihnen durchaus verschieden, wie man daran erkennt, daß sie nach dem Entfernen des Radiumpräparates nur langsam, oft erst nach Minuten, ganz abklingen. Sie haben ihre Ursachen in den Schwankungen des Stoßionisationsprozesses und lassen sich auf Grund der Vorstellungen der kinetischen Gastheorie verstehen. (Näheres vgl. Ziff. 22 des erwähnten Abschnitts von STÜCKLEN.)

Noch nicht restlos aufgeklärt sind gewisse weitere Instabilitätserscheinungen, die REICHE[2]) und OELKERS[3]) festgestellt haben. Diese Autoren fanden nämlich bei Versuchen in Luft und in Wasserstoff, die beide aber nicht besonders sorgfältig getrocknet worden waren, daß bei Stromstärken zwischen 10^{-10} und 10^{-5} Amp. dauernd einzelne Stromstöße erfolgen. Dieselben verlaufen nach Größe und Zeitfolge sehr unregelmäßig; sie werden ferner mit zunehmender Spannung häufiger und intensiver, wobei gleichzeitig auch noch der Strom zwischen den einzelnen Stößen stark schwankt. Von der Natur des Gases wird die Erscheinung kaum beeinflußt, dagegen hat das Elektrodenmaterial eine ausschlaggebende Bedeutung: Bei Aluminium zeigen sich bei Spannungserhöhungen von 2 Volt jeweils kleine Entladungen, die dann in einen konstanten Strom übergehen, während bei Kupfer, Stahl und Nickel, wo diese Entladungen fehlen, bei konstanter Spannung starke Stromschwankungen auftreten. [Es ist bemerkenswert, daß auch bei der Glimmentladung nach dem Zünden zuerst solche Instabilitäten auftreten und daß hier ebenfalls Aluminium eine Ausnahmestellung einnimmt[4])]. Zur Erklärung ihrer Beobachtungen nehmen REICHE und OELKERS an, daß elektrische Doppelschichten in der Gashaut der Elektrodenfläche vorhanden sind, deren Spannung dann bis zu 100 Volt betragen muß, und die nach OELKERS durch schwache Ströme geschwächt und durch starke Ströme verstärkt werden sollen. Jedenfalls weist der ganze Charakter der Erscheinung darauf hin, daß diese Instabilitäten weder mit den in Ziff. 89 besprochenen Intermittenzen identisch sind, noch auch daß sie allein auf die von E. MEYER gefundenen Stromschwankungen zurückzuführen sind.

Schließlich kann man noch fragen, ob etwas Analoges zu den in Ziff. 89 besprochenen Intermittenzen auch beim Townsendstrom vorhanden ist. Nach PENNING[5]) können tatsächlich derartige Instabilitäten auftreten, aber es gibt auch Fälle, in denen die Entladung bei diesen kleinen Stromstärken kontinuierlich ist.

---

1) E. MEYER, Phys. ZS. Bd. 11, S. 215. 1910; Verh. d. D. Phys. Ges. Bd. 12, S. 253. 1910; vgl. auch A. MÜLLER, Zürcher Dissert. 1910.

2) E. REICHE, Ann. d. Phys. Bd. 52, S. 109. 1917.

3) K. OELKERS, Ann. d. Phys. Bd. 74, S. 703. 1924.

4) Vgl. z. B. A. SCHAUFELBERGER, Ann. d. Phys. Bd. 73, S. 21. 1923.

5) F. M. PENNING, Phys. ZS. Bd. 27, S. 187. 1926.

92. Der Übergang vom Townsendstrom zur Glimmentladung. Zwischen dem Townsendstrom und der Glimmentladung gibt es ein Übergangsgebiet, in welchem schon Raumladungen auftreten, ohne doch für die Entladung notwendig zu sein, und es ist interessant zu verfolgen, wie sich die letztere Entladungsform aus der ersteren heraus bildet. SEELIGER und SCHMECKEL[1]) haben für ein Gemisch von Neon und Helium von 10 mm Hg Druck die Entladung in diesem Übergangsgebiet aufgenommen und dabei die in Abb. 70 wiedergegebene Charakteristik erhalten. Auf dem Kurvenstück AB hat die Entladung den Charakter des Townsendstroms, bei D beginnt die gewöhnliche Glimmentladung, und der dazwischenliegende Kurventeil stellt jenes Übergangsgebiet dar. Mit der Ausbildung der für die Glimmentladung notwendigen Raumladungen geht auch eine charakteristische Veränderung im Aussehen der Entladung Hand in Hand, welche für Neon von HOLST und OOSTERHUIS[2]) und von SEELIGER und SCHMECKEL untersucht worden ist. Schon bei Stromdichten von 10^{-9} Amp./cm² ist danach ein rötliches Leuchten auf der Anode wahrnehmbar, während die Kathode noch vollkommen dunkel bleibt. Bei Vergrößerung des Stromes entstehen dann die in Ziff. 37 besprochenen, äquidistanten Schichten, woraus man, weil diese Schichten Äquipotentialflächen darstellen, schließen kann, daß der Strom noch keine die homogene Feldverteilung zerstörenden Raumladungen hervorruft. Dies ist erst bei Stromdichten von der Größenordnung 10^{-3} — 10^{-4} Amp./cm² der Fall, bei welchen sich die Lichterscheinung als negatives Glimmlicht auf die Kathode zusammenzieht, wobei zugleich die Spannung ziemlich plötzlich um ca. 20 Volt sinkt. Hier setzt dann die gewöhnliche Glimmentladung ein. Dieses allmähliche Zusammenziehen der Lichterscheinung auf die Kathode hat ferner VALLE[3]) bei der intermittierenden Entladung beobachtet, wo jeder einzelnen Glimmentladung ein Townsendstrom vorangeht, bei dem die ganze Entladungsbahn gleichmäßig hell leuchtet.

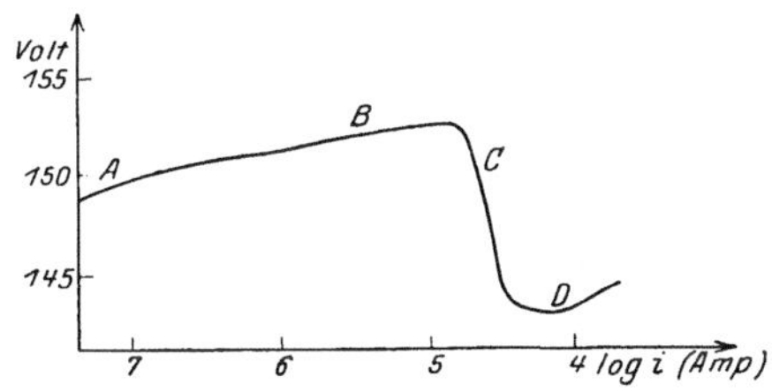

Abb. 70. Strom-Spannungs-Charakteristik im Übergangsgebiet: Townsendstrom-Glimmentladung.

Natürlich ist die kritische Stromdichte, bei welcher sich die Glimmentladung aus der Townsendentladung herausbildet, um so größer, je größer der Gasdruck ist, denn die Stromdichte beim normalen Kathodenfall steigt proportional mit p^2. Nun ist aber bei sehr hohen Gasdrucken die Glimmentladung gewöhnlich nicht existenzfähig, weil dann zu ihrer Realisierung so große Stromdichten notwendig wären, daß infolge der auf der Kathode frei werdenden Energie schon vorher sich ein Funken oder Lichtbogen einstellt. Eine Ausnahme bildet die negative Spitzenentladung, bei welcher infolge der kleinen Stromstärke die auf der Spitze frei werdende Energie nicht groß genug ist, um einen Lichtbogen herbeizuführen. Dann ist auch noch bei Atmosphärendruck eine richtige Glimmentladung möglich (deren kathodische Entladungsteile allerdings von mikroskopischer Kleinheit sind), wie man sie in einer Zeichnung von WARBURG[4]) dargestellt findet. Die TOWNSENDsche Entladungsform dagegen, deren Stromdichte-Existenzbereich mit

---

[1]) R. SEELIGER u. J. SCHMECKEL, Phys. ZS. Bd. 26, S. 471. 1925.

[2]) G. HOLST u. E. OOSTERHUIS, Physica Bd. 1, S. 78. 1921; Phil. Mag. Bd. 46, S. 1117. 1923.

[3]) G. VALLE, Phys. ZS. Bd. 27, S. 473. 1926; vgl. besonders § 18. Hier auch Hinweis auf die im Nuov. Cim. erschienenen Originalarbeiten.

[4]) E. WARBURG, Jahrb. d. Radioakt. Bd. 6, S. 181. 1909.

dem Gasdruck immer größer wird, ist bei hohen Gasdrucken wohlbekannt; es ist nämlich die an Drähten auftretende sog. Koronaentladung ein solcher Townsendstrom. Während also bei kleinen Gasdrucken der Strombereich des Townsendstroms und der des Lichtbogens durch die Glimmentladung getrennt sind, grenzen sie bei großen Drucken direkt aneinander. Dieses Verhalten der drei Entladungsformen kann man nach Seeliger und Schmeckel durch das in Abb. 71 wiedergegebene Schema anschaulich darstellen.

93. Zusammenhang zwischen Funkenpotential und Kathodenfall. Zwischen dem Kathodenfall und dem Funkenpotential besteht eine auffällige Verwandtschaft. Da man nach Townsend[1]) das Funkenpotential ansehen kann als die Spannung, welche zwischen zwei Elektroden liegt, wenn zwischen denselben ein sehr schwacher (d. h. Townsend-) Strom fließt, so muß auf diesen Zusammenhang hier hingewiesen werden. Schon J. J. Thomson[2]) hat bemerkt, daß der normale Kathodenfall in den verschiedenen Gasen sehr nahe gleich dem Minimum der Funkenspannung ist[3]). Dieses Resultat ist später mehrfach bestätigt worden[4]). Außer dieser numerischen Übereinstimmung sind noch folgende gemeinsamen Eigenschaften von Funkenpotential und Kathodenfall zu erwähnen: Der Plattenabstand beim Minimumfunkenpotential und die Länge des negativen Dunkelraums beim normalen Kathodenfall haben beide, in freien Weglängen gemessen (Paschensches Gesetz), eine bestimmte Ausdehnung. Die Weglängenzahlen sind zwar nicht gleich (für das Funkenpotential sind sie ca. 3 mal größer), aber die Abhängigkeit von der Gasart ist für Funkenpotential und Kathodenfall dieselbe. Ferner ist die Abhängigkeit des Kathodenfalls von der Größe der Richardson-Langmuirschen Konstanten φ (Elektronenaustrittsarbeit) des Kathodenmaterials dieselbe wie diejenige des Funkenpotentials (bis jetzt allerdings erst in Edelgasen sicher nachgewiesen). Endlich ist auch der Feuchtigkeitseinfluß auf beide Größen derselbe.

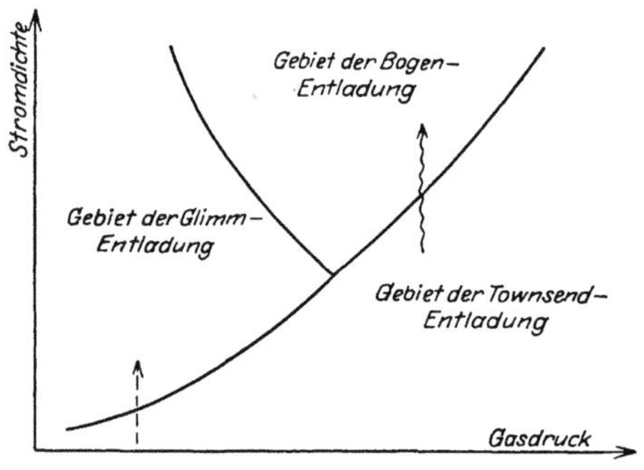

Abb. 71. Existenzbereiche von Townsendstrom, Glimmentladung und Lichtbogen.

Neuerdings hat Dällenbach[5]) den Zusammenhang zwischen Funkenpotential und Kathodenfall theoretisch zu erfassen gesucht. Als wesentliche Stütze für seine Überlegungen dient ihm dabei ein Resultat seiner in Ziff. 28 erwähnten Kathodenfallmessungen, daß nämlich der Kathodenfall nicht nur für übernormale, sondern auch für unternormale Stromdichten über seinen Normalwert ansteigt. Da die Breite S der Zone, in welcher der die Leitfähigkeit des Gases erzeugende Mechanismus des Kathodenfalls seinen Sitz hat (d. h. die Länge des Kathodenfallgebietes), mit wachsender Stromstärke monoton abnimmt, so folgt, daß der Kathodenfall als Funktion von S ungefähr denselben Verlauf hat wie das Funkenpotential als Funktion des Plattenabstandes. Die Übereinstimmung ist aber nur qualitativ, d. h. Funkenpotential und Kathodenfall

[1]) J. S. Townsend, Phil. Mag. Bd. 9, S. 289. 1905.
[2]) J. J. Thomson, Recent Researches, S. 158. Oxford 1893.
[3]) Vgl. z. B. die Tabelle auf S. 459 in Thomson-Marx, Elektrizitätsdurchgang in Gasen. Leipzig: B. G. Teubner 1906.
[4]) Literaturangaben hierfür und für das Folgende bei H. Stücklen, Phys. ZS. Bd. 25, S. 401. 1924.
[5]) W. Dällenbach, Phys. ZS. Bd. 26, S. 483. 1925.

haben nicht genau denselben Wert, wenn durch passende Wahl der Stromstärke S gleich dem Plattenabstand beim Funkenpotential gemacht wird, weil gewisse Voraussetzungen, welche beim Townsendstrom (Funkenpotential) gemacht werden dürfen, bei der Glimmentladung nicht mehr erfüllt sind. Namentlich ist bei plattenförmigen Elektroden die Feldverteilung in der Gasstrecke beim Townsendstrom homogen, während die Feldstärke im Kathodenfallgebiet gegen die Kathode zu ansteigt. Aus diesem Unterschied im Feldverlauf folgt nun nach DÄLLENBACH, daß das Minimumpotential zwar im allgemeinen etwas höher liegt als der normale Kathodenfall, aber in Spezialfällen können Ausnahmen stattfinden, da infolge der Feldkonzentration vor der Kathode beim Kathodenfall die Stöße der positiven Ionen um so wirksamer werden, je näher vor der Kathode sie stattfinden. Dadurch erklärt sich, daß beim Kathodenfall das Kathodenmaterial von größerem Einfluß ist als bei der Funkenspannung.

Der Verfasser ist den Herren Prof. EDGAR MEYER, Dr. W. DÄLLENBACH und Dr. R. HOLM für zahlreiche Hinweise zu großem Dank verpflichtet.

Kapitel 6.

Der elektrische Lichtbogen.

Von

AUGUST HAGENBACH, Basel.

Mit 13 Abbildungen.

a) Der Begriff Lichtbogen. Die Untersuchungsmethoden der elektrischen Verhältnisse im Bogen.

1. Einleitung. Der elektrische Lichtbogen ist eine Entladungsform, die zuerst von DAVY (1810) beobachtet worden ist, und zwar unter Verwendung einer Batterie von galvanischen Elementen zwischen horizontal stehenden Kohlenelektroden. Nach Unterbrechung des Kontaktes blieb eine bogenförmig gekrümmte, sehr helle stationäre Entladung bestehen, die dieser Erscheinung den Namen elektrischer Lichtbogen eingebracht hat. Sie ist eine selbständige Entladung, bei der nur zur Einleitung ein Ionisator notwendig ist. Gewöhnlich benützt man den Öffnungsfunken, um die „Zündung" zu bewerkstelligen; nachher schafft die Entladung selbst die nötige Zahl elektrischer Träger. Es ist aber auch möglich, durch anderweitige starke Ionisatoren, wie Erhitzen der Kathode, Flammengase usw., den Bogen ohne Kontakt zu zünden.

Wie bei allen Entladungen bestehen an den Elektroden besondere elektrische Verhältnisse, Anoden- und Kathodenfall. Zwischen diesen liegt gewöhnlich die leuchtende Gasschicht, die je nach Bedingungen bis zu beträchtlichen Längen ausgedehnt sein kann und bald im Licht des Elektrodenmaterials, bald gemischt mit dem des Einbettungsgases leuchtet.

Um die Bogenentladung definieren zu können, muß man den Kathodenfall als charakteristisch heranziehen. Gegenüber der Glimmentladung ist er klein, im allgemeinen niedriger als 40 Volt, während beim Glimmlicht einige hundert Volt aufzuwenden sind. Da der Anodenfall und das Gefälle, von abnorm langen Bogen und hohem Druck abgesehen, meist auch klein ist, kann man einen Bogen mit einer leistungsfähigen Elektrizitätsquelle unter 100 Volt betreiben, und zwar zwischen Kohlen, Metallen und Legierungen, die nicht zu leicht schmelzen, Kohlen mit Salzen getränkt, gutleitenden Mineralien und Elektrolyten (nur als Anode) in Luft und andern Gasen bei normalem, vermindertem und erhöhtem Druck.

2. Gleichstrombogen. Statische Charakteristiken. Wie bei allen Entladungsformen untersucht man auch beim Bogen die Charakteristiken. Man schaltet in den Bogenstromkreis ein Amperemeter und legt an die Elektroden ein Voltmeter an. Im gleichen Moment liest man die beiden Instrumente ab und erhält dadurch einen Punkt der Charakteristik. Durch Veränderung des Vorschaltwiderstandes nimmt man die Kurve auf. Als dritte Variable kommt die Bogenlänge in Betracht. Die Korrektur, die wegen des Widerstandes der Elektroden anzubringen ist, kann man ermitteln durch eine Ablesung bei Kontakt der Elektroden. Man muß darauf aufmerksam machen, daß es notwendig ist, Elektrodendicke und Zeitdauer des Einbrennens anzugeben. Es ist nämlich hauptsächlich die weißglühende kathodische Strombasis für die Unterhaltung des Stromes wichtig, und diese hängt nicht nur von der zugeführten Energie, sondern auch von der Wärmeableitung ab, und so muß neben der Wärmeleitfähigkeit auch der Querschnitt der Elektroden eine Rolle spielen. Auch die Länge und Form der Elektroden sowie die umgebende Atmosphäre bestimmen die Abkühlung mit.

Die Einstellung des thermischen Gleichgewichtes besonders bei schlechten Wärmeleitern (Kohle) erfolgt sehr langsam. Schon Frau AYRTON[1]), die zuerst systematisch Charakteristiken des Kohlebogens aufgenommen hat, schreibt jedem Punkt einer Charakteristik ein thermisches Gleichgewicht zu. Das Abwarten dieses Zustandes (Einbrennen) erfolgt deshalb sehr langsam, weil sich bei jeder Stromstärke eine bestimmte Form der Elektrodenoberfläche ausbildet. Die positive Kohle brennt hohl und bildet einen Krater, während die negative sich zuspitzt.

Man hat auch vorgeschlagen, eine Charakteristik, von einem bestimmten thermischen Gleichgewicht ausgehend, sagen wir 4 Amp., in so kurzer Zeit aufzunehmen, daß nach Rückkehr zum Anfangspunkt genau derselbe Wert gefunden wird. BRÄUER[2]) hat mit einem Oszillographen in etwa einer Sekunde solche Charakteristiken ermittelt. Die Änderung der Kratergröße folgt in noch viel rascherer Zeit, wie man aus Versuchen von REICH[3]) weiß. Die Ausbildung der Strombasis (Kratergröße) bleibt nur etwa $^1/_{10}$ sec hinter der Änderung der Stromstärke zurück, so daß auch in der einen Sekunde der Untersuchung gewisse Änderungen mitlaufen. Die Wärmeableitung dürfte in dieser kurzen Zeit unverändert sein.

Bei dieser Methode erhält man für jeden Ausgangspunkt eine neue Charakteristik. Die nachher zu besprechenden dynamischen Charakteristiken verlaufen unter ähnlichen Bedingungen.

In Quecksilberlampen liegen die beiden Werte, der eine sofort nach der Widerstandsänderung und der andere nach dem Einbrennen, weit auseinander, vor allem wegen der Druckvermehrung im Gefäß [v. RECKLINGSHAUSEN[4])]. Unter Umständen wird ein Endzustand überhaupt nicht erreicht, sondern der Druck steigt bis zum Erlöschen.

3. Wechselstrombogen. Dynamische Charakteristiken. Nimmt man die Charakteristiken von einem mit Wechselstrom betriebenen Bogen mit Wechselstromampere- und Voltmeter auf, so sind die Ergebnisse zu theoretischen Betrachtungen von geringem Wert. Das Produkt der effektiven Stromstärke und Spannung liefert einen Wert, der nicht identisch ist mit der mit einem Wattmeter gemessenen Leistung. Der Grund liegt in dem komplizierten Verlauf von Strom und Spannung während einer Periode. Nach HEUBACH[5]) nennt man den Quotienten des tatsächlichen zum scheinbaren Effekt (mit Volt und Amperemeter gemessenen) den Leistungsfaktor.

Man muß deshalb die von SIMON[6]) eingeführten dynamischen Charakteristiken aufnehmen, die den Zusammenhang von Momentanstromstärke und Spannung während einer Periode angeben. Diesen erhält man mit Oszillographen.

[1]) H. AYRTON, The electric arc. „The electrician" printing and publishing comp. lim.
[2]) E. BRÄUER, Phys. ZS. Bd. 20, S. 393. 1919.
[3]) M. REICH, Phys. ZS. Bd. 7, S. 73. 1906.
[4]) M. v. RECKLINGHAUSEN, Elektrot. ZS. Bd. 23, S. 492. 1902.
[5]) J. HEUBACH, Elektrot. ZS. Bd. 13, S. 460. 1892.
[6]) H. TH. SIMON, Phys. ZS. Bd. 6, S. 297. 1905.

4. Bestimmung von Anoden-Kathodenfall und Gefälle im Bogen. Zur direkten Bestimmung der Spannungsverteilung im Bogen benötigt man Sonden, die man am besten durch den Bogen verschiebbar anordnet und durch ein hochohmiges Voltmeter mit Anode oder Kathode verbindet. Als Sonden kommen fast ausschließlich Kohlenstifte von 1 bis 2 mm Dicke in Betracht, weil Metallsonden fast in allen Bogen schmelzen. Auch die Kohlensonden werden im Bogeninnern glühend, verdampfen und verbrennen und spitzen sich dabei zu. Benützt man statt Voltmeter Elektrometer, so lassen sich mit Erfolg auch Nernststifte als Sonden verwenden, doch ist zu berücksichtigen, daß sie erst auf hoher Temperatur leiten. Sie verdampfen viel weniger wie Kohle.

Jede Sonde bringt Störungen, die zum Teil sehr schwer zu beurteilen sind. Die Bogenlänge beträgt im allgemeinen nur wenige Millimeter, und die Sonde, auch wenn sie nur 1 mm dick ist, verdrängt und deformiert den Bogen und verursacht eine Änderung der Elektrodenspannung. Viel bedenklicher sind die Fehler durch die Elektronenemission einer rot- oder weißglühenden Sonde. Ist die Sonde negativ, so unterstützt der Elektronenstrom den Sondenstrom, ist sie positiv, ist das Gegenteil der Fall. Das Potential der Sonde wird verändert und gibt einen gefälschten Wert. Ist die Sonde rotglühend, so sendet sie positive Ionen aus, und der Effekt ist der entgegengesetzte. BANDERET[1]) macht direkt Fehlerbestimmungen an Kohlesonden im Kupferbogen unter vermindertem Druck. Kritik an den Sondenmessungen findet man außerdem bei CHILD[2]), SCHENKEL und SCHOTTKY[3]), SCHOTTKY und ISSENDORF[4]), GÜNTHERSCHULZE[5]), LANGMUIR[6]), DÄLLENBACH, GEHRCKE und STOLL[7]) und anderen. Die Größe der Fehler wird beurteilt zwischen Null und 5 Volt; nur LANGMUIR behauptet, daß solche bis 40 Volt möglich seien. Er sucht die Fehler in der Raumladung, die sich um eine geladene Sonde legt. Er zeigt, daß der positive Strom, der in eine negative Sonde einströmt, sehr bald vom Sondenpotential unabhängig wird, weil sich eine positive Raumladung bildet, die den Strom begrenzt. Es bildet die negative Ladung der Sondenoberfläche und die davorgelagerte positive Raumladung eine Doppelschicht. Ob alle Sondenmessungen mit so großen Fehlern behaftet sind, scheint mir noch nicht endgültig bewiesen. Jedenfalls ist es notwendig, nicht nur die Sondenmessungen kritisch zu sichten, sondern auch den theoretischen Betrachtungen, die sich daran anschließen, mit gewisser Skepsis zu begegnen. So beweist z. B. GÜNTHERSCHULZE, daß die Sondenmessungen richtig sind, indem er den direkt mit Sonde gemessenen Anodenfall mit einem Wert vergleicht, wie er ihn auf dem Umweg über die Temperatur und die Strahlung errechnet. Ebenso sicher beweist er mit Berücksichtigung der von LANGMUIR erkannten Fehler aus einer Energiebilanz an einer Quecksilberkathode, daß die Sondenmessung einen um 3,3 Volt zu kleinen Kathodenfall ergebe, und daß die frühere Messung des Anodenfalls am Kohlebogen um 3,9 Volt zu hoch ausgefallen sei.

Werden Kohlensonden in andern als Kohlenbogen verwendet, so bringt der Kohlendampf auch noch Störungen im Gefälle des Bogens hervor.

Daß die Sondenmessungen nicht immer unrichtige Werte ergeben, scheint aus den von MATTHIES[8]) durchgeführten und mit der Ringmethode verglichenen

---

[1]) ED. BANDERET, Dissert. Basel 1912; Verh. d. Basler Nat. Ges. Bd. 23, S. 28. 1912.

[2]) C. D. CHILD, Phys. Rev. Bd. 19, S. 117. 1904.

[3]) M. SCHENKEL u. W. SCHOTTKY, Wiss. Veröffentl. a. d. Siemens-Konz. Bd. 2, S. 252. 1922.

[4]) W. SCHOTTKY u. J. v. ISSENDORF, ZS. f. Phys. Bd. 26, S. 85. 1924.

[5]) A. GÜNTHERSCHULZE, ZS. f. Phys. Bd. 13, S. 378. 1922; Bd. 31, S. 509. 1925.

[6]) I. LANGMUIR, Gen. Electr. Rev. Bd. 26, S. 731. 1923; Bd. 27, S. 444. 1924.

[7]) W. DÄLLENBACH, E. GEHRCKE u. E. STOLL, Phys. ZS. Bd. 24, S. 10. 1925.

[8]) W. MATTHIES, Verh. d. D. Phys. Ges. Bd. 13, S. 552. 1911.

Messungen am Quecksilberbogen hervozugehen. Die Ringmethode beruht darauf, daß um die Quecksilberlampe Drahtringe gelegt werden, die durch das heiß und dadurch leitend gewordene Glas das Potential der betreffenden Stelle im Innern annehmen. Parallelbeobachtungen mit eingeführten Sonden ergaben im Mittel Abweichungen von nur 0,74%. Es wäre merkwürdig, wenn die Sonden gerade dieselben Fehler zeigen würden wie die Ringe. Immerhin können auch Wandladungen Fehler ergeben.

Eine modifizierte Methode der Sondenmessung von LANGMUIR wenden COMPTON und ECKART[1]) beim niedervoltigen Bogen an. Es ist aber die Bedingung daran geknüpft, daß die Sonde kalt ist und keine Ionen emittiert. Sie beruht auf folgender Überlegung. U_1 sei das Potential des Gases, U_2 das der Sonde und U_3 die mittlere Energie der Wärmebewegung bei MAXWELLscher Geschwindigkeitsverteilung.

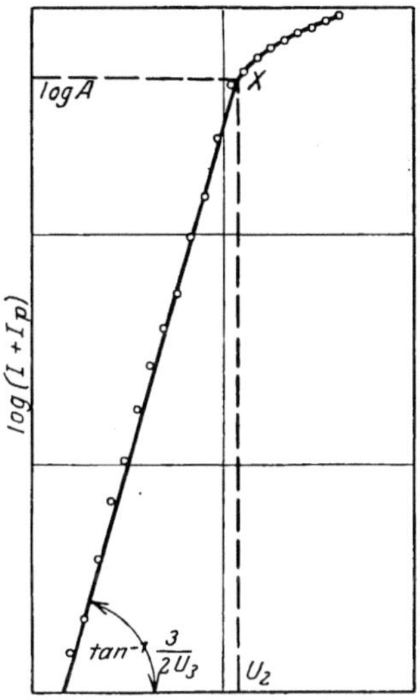

Abb. 1. Sondenmethode nach LANGMUIR.

Ist $U_2 < U_1$ und $U_1 - U_2 \gg U_3$, so kommen nur positive Ionen zur Sonde. Der Strom sei I_p. Ist $U_1 - U_2 = U_3$, so gelangen die schnellsten Elektronen zur Sonde. Die Stromstärke sei $= I$. Mißt man nun $I + I_p$ bei steigendem U_2, so erhält man einen linearen Zusammenhang zwischen $\log (I + I_p)$ und U_2 bis zum Moment, wo $U_2 > U_1$, denn jetzt ändern sich plötzlich die Verhältnisse, weil die positiven Ionen abgestoßen und die negativen angezogen werden (vgl. Abb. 1, Punkt X). Für dieses U_2 sei $I + I_p = A$, dann gelten folgende Gleichungen

$$I + I_p = A\, e^{\frac{3(U_2 - U_1)}{2U_3}}$$

$$A = N \varepsilon F \cdot \sqrt{\frac{\varepsilon U_3}{3\pi m}},$$

wo F die Oberfläche der Drahtsonde, ε und m Ladung und Masse des Elektrons, N die Zahl der Elektronen pro cm³ darstellen. Außer dem Potential des Gases gewinnt man daraus N und U_3.

b) Ergebnisse der Messungen.

5. Statische Charakteristiken. Allgemeines und Zahlen. Die Volt-Amperekurven sind eingehend zuerst von Frau AYRTON[2]) am Kohlenbogen studiert worden. Früher schon wurde die Volt-Bogenlänge-Beziehung bei konstanter Stromstärke von FRÖLICH[3]) als linear erkannt:

$$U = a + b\,l \qquad \text{(FRÖLICHsche Gleichung).}$$

Die Charakteristiken sind für Homogenkohlen Hyperbeln, die asymptotisch an die U-Achse und an eine der I-Achse Parallele verlaufen und ausdrückbar sind durch

$$U = \alpha + \beta\,l + \frac{\gamma + \delta\,l}{I} \qquad \text{(AYRTONsche Gleichung).}$$

(I Stromstärke, α, β, γ und δ Konstanten.) Stellt man bei verschiedenen l die Watt als Funktion von I dar, so erhält man eine Schar von Geraden, die sich in einem

[1]) K. T. COMPTON u. C. ECKART, Phys. Rev. Bd. 25, S. 139. 1925.
[2]) H. AYRTON, The electric arc. „The electrician" printing and publishing comp. lim.
[3]) O. FRÖLICH, Elektrot. ZS. Bd. 4, S. 150. 1883.

Punkte schneiden (vgl. Abb. 2). Dies ist die einfachste Methode, um die AYRTONsche Gleichung zu prüfen.

Die AYRTONsche Gleichung ist an vielen Bogen und Bogenarten ermittelt worden, und es scheint doch, daß der Gleichung eine allgemeine Bedeutung zukommt, wenn auch in sehr vielen Fällen die (U, l)-Kurven mehr oder weniger von der Geraden abweichen, indem sie gegen die l-Achse schwach konkav verlaufen. Ferner gibt es Fälle, wobei die Charakteristiken für große I wieder ansteigen. Dies ist z. B. für Dochtkohlen und sehr ausgesprochen im Vakuumquecksilberbogen der Fall[1]).

Die Bogenlänge, die gewöhnlich klein ist, läßt sich nie mit großer Genauigkeit angeben, da die Strombasis je nach Stromstärke verschiedene Ausdehnung annimmt und die Elektrodenform beim Einbrennen am positiven Pol einen Krater bildet, während die Kathode sich abrundet oder manchmal selbst zuspitzt. Allzu große Genauigkeit bei der AYRTONschen Gleichung anzuwenden,

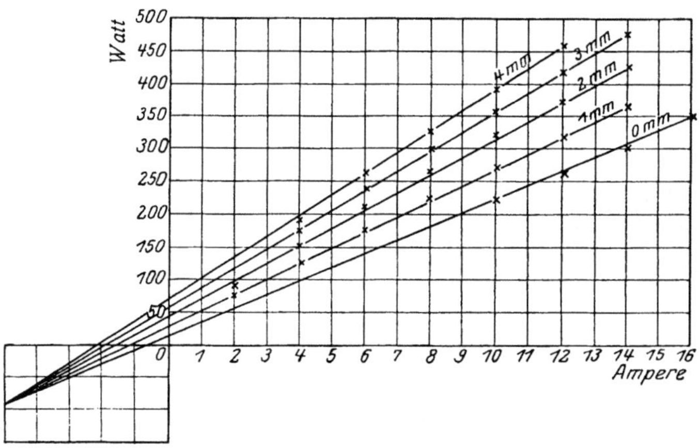

Abb. 2. Die Watt-Ampere-Kurve für Cu.

hat keinen Sinn. RASCH[2]) versucht mit Erfolg beim Kohlenbogen die Konstante γ zu eliminieren, indem er statt wie üblich die Bogenlänge vom Kraterrand von der Kratertiefe mißt. Hierzu wird er veranlaßt, weil in der AYRTONschen Gleichung für $UI = 0$ $l = -\gamma/\delta$, während $l = 0$ zu erwarten ist. Doch ist zu bemerken, daß beim Metallbogen im allgemeinen ebenfalls 4 Konstanten notwendig sind, obschon dabei keine Kraterbildung eintritt. Weitere Modifikationen der Gleichung finden wir bei NOTTINGHAM[3]), der die Stromstärke in der $n$ten Potenz schreibt, wo n eine lineare Funktion der absoluten Sublimationstemperatur des Anodenmaterials sein soll. Vom selben Verfasser stammt auch eine Gleichung mit 10 Konstanten für kurze Bogen.

[1]) Während des Druckes erschien eine Arbeit von M. WEHRLI und K. BAUMANN (ZS. f. Phys. Bd. 38, S. 35. 1926), in der die steigende Charakteristik des Dochtkohlenbogens auf einen Übergang einer Bogenart in eine andere zurückgeführt wird. Es gibt nämlich zwei Grenzzustände, beide mit hyperbolischer Charakteristik, aber mit verschiedener Verteilung des Gradienten längs der Gasschicht. Im allgemeinen mißt man eine Übergangsform, weil die Einbrenndauer sehr wesentlich ist für die Ausbildung der einen oder anderen Form. Je nach der Einbrenndauer wird die gemessene Charakteristik mehr oder weniger ansteigen.

[2]) EV. RASCH, Das elektr. Bogenlicht. Braunschweig: Fr. Vieweg 1910.

[3]) W. NOTTINGHAM, Journ. Amer. Inst. Electr. Eng. Bd. 42, S. 12. 1923.

Die Charakteristiken ändern ihre Lage hauptsächlich mit der Wärmeableitung. Mit ihr steigen sie zu höheren Spannungswerten. Dies gilt für bessere Wärmeleitung des Einbettungsgases, z. B. Wasserstoff gegen Stickstoff, wie für Wärmeentzug durch die Elektroden, z. B. Kühlung. Ebenso rücken die Kurven mit höheren Drucken der Atmosphäre zu höheren Spannungswerten. Daß bei kleiner Stromstärke die Spannung sehr stark steigt, ist dadurch verständlich, daß die Verdampfung der Elektroden abnimmt und dadurch die Feldstärke rasch zunehmen muß.

Von dem großen Zahlenmaterial seine nur wenige Beispiele von Bogen in Luft angegeben.

Tabelle 1.
Die Konstanten der Ayrtonschen Gleichung für Kohleelektroden unter verschiedenen Bedingungen, Kupfer gekühlt und ungekühlt, Silber und Eisen.

	α	β	γ	δ	Bemerkungen	Beobachter
Kohle	38,88	2,0	16,64	10,54	hom. +11, −9 mm	AYRTON 1898
	39,6	1,7	15,5	11,5	hom. Conradty 11 mm	DUDDELL 1904
	45,75	3,33	35,7	19,31	gekühlte El.	PALMEN u. WÄYRYNEN 1922
	38,5	2,15	56	6,1	hom. Conradty 12 mm	BIDER 1925
	50	15,8	9	32	in 1 sec aufgen. 4,5 Amp. +10, −8 mm	BRÄUER 1919
Silber	19,01	11,36	14,19	3,64	16 mm, $l = 0-4$ mm	GUYE u. ZÉBRIKOFF 1907
Kupfer	15,24	10,69	21,38	3,02	16 mm, $l = 0-4$ mm	,, ,, ,,
	26,61	2,22	32,49	18,65	gekühlte El.	PALMEN u. WÄYRYNEN 1922
Eisen	15,01	9,44	15,73	2,52	16 mm El.	GUYE u. ZÉBRIKOFF 1907

Um die Abhängigkeit der Konstanten vom Einbettungsgase zu zeigen, lassen wir eine kleine Tabelle von KOHN und GUCKEL[1]) folgen:

Tabelle 2.
Ayrtonsche Konstanten für Kohlebogen in verschiedenen Gasen.

	Luft stagnierend	Luft zirkulierend	Argon	Kohlensäure	Stickstoff
α	35,7	44,1	24,8	44,5	48,2
β	3,0	2,6	0,9	1,7	2,6
γ	114,6	17,8	10,2	18,2	23,3
δ	1,8	1,8	0,0	8,7	5,3

Die Abhängigkeit der Konstanten vom Druck hat BIDER[2]) für den Kohlenbogen in Luft ermittelt. Außer δ nehmen alle Konstanten mit dem Druck ab.

Tabelle 3. Ayrtonsche Konstanten in der Abhängigkeit vom Druck beim Kohlebogen.

p	α	β	γ	δ
740	38,5	2,15	56	6,1
200	35,5	1,84	39	8,2
50	33,7	1,22	30	10,6
5	27,5	1,2	0	16,0

HAGENBACH und BIDER[3]) finden die Elektrodenspannung proportional dem Logarithmus des Druckes

$$U = a \log p + b \,.$$

Man kann die AYRTONsche Gleichung unter Berücksichtigung dieser Tatsache für den Homogenkohlenbogen schreiben

$$U = (0{,}444\, l + 6{,}40) \lg p + 0{,}85\, l + 20{,}1 + \frac{(-4{,}22\, l - 23{,}5) \lg p + 18{,}2\, l - 16}{i} \,.$$

[1]) H. KOHN u. M. GUCKEL, ZS. f. Phys. Bd. 27, S. 305. 1924.
[2]) M. BIDER, Dissert. Basel, im Druck.
[3]) A. HAGENBACH und M. BIDER, Arch. sc. phys. et nat. Bd. 8, S. 151. 1926.

Nach AYRTON, GROTRIAN[1]) und KOHN und GUCKEL stehen die ARYTONschen Konstanten folgendermaßen in Beziehung zum Anoden-Kathodenfall und dem Gradienten im Bogen. Nur etwa 20% von α soll auf den im wesentlichen von der Stromstärke unabhängigen Kathodenfall kommen, so daß gelten:

$$\text{Anodenfall } U_A = \frac{4\alpha}{5} + \frac{\gamma}{i}; \qquad \text{Kathodenfall } U_K = \frac{\alpha}{5} + \frac{\gamma}{i};$$

$$\text{Gradient } F = \beta + \frac{\delta}{i}.$$

Diese Beziehungen sind von einiger Wichtigkeit, weil man ohne Sondenmessungen, die mit zum Teil unkontrollierbaren Fehlern behaftet sind, die genannten Größen wenigstens mit großer Annäherung aus den Charakteristiken errechnen kann.

6. Widerstandslinie und Stabilitätsbedingung. Setzt man für eine Entladungsform als Stabilitätsbedingung die Forderung ein, daß eine zufällige Änderung des I-Wertes eine Reaktion hervorruft, welche die Abweichung verkleinert, so kommt man nach KAUFMANN[2]) durch Überlegungen zu folgenden Bedingungen. Zieht man in einem (U, I)-Koordinatensystem (vgl. Abb. 3) von der Betriebsspannung E nach einem Punkt P der fallenden Bogencharakteristik eine Gerade AB, so nennt man diese Linie Widerstandslinie, weil der Vorschaltwiderstand R durch folgende Gleichung dargestellt ist:

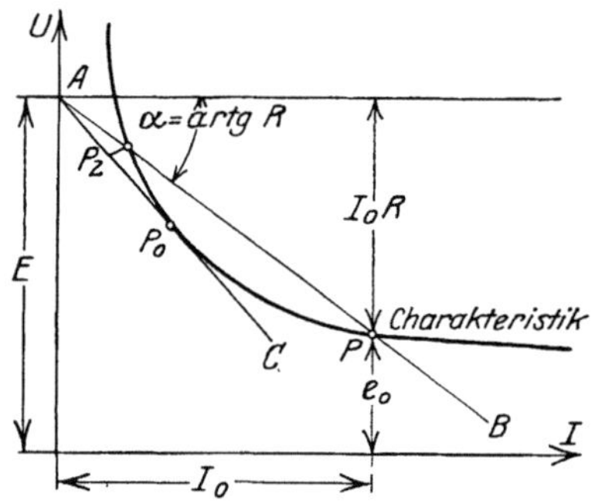

Abb. 3. Widerstandslinie mit Charakteristik.

$$R = \frac{E - U}{I} = \operatorname{tg}\alpha.$$

Die Neigung dieser Geraden ($\operatorname{tg}\alpha$) gibt somit den Widerstand an, und durch deren Drehung übersieht man aus dem Schnittpunkt mit der Charakteristik die Verhältnisse der Existenzmöglichkeit. Tangiert nämlich die Widerstandslinie in P_0, so ist der Berührungspunkt der niedrigste I-Wert, bis zu dem die Charakteristik verfolgt werden kann.

Die Bogenentladung ist labil, wenn kein Vorschaltwiderstand da ist. Denn würde I zufällig wachsen, so würde die Elektrodenspannung abnehmen, und dann wäre die Betriebsspannung größer als die Elektrodenspannung, und dies würde I wieder vergrößern bis ins Unendliche.

Ist aber ein Vorschaltwiderstand R vorhanden, so ist

$$E = U + I \cdot R.$$

Es erfolgt keine Stromsteigerung, wenn

$$-\frac{\partial U}{\partial I} < R \quad \text{(Stabilitätsbedingung)},$$

d. h. wenn die Kurve im Schnittpunkt kleinere Neigung hat als die Widerstandsgerade. Dies ist der Fall im Punkte P, nicht aber in P_2. Bei Vergrößerung des Widerstandes (Drehung der Geraden bis in die Richtung AC) gelangt man zum Punkte P_0, wobei $-\frac{\partial U}{\partial I} = R$. Bei weiterer Vergrößerung des Vorschaltwiderstandes erlischt der Bogen. Um die Charakteristik über den Punkt P_0 hinaus verfolgen zu können, muß man die Betriebsspannung E erhöhen.

[1]) W. GROTRIAN, Ann. d. Phys. Bd. 47, S. 141. 1915.

[2]) W. KAUFMANN, Ann. d. Phys. (4) Bd. 2, S. 158. 1900.

Unter Einführung der AYRTONschen Gleichung ergibt sich für

Minimalstromstärke $I_{\min} = \sqrt{\frac{\gamma + \delta l}{R}}$,

Maximalwiderstand $R_{\max} = \frac{\gamma + \delta l}{I^2}$,

maximale Bogenlänge $l_{\max} = \frac{I^2 R}{\delta} - \gamma$.

7. Die dynamischen Charakteristiken. Komplizierter werden die Verhältnisse, wenn ein Bogen mit Wechselstrom betrieben wird. Außer bei Anwendung sehr hoher Frequenzen läßt sich ein Wechselstrombogen zwischen Metallen nicht unterhalten, wohl aber zwischen Kohleelektroden. In Abb. 4 sieht man eine oszillographische Aufnahme eines Kohlebogens, wobei die Stromkurve gegen die Spannungskurve um 180° verschoben ist. Die Bogenentladung ist begrenzt durch die beiden Spitzen in der Spannungskurve. Beim „Zündgipfel" setzt er ein und erlischt beim „Löschgipfel". Zwischen einem Löschgipfel und dem nächsten Zündgipfel ist der Strom praktisch Null. Konstruiert man aus dem Oszillogramm einer Periode eine Charakteristik, indem man jedem Spannungswert den zugehörigen I-Wert in einem Koordinatensystem zuordnet, so erhält man eine Schleife von der Form Abb. 5. Auch hier erkennt man die Zünd- und die Löschspannung. Von ersterer setzt eine fallende Charakteristik ein, bis dieselbe einen Punkt der statischen Charakteristik trifft, und dann läuft sie zurück, aber tiefer bis zur Löschspitze. Von dieser aus fällt Strom und Spannung auf Null. Erst wenn die negative Spannung den zur Zündung nötigen Wert wieder erreicht hat, setzt der Bogen von neuem ein.

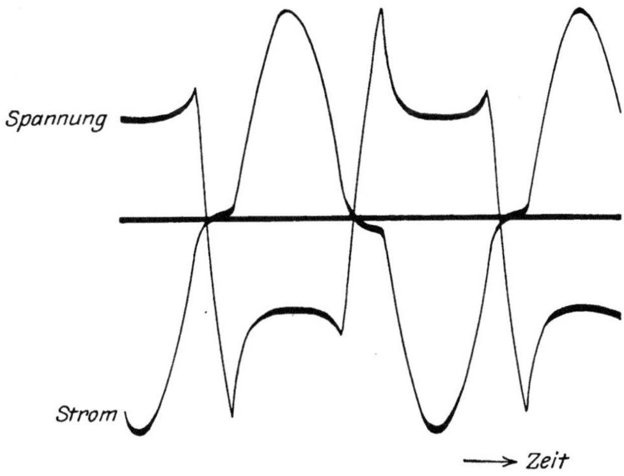

Abb. 4. Oszillogramm eines Kohlebogens.

Der Wechselstrombogen hat somit zwischen Brennzeiten Pausen, die je nach den Bedingungen verschieden ausfallen. Die Erscheinung des schleifenförmigen Verlaufs der Charakteristik bezeichnet SIMON[1]) als Lichtbogenhysteresis.

SIMON und seine Schüler haben die Lichtbogenhysteresis nach den verschiedensten Richtungen hin untersucht. Wir begnügen uns hier zunächst mit den qualitativen Angaben über die Beeinflussung der Zündspitze.

Die Zündspitze wird erhöht:

1. mit zunehmender Bogenlänge,
2. mit zunehmendem Vorschaltwiderstand,
3. mit abnehmender Schwingungszahl,

[1]) H. TH. SIMON, Phys. ZS. Bd. 6, S. 297. 1905.

4. mit allen Faktoren, die die Wärmeableitung begünstigen, also mit der Wärmeleitfähigkeit der Elektroden (Metalle) und des Einbettungsgases (Wasserstoff).

Durch Einschalten von Selbstinduktion erhält die Stromkurve immer mehr Sinusform, und die Pause wird kürzer. Besonders hervorheben wollen wir die Untersuchung eines einem Gleichstrombogen überlagerten Wechselstromes. Die dynamischen Charakteristiken schließen sich als Ellipsen der statischen Charakteristik an (vgl. Abb. 6). Mit zunehmender Frequenz dreht sich die Ellipse und artet bei sehr hoher Schwingungszahl in eine Gerade nach dem Koordinatenanfangspunkt gerichtet aus, d. h. der Bogen verhält sich einem solchen Strome gegenüber wie ein Leiter erster Klasse. Man kann also auch mit einem hochfrequenten Wechselstrom den Widerstand des Bogens messen. Dies haben DUDDELL[1]) und HAGENBACH[2]) mit PERZY und WEHRLI getan (vgl. Ziff. 17).

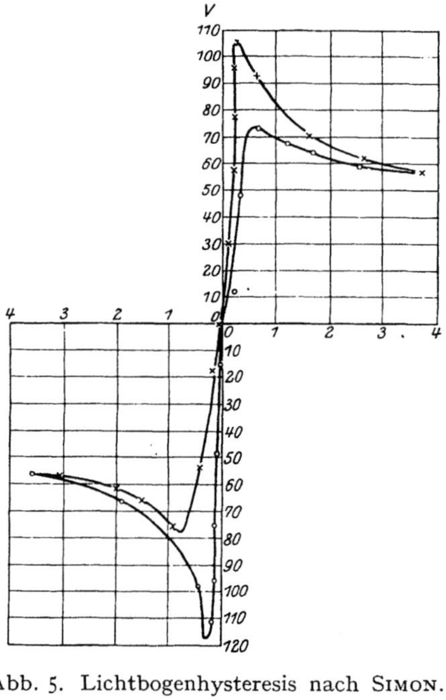

Abb. 5. Lichtbogenhysteresis nach SIMON.

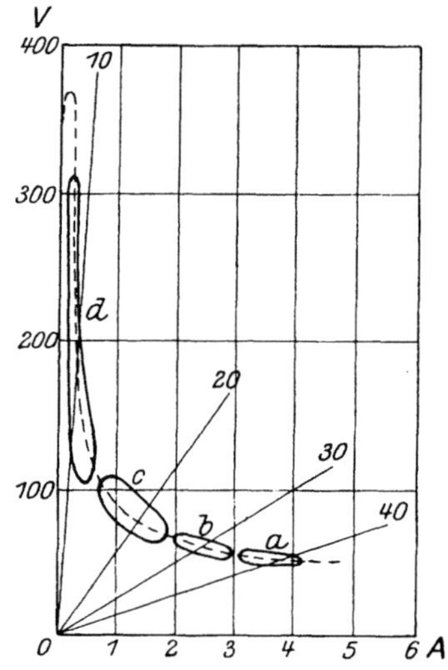

Abb. 6. Dynamische Charakteristiken eines einem Gleichstrombogen überlagerten Wechselstromes.

8. Oszillatorischer Funke. ROSCHANSKY[3]) hat bewiesen, daß der oszillatorische Funke die Eigenschaften eines Wechselstromlichtbogens hat. Die Spannungskurven nähern sich bei hoher Frequenz der Sinusform, und die Charakteristiken werden bei einer Frequenz von ca. 1000000 Gerade durch den Nullpunkt des (U, I)-Koordinatensystems.

9. SIMONsche Theorie. Macht man die Elektronenemission an der kathodischen Strombasis für den Bogenstrom verantwortlich, so werden die Temperatur der Strombasis T einerseits und die Größe der Basis F für den Bogen bestimmend sein. Die im Bogen verzehrte Leistung UI setzt SIMON dem Produkt FT proportional, also

$$UI = WTF,$$

[1]) W. DUDDELL, Phil. Trans. (A) Bd. 203, S. 305. 1904.

[2]) A. HAGENBACH u. R. PERCY, Arch. sc. phys. et nat. Bd. 4, S. 363. 1922; A. HAGENBACH u. M. WEHRLI, ZS. f. Phys. Bd. 20, S. 96. 1923; Bd. 26, S. 23. 1924.

[3]) D. ROSCHANSKY, Phys. ZS. Bd. 9, S. 627. 1908.

wo W die pro Sekunde und pro Einheit FT abgeleitete Wärme darstellt. Es ist eine komplizierte Größe, deren Verlauf man aber im allgemeinen abschätzen kann. Alle Faktoren, die W vergrößern, müssen die Charakteristik heben, eine Forderung, die allgemein erfüllt ist.

Beim Wechselstrombogen soll auch gelten, daß die zuströmende Energie proportional der Wärmeableitung ist. Der Wärmeinhalt Q wächst mit TF, mit S der Dichte und der spezifischen Wärme c des wärmeleitenden Materials und nimmt ab mit k, dem Wärmeleitvermögen, somit

$$Q = \frac{T \cdot F \cdot S \cdot c}{k} = \Lambda T F.$$

Für veränderliche Vorgänge führt dies zur Gleichung

$$\sigma U I = c T F + \Lambda \frac{d(TF)}{dt},$$

wo σ den Bruchteil der Energie angibt, der an der Kathode zur Heizung verwendet wird. Dies kann man auch schreiben

$$U I = W T F + L \frac{d(TF)}{dt},$$

wo $L = \frac{\Lambda}{\sigma}$ und $W = \frac{c}{\sigma}$. Die Integration und Diskussion dieser Gleichung führt zum vollen Verständnis der dynamischen Charakteristiken und der Bogenhysteresis. Die von SIMON darüber aufgestellte Grundgleichung lautet:

$$T F = \frac{T_0 F_0}{2} \left\{1 - \frac{W}{\sqrt{W^2 + 2 w L^2}} \sin(2 w t + \varphi)\right\} + C e^{-\frac{W}{L} t},$$

wobei folgende Definitionen gelten:

$$\operatorname{tg} \varphi = \frac{2 w L}{W},$$

$T_0 F_0 = T F$ für $I = 0$ und wobei gesetzt wurde $U I = U_0 I_0 \sin^2 w t$, $w =$ Frequenz.

10. Der schwingende Bogen[1]. Schaltet man einem Bogen eine Kapazität und folgende Selbstinduktion parallel, so kann der Bogen den Schwingungskreis in Tätigkeit setzen und die Schwingungen unterhalten, was DUDDELL zuerst gefunden hat. Die Grundlage der Theorie stammt von DUDDELL[2], dann haben sich damit beschäftigt BARKHAUSEN[3], BLONDEL[4], BRAUN[5], CORBINO[6], GRANQUIST[7], JONES und ROBERTS[8], KIMURA und YAMAMOTO[9], NASMYTH[10], POULSEN[11],

---

[1]) Die technische Seite des Schwingungsgenerators ist von C. F. ELVELL, The Poulsen arc generator, London: Ernest Benn 1923, behandelt worden.

[2]) W. DUDDELL, Electrician Bd. 46, S. 269. 1900 u. Bd. 51, S. 902. 1903; Phys. ZS. Bd. 2, S. 425 u. 440. 1901.

[3]) H. BARKHAUSEN, Dissert. Göttingen 1907.

[4]) A. BLONDEL, Ecl. électr. Bd. 44, S. 41 u. 81. 1905.

[5]) F. BRAUN, Phys. ZS. Bd. 15, S. 464. 1914.

[6]) O. CORBINO, Phys. ZS. Bd. 9, S. 197. 1908.

[7]) G. GRANQVIST, Nova Acta Upsal. (4) Bd. 1. 1907.

[8]) T. JONES u. D. ROBERTS, Phil. Mag. (6) Bd. 20, S. 660. 1910.

[9]) M. KIMURA u. K. YAMAMOTO, Mem. Coll. of sc. Kyoto Bd. 2, S. 47. 1910.

[10]) G. W. NASMYTH, Electrician Bd. 63, S. 747. 1909.

[11]) W. POULSEN, Elektrot. ZS. Bd. 27, S. 1040. 1906.

REICH[1]), RIECKE[2]), SIMON[3]), SZIVESSY[4]), VOLLMER[5]), WAGNER[6]), WERTHEIM-SALOMONSON[7]) und ZENNECK[8]).

Nach DUDDELL und SIMON lautet die Bedingung, daß Schwingungen zustande kommen, folgendermaßen:

$$\frac{dU_1}{dI_1} < 0 \quad \text{und} \quad \left|\frac{dU_1}{dI_1}\right| \geqq R .$$

Die Größe dU_1/dI_1 bedeutet den Bogenwiderstand und muß negativ sein, d. h. die Charakteristik muß fallen, und es muß ferner dU_1/dI_1 mindestens so groß sein wie der OHMsche Widerstand des Schwingungskreises. Wenn man die Betriebsstromstärke steigert, wird die Charakteristik nach und nach horizontal evtl. steigend, und dann hören die Schwingungen auf.

Es können Schwingungen erster Art entstehen, wobei die Amplitude kleiner ist als die Elektrodenspannung des Lichtbogens. Der Strom wird dann nie Null, und der Bogen erlischt nie. Die Schwingungen besitzen keine große Intensität und verlaufen sinusförmig. Die Frequenz n ist in diesem Falle gleich oder fast gleich entsprechend der THOMSONschen Formel

$$n \leqq \frac{1}{2\pi}\sqrt{\frac{1}{LC}} \quad (L = S \cdot J,\ C = \text{Kapazität}).$$

Anders werden die Verhältnisse bei den Schwingungen zweiter Art, bei denen die Amplitude so groß wird, daß der Bogen erlischt. Nun besteht die Schwingungsdauer T aus einer Zeit des Stromes t_1 plus einer Pause t_2, und diese letztere hängt ab von der Ladezeit des Kondensators und der im Speisestromkreis vorgeschalteten Selbstinduktion L_0. In jeder Halbperiode muß die Zündspannung erreicht werden. Die Schwingungen zweiter Art können nur zustande kommen, wenn $t_2 : T$ zwischen zwei Grenzen liegt. Im Moment der Zündung fällt die Spannung am Bogen rasch und bleibt dann annähernd konstant, während der Strom bis zum Grenzwert I_0 ansteigt. Von diesem Moment an liefert der Kondensator Strom, bis die Bogenstromstärke das Maximum erreicht hat. Darauf fällt der Strom bis zum Erlöschen ab, und die Spannung muß von dem Betrag gleich U_0 auf $U_0 - E_0$ (Zündspannung) springen.

Die Schwingungen dritter Art entstehen, wenn nach dem Erlöschen eine Rückzündung in der negativen Phase einsetzt, was natürlich mit kleinerer Amplitude geschieht. Die aufeinanderfolgenden Entladungen haben somit gedämpften Charakter. Zwischen den Pausen liegt eine Serie von gedämpften Schwingungen, für die die THOMSONsche Formel gilt, weil nur die Daten des Schwingungskreises selbst maßgebend sind.

Für die drahtlose Telegraphie kommen die Schwingungen erster Art nicht in Betracht wegen zu geringer Energie und die dritter Art nicht wegen der Dämpfung. Es werden somit die zweiter Art verwendet. Große Amplituden erhält man, wenn die Zündspannung hoch gemacht wird. Dies wird erreicht durch eine Anode eines gut wärmeleitenden Metalls und gleichzeitigen Wärmeentzug durch Luftstrom oder Wasserzirkulation usw. Als Atmosphäre werden Wasserstoff

---

[1]) M. REICH, Phys. ZS. Bd. 3, S. 278. 1902 u. Bd. 4, S. 364. 1903.
[2]) E. RIECKE, Göttinger Nachr. 1907, S. 253.
[3]) H. TH. SIMON, Phys. ZS. Bd. 7, S. 433. 1906.
[4]) G. SZIVESSY, Jahrb. d. drahtl. Telegr. Bd. 3, S. 250. 1910.
[5]) R. VOLLMER, Jahrb. d. drahtl. Telegr. Bd. 3, S. 213. 1910.
[6]) W. WAGNER, Dissert. Göttingen 1909; Der Lichtbogen als Wechselstromerzeuger. Leipzig 1910.
[7]) F. WERTHEIM-SALOMONSON, L'éclair. électr. Bd. 34, S. 202. 1903.
[8]) J. ZENNECK, Phys. ZS. Bd. 14, S. 226. 1913.

oder Leuchtgas benutzt. Verbesserungen bestehen ferner in Rotation der Elektroden, um größere Regelmäßigkeit zu erzielen, magnetischer Blasvorrichtung und Hintereinanderschaltung mehrerer Bogen. Als Kathode wird z. B. Homogenkohle verwendet, um durch die Dissymmetrie die Rückzündung zu vermeiden. Für die Konstanz ist günstiger große *S.I.* und kleine Kapazität als umgekehrt.

11. Bogen unter vermindertem und erhöhtem Druck. Glimmbogen. Daß zwischen den normalen Bogen und der reinen Glimmentladung noch eine Zwischenform, der sog. Glimmbogen, vorkommt, hat LEHMANN[1]) zuerst gefunden und später CADY und ARNOLD[2]), HAGENBACH und VEILLON[3]) und andere bestätigt. Ganz besonders günstig in dieser Beziehung erwiesen sich der Kupfer-, Eisen- und Nickelbogen unter vermindertem Druck nach den Untersuchungen von HAGENBACH und VEILLON, BANDERET[4]) und FREY[5]). Bei Kupfer und Eisen stellt man drei verschiedene Anodengefälle fest, eines dem reinen Bogen und zwei dem Glimmbogen angehörend, mit punkt- oder kugelförmigem Ansatz (Form 2) oder breiter Strombasis (Form 1). Im letzteren Falle ist manchmal die Strombasis auf der Oberfläche der Anode in einzelne leuchtende Punkte aufgelöst. In der Gegend von 100 mm Druck spielt der Bogen zwischen den drei Formen hin und her, so daß sich drei unabhängige Charakteristiken aufnehmen lassen. Die Erscheinung wird dadurch noch komplizierter, daß in Luft auch zwei Kathodengefälle möglich sind, je nachdem das Metall oder ein Metalloxyd die negative Strombasis bildet und verdampft. Es ließen sich tatsächlich zweimal drei, also sechs Charakteristiken feststellen und mit Sondenmessungen die drei Anoden- und zwei Kathodenhindernisse messen. Als Beispiel diene hier der Kupferbogen bei 100 mm und einer Bogenlänge von 20 mm.

Tabelle 4. Änderung des Anodenfalles bei verschiedenen Bogenformen des Cu-Bogens unter vermindertem Druck.

	Normaler Bogen	Glimmbogen	
	Form 3	punktförmig Form 2	breiter Ansatz Form 1
Anodenfall	20,1	26,0	34,3
Kathodenfall	13,7	13,0	13,0

Während sich hier nur der Anodenfall ändert, findet man den Kathodenfall verkleinert, wenn statt des Metalls das Metalloxyd negative Strombasis ist. HAGENBACH bezeichnet diese Formen als Zisch- oder *a*-Formen. Als Beispiel folgt Eisenbogen, Druck 400 mm, Bogenlänge 20 mm.

Tabelle 5. Änderung des Kathodenfalles bei normalem und Zischbogen bei Eisen- und Eisenoxydelektroden unter vermindertem Druck.

	Normaler Bogen Form 3	Zischform Form 3 a	FeO – FeO
Anodenfall	22,5	22,5	15,3
Kathodenfall	19,5	13,9	13,9

Letztere Bogenform zwischen Oxyd als Anode und Kathode ist beim Eisen ziemlich häufig, aber beim Kupfer selten. GROTRIAN[6]) hat die HAGENBACHschen

[1]) O. LEHMANN, Wied. Ann. Bd. 55, S. 361. 1895.
[2]) W. CADY u. H. ARNOLD, Phys. ZS. Bd. 8, S. 890. 1907.
[3]) A. HAGENBACH u. H. VEILLON, Phys. ZS. Bd. 11, S. 833. 1910; A. HAGENBACH, ebenda Bd. 12, S. 1015. 1911.
[4]) ED. BANDERET, s. S. 326, Fußn. 1.
[5]) W. FREY, Ann. d. Phys. (4) Bd. 49, S. 937. 1916.
[6]) W. GROTRIAN, Ann. d. Phys. (4) Bd. 47, S. 141. 1915.

Bogenformen auch unter normalem Druck bei sehr langen Bogen unter Anwendung sehr hoher Betriebsspannung nachweisen können.

Außer den genannten Metallbogen sind von CHILD[1]) noch Al, Zn, Cd, Pb, Bi und Sn untersucht worden, aber wenig eingehend, nur der Kohlevakuumbogen ist einer genaueren Untersuchung unterworfen worden, von HÖRBURGER[2]) und von BIDER[3]). Vom normalen Bogen abweichende Formen findet BIDER bei Stromstärken von 4 bis 8 Amp. unter 80 mm und bei Stromstärken kleiner als 0,5 Amp. von 200 mm abwärts. Aber die elektrischen Verhältnisse der hier auftretenden Glimmbogen lassen sich sehr schwer verfolgen wegen Instabilität und beständigem Wechsel der verschiedenen Formen.

Die AYRTONschen Konstanten für den normalen Bogen bis hinab zu 5 mm Druck, wie sie von BIDER festgestellt wurden, sind in Tabelle 3 gegeben.

Unter erhöhtem Druck findet man Messungen von DUNCAN, ROWLAND und TODD[4]) für Kohleelektroden bis 10 Atm. Luft und von LUCKEY[5]) mit Wolfram bis 35 Atm. Stickstoff. Sondenmessungen in diesem Gebiet liegen keine vor.

12. Geschichteter Bogen. Eine besondere Form kommt bei sehr niederem Druck vor, d. h. bevor der Bogen in das eigentliche Glimmlicht umschlägt. Dabei löst sich die Lichtsäule in Schichtungen auf. Eine Verwechslung mit der gewöhnlichen Glimmentladung ist ausgeschlossen, weil die Elektrodenspannung niedrig bleibt, während beim Umschlagen in das Glimmlicht der Ausschlag am Voltmeter um etwa 200 Volt steigt. Der Schichtbogen erscheint im Leuchtgas (H_2) bei Metall- und Kohleelektroden besonders leicht (FREY). Auch im Quecksilberbogen bei Verwendung eines großen Gefäßes treten die Schichten bei Wasserstoffzusatz sehr schön auf (GÜNTHERSCHULZE). BIDER stellt beim Kohlebogen unter 20 mm Druck in Luft (N_2) zwei Formen fest, die beide in Schichten aufgelöst werden.

13. Der zischende Bogen. Wird bei gegebener Stromstärke die Bogenlänge zu kurz eingestellt, so zischt der Kohlebogen; es muß also die Dampfmasse Pulsationen ausführen. Man hat dies vielfach damit in Zusammenhang gebracht, daß eine Rotation des Bogens einsetzt, wie TROTTER[6]) und DUDDELL[7]) bewiesen haben, doch scheint nach BRÄUER[8]) nur ein übermäßiger Verdampfungsprozeß an der Anode verantwortlich zu sein. Eine Dampfwolke verkleinert das Anodenpotential und die Stromstärke steigt noch mehr bis die Stabilitätsgrenze $\frac{d(U_A I)}{dI} = R$ überschritten wird. Die Strombasis zieht sich wieder zusammen, und der Vorgang verläuft periodisch. Oxydation wirkt im Sinne größerer Ionisation noch mit. Dies erklärt auch die starke Zischneigung beim Einbrennen. Zuerst brennt nämlich der Bogen bei kleiner Strombasis, somit erhöhter Stromdichte. Die Zischgrenze liegt bei etwa 70 Amp./cm².

Die Zischformen der Metallbogen unter vermindertem Druck wurden von HAGENBACH und VEILLON[9]) beobachtet; gekennzeichnet sind sie auch durch ausgedehnte Aureolenbildung. Auch mechanisches Anblasen mit Kohlensäure bringt den Bogen zum Pfeifen. Ähnlich wirkt ein transversales Magnetfeld, wobei nach oszillographischen Aufnahmen zu schließen, der Bogen sogar erlischt und wieder neu gezündet wird.

---

[1]) C. D. CHILD, Phys. Rev. Bd. 19, S. 117. 1914.
[2]) A. HÖRBURGER, Dissert. Greifswald 1905.
[3]) M. BIDER, s. S. 329, Fußn. 2.
[4]) L. DUNCAN, A. J. ROWLAND u. R. TODD, Elektrot. ZS. Bd. 14, S. 603. 1893.
[5]) G. P. LUCKEY, Phys. Rev. (2) Bd. 9, S. 129. 1917.
[6]) A. P. TROTTER, Electrician Bd. 33, S. 298. 1894.
[7]) W. DUDDELL, Electrician Bd. 46, S. 271. 1900.
[8]) E. BRÄUER, Phys. ZS. Bd. 20, S. 409. 1919.
[9]) A. HAGENBACH u. H. VEILLON, l. c.

Der Zischbogen besitzt eine besondere Charakteristik, die nicht, wie AYRTON und LEBLANC FILS[1]) glauben, als Fortsetzung einer Charakteristik eines normalen Bogens aufzufassen ist. So gut wie ein Glimmbogen hat auch der Zischbogen eine besondere (U, I)-Kurve. Das Umspringen vom normalen Bogen in Zischbogen, von einem Glimmbogen in normalen Bogen oder eine andere Form geschieht oft in beidem Sinn. So können z. B. beim Kupferbogen bei 100 mm-Druck die sechs Bogenformen in allen Variationen abwechselnd auftreten. Ändert man die äußeren Bedingungen, so wird die eine Form stabiler, eine andere labiler. Der Stabilitätsbegriff, wie er früher angegeben wurde, genügt somit für diese Beziehungen nicht.

14. Rotierender Bogen im magnetischen Feld. Der Bogen wird als Strombahn vom magnetischen Feld beeinflußt. Neuerdings hat STOLT[2]) die Literatur über diese Arbeiten zusammengestellt und eine große Zahl von Messungen im Anschluß an NICOLS[3]) Beobachtungen am rotierenden Kupferbogen im radialen Felde unter Atmosphärendruck durchgeführt. NICOL hatte Proportionalität der Rotationsgeschwindigkeit mit der magnetischen Feldstärke, der Stromstärke und Unabhängigkeit von der Bogenlänge gefunden. STOLT erzeugte die Rotationen zwischen Elektroden aus Kupfer, Silber, Gold, Kohle, Aluminium und deren Kombinationen. Bei Atmosphärendruck fand er bei größeren I auch Proportionalität zwischen Rotationsgeschwindigkeit v und I, während bei kleinem I dies nicht mehr zutrifft; v ist fast unabhängig vom Kathodenmaterial, was wohl dadurch zu erklären ist, daß die negativen Träger Elektronen sind. Die Geschwindigkeit ändert sich aber besonders bei Silber mit der Bogenlänge l entgegen NICOL, indem bei großem l die Geschwindigkeit zu klein ausfällt. Auch die genaue Proportionalität mit dem Magnetfeld H ist bei den meisten Kombinationen nicht erfüllt.

GUYE[4]) mit RUDY und ROTHEN geben für v folgende Gleichung:

$$v = \frac{1}{6} H \,|\mathfrak{E}|\, \left(\frac{\varepsilon}{m}\right)^2 t^2,$$

wobei t mittleres Intervall zwischen zwei Zusammenstößen, $|\mathfrak{E}|$ Spannungsabfall im Bogen ε/m spezifische Ladung der positiven Ionen bedeuten. Die Rotation soll nämlich nur durch die positiven Ionen bedingt sein. Dies stimmt ungefähr überein mit einer Gleichung von TOWNSEND[5])

$$v = H \,|\mathfrak{E}|\, \frac{\varepsilon}{m_1} t_1 \frac{\varepsilon}{m_2} t_2 ,$$

wo m_1 und m_2 sich auf die beiden Ionenarten beziehen. Beide Gleichungen befriedigen nicht, weil die Änderung der Rotationsgeschwindigkeit mit dem Druck nicht stimmt, indem t_1 und t_2 umgekehrt proportional dem Druck sein müßte, v also viermal größer zu erwarten wäre bei halbem Druck. Mit abnehmendem Druck nimmt aber v in Wirklichkeit zu. Jedenfalls spricht dies dafür, daß keine Atomionen, sondern nur Elektronen beteiligt sind. Aufgeklärt sind diese Erscheinungen aber nicht.

15. Der Einschlußbogen. STOCKHAUSEN[6]) untersucht den Bogen in einem Gefäß eingeschlossen und findet dabei gewisse abnorme Verhältnisse, z. B. steigt beim Wechselstrombogen die Zündspannung sehr hoch, aber der Strom setzt

[1]) M. LEBLANC FILS, L'arc électrique. Paris: Alb. Blanchard 1922.
[2]) H. STOLT, Dissert. Upsala 1925.
[3]) J. NICOL, Proc. Roy. Soc. London (A) Bd. 82, S. 29. 1909.
[4]) CH. GUYE u. R. RUDY, Arch. sc. phys. et nat. (5) Bd. 5, S. 182. 1923; A. ROTHEN, Dissert. Genf 1921; R. RUDY, Dissert. Genf 1923.
[5]) J. TOWNSEND, Handb. d. Radiol. Bd. I, S. 88. 1920.
[6]) K. STOCKHAUSEN, Der eingeschlossene Lichtbogen. Leipzig: J. A. Barth 1907.

schon unmittelbar nach dem Durchgang der Spannung durch Null ein, weil noch ionisiertes Gas vorhanden ist. Dies ist jedoch eine unselbständige Strömung und gehört nicht zur Bogenentladung. Durch ein magnetisches Feld verschwindet sie. Der Einschlußbogen ist besonders durch die durch den Bogen geschaffene oder veränderte Atmosphäre bedingt. Unter Verwendung von Kohleelektroden sind die Verbrennungsprodukte gasförmig. STOCKHAUSEN und BIDER analysieren diese und finden die Bildung von CO_2 und CO. H_2 entsteht nach BIDER aus der Zersetzung von Wasserdampf. Bei Gegenwart vom Wasser entstehen unbegrenzte Mengen von H_2 und O_2, die unter Umständen wieder zur Explosion kommen. CN läßt sich chemisch nicht nachweisen, aber es ist trotzdem möglich, daß es im Kohlebogen selbst entsteht und sogleich wieder zerfällt. Ob die Cyanbanden 3884 usw. dem Cyan oder dem Stickstoff angehören, ist immer noch unentschieden.

Die im Bogen entstehenden Metalloxyde sind feste Körper, die zum Teil die Oberflächen der Elektroden überziehen, zum Teil als feiner Staub wegfliegen und sich an die Gefäßwand legen. Gewisse Metalle (Al, Zn, Mg) scheinen die Strombasis an die Oxydfläche zu verlegen, wodurch besonders durch die größere Elektronenemission andere elektrische Verhältnisse geschaffen werden. Bestätigt sich nämlich, daß die Temperatur wenigstens an einer Elektrode die Siedetemperatur wird, so ändert sich durch die Oxydation der Oberfläche Temperatur und Größe der Strombasis, also in der SIMONschen Theorie der Parameter $S = TF$. An anderen Metallen (Cu, Fe, Ni, Wo) bleibt aber trotz der Oxydation, vielleicht verursacht durch Wärmeableitung und elektrische Leitfähigkeitsverhältnisse, die Strombasis am Metall.

Inwieweit überhaupt die Verbindungen an den Elektroden für die Existenz eines Bogens eine Rolle spielen, ist noch sehr wenig abgeklärt. Man findet in der Literatur Angaben darüber, daß ohne chemische Reaktionen überhaupt kein Bogen möglich sei, doch dürfte diese Ansicht über das Ziel schießen, man denke nur an den Quecksilberbogen im Vakuum. Es wird zwar auch hier behauptet, daß bei absoluter Entgasung der Quecksilberbogen nicht existenzfähig sei.

16. Der Quecksilberbogen. Gleichrichter. Für alle theoretischen Betrachtungen sind die Messungen am Hg-Bogen im Vakuum, der von ARONS[1]) entdeckt worden ist, ganz besonders herangezogen worden, und es kommt deshalb diesem Bogen eine Sonderstellung zu. Es ist dies der einzige Fall, bei dem Elektrodenmaterial und Atmosphäre (Gassäule) ein einheitliches Material ohne fremde Beimengung sein kann. Ungünstig dabei ist, daß die Druck- und Dichteverhältnisse im Bogen schlecht definiert sind. Die Ergebnisse dieser Untersuchungen sind im Kapitel über die Ionentheorie des Bogens besprochen und verwertet.

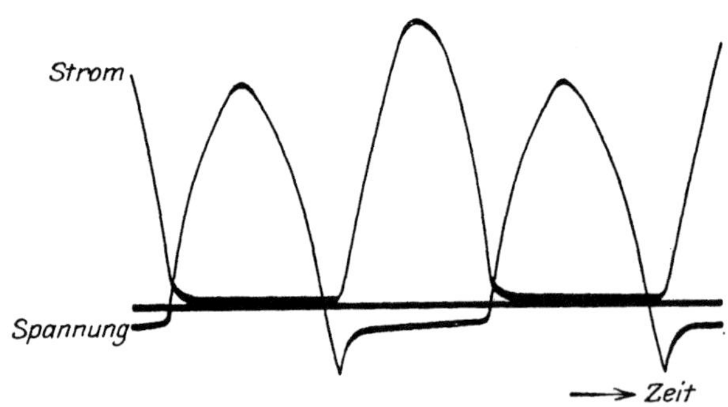

Abb. 7. Oszillogramm Kupfer-Kohlebogen.

Hier möchten wir noch eine für die Praxis wichtig gewordene Seite des Hg-Bogens erwähnen, nämlich die Gleichrichterwirkung, d. h. die Umwandlung von Wechselstrom in Gleichstrom. Betreibt man einen beliebigen Bogen mit

[1]) L. ARONS, Wied. Ann. Bd. 47, S. 767. 1892; Elektrot. ZS. Bd. 24, S. 87 u. 187. 1903.

Wechselstrom, so weisen die oszillographischen Aufnahmen Unsymmetrien auf, wenn infolge verschiedener Wärmeableitung die Zündspannungen an den beiden Elektroden ungleich sind. Es ist leicht zu erreichen, daß der Strom nur in der einen Richtung, wenn Hg Kathode ist, fließt, während der andere Stromimpuls gänzlich unterdrückt wird. Diese Ventilwirkung kann benutzt werden, um Wechselstrom in Gleichstrom umzuwandeln. Die beigegebene Abb. 7 zeigt eine oszillographische Aufnahme eines Kupfer-Kohlebogens. Die Gleichrichterwirkung tritt sehr ausgesprochen beim Quecksilber gegen Eisen auf [HEWITT[1]]. Bis 3000 Volt ist die Ventilwirkung eine vollkommene. Die moderne Technik hat den Gleichrichter für große Leistungen mit sehr gutem Nutzeffekt ausgebaut. (Näheres s. Bd. 16 u. 17.)

17. Widerstand und elektromotorische Gegenkraft. Will man den Widerstand des Bogens mit einer Wechselstrommethode messen, so muß man wie DUDDELL und SIMON durch eingehende Untersuchungen festgestellt haben, eine Frequenz von mindestens 100000 benützen. DUDDELL ermittelt nämlich den Leistungsfaktor des Wechselstroms und steigert die Frequenz bis der Faktor 1 wird und schließt daraus, daß Strom- und Spannungskurve nicht deformiert sind. Er erzeugte durch einen besonderen, rasch rotierenden Generator einen solchen Wechselstrom und maß den Widerstand des Bogens mit einer Dreivoltmeter-Methode an einem Kohlebogen von 11 mm Homogenkohlen Conradty Noris, einer Bogenlänge von 6 mm und einer Betriebsstromstärke $I = 9{,}91$ Amp Die Elektrodenspannung U war gleich 49,8 Volt und der Widerstand R wurde zu 3,81 Ohm ermittelt. Stellt man die Gleichung auf: $E = U + IR$, woraus $U = E - IR$, so resultiert für $U = 12$ Volt. Dies nennt DUDDELL die elektromotorische Gegenkraft, eine Bezeichnung, ob sie nun zweckmäßig ist oder nicht, für diese Größe, die in der Bogenliteratur allgemein eingeführt ist. Für Dochtkohlen fand er $R = 2{,}54$ Ohm und $U = 16{,}9$ Volt. Der Bogenwiderstand ändert sich mit der Stromstärke nach der Gleichung $R = 33{,}5 \cdot I^{-1} + 42 \cdot I^{-2}$, während U wenig veränderlich ist.

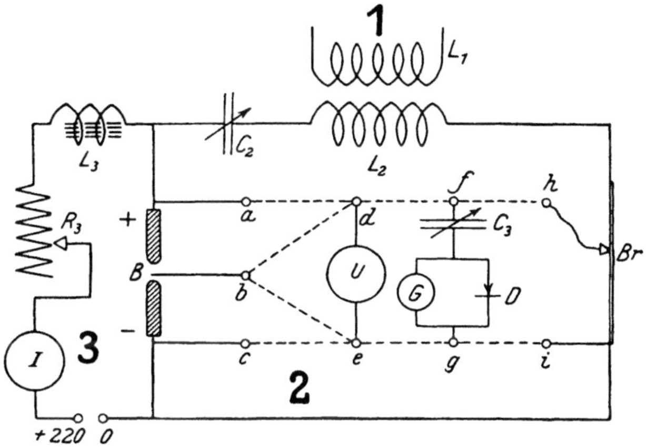

Abb. 8. Detektormethode zur Bestimmung des Widerstandes und der EMG. nach HAGENBACH und PERCY.

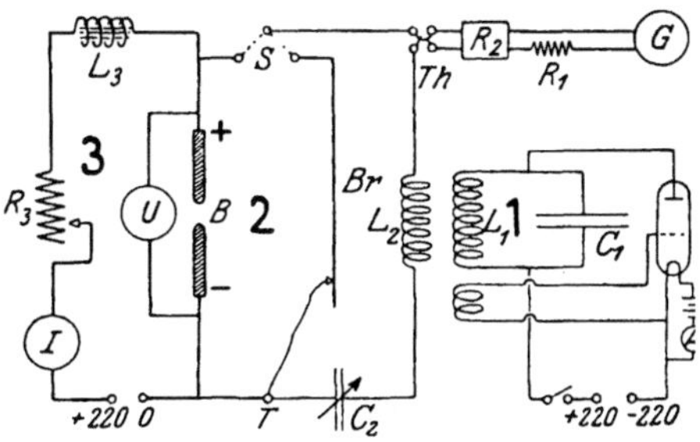

Abb. 9. Thermokreuzmethode nach HAGENBACH und WEHRLI.

Durch HAGENBACH, PERCY und WEHRLI[2]) sind diese Ergebnisse nach einer umgeänderten Methode bestätigt und erweitert worden. Ein hochfrequenter

[1]) C. HEWITT, vgl. A. HAGENBACH, Lichtbogen, Radiologie 1924, S. 162. u. EMIL KURT MÜLLER, Der Quecksilberdampfgleichrichter, I. Teil. Berlin: Julius Springer 1925. Diss.
[2]) A. HAGENBACH, l. c.

Wechselstrom von 190000 Perioden wurde durch einen Schwingungskreis mit einer Elektronenröhre erzeugt und induktiv übertragen ($L_1 L_2$). Der gemessene Bogenwiderstand wurde mit einem Drahtwiderstand *Br* (durch Umschalten) verglichen. Die Stromstärke des Wechselstromes wurde entweder mit Detektor *D* und parallelgeschaltetem Galvanometer *G* (vgl. Abb. 8) oder mit Thermokreuz *Th* (Abb. 9) gemessen. Aus der großen Zahl von Elektrodenkombinationen seien einige typische Fälle hier wiedergegeben.

Tabelle 7. Widerstand und EMG. im Bogen.

Anode	Durchmesser	Kathode	Durchmesser	Elektrodenspannung U	Betriebsstromstärke I	Bogenlänge l	Bogenwiderstand R/mm	EMG. U'
Effekt weiß	10	Effekt weiß	10	34,1	5,94	5	6,54	−4,7
Siemens Docht	9	,, ,,	10	44,4	5,98	5	5,46	11,7
Effekt weiß	10	Siemens Docht	9	29,5	6,00	5	5,23	−1,9
Siemens Docht	9	,, ,,	9	53,9	6,00	5	6,14	15,1
Noris Hom.	10	Noris Hom.	10	45,0	10,0	1	3,00	15,0
Exzello gelb 104	11	Noris Docht	10	43,3	9,94	20	4,64	−2,7

Die EMG. kann also positiv oder negativ sein. Letzteres scheint nur dann der Fall zu sein, wenn eine Effektkohle Anode ist. In diesem Fall ändert sich beim Vertauschen der Pole U' um etwa 12 Volt.

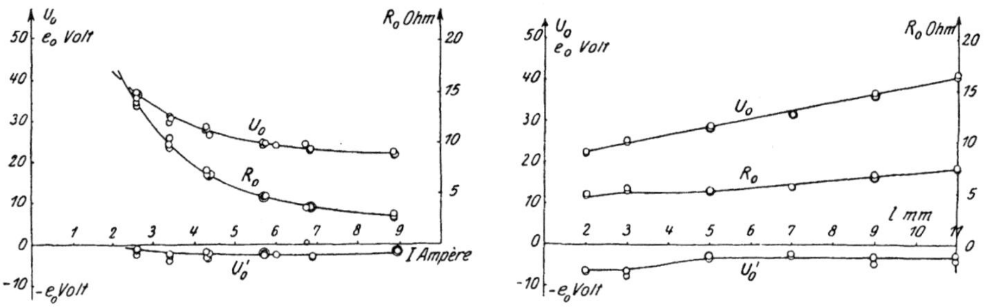

Abb. 10a und 10b. Elektrodenspannung, Widerstand und EMG. als Funktion der Stromstärke und Bogenlänge, nach HAGENBACH und WEHRLI.

Metallbogen zeigen eine hohe EMG. (Fe 28), doch ist möglich, daß das dabei auftretende Zischen die Messung stört. Eine Amalgamlampe (HERÄUS) lieferte $U' = 5{,}6$ Volt bei 1,85 und 12 Volt bei 4 Amp. Im allgemeinen aber ändert sich *e* wenig mit *I*; in einigen Fällen (C-hom.) fällt sie etwas, in anderen steigt sie sehr wenig. Im großen und ganzen kann man sie als eine Konstante betrachten. In Abb. 10a und 10b sind die mit Siemens-Effekt-Kohlen Nr. 201 (gelb) gewonnenen Ergebnisse wiedergegeben. Es sind die Elektrodenspannung U_0, der Widerstand R_0 und die EMG. U_0' als Funktion der Stromstärke *I* und der Bogenlänge *l* wiedergegeben.

Mittels Sondenmessung mit Hochfrequenz erhält man nicht nur das Gefälle im Bogen, sondern man kann auch feststellen, wie sich die Größe U_0' auf Anode und Kathode verteilt. Mißt man neben dem Hochfrequenzwiderstand R_0 jeweils auch die Gleichstromspannung U_0 gegen Anode bzw. Kathode und trägt in einem Koordinatensystem die beiden Größen U_0 und IR_0 ein, so verlaufen die Kurven vollständig parallel, d. h. Gleich- und Wechselstromwiderstand sind in der Gassäule einander gleich. Extrapoliert man den Spannungs- und Widerstandsverlauf bis an die Elektroden, so findet man den Anoden- und Kathodenfall, nebst dem Übergangswiderstand an den Elektroden R_a und R_k. Bildet man die Differenzen

$$U'_a = U_a - I R_a \quad \text{und} \quad U'_k = U_k - I R_k,$$

so hat man 2 Größen, die wie oben als EMG. an der Anode und Kathode bezeichnet werden können. Diese Verhältnisse an Homogen-, Docht- und Effektkohlen sieht man in Abb. 11 und die dazu gehörenden Zahlen in der Tabelle.

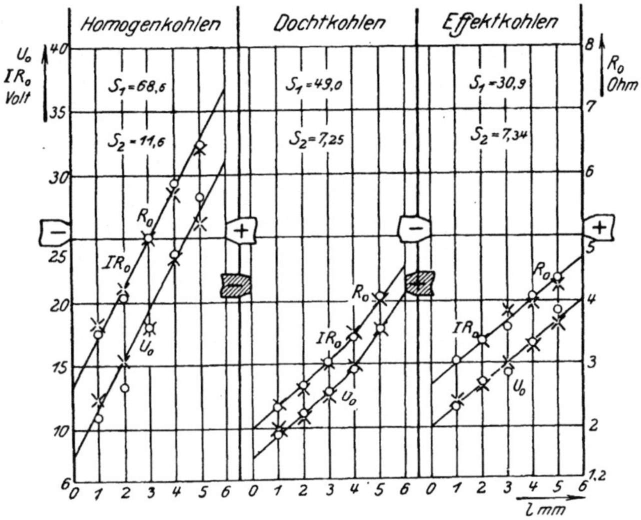

Abb. 11. Gleich- und Wechselstromwiderstand im Kohlebogen nach HAGENBACH u. WEHRLI.

Die gesamte Elektrodenspannung eines Bogens setzt sich somit aus 5 Größen folgendermaßen zusammen:

$$U_0 = U'_a + I R_a + U'_k + I R_k + I R \cdot l,$$

wobei das letzte Glied den Gesamtwiderstand der Gassäule darstellt.

Tabelle 8. Bestimmungsstücke der Betriebsspannung.

Bogenart	U_a: $U'_a + I R_a$	U_k: $+ U'_k + I R_k$	$+ I R \cdot l = U_0$	U_0 beob.
1. Homogenkohlen . .	16,7 + 21,2	−6,1 + 13,2	+5 · 6 · 0,76 = 67,8	68,6
2. Dochtkohlen	15,1 + 13,5	−2,3 + 10,0	+5 (4 · 0,29 + 2 · 0,84) = 50,5	49,0
3. Effektkohlen	−2,1 + 13,3	−3,3 + 13,3	+5 · 6 · 0,33 = 31,1	30,9

Beim Dochtbogen ist zur Berechnung des Gassäulenwiderstandes über eine Entfernung von 2 mm vor der Anode mit 0,84 und 4 mm vor der Kathode mit 0,29 Ohm gerechnet worden entsprechend den Sondenbeobachtungen (vgl. Abb. 12). Die Zweiteilung des Widerstandes in der Gassäule tritt auch spektroskopisch zutage. Vor der Kathode nämlich beobachtet man die Verunreinigung Na, K und Ca, vor der Anode N_2 und CO. Erstere besitzen viel niedrigere Ionisierungsspannungen. Vor der Kathode ist auch die Temperatur niedriger, weshalb durch die Elektronen hauptsächlich die Alkalien ionisiert werden. Vor der Anode bei

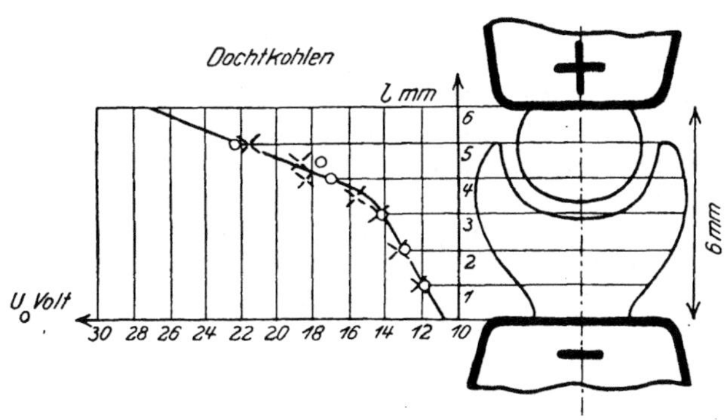

Abb. 12. Zweiteilung des Widerstandes längs des Bogens bei Dochtkohlen nach HAGENBACH und WEHRLI.

den höheren Temperaturen reicht die Energie zur Ionisierung des N_2 und CO aus, und da diese Atome in viel größerer Zahl vorhanden sind, wird fast die ganze Energie für die Ionisierung letztgenannter Atome verwendet. Eine solche Zweiteilung kann man leicht demonstrieren in einem langen etwa durch einen Luftwirbel stabilisierten Bogen mit 2 verschiedenen Elektroden, z. B. Kupfer und Kohle mit Strontiumnitrat. Beim Polwechsel sieht man die Farbe der positiven Ionen der betreffenden Anode jeweils sehr weit in die Gassäule vordringen, während sie vor der Kathode verschwindet.

Die EMG. an den Elektroden sind glühelektrischer Natur. Die Elektronenemission unterstützt an der Kathode den Strom und hemmt ihn an der Anode. Je höher also die Temperatur der Kathode, desto größer muß der negative Wert von e_k sein. Dies sieht man bestätigt im Vergleich der Werte von Homogen- und Dochtkohlen. Bei ersteren ist nach pyrometrischen Messungen die kathodische Strombasis heißer und entsprechend

$$\text{für C-hom } U_k' = -6{,}1, \qquad \text{für C-Docht } U_k' = -2{,}3 \text{ Volt.}$$

An der Anode vergrößern die emittierten Elektronen die negative Raumladung, weil sie dem Strom entgegengehen und vergrößern den Anodenfall. Dies ist bei Homogen- und Dochtkohlen der Fall, aber bei Effektkohlen ist die Temperatur so niedrig, daß positive Ionen emittiert werden; die negative Raumladung wird neutralisiert und der Anodenfall sinkt. Mit steigender Temperatur wachsen U_a und U_a'.

c) Die Ionentheorie des Bogens.

18. Die Temperaturverhältnisse an den Elektroden. Nach der Ansicht der meisten Physiker ist die Grundbedingung für die Existenz eines Bogens eine hohe Temperatur der kathodischen Strombasis. Ferner spielt zweifellos auch in der Lichtsäule die Temperatur eine wesentliche, vielleicht sogar die einzige Rolle zur Ionisation. Die Temperaturverhältnisse sind deshalb nach verschiedenen Richtungen hin gemessen und diskutiert worden, aber wir möchten gleich betonen, daß hier noch manches fehlt, was zum Verständnis des Bogenmechanismus zu wissen notwendig wäre.

Am besten bekannt sind die Temperaturen an der Anode. Die hohe Temperatur der Kohlenanode in Luft beträgt nach der Methode der Isochromaten gemessen 4200° abs.[1]) wahre Temperatur, und ist nach Untersuchungen von LUMMER[2]) bis zu einer Belastung von 120 Amp. unabhängig von der Stromstärke. Nach PATZELT[3]) ist die Temperatur weniger hoch, und zwar 3850° abs. für Graphitelektroden und in geringem Maß abhängig vom Elektrodenmaterial. Siemens-A-Kohlen erreichten die Temperatur von 3775° abs. in Übereinstimmung mit IRVIN[4]), der 3780° feststellte.

Eine Erhöhung der Stromstärke vergrößert nur den Anodenfleck. PODSZUS[5]) allerdings findet eine Zunahme der Temperatur mit I, doch ist dies Ergebnis nach MATTHIESEN[6]) auf die der Anode vorgelagerte anodische Gasschicht zurück-

---

[1]) E. BENEDICT, Ann. d. Phys. (4) Bd. 47, S. 641. 1915 u. K. LANGBEIN, Dissert. Basel 1918. Vgl. Zusammenstellung A. HAGENBACH, Handb. d. Radiol., Der elektrische Lichtbogen. 1924.

[2]) O. LUMMER, Verh. d. D. Phys. Ges. Bd. 3, S. 331. 1901; Verflüssigung der Kohle und Herstellung der Sonnentemperatur. Sammlung Vieweg 1914.

[3]) F. PATZELT, ZS. f. Phys. Bd. 4. S. 66. 1922 u. Bd. 15, S. 409. 1923.

[4]) G. IRVIN, Electr. World Bd. 80, S. 894. 1922.

[5]) E. PODSZUS, Verh. d. D. Phys. Ges. Bd. 21, S. 284. 1919.

[6]) W. MATTHIESEN, Untersuchungen über den elektrischen Lichtbogen, insbesondere den unter Druck befindlichen. Leipzig: Haberland 1921.

zuführen. Vielleicht kommen auch Überhitzungserscheinungen vor. Die LUMMERschen Ergebnisse sind in einer eingehenden Arbeit von KOHN und GUCKEL[1]) bestätigt worden. Oberhalb einer gewissen „Normalbelastung", die bei Atmosphärendruck bei 0,3 bis 2,1 Amp./mm^2 liegt, erreichen alle Kohlensorten als Anode in Luft sowie in anderen Gasen (CO_2, N_2, A) den gleichen Wert, d. h. die Flächenhelligkeit, somit auch die Temperatur, ist die nämliche. Die Anode stellt sich auf ein thermisches Gleichgewicht ein. Die im Intervall von 5 bis 0,8 Atm. ermittelten Drucktemperaturkurven sind durch die CLAUSIUS-CLAPEYRONsche Gleichung darstellbar und als Dampfdruckkurven des Kohlenstoffs anzusehen. Die Anodentemperatur kann man somit als die Siedetemperatur der Kohle ansprechen. Von FAJANS und RYSCHKEWITSCH[2]), KOHN und GUCKEL, HAGENBACH und LÜTHY[3]), sowie ALTHERTUM, FEHSE und PIRANI[4]) ist an Kohlenstäben durch Widerstanderhitzung eine Durchschmelztemperatur zu rund 3800° abs. bestimmt worden, die man als Schmelztemperatur ansehen darf. Je nach der Temperatur, die man für die Anodentemperatur (Vergleichstemperatur) einsetzt, ist der Wert verschieden, aber immer ist er etwa 280° unterhalb der Anodentemperatur. Demnach wäre die Anodenoberfläche von Kohle flüssig siedend. In Projektion läßt sich auch die flüssige Oberfläche nach LUMMER, in einem Druckintervall von $^1/_5$ bis 2 Atm. beobachten. Mit zunehmendem Druck muß die Anodentemperatur als eine Siedetemperatur steigen. Bei 22 Atm. ist die Helligkeit 18fach und die Temperatur nach Messungen von BENEDICT[5]) von 4200 auf 5890 gestiegen.

Im Metallbogen sind Messungen der Anodentemperaturen ebenfalls nach der Isochromatenmethode von LANGBEIN[6]) durchgeführt worden und ergaben bei Silber, Kupfer, Eisen, Nickel und Wolfram eine Steigerung mit zunehmender Stromstärke bis zu einer Grenze, die, je schlechter die Wärmeleitfähigkeit, um so rascher erreicht wurde. Diese Grenztemperaturen erwiesen sich wie bei Kohle als Siedetemperaturen, soweit ein Vergleich mit vorhandenem Zahlenmaterial durchführbar ist. Bei Aluminium, Zink und Magnesium beobachtet man aber viel höhere Temperaturen als die Siedepunkte, was so zu erklären ist, daß diese Metalle in Luft oxydieren und eine Oxydschicht die Strombasis bildet. In Stickstoff fallen bei Aluminium und Magnesium die Temperaturen viel niedriger aus und nähern sich den Siedetemperaturen dieser Metalle. Die hohe Anodentemperatur ist für den Bogen keine Existenzbedingung.

Die Anode kann künstlich kalt gehalten werden durch Wasserkühlung oder Rotation. Auch Anoden aus flüssigen Elektrolyten gestatten einen Bogen; immerhin ist für die Dampfbildung und Ionisation in der Anodenschicht die hohe Temperatur von großem Einfluß.

Die Kathodentemperatur ist aus theoretischen Gründen wichtig. Es ist wohl kein Zweifel, daß in den meisten, vielleicht sogar in allen Fällen die hohe Kathodentemperatur als Sitz der Elektronenemission die Ursache der Ionisation vor der Kathode ist, und daß ohne diese der Bogen nicht bestehen kann. Im allgemeinen ist die Temperatur der Kathode niedriger wie die der Anode, doch nimmt sie mit steigender Stromstärke zu und erreicht — wenigstens im Kohlenbogen — schließlich dieselbe Höhe wie die Anode (LUMMER). Die

---

[1]) H. KOHN u. M. GUCKEL, ZS. f. Phys. Bd. 27, S. 305. 1924.

[2]) K. FAJANS u. E. RYSCHKEWITSCH, Naturwissensch. Bd. 12, S. 300. 1924; E. RYSCHKEWITSCH, ZS. f. Elektrochem. Bd. 30, S. 54. 1925.

[3]) A. HAGENBACH u. W. LÜTHY, Naturwissensch. Bd. 12, S. 155. 1924.

[4]) H. ALTERTHUM, W. FEHSE u. M. PIRANI, ZS. f. Elektrochem. Bd. 29, S. 313. 1925.

[5]) E. BENEDICT, Ann. d. Phys. Bd. 47, S. 641. 1915.

[6]) K. LANGBEIN, Dissert. Basel 1918; A. HAGENBACH u. K. LANGBEIN, Arch. de Genève Bd. 46, S. 329. 1918.

Temperaturen der Metallkathoden sind ebenfalls niedriger als die der Anoden. Nach den Messungen von HAGENBACH und LANGBEIN wurde gefunden an Fe 2430, Ni 2365, W 3000 gegenüber an den Anoden Cu 2440, Fe 2600, Ni 2440 und W 4200 wahre abs. Temperatur.

Schwierig ist die Frage der Temperatur beim Quecksilberbogen zu beantworten. Die Verdampfungstemperatur liegt viel zu niedrig, als daß man eine Weißglut erwarten könnte. Nun wird aber trotzdem, wie STARK[1]) festgestellt hat, von der Strombasis ein kontinuierliches Spektrum emittiert, aber eine Messung dieser hohen Temperatur liegt von keiner Seite vor. Die Behauptung, daß die Strombasistemperatur 2 bis 3000° sein müsse, wie das GÜNTHERSCHULZE tut, ist kein Beweis. STOLT[2]) hat im Anschluß an seine Versuche mit dem rotierenden Bogen im magnetischen Feld die Frage der hohen Kathodentemperatur diskutiert. Er betont, daß es beim rotierenden Bogen schwierig sei, eine genügend hohe Temperatur anzunehmen, es gelingt ihm auch nicht, das kontinuierliche Spektrum nachzuweisen. GÜNTHERSCHULZE[3]) will aber beweisen, daß auch im Falle des rotierenden Bogens an Messingelektroden die Temperatur 2 bis 3000° sei und stellt dazu eine Überschlagsrechnung an, in der er für die Wärmeleitfähigkeit des Messings 0,12 Cal./cm Grad sec einsetzt. STOLT bemerkt aber mit Recht, daß die Wärmeleitfähigkeit von Messing 0,25 sei, und man dann nur zu einem halb so hohen Werte komme. Für Cu würde die Rechnung nur 300° ergeben, für Ag noch weniger. STOLT vergleicht ferner die kontinuierliche Emission mit der eines Glühlampendrahtes, und findet letztere viel intensiver. Er zieht auch die Beobachtungen LANGBEINS als Gegenbeweis gegen die hohe Temperatur der negativen Strombasis heran, und erwähnt auch den von MAUCLAIRE, GARBARINI und GAUTIERS[4]) in einem Magnetfeld rotierenden Bogen, der an einer mit Wasser gefüllten Metallröhre ansetzt.

Ob also in allen Fällen die kathodische Bogentemperatur hoch genug ist zur Emission der großen Zahl von Elektronen, ist demnach nicht sicher bewiesen, jedenfalls nicht unbestritten. STARK und CASSUTO[5]) hatten seiner Zeit als Beweis für die Notwendigkeit der hohen Temperatur der negativen Elektrode das Experiment angestellt, bei dem ein Bogen gegen eine rotierende Metallkathode brennen sollte. Das Versagen dieses Versuches wurde allgemein als Beweis obiger Anschauung angesehen. Nun aber gelang es STOLT[6]) einen Bogen zwischen feststehender Anode und rotierender Kathode aus einer Kupfer- oder Messingscheibe mit 220 Volt zu unterhalten, wenn die Kathode gut poliert war.

Man kann wie BLONDEL[7]) zu all diesen Beobachtungen immer die Behauptung aufstellen, daß die Strombasis an sehr kleinen Punkten hoher Temperatur angreife, und den Ort sehr rasch wechselt. Beweise dafür fehlen.

Trotz dieser Kritik wird die hohe Temperatur der Kathode für den Elektronenstrom im allgemeinen verantwortlich zu machen sein. Ganz befriedigt kann man aber erst sein, wenn auch bewiesen ist, daß die Zahl der emittierten Elektronen genügt, um die Stromstärken oder besser, die Stromdichten, zu erklären. Nach COMPTON ist der größte Teil des Stromes im Kathodenfall Elek-

---

[1]) J. STARK, Phys. ZS. Bd. 5, S. 750. 1904.
[2]) H. STOLT, Dissert. Uppsala 1925.
[3]) A. GÜNTHERSCHULZE, ZS. f. Phys. Bd. 28, S. 325. 1924.
[4]) L. MAUCLAIRE, A. GARBARINI u. G. GAUTIERS, Deutsches Patent Nr. 342988/1920.
[5]) J. STARK u. L. CASSUTO, Phys. ZS. Bd. 5, S. 264. 1904.
[6]) H. STOLT, ZS. f. Phys. Bd. 26, S. 95. 1925.
[7]) A. BLONDEL, C. R. Bd. 175, S. 12. 1922.

tronenstrom, nach anderen etwa die Hälfte. Für die Berechnung zieht man die RICHARDSONsche Gleichung

$$N = A\sqrt{T}\,e^{-b/T} \quad (N = \text{Zahl der Elektronen, } T = \text{Temperatur})$$

heran. Die Konstanten sind

für reine Kohle	$A = 1{,}49 \cdot 10^{25}$,	$b = 48\,700$,
für imprägnierte Kohle	$A = 3{,}3 \cdot 10^{26}$,	$b = 42\,000$,
für Wolfram	$A = 1{,}55 \cdot 10^{26}$,	$b = 52\,500$,

daraus findet man für

Tabelle 9.
Elektronenstromstärke entsprechend der Richardsonschen Gleichung.

Kohle		imprägnierte Kohle		Wolfram	
T abs.	Amp./cm²	T abs.	Amp./cm²	T abs.	Amp./cm²
3000	13,2	2700	500	2400	0,365
3140	26,7	3000	2390	2800	8,98
3300	54,7	3140	4400	3200	96,9
3500	127	—	—	3540	509
4000	775	—	—	—	—

Aus diesen Zahlen geht hervor, daß für Kohle kein Widerspruch entsteht, die beobachtete Stromdichte (250 Amp./cm²) aus der Temperaturemission zu erklären (vgl. Ziff. 20). Auch DE GROOT[1]) kommt durch Bestimmungen von Elektrodentemperaturen an Wolfram im Neon und Argon, sowie im Quecksilberbogen nach Anstellen einer Energiebilanz zu dem Ergebnis, daß die Zahl der nach RICHARDSON berechneten Elektronen genüge. Die von BRÄUER berechnete Stromdichte von 3200 Amp./cm² kann aus den COMPTONschen Zahlen, entgegen der Behauptung COMPTONS, nicht erklärt werden. Es dürfte auch schwer fallen, die Stromdichten, wie sie GÜNTHERSCHULZE für Quecksilber (vgl. Ziff. 20) annimmt, so zu erklären.

LANGMUIR und COMPTON[2]) machen noch darauf aufmerksam, daß der Elektronenstrom durch die Raumladung begrenzt wird, und daß dies bei solchen Überlegungen zu berücksichtigen sei (vgl. auch Ziff. 17, Einfluß der Temperatur). Nach der hier vorgebrachten Auffassung sind die Elektronen, die die Kathode verlassen, Glühelektronen, sie fallen durch den Kathodenfall und ionisieren am Ende. Ohne diesen Vorgang wäre ein Bogen unmöglich.

Man muß hier noch eine andere Ansicht erwähnen, das ist die, welche CHILD[3]) und BRÄUER[4]) verfechten, wonach die Elektronen durch Stoß der positiven Ionen ausgelöst werden. DÄLLENBACH, GEHRCKE und STOLL machen darauf aufmerksam, daß das Umschlagen von Glimmentladung in Bogen unter Umständen bei so kleiner Energieentwicklung stattfindet, daß der Richardsoneffekt nicht genügen könne. Solche Zündungen scheinen auf Verunreinigungen auf der Kathode, besonders Alkalihalogenverbindungen zurückzuführen sein, die unter dem Bombardement von positiven Ionen Elektronen abgeben. Zwar ist die Frage der Ionisation durch langsame positive Ionen wenig aufgeklärt, und wird an anderer Stelle des Handbuches behandelt werden (vgl. diesen Band, Kap. 1), aber so viel kann man nach den heutigen Kenntnissen behaupten, daß, wenn überhaupt eine solche Ionisation auftritt, sie ungenügend ist. Auch der Photoeffekt kommt ins Spiel, ist aber ebenfalls von untergeordneter Bedeutung.

---

[1]) W. DE GROOT, Physica Bd. 5, S. 121. 1925.
[2]) I. LANGMUIR u. A. COMPTON, Phys. Rev. Bd. 2, S. 457. 1913; vgl. auch H. RICHARDSON u. C. BAZZONI, Phil. Mag. Bd. 32, S. 426. 1916.
[3]) C. D. CHILD, Phys. Rev. Bd. 30, S. 311. 1910.
[4]) E. BRÄUER, Ann. d. Phys. Bd. 60, S. 95. 1919.

19. Die Lichtsäule. Mittels Sondenmessungen kann man den Gradienten entweder durch Potentialmessungen oder durch Widerstandsbestimmung mit hochfrequentem Wechselstrom finden. Besonders im langen Quecksilberbogen läßt sich der Gradient leicht verfolgen, und er erweist sich nach Messungen von WILLS[1]) und MATTHIES[2]) als konstant. Er wächst mit der Stromstärke, weil mit der Temperatur auch der Druck steigt. Ferner ist er ungefähr proportional dem Röhrendurchmesser. Auch beim freien Bogen in Luft, bei Metallbogen unter vermindertem Druck ist die Feldstärke längs des Bogens konstant, aber bei ungleichen Elektroden, C- gegen Metallelektroden in Luft, kann der Gradient nicht mehr konstant sein, wenn beide Elektroden verdampfen. Auch schon die ungleiche Temperatur von Anode und Kathode kann denselben Effekt hervorrufen. Dies wird von HAGENBACH und WEHRLI im Bogen mit Dochtkohlen nachgewiesen (vgl. Ziff. 17). Vor der Anode ist der Gradient größer als vor der Kathode. Einige Zahlen sollen über die Größenordnung des Gradienten orientieren.

Tabelle 10. Gefälle im Bogen.

Elektroden	Volt/cm	Amp.	Beobachter
Kohle	23,4	10	CHILD
Homogenkohle	40	5	HAGENBACH u. WEHRLI
Effektkohlen	15	5	,, ,,
Quecksilber	0,987	3	WILLS
	0,550	3	MATTHIES
	0,609	3,5	,,
	0,665	4,0	,,
	0,696	4,5	,,
Natrium-Kaliumlegierung .	0,8	1,5	NEWMAN

Im Kohlenbogen bleibt nach CHILD[3]) und HOERBURGER[4]) die Feldstärke mit abnehmendem Druck unter einer Atmosphäre konstant bis etwa 100 mm und nimmt dann stark ab, nämlich von 24 Volt/cm bei 1 Atm. auf 13,3 bei 2 mm. Dies steht mit neueren Messungen von BIDER im Widerspruch, nach denen der Gradient, wie er aus den Charakteristiken abgeleitet werden kann (vgl. Ziff. 5), von 740 mm bis 5 mm konstant, nämlich 26 Volt/cm ist. Dies steht im Einklang mit der Überlegung, daß die Feldstärke proportional mit dem Produkt der Zahl der Molekel und der freien Weglänge, somit unabhängig vom Druck zu erwarten ist. Die Diskrepanz BIDER-HOERBURGER ist jedenfalls darauf zurückzuführen, daß bei letzterem eine andere Bogenform (Glimmbogen) unbemerkt hineinspielte.

Die Frage der Ionisation in der Gassäule zwischen dem Anoden- und Kathodenfall ist vor allem eingehend durch COMPTON[5]) bearbeitet worden. Im Quecksilberbogen passieren durch einen Querschnitt auf ein positives Ion 400 (nach LANGMUIR 340) Elektronen. Die freie Weglänge letzterer beträgt $0{,}74 \cdot 10^{-3}$ cm, eine Temperatur von 3700° abs. angenommen. Bei einem Gradienten von 27 Volt/cm fällt eine Elektron 0,02 Volt in einer freien Weglänge und macht dabei etwa 1000 Zusammenstöße auf dem ganzen Weg. Die Zahl der nach der Wahrscheinlichkeitsrechnung gerechneten Stöße, die zur Ionisation reichen, ist viel zu klein. Stoßionisation ist also unbedeutend. Von der Ionisation durch positive Ionen wissen wir zwar noch wenig, aber man kann sicher sagen, daß sie keinesfalls

[1]) A. P. WILLS, Phys. Rev. Bd. 19, S. 65. 1904.
[2]) W. MATTHIES, Verh. d. D. Phys. Ges. Bd. 13, S. 552. 1911.
[3]) C. D. CHILD, Phys. Rev. Bd. 19, S. 117. 1904.
[4]) A. HOERBURGER, Dissert. Greifswald 1905.
[5]) K. T. COMPTON, Phys. Rev. Bd. 21, S. 266. 1923.

ausreichen kann zur Ionisation. Auch die Wirkung des Photoeffektes ist unbedeutend. COMPTON nimmt deshalb eine thermische Ionisation an, wie sie SAHA[1]) nach dem NERNSTschen Wärmetheorem berechnet. Er nimmt dazu die Temperatur der Gassäule höher als an den Elektroden an, 4200 abs. im Kohlenbogen. Ob dies richtig ist, weiß man nicht. Die relativen Messungen von MATTHIESEN[2]) mit Thermoelement im projizierten Bilde und Vergleich mit Schmelzkörpern zeigen das Gegenteil, aber es ist zweifelhaft, ob solche Beobachtungen auch nur angenähert richtige Werte liefern. Optisch ist ja bei selektiver Strahlung die Temperatur nicht zu ermitteln und wir kennen deshalb die Temperatur der Ionen nicht. Die Gleichung, nach der COMPTON die Berechnungen der Ionisation ausführt, lautet:

$$\log \frac{x^2}{1-x^2} p = -\frac{W}{4{,}57 \cdot T} + 2{,}5 \log T - 6{,}5\,,$$

wo x der Teil der ionisierten Molekeln ist, p der Druck in Atmosphären und W die Energie in Cal. pro Grammolekel, die zur Ionisation aufgewendet werden muß.

$$W = \frac{\varepsilon U N}{300\,|i|} = 2{,}29 \cdot 10^4\, U\,,$$

U ist die Ionisierungsspannung und W die Stromdichte, die die vom Kathodenfall herrührende positive Raumladung ergänzt. Für $|i|$ rechnet er

$$|i| = 1{,}47 \cdot 10^{-7} \frac{U_k^{\frac{3}{2}}}{M^{\frac{1}{2}} \lambda^{\frac{1}{2}}}\ \text{Amp./cm}^2.$$

Hierin ist λ freie Weglänge der Elektronen und U_k der Kathodenfall und M das Molekulargewicht.

Daraus rechnet er die positive Stromdichte, die notwendig ist, um die negative Raumladung der Elektronen vor der Kathode zu neutralisieren. Unter der Annahme einer Ionisierungsspannung von 8,6 Volt (Kathodenfall von C in Luft) gelingt dies für obengenannte Temperatur, nicht aber für eine Ionisierungsspannung von 16 Volt (Kathodenfall von C in Wasserstoff). Er muß deshalb die volle Ionisation durch Zweifachstoß erklären.

GÜNTHERSCHULZE macht im Quecksilberbogen die Annahme, daß die Ionisierungsspannung infolge hoher Temperatur auf Bruchteile eines Volt vermindert sei, ohne anzugeben, worauf sich diese Vermutung stützt.

20. Der Kathodenfall. Vor der Kathode ändert sich die Feldstärke sprungweise, und man spricht vom Kathodenfall. STARK[3]) hat ihn als eine charakteristische Größe, nämlich als Ionisierungsspannung des leitenden Gases (im Hg-Bogen des Hg-Dampfes) bezeichnet. Dazu wurde STARK durch Messungen am Quecksilberbogen geführt, ein Bogen bei dem kein Einbettungsgas Störungen und Komplikationen bringt. Die verschiedenen Messungen des Kathodenfalls im Hg-Bogen gruppieren sich um den Mittelwert 5,3 Volt. Der am häufigsten genannte Wert ist der von STARK ermittelte $5{,}27 \pm 0{,}09$ Volt.

Nachdem man aber die Ionisierungsspannung des Quecksilbers zu 10,3 Volt kennen gelernt hatte, so mußte man für den Kathodenfall eine andere Erklärung geben. Man verglich sie mit der Anregungsspannung von Hg, die für die Linie $\lambda = 2655$ bei 4,68 liegt. Man hat den Wert auch mit der Anregungsspannung 4,86 identifiziert, durch die der $2p_2$-Zustand geschaffen wird. Man machte die Annahme, daß die volle Ionisation durch weitere Stöße erfolge. Damit dies

---

[1]) M. N. SAHA, Phil. Mag. Bd. 40, S. 472. 1920.

[2]) W. MATTHIESEN, Untersuchungen über den elektrischen Lichtbogen, insbesondere den unter Druck befindlichen. Leipzig: Haberland 1921.

[3]) J. STARK, Ann. d. Phys. Bd. 7, S. 420. 1902 u. Phys. ZS. Bd. 5, S. 56. 1903.

möglich ist, muß entweder der angeregte Zustand so lange bleiben, bis der nächste Stoß erfolgt, oder man muß Resonanzstrahlung annehmen, die durch Absorption der Strahlung durch die benachbarten Atome und Wiederemission den angeregten Zustand in der Gasmasse erhält. Die Mehrfachstoßtheorie ist besonders von VAN DER BIJL[1]), FRANCK und HERTZ[2]), COMPTON[3]) und SCHÜLER[4]) unter der Annahme von nur zwei Stößen auf den Bogen übertragen worden. Letzterer hat die Kathodenfallwerte neben Quecksilber bei Cadmium, Zink und Magnesium im Vakuumbogen gemessen und die Ergebnisse im genannten Sinne interpretiert.

Durch LANGMUIR[5]) ist festgestellt worden, daß die Sondenmessungen unrichtige Werte liefern, wenn die Elektronengeschwindigkeit am Orte der Sonde erheblich ist. Die Elektronen laden dann die Sonde gegen die Umgebung auf. GÜNTHERSCHULZE[6]) suchte daraufhin seine früheren Betrachtungen an der Kathode zu verbessern. Außerdem führt er bei dieser Gelegenheit noch eine zweite Korrektur, die Ablösearbeit der Kationen und Anionen ein. Aus der durch andere Messungen gewonnenen Ablösearbeit der Elektronen aus Metallen und der Ionisierungsspannung U_i und Sublimationswärme W leitet er die Ablösearbeit der positiven Ionen ab nach der Gleichung

$$\varepsilon(\varphi_{\mathrm{el}} + \varphi_+ - U_i) - W = 0\,.$$

Für Hg sind die Werte $\varphi_{\mathrm{el}} = 3{,}9$, $\varphi_+ = 7{,}1$ Volt. Die auf die Kathode auftreffenden Metallionen übertragen nicht nur die Energie $U_k I_k$, sondern noch $\varphi_+ I_k$. Aus einer Energiebilanz errechnet GÜNTHERSCHULZE den Kathodenfall zu 8,6 Volt und den Anteil des Elektronenstromes zu 52% gegenüber 48% Ionenstrom. Wenn nun aber die Elektronen eine Austrittsgeschwindigkeit haben, so wird der Kathodenfall noch größer, und GÜNTHERSCHULZE nimmt deshalb an, daß er doch bei 10,4 liegen könne, der Ionisierungsspannung. Diese Behauptung scheint nun aber in Widerspruch mit den Beobachtungen von STARK und SCHÜLER und anderen zu stehen, denn nach ersterem kann der Bogen mit einer Elektrodenspannung von 8,16, nach letzterem von 9,20 betrieben werden. Da bei den Messungen der Elektrodenspannung keine Sonde benützt wird, so sind diese Werte richtig und müssen die Summe von Anoden- und Kathodenfall ausmachen. Dies wäre nur möglich, wenn der Anodenfall einen negativen Wert hat, was nach LANGMUIR möglich sein soll.

COMPTON gibt zu den Bedingungen an der Kathode folgende Gleichungen an. Bezeichnet man mit I die Elektronenstromdichte, mit j die positive Stromdichte, die zur Neutralisation der Elektronen notwendig ist, mit J die positive Zusatzstromdichte zur Erhaltung der positiven Raumladung vor der Kathode, mit U_k den Kathodenfall, mit λ und l die freie Weglänge der Elektronen und positiven Ionen und mit c die Länge des Kathodenfalls (ungefähr $= \lambda$), dann soll gelten

$$I = 242\sqrt{M}\,j\,, \qquad J = 1{,}47 \cdot 10^{-7}\, U_k^{\frac{3}{2}} M^{-\frac{1}{2}} \lambda^{-2}\ \text{Amp./cm}^{-2},$$

$$U_k = \frac{3\left(\frac{8\pi}{3}\right)^{\frac{2}{3}} J^{\frac{2}{3}} c^{\frac{5}{2}}}{5\left(\frac{\pi l}{2m}\, l\right)^{\frac{1}{3}}}\,.$$

---

[1]) K. J. VAN DER BIJL, Phys. Rev. Bd. 10, S. 546. 1917.

[2]) J. FRANCK u. G. HERTZ, Phys. ZS. Bd. 20, S. 132. 1919; J. FRANCK, ebenda Bd. 22, S. 388, 409, 441. 1921.

[3]) K. T. COMPTON, Phys. Rev. (2) Bd. 15, S. 476. 1920 u. Bd. 20, S. 283. 1922.

[4]) H. SCHÜLER, ZS. f. Phys. Bd. 14, S. 32. 1923.

[5]) I. LANGMUIR, Gen. Electr. Rev. Bd. 26, S. 731. 1923.

[6]) A. GÜNTHERSCHULZE, ZS. f. Phys. Bd. 31, S. 507 u. 509. 1925.

Diese Gleichungen liefern für den Kohlenbogen in Luft, angenommen eine Kathodentemperatur von 3300° abs., $\lambda = 0{,}66 \cdot 10^{-3}$, $U_k = 8{,}6$ Volt und $M = 16$, für J den Wert $J = 2{,}5$ Amp./cm². Da $I = 250$ Amp./cm², so ist $J = 0{,}01\, J$ und $j = 0{,}001\, j$, also $\frac{J+j}{I} = 0{,}011$, d. h. 1,1% des Stromes im Kathodenfall werden durch die positiven Ionen getragen. Für den Kohlenbogen in Wasserstoff wurde eingesetzt $T = 3300$, $\lambda = 1{,}27 \cdot 10^{-3}$, M = 2, $I = 75$ Amp./cm², dies ergibt $J = 4{,}1 \cdot 10^{-3}$ Amp./cm² und

$$\frac{J+j}{I} = 0{,}058$$

Quecksilberbogen, Druck 1 mm, $\lambda = 0{,}049 \cdot 10^{-3}$ Amp./cm², $J = 0{,}056 \cdot 10^{-3}$, $I = 60$ Amp./cm², bei 3 Amp.

$$\frac{J+j}{I} = 0{,}0003\,.$$

Steigert man den Druck bis zu 7600 mm, so wird $J = 32{,}5$ und die Hälfte des Stromes wird durch positive Ionen getragen.

Diese Zahlen leiden aber an großer Unsicherheit, wie man aus der Nebeneinanderstellung der Stromdichten nach verschiedenen Beobachtern ersieht.

Tabelle 11. Stromdichten an der Kathode.

Bogen	Stromdichte Amp./cm²	Beobachter	Wärmeleitvermögen
Kohle in Luft	210	Reich	—
	250	Compton	—
	318	Granquist	—
	470	Güntherschulze	0,00043
Quecksilbervakuum	60	Compton	—
	4000	Güntherschulze	0,018
Eisen in Luft	7200	„	0,16
Wolfram in Luft	3200	Bräuer	—

Nach Langmuir wird im Hg-Vakuumbogen im Kathodenfall die Hälfte des Stromes durch positive Ionen getragen, nach Güntherschulze unter Zugrundelegung des Starkschen Wertes für den Kathodenfall fast der ganze Strom und nach Anbringung der Korrektur (vgl. Ziff. 18) die Hälfte. Man hat also in der Literatur die Wahl zwischen ganz, halb und 1%.

Trotz aller Unsicherheit in der Beurteilung der Werte herrscht aber doch die Auffassung vor, daß der Kathodenfall eine Konstante ist, die mit der Ionisierung zusammenhängt, also eine Ionisierungs- oder Anregungsspannung. Als solche ist sie als unabhängig von der Stromstärke zu erwarten, und dies scheint auch aus den Beobachtungen im allgemeinen hervorzugehen.

21. Der Anodenfall. Während der Kathodenfall als eine konstante Größe für ein zu ionisierendes Molekel anzusehen ist, kommt man beim Anodenfall zu keiner so einfachen Deutung. Im Bogen haben die Elektronen nur eine mittlere Geschwindigkeit von 1 bis 2 Volt, und es sind nur sehr wenige, die eine zur Ionisation genügende Geschwindigkeit besitzen. Es entsteht deshalb vor der Anode ein Fehlbetrag von Kationen durch das Wegwandern, und es bildet sich eine negative Raumladung, die so lange anwächst, bis die Beschleunigung für die Schaffung der nötigen Zahl von Ionen groß genug geworden ist. Diese Auffassung von Güntherschulze[1]), oder besser eigentlich von Holm[2]), wird von Partzsch[3])

[1]) A. Güntherschulze, ZS. f. Phys. Bd. 13, S. 378. 1923.
[2]) R. Holm, Phys. ZS. Bd. 15, S. 782. 1914 u. Bd. 19, S. 548. 1918.
[3]) A. Partzsch, ZS. f. Phys. Bd. 15, S. 287. 1923.

und KOHN und GUCKEL im wesentlichen geteilt. PARTZSCH definiert den Anodenfall als die Differenz von Ionisierungsspannung und Anregungsspannung. Wenn nämlich die Elektronen ohne Geschwindigkeit in das Gebiet des Anodenfalls kommen, müssen sie die ganze Ionisierungsspannung durchlaufen, diejenigen aber, die schon eine Geschwindigkeit haben, brauchen einen kleineren Weg. Im Hg-Bogen müßte nach PARTZSCH als Anodenfall vorkommen 10,39; 5,74; 5,53; 3,72 und 2,69 entsprechend der Ionisierungsspannung von 10,39 und den Anregungsspannungen von 4,68, 4,86, 6,67 und 7,69 Volt. Die beiden letzten 3,72 und 2,69 sind von SCHÜLER unter Verwendung des STARKschen Wertes von 5,52 Volt Kathodenfall aus der Elektrodenspannung gefunden worden. Er interpretiert die Zahlen durch eine zweistufige Ionisierung

$$\begin{array}{ll} 2{,}69\ \text{Volt} = 1\,s\text{-Zustand} & 3{,}72 = 2\,P\text{-Zustand} \\ \underline{7{,}70\ \text{Volt}} = 1\,S - 1\,s & \underline{6{,}67} = 1\,S - 2\,p_3 \\ 10{,}39 & 10{,}39 \end{array}$$

PARTZSCH macht bei geringen Stromstärken die Anodenfälle 10,39, 5,74, 5,52 wahrscheinlich.

Auch die Messungen am Kupfer- und Eisenbogen unter vermindertem Druck von HAGENBACH und VEILLON, BANDERET und FREY lassen mehrere, aber ganz bestimmte Anodenhindernisse erkennen. STARK, RETSCHINSKY und SCHAPOSCHNIKOFF[1]) haben bei 3 Amp. am Hg-Bogen 2,84 und bei 3,8 3,64 Volt gemessen. MATTHIES beobachtet an einer Eisenanode bei 4,5 Amp. 3,95, WILLS 4,05, KNIPP 3,8 bis 4 Volt an Platin. Unabhängigkeit vom Anodenmaterial finden SCHÜLER und PARTZSCH.

Für Argon müßte sich nach obiger Definition, da die Ionisierungs- und Anregungsspannungen 15,3 und 11,55 sind, ein Anodenfall von 3,75 einstellen. PARTZSCH mißt aber 5,8. Besser stimmt der von HOLST und OOSTERHUIS[2]) ermittelte Wert von 3,5 Volt. In Neon messen sie 7,5.

GÜNTHERSCHULZE stellt sich in seiner letzten Arbeit auf den Standpunkt LANGMUIRS, daß alle Anodenfälle, die mit heißen Sonden gemessen sind, falsch seien. Seine frühere Messung im Hg-Bogen soll um 3,9 Volt zu hoch sein, so daß der Anodenfall statt 7,34 nur 3,44 betragen soll. Er pflichtet der Angabe LANGMUIRS bei, daß der Anodenfall im Hg-Bogen im Mittel nur 2 Volt sei und sogar negativ werden könne.

Es ist schwierig zu beurteilen, inwieweit diese Behauptung richtig ist, evtl. müssen aber alle genannten Zahlen revidiert werden, und alles, was aus ihnen abgeleitet ist, muß vielleicht dahinfallen.

Allen Untersuchungen gemäß ist der Anodenfall nicht eine Konstante, aber er hängt vermutlich mit der Ionisierungs- und Anregungsspannung zusammen. Es muß eine negative Raumladung von einem solchen Betrag entstehen, daß die schnellsten Elektronen mit ihrer Energie die abwandernden Kationen durch neue ersetzen. Die Zahl der erzeugten Kationen hängt aber auch von der Zahl der Stöße ab, somit vom Gasdruck. Mit zunehmendem Druck erhöht sich der Anodenfall nach PARTZSCH und anderen, während nach SKINNER[3]) in Stickstoff, Wasserstoff und Sauerstoff kein Einfluß zu erkennen ist.

Abgesehen von eventuellen Mehrfachstößen, ist die Eintrittsgeschwindigkeit der schnellsten Elektronen mit zu berücksichtigen. Nur die noch fehlende Geschwindigkeit ist im Anodenfall aufzubringen.

---

[1]) J. STARK, F. RETSCHINSKY u. A. SCHAPOSCHNIKOFF, Ann. d. Phys. Bd. 18, S. 213. 1905.

[2]) H. HOLST u. E. OOSTERHUIS, Physica Bd. 4, S. 42. 1925.

[3]) C. A. SKINNER, Phys. Rev. Bd. 9, S. 97. 1917; Phil. mag. Bd. 8, S. 397. 1904.

Ist in einem Bogen die Anode heiß, so werden die Verhältnisse noch durch die Temperatur und die damit verbundene Ionenemission beeinflußt. Im Kohlenbogen und Metallbogen unter normalem Druck ist dieser Einfluß jedenfalls sehr stark.

22. Der niedervoltige Bogen. Aus den vorangegangenen Abschnitten ist ersichtlich, daß der Entstehung der Ionen im Bogen die wichtigste theoretische Bedeutung zukommt. Als Elektrizitätsträger werden allgemein begründet Elektronen und positive Atomionen angenommen, von denen den ersteren infolge ihrer größeren Beweglichkeit der Hauptteil der Strömung zukommt. Zur Aufrechterhaltung des Zustandes muß aber, da wir es im Bogen mit einer selbständigen Strömung zu tun haben, dauernd eine Ionisierungsspannung vorhanden sein. Mißt man zwischen Anode und Kathode die Spannung, so müßte man erwarten, daß zwischen diesen beiden Stellen mindestens eine solche vorhanden sei.

Besonders bei Messungen am Hg-Bogen fand man bei gewissen Bedingungen zu niedrige Werte, und man griff deshalb, um eine Erklärung zu geben, zu der Anregungsspannung, und unter Zuziehung der Theorie der Mehrfachstöße und Resonanzstrahlung konnte man sich helfen.

Nun kann man aber den Bogen auch in eine unselbständige Entladungsform umwandeln, indem man als Kathode eine Glühelektrode in Form eines durch Widerstandserhitzung glühenden Wolframdrahtes verwendet. Solche Bogen sind mit Quecksilber, Helium, Argon und Neon unter niedrigem Druck betrieben worden. Das Ergebnis war, daß die Elektrodenspannung unter der Anregungsspannung liegen konnte, ja daß selbst die Zündspannungen auch darunter blieben. Es ist verständlich, daß dieses Ergebnis der niedervoltigen Bogen zu reichlicher Diskussion Veranlassung gab, indem es ja die bis jetzt gewonnene Auffassung des Bogens zu widerlegen schien.

In Helium haben Compton, Lilly und Olmstead[1]) einen Bogen oberhalb der Anregungsspannung von 19,8 Volt zünden und ihn bis 8 Volt hinab unterhalten können. Bär, von Laue und Meyer[2]) bewiesen dann aber für diesen Fall die Existenz von Schwingungen von einer Frequenz zwischen $3 \cdot 10^4$ bis $3 \cdot 10^5$, wobei eine zur Anregung genügende Scheitelspannung vorhanden war. Damit die gänzliche Ionisation, die durch die Scheitelspannung eingeleitet wird, eintreten kann, muß die Lebensdauer des angeregten Atoms mindestens von der Größe der Schwingungsdauer sein. Nach Kannenstine[3]) beträgt diese etwa 0,0025 sec, ist also genügend groß.

In Quecksilber wurde von Hebb[4]) und Yao[5]) ein Bogen bei 1,7 bis 1,8 Volt unterhalten, und Marshall[6]) konnte bei zunehmender Frequenz mit einem Wechselstrom die Zündspannung bis 3 Volt verfolgen. Auch im Cadmiumbogen genügte eine Betriebsspannung unter der Anregungsspannung 3,88 Volt, nämlich 2 Volt, wie Lennan[7]) nachwies. Bär[8]) hat dann ferner mit Sicherheit festgestellt, daß auch unter Bedingungen, unter denen keine Schwingungen vorhanden sind, ein niedervoltiger Bogen existieren kann. Er untersuchte die Zündspannung im Hg-Bogen als Funktion der Temperatur (Dampfdruck) im Queck-

---

[1]) K. T. Compton, E. Lilly u. P. Olmstead, Phys. Rev. Bd. 16, S. 282. 1920.

[2]) R. Bär, M. v. Laue u. Edg. Meyer, ZS. f. Phys. Bd. 20, S. 83. 1923.

[3]) F. Kannenstine, Astrophys. Journ. Bd. 55, S. 355. 1922.

[4]) T. C. Hebb, Phys. Rev. Bd. 16, S. 375. 1920.

[5]) Y. T. Yao, Phys. Rev. Bd. 21, S. 1. 1923.

[6]) M. Marshall, Phys. Rev. Bd. 23, S. 777. 1924.

[7]) J. C. Lennan, Proc. Phys. Soc. Bd. 31, Dez. 1918.

[8]) R. Bär, ZS. f. Phys. Bd. 31, S. 430. 1925; R. Bär, M. v. Laue, Edg. Meyer, ZS. f. Phys. Bd. 20, S. 83. 1923.

silbergefäß und fand eine abnehmende Kurve mit einem scharfen Knick bei 4 mm Druck und 5,4 Volt Spannung (wahrscheinlich 4,9 Volt Resonanzspannung). Die Kurve ließ sich verfolgen bis 3,5 Volt. HOLST und OOSTERHUIS[1]) wiesen in Argon (Ionisierungsspannung 15,3 und Anregungsspannung 11,6) Bogen bei 3,5 und in Neon (Ionisierungsspannung 21,5 und Anregungsspannung 16,7) bei 7,5 Volt nach. Ferner erzielte dann noch BÄR bei äußerster Belastung des Glühdrahtes in Helium (Ionisierungsspannung 24,5 und Anregungsspannung 10,8) eine minimale Brennspannung von 16,5 Volt. An der Realität des niedervoltigen Bogens war nicht mehr zu zweifeln.

Eine unerwartete Lösung dieses Problems scheinen COMPTON und ECKART[2]) gefunden zu haben. Nach einer unter Ziff. 4 angegebenen Methode von LANGMUIR gelang es mit einer Wolframsonde längs des Bogens zwischen einer Wehneltkathode aus W und einer Ni-Blechanode in Argon das Potential des Gases U gegen die Kathode, die Elektronenenergie U_0 und die Elektronendichte N zu ermitteln. Die Ergebnisse der Messungen sind hier in Abb. 13 wiedergegeben, sie lassen erkennen, daß alle drei genannten Größen von der Anode zur Kathode hin zunehmen. Das Potential des Gases wächst noch hinter der Kathode bis zum Wert von rund 11 Volt 3 mm hinter derselben an. Dies auffallende Resultat zeigt aber, daß zwischen der Kathode und dieser Stelle ein Potential von der Größe der Anregungsspannung vorhanden ist, so daß Ionisation einsetzen kann. Die angeregten Atome werden, wenn sie auf irgendeine Weise ionisiert sind, nach der Kathode gelangen, während die Elektronen nach der Anode kommen. Der größte Teil des Argons ist dabei auf einem h ö h e r e n Potential als die Anode. Eine scheinbare Schwierigkeit besteht darin, daß der Elektronenstrom, der ja den größten Teil des Stromes ausmacht, gegen ein Feld fließen muß, wie sich aus dem Verlauf von N ergibt. N nimmt von der Anode aus nach der Kathode und noch darüber hinaus von etwa 2 bis $2{,}5 \cdot 10^{10}$ vor der Anode bis über $100 \cdot 10^{10}$ ja bei 0,78 Amp. sogar bis $480 \cdot 10^{10}$ hinter der Kathode zu. Diese Schwierigkeit wird gehoben, wenn man berücksichtigt, daß sich ein Konzentrationsgefälle ausgleichen muß. Nach J. J. THOMSON erzeugt ein solches Gefälle eine elektromotorische Kraft E von der Größe

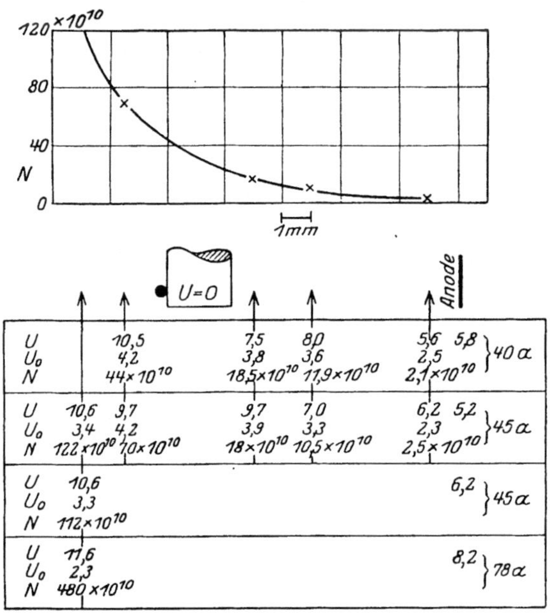

Abb. 13. Potential des Gases U, Elektronenenergie U_0 und Elektronendichte N im niedervoltigen Bogen nach COMPTON und ECKART.

$$E = \frac{\mu_- - \mu_+}{\mu_- + \mu_+} \frac{\varepsilon}{KT} \lg \frac{N_1}{N_2},$$

[1]) G. HOLST u. E. OOSTERHUIS, Physica Bd. 4, S. 42. 1924.
[2]) K. T. COMPTON u. C. ECKART, Phys. Rev. Bd. 25, S. 139. 1925.

wo μ_- und μ_+ die Ionenbeweglichkeiten von Kation und Anion, N_1 und N_2 die Ionenkonzentrationen sind. Der ganze Strom würde also durch diesen Konzentrationseffekt getragen. Messungen im Hg-Dampf zeigten ganz ähnliche Verhältnisse.

Bei den normalen Bogen ist bis jetzt eine solche abnorme Verteilung der Ionenkonzentration nicht nachgewiesen worden, daß aber in gewissen Fällen Konzentrationseffekte eintreten können, scheint doch möglich zu sein. Die Messungen von COMPTON und ECKART machen uns klar, daß die Potentialdifferenz Anode-Kathode nicht immer als einziges Maß für die treibende Spannung im Bogen angesehen werden darf, sondern daß im Gas unter Umständen lokal größere Potentialunterschiede auftreten können.

Nach dieser Aufklärung widerlegen die niedervoltigen Bogen die Auffassung nicht, daß in jedem Bogen mindestens an einer Stelle die Anregungsspannung des leitenden Gases vorhanden sein muß, damit der Bogenstrom bestehen kann.

Kapitel 7[1]).

Funkenentladung.

Von

Emil Warburg, Berlin.

Mit 14 Abbildungen.

a) Eigenschaften des Funkens.

1. Entstehung der Funkenentladung. Mit den Belegungen einer Leidener Batterie seien zwei einander gegenüberstehende Metallkugeln verbunden. Wird die Spannung der Batterie von Null anfangend mehr und mehr gesteigert, so verhält sich die Luft zwischen den Kugeln zunächst nahezu wie ein vollkommener Isolator. Ist aber eine gewisse Spannung erreicht, so entsteht bei nicht zu großem Abstand der Kugeln (Ziff. 17) unter lebhafter Licht- und Schallentwicklung ein kurzdauernder elektrischer Strom, durch welchen die Batterie zum größten Teil entladen wird. Dieser Vorgang heißt Funkenentladung, die kleinste Spannung, bei welcher sie eintritt, Funkenspannung. Daraus, daß die Batterie durch den Funken zum größten Teil entladen wird, folgt, daß die Luft durch ihn auch gegenüber kleinen Spannungen in einen verhältnismäßig guten Leiter verwandelt wird.

2. Aperiodische und oszillierende Entladung. Savary[2]) magnetisierte Stahlnadeln durch die Funkenentladung. Er fand, daß die Magnetisierung wechselnde Richtung hatte. Henry[3]) zog aus solchen Versuchen den Schluß, daß die Entladung eine oszillierende mit abnehmender Amplitude sei. Helmholtz[4]) hat aus der Tatsache, daß die gesamte im Schließungskreis der Batterie entwickelte Wärme bei derselben Ladung derselben Batterie von der Beschaffenheit des

---

[1]) In diesem Kapitel bedeutet:
P den Druck in Atmosphären, p den Druck in mm Hg,
λ_a, λ_k die mittlere freie Weglänge der Elektronen und Kationen,
δ die Schlagweite in cm, $p \cdot \delta$ die Schlagweite in mm · cm,
U_0 die Anfangsspannung,
$\mathfrak{E}_0$ die Durchbruchfeldstärke,
α die Zahl der von einem Elektron auf dem Wege 1 cm durch Stoßionisation erzeugten Ionenpaare,
β dasselbe für ein Kation.
J. S. Townsend, Die Ionisation der Gase, in Bd. I des Handbuchs der Radiologie von Marx. Leipzig 1920. Zitiert unter „Townsend".
W. O. Schumann, Elektrische Durchbruchfeldstärke von Gasen. Berlin: Julius Springer 1923. Zitiert unter „Schumann".
Der Bericht über dieses Kapitel ist am 31. Dez. 1925 abgeliefert worden. Seitdem über den Gegenstand erschienene Arbeiten konnten nur kurz bei der Korrektur berücksichtigt werden.

[2]) F. Savary, Pogg. Ann. Bd. 10, S. 100. 1827.

[3]) J. Henry 1842; s. J. Miesler, Wiener Ber. Bd. 99, S. 579. 1900.

[4]) H. Helmholtz, Über die Erhaltung der Kraft. Ges. Abh. Bd. 1, S. 46. 1847.

Schließungskreises unabhängig ist, denselben Schluß gezogen. W. THOMSON[1]) und KIRCHHOFF[2]) haben theoretisch die Bedingungen hierfür unter der Annahme untersucht, daß die Batterie durch einen metallischen Schließungsbogen, also ohne Funkenbildung entladen wird. Aus der Erhaltung der Energie folgt unter dieser Annahme

$$J^2 R\,dt + \frac{d}{dt}\left(\frac{1}{2} C V^2 + \frac{1}{2} L J^2\right) dt = 0\,, \tag{1}$$

wo C die Kapazität der Batterie, R den Widerstand, L die Induktivität des Schließungskreises, V die Spannung der Batterie, J die Stromstärke bezeichnet. Daraus folgt, wenn die positive Stromrichtung von der positiven nach der negativen Belegung hin gerechnet wird, so daß $J = -C \cdot \dot{V}$:

$$J \cdot R = V - L \cdot \dot{J} \tag{2}$$

oder, wenn q die Ladung der positiven Belegung, also $J = -\dot{q}$:

$$\left.\begin{aligned} &\ddot{q} + 2\varepsilon\dot{q} + \omega_0^2 \cdot q = 0\,, \\ &\varepsilon = \frac{R}{2L}\,, \quad \omega_0^2 = \frac{1}{CL}\,. \end{aligned}\right\} \tag{3}$$

Diese Gleichung ist zu integrieren unter den Bedingungen

$$t = 0\,, \quad q = q_0\,, \quad \dot{q} = 0\,. \tag{4}$$

Ist 1. $\omega_0 < \varepsilon$, so ist

$$\left.\begin{aligned} &q = \frac{q_0}{2\nu} \cdot e^{-\varepsilon t}\{(\varepsilon + \nu)\,e^{\nu t} - (\varepsilon - \nu)\,e^{-\nu t}\}, \\ &\nu = \sqrt{\varepsilon^2 - \omega_0^2}\,, \quad \varepsilon > \omega_0\,. \end{aligned}\right\} \tag{5}$$

Ist 2. $\omega_0 = \varepsilon$, so ist

$$q = q_0 e^{-\varepsilon t}(1 + \varepsilon t)\,, \quad \varepsilon = \omega_0\,. \tag{6}$$

In diesen Fällen ist die Entladung aperiodisch, der elektrische Strom fließt von der positiven zur negativen Belegung bis zur Entladung der Batterie. Die Bedingung für die aperiodische Entladung ist nach (3), (5), (6) $1/CL \leqq R^2/4L^2$ oder

$$R^2 \geqq \frac{4L}{C}\,. \tag{7}$$

Ist 3. $\omega_0 > \varepsilon$, so wird

$$\left.\begin{aligned} &q = a \cdot e^{-\varepsilon t}(\sin \omega t + \tau)\,, \\ &\omega = \sqrt{\omega_0^2 - \varepsilon^2}\,, \quad \varepsilon < \omega_0\,, \end{aligned}\right\} \tag{8}$$

$$J = -\dot{q} = a \cdot e^{-\varepsilon t} \cdot \sqrt{\omega^2 + \varepsilon^2} \cdot \cos(\omega t + \tau')\,. \tag{9}$$

Die Entladung ist in diesem Fall oszillierend, d. h. nachdem der positive Strom die Spannung auf Null gebracht hat, fließt er weiter, die ursprünglich positive Belegung negativ ladend, worauf ein Strom in entgegengesetzter Richtung folgt usf. Die Amplitude der so entstehenden Stromoszillationen nimmt mit der Zeit nach (8) bis zu Null ab. ω, die Kreisfrequenz der Oszillationen, ist, wenn, wie gewöhnlich, ε/ω_0 gegen 1 vernachlässigt werden kann, gleich ω_0, also die Periode

$$T_0 = 2\pi \cdot \sqrt{C \cdot L}\,. \tag{10}$$

Bei der aperiodischen Entladung kann man nach (5) und (6) von einer bestimmten Dauer nicht sprechen, da diese genau genommen unendlich groß ist. Doch kann

[1]) W. THOMSON, Phil. Mag., Juni 1853.

[2]) G. KIRCHHOFF, Pogg. Ann. Bd. 121, S. 551. 1864; Ges. Abh. S. 168.

man die Zeit $t_{1/n}$ bestimmen, nach Ablauf deren die Ladung auf $1/n$ des Anfangswertes gesunken ist. So findet man z. B. im Fall 2 aus der transzendenten Gleichung (6) $\varepsilon \cdot t_{1/100} = \omega_0 \cdot t_{1/100} = 6{,}65$, woraus

$$t_{1/100} = 1{,}06 \cdot T_0 \,. \tag{11}$$

Die Versuche, die man seit WHEATSTONE[1]) über die „Dauer" der Funkenentladung gemacht hat, haben demnach keine allgemeine Bedeutung; auch fehlen meist Angaben über Kapazität der Batterie und Induktivität des Schließungskreises.

3. Experimentelle Prüfung. Die oszillierende Entladung ist zuerst experimentell nachgewiesen und untersucht von FEDDERSEN[2]), dessen Ergebnisse KIRCHHOFF (l. c.) mit der Theorie verglichen hat. FEDDERSEN ließ den zwischen zwei gleichen Metallkugeln überschlagenden Funken auf einer photographischen Platte sich abbilden. Vorher fiel das Funkenlicht auf eine beiderseits mit einem Hohlspiegel bedeckte Platte, die um eine der Funkenstrecke parallele Achse rotierte. Ein auf der Achse befestigter Arm schloß den Kreis der Batterie in dem für die Abbildung geeigneten Moment. Das Funkenbild löste sich bei der oszillierenden Entladung in einzelne getrennte Streifen auf, aus deren Abstand die Oszillationsdauer sich ergab. Als Grenzwiderstand R [Gleichung (7)], bei dessen Überschreitung die Entladung aperiodisch wurde, galt der Widerstand, bei dessen Einschaltung nur ein Streifen übrigblieb und dieser die kleinste Breite hatte. Bei weiterer Vergrößerung von R nahm die Breite wieder zu, indem Partialentladungen eintraten. Für die Bildung der Batterie standen 16 gleiche Flaschen zur Verfügung, so daß die Kapazität C im Verhältnis 1 : 16 geändert werden konnte. Die Induktivität des Schließungskreises wurde durch Veränderung der eingeschalteten Drahtlänge, freilich nicht in genau bekanntem Verhältnis geändert, endlich der Widerstand ohne merkliche Änderung der Induktivität durch Einschalten verschiedener Längen eines mit bestleitender verdünnter Schwefelsäure gefüllten Rohres.

Die Oszillationsdauer ergab sich entsprechend (10) von der Schlagweite und dem Widerstand unabhängig, mit $\sqrt{C}$ proportional und mit L wachsend. Endlich ergab sich der Grenzwiderstand entsprechend (7) der Quadratwurzel aus C umgekehrt proportional. Die Oszillationsdauer konnte nicht genau berechnet werden, da die absoluten Werte von C und L nicht genau bekannt waren. Es ist indessen nicht nötig, hierauf näher einzugehen, da später von LORENZ[3]) und besonders von MIESLER[4]) die Versuche von FEDDERSEN mit genau bekannten Werten von L und C wiederholt sind und dabei die Schwingungsdauer in Übereinstimmung mit (10) gefunden ist. Die 18 Beobachtungen von MIESLER mit Werten von C gleich 0,01 bis 0,09 mF und Werten von L gleich 10^{-4} bis $3 \cdot 10^{-4}$ Henry stimmen mit den berechneten Werten von T_0 im allgemeinen bis auf weniger als 1% überein.

Die Dämpfung der Oszillationen sollte infolge von (9) nach einem Exponentialgesetz erfolgen. Doch fand ZENNECK[5]) durch Versuche mit der BRAUNschen Röhre Abnahme der Amplituden nahezu nach einer linearen Funktion der Zeit; er führt dies darauf zurück, daß bei den Versuchen Funkenentladung eintrat, während in der Theorie Entladung ohne Funkenstrecke vorausgesetzt wird.

[1]) CH. WHEATSTONE, Pogg. Ann. Bd. 34, S. 464. 1835.
[2]) N. FEDDERSEN, Pogg. Ann. Bd. 108, S. 497. 1859; Bd. 112, S. 452 u. Bd. 113, S. 437. 1861; Bd. 116, S. 132. 1862.
[3]) L. LORENZ, Wied. Ann. Bd. 7, S. 161. 1879.
[4]) J. MIESLER, Wiener Ber. (2a) Bd. 99, S. 579. 1906.
[5]) J. ZENNECK, Ann. d. Phys. (4) Bd. 13, S. 822. 1904.

HEYDWEILLER[1]) hat versucht, die Theorie der Funkenentladung anzupassen, indem er nach J. KOCH[2]) annimmt, daß Spannung und Stromstärke im Funken der Beziehung $V = a + b/J$ folgen, entsprechend der Charakteristik der Glimmentladung. Doch sind die Versuche von KOCH mit sehr großen Widerständen von 5000 bis 100000 Ω angestellt; es handelt sich also dabei um „Glimmfunken" (Ziff. 5), und es ist nicht anzunehmen, daß die Beziehung von KOCH auch für den Fall oszillierender Entladung gilt.

4. Weitere Experimente über oszillierende Entladung. Diese ist später von PAALZOW[3]) durch das Verhalten einer GEISSLERschen Röhre im Schließungsbogen und von OETTINGEN[4]) durch den Befund nachgewiesen, daß die ursprünglich positiv geladene Batterie nach der Entladung wechselnd positiv und negativ geladen zurückbleibt.

BICHAT und BLONDLOT[5]) haben die Drehung der Polarisationsebene des Lichtes durch oszillatorische Entladungen untersucht. Sie fanden, daß die abwechselnd in entgegengesetztem Sinn erfolgende Drehung mit den elektrischen Oszillationen jedenfalls bis auf $^1/_{30000}$ sec synchron erfolgt, daß also beide Phänomene parallel gehen.

5. Glimmfunken und Lichtbogenfunken. Je nachdem der Widerstand des Schließungskreises der Leidener Batterie groß oder klein ist, erhält man schwache oder starke Funken. Im ersten Fall betrachtet man die Funken als eine Glimmentladung, im zweiten Fall als eine Bogenentladung von kurzer Dauer und spricht von Glimm- und Lichtbogenfunken. Für die Auffassung der schwachen Funken als einer kurzdauernden Glimmentladung spricht der Wert der bei ihnen auftretenden Restspannung, d. h. der Spannung, welche nach Ablauf des Funkens, vom Rückstand abgesehen, in der Batterie zurückbleibt. Auch der Funke zeigt bei aperiodischer Entladung (Ziff. 2) so wie die Glimm- und Bogenentladung an der Anode und Kathode verschiedene Beschaffenheit[6]).

6. Restspannung bei Glimmfunken. Ist E die Spannung, J die Stromstärke an den Enden einer Gasstrecke und setzt man

$$E = f(J) = E_1, \qquad (12)$$

so heißt die Funktion $f(J)$ die Charakteristik der Gasstrecke[7]). Ist in den Schließungskreis einer galvanischen Batterie von der elektromotorischen Kraft E_0 außer der Gasstrecke ein Widerstand R eingeschaltet, so ist auch

$$E = E_0 - J \cdot R = E_2. \qquad (13)$$

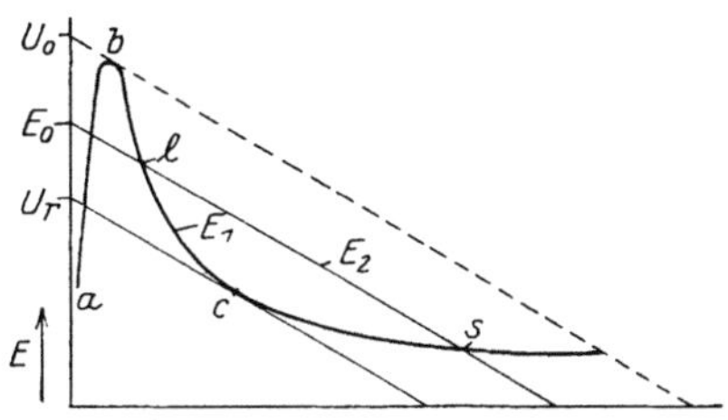

Abb. 1. Charakteristik einer Funkenentladung.

Aus der Gleichung $E_1 = E_2$ kann J als Funktion von E_0 und R gefunden werden, wenn die Charakteristik $f(J)$ bekannt ist. In graphischer Darstellung (Abb. 1) ist E_2 als Funktion von J eine Gerade. Die Schnittpunkte zwischen E_1 und E_2 entsprechen möglichen Werten von J. Wächst E mit wachsendem J

---

[1]) A. HEYDWEILLER, Ann. d. Phys. (4) Bd. 19, S. 650. 1906; Bd. 25, S. 48. 1908.

[2]) J. KOCH, Ann. d. Phys. (4) Bd. 15, S. 865. 1904.

[3]) A. PAALZOW, Pogg. Ann. Bd. 112, S. 127. 1861.

[4]) A. v. OETTINGEN, Pogg. Ann. Bd. 115, S. 513. 1862.

[5]) E. BICHAT u. R. BLONDLOT, Journ. de phys. (2) Bd. 1, S. 364. 1882.

[6]) W. VOEGE, Ann. d. Phys. (4) Bd. 18, S. 611. 1905, wo das Aussehen des Funkens in verschiedenen Gasen näher beschrieben ist.

[7]) W. KAUFMANN, Ann. d. Phys. (4) Bd. 2, S. 158. 1900, welchem man die Anwendung der Charakteristik auf Fragen der Gasentladung verdankt.

(steigende Charakteristik), so sind die so gefundenen Zustände immer stabil. Bei fallender Charakteristik sind sie stabil (wie bei s) oder labil (wie bei l), je nachdem E_1 langsamer oder schneller fällt als E_2.

Sei nun in den Kreis statt der galvanischen Batterie eine auf die Spannung E_0 geladene Leidener Batterie eingeschaltet. Man weiß, daß Spannungen, die kleiner als die Funkenspannung U_0 sind, äußerst kleine Stromstärken entsprechen und daß nach Einsetzen der Entladung die Spannung mit wachsender Stromstärke sinkt, nach verschiedenen Gesetzen je nach der Art der Entladung. Es wird daher die Charakteristik der Funkenstrecke ungefähr dem Zuge $a\,b\,l\,c\,s$ (Abb. 1) entsprechen (S. W. KAUFMANN in MÜLLER-POUILLETS Lehrbuch der Physik, 10. Aufl., Bd. IV, 5. Buch, S. 980, Fig. 946). Ist also $E_0 < U_0$, so erhält man einen äußerst schwachen Strom (Punkt a). Wird E_0 bis auf U_0 gesteigert (Parallelverschiebung von E_0 aufwärts), so entsteht ein stärkerer Strom, welcher bezüglich fallendem J stabil, bezüglich steigendem J labil ist. Der Strom nimmt daher zu, wobei E_2 fällt, und hört auf, wenn E_2 auf den c entsprechenden Wert gesunken ist, wobei c der Punkt ist, in welchem E_1 von der Geraden E_2 tangiert wird. Es bleibt also die c entsprechende Restspannung in der Batterie zurück. Nach J. KOCH[1]) ist die Charakteristik der Glimmentladung

$$E = a + \frac{b}{J}, \tag{14}$$

wo a und b von J unabhängig sind, und er sowie HEYDWEILLER[2]) haben gefunden, daß die Restspannung bei großem Widerstand des Schließungskreises sich in Übereinstimmung mit der Erfahrung ergibt, wenn man für den Kurvenzug $b\,l\,c\,s$ die Beziehung (14) annimmt. Man darf daher die schwachen Funken bei großem R als kurzdauernde Glimmentladung betrachten, dagegen ist es wohl nur bedingt zulässig, mit STARK[3]) die starken Funken bei kleinem R und oszillierender Entladung als kurze Zeit dauernde Lichtbögen anzusehen, da die Spektren des Funkens und des Lichtbogens voneinander verschieden sind (Ziff. 9).

7. Funkenwärme. In dem Funken wird Wärme, Licht und Luftbewegung erzeugt. Die Funkenwärme ist öfter, besonders von KAUFMANN[4]), luftthermometrisch gemessen worden. Die Energie der Batterieladung ist

$$Q = \frac{1}{2} \cdot \frac{C \cdot U_0^2}{4{,}184} \text{ gcal.}, \tag{15}$$

wenn die Kapazität C der Batterie in Farad, die Spannung U_0 der Batterie in Volt ausgedrückt wird. q sei die Funkenwärme. Bei konstantem U_0 ergab sich

$$q = A + \frac{B}{R},$$

wo A und B mit C wachsen, aber von R unabhängig sind. Die Funkenwärme ist also bei konstanter Ladungsenergie um so kleiner, je größer der Widerstand des Schließungskreises. Bei konstantem C und R ist für nicht zu großes U_0 q ungefähr proportional mit U_0^3, q/Q mithin ungefähr proportional mit U_0, die Funkenwärme ist also ein um so größerer Teil der Ladungsenergie, je größer die Spannung der Batterie.

Die im Funken verbrauchte Energie q' ist die Differenz zwischen der Ladungsenergie und der in den Ohmschen Widerständen des Schließungskreises entwickelten Jouleschen Wärme. Nach LINDEMANN[2]) und HEYDWEILLER[2]) ist sie

[1]) J. KOCH, Ann. d. Phys. (4) Bd. 15, S. 865. 1904.
[2]) A. HEYDWEILLER, Ann. d. Phys. (4), Bd. 19, S. 677. 1906.
[3]) J. STARK, Ann. d. Phys. Bd. 14, S. 519. 1904.
[4]) W. KAUFMANN, Wied. Ann. Bd. 60, S. 153. 1897.

nur bei großem Widerstand des Schließungskreises merklich gleich q, sonst aber größer.

Nach den Ergebnissen von KAUFMANN entspricht die in einer bestimmten Funkenlänge entwickelte Wärme keineswegs einem bestimmten Ohmschen Widerstand (KAUFMANN, l. c. S. 660). Doch möge als scheinbarer Widerstand r_s derjenige Ohmsche Widerstand bezeichnet werden, welcher, an Stelle des Funkens gesetzt, vermöge Joulescher Wärmeentwicklung dieselbe Energie verzehren würde wie der Funke, also $r_s/(r_s + R) = q'/Q$ oder

$$r_s = \frac{R}{Q/q' - 1}.$$

In der Tabelle 1 sind nach Versuchen von KAUFMANN Werte von r_s berechnet, indem $q' = q$ gesetzt ist. Sofern $q' > q$, ist r_s größer als berechnet.

Tabelle 1.

U_0 (kV)	$R = 0{,}35\,\Omega$		$R = 1{,}4\,\Omega$	
	q/Q	r_s	q/Q	r_s
6,870	0,060	0,022	0,032	0,046
9,080	0,085	0,034	0,042	0,062
15,600	0,109	0,043	0,053	0,078

8. Funkenstrahlung. STOKES[1]) hat als erster auf die große Ausdehnung der Funkenstrahlung ins Ultraviolett aufmerksam gemacht, aber die ungemein große Intensität im Ultraviolett ist erst von PFLÜGER[2]) bemerkt worden. (Vgl. Bd. 19). Nach ihm besitzt für Flaschenfunken die Gesamtstrahlung im Ultraviolett mehr Energie als die Gesamtstrahlung im sichtbaren und ultraroten Gebiet zusammen, während für den Lichtbogen diese vieltausendmal größer als jene ist. WARBURG[3]) fand bei $\lambda = 0{,}253\,\mu$ die Strahlung von Zinkflaschenfunken 1000mal so stark als die Strahlung einer Quarzquecksilberlampe. Ferner sind nach GEHRCKE die Gaslinien im Funkenspektrum sehr viel breiter als im Spektrum der Glimmentladung in GEISSLERschen Röhren. Beruhte diese Verbreiterung auf der hohen Temperatur des Funkens nach dem DOPPLERschen Prinzip, so müßte diese Temperatur bei Wasserstoff 17000° übersteigen[4]). Ob es sich indessen hier um reine Temperaturstrahlung handelt, bleibt dahingestellt. Jedenfalls sind starke Flaschenfunken bei weitem die mächtigste uns zur Verfügung stehende Quelle kurzwelliger ultravioletter Strahlung; leider ist es sehr schwer, die Strahlung konstant zu halten.

Ein kondensierter Aluminiumfunke unter Wasser liefert ein kontinuierliches Spektrum im Ultraviolett, wie es zur Darstellung von Absorptionsspektren erforderlich ist[5]).

9. Fortsetzung, Funkenspektrum. In dem Spektrum des Funkens treten die Luftlinien und die Linien des Elektrodenmetalls auf; der an einer Elektrode gebildete Metalldampf gelangt an einen Punkt der Funkenbahn um so später, je weiter dieser Punkt von der Elektrode entfernt ist. Als SCHUSTER und HEMSALECH[6]) die spektral verbreiterte Funkenbahn auf einem um eine dem Funken parallele Achse rotierenden Film abbildeten, blieben die durch die Rotation verbreiterten Luftlinien gerade, die verbreiterten Metallinien aber wurden schief, aus ihrer Neigung konnte auf die Geschwindigkeit geschlossen werden, mit welcher der Metalldampf sich in die Funkenbahn hineinbewegte, bei Zinkelektroden wurden Geschwindigkeiten von etwa 500 m/sec berechnet.

Schaltet man eine größere Induktivität in den Schließungskreis ein, wodurch nach (9) Ziff. 2 die Entladungsstromstärke geschwächt wird, so verschwin-

[1]) G. G. STOKES, Pogg. Ann. Erg.-Bd. 4, S. 217. 1852.
[2]) A. PFLÜGER, Ann. d. Phys. (4) Bd. 13, S. 890. 1904.
[3]) E. WARBURG, ZS. f. Elektrochem. 1921, S. 135.
[4]) E. GEHRCKE, Verh. d. D. Phys. Ges. Bd. 6, S. 344. 1904; s. auch P. G. NUTTING, Bull. Bureau of Stand. Bd. 1, S. 83. 1904.
[5]) Siehe z. B. W. KASPEROWICZ, Beibl. Bd. 43, S. 614. 1919.
[6]) A. SCHUSTER u. G. HEMSALECH, Proc. Roy. Soc. London Bd. 64, S. 331. 1899.

den die Luftlinien, die längeren Metallinien, welche auch im Bogenspektrum auftreten, bleiben ungeändert, die kürzeren werden geschwächt[1]). Als HEMSALECH[2]) einen Luftstrom von 36 m/sec gegen einen oszillierenden Funken blies, zerfiel dieser in der Richtung des Luftstroms in eine Reihe von Streifen, welche der oszillierenden Entladung entsprachen. Es erschien zuerst eine feine Lichtlinie, welche der anfänglichen Entladung durch die Luft entspricht, dann folgten getrennte Funkenbilder, deren bis zu 16 beobachtet wurden. Die Anfangsentladung gibt das Spektrum der Luft, die folgenden Oszillationen geben das Bandenspektrum des Stickstoffs. Die Anfangsentladung ionisiert die Luft, die weggeblasene ionisierte Luft dient als Leiter für die folgenden Oszillationen. Außerdem ist das Spektrum von Metallinien durchsetzt. Bei diesen Versuchen erhöhte das Einschieben eines geschlossenen Zinkzylinders in die eingeschaltete Induktionsspule durch Foucaultströme die Frequenz der Oszillationen, ohne die Dämpfung zu ändern, während Einschieben eines aufgeschlitzten Eisenzylinders die Dämpfung so stark erhöhte, daß nur eine Oszillation übrigblieb, außerdem durch die erhöhte Induktivität die Frequenz verminderte.

Es zeigte sich indessen, daß Einschaltung einer größeren Induktivität bei diesen Versuchen die Luftlinien nicht zum Verschwinden bringt, woraus folgt, daß durch den Luftstrom die Art der Funkenentladung geändert wird.

Das Funkenspektrum enthält im allgemeinen andere Linien als das Bogenspektrum, doch kommen je nach besonderen Umständen verschiedene Linien in beiden Spektren vor, so treten z. B. mehr Funkenlinien im Bogenspektrum auf, wenn man gegen den Bogen bläst. Indessen hat GOLDSTEIN[3]) gezeigt, daß man beide Spektren vollständig voneinander trennen kann. Bei seinen Versuchen bedeckte eine ungefähr 1 cm hohe Schicht von gepulvertem Metallsalz die Anode in einem auf 0,1 mm Q. evakuierten Glasrohr. Die Entladung des Induktoriums verlief dann in einer schmalen Furche zwischen dem Salz und der Wand des Glasrohres, wodurch eine sehr hohe Stromdichte entstand. Das Salz wird dabei unter Entwicklung des betreffenden Metallspektrums zersetzt. Ohne Kondensator erhielt man dabei das reine Bogenspektrum, das einem bestimmten Seriengesetz folgt. Wurde aber parallel zum Rohr eine Leidener Flasche mit eingeschalteter Funkenstrecke gelegt, so daß die Flaschenentladung durch das Rohr ging, so konnte man durch hinreichende Entladungsstärke, welche durch Erhöhung der Schlagweite vergrößert wurde, alle Bogenlinien zum Verschwinden bringen, und es trat ein gänzlich neues Spektrum, das Funkenspektrum des Metalls, auf; das im allgemeinen daneben auftretende Spektrum der negativen Salzkomponente konnte hiervon leicht unterschieden werden. Die Methode hat zuerst für K, Rb und Cs zum Ziel geführt, wobei die erforderliche Entladungsstärke mit abnehmendem Atomgewicht zunimmt.

Nach BOHR[4]) entstehen die Bogenspektren durch Einfangung des letzten Elektrons (vgl. Bd. 10, Abschn. *A*), gehören also dem neutralen Atom an, während die Funkenspektren durch Einfangung des vorletzten Elektrons entstehen, also dem ionisierten Atom angehören. KOSSEL und SOMMERFELD[5]) haben den Satz aufgestellt, daß das Funkenspektrum eines Elements dieselbe Linienstruktur hat wie das Bogenspektrum des im periodischen System vorhergehenden Elements. In der Tat wird die Emission optischer Frequenzen durch die äußeren

---

1) G. HEMSALECH, C. R. Bd. 129, S. 285. 1899.

2) G. HEMSALECH, C. R. Bd. 140, 1103, 1322; Bd. 141, S. 1227. 1905.

3) E. GOLDSTEIN, Verh. d. D. Phys. Ges. Bd. 9, S. 321. 1907; Bd. 12, S. 426. 1910; Ann. d. Phys. Bd. 27, S. 773. 1908.

4) N. BOHR, ZS. f. Phys. Bd. 9, S. 18. 1922.

5) W. KOSSEL u. A. SOMMERFELD, Verh. d. D. Phys. Ges. Bd. 21, S. 244. 1919.

Elektronen, die Valenzelektronen, bewirkt, welche nach Abtrennung eines Elektrons dem im periodischen System vorhergehenden Element, z. B. beim Lithium, dem Helium entsprechen.

10. Die durch den Funken verursachten Luftbewegungen sind von A. TOEPLER[1]) nach der Schlierenmethode sichtbar gemacht worden. Die Leidener Flasche *D* (Abb. 2) wird durch eine Influenzmaschine mittels des Funkens *a m* stoßweise geladen. Die Funkenstrecke *b n* ist kürzer als *a m*, so daß nach Ladung von *D* die Spannung zwischen *b* und *n* größer ist als die Funkenspannung. Es springt dann auch zwischen *b* und *n* ein Funken über, aber dieser tritt um eine kleine Zeit *t* später ein als der Funke zwischen *a* und *m* (Ziff. 11). Benutzt man also den Funken zwischen *b* und *n* zur Beleuchtung im Schlierenapparat und betrachtet *a m*, so sieht man den Zustand der Luft bei *a m* zu einer Zeit *t* nach Eintritt des Funkens bei *a m*. Dabei bemerkt man erstens eine regelmäßige, *a m* umschließende Ringfigur, das ist die Grenze, bis zu welcher die durch den Funken erzeugte Schallwelle in der Zeit *t* vorgedrungen ist; zweitens ein je nach der Größe von *t* verschieden aussehendes Wölkchen zwischen *a* und *m* mit Ausbuchtungen. Dieses entsteht, indem die Luft in der Funkenstrecke erhitzt und verdünnt worden ist und, sich allmählich abkühlend, zu Luftströmungen Veranlassung gibt. Bläst man dabei gegen die horizontale Funkenstrecke nach oben, so sieht man das Wölkchen nach oben verschoben.

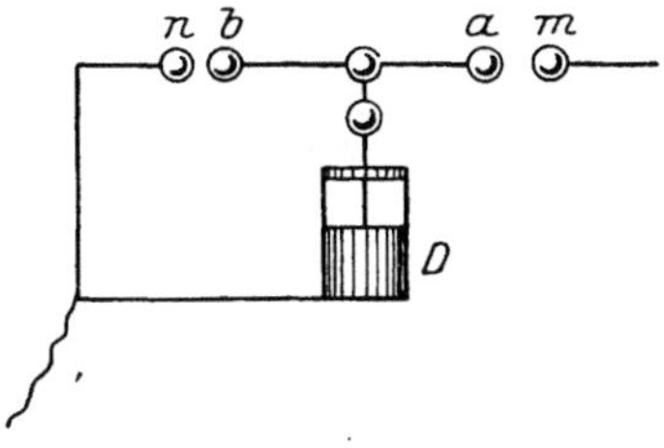

Abb. 2. A. TOEPLERS Anordnung zur Beobachtung der Luftbewegungen am Funken und der Verzögerung bei der Funkenentladung.

b) Verzögerung bei der Funkenentladung.

11. Verzögerung. In Ziff. 1 ist gesagt, daß der Funke entsteht, wenn die Spannung der Elektroden einen gewissen Wert erreicht hat. Doch hat schon RIESS[2]) zur Erklärung verschiedener Erscheinungen angenommen, „daß der Funke erst einige Zeit später ausbricht, als die Elektroden die dazu nötige Dichtigkeit erlangt haben", und A. TOEPLER hat mit dem Ziff. 10, Abb. 2 beschriebenen Apparat den experimentellen Beweis hierfür erbracht[3]), u. a. indem er die beiden in einer Vertikallinie übereinander angeordneten Funken *a m* und *b n* in einem um eine horizontale Achse rotierenden Spiegel betrachtete. Dabei sah er den Funken *b n* in der Richtung der Rotation gegen den Funken *a m* verschoben, um so mehr, je größer *b n*, je weniger also die an *b n* angelegte Spannung die Funkenspannung übertraf. Es folgt aus diesen Versuchen, daß zwischen dem Anlegen der Spannung und der Entstehung des Funkens eine Zeit verstreicht, welche die Verzögerung bei der Funkenentladung genannt wird. Später hat JAUMANN[4]) Verzögerungen bis zu mehreren Minuten beobachtet.

12. Aufhebung der Verzögerung durch Bestrahlung. Bestrahlung der Kathode mit Ultraviolett (z. B. Bogenlicht) vermindert die Verzögerung und hebt sie bei hinlänglich starker Bestrahlung praktisch ganz auf[5]). Ebenso wirken

[1]) A. TOEPLER, Pogg. Ann. Bd. 134, S. 194. 1868; s. auch M. TOEPLER, Ann. d. Phys. (4) Bd. 14, S. 838. 1904.
[2]) Siehe A. TOEPLER, Pogg. Ann. Bd. 134, S. 215. 1868.
[3]) A. TOEPLER, Pogg. Ann. Bd. 134, S. 217. 1868.
[4]) G. JAUMANN, Wied. Ann. Bd. 55, S. 671. 1895.
[5]) E. WARBURG, Verh. d. D. Phys. Ges. Bd. 11, S. 212, abgedruckt Ann. d. Phys. (4) Bd. 5, S. 811. 1901, wo auch ein Punkt in der ersten Veröffentlichung Wied. Ann. Bd. 59. 1896 berichtigt ist; s. auch Wied. Ann. Bd. 62, S. 385. 1897.

Röntgen-[1]) und Becquerelstrahlen[2]), doch ist es in diesen Fällen nicht nötig, daß die Kathode von den Strahlen getroffen wird. Wenn die Bestrahlung nicht allzu stark ist [HERWEG[3])], so setzt sie die Funkenspannung nicht herab. Letzteres folgt — im Gegensatz zu den Behauptungen HERWEGS — daraus, daß innerhalb weiter Grenzen der Bestrahlungsintensität die gleiche Funkenspannung beobachtet wird[4]). Scheinbar tritt eine Herabsetzung der Funkenspannung durch die Bestrahlung in gewissen Fällen ein, in welchen die Spannung der Elektroden sehr schnell gesteigert wird. Bei einem derartigen Versuch[5]) waren zwei Flaschen, eine große J_1 und eine kleine J_2, mit ihren äußeren Belegungen durch eine Leitung AB verbunden, in welche Widerstände und Induktivitäten eingeschaltet werden konnten. Die innere, zunächst geerdete Belegung von J_2 wird plötzlich an die innere Belegung von J_1 angelegt, mit den Belegungen von J_2 ist die bestrahlte Funkenstrecke verbunden. Ist die Bedingung (7) Ziff. 2 nicht erfüllt, so lädt sich die Flasche J_2 unter gedämpften Oszillationen, wobei die Spannung der Funkenstrecke zeitweise erheblich größer werden kann als die Spannung U', welche sich bei aperiodischer Ladung an ihr herstellt. So trat z. B. bei einem solchen Versuch bei einer Funkenspannung U_0 von 4190 Volt der Funke schon für $U' = 2770$ Volt auf. In der Tat betrug die maximale, bei den Oszillationen erreichte Spannung der Funkenstrecke hier 5500 Volt. Wurde aber durch passende Wahl von Induktivität und Widerstand in AB die aperiodische Ladung hergestellt, so mußte man $U' = 4190$ machen, um einen Funken zu erhalten. Indem man diese Verhältnisse übersah, hat man den irrigen Schluß gezogen, daß die Funkenspannung durch die Schnelligkeit der Spannungsänderung beeinflußt wird[6]).

Wenn man die Funkenspannung U_0 durch allmähliche Steigerung der Spannung bis zum Eintritt des Funkens ohne Bestrahlung bestimmt, so ist man der Verzögerung halber nie sicher, ob nicht der Funke auch schon bei kleinerer Spannung entstehen kann. Daraus folgt die Regel, daß man die Bestimmung bei passend bestrahlter Funkenstrecke ausführen muß, so daß die Verzögerung aufgehoben ist. Bei solchen Versuchen fand ORGLER[7]) die Verzögerung in Stickstoff, Sauerstoff und Luft wenig verschieden, in Kohlendioxyd bedeutend größer, in Wasserstoff kleiner. RITTER[8]) fand sie in Chlor größer als in Luft, in Brom größer als in Chlor, klein in Helium.

Zieht man die Elektroden eines Funkeninduktors bei einer Funkenlänge von einigen Millimetern so weit auseinander, daß eben kein Funke mehr übergeht, so setzt nach H. HERTZ[9]) der Funkenstrom wieder ein, wenn die Funkenstrecke — nach E. WIEDEMANN und EBERT[10]) die Kathode des Öffnungsstroms — mit Bogenlicht bestrahlt wird. Die von der Öffnungsinduktion hervorgerufene hohe Spannung der Elektroden besteht nämlich während so kurzer Zeit, daß die Funkenentladung nur eintreten kann, wenn die Verzögerung durch Bestrahlung beseitigt ist.

---

1) H. STARKE, Wied. Ann. Bd. 66, S. 1009. 1898.
2) J. ELSTER, Verh. d. D. Phys. Ges. Bd. 1, S. 7. 1900.
3) J. HERWEG, Ann. d. Phys. Bd. 24, S. 326. 1907.
4) Siehe z. B. C. MÜLLER, Ann. d. Phys. (4) Bd. 28, S. 610. 1909; F. HAYASHI, ebenda Bd. 45, S. 440. 1914.
5) E. WARBURG, Ann. d. Phys. (4) Bd. 5, S. 811. 1901.
6) Siehe z. B. G. JAUMANN, Ann. d. Phys. Bd. 55, S. 656. 1895; R. SWYNGEDAUW, Journ. de phys. Bd. 9, S. 488. 1900.
7) A. ORGLER, Ann. d. Phys. (4) Bd. 1, S. 162. 1900.
8) F. RITTER, Ann. d. Phys. (4) Bd. 14, S. 122. 1904.
9) H. HERTZ, Berl. Ber. 1887, S. 487.
10) E. WIEDEMANN u. H. EBERT, Wied. Ann. Bd. 32, S. 241. 1888.

Zu näherer Untersuchung kleiner Verzögerungszeiten wurde, während die eine Elektrode geerdet war, die andere vermöge eines 0,0012 sec dauernden Kontakts unter Spannung gesetzt und gleich darauf geerdet, so daß die Spannung nur 0,0012 sec lang anlag[1]). Man beobachtete, wieviel (n) mal bei 10maliger Wiederholung des Versuchs unter angebbar gleichen Bedingungen Entladung eintrat, d. h. die Verzögerung kleiner als 0,0012 sec war. Stets war n um so größer, je mehr die angelegte Spannung die Funkenspannung übertraf; z. B. wurde bei einer Schlagweite von 1 mm in freier Luft zwischen Eisenkugeln von 1,3 cm Radius bei einer Funkenspannung von 4760 Volt in 10 Versuchen im Dunkeln eine Spannung von 8880 Volt nie, im Bogenlicht eine Spannung von 3360 Volt dreimal, eine von 3840 Volt jedesmal entladen. Daß die entladenen Spannungen im Bogenlicht kleiner sind als die Funkenspannung, rührt von den beim plötzlichen Anlegen der Spannung entstehenden Oszillationen her. Ähnliche Ergebnisse erhielt man in verdünnter Luft und verdünntem Wasserstoff.

13. Einfluß der Feuchtigkeit auf die Verzögerung. In feuchter Luft ergab sich bei solchen Versuchen die Verzögerung kleiner als in trockener Luft. In freier Luft änderte man den Feuchtigkeitsgehalt, indem man entweder feuchte oder trockene Luft gegen die Elektroden blies. Es fragt sich, ob das in der Luft als Wassergas gelöste oder das auf den Elektroden kondensierte Wasser die Verzögerung herabsetzt. Die letztere Alternative trifft bei diesen Versuchen zu, denn die herabsetzende Wirkung der Feuchtigkeit blieb aus, als der feuchte Luftstrom gegen die erwärmten Elektroden geblasen und dadurch die Wasserkondensation aufgehoben wurde[2]).

14. Vorgang in der Verzögerungsperiode. In ihr beobachtet man am Elektrometer keine Spur eines elektrischen Stromes, gleichwohl geht die Existenz eines solchen aus folgendem Versuch hervor[3]). Die Elektroden befanden sich in einem Gefäß, in welchem der Luftdruck auf 0,03 mm Q. erniedrigt war, und man konnte in der 0,82 cm langen Funkenstrecke ein senkrecht zu ihr stehendes Magnetfeld erregen. Die Funkenspannung betrug 3960 Volt, über 4800 Volt konnte die Spannung nicht gesteigert werden, ohne daß Funkenentladung eintrat. Wurde nun das Magnetfeld erregt, so konnte, ohne daß Entladung eintrat, die Spannung auf 10800 Volt erhöht werden, die Verzögerung betrug

bei den Spannungen	10200	9600	8400	7200	6000
	30″	1′	1′ 30″	2′ 40″	3′

Dieses Ergebnis könnte nicht eintreten, wenn das Magnetfeld nur auf den fertig gebildeten Funken wirkte, und beweist daher, wenigstens für die angewandten bis 0,08 mm gehenden Drucke, unzweideutig, daß in der Verzögerungsperiode, dem Funken vorausgehend, ein elektrischer Strom besteht, welcher durch das Magnetfeld aus der Funkenstrecke abgelenkt wird. Bei höheren Drucken versagt die Methode, weil bei solchen die Wirkung des Magnetfeldes zu schwach ist.

Auch wenn die Kathode mit Bogenlicht bestrahlt wird erhält man ähnliche Wirkungen des Magnetfeldes. Hier weiß man, daß von der bestrahlten Kathode ein photoelektrischer Strom ausgeht, während im Dunkeln das Magnetfeld das einzige Mittel ist, um einen elektrischen Strom in der Verzögerungsperiode nachzuweisen.

15. Wahrscheinlichkeit einer bestimmten Verzögerung. Die Versuche am Ende der Ziff. 12 lassen die Frage unentschieden, ob die Verzögerung unter wirklich gleichen Umständen einen bestimmten Wert hat oder ob nur von der

---

1) E. Warburg, Wied. Ann. Bd. 59, S. 1. 1896.
2) E. Warburg, Wied. Ann. Bd. 62, S. 386. 1897.
3) E. Warburg, Wied. Ann. Bd. 62, S. 389. 1897.

Wahrscheinlichkeit einer bestimmten Verzögerung gesprochen werden kann. Neuere Versuche von ZUBER[1]) sprechen für die letztere Alternative. Bei diesen Versuchen stand 1. die Funkenstrecke stets unter dem Einfluß von Becquerelstrahlung aus Mesothor, die Intensität dieser Strahlung konnte man durch Änderung der Entfernung der Strahlungsquelle von der Funkenstrecke verändern; 2. war der Energieumsatz im Funken durch eingeschalteten Widerstand klein gehalten; 3. wurde die Funkenstrecke nach jedem Funken 5 sec lang außer Spannung gesetzt. Unter diesen Umständen ergab sich bei gegebenen Verhältnissen betreffend Luftdruck, Trockenheit, Funkenspannung, Überspannung, Strahlungsintensität nicht eine bestimmte Verzögerungszeit, wohl aber ergaben sich bestimmte Wahrscheinlichkeiten für verschiedene Verzögerungszeiten.

Nach einer Theorie von LAUE[2]) ist die Wahrscheinlichkeit für eine Verzögerungszeit zwischen t und $t + dt$

$$w\,dt = \beta \cdot p \cdot e^{-\beta p t}\,dt\,. \tag{16}$$

Hier ist β die Wahrscheinlichkeit für die Bildung eines Ions durch äußere Einwirkung, proportional der Intensität der Bestrahlung, also proportional $1/d^2$, wo d der Abstand zwischen Strahlungsquelle und Funkenstrecke. p ist die Wahrscheinlichkeit für die Erfüllung der sonstigen Bedingungen einer Funkenentladung. In (16) ist für p ein konstanter Wert angenommen, eine Annahme, die erfüllt sein wird, indem infolge der Bedingung 3 die Funkenstrecke jedesmal als im Normalzustand befindlich anzusehen ist. Aus (16) ergibt sich die Wahrscheinlichkeit für eine Verzögerungszeit größer als t

$$w_t^\infty = e^{-\beta p t}\,, \tag{17}$$

so daß

$$y = -\lg_e w_t^\infty = \beta p t \tag{18}$$

eine lineare Funktion von t ist.

Endlich ergibt sich die mittlere Verzögerungszeit $\bar{t} = \int\limits_0^\infty t \cdot w_t\,dt \Big/ \int\limits_0^\infty w_t\,dt$ oder,

$$\bar{t} = \frac{1}{\beta p}\,. \tag{19}$$

w_t und w_t^∞ ergeben sich aus den Versuchen als die Verhältnisse bzw. der Zahl der beobachteten Verzögerungszeiten zwischen t und $t + dt$ und der beobachteten Zahl von Verzögerungszeiten größer als t zu der Zahl aller beobachteten Verzögerungszeiten, die im allgemeinen für jeden besonderen Fall größer als 500 war.

Solange die Bedingung 3 nicht eingehalten war, ergab sich im Widerspruch zu (16) ein Maximum von w für ein gewisses t. Unter der Bedingung 3 wurden indessen die Forderungen der Theorie, nämlich die Gleichungen (16), (17), (18), erfüllt, nach neueren Versuchen auch (19), indem t sich der Intensität der Bestrahlung umgekehrt proportional ergab[3]). In feuchter Luft ergab sich wie Ziff. 13 die Verzögerung kleiner als in trockener Luft.

Der Luftdruck betrug 3 bis 4 mm Q., die Funkenspannung lag in der Nähe von 500 Volt, die Überspannungen lagen zwischen 2 und 6 Volt, die Verzögerungszeiten zwischen 0 und 4 sec.

16. PEDERSEN[4]) hat kürzlich **Versuche mit sehr kleinen Verzögerungszeiten,** nämlich solchen von der Größenordnung 10^{-7} sec, gemacht, hervor-

[1]) K. ZUBER, Ann. d. Phys. (4) Bd. 76, S. 231. 1925.
[2]) M. v. LAUE, Ann. d. Phys. (4) Bd. 76, S. 261. 1925.
[3]) K. ZUBER, Arch. sc. phys. et nat. (5) Bd. 7, S. 212. 1925; Physikal. Ber. 1926. S. 171.
[4]) P. O. PEDERSEN, Ann. d. Phys. (4) Bd. 71, S. 317. 1923.

gebracht durch sehr große Überspannungen, die nach seinen Angaben bis zu 11000 Volt bei einer Funkenspannung von 5000 Volt gehen. Diese kleinen Verzögerungszeiten wurden folgendermaßen gemessen:

E (Abb. 3) ist eine Elektrisiermaschine, C eine Kapazität von 2000 cm, G eine Funkenstrecke, g_2 die zu untersuchende Funkenstrecke, g_1 sei ausgeschaltet. Wenn bei G ein Funke überspringt, läuft eine elektromagnetische Welle nach a, wo sie sich in zwei Wellen teilt, die bzw. nach $a\,b$ und $a\,d$ laufen. A_1 und A_2 sind Elektroden auf der Schichtseite einer photographischen Platte P. Von A_1 und A_2 aus bilden sich auf der Platte P LICHTENBERGsche Figuren, aber wegen der Verzögerung in der Funkenstrecke g_2 entsteht die Figur an A_1 um die Verzögerungszeit τ früher als die Figur an A_2, die τ entsprechende Verschiebung a der Figuren gegeneinander wird gemessen. Um aus a τ zu berechnen, schließt man die Funkenstrecke g_2, macht aber den Weg $a\,b\,f$ um L_0 m länger als den Weg $a\,d\,h$. Der Zeitunterschied zwischen der Ankunft der Wellen in A_1 und A_2 ist dann $t = \frac{L_0}{3 \cdot 10^8}$, indem die Fortpflanzungsgeschwindigkeit der Wellen gleich der Lichtgeschwindigkeit gesetzt wird; das t_0 entsprechende a wird gemessen und so t als Funktion von a bestimmt.

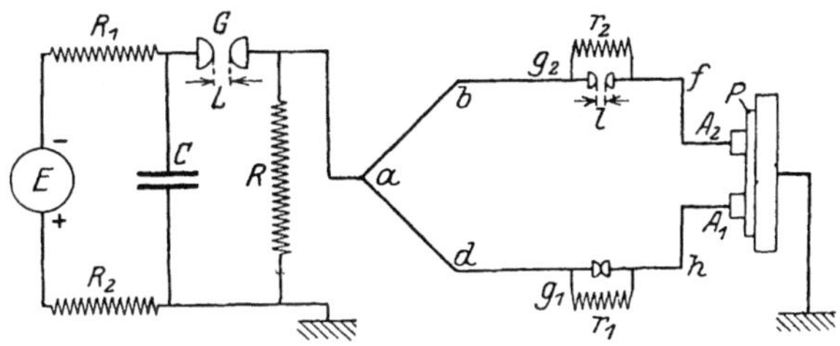

Abb. 3. PEDERSENS Anordnung zu Verzögerungsversuchen.

Bei Vorversuchen wurden gleiche Funkenstrecken g_1 und g_2 (Abb. 3) eingeschaltet, dabei trat der Funke in g_1 manchmal früher, manchmal später als in g_2 auf. Als Ursache davon stellte sich die Beschaffenheit der Elektroden heraus. Rein werden die Elektroden genannt, wenn sie mit völlig reinem (fettfreiem) Karborundumpapier geputzt sind. Bei reiner Kathode und den benutzten kleinen Verzögerungszeiten ergab sich ein anderes Verhalten als bei den unter anderen Bedingungen angestellten Versuchen ZUBERS (Ziff. 15); die Verzögerungszeit war hier nämlich eine bestimmte, unabhängig von dem Zustand der Anode und dem durch Bestrahlung zu ändernden Ionisationszustand sowie von der Luftfeuchtigkeit und der Art des Elektrodenmetalls, wachsend mit wachsendem Luftdruck und abnehmender Überspannung. Bei reiner Kathode kann, sofern hier die Verzögerung von der Bestrahlung unabhängig ist, der in Ziff. 12 beschriebene Versuch von H. HERTZ nicht gelingen, was die Erfahrung bestätigte. Bei unreiner Kathode hängt die Verzögerung vom Zustand der Anode und von der Bestrahlung ab, hat keinen bestimmten Wert, sondern schwankt zwischen dem reiner Kathode entsprechenden kleinsten Wert und viel höheren Werten.

c) Anfangsspannung und Durchbruchfeldstärke.

17. Anfangsspannung und Durchbruchfeldstärke. In Ziff. 1 ist gesagt, daß bei der kleinsten Elektrodenspannung, bei welcher das Gas aufhört zu isolieren, die Funkenentladung eintritt, wenn nicht der Elektrodenabstand zu groß ist. In der Tat gehen, wie wohl zuerst HEYDWEILLER[1]) hervorgehoben hat, in vielen Fällen der Funkenentladung verhältnismäßig schwache, schwach leuchtende Entladungen, die man neuerdings zuweilen Koronaentladungen

[1]) A. HEYDWEILLER, Wied. Ann. Bd. 48, S. 219. 1893.

nennt, voraus, was von M. TOEPLER[1]) genauer untersucht ist. Nach den genannten Autoren versteht man unter Anfangsspannung, im folgenden U_0 genannt, die kleinste Spannung der Elektroden, bei welcher ein mit Leuchten verbundenes Ausströmen von Elektrizität stattfindet. Dieses kann in einem Glimmen bestehen, welches mit wachsender Spannung stärker wird bis zur Grenzspannung der Glimmentladung und bei dieser Spannung in eine andersartige Entladung, die Büschelentladung, übergeht. Auch diese wird mit wachsender Spannung stärker bis zur Büschelgrenzspannung, bei welcher wiederum eine stärkere Entladung einsetzt, bei begrenzter disponibler Ladung wie bei der Kondensatorentladung die Funkenentladung, durch die der Kondensator in sehr kurzer Zeit zum größten Teil entladen wird. Bei kleiner Schlagweite fallen Glimm- und Büschelentladung fort, indem die Anfangsspannung mit der Funkenspannung zusammenfällt, bei mittlerer Schlagweite folgt die Funkenentladung auf die Glimmentladung, bei großer Schlagweite entsteht aus der Glimmentladung oder mit Überspringen derselben die Büschelentladung, welche bei der Büschelgrenzspannung in die Funkenentladung übergeht. Da, wo zuerst Glimm- oder Büschelentladungen auftreten, erhält man für die Funkenspannung etwas wechselnde Werte. Abb. 4 stellt diese Verhältnisse nach WEICKER[2]) dar.

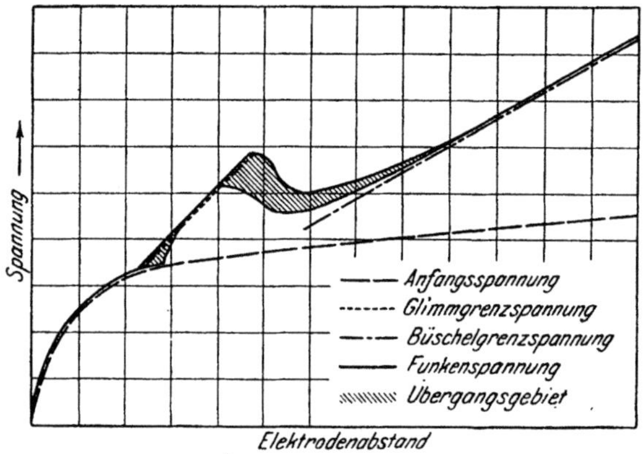

Abb. 4. Entladungsspannungen in Abhängigkeit vom Elektrodenabstand nach WEICKER.

Die Anfangsspannung ist unabhängig von dem Widerstand des Schließungskreises, während die Funkenspannung, wenn von der Anfangsspannung verschieden, von diesem Widerstand abhängt.

In den älteren Untersuchungen ist zwischen Anfangs- und Funkenspannung nicht unterschieden worden, doch fielen hier beide Spannungen in der Regel zusammen; für den Fall zweier gleicher Kugeln als Elektroden hängt die Schlagweite δ, bis zu welcher dies eintritt, von dem Kugelradius ab. Nach M. TOEPLER[1]) ist das kleinste Verhältnis δ/R, für welches schon öfter (in etwa 5% der Fälle) bei Überschreitung der Anfangsspannung an Stelle von Funken andere Entladungsformen auftreten:

1. wenn eine Kugel geerdet ist:	bei isolierter Anode	4
	bei isolierter Kathode	2,6
2. wenn die Kugeln entgegengesetzt gleiche Spannung gegen Erde haben (symmetrische Spannungsverteilung)		11,0
3. wenn eine Kugel einer großen Platte gegenübersteht,	bei anodischer Kugel	3,4
	bei kathodischer Kugel	1,8

Doch sind auch diese Werte noch zu hoch, wenn man mit Sicherheit auf Übereinstimmung zwischen Anfangs- und Funkenspannung in 99% der Fälle rechnen will. Wenn es sich auch im folgenden stets um Anfangsspannungen handeln

[1]) M. TOEPLER, Elektrot. ZS. Bd. 28, S. 998. 1907.
[2]) W. WEICKER, Elektrot. ZS. Bd. 32, S. 437. 1911, Abb. 15; SCHUMANN S. 2, Abb. 1.

wird, so ist doch im Auge zu behalten, daß die wichtigsten Fälle die sind, in denen Anfangs- und Funkenspannung zusammenfallen.

Zur experimentellen Bestimmung der Anfangsspannung benutzt man entweder Gleich- oder Wechselspannung, bis zu 10^6 Hertz liefern beide Methoden sehr nahe übereinstimmende Werte[1]). Bei der Methode der Wechselspannungen muß man den Scheitelfaktor bestimmen, d. h. den Faktor, mit welchem die effektive Spannung zu multiplizieren ist, um die Scheitelspannung, auf die es ankommt, zu erhalten. Für sinusförmige Wechselspannung ist der Scheitelfaktor $\sqrt{2}$.

In allen Fällen sind Störungen des Feldes durch Influenzwirkungen sorgfältig zu vermeiden, die Verzögerung ist aufzuheben, endlich ein nicht zu kleiner Widerstand in den Schließungskreis zu legen, nach PEEK[2]) etwa 1 Ω für jedes Volt Spannung.

Für die Anfangsspannung kann die größte Feldstärke im Schlagraum, welche an einer Elektrode liegt, Durchbruchfeldstärke heißt und im folgenden durch $\mathfrak{E}_0$ bezeichnet ist, von mathematischen Schwierigkeiten abgesehen, berechnet werden. Für die Funkenspannung ist dies nur möglich, wenn sie mit der Anfangsspannung zusammenfällt, da andernfalls vor Eintritt des Funkens freie Elektrizität sich im Schlagraum befindet.

Eingehende Belehrung über die in dieser Ziffer besprochenen und verwandte Fragen findet man in der Monographie von W. O. SCHUMANN, Elektrische Durchbruchfeldstärke von Gasen, 246 Seiten, Berlin: Julius Springer 1923, im folgenden zitiert durch „SCHUMANN".

18. Abhängigkeit der Anfangsspannung von den experimentellen Bedingungen. Die Anfangsspannung hängt ab: 1. von der Art und geometrischen Anordnung der Elektroden sowie im allgemeinen von der Verteilung der Spannung gegen Erde auf die beiden Elektroden; 2. von der Beschaffenheit des Gases und wird 3. beeinflußt von einem Magnetfeld in der Funkenstrecke.

19. Atmosphärendruck, homogene Felder. Tabelle 2 gibt nach SCHUMANN[3]) und SPATH[4]) hierfür die Werte der Anfangsspannung U_0 in Kilovolt und der Durchbruchfeldstärke $\mathfrak{E}_0$ in kV/cm als Funktion der Schlagweite δ für den Druck $p = 760$ mm Q. und 20°. Es ist $\mathfrak{E}_0 = \frac{U_0}{\delta}$ für ebene parallele Elektroden, $\mathfrak{E}_0 = \frac{U_0}{\delta}\left(1 + \frac{1}{3}\frac{\delta}{R}\right)$ für Elektroden von sehr großem Krümmungshalbmesser R, wie sie in einigen Versuchen benutzt wurden.

Tabelle 2.

δ cm	0,05	0,1	0,5	1	5	10
U_0 kV	2,74	4,65	16,8	31,5	140	266
$\mathfrak{E}_0$ kV/cm	54,7	46,5	33,6	31,5	28	26,6

Die von SCHUMANN zugrunde gelegten Versuche sind teilweise ohne Bestrahlung gemacht, neuere Versuche von SPATH[4]) u. a. zwischen $\delta = 0{,}1$ und 1 cm, die mit Bestrahlung angestellt wurden, liefern im allgemeinen etwas kleinere Werte von U_0; die Werte von SPATH sind in Tabelle 2 gewählt.

---

1) SCHUMANN S. 21. Über das Verhalten bei größeren Frequenzen finden sich Angaben bei J. ALGERMISSEN, Ann. d. Phys. (4) Bd. 19, S. 1007 u. 1016. 1906.

2) F. W. PEEK JR., Elektrot. ZS. Bd. 37, S. 11. 1916.

3) SCHUMANN S. 10.

4) W. SPATH, Arch. f. Elektrot. Bd. 12, S. 331. 1923; A. KLEMM, ebenda Bd. 12, S. 553. 1923; F. MÜLLER, ebenda Bd. 13, S. 478. 1924.

$\mathfrak{E}_0$ ist in Abb. 5 nach Schumann und Spath[1]) als Funktion von δ dargestellt. Mit zunehmender Schlagweite wächst die Anfangsspannung, während die Durchbruchfeldstärke, die für kleine Schlagweiten sehr groß ist, abnimmt, zwar immer langsamer, aber ohne, soweit die Versuche gehen, einen bestimmten Grenzwert zu erreichen. Die Annahme eines solchen Grenzwertes, die zuweilen gemacht wird (Ziff. 40), ist daher experimentell nicht gerechtfertigt.

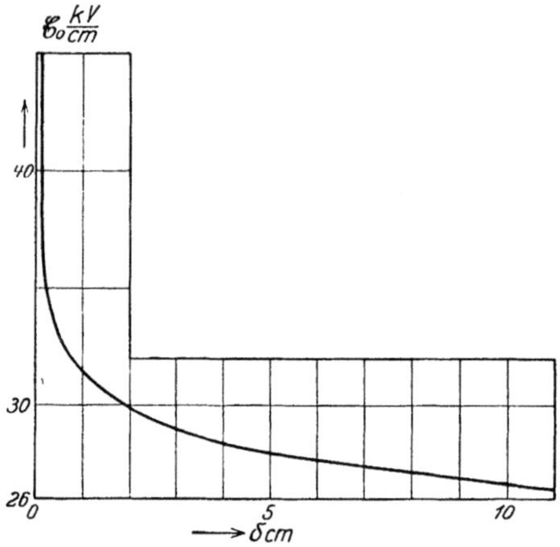

Abb. 5. Durchbruchfeldstärke $\mathfrak{E}_0$ in homogenen Feldern in Abhängigkeit von der Schlagweite nach Schumann.

20. Atmosphärendruck, zwei gleiche Kugeln, Anfangsspannung, Spannungsbestimmung durch Schlagweitenmessung. Tabelle 3 gibt nach Schumann[2]) die Anfangsspannung als Funktion der Schlagweite δ und des Kugelradius für 760 mm Q. und 20°, und zwar unter A für symmetrische Spannungsverteilung gegen Erde (Spannung der beiden Kugeln gegen Erde bzw. $+\frac{1}{2}U_0$ und $-\frac{1}{2}U_0$), unter B für den Fall, daß eine der Kugeln geerdet ist, endlich unter C, teilweise nach Spath, für ebene Elektroden.

Tabelle 3. U_0 Kilovolt.

R cm →	1		2,5		6,25		12,5		
δ cm ↓	A	B	A	B	A	B	A	B	C
0,1	—	—	—	—	4,6	—	4,60	–	4,65
0,5	—	—	—	17,5	17,4	17,4	17,4	—	—
1	32	31	32,4	31,8	32,0	31,9	31,8	31,7	31,5
10	—	—	150	—	213	197	247	241	266
20	—	—	—	—	299	253	398	365	—
40	—	—	—	—	—	—	555	468	—

Für $\delta/R < 1$ ist die Spannungsverteilung gegen Erde ohne Einfluß auf den Wert von U_0 und dieser gleich dem Wert für ebene Elektroden, für $\delta/R > 1$ ist U_0 bei symmetrischer Spannungsverteilung gegen Erde größer als für den Fall, daß eine Kugel geerdet ist. Für jede Schlagweite gibt es einen Kugelradius, für welchen U_0 ein Maximum erreicht, welches mit wachsender Schlagweite zu größeren Kugelradien aufrückt. Dies geht z. B. aus folgenden Versuchen von Freyberg[3]) hervor, bei welchen die eine Kugel geerdet war. Die Maximalwerte der Spannung sind fett gedruckt.

Tabelle 4. U_0 Kilovolt.

δ cm ↓ R cm →	0,25	0,375	0,5	1	2	3
0,2	8,6	**9,7**	9,5	8,7	8,1	7,9
0,7	17,9	19,9	21,0	22,5	**23,2**	22,6

In der Abb. 6 sind nach Versuchen von Weicker[4]) mit Wechselstrom von 50 Hertz die Effektivwerte der Anfangsspannung für zwei gleiche Kugeln

[1]) Schumann S. 171. [2]) Schumann S. 9 bis 10.
[3]) J. Freyberg, Wied. Ann. Bd. 38, S. 251. 1889.
[4]) W. Weicker, Elektrot. ZS. Bd. 32, S. 436. 1911, Abb. 18; s. auch F. Müller, Arch. f. Elektrot. Bd. 13, S. 428. 1924.

von verschiedenem Radius bei symmetrischer Spannungsverteilung gegen Erde als Funktion von δ für 740 mm Q., 20° und 50% relativer Feuchtigkeit dargestellt. Da die Spannung eine genau sinusförmige Funktion der Zeit war, so erhält man die Scheitelwerte der Spannung durch Multiplikation mit $\sqrt{2}$. Bis zu den vertikalen Strichen fällt die Anfangsspannung mit der Funkenspannung zusammen. Für kleine Schlagweiten ist U_0 eine lineare Funktion von δ, biegt aber bei größeren Schlagweiten scharf nach der Abszissenachse zu ab, bei um so kleineren Werten von δ, je kleiner R. Nach WEICKER ist hier U_0 der absoluten Temperatur umgekehrt proportional und von der Luftfeuchtigkeit unabhängig, einer Druckzunahme um 10 mm entspricht eine Spannungszunahme von 1,36%, bezogen auf die Spannung für 735 mm.

Die Messung der Schlagweite zwischen zwei gleichen Kugeln liefert ein wichtiges Mittel zu Spannungsbestimmungen. Man benutzt den Fall, daß die Anfangsspannung mit der Funkenspannung zusammenfällt, da das Eintreten schwachen Glimmens schwer festzustellen ist. In der Anordnung des Hrn. Dr. ESTORFF bei den Siemens-Schuckertwerken ist die eine der beiden Kugeln geerdet, das Verhältnis δ/R ist kleiner als 1, für jedes Volt Spannung werden 1 bis 0,2 Ω in den Funkenkreis eingeschaltet.

Die Eichung der Funkenstrecke geschieht mittels einer anderweitig gemessenen Spannung. Spannungen von 500 kV werden gemessen bei einer Schlagweite von etwa 30 cm und einem Kugelradius von 37,5 cm[1]).

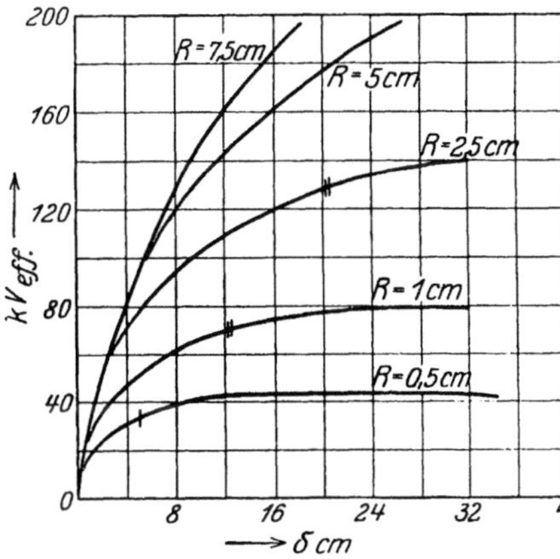

Abb. 6. Effektive Anfangsspannung zwischen zwei gleichen Kugeln für sinusförmigen Wechselstrom bei 740 mm Q., 20° und 50% relativer Feuchtigkeit in Abhängigkeit von der Schlagweite nach WEICKER. Bis zu den vertikalen Strichen fällt die Funkenspannung mit der Anfangsspannung zusammen.

21. Atmosphärendruck, zwei gleiche Kugeln, Durchbruchfeldstärke. Das elektrische Feld zwischen zwei Kugeln ist nicht homogen; POISSON, PLANA und KIRCHHOFF haben die Verteilung der Ladungen auf den Kugeln berechnet. Die maximale Feldstärke liegt immer an Durchschnittspunkten der Zentrallinie mit den einander zugekehrten Seiten der Kugeloberflächen, wenn die Kugel 2 geerdet ist, an der Kugel 1, bei symmetrischer Spannungsverteilung gegen Erde an beiden Kugeln. Aus Formeln von KIRCHHOFF[2]) ergibt sich nach SCHUSTER[3]) und HEYDWEILLER[4]) für die maximale Feldstärke $\mathfrak{E}$ an der Kugel 1, wenn V_1, V_2 die Spannungen der Kugeln 1, 2 gegen Erde, $U = V_1 - V_2$:

$$\mathfrak{E} = \frac{U}{\delta} \cdot F_1 + 2 \cdot \frac{V_2}{\delta} (F_1 - F), \tag{20}$$

wo F und F_1 von dem Verhältnis δ/R abhängen. Es ist für

δ/R	0,1	0,5	1	5
F	1,034	1,173	1,359	3,151
F_1	1,034	1,199	1,517	5,172

[1]) S. auch F. W. PEEK JR., Elektrot. ZS. Bd. 37, S. 11. 1916.
[2]) G. KIRCHHOFF 1861; Ges. Abh. 1882, S. 78.
[3]) A. SCHUSTER, Phil. Mag. (5) Bd. 29. S. 182. 1890.
[4]) A. HEYDWEILLER, Wied. Ann. Bd. 40, S. 464. 1890; Bd. 48, S. 213. 1893.

Aus (20) folgt

a) Kugel 2 geerdet: $\mathfrak{E} = \frac{U}{\delta} \cdot F_1$,

b) symmetrische Spannungsverteilung: $\mathfrak{E} = \frac{U}{\delta} \cdot F$.

Da $F_1 > F$, so ist $\mathfrak{E}$ im Fall a) größer als im Fall b).

Abb. 7 zeigt nach SCHUMANN[1]) die Durchbruchfeldstärke $\mathfrak{E}_0$ für den Fall a) für 760 mm und 20° als Funktion von $\lg_{10} \delta/R$ in kV/cm für drei Werte von R. Auch hier ist, wie bei ebenen Elektroden, die Durchbruchfeldstärke für kleine Schlagweiten sehr groß; sie nimmt mit wachsender Schlagweite bis zu einem Minimalwert ab, der überall ungefähr bei demselben Wert von δ/R liegt, und steigt dann wieder an; sie ist für kleine Schlagweiten, wahrscheinlich bis zum Minimalwert, in den Fällen a) und b) gleichgroß, nach dem Minimum steigen aber die Kurven im Fall b) viel langsamer als im Fall a).

HEYDWEILLER[2]) hat für den Fall a) auch das arithmetische Mittel zwischen den Feldstärken an der isolierten und der geerdeten Kugel in Betracht gezogen, welches er als mittlere Feldstärke bezeichnet. Mit zunehmender Schlagweite wird die Feldstärke an der isolierten Kugel immer größer, an der geerdeten immer kleiner, und die mittlere Feldstärke ist, von kleinen Schlagweiten abgesehen, von der Schlagweite unabhängig.

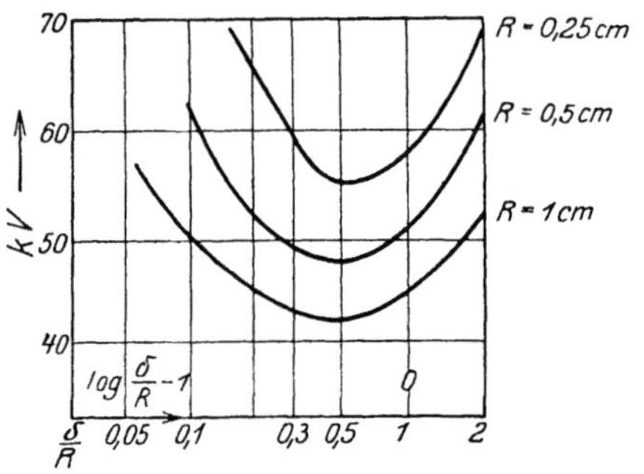

Abb. 7. Durchbruchfeldstärke $\mathfrak{E}_0$ zwischen zwei gleichen Kugeln, von denen eine geerdet ist, in Abhängigkeit vom Verhältnis Schlagweite δ/Radius R bei 760 mm Q. und 20° C.

22. Einfluß des Gasdrucks auf die Anfangsspannung. Die Anfangsspannung U_0 hängt von der Schlagweite δ und dem Gasdruck p ab, und zwar so, daß sie für ein bestimmtes Gas ungeändert bleibt, solange $p \cdot \delta$ denselben Wert behält, also eine Funktion von $p \cdot \delta$ ist. Dieses Gesetz wurde von W. DE LA RUE und MÜLLER[3]) für ebene Elektroden, von PASCHEN[4]) für zwei gleiche kugelförmige Elektroden gefunden und wird gewöhnlich als das PASCHENsche Gesetz bezeichnet. Es bezieht sich zunächst auf konstante Temperatur, da aber, besonders nach BOUTY (Ziff. 28) die Temperatur bei konstanter Dichte U_0 nicht beeinflußt, so spricht man das Gesetz mit PASCHEN besser und allgemeiner dahin aus, daß U_0 eine Funktion des Produktes Schlagweite × Gasdichte ist, also nur von der Zahl der Molekeln auf der Funkenbahn abhängt. Dieses Gesetz, welches von PASCHEN aus Versuchen bei Drucken von 20 bis 750 mm Q., Schlagweiten von 0,1 bis 1,5 cm, $p \cdot \delta$-Werten von 2 bis 450 mm cm abgeleitet wurde, hat sich im allgemeinen auch außerhalb dieser Grenzen bewährt. ORGLER[5]) und H. WAGNER[6]) fanden Abweichungen bei kleinen Funkenspannungen von 1 bis 1,5 kV, indem $p \cdot \delta$ bei ORGLER 6 bis 15, bei WAGNER 14 bis 17 mm cm betrug. Doch sind die von diesen Autoren angegebenen Abweichungen von entgegengesetztem Sinn, indem dem kleineren Wert des Faktors p bei ORGLER die größere,

[1]) SCHUMANN S. 32; s. auch A. KLEMM, Arch. f. Elektrot. Bd. 12, S. 553. 1923.
[2]) A. HEYDWEILLER, Wied. Ann. Bd. 40, S. 475. 1890; Bd. 48, S. 229. 1893.
[3]) WARREN DE LA RUE u. H. W. MÜLLER, Phil. Trans. Bd. 171, S. 65. 1880.
[4]) F. PASCHEN, Wied. Ann. Bd. 37, S. 69. 1889.
[5]) A. ORGLER, Ann. d. Phys. (4) Bd. 1, S. 167. 1900.
[6]) H. WAGNER, Journ. de phys. (4) Bd. 6, S. 615. 1907.

bei WAGNER die kleinere Spannung entsprach. GUYE und WEIGLE[1]) finden bei Drucken von 50 Atm. ebenfalls nur bei kleinen Schlagweiten Abweichungen.

23. Verhalten der Funkenspannung bei Gasdrucken kleiner als Atmosphärendruck, der Minimalwert der Funkenspannung. Erniedrigt man den Gasdruck, so nimmt die Funkenspannung zuächst ab, aber, wie zuerst PEACE[2]) durch Versuche an ebenen Elektroden fand, nur bis zu einem gewissen Druck, jenseits dessen sie sehr schnell ansteigt. Das Minimum der Funkenspannung tritt bei einem um so kleineren Druck ein, je größer die Schlagweite δ, nämlich entsprechend dem PASCHENschen Gesetz bei einem bestimmten Wert von $p \cdot \delta$, und hat einen bestimmten Wert, der unabhängig ist von der Schlagweite und dem Druck. Dies geht besonders aus der folgenden Tabelle nach EDG. MEYER[3]) hervor, in welcher δ_m, p_m bzw. Schlagweite und Druck bei dem Minimalwert U_m bedeuten. Die Versuche beziehen sich auf staubfreie, trockene, aber von CO_2 nicht befreite Luft und wurden unter Aufhebung der Verzögerung mit ebenen Elektroden angestellt.

Tabelle 5.

δ_m (cm)	p_m (mm)	$p_m\,\delta_m$ (mm cm)	$U_{0,m}$ Volt
0,096	5,90	0,566	326
0,196	2,90	0,568	327
0,298	1,90	0,566	329
0,405	1,40	0,567	328
0,493	1,15	0,567	326
	Mittel	0,567	327

Bei sehr kleinen Abständen ($\delta < 0{,}4\,\mu$) erhält man Ströme bei Spannungen $< U_m$, indessen wurde bei Versuchen von G. HOFFMANN[4]) mit Stahlelektroden in Luft von Atmosphärendruck bis zu $\delta = 0{,}4\,\mu$ die Minimumspannung nicht unterschritten. Bei Abständen $< 0{,}4\,\mu$ handelt es sich jedoch um Austritt von Elektrizität aus dem Elektrodenmetall, also um ein Phänomen, bei welchem das Gas keine Rolle spielt, das also von der Funkenentladung gänzlich verschieden ist[5]).

J. J. THOMSON[6]) hat zuerst die Ansicht ausgesprochen, daß es unmöglich ist, durch eine Spannung kleiner als der normale Kathodenfall einen Funken in einem Gas hervorzubringen. Hiermit stimmt das starke Anwachsen der Funkenspannung bei Erniedrigung der Schlagweite resp. des Wertes $p \cdot \delta$ unter den kritischen Wert überein. Denn nach jener Ansicht ist zu erwarten, daß der Minimalwert von U_0 dann eintritt, wenn die Anode in den negativen Dunkelraum der Glimmentladung hineintritt, was bei einem um so kleineren δ der Fall ist, je höher der Druck, und womit ein starker Anstieg der Elektrodenspannung verbunden ist[7]). Tabelle 6 gibt für verschiedene Gase $U_{0,m}$, $p_m \cdot \delta_m$ und den normalen Kathodenfall.

Die Tabelle bestätigt im allgemeinen die THOMSONsche Ansicht, z. B. durch das gleichzeitige Anwachsen der Minimalspannung und des Kathodenfalls durch eine kleine Beimengung von O_2 zu N_2, die größte Abweichung zeigt sich bei Argon.

BURTON[8]) findet die Minimalspannung $U_{0,m}$ in CO_2 freier, mit P_2O_5 getrockneter Luft mit abnehmender Temperatur bei konstantem Druck stark wachsend, nämlich

bei	+200°	100°	10°	−60°	−190°
$U_{0,m}$	346	359	410	482	525 Volt

[1]) C. E. GUYE u. J. J. WEIGLE, Phys. Ber. 1923, S. 812, 1589, 1590.
[2]) J. B. PEACE, Proc. Roy. Soc. London Bd. 52, S. 99. 1892.
[3]) EDG. MEYER, Ann. d. Phys. (4) Bd. 58, S. 321. 1919; s. auch E. H. WILLIAMS, Phys. Rev. Bd. 32, S. 585. 1911.
[4]) G. HOFFMANN, Verh. d. D. Phys. Ges. Bd. 12, S. 887. 1910.
[5]) G. HOFFMANN, ZS. f. Phys. Bd. 4, S. 380. 1921.
[6]) J. J. THOMSON, Recent researches in electricity and magnetism, S. 158, § 162. Oxford 1893.
[7]) E. WIEDEMANN u. H. EBERT, Wied. Ann. Bd. 36, S. 644. 1889.
[8]) E. F. BURTON, Phil. Mag. (7), Bd. 1, S. 219. 1926.

Tabelle 6.

Gas	Elektroden, ebene	$p \cdot \delta$ mm cm	$U_{0,m}$ Volt	Beobachter	Norm. Kath.-Fall	Beobachter
N_2, kleine O_2-Beimengung	Messing, nicht bestrahlt	—	351—388	STRUTT[1])	315—350 cm an Pt	E. WARBURG[7])
N_2-, O_2-frei		0,67	251	STRUTT[1])	232 „ „	E. WARBURG[8])
Luft, trocken		0,567	327	EDG. MEYER[2])	388 „ „	E. WARBURG[9])
CO_2		0,51	420	CARR[3])	—	—
H_2	Zink, bestrahlt	1,15	273	TOWNSEND u. HURST[4])	300 „ „	E. WARBURG[10])
Ar		0,76	233	GILL u. PIDDUCK[5])	163 „ „	DEMBER[11])
He		3,9	156	GILL u. PIDDUCK[6])	143 „ Zn 177 „ Cu	DEFREGGER[12])

Doch dürfte der Einfluß der Temperatur ein sekundärer sein und vielleicht daher rühren, daß die Trockenheit des Gases mit abnehmender Temperatur des Entladungsraumes zunimmt. Trifft dies zu, so würden die Versuche zeigen, daß die Minimalspannung in Luft bei kleinem Wasserdampfdruck mit zunehmender Trockenheit wächst, ebenso wie nach Versuchen von WARBURG und neueren umfassenderen von SCHAUFELBERGER[13]) der normale Kathodenfall.

Es besteht also eine bemerkenswerte Analogie zwischen Funken- und Glimmentladung.

24. Fortsetzung. Einen Einfluß des Elektrodenmetalls auf die Funkenspannung hat man selten bemerkt, nur scheint sie für Al und Mg kleiner als für die anderen untersuchten Metalle zu sein[14]); HOLST und OOSTERHUIS[15]) finden in Neon bei 15 mm *Q*. unter nicht näher angegebenen Umständen die Funkenspannung für Kathoden aus Magnesium, Eisen, Kohle bzw. 145, 165, 170 Volt. Da indessen der Kathodenfall für verschiedene Metalle von verschiedener Größe ist, so muß nach Ziff. 23 dasselbe für den Minimalwert der Funkenspannung gelten. Nach HOLST und OOSTERHUIS[15]) variiert dieser Minimalwert in Neon für verschiedenes Kathodenmaterial im Verhältnis von 1:3, wobei Rubidium und Cäsium den kleinsten, Kohle den größten Wert zeigt.

25. Fortsetzung. Einfluß des Wasserdampfdrucks auf die Funkenspannung bei kleinen Gasdrucken. Verkleinerung des Wasserdampfdrucks erniedrigt zunächst in atmosphärischer Luft die Funkenspannung, aber nach EDG. MEYER[16]) und STÜCKLEN[17]) nur bis zu einem kleinsten Wert, welcher ungefähr bei einem Wasserdampfdruck von 0,01 bis 0,02 mm Q. liegt; weiteres Trocknen erhöht die Funkenspannung. Um zu äußerster Trockenheit zu gelangen, ge-

---

[1]) R. J. STRUTT, Phil. Trans. Bd. 193, S. 377. 1900.
[2]) EDG. MEYER, Ann. d. Phys. (4) Bd. 58, S. 321. 1919.
[3]) W. R. CARR, Phil. Trans. Bd. 201, S. 403. 1903.
[4]) J. S. TOWNSEND u. H. S. HURST, Phil. Mag. (6) Bd. 8, S. 738. 1904.
[5]) E. W. B. GILL u. F. B. PIDDUCK, Phil. Mag. (6) Bd. 16, S. 280. 1908.
[6]) E. W. B. GILL u. F. B. PIDDUCK, Phil. Mag. (6) Bd. 23, S. 837. 1912.
[7]) E. WARBURG, Wied. Ann. Bd. 31, S. 557. 1887.
[8]) E. WARBURG, Wied. Ann. Bd. 40, S. 17. 1890.
[9]) E. WARBURG, Wied. Ann. Bd. 31, S. 559. 1887.
[10]) E. WARBURG, Wied. Ann. Bd. 31, S. 581. 1887.
[11]) H. DEMBER, Ann. d. Phys. (4) Bd. 20, S. 394. 1906.
[12]) R. DEFREGGER, Ann. d. Phys. (4) Bd. 12, S. 663. 1903.
[13]) A. SCHAUFELBERGER, Ann. d. Phys. (4), Bd. 73, S. 21. 1924.
[14]) Vgl. EDG. MEYER, Mitt. d. phys. Ges. Zürich Nr. 19, S. 70. 1919.
[15]) G. HOLST u. E. OOSTERHUIS, Phil. Mag. (6), Bd. 46, S. 1117. 1923.
[16]) EDG. MEYER, Ann. d. Phys. (4) Bd. 65, S. 351. 1921.
[17]) HILD. STÜCKLEN, Ann. d. Phys. (4) Bd. 65, S. 369. 1921.

nügt nicht die Anwendung von Phosphorpentoxyd, sondern man muß die Glaswände des Gefäßes, in dem die Funkenstrecke sich befindet, mit siedendem Wasser behandeln, um die alkalihaltige Wasserhaut, die Wasserdampf abgibt, zu beseitigen[1]). MEYER gelangte ohne diese Maßnahme bis zu etwa 35 Volt, Frl. STÜCKLEN bei Anwendung dieser Maßnahme bis zu etwa 55 Volt über den bei ungefähr 420 Volt liegenden Minimalwert. Bei diesen Versuchen war $\delta = 0,5$ cm, p ungefähr 3 mm, $p \cdot \delta$ ungefähr 1,5 mm cm.

26. Fortsetzung. Einfluß der chemischen Natur der Gase auf die Funkenspannung. Die Tabellen 7 und 8 geben die Funkenspannung U_0 als Funktion von $p \cdot \delta$, Tabelle 7 nach ORGLER[2]) für H_2, O_2, Luft, CO_2, N_2, Tabelle 8 nach RITTER[3]) für He, Cl_2, Br_2, das Helium war nicht von Argon befreit. Bei sämtlichen Versuchen war die eine Elektrode geerdet und die Verzögerung durch Bestrahlung aufgehoben. Die Versuche von ORGLER beziehen sich auf Messingkugeln von 1,25 cm Radius und eine Schlagweite $\delta = 0,5$ cm, so daß $\delta/R < 0,4$.

Tabelle 7. $\delta = 0,5$ cm. Kilovolt. Nach ORGLER.

p (mm Q.)	$p \cdot \delta$ mm cm	H_2	O_2	Luft	N_2	CO_2
20	10	—	—	1,27	—	—
40	20	1,14	1,71	1,91	2,01	2,01
60	30	1,55	2,24	2,51	2,69	2,52
100	50	2,15	3,17	3,58	3,84	3,54
150	75	2,87	4,32	4,85	5,18	4,66
250	125	4,21	6,37	7,12	7,62	6,76
350	175	5,47	8,33	9,34	9,95	8,64
450	225	6,65	10,2	11,4	12,1	10,4
550	275	7,72	12,1	13,5	14,2	12,3
650	325	8,81	14,0	15,5	16,2	14,0
750	375	9,86	15,7	17,5	18,1	15,7

Tabelle 8. Kilovolt. Nach RITTER.

p	$\delta = 0,263$		$\delta = 0,223$		$\delta = 0,230$	
	$p \cdot \delta$	He	$p \cdot \delta$	Cl_2	$p \cdot \delta$	Br_2
100	26,3	0,423	22,3	2,70	23,0	3,17
150	39,5	0,492	33,5	3,80	34,5	4,33
200	52,6	—	44,6	4,86	46,0	5,44
250	65,8	0,594	55,8	5,92	57,5	6,50
300	78,9	—	66,9	6,98	69,0	7,54
350	92,1	0,687	78,1	8,02	80,5	8,56
400	105	—	89,2	9,07	92,0	9,58
450	118	0,792	100	10,1	104	10,6
550	145	0,893	—	—	—	—
650	171	0,999	—	—	—	—
750	197	1,07	—	—	—	—

Mit $\delta = 0,1$ ergaben sich, vielleicht infolge von Abweichungen vom PASCHENschen Gesetz, etwas kleinere Werte für U_0. Zu den Versuchen von RITTER mit Cl_2 und Br_2 dienten Platinkalotten von 1,5 cm Radius, δ/R war gleich 0,15. Bei den Versuchen mit Helium war die eine Elektrode eine Stahlkugel von 0,6 cm Radius, die andere eine ebene Platte; $\delta/R = 0,15$. Bei den von ORGLER und RITTER benutzten kleinen Werten von δ/R ist die Verteilung der Elektrodenspannungen gegen Erde gleichgültig und sind die U_0-Werte als für ebene Elektroden gültig anzusehen (Ziff. 20).

---

[1]) E. WARBURG u. T. IHMORI, Wied. Ann. Bd. 27, S. 487. 1886.
[2]) A. ORGLER, Ann. d. Phys. (4) Bd. 1, S. 159. 1900.
[3]) F. RITTER, Ann. d. Phys. (4) Bd. 14, S. 118. 1904.

Die Ergebnisse für He, H_2, O_2, N_2, Cl_2 sind in der Abb. 8 graphisch dargestellt. Die Kurven sind besonders für kleine Werte von $p \cdot \delta$ schwach gegen die Abszissenachse hin gekrümmt. Nach wachsenden U_0-Werten geordnet ist die Reihenfolge der Gase He, H_2, O_2, Luft, N_2, Cl_2, Br_2. Für CO_2 ist U_0 bei kleinem $p \cdot \delta$ größer, bei großem $p \cdot \delta$ kleiner als für Luft, was bei den Versuchen mit $\delta = 0{,}1$ cm noch deutlicher hervortritt. Funkenspannungen in Wasserdampf hat STROHHÄCKER[1]) gemessen.

27. Fortsetzung. Der Einfluß eines transversalen Magnetfeldes, d. h. eines solchen, dessen Kraftlinien senkrecht zu den elektrischen Kraftlinien stehen, ist eingehend von EDG. MEYER[2]) untersucht. Seine Versuche beziehen sich auf Drucke von 1 bis 20 mm Q., im allgemeinen wurden Magnetfelder bis 2000 Gauß angewandt. Es ergab sich für $\delta = 0{,}493$ cm Erhöhung der Funkenspannung durch das Magnetfeld, sowohl oberhalb wie unterhalb des der Minimalspannung entsprechenden kritischen Druckes; die Erhöhung wächst mit der Stärke des Magnetfeldes sowie mit der Schlagweite und nimmt oberhalb des kritischen Druckes mit wachsendem Druck ab. Bei $\delta = 0{,}096$ cm ergab sich erst bei 10890 Gauß Erhöhung der Funkenspannung.

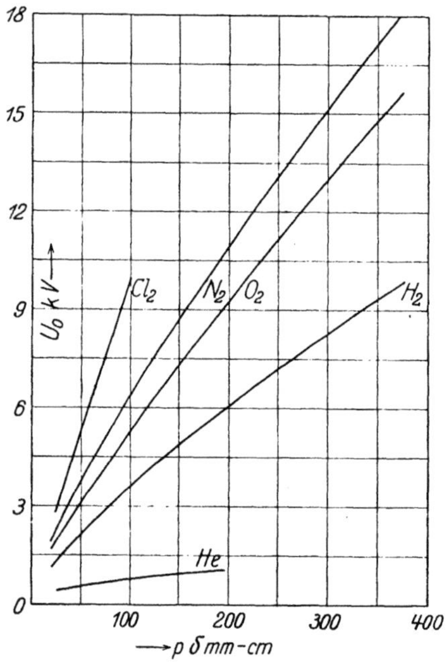

Abb. 8. Funkenspannungen in Gasen in Abhängigkeit von Druck $p \times$ Schlagweite δ nach ORGLER und RITTER.

28. Fortsetzung. Die Funkenspannung zwischen Glaselektroden ist von BOUTY[3]) gemessen worden. Zwischen den Platten eines Kondensators befand sich das mit dem Gase gefüllte Glasgefäß, dem man, um in ihm ein homogenes Feld zu haben, einen Durchmesser gab, der nur $^1/_{10}$ des Durchmessers der Kondensatorplatten betrug. Die Kondensatorspannung wurde bis zum Auftreten einer Lichterscheinung im Gase gesteigert. Das Glasgefäß war entweder ein 2,9 bis 5,6 cm hoher, flacher Ballon oder ein 20 bis 38 cm hohes Glasrohr, dessen Achse in der Richtung der Kraftlinien lag. Im letzteren Fall erwies sich die Anfangsspannung bei Drucken, die größer als der Druck beim Minimalwert waren, nicht verschieden, mochte das Glasrohr oben und unten durch Glas- oder Metallplatten verschlossen sein, also gleich groß für Metall- und Glaselektroden. Bemerkenswert ist, daß bei konstanter Gasdichte die Temperatur zwischen $-100°$ und $200°$ C keinen Einfluß auf die Anfangsspannung hatte.

29. Funkenspannungen bei Drucken bis zu 70 Atmosphären sind von HAYASHI[4]) gemessen worden. Er fand die Verzögerung bei solchen Drucken viel größer als bei tieferen, so daß ohne Bestrahlung durchaus keine zuverlässigen

[1]) J. STROHHÄCKER, ZS. f. Phys. Bd. 27, S. 83. 1924.
[2]) EDG. MEYER, Ann. d. Phys. (4) Bd. 58, S. 297. 1919, wo auch die ältere Literatur besprochen ist.
[3]) E. BOUTY, Ann. de phys. Bd. 16, S. 5–34. 1921. Zusammenfassung seiner diesbezüglichen Arbeiten.
[4]) F. HAYASHI, Ann. d. Phys. (4) Bd. 45, S. 431. 1914.

Ergebnisse zu erhalten sind. Ferner führen die Funken bei höheren Drucken eine größere chemische Veränderung als bei tieferen herbei, die Beobachtungen wurden daher stets in frischem Gase gemacht. Die älteren diesbezüglichen Beobachtungen scheinen durch die genannten Fehlerquellen teilweise entstellt zu sein. Hierunter sind einige Ergebnisse verzeichnet.

Tabelle 9 nach HAYASHI.
U_0 Kilovolt. Goldkugeln von 1 cm Durchmesser. $\delta = 0{,}65$ mm.

P Atm.	1	10	20	30	40	50	60	70
H_2	2,5	11,4	18,6	23,9	28,3	31,6	34,0	36,0
O_2	2,9	21,6	36,5	46,3	54,0	60,3	65,6	70,5
Luft	3,7	22,9	35,3	44,7	51,5	56,8	61,0	64,0
N_2	3,9	23,0	34,9	42,4	48,1	52,8	56,5	59,4
CO_2	3,2	18,7	31,3	41,1	49,4	56,5	63,2	69,0

Bei höheren Drucken ist die Reihenfolge der Gase bezüglich der Größe von U_0 eine andere als bei Atmosphärendruck. Die Beobachtungen lassen sich, besonders bei höheren Drucken, mit leidlicher Genauigkeit darstellen durch Gleichungen von der Form

$$a \cdot U_0^2 - b \cdot U_0 + c = d \cdot P,$$

z. B. für Luft mit $a = 20$, $b = 402$, $c = 6902$, $d = 1000$.

FESSENDEN[1]) und besonders M. WIEN[2]) haben die Erhöhung der Funkenspannung durch Druckerhöhung zur Konstruktion von Preßgaskondensatoren benutzt, welche vor Leidener Flaschen u. a. den Vorzug geringeren Energieverlustes besitzen. Die zylindrischen Preßgaskondensatoren von M. WIEN waren mit Kohlendioxyd von 15 bis 20 Atm. Druck gefüllt, hatten eine Funkenspannung von 40 kV und eine Kapazität von $1{,}7 \cdot 10^{-3}$ mF.

d) Theorie der Funkenentladung in Gasen.

30. Versuchsanordnung von TOWNSEND[3]) im homogenen Feld. In der schematischen Abb. 9 bedeutet *Zn* eine Zinkplatte, *Ag* eine oben versilberte Quarzplatte von etwa 4 cm Durchmesser, an deren Mitte die Versilberung auf schmalen Streifen im Bereich von etwa 1 cm entfernt ist. Durch die Streifen fällt Funkenstrahlung auf die Zinkplatte *Zn*. Zwischen *Zn* und *Ag* ist eine Spannung aus kleinen Akkumulatoren gelegt, so daß *Zn* negativ ist. Das Ganze befindet sich in einem Glasgefäß, in welchem der Luftdruck reguliert werden kann.

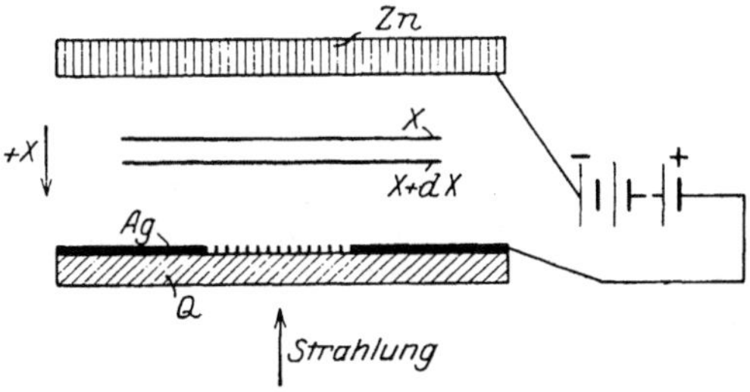

Abb. 9. Versuchsanordnung von TOWNSEND zur Bestimmung der Ionisation durch Elektronenstoß und Kationenstoß.

Aus der bestrahlten Zinkplatte treten durch photoelektrische Wirkung Elektronen aus, welche in dem elektrischen Feld zwischen *Zn* und *Ag* gegen die Silberplatte *Ag* wandern. Nach den Ausführungen von TOWNSEND[4]) sind für

[1]) R. A. FESSENDEN, Electrician 1905, S. 795.
[2]) M. WIEN, Ann. d. Phys. (4) Bd. 29. S. 681. 1909.
[3]) J. S. TOWNSEND, Electrician 1903. Im Handbuch der Radiologie von MARX Bd. I; Die Ionisation der Gase (im folgenden zitiert unter „TOWNSEND") S. 241.
[4]) TOWNSEND S. 250.

$\mathfrak{E}/p$ Volt/mm Q. = 0,5 die Anionen vorherrschend, für $\mathfrak{E}/p > 60$ vollständig Elektronen, letzteres ist hier der Fall. Das elektrische Feld sei so groß, daß Stoßionisation eintritt, die gebildeten Kationen wandern gegen die Zinkplatte *Zn*. Es stellt sich ein stationärer Zustand her, bei welchem ein konstanter Strom von *Zn* nach *Ag* fließt; dieser wird für verschiedene Entfernungen d zwischen *Zn* und *Ag* sowie für verschiedene Feldstärken und Drucke gemessen.

31. Theorie des Versuchs. Die Ionen werden infolge der ungeordneten Bewegung Zickzacklinien zwischen den Gasmolekeln beschreiben und während der freien Wege gewisse Geschwindigkeitskomponenten in der Feldrichtung erlangen. Diesem Vorgang substituiert TOWNSEND einen einfacheren, indem er von der ungeordneten Bewegung absehend annimmt, daß die Ionen sich lediglich in der Feldrichtung bewegen und von der Rekombination absieht. Von der Zinkplatte mögen in der Sekunde N_0 Elektronen ausgehen, N in x, N_1 in *Ag* ankommen, die x-Achse ist dabei in die Richtung *Zn—Ag* gelegt und in *Zn* $x = 0$ gesetzt. $N_1 - N$ Ionenpaare werden also zwischen x und *Ag* in der Sekunde neu erzeugt, die dabei entstandenen Kationen wandern in der Richtung *Ag—Zn*. Es werde nun angenommen, daß ein Anion (Elektron), wenn es sich von x nach $x + dx$ bewegt, $\alpha\, dx$ Ionenpaare erzeugt, ebenso ein Kation bei der Bewegung von $x + dx$ nach x, $\beta\, dx$ Ionenpaare, wo α und β von x unabhängig sind. Dies setzt voraus, daß überall im Gase der Zustand der Ionen der gleiche, insbesondere die mittlere vom Feld herrührende Endgeschwindigkeit überall erreicht ist. Dazu müssen die Elektronen nach ihrem Austritt aus der Zinkplatte eine gewisse Strecke zurückgelegt haben, diese muß also klein sein gegen den Elektrodenabstand d, welcher aus diesem Grunde größer als 1 mm gewählt wurde. Aus demselben Grunde darf der Druck nicht zu klein sein, da die Strecke, auf welcher die mittlere Geschwindigkeit erworben wird, mit abnehmendem Druck wächst. Die überall gleiche Stromstärke ist für $x = d$ gleich $N_1 \cdot e$, wo e das elektrische Elementarquantum, da die in $x = d$ erzeugten Kationen noch keine Geschwindigkeit in der Feldrichtung besitzen. Es ergibt sich:

$$dN = N \cdot \alpha\, dx + (N_1 - N)\beta\, dx = N(\alpha - \beta)\, dx + N_1 \beta\, dx\,. \tag{21}$$

Die Integration dieser Gleichung unter den Bedingungen

$$\begin{array}{c|c|} x = 0 & x = d \\ N = N_0 & N = N_1 \end{array}$$

liefert

$$N_1 = N_0 \cdot \frac{(\alpha - \beta) \cdot e^{d(\alpha - \beta)}}{\alpha - \beta \cdot e^{d(\alpha - \beta)}}\,. \tag{22}$$

32. Ionisation durch Elektronenstoß (α) und Kationenstoß (β), Bestimmung von α und β. Die ionisierende Wirkung der Kationen, gemessen durch β, ist viel kleiner als die der Elektronen, gemessen durch α, solange $\beta = 0$ gesetzt werden darf, wird

$$N_1 = N_0 \cdot e^{d\alpha}\,. \tag{23}$$

Ist β zwar klein gegen α, aber nicht Null, so folgt

$$N_1 = N_0 \cdot \frac{\alpha \cdot e^{d\alpha}}{\alpha - \beta\, e^{d\alpha}}\,. \tag{24}$$

Die ionisierende Wirkung der Kationen tritt also um so mehr hervor, je größer d.

Bei den Versuchen wird d, gleichzeitig aber die Elektronenspannung E, so variiert, daß $\mathfrak{E} = E/d$ und damit α sowie β konstant bleibt. Alsdann kann man, solange (23) gilt, α aus den Stromstärken J_1 und J_2 bei den Entfernungen d_1 und d_2 nach der Gleichung

$$\frac{J_1}{J_2} = e^{\alpha(d_1 - d_2)} \tag{25}$$

berechnen. β ergibt sich aus Versuchen bei größeren Abständen d. Eine solche Versuchsreihe ist hierunter wiedergegeben. $N_0 \cdot e = J_0$ ist dabei gleich 1 gesetzt.

Wo die Werte der vierten Kolumne von denen der dritten abweichen kommt die Ionisierung durch Kationen in Betracht, das ist der Fall für $d > 0{,}6$ cm.

Tabelle 10. Luft.

$p = 1$ mm, $\mathfrak{E} = 350$ Volt/cm,
$\alpha = 5{,}25\ \text{cm}^{-1}$, $\beta = 0{,}0141\ \text{cm}^{-1}$.

d cm	J	$e^{d\alpha}$	$\frac{(\alpha-\beta)e^{d(\alpha-\beta)}}{\alpha-\beta e^{d(\alpha-\beta)}}$
0,2	2,86	2,86	2,86
0,4	8,3	8,2	8,3
0,6	24,2	23,4	24,6
0,8	81	66,5	80
1,0	373	190	350
1,1	2250	322	2150

Aus solchen Versuchen bei kleinen Drucken (Luft 4 bis 8 mm, H_2 12 bis 16 mm, CO_2 0,5 bis 2 mm) ergab sich, daß für ein bestimmtes Gas α und β von $\mathfrak{E}$ und p abhängen, aber so, daß α/p und β/p Funktionen von $\mathfrak{E}/p$ sind, also

$$\frac{\alpha}{p} = F\left(\frac{\mathfrak{E}}{p}\right), \qquad \frac{\beta}{p} = \Phi\left(\frac{\mathfrak{E}}{p}\right). \tag{26}$$

Die Abb. 10 und 11 nach Townsend[1]) zeigen α/p und β/p als Funktionen von $\mathfrak{E}/p$. α/β wird um so größer, je kleiner $\mathfrak{E}/p$, z. B. ist für Luft für $\mathfrak{E}/p = 350$, $\alpha/\beta = 375$, für $\mathfrak{E}/p = 600$, $\alpha/\beta = 80$. Wenn also bei konstanter Feldstärke der Druck verringert wird, so nimmt α/β ab, tritt also die Ionisierung durch die Kationen mehr hervor.

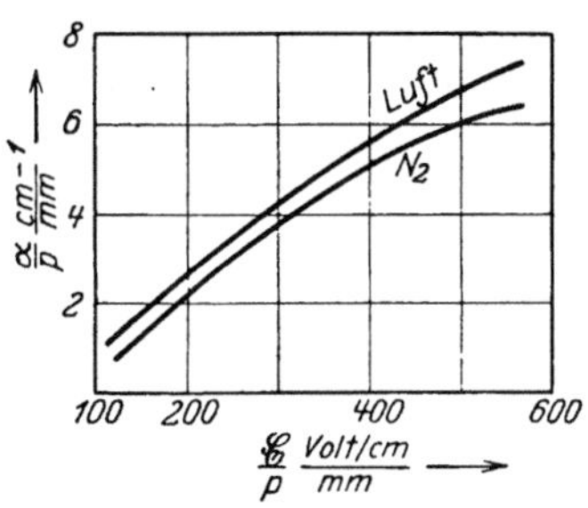

Abb. 10. α/p in Abhängigkeit von $\mathfrak{E}/p$.

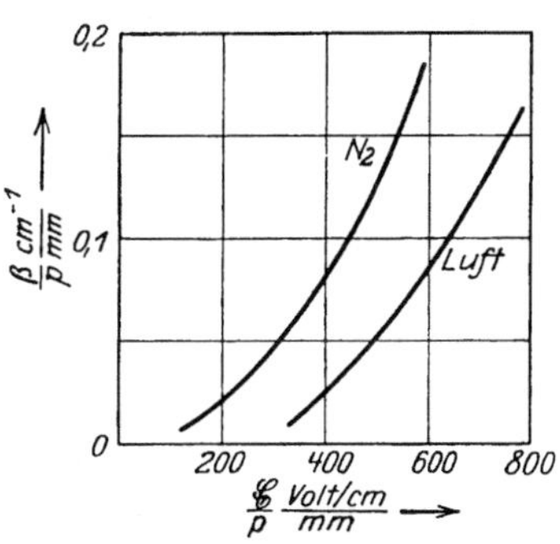

Abb. 11. β/p in Abhängigkeit von $\mathfrak{E}/p$.

33. Maximum von α. Bei konstanter Feldstärke hat α ein Maximum α_m bei einem Druck p_m, für welches nach (26)

$$\frac{\partial\alpha}{\partial p_{\mathfrak{E}}} = F\left(\frac{\mathfrak{E}}{p}\right) - \frac{\mathfrak{E}}{p}\cdot F'\left(\frac{\mathfrak{E}}{p}\right) = 0\,,$$

oder, wenn $\mathfrak{E}/p = x$, $\alpha/p = y$ gesetzt wird,

$$0 = y_m - x_m \cdot \left(\frac{\partial y}{\partial x}\right)_m.$$

Aus der Kurve Abb. 10, welche y als Funktion von x darstellt, findet man also x_m und y_m als die Koordinaten des Punktes, in welchem die vom Ursprung

[1]) Townsend S. 246–247, 281.

an die Kurve gezogene Tangente die Kurve berührt. Für Luft ergibt sich so aus der Kurve Abb. 10 $x_m = 370$, $y_m = 5{,}5$, oder $p_m = \mathfrak{E}/370$, $\alpha_m = p_m \cdot 5{,}5$. In der Tat fand STOLETOW[1]) in einem Apparat wie Abb. 9 (Ziff. 30) bei Änderung des Druckes bei nicht zu kleiner Feldstärke ein Maximum der Stromstärke bei einem Druck $p_m = \mathfrak{E}/372$ für verschiedene Werte von $\mathfrak{E}$ und d. Dies erklärt sich durch die Annahme, daß hier die Druckänderung nur die Zahl der im Gas durch Elektronenstoß gebildeten Ionen, nicht die Zahl der lichtelektrisch ausgelösten Elektronen beeinflußte und daß bei den kleinen benutzten Abständen d zwischen 0,25 und 3,6 mm die Ionisation durch Kationenstoß nicht in Betracht kam.

Das Maximum von α scheint darauf zu beruhen, daß mit wachsendem Druck die freie Weglänge ab-, die Stoßzahl aber zunimmt.

34. Berechnung der Funkenspannung in homogenen Feldern bei kleinen Drucken. Je größer nun bei dem in Ziff. 30 beschriebenen Versuch d wird, desto größer wird nach (22) Ziff. 31 die Stromstärke, und wird schließlich

$$\alpha - \beta \cdot e^{d(\alpha - \beta)} = 0\,, \tag{27}$$

so erhält man auch für $N_0 = 0$ eine endliche Stromstärke, d. h. es kann selbständige Entladung eintreten. Da α/p und β/p als Funktionen von $\mathfrak{E}/p$ durch Versuche bestimmt sind, so gibt die Gleichung (27) zwischen der Durchbruchfeldstärke und der Schlagweite δ eine Beziehung, welche geschrieben werden kann:

$$\delta = \log_{10}\frac{\alpha}{\beta} \cdot \frac{1}{(\alpha - \beta)\log_{10} e}\,. \tag{28}$$

Hieraus folgen die allgemeinen von der Erfahrung gelieferten, die Durchbruchfeldstärke und die Anfangsspannung betreffenden Gesetze.

1. Wird d kleiner als δ, so nimmt nach Tabelle 10 die Stromstärke ab, weil die Vermehrung der Ionen durch Stoßionisation in dem kleinen Volumen weniger weit fortgeschritten ist, $\mathfrak{E}$ muß erhöht werden, damit es wieder der Durchbruchfeldstärke gleichkommt, d. h. diese wächst mit abnehmender Schlagweite.

2. Führt man in (27) die Werte von α und β aus (26) ein, so ergibt sich

$$\frac{F\left(\frac{\mathfrak{E}_0}{p}\right)}{\Phi\left(\frac{\mathfrak{E}_0}{p}\right)} = e^{p\,\delta\left[F\left(\frac{\mathfrak{E}_0}{p}\right) - \Phi\left(\frac{\mathfrak{E}_0}{p}\right)\right]}$$

oder, wenn $U_0 \cdot \delta$ statt $\mathfrak{E}_0$ eingeführt wird,

$$\frac{F\left(\frac{U_0}{p\,\delta}\right)}{\Phi\left(\frac{U_0}{p\,\delta}\right)} = e^{p\,\delta\left[F\left(\frac{U_0}{p\,\delta}\right) - \Phi\left(\frac{U_0}{p\,\delta}\right)\right]}\,. \tag{29}$$

Die Anfangsspannung U_0 hängt also nur von dem Produkt $p \cdot \delta$ ab, d. i. das PASCHENsche Gesetz. Da die Ausgangsgleichung (21) Ziff. 31 für sehr kleine d nicht gilt, so sind für kleine Werte von δ Abweichungen von dem PASCHENschen Gesetz zu erwarten (s. Ziff. 22).

3. Endlich kann man aus (28) die Anfangsspannung berechnen; z. B. folgt aus Tabelle 10 für Luft bei $p = 1$ mm und $\mathfrak{E}_0 = 350$ Volt/cm:

$$\alpha = 5{,}25\ \text{cm}^{-1}\,, \qquad \beta = 0{,}014\ \text{cm}^{-1}\,.$$

[1]) A. STOLETOW, Journ. de phys. (2) Bd. 9, S. 468. 1890; TOWNSEND S. 264.

Daher

$$\delta = \frac{\log_{10} \frac{5{,}25}{0{,}014}}{5{,}236 \log_{10} e} = 1{,}13 \text{ cm}.$$

$$U_0 = \delta \cdot \mathfrak{E}_0 = 1{,}13 \cdot 350 = 396 \text{ Volt}.$$

Durch direkte Beobachtung fand TOWNSEND 398 Volt. Ebenso gute Übereinstimmung ergab sich für andere Fälle.

Tabelle 11. Luft.

p mm	$\mathfrak{E}_0$ V/cm	δ cm ber.	U_0 ber.	U_0 beob.	$p\,\delta$ mm cm
8	1050	0,765	803	803	6,12
8	1400	0,431	601	603	3,45
6	1050	0,572	601	604	3,43
4	700	0,871	610	615	3,48
4	1050	0,454	477	480	1,82
2	525	0,91	481	488	1,82
2	700	0,575	403	407	1,15
1	350	1,13	396	398	1,13
1	437	0,832	364	365	0,83
0,66	350	0,965	338	340	0,64
0,66	437	0,766	335	336	0,51

Mit demselben Erfolge wurde die Vergleichung zwischen Theorie und Beobachtung durchgeführt für

H_2 (p = 20 mm bis 1, $p \cdot \delta$ 12,9 bis 0,81),
N_2 (p = 4 bis 1, $p \cdot \delta$ 2,88 bis 0,4),
Co_2 (p = 2 bis 0,25, $p \cdot \delta$ 0,0738 bis 0,0265),
Ar (p = 10 bis 0,66, $p \cdot \delta$ 10,87 bis 0,528).

35. Entstehung der Funkenentladung; Ionisation durch Kationenstoß. Für die Entstehung der Funkenentladung muß ursprünglich eine wenn auch sehr kleine Ionenzahl im Gase vorhanden sein. In der Tat haben ELSTER und GEITEL[1]) sowie später WILSON[2]) gezeigt, daß natürliche Luft immer ein wenn auch kleines Leitungsvermögen besitzt, welches der Anwesenheit von Ionen zugeschrieben werden muß. Ist die Zahl der ursprünglich vorhandenen Ionen zu klein, so kann es längere Zeit dauern, bis diese sich durch Ionenstoß so weit vermehrt haben, als es für die Funkenbildung nötig ist. Dies ist der Fall der Verzögerung (Ziff. 11 bis 16), welche aufgehoben wird, indem man dem Ionenmangel durch Bestrahlung abhilft. Es ist aber außerdem nötig, daß nicht nur die Anionen (Elektronen), sondern auch die Kationen durch Stoß neue Anionen erzeugen, andernfalls würden alle Anionen sehr bald aus dem Gase herausbefördert und damit die Entstehung neuer Ionen abgeschnitten sein. Es ist daher in Ziff. 31 angenommen, daß auch die Kationen durch Stoß Gasmolekeln ionisieren können, wenn auch in viel geringerem Maße als die Elektronen. Zwar führt nach TOWNSEND[3]) die Hypothese, daß die Kationen statt die Gasmolekeln zu ionisieren, beim Auftreffen auf die Kathode Elektronen aus dieser auslösen, zu einer Formel, die sich von (21) nur unbedeutend unterscheidet. Gleichwohl gelangt er zu dem Schluß, daß bei Drucken oberhalb des der Minimumspannung entsprechenden (Ziff. 23) die letztgenannte Hypothese nicht zutrifft, und zwar besonders durch eine Betrachtung über die Spitzenentladung. Bei dieser sind

[1]) J. ELSTER u. H. GEITEL, Phys. ZS. Bd. 1, S. 11. 1899; H. GEITEL, ebenda Bd. 2, S. 116. 1900.

[2]) C. T. R. WILSON, Proc. Cambridge Phil. Soc. Bd. 11, S. 32. 1900; Proc. Roy. Soc. London Bd. 68, S. 151. 1901.

[3]) TOWNSEND S. 291.

nämlich nur in nächster Nachbarschaft der Spitze die für die Stoßionisation erforderlichen hohen Ionengeschwindigkeiten vorhanden. Ist nun die Spitze negativ, so bewegen sich die durch Elektronenstoß gebildeten Kationen nach der Spitze hin, und man kann ebensowohl annehmen, daß sie auf die Gasmolekeln als auf die Kathode wirken. Ist aber die Spitze positiv, so bewegen sich die Kationen von der Spitze fort und kommen an der Kathode mit so kleiner Geschwindigkeit an, daß sie dort nicht mehr Elektronen auslösen können. Sie müssen also auf die Gasmolekeln in der Nähe der Spitze wirken.

Auch den geringen Einfluß des Elektrodenmaterials (Ziff. 24) macht TOWNSEND für seine Anschauung geltend. Eine abweichende Ansicht vertreten HOLST und OOSTERHUIS[1]).

36. Theoretische Berechnung von α und β nach TOWNSEND. Einwendungen, Funkenspannung der Edelgase nach FRANCK und HERTZ. Man kann sich die Aufgabe stellen, die in Ziff. 31 eingeführten Größen α und β theoretisch zu berechnen. Dabei wird es sich darum handeln, wie ein Ion beim Zusammenstoß mit einer Gasmolekel sich verhält, wobei zwei Fälle zu unterscheiden sind. Ist erstens das Potential des Ions gleich oder größer als das Ionisierungspotential, so ist zu berücksichtigen, daß nur ein gewisser Bruchteil der Ionen, die vermöge ihres Potentials ionisieren können, wirklich ionisieren[2]). Ist zweitens das Potential des Ions kleiner als das Ionisierungspotential, so ist zu beachten, daß unter dem Ionisierungspotential die Resonanzpotentiale liegen, bei welchen aus der getroffenen Gasmolekel ein Elektron zwar nicht freigemacht, aber nach BOHR auf eine höhere Quantenbahn gehoben wird, und daß die dabei von dem Elektron abgegebene Energie für die Ionisierung verlorengeht. Ferner fragt es sich, wie sich ein Ion von einem Potential kleiner als das kleinste Resonanzpotential beim Zusammenstoß mit einer Gasmolekel verhält, ob der Zusammenstoß völlig elastisch oder völlig unelastisch verläuft oder ob ein zwischen diesen extremen Fällen liegender Fall eintritt. Endlich kommt es auf die Stoßzahl an, welche von der mittleren freien Weglänge der Ionen und von der Geschwindigkeit ihrer ungeordneten Bewegung abhängt, die im elektrischen Feld größer ist als die von der Temperatur allein herrührende. Es dürfte kaum möglich sein, α und β unter Berücksichtigung aller dieser Umstände zu berechnen. Doch hat TOWNSEND in seiner grundlegenden Arbeit vom Jahre 1903 die Berechnung ausgeführt unter den Voraussetzungen, daß Stöße bei Ionenpotentialen unterhalb des Ionisierungspotentials völlig unelastisch verlaufen und bei Ionenpotentialen oberhalb des Ionisierungspotentials stets zur Ionisierung führen. Ist dann n die Ionenkonzentration, so haben von den $n\,dx$ im Volumelement $1 \cdot dx$ enthaltenen Ionen $n\,dx \cdot e^{-\frac{z}{\lambda}}$ einen freien Weg $> z$ durchlaufen, wo λ die mittlere Weglänge der Ionen. Die Zahl der Zusammenstöße dieser Ionen mit Molekeln ist $n\,dx \cdot e^{-\frac{z}{\lambda}} \cdot \frac{u}{\lambda}$ in der Sekunde, wenn u die mittlere Geschwindigkeit der Ionen bedeutet. Diese Zusammenstöße ionisieren, wenn $z > V_i/\mathfrak{E}$, wo V_i das Ionisierungspotential ist. Da nun die Zahl der im Element $1 \cdot dx$ in der Sekunde gebildeten Ionenpaare gleich $N\alpha\,dx$ bzw. $N\beta\,dx$ gesetzt wurde und $N = n \cdot u$ ist, so ergibt sich

$$\alpha = \frac{1}{\lambda_a} \cdot e^{-\frac{V_{i,a}}{\mathfrak{E}\lambda_a}}, \qquad \beta = \frac{1}{\lambda_k} \cdot e^{-\frac{V_{i,k}}{\mathfrak{E}\lambda_k}}, \tag{30}$$

---

[1]) G. HOLST und E. OOSTERHUIS, Phil. Mag. (6) Bd. 46, S. 1117. 1923.

[2]) J. FRANCK u. G. HERTZ, Verh. d. D. Phys. Ges. Bd. 16, S. 14. 1914; H. SPONER, ZS. f. Phys. Bd. 7, S. 201. 1921.

wo das auf Anionen und Kationen bezügliche durch die Indizes a und k gekennzeichnet ist. Den so bestimmten Wert von α fand TOWNSEND für Feldstärken größer als 300 Volt/cm bestätigt[1]). Indessen hat er selbst später gefunden, daß die Zusammenstöße bei Elektronenpotentialen unterhalb des Ionisierungspotentials nicht völlig unelastisch verlaufen[2]), und insbesondere haben FRANCK und HERTZ[3]) bewiesen, daß der Energieverlust bei solchen Stößen um so kleiner ist, je kleiner die Elektronenaffinität des Gases, und bei den Edelgasen merklich verschwindet. Hieraus folgt, daß die Elektronen in den Edelgasen das Ionisierungspotential nicht auf einem freien Wege zu erwerben brauchen, indem Akkumulation der Energie auf vielen freien Wegen eintreten kann. Es ist daher Stoßionisation zu erwarten, sobald die angelegte Spannung das Ionisierungspotential überschreitet. In der Tat fanden FRANCK und HERTZ[4]) bei der Aufnahme von Stromspannungskurven in Neon und Helium, wobei an einer Elektrode Elektronen photoelektrisch ausgelöst wurden, einen plötzlichen Anstieg des Stromes, wenn die angelegte Spannung das Ionisierungspotential erreichte. Daraus ergibt sich, daß in diesem Fall die Voraussetzung, auf welcher die Gleichung (30) von TOWNSEND beruht, nicht erfüllt ist, vor allem aber erklärt sich hieraus, daß die Edelgase trotz ihres hohen Ionisierungspotentials[5]) (Neon 21,5, He 20,5, Ar 15,4, Krypton 13,3, Xenon 11,5, H_2 11, O_2 9, N_2 7,5 Volt) ein sehr kleines Funkenpotential haben (Ziff. 26)[6]). Auch erklärt sich dadurch die bedeutende Steigerung der Funkenspannung dieser Gase durch kleine Beimengungen von Gasen größerer Elektronenaffinität, besonders von Sauerstoff. Denn die zwischen die Zusammenstöße mit den Edelgasen eingeschalteten Zusammenstöße mit diesen Beimengungen entziehen den Elektronen einen großen Teil der erworbenen Energie und beeinträchtigen so die Akkumulation.

37. Inhomogene Felder[7]). Um die Theorie von TOWNSEND (Ziff. 31) auf inhomogene Felder anzuwenden, muß man die Gleichung (21) integrieren für den Fall, daß α und β von x abhängen. Wir beziehen diese Gleichung auf eine Stromröhre, die sich zwischen den Elektroden von der einen ($x = 0$) bis zur anderen ($x = d$) erstreckt. N_0, N_1; N beziehen sich dann auf diese Stromröhre. Setzt man

$$\varkappa = \int_0^x (\alpha - \beta)\, d x\,, \tag{35}$$

so ist das Integral von (21)

$$N = N_0 \cdot e^{\varkappa} + e^{\varkappa} \int_0^x N_1 \beta e^{-\varkappa} d x\,. \tag{36}$$

Da für $x = d$, $N = N_1$, findet man

$$N_1\left(1 - e^{\varkappa} \int_0^d \beta e^{-\varkappa} d x\right) = N_0 \cdot e^{\varkappa_d}\,, \tag{37}$$

und die Bedingung für die selbständige Entladung wird

$$e^{\varkappa_\delta} \int_0^\delta \beta \cdot e^{-\varkappa} d x = 1\,. \tag{38}$$

---

[1]) TOWNSEND S. 257.
[2]) J. S. TOWNSEND, Proc. Roy. Soc. London (A) Bd. 81, S. 464. 1908.
[3]) J. FRANCK u. G. HERTZ, Verh. d. D. Phys. Ges. Bd. 15, S. 373. u. 613. 1913.
[4]) J. FRANCK u. G. HERTZ, Verh. d. D. Phys. Ges. Bd. 15, S. 929. 1913.
[5]) G. HERTZ, ZS. f. Phys. Bd. 18, S. 307. 1923; Physica Bd. 4, S. 367. 1924.
[6]) S. auch J. N. COLLIE u. W. RAMSAY, Proc. Roy. Soc. London Bd. 59, S. 257. 1896.
[7]) TOWNSEND S. 378.

Nun ist

$$\frac{\partial}{\partial x}(e^{-x}) = -e^{-x}\cdot\frac{\partial x}{\partial x} = (\beta-\alpha)e^{-x},$$

also

$$\int_0^\delta (\beta-\alpha)e^{-x}\,dx = e^{-x_\delta} - 1,$$

und die Bedingung für die selbständige Entladung wird

$$e^{x_\delta}\left\{\int_0^\delta \alpha e^{-x}\,dx + e^{-x_\delta} - 1\right\} = 1$$

oder

$$\int_0^\delta \alpha\cdot e^{-x}\,dx = 1, \tag{39}$$

wo das Integral längs der Röhre zu erstrecken ist, in welcher die größte Feldstärke herrscht.

38. Der TOWNSENDsche Ähnlichkeitssatz[1]. A und B seien zwei Elektroden, A auf dem Potential 0, B habe die Anfangsspannung. Auf einer Kraftlinie zwischen A und B seien P und Q Punkte von den Abszissen x und $x + dx$, den Potentialen V und $V + dV$. Neben diesem System S denke man sich ein zweites S', in welchem die linearen Dimensionen $1/n$ mal so groß als in S sind. In S' mögen P' und Q' mit den Abszissen x' und $x' + dx'$ bzw. P und Q entsprechen, so daß die Potentiale in P' und Q' bzw. V und $V + dV$ sind. In P ist die Feldstärke $\mathfrak{E} = -\frac{\partial V}{\partial x}$, in P' $\mathfrak{E}' = -\frac{\partial V}{\partial x'}$, $= -n\cdot\frac{\partial V}{\partial x} = n\cdot\mathfrak{E}$. In dem System S sei der Gasdruck p, in S' $p' = n\cdot p$. Es ist nach (26) Ziff. 32

$$\alpha = p\cdot F\left(\frac{\mathfrak{E}}{p}\right),\quad \alpha' = p'\cdot F\left(\frac{\mathfrak{E}'}{p'}\right) = n\cdot p\cdot F\left(\frac{\mathfrak{E}}{p}\right) = n\cdot\alpha.$$

Ebenso $\beta' = n\cdot\beta$. Die Bedingung der selbständigen Entladung ist nach Ziff. 37 für S

$$\int_0^\delta \alpha\cdot e^{-\int_0^x(\alpha-\beta)\,dx}\,dx = 1,$$

für S'

$$\int_0^{\delta'} \alpha'\cdot e^{-\int_0^{x'}(\alpha'-\beta')\,dx'}\,dx' = 1.$$

Da $\alpha\,dx = \alpha'dx'$ und $\beta\,dx = \beta'\,dx'$, so sind die beiden Integrale einander gleich, und da das erste nach Voraussetzung $= 1$ ist, so ist auch das zweite $= 1$, d. h. die Anfangsspannung zwischen zwei Elektroden bleibt ungeändert, wenn man den Gasdruck ver-n-facht und gleichzeitig alle linearen Dimensionen des Systems auf $1/n$ verkleinert. Hierbei bleibt, da $\mathfrak{E}_0$ $n$mal so groß wird, $\mathfrak{E}_0/n$ ungeändert.

39. Anwendungen des Ähnlichkeitssatzes. Das PASCHENsche Gesetz für ebene Elektroden ist ein Spezialfall dieses Satzes. Es sei hier bemerkt, daß für andere Fälle der Satz zu einer kleinen Modifikation des PASCHENschen Gesetzes führt, z. B. ergibt sich für den Fall zweier Kugeln als Elektroden, daß, wenn bei Ver-n-fachung des Druckes U_0 ungeändert bleiben soll, nicht nur die Schlagweiten δ, sondern auch die Kugelradien auf $1/n$ verkleinert werden müssen.

Für den Fall zweier konaxialer Zylinder, von denen der innere den Halbmesser R_1, der äußere den Halbmesser R_2 hat, ergibt sich, daß U_0 und $\mathfrak{E}_0/n$ ungeändert bleiben, wenn man R_1 und R_2 sowie die sonstigen Lineardimensionen

[1] TOWNSEND S. 322; s. auch Electrician Bd. 71, S. 348. 1913.

auf $1/n$ bringt und zugleich den Gasdruck ver-n-facht. Befindet sich aber ein dünner Draht in der Achse eines weiten Zylinders, so ist R_2 zwar auf U_0, nicht aber auf $\mathfrak{E}_0$ von Einfluß, da die Ionisierung nur in der Nähe des Drahtes und nicht am äußeren Zylinder erfolgt. Es ist also $\mathfrak{E}_0/n$, welchen Wert auch R_2 haben mag, von n unabhängig, oder es hängt $R_1 \cdot \mathfrak{E}_0$ nur von $R_1 \cdot p$ ab. Dies wird durch folgende Versuche von WATSON[1]) mit Gleichspannung bestätigt:

Tabelle 12.

p	R_1 cm	$\mathfrak{E}_0$ kV/cm	$R_1 p$	$R_1 \mathfrak{E}_0$	R_1	$\mathfrak{E}_0$	$R_1 p$	$R_1 \mathfrak{E}_0$	R_1	$\mathfrak{E}_0$	$R_1 p$	$R_1 \mathfrak{E}_0$
760	0,05	75	38	3,75	0,1	61	76	6,1	0,25	46,5	190	23,2
560	0,068	55	38	3,75	0,136	44,5	76	6,25	0,34	35,0	190	23,7
360	0,106	34	38	3,60	0,210	28,5	76	6,0	0,528	22,0	190	23,2

40. Anfangsspannung bei Atmosphärendruck, Fall zweier konaxialer Zylinder nach TOWNSEND. Dieser Fall bietet den Vorteil einfacher Feldberechnung. Ist r der Abstand von der Achse, V das Potential, so ist

$$V = c \log_e r + c', \tag{40}$$

$$\mathfrak{E}_r = -\frac{\partial V}{\partial r} = -\frac{c}{r}. \tag{41}$$

Indem man (40) auf R_1 und R_2 anwendet:

$$c = \frac{U}{\log_e \frac{R_1}{R_2}}, \tag{42}$$

wo $U = V_1 - V_2$, und nach (41)

$$\mathfrak{E}_r = \frac{1}{r} \cdot \frac{U}{\log_e \frac{R_2}{R_1}}. \tag{43}$$

$\mathfrak{E}_r$ ist am größten für $r = R_1$, also

$$\mathfrak{E}_0 = \frac{1}{R_1} \cdot \frac{U_0}{\log_e \frac{R_2}{R_1}}. \tag{44}$$

Der Fall atmosphärischen Luftdrucks für großes R_2 ist von TOWNSEND[2]) untersucht worden. Seine Grundannahme besteht darin, daß bei Feldstärken unterhalb 30 kV/cm die Kationen hier nicht mehr ionisieren. Er ist nämlich der Meinung, daß in Luft von Atmosphärendruck die mit zunehmender Schlagweite abnehmende Durchbruchfeldstärke sich dem Wert von 30 kV/cm nähert, ohne ihn zu unterschreiten, was nach Ziff. 19 nicht genau zutrifft. Setzt man unter jener Annahme in (43) $\mathfrak{E}_r = 30$, so folgt für den Achsenabstand r', jenseits dessen die Stoßionisierung der Kationen aufhört, mittels (44)

$$r' = \frac{R_1 \mathfrak{E}_0}{30}, \tag{45}$$

und für die Schichtdicke der Entladung

$$r' - R_1 = R_1\left(\frac{\mathfrak{E}_0}{30} - 1\right). \tag{46}$$

Die mittlere Feldstärke innerhalb der Schicht ist

$$\overline{\mathfrak{E}} = \tfrac{1}{2}(\mathfrak{E}_0 + 30).$$

[1]) E. A. WATSON, Electrician 11. Juli 1910; TOWNSEND S. 324.

[2]) TOWNSEND S. 324—326.

TOWNSEND nimmt näherungsweise an, daß diese Feldstärke in dem ganzen Bereich der Schicht herrscht und dort durch Stoßionisation neue Ionen in hinreichender Zahl bildet, um die Entladung herbeizuführen. Unter dieser Annahme müßte $\mathfrak{E}$ gleich der in dem homogenen Feld zwischen zwei ebenen Platten im Abstand $r' - R_1$ bestehenden Durchbruchfeldstärke sein, welche er nach BAILLE für Schlagweiten von der Größenordnung eines Millimeters gleich $30 + \frac{1{,}35}{\delta}$ setzt. Daraus folgt

$$\tfrac{1}{2}(\mathfrak{E}_0 + 30) = 30 + 1{,}35/(r' - R_1)\,,$$

und mittels (46)

$$\tfrac{1}{2}(\mathfrak{E}_0 + 30) = 30 + \frac{1{,}35}{R_1\left(\frac{\mathfrak{E}_0}{30} - 1\right)}\,,$$

oder

$$\mathfrak{E}_0 = 30 + \frac{9}{\sqrt{R_1}}\,, \tag{47}$$

unabhängig vom Vorzeichen der Drahtladung, was für glatte und reine Drähte nach TOWNSEND in der Tat zutrifft (s. diesen Band, Kap. 4, Stille Entladung, Ziff. 11).

Tabelle 13 gibt für einige Werte von R_1 $\mathfrak{E}_0$ ber. nach (47), $\mathfrak{E}_0$ beob. nach WATSON (s. Tabelle 12) und die Schichtdicke der Entladung nach (46) aus den beobachteten Werten von $\mathfrak{E}_0$.

Tabelle 13.

R_1 cm	$\mathfrak{E}_0$ ber.	$\mathfrak{E}_0$ beob.	$(r' - R_1)$ cm
0,05	70,2	75	0,075
0,1	58,5	61	0,103
0,25	48,0	46,5	0,138

WHITEHEAD[1]) findet durch Versuche mit Wechselstrom

$$\mathfrak{E}_0 = 32 + \frac{13{,}4}{\sqrt{R_1}}\,.$$

41. Anfangsspannung bei Atmosphärendruck nach SCHUMANN. Um die Berechnungsweise der Ziff. 34 von TOWNSEND auf normalen Luftdruck anzuwenden, müßten hierfür α und β bekannt sein; TOWNSEND hat aber α/p und β/p nur für Werte von $\mathfrak{E}/p$ bestimmt, welche viel größer sind als die für normalen Luftdruck in Betracht kommenden. Setzt man nun mit SCHUMANN[2])

$$\alpha = k \cdot \beta\,, \tag{48}$$

wo k eine Konstante, so wird die Bedingung (39) für selbständige Entladung

$$\int_0^\delta k \cdot \beta \cdot e^{-x} dx = 1\,, \tag{49}$$

wo

$$x = (k-1)\int_0^x \beta\, dx\,.$$

Führt man in (49) x als unabhängige Variable ein, wobei $dx = dx/(k-1)\beta$ und die Grenzen für x gleich Null und $(k-1)\int_0^\delta \beta\, dx$, so erhält man $\frac{1}{k} = e^{-(k-1)\int_0^\delta \beta\, dx}$,

[1]) Siehe TOWNSEND S. 326. [2]) SCHUMANN S. 171.

indem man logarithmiert und $(\log_e k)\frac{k}{k-1} = K$ setzt,

$$\left.\begin{aligned} \int_0^\delta \alpha\, dx &= K\,, \\ \int_0^\delta \beta\, dx &= \frac{K}{k}\,. \end{aligned}\right\} \tag{50}$$

Für homogene Felder (α konstant)

$$\alpha \cdot \delta = K, \qquad \beta\delta = K/k. \tag{51 a}$$

Aus Messungen von $\mathfrak{E}_0$ in homogenen Feldern kann man α als Funktion von $\mathfrak{E}$ finden, indem hier $\alpha = f(\mathfrak{E}_0) = K/\delta$. Für $\mathfrak{E} > 25$ kV/cm findet man so mit guter Annäherung

$$\frac{\alpha}{K} = 0{,}0210 \cdot (\mathfrak{E} - 24{,}5)^2\,, \tag{51}$$

gültig für 760 mm Q. und 20°. Mittels dieses Wertes von α kann man nach (50) für inhomogene Felder $\mathfrak{E}_0$ für 760 mm und 20° berechnen, wenn der Feldverlauf bekannt ist; z. B. wäre für den Fall konaxialer Zylinder nach (43) und (44) zu setzen $\mathfrak{E}/\mathfrak{E}_0 = R_1/r$, womit (50) und (51), indem das Integral in (50) von R_1 nach R_2 erstreckt wird, $\mathfrak{E}_0$ als Funktion von R_1 und R_2 liefern.

Derartige Berechnungen hat SCHUMANN für zylinder- und kugelförmige Elektroden durchgeführt[1]).

e) Durchschlag tropfbarer Flüssigkeiten.

42. Leitungsvermögen tropfbarer Flüssigkeiten. Diese zeigen gegenüber kleinen elektrischen Feldstärken ein viel größeres Leitungsvermögen als Gase, nicht nur die gewöhnlichen Elektrolyte, sondern auch schlecht leitende Flüssigkeiten, insbesondere solche, welche in der Technik als Isolatoren dienen. Auch in den letztgenannten Fällen ist das Leitungsvermögen ein elektrolytisches und rührt im allgemeinen von kleinen Beimengungen her, die durch den Strom selbst aus der Flüssigkeit herausgeschafft werden. Die unter Spannung gesetzte Flüssigkeit ändert sich also mit der Zeit, und wenn bei Anwendung größerer Feldstärken diese zeitliche Änderung so schnell erfolgt, daß sie der Beobachtung entgeht, so entstehen scheinbare Abweichungen vom OHMschen Gesetz[2]). Für verschiedene Flüssigkeiten verschwinden diese Abweichungen nach genügender elektrischer Reinigung, so daß das dabei beobachtete Leitungsvermögen wahrscheinlich von der Flüssigkeit selbst und nicht mehr von Beimengungen herrührt; das Leitungsvermögen war hierbei von der Größenordnung $10^{-9}\ \Omega^{-1}\,\text{cm}^{-1}$ [3]). Ein anderes Verhalten zeigen Flüssigkeiten, deren Leitungsvermögen von der Größenordnung 10^{-16} bis 10^{-18} ist, wie Hexan, Heptan, Petroläther. Die nach mehrfacher Destillation und darauffolgender elektrischer Reinigung noch übrigbleibende Leitung rührt zum größten Teil von der überall gegenwärtigen Strahlung her. Man hat es hier also mit einem unselbständigen Strom zu tun, und es zeigt sich das bekannte Phänomen des Sättigungsstroms[4]). Die folgende Tabelle gibt einige Werte des Leitungsvermögens $\varkappa$ in $\Omega^{-1}\,\text{cm}^{-1}$:

[1]) W. O. SCHUMANN, Arch. f. Elektrot. Bd. 12, S. 593. 1923; s. auch ZS. f. techn. Phys. Bd. 6, S. 439. 1925. In seiner Monographie S. 177 hat SCHUMANN statt (51) andere, weniger einfache Bedingungen gegeben.

[2]) E. WARBURG, Wied. Ann. Bd. 54, S. 396. 1895.

[3]) M. REICH, Dissert. Berlin 1900.

[4]) G. JOFFÉ, Ann. d. Phys. (4) Bd. 28, S. 326. 1909.

Tabelle 14.

Stoff	$\varkappa\, \Omega^{-1}\, \mathrm{cm}^{-1}$	$\varkappa$ nach elektrischer Reinigung
Destilliertes Wasser 18° .	$7 \cdot 10^{-6}$	
Reinstes Wasser 18° . . .	$3{,}8$ bis $4 \cdot 10^{-9}$ [1]	
Anilin $C_6H_5NH_2$ 18° . . .	$2{,}3 \cdot 10^{-9}$	$0{,}47 \cdot 10^{-9}$ [2]
Aceton $(CH_3)_2CO$ 13° . .	$41 \cdot 10^{-9}$	$0{,}99 \cdot 10^{-9}$ [2]
Äthylenbromid 13° . . .	$0{,}045 \cdot 10^{-9}$	$0{,}0059 \cdot 10^{-9}$ [2]
Schwefelkohlenstoff . . .	$3{,}3 \cdot 10^{-16}$ bis $8 \cdot 10^{-17}$ [3]	
Benzol	$5{,}3 \cdot 10^{-17}$ bis $4{,}4 \cdot 10^{-17}$ [3]	
Petroläther	kleiner als 10^{-18} [3]	

43. Funkenentladung in Salz- und Säurelösungen bis $^1/_{20}$ normal erzielte HEYDWEILLER[4]), indem er in den Schließungskreis einer Leidener Batterie eine 0,04 bis 0,05 cm lange Funkenstrecke in der Flüssigkeit und davor eine regulierbare Luftfunkenstrecke einschaltete. Bei hinreichender Länge der letzteren trat Funkenentladung in der Flüssigkeit ein. Für Wasser ergab sich dabei eine etwa neunmal so große Funkenspannung als für Luft.

44. Schlecht leitende Flüssigkeiten, Einfluß fester Partikel auf die Funkenspannung. Bei schlecht leitenden Flüssigkeiten wird die Funkenspannung in hohem Maß durch kleine feste Partikel beeinflußt, welche im elektrischen Felde, nach den Stellen maximaler Feldstärke getrieben, dort die Funkenbildung erleichtern. Dies geht aus Versuchen von ALMY[5]) hervor, welcher die festen Partikel fortschaffte, indem er die Flüssigkeiten durch eine poröse Tonzelle filtrierte. Dabei zeigte es sich, daß der Funke selbst neue, das Funkenpotential herabsetzende Verunreinigungen einführt. So ergab sich z. B. für Xylol bei $\delta = 0{,}04$ cm zwischen Messingkugeln von 1 cm Radius die Funkenspannung in Kilovolt

ohne Filtrieren	nach Filtrieren für den 2. Funken	für den 1. Funken
3 bis 6	16,5 bis 19,5	27,9

Für den ersten Funken in der filtrierten Flüssigkeit entsprechen die Beobachtungen der Formel

$$U_0 = a \cdot \delta + b\,. \tag{52}$$

Die folgende Tabelle gibt einige Werte von a und b in kV/cm bzw. kV nebst einigen beobachteten Funkenspannungen U_0 unter Beifügung der von EDMONSON und MACFARLANE für unfiltrierte Flüssigkeiten gefundenen Werte.

Tabelle 15.

	a	b	$\delta = 0{,}06$ cm		
			U_0 ALMY	EDMONSON [6])	MACFARLANE [7])
Terpentinöl	423	6	31,4	4,2	—
Petroleum	576	6,05	40,6	6,9	5,4
Xylol	402	12	36,1	—	3,0

45. Einfluß der Schlagweite auf die Durchbruchfeldstärke. Nach (52) nimmt die Durchbruchfeldstärke $\mathfrak{E}_0 = U_0/\delta$ mit wachsender Schlagweite

[1]) F. KOHLRAUSCH u. A. HEYDWEILLER, Wied. Ann. Bd. 53, S. 209. 1894.
[2]) M. REICH, Dissert. Berlin 1900.
[3]) G. JOFFÉ, Ann. d. Phys. (4) Bd. 25, S. 261. 1908.
[4]) A. HEYDWEILLER, Ann. d. Phys. Bd. 17, S. 346. 1905.
[5]) J. E. ALMY, Ann. d. Phys. (4) Bd. 1, S. 508. 1900.
[6]) F. W. EDMONSON, Phys. Rev. Bd. 6, S. 65. 1898.
[7]) A. MACFARLANE, Phil. Mag. (5) Bd. 10, S. 389. 1880.

ebenso wie bei Gasen ab, was neuere Versuche von SORGE[1]) bestätigen. $\mathfrak{E}_0$ ist für Xylol

	bei $\delta = 0{,}01$	$0{,}07$ cm
nach ALMY	1602	573 mm cm
„ SORGE	678	486 „

Daß SORGE kleinere Werte beobachtete, rührt vielleicht daher, daß er feste Partikel nicht so wie ALMY beseitigt hat.

Für Luft von 750 mm Q. und $\delta = 0{,}06$ cm ist nach ORGLER (Ziff. 26) U_0 zwischen Messingkugeln von 1,25 cm Radius 3,3 kV.

46. Einfluß des Wassergehalts. FRIESE[2]) hat für technische Isolieröle einen großen Einfluß sehr kleiner Wasserbeimengung nachgewiesen. Wenn die Entwässerung des Öls durch Filtrieren durch scharf getrocknetes Filtrierpapier oder durch Erhitzung auf 120° herbeigeführt ward, stieg $\mathfrak{E}_0$ von 50 auf 130 kV/cm, bei noch sorgfältigerem Trocknen auf 230, einen Wert, der durch 5 Funken wieder auf 130 zurückging. Für einen Wassergehalt von $W/1000$ des Ölgewichts ergab sich

$$\mathfrak{E}_0 = \frac{1{,}1}{W} + 20, \tag{53}$$

also führt erst das Herausschaffen der letzten Spuren von Wasser eine bedeutende Steigerung von $\mathfrak{E}_0$ herbei. Ebenso fand SORGE[3]) bei 14tägigem Trocknen mit Natrium $\mathfrak{E}_0$ bei Xylol allmählich von 100 auf 600 kV/cm wachsend.

Beobachtet man nach FRIESE das mit rotgefärbtem Wasser versetzte Öl unter dem Mikroskop bei 300facher Vergrößerung, so sieht man das Wasser in Form roter Kügelchen von 0,01 mm Durchmesser im Öl schweben. Nach GYEMANT[4]) werden die Wasserkügelchen im elektrischen Felde zu Ellipsoiden gestreckt, zwischen deren benachbarten Enden der Durchschlag durch kleine Fünkchen erfolgt. Nach demselben Autor beruht der Einfluß fester Partikelchen auf die Durchschlagspannung (Ziffer 44) wahrscheinlich auf deren Wassergehalt.

Aus Ziff. 44 bis 46 geht hervor, daß die zahlreichen Messungen von Funkenspannungen in isolierenden Flüssigkeiten nur eine sehr geringe Bedeutung haben, indem auf Anwesenheit fester Partikel und Wassergehalt nicht geachtet ist, und daß man das in technischen Betrieben benutzte Isolieröl stets besonders auf seine Durchschlagfestigkeit prüfen muß. Allerdings liefert nach SPATH[5]) jede Ölsorte bei sorgfältigem Filtrieren und Trocknen reproduzierbare Werte für $\mathfrak{E}_0$. Doch folgt hieraus noch nicht, daß diese Werte der völlig reinen Substanz eignen.

47. Einfluß der Frequenz. Für Wechselstrom liegt nach KOCK[6]) bei Flüssigkeiten U_0 höher als für Gleichstrom, was von dem Verhalten der Gase (Ziff. 17) abweicht. Entsprechend findet PEEK[7]) bei stoßweise angelegter Spannung U_0 um so höher, je kürzer die Spannungsstoßdauer, und SORGE[8]) bei Hexan

	für Gleichspannung	50 Hertz	500 Hertz
$\mathfrak{E}_0$	305	335	456 kV/cm

[1]) J. SORGE, Arch. f. Elektrot. Bd. 13, S. 189. 1924.
[2]) R. M. FRIESE, Wiss. Veröffentl. a. d. Siemens-Konz. Bd. 1, S. 41. 1921.
[3]) J. SORGE, Arch. f. Elektrot. Bd. 13, S. 189. 1924.
[4]) A. GYEMANT, Wiss. Veröff. a. d. Siemens-Konz, Bd. 4, Heft 2, S. 68. 1925.
[5]) W. SPATH, Arch. f. Elektrot. Bd. 12, S. 331. 1923.
[6]) F. KOCK, Elektrot. ZS. Bd. 36, S. 85 u. 99. 1915.
[7]) F. W. PEEK jr., Proc. Amer. Inst. Electr. Eng. 1915, S. 1695.
[8]) J. SORGE, Arch. f. Elektrot. Bd. 13, S. 189. 1924.

48. Einen **Einfluß des Elektrodenmaterials** bei Flüssigkeiten hat SORGE[1]) als erster beobachtet. Er findet $\mathfrak{E}_0$ bei $\delta = 0{,}05$ cm

	für Ag	Zn	Pt	Fe	Messing
bei Xylol	535	517	465	430	411
„ Benzin	—	490	435	398	—
„ Hexan	480	477	382	356	371

49. Der **Einfluß des Drucks** auf die Durchbruchfeldstärke ist von KOCK[2]) für Isolieröl, Benzol, Toluol und Petroleum untersucht und auffallend groß gefunden worden. Sie ergab sich aus Versuchen mit Wechselstrom von 50 Hertz zwischen konaxialen Zylinderflächen bis zu 20 Atm. linear mit dem Druck wachsend, nämlich

$$\mathfrak{E}_0 = a + b \cdot P, \tag{54}$$

wo für wasserfreie Substanzen $a = 80$ bis 100 kV/cm und b ungefähr gleich 8 war, wenn P in Atmosphären ausgedrückt wird. Für höhere Drucke wächst $\mathfrak{E}_0$ langsamer mit dem Druck. Bei Versuchen zwischen 0,5 und 1 Atm. findet auch SORGE[3]) $\mathfrak{E}_0$ linear mit dem Druck wachsend und pro Atmosphäre Druckzunahme

	bei Öl	Hexan	Xylol
$\Delta\mathfrak{E}_0$	87	236	319 kV/cm

Der große Einfluß des Drucks läßt sich durch die damit verbundene Kompression nicht erklären und hat GÜNTHERSCHULZE[3]) zu der Annahme geführt, daß man es in Wahrheit mit einer Gasentladung zu tun hat. Zweifellos wird die Flüssigkeit durch den Funken vergast, so daß er jedenfalls nach seiner Entstehung als Gasentladung anzusehen ist. Allein GÜNTHERSCHULZE nimmt an, daß vor der Entstehung des Funkens sich infolge von JOULEscher Wärme sehr kleine Dampfblasen bilden, welche den Funken einleiten, und er sucht aus dieser Hypothese die verschiedenen über die Funkenentladung in Flüssigkeiten beobachteten Tatsachen zu erklären.

f) Durchschlag fester Dielektrika.

50. Messungsmethoden. Bei der Messung der Funkenspannung sollten die Elektroden dem Material ohne Zwischenschicht anliegen. Versieht man eine Platte mit kreisförmigen Elektroden, so treten Gleitfunken über die Oberfläche der Platte ein. Es wird empfohlen[4]), die Platte auf der Oberseite mit einer schalenförmigen, Quecksilber enthaltenden Vertiefung zu versehen (Abb. 12) und das Quecksilber als die eine, eine Metallplatte auf der Unterseite als die andere Elektrode zu benutzen, wobei dann der Durchschlag an der dünnsten Stelle erfolgt.

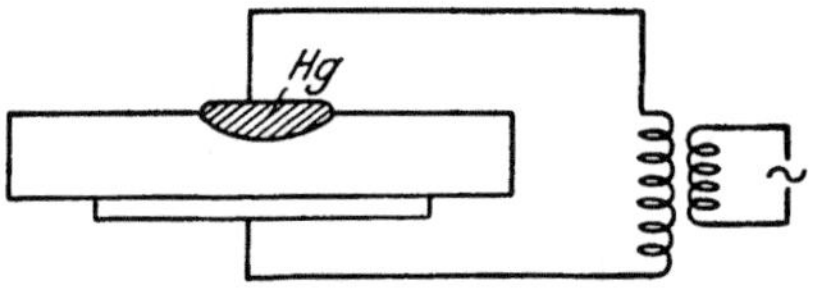

Abb. 12. Anordnung zur Messung der Durchschlagspannung fester Körper.

Abb. 13 zeigt die von ALMY[5]) benutzte Anordnung. Die eine Elektrode ist eine Messingkugel von 1 cm Radius, mit ihrer Zuleitungsstange in ein Glasrohr A eingekittet und so gelagert, daß sie von der Ebene des abgeschliffenen Röhrenrandes gerade berührt wird. Auf die zu prüfende Platte wird ein Tropfen Öl gebracht und diese dann fest gegen die Kugel und das Röhrenende gedrückt. Die andere Elektrode, ein Metallzylinder B, ist geerdet.

[1]) J. SORGE, Arch. f. Elektrot. Bd. 13, S. 189. 1924.
[2]) F. KOCK, Elektrot. ZS, Bd. 36, S. 85 u. 99. 1915.
[3]) GÜNTHERSCHULZE, Jahrb. d. Radioakt. Bd. 19, S. 101. 1922.
[4]) H. SCHERING, Die Isolierstoffe der Elektrotechnik, Berlin: Julius Springer 1924.
[5]) J. E. ALMY, Ann. d. Phys. (4) Bd. 1, S. 508. 1900.

51. Ergebnisse[1]. ALMY fand für Platten aus derselben Glassorte

Tabelle 16.

δ cm	0,041	0,142	0,228
U_0/δ kV/cm	429	221	179

Da das Feld in der Platte nahezu homogen war, so ist U_0/δ die Durchbruchfeldstärke $\mathfrak{E}_0$, welche hiernach wie bei Gasen mit zunehmender Schlagweite erheblich abnimmt. Neuere Jenenser Versuche mit Flintglas bestätigen dies[2]. Für verschiedene Glassorten fand ALMY $\mathfrak{E}_0$ mit wachsendem spezifischen Widerstand wachsend, ebenso für Quarzplatten, welche in Richtung senkrecht zur Achse einen viel größeren Widerstand als parallel zur Achse besitzen[3].

Tabelle 17.

	$\delta = 0{,}041$ cm			$\delta = 0{,}02$ cm	
Spez. Widerstand	Glas I	Glas VI	Glas XI	Quarz ‖ Achse	⊥ Achse
in Ω cm^{-1} bei 220° C	$1{,}74 \cdot 10^{10}$	$2{,}41 \cdot 10^{12}$	$3{,}7 \cdot 10^{14}$	—	—
$\mathfrak{E}_0$ kV/cm	429	804	1005	1101	1539

Im Gegensatz hierzu lassen die Jenenser Versuche[2] keinen Einfluß des spezifischen Widerstandes auf $\mathfrak{E}_0$ erkennen.

Bei den Jenenser Versuchen mit Flintglas ergab sich $\mathfrak{E}_0$ für Gleichspannung um 20% höher als bei 50 Hertz, und bei 10^5 Hertz etwa gleich $^1/_3$ bis $^1/_4$ des bei 50 Hertz beobachteten Wertes[2].

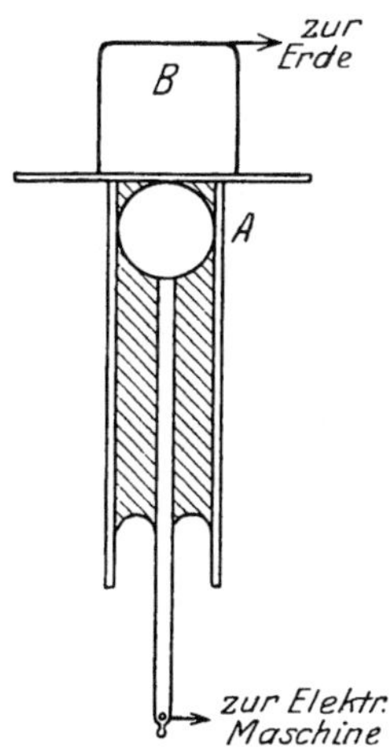

Abb. 13. Anordnung zur Messung der Durchschlagspannung fester Körper nach ALMY.

52. Theorie. Nach GÜNTHERSCHULZE[4] verhalten sich feste Dielektrika verschieden, je nachdem sie in geschmolzenem Zustand Nichtleiter bleiben oder zu guten Leitern werden. Für den Vorgang beim Durchschlag hat er eine Hypothese aufgestellt, welche etwas später von WAGNER[5] ebenfalls unabhängig gemacht und zu einer mathematischen Theorie ausgearbeitet ist. Man nehme an, daß die zu durchschlagende Platte infolge von Inhomogenität in einem Querfaden $a\,b$ ein größeres Leitungsvermögen als an den anderen Stellen hat. $a\,b$ wird dann durch JOULEsche Wärme stärker als die Umgebung erwärmt, an welche infolge der entstandenen Übertemperatur ϑ von $a\,b$ Wärme abgegeben wird. Bei konstanter Spannung der Elektroden stellt sich dann ein stationärer Zustand her, in welchem pro Sekunde die erzeugte Wärme gleich der abgegebenen ist. Mit wachsender Spannung wächst die Stromstärke J und die Übertemperatur ϑ, während der Widerstand R des Fadens sinkt, aber die Spannung $U = J \cdot R$ zwischen a und b erreicht bei einer gewissen Übertemperatur ϑ_m einen Maximalwert, jenseits dessen sie wieder abnimmt. Dieser Zustand ist indessen ein labiler, da bei fortgesetzter Spannungsabnahme immer mehr Elektrizität aus der angelegten Flasche zuströmt, bis der Durchschlag erfolgt. ϑ_m sowie die Durchschlagspannung U_0 lassen sich folgendermaßen berechnen. Wir setzen

$$R = R_0 \cdot \varphi(\vartheta)\,, \tag{55}$$

$$U \cdot J = \beta \cdot \vartheta\,, \tag{56}$$

[1] S. auch F. GRÜNEWALD, Arch. f. Elektrot. Bd. 12, S. 79. 1923.
[2] W. O. SCHUMANN, ZS. f. techn. Phys. Bd. 6, S. 439. 1925.
[3] J. CURIE, C. R. Bd. 130, S. 930. 1886; E. WARBURG u. F. TEGETMEIER, Wied. Ann. Bd. 35, S. 455. 1888.
[4] GÜNTHERSCHULZE, Jahrb. d. Radioakt. Bd. 19, S. 42. 1922.
[5] K. W. WAGNER, Berl. Ber. 1922, S. 438.

indem die Wärmeabgabe an die Umgebung $= \beta\vartheta$ angenommen wird,

$$\frac{U}{J} = R = R_0 \cdot \varphi(\vartheta), \tag{57}$$

aus (56) und (57)

$$U^2 = \beta\vartheta \cdot R_0 \cdot \varphi(\vartheta), \tag{58}$$

$$J^2 = \frac{\beta\vartheta}{R_0\varphi(\vartheta)}. \tag{59}$$

Aus (58)

$$\frac{1}{U} \cdot \frac{\partial U}{\partial \vartheta} = \frac{1}{2}\left(\frac{1}{\vartheta} + \frac{\varphi'(\vartheta)}{\varphi(\vartheta)}\right). \tag{60}$$

$\frac{\partial U}{\partial \vartheta}$ wird Null für $\frac{1}{\vartheta} + \frac{\varphi'(\vartheta)}{\varphi(\vartheta)} = 0$, woraus

$$\vartheta_m = -\frac{\varphi(\vartheta_m)}{\varphi'(\vartheta_m)}. \tag{61}$$

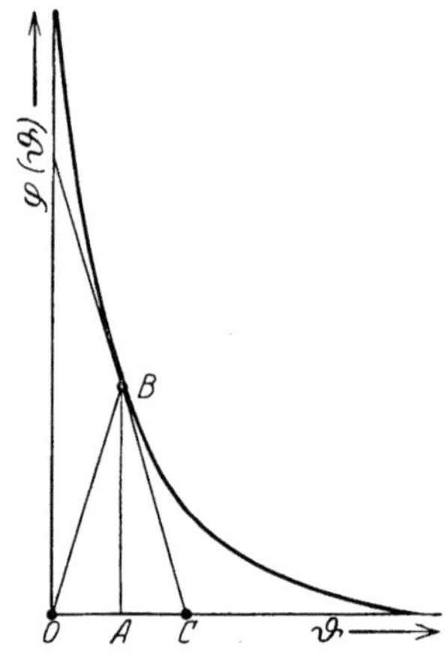

Abb. 14. $\varphi(\vartheta)$ als Funktion von ϑ, indem $R = R_0 \cdot \varphi(\vartheta)$ gesetzt ist.

Nach dieser Gleichung findet man ϑ_m aus der Kurve, welche $\varphi(\vartheta)$ als Funktion von ϑ darstellt, indem man die Tangente BC aufsucht, für welche OBC ein gleichschenkliges Dreieck ist ($OB = BC$). Die Abszisse des Berührungspunktes B ist dann $OA = \vartheta_m$ (Abb. 14). Aus (58) und (59) folgt

$$U_0^2 = \beta\vartheta_m \cdot R_0 \cdot \varphi(\vartheta_m), \tag{62}$$

$$J_m^2 = \frac{\beta \cdot \vartheta_m}{R_0 \cdot \varphi(\vartheta_m)}. \tag{63}$$

Ist z. B. $\varphi(\vartheta) = e^{-\alpha\vartheta}$, so wird nach (61)

$$\vartheta_m = \frac{1}{\alpha}, \quad \varphi(\vartheta_m) = \frac{1}{e}$$

und nach (62), (63)

$$U_0 = \sqrt{\frac{\beta}{\alpha}\frac{R_0}{e}}, \qquad J_m = \sqrt{\frac{\beta}{\alpha} \cdot \frac{e}{R_0}}. \tag{64}$$

Da β und R_0 der Länge des Fadens $a\,b$, also der Dicke der Platte proportional sind, so ist nach (64) auch U_0 der Dicke der Platte proportional. Dieses Ergebnis fand WAGNER bestätigt, indem er die U—J-Kurve experimentell bestimmte. Den labilen Teil dieser Kurve konnte er realisieren, indem er als Elektroden schlecht leitendes Holz benutzte.

Bei Wechselspannung tritt zu der Heizung durch JOULEsche Wärme Heizung durch dielektrische Verluste hinzu, daher ist in Übereinstimmung mit der Erfahrung die Funkenspannung für Wechselspannung kleiner als für Gleichspannung. Die Erwärmung und damit die Funkenspannung hängt hier von dem Effektivwert, nicht, wie gewöhnlich angenommen wird, vom Scheitelwert der Spannung ab. Auch dieses Ergebnis fand WAGNER experimentell bestätigt.

Nach neueren Versuchen scheint die Theorie von WAGNER nicht auf alle Fälle zu passen und jedenfalls einer Ergänzung zu bedürfen[1]).

ENGELHARDT und GEHRCKE finden durch Versuche mit dem Glimmlichtoszillographen, daß dem Durchschlag von 0,15 mm dicken Meirowskipapier schwache Vorentladungen vorausgehen und gründen hierauf eine neue Theorie des Durchschlags[2]).

[1]) TH. v. KÁRMÁN u. W. ROGOWSKI, Arch. f. Elektrot. Bd. 13, S. 153. 1924; L. INGE, N. SEMENOFF u. A. WALTHER, ZS. f. Phys. Bd. 32, S. 273. 1925; H. GABLER, Arch. f. Elektrot. Bd. 14, S. 406. 1925; W. O. SCHUMANN, ZS. f. techn. Phys. Bd. 6, S. 445. 1925.

[2]) V. ENGELHARDT u. E. GEHRCKE, ZS. f. techn. Phys., Bd. 6, S. 438. 1925.

Kapitel 8.

Die elektrischen Figuren.

Von

Karl Przibram, Wien.

Mit 8 Abbildungen.

a) Allgemeines. Geschichte und Erzeugung der elektrischen Figuren.

1. Definition und Bedeutung. Unter elektrischen Figuren verstehen wir die von der elektrischen Entladung auf ihrer Bahn zurückgelassenen, auf irgendeine Weise sichtbar gemachten, mehr oder weniger dauerhaften Spuren von charakteristischer Gestalt[1]. Die Bedeutung der elektrischen Figuren liegt hauptsächlich darin, daß hier die flüchtige Erscheinung der elektrischen Entladung im Bilde festgehalten wird, wobei sich die Gestalt des Entladungsgebietes, die bei den meisten neueren Untersuchungen über die Entladung im Interesse der Übersichtlichkeit möglichst einfach gewählt wird, in ihrer ganzen Mannigfaltigkeit und Schönheit zu erkennen gibt[2].

2. Geschichtliches. Elektrische Figuren sind zu allen Zeiten als „Blitzfiguren" auf der Haut vom Blitze getroffener Personen entstanden[3]. Spuren künstlicher Entladungen müssen bald nach dem Aufkommen stärkerer Leidener Batterien bemerkt worden sein. Franklin[4] beobachtete im Jahre 1751 Flecken beim Überspringen des Funkens auf Silber und Eisen. Eingehender hat sich Priestley[5] mit dieser Erscheinung beschäftigt und fand im Jahre 1766 die nach ihm benannten Ringe, die durch Färbung und Aufrauhung die Ausgangs- bzw. Auftreffstellen des elektrischen Funkens an blanken Elektroden bezeichnen. Der ganze Formenreichtum der elektrischen Figuren offenbarte sich aber erst mit der Entdeckung Lichtenbergs[6] im Jahre 1777. Lichtenberg beobachtete zufällig, aber mit dem ihm eigenen Scharfblick, daß der Staub sich auf dem Kuchen eines Elektrophors in Form von Sternchen und Kreisen absetzte. Er erkannte

---

[1] Die Leuchterscheinungen der Entladung im Gase fallen wegen ihrer die Entladung nicht wesentlich übertreffenden Dauer nicht in den Begriff der elektrischen Figuren, ebensowenig wohl auch die die Entladung begleitenden Schlieren (vgl. A. Toepler, Pogg. Ann. Bd. 134, S. 215. 1868; F. Trey, Phys. ZS. Bd. 23, S. 193. 1922).

[2] Über allgemein-morphologische Beziehungen s. u. a. R. Arpi, Ark. f. Mat., Astron. och Fys. Bd. 8, Nr. 14. 1912; K. Przibram, Naturwissensch. Bd. 8, S. 103. 1920.

[3] Vgl. z. B. St. Jellinek, Elektropathologie. Stuttgart 1903.

[4] B. Franklin, Briefe von der Elektrizität, S. 129. Leipzig 1758.

[5] J. Priestley, Geschichte und gegenwärtiger Zustand der Elektrizität, 2. Aufl. Berlin u. Stralsund 1772.

[6] G. Ch. Lichtenberg, Novi comment. Gött. Bd. 8, S. 168. 1777; Comment. Gött. Bd. 1, S. 65. 1778.

alsbald, daß diese Figuren nur nach dem Übergang einer leuchtenden Entladung vom Elektrophordeckel auf den Kuchen entstehen, daß die Sterne durch positive, die Kreise durch negative Elektrizität gebildet werden, daß die Figuren der Projektion der leuchtenden Entladung auf die Harzoberfläche entsprechen (ein Gesichtspunkt, der bei späteren Erklärungsversuchen nicht immer gebührend berücksichtigt worden ist) und daß der Staub an den durch die Entladung aufgeladenen Stellen der Oberfläche durch elektrostatische Anziehung festhaftet. CAVALLO[1]) stellte fest, daß das zum Bestreuen benützte Pulver beim Durchbeuteln durch Leinwand elektrisch wird, und gestützt auf diese Beobachtung führte VILLARSY[2]) das Schwefel-Mennigpulvergemisch ein, das positiv geladene Stellen gelb, negativ geladene rot färbt, da beim gemeinsamen Durchschütteln durch Leinwand das gelbe Schwefelpulver negativ, das rote Mennigpulver positiv elektrisch wird. Die ersten Gleitbüschelfiguren nach der Lichtenbergschen Methode beobachtete DE LUC[3]). Später wurden verschiedene andere Methoden zur Darstellung elektrischer Figuren aufgefunden; das beste Hilfsmittel bietet die photographische Platte. PINAUD[4]) ließ 1851 die Entladung auf Daguerrotypplatten und auf Jodsilberpapier übergehen, ROOD[5]) 1862 auf nasse Kollodionplatten. Die ersten elektrischen Figuren auf Trockenplatten wurden 1884 auf Anregung von BERTIN von DUCRETET[6]) hergestellt und von JAMIN der Pariser Akademie vorgelegt.

3. Methoden zur Sichtbarmachung der Figuren. Im folgenden sind die verschiedenen Verfahren zur Sichtbarmachung der elektrischen Figuren systematisch zusammengestellt.

a) Anlagerungsfiguren. Eine fremde Substanz lagert sich auf eine andere Weise an den von der Entladung betroffenen Stellen an, als an den nichtgetroffenen.

α) Staubfiguren. 1. Elektrostatische Kräfte lassen ungeladenes oder elektrisch ungleichnamig geladenes Pulver an den geladenen Stellen einer Isolatoroberfläche haften (LICHTENBERGsche Figuren im engeren Sinne); 2. durch die Entladung einer Spitze geladenes Pulver haftet elektrostatisch an einer geerdeten Metallunterlage (KUNDTsche Staubkreis).

β) Die sich anlagernde Substanz ist eine Flüssigkeit. 1. Geht die Entladung auf einen Öltropfen über, der auf einer Isolatoroberfläche ruht, so breitet sich das Öl strahlenförmig aus [ALDINIS Ölfiguren[7])]. Die Erscheinung ist nicht einfach durch den elektrostatischen Druck zu erklären, da man sich leicht vom Vorhandensein großer polarer Unterschiede überzeugt: die strahlenförmige Ausbreitung erfolgt unter positiver Entladung, während die negative meist nur eine wellige Kräuselung der Öloberfläche bewirkt. Elektrostatische Kräfte und Änderungen der Kapillarkraft an den von der Entladung getroffenen Stellen der Isolatoroberfläche dürften hier zusammenspielen. Daß derartige Änderungen

---

[1]) T. CAVALLO, Abhandlungen von der theoretischen und praktischen Lehre von der Elektrizität. Leipzig 1779; Phil. Trans. Bd. 70, S. 15. 1780.

[2]) VILLARSY, Magazin f. d. Neueste aus Physik u. Naturgesch. Bd. 5, S. 176. 1788.

[3]) J. A. DE LUC, Neue Ideen über die Meteorologie, S. 405. Berlin u. Leipzig 1797.

[4]) PINAUD, La Lumière Bd. 1, S. 118. 1851 (nach EDER, Photochemie, 3. Aufl., S. 410. Halle 1906).

[5]) O. N. ROOD, Sill. Journ. (2) Bd. 33, S. 219. 1862; Bd. 38, S. 361. 1864.

[6]) E. DUCRETET, C. R. Bd. 99, S. 959. 1884; Lum. électr. Bd. 15, S. 159. 1885; ferner E. L. TROUVELOT, C. R. Bd. 107, S. 684, 784. 1888; Bd. 108, S. 346. 1889; J. BROWN, Phil. Mag. (5) Bd. 26, S. 502. 1888; D. LATSCHINOW, Journ. d. russ. chem.-phys. Ges. (2) Bd. 20, S. 41. 1888; E. v. GOTHARD, Eders Jahrb. f. Phot. Bd. 3, S. 111. 1889; A. v. HÜBL u. A. v. OBERMAYER, Wiener Ber. Bd. 98, S. 419. 1889; B. NOVRATIL, Cas. propest. math. a. fys. Bd. 18, S. 213. 1889; Bd. 19, S. 117. 1890.

[7]) G. ALDINI, Gilb. Ann. Bd. 4, S. 419. 1800.

auftreten, dafür zeugen die 2. elektrischen Hauchfiguren [RIESS, KARSTEN[1])]. An den von der Entladung getroffenen Stellen einer Gasplatte schlägt sich der Hauch als zusammenhängende Schicht, an den nichtgetroffenen in Form feiner Tröpfchen nieder, so daß die Figuren spiegelnd auf trübem Grund erscheinen. Diese Beeinflussung könnte durch die Zerstörung einer Oberflächenschicht durch die Entladung erklärt werden, so daß diese Figuren zu der zweiten Gruppe überleiten.

b) Entblößungsfiguren. Eine fremde Oberflächenschicht wird durch die Entladung entfernt. Das Pulver wird erst auf die Isolatorplatte gestreut und hierauf die Entladung auf das Pulver überspringen gelassen. Infolge gleichnamiger Aufladung wird das Pulver längst der Entladungsbahnen entfernt (vertiefte Figuren LICHTENBERGS). Hierher gehören auch die Figuren auf berußten Platten [A. TOEPLER, ANTOLIK[2])] und auf versilbertem Glas [DVOŘÁK[3])].

c) Relieffiguren. Die Entladung verändert die Oberflächengestaltung der von ihr getroffenen Körper. α) auf festen Körpern. 1. PRIESTLEYsche Ringe[4]) an den Metallpolen, 2. Aufrauhung der Funkenbahn (RIESS) durch mechanische, thermische und chemische Wirkungen. β) Auf weichen und flüssigen Körpern. PRIESTLEYS Funkenabdruck in weichem Teig, VAN DER WILLINGENS[5]) Relieffiguren auf weichem Harz. Letztere sind wohl durch die elektrostatische Anziehung zwischen den geladenen Teilen der Oberfläche und der geerdeten Unterlage zu erklären, ebenso die Relieffiguren auf isolierenden Flüssigkeiten [REITLINGER und KRAUS[6])].

d) Färbungsfiguren. Die Farbe der von der elektrischen Entladung getroffenen Stellen wird verändert (Verfärbung, Schwärzung). α) An Metallen (FRANKLIN, PRIESTLEY) und anderen Stoffen (CAVALLO, Wasserfarben; RIESS, Jodkaliumpapier), β) auf photographischen Platten (PINAUD, ROOD, DUCRETET). Die Wirkung ist hier wohl eine rein photochemische[7]), wenn auch die starken elektrischen Felder auf die Lichtempfindlichkeit der photographischen Schicht nicht ohne Einfluß zu sein scheinen.

e) Leuchtfiguren auf phosphoreszierenden Substanzen [LANE[8])].

Bei dieser Aufzählung ist stillschweigend angenommen worden, daß das Dielektrikum, in dem die Figurenbildung vor sich geht, Luft oder ein anderes Gas sei. Es lassen sich aber nach den verschiedensten Methoden elektrische Figuren auch im Inneren von Flüssigkeiten, ja in festen Körpern herstellen, wobei dann häufig dreidimensionale Gebilde entstehen[9]).

---

[1]) G. KARSTEN, Pogg. Ann. Bd. 57, S. 492. 1842; Bd. 58, S. 115. 1843; Bd. 60, S. 1. 1843. Über hiermit zusammenhängende dauernde Sichtbarmachung durch Versilberung s. neuerdings H. OLLIVIER, Bull. soc. franç. de phys. 1925, Nr. 218, S. 835.

[2]) A. TOEPLER, Wiener Anz. 1874, Nr. 13; Carls Rep. Bd. 10, S. 215. 1874; K. ANTOLIK, Pogg. Ann. Bd. 151, S. 127. 1874; Bd. 154, S. 14. 1875; Wied. Ann. Bd. 3, S. 483. 1878, Bd. 15, S. 475. 1882.

[3]) V. DVOŘÁK, Wied. Ann. Bd. 19, S. 323. 1883.

[4]) J. PRIESTLEY, l. c.; P. RIESS, Pogg. Ann. Bd. 114, S. 193. 1861; J. PETERIN, Wiener Ber. Bd. 62, S. 679. 1870; E. REITLINGER u. F. WÄCHTER, ebenda Bd. 82, S. 180. 1880; Wied. Ann. Bd. 12, S. 590. 1881.

[5]) V. S. VAN DER WILLINGEN, Versl. Akad. Amsterdam Bd. 14, S. 286. 1862; E. W. BLAKE, Sill. Journ. (2) Bd. 49, S. 289. 1870; J. W. SWAN, Proc. Roy. Soc. London Bd. 62, S. 38. 1897; P. DE HAEN, Bull. de Belge 1901, S. 66.

[6]) E. REITLINGER u. F. KRAUSS, Wiener Ber. Bd. 46, S. 367. 1862.

[7]) Siehe z. B. J. A. MCCLELLAND, Nature Bd. 58, S. 142. 1898.

[8]) Siehe J. PRIESTLEY, l. c. S. 197.

[9]) Siehe z. B. die verästelten Entladungskanäle in einem durchschlagenen Glaswürfel bei O. LEHMANN, Die elektrischen Lichterscheinungen, Halle 1898, Fig. 47, sowie die natürlichen und künstlichen Blitzröhren (z. B. K. G. FIEDLER, Gilb. Ann. Bd. 55, S. 119. 1817; Bd. 74, S. 213. 1823; F. BEUDANT, J. HACHETTE u. F. SAVART, Ann. de chim. phys. Bd. 37, S. 319. 1828; W. ROLLMANN, Pogg. Ann. Bd. 134, S. 605. 1868). Über ein durch Gasbläschen abgebildetes Büschel in Glyzerin vgl. K. PRZIBRAM, Wien. Ber. IIa, Bd. 113, S. 1315. 1904.

Von den elektrischen Figuren sind nach der Terminologie von P. RIESS[1]) die elektrischen Bilder zu unterscheiden, das sind mittels elektrischer Figuren hergestellte Abbildungen von Münzen u. dgl.

Das eingehende Studium der nach den verschiedensten Methoden sichtbar gemachten Figuren lehrt, daß die Art der Sichtbarmachung die Figuren nur in den feineren Details verändert, daß dagegen die Form der Entladung der maßgebende Faktor der Figurenbildung ist; die Figuren sind eben Abbildungen dieser Entladung. Im folgenden werden deshalb die Figuren nach den Entladungsformen, denen sie ihre Entstehung verdanken, eingeteilt.

4. Die Entladungsformen in freier Luft, die hier in Betracht kommen, sind 1. die Glimm- oder Spitzenentladung, 2. die Streifenentladung, 3. die Büschelentladung und 4. die Funkenentladung, wobei unter den Versuchsbedingungen, unter denen die elektrischen Figuren meist erzeugt werden, im allgemeinen die Regel gilt, daß eine in dieser Reihenfolge höhere Entladungsform von den niedrigeren begleitet wird, also der Funke vom Büschel, die Büschel von Streifenentladung. Beim Spitzenstrom ist das Leuchten auf die unmittelbare Umgebung der Elektroden beschränkt. Bei der Streifenentladung (in der Hochspannungstechnik meist Korona genannt) gehen von beiden Elektroden zahlreiche schwache Leuchtfäden aus, die den Zwischenraum auch ganz überbrücken können. Bei der Büschelentladung treten von den Elektroden ausgehend, einzelne helleuchtende Stiele auf, die in Leuchtfädenbüschel endigen und zwar an beiden Polen, was nicht immer beachtet worden ist[2]). Bei der Funkenentladung schließlich überbrückt ein derartiger Büschelstiel die ganze Entladungsstrecke. Jeder dieser Entladungsformen entsprechen charakteristische elektrische Figuren. Die Gestalt der Entladung in freier Luft wird durch die Anwesenheit der Isolatorplatte insofern geändert, als die einzelnen Entladungsbahnen wie geladene biegsame Leiter sich an den Isolator von größerer Dielektrizitätskonstante anlegen und die auf den Isolator übergegangenen Ladungen wieder auf die Entladung zurückwirken können. Charakteristisch für den Einfluß des Isolators auf die Entladung ist das sog. „Gleiten", das, wie M. TOEPLER gezeigt hat, dadurch zustande kommt, daß die Entladung automatisch das zu ihrer Erzeugung nötige Feld vor sich herschiebt.

5. Anordnungen zur Erzeugung elektrischer Figuren. Zur Erzeugung von Figuren mittels der Spitzenentladung wird eine Spitze der Platte, auf welcher die Figuren entstehen sollen, in einiger Entfernung gegenübergestellt. Die Art der Elektrizitätszufuhr ist gleichgültig, solange nur das Entladungspotential des Spitzenstromes überschritten wird. Zur Erzeugung der Figuren durch die höheren Entladungformen ist ein hinreichend rascher Anstieg des Elektrodenpotentiales über die Entladungsspannung hinaus erforderlich, da es sonst wegen Überkriechens von Ladungen auf die Isolatorplatte zu einem langsamen Ausgleiche der elektrischen Felder kommt, der die Ausbildung der Figuren verhindert. Bei LICHTENBERGS Versuchen erfolgte die rasche Aufladung der Figurenelektrode durch Annähern des Knopfes einer geladenen

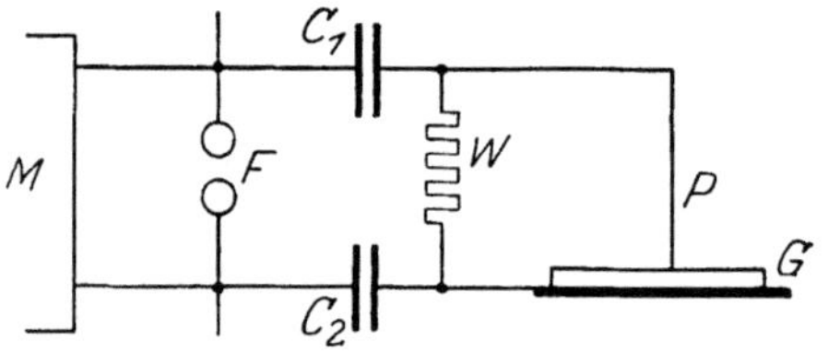

Abb. 1. Anordnung zur Erzeugung elektrischer Figuren nach TOEPLER.

[1]) P. RIESS, Pogg. Ann. Bd. 69, S. 1. 1846.

[2]) Über große gestielte negative Büschel in freier Luft s. W. HOLTZ, Pogg. Ann. Bd. 156, S. 493. 1875; K. WESENDONCK, Wied. Ann. Bd. 30, S. 1. 1887.

Leidener Flasche, wobei die Aufladung disruptiv durch ein Fünkchen erfolgt. Die von M. TOEPLER und anderen benützte Anordnung zeigt Abb. 1. Hier bedeutet M eine Influenzmaschine, F eine Funkenstrecke, $C_1 C_2$ große Kapazitäten, W einen hohen Widerstand, P ist die Figurenelektrode, G die Metallplatte, auf der die Isolatorplatte (Harzkuchen oder photographische Platte) aufliegt. Vertauscht man Kapazität und Funkenstrecke, so erhält man die Anordnung von P. O. PEDERSEN (Abb. 2a, s. a. Ziff. 16).

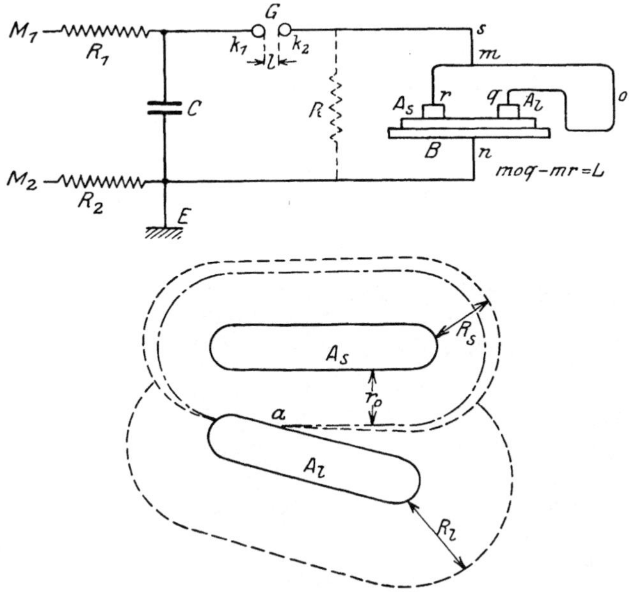

Abb. 2a und 2b. Zur Messung der Ausbreitungsgeschwindigkeit der elektrischen Figuren nach PEDERSEN.

b) Systematik der elektrischen Figuren. Quantitative Beziehungen.

6. Spitzenentladungsfiguren. Beim Spitzenstrom befindet sich unmittelbar an der Spitze ein Ionisierungsgebiet, aus welchem die gleichnamigen Ionen längs der Kraftlinien in das Feld hinauswandern; sie erfüllen einen im allgemeinen krummlinig begrenzten konischen Raum, und die elektrische Figur entspricht dem Schnitt der Isolatorplatte (LICHTENBERGS Staubkreise) bzw. der Metallplatte bei den KUNDTschen Figuren[1]) mit diesem konischen Gebilde (Abb. 3). Im Entladungsgebiet wird das Pulver durch die Ionen aufgeladen und haftet dann an der Unterlage. Diese Erscheinung ist von praktischer Bedeutung für die elektrische Staubreinigung. Polare Unterschiede treten nicht oder nur in sehr geringem Maße auf. Bringt man einen festen Körper in den Weg der Ionen, so erscheint in der elektrischen Figur ein entsprechender Schatten[2]), nur erfolgt die Schattenbildung nicht geradlinig wie beim Licht, sondern den im allgemeinen gekrümmten und durch den schattenwerfenden Körper gestörten Kraftlinien entsprechend. Die Staubfiguren benachbarter gleichnamig geladener

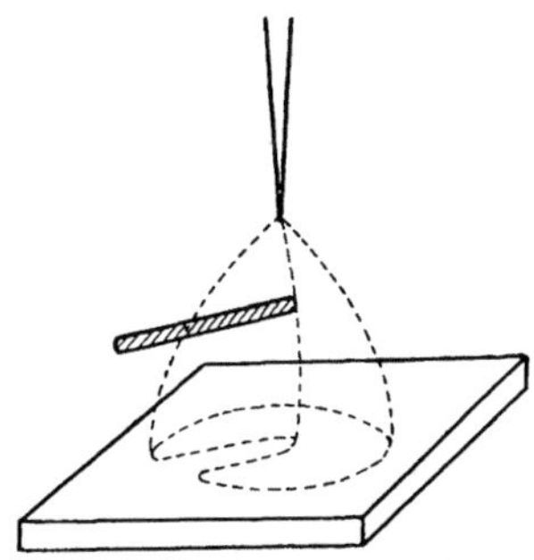

Abb. 3. Erzeugung elektrischer Figuren und Schattenbildung durch die Spitzenentladung.

[1]) A. KUNDT, Pogg. Ann. Bd. 136, S. 612. 1869; TH. KARRASS, ebenda Bd. 140, S. 161. 1870; W. C. RÖNTGEN, ebenda Bd. 151, S. 226. 1874; H. SCHNEEBELI, Carls Rep. Bd. 11, S. 403. 1875; J. STARK u. W. FRIEDRICHS, Wissensch. Veröff. des Siemens-Konzern Bd. 2, S. 208. 1922; W. DEUTSCH, Ann. d. Phys. (4) Bd. 76, S. 729. 1925.

[2]) A. W. WRIGHT, Sill. Journ. (2) Bd. 49, S. 381. 1870; W. HOLTZ, Göttinger Nachr. 1880, S. 602; A. RIGHI, Mem. di Bologna (4) Bd. 2, S. 555. 1881; Bd. 3, S. 461. 1882; K. ANTOLIK, ZS. d. elektrot. Ver. Wien Bd. 1, S. 228. 1883; G. QUINCKE, Berl. Ber. 1895, S. 525; Elster-Geitel-Festschrift 1915, S. 1.

Spitzen bleiben stets durch scharfe Linien getrennt, deren Verlauf aus der Wechselwirkung der elektrischen Felder der Spitzen abgeleitet werden kann[1]).

7. Streifenentladungsfiguren. Der Streifenentladung verdanken die eigentlichen LICHTENBERGschen Figuren im engeren Sinne ihre Entstehung. Hier sind die polaren Unterschiede am charakteristischsten: die positive Entladung liefert sternförmige verästelte Figuren (Abb. 4), die negative kreisförmige, die aber bei feinerer Abbildung, etwa auf der photographischen Platte in mehr oder weniger zahlreiche, durch Zwischenräume getrennte Sektoren zerfallen (Abb. 5). Die Leuchtfäden, aus denen die Figuren sich aufbauen, gehen ohne gemeinsamen Stiel direkt in größerer Zahl von der Elektrode aus. Über diese Figuren liegt ein sehr großes Beobachtungsmaterial vor. Die quantitative Erforschung wird erschwert durch die über-

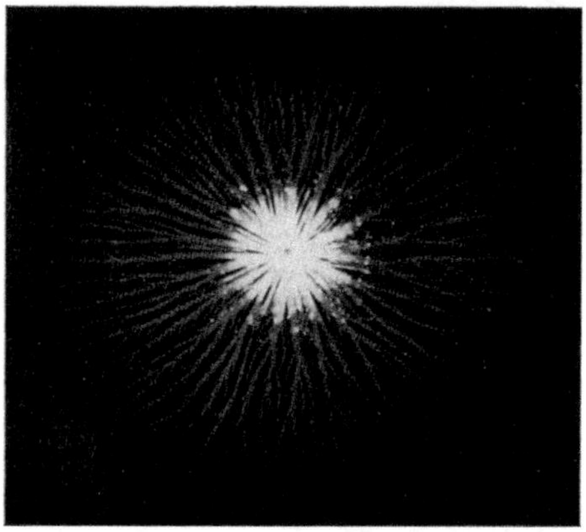

Abb. 4. Positive LICHTENBERGsche Figur auf photographischer Platte.

Abb. 5. Negative LICHTENBERGSCHE Figur auf photographischer Platte.

große Zahl von Variabeln, von denen Form und Größe der Figuren abhängen: Spannung und Geschwindigkeit des Spannungsanstieges, Kapazität, Dicke und Material der Isolatorplatte, Druck und Natur des Gases usw.

8. Kapazität. Schon VON BEZOLD[2]) hat festgestellt, daß die Figurengröße mit zunehmender Kapazität bis zu einem Grenzwert wächst. Dieser ist erreicht, wenn die benutzten Kondensatoren schon so groß sind, daß gegenüber der auf ihnen sitzenden Ladung die bei der Figurenbildung auf die Isolatorplatte ausströmende Ladung nicht mehr in Betracht kommt. Es ist zweckmäßig, alle Messungen mit so großen Kapazitäten anzustellen, daß diese Bedingung erfüllt ist.

9. Spannung. Nach allen vorliegenden Untersuchungen wächst der Radius bzw. die Reichweite R der Figuren (Entfernung Elektrodenrand — Figurenrand) bei Spannungen über 10 kV linear mit der Spannung U. Nach M. TOEPLER[3]) besteht Proportionalität und es ist unabhängig von der Plattendicke $U = 11,5 \cdot R_n$, $U = 5,9\, R_p$, wo U in kV und R in cm gemessen wird. Zur Bestimmung der wahren Ausdehnung der negativen Figuren, die auf photographischen Platten nicht scharf begrenzt sind, wendet TOEPLER den Kunstgriff der „Hilfsverschleierung" an: schwache Belichtung der Platte während der Aufnahme; es bildet sich ein scharfer Rand, vermutlich bewirkt durch einen erhöhenden Einfluß des elektrischen Feldes auf die Lichtempfindlichkeit der photographischen Schicht,

---

[1]) P. DE HEEN, Bull. de Belge 1901, S. 255; R. H. WEBER, Ann. d. Phys. (4) Bd. 6, S. 96. 1901.

[2]) W. v. BEZOLD, Münchener Ber. Bd. 2, S. 145, 371. 1869; Pogg. Ann. Bd. 140, S. 145, 541. 1870; Bd. 144, S. 337, 526. 1871; Wied. Ann. Bd. 11, S. 787. 1880; Bd. 21, S. 401. 1884; Bd. 63, S. 124. 1897.

[3]) M. TOEPLER, Phys. ZS. Bd. 21, S. 706. 1920; Arch. f. Elektrot. Bd. 10, S. 157. 1921.

die als Grenze des aufgeladenen Gebietes betrachtet wird[1]). Bei kleineren Spannungen treten aber Abweichungen auf, insbesondere nehmen die positiven Figuren rascher als linear mit abnehmender Spannung ab und die *R*-*U*-Kurven schneiden die *U*-Achse vor dem Nullpunkt[2]).

10. Geschwindigkeit des Spannungsanstieges [TOEPLER[3])]. Die oben angegebene Beziehung zwischen R und U gilt, solange $dU/dt \geqq 200 \cdot 10^6$ kV/sec ist. Für $dU/dt = 20 \cdot 10^6$ sinken die R auf 0,6 dieser Werte. Auch die Gestalt der Figuren hängt von dU/dt ab. Für $dU/dt \geqq 300 \cdot 10^6$ sind die Figuren Kreisflächen, deren Rand auch bei positiven Büscheln fast geschlossen und wenig eingekerbt erscheint, negative Büschel zeigen viele Sektoren mit schmalen Schlitzen. Bei $dU/dt \leqq 10 \cdot 10^6$ besitzt die Gesamtfigur negativer Polbüschel wenige breite Sektoren mit breiten Schlitzen, ja sogar schlitzloser allseitiger Erguß tritt auf. Die positiven Polbüschel zeigen in diesem Falle die bekannte Sterngestalt. Die Zahl der Sternstrahlen nimmt mit abnehmendem dU/dt ab. TOEPLER erhöht das dU/dt durch Parallelschaltung einer Kapazität unmittelbar an der Funkenstrecke F.

11. Schwingungen. Reicht die Dämpfung im Entladungskreise nicht hin, die Entladung rein aperiodisch zu gestalten, so tritt eine zweite Halbschwingung von entgegengesetzter Polarität auf, die sich in den Figuren als „Rückschlagfigur" zu erkennen gibt. Die positive Rückschlagfigur im Inneren einer negativen Figur ist stets deutlich kenntlich an ihrer verästelten Gestalt (Äste meist stark verkrümmt). Die negative Rückschlagfigur im Inneren einer positiven Figur macht sich auf photographischen Platten durch größere Intensität der inneren Partien der positiven Äste bemerkbar (s. die Abb. 4). Nimmt die Entladung schließlich oszillatorischen Charakter an, so überwiegt in den Figuren in Luft stets der positive Charakter, entsprechend dem Himstedteffekt an Teslapolen[4]). BEZOLD[5]) hatte die Bedeutung der elektrischen Figuren für die Erkennung elektrischer Schwingungsvorgänge richtig erfaßt, gelangte so zum Nachweis elektrischer Drahtwellen und somit bis hart an die Schwelle der HERTZschen Entdeckungen.

12. Beschaffenheit der Isolatorplatte. Während nach TOEPLERS oben erwähnten Messungen die Figurengröße nicht wesentlich von der Plattendicke (zwischen 0,1 und 1,7 cm) abhängt, haben andere Beobachter (BEZOLD, PEDERSEN) auch bei hinreichender Kapazität der Anordnung eine solche Abhängigkeit gefunden, derart, daß die negativen Figuren mit zunehmender Dicke abnehmen, die positiven erst zunehmen und nach Erreichung eines Maximums abnehmen. Auch die Dielektrizitätskonstante ε ist von Einfluß. Die Figuren sind unter sonst gleichen Umständen um so kleiner, je größer die Dielektrizitätskonstante, und zwar ist angenähert $R\sqrt{\varepsilon} =$ konst. [E. KARA-MICHAILOVA[6])]. An anisotropen Isolatoren (Kristallplatten) sind deshalb die Figuren nicht mehr kreisförmig, sondern elliptisch, wobei die große Achse in die Richtung der kleinsten Dielektrizitätskonstante fällt[7]).

---

[1]) Bei den negativen Staubfiguren ist zu unterscheiden zwischen der Grenze der bestäubten Figur und der sie umgebenden „staubfreien Zone".

[2]) P. O. PEDERSEN, Danske Vedensk. Selsk. math.-fys. Meddel. Bd. 1, Nr. 11. 1919; S. MIKOLA, Phys. ZS. Bd. 18, S. 158. 1917.

[3]) M. TOEPLER, l. c.

[4]) Vgl. z. B. E. KNOBLAUCH, Phys. ZS. Bd. 2, S. 165. 1900; H. PFLAUM, Korrespondenzblatt d. Naturforscher-Ver. Riga Bd. 40, S. 1. 1898.

[5]) W. v. BEZOLD, Münchener Ber. Bd. 2, S. 371. 1869; Pogg. Ann. Bd. 140, S. 541. 1870; Wied. Ann. Bd. 63, S. 124. 1897.

[6]) E. KARA-MICHAILOVA, Wiener Ber. (IIa) Bd. 131, S. 155. 1922.

[7]) H. SÉNARMONT, C. R. Bd. 29, S. 750. 1849; G. WIEDEMANN, Pogg. Ann. Bd. 76, S. 404. 1849; J. FRIEDLÄNDER, Verh. d. Ver. z. Bef. d. Gewerbefl., Berlin, Bd. 75, S. 119. 1896; W. HOLTZ, Phys. ZS. Bd. 6, S. 319. 1905; H. RUBENS, ZS. f. Phys. Bd. 1, S. 11. 1920; E. KARA-MICHAILOVA, l. c.

13. Beschaffenheit und Anordnung der Elektroden. Gewisse, wenn auch nicht sehr bedeutende Unterschiede der Figurengrößen ergeben sich bei Verwendung verschieden geformter Elektroden: Spitzen und Platten (PEDERSEN). In letzterem Falle ist naturgemäß vom Radius der Figur der Radius der Platte zu subtrahieren, um die Figurenreichweite zu erhalten.

Meist ist die Anordnung der Elektroden die in Abb. 1 skizzierte: eine „kleine" Elektrode ruht auf der Platte, die auf einer mit dem anderen Pol verbundenen Metallplatte liegt. Setzt man zwei mit entgegengesetzten Polen verbundene Elektroden auf die Platte (mit oder ohne geerdeter Metallunterlage), so erhält man zweipolige Figuren, die bei genügendem Elektrodenabstand und niedriger Spannung getrennt bleiben. Bei abnehmender Entfernung und zunehmender Spannung gehen aber lange positive Leuchtfäden bis in die Nähe der negativen Figur, in die sie unter eigentümlichen Leuchterscheinungen eindringen können. Die Form der Fäden ist durch den Verlauf der Kraftlinien[1]) gegeben, wobei aber die während der Ausbreitung eintretende Verschiebung der Ladungsschwerpunkte zu berücksichtigen ist. Auf die Eigentümlichkeiten der zweipoligen Figuren, insbesondere bei abnehmendem Drucke (Auftreten von Schichtungen, Seitenentladungen usw.), kann hier nicht eingegangen werden[2]).

Liegt bei der Herstellung einpoliger Figuren die Platte nicht unmittelbar auf der Metallplatte, so gehen von dieser Entladungen zur Unterseite der Platte über, die durch Bestäuben oder photographisch (Platte mit Schicht nach unten) festgehalten werden können: „sekundäre" Figuren; sie bestehen aus konzentrischen Kreisringsystemen von kleinen Strichen und Flecken. Die Erklärung haben PEDERSEN, TOEPLER und YOSHIDA gegeben[3]).

Berührt eine Elektrode die Platte nicht, so treffen von ihr ausgehende divergierende Leuchtfäden auf die Platte und bilden hier die sog. „Spritzer", die übrigens auch bei Berührung von Elektrode und Platte von entfernteren Teilen der Elektrode ausgehen können[4]).

Das Material der Elektrode ist ohne Bedeutung, solange sie gut leitend ist. Bei Halbleitern geht der Strahlencharakter der positiven Figur verloren[5]). Man erhält auch „elektrodenlose" Figuren zwischen Isolatoren[6]).

14. Gasdruck. Schon LICHTENBERG hatte gefunden, daß bei sinkendem Drucke die Figuren sich vergrößern, ihre einzelnen Züge sich verbreitern und daß die polaren Unterschiede geringer werden. Während die negative Figur eine mehr oder weniger verschwommen umgrenzte Kreisscheibe bleibt, werden die Zweige der positiven Figur immer breiter und bizarrer geformt, die Einkerbungen zwischen ihnen seichter und schließlich geht auch die positive Figur in einen rundlichen Fleck über, der aber nach wie vor scharf begrenzt bleibt. REITLINGER[7]) hat zuerst angegeben, daß der Figurenradius sich mit dem Gasdruck

---

[1]) Über Abbildung elektrischer Kraftlinien auf der photographischen Platte s. W. SCHAFFERS, C. R. Bd. 130, S. 897. 1900, Ann. Soc. Scient. d. Bruxelles, Bd. 24, Nr. 2, 1900.

[2]) Siehe etwa Lord ARMSTRONG, Electric Movement in Air and Water. London 1897; ferner K. PRZIBRAM, Wiener Ber. Bd. 108, S. 1161. 1899.

[3]) E. L. TROUVELOT, l. c.; A. BLÜMEL, Verh. d. D. Phys. Ges. Bd. 16, S. 174. 1897; S. MIKOLA, l. c.; P. O. PEDERSEN, l. c.; M. TOEPLER, Phys. ZS. Bd. 22, S. 78. 1921; U. YOSHIDA u. SH. TANAKA, Mem. Kyoto Bd. 5, S. 145. 1921.

[4]) S. P. THOMPSON, Elektrot. ZS. Bd. 11, S. 122. 1890; H. P. KRAUSS, Phys. Rev. (2), Bd. 25, S. 585. 1925.

[5]) W. HOLTZ, ZS. f. d. ges. Naturw. (2) Bd. 46, S. 460. 1875; E. REITLINGER, Wiener Ber. Bd. 83, S. 677. 1881; S. P. THOMPSON, Proc. Roy. Soc. London Bd. 58, S. 214. 1895.

[6]) W. v. BEZOLD, Münchener Ber. Bd. 2, S. 145. 1869; K. PRZIBRAM, Wiener Ber. Bd. 113, S. 439. 1904; M. TOEPLER, Phys. ZS. Bd. 22, S. 59. 1921.

[7]) E. REITLINGER, Wiener Ber. Bd. 41, S. 358. 1860. Aufnahmen bei vermindertem Druck s. auch bei G. SIEBEN, Berl. Ber. 1889, S. 395; K. PRZIBRAM, Wiener Ber. Bd. 108, S. 1161. 1899; Bd. 127, S. 395. 1918; Phys. ZS. Bd. 20, S. 299. 1919.

umgekehrt proportional ändert, wie auch PEDERSEN und K. PRZIBRAM bestätigen. Bei tieferen Drucken finden allerdings BEZOLD und auch PEDERSEN eine geringe Zunahme des Produktes $p \cdot R$, und MIKOLA gibt die empirische Formel

$$R = \frac{R_0}{\left(\frac{p}{p_0} + k_0\right)^{\frac{3}{2}}}.$$

15. Chemische Natur des Gases. LICHTENBERGsche Figuren in verschiedenen Gasen hat REITLINGER[1]) hergestellt und mit FARADAYS Beobachtungen an der Entladung in diesen Gasen verglichen. Er vermutete einen Zusammenhang der relativen Größe der positiven und negativen Figuren mit dem elektrochemischen Charakter des Gases. Die absolute Größe der Figuren wächst anscheinend umgekehrt wie die elektrische Festigkeit und ist demnach in Helium und Wasserstoff größer als in Luft. Es liegt noch kein hinreichendes Beobachtungsmaterial vor, um die Abhängigkeit des Verhältnisses der Figurenradien vom Gase eindeutig festlegen zu können, doch ordnen sich die Gase nach Messungen PRZIBRAMS[2]) nach fallendem Verhältnisse R_+/R_- derart, daß die Edelgase Argon und Helium mit verschwindender Elektronenaffinität die größten, Kohlendioxyd und Chlor mit starker Elektronenaffinität die kleinsten Werte liefern. Stickstoff gibt ein größeres Verhältnis als Sauerstoff, Luft aber ein größeres als Stickstoff, eine Anomalie, die auch beim Himstedteffekt auftritt. Noch auffallender als in der relativen Größe der Figuren äußert sich die Abhängigkeit von der Elektronenaffinität in der Form: Edelgase und Stickstoff geben reich verästelte positive Figurenzweige, elektronegative Beimischungen (Sauerstoff u. dgl.) drängen die Verästelungen zurück; gleichzeitig wächst die Zerfaserung der negativen Figuren (PEDERSEN). In Chlor sind die beiden Figuren einander sehr ähnlich. In Kohlendioxyd bei verminderten Drucke kommt es sogar zu einer Umkehr der polaren Unterschiede, indem die negative Figur größer und verzweigter wird als die positive (K. PRZIBRAM).

16. Ausbreitungsgeschwindigkeit. Mittels einer Methode von sinnreicher Einfachheit ist es PEDERSEN gelungen, die Ausbreitungsgeschwindigkeit V der Figuren von der Elektrode weg zu bestimmen. Auf die photographische Platte werden zwei Elektroden A_s und A_l von der in der Abb. 2b veranschaulichten Form und Lage aufgesetzt. Beide werden mit dem gleichen Pol verbunden, aber die eine A_l durch einen um L cm längeren Draht als die andere. Der Ladungsimpuls wird daher bei A_l etwas später, nämlich um L/c sec anlangen als bei A_s, die von letzterer ausgehende Figur wird sich daher um die Strecke $\frac{L}{c} V$ ausgebreitet haben, ehe die Figur von A_l aus sich zu bilden beginnt. Wie leicht einzusehen, ist der Abstand r_0 des Punktes, in dem die Begrenzung der von A_s ausgehenden Figur die Oberfläche von A_l trifft, von der Oberfläche von A_s die Entfernung, bis zu der die Figur von A_s aus in jener kleinen Zeit L/c vorgeschritten ist. Die Figuren bleiben durch eine scharfe Linie getrennt. Es ist also $V = \frac{r_0}{L} c$ cm/sec. Die Geschwindigkeiten sind von der Größenordnung 10^7 cm/sec. Die Geschwindigkeit der positiven Figuren ist 2 bis 3 mal so groß als die der negativen unter den gleichen Bedingungen. Die Geschwindigkeiten zeigen so ziemlich dieselben Abhängigkeiten von Spannung, Gasdruck und Plattendicke wie die Figurenradien. Die Ausbreitungsgeschwindigkeit nimmt linear mit dem Abstand vom Elektroden-

---

[1]) E. REITLINGER, Wien. Ber. Bd. 43, S. 25. 1861.

[2]) K. PRZIBRAM, Wiener Ber. Bd. 108, S. 1161. 1899; Bd. 116, S. 557. 1907; Bd. 121, S. 2163. 1912; Bd. 127, S. 395. 1918; Phys. ZS. Bd. 20, S. 299. 1919; Bd. 21, S. 480. 1920.

rande ab[1]): $V = \alpha(R - r) = V_0 - \alpha r$, wo α bei Atmosphärendruck zwischen 2 und $3 \cdot 10^7$ liegt. V ist die im Abstande r cm erreichte Geschwindigkeit in cm/sec, V_0 die Anfangsgeschwindigkeit, R die volle Reichweite in Zentimeter. Dank der enormen Geschwindigkeit können die Figuren zur Messung sehr kleiner Zeiten benutzt werden[2]). Die Zeit, in der eine Figur gebildet wird, ergibt sich von der Größenordnung 10^{-7} sec.

17. Ladung der Figuren. Die bei der Figurenbildung auf die Isolatorplatte übergehende Elektrizitätsmenge ist von K. PRZIBRAM[3]) direkt elektrometrisch gemessen worden. Sie wächst mit der Spannung etwa proportional U^k, wo k zwischen 2 und 3 liegt. Sie ist unter gleichen Bedingungen für die positiven Figuren größer als für die negativen. In Sauerstoff ist der Unterschied geringer als in Luft. Aus der Ladung Q und der von PEDERSEN gemessenen Ausbreitungsgeschwindigkeit läßt sich die Stromstärke bei der Figurenbildung berechnen. So ergab sich z. B. in Luft von Atmosphärendruck bei einer Funkenlänge von 3 mm, entsprechend einer Spannung von 11,4 kV

positiv: $V = 4 \cdot 10^7$ cm/sec, $Q = 230 \cdot$ e. s. E., $R = 1{,}7$ cm, $t = 0{,}42 \cdot 10^{-7}$ sec,
$J = 540 \cdot 10^7 \cdot$ e. s. E. $= 1{,}8$ Amp.,

negativ: $V = 1 \cdot 10^7$ cm/sec, $Q = 88 \cdot$ e. s. E., $R = 0{,}65$ cm, $t = 0{,}65 \cdot 10^{-7}$ sec,
$J = 135 \cdot 10^7 \cdot$ e. s. E. $= 0{,}45$ Amp.

18. Büschelentladungsfiguren, Gleitbüschel. Steigt die Spannung am Figurenpol über einen gewissen Wert U_0, so brechen aus der Elektrode von den Leuchtfäden deutlich unterschiedene intensivere Entladungskanäle hervor, die ihrerseits wieder Leuchtfäden aussenden. M. TOEPLER[4]), der diese Erscheinungen am eingehendsten untersucht hat, unterscheidet Polbüschel, die unmittelbar von der Elektrode ausgehende Leuchtfadengruppe, die bei der Streifenentladung allein vorhanden ist, Ladungskanäle, Zwischenbüschel und Endbüschel. Die Ladungskanäle zeigen hohe Leitfähigkeit, fallende Charakteristik und längeres Andauern der Leitfähigkeit nach Schluß der Entladung, alles im Gegensatz zu den Leuchtfäden.

Die Geschwindigkeit des Gleitbüschelwachstums konnte TOEPLER zu 10^7 cm/sec bestimmen. Die Geschwindigkeitsbestimmung erfolgte dadurch, daß die vom Funken F mit bekannter Schallgeschwindigkeit ausgehende Schallwelle nach der Schlierenmethode im Lichte von Gleitfunken aufgenommen wurden, die bei Erreichung einer gewissen Gleitbüschellänge auftraten.

Für Luft von Atmosphärendruck findet TOEPLER $\overset{+}{U}_0 = 45\sqrt{a}$, $\overset{-}{U}_0 = 48{,}5\sqrt{a}$, wo a die Plattendicke ist. Die negativen Gleitbüschel treten also bei etwas höherer Spannung auf als die positiven. Die Länge des Endbüschels l (vom Ende des Ladungskanals bis zum Rande des Büschels) und die Breite des Büschels b beiderseits des Kanals ist $\leqq 3{,}6\sqrt{a}$ für negative, $\leqq 7{,}2\sqrt{a}$ für positive Ergüsse, unabhängig von der Spannung. Wird der Abstand zweier vorwachsender Ladungskanäle größer als $2b$, so wird Platz zu einer Spaltung des Ladungskanales. Im Bereiche von dU/dt zwischen $300 \cdot 10^6$ und $2 \cdot 10^6$ kV/sec sind alle Größen (Gesamtgleitbüschellänge f_m, Polbüschelradius R, Teilbüschellänge l) proportional $\sqrt[4]{\frac{dU}{dt}}$. Insbesondere gilt $f_m = \gamma U^5 C^2 \sqrt[4]{\frac{dU/dt}{300 \cdot 10^6}}$, wo C die Kapazität

[1]) P. O. PEDERSEN, Ann. d. Phys. Bd. 69, S. 205. 1922.

[2]) P. O. PEDERSEN, l. c.; P. HEYMANS u. N. H. FRANK, Phys. Rev. (2) Bd. 25, S. 865. 1925, letztere bis hinab zu $7 \cdot 10^{-11}$ sec.

[3]) K. PRZIBRAM, Wiener Ber. Bd. 128, S. 1203. 1919.

[4]) M. TOEPLER, Wied. Ann. Bd. 66, S. 1061. 1898; Ann. d. Phys. (4) Bd. 21, S. 193. 1906; Bd. 25, S. 745. 1908; Bd. 53, S. 217. 1917; Phys. ZS. Bd. 8, S. 743, 919. 1907; Bd. 21, S. 706. 1920; Arch. f. Elektrot. Bd. 10, S. 157. 1921. Von älteren Beobachtungen siehe insbesondere F. ROSSETTI, N. Cim. Bd. 7/8, S. 33. 1872.

der Flächeneinheit der Platte in Zentimeter ist und $\gamma = 0{,}17 \cdot 10^{-6}$ für negative, $0{,}20 \cdot 10^{-6}$ für positive Figuren ist. Für große dU/dt ist die Länge der Ladungskanäle ziemlich unabhängig vom Vorzeichen; der Unterschied in den Figuren-

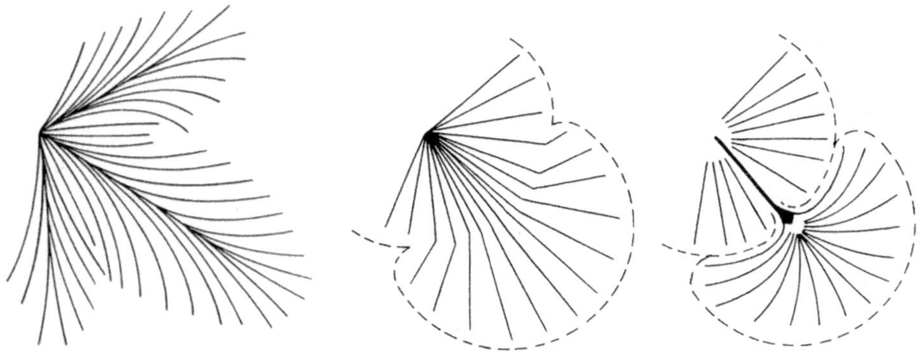

Abb. 6a—c. Negative Gleitbüschel nach M. TOEPLER.

größen wird nur durch die Endbüschel bedingt und verschwindet daher um so mehr, je größer die Figuren werden. Für große f und U wird f_m proportional $U^4 C^{\frac{3}{2}}$. Ganz ausschlaggebend ist die Anstiegsgeschwindigkeit der Spannung dU/dt für die Ausbildung von Zwischenbüscheln oder ,,Ruckstufen'': so gibt bei negativer Entladung $\frac{dU}{dt} \geqq 300 \cdot 10^6$ lange glatte federartige Ergüsse ohne Andeutung von Ruckstufen (Abb. 6a), bei $\frac{dU}{dt} = 100 \cdot 10^6$ beginnt das Polbüschel sich abzuschnüren (Abb. 6b), bei $\frac{dU}{dt} = 30 \cdot 10^6$ bis $20 \cdot 10^6$ ist das Polbüschel scharf abgesetzt, und es treten regelmäßige fächerförmige Ruckstufen auf (Abb. 6c und 7). Bei dU/dt etwa $2 \cdot 10^6$ bleibt der Erguß geruckt, aber die Regelmäßigkeit und Gesamtausdehnung ist geringer, bei $\frac{dU}{dt} < 10^6$ gibt es nur mehr verkümmerte Büschelbildung. Bei positiven Büscheln liegen die Verhältnisse ähnlich, die ganze Erscheinung ist aber sehr unregelmäßig (Abb. 8).

Abb. 7. Negative Gleitbüschel nach M. TOEPLER.

Bei unzureichender Kapazität oder Stromquelle kommt es zu Bildung von Funkenbüscheln, d. h. die Büscheläste sind jetzt selbst wieder Ladungskanäle, statt Leuchtfäden. Nach orientierenden Messungen TOEPLERS sind die Gleitbüschellängen etwa umgekehrt proportional der Quadratwurzel aus dem Luftdruck. Nach Beobachtungen K. PRZIBRAMS ist der polare Unterschied der U_0 im Stickstoff sehr groß, in Sauerstoff, Kohlendioxyd und Chlor nur gering. In Stickstoff tritt der ruckstufenlose negative Erguß bei kleineren Werten von dU/dt auf als in Luft[1]).

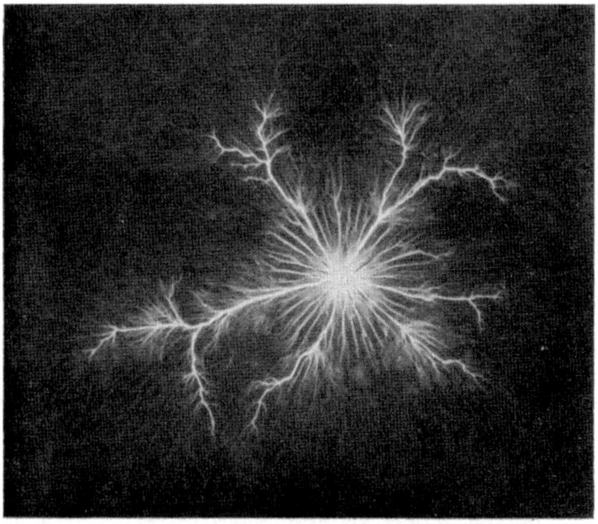

Abb. 8. Positive Gleitbüschel.

Auf anisotropen Kristallflächen sind die Gleitbüschelstiele manchmal deutlich orientiert, z. B. die negativen Gleitsbüschelstiele auf Gips in der Richtung der kleinsten Dielektrizität[2]).

19. Funkenfiguren, Gleitfunken. Gelangt ein Gleitbüschel bis zur zweiten Elektrode oder wachsen von zwei ungleichnamigen Elektroden zwei Gleitbüschel bis zur Vereinigung ihrer Stiele einander entgegen, so kommt es zur Gleitfunkenentladung, die für die Hochspannungstechnik von größter Bedeutung ist (Kurzschlußgefahr). Die Gesetze der Gleitfunkenbildung, die zum großen Teil aus den Gesetzen der Gleitbüschel abgeleitet werden können, sind von M. TOEPLER weitgehend aufgeklärt worden[3]).

Entsprechend dem großen Energieumsatz im Funken, machen sich hier bei der Figurenbildung allerlei thermische und mechanisch-akustische Wirkungen bemerkbar[4]).

c) Die ionentheoretische Deutung der elektrischen Figuren.

20. Vergegenwärtigt man sich, daß die Spannung, bei der sich die positiven Ionen wesentlich an der Stoßionisation beteiligen, höher ist als die Ionisierungsspannung durch Elektronen, so kann man sich folgende Vorstellung von der Entstehung der Figuren und ihrer polaren Unterschiede bilden. Von einem

---

[1]) Über den Einfluß einer Erhitzung der Elektrode s. K. GORBATSCHEFF, Phys. ZS. Bd. 27, S. 79. 1926.

[2]) K. PRZIBRAM u. E. KARA-MICHAILOVA, ZS. f. Phys. Bd. 2, S. 297. 1920; E. KARA-MICHAILOVA, l. c.

[3]) M. TOEPLER, l. c. Ältere Beobachtungen über Gleitfunken s. G. BECCARIA, Dell' Elettricismo artificiale e naturale, S. 80ff. Turin 1753; J. PRIESTLEY, l. c. Abschnitt 11; J. CH. POGGENDORF, Pogg. Ann. Bd. 126, S. 63. 1865; Bd. 133, S. 152. 1868; ferner F. v. LEPEL, Wied. Ann. Bd. 39, S. 361. 1890; W. LIETZAU, Dissert. Freiburg i. S. 1903; R. CLUCKERS, Bull. de Belge 1909, S. 1008.

[4]) J. J. ABRIA, Pogg. Ann. Bd. 53, S. 589. 1841; K. ANTOLIK, ebenda Bd. 151, S. 127. 1874; Bd. 154, S. 14. 1875; E. MACH u. A. FISCHER, ebenda Bd. 149, S. 421. 1873; E. MACH u. J. WOSYKA, ebenda Bd. 156, S. 407. 1875; W. ROSICKY, Wiener Ber. Bd. 73, S. 629. 1876; J. J. OPPEL, Jahresber. d. phys. Ver. Frankfurt a. M. 1860/61, S. 38; J. JOLY, Proc. Roy. Soc. London Bd. 47, S. 67. 1890. Über wandernde elektrische Funken auf photographischen Platten s. ST. LEDUC, C. R. Bd. 129, S. 37. 1899; T. TERADA, U. NAKAYA u. K. YUMOTO, Scientific Papers of the Institute of phys. and chem. Research, Tokyo, Bd. 4, S. 129. 1926.

negativen Pol aus fliegen Elektronen aus dem Ionisationsgebiet des Spitzenstromes in das Feld und können, wenn das Feld hinreicht, längs einer weiteren Strecke durch Stoß ionisieren; für die polwärts fliegenden, durch diese Stöße gebildeten positiven Ionen muß das Feld zur Stoßionisation noch nicht ausreichen; die Leitfähigkeit in der Flugbahn der Elektronen bleibt gering, das Feld wird durch sie wenig gestört und es können sich bei weiterer Elektrizitätszufuhr neben den schon gebildeten neue Leitungsbahnen bilden, die so gebildete Figur besteht aus mehr oder weniger dicht gelagerten radialen Leuchtfäden, die Begrenzung des Ionisationsgebietes und daher der Leuchterscheinung ist verwaschen, da alle möglichen Abstufungen der Ionisationsstärke auftreten werden. Anders am positiven Pol: hier fliegen positive Ionen in das Feld und ionisieren erst bei höherer Spannung; ist dies aber einmal erreicht, so ionisieren die dadurch neu gebildeten Elektronen um so mehr beim Polwärtsfliegen und somit bildet sich gleich eine gutleitende Bahn, durch die eine größere Ladung ins Feld abfließen kann; dadurch wird die Ausbildung neuer Leitungsbahnen erschwert, die Figur bleibt auf relativ wenige Äste beschränkt und endet scharf. Infolge der größeren Leitfähigkeit der Ladungsbahnen, die wie Verlängerungen der Elektrode wirken, zeigt die positive Figur eine stärkere Wachstumstendenz (größere Geschwindigkeit), womit auch die Neigung zur Verästelung zusammenhängt.

Die größere Ausbreitungsgeschwindigkeit der positiven Figuren, die größere Leitfähigkeit ihrer Äste sind experimentell erwiesen (s. Ziff. 16 u. 17), und auch der spätere Beginn (höhere Spannung) der Ausbreitung vom positiven Pol aus läßt sich nach einer Modifikation der PEDERSENschen Geschwindigkeitsmessung wenigstens sehr wahrscheinlich machen[1]).

Die größere Konzentration der Entladung längs einzelner Bahnen bei der positiven Figur läßt es auch verständlich erscheinen, weshalb hier die Umwandlung einzelner Bahnen in Ladungskanäle mit fallender Charakteristik bei kleinerer Spannung erfolgt als bei der negativen.

Es ist klar, daß nach der mitgeteilten Auffassung die polaren Unterschiede mit zunehmender Elektronenaffinität infolge der Abnahme der freien Lebensdauer der Elektronen zurücktreten müssen, wie die Erfahrung es auch zeigt. In diesem Zusammenhange kann darauf hingewiesen werden, daß aus der Betrachtung der elektrischen Figuren in Argon auf einen besonders hohen Wert des Verhältnisses der negativen zur positiven Ionenbeweglichkeit geschlossen werden konnte, bevor noch das Auftreten freier Elektronen in diesem Gase bekannt war[2]).

Eine von der hier dargelegten abweichende ionentheoretische Deutung der Figuren gibt M. TOEPLER[3]). Das Feld am Rande der Figur drückt die daselbst durch Stoßionisation entstehenden gleichnamigen Ionen fest gegen die Platte, nur die ungleichnamigen werden zur Strömung verfügbar. Die Elektrizitätsleitung in den Leuchtfäden ist also streng unipolar und erfolgt gegen den Sinn der Aufladung der Platte. Mittels dieser Vorstellung, daß bei der Bildung der negativen Figuren nur die positiven Ionen, bei der der positiven nur Elektronen den Ladungstransport besorgen, gelingt es TOEPLER, die Tatsache, daß die positive Figur (Polbüschel) meist etwa doppelt so groß ist wie die negative, unter gleichen Bedingungen, quantitativ mit der verschiedenen mittleren freien Weglänge von Ion und Elektron (etwa 1 : 4) in Beziehung zu bringen. Es muß aber bemerkt werden, daß diese Auffassung wohl nur die der Platte unmittelbar anliegenden Schichten betrifft, während auch etwas fernere Luftschichten, in denen bipolare

[1]) K. PRZIBRAM, Wiener Ber. Bd. 129, S. 151. 1920.
[2]) K. PRZIBRAM, Wiener Ber. Bd. 116, S. 557. 1907.
[3]) M. TOEPLER, Phys. ZS. Bd. 21, S. 706. 1920; Arch. f. Elektrot. Bd. 10, S. 157. 1921.

Leitung stattfinden kann, bei der Figurenbildung mitspielen dürften; es wäre sonst ein größerer Unterschied zwischen den Figuren und den Entladungsformen in freier Luft zu erwarten und, da nach der TOWSENDschen Theorie eine fallende Charakteristik durch bipolare Leitung bedingt ist, die Ausbildung von Gleitbüschelstielen schwer zu erklären. Die größere Leitfähigkeit der positiven Bahnen ergibt sich auch aus der TOEPLERschen Anschauung.

PEDERSEN nimmt in Übereinstimmung mit dem Verfasser an, daß die negative Figur durch Elektronen, die positive durch positive Ionen gebildet werde, U. YOSHIDA[1]) schreibt beide Figuren den Elektronen zu — die negative den vom Pol wegfliegenden, die positive den zufällig im Figurenbereiche vorhandenen polwärts fliegenden. Gegen letztere Deutung spricht aber die von PEDERSEN festgestellte Tatsache, daß die Gestalt der positiven Äste weder durch Vermehrung der vorhandenen Elektronen durch Radiumbestrahlung, noch durch weitgehende Beseitigung derselben durch ein elektrisches Feld beeinflußt wird.

Wenn also die Anschauungen noch auseinandergehen, so kann doch nicht mehr daran gezweifelt werden, daß die polaren Unterschiede der elektrischen Figuren, die seit LICHTENBERG den Gegenstand zahlreicher Erklärungsversuche gebildet haben, zurückzuführen sind auf den Fundamentalgegensatz: negatives Elektron-positives Ion.

---

1) U. YOSHIDA, Mem. Kyoto Bd. 2, S. 105. 1917.

Kapitel 9.

Atmosphärische Elektrizität.

Von

G. ANGENHEISTER, Potsdam.

Mit 12 Abbildungen.

1. Die Erde besitzt eine negative Oberflächenladung, die Atmosphäre in den untersten Kilometern eine positive Raumladung, deren Betrag bis etwa zur Höhe der Stratosphäre schon genügt, die negative Oberflächenladung zu kompensieren. Die Atmosphäre besitzt eine Leitfähigkeit. Bei der vorhandenen Feldstärke fließt infolgedessen in der Atmosphäre ein vertikaler Leitungsstrom abwärts, der die vorhandene Oberflächenladung der Erde schon in einer Viertelstunde praktisch zum Verschwinden bringen müßte. Dies geschieht jedoch nicht. Die Vorgänge, die, trotz des vorhandenen Leitungsstromes, die Oberflächenladung im Mittel der Zeit — bis auf geringe Schwankungen konstant erhalten, sind uns noch unbekannt. Dies ist das wesentlichste Problem der luftelektrischen Forschung. Die Ursachen der Ionisation der Atmosphäre sind gleichfalls nicht restlos geklärt. Von dem wichtigsten Ionisator, von der Höhenstrahlung, ist uns weder die physikalische Natur, noch der Ursprungsort sicher bekannt. Im stationären Zustand müssen sich die ionenbildenden und ionenvernichtenden Vorgänge in der Atmosphäre das Gleichgewicht halten. Die Aufstellung dieser Bilanz ist uns einstweilen nur angenähert möglich. Die Ionenvernichtung durch Wiedervereinigung leichter und schwerer Ionen und durch Adsorption an Staub ist quantitativ noch nicht genügend bekannt.

Soviel von dem normalen Verhalten. Von den Störungen sind vor allem die Gewitterbildung und die Polarlichter in ihrer physikalischen Deutung noch umstritten.

Im folgenden sollen die experimentellen Grundlagen und die Ergebnisse der Beobachtung dargestellt werden, die zu den oben angedeuteten Problemen geführt haben. Es sollen dabei die versuchten Lösungen dieser Probleme erörtert werden.

Bei der Aufrechterhaltung der Erdladung und bei der Höhenstrahlung handelt es sich in beiden Fällen offenbar um die Wirkung einer Zustrahlung von außen, die die ganze Atmosphäre trotz ihres hohen Massenäquivalents von 76 cm Hg zu durchdringen vermag. Im ersten Falle vielleicht um eine sehr schnelle β-Strahlung, im zweiten wohl um eine sehr harte γ-Strahlung. Im Laboratorium sind β- und γ-Strahlen solcher Reichweite bisher noch nicht beobachtet worden. Das Studium der geophysikalischen Probleme in der Luftelektrizität — wie ja auch in der Seismik, im Erdmagnetismus und Polarlicht — sind daher wohl geeignet, die Laboratoriumserfahrungen zu erweitern. Darin liegt ihre Bedeutung für den Physiker.

Das luftelektrische Beobachtungsmaterial entstammt vorwiegend den meteorologischen und erdmagnetischen Observatorien, die zum Teil fortlaufende Registrierungen vor allem des Potentialgradienten und auch der Leitfähigkeit und der

Regenelektrizität angestellt haben. Zum andern Teil stammt das Beobachtungsmaterial von Forschungsreisen, Polarexpeditionen, Ballon- und Flugzeugfahrten und insbesondere aus den systematischen Messungen auf allen Meeren der Erde, die in großzügigem Ausmaß von der Carnegie-Institution in Washington auf ihren Vermessungsschiffen, Galilei und Carnegie, angestellt worden sind.

An dem Ausbau der Instrumente und Methoden haben die physikalischen und geophysikalischen Institute der Hochschulen einen lebhaften Anteil genommen. Besonders ist auch an die Verdienste von ELSTER und GEITEL zu erinnern[1]).

a) Das elektrische Feld.

2. Potentialgefälle. Wäre die Luft ein Isolator, in den keine Raumladungen eingebettet sind, $\operatorname{div}\mathfrak{E} = 0$, so könnte das elektrische Feld in der Atmosphäre angesehen werden, als allein herrührend von einer Oberflächenladung der als vollkommen leitend angenommenen Erde. Bei glatter Oberfläche (Ozeane) sind dann die Äquipotentialflächen Kugelschalen, konzentrisch mit der kugelförmigen Erde. Auf den Kontinenten und Inseln sind die Oberflächendichte und der Kraftlinienverlauf von Ort zu Ort durch das Bodenrelief bedingt. In der Ebene ist ein horizontales Gefälle nicht zu erwarten und es ist die Feldstärke am Boden

$$\mathfrak{E}_0 = \frac{dV}{dh} = \frac{E_0}{r_0^2} = -4\pi\sigma ,$$

wo dV/dh das vertikale Potentialgefälle und σ die Oberflächenladung, E_0 die Eigenladung der Erde r_0 der Erdradius bedeutet. Bei der Größe des Erdradius müßte dann das Potentialgefälle in den praktisch erreichbaren unteren Kilometern keine merkliche Änderung mit der Höhe zeigen.

Eine eingehende Untersuchung zeigt jedoch, daß der Gradient stark mit der Höhe abnimmt, d. h. daß Raumladungen auftreten, $\operatorname{div}\mathfrak{E} = 4\pi\varrho$ und zwar nicht nur in den unteren Metern, sondern bis zur Stratosphäre (10 km) hinauf.

Nimmt man an, daß die Atmosphäre ionisiert ist, so bilden sich unter Einwirkung des Feldes, (herrührend von der Oberflächenladung der Erde) Raumladungen aus. In der Nähe des negativ geladenen Bodens sind die positiven Ionen in der Überzahl. Die Größe dieser Raumladung und ihre Änderung mit der Höhe ist von der Feldstärke selbst, von der Ionisationsstärke, Wiedervereinigung und Beweglichkeit der Ionen abhängig. Für eine mit der Höhe homogene Ionisierung nimmt die Raumladung nach oben schnell ab. Das Potentialgefälle (die Feldstärke) hat dann am Boden seinen Maximalwert, sinkt mit wachsender Höhe, erreicht jedoch für die in unserer Atmosphäre geltenden Werte der oben-

[1]) Eingehende Literaturangaben finden sich in den folgenden neueren zusammenfassenden Darstellungen: E. v. SCHWEIDLER, Atmosphärische Elektrizität. Enzykl. d. math. Wiss. Bd. VI, 1, 9. 1915; K. KÄHLER, Luftelektrizität. 151 S. Göschen 1921; E. v. SCHWEIDLER u. K. W. F. KOHLRAUSCH, Atmosphärische Elektrizität, in Graetz Handb. d. Elektr., Bd. III, Literatur bis Mitte 1914 sehr eingehend, S. 193—274; A. NIPPOLDT, Erdelektrizität in MÜLLER-POUILLET, Lehrb. d. Phys., Bd. IV, 10. Aufl. 1914; E. MATHIAS, Traité d'Electricité atmosphérique et tellurique, 580 S. Paris 1924; B. CHAUVEAU, Electricité atmospherique, 3 Teile, 90 + 240 + 264 S. Paris 1922/1925. Neuere Darstellungen einzelner Teilgebiete finden sich bei: STEFAN MEYER u. E. v. SCHWEIDLER, Die Radioaktivität. Leipzig: Teubner 1916; W. KOLHÖRSTER, Die durchdringende Strahlung in der Atmosphäre, Probleme der kosmischen Physik, Bd. V. Hamburg: H. Grand 1924; K. KÄHLER, Die Elektrizität der Gewitter, Sammlung Borntraeger Bd. III. Berlin 1924; A. GOCKEL, Das Gewitter. Berlin: F. Dümmler 1925; V. F. HESS, Die elektrische Leitfähigkeit der Atmosphäre, Sammlung Vieweg. S. 84/85. Braunschweig 1926; A. WIGAND, Luftelektrische Untersuchungen bei Flugzeugaufstiegen. Fortschritte der Chemie und Physik Bd. 18, 5. Bornträger 1925. Von den theoretischen Arbeiten soll vor allem auf die von H. GERDIEN, H. BENNDORF, E. v. SCHWEIDLER, W. F. G. SWANN, H. GEIGER verwiesen werden.

genannten bestimmenden Größen schon in wenigen Zehnern von Metern einen konstanten Wert, der etwa $^1/_3$ des Wertes dicht am Boden beträgt. Darüber hinaus müßte das Potentialgefälle wieder konstant sein. Diese Überlegungen gelten für eine ruhende Atmosphäre; gerade in den untersten Metern ist aber die vertikale Durchmischung stark und die Ausbildung der Raumladungen kann nicht in dem obigen Maße erwartet werden. Dies zeigt auch die Beobachtung. Wächst jedoch die Ionisation und Beweglichkeit der Ionen, und damit die Leitfähigkeit in größeren Höhen (von mehreren Kilometern) an, so wird dort auch — Konstanz des elektrischen vertikalen Leitungsstromes vorausgesetzt — das Potentialgefälle weiter sinken, d. h. Raumladungen auftreten.

Dieser letztere Zustand starker Abnahme des Gradienten in den unteren Metern, langsamerer bis zur Stratosphäre, entspricht ungefähr den Beobachtungstatsachen des ungestörten Feldes. Darüber lagern sich nun die mehr oder weniger regelmäßigen Änderungen der Leitfähigkeit infolge meteorologischer Vorgänge, dann der Transport von Ladungen durch vertikale Luftbewegung, und die Ausbildung besonderer Raumdichten, z. B. Wolkenbildung, Schneefälle, Nebel, Regen, Gewitter usw. Alle diese Änderungen haben Änderungen des Gefälles zur Folge; daraus ergibt sich das bewegte Bild des zeitlichen Verlaufes des Potentialgefälles, das wir tatsächlich beobachten.

Die praktisch verwendeten Methoden der Ausmessung des Feldes messen nun nicht Feldstärken (oder Gefälle) in der unmittelbaren Nähe des Erdbodens, sondern Potentialdifferenzen zwischen dem Boden und dem Referenzpunkt, d. h. also Mittelwerte des Gefälles, die den Einfluß der unterhalb gelegenen Raumladungen bereits enthalten.

Am Boden ist
$$\mathfrak{E}_0 = \frac{E_0}{r_0^2},$$
in der Höhe h ist
$$\mathfrak{E}_h = \frac{E_0 + E_h}{r_h^2} = -4\pi(\sigma + \varrho_h).$$

E_0 = Eigenladung der Erde,

E_h = Gesamtraumladung der Atmosphäre zwischen $h = o$ und $h = h$,

r_0 = Erdradius,

h = Höhe über dem Boden,

$h = r_h - r_0$.

Treten Raumladungen auf, $\operatorname{div}\mathfrak{E} = 4\pi\varrho$, so ergibt sich ϱ aus d^2V/dh^2, wenn man von einem horizontalen Gefälle absehen kann.

3. Meßmethoden für das Potentialgefälle. Die Ausmessung des elektrischen Feldes in der Nähe des Bodens geschieht mittels Kollektoren oder Ausgleicher. Ein etwa 1 m langer Ebonitstab ist senkrecht zum Boden aufgestellt und trägt am oberen Ende einen Kollektor, der also gegen den Boden isoliert ist. Der Kollektor ist mit den Fäden eines Elektrometers verbunden. Das Elektrometergehäuse ist geerdet. Zu Beginn der Messung wird der Kollektor geerdet und dann isoliert. Zwischen dem Kollektor und der umgebenden Luft besteht jetzt eine Potentialdifferenz, die der Kollektor auszugleichen sucht. Der Kollektor nimmt das Potential der Raumstelle an, in der er sich befindet. Das Elektrometer zeigt dann die Potentialdifferenz zwischen dieser Raumstelle und dem Boden. Durch die Influenzwirkung des elektrischen Erdfeldes tritt eine Verteilung der Ladung auf dem Kollektor ein, die der Potentialdifferenz zwischen dem Kollektor und der ihn umgebenden Raumstelle entspricht. Der Ausgleich wird bei den verschiedenen Kollektoren auf verschiedene Weise herbeigeführt. Beim Spritzkollektor wird durch abtropfendes Wasser die am Kollektor durch das Erdfeld influenzierte Ladung so lange fortgeschafft, bis zwischen dem Kollektor und der ihn umgebenden Luft keine Potentialdifferenz mehr besteht. Bei den radioaktiven Kollektoren wird die Luft in der unmittelbaren Umgebung des Kollektors stark ionisiert. Die Potentialdifferenz zwischen Kollektor und Umgebung wird dann durch den Leitungsstrom in dieser stark ionisierten Luft ausgeglichen. Bei den Flammenkollektoren wird der Ausgleich herbeigeführt durch die Wanderung der in den Flammengasen enthaltenen Ionen.

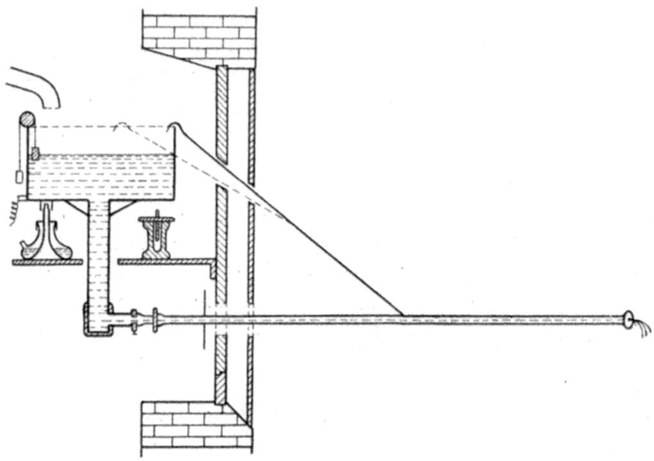

Abb. 1. Wasserspritzkollektor, an der Hauswand angebracht, zur Registrierung des Potentialgefälles.

Die Erfahrung bestätigt, daß die Sonde, wie ein Widerstand w dem Ausgleich der Potentialdifferenz Luft—Sonde $V_l - V_S$ entgegensteht.

Die Elektrizitätsmenge de, die dem System Sonde—Elektrometer durch die Sonde in der Zeit dt zufließen, ist

$$de = C\,dV_S = \frac{1}{w}(V_l - V_S)\,dt\,.$$

C ist die Kapazität des Systems, V_l das Potential der Luft in der Nähe der Sonde, V_S das Sondenpotential. Die Zeit t_H, in der bei konstantem Luftpotential das Sondenpotential von Null auf das halbe Luftpotential steigt, heißt die Halbwertzeit. Sie kann experimentell leicht bestimmt werden und ist die charakteristische Konstante des betreffenden Systems Sonde—Elektrometer.

Durch Integration der obigen Gleichung ergibt sich

$$C w = \frac{t_H}{\ln 2} = \tau\,,$$

τ = Relaxationszeit. Da

$$V_l - V_S = V_l e^{-\frac{t}{\tau}}\,,$$

so läßt sich jetzt bestimmen, wie weit sich bei dem vorgegebenen System von der Halbwertzeit t_H das Sondenpotential dem Luftpotential in einer beliebigen Zeit angenähert hat; konstantes Luftpotential während der Zeit t vorausgesetzt.

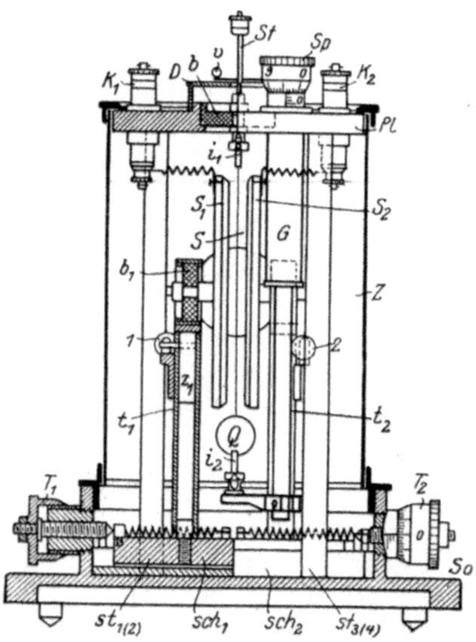

Abb. 2. Saitenelektrometer nach LUTZ[1]).

Z Zylindrisches Gehäuse; S_0 Sockel; $st_{1,2,3,4}$ Stützen für Platte Pl; b Bernsteinplatte mit Befestigungsstift i_1 für Saite S; Q Quarzschleife, G Träger für Befestigungsstift i_2 mit Spannschraube Sp; $S_{1,2}$ Schneiden in Bernstein b_1 isoliert gelagert und von Trägern $t_1 t_2$ gehalten. Feinverstellung von $S_1 S_2$ geschieht durch Verschiebung der Schlitten $sch_{1,2}$ mittels Mikrometerschraube $T_{1\,2}$ und durch Drehung um Zapfen Z mittels Fingerschrauben 1, 2; $K_{1,2}$ Zuleitungsklemme, St Stecksonde durch Deckel D mit Verschluß v.

[1]) C. W. LUTZ, Phys. ZS. Bd. 17, S. 619. 1916; Bd. 24, S. 166. 1923.

Man kann hieraus ableiten, welche Anforderungen an die Halbwertzeit der Sonde zu stellen sind, wenn sie schnellen zeitlichen Änderungen des Feldes folgen soll.

Man hat außerdem vor allem zu untersuchen, ob gleichzeitig andere Elektrizitätstransporte zum System Sonde—Elektrometer stattfinden, z. B. durch Isolationsfehler, Luftleitung, elektrisch geladenen Regen, Abtropfen usw. Unter ungünstigen Verhältnissen können diese Elektrizitätstransporte den durch die Sonde vermittelten ganz erheblich fälschen, um so mehr, je größer die Halbwertzeit[1]). Das System soll deshalb eine möglichst kleine Halbwertzeit besitzen; klein gegen die Zeitdauer der Schwankung des Feldes, die aufgezeichnet werden sollen. Schnell wirkende Sonden und kleine Kapazitäten des Systems sind dazu erforderlich.

Im Gebrauch sind radioaktive Sonden (Ionium, Polonium), deren Halbwertzeit für die gebräuchlichen Systeme 1 bis 2 Minuten beträgt. Maßgebend für die Wirksamkeit der Sonde allein ist natürlich nicht Halbwertzeit des Systems $t_h = C w \ln 2$, sondern $w = \frac{t_h}{C \ln 2}$. Schneller wirken[2]) Flammenkollektoren und

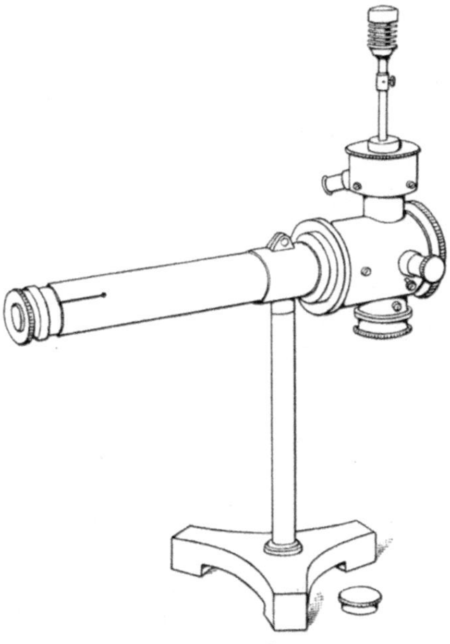

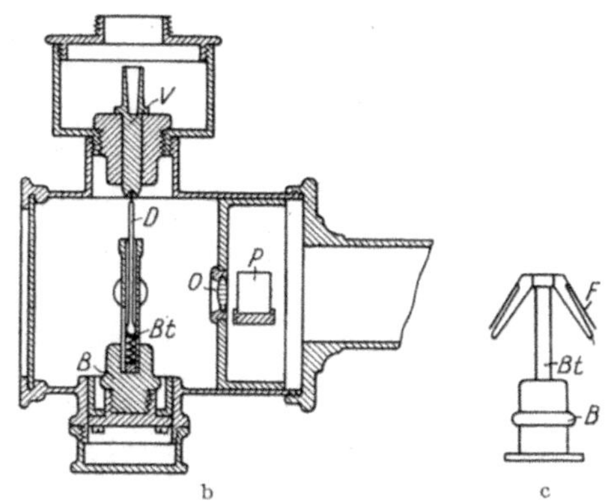

Abb. 3a—c. Quarzfadenelektrometer nach WIECHERT.
b) Gehäuse, *B* Bernstein, *V* zum Einsetzen des Aufladestiftes; *D* Verbindungsstück zwischen Aufladestift u. Blättchenträger *Bt* *O*-Linse, *P* Doppelprisma. c) Blättchenträger *Bt* mit Quarzfäden *F*.

Wasserspritzkollektoren (Abb. 1). Am schnellsten wirken mechanische Sonden, die durch eine schnelle Hebung oder Senkung in einen Ort veränderter Feldstärke gebracht werden. Die Influenzwirkung des Feldes erzeugt dann in der neuen Lage eine veränderte Verteilung der Oberflächendichte auf dem System, die sich am Elektrometer merkbar macht[3]). Diese „relativen" Sonden müssen durch Vergleichsmessungen mit den oben beschriebenen „absoluten" Sonden geeicht werden[4]).

Als Elektrometer sind außer Blattelektrometern älteren Typus vor allem Saitenelektrometer in der LUTZ-EDELMANNschen Ausführung (Abb. 2), Doppelfadenelektrometer nach WULF (platinierte Quarzfäden) oder Quarzfadenelektrometer nach WIECHERT[3]) (Abb. 3a—c) in Gebrauch.

[1]) G. ANGENHEISTER, Göttinger Nachr. 1924, S. 105.
[2]) C. W. LUTZ, ZS. f. angew. Geophys. Bd. 1, H. 7. 1923.
[3]) G. ANGENHEISTER, Göttinger Nachr. 1914.
[4]) Eingehende Untersuchungen über die Verwendbarkeit radioaktiver Sonden und Spritzkollektoren im Flugzeug hat A. WIGAND angestellt. Die dort beschriebenen Sonden haben nur wenige Sekunden Aufladezeit (l. c. S. 2). Dort finden sich auch Untersuchungen über die Aufladung des Flugzeugs, die bis 10000 Volt steigen kann, und deren Spannungsgefälle das natürliche luftelektrische weit übersteigt.

Zur Registrierung des Potentialgefälles verwendet man gewöhnlich eine Elektrode, die isoliert die Hauswand senkrecht durchsetzt. Die Äquipotentiallinien werden durch die Hauswand deformiert und es ist daher notwendig, die Registrierung durch Vergleichsmessungen auf die freie Ebene zu reduzieren. Ferner ist zu untersuchen, ob Aufladungen der Hauswände vermieden werden, ob durch Wind, vertikale Luftbewegung, Sonnenschein, Staubbildung die Raumladung und damit das Gefälle in der Nähe der Hauswand anders beeinflußt wird, als auf der freien Ebene. Als Elektrometer benutzt man zu diesen Registrierungen zweckmäßig einen Quadrantelektrometer, z. B. für mechanische Registrierung in der BENNDORFschen Ausführung (Abb. 4a u. b).

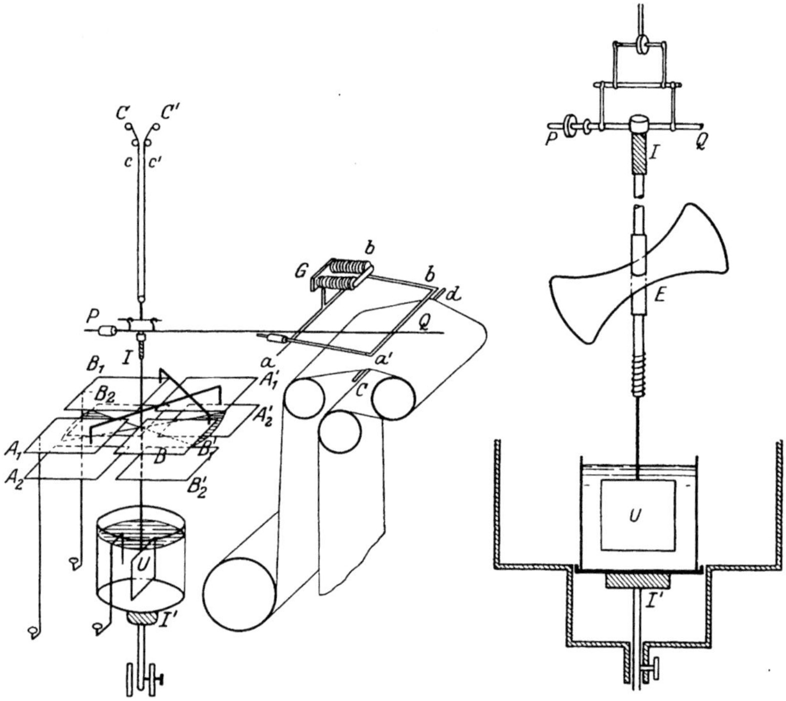

Abb. 4a u. b. Quadrantelektrometer zur mechanischen Registrierung des Potentialgefälles nach BENNDORF.

$A_1 A_2 A_1' A_2'$ und $B_1 B_2 B_1' B_2'$ = Quadrantenpaare; PQ = Schreibarm; $I I'$ Isolation; $G a a' b b$ Zeitmarkierung und Schreibvorrichtung; $c d$ Führungsstift für die Papierbewegung; $C C'$ = bifilare Aufhängung; rechts Nadel E mit Dämpferflügel U.

Der Schreibarm PQ ist mit der Elektrometernadel starr verbunden. Der Elektromagnet G drückt den Rahmen $a a' b b'$ jede Minute auf den Schreibarm PQ. Ein Blauband liegt zwischen dem Rahmen $a' b'$ und dem Registrierpapier. Der Druck des Schreibarmes auf dies Blauband markiert seine Stellung auf dem Registrierpapier.

Es ist auch versucht worden, die Oberflächenladung der Erde direkt zu messen. Man berührt mit einer isolierten COULOMBschen Prüfscheibe die ebene Erdoberfläche und bringt die Prüfscheibe in einen geerdeten Hohlraum und mit einem Elektrometer in Verbindung. Diese Methode wurde schon benutzt von PELTIER 1835, S. W. THOMSON 1890, später von C. T. R. WILSON 1906, zuletzt von C. RAMSAUER[1]).

---

[1]) C. RAMSAUER, Ann. d. Phys. Bd. 75, S. 449. 1924.

4. Beobachtungsergebnisse. Die absoluten Werte des Potentialgefälles und ihre geographische Verteilung.

Bei ungestörter Wetterlage (Schönwettertage), besonders bei unbewölktem Himmel, ist das Potentialgefälle auf Festländern und Ozeanen, soweit es untersucht ist, positiv gefunden worden; d. h. die Atmosphäre ist der Erde gegenüber positiv. Die Tabelle 1 gibt eine Zusammenstellung der Mittelwerte, monatliche Höchst- und Tiefstwerte des Potentialgefälles einiger Stationen, zum Teil aus längeren, mehrjährigen Registrierperioden gewonnen.

Tabelle 1. Potentialgefälle in Volt/m.

Meßort	Meereshöhe in m	Mittelwert	Höchstwert	Tiefstwert
Potsdam	80	204	278	151
München	500	168	265	104
Davos	1600	64	101	33
Samoa	2	115	125	105
Antarktis	—	88	120	71

Tabelle 2 gibt eine geographische Verteilung der absoluten Werte des Gefälles nach den Seebeobachtungen der Carnegie-Institution[1]) für zwei verschiedene Epochen, 1916.2 und 1920.8. Für beide Epochen ergeben sich die Werte für die Tropen (um etwa 15 bis 20 Volt/m) geringer als für die mittleren Breiten. Außerdem zeigt die Epoche 1916.2 in allen Breiten einen höheren Wert (um 16 bis 35 Volt/m) als die Epoche 1920.8.

Tabelle 2. Potentialgefälle in verschiedenen Breiten in Volt/m nach Beobachtungen an Bord der „Carnegie".

	1916.2	1920.8
40° N—20° N	132	115
20° N— 0°	127	111
0° —20° S	135	106
20° S —40° S	134	116
40° S —60° S	162	127

Als Mittelwert für die Erde läßt sich einstweilen etwa 120 Volt/m angeben. Für die Polkappen liegen jedoch noch unzureichende Werte vor.

Diesem Mittelwert entspricht eine mittlere Ladungsdichte an der Erdoberfläche von $\sigma = -3.2 \cdot 10^{-4}$ ESE/cm². Die Gesamtladung der Erde beträgt dann $-1.6 \cdot 10^{15}$ ESE oder rund eine halbe Million Coulomb ($-0.53 \cdot 10^{6}$ Coul.).

Pro cm² enthält die Erdoberfläche danach die Ladung von 670000 Elementarquanten.

5. Jährlicher Gang des Potentialgefälles. Die meisten Stationen der Nordhalbkugel zeigen ein Maximum im nördlichen Winter, ein Minimum im nördlichen Sommer.

Die Tabelle[1]) gibt die Monatsmittel des Potentialgradienten im Mittel der drei Stationen Del Ebro, Eskdalemiur, Kew für die Jahre 1913 bis 1922. Der jährliche Gang tritt deutlich hervor.

Tabelle 3.

Januar	309	Juli	156
Februar	301	August	167
März	267	September	194
April	232	Oktober	234
Mai	195	November	289
Juni	159	Dezember	303
			Jahr 234

[1]) Research of Dep. Terr. Magn. Ocean magn. and electr. Observ. Bd. V. 1915—1921. Washington 1926.

Helwan in Ägypten verhält sich umgekehrt (Maximum im Sommer). Einige Stationen der Südhalbkugel zeigen ein Maximum im nördlichen Winter (Cap Evans 77.6° S. B. und Watheroo, Australien 30.2° S. B.) andere im nördlichen Sommer (Buenos Aires). Einige tropische Stationen, darunter Samoa scheinen dem doppelten Zenitdurchgang der Sonne entsprechend zwei Minima und zwei Maxima pro Jahr zu besitzen.

Die meisten Landstationen und auch die Seebeobachtungen der Carnegie-Institution deuten an, daß zur Zeit des Perihels (nördlicher Winter), auf der ganzen Erde der Potentialgradient und damit die Oberflächenladung der Erde größer ist als zur Zeit des Aphels.

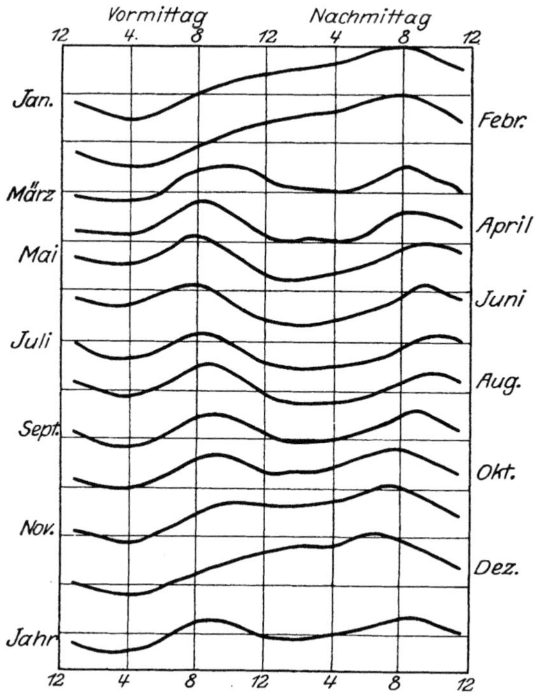

Abb. 5. Täglicher Gang des Potentialgefälles nach Ortszeit in Potsdam 1904—1923. Abstand zweier horizontaler Linien = 100 Volt/m [1]).

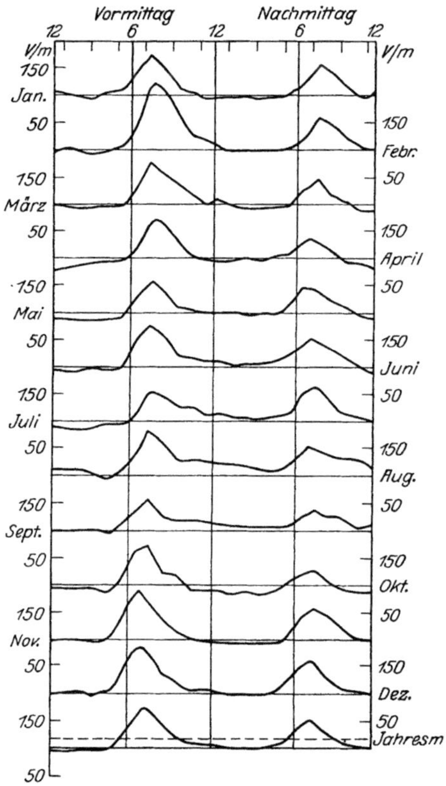

Abb. 6. Täglicher Gang des Potentialgefälles nach Ortszeit in Samoa in Volt/m. 1913—1918.

6. Täglicher Gang des Potentialgefälles. Die meisten Landstationen zeigen sowohl einen einfachen, wie doppelten täglichen Gang. In Mitteleuropa tritt der doppelte Gang im Sommer stärker hervor, während im Winter die ganztägige Welle vorherrscht (Abb. 5). Auf der Ozeaninsel Samoa herrscht nahe am Boden im ganzen Jahr die halbtägige Welle vor (Abb. 6).

Auf dem freien Ozean dagegen tritt die halbtägige Welle gegenüber der ganztägigen stark zurück. Dort beträgt die Amplitude der ganztägigen Welle 15% des Tagesmittels. Die harmonische Analyse des täglichen Ganges für die verschiedenen Gegenden der Erde zeigt, daß die ersten beiden Glieder (das ganz-

[1]) K. KÄHLER, Meteorol. ZS. 1925, 71.

und halbtägige) die wesentlichen sind. Der Phasenwinkel des halbtägigen Gliedes ist nach Ortszeit nahe konstant für Ort und Jahreszeit. Das halbtägige Glied zeigt ein ähnliches Verhalten wie die halbtägige Schwingung des Luftdrucks, mit der es in einem ursächlichen Zusammenhang steht. Sehr überraschend ist, daß sich der Phasenwinkel des ganztägigen Gliedes nach Weltzeit für die Erde innerhalb mäßiger Grenzen konstant ergibt, besonders gilt dies für die Ozeanbeobachtungen (Abb. 7). Der tägliche Gang nach Weltzeit ist auf allen Ozeanen sehr ähnlich[1]).

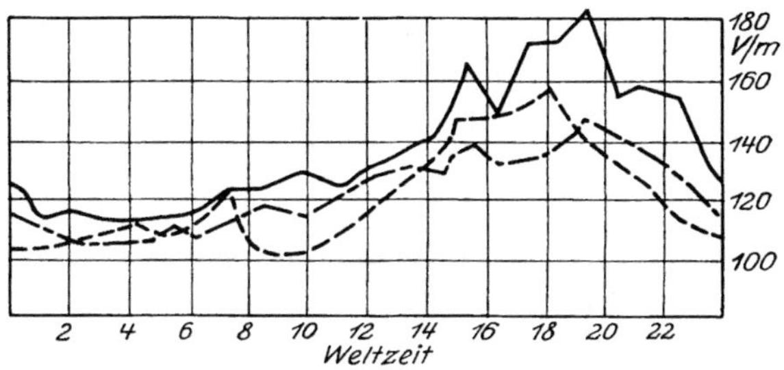

Abb. 7. Täglicher Gang des Potentialgefälles nach Weltzeit. CARNEGIE 1915—1921.
—— Indic — — — Atlantik — · — · Pacific[1]).

Auch für Landstationen ist der Phasenwinkel des ganztägigen Gliedes von Ort zu Ort besser konstant nach Weltzeit als nach Ortszeit. Das Maximum dieses Weltzeitgliedes liegt zwischen 16 und 19h Greenwich-Zeit, das Minimum zwischen 4 und 9h Greenwich-Zeit.

7. 11 jährige Sonnentätigkeit und Potentialgradient. L. A. BAUER[1]) hat in einer Reihe von Untersuchungen den Nachweis zu führen gesucht, daß sich das Jahresmittel des Potentialgradienten und die Amplitude seiner täglichen und jährlichen Änderung sowohl auf dem Kontinent wie auf freiem Ozean, mit der Sonnentätigkeit, gemessen an ihrer Fleckenzahl ändert. Wachsen der Fleckenzahl entspricht wachsender Gradient bzw. wachsende Amplitude. 100 Einheiten der Fleckenzahl entsprechen dabei etwa 33% des Gradienten. Die luftelektrisch wenig gestörte spanische Station del Ebro zeigt in der Tat einen Gang, der dem Gang der Fleckenzahl in dem letzten Zyklus einigermaßen entspricht (s. Tab. 4). Auch die Seebeobachtung an Bord der Carnegie deuten auf einen Zusammenhang (s. Tab. 5).

Tabelle 4. Jahresmittel des Potenttialgefälles in Del Ebro und Sonnenfleckenrelativzahlen.

Jahr	Flecken-zahl	Pot.-Gef.
1913	1	110
1914	10	109
1915	47	111
1916	57	121
1917	104	130
1918	81	126
1919	64	110
1920	38	107
1921	26	86
1922	14	76

Tabelle 5. Seebeobachtungen des Potentialgefälles und Sonnenfleckenrelativzahlen.

Epoche	Sonnen-flecken	Pot.-Gef.
1915.6	45	137
1916.6	61	151
1917.6	104	150
1918.3	75	136
1919.9	37	135
1920.6	37	111
1921.4	24	104

Andererseits zeigen andere Stationen, z. B. Potsdam, keineswegs einen Zusammenhang zwischen Sonnentätigkeit und Potentialgefälle.

[1]) Research of Dep. Terr. Magn. Ocean magn. and electr. Observ. Bd. V. 1915—1921. Washington 1926.

8. Änderung des Potentialgefälles mit der Höhe; Raumladungen. Zur Ausmessung der Raumladungen sind 3 Methoden verwendet worden:

1. Unter der Voraussetzung, daß keine horizontale Gradienten auftreten, ergibt sich mit Hilfe der POISSONschen Gleichung $\frac{d^2V}{dh^2} = -4\pi\varrho$ die Raumladung aus Messungen des Gradienten in zwei Punkten nahe übereinander[1]).

2. Ein kugelförmiger FARADAYscher Käfig aus weitmaschigem Drahtnetz wird geerdet. Das Innere ist dadurch vor dem elektrostatischen Erdfeld geschützt. Durch die Maschen kann jedoch die Luft mit ihren Raumladungen hindurch zirkulieren, so daß eine Potentialdifferenz zwischen Kugelmittelpunkt und geerdeter Wand auftritt. Das Potential der gleichförmig mit der Raumdichte ϱ angefüllten Kugel in ihrem Mittelpunkt ist $2\pi r^2\varrho$.

Die Raumladung der Kugel influenziert auf ihrer leitenden Hülle eine gleichgroße entgegengesetzte Ladung $-\frac{4}{3}r^2\pi\varrho$, die zum Potential im Mittelpunkt den Betrag $-\frac{4}{3}r^2\pi\varrho$ beiträgt, so daß $V_i = \frac{2}{3}r^2\pi\varrho$. Hieraus ergibt sich ϱ wenn V_i und r gemessen wird. KÄHLER benutzte diese Methode[2]).

3. Die Luft, deren Raumladung bestimmt werden soll, wird durch einen Zylinderkondensator gesogen, dessen innere Elektrode mit einem Elektrometer verbunden ist. Das Feld zwischen innerem und äußerem Zylinder muß so groß gewählt sein, daß alle Ionen, auch die schweren, bei der vorhandenen Strömungsgeschwindigkeit der Luft dem Luftstrom entzogen werden. Die spezifische Ionenzahl beider Vorzeichen wird festgestellt. Die Differenz $\varepsilon(n_+ - n_-)$ ist gleich der Raumladung. Diese Methode wurde von GOCKEL benutzt. Die Schwierigkeit der Messung besteht darin, wirklich alle Ionen, auch die schwersten, abzufangen. OBOLENSKY[3]) saugt daher die Luft durch einen Filter, der alle Ladungen auffängt. Die Aufladung des Filters wird am Elektrometer gemessen. Die spezifische Raumladung ergibt sich dann, wenn das durchgesogene Luftvolumen und die Kapazität des Systems bekannt ist.

9. Beobachtungsergebnisse. Bei Freiballonfahrten hat man das Potentialgefälle gemessen mit Wasserspritzkollektoren, die sich einige Meter unterhalb der Gondel befanden. Man hat dabei Vorsorge getroffen, daß der Ballon und seine Ladung das Feld an der Meßstelle nicht stören. Die Messungen zeigen, daß das Gefälle vom Boden an erst schnell und dann langsamer abnimmt. (BASCHIN, BÖRNSTEIN, LINKE, EVERLING und LUTZE, GERDIEN, ZANDER.) Im Mittel aller Beobachtungen ergibt sich für störungsfreies Wetter etwa folgende Änderung des Gefälles mit der Höhe.

Tabelle 6. Abnahme des Potentialgefälles mit der Höhe in der freien Atmosphäre.

Höhe in km . . .	0	0,5	1,0	1,5	2	3	4	5	6	9
Volt/m	100	50	33	25	21	16	12	9	6	3

Die mittlere Raumladung berechnet sich danach für die unteren 1500 m durch Vergleich des Gefälles in 1500 m und am Boden zu

$$1{,}3 \cdot 10^{-9}\ \text{ESE/cm}^3;$$

für die Luftsäule vom Querschnitt 1 cm² und Höhe 1500 m wird die gesamte Raumladung $= 2 \cdot 10^{-4}$ ESE. Die Oberflächenladung beträgt $-3{,}2 \cdot 10^{-4}$ ESE/cm². Hiervon werden also $^2/_3$ durch die Raumladung der unteren 1500 m kompensiert.

---

1) A. DAUNDERER, Dissert. München 1908; H. NORINDER, Ref. Meteorol. ZS. 1922.

2) K. KÄHLER, Meteorol. ZS. 1923. S. 204. Es ist darauf zu achten, daß die Voltadifferenz zwischen der Sonde in der Mitte des Käfigs und dem Käfigmaterial möglichst gering ist. Siehe H. BENNDORF, Phys. Zf. 27. 576. 1926.

3) W. N. OBOLENSKY, Ann. d. Phys. Bd. 77, S. 644. 1925.

In der Nähe des Bodens wurde die Raumladung mehrfach gemessen und registriert nach den verschieden obenbeschriebenen Methoden. Die Mittelwerte in 10^{-7} ESE/cm³ sind:

Tabelle 7. Elektrische Raumladungen in 10^{-7} ESE/cm³.

Höhe	Beobachter	Jahr	Sommer	Winter	Methode
1 m	KÄHLER	+ 5,8	+ 3,6	+ 6,7	Käfig
0—2 m	DAUNDERER	+ 1,2	+ 6,2	— 4,7	d^2V/dh^2
1—3 m	NORINDER		— 1,1	— 2,9	,,
	GOCKEL	— 0,1			
1 m	OBOLENSKY	+ 0,04	— 0,95	+ 0,51	$\varepsilon(n_+ - n_-)$
			Juli-Sept.	Dez.-Febr.	

Tägliche Schwankung der Raumladung wurde gemessen von NORINDER[1]), KÄHLER[2]), OBOLENSKY[3]).

KÄHLER findet, daß die Raumladung um Mittag am niedrigsten ist, morgens und abends höher, am höchsten nachts. Bei regenlosem Wetter fast ausnahmslos positiv.

Ein einfacher Zusammenhang mit dem täglichen Gang des Potentialgefälles läßt sich nach KÄHLER nicht feststellen.

OBOLENSKY findet im Winter für Raumladung und Gefälle denselben täglichen Gang. Maxima am Vormittag und Abend. Er glaubt daher, die Feldschwankungen durch die Schwankung der Raumladung erklären zu können.

Die Schwankungen der Raumladung stehen mit den meteorologischen Vorgängen, vertikalem Luftaustausch, Tropfenbildung, Staub, Nebel usw. in sehr engem Zusammenhang.

ANGENHEISTER[4]) registrierte in Samoa das Potentialgefälle in verschiedenen Höhen. In 0,65 m über dem Boden fand er die sehr regelmäßige halbtägige Schwankung des Potentialgefälles stärker ausgeprägt als in 2 m Höhe. Das Gefälle war während des Morgenmaximums in 0.65 m Höhe um 100 Volt größer als in 2 m Höhe gegenüber den gleichhohen Mittag- und Nachtwerten. Hieraus folgt, daß die Raumladung zur Zeit des Morgenmaximums gegenüber ihren Werten um Mittag und nachts um $+2 \cdot 10^{-6}$ ESE/cm² zugenommen hat.

Beim Abendmaximum beträgt die Zunahme der Raumladung höchstens

$$\tfrac{1}{2} \cdot 10^{-6}\ \text{ESE/cm}^2 .$$

Auf einem 15 m hohem Holzturm trat die halbtägige Welle stark zurück, die ganztägige stark hervor. Aus dem Vergleich der Registrierungen in 0,65 m, 2 m, 5 m, 8 m und 15 m Höhe schloß ANGENHEISTER, daß die ganztägige Welle in höhere Luftschichten emporreicht; die halbtägige dagegen am Boden am stärksten ausgebildet ist. (Abb. 8). Der Vergleich der Registrierungen am Bureau Central in Paris und auf dem Eifelturm deuten gleichfalls darauf hin.

10. Zusammenfassung. 1. Der Mittelwert des Potentialgefälles für die Erde beträgt + 120 Volt/m. Die Ladungsdichte der Erdoberfläche ist danach

$$\sigma = -3{,}2 \cdot 10^{-4}\ \text{ESE/cm}^2 .$$

Die Gesamtladung der Erde ist gleich einer halben Million Coulomb.

---

1) H. NORINDER, Geogr. Ann. Stockholm 1921, S. 1; 1922, S. 116; Meteorol. ZS. 1922, S. 117.

2) K. KÄHLER, Meteorol. ZS. 1923. S. 204.

3) W. N. OBOLENSKY, Ann. d. Phys. Bd. 77, S. 644. 1925.

4) G. ANGENHEISTER, Göttinger Nachr. 1924, S. 81.

2. Es scheint, daß das Gefälle in den Tropen um 15 bis 30 Volt/m niedriger ist als in höheren Breiten.

3. Die meisten Stationen zeigen ein Maximum im Winter ihrer Halbkugel. Einige Tropenstationen zeigen zwei Minima zur Zeit der Zenitdurchgänge der Sonne.

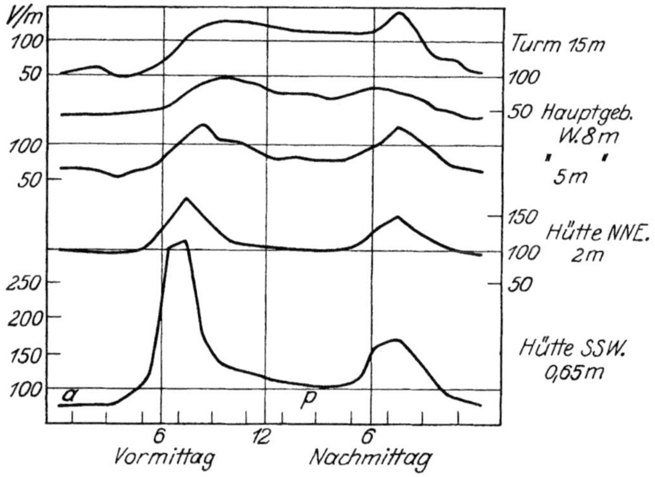

Abb. 8. Täglicher Gang des Potentialgefälles in verschiedenen Höhen über dem Boden (0,65—15 m) in Samoa (nach Ortszeit.).

4. Bei den Landstationen tritt meist im Sommer der halbtägige, im Winter der ganztägige Gang hervor. Auf dem Ozean herrscht der ganztägige Gang vor. Der Phasenwinkel des halbtägigen Ganges ist für die Erde nach Ortszeit nahezu konstant; der Phasenwinkel des ganztägigen Ganges scheint dagegen eher nach Weltzeit konstant zu sein. Der halbtägige Gang ist am Boden stärker ausgebildet als in der Höhe.

5. Es scheint, daß an einigen Stationen ein paralleler Gang zwischen Sonnenfleckenzahl und Potentialgefälle besteht. Wachsender Fleckenzahl entspricht wachsendes Jahresmittel und wachsende Amplitude des täglichen und jährlichen Ganges des Gefälles.

6. Das Potentialgefälle sinkt vom Bodenwert 100 Volt/m auf 25 in 1,5 km Höhe auf 12 in 4 km und 3 in 9 km. Die Raumladung in den unter 1500 m beträgt danach $1{,}3 \cdot 10^{-9}$ ESE/cm³. In den untersten Metern sind positive und negative Raumladungen wechselnd, je nach den meteorologischen Bedingungen.

b) Der Ionisationszustand der Atmosphäre.

11. Allgemeines. Die Erdatmosphäre ist ein ionisiertes Gas in einem elektrischen und magnetischen Kraftfeld. Das elektrische Kraftfeld rührt unter normalen Bedingungen in seinem wesentlichen Teil von der Erdladung her, das Magnetfeld vom inneren und äußeren Anteil des erdmagnetischen Feldes (vgl. Handbuch der Physik, Bd. 15).

Die Träger der positiven oder negativen Ladung, die Ionen, sind freie Elektronen, ferner positiv oder negativ geladene Moleküle, Molekülkomplexe, Tröpfchen und Staubteilchen. Wir haben also zwischen leichten und schweren Ionen zu unterscheiden. Sehr verschiedene Werte von e/m treten auf. In der unteren Atmosphäre (Troposphäre bis 10 km Höhe) sind die Ionen stets in großer Verdünnung enthalten. Ihre Zusammenstöße mit neutralen Molekülen sind sehr viel zahlreicher als untereinander. Sie nehmen also an der Wärmebewegung teil und haben das Bestreben, wie ein beigemischtes Gas sich gleichmäßig zu verteilen und Konzentrationsunterschiede auszugleichen. Bewegungsantriebe, die die Ionen irgendwie erhalten, werden durch die Wärmebewegung vernichtet. Sie wirkt wie eine Reibung proportional der relativen Geschwindigkeit des Ions gegen das Gas, ähnlich wie bei den STOKESschen fallenden Kugeln in Flüssigkeiten (Gasen). Die Bewegung des Ions im elektrischen Kraftfeld erfolgt daher mit konstanter Geschwindigkeit. Diese ist proportional der Feldintensität, die den Bewegungsantrieb liefert, und von Druck, Temperatur, Zusammensetzung der Atmosphäre abhängig. Die Beweglichkeit eines Ions ist die Geschwindigkeit, die es im elektrischen Feld von 1 Volt/cm annimmt. Diese beträgt in der Troposphäre etwa 1 cm/sec. Im magnetischen Feld erfährt das Ion eine mechanische Kraft senkrecht zu seiner Bewegungsrichtung und der Richtung der magnetischen Kraft. Also eine Ablenkung, keine Beschleunigung! Die ablenkende Kraft ist proportional der Geschwindigkeit des Ions und der magnetischen Feldstärke. Bei den geringen Geschwindigkeiten, die die Ionen unter den Druckverhältnissen der unteren Atmosphäre erreichen können, selbst bei starken Gewitterfeldern, sind die Ablenkungen von der Bewegungsrichtung durch das erdmagnetische Feld vollständig zu vernachlässigen, d. h. die Ionen folgen der elektrischen Feldrichtung.

Anders in der oberen Atmosphäre (von 100 km Höhe oder mehr). Da sich die Ionenbeweglichkeit umgekehrt proportional mit dem Druck ändert, können hier die nötigen großen Geschwindigkeiten auftreten. Bei sehr niederen Drucken kann die Bewegung der Ladungsträger durch das magnetische Erdfeld abgelenkt werden und im Grenzfall längs der magnetischen Kraftlinien erfolgen. Die Polarlichterscheinungen und gewisse Erfahrungen in der drahtlosen Telegraphie deuten darauf hin, daß dies tatsächlich eintrifft. Beim Senden in Richtung senkrecht zur Richtung der erdmagnetischen Kraft wird eine Drehung der Wellennormale beobachtet. In hohen Schichten der Atmosphäre werden die freien Elektronen infolge der ankommenden Feldstörung der drahtlosen Welle oszillieren. Diese Bewegung wird durch das erdmagnetische Feld abgelenkt und dadurch die Wellennormale gedreht. Dies ist beobachtet worden.

Die Wanderung der Luftionen erfolgt unten in der Richtung des elektrischen Erdfeldes. Bei normalem Feld wandern die positiven abwärts. Es ist also dann ein abwärtsgerichteter Leitungsstrom vorhanden von der Stärke

$$i = \lambda \frac{dV}{dh}, \quad \text{wo} \quad \lambda = \lambda_+ + \lambda_- = n_+ v_+ e + n_- v_- e .$$

Die nächste Aufgabe ist also die Ermittlung der Werte für n, v, λ, i.

n_+, n_- Anzahl der positiven, negativen Ionen im cm^3,
v_+, v_- Beweglichkeit, das ist Geschwindigkeit der positiven, negativen Ionen im Feld 1 Volt/cm,
λ_+, λ_- polare Leitfähigkeit; e Elementarladung.

Außer diesem Leitungsstrom tritt ein Konvektionsstrom auf, da Luftbewegung und Regen die Raumladungen verschieben.

Einen weiteren Einblick in den Ionisationszustand der Atmosphäre liefert das Studium der ionenbildenden und -vernichtenden Prozesse; dazu ist die Messung von q = Anzahl der pro sec und cm^3 gebildeten Ionen und des Wiedervereinigungskoeffizienten α notwendig.

Die Änderung der Ionenzahl mit der Zeit ist gegeben durch:

$$\frac{dn}{dt} = q - \alpha n_+ n_- .$$

Im stationären Zustand, der tatsächlich, von geringeren Schwankungen abgesehen, im Mittel größerer Zeiträume vorhanden ist, wird $q = \alpha n_+ n_-$.

Ein weiterer Schritt ist also die experimentelle Ermittlung von α und n und daraus die Berechnung von q, d. h. die Berechnung der Ionenbildung aus der experimentell bestimmten Ionenvernichtung durch Rekombination und der Ionenzahl n.

Die so ermittelte Anzahl q der pro Zeit- und Raumeinheit gebildeten Ionen läßt sich nun vergleichen mit der aus Laboratoriumsexperimenten bekannten Wirksamkeit der in der Atmosphäre vorhandenen Ionisatoren. Als solche kommen in Betracht die bekannte Strahlung der radioaktiven Substanzen, die in den oberen Bodenschichten und in der Atmosphäre nachgewiesen sind. Ferner die überall vorhandene durchdringende Höhenstrahlung, die offenbar von außen her in die Atmosphäre eindringt und einstweilen noch unbekannten Ursprungs ist.

Ionisation durch ultraviolettes Licht und Elektronenstrahlung der Sonne haben für die obersten Schichten der Atmosphäre (50 km und darüber) sicher eine hohe Bedeutung, nicht aber für die Troposphäre.

Lokal wirksam werden kann in hohem Maße z. B. bei Gewitterbildung die Ionisierung durch Zerreißen von Flüssigkeitsoberflächen (z. B. Tropfen). Der Hallwachseffekt kann dagegen im allgemeinen vernachlässigt werden. Auf Grund aller dieser Daten läßt sich dann eine Ionenbilanz aufstellen.

12. Meßmethoden und Beobachtungsergebnisse. Bei der experimentellen Bestimmung der Ionenkonstanten und Leitfähigkeit kommen die Gesetze der Ionenleitung in Gasen zur Geltung, die ausführlich an anderer Stelle (dieser Band, Kap. 1) behandelt werden. Hingewiesen soll hier nur werden auf den bekannten, sehr wesentlichen Unterschied zwischen OHMschem Strom und Sättigungsstrom. Für einen stationären Ionisationszustand im Ionisationsraum, also für $q = \alpha n^2$ gilt: Für kleine Potentialdifferenz zwischen zwei Kondensatorplatten ist der Strom proportional der Spannung $i = \lambda V$; für hinreichend große Spannung tritt Sättigungsstrom ein, d. h. trotz wachsender Spannung bleibt die Stromstärke praktisch konstant. Die Stromstärke ist dann ein Maß der Ionisierungsstärke.

Die Stromcharakteristik, die Stromstärke (Ordinate) als Funktion der Spannung (Abszisse) hat in der atmosphärischen Luft etwa folgenden Verlauf:

1. Teil. OHMscher Strom, Stromstärke proportional der Spannung; Kurve geradlinig. Es werden dem Gas durch das Feld nur sehr wenige Ionen, im Verhältnis zu den vorhandenen, entzogen. Die Ionenvernichtung durch Wiedervereinigung ist groß dagegen. Wird benutzt bei der Messung der Leitfähigkeit.

2. Teil. Halbgesättigter Strom; Stromstärke wächst langsamer als die Spannung; Kurve konkav gegen die Abszissenachse. Die Ionenzahl wird durch das Feld wesentlich verkleinert.

3. Teil. Sättigungsstrom; Stromstärke wächst nicht mehr mit der Spannung. Kurve parallel zur Abszissenachse. Alle neugebildeten Ionen werden durch das Feld entführt. Ionenvernichtung durch Wiedervereinigung ist gering dagegen. In normaler Atmosphäre tritt dies ein bei 10 bis 50 Volt/cm. Wird benutzt bei der Bestimmung der Ionenzahl und bei Messung der Ionisierung in geschlossenen Gefäßen.

4. Teil. Stoßionisation. Stromstärke wächst mit der Spannung. Kurve konvex zur Abszissenachse, dann starkes Ansteigen. Das Feld erteilt den Luftionen so hohe Geschwindigkeit, daß sie durch Stoß ionisieren (bei Gewittern).

13. Leitfähigkeit. Zerstreuungsmessungen (ELSTER und GEITEL). In ruhender Luft tritt durch die Verarmung der Ionen des einen Vorzeichen und Anreicherung der Ionen des anderen in der Nähe der Elektroden ein Konzentrationsfeld auf, das die Feldstärke und auch die Kapazität der eingebetteten Leiter durch Influenz verändert. In schon mäßig bewegter Luft kann dieser Einfluß vernachlässigt werden. Eine geladene Kugel sei frei aufgehängt. Für einen stationären Ionisationszustand wird in bewegter Luft der

Ladungsverlust dieser Kugel dE/dt gleich dem Zustrom, der durch die Feldwirkung der Kugel entsteht:

$$\frac{dE}{dt} = F\lambda\int ds.$$

F ist das Feld in der Nähe der Kugel, ds das Flächenelement. Das Integral ist zu nehmen über die Fläche der Kugel. Da $F = 4\pi\sigma$, so ist

$$\frac{dE}{dt} = 4\pi\lambda E.$$

Bei bewegter Luft ist dies ein Maß für die polare Leitfähigkeit. Diese Methode wurde von E. RIECKE entwickelt und von H. SCHERING benutzt.

Aspirationsmethode [nach GERDIEN[1])]. Durch einen Zylinderkondensator, dessen äußerer Zylinder geerdet, während der innere aufgeladen und mit einem Elektrometer verbunden ist, wird ein Luftstrom durchgesogen (Abb. 9). Ist die Luftgeschwindigkeit und die Spannung so bemessen, daß nicht alle Ionen dem durchgesogenen Luftvolumen entzogen werden, so besteht zwischen den Elektroden OHMscher Strom; der Ladungsverlust derselben ist wieder ein Maß der Leitfähigkeit. Der Spannungsabfall der inneren Elektroden während der Aspirationszeit wird gemessen. Es gilt:

$$\lambda_{\pm} = \frac{C+K}{4\pi K}\,\frac{1}{t}\log\operatorname{nat}\frac{V_0}{V_t}.$$

$C + K$ = Kapazität des Systems innere Elektroden + Elektrometer.

K = Kapazität des inneren Zylinders,

t = Aspirationszeit.

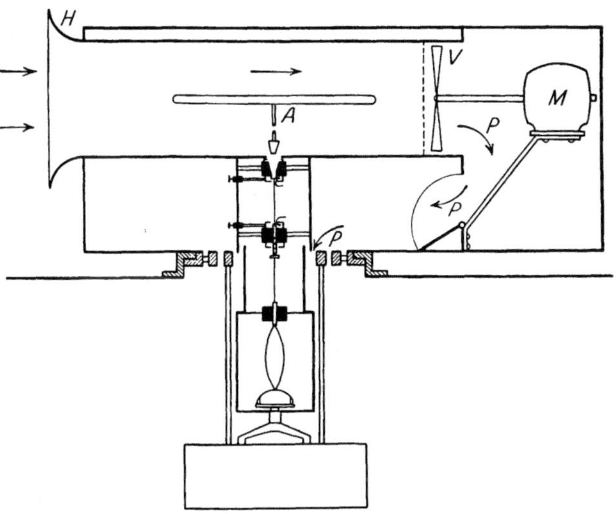

Abb. 9. Apparat zur Messung der Leitfähigkeit nach GERDIEN (Ausführung Carnegie-Inst.).

Die Pfeile P geben die Richtung des durchgesogenen Luftstromes. M Motor mit Ventilator V. H äußerer, A innerer Zylinder.

Tabelle 8. Leitfähigkeit der Atmosphäre.

	λ in 10^{-4} ESE	$\frac{\lambda_+}{\lambda_-}$
Kontinent	1—5	1,0—1,3
Inseln	3—5	1,0—1,3
Atlantik	2—3,5	1,1—1,2
Pazifik	2,4—3,0	1,1—1,2
6000 m Höhe	20	—
9000 „ „	30	—

Die höchsten Werte treten bei klarem Wetter auf, die kleinsten bei Dunst, Nebel. Der tägliche Gang zeigt besonders regelmäßig ein Maximum am frühen

[1]) H. GERDIEN, Phys. ZS. Bd. 6, S. 800. 1905; W. F. G. SWANN, Terr. Magn. Bd. 19, S. 209. 1914; Publ. Astrophys. Obs. Potsdam Nr. 175, Bd. 3; Carn. Inst. Washington 1917.

Morgen (4^h) (Abb. 10). Die Amplitude des täglichen Ganges ist lokal stark verschieden, über dem Ozean nur 10% des Tagesmittels. Messungen bei Ballonfahrten zeigen, daß die Leitfähigkeit mit der Höhe stark zunimmt [H. GERDIEN, A. WIGAND[1]].

14. Ionenzahl. Wird beim obigen Zylinderkondensator die Spannung zwischen den Elektroden so groß gewählt, daß bei der durch Ventilation erzeugten Luftgeschwindigkeit alle Ionen dem durchgesogenen Luftvolumen entzogen werden, so besteht zwischen den Elektroden Sättigungsstrom. Der Ladungsverlust mißt nun die Zahl der im durchsogenen Luftvolumen $\mathfrak{V}$ vorhandenen Ionen. Der Spannungsabfall $V_0 - V_t$ während der Aspirationszeit t wird gemessen

$$n_{\pm} = \frac{1}{e} \frac{V_0 - V_t}{\mathfrak{V} t} (C + K).$$

Der kritische Wert der Luftgeschwindigkeit a in beiden Fällen ist (Leitfähigkeit $>$ und Ionenzahl $<$)

$$a \gtreqless \frac{2 V l v}{(R^2 - r^2) \log \operatorname{nat} \frac{R}{r}}.$$

V = die Spannung zwischen der inneren und äußeren Elektrode,

l = die Länge der inneren Elektrode,

r, R = die Radien des inneren und äußeren Zylinders,

v = die Beweglichkeit der Ionen.

Außer der Spannung und den Dimensionen des Kondensators ist also die Beweglichkeit der Ionen dafür maßgebend, ob Leitfähigkeit oder Ionenzahl gemessen wird. v ist nun vom Verhältnis $\frac{\text{Ladung}}{\text{Masse}} = \frac{e}{m}$ der Ionen abhängig. Es besteht über diesen Wert eine Unsicherheit, da e/m für die verschiedenen Ionenarten (Gasmoleküle, Staubteile usw.) große Unterschiede aufweist. Die meisten Messungen beziehen sich auf die normalen (leichten) Ionen (Molekülionen). Für diese ergeben die Messungen (s. Tab. 9.)

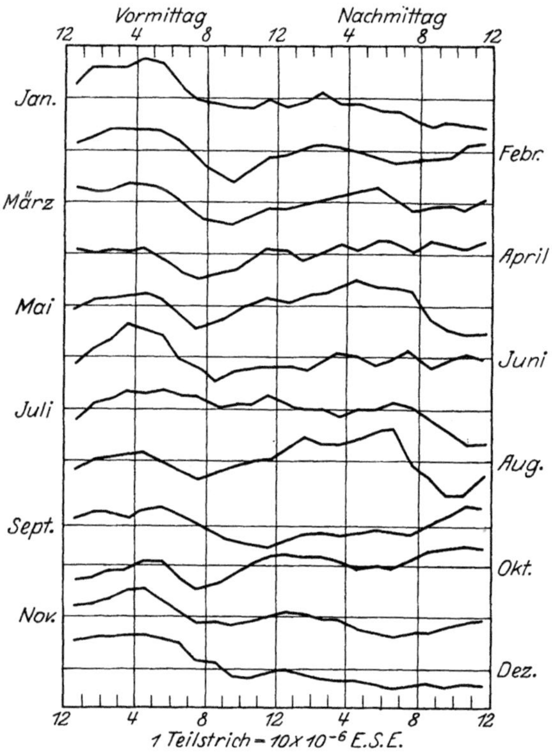

Abb. 10. Täglicher Gang des gesamten Leitvermögens in Potsdam 1910—1911[2]).

Tabelle 9. Ionenzahl pro cm³ Luft.

	$n = \frac{1}{2}(n_+ + n_-)$	$\frac{n_+}{n_-}$	n_-
Europa	520—940	1,1—1,4	—
Atlantik	620	1,24	—
Pazifik	420—700	1,21—1,22	—
Subantarctic	670	1,23	—
2000 m (Ballon)	600	1,14	—
4000 „ „	1000	0,98	—
5000 „ (Anden)	2200	—	—
3300 „ (Ballon)	—	—	1300
4300 „ „	—	—	1750
5200 „ (Flugzeug)	2200	1,23	—

[1]) A. WIGAND, Ann. d. Phys. Bd. 66, S. 81. 1921. [2]) Nach K. KÄHLER, Luftelektrizität. 1921.

Die niedrigsten Werte für die leichten Ionen ergeben sich bei Nebel, Dunst, Staub. Die leichten Ionen lagern sich an Staubteile an, oder dienen als Kerne zur Bildung von Tröpfchen und werden dann infolge ihrer Schwere durch die Messung nicht erfaßt. Die Zahl der Ionen wächst mit der Höhe.

In der Nähe der Städte überwiegen oft die schwer beweglichen Ionen, wie besondere Messungen gezeigt haben; in Paris um das 50, in Dublin sogar um das 200fache. Im Mittel kann man in der Nähe des Erdboden insgesamt (leichte und schwere) 2000 bis 10000 Ionen annehmen. Mit der größeren Höhe nimmt die Zahl der schweren Ionen ab, sofern keine Wolken und Dunstschichten vorhanden sind. Die Zahl der freien Elektronen wird in der oberen Stratosphäre stark zunehmen. In den Höhen der Polarlichter wird die Leitfähigkeit wohl vorwiegend von freien Elektronen getragen.

15. Ionenbeweglichkeit. Zur Bestimmung der mittleren Ionenbeweglichkeit sind zwei Zylinderkondensatoren hintereinandergeschaltet. Derselbe Luftstrom wird durch beide hindurchgesogen. Die Spannung ist in beiden so abgemessen, daß im ersten nur ein Teil, im zweiten der Rest aller im Luftstrom enthaltenen Ionen abgefangen wird. Der erste Kondensator mißt daher die polare Leitfähigkeit

$$\lambda_{\pm} = n_{\pm} v_{\pm} e .$$

Der Ladungsverlust beider Kondensatoren zusammen ergibt $n_{\pm} e$ des durchgesogenen Luftvolumens. Aus beiden Größen ergibt sich rechnerisch $v_{\pm}$.

Nach Laboratoriumsversuchen lassen sich drei Gruppen von Ionen in Gasen von Atmosphärendruck unterscheiden:

1. Freie Elektronen im Gas; $v = 10^2$ cm/sec:Volt/cm.

2. Normale Ionen, Moleküle oder Molekülkomplexe (bis etwa 10 Moleküle); $v = 1$.

3. Schwere Ionen. Stäubchen, Tröpfchen; $v = 10^{-2}$ bis 10^{-3}.

Die Messungen in Luft ergaben für trockene und feuchte Luft folgende Werte in cm/sec:Volt/cm

	trocken	feucht
v_-	1,87	1,51
v_+	1,36	1,27

In der freien Atmosphäre wurde gemessen

Tabelle 10. Ionenbeweglichkeit in cm/sec, Volt/cm.

	v_+	v_-
Ozean	1,58	1,66
Land	1,1	1,2
Europa	0,5—1,6	0,8—2,0
Hochkordilleren	3,3	1,9
4000 m Höhe (Ballon)	9	6

Die obigen Zahlen gelten für leichte Ionen. Außerdem wurden schwere und mittelschwere Ionen in der Luft nachgewiesen. LANGEVIN fand in Paris 50mal mehr langsame Ionen von $v = 0{,}0005$ als normale Ionen. Die Ladung haftet hier an Staubteilchen oder Tröpfchen. Freie Elektronen sind in der unteren Atmosphäre kaum vorhanden.

Die Beweglichkeit der mittelschweren Ionen in der Atmosphäre ist auf 0,01 cm/sec:1 Volt/cm zu schätzen. Man muß hieraus schließen, daß es große Molekülkomplexe unter Tropfengröße sind oder ganz winzige Tröpfchen.

16. Wiedervereinigung und Ionisation. Im stationären Ionisationszustand gilt $q = \alpha n^2$. Die Ionisationsstärke q im Ionisationsraum, hervorgerufen durch künstliche Ionisation, läßt sich aus der Größe des Sättigungsstromes dort bestimmen. Wird sodann durch rasche Entionisierung mittels eines starken Feldes die Ionenzahl bestimmt, so ergibt die obige Gleichung α.

Die Messungen im Laboratorium ergaben $\alpha = 1{,}5$ bis $2{,}0 \cdot 10^{-6}$ für gewöhnliche Ionen in reiner Luft.

Der Staubgehalt der Luft ändert den Wert von α, da die Ionen am Staub adsorbieren. Gleichfalls wirken schwere Ionen auf den Wert von α. In der Atmosphäre wurde gefunden $\alpha = 1{,}6$ bis $4{,}0 \cdot 10^{-6}$. Bei einer Neubestimmung von α fand v. SCHWEIDLER[1]) sogar den sehr hohen Wert $29 \cdot 10^{-6}$.

Die Beobachtungen in der freien Atmosphäre lassen sich nach neueren Untersuchungen besser darstellen durch

$$q = \alpha n^2 + \beta n = \beta' n .$$

Das quadratische Glied ist klein gegen βn, so daß in kernhaltiger Luft für das Verschwinden der leichten Ionen ein lineares Gesetz gilt[2]). Die Verschwindungskonstante β' ist auf Landstationen etwa $20 \cdot 10^{-3}\,\text{sec}^{-1}$. Im stationären Zustand mißt $\beta' = q/n$ das Verhältnis zwischen verschwindenden (neugebildeten) und vorhandenen leichten Ionen. Es kann daher $1/\beta'$ als mittlere Lebensdauer der leichten Ionen bezeichnet werden, die sich für $\beta' = 20 \cdot 10^{-3}\,\text{sec}^{-1}$ zu 50 sec ergibt.

Will man den Staubgehalt und den Gehalt an schweren Ionen berücksichtigen, so muß man ansetzen

$$q = \alpha n^2 + \beta n_1 n + \gamma n_2 n + \delta n_2^2 ,$$

worin

n = Zahl der leichten Ionen.
n_1 = Zahl der nicht geladenen Kerne,
n_2 = Zahl der schweren Ionen,
β, γ, δ haben analoge Bedeutung wie α,
$\beta n_1 n$ mißt die Molisierung leichter Ionen,
$\gamma n_2 n$ mißt die Rekombination schwerer und leichter Ionen,
αn_2 mißt die Rekombination leichter Ionen,
δn_2^2 mißt die Rekombination schwerer Ionen.

Nach McCLELLAND und KENNEDY[3]) haben α, β, γ gleiche Größenordnung, etwa 10^{-6}. Dagegen ist δ so klein, daß es gegenüber α, β, γ vernachlässigt werden kann. Nach NOLAN[4]) ist $\beta = 7{,}6 \cdot 10^{-6}$; $\gamma = 9{,}1 \cdot 10^{-6}$; $\delta = 10^{-9}$.

Setzt man für n, n_1, n_2 Werte ein, wie sie in der Nähe der Städte gefunden werden, so tritt die Wirkung der leichten Ionen untereinander allein ganz zurück gegenüber der Einwirkung des Staubes und der schweren Ionen.

In der Nähe der Großstädte ist $n = 200$; $n_1 = 50000$; $n_2 = 10000$; und es ergibt sich $q = 12$ Ionen, wenn β und γ gleich 10^{-6} sind.

Der Wert für q, der nur die Rekombination der leichten Ionen mißt, $\alpha = 1{,}5 \cdot 10^{-6}$, ergibt zusammen mit der Ionenzahl in freier Atmosphäre $n = 700$, für q nur 0,74 Ionen.

Die Staubzählung (A. WIGAND) ergab

0— 200 m	Höhe	44000 cm⁻³
800—1000 ,,	,,	6500 ,,
1500—2000 ,,	,,	900 ,,
3500—4500 ,,	,,	110 ,,
7500—9500 ,,	,,	5 ,,

Man kann daraus schließen, daß in bodennahen Schichten die Molisierung überwiegen wird, während in der Stratosphäre die Wiedervereinigung leichter Ionen das Wesentliche ist.

[1]) E. v. SCHWEIDLER, Wiener Ber. Bd. 127, S. 953. 1918; Bd. 128, S. 947. 1919; Bd. 133, S. 23. 1924.

[2]) Siehe [1]) und A. D. POWER, Journ. Frankl. Inst. Bd. 96, S. 327. 1923.

[3]) J. A. McCLELLAND u. H. KENNEDY, Le Radium Bd. 10, S. 392. 1913.

[4]) J. J. NOLAN, Proc. Roy. Irish Acad. Bd. 36, S. 93. 1923; Bd. 37, S. 1. 1925.

c) Elektrische Strömungen in der Atmosphäre.

Der vertikale Elektrizitätstransport in der Atmosphäre geschieht durch drei verschiedene Vorgänge.

1. Durch den Ionenleitungsstrom.
2. Durch Konvektion der Raumladung bei vertikaler Luftbewegung.
3. Durch die Konvektion der Regenladung.

17. Der Leitungsstrom. Die Messung des Leitungsstromes geschieht direkt durch Messung der Elektrizitätsmenge, die in der Zeiteinheit einer horizontalen, leitenden Platte zugeführt wird. Die Platte wird isoliert im Niveau des Bodens eingebaut. Die zugeströmte Elektrizitätsmenge wird durch ein ballistisches Galvanometer oder elektrometrisch gemessen[1]).

Indirekt läßt sich die Stromdichte berechnen, wenn das Potentialgefälle und die Leitfähigkeit gemessen ist.

Die Richtung des positiven Elektrizitätstransportes ist abwärts. Im Laufe des Jahres sind die Werte für i_λ im Winter größer als im Sommer; im Laufe des Tages sind die Mittagswerte die niedrigsten. Die starken Änderungen der Leitfähigkeit und des Potentialgefälles mit der Höhe kompensieren sich zum größten Teil. Es hat jedoch nach Messungen von WIGAND[2]) den Anschein, daß i_λ mit der Höhe abnimmt. Doch liegen darüber nur wenig Beobachtungen vor.

Tabelle 11.
Stromdichte des Leitungsstromes $i_\lambda = \lambda \frac{dV}{dh}$.

	i_λ in 10^{-16} Amp./cm² Grenzen	Mittel
Kontinent	2,0 bis 3,6	3,1 direkt
Kontinent	1,9 „ 4,3	2,8 indirekt
Antarktis	—	7,1 „
Ozean	2,9 bis 3,8	3,4 „
3—4 km Höhe	—	1,3 „
6—9 „ „	—	0,7 „

18. Der Konvektionsstrom durch vertikale Luftbewegung. Die Stromdichte i_ϱ ergibt sich aus der Raumdichte ϱ und der vertikalen Windgeschwindigkeit $\mathfrak{v}$:

$$i_\varrho = \varrho\,\mathfrak{v}\,.$$

Die Raumdichte ϱ erreicht unten am Boden Werte von 10^{-7} ESE. Die vertikale Windbewegung muß dort nach Zentimetern bemessen werden. Für $\mathfrak{v} = 1$ cm/sec wird $i_\varrho = \frac{1}{3}\,10^{-16}$ Amp./cm². In großen Höhen ist ϱ 100mal kleiner. Der Wert von $\mathfrak{v}$ ist dort ungewiß. Da die Richtung der Luftbewegung mit der Zeit wechselnd ist, steht es nicht fest, ob im Mittel größerer Zeiträume überhaupt ein von Null verschiedener Wert des vertikalen Konvektionsstromes besteht.

19. Konvektionstrom durch Niederschläge. Die Niederschläge werden in einer isolierten Schale aufgefangen und die in einer bestimmten Zeit (1 oder 2 Minuten) zugeführte Elektrizitätsmenge elektrometrisch bestimmt. Die Kapazität des Systems muß gering und das Elektrometer empfindlich sein, um die geringen Elektrizitätsmengen zu messen, die bei schwach elektrischem Regen in 1 Minute fallen.

Ein anderer Weg ist, den zugeführten Strom fortlaufend mit dem Galvanometer zu registrieren. Hierzu ist eine große Auffangfläche nötig (HERATH, Kiel 25 m²[3]).

Außer genügender Isolation ist ein ausreichender elektrostatischer Schutz gegen das bei Gewitterregen sehr starke Feld notwendig, da sonst Influenzladungen der Auffangschüssel auftreten. Ferner müssen Aufladungen durch Zerspritzen von Tropfen vermieden werden.

[1]) C. G. SIMPSON, Phil. Mag. Bd. 19, S. 715. 1910.
[2]) A. WIGAND, Phys. ZS. Bd. 22, S. 623. 1921.
[3]) F. HERATH, Phys. ZS. Bd. 15, S. 155. 1914.

ELSTER und GEITEL (1893) und GERDIEN (1902) erhielten ein Überwiegen negativer Ladungen. Spätere Messungen, vor allem auch längere Registrierreihen zeigen jedoch im Mittel ein Überwiegen der positiven Ladungen, besonders für starke Gewitterregen und starke Schneefälle.

Die Stromdichten und Ladungen sind von folgender Größenordnung

Tabelle 12. Regenelektrizität.

	Stromdichte	Ladung
Landregen	10^{-16} bis 10^{-15} Amp./cm²	bis 3,8 ESE/cm³
Böenregen	10^{-14} „ 10^{-13} „	—
Gewitterregen	„ 10^{-12} „	40 ESE/cm³

Die Ladungen einzelner Tropfen von 10 bis 20 mg ergab sich zu 0,005 bis 0,1 ESE. Je größer der Tropfen, um so kleiner ist seine Ladung pro Gewichtseinheit. Der Landregen zeigt kleine positive Tropfen, der Schnee kleine negative und große positive Flocken.

In Potsdam brachte der Regen nach F. SCHINDELHAUER[1]) folgende Elektrizitätsmengen zum Boden:

Tabelle 13. Jahreszeitlicher Gang der Regenladung in ESE/cm³.

	Frühjahr	Sommer	Herbst	Winter	Jahr
	+ 5,0	+ 3,5	+ 2,6	+ 5,6	+ 16,7
	− 5,0	− 3,5	− 1,7	− 2,3	− 12,5
$\sum$ (numerisch)	10,0	7,0	4,3	7,9	29,2
$\sum$ (algebraisch)	0,0	0,0	+ 0,9	+ 3,3	+ 4,2

Tabelle 14.
Verhältnis der positiven und negativen Regenladungen.

	E_+/E_-
Potsdam	1,4
Gratz	2,6
Kiel	15
	1,4
Dublin	14,4
Simla	2,9
Argentinien	2,1

Zwischen Regenladung, Raumladung und Potentialgefälle besteht bei mäßigem Landregen ein übersichtlicher Zusammenhang[2]). Die Regenladung ist schwach positiv, die Raumladung und das Gefälle schwach negativ. Bei weiterer Zunahme der positiven Regenladung nimmt Raumladung und Gefälle tiefere negative Werte an. Offenbar trennen sich die Ladungen. Die positive haftet an den Regentropfen, die schnell herabfallen, die negative schwebt in der Wolke und unterhalb derselben als feiner Wasserstaub. Sie bildet die negative Raumladung. Das Gefälle folgt den Schwankungen dieser negativen Raumladung und nimmt bei genügender Stärke der Raumladung, falls sie nämlich das normale Feld überkompensiert, selbst negative Werte an. Kehrt die Regenladung ihr Vorzeichen um, was auch bei Landregen zuweilen eintritt, so erfolgt meistens ebenfalls entsprechende Umkehr in der Raumladung und im Gefälle. Bei ruhigen Schneefällen ist in der Regel der Schnee negativ, Raumladung und Gefälle positiv. Böen und Gewitter zeigen ein weit weniger übersichtliches Verhalten und schnelle Zeichenwechsel ohne die oben ausgesprochene Gesetzmäßigkeit.

Die Bildung der Gewitter- und Regenelektrizität wurde von GERDIEN durch eine Trennung der positiven und negativen Luftionen im Schwerefeld der Erde erklärt. Bei Wolkenbildung soll die Kondensation zuerst bei vierfacher Übersättigung an negativen Ionen erfolgen, später bei sechsfacher an positiven.

[1]) F. SCHINDELHAUER, Abhandlgn. d. Preuß. Meteorol. Inst. Bd. 4, Nr. 10. 1913.
[2]) K. KÄHLER, Elektrizität der Gewitter. Samml. Bornträger Bd. 3. 1924.

Der aufsteigende Luftstrom soll durch seine Abkühlung diese Übersättigung schaffen. Nach Bildung der negativen Tropfen beginnen diese zu sinken; die positiven Luftionen aber werden weiter emporgetragen. So tritt eine Trennung der Ladungen ein. Quantitativ genügt diese Theorie jedoch nicht für die Ausbildung der hohen Potentialdifferenzen, die bei Gewitter auftreten. Der vorhandene Ionengehalt der Luft ist zu gering dazu. Außer der Trennungen der vorhandenen Ladung muß eine Neubildung der Ionen eintreten. Diese Neubildung ereignet sich beim Fallen des Niederschlags. Die Tropfen werden zerteilt und gleiten unter Berührung aneinander entlang. Diese Vorgänge erfolgen in einem elektrostatischen Feld. Die Influenz allein kann hierbei eine Elektrisierung der Tropfen bewirken[1]). Erfolgt das Zerteilen der Tropfen nicht als ein langsames, an sich unelektrisches Zerfahren, sondern als ein schnelles explosionsartiges Zerblasen im schnell aufsteigenden Luftstrom, so tritt zur Elektrisierung durch Influenz noch die Lenard- (Wasserfall-) Wirkung[2]) (vgl. dieses Handbuch, Bd. 13) hinzu. Der fein zerblasene Wasser- oder Schneestaub wird negativ, die größeren Tröpfchen oder Bruchstücke des Eiskristalls positiv elektrisch. Die Trennungen der Ladungen durch ihre verschieden schnelle Vertikalbewegung führt dann zur Ausbildung starker elektrischer Felder, wie wir sie in Gewittern beobachten.

d) Die Ionisatoren der Atmosphäre.

20. Die Ionisatoren der unteren Atmosphäre sind im wesentlichen:

1. die Strahlung der festen und gasförmigen Zerfallprodukte des Radiums, Aktiniums und Thoriums in der Atmosphäre;
2. dieselbe in der Bodenluft;
3. durchdringende Strahlung der radioaktiven Substanzen der Gesteine und des Wassers;
4. die durchdringende Höhenstrahlung.

Durch den Luftaustausch der im Erdboden enthaltenen Luft mit der Atmosphäre gelangen die Zerfallprodukte der im Boden enthaltenen radioaktiven Stoffe in die Atmosphäre. Die Unbeständigkeit dieser Zerfallprodukte und die örtliche Verteilung in den verschiedenen Bestandteilen des Bodens bedingen, daß der Konzentrationsgrad dieser Beimischung zur Atmosphäre von Ort zu Ort und mit der Zeit verschieden ist. Aus den tieferen Schichten steigen die Zerfallprodukte durch Bodenatmung infolge schwankenden Luftdrucks bald mehr, bald weniger stark empor. Horizontale und vertikale Luftströmungen transportieren diese Produkte von ihrem Ausgangspunkt fort. Die kurzlebige Emanation des Thoriums und Aktiniums verschwinden dabei schneller als die langlebige des Radiums.

21. Gehalt an radioaktiven Zerfallprodukten in der Atmosphäre. Die Methoden des Nachweises radioaktiver Zerfallprodukte in der Atmosphäre sind zweierlei. Die eine Methode bestimmt den Gehalt an festen Zerfallprodukten RaA und ThB, die andere mißt den Emanationsgehalt von Ra.

Die Zerfallprodukte RaA und ThB sind positiv geladen; sie lassen sich daher wie positive Ionen auf negativ geladenen Drähten niederschlagen oder wie bei Messung der Ionenzahl beim Durchsaugen eines Luftstromes durch einen Zylinderkondensator auf der inneren Elektrode einfangen[3]). Es muß nun der Versuch so lange fortgesetzt werden, bis ein stationärer Zustand eingetreten ist zwischen dem aktiven Niederschlag auf der inneren Elektrode und dem in der Luft ent-

---

[1]) T. E. W. Schumann, Dissert. Göttingen 1924; Phys. Rev. 1925, S. 105.
[2]) P. Lenard, Ann. d. Phys. Bd. 47, S. 463. 1915; Bd. 65, S. 629. 1921.
[3]) H. Gerdien, Phys. ZS. Bd. 6, S. 465. 1905; Göttinger Nachr. Bd. 5, S. 5. 1907.

haltenen Gehalt an Induktion. Es müssen pro Zeiteinheit durch die Feldwirkung ebenso viele Atome zur inneren Elektrode zuwandern, wie von den schon niedergeschlagenen zerfallen. Nach einigen Stunden ist dieser Zustand für RaA erreicht, für ThB erst viel später. Vorausgesetzt wird, daß alle RaA-Träger niedergeschlagen werden. Da mehr als 90% von ihnen sich wie kleine Ionen verhalten, so genügt es, die kritische Geschwindigkeit G des Luftstroms zu benutzen, die für eine Beweglichkeit $k = 0{,}1$ cm/sec: Volt/cm gilt.

Die Zahl der so im Gleichgewichtszustand niedergeschlagenen Atome wird nun folgendermaßen bestimmt.

Der aktivierte Draht oder die Elektrode wird dazu in ein geschlossenes Gefäß (Ionisationskammer) gebracht. Von den niedergeschlagenen Atomen geht bei ihrem weiteren Zerfall eine α-, β-, γ-Strahlung aus, die die umgebende Luft ionisiert.

Mit Hilfe des Sättigungsstromes bestimmt man die Anzahl Ionen, die pro Sekunde in der Ionisationskammer gebildet werden. Man kann diese Ionenzahl dann vergleichen mit der bekannten Ionenzahl, die beim Zerfall eines RaA-Atoms in der umgebenden Luft entstehen. Aus der Stärke des Sättigungsstromes folgt so durch Vergleich die Anzahl der niedergeschlagenen Atome.

Bei kurzer Aspirationszeit kann der Thoranteil vernachlässigt werden, ebenso die geringe Wirkung des Aktiniums. Es ist bei der Rechnung notwendig, für die einzelnen Zerfallprodukte des Ra die charakteristischen Exponentialfunktionen einzuführen. Es sei

m = Zahl der RaA-Atome, die pro Sekunde abgefangen werden,
M = Zahl der RaA-Teile im cm³ der Luft,
ε = Sättigungsstrom, herrührend von M RaA-Teilen,
Φ = durchgesogene Luftmenge pro Sekunde,
C = Kapazität, V = Potential,
ϑ = Aspirationszeit,
k_1, k_2, k_3 = Ionisationsvermögen von RaA, RaB, RaC (Anzahl der erzeugten Ionenpaare mal Elementarquantum),
k_2 ist praktisch $= 0$,
$\lambda_1, \lambda_2, \lambda_3$ = Zerfallkonstante für RaA, RaB, RaC,

$$a_1 = \frac{\lambda_2 \lambda_3}{(\lambda_1 - \lambda_2)(\lambda_1 - \lambda_3)}, \quad a_2 = \frac{\lambda_1 \lambda_3}{(\lambda_1 - \lambda_2)(\lambda_2 - \lambda_3)}, \quad a_3 = \frac{\lambda_1 \lambda_2}{(\lambda_1 - \lambda_3)(\lambda_2 - \lambda_3)},$$

$$m = \Phi M,$$

$$\varepsilon = k_1 \lambda_1 M = K \frac{C}{\Phi} \frac{dV}{dt},$$

$$K = \frac{2\lambda_1}{(1 - e^{-\lambda_1 \vartheta}) + \frac{k_3}{k_1}[a_1(1 - e^{-\lambda_1 \vartheta}) + a_2(1 - e^{\lambda_2 \vartheta}) + a_3(1 - e^{\lambda_3 \vartheta})]}.$$

K ist nur von der Expositionsdauer ϑ und den radioaktiven Konstanten λ und k abhängig; also für eine bestimmte Aspirationszeit eine Konstante[1]). Gemessen wird dV/dt und Φ; daraus folgt bei bekanntem C und K der Sättigungsstrom ε, daraus M und m. Ein erheblicher Korrektionsfaktor (1,55) muß angebracht werden, weil ein Teil der positiven RaA-Teile durch Anlagerung negativer Ionen neutralisiert wird und daher im Zylinderkondensator, von der Feldwirkung unbeeinflußt, nicht eingefangen wird.

[1]) K. W. F. KOHLRAUSCH, Phys. ZS. Bd. 13, S. 1193. 1912; ferner E. v. SCHWEIDLER u. K. W. F. KOHLRAUSCH, Atmosphärische Elektrizität, in GRÄTZ, Handb. d. Elektr. u. d. Magn. Bd. III.

Die Messungen nach der Aspirationsmethode ergaben

$$\varepsilon = 2{,}7 \cdot 10^{-11} \quad \text{bis} \quad 20 \cdot 10^{-11},$$

im Mittel etwa 10^{-10} ESE oder korrigiert $1{,}55 \cdot 10^{-10}$ ESE. Aus dieser Ionisationswirkung ε von RaA berechnet sich die Ionisationswirkung der zugehörigen (mit der RaA-Menge im Gleichgewicht stehenden) Radiumemanation

$$\varepsilon' = \frac{k_1}{k}\,\varepsilon = \frac{1{,}67}{1{,}84} \cdot 1{,}55 \cdot 10^{-10} = 14{,}1 \cdot 10^{-11}\ \text{ESE}.$$

Da 1 Curie $2{,}7 \cdot 10^6$ ESE Sättigungsstrom unterhält, ist der Emanationsgehalt $\varepsilon' = 52 \cdot 10^{-18}$ Curie. 1 Curie enthält $1{,}63 \cdot 10^{16}$ Emanationsatome pro cm^3. $\varepsilon' = 52 \cdot 10^{-18}$ Curie entspricht daher 0,85 Emanationsatomen pro cm^3.

Messungen im Ballon widersprechen sich zum Teil; es wurden Zunahme wie auch Abnahme des Gehaltes an RaA mit der Höhe gefunden; doch scheint es, daß die Messungen, die eine Zunahme zeigen, nicht einwandfrei sind, da sie mit freiem Draht ausgeführt wurden. Die Messung der Spannung ist unsicher.

Die Messungen über dem Meere[1]) zeigen eine wachsende Abnahme des RaA-Gehaltes der Luft mit Entfernung von den Küsten, sowohl nach der freien Drahtmethode wie nach der Aspirationsmethode. In der Nähe der Küsten erhöhen Landwinde den Gehalt. Quantitative Messungen (Aspirationsmethode) hat die Carnegieinstitution in großer Anzahl ausgeführt 1915 bis 1921. Es ergab sich auf hoher See, fern von Küsten als Emanationsgehalt, berechnet aus dem gemessenen Gehalt von RaA:

Tabelle 15. Emanationsgehalt auf dem Meere.

Pazifik	$1{,}3 \cdot 10^{-18}$ Curie/cm^3	169 Messungen
Atlantik	1,7	79
Ind. Ozean	1,3	37
Südozean	0,3	48
(südlich von 50 SB)	1,2 (Mittel)	333 Messungen

Der Emanationsgehalt über hoher See beträgt also nur etwa 1 bis 2% des Gehaltes über den Kontinenten, der sich aus Messungen von RaA und auch aus direkten Emanationsmessungen (s. weiter unten) auf dem Kontinent ergeben hat.

Die Bestimmung des Gehaltes der Luft an Radiumemanation geschieht durch Anreicherung. Dies kann durch Ausfrieren geschehen, da die Verdampfungstemperatur der Emanation höher ist als die der Luft, oder durch Absorption der Emanation in gekühltem Petroleum oder Holzkohle. Auf diese Weise wird einem bestimmten Quantum Luft der gesamte Gehalt an Emanation entzogen. Diese konzentrierte Emanation wird in der Ionisationskammer verdampft und ihre Menge an der ionisierenden Wirkung gemessen.

Die Messungen ergaben 57 bis $124 \cdot 10^{-18}$ Curie/cm^3. In einzelnen Fällen, 400 und mehr, im Mittel $100 \cdot 10^{-18}$. Messungen der Emanation auf hohen Bergen und in der freien Atmosphäre zeigen mit Sicherheit eine Abnahme mit der Höhe. WIGANDS Messungen[2]) im Flugzeug (Kondensation mit flüssigem Sauerstoff) ergaben schon in Höhen von 2000 und 3000 m keine meßbaren Werte mehr, so daß die Herkunft der Emanation vom Boden als erwiesen gelten kann. Besondere Schichtung der Atmosphäre (Sperrschichten) hindern die Durchmischung, erhöhen also den Gehalt unterhalb und vermindern ihn oberhalb. Daß der Emanationsgehalt aus dem Boden stammt, das zeigt auch die Abhängigkeit derselben

[1]) Research of Dep. Terr. Magn. Ocean magn. and electr. Observ. Bd. V. 1915—1921. Washington 1926.

[2]) A. WIGAND, Luftelektrische Untersuchungen bei Flugzeugaufstiegen. Fortschr. d. Phys. u. Chem. Bd. 18, H. 5. 1925.

vom Barometerdruck. Bei sinkendem Druck steigert sich die Bodenatmung und damit der Emanationsgehalt der Luft, der also offenbar dem Erdboden entströmt. Windstille begünstigt die Anhäufung der Emanation in der Bodennähe. Regen verstopft die Erdkapillaren und vermindert dadurch den Emanationsgehalt der untersten Luftschichten.

Die Höhenverteilung der radioaktiven Substanz in der Luft läßt sich berechnen aus der Theorie des Massenaustausches durch ungeordnete Strömung. Mit Berücksichtigung der Zerfallgeschwindigkeit ergibt die Rechnung, daß der Gehalt an RaEm pro 1 km Höhenzunahme auf die Hälfte sinkt, also in 4 km nur 7% des Bodenwertes beträgt[1]. Gleichfalls läßt sich hieraus die aus dem Boden austretende Emanation berechnen zu 3 bis $5 \cdot 10^{-17}$ Curie/cm² sec. Die Messungen ergaben einen mittleren Wert von etwa $7 \cdot 10^{-17}$. Die viel kurzlebigere ThEm verschwindet schon in 100 m Höhe.

22. Radioaktive Zerfallprodukte in der Bodenluft. Die Bodenatmung fördert etwa $70 \cdot 10^{-18}$ Curie pro cm² und Sekunden Emanation in die Atmosphäre. Nach den Messungen ist der Gehalt der Luft am Boden im Mittel $100 \cdot 10^{-18}$ Curie, in 3 km höchstens $^1/_{10}$ davon. Der Gesamtgehalt der Atmosphäre beträgt dann pro cm² Grundfläche 1 bis $2 \cdot 10^{-11}$ Curie. Da die Zerfallkonstante der Emanation gleich $2 \cdot 10^{-6}$ ist, so entschwindet pro Sekunde durch Zerfall 20 bis $40 \cdot 10^{-18}$ Curie. Die Bodenatmung mit $70 \cdot 10^{-18}$ Curie ist also der Größenordnung nach imstande, diesen Verlust zu ergänzen.

23. Gehalt der Gesteine und Ozeane an radioaktiven Substanzen. Die kieselsäurereichen Urgesteine zeigen einen höheren Radiumgehalt als die basischen. Die Eruptivgesteine sind stärker aktiv als die Sedimente.

Die Ozeane sind etwa 100mal weniger aktiv als die Gesteine.

Die Tabelle gibt den Gehalt in Gramm Radium und Thorium pro Gramm Substanz.

Tabelle 16. Ra und Th-Gehalt der Gesteine in g pro g Substanz.

	Radium	Thorium
Saure Gesteine	$2{,}9 \cdot 10^{-12}$	$2{,}5 \cdot 10^{-5}$
Basische Gesteine	$1{,}0 \cdot 10^{-12}$	$0{,}5 \cdot 10^{-5}$
Sedimente, Ton	$1{,}5 \cdot 10^{-12}$	$1{,}3 \cdot 10^{-5}$
,, Kalk, Dolomit	$0{,}9 \cdot 10^{-12}$	$0{,}1 \cdot 10^{-5}$
Ozean, küstennah	$1{,}1 \cdot 10^{-15}$	10^{-8}
Mitpazifik	0	—

e) Die Ionisation der Atmosphäre durch Strahlung.

24. Die α-Strahlen. Die Messungen ergaben für mittleren Gehalt der Luft an radioaktiver Substanz als wesentlichsten Bestandteil $100 \cdot 10^{-18}$ Curieeinheiten Radiumemanation. Die beim Zerfall der Emanation wirksamen Strahlen sind α-, β-, γ-Strahlen. Die Wirkung der β-Strahlen des RaB und RaC und der γ-Strahlen des RaC sind gering; sie werden später besprochen. Der wirksamste Anteil sind die α-Strahlen der Emanation, des RaA und RaC. Ihr Ionisationsvermögen ist

$$\frac{k}{e} = 1{,}67 \cdot 10^5; \quad \frac{k_1}{e} = 1{,}84 \cdot 10^5; \quad \frac{k_2}{e} = 2{,}37 \cdot 10^5$$

(das ist die Anzahl der Ionenpaare, die von einem α-Teilchen auf seinem ganzen Wege gebildet werden).

---

[1]) V. F. HESS u. W. SCHMIDT, Phys. ZS. Bd. 19, S. 109. 1918.

1 Curie entsendet nun pro Sekunde $3,72 \cdot 10^{10}$ α-Teilchen. Der Gehalt an Radiumemanation und der dazugehörigen Zerfallprodukte kann also durch seine Strahlung allein $100 \cdot 10^{-18} \cdot 3,72 \cdot 10^{10} \cdot (1,67 + 1,84 + 2,37) \cdot 10^5 = 2,0$ Ionenpaare pro cm³ und Sekunde erzeugen. Die Wirkung der α-Strahlung von Th und Ac läßt sich zusammen etwa auf 1 Ion schätzen. Diese Zahlen gelten für die Kontinente. Auf den Ozeanen fern von Küsten werden nur etwa 1% davon, also 0,02 Ionen pro cm³ und Sekunde erzeugt.

Die α-Strahlung der radioaktiven Substanz des Bodens kann vernachlässigt werden, da die Strahlung schon durch feste Schichten von 0,1 mm vollständig absorbiert werden.

25. Die β- und γ-Strahlen. Überschlagsrechnung[1]). Die mit 1 g Ra im Gleichgewicht stehende RaC-Menge erzeugt in Luft von Atmosphärendruck durch ihre γ-Strahlung bei 1 cm Abstand $K_1 = 3,7 \cdot 10^9$ Ionenpaare pro cm³ und Sekunde. Der Absorptionskoeffizient der γ-Strahlen des RaC in Luft ist $\mu_1 = 4,4 \cdot 10^{-5}$.

Die Ionisation der Luft pro cm³ und Sekunde durch diese γ-Strahlung ergibt sich als Wirkung einer homogenen, mit RaC von der Konzentration $m_0 = 100 \cdot 10^{-18}$ Curie/cm³ erfüllten, unendlich großen Kugel. Wirksam sind natürlich nur einige hundert Meter Radius, in der Nähe des Erdbodens nur eine Halbkugel. Es ergibt sich die Zahl der gebildeten Ionenpaare dort zu

$$2\pi \int_0^\infty K_1 m_0 \frac{r^2 e^{-\mu_1 r}}{r^2} dr = 2\pi K_1 \frac{m_0}{\mu} = 0,05 \text{ Ionenpaare pro cm}^3 \text{ und Sekunde.}$$

Die β-Strahlen des in der Luft enthaltenen RaB und RaC ergeben durch ähnliche Rechnung zusammen 0,04 Ionenpaare pro cm³ und Sekunde.

Der Thorium- und Aktiniumgehalt der Atmosphäre ist nur annähernd bekannt, er liefert höchstens einen gleich großen Anteil, so daß die ionisierende Wirkung der gesamten β- und γ-Strahlung der radioaktiven Substanzen in der Atmosphäre am Boden auf 0,15 bis 0,2 Ionenpaare pro cm³ und Sekunde zu schätzen ist. In größeren Höhen ist zwar der Strahlungsraum eine Vollkugel, der Gehalt aber erfahrungsgemäß geringer.

In gleicher Weise läßt sich nun auch die Wirkung der vom Erdboden ausgehenden γ-Strahlung berechnen. Die β-Strahlung kann wieder vernachlässigt werden, da sie schon in den allerobersten Millimetern vollständig absorbiert wird. Ein mittlerer Gehalt von $1,4 \cdot 10^{-12}$ g Radium pro Gramm Gestein liefert für $\mu = 9,2 \cdot 10^{-2}$ etwa 1 Ionenpaar pro cm² und Sekunde. Der Gehalt des Bodens an Th, U, Ac und ihren Folgeprodukten ist nur annähernd bekannt, doch muß man der von ihnen zusammen ausgehenden γ-Strahlung wohl mindestens die gleiche Wirkung wie der γ-Strahlung des Radiumgehaltes, also 1 Ion pro cm³ und Sekunde zuschreiben.

26. Experimentelle Prüfung. Experimentell läßt sich die γ-Strahlung der radioaktiven Substanzen ermitteln, die in der Atmosphäre und im Erdboden enthalten sind. Es wird dazu die Ionisation in einem geschlossenen Gefäß beobachtet, dessen Wandstärke hinreicht, die α- und β-Strahlen der Atmosphäre zu absorbieren. Das Elektrometer ist im Ionisationsraum des geschlossenen Gefäßes eingebaut und bildet die isolierte Innenelektrode. Diese wird so hoch aufgeladen, daß Sättigungsstrom vorhanden ist. Der Spannungsabfall pro Zeiteinheit wird beobachtet. Dieser Strahlungsmesser ist von Kolhörster eingehend beschrieben[2]).

[1]) S. hierzu E. v. Schweidler u. K. W. F. Kohlrausch, zitiert auf S. 406. und V. F. Hess, zitiert auf S. 406.

[2]) W. Kolhörster, ZS. f. Instrumentenk. Bd. 44, S. 333. 1924; Phys. ZS. Bd. 27, S. 62. 1926; Bd. 26, S. 654. 1925.

Die Anzahl der durch die durchdringende Strahlung gebildeten Ionen n ist $n = \frac{C}{\mathfrak{B} e} \frac{dV}{dt}$, worin $\mathfrak{B}$ das Volumen und C die Kapazität des im Ionisationsraume eingebauten Elektrometers bedeutet (Abb. 11 und 12). Die Ionisation durch kurzwellige Strahlung im Innern eines solchen Gefäßes setzt sich jedoch auch dann noch aus zwei Strahlenarten zusammen, die sehr verschiedene Wellenlänge und damit sehr verschiedenes Absorptionsvermögen haben und sich auch ihrem Ursprung nach durchaus unterscheiden. Die eine Strahlenart sind die γ-Strahlen der radioaktiven Substanzen der Atmosphäre und des Erdbodens, die andere Strahlenart ist die Höhenstrahlung, die etwa 15 mal geringere Wellenlängen hat, also viel weniger absorbiert wird und von außen her in die Atmosphäre eindringt. Sie wird weiter unten besprochen.

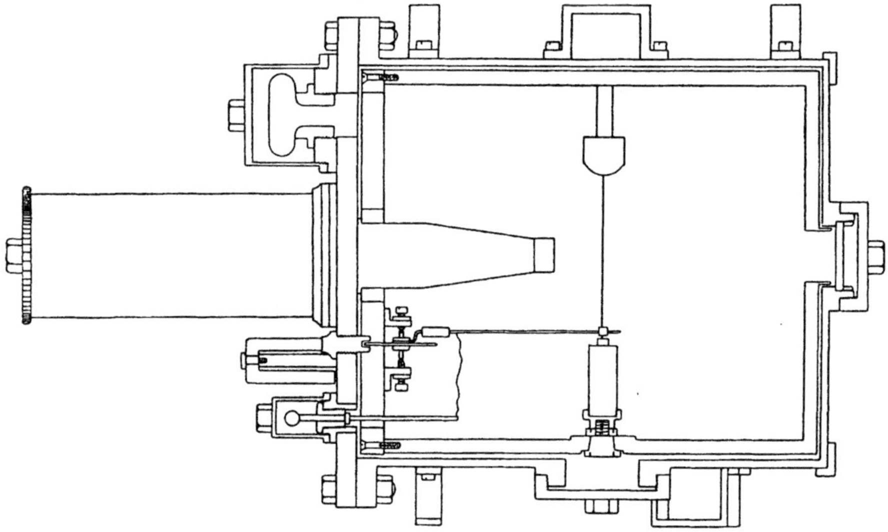

Abb. 11. Strahlungsmesser nach KOLHÖRSTER mit Wulfelektrometer zur Messung der durchdringenden und der Höhenstrahlung.

Die γ-Erdstrahlung wird ermittelt als Differenzmessung[1]). Man mißt über Land und schirmt dann die Erdstrahlung durch ausgedehnte Schirme ab, z. B. durch Messungen auf einem See oder auf Gletschereis. Die Messungen ergeben, daß die Erdstrahlung 2 bis 4 Ionenpaare pro cm^3 und Sekunde, im Mittel 2,5 liefert nach Abzug der sekundären Wandstrahlung. Die Rechnung gab für γ-Strahlen 2 Ionenpaare. Die Erdstrahlung zeigt, wie der Emanationsgehalt der obersten Schichten des Bodens, eine deutliche Veränderlichkeit in Abhängigkeit von meteorologischen Bedingungen und dem physikalischen Zustand, der Durchlässigkeit des Bodens. Bodenatmung, Druckänderungen und Wind haben Einfluß. Die wirksame Schicht, aus der die Strahlen bis zur Oberfläche empordringen, ist etwa $^1/_2$ bis 1 m dick. Am wirksamsten ist wohl das oberste Dezimeter. So ergibt sich ein ausgeprägter jährlicher Gang. Das Maximum liegt im Sommer. Der tägliche Gang zeigt eine Doppelwelle in naher Beziehung zum Gang des Luftdrucks. Der Luftdruck beeinflußt die

---

1) W. KOLHÖRSTER, Berl. Ber. Bd. 34, S. 366. 1923; Die durchdringende Strahlung in der Atmosphäre. Probleme d. kosm. Phys. Henri Grand 1924. Dort findet sich eingehende Literaturangabe über durchdringende und Höhenstrahlung.

Bodenatmung und damit den Gehalt an radioaktiven Stoffen in der obersten Bodenschicht und der untersten Luftschicht. Dadurch schwankt die Ionisation in der untersten Schicht der freien Luft (und in geschlossenen Gefäßen). Ausbildung von Raumladungen und Änderungen des Potentialgefälles sind die Folge. So mag sich der beobachtete Zusammenhang zwischen halbtägiger Schwankung des Druckes und der durchdringenden Strahlung, der Raumladung und des Potentialgefälles erklären.

Die γ-Erdstrahlung liefert mit 2,5 Ionenpaaren pro Sekunde und cm^3 den wesentlichsten Anteil an der Ionisation der unteren Luft, mehr noch als die α-Strahlung der Luft, die nach der Rechnung nur 2 Ionenpaare gibt. Gleichzeitig stellt die γ-Erdstrahlung im wesentlichen den veränderlichen Teil der Ionisation der Luft dar. Die Beobachtungen auf offenem Ozean durch die Carnegie

Abb. 12. Strahlungsmesser nach KOLHÖRSTER.

Institution zeigten, daß die Ionisation im geschlossenen Gefäß keine tägliche Periode besitzt. Das war für die landferne See zu erwarten, da Meer und Luft arm an radioaktiven Stoffen und die γ-Erdstrahlung durch das Wasser abgeschirmt ist.

Die Stärke der γ-Strahlung der radioaktiven Substanzen der Luft läßt sich gleichfalls durch Differenzmessungen experimentell ermitteln. Das Ionisationsgefäß wird dazu in Wasser versenkt und die Abnahme der Strahlung mit der Tiefe gemessen. Die Bodenstrahlung ist jetzt nicht wirksam. Durch die Versenkung bis in verschiedene Tiefen wird die Luftstrahlung und die Höhenstrahlung geschwächt. Da der Absorptionskoeffizient für beide Strahlen sehr verschieden ist, ist die Trennung beider Anteile leicht möglich. Das μ der Höhenstrahlung ist aus anderen Versuchen bekannt.

Tabelle 17. Abnahme der durchdringenden Strahlung mit der Wassertiefe.

Nr.	Wassertiefe	Luftstrahlung $\mu_{H_2O} = 3{,}6 \cdot 10^{-2}\ cm^{-1}$	Höhenstrahlung $\mu_{H_2O} = 2{,}5 \cdot 10^{-3}\ cm^{-1}$	Ionisation Ionenpaare pro cm^3 u. Sekunde
1	0 m	100%	100%	10,4
2	1	3	78	9,5
3	2	—	61	9,0
4	4	—	47	8,6

Die Höhenstrahlung liefert hiernach am Boden 2,9 Ionen. Aus 1 bis 4 folgt, daß 100% Luftstrahlung +53% Höhenstrahlung 1,8 Ionen ergeben. Da 53% Höhenstrahlung 1,5 Ionen erzeugen, so bleibt für 100% Luftstrahlung 0,3 Ionenpaare pro cm³ und Sekunde. Die Überschlagsrechnung ergab für γ-Strahlen des Ra 0,05, dazu ein gleich großer Wert für Th und Ac, zusammen etwa 0,1 Ionenpaar am Boden.

Die γ-Luftstrahlung ist also im Verhältnis zu andern Ionisatoren nur sehr gering wirksam.

27. Die Höhenstrahlung. Die Ionisation in einem geschlossenen Gefäß wird durch die Gefäßstrahlung, durch die Luft- und Bodenstrahlung und durch eine Strahlung noch geringerer Wellenlänge und größerer Absorbierbarkeit veranlaßt, deren Ursprung außerhalb liegt. Die Wirkung der letzteren nimmt mit der Höhe zu. Ihre Ursache ist unbekannt. Experimentell wird der Anteil der Höhenstrahlung aus Differenzmessungen bestimmt, durch Abschirmung der weicheren γ-Strahlen und Ermittlung der Gefäßstrahlung. Ferner durch Messung in großen Höhen der freien Atmosphäre[1]). Dort ist die Bodenstrahlung durch die unterhalb liegende Luftschicht abgeschirmt und die Luftstrahlungen wegen des geringen Gehaltes an radioaktiver Substanz zu vernachlässigen. Aus Abschirmungsversuchen und Messungen in verschiedenen Höhen ergibt sich auch der Absorptionskoeffizient μ. Eingehende Untersuchungen hierüber hat vor allem W. KOLHÖRSTER angestellt.

Mit Entfernung vom Erdboden erfolgt zunächst eine Abnahme der Ionisation im geschlossenen Gefäß gegenüber dem Bodenwert, da die Erdstrahlung durch die unteren Luftschichten abgeschirmt ist. Das Minimum liegt etwas höher als 500 m. Dann erfolgt eine Zunahme. In 1700 m ist der Bodenwert wieder erreicht. Darüber erfolgt langsame Zunahme bis 5000 m, dann weiter hinauf schnellere.

Diese Zunahme mit der Höhe wurde zuerst von HESS, dann von KOLHÖRSTER im Freiballon gefunden und später von GOCKEL, KLEINSCHMIDT und MILLIKAN und seinen Schülern bestätigt. MILLIKAN[2]) sandte mit Ballons Registrierapparate bis 15 km empor. Er fand über 10000 m eine weitere Zunahme, jedoch nur 25% von dem, was sich aus Extrapolation der KOLHÖRSTERschen Messungen ergab. Leider fehlen genaue Daten zur Bewertung dieser einzelnen Beobachtung. Messungen im Flugzeug bis 6770 m hoch sind von BÜTTNER[3]) ausgeführt worden. Er fand in 6770 m Höhe 39 Ionen.

Tabelle 18. Ionisation in geschlossenem Gefäß pro cm³ und Sekunde. Differenzen gegen den Bodenwert[1]).

Seehöhe	Ionen	Seehöhe	Ionen	Seehöhe	Ionen	Seehöhe	Ionen
0,5	−1,7	3,0	+4,2	5,5	+22,1	8,0	+62,5
1,0	−1,5	3,5	+5,8	6,0	+28,0	8,5	+71,0
1,5	−0,4	4,0	+9,1	6,5	+37,0	9,0	+79,0
2,0	+1,0	4,5	+11,8	7,0	+45,2	9,3	+85,0
2,5	+2,6	5,0	+16,2	7,5	+54,0		

28. Der Bodenwert und seine Schwankung. Den Bodenwert der Höhenstrahlung hat man als Differenz zwischen der Messung über Seen und in tiefem Wasser bestimmt. Der letztere Wert gibt die Gefäßstrahlung. Die meisten dieser Versuche führen zu einem Bodenwert von 1 bis 2 Ionen.

Ob eine tägliche Schwankung der Höhenstrahlung am Boden existiert, ist unsicher, nach den Messungen von HOFFMANN scheint es nicht der Fall zu

1) W. KOLHÖRSTER, zitiert auf S. 430.
2) R. A. MILLIKAN, Proc. Nat. Acad. Amer. Bd. 18, S. 48. 1926.
3) K. BÜTTNER, ZS. f. Geophys. Bd. 2, Nr. 6, S. 254. 1926.

sein. Die Seebeobachtungen an Bord der „Carnegie" fern von Festlandküsten zeigen keinen täglichen Gang. In 3500 m Höhe (Jungfraujoch) dagegen glaubt KOLHÖRSTER eine tägliche Schwankung mit Maximis zwischen 8^h und 9^h, und 20^h und 21^h festgestellt zu haben, die mit der Kulmination der Milchstraße für den Beobachtungsort zeitlich zusammenfällt. BÜTTNER glaubt dieselbe Schwankung im Meeresniveau festgestellt zu haben. W. NERNST sprach schon vor diesen Beobachtungen die Vermutung aus, daß die Milchstraße die Quelle der durchdringenden Strahlung sein müsse.

Um aus der Ionisation im geschlossenen Gefäß die Freiluftionisation der Höhenstrahlung zu erhalten, müssen zwei Reduktionen ausgeführt werden. Erstens muß die sekundäre Wandstrahlung abgezogen werden, die durch die durchdringende Strahlung in den Gefäßwänden erregt wird. In Ermangelung genauerer Kenntnis kann man diese so ansetzen, wie sie für γ-Strahlung des RaC gefunden wurde. Danach ist die Freiluftionisation um $\frac{1}{3}$ geringer als die im geschlossenen Gefäß beobachtete. Zweitens hängt die Ionisation von der Luftdichte ab. Es muß daher die Ionisation im luftdicht verschlossenen Gefäß auf die äußere Luftdichte reduziert werden. Nach WIGAND (Phys. ZS. Bd. 25, S. 445. 1924) ergibt sich folgende Tabelle. In der Stratosphäre muß die Ionisation durch Höhenstrahlung sehr langsam wachsen, um in großen Höhen wieder auf sehr kleine Werte zu sinken.

Tabelle 19. Freiluftionisation der durchdringenden Strahlung.

0 km	4,2 Ionen	2 km	4,1 Ionen	4 km	7,3 Ionen	6 km	13,6 Ionen	8 km	21,2 Ionen
1 ,,	2,8 ,,	3 ,,	5,4 ,,	5 ,,	10,1 ,,	7 ,,	17,5 ,,	9 ,,	23,4 ,,

29. Absorption. Aus den Beobachtungen in verschiedenen Meereshöhen und aus Abschirmungsversuchen durch Wasser und Eis ist der Absorptionskoeffizient der Höhenstrahlung mehrfach bestimmt worden. Die Voraussetzung der Rechnung war hierbei, daß die Höhenstrahlung parallel und vertikal abwärts gerichtet ist: $J = J_0 e^{-\mu d}$.

Tabelle 20. Absorptionskoeffizient der Höhenstrahlung.

Beobachter	Meereshöhe m	Absorber	μ_{Luft} in cm^{-1}	μ_{H_2O} in cm^{-1}
KOLHÖRSTER	0—9000	Luft	$0,71 \cdot 10^{-5}$	$5,5 \cdot 10^{-3}$
,,	2300—2500	,,	0,34 ,,	2,6 ,,
,,	2300	Eis	0,21 ,,	1,6 ,,
,,	3350	,,	0,35 ,,	2,7 ,,
,,	40	Wasser	0,26 ,,	2,0 ,,
MILLIKAN	1400	,,	0,23-0,39 ,,	1,8—3,0 ,,
,,	3900	,,	0,23-0,39 ,,	1,8—3,0 ,,
MYSSOWSKY u. TUWIN	30	,,	0,47 ,,	3,6 ,,
BÜTTNER	80	,,	0,33 ,,	2,5 ,,
,,	80—6770	Luft	0,46 ,,	3,5 ,,

Hiernach[1]) liegt μ_{H_2O} für die Höhenstrahlung zwischen 2 und $3 \cdot 10^{-3}$. Für γ-Strahlen von RaC ist $\mu_{H_2O} = 3,9 \cdot 10^{-2}$.

Die Höhenstrahlung besitzt danach eine rund 15 mal geringere Absorption als die γ-Strahlung der radioaktiven Substanzen. Die Wellenlänge würde sich hieraus zu 1 bis $2 \cdot 10^{-11}$ cm ergeben; dem entsprechen einige Millionen Volt.

Gegen die Voraussetzungen der obigen Absorptionsberechnung sind nun Einwände erhoben worden. Einmal gegen die Herkunft und Richtung von LINKE und SEELIGER, die bestimmte Annahmen über die Verteilung der Strahlen-

[1]) W. KOHLHÖRSTER, ZS. f. Phys. Bd. 36, S. 147. 1926.

quelle in der oberen Atmosphäre bzw. Weltraum machten. Dadurch wird jedoch die Größenordnung von μ nicht geändert.

Sodann wurden Absorptionsversuche mit Bleischirmen angestellt von G. HOFFMANN[1]) und BEHOÛNEK[2]). Ferner hat K. BÜTTNER[3]) die Absorption durch Bleischirme im See und auf Gletschereis zu etwa $11 \cdot 10^{-3}$ bestimmt.

Für einen mittleren Wert $\mu_{H_2O} = 2,5 \cdot 10^{-3}\,\text{cm}^{-1}$ errechnet sich $\mu_{Pb} = 28 \cdot 10^{-3}\,\text{cm}^{-1}$ und die Halbwertsdicke $D_{Pb} = 25$ cm. Für RaC ist $\mu_{Pb} = 0,5\,\text{cm}^{-1}$, $D_{Pb} = 1,4$ cm.

HOFFMANN beobachtete nun erst mit einem Bleischirm von 12 cm Wandstärke + 7 cm Bleiäquivalent der Gebäudedecke. Sodann wurde ein weiterer Bleischirm von 20 cm hinzugefügt.

Tabelle 21. Abnahme der Höhenstrahlung im Blei.

Abschirmung in Blei cm	Höhenstrahlung, berechnet für $\mu_{Pb} = 0,028\,\text{cm}^{-1}$	Δ	Beobachtete Ionisation = Höhenstrahlung + Gefäßstrahlung	
0	1,4	—	—	—
7	—	—	4,7	—
10	1,06	} 0,24	1,56	} 0,56
19	0,82		1,00	
39	0,47	} 0,35	0,96	} 0,04

Legt man eine Höhenstrahlung im Meeresniveau von 1,4 Ionen zugrunde, so müßte die Abschirmung durch den zweiten Bleipanzer von 20 cm eine Abnahme der Ionisation um 0,35 Ionen zur Folge haben. Beobachtet wurde nur eine Abnahme von 0,04 Ionen.

BEHOÛNEK beobachtete bei einer Erhöhung der Abschirmung von 10 cm Blei auf 20 cm keine Abnahme der Ionisation.

Die Beobachtungen zeigen also, daß zwar Absorptionsversuche in Luft, Wasser und Eis Übereinstimmung untereinander ergeben. Die Absorption in Blei ist dagegen noch nicht endgültig geklärt.

Ebenso wie bei X-Strahlen setzt sich bei γ-Strahlen die scheinbare Absorption μ zusammen aus der Comptonstreuung σ und der wahren Absorption τ infolge der Photoelektronenemission. Auf das Atom bezogen ist $\mu_A = \sigma Z + k\lambda^3 Z^4$, wo λ die Wellenlänge und Z die Ordnungszahl bedeutet. Das Verhältnis beider Anteile τ/σ ist sehr verschieden für absorbierende Substanzen verschiedener Ordnungszahl; für Blei ist $\tau/\sigma = 0,46$; für Sauerstoff $0,43 \cdot 10^{-3}$. Der Streukoeffizient Z/A (wo A Atomgewicht) ist für alle Stoffe nahe gleich: für Sauerstoff 0,5; für Blei 0,4. Die wahre Absorption Z^4/A für Sauerstoff 256; für Blei dagegen 220000. Wasser und Luft streuen die γ-Strahlung; absorbieren jedoch nur sehr wenig. Für Blei sind beide Wirkungen nahe gleich. Die oben benutzten Absorptionsformeln sind natürlich nicht für Streuung anwendbar, da sie Parallelität der Strahlung im Absorber (Luft, Wasser) voraussetzen. Bei der Comptonstreuung besitzt das gestreute Lichtquant eine größere Wellenlänge als die Initialstrahlung. Durch den fortlaufenden Streuvorgang beim Durchgang durch die Atmosphäre wird also die Wellenlänge der Höhenstrahlung mehr und mehr degradiert. Fortdauernd wird ein Teil der kurzwelligsten Initialstrahlung in Strahlung längerer Wellenlängen bis herab zu der bekannten γ-Strahlung verwandelt. Die Höhenstrahlung ist also keine Strahlung von einheitlicher Wellenlänge und Absorptionskoeffizienten. Wir müssen daher bei fortschreitender Abschirmung eine

[1]) G. HOFFMANN, Phys. ZS. Bd. 26, S. 669. 1925.
[2]) F. BEHOÛNEK, Phys. ZS. Bd. 27, S. 8. 1926.
[3]) K. BÜTTNER, ZS. f. Geophysik Bd. 2, Nr. 5, S. 254 u. Nr. 7.

fortschreitende Härtung der Strahlen erwarten. Absorptionsmessungen von MILLIKAN in hochliegenden Seen zeigte, daß μ mit wachsender Dicke des Wasserschirmes abnahm von $3 \cdot 10^{-3}$ auf $1{,}8 \cdot 10^{-3}$ cm^{-1}. Ferner muß in großen Höhen, wo die Initialstrahlung stärker ist, auch die Sekundärstrahlung stärker sein, die durch die Comptonstreuung entsteht. Dies glaubt MILLIKAN auf dem Pike's Peak in 4220 m Höhe nachgewiesen zu haben.

Beim Durchgang der Höhenstrahlung durch einen Bleischirm bildet sich durch den Comptoneffekt nahezu ebensoviel langwelligere Sekundärstrahlung wie in Luft, Wasser oder Eis. Im Blei werden diese aber sofort absorbiert, ihre Energie verschwindet aus dem Strahlenbündel, dessen Absorption bestimmt wird. Nicht so in Luft, Eis und Wasser. Hier ist die Bedingung, daß einmal gestreute Strahlen den Meßort nicht mehr erreichen sollen, nicht erfüllt. Die angewandten Formeln sind dann nicht streng gültig. Damit erheben sich auch Zweifel an den berechneten Wellenlängen der Initialstrahlung. Immerhin, sie mag auf 10^{-11} bis 10^{-12} cm zu schätzen sein. Es ist allerdings dann unwahrscheinlich, daß die Höhenstrahlung bei Zerfall der bekannten radioaktiven Elemente entsteht. Stärkere Energiequellen sind dazu notwendig. Etwa die Bildung von Helium aus Wasserstoff ($\lambda = 4 \cdot 10^{-12}$) oder, wie JEANS[1]) annimmt, die Zerstrahlung der Materie. Aus der Energiebilanz des Andromedanebels folgt, daß nur 1 : 3000 der entstehenden Initialstrahlung bis zur Wellenlänge des sichtbaren Gebietes degradiert ist, während der übrige kurzwelligere Anteil auch Strahlung der Wellenlänge der Höhenstrahlung enthalten muß. Die Rechnung zeigt, daß die Strahlung des Andromedanebels allein schon die Hälfte der beobachteten Höhenstrahlungen liefern könnte. W. NERNST dagegen verlegt den Ursprung der Höhenstrahlung in Elemente sehr hoher Ordnungszahl, die in den Nebelmassen und neuen Sternen der Milchstraße zu suchen sind. (Das Weltgebäude im Lichte neuerer Forschung. Berlin 1921.)

f) Ionenbilanz.

30. Die Messung der Stärke der verschiedenen Ionisationsquellen erlaubt ein Vergleich mit dem direkt gemessenen Ionisationszustand der Atmosphäre. Die Tabelle gibt dazu die nötigen Daten.

Tabelle 22. Ionisation der Luft durch α-, β-, γ-Strahlen.

Strahlen	Substanz	Sitz	Ionisierung am Boden in cm³ und pro sec: berechnet aus der Menge der Substanz	Ionisierung am Boden in cm³ und pro sec: beobachtet
α	RaEm. RaA RaC	in der Luft	2,0	?
,,	Th Ac	,,	1,0	?
β	RaB RaC	,,	0,24	? (für beide Zeilen)
,,	Th Ac	,,	0,02	
γ	RaC	,,	0,05	0,3 (für beide Zeilen)
,,	Th Ac	,,	0,03	
,,	RaC	im Boden	1,0	2,5 (für beide Zeilen)
,,	Th U Ac	,,	1,0	

Hierzu kommt noch die Höhenstrahlung mit ihrem Bodenwert 1 bis 2 Ionen.

Die mittlere Ionenzahl direkt gemessen ist im Mittel für Land 700; für Ozean 575 Ionen. Die Ionisierung q ist für den stationären Zustand $q = \alpha n^2$ (gleiche Anzahl positiver und negativer Ionen vorausgesetzt). Je nach dem Wert von α, der zwischen $1{,}5 \cdot 10^{-6}$ und $30 \cdot 10^{-6}$ zu schwanken scheint, ergibt sich

[1]) J. H. JEANS, Nature Bd. 116, S. 861. 1925; Bd. 117, S. 18. 1925.

für $n = 700$ (Land) $q = 0{,}74$ bis $14{,}7$ Ionen, die pro cm³ und Sekunde neugebildet werden. Ein mittlerer Wert von $q = 2{,}5 \cdot 10^{-6}$ führt für $n = 700$ (Land) zu $q = 1{,}23$ Ionen; für $n = 575$ (Ozean) zu $q = 0{,}83$ Ionen. Andererseits läßt sich die Neubildung von Ionen pro cm³ und Sekunde schätzen aus dem Gehalt an radioaktiver Substanz in der Atmosphäre und im Boden. Die radiaoktiven Substanzen in der Atmosphäre liefern durch ihre α-Strahlung 3,0, durch ihre β- und γ-Strahlung 0,34. Der Gehalt im Boden liefert durch seine γ-Strahlung 2 Ionen. Dazu kommt der Bodenwert der Höhenstrahlung, mit etwa 1,5 Ionen zusammen ergeben sich 6,8 Ionen.

Die direkte Messung der γ-Strahlung ergab für die Luftstrahlung 0,3, für die Bodenstrahlung 2,5 Ionen, also zusammen mit der berechneten α-Strahlung (3,0) und der Höhenstrahlung (1,5) 7,3 Ionen, die pro cm³ und Sekunde neu gebildet werden. Vergleicht man diesen Wert für $q = 7$ Ionen mit dem aus αn^2 berechneten, so fällt er zwar innerhalb der weiten Grenzen, 0,7 bis 15 Ionen, die bedingt sind durch unsere Unkenntnis über den Wert von α, der hier zu verwenden ist. Es zeigt dieser Vergleich aber auch, daß der Wert $\alpha = 1{,}5 \cdot 10^{-6}$ (der für leichte Ionen gilt) zu einem zu kleinen Wert für q führt, d. h. daß die neugebildeten Ionen in der Nähe des Erdbodens nicht nur durch die Wiedervereinigung leichter Ionen verschwinden. Rechnet man nach dem linearen Gesetz für die Wiedervereinigung (V. SCHWEIDLER), das die Einwirkung von Staub und schweren Ionen berücksichtigt, so ergibt sich für $\beta' = 20 \cdot 10^{-3}\,\mathrm{sec}^{-1}$ und $n = 700$ (Land) $q = 14$.

Die Beobachtungen an Bord der „Carnegie“[1]) zeigen, daß auf offenem Ozean sich im geschlossenen Gefäß im Mittel etwa $3{,}5 - 2$ (Gefäßstrahlung) $=$ 1,5 Ionen pro cm³ und Sekunde bilden, also nahe gleich dem auch für den Kontinent geltenden Bodenwert der Höhenstrahlung. Da hier die radioaktiven Substanzen in Luft und Meer fehlen, die Bodenstrahlung durch das Wasser abgeschirmt ist, wird hier wohl die Ionisation im wesentlichen durch die Höhenstrahlung und ihre langwelligere Streustrahlung entstehen, also etwa 1,5 Ionen betragen. Der mittlere Wert von $\alpha = 2{,}5 \cdot 10^{-6}$ führt hier mit $n = 575$ zu $q = 0{,}83$ Ionen. Hier stimmt die Ionenbilanz annähernd.

Das gleiche trifft auch für höhere Luftschichten zu. Aus Ballonmessungen folgt für 5000 m etwa $n = 2200$. α sinkt mit sinkendem Druck, doch langsamer als linear. Andererseits nimmt α für 30° Temperaturabnahme um etwa 30% zu. Setzt man α statt 2,5 für 5000 m Höhe zu $1{,}5 \cdot 10^{-6}$ an, so ergibt sich $q = 7{,}2$ Ionen pro cm³ und Sekunde. Die durchdringende Höhenstrahlung liefert für 5000 m 10, für 6000 m 14 Ionen. In dieser Höhe ist der Gehalt an radioaktiver Substanz, soweit die Messungen erkennen lassen, zu vernachlässigen, ebenso die Bodenstrahlung. Die Bilanz stimmt also auch hier annähernd. Für die staubfreie Atmosphäre über dem Meere und in großen Höhen ist das quadratische Gesetz $q = \alpha n^2$ eine bessere Annäherung als das lineare $q = \beta' n$.

Die Messungen in großen Höhen und auf freiem Meere lehren, daß die Höhenstrahlung für die Atmosphäre als Ganzes der ausschlaggebende Ionisator ist.

Nach Tabelle 22 liefert die Höhenstrahlung am Boden über den Kontinenten nur 18% der Ionisation der Luft. Tabelle 23 gibt die Anzahl der Ionenpaare, die durch die verschiedenen Ionisatoren pro sec in den aufeinanderfolgenden Höhenschichten über den Kontinenten gebildet werden, je in einer Luftsäule von 1 cm² Querschnitt. Die Reichweite der Bodenstrahlung wurde hierbei nach den Messungen von BÜTTNER zu 300 m angenommen. Für die Berechnung der Luftstrahlung wurde die Verteilung der radioaktiven Substanzen mit der

---

[1]) Siehe diesen Artikel S. 427, Anm. 1. Research of Dep. Terr. Magn. Ocean magn. and elect. Observ. Bd. V. 1915–1921. Washington 1926.

Höhe nach den Rechnungen von HESS und SCHMIDT zugrunde gelegt. Nach den direkten Messungen des Gehaltes der Luft an RaEm in 2000 und 3000 m Höhe durch WIGAND würde eine noch schnellere Abnahme mit der Höhe zu erwarten sein. Nach Tabelle 23 liefert die Höhenstrahlung in den unteren 500 m 25% der Ionisation über den Kontinenten; in 2 bis 3 km Höhe schon 91%. Zur Gesamtionisation in den unteren 3 km trägt die Höhenstrahlung 70% bei; für die Troposphäre (0 bis 9 km) 95%.

Tabelle 23. Anzahl der durch die verschiedenen Ionisatoren pro sec gebildeten Ionenpaare, in den einzelnen Höhenstufen über den Kontinenten; Grundfläche der Luftsäulen 1 cm².

Höhenstufen in km	Höhenstrahlung	γ-Bodenstrahlung	α-Luftstrahlung Ra	α-Luftstrahlung Th, Ac	β-, γ-Luftstrahlung Ra, Th, Ac	Σ	Anteil der Höhenstrahlung
$0-\frac{1}{2}$	$0{,}8\cdot 10^5$	$1{,}4\cdot 10^5$	$0{,}9\cdot 10^5$	$0{,}04\cdot 10^5$	$0{,}09\cdot 10^5$	$3{,}2\cdot 10^5$	25%
$\frac{1}{2}-1$	1,2	0	0,6	0	0,06	1,9	65
1–2	3,4	0	0,7	0	0,07	4,2	82
2–3	4,7	0	0,4	0	0,04	5,1	92
3–4	6,3	0	0,2	0	0,02	6,5	97
4–5	8,8	0	0,1	0	0,01	8,9	99
5–6	11,9	0	0	0	0	11,9	100
6–7	15,5	0	0	0	0	15,5	100
7–8	19,4	0	0	0	0	19,4	100
8–9	22,5	0	0	0	0	22,5	100
0–3	10,1	1,4	2,6	0,04	0,26	14,4	70
0–9	94,5	1,4	2,9	0,04	0,3	99,1	95

Die radioaktiven Substanzen der Luft sind in ihrer Wirkung gering und beschränken sich außerdem nach den Messungen von WIGAND[1]) auf bodennahen Schichten der Luft; sie fehlen über den Meeren. Die Bodenstrahlung dringt nur wenige hundert Meter empor und ist auf dem Ozean abgeschirmt. Über den Kontinenten wird in der Nähe des Bodens die Ionenbildung erheblich höher sein. Wie die Bilanz zeigt, verschwinden dort aber auch die neugebildeten Ionen nicht nur durch Wiedervereinigung leichter Ionen, sondern in den staubreichen unteren Schichten durch Molisierung, und entgehen so auch der Zählung. Andererseits wird die reichere Ionenbildung in den bodennahen Schichten durch fortwährende vertikale Durchmischung mit höheren ionenärmeren Schichten ausgeglichen. Die Ausbildung von Raumladungen wird jedoch durch die Molisierung unterstützt, und dadurch werden Schwankungen des Potentialgefälles entstehen. Es wäre wichtig zu wissen, ob sich auf freiem Ozean in den unteren Schichten gleich starke Raumladungen ausbilden. Das Fehlen der halbtägigen Welle im Gang des Potentialgefälles auf offenem Ozean läßt vermuten, daß dort starke Raumladungen nicht vorhanden sind. Denn diese halbtägige Welle wird offenbar durch die Raumladungen der untersten Schichten bedingt. Die Molisierung scheint auf dem offenem Meere wesentlich geringer zu sein. Leider fehlen direkte Messungen der Zahl der Kerne und schweren Ionen auf offenem Meer, desgleichen der Raumladung und der Änderung des Potentialgefälles mit der Höhe. In dieser Richtung bedarf das luftelektrische Arbeitsprogramm eine Erweiterung.

g) Aufrechterhaltung der Oberflächenladung der Erde.

31. Während wir die Ionenbilanz der Atmosphäre nach den obigen Ausführungen einigermaßen verstehen, stehen wir dem Hauptproblem der Luftelektrizität der Aufrechterhaltung der negativen Erdladung noch sehr unsicher

[1]) A. WIGAND. Siehe diesen Artikel S. 427, Anm. 2.

gegenüber. Die Beobachtungen zeigen, daß das Potentialgefälle in der Nähe des Bodens zwar örtliche und zeitliche Schwankungen aufweist, aber für normale Wetterlage stets auf der ganzen Erde positiv gerichtet ist. Allgemein gilt dies wenigstens im Mittel längerer Zeiträume (Monate). Der Mittelwert für die ganze Erde beträgt etwa 120 Volt/m.

Infolge des Leitungsstromes müßte die Erdladung schon in $^1/_4$ Stunde praktisch verschwinden.

$$\frac{dV}{dh} = V' = -4\pi\sigma,$$

$$\frac{dV'}{dt} = -4\pi\frac{d\sigma}{dt} = -4\pi i = -4\pi\lambda V',$$

$$V' = V'_0 e^{-4\pi\lambda t}.$$

Für $\lambda = 3 \cdot 10^{-4}$ ESE sinkt V' in 1000 sec auf $^1/_{35}$ seines Wertes. Zur Aufrechterhaltung der Erdladung muß ein dem Leitungsstrom entgegengerichteter Strom von gleicher Stärke bestehen. Der Leitungsstrom fördert in annähernder Konstanz sowohl auf dem Kontinent wie auf dem Ozean im Mittel etwa $3 \cdot 10^{-16}$ Amp./cm^2 abwärts. Stationärer Zustand wäre also vorhanden, wenn dem Boden pro Sekunde 2000 Elektronen zugeführt würden oder eine gleich große positive Ladung in derselben Zeit vom Boden verschwände. Ob und wie dies geschieht, ist bisher experimentell nicht ermittelt worden. Es fehlt sogar eine gesicherte Anschauung darüber, wie es sein könnte. H. BENNDORF hat dieses Problem eingehend erörtert[1]).

Konvektionsströme durch vertikale Luftbewegung oder Regenladung scheiden hierfür aus. Erstere wegen ihres geringen Wertes, letztere außerdem noch, weil sie einen Überschuß positiver Ladung zum Boden fördern.

Zwei Beobachtungstatsachen weisen einen Weg, auf dem vielleicht eine Lösung erreichbar ist, trotz der großen physikalischen Bedenken, die sich erheben. Diese Beobachtungen sind das Weltzeitglied im täglichen Gang des Potentialgefälles und der endliche Wert des Ringintegrals der erdmagnetischen Kraft[2, 3]).

Das Weltzeitglied im täglichen Gange des Potentialgefälles tritt um 17 bis 19^h Weltzeit ein; das ist Mittag bis 2^h p. m. Ortszeit am magnetischen Nordpol[4]). Zur selben Weltzeit scheint auch die erdmagnetische Aktivität besonders in hohen Breiten ein Maximum zu besitzen[2]).

Will man die Aufrechterhaltung der negativen Erdladung durch Ladungszufuhr von außen erklären, so sagt die obige Beobachtung, daß diese Zufuhr am reichlichsten erfolgt, wenn der magnetische Nordpol Mittag hat. Dies scheint für die Erde als Ganzes die günstigste Lage zu sein. Wir nehmen hierbei an, daß diese negative Ladung Elektronen sind, die von der Sonne kommen. Das Eindringen dieser Ladung in die Atmosphäre steigert die Ionisation in großen Höhen, dadurch wächst die erdmagnetische Aktivität, und zwar vorzugsweise in hohen Breiten, da dort, wie die Polarlichtentfaltung zeigt, die Ladungen besonders stark eindringen. Ein Teil dieser Elektronen müssen nun bis zur Erdoberfläche durchdringen. Dort werden sie sich schnell über der leitenden Erd-

---

1) H. BENNDORF, Phys. ZS. Bd. 26, S. 81. 1925; ZS. f. Geophys. Bd. 1, S. 147. 1925; R. SEELIGER, Ann. d. Phys. Bd. 62, S. 461. 1920; E. v. SCHWEIDLER, ebenda Bd. 63, S. 726. 1920; Wiener Ber. (IIa) Bd. 127, S. 515. 1918.

2) G. ANGENHEISTER, Göttinger Nachr. 1924, S. 81.

3) L. A. BAUER, Terr. Mag. Bd. 25, S. 145. 1920; AD. SCHMIDT, ZS. f. Geophys. Bd. 1, S. 7. 1925; Abhandlgn. d. Akad. d. Wiss. München 1895, S. 66.

4) L. A. BAUER, Research of Dep. Terr. Magn. Ocean magn. and Electr. Observ. Bd. V. 1915–1921. Washington 1926.

oberfläche (Ozeane) verbreiten. Das Potentialgefälle muß sich zu dieser Zeit der günstigen Einstrahlung auf der ganzen Erde gleichzeitig erhöhen; die magnetische Aktivität nur dort, wo die Ladung eindringt und ionisiert; das ist in hohen Breiten. Das stimmt mit den Beobachtungen überein.

Die Zusammenhänge, die sich zwischen der Sonnentätigkeit und dem Potentialgefälle nach L. A. BAUER[1]) ergeben haben, würden jetzt auch verständlich sein. Die Elektronenemission der Sonne ist zur Zeit gesteigerter Tätigkeit verstärkt, damit auch die Aufladung der Erde.

Die Bedenken, die sich gegen eine solche Erklärung der Erdladung erheben, sind zweierlei. Erstens sind β-Strahlen von solcher Reichweite, daß sie die ganze Atmosphäre zu durchdringen vermögen, nicht bekannt. Sie müßten nahe (bis auf wenige Meter) Lichtgeschwindigkeit besitzen, um infolge ihrer elektrodynamischen Masse diese Reichweite zu erlangen. Rund 2000 Elektronen müßten pro Sekunde und cm^2 die Atmosphäre bis zum Boden durchqueren. Dadurch müßte die Ionisation viele hundertmal stärker sein, als sie unten beobachtet wird. Es muß daher zweitens angenommen werden, daß die sehr schnellen Elektronen kaum mehr zu ionisieren vermögen. Dafür sprechen allerdings theoretische Gründe[2]). Bei sehr hoher Geschwindigkeit kommt die Ionisierung nicht mehr zustande, weil infolge der kurzen Wirkungsdauer die Beschleunigung des herauszuwerfenden Elektrons und damit seine Strahlung so sehr anwachsen würde, daß es nicht genügend kinetische Energie behält, um die Ionisierungsarbeit zu leisten. Das getroffene Atom würde nur einen γ-Strahl aussenden, aber nicht ionisiert werden. Sind aber Elektronen von solcher Geschwindigkeit und Reichweite möglich, daß sie von außen kommend die ganze Atmosphäre bis zum Erdboden durchdringen können, dann würde auch die zweite, bisher ungeklärte Beobachtungstatsache, der endliche Wert des Ringintegrals der erdmagnetischen Kraft $\oint H\,ds = 4\pi i$, eine Erklärung finden können. Dieses fordert nämlich die Existenz vertikaler Erdluftströme von der Stärke 10^{-11} bis 10^{-12} Amp./cm^2, deren negative Stromrichtung in polnahen Zonen abwärts, in niederen Breiten aufwärts gerichtet ist[3]). Diese beiden Ströme sind 10000 mal größer als der zur Aufrechterhaltung der Erdladung benötigte. Es liegt dann nahe, den letzteren als Differenz der beiden ersteren aufzufassen. Diese Differenz des abwärts und aufwärts gerichteten Elektronenstroms wird eine Aufladung der Erde zur Folge haben. Die Erdladung und ihr Feld wird so lange anwachsen, bis ein stationärer Zustand eintritt, d. h. bis durch Feldwirkung und Leitfähigkeit in der Atmosphäre ein Ionenleitungsstrom von solcher Stärke entsteht, daß er die Differenz zwischen aufwärts und abwärts gerichtetem Elektronenstrom auszugleichen vermag.

Wie wir uns den in niederen Breiten aufwärts gerichteten negativen (oder abwärts gerichteten positiven) Strom vorzustellen haben, bleibt unerklärt und desgleichen, warum die geringe Differenz des aufwärts und abwärts gerichteten Stromes (von je 10^{-11} bis 10^{-12} Amp./cm^2) so nahe konstant bleiben soll, wie es der beobachtete Ionenleitungsstrom tatsächlich ist, der nur $^1/_{10000}$ davon beträgt. Hier erheben sich also neue Bedenken.

Falls tatsächlich Elektronen von der oben angegebenen großen Geschwindigkeit die Luft durchsetzen, so könnten sie auch die bisher vorliegenden Beobachtungstatsachen der durchdringenden Höhenstrahlung erklären. Die Höhenstrahlung wäre dann nicht eine Ultra-γ-Strahlung, sondern eine Ultra-β-Strahlung.

---

[1]) L. A. BAUER, Research of Dep. Terr. Magn. Ocean magn. and Electr. Observ. Bd. V. 1925. Washington 1926.

[2]) W. F. G. SWANN, Phil. Mag. Bd. 47, S. 306. 1924.

[3]) L. A. BAUER, l. c.; AD. SCHMIDT, siehe Fußnote 3, S. 438.

Die Absorptionsversuche in Wasser mit und ohne Bleipanzer begünstigen sogar solche Vorstellung. Andererseits müßte eine Ultra-γ-Strahlung selbst eine sehr schnelle β-Strahlung erzeugen.

Experimentelle Versuche zum Nachweis einer Ultra-β-Strahlung sind von v. SCHWEIDLER[1]) und später von HOFFMANN[2]) angestellt worden. Isoliert aufgestellte Metallmassen müßten sich durch die Absorption dieser Ultra-β-Strahlen negativ aufladen. Bisher konnte eine solche Aufladung nicht nachgewiesen werden.

h) Luftelektrische Daten.

32. Elektrisches Feld.

Potentialgefälle, Mittelwert für die Erde $V = 120$ Volt/m.

Oberflächenladung $\sigma = 3{,}2 \cdot 10^{-4}$ ESE/cm².

Gesamtladung der Erde $^1/_2$ Million Coulomb.

Potentialgefälle in	0 m	Höhe	100 Volt/m
	1500 „	„	25 „
	4000 „	„	12 „
	9000 „	„	3 „

Raumladung zwischen	0 m und 1500 m	$+ 1{,}3 \cdot 10^{-9}$	ESE/cm³
	0 „ „ 1 m	$\pm 10^{-7}$	„

Ionisationszustand.

		λ	λ_+/λ_-
Leitfähigkeit $\lambda = \lambda_+ + \lambda_-$ in 10^{-4} ESE	Ozean	3,0	1,2
	Land 0 m	3,1	1,1
	„ 6000 „	20	
	„ 9000 „	30	

		n	n_+/n_-	
Ionenzahl	Ozean	575	1,23	leichte Ionen
	Land 0 m	700	1,20	leichte Ionen
	„ 2000 „	600		leichte Ionen
	„ 4000 „	1500		leichte Ionen
	„ 5200 „	2200		leichte Ionen
	„ 0 „	2000—10000		leichte + schwere „

		v_+	v_-	
Beweglichkeit v in cm/sec : Volt/cm	Ozean	1,58	1,66	leichte Ionen
	Land 0 m	1,1	1,2	leichte Ionen
	„ 4000 „	9	6	leichte Ionen
	„ 0 „	0,01		mittlere „
	„ 0 „	0,0005		schwere „

		α
Wiedervereinigungskoeffizient	Laboratorium	1,5 bis $2{,}0 \cdot 10^{-6}$
	Atmosphäre	1,6 „ $29 \cdot 10^{-6}$
Verschwindungskonstante	Landstationen	$20 \cdot 10^{-3}$

---

[1]) E. v. SCHWEIDLER, Wiener Ber. Bd. 127, S. 1. 1918.

[2]) G. HOFFMANN, Phys. ZS. Bd. 27, S. 291. 1926.

Stromdichten.

Leitungsstrom in Amp./cm²	Ozean	$3{,}4 \cdot 10^{-16}$
	Land 0 m	2,8
	„ 3500 „	1,3
	„ 7500 „	0,7
Konvektionsstrom durch vertikale Luftbewegung		$\frac{1}{3} \cdot 10^{-16}$
Regenstrom	Landregen	10^{-16} bis 10^{-15}
	Böenregen	10^{-14} „ 10^{-13}
	Gewitterregen	10^{-12}
	Ladung E_+/E_-	1,4 bis 15

Ionisatoren.

Emanationsgehalt der Atmosphäre in Curie	Ozean	$1{,}2 \cdot 10^{-18}$	
	Land 0 m	$100 \cdot 10^{-18}$	
	„ 3000 „	0	
Radiumgehalt des Bodens in g Ra pro g Substanz	Ozean, küstennah	$1{,}1 \cdot 10^{-15}$ Ra	10^{-8} Th
	Mitpazifik	0 „	
	Land	1 bis $3 \cdot 10^{-12}$ „	10^{-5} „

Ionisation.

Durch Strahlung radioaktiver Substanzen der Luft	α-Strahlen	3,0 Ionen pro cm³ und Sekunde
	β-Strahlen	0,06 „ „ „ „ „
	γ-Strahlen	0,3 „ „ „ „ „
Durch Strahlung radioaktiver Substanzen des Bodens	γ-Strahlen	2,5 „ „ „ „ „
Durch Höhenstrahlung am Boden		1,5 „ „ „ „ „
		Σ 7,3 Ionen pro cm³ und Sekunde

		Differenzen gegen den Bodenwert
Ionisation im geschlossenen Gefäß in Ionen pro cm³ und Sekunde	500 m	− 1,7
	1000 „	− 1,5
	1500 „	− 0,4
	2000 „	+ 1,0
	5000 „	+ 16,2
	9000 „	+ 79,0

	Höhenstufe	Höhenstrahlung	Luftstrahlung	Bodenstrahlung
Relativer Anteil der Höhen-, Luft- und Bodenstrahlung an der Ionisation der Atmosphäre in verschiedenen Höhen über den Kontinenten	0—½ km	25%	28%	47%
	½—1 „	65 „	35 „	0 „
	1—2 „	81 „	19 „	0 „
	2—3 „	91 „	9 „	0 „
	3—4 „	97 „	3 „	0 „

Sachverzeichnis.

Handbuch der Physik

Inhaltsübersicht des Gesamtwerkes:

Band I: Geschichte der Physik — Vorlesungstechnik (bereits erschienen)

Geschichte der Physik. Von Professor Dr. Edmund Hoppe, Göttingen.
Physikalische Literatur. Von Professor Dr. Karl Scheel, Berlin-Dahlem.
Unterricht und Forschung. Von Professor Dr. H. E. Timerding, Braunschweig.
Vorlesungstechnik. Von Dr. R. Mecke und Dr. A. Lambertz, Bonn a. Rh.

Band II: Elementare Einheiten und ihre Messung (bereits erschienen)

Einheiten, Dimensionen, Maßsysteme. Von Professor Dr. J. Wallot, Charlottenburg.
Längenmessung, Winkelmessung. Von Professor Dr. F. Göpel, Charlottenburg.
Massenmessung. Von Dr. W. Felgentraeger, Charlottenburg.
Raummessung und spezifisches Gewicht. Von Professor Dr. Karl Scheel, Berlin-Dahlem.
Zeitmessung. Von Professor Dr. C. Cranz, Charlottenburg, Ing. V. v. Niesiolowski-Gawin, Mödling b. Wien und Dipl.-Ing. W. Schmundt, Königsberg.
Geschwindigkeitsmessung. Von Ing. V. v. Niesiolowski-Gawin, Mödling b. Wien.
Erzeugung und Messung von Drucken. Von Dr. H. Ebert, Charlottenburg und Professor Dr. C. Cranz, Charlottenburg.
Schweremessungen. Von Professor Dr. A. Berroth, Potsdam.
Allgemeine physikalische Konstanten. Von Professor Dr. F. Henning, Berlin und Professor Dr. W. Jaeger, Berlin.

Band III: Mathematische Hilfsmittel in der Physik

Infinitesimalrechnung, Algebra. Von Dr. Adalbert Duschek, Wien.
Vektor- und Tensorrechnung. Von Dr. Theodor Radakovic, Wien.
Geometrie. Von Dr. Adalbert Duschek, Wien.
Funktionentheorie. Von Dr. Theodor Radakovic, Wien.
Spezielle Funktionen. Von Dr. Josef Lense, Wien.
Gewöhnliche Differentialgleichungen. Von Dr. Theodor Radakovic, Wien.
Partielle Differentialgleichungen. Von Dr. Josef Lense, Wien.
Variationsrechnung. Von Dr. Theodor Radakovic, Wien.
Differentialgeometrie. Von Dr. Adalbert Duschek, Wien.
Integralgleichungen, Potentialtheorie. Von Dr. Josef Lense, Wien.
Mathematische Statistik und Wahrscheinlichkeitsrechnung. Von Professor Dr. F. Zernike, Groningen.
Ausgleichsrechnung, Nomographie, Numerische Differentiation und Integration. Von Dr. Karl Mader, Wien.

Band IV: Allgemeine Grundlagen der Physik

Ziele und Wege der physikalischen Erkenntnis. Von Professor Dr. H. Reichenbach, Stuttgart.
Der Aufbau der theoretischen Physik. Von Professor Dr. H. Thirring, Wien.
Prinzipien der Statistik. Von Dr. O. Halpern, Wien.
Allgemeine Relativitätstheorie. Von Dr. G. Beck, Wien.
Der Bau des Kosmos. Von Dr. W. E. Bernheimer, Wien.

Band V: Grundlagen der Mechanik — Mechanik der Punkte und starren Körper

Die Axiome der Mechanik. Von Professor Dr. G. Hamel, Berlin.
Prinzipe der Dynamik. Von Dr. L. Nordheim, Göttingen.
Störungstheorie. Von Dr. E. Fues, Zürich.
Geometrie der Bewegungen. Von Professor Dr. H. Alt, Dresden.
Geometrie der Kräfte und Massen. Von Professor Dr. C. B. Biezeno, Delft.
Mechanik der Massenpunkte. Von Professor Dr. R. Grammel, Stuttgart.
Kinetik der starren Körper. Von Professor Dr. M. Winkelmann, Jena.
Technische Anwendungen der Stereomechanik. Von Professor Dr.-Ing. Th. Pöschl, Prag.
Relativitätsmechanik. Von Dr. Otto Halpern, Wien.

Band VI: Mechanik der elastischen Körper

Physikalische Grundlagen der Elastomechanik. Von Professor Dr. Otto Föppl und Dr. Busemann, Braunschweig.
Mathematische Elastizitätstheorie. Von Professor Dr. E. Trefftz, Dresden.
Elastostatik. Von Dr. J. W. Geckeler, Jena.
Elastokinetik. Von Professor Dr. F. Pfeiffer, Stuttgart.
Theorie der Erdbebenwellen. Von Professor Dr. G. Angenheister, Göttingen.
Plastizität. Von Professor Dr.-Ing. A. Nádai, Göttingen.

Band VII: Mechanik der flüssigen und gasförmigen Körper

Ideale Flüssigkeiten. Von Professor Dr. M. Lagally, Dresden.
Zähe Flüssigkeiten. Von Professor Dr. L. Hopf, Aachen.
Wasserströmungen. Von Professor Dr. Ph. Forchheimer, Wien.
Tragflügel und hydraulische Maschinen. Von Professor Dr. A. Betz, Göttingen.
Gasdynamik. Von Dr. J. Ackeret, Göttingen.
Kapillarität. Von Dr. A. Gyemant, Charlottenburg.

Band VIII: Akustik

Einleitung. Von Dr. Ferd. Trendelenburg, Berlin-Nikolassee.
Theorie akustischer Schwingungen. Von Dr. H. Backhaus, Charlottenburg.
Schallerzeugung mit mechanischen Mitteln. Von Professor Dr. A. Kalähne, Danzig-Oliva.
Elektrische Schallsender. Von Dr. H. Lichte, Berlin-Schöneberg.
Thermische Schallerzeugung. Von Dr. Johann Friese, Breslau.
Musikinstrumente. Von Professor Dr. C. V. Raman, Kalkutta.
Musikalische Tonsysteme. Von Professor Dr. E. von Hornbostel, Berlin-Steglitz.
Physik der Sprachklänge. Von Dr. Ferd. Trendelenburg, Berlin-Nikolassee.
Empfang, Messung und Umformung akustischer Energie. Von Dr. E. Lübcke, Berlin-Siemensstadt, Dr. H. Sell, Berlin-Siemensstadt, Dr. Ferd. Trendelenburg, Berlin-Nikolassee.
Das Gehör. Von Dr. E. Meyer, Berlin-Wilmersdorf.
Die Ausbreitung akustischer Schwingungsvorgänge. Von Dr. E. Lübcke, Berlin-Siemensstadt.
Raumakustik. Von Professor Dr. E. Michel, Hannover.

Kondensatoren und Induktionsspulen. Von Professor Dr. E. Giebe, Berlin.
Meßwandler, Stromwandler, Spannungswandler. Von Professor Dr. A. Schering, Berlin.
Wellenmesser und Frequenznormale. Von Dr. Egon Alberti. Berlin.
Allgemeines und Technisches über elektrische Messungen. Von Professor Dr. W. Jaeger, Charlottenburg.
Messung der Elektrizitätsmenge, des Stromes, der Leistung und der Arbeit. Von Professor Dr. A. Schering und Dr. R. Schmidt, Berlin.
Elektrometrie. Von Professor Dr. A. Schering, Berlin.
Widerstandsmessung. Von Professor Dr. H. v. Steinwehr, Berlin.
Messung von Kapazitäten und Induktivitäten. Von Professor Dr. E. Giebe, Berlin.
Messung von Dielektrizitätskonstanten und dielektrischen Verlusten. Von Professor Dr. A. Schering, Berlin.
Meßmethoden bei elektrischen Schwingungen. Von Dr. E. Alberti, Berlin.
Elektrochemische Messungen. Von Dr. E. Baars, Marburg a. Lahn.
Messung an ferromagnetischen Stoffen. Von Professor Dr. E. Gumlich, Berlin.
Herstellung und Ausmessung magnetischer Felder. Von Professor Dr. E. Gumlich, Berlin.
Erdmagnetische Messungen. Von Professor Dr. G. Angenheister, Potsdam.

Band XVII: Elektrotechnik (bereits erschienen)

Telegraphie und Telephonie auf Leitungen. Von Professor Dr. F. Breisig, Berlin.
Drahtlose Telegraphie und Telephonie. Von Professor Dr. F. Kiebitz, Berlin.
Röntgentechnik. Von Dr. H. Behnken, Berlin.
Elektromedizin. Von Dr. H. Behnken, Berlin.
Transformatoren. Von Dr. R. Vieweg, Berlin, und Dipl.-Ing. V. Vieweg, Berlin.
Elektrische Maschinen. Von Dr. R. Vieweg, Berlin, und Dipl.-Ing. V. Vieweg, Berlin.
Technische Quecksilberdampf-Gleichrichter. Von Professor Dr. A. Güntherschulze, Berlin.
Hochspannungstechnik. Von Professor Dr. W. Schumann, München.
Überspannungen und Überströme. Von Dr. A. Fraenckel, Berlin.

Band XVIII: Geometrische Optik — Optische Konstanten — Optische Instrumente

Geometrische Optik. Von Dr. H. Boegehold, Jena, Dr. O. Eppenstein, Jena, Dr. Hartinger, Jena, Prof. Dr. F. Jentzsch, Berlin, Dr. W. Merté, Jena.
Spiegel aller Arten und daraus entstehende Instrumente. Prismen. Von Dr. F. Löwe, Jena.
Fernrohre aller Art. Von Dr. O. Eppenstein, Jena.
Das photographische Objektiv. Das Auge und das Sehen. Das Brillenglas und die Brille. Von Professor Dr. M. v. Rohr, Jena.
Beleuchtungsapparate, Mikroskope, Lupen, Ultramikroskope. Von Dr. H. Boegehold, Jena.
Besondere optische Instrumente, soweit nicht anderwärts behandelt. Von Professor Dr. H. Konen, Bonn.
Optische Konstanten. Von Dr. H. Keßler, Jena, und Professor Dr. H. Konen, Bonn.

Band XIX: Herstellung und Messung des Lichtes

Natürliche und künstliche Lichtquellen.
1. Sonnenstrahlung. Von Professor Dr. H. Rosenberg, Kiel. 2. Himmelsstrahlung. 3. Blitz, Nordlicht, atmosphärische Erscheinungen. Von Professor Dr. C. Jensen, Hamburg. 4. Übersicht über die kosmischen Lichtquellen. Von Professor Dr. J. Hopmann, Bonn. 5. Glühende Körper, insbesondere schwarze. Von Frl. Dr. E. Lax, Berlin, und Professor Dr. M. Pirani, Berlin-Wilmersdorf. 6. Bogenlicht, Funke. Von Professor Dr. H. Konen, Bonn, und Dr. R. Frerichs, Bonn. 7. Gasentladungen. Von Professor Dr. H. Konen, Bonn, und Dr. R. Frerichs, Bonn. 8. Röntgenstrahlen (Technisches, Art, Verteilung und Zusammensetzung). Von Dr. H. Behnken, Charlottenburg. 9. Luminescenzquellen. Von Professor Dr. P. Pringsheim, Berlin. 10. Flammen, chemische Prozesse. Von Professor Dr. H. Konen, Bonn, und Dr. R. Frerichs, Bonn.

Lichttechnik.
1. Allgemeines, wirtschaftliche Grundsätze, physiologische Gesichtspunkte, Stellung der Aufgabe. 2. Methoden zur Strahlungserzeugung, schwarze, nicht schwarze Körper, Luminescenz. 3. Historische Übersicht über die Entwicklung der Lichttechnik. 4. Gaslicht. 5. Elektrische Lichtquellen. 6. Luminescenzlampe, Gasentladungslampe. 7. Die Bewertung der elektrischen Lichtquellen. Von Frl. Dr. E. Lax, Berlin, und Professor Dr. M. Pirani, Berlin-Wilmersdorf. 8. Reflektoren. Von Dipl.-Ing. L. Schneider, Berlin.

Methoden der Untersuchung.
1. Photometrie. Von Professor Dr. E. Brodhun, Berlin-Grunewald. 2. Photographie. Von Professor Dr. J. Eggert, Berlin-Friedenau, und Dr. W. Rahts, Berlin. 3. Spectralphotometrie, Absorptionsphotometrie. Von Professor Dr. H. Ley, Münster i. W. 4. Colorimetrie. Von Dr. F. Löwe, Jena. 5. Energieverteilung, Gesamtenergie, Meßmethoden, Linienintensitäten. Von Dr. Th. Dreisch und Dr. R. Frerichs, Bonn. 6. Polarimetrie. Von Professor Dr. O. Schönrock, Berlin. 7. Wellenlängenmessungen. Von Professor Dr. H. Konen, Bonn. 8. Besondere Methoden: a) Ultrarot. Von Frl. Dr. G. Laski, Berlin. b) Photographisch erreichbarer Teil. Von Professor Dr. H. Konen, Bonn. c) Röntgengebiet. Von Dr. H. Behnken, Charlottenburg. 9. Fortpflanzungsgeschwindigkeit des Lichtes. Von Professor Dr. H. Rosenberg, Kiel. 10. Besondere Meßmethoden, elliptisches Licht, teilweise polarisiertes Licht. Von Professor Dr. G. Szivessy, Münster.

Band XX: Natur des Lichtes

Experimentelle Grundlagen und elementare Theorie.
1. Klassische und neuere Interferenzversuche und Interferenzapparate. a) Elementare Theorie derselben. 2. Beugungsversuche. a) Einfachste Beugungsversuche mit elementarer Theorie. b) Auf Beugung beruhende Instrumente und Anordnungen; genauere Theorie der einfachsten Versuche. Von Professor Dr. L. Grebe, Bonn. c) Die Beugung in den optischen Instrumenten in Beziehung zur Grenze des Auflösungsvermögens. Von Professor Dr. F. Jentzsch, Berlin. d) Andere Fälle von Beugung (Regenbogen, Halos); fein verteilte Substanzen. Von Dr. R. Mecke, Bonn. 3. Polarisation. a) Grundversuche über Erzeugung und Eigenschaften des polar. Lichtes, mit Ausschluß der Krystalloptik. b) Interferenz und Beugung des polar. Lichtes. Von Professor Dr. G. Szivessy, Münster. 4. Beziehung zu anderen Erscheinungen, Zeemaneffekt, Kerreffekt, Doppelbrechung, magn. Drehung, Metallreflektion, Beziehungen zu lichtelektrischen Erscheinungen usw. elementar, nur in Übersicht. Von Professor Dr. H. Konen, Bonn. 5. Der Energietransport durch das Licht auf Grund der Versuche. a) Weißes Licht, seine Eigenschaften; schwarze Strahlung. Von Professor Dr. L. Grebe, Bonn. b) Gesetze der schwarzen Strahlung, Strahlung nichtschwarzer Körper. Von Professor Dr. L. Grebe, Bonn.

Lichttheorien.
1. Historische Übersicht. 2. Elektromagnetische Theorie. a) Grundsätzliches, Maxwell, Elektronentheorie, allgemeine Sätze. b) Grenzbedingungen. c) Anisotrope Medien. d) Strenge Theorie der Interferenz und Beugung mit Übersicht über die behandelten Fälle. e) Grundsätzliches über Reflektion, Brechung, Dispersion und Absorption. f) Metallreflektion. Von Professor Dr. Walter König, Gießen. 3. Beziehungen zur Thermodynamik. Allgemeine Sätze, Beziehungen zur Relativitätstheorie, Quanten und Korrespondenzprinzip. Vergleich mit Erfahrung. 4. Zusammenfassende Übersicht über den zeitigen Stand der Wellentheorie des Lichtes. Von Professor Dr. A. Landé, Tübingen.

Krystalloptik.
1. Optisches Verhalten der Krystalle, Wellenflächen, elementare Theorie. 2. Interferenz des polarisierten Lichtes. a) Ebene Wellen. b) Convergentes Licht. c) Rotationspolarisation. 3. Beziehungen zur Temperatur, Elastizität usw. 4. Feinere Theorie der Polarisationsapparate, Polariskope usw. Von Professor Dr. G. Szivessy, Münster. 5. Polarisation und chemische Konstitution. Von Professor Dr. H. Ley, Münster i. W. 6. Inhomogene Körper, technische Anwendungen. Künstliche Doppelbrechung. Von Professor Dr. Walter König, Gießen.

Band XXI: Licht und Materie

Absorption und Dispersion.
1. Absorption der festen Körper, abhängig vom Spektralbereich, Temperatur usw., Schwingungsrichtung, Magnetfeld, Körperfarben, Definitionen. Von Professor Dr. L. Grebe, Bonn. 2. Absorption der Lösungen und Flüssigkeiten. Einfluß von Aggregatzustand usw. 3. Absorption und Konstitution. Von Professor Dr. H. Ley, Münster i. W. 4. Absorption und Streuung der Gase. Übersicht. Von Dr. R. Mecke, Bonn. 5. Absorption und Streuung im Bereiche kurzer Wellen. Von Professor Dr. L. Grebe, Bonn. 6. Experimentelles über normale und anormale Dispersion. 7. Dispersionsformeln und Eigenwellenlängen. 8. Dispersionstheorie. Schlüsse aus Konstanten. Von Professor Dr. K. F. Herzfeld, München, und Dr. L. Wolf, Potsdam.

Emission.
1. Allgemeines, Beziehung von Emission und Absorption. Von Professor Dr. H. Konen, Bonn. 2. Emission fester Körper. Von Frl. Dr. E. Lax, Berlin, und Professor Dr. M. Pirani, Berlin-Wilmersdorf. 3. Linienspektra mit Einschluß der Röntgenspektra. a) Allgemeines. b) Charakter der Linien, Intensitätsverteilung, Verbreiterung, Umkehr, Feinstruktur. c) Konstanz u. Veränderlichkeit d. Wellenlängen. d) Leuchtdauer. e) Bau der Spektra, historisch. Von Professor Dr. H. Konen, Bonn. f) Typen, Multiplets, Serien. g) Systematische Übersicht über die bekannten Linienspektren. Von Dr. R. Frerichs, Bonn. h) Röntgenspektra. Von Professor Dr. L. Grebe, Bonn. i) Zeemaneffekt, Starkeffekt. Von Professor Dr. A. Landé, Tübingen. Druckeffekt. Von Professor Dr. H. Konen, Bonn. k) Energiestufen, Anregung. Von Dr. P. Jordan, Göttingen. l) Intensitätsregeln. Von Dr. R. Frerichs, Bonn. 4. Molekülspektra. a) Allgemeines; b) Ultrarote Serien. c) Feinstruktur, Systematik, Kombinationen. d) Einfluß des Magnetfeldes usw. e) Bandenspektra und chemische Konstitution. Von Dr. R. Mecke, Bonn. 5. Fluoreszenz und Phosphoreszenz. Übersicht. 6. Andere Lumineszenzen. Von Professor Dr. P. Pringsheim, Berlin. 7. Fluoreszenz und chemische Konstitution. Von Professor Dr. H. Ley, Münster i. W. 8. Kontinuierliche Gasspektra. Von Professor Dr. L. Grebe, Bonn. 9. Spektralanalyse. a) Optisches Gebiet. Von Dr. F. Löwe, Jena. b) Röntgengebiet. Von Professor Dr. L. Grebe, Bonn. 10. Anwendung auf kosmische Fragen. Von Professor Dr. J. Hopmann, Bonn.

Band XXII: Elektronen — Atome — Moleküle (bereits erschienen)

Elektronen. Von Professor Dr. W. Gerlach, Tübingen.
Atomkerne: Kernladung, Kernmasse. Von Dr. K. Philipp, Berlin-Dahlem. Das α-Teilchen als Heliumkern. Von Professor Dr. O. Hahn, Berlin-Dahlem. Kernstruktur. Von Professor Dr. Lise Meitner, Berlin-Dahlem. Atomzertrümmerung. Von Dr. H. Pettersson, Göteborg, und Dr. G. Kirsch, Wien.
Radioaktivität: Der radioaktive Zerfall. Von Dr. W. Bothe, Charlottenburg. Die radioaktiven Stoffe. Von Professor Dr. St. Meyer, Wien. Die Bedeutung der Radioaktivität für chemische Untersuchungsmethoden. Die Bedeutung der Radioaktivität für die Geschichte der Erde. Von Professor Dr. O. Hahn, Berlin-Dahlem.
Die Ionen in Gasen. Von Professor Dr. K. Przibram, Wien.
Größe und Bau der Moleküle. Von Professor Dr. K. F. Herzfeld, München, und Professor Dr. H. G. Grimm, Würzburg.
Das natürliche System der chemischen Elemente. Von Professor Dr. F. Paneth, Berlin.

Band XXIII: Quanten (bereits erschienen)

Quantentheorie. Von Dr. W. Pauli, Hamburg.
Methoden zur h-Bestimmung und ihre Ergebnisse. Von Professor Dr. R. Ladenburg, Berlin.
Absorption und Zerstreuung der Röntgenstrahlen. Von Dr. W. Bothe, Charlottenburg.
Das kontinuierliche Röntgenspektrum. Von Dr. H. Kulenkampff, München.
Anregung von Emission durch Einstrahlung. Von Professor Dr. P. Pringsheim, Berlin.
Photochemie. Von Dr. W. Noddack, Charlottenburg.
Anregung von Quantensprüngen durch Stöße. Von Professor Dr. J. Franck und Dr. P. Jordan, Göttingen.

Band XXIV: Negative und positive Strahlen — Zusammenhängende Materie

Durchgang von Elektronen durch Materie. Von Dr. W. Bothe, Charlottenburg.
Durchgang von Kanalstrahlen durch Materie. Von Professor Dr. E. Rüchardt, München, und Professor Dr. H. Baerwald, Darmstadt.
Durchgang von α-Strahlen durch Materie. Von Professor Dr. H. Geiger, Kiel.
Der Aufbau der festen Materie und seine Erforschung durch Röntgenstrahlen. Von Professor Dr. P. P. Ewald, Stuttgart.
Der Aufbau der festen Materie. Theoretische Grundlagen. Von Professor Dr. M. Born und Dr. O. F. Bollnow, Göttingen.
Atomaufbau und Chemie (Atomchemie). Von Prof. Dr. H. G. Grimm, Würzburg.

Die einzelnen Bände erscheinen nicht der Reihe nach; vielmehr werden diejenigen Bände zuerst gedruckt, von denen alle Beiträge eingelaufen sind.

Bisher erschienen:

Band I:	Mit 162 Abbildungen.	(412 Seiten)	. . . . RM 31.50;	gebunden RM 33.60
Band II:	Mit 297 Abbildungen.	(530 Seiten)	. . . . RM 39.60;	gebunden RM 42.—
Band IX:	Mit 61 Abbildungen.	(624 Seiten)	. . . . RM 46.50;	gebunden RM 49.20
Band X:	Mit 207 Abbildungen.	(494 Seiten)	. . . . RM 35.40;	gebunden RM 37.50
Band XI:	Mit 198 Abbildungen.	(462 Seiten)	. . . . RM 34.50;	gebunden RM 37.20
Band XVII:	Mit 360 Abbildungen.	(400 Seiten)	. . . . RM 31.50;	gebunden RM 33.60
Band XXII:	Mit 148 Abbildungen.	(576 Seiten)	. . . . RM 42.—;	gebunden RM 44.70
Band XXIII:	Mit 225 Abbildungen.	(792 Seiten)	. . . . RM 57.—;	gebunden RM 59.70

GPSR Compliance

The European Union's (EU) General Product Safety Regulation (GPSR) is a set of rules that requires consumer products to be safe and our obligations to ensure this.

If you have any concerns about our products, you can contact us on ProductSafety@springernature.com

In case Publisher is established outside the EU, the EU authorized representative is:

Springer Nature Customer Service Center GmbH
Europaplatz 3
69115 Heidelberg, Germany

Batch number: 10683525

Printed by Printforce, the Netherlands